공조냉동기계 기사 필기

과년도 문제풀이 10개년

예문사

무료 동영상 강의 이용 안내

STEP 1   네이버 카페 "가냉보열" 가입

- 좌측 QR 코드를 스캔하여 카페에 가입합니다.
- 카페 주소(https://cafe.naver.com/kos6370)를 직접 입력하거나, 네이버에서 "가냉보열"을 검색하셔도 됩니다.

STEP 2   도서인증 게시판 확인

- "권오수 저자 직강 무료 강의 수강 방법 안내" 글을 정독합니다.
- 각 강의별로 인증 가능한 도서가 다르게 운영되고 있으니, 원하시는 강의 게시판에 게시된 공지사항을 꼭 읽어보세요.

STEP 3   도서 구매인증 서식 작성

- "무료강의 도서인증" 해당 게시판에 구매 인증 글을 남깁니다.
- 도서 안쪽 첫 페이지에 자필로 카페 아이디를 적고 인증 사진을 촬영해주세요.

STEP 4   저자 직강 무료 강의 시청

- 카페 관리자가 승인하면 바로 시청이 가능합니다.
- 승인 가능한 시간은 평일 오전 8시~오후 5시이며, 주말 및 공휴일은 제외됩니다.

머리말

공조냉동기계기사 1차 필기시험을 준비할 때 일반 책자를 열심히 보는 것도 중요하지만 시험의 흐름을 아는 것도 중요하다. 따라서 필자는 10년간의 과년도 기출문제를 모아서 「공조냉동기계기사 필기 과년도 문제풀이 10개년」이라는 책을 독자들에게 선보이게 되었다.

시험에 응시하시는 수험자에게는 실력 쌓기도 중요하지만 시험에 앞서 그간에 출제된 문제들을 전부 풀어봄으로써 출제경향을 파악하고 문제풀이의 요령을 터득하는 것이 매우 중요할 것이다. 이러한 과정은 시험준비의 마지막 정리를 할 수 있게 해주며 합격에 이르는 요긴한 방법이 될 수 있다.

필자는 다년간 기술학원에서 수강생들에게 강의를 해오며 여러 가지 국가기술자격증 취득을 위한 수험서적을 저술하였다. 독자 여러분들의 큰 호응에 힘입어 자격증 취득에 필요한 노하우를 이 책을 통해 다시 한번 선보일 수 있게 되어 기쁘게 생각한다.

혹시 부족하거나 미진한 부분에 대해서는 추후 개정을 통하여 수정·보완할 것을 약속하며 독자들의 많은 관심과 격려를 기대한다.

권 오 수

직무 분야	기계	중직무 분야	기계장비설비 · 설치	자격 종목	공조냉동기계기사	적용 기간	2025. 1. 1. ~ 2029. 12. 31.

직무내용 : 산업현장, 건축물의 실내 환경을 최적으로 조성하고, 냉동냉장설비 및 기타 공작물을 주어진 조건으로 유지하기 위해 공학적 이론을 바탕으로 공조냉동, 유틸리티 등 필요한 설비를 계획, 설계, 시공관리하는 직무이다.

필기검정방법	객관식	문제수	80	시험시간	2시간

필기과목명	문제수	주요항목	세부항목	세세항목
에너지관리	20	1. 공기조화의 이론	1. 공기조화의 기초	1. 공기조화의 개요 2. 보건공조 및 산업공조 3. 환경 및 설계조건
			2. 공기의 성질	1. 공기의 성질 2. 습공기 선도 및 상태변화
		2. 공기조화 계획	1. 공기조화 방식	1. 공기조화 방식의 개요 2. 공기조화 방식 3. 열원 방식
			2. 공기조화 부하	1. 부하의 개요　　2. 난방부하 3. 냉방부하
			3. 난방	1. 중앙난방　　2. 개별난방
			4. 클린룸	1. 클린룸 방식 2. 클린룸 구성 3. 클린룸 장치
		3. 공기조화설비	1. 공조기기	1. 공기조화기 장치 2. 송풍기 및 공기정화장치 3. 공기냉각 및 가열코일 4. 가습 · 감습장치 5. 열교환기
			2. 열원기기	1. 온열원기기 2. 냉열원기기
			3. 덕트 및 부속설비	1. 덕트 2. 급 · 환기설비 3. 부속설비
		4. T.A.B	1. T.A.B 계획	1. 측정 및 계측기기
			2. T.A.B 수행	1. 유량, 온도, 압력 측정 · 조정 2. 전압, 전류 측정 · 조정
		5. 보일러설비 시운전	1. 보일러설비 시운전	1. 보일러설비 구성 2. 급탕설비 3. 난방설비 4. 가스설비 5. 보일러설비 시운전 및 안전대책

필기과목명	문제수	주요항목	세부항목	세세항목
		6. 공조설비 시운전	1. 공조설비 시운전	1. 공조설비 시운전 준비 및 안전대책
		7. 급배수설비 시운전	1. 급배수설비 시운전	1. 급배수설비 시운전 준비 및 안전 대책
공조냉동 설계	20	1. 냉동이론	1. 냉동의 기초 및 원리	1. 단위 및 용어 2. 냉동의 원리 3. 냉매 4. 신냉매 및 천연냉매 5. 브라인 및 냉동유 6. 전열과 방열
			2. 냉매선도와 냉동사이클	1. 몰리에르 선도와 상변화 2. 역카르노 및 실제 사이클 3. 증기압축 냉동사이클 4. 흡수식 냉동사이클
		2. 냉동장치의 구조	1. 냉동장치 구성 기기	1. 압축기 2. 응축기 3. 증발기 4. 팽창밸브 5. 장치 부속기기 6. 제어기기
		3. 냉동장치의 응용과 안전관리	1. 냉동장치의 응용	1. 제빙 및 동결장치 2. 열펌프 및 축열장치 3. 흡수식 냉동장치 4. 신·재생에너지(지열, 태양열 이용 히트펌프 등) 5. 에너지 절약 및 효율 개선 6. 기타 냉동의 응용
			2. 냉동장치 안전관리	1. 냉매 취급 시 유의사항
		4. 냉동냉장부하	1. 냉동냉장부하 계산	1. 냉동부하 계산 2. 냉장부하 계산
		5. 냉동설비 시운전	1. 냉동설비 시운전	1. 냉동설비 시운전 및 안전대책
		6. 열역학의 기본사항	1. 기본개념	1. 물질의 상태와 상태량 2. 과정과 사이클 등
			2. 용어와 단위계	1. 질량, 길이, 시간 및 힘의 단위계 등
		7. 순수물질의 성질	1. 물질의 성질과 상태	1. 순수물질 2. 순수물질의 상평형 3. 순수물질의 독립상태량
			2. 이상기체	1. 이상기체와 실제기체 2. 이상기체의 상태방정식 3. 이상기체의 성질 및 상태변화 등

필기과목명	문제수	주요항목	세부항목	세세항목
		8. 일과 열	1. 일과 동력	1. 일과 열의 정의 및 단위 2. 일이 있는 몇 가지 시스템 3. 일과 열의 비교
			2. 열전달	1. 전도, 대류, 복사의 기초
		9. 열역학의 법칙	1. 열역학 제1법칙	1. 열역학 제0법칙 2. 밀폐계 3. 개방계
			2. 열역학 제2법칙	1. 비가역과정 2. 엔트로피
		10. 각종 사이클	1. 동력 사이클	1. 동력시스템 개요 2. 랭킨 사이클 3. 공기표준 동력 사이클 4. 오토, 디젤, 사바테 사이클 5. 기타 동력 사이클
		11. 열역학의 응용	1. 열역학의 적용사례	1. 압축기 2. 엔진 3. 냉동기 4. 보일러 5. 증기 터빈 등
시운전 및 안전관리	20	1. 교류회로	1. 교류회로의 기초	1. 정현파 및 비정현파 교류의 전압, 전류, 전력 2. 각속도 3. 위상의 시간표현 4. 교류회로(저항, 유도, 용량)
			2. 3상 교류회로	1. 성형결선, 환상결선 및 V결선 2. 전력, 전류, 기전력 3. 대칭좌표법 및 Y−△ 변환
		2. 전기기기	1. 직류기	1. 직류전동기 및 발전기의 구조 및 원리 2. 전기자 권선법과 유도기전력 3. 전기자 반작용과 정류 및 전압변동 4. 직류발전기의 병렬운전 및 효율 5. 직류전동기의 특성 및 속도제어
			2. 유도기	1. 구조 및 원리 2. 전력과 역률, 토크 및 원선도 3. 기동법과 속도제어 및 제동
			3. 동기기	1. 구조와 원리 2. 특성 및 용도 3. 손실, 효율, 정격 등 4. 동기전동기의 설치와 보수

필기과목명	문제수	주요항목	세부항목	세세항목
			4. 정류기	1. 회전변류기 2. 반도체 정류기 3. 수은 정류기 4. 교류 정류자기
		3. 전기계측	1. 전류, 전압, 저항의 측정	1. 직류 및 교류전압 측정 2. 저전압 및 고전압 측정 3. 충격전압 및 전류 측정 4. 미소전류 및 대전류 측정 5. 고주파 전류 측정 6. 저저항, 중저항, 고저항, 특수저항 측정
			2. 전력 및 전력량 측정	1. 전력과 기기의 정격 2. 직류 및 교류 전력 측정 3. 역률 측정
			3. 절연저항 측정	1. 전기기기의 절연저항 측정 2. 배선의 절연저항 측정 3. 스위치 및 콘센트 등의 절연저항 측정
		4. 시퀀스 제어	1. 제어요소의 동작과 표현	1. 입력기구 2. 출력기구 3. 보조기구
			2. 불 대수의 기본정리	1. 불 대수의 기본 2. 드모르간의 법칙
			3. 논리회로	1. AND 회로 2. OR 회로(EX－OR) 3. NOT 회로 4. NOR 회로 5. NAND 회로 6. 논리연산
			4. 무접점회로	1. 로직시퀀스 2. PLC
			5. 유접점회로	1. 접점 2. 수동스위치 3. 검출스위치 4. 전자계전기
		5. 제어기기 및 회로	1. 제어의 개념	1. 제어계의 기초 2. 자동제어계의 기본적인 용어

필기과목명	문제수	주요항목	세부항목	세세항목
			2. 조작용 기기	1. 전자밸브 2. 전동밸브 3. 2상 서보전동기 4. 직류 서보전동기 5. 펄스 전동기 6. 클러치 7. 다이어프램 8. 밸브 포지셔너 9. 유압식 조작기
			3. 검출용 기기	1. 전압검출기 2. 속도검출기 3. 전위차계 4. 차동변압기 5. 싱크로 6. 압력계 7. 유량계 8. 액면계 9. 온도계 10. 습도계 11. 액체성분계 12. 가스성분계
			4. 제어용 기기	1. 컨버터 2. 센서용 검출변환기 3. 조절계 및 조절계의 기본 동작 4. 비례동작 기구 5. 비례미분동작 기구 6. 비례적분미분동작 기구
		6. 설치검사	1. 관련 법규 파악	1. 냉동공조기 제작 및 설치 관련 법규
		7. 설치안전관리	1. 안전관리	1. 근로자 안전관리교육 2. 안전사고 예방 3. 안전보호구
			2. 환경관리	1. 환경요소 특성 및 대처방법 2. 폐기물 특성 및 대처방법
		8. 운영안전관리	1. 분야별 안전관리	1. 고압가스 안전관리법에 의한 냉동기 관리 2. 기계설비법 3. 산업안전보건법
		9. 제어밸브 점검관리	1. 관련 법규 파악	1. 냉동공조설비 유지보수 관련 관계 법규
유지보수공사 관리	20	1. 배관재료 및 공작	1. 배관재료	1. 관의 종류와 용도 2. 관이음 부속 및 재료 등 3. 관 지지장치 4. 보온·보냉 재료 및 기타 배관용 재료
			2. 배관공작	1. 배관용 공구 및 시공 2. 관 이음방법

필기과목명	문제수	주요항목	세부항목	세세항목
		2. 배관 관련 설비	1. 급수설비	1. 급수설비의 개요 2. 급수설비 배관
			2. 급탕설비	1. 급탕설비의 개요 2. 급탕설비 배관
			3. 배수통기설비	1. 배수통기설비의 개요 2. 배수통기설비 배관
			4. 난방설비	1. 난방설비의 개요 2. 난방설비 배관
			5. 공기조화설비	1. 공기조화설비의 개요 2. 공기조화설비 배관
			6. 가스설비	1. 가스설비의 개요 2. 가스설비 배관
			7. 냉동 및 냉각설비	1. 냉동설비의 배관 및 개요 2. 냉장설비의 배관 및 개요
			8. 압축공기 설비	1. 압축공기설비 및 유틸리티 개요
		3. 유지보수공사 및 검사 계획 수립	1. 유지보수공사 관리	1. 유지보수공사 계획 수립
			2. 냉동기 정비·세관작업 관리	1. 냉동기 오버홀 정비 및 세관공사 2. 냉동기 정비 계획수립
			3. 보일러 정비·세관작업 관리	1. 보일러 오버홀 정비 및 세관공사 2. 보일러 정비 계획수립
			4. 검사 관리	1. 냉동기 냉수·냉각수 수질관리 2. 보일러 수질관리 3. 응축기 수질관리 4. 공기질 기준
		4. 덕트설비 유지보수 공사	1. 덕트설비 유지보수공사 검토	1. 덕트설비 보수공사 기준, 공사 매뉴얼, 절차서 검토 2. 덕트관경 및 장방형 덕트의 상당 직경
		5. 냉동냉장설비 설계 도면 작성	1. 냉동냉장설비 설계도면 작성	1. 냉동냉장 계통도 2. 장비도면 3. 배관도면(배관표시법) 4. 배관구경 산출 5. 덕트도면 6. 산업표준에 규정한 도면 작성법

🖥 수험자 정보 확인

시험장 감독위원이 컴퓨터에 나온 수험자 정보와 신분증이 일치하는지를 확인하는 단계입니다. 수험번호, 성명, 주민등록번호, 응시종목, 좌석번호를 확인합니다.

🖥 안내사항

시험에 관련된 안내사항이므로 꼼꼼히 읽어보시기 바랍니다.

유의사항

부정행위는 절대 안 된다는 점, 잊지 마세요!

📢 유의사항 - [1/3]

- 다음과 같은 부정행위가 발각될 경우 감독관의 지시에 따라 퇴실 조치되고, 시험은 무효로 처리되며, 3년간 국가기술자격검정에 응시할 자격이 정지됩니다.

  ✔ 시험 중 다른 수험자와 시험에 관련한 대화를 하는 행위
  ✔ 시험 중에 다른 수험자의 문제 및 답안을 엿보고 답안지를 작성하는 행위
  ✔ 다른 수험자를 위하여 답안을 알려주거나, 엿보게 하는 행위
  ✔ 시험 중 시험문제 내용과 관련된 물건을 휴대하여 사용하거나 이를 주고받는 행위

다음 유의사항 보기 ▶

문제풀이 메뉴 설명

문제풀이 메뉴에 대한 주요 설명입니다. CBT에 익숙하지 않다면 꼼꼼한 확인이 필요합니다. (글자크기/화면배치, 전체/안 푼 문제 수 조회, 남은 시간 표시, 답안 표기 영역, 계산기 도구, 페이지 이동, 안 푼 문제 번호 보기/답안 제출)

CBT 전면시행에 따른

CBT PREVIEW

🖥 시험준비 완료!

이제 시험에 응시할 준비를 완료합니다.

| 1. 안내사항 | 2. 유의사항 | 3. 메뉴설명 | 4. 문제풀이 연습 | 5. 시험준비완료 |

📣 시험 준비 완료

✔ 아래의 시험 준비 완료 버튼을 클릭해주세요.
✔ 잠시 후 시험감독관의 지시에 따라 시험이 자동으로 시작됩니다.

시험 준비 완료

🖥 시험화면

❶ 수험번호, 수험자명 : 본인이 맞는지 확인합니다.

❷ 글자크기 : 100%, 150%, 200%로 조정 가능합니다.

❸ 화면배치 : 2단 구성, 1단 구성으로 변경합니다.

❹ 계산기 : 계산이 필요할 경우 사용합니다.

❺ 제한 시간, 남은 시간 : 시험시간을 표시합니다.

❻ 다음 : 다음 페이지로 넘어갑니다.

❼ 안 푼 문제 : 답안 표기가 되지 않은 문제를 확인합니다.

❽ 답안 제출 : 최종답안을 제출합니다.

🖥 답안 제출

문제를 다 푼 후 답안 제출을 클릭하면 다음과 같은 메시지가 출력됩니다.
여기서 '예'를 누르면 답안 제출이 완료되며 시험을 마칩니다.

🖥 알고 가면 쉬운 CBT 4가지 팁

1. 시험에 집중하자.
기존 시험과 달리 CBT 시험에서는 같은 고사장이라도 각기 다른 시험에 응시할 수 있습니다. 옆 사람은 다른 시험을 응시하고 있으니, 자신의 시험에 집중하면 됩니다.

2. 필요하면 연습지를 요청하자.
응시자의 요청에 한해 시험장에서는 연습지를 제공하고 있습니다. 연습지는 시험이 종료되면 회수되므로 필요에 따라 요청하시기 바랍니다.

3. 이상이 있으면 주저하지 말고 손을 들자.
갑작스럽게 프로그램 문제가 발생할 수 있습니다. 이때는 주저하며 시간을 허비하지 말고, 즉시 손을 들어 감독관에게 문제점을 알려주시기 바랍니다.

4. 제출 전에 한 번 더 확인하자.
시험 종료 이전에는 언제든지 제출할 수 있지만, 한 번 제출하고 나면 수정할 수 없습니다. 맞게 표기하였는지 다시 확인해보시기 바랍니다.

- 인터넷에서 [예문사]를 검색하여 홈페이지에 접속합니다.
- PC, 휴대폰, 태블릿 등을 이용해 사용이 가능합니다.

STEP 1 회원가입 하기

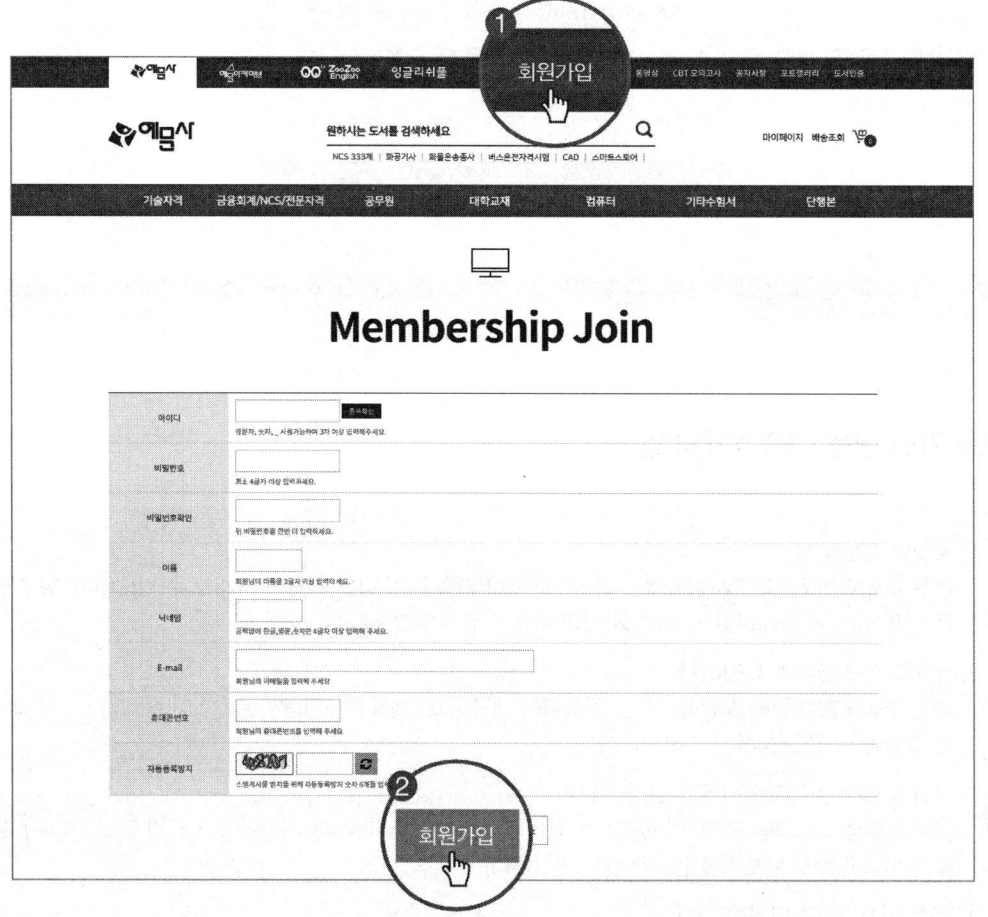

1. 메인 화면 상단의 [회원가입] 버튼을 누르면 가입 화면으로 이동합니다.
2. 입력을 완료하고 아래의 [회원가입] 버튼을 누르면 **인증절차 없이** 바로 **가입**이 됩니다.

STEP 2 시리얼 번호 확인 및 등록

1. 로그인 후 메인 화면 상단의 [CBT 모의고사]를 누른 다음 **수강할 강좌를 선택**합니다.
2. 시리얼 등록 안내 팝업창이 뜨면 [확인]을 누른 뒤 **시리얼 번호를 입력**합니다.

STEP 3 등록 후 사용하기

1. 시리얼 번호 입력 후 [마이페이지]를 클릭합니다.
2. 등록된 CBT 모의고사는 [모의고사]에서 확인할 수 있습니다.

이책의 차례

제1편 핵심요점 총정리

제2편 과년도 기출문제

2013년

2014년

2015년

2016년

2017년

2018년

2019년

2020년

2021년

2022년

제3편 CBT 실전모의고사

공조냉동기계기사 필기시험은 2022년 1회부터 총 80문항이 출제됩니다.

MEMO

공조냉동기계기사 필기 과년도 문제풀이 10개년
ENGINEER AIR-CONDITIONING REFRIGERATING MACHINERY

출제기준

2022년 이전	2022년 이후
• 1과목 : 냉동공학(20문항) • 2과목 : 기계열역학(20문항) • 3과목 : 공기조화(20문항) • 4과목 : 배관일반(20문항) • 5과목 : 전기제어공학(20문항)	• 에너지관리(20문항) • 공조냉동 설계(20문항) • 시운전 및 안전관리(20문항) • 유지보수공사관리(20문항)
총 100문항	총 80문항

PART

01

핵심요점 총정리

1. 공기조화

(1) 정의

인위적으로 실내 또는 일정한 공간의 공기를 사용목적에 적합하도록 적당한 상태로 조정하는 것을 공기조화라 한다.

(2) 공기조화의 4대 요소

온도, 습도, 기류, 청정도가 바람직한 상태

(3) 공기조화의 분류

① **보건용 공기조화** : 쾌적한 주거환경을 유지하면서 보건, 위생 및 근무환경을 향상시키기 위한 공기조화
② **산업용 공기조화** : 생산과정에 있는 물질을 대상으로 하여 물질의 온도, 습도의 변화 및 유지와 환경의 청정화로 생산성 향상이 목적이다.

(4) 공기조화의 열원장치

① **열운반장치** : 송풍기, 펌프, 덕트, 배관 등이다.
② **공기조화기** : 외기와 환기의 혼합실, 난방가열 코일, 냉방용 공기의 냉각, 감습을 위한 냉각 코일, 가습을 위한 가습노즐 등의 조합기기이다.
③ **자동제어장치**
④ **열원장치** : 보일러, 냉동기 등의 기기이다.

(5) 보건용 공기의 실내환경

① **유효온도(ET ; Effective Temperature)** : 실내환경을 평가하는 척도로서 온도, 습도, 기류를 하나의 조합한 상태의 온도감각을 나타내며 상대습도 100%, 풍속 0m/s일 때 느껴지는 온도감각이다.

(6) 공업용 공조의 실내조건

① 실험 및 측정실은 건구온도 20℃, 상대습도 65%로 유지시킨다.
② **클린룸(Clean Room)**
 ㉮ 공업용 클린룸(ICR ; Industrial Clean Room)
 ㉯ 바이오 클린룸(BCR ; Bio Clean Room)
 ㉰ 클린룸 등급은 미연방 규격에 의하여 공기 1ft^3 체적 내에 0.5μm 크기의 유해가스 입자 수로 나타낸다.

(7) 냉난방 설계 시 외기조건

① 상당외기온도(t_e)

$$t_e = \frac{a}{a_0} \times I + t_0$$

$$q = a \times I + a_0(t_0 - t_s) = a_0\left[\left(\frac{a}{a_0} \times I + t_0\right) - t_s\right]$$

여기서, a : 벽체 표면의 일사흡수율(%)

　　　　I : 벽체 표면이 받는 전일사량(kcal/m²h)

　　　　a_0 : 표면 열전달률(kcal/m²h℃)

　　　　t_0 : 외기온도(℃)

　　　　t_s : 벽체의 표면온도(℃)

　　　　q : 표면의 공기층으로부터 벽체에 전달되는 열량(kcal/m²h)

② 상당외기온도차(실효온도차 ETD ; Equivalent Temperature Difference)

$$ETD = 상당외기온도(℃) - 실내온도(℃) = t_e - t_r$$

(8) 도일(度日, Degree Day)

실내온도를 t_r, 냉난방 개시 및 종료온도를 t_p라고 하면 표시된 면적과 같은 양의 기간 냉난방부하의 총량이 된다. 이를 도일이라 한다.

$$도일(D) = \Delta d \times (t_r - t_0)[\deg℃ \cdot day]$$

여기서, t_r : 설정한 실내온도(℃)

　　　　t_0 : 냉난방기간 동안의 매일 평균외기온도(℃)

　　　　Δd : 냉난방기간(day)

　　　　도일(D) : 난방도일이면 HD, 냉방도일이면 CD

2. 공기

(1) 습공기의 조성

체적비율로서 질소 78%, 산소 21%, 아르곤 0.6%, 탄산가스 0.03% 정도와 약 1%의 수증기로 조성된다.

(2) 건구온도(t)

기온을 측정할 때 온도계의 감열부가 건조된 상태에서 측정한 온도(℃)

(3) 습구온도(t')

기온 측정 시 감열부를 천으로 싸고 모세관 현상으로 물을 빨아올려 감열부가 젖게 한 뒤 측정한 온도(℃)

(4) 포화공기

습공기 중에 수증기(x)가 점차 증가하여 더 이상 수증기를 포함할 수 없을 때의 공기

(5) 노점온도

공기 중에 포함된 수증기가 작은 물방울로 변화하여 이슬이 맺히는 현상을 결로라고 하는데, 이때의 온도가 노점온도이다.

(6) 노입온도(무입온도)

수증기가 미세한 안개(물방울)로 존재하는 공기의 온도

(7) 절대습도(x)

습공기 중에 함유되어 있는 수증기의 중량, 즉 습공기를 구성하고 있는 건공기 1kg 중에 포함된 수증기의 중량 x(kg)를 말하며 절대습도 x(kg/kg')로 표시한다. 여기서 kg'는 습공기 중에서의 건조공기의 중량이다.

$$습공기의 포화도(\phi_s) = \frac{x}{x_s} \times 100\%$$

여기서, ϕ_s : 포화도(%)

x : 어떤 공기의 절대습도(kg/kg')

x_s : 포화공기의 절대습도(kg/kg')

(8) 습공기의 엔탈피(건공기의 엔탈피 + 수증기의 엔탈피)

① 건조공기의 엔탈피(h_a)

$$h_a = C_p \cdot t = 0.24t [\text{kcal/kg}]$$

② 수증기의 엔탈피(h_v)

$$h_v = r + C_{vp} \cdot t = 597.5 + 0.44t [\text{kcal/kg}]$$

③ 습공기의 엔탈피(h_w)

$$h_w = h_a + x \cdot h_v = C_p \cdot t + x(r + C_{vp} \cdot t)$$
$$= 0.24t + x(597.5 + 0.44t) [\text{kcal/kg}]$$

여기서, C_p : 건조공기의 정압비열(약 0.24kcal/kg℃)

t : 건구온도(℃)

r : 0℃에서 포화수의 증발잠열(약 597.5kcal/kg)

C_{vp} : 수증기의 정압비열(약 0.44kcal/kg℃)

3. 습공기의 선도

(1) $h-x$ 선도(Molier Chart)

엔탈피 h를 경사축으로 절대습도 x를 종축으로 구성한 선도

(2) $t-x$ 선도(Carrier Chart)

건구온도 t를 횡축으로 절대습도 x를 종축으로 한 선도

(3) 습공기의 상태변화

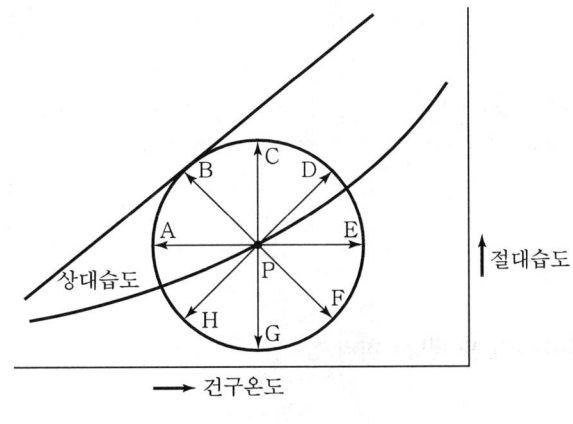

∥ 습공기의 상태변화 ∥

4. 결로(結露) 현상

(1) 결로

습공기가 차가운 벽이나 천장, 바닥 등에 닿으면 공기 중에 함유된 수분이 응축되어 그 표면에 이슬이 맺히는 현상

(2) 표면결로

물체의 표면에서 발생되는 결로

(3) 내부결로

벽체 내의 어떤 층의 온도가 습공기의 노점온도보다 낮으면 그 층 부근에서 결로현상이 발생하는 것

(4) 결상(빙결)

결로현상은 공기와 접한 물체의 온도가 그 공기의 노점온도보다 낮을 때 일어나며, 온도가 0℃ 이하가 되면 결상(結霜) 또는 결빙(結氷)이라 한다.

(5) 표면결로의 방지온도

벽체 표면의 온도(t_s)가 실내공기의 노점온도(t_γ'')보다 높으면 표면결로가 방지된다.

5. 습도계

(1) 모발습도계

모발의 신축을 이용해서 상대습도를 측정하며, 정밀도가 낮다.

(2) 전기저항 습도계

다공질의 유리면에 염화리튬을 도포한 것으로 상대습도가 증가하면 전기저항이 감소한다. 따라서 이 저항을 측정하여 상대습도를 측정한다.

SECTION 02 공조부하

1. 부하의 분류

(1) 냉방부하

냉각 감습하는 열 및 수분의 양을 냉방부하라 한다.

(2) 난방부하

가열 가습하는 양을 난방부하라 한다.
① 냉방 시에는 실내의 온습도를 일정한 상태로 유지시키기 위해 외부로부터 들어오거나 실내에서 발생하는 열량과 수분을 제거해야 한다.
② 난방 시에는 외부로 손실되는 열량과 수분을 보충해야 한다.

2. 냉방부하

(1) 냉방부하 발생원인

① **실내 취득열량**
　㉮ 벽체로부터의 취득 현열량
　㉯ 유리로부터의 취득 현열량(직달일사 + 전도대류)
　㉰ 극간풍에 의한 현열과 잠열량의 발생열량
　㉱ 인체의 현열과 잠열 발생열량
　㉲ 기구로부터의 현열과 잠열의 발생열량

② **기기로부터의 취득열량**
　㉮ 송풍기에 의한 현열 취득열량
　㉯ 덕트로부터의 취득 현열량

③ **재열부하** : 재열기의 가열에 의한 현열 취득열량

④ **외기부하** : 외기의 도입으로 인한 현열과 잠열의 취득열량

∥ **공기조화설비의 구성** ∥

(2) 냉방부하 계산

① 벽체로부터의 취득열량(q_w)

㉮ 햇빛을 받는 외벽 및 지붕의 취득열량

$$q_w = k \cdot A \cdot ETD[\text{kcal/h}]$$

여기서, k : 구조체의 열관류율($\text{kcal/m}^2\text{h℃}$)

　　　　A : 구조체의 면적(m^2)(벽체 중심 간 또는 기둥 중심 간 거리×층고)

　　　　ETD : 상당온도차(℃)(실내온도와 상당외기 온도차)

※ 외기에 접하고 있는 벽이나 지붕의 취득열량

㉯ 칸막이, 천장, 바닥으로부터의 취득열량

$$q_w = k \cdot A \cdot \Delta t[\text{kcal/h}]$$

여기서, k : 칸막이, 천장, 바닥 등의 열관류율($\text{kcal/m}^2\text{h℃}$)

　　　　A : 칸막이, 천장, 바닥 등의 면적(m^2)(벽체 중심 간 또는 기둥 중심 간 거리×천장고)

　　　　Δt : 인접실과의 온도차(℃)

※ 외기에 접하지 않은 칸막이, 천장, 벽, 바닥 등의 관류되는 열량

② 유리로부터의 일사에 의한 취득열량(q_{GR})

㉮ 유리로부터 열관류의 형식으로 전해지는 열량

$$q_{GR} = k \cdot A_g \cdot \Delta t[\text{kcal/h}]$$

여기서, k : 유리의 열관류율($\text{kcal/m}^2\text{h℃}$)

　　　　A_g : 유리창의 면적(m^2)(새시 포함)

　　　　Δt : 실내외 온도차(℃)

‖ 유리창에 들어온 태양 복사의 열팽창 ‖

④ 유리로부터의 일사 취득열량

ⓐ 표준일사취득법에 의한 취득열량(q_{GR})

$$q_{GR} = SSG \cdot K_S \cdot A_g \,[\mathrm{kcal/h}]$$

여기서, SSG : 유리를 통해 투과 및 흡수되는 표준일사취득열량($\mathrm{kcal/m^2h℃}$)
K_S : 전 차폐계수
A_g : 유리의 면적($\mathrm{m^2}$)(새시 포함)

ⓑ 축열계수를 고려하는 경우의 취득열량(q_{GRS})

$$q_{GRS} = SSG_{\max} \cdot K_S \cdot A_g \cdot SLF_g \,[\mathrm{kcal/h}]$$

여기서, $SSG_{\max}$: 방위마다 최대 취득일사량($\mathrm{kcal/m^2h℃}$)
K_S : 전 차폐계수
A_g : 유리의 면적($\mathrm{m^2}$)
SLF_g : 축열부하계수

ⓒ 일사흡열수정법에 의한 취득열량(q_{GR})

$$q_{GR} = \text{표준일사취득법에 의한 취득열량} + A_g \cdot K_R \cdot AMF \,[\mathrm{kcal/h}]$$

여기서, A_g : 유리창의 면적($\mathrm{m^2}$)
K_R : 유리의 복사차폐계수
AMF : 벽체의 일사흡열수정계수($\mathrm{kcal/m^2h}$)

③ 극간풍(틈새바람)에 의한 취득열량(q_I)

$$q_I = q_{IS} + q_{IL} \,[\mathrm{kcal/h}]$$
$$q_{IS} = 0.24\,G_1(t_0 - t_r)$$
$$q_{IL} = r \cdot G_1(x_0 - x_r) = 717\,Q_1(x_0 - x_r)$$

여기서, q_{IS} : 틈새바람에 의한 현열 취득량($\mathrm{kcal/h}$)
q_{IL} : 틈새바람에 의한 잠열 취득량($\mathrm{kcal/h}$)
t_0 : 외기온도(℃)

t_r : 실내온도(℃)

G_1 : 틈새바람의 양(kg/h)

Q_1 : 틈새바람의 양(m^3/h)

x_0 : 외기의 절대습도(kg/kg′)

x_r : 실내의 절대습도(kg/kg′)

r : 0℃에서 물의 증발잠열(597.5kcal/kg, 717kcal/m^3)

0.24 : 건조공기의 정압비열(kcal/kg℃)

0.29 : 건조공기의 정압비열(kcal/m^3℃)

Q_1 : 틈새바람의 양(시간당 환기횟수×실의 체적)

④ 인체로부터의 취득열량(q_M)

㉮ 한 명인 경우

$$q_M = q_C + q_R + q_E + q_S [\text{kcal/h}]$$

여기서, q_M : 신진대사에 의해 발생하는 열량(kcal/h)

　　　　q_C : 인체의 피부면에서 대류에 의해 방출하는 열량(kcal/h)

　　　　q_R : 인체의 피부면에서 복사에 의해 방출하는 열량(kcal/h)

　　　　q_E : 호흡, 땀의 증발에 의해 방출하는 열량(kcal/h)

　　　　q_S : 체내에 축열되는 열량(kcal/h)

㉯ 실내에 여러 명(n명)이 있는 경우 인체로부터 현열량(q_{HS})과 잠열량(q_{HL})

$$q_{HS} = n \cdot H_S [\text{kcal/h}]$$
$$q_{HL} = n \cdot H_L [\text{kcal/h}]$$

여기서, n : 실내 총 인원수(명)

　　　　H_S : 1인당 인체발생 현열량(kcal/h 인)

　　　　H_L : 1인당 인체발생 잠열량(kcal/h 인)

⑤ 기기로부터의 취득열량(q_E)

㉮ 조명기구의 총 와트(W)수가 알려져 있을 때

㉠ 백열등일 경우

$$q_E = 0.86 \times w \cdot f [\text{kcal/h}]$$

㉡ 형광등일 경우(안정기가 실내에 있을 때)

$$q_E = 0.86 \times w \cdot f \times 1.2 [\text{kcal/h}]$$

여기서, w : 조명기구의 총 와트(W)

　　　　f : 조명 점등률

　　　　0.86 : 1W당 발열량(1W=0.86kcal/h)

　　　　1.2 : 형광등의 안정기가 실내에 있을 때 발열량의 20%를 가산할 경우

Reference 기구발생부하(조명기구 발생열량)

- 백열등 : 0.86kcal/h W
- 형광등 : 1.00kcal/h W

④ 조명기구의 총 와트(W)수를 모를 때
 ㉠ 백열등일 경우

$$q_E = 0.86 \times w \cdot A \cdot f [\text{kcal/h}]$$

 ㉡ 형광등일 경우

$$q_E = 0.86 \times w \cdot A \cdot f \times 1.2 [\text{kcal/h}]$$

  여기서, w : 단위면적당 와트수(W/m^2)
     A : 실 면적(m^2)

⑤ 축열부하를 고려하는 경우

$$q'_E = q_E \cdot SLP_E [\text{kcal/h}]$$

  여기서, q_E : 조명기구의 발생열량(kcal/h)
     SLP_E : 축열부하계수

Reference 축열부하

조명기구에서 실내로 방출하는 열은 대류성분과 복사성분으로 구분되며, 복사성분은 벽이나 바닥에 흡수된 후 시간지연과 함께 실내부하가 된다.

⑥ 동력으로부터의 취득열량
 전동기 및 기계로부터 발생되는 열

$$q_E = 860 \times p \times f_e \times f_o \times f_k [\text{kcal/h}]$$

  여기서, p : 전동기 정격출력(kW)
     f_e : 전동기에 대한 부하율(0.8~0.9)(실제 모터 출력/모터 정격출력)
     f_o : 전동기의 가동률
     f_k : 전동기의 사용상태 계수

⑦ 기구로부터의 취득열량

$$q_E = q_e \cdot k_1 \cdot k_2 [\text{kcal/h}]$$

  여기서, q_e : 기구의 열원용량(발열량)(kcal/h)
     k_1 : 기구의 사용률
     k_2 : 후두가 달린 기구의 발열 중 실내로 복사되는 비율

⑥ 송풍기와 덕트로부터의 취득열량(q_B)

　㉮ 송풍기로부터의 취득열량

$$q_B = 860 \times \mathrm{kW}\,[\mathrm{kcal/h}]$$

　　여기서, $1\mathrm{kWh} = 860\mathrm{kcal/h}$
　　　　　 kW : 소요동력

　㉯ 덕트로부터의 취득열량 : 실내취득 현열량의 약 2% 정도이다. 또한 송풍기와 덕트로부터의 취득되는 현열량을 합하여 개략적으로 산출할 때에는 실내취득열량의 15% 정도로 보아도 큰 차이가 없다.

⑦ 재열부하(q_R)과 외기부하(q_F)

　㉮ 재열부하(q_R)

$$q_R = 0.24\,G(t_2 - t_1) = 0.29\,Q(t_2 - t_1)\,[\mathrm{kcal/h}]$$

　　여기서, G : 송풍공기량(kg/h)
　　　　　 Q : 송풍공기량(m³/h)
　　　　　 0.24 : 공기의 정압비열(0.24kcal/kg℃)
　　　　　 0.29 : 공기 1m³당 정압비열(kcal/m³℃)
　　　　　　　　※ $0.24 \times 1.2\mathrm{kg/m^3} \fallingdotseq 0.29\mathrm{kcal/m^3℃}$

Reference　재열부하

공조기에 의해 온도 t(℃)까지 냉각된 공기를 재열기로 온도 t_2(℃)까지 가열하여 실내로 보낼 때 재열기에서 가열한 만큼 냉각기에서 더 냉각해야 되므로 냉방부하에 첨가시킨다.

　㉯ 외기부하(q_F)

$$q_F = q_{FS} + q_{FL} = G_F(h_0 - h_r)\,[\mathrm{kcal/h}]$$
$$q_{FS} = 0.24\,G_F(t_0 - t_r) = 0.29\,Q_F(t_0 - t_r)$$
$$q_{FL} = 597.5\,G_F(x_0 - x_r) = 717\,Q_F(x_0 - x_r)$$

　　여기서, q_{FS} : 외기부하의 현열(kcal/h)
　　　　　 q_{FL} : 외기부하에 의한 잠열(kcal/h)
　　　　　 G_F : 외기량(kg/h)
　　　　　 Q_F : 외기량(m³/h)
　　　　　 h_0 : 외기의 엔탈피(kcal/kg)
　　　　　 h_r : 실내공기의 엔탈피(kcal/kg)
　　　　　 t_0 : 외기의 건구온도(℃)
　　　　　 t_r : 실내공기의 건구온도(℃)
　　　　　 x_0 : 외기의 절대습도(kg/kg′)
　　　　　 x_r : 실내공기의 절대습도(kg/kg′)
　　　　　 597.5 : 0℃에서 물의 증발잠열(kcal/kg)

실내의 공기는 담배연기나 호흡 및 여러 가지의 원인 등에 의해 오염되므로 일정한 양의 외기 도입이 필요하다. 이때 도입되는 외기의 온도나 습도는 실내공기와 차이가 있다. 따라서 온도 차이에 의한 현열부하와 습도 차이에 의한 잠열부하를 합하여 외기부하라 한다.

3. 난방부하

(1) 난방부하의 발생원인

① 실내 손실열량

㉮ 외벽, 창유리, 지붕내벽, 바닥의 현열 발생량

㉯ 극간풍의 현열과 잠열

② 기기 손실열량 : 덕트의 현열

③ 외기부하 : 환기의 극간풍, 현열과 잠열

(2) 난방부하 계산

① 벽체로부터의 손실열량(q_w)

㉮ 외벽, 창유리, 지붕에서의 열손실

$$q_w = k \cdot A \cdot K(t_r - t_0 - \Delta t_a)[\text{kcal/h}]$$

여기서, k : 구조체의 열관류율(kcal/m²h℃)

A : 구조체의 면적(m²)

K : 방위에 따른 부가계수

t_r : 실내의 공기온도(℃), t_0 : 실외의 공기온도(℃)

Δt_a : 대기복사에 의하는 외기온도에 대한 보정온도(℃)

㉯ 내벽, 내창, 천장에서의 열손실

$$q_w = k \cdot A \cdot \Delta t[\text{kcal/h}]$$

여기서, k : 구조체의 열관류율(kcal/m²h℃)

Δt : 인접실과의 온도차(℃)

A : 구조체의 면적(m²)

㉰ 지면에 접하는 바닥 콘크리트 또는 지하층 벽의 손실열량

㉠ 지상 0.6m~지하 2.4m까지의 경우

$$q_w = k_p \cdot l_p(t_r - t_0)[\text{kcal/h}]$$

여기서, k_p : 열손실량(kcal/m h ℃)

l_p : 지하 벽체의 길이(m)

t_r : 실내온도(℃), t_0 : 실외온도(℃)

ⓛ 지하 2.4m 이하인 경우

$$q_w = k \cdot A(t_r - t_g)[\text{kcal/h}]$$

여기서, k : 바닥 및 지하 2.4m 이하인 벽에 대한 열관류율($\text{kcal/m}^2\text{h℃}$)

A : 벽체 및 바닥의 면적(m^2)

t_r : 실내외의 온도(℃)

t_g : 지중온도(℃)

② 극간풍에 의한 손실열량(q_I)

$$q_1 = q_{IS} + q_{IL} = 현열량 + 잠열량[\text{kcal/h}]$$

$$q_{IS}(현열부하) = 0.24G_1(t_r - t_0) = 0.29Q_1(t_r - t_0)$$

$$q_{IS}(잠열부하) = 597.5G_1(x_r - x_0) = 717Q_1(x_r - x_0)$$

여기서, G_1 : 극간풍량(kg/h), Q_1 : 극간풍량(m^3/h)

t_r : 실내온도(℃), t_0 : 실외온도(℃)

x_r : 실내공기의 절대습도(kg/kg′), x_0 : 실외공기의 절대습도(kg/kg′)

③ 외기부하에 의한 손실열량(q_F)

$$q_F = q_{FS} + q_{FL}[\text{kcal/h}]$$

$$q_{FS}(현열부하) = 0.24G_F(t_r - t_0) = 0.29Q_F(t_r - t_0)$$

$$q_{FL}(잠열부하) = 597.5G_F(x_r - x_0) = 717Q_F(x_r - x_0)$$

여기서, G_F : 도입 외기량(kg/h), Q_F : 도입 외기량(m^3/h)

※ 외기부하란 외기의 도입으로 인한 손실열량(kcal/h)이다.

④ 기기(器機)에서의 손실열량(q_B)

공조기의 챔버나 덕트의 외면으로부터의 손실부하와 여유 등을 총괄해서 일어나는 손실열량(kcal/h)이다.

SECTION 03 공기조화방식

1. 공기조화방식의 분류

(1) 중앙방식

각 실이나 존(Zone)에 공급해야 할 공조용 열매체인 냉수, 온수 또는 냉풍, 온풍을 만드는 장소를 중앙기계실이라고 하며 중앙방식의 공조시스템은 중앙기계실로부터 조화된 공기나 냉온수를 각 실로 공급하는 방식이다.

① 열을 운반하는 매체의 종류에 따른 분류
  ㉮ 전공기방식
  ㉯ 공기 – 수방식
  ㉰ 전수방식
② 중앙방식의 특징
  ㉮ 덕트 스페이스나 파이프 스페이스 및 샤프트가 필요하다.
  ㉯ 열원기기가 중앙기계실에 집중되어 있으므로 유지관리가 편리하다.
  ㉰ 주로 규모가 큰 건물에 필요하다.

(2) 개별방식

개별방식은 각 층 또는 각 존에 별도로 공기조화 유닛(Unit)을 분산시켜 설치한 것으로서 개별제어 및 국소 운전이 가능한 방식이다.

① 냉매방식에 따른 분류
  ㉮ 패키지 방식
  ㉯ 룸 쿨러 방식
  ㉰ 멀티 유닛 방식
② 개별방식의 특징
  ㉮ 각 유닛마다 냉동기가 필요하다.
  ㉯ 소음과 진동이 크다.
  ㉰ 외기냉방은 할 수 없다.
  ㉱ 유닛이 여러 곳에 분산되어 있어 관리가 불편하다.

▼ 공조방식의 분류

분류				명칭
중앙 방식	전공기방식	단일덕트방식	정풍량방식	• 말단에 재열기가 없는 방식 • 말단에 재열기가 있는 방식
			변풍량방식	• 재열기가 없는 방식 • 재열기가 있는 방식
		2중덕트방식		• 정풍량 2중덕트방식　　• 변풍량 2중덕트방식 • 복사 냉난방 방식
		• 덕트병용 팬코일 유닛 방식 • 각 층 유닛 방식		
	공기수방식 (유닛병용방식)	• 덕트병용 팬코일 유닛 방식　　• 유인 유닛 방식 • 복사 냉난방 방식		
	전수방식	• 팬코일 유닛 방식		
개별 방식	냉매방식	• 패키지 방식　　• 룸 쿨러 방식 • 멀티 유닛 방식		

(3) 운반되는 열매체에 의한 분류

① **전공기방식** : 중앙공조기로부터 덕트를 통해 냉온풍을 공급받는다.

㉮ 장점

㉠ 송풍량이 많아서 실내의 공기 오염이 적다.

㉡ 중간기에 외기냉방이 가능하다.

㉢ 실내 유효면적을 넓힐 수 있다.

㉣ 실내에 배관으로 인한 누수의 염려가 없다.

㉯ 단점

㉠ 대형 덕트로 인해 덕트 스페이스가 필요하다.

㉡ 열매체인 냉온풍의 운반에 필요한 팬의 소요동력이 크다.

㉢ 넓은 공조실이 필요하고 많은 풍량이 필요하다.

㉰ 사용처

㉠ 클린룸(Clean Room)과 같이 청정을 필요로 하는 곳에 사용된다.

㉡ 10,000m^2 이하의 소규모에 적당하다.

② **전수방식(全水方式)** : 보일러로부터 증기 또는 온수나 냉동기로부터 냉수를 각 실에 있는 팬코일 유닛(FCU)으로 공급시켜 냉난방을 하는 방식이다. 배관에 의해 공조공간, 즉 실내로 냉온수를 공급한다.

㉮ 장점

㉠ 덕트 스페이스가 필요 없다.

㉡ 열의 운송동력이 공기에 비해 적게 소요된다.

㉢ 각 실의 제어가 용이하다.

㉯ 단점

㉠ 송풍공기가 없어서 실내 공기의 오염이 심하다.

㉡ 실내의 배관에 의해 누수될 염려가 있다.

㉰ 사용처

㉠ 극간풍이 비교적 많은 주택, 여관, 요정 등에 적당하다.

㉡ 재실 인원이 적은 방에 적당하다.

③ **공기 - 수방식** : 전공기방식과 수방식을 병용한 방식이다. 이 방식은 전공기방식과 전수방식의 장점을 가지고 있으며 서로의 단점을 보완시킨 방식이다.

㉮ 장점

㉠ 덕트 스페이스가 작아도 된다.

㉡ 유닛 1대로 극소의 존을 만들 수 있다.

㉢ 수동으로 각 실의 온도제어를 쉽게 할 수 있다.

㉣ 열 운반 동력이 전공기방식에 비해 적게 든다.

㉯ 단점

㉠ 유닛 내의 필터(Filter)가 저성능이므로 공기의 청정에 도움이 되지 못한다.

ⓛ 실내에 수(水) 배관에 있어서 누수의 염려가 있다.

ⓒ 유닛의 소음이 있다.

ⓔ 유닛의 설치 스페이스가 필요하다.

⑭ 사용처 : 사무소 건축, 병원, 호텔 등에서 외부 존은 수방식이, 내부 존은 공기방식이 좋다.

④ **냉매방식(개별방식)** : 이 방식은 냉동기 또는 히트 펌프 등의 열원을 갖춘 패키지 유닛을 사용하는 방식이다.

㉮ 종류 : 룸 쿨러 방식, 멀티 유닛형 룸 쿨러 방식, 패키지형 방식

㉯ 사용목적 : 냉방용, 냉난방용

㉰ 설치위치 : 벽걸이형, 바닥설치형, 천장매립형

(4) 제어방식에 의한 분류

전체 제어방식, 존별 제어방식, 개별 제어방식

(5) 공급열원에 의한 분류

① **단열원방식** : 냉난방 시 냉동기 또는 보일러만 갖춘 방식

② **복열원방식** : 보일러나 냉동기를 동시에 갖춰서 실내의 부하변동 시 즉시 대응이 가능한 방식이다.

(6) 조닝(Zoning)과 존(Zone)

① **조닝** : 건물 전체를 몇 개의 구획으로 분할하고 각각의 구획은 덕트나 냉온수에 대해 냉난방 부하를 처리하게 되는 것을 말한다.

② **존**

㉮ 내부 존 : 용도에 따른 시간별 조닝 등

㉯ 외부 존 : 방위별, 층별 조닝

‖ 건물의 내부 존과 외부 존 ‖

2. 공기조화방식의 특성

(1) 단일덕트방식

공조기(AHU ; Air Handling Unit)에서 조화된 냉풍 또는 온풍을 하나의 덕트를 통해 취출구로 송풍하는 방식이다.

① **장점**

㉮ 덕트가 1계통이라서 시설비가 적게 들고 덕트 스페이스를 작게 차지한다.

㉯ 냉풍과 온풍을 혼합하는 혼합상자가 필요 없어서 소음 · 진동도 작다.

㉰ 에너지가 절약된다.

② 단점

㉮ 각 실이나 존의 부하변동에 즉시 대응할 수 없다.

㉯ 부하특성이 다른 여러 개의 실이나 존이 있는 건물에 적용하기 곤란하다.

㉰ 실내부하가 감소될 경우에 송풍량을 줄이면 실내공기의 오염이 심하다.

(2) 단일덕트 재열방식

냉방부하가 감소될 경우 냉각기 출구공기를 재열기(Reheater)로 가열시켜 송풍하므로 말단 재열기(Terminal Reheater) 또는 존별 재열기를 설치하고 증기 또는 온수로 송풍공기를 가열하는 방식이다.

① 장점

㉮ 부하특성이 다른 여러 개의 실이나 존이 있는 건물에 적합하다.

㉯ 잠열부하가 많은 경우나 장마철 등의 공조에 적합하다.

㉰ 설비비는 2중덕트방식보다는 적게 든다.

② 단점

㉮ 재열기의 설치로 설비비 및 유지관리비가 든다.

㉯ 재열기의 설치 스페이스가 필요하다.

㉰ 냉각기에 재열부하가 첨가된다.

㉱ 여름에도 보일러의 운전이 필요하다.

㉲ 재열기가 실내에 있는 경우 누수의 염려가 있다.

(3) 2중덕트방식

공조기에 냉각코일과 가열코일이 있어서 냉방, 난방 시를 불문하고 냉풍 및 온풍을 만든다. 냉풍과 온풍은 각각 별개의 덕트를 통해 각 실이나 존으로 송풍하고 냉난방 부하에 따라 혼합상자(Mixing Box)에 혼합하여 취출시킨다.

① 종류

㉮ 2중덕트방식

㉯ 멀티존방식

② 장점

㉮ 부하의 특성이 다른 다수의 실이나 존에도 적용할 수 있다.

㉯ 각 실이나 존의 부하변동이 생기면 즉시 냉온풍을 혼합하여 취출하기 때문에 적응속도가 빠르다.

㉰ 방의 설계변경이나 완성 후에 용도변경에도 쉽게 대처가 가능하다.

㉱ 실의 냉난방 부하가 감소되어도 취출공기의 부족현상이 없다.

③ 단점

㉮ 덕트가 2계통이므로 설비비가 많이 든다.

㉯ 혼합상자에서 소음과 진동이 생긴다.

㉰ 냉온풍의 혼합으로 인한 혼합손실이 있어서 에너지 소비량이 많다.

㉱ 덕트의 샤프트 및 덕트의 스페이스가 크게 된다.

(4) 변풍량방식

① 단일덕트 변풍량방식 : 취출구 1개 또는 여러 개에 변풍량 유닛(VAN Unit)을 설치하여 실의 온도에 따라 취출풍량을 제어한다.

㉮ 장점 : 실내부하가 감소되면 송풍량이 감소된다.

㉯ 단점 : 부하가 극히 감소되면 실내의 공기오염이 심해진다.

② 2중덕트 변풍량방식 : 단일덕트의 변풍량방식의 단점을 보완하여 만든 방식이다. 2중덕트의 혼합상자와 변풍량 유닛을 조합한 2중덕트 변풍량 유닛을 사용하거나 또는 혼합상자와 변풍량 유닛이 별개로 분리된 것을 사용하기도 한다.

③ 단일덕트 변풍량 재열방식 : 단일덕트 변풍량방식은 실의 냉방부하가 최솟값에 달해도 일정량의 최소 냉풍량이 취출되므로 추위를 느끼게 된다. 따라서 재열형 변풍량 유닛으로 공급 공기를 재열시킨 후 취출하는 방식이다.

▼ 변풍량방식의 특성 비교표

단일덕트 변풍량방식	단일덕트 변풍량 재열방식	2중덕트 변풍량방식
• 에너지절감 효과가 크다. • 일사량 변화가 심한 페리미터존에 적합하다. • 각 실의 온도를 개별제어하기 쉽다. • 설비비가 많이 든다.	• 각 실 및 존의 개별제어가 쉽다. • 외기 풍량을 필요로 하는 곳에 좋다. • 설비비가 많이 든다. • 여름에도 보일러 가동이 필요하다. • 누수의 염려가 있다.	• 에너지절감 효과가 있다. • 외기 풍량이 많이 필요한 곳에 좋다. • 까다로운 실내조건을 만족시킨다. • 설비비가 많이 든다. • 혼합손실이 있다.

(5) 덕트병용 패키지 방식

각 층에 있는 패키지 공조기(PAC ; Package Type Air Conditioner)로 냉온풍을 만들어 덕트를 통해 각 실로 송풍한다. 패키지 내에는 직접팽창코일, 즉 증발기가 있어서 냉풍을 만들 수 있고 응축기에는 옥상에 있는 냉각탑으로부터 공급되는 냉각수에 의해 냉각된다. 또 패키지 내에 있는 가열코일로는 지하실에 있는 보일러로부터 온수 또는 증기가 공급된다. 그러나 난방부하가 적은 경우에는 전열기를 설치하므로 보일러가 냉각되는 경우도 있다.

① 장점

㉮ 중앙기계실에 냉동기를 설치하는 방식에 비하여 설비비가 적게 든다.

㉯ 특별한 기술이 없어도 된다.

㉰ 중앙기계실의 면적이 작다.

㉱ 냉방 시에는 각 층은 독립적으로 운전이 가능하므로 에너지절감 효과가 크다.

㉲ 급기를 위한 덕트 샤프트가 필요 없다.

② 단점

㉮ 패키지형 공조기가 각 층에 분산 배치되므로 유지관리가 번거롭다.

㉯ 실내 온도제어가 2위치 제어이므로 편차가 크고 또한 습도제어가 불충분하다.

㉰ 15RT 이하의 소형은 송풍기 정압이 낮고 고급의 필터를 설치할 때 부스터 팬(Booster Fan)이 필요하다.

　　　 ㉣ 공조기로 외기의 도입이 곤란한 것도 있다.
　　③ **사용처** : 중소규모의 건물, 호텔 등

(6) 각 층 유닛 방식

각 층마다 독립된 유닛(2차 공조기)을 설치하고 이 공조기의 냉각코일 및 가열코일에는 중앙기계실로부터 냉수 및 온수나 증기를 공급받는다. 이 방법은 대규모 건물이나 다층인 경우에 적용된다.

　① **장점**
　　　 ㉮ 외기용 공조기가 있는 경우에는 습도제어가 용이하다.
　　　 ㉯ 외기 도입이 용이하다.
　　　 ㉰ 1차 공기용 중앙장치나 덕트가 작아도 된다.
　　　 ㉱ 중앙기계실의 면적을 적게 차지하고 송풍기의 동력도 적게 든다.
　　　 ㉲ 각 층마다 부하변동에 대응할 수 있다.
　　　 ㉳ 각 층마다 부분운전이 가능하다.
　　　 ㉴ 환기 덕트가 작거나 필요 없어도 된다.

　② **단점**
　　　 ㉮ 공조기가 각 층에 분산되므로 관리가 불편하다.
　　　 ㉯ 각 층마다 공조기를 설치해야 할 장소가 필요하다.
　　　 ㉰ 각 층의 공조기로부터 소음 및 진동이 있다.
　　　 ㉱ 각 층마다 수(水) 배관을 해야 하므로 누수의 우려가 있다.

(7) 팬코일 유닛 방식

팬코일 유닛(Fan Coil Unit)은 수(水)방식으로서 중앙기계실의 냉열원기기(냉동기나 보일러 열교환기 및 축열조)로부터 냉수 또는 온수나 증기를 배관을 통해 각 실에 있는 팬코일 유닛(FCU)에 공급하여 실내공기와 열교환시킨다.

　① **종류**
　　　 ㉮ 외기를 도입하지 않는 방식
　　　 ㉯ 외기를 실내 유닛인 팬코일 유닛으로 직접 도입하는 방식
　　　 ㉰ 덕트병용의 팬코일 유닛 방식

　② **장점**
　　　 ㉮ 각 실의 유닛은 수동으로도 제어가 가능하고 개별제어가 용이하다.
　　　 ㉯ 유닛을 창문 밑에 설치하면 콜드 드래프트(Cold Draft)를 줄일 수 있다.
　　　 ㉰ 덕트방식에 비해 유닛의 위치변경이 용이하다.
　　　 ㉱ 펌프에 의해 냉수, 온수가 이송되므로 송풍기에 의한 공기의 이송동력보다 적게 든다.
　　　 ㉲ 덕트 샤프트나 스페이스가 필요 없거나 작아도 된다.
　　　 ㉳ 중앙기계실의 면적이 작아도 된다.

③ 단점

    ㉮ 각 실에 수배관에 의해 누수의 염려가 있다.

    ㉯ 외기량이 부족하여 실내공기의 오염이 심하다.

    ㉰ 팬코일 유닛 내에 있는 팬으로부터 소음이 있다.

    ㉱ 유닛 내에 설치된 필터는 주기적으로 청소가 필요하다.

(8) 유인 유닛 방식

유인 유닛 방식(IDU ; Induction Unit System)은 1차 공기를 처리하는 중앙공조기, 고속덕트와 각 실로 이루어지며, 각 실은 유인 유닛 및 냉온수나 증기를 공급하는 배관에 의해 구성된다. 1차 공기는 보통 외기만 통과하지만 때로는 실내 환기와 외기를 혼합하여 통과하는 경우도 있다. 1차 공조기에서 냉각, 감습 또는 가열, 가습한 1차 공기를 고압, 고속으로 유닛 내로 보내면 유닛 내에 있는 노즐을 통해 분출될 때 유인작용으로 실내공기인 2차 공기를 혼합하여 분출한다. 이때 2차 공기는 흡입구와 노즐 사이에 설치된 냉수, 온수 코일에 의해 냉각 또는 가열된다.

> 📖 **Reference** 유인비
>
> $$유인비(k) = \frac{합계\ 공기}{1차\ 공기} = \frac{\text{TA}}{\text{PA}} = 3 \sim 4$$
>
>   여기서, PA(Primary Air) : 유인 유닛으로 들어오는 1차 공기
>   SA(Secondary Air) : 유인 유닛으로 들어오는 2차 공기
>   TA(Total Air) : 1차 공기와 2차 공기가 혼합된 합계공기

① 장점

    ㉮ 각 유닛마다 제어가 가능하므로 개별제어가 가능하다.

    ㉯ 고속 덕트를 사용하므로 덕트 스페이스를 작게 할 수 있다.

    ㉰ 중앙공조기는 1차 공기만 처리하므로 규모가 작아도 된다.

    ㉱ 유인 유닛에는 전기배선이 필요 없다.

    ㉲ 실내부하의 종류에 따라 조닝을 쉽게 할 수 있다.

    ㉳ 부하변동에 따른 적응성이 좋다.

② 단점

    ㉮ 각 유닛마다 수배관이 필요하여 누수의 염려가 있다.

    ㉯ 유닛은 소음이 있고 가격은 비싸다.

    ㉰ 유닛 내의 필터 청소를 자주 해야 한다.

    ㉱ 외기냉방의 효과가 적다.

    ㉲ 유닛 내에 있는 노즐이 막히기 쉽다.

③ **사용처** : 고층 사무소, 빌딩, 호텔, 회관 등의 외부 존

    ※ 최근의 건물은 유리창이 많아서 태양의 일사량이 많아 방위에 따라 변화가 심하며 겨울철에도 냉방이 필요할 때가 있어서 냉온수를 준비하여 부하의 변동에 대응하도록 한 방식이다.

(9) 복사 냉난방방식

바닥, 천장 또는 벽면을 복사면으로 하여 실내 현열부하의 50~70%를 처리하도록 하고 나머지의 현열부하와 잠열부하는 중앙공조기를 통해 덕트로 공급 처리하는 방식이다. 복사면은 냉수, 온수를 통하게 하는 패널(Panel)을 사용하거나 파이프를 바닥이나 벽 등에 매설하는 경우와 전기 히터를 사용하는 경우 또는 연소가스가 구조체의 온돌을 통하게 하는 경우가 있다.

① 장점

  ㉮ 현열부하가 큰 곳에 설치하기에 효과적이다.

  ㉯ 쾌감도가 높고 외기의 부족현상이 적다.

  ㉰ 냉방 시에 조명부하나 일사에 의한 부하가 쉽게 처리된다.

  ㉱ 바닥에 기기를 배치하지 않아도 되므로 공간이용이 넓다.

  ㉲ 건물의 축열을 기대할 수 있다.

  ㉳ 덕트 스페이스가 필요 없고 열운반 동력을 줄일 수 있다.

② 단점

  ㉮ 단열 시공이 필요하다.

  ㉯ 시설비가 많이 든다.

  ㉰ 방의 내부구조나 모양의 변경 시 융통성이 적다.

  ㉱ 냉방 시에는 패널에 결로의 염려가 있다.

  ㉲ 풍량이 적어서 풍량이 많이 필요한 곳에는 부적당하다.

(10) 개별방식

① 종류

  ㉮ 패키지 공조기(Packaged Air Conditioner) 방식

  ㉯ 룸 쿨러(Roon Cooler) 방식

  ㉰ 멀티 유닛(Multi-unit) 방식

② 장점

  ㉮ 설치나 철거가 용이하다.

  ㉯ 운전조작이 쉽고 유지관리가 수월하다.

  ㉰ 제품이 규격화되어 있고 용도나 용량에 따라 선택이 자유롭다.

  ㉱ 히트 펌프(Heat Pump)식은 냉난방을 겸할 수 있다.

  ㉲ 개별제어가 용이하다.

③ 단점

  ㉮ 설치장소에 제한이 따른다.

  ㉯ 실내에 설치하므로 설치공간이 필요하다.

  ㉰ 실내 유닛이 분리되지 않는 경우에는 소음이나 진동이 발생된다.

  ㉱ 응축기의 열풍으로 주위에 피해가 우려된다.

  ㉲ 외기량이 부족하다.

1. 온도

(1) 섭씨온도(Centigrade Temperature)

표준대기압(1atm) 상태에서 물이 어는 온도(빙점)를 0℃로 정하고, 끓는 온도(비점)를 100℃로 정한 다음, 그 사이를 100등분하여 한 눈금을 1℃로 규정한다.

(2) 화씨온도(Fahrenheit Temperature)

표준대기압(1atm) 상태에서 물이 어는 온도(빙점)를 32℉로 정하고, 끓는 온도(비점)를 212℉로 정한 다음, 그 사이를 180등분하여 한 눈금을 1℉로 규정한다.

> **Reference** ℃와 ℉와의 관계
>
> $$℃ = \frac{5}{9} \times (℉ - 32), \quad ℉ = \frac{9}{5} \times ℃ + 32, \quad \frac{t(℃)}{100} = \frac{t(℉) - 32}{180}$$

(3) 절대온도(Absolute Temperature)

온도의 시점(始點)을 $-273.16K$으로 한 온도로서, K으로 표시한다.

① 섭씨 절대온도(Kelvin 온도)

$$K = 273 + ℃, \quad 0℃ = 273K, \quad 0K = -273℃$$

② 화씨 절대온도(Rankine 온도)

$$℉R = 460 + ℉, \quad ℉ = ℉R - 460$$

(4) 건구온도

온도계로 측정할 수 있는 온도

(5) 습구온도

봉상온도계(유리온도계)의 수은 부분에 명주를 물에 적셔 수분이 대기 중에 증발될 때 측정한 온도

(6) 노점온도

대기 중에 존재하는 포화수증기가 응축하여 이슬이 맺히기 시작할 때의 온도

2. 압력

단위면적 $1cm^2$에 작용하는 힘(kg 또는 Pa)의 크기로 단위는 kg_f/cm^2 또는 lb/in^2(PSI ; Pound per Square Inch)

(1) 표준대기압(atm)

1기압은 위도 45°의 해면에서 0℃, 760mmHg가 매 cm^2에 주는 힘으로 정의한다.

$1atm = 1.0332kg_f/cm^2 = 760mmHg = 10.33mH_2O$
$= 1.01325bar = 1,013.25mbar = 101,325N/m^2 = 101,325Pa = 14.7\,lb/in^2$
$= 101.325kPa$

(2) 공학기압(at)

$1kg_f/cm^2 = 735.6mmHg = 10mH_2O = 0.9807bar = 980.7mbar = 98,070Pa$
$= 0.9679atm = 14.2\,lb/in^2 = 98.07kPa$

(3) 게이지 압력

표준대기압을 0으로 하여 측정한 압력, 즉 압력계가 표시하는 압력

※ 단위 : kg_f/cm^2, $kg_f/cm^2\,g$, $lb/in^2\,g$

(4) 절대압력

완전 진공을 0으로 하여 측정한 압력

※ 단위 : $kg_f/cm^2\,abs$, $lb/in^2\,abs$

① 절대압력($kg_f/cm^2\,a$) = 게이지 압력(kg_f/cm^2) + 대기압($1.033kg_f/cm^2$)

② 절대압력 = 대기압 − 진공압

③ 게이지 압력(kg_f/cm^2) = 절대압력(kg_f/cm^2) − 대기압($1.033kg_f/cm^2$)

※ $1MPa = 0.1kg_f/cm^2$

(5) 진공도(Vacuum)

대기압보다 낮은 압력을 진공도 또는 진공압력이라 한다. 단위로는 cmHgV, inHgV로 표시하며, 진공도를 절대압력으로 환산하면 다음과 같다.

① cmHgV에 $kg_f/cm^2\,a$로 구할 때 : $P = 1.033 \times \left(1 - \dfrac{h}{76}\right)$

② cmHgV에 $lb/in^2\,a$로 구할 때 : $P = 14.7 \times \left(1 - \dfrac{h}{76}\right)$

③ inHgV에 $kg_f/cm^2\,a$로 구할 때 : $P = 1.033 \times \left(1 - \dfrac{h}{30}\right)$

④ inHgV에 $lb/in^2\,a$로 구할 때 : $P = 14.7 \times \left(1 - \dfrac{h}{30}\right)$

‖ 완전진공상태 ‖

(6) 압력계

　① 복합 압력계 : 진공과 저압을 측정할 수 있는 압력계

　② 고압 압력계 : 대기압 이상의 압력을 측정할 수 있는 압력계

　③ 매니폴드 게이지 : 복합 압력계와 고압 압력계가 같이 붙어 있는 게이지

3. 열량

(1) 1kcal

물 1kg을 1℃ 올리는 데 필요한 열량(한국 · 일본에서 사용되는 단위)

(2) 1BTU

물 1 lb를 1℉ 올리는 데 필요한 열량(미국 · 영국에서 사용되는 단위)

(3) 1PCU(CHU)

물 1 lb를 1℃ 올리는 데 필요한 열량

> **Reference** 열량의 단위 환산
>
> - 1kcal = 3.968BTU(British Thermal Unit)
> - $1BTU = \dfrac{1}{3.968}kcal = 0.252kcal = 252cal$
> - 1CHU = 0.4536kcal

4. 비열(Specific Heat)

어떤 물질 1kg(1 lb)을 1℃(1℉) 높이는 데 필요한 열량(kcal/kg℃ 또는 BTU/lb℉)

(1) 정압비열(Constant Pressure, C_P)

기체를 압력이 일정한 상태에서 1℃ 높이는 데 필요한 열량

(2) 정적비열(Constant Volume, C_V)

기체를 체적이 일정한 상태에서 1℃ 높이는 데 필요한 열량

(3) 비열비(k)

　① 기체의 정압비열과 정적비열과의 비, 즉 C_P / C_V 이다.

　② $C_P > C_V$ 이므로 $C_P / C_V > 1$ 이다(비열비는 항상 1보다 크다).

　③ 각 냉매의 비열비(k)

　　㉮ NH₃ : 1.313(토출가스온도 98℃)

　　㉯ R－12 : 1.136(토출가스온도 37.8℃)

　　㉰ R－22 : 1.184(토출가스온도 55℃)

　　㉱ 공기 : 1.4

5. 현열(감열)과 잠열 및 열용량

(1) 잠열

온도변화 없이 상태를 변화시키는 데 필요한 열

(2) 감열(현열)

상태변화 없이 온도를 변화시키는 데 필요한 열(현열)

(3) 증발잠열(기화열)

액체가 일정한 온도에서 증발할 때 필요한 열

(4) 열용량(Heat Content)

어떤 물질의 온도를 1℃ 만큼 올리는 데 필요한 열량이며 그 단위는 kcal/℃이다.

$$열용량(Q)=물질의\ 질량(m)\times비열(C)$$

|| 물의 상태변화 ||

┌─────────────────────────────┐
│ Reference 잠열
│
│ • 물의 증발잠열 : 539kcal/kg(970BTU/lb)
│ • 얼음의 융해잠열 : 79.68kcal/kg(144BTU/lb)
└─────────────────────────────┘

(5) 열량 계산방식

① 감열

$$Q = W \times C \times t$$

여기서, Q : 열량(kcal)

W : 중량(kg)

C : 비열(kcal/kg℃)(얼음 0.5, 물 1, 공기 0.24, 수증기 0.46)

Δt : 온도차(℃)

② 잠열

$$Q = W \times \gamma$$

여기서, Q : 열량(kcal)

W : 중량(kg)

γ : 잠열(kcal/kg)

6. 증기(Steam)

(1) 포화(飽和)

어느 일정한 압력하에서 증발상태에 있을 때를 포화상태라 한다.

(2) 과냉액(過冷液)

일정한 압력하에서 포화온도 이하로 냉각된 액체를 말한다.

(3) 포화액(飽和液)

포화온도상태에 있는 액을 열로 가하면 온도는 오르지 않고 증발하는 액을 말한다.

(4) 포화증기(飽和蒸氣)

① 습포화증기 : 포화온도상태에서 수분을 포함하고 있는 증기(건조도 1 이하)

② 건조포화증기 : 포화온도상태에서 수분을 포함하지 않는 증기로 습포화증기를 계속 가열하여 물방울을 완전히 제거한 증기(건조도가 1)

(5) 건조도(乾燥度)

증기 속에 함유되어 있는 액의 혼용률을 나타낸다.

(6) 과열증기(過熱蒸氣)

포화온도보다 높은 온도의 증기로 건조포화증기에 계속 열을 가하여 얻은 증기이다.

단, 압력은 일정하다.

> **Reference** 포화온도와 포화압력
>
> • 포화온도 : 어느 압력하에서 액을 가열할 때 액의 상태에서는 이 이상의 온도로는 오르지 않는다는 한계온도를 말한다.
> • 포화압력 : 포화온도상태에 있는 압력
> • 포화온도는 압력에 비례한다. 즉 압력이 낮아지면 포화온도가 낮아지고 압력이 높아지면 포화온도는 상승한다.

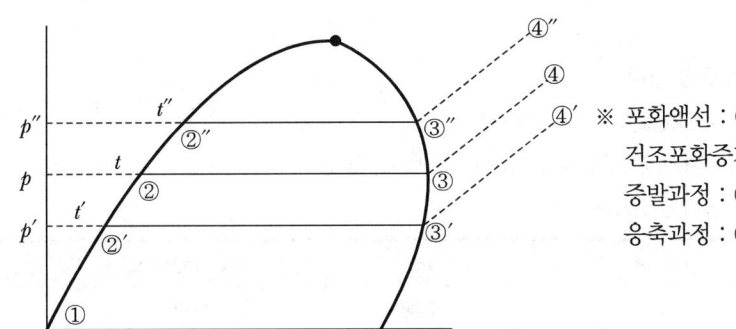

※ 포화액선 : ②'②②"의 연결곡선
건조포화증기선 : ③'③③"의 연결곡선
증발과정 : ②'→③', ②→③, ②"→③"
응축과정 : ③'→②', ③→②, ③"→②"

‖ 포화액, 건조포화증기, 증발, 응축과정선 ‖

(7) 과열도(過熱度)

$$과열도(℃) = 과열증기온도 - 포화증기온도$$

즉, 과열증기온도와 포화증기온도와의 차를 말한다.

‖ 열의 흡수에 의한 상태변화 ‖

(8) 임계점(臨界点)

증발잠열은 압력이 클수록 적어지므로 어느 압력에 도달하면 잠열이 0kcal/kg이 되어 액체, 기체의 구분이 없어진다. 이 상태를 임계상태라 하고 이때의 온도를 임계온도, 이에 대응하는 압력을 임계압력이라 한다. (그 이상의 압력에서는 액체와 증기가 서로 평형으로 존재할 수 없는 상태)

냉매구분	임계온도(℃)	임계압력(kg/cm² abs)
NH_3	133	116.5
R-11	198	44.7
R-12	111.5	40.9
R-22	96	50.3

7. 동력

단위 시간당(sec) 일의 양을 말한다.

- $1PS = 75kg \cdot m/sec = 632kcal/hr = 0.736kW$
- $1kW = 102kg \cdot m/sec = 860kcal/hr = 1.36PS = 1,000J/sec$
- $1HP = 76kg \cdot m/sec = 641kcal/hr$

kW	HP	PS	kg · m/sec	kcal/h
1	1.34	1.36	102	860
0.746	1	1.0144	76	641
0.736	0.986	1	75	632

8. 밀도, 비중, 비체적

(1) **가스 밀도** : 가스 단위 체적당 질량을 말한다. 단위는 g/L, kg/m^3이다.

$$\text{가스 밀도}(kg/m^3) = \frac{\text{분자량}}{22.4}$$

(2) **가스 비중** : 표준상태(STP : 0℃, 1기압)의 공기 일정 부피당 질량과 같은 부피의 가스 질량과의 비

$$\text{가스 비중} = \frac{\text{가스 분자량}}{\text{공기의 평균 분자량}(29)}$$

(3) **가스 비체적** : 가스 단위 질량당 체적을 말한다. 단위는 L/g, m^3/kg이다.

$$\text{가스 비체적}(m^3/kg) = \frac{22.4}{\text{분자량}}$$

(4) **액의 밀도** : 단위 부피당 질량

$$\rho = \frac{m}{V}$$

여기서, ρ : 밀도, m : 질량(kg), V : 부피(m^3)

(5) **액비중** : 4℃의 순수한 물의 무게와 같은 부피의 액의 무게와의 비

> **Reference** 질량과 중량의 구별
>
> - 질량(kg) : 그 물질이 갖는 순수한 고유의 무게로 장소에 따라 변동이 없다.
> - 중량(kg중 또는 kg_f) : 그 물질이 갖는 고유의 무게에 중량($9.8m/sec^2$의 가속도)이 가해진 무게로 장소에 따라 변동이 있다.

9. 원자량과 분자량

(1) 원자량(Atomic Weight)

① 질량수 12인 탄소원자 ^{12}C의 질량을 12라고 했을 때 각 원소의 원자인 상대적인 질량의 값을 말한다.

② 원자량에 g 단위를 붙인 질량을 1g 원자 또는 원자 1몰이라 하며, 1g 원자는 종류에 관계없이 6.02×10^{23}개(아보가드로 수)의 질량이다.

(2) 분자량(Molecular Weight)

① 각 분자를 구성하고 있는 성분원소의 원자량의 총합을 말한다.

② 분자량에 g 단위를 붙인 질량을 1g 분자 또는 1몰이라 하며, 1g 분자는 6.02×10^{23}개의 질량이다.

③ 분자량을 구하는 방법 : 표준상태 이외인 경우 이상기체 상태방정식으로 구한다.

$$PV = \frac{W}{M}RT \text{에서 } M = \frac{WRT}{PV}$$

여기서, P : 압력(atm), R : 기체상수(0.082atm L/mol K)
V : 체적(L), T : 절대온도(K), M : 분자량, W : 질량(g)

> **Reference** 공기의 평균 분자량
>
> 공기의 평균 조성은 부피(%) 기준으로 질소(N_2) 78%, 산소(O_2) 21%, 아르곤(Ar) 및 기타 가스 1%로 보아 그 평균 분자량은 $\frac{(28 \times 78) + (32 \times 21) + (40 \times 1)}{100} \fallingdotseq 29$이다. 공기의 평균 분자량, 즉 공기 22.4L가 차지하는 무게는 약 29g이라 할 수 있다.

(3) 기체 1g 분자가 차지하는 부피(아보가드로의 법칙)

① 모든 기체 1g 분자(1mol)는 표준상태(STP : 0℃, 1기압)에서 22.4L의 부피를 차지하며, 분자수는 6.02×10^{23}개이다.

② 1몰(mol)이란 분자, 원자, 전자 이온 6.02×10^{23}개의 모임을 말한다. 단, 원자 전자(이온)란 명시가 없을 때는 분자 몰만을 표시한다.

③ 몰수를 구하는 방법

$$\text{몰수(mol)} = \frac{W}{M} = \frac{\text{체적(L)}}{22.4} = \frac{\text{분자수}}{6.02 \times 10^{23}}$$

구분	O_2	H_2	CO_2	NH_3
g 분자량	32	2	44	17
몰수	1몰	1몰	1몰	1몰
체적(L)	22.4	22.4	22.4	22.4
분자수(개)	6.02×10^{23}	6.02×10^{23}	6.02×10^{23}	6.02×10^{23}

(4) 프로판 가스의 화학반응식이 가지는 뜻

조건	반응물질	생성물질
화학반응식	$C_3H_8 + 5O_2$	$3CO_2 + 4H_2O$
몰비	1 : 5	3 : 4
질량비	44g : 5×32g	3×44g : 4×18g
부피비	22.4L : 5×22.4L	3×22.4L : 4×22.4L

10. 열역학 법칙

(1) 열역학 제0법칙

온도가 서로 다른 물체를 접촉시키면 높은 온도를 지닌 물체의 온도는 내려가고 낮은 온도를 지닌 물체의 온도는 올라가서 두 물체의 온도차가 없게 되어 열평형이 이루어지는 현상으로, 두 물체가 열평형이 된 상태의 온도는 다음과 같이 구한다.

$$℃ = \frac{G \cdot C \cdot \Delta t + G' \cdot C' \cdot \Delta t'}{G \cdot C + G' \cdot C'}$$

여기서, G : 질량(kg)
C : 비열(kcal/kg℃)
Δt : 온도차(℃)

(2) 열역학 제1법칙(에너지 보존법칙)

기계적 일이 열로 바뀌고, 또 열이 기계적 일로 바뀌는, 즉 일정비율로 서로 전환될 수 있는 현상

$$Q = A \cdot w \frac{1}{J}$$
$$w = JQ$$

여기서, w : 일량(kg · m)
J : 열의 일당량(427kg · m/kcal) = (778ft · lb/BTU)
Q : 열량(kcal)
A : 일의 열당량($\frac{1}{427}$ kcal/kg m) = ($\frac{1}{778}$ BTU/ft lb)

① 엔탈피(Enthalpy) : 유체가 가진 열에너지와 일에너지를 합한 열역학적 총 에너지를 엔탈피라 하고 유체 1kg이 가진 엔탈피가 비엔탈피이다.

$$엔탈피(h) = U + APV$$

여기서, U : 내부 에너지(kcal/kg)
A : 일의 열당량
PV : 일에너지(kg · m/kcal)

(3) 열역학 제2법칙(에너지 흐름의 법칙)

일에너지는 열에너지로 쉽게 바뀔 수 있지만 열에너지를 일에너지로 바꾸려면 열기관을 통해야 하는데, 열기관을 통해도 열의 전부가 일로 바뀌지 않고 일부가 손실된다. 이처럼 일은 쉽게 열로 바뀔 수 있지만 열은 쉽게 일로 바뀔 수 없는 것이다. 즉 열은 고온에서 저온으로 이동한다는 에너지 변환의 방향성을 표시하는 법칙을 말한다.

① 엔트로피(Entropy) : 어떤 단위 중량당 물체가 가지고 있는 열량을 그 유체의 절대온도로 나눈 값이다.

$$엔트로피(\Delta S) = \frac{\Delta Q}{T}$$

여기서, ΔQ : 열량(kcal)
ΔS : 엔트로피(kcal/kg K)
T : 절대온도(℃ + 273)

(4) 열역학 제3법칙

열적 평형상태에 있는 모든 결정성 고체의 엔트로피는 절대 0도에서 0이 된다는 법칙, 즉 어떠한 상태에서도 절대 0도(-273℃)에 이르게 할 수 없다는 법칙을 말한다.

11. 기체

(1) 이상기체(완전가스)

이상기체란 보일 · 샤를 · 돌턴의 법칙, 즉 기체의 압력, 부피, 온도 관계가 어떤 종류의 단순한 법칙에 따라가는 가상적인 기체를 말한다.

> **Reference** 이상기체의 특성
>
> • 이상기체는 질량이 있으나, 이상기체 분자 자신은 부피가 없다. 단, 전체로서는 부피를 갖는다.
> • 이상기체 분자 사이에는 인력이나 반발력이 작용하지 않는다.
> • 이상기체는 응축시켜서 액화할 수 없다.

① 이상기체 상태방정식 : 온도, 압력, 부피와의 관계를 나타내는 방정식

$$PV = nRT = \frac{W}{M}RT$$

※ $P_1 V_1 = GR_1 T$

$PV = nZRT$(보정하고자 할 때)

여기서, R : 압력(atm)
V : 부피(L)

R : 기체상수(기체 1몰의 경우 $R = \dfrac{PV}{T}$ 로서, 0℃, 1기압일 때 모든 기체는 22.4L의

체적을 가지므로 $\dfrac{1 \times 22.4}{273} = 0.082$L atm/mol K이 된다.)

T : 절대온도(K)

P_1 : 압력(kg$_f$/cm², 절대$\times 10^4 =$ kg$_f$/m²)

V_1 : 부피(m³)

W : 무게(g)

G : 질량(kg)

R_1 : 기체정수$\left(\dfrac{848}{M} \text{kg m/kg K} \right)$

$$R = \dfrac{1.0332 \times 10^4 \text{kg}_f/\text{m}^2 \times 22.4\text{m}^3/\text{kmol}}{273\text{K}} = 848 \text{kg m/kmol K}$$

M : 분자량(kg/kmol)

Z : 보정계수(압축계수)

Reference 기체상수(R)

기체상수 R의 값은 단위에 따라 달라진다.
• 0.082L atm/mol K
• 8.31J/mol K
• 8.31$\times 10^7$erg/mol K
• 1.987cal/mol K

---

② 보일(Boyle)의 법칙 : 온도가 일정할 때 일정량의 기체가 차지하는 체적(부피)은 절대압력에 반비례한다.

$$PV = P_1 V_1$$

여기서, P : 압력(kg$_f$/cm² abs), V : 부피(L)

P_1 : 부피가 V_1일 때 가스 압력(kg$_f$/cm² abs)

V_1 : 압력이 P_1일 때 가스 부피(L)

③ 샤를(Charle)의 법칙(게이뤼삭(Gay-Lussac)의 법칙) : 압력이 일정할 때 기체의 부피는 절대온도에 비례한다.

$$\dfrac{V}{T} = \dfrac{V_1}{T_1}$$

여기서, V : 0℃(273K)일 때의 가스 부피(L)

T : 0℃(273K)

V_1 : t℃(273+tK)일 때의 가스 부피(L)

T_1 : t℃(273+tK)

④ 보일−샤를의 법칙 : 일정량의 기체가 갖는 부피는 압력에 반비례하고, 절대온도에 비례한다.

$$\frac{PV}{T} = \frac{P_1 V_1}{T_1}$$

$$V_2 = V_1 \times \frac{T_2}{T_1} \times \frac{P_1}{P_2}$$

⑤ 돌턴(Dalton)의 분압법칙 : 혼합기체의 전압은 성분기체의 분압(부분압력)의 총합과 같다.

$$P = P_1 + P_2 + P_3 \cdots\cdots$$

여기서, P : 전압

　　　　 $P_1,\ P_2,\ P_3$: 분압

$$\text{분압} = \text{전압} \times \frac{\text{성분가스 몰수}}{\text{전가스 몰수}} = \text{전압} \times \frac{\text{성분가스 부피}}{\text{전가스 부피}} = \text{전압} \times \frac{\text{성분가스 분자수}}{\text{전가스 분자수}}$$

※ 압력비＝몰비＝부피비＝분자수의 비

(2) 실제 기체

이상기체는 실제로 존재할 수 없지만, 실제 기체는 분자 사이에 상호 인력도 존재하고 분자 자체의 부피도 무시할 수 없다. 기체의 압력이 높거나 온도가 낮을 때 이상기체 법칙으로부터 제외된다.

① 반데르발스(Van der Waals)의 방정식

　㉮ 1mol인 경우

$$\left(P + \frac{a}{V^2}\right)(V - b) = RT \qquad ※\ P = \frac{RT}{V - b} - \frac{a}{V^2}$$

　㉯ n(mol)인 경우

$$\left(P + \frac{n^2 a}{V^2}\right)(V - nb) = nRT \qquad ※\ P = \frac{nRT}{V - nb} - \frac{n^2 a}{V^2}$$

　　여기서, a : 기체 분자 간의 인력

　　　　　　 b : 기체 자신이 차지하는 체적

　　　　　　 n : 몰수

(3) 혼합가스의 조성

① 몰%＝$\dfrac{\text{어느 성분가스의 몰수}}{\text{가스 전체의 몰수}} \times 100\%$

② 부피%(용량%)＝$\dfrac{\text{어느 성분가스의 부피}}{\text{가스 전체의 중량}} \times 100\%$

③ 중량%(무게%)＝$\dfrac{\text{어느 성분가스의 중량}}{\text{가스 전체의 중량}} \times 100\%$

$$\frac{100}{L} = \frac{V_1}{L_1} + \frac{V_2}{L_2} + \frac{V_3}{L_3} \cdots\cdots$$

12. 고압가스의 용기 내용적과 저장능력

(1) 용기의 내용적 산정기준

① 압축가스

$$V = \frac{M}{P}$$

여기서, V : 용기의 내용적(L)

M : 대기압상태 기준 가스의 용적(L)

P : 35℃에서의 최고 충전 압력(kg/cm^2)

② 액화가스

$$G = \frac{V}{C}$$

여기서, G : 액화가스의 질량(kg)

V : 용기의 내용적(L)

C : 가스에 따른 충전상수

> **Reference** 가스 정수
>
> $G = \dfrac{V}{C}$ 식에서 C는 가스 정수이다. 예로서 액화 프로판의 C가 2.35라는 것은 액화 프로판을 넣을 수 있는 용기의 체적 2.35L당 1kg의 액화 프로판을 넣을 수 있다는 뜻이다. 일반적으로 많이 쓰이는 가스 정수는 기억하는 것이 좋다.

(2) 저장설비의 저장능력 산정기준

① 압축가스

$$Q = (P+1)V$$

여기서, Q : 저장설비의 저장능력(m^3)

P : 35℃ 온도에서의 저장설비의 최고 충전 압력(kg_f/cm^2)

V : 저장설비의 내용적(m^3)

② 액화가스

$$W = 0.9dV$$

여기서, W : 저장설비의 저장능력(kg)

d : 저장설비의 상용 온도에 있어서 액화가스의 비중(kg_f/L)

V : 저장설비의 내용적(L)

(3) 가스의 기화부피

$$d = \frac{M}{V}, \quad V = \frac{M}{d}, \quad M = dV$$

여기서, V : 액 부피(L)

d : 액 밀도(kg/L)

M : 가스 질량(kg)

또한, STP(표준상태)에서의 액 부피

$$V = \frac{G}{m} \times 22.4$$

여기서, m : 가스의 분자량

G : 가스 질량(kg)

(4) 구형 탱크의 내용적

$$V = \frac{4}{3}\pi r^3 = \frac{\pi D^3}{6}$$

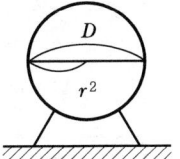

여기서, V : 내용적(kL=m³=ton)

r : 구의 반지름(m)

D : 구의 지름(m)

(5) 원통형 탱크의 내용적

$$V = \frac{\pi}{4}D^2 \cdot L$$

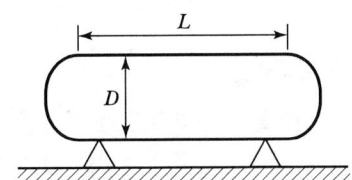

여기서, V : 내용적(kL=m³)

D : 지름(m)

L : 탱크의 길이(m)

(6) 탱크의 표면적

$$A = \pi D \times L + 2 \times \left(\frac{\pi}{4}D^2 \right)$$

여기서, A : 표면적(m²)

$\pi D \times L$: 동판의 면적(m²)

$2 \times \left(\frac{\pi}{4}D^2 \right)$: 경판의 면적(m²)

※ 원통형에서 경판부는 $\frac{4}{3}\pi r^2 h$ 로 구해지나 보통 $\left(\frac{\pi}{4}D^2 \right) \times 2$ 평판으로 계산한다.

(7) 탱크나 용기의 안전공간

액화가스를 충전하는 저장탱크나 용기에서 온도상승에 따른 액의 부피팽창을 고려하여 약 10% 정도 안전공간을 두며, 그 부피(%)는 다음 계산식에 의한다.

$$\text{안전공간} = \frac{V_1}{V} \times 100\%$$

여기서, V : 전체의 부피
V_1 : 기상부의 부피(전 부피 − 액 부피)

13. 가스의 압축

(1) 등온압축

실린더 주위를 냉각하면서 압축에 수반되는 가스의 온도상승을 완전히 막으면서, 압축 전후에 있어서 가스의 온도를 같게 하는 압축이다.

$$PV = P_1 V_1 \qquad \frac{P_1}{P} = \frac{V}{V_1}$$

여기서, P : 압축 전의 가스압력(kg_f/cm^2 abs)
P_1 : 압축 후의 가스압력(kg_f/cm^2 abs)
V : 압축 전의 체적(m^3)
V_1 : 압축 후의 체적(m^3)

(2) 단열압축

실린더를 완전하게 열을 절연하고 가스의 압축 중에 열이 외부로 방출되지 않게 해서 압축하는 방법이다. 단열압축은 압축 후 가스의 온도상승, 소요일량, 압력상승이 가장 크다.

$$PV^k = P_1 V_1^k, \quad k = C_P / C_V$$

(3) 폴리트로픽 압축

실제적인 압축방식으로, 등온과 단열의 중간 형태로 열량, 온도상승, 압력상승도 중간 형태인 압축방식이다.

$$PV^n = P_1 V_1^n, \quad 1 < n < k$$

여기서, C_P : 정압비열, C_V : 정적비열
k : 비열비
n : $n = k$(단열변화)
$n = 1$(등온변화)
$n = 0$(정압변화)
$n = \infty$(정적변화)

14. 전열

온도가 높은 곳에서 낮은 곳으로 열이 이동하는 것을 전열이라고 하며, 온도차에 의해서 이루어진다. 전열량은
온도차에 비례하고 열저항에 반비례한다.

$$Q = \frac{\Delta t}{W}$$

여기서, Q : 전열량(kcal/h)
W : 열이동에 대한 저항(m h ℃/kcal)
Δt : 온도차(℃)

(1) 열전도(Conduction)

고체와 고체 간에 열이 이동하는 것, 즉 고체 내에서의 열의 이동을
열전도라 한다.(푸리에의 법칙에 따른다.)

$$Q = \lambda \cdot \frac{F \cdot \Delta t}{l}$$

여기서, Q : 한 시간에 이동되는 열량(kcal/h)
λ : 열전도율(kcal/m h ℃)
F : 전열면적(m²)
Δt : 온도차(℃)
l : 두께(m)

(2) 열전도율(kcal/m h ℃)

한 변이 1m인 입방체에 4면을 완전히 열절연하여 나머지 2면을 온도차 1℃로 유지할 때 1시간에 양면을 흐
르는 열량을 열전도율이라 한다.

▼ 각종 재료의 열전도율(kcal/m h ℃)

재료	열전도율	재료	열전도율
강(탄소강)	31~46	유막	0.10~0.13
주철	46	물	0.51
동	300~330	얼음	2.0
알루미늄	190	스타이로폼	0.28
탄화코르크	0.036~0.04	공기	0.02
유리	0.67~0.83	물때	0.3~1.0
콘크리트	0.7~1.2	적상(서리)	0.1~0.4

(그림 설명)
1m
1m
열
온도차 1℃
1시간당

(3) 대류(Connection)

열이 액체나 기체의 운동에 의하여 이동하는 것을 말한다. 가열된 기체나 액체가 팽창하면 주위의 기체나 액체보다 밀도가 작아져서, 부력이 작용하여 위로 올라간다. 그 다음 온도가 낮고 밀도가 큰 기체나 액체가 들어가서 유체의 위치가 이동한다.

① **자연대류** : 유체의 밀도 변화에 의하여 일어나는 대류

② **강제대류** : 팬 또는 펌프 또는 교반기 등 기계적 방법으로 행하는 대류

(4) 복사(Radiation)

태양열은 공기층을 지나 지구 표면에 이른다. 이와 같이 열이 통과하는 중간물질을 가열하지 않고 열선(자외선)에 의해 높은 온도의 물체에서 낮은 온도의 물체로 옮아가는 작용을 복사라고 한다.

 Reference

> 검은색은 복사열을 잘 흡수하고 또한 복사열을 잘 방출한다. 가정용 냉장고는 이러한 이유 때문에 응축기를 검은색으로 칠한다.(단, 흰색은 검은색의 반대이다.)

(5) 열전달(Heat Transfer)

유체와 고체 간의 열이 이동하는 것을 말한다.

$$Q = \alpha \cdot F \cdot \Delta t$$

여기서, Q : 한 시간 동안에 이동된 열량(kcal/h)
 α : 열전달률, 표면전열률($kcal/m^2h℃$)
 F : 전열면적(m^2)
 Δt : 유체와 고체 간의 온도차(℃)

▼ 유체의 종류 및 상태에 따른 열전달률($kcal/m^2h℃$)

구분	유체	상태	열전달률	구분	유체	상태	열전달률
금속면과 유체	액체	정지	70~300	건축면과 공기	벽	옥외벽	20
		유동	200~5,000		응축면	NH₃	500
	기체	정지	2~30			R-12	1,600
		유동	10~500		증발면	NH₃	6,000
	벽	옥내벽	5~7			R-12	1,700

(6) 열관류율(K)

온도가 다른 유체가 고체벽을 사이에 두고 있을 때 온도가 높은 유체에서 온도가 낮은 유체로 열이 이동하는 비율을 열통과율 또는 열관류율($kcal/m^2h℃$)이라 한다.

$$Q = K \cdot F \cdot \Delta t$$

여기서, Q : 한 시간 동안에 통과한 열량(kcal/h)

K : 열통과율(kcal/m²h℃ ; 전열계수)

F : 전열면적(m²)

Δt : 온도차(℃)

(7) 평판전열벽

열통과저항은 제반 전열저항의 합이므로

$$W = W_{S_1} + W_{C_1} + W_{C_2} + W_{C_3} + \cdots + W_{S_2}$$

열전도저항 $W_C = \dfrac{l}{\lambda \cdot F}$

열전달저항 $W_S = \dfrac{1}{\lambda \cdot F}$ 이므로

$$W = \frac{1}{\alpha_1 \cdot F} + \frac{l_1}{\lambda_1 \cdot F} + \frac{l_2}{\lambda_2 \cdot F} + \frac{l_3}{\alpha_3 \cdot F} + \cdots + \frac{1}{\alpha_2 \cdot F}$$

$K = \dfrac{1}{F \cdot W}$ 에서 $W = \dfrac{1}{K \cdot F}$ 이므로

$$K = \frac{1}{F\left\{\dfrac{1}{F}\left(\dfrac{1}{\alpha_1} + \dfrac{l_1}{\lambda_1} + \dfrac{l_2}{\lambda_2} + \dfrac{l_3}{\lambda_3} + \cdots + \dfrac{1}{\alpha_2}\right)\right\}}$$

$$\therefore \ K = \frac{1}{\dfrac{1}{\alpha_1} + \dfrac{l_1}{\lambda_1} + \dfrac{l_2}{\lambda_2} + \dfrac{l_3}{\lambda_3} + \cdots + \dfrac{1}{\alpha_2}}$$

(8) 핀 튜브(Finned Tube)의 전열

냉동장치에서 냉매와 냉각수, 냉매와 공기 간에 전열저항이 큰 쪽에 전열면적을 증가시켜 전열을 양호하게 하기 위하여 Fin을 부착한 Tube를 말한다.

> **Reference** 전열의 순서
>
> $NH_3 > H_2O > Freon > 공기$

① **핀 튜브의 종류**

㉮ 로 핀 튜브(Low Finned Tube) : 튜브 내로 전열이 양호한 유체가 흐르고 튜브 밖에 전열이 불량한 유체가 흐르고 있을 때 전열이 불량한 튜브 밖에 핀을 설치한 튜브를 말한다.

㉯ 이너 핀 튜브(Inner Finned Tube) : 튜브 내로 전열이 불량한 유체가 흐르고, 튜브 밖에 전열이 양호한 유체가 흐르고 있을 때 전열이 불량한 튜브 내에 핀을 설치한 튜브를 말한다.

‖ 핀 튜브의 종류 ‖

② 핀의 설치

㉮ 핀을 설치했을 때 내외면적비는 약 3.5이다.

㉯ 핀의 재료 : 동, 알루미늄 브레이스, 큐포로 니켈

㉰ NH_3는 전열이 양호하기 때문에 Fin을 부착시키지 않는다.

(9) 방열재의 구비조건과 종류

① 방열재의 구비조건

㉮ 전열이 불량할 것

㉯ 흡습성이 적을 것

㉰ 강도가 있을 것

㉱ 불연성일 것

㉲ 부식성이 없을 것

㉳ 시공이 용이할 것

㉴ 내구력이 있을 것

㉵ 가격이 저렴하고 구입이 용이할 것

② **방열재의 종류** : 유리섬유(Glass Fiber), 스타이로폼(Styrofoam), 글라스 파이버(Glass Fiber), 코르크(Cork), 톱밥

Reference

방열재 내의 온도가 외기의 노점온도보다 낮으면 수분이 침입하여 방열재 부식, 방열작용을 저해하게 되므로 경제적인 면과 외벽면에 이슬이 맺히는 것을 방지할 수 있는 두께로 방열해야 한다. 대기 온도차 7~8℃에 대해 1인치의 두께로 한다.

SECTION 02 냉동공학

1. 기계적인 냉동방법

(1) 증기압축식 냉동기 : 압축기, 응축기, 증발기, 팽창밸브

(2) 흡수식 냉동기 : 증발기, 흡수기, 재생기, 응축기

(3) 증기분사식 냉동기 : 증기 Ejector 이용

(4) 전자냉동기 : 펠티에 효과 이용

(5) 히트펌프(Heat Pump)

2. 기준 냉동사이클

(1) 증발온도 : $-15℃(5℉)$

(2) 응축온도 : $30℃(86℉)$

(3) 팽창밸브 직전 온도 : $25℃(77℉)$

(4) 압축기 흡입가스온도 : $-15℃$ 건조포화증기

3. 냉동능력

(1) 냉동효과(kcal/kg) : 냉매 1kg이 증발기에 들어가서 흡수하여 나오는 열량

(2) 체적냉동효과(kcal/m³) : 압축기 입구에서의 증기 $1m^3$의 흡열량

(3) 냉동능력(kcal/hr) : 증발기에서 시간당 제거할 수 있는 열량

(4) 냉동톤(Refrigeration Ton)

① 1RT는 0℃의 물 1ton을 24시간 동안에 0℃의 얼음으로 만드는 능력으로 3.862kW(3,320kcal/h)이다.

② 1USRT는 미국 냉동톤 32℉의 순수한 물 1ton(2,000 lb)을 24시간 동안에 32℉의 얼음으로 만드는 데 필요한 능력으로 3,024kcal/hr이다.

(5) 제빙톤 : 1일의 얼음 생산능력을 ton으로 나타낸 것으로 1제빙톤은 1.65RT이다.

4. 냉매

(1) 냉매

냉동사이클 내를 순환하는 동작유체로서 냉동공간 또는 냉동물질로부터 열을 흡수하여 다른 공간 또는 다른 물질로 열을 운반하는 작동유체이며, 화학적으로 다음과 같이 분류한다.

① 무기화합물 : NH_3, CO_2, H_2O

② 탄화수소 : CH_4, C_2H_6, C_3H_8

③ 할로겐화 탄화수소 : Freon

④ 공비(共沸) 혼합물(Azetrope) : $R-500$, $R-501$, $R-502$ 등

(2) 냉매의 종류

① 1차 냉매(직접 냉매) : 냉동사이클 내를 순환하는 동작유체로서 잠열에 의해 열을 운반하는 냉매(NH_3, Freon 등)

② 2차 냉매(간접 냉매) : 통칭 Brine($NaCl$, $CaCl_2$, $MgCl_2$ 등)을 말하며, 제빙장치의 브라인, 공조장치의 냉수 등이 이에 속한다. 감열에 의해 열을 운반한다.

5. 몰리에르 선도($P-i$ 증기선도)

- a : 압축기 흡입지점＝증발기 출구지점
- b : 압축기 토출지점＝응축기 입구지점
- c : 응축기에서 응축이 시작되는 지점
- d : 응축기에서 응축이 끝난 지점
  ＝과냉각이 시작되는 점
- e : 팽창밸브 입구지점
- f : 팽창밸브 출구지점＝증발기 입구지점

6. 냉동기의 구성

(1) 압축기(Compressor)

① 체적식(용적식) 압축기 : 왕복동식, 회전식, 스크루식

② 비용적식 압축기 : 원심식(터보형)

(2) 펌프

① 터보형 : 원심식(터빈형, 볼류트형), 사류식, 축류식

② 용적형 : 왕복동식, 회전식

(3) 응축기(Condenser)

① 입형 응축기(열통과율 750kcal/m²h℃)

② 횡형 응축기(열통과율 900kcal/m²h℃)

③ 7통로식 응축기(열통과율 1,000kcal/m²h℃)

④ 2중관식 응축기(열통과율 900kcal/m²h℃)

⑤ 대기식 응축기(열통과율 600kcal/m²h℃)

⑥ 셸 앤드 코일식 응축기(열통과율 500kcal/m²h℃)

⑦ 증발식 응축기(열통과율 200～280kcal/m²h℃)

⑧ 공랭식 응축기(열통과율 20～25kcal/m²h℃)

(4) 냉각탑(쿨링타워)

① 1RT=3,900kcal/h

② 쿨링 레인지(냉각수온 – 냉각수 출구수온)

③ 쿨링 어프로치(냉각수 출구수온 – 입구공기 습구온도)

(5) 팽창밸브

① 수동팽창밸브   ② 모세관

③ 정압식 팽창밸브(AEV)   ④ 온도식 자동팽창밸브(TEV)

⑤ 파일럿식 자동팽창밸브   ⑥ 고압 측 부자밸브

⑦ 저압 측 부자밸브   ⑧ 파일럿 플로트밸브

⑨ 부자 스위치   ⑩ 온도식 액면제어밸브

(6) 자동제어 및 안전장치

① 증발압력 조정밸브(EPR) : 한 대의 압축기로 유지온도가 다른 여러 대의 증발실을 운용할 때 제일 온도가 낮은 냉장실의 압력을 기준으로 운전되기 때문에 고온 측의 증발기에 EPR을 설치하여 압력이 한계치 이하가 되지 않도록 한다.

② 흡입압력 조정밸브(SPR) : 흡입압력이 소정 압력 이상이 되었을 때 과부하에 의한 전동기의 소손을 방지하기 위해 설치한다.

③ 전자밸브(SV) : 솔레노이드 밸브

④ 압력 자동급수밸브(절수밸브) : 응축압력을 항상 일정하게 하고 운전정지 중 냉각수를 단수시킴으로써 경제적인 운전을 할 수 있다.

⑤ 온도 자동 수량조절밸브 : 브라인이나 냉각수 출구에 부착하여 온도변화에 의해 유량을 조절한다.

⑥ 단수 릴레이 : 수냉각기에서 수량의 감소로 인하여 동파되는 것을 방지한다.

⑦ 고압차단 스위치(HPS) : 압축기의 안전장치로서 정상고압＋0.4MPa에서 차단한다.

⑧ 저압차단 스위치(LPS) : 저압이 일정 이하가 되면 압축기를 정지시킨다.

⑨ 유압보호 스위치(OPS) : 압축기 기동 시 60~90초 내에 유압이 정상으로 오르지 않으면 압축기 구동용 모터로 들어가는 전원을 차단한다.

⑩ 온도제어(TC) : 바이메탈식, 가스압력식, 전기저항식

⑪ 습도제어 : 습도가 증가하면 모발이 늘어나서 전기적 접점이 붙어 이에 의하여 전자밸브 등을 작동시켜 공기조화기에서 감습장치를 움직이게 한다.

⑫ 안전밸브

⑬ 가용전 : 프레온 냉동장치의 응축기나 수액기 등에서 압력용기의 냉매액과 증기가 공존하는 곳의 증기 부분에 설치하여 불의의 사고 시 일정온도에서 녹아 고압가스를 외기로 방출하여 이상 고압을 저지시킨다.

⑭ 파열판 : 용기 내부의 압력이 위험한 상태가 되면 파열되어 이상 고압으로부터 위해가 방지되며 주로 터보냉동기의 저압 측에 사용된다.

(7) 증발기

① 건식 증발기(증발기 내 액이 25%, 가스가 75%)

② 반만액식 증발기(증발기 내 액이 50%, 가스가 50%)

③ 만액식 증발기(증발기 내 액이 75%, 가스가 25%)

④ 액순환식 증발기(증발기 출구에 액 냉매가 80%)

⑤ **공기 냉각용 증발기**

㉮ 관 코일 증발기 : 냉장고, 쇼케이스용

㉯ 캐스케이드 : 벽 코일 동결실의 동결선반용

㉰ 멀티피드 멀티석션 증발기 : 암모니아용 공기동결실의 동결선반용

㉱ 핀 튜브식 증발기 : 소형 냉장고, 쇼케이스, 에어컨용

㉲ 판형 증발기 : 가정용 냉장고, 쇼케이스, 급속동결장치용

⑥ **액체 냉각용 증발기**

㉮ 암모니아 만액식 셸 앤 튜브식 증발기 : 셸 내에 냉매가 흐르고 튜브 내는 브라인 냉매가 흐른다.

㉯ 프레온 만액식 셸 앤 튜브식 증발기 : 셸 내에 냉매, 튜브 내에 브라인이 흐른다.

㉰ 건식 셸 앤 튜브식 증발기 : 튜브 내로 냉매, 셸 내로 브라인이 흐른다.

㉱ 보데로형 냉각기 : 암모니아 만액식, 프레온 반만액식에 사용한다.

㉲ 셸 앤 코일식 증발기 : 튜브 내로 냉매, 셸 내로 브라인이 흐른다.

㉳ 탱크형 증발기 : 암모니아용용이며 제빙장치의 브라인 냉각용이며 헤링본형이 많이 쓰인다.

(8) 냉동기 부속장치

① **수액기** : 응축기에서 액화된 냉매를 팽창밸브에 보내기 전에 일시적으로 저장하는 용기

② **오일분리기** : 압축기에서 토출되는 냉매가스 중에 오일의 혼입량이 현저하게 많으면 걸러낸다.

㉮ 원심분리형

㉯ 가스충돌식

㉰ 유속감소식

③ **냉매액분리기** : 흡입가스 중에 냉매액이 혼입되었을 때 냉매액을 분리하여 건조가스만 압축기에 투입시킨다.

④ **냉매건조기(드라이어, 제습기)** : 프레온 냉동장치에서 수분의 침입으로 인한 팽창밸브 동결을 방지하기 위하여 설치한다.(실리카겔, 알루미나겔, 소바비드, 몰레큘러시브 사용)

⑤ **여과기** : Y형, L형, ㅡ형(핑거타입)이 있다.

⑥ **투시경(사이트 글라스)** : 냉동장치 내의 충전 냉매량의 부족 여부나 수분의 혼입상태를 확인하기 위하여 설치한다.

⑦ **균압관** : 응축기 상부와 수액기 상부에 연결하는 관이며 수액기 압력이 높아지는 때를 대비하여 응축기와 수액기의 압력을 일정하게 하고 응축기의 냉매액이 낙차에 의해 수액기로 흐르도록 한다.

⑧ **오일냉각기** : 오일의 온도가 상당히 높아지는 경우 오일펌프에서 나온 오일을 냉각시켜 오일의 기능을 증대시킨다.

⑨ **열교환기** : 증발기로 유입되는 고압 액냉매를 과냉시켜 플래시 가스량을 억제하여 냉동효과를 증대시킨다.

ⓐ 관접촉식

ⓑ 2중관식

ⓒ 셀 앤드 튜브식

⑩ **불응축가스 퍼저** : 냉동장치의 냉매계통에 공기와 같은 불응축가스가 존재하면 그 분압만큼 응축압력이 높아져서 악영향을 미치므로 장치 내에서 제거시키는 장치이다.

ⓐ 요크식

ⓑ 암스트롱식

⑪ **냉매액 회수장치** : 액 분리기를 압축기 가까이 흡입관에 설치하여 분리된 액을 고압 측 수액기로 회수하거나 증발기로 돌려보내는 장치이다.

⑫ **오일회수장치** : 압축기에 사용되는 오일은 암모니아 냉매보다 무거워 하부에 고이기 때문에 유분리기, 응축기, 수액기 등에 고인 오일을 최저부의 드레인 밸브를 통해 오일 – 리시버를 이용하여 가스는 저압 측으로 흡입시키고 오일은 유면계를 보면서 드레인한다.

7. 적상 및 제상

(1) 적상

공기 냉각에 있어서 증발기 냉각 코일 표면온도가 공기 냉각 노점온도보다 낮으면 공기 중의 수분이 응축하여 코일 표면에 부착되며, 이때 코일의 온도가 물의 동결온도보다 낮으면 코일에 부착된 물이 얼어붙어 서리가 되는데 이 서리가 부착된 것을 적상이라 한다.

(2) 제상

공기를 냉각하는 증발기에서 대기 중의 습기가 서리가 되어 냉각관에 부착하는데 이 서리가 전열을 불량하게 하므로 이것을 제거하는 것을 제상이라 한다.

(3) 제상의 종류

① 전열제상(히터이용)

② 고압가스제상(압축기 토출냉매가스 이용)

③ 온 브라인 제상(브라인식 냉각 코일의 경우 사용)

④ 살수식 제상(10~25℃의 물을 사용)

⑤ 온 공기 제상(실내공기로 제상)

SECTION 03 열역학의 법칙

1. 완전가스(이상기체)

(1) 이상기체의 상태변화

① 등적변화

㉮ $\dfrac{P_1}{T_1} = \dfrac{P_2}{T_2} = $ 일정
㉯ $_1W_2 = \displaystyle\int_1^2 Pdv = 0$
㉰ $_1Q_2 = \dfrac{1}{k-1}V(P_2 - P_1)$

㉱ 등적변화에서는 외부에서 가해진 열량은 전부 내부에너지 증가 또는 온도를 높이는 데 소비된다.

 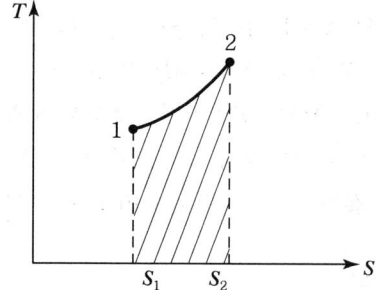

‖ 등적과정 ‖

② 등압변화

㉮ $\dfrac{v_1}{T_1} = \dfrac{v_2}{T_2} = $ 일정

㉯ $_1W_2 = \displaystyle\int_1^2 PdV = P(V_2 - V_1) = R(T_2 - T_1)$

㉰ $_1Q_2 = \dfrac{k}{k-1}P(v_2 - v_1)$

㉱ 등압변화에서는 가열량이 전부 엔탈피 증가에 사용된다.

 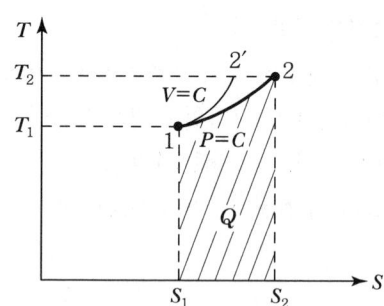

‖ 등압과정 ‖

③ 등온변화

㉮ $Pv = $ 일정 $\rightarrow P_1 v_1 = P_2 v_2, \quad \dfrac{P_1}{P_2} = \dfrac{v_2}{v_1}$

㉯ $_1 W_2 = \displaystyle\int_1^2 P dv = P_1 v_1 \int_1^2 \dfrac{dv}{v} = P_1 v_1 \ln \dfrac{v_2}{v_1} = RT_1 \ln \dfrac{v_2}{v_1} = P_1 v_1 \ln \dfrac{P_1}{P_2} = RT_1 \ln \dfrac{P_1}{P_2}$

㉰ $_1 Q_2 = RT_1 \dfrac{v_2}{v_1} = RT_1 \dfrac{P_1}{P_2}$

 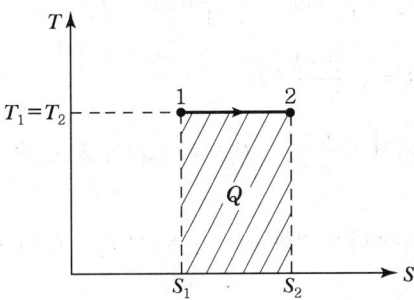

▌등온과정 ▐

④ 단열변화

㉮ $\dfrac{T_2}{T_1} = \left(\dfrac{v_1}{v_2} \right)^{k-1} = \left(\dfrac{P_2}{P_1} \right)^{\frac{k-1}{k}}$

㉯ 외부일 $_1 W_2 = \displaystyle\int_1^2 P dv = P_1 v_1{}^k \int_1^2 \dfrac{dv}{v_k} = \dfrac{1}{k-1}(P_1 v_1 - P_2 v_2) = \dfrac{R}{k-1}(T_1 - T_2) = \dfrac{C_v}{(T_1 - T_2)}$

㉰ 공업일 $W_t = -\displaystyle\int_1^2 v dP = \int_2^1 v dP = \int_2^1 \left(\dfrac{P_1}{P_2} \right)^{\frac{1}{k}} dP = \dfrac{k}{k-1}(P_1 v_1 - P_2 v_2) = k \cdot {}_1 W_2$

㉱ 내부에너지 변화 $u_2 - u_1 = C_v(T_2 - T_1) = \dfrac{(P_2 v_2 - P_1 v_1)}{k-1} = {}_1 W_2$

㉲ 엔탈피 변화 $h_2 - h_1 = C_p(T_2 - T_1) = \dfrac{k}{k-1}(P_2 v_2 - P_1 v_1) = k \cdot {}_1 W_2 = -W_t$

▌가역단열과정 ▐

⑤ 폴리트로프 변화

임의의 정수를 지수로 하는 다음 상태식으로 표시되는 상태 변화로 내용 등에 따라 여러 가지 변화가 있다.

㉮ $Pv^n = $ 일정 $\rightarrow \dfrac{T_2}{T_1} = \left(\dfrac{v_1}{v_2}\right)^{n-1} = \left(\dfrac{P_2}{P_1}\right)^{\frac{n-1}{n}}$

여기서 n을 폴리트로프 지수(Polytropic Exponent)라 하며, $+\infty$에서 $-\infty$까지의 값을 가지며 등온변화는 $n=1$, 단열변화는 $n=k$, 등적변화는 $n=\infty$, 등압변화는 $n=0$이다.

㉯ $_1W_2 = \displaystyle\int_1^2 Pdv = \dfrac{n}{n-1}R(T_1 - T_2)$

㉰ $_1Q_2 = C_v \dfrac{n-k}{n-1}(T_2 - T_1)$

여기서 $C_v \dfrac{n-k}{n-1} = C_n$이라 표시하고, C_n을 폴리트로프의 비열(Polytropic Specific Heat)이라 한다.

㉱ 내부에너지 변화 $u_2 - u_1 = C_v(T_2 - T_1) = \dfrac{1}{k-1}RT_1\left[\left(\dfrac{P_2}{P_1}\right)^{\frac{n-1}{n}} - 1\right]$

㉲ 엔탈피 변화 $h_2 - h_1 = C_p(T_2 - T_1) = \dfrac{k}{k-1}RT_1\left[\left(\dfrac{P_2}{P_1}\right)^{\frac{n-1}{n}} - 1\right]$

‖ 폴리트로프 과정 ‖

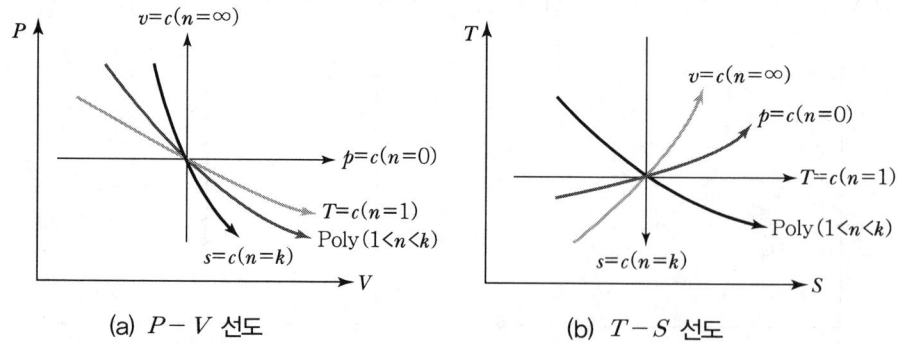

(a) $P-V$ 선도   (b) $T-S$ 선도

‖ 각 과정에 따른 $P-V$ 선도와 $T-S$ 선도 ‖

(2) 이상기체 공식 정리

구분	등압변화($P=C$)	등적변화($V=C$)	등온변화($T=C$)
PVT	$P=P_1=P_2=c$ $\dfrac{v}{T}=c$ $\dfrac{v_1}{T_1}=\dfrac{v_2}{T_2}$	$v=v_1=v_2=c$ $\dfrac{P}{T}=c$ $\dfrac{P_1}{T_1}=\dfrac{P_2}{T_2}$	$T=T_1=T_2=c$ $pv=c$ $p_1v_1=p_2v_2$
C	$C_p=\dfrac{k}{k-1}R$	$C_v=\dfrac{R}{k-1}$	$C=\infty$
n	0	∞	1
$\int pdv$	$P(v_2-v_1)$	$P(v_2-v_1)=0$	$p_1v_1\ln\dfrac{v_2}{v_1}$
$-\int vdp$	$v(p_2-p_1)=0$	$v(p_2-p_1)$	$p_1v_1\ln\dfrac{v_2}{v_1}$
$_1U_2=u_1-u_2$	$du=C_v\,dT$ $mC_v(T_2-T_1)$	$du=C_v\,dT$ $mC_v(T_2-T_1)$	0
$_1H_2=H_2-H_1$	$dh=C_p\,dT$ $mC_p(T_2-T_1)$	$dh=C_p\,dT$ $mC_p(T_2-T_1)$	0
Q	$dQ=dh-Avdp$ $mC_p(T_2-T_1)$	$dQ=dh+Avdp$ $mC_v(T_2-T_1)$	$p_1v_1\ln\dfrac{v_2}{v_1}$
S	$mC_p\ln\dfrac{T_2}{T_1}$	$mC_v\ln\dfrac{T_2}{T_1}$	$mR\ln\dfrac{v_2}{v_1}$

구분	단열변화($S=C$)	폴리트로프 변화($N=N$)
PVT	$pv^k=c$ $Tv^{k-1}=c$ $\dfrac{T_2}{T_1}=\left(\dfrac{p_2}{p_1}\right)^{\frac{k-1}{k}}=\left(\dfrac{v_1}{v_2}\right)^{k-1}$	$pv^n=c$ $Tv^{n-1}=c$ $\dfrac{T_2}{T_1}=\left(\dfrac{p_2}{p_1}\right)^{\frac{n-1}{n}}=\left(\dfrac{v_1}{v_2}\right)^{n-1}$
C	$C=0$	$C_n=C_v\dfrac{n-k}{n-1}$
n	k	$1<n<k$
$\int pdv$	$\dfrac{p_1v_1-p_2v_2}{k-1}$	$\dfrac{p_1v_1-p_2v_2}{n-1}$
$-\int vdp$	$\dfrac{k(p_1v_1-p_2v_2)}{k-1}$	$\dfrac{n(p_1v_1-p_2v_2)}{n-1}$
$_1U_2=u_1-u_2$	$du=C_v\,dT$ $mC_v(T_2-T_1)$	$du=C_v\,dT$ $mC_v(T_2-T_1)$
$_1H_2=H_2-H_1$	$dh=C_p\,dT$ $mC_p(T_2-T_1)$	$dh=C_p\,dT$ $mC_p(T_2-T_1)$
Q	0	$mC_n(T_2-T_1)$
S	0	$mC_n\ln\dfrac{T_2}{T_1}$

(3) 공기(Air)

① 기본 가정

고상 또는 액상이 있는 1개의 성분과 접촉하고 있는 이상기체 혼합물에 대한 해석으로는 다음과 같은 가정이 널리 사용되고 있으며 상당한 정확성도 있다.

㉮ 고상 또는 액상에는 용해가스가 없다.

㉯ 가스상은 이상기체로 한다.

㉰ 혼합물과 응축된 상이 있을 시 평형은 다른 성분의 존재로 인하여 영향을 받지 않는다.

② 기초적인 사항

㉮ 습공기

수증기를 전혀 함유하지 않은 공기를 건조공기라고 하고 이것에 대해 수증기를 함유한 공기를 습공기라고 한다. 즉, 습공기는 건조공기와 수증기의 혼합물이다.

㉯ 절대습도(Humidity Ratio) : x(kg/kg DA)

건조공기 1kg을 함유한 습공기 중의 수증기의 중량

$$x = \frac{G_v}{G_a}$$

㉰ 상대습도(Relative Humidity) : ϕ(%)

습공기의 수증기 분압과 동일 온도의 포화공기의 수증기 분압과의 비를 %로 나타낸 것

$$\phi = \frac{xP}{(0.622+x)P_v}$$

㉱ 비교습도(Degree of Saturation) : ϕ

습공기의 절대습도(x)와 그 온도에 있어서의 포화공기의 절대습도와의 비를 %로 나타낸 것

$$\phi = \frac{x}{x_g} = \phi\frac{P-P_g}{P-\phi P_a}$$

㉲ 수증기분압(Steam Partial Pressure) : H, P(mmHg, kg/cm^2)

습공기의 전용적을 수증기만으로 점유되고 있다고 가정한 경우에 나타내는 압력

$$x = 0.622\frac{p}{P-p} = 0.622\frac{h}{H-h}$$

여기서, x : 절대습도(kg/kg′), P : 습공기의 전압(kg/cm^2)

p : 수증기 분압(kg/cm^2), H : 습공기의 전압(mmHg)

h : 수증기 분압(mmHg)

㉳ 포화공기(Saturated Air)

공기가 함유할 수 있는 수증기의 양에는 한도가 있고 이것은 온도나 압력에 따라서 다르다. 최대 한도량까지 수증기를 함유한 공기를 포화공기라고 한다.

③ 습공기 선도

습공기의 상태는 압력, 온도, 습도, 엔탈피, 비용적 등에 의해서 표시된다. 압력이 일정할 때 다른 상태값은 2개의 변수를 좌표축에 잡은 선도로서 나타낼 수 있다. 이것을 습공기 선도라고 한다. 공기 선도에는 $i-x$ 선도가 널리 쓰이고 있으며, $i-t$ 선도는 냉각탑의 계산에 사용된다.

‖ 습공기 선도 ‖

2. 열역학의 법칙

(1) 열역학 제1법칙의 한계

① 열역학 제1법칙은 계 내에서 임의의 사이클 중의 열전달의 합은 일의 합과 같다는 것을 말한다. 즉, 하나의 에너지 형태에서 다른 형태의 에너지로 변화할 때의 양적 관계를 표시한 것이다. 그러나 열이나 일이 흐르는 방향에 대해서는 아무런 제한도 없었다.

② 열역학 제2법칙은 과정이 어떤 한 방향으로만 진행하고 반대방향으로는 진행되지 않는 에너지 변환의 방향성과 비가역성을 명시했다. 즉, 자연계의 현상과 에너지의 변화는 평형상태를 이루며 한 방향으로만 변화하며, 열을 역학적 에너지로 변환하는 것은 제약을 받아 완전하게 변할 수 없는 비가역과정이라는 것이다.

(2) 열역학 제2법칙의 표현

① Kelvin – Plank의 표현

사이클로 작동하면서 아무런 효과도 내지 않고 단일 열저장소에서 기계장치를 구성하여 일을 하는 것은 불가능하다. 즉, 열기관이 동작유체의 의해서 일을 발생시키려면 공급열원보다 더 온도가 낮은 열원이 필요하게 된다는 것이다. 따라서 100%의 열효율을 갖는 열기관을 만드는 것은 불가능하다.

② Clausius의 표현

사이클로 작동하면서 저온 열저장소로부터 고온 열저장소로 열을 전달하는 것 외에 아무 효과도 내지 않는 기계장치를 만드는 것은 불가능하다. 즉, 냉동기 또는 열펌프에 관련한 표현이다.

(3) 열효율, 성능계수, 가역과정

① 열기관

열역학 제2법칙에 의해서 열을 일로 변환시키기 위해서는 고온체와 저온체가 있어야 하며, 이와 같은 원리에 의해 일을 발생하는 장치를 열기관이라 한다.

② 열효율

열기관이 발생하는 일의 양은 고온체에서 준 열(Q_1)과 저온체에서 받은 열(Q_2)과의 차이이며, $W = Q_1 - Q_2$이다. 여기에서 유효열량과 공급열량의 비를 열효율(Thermal Efficiency)이라 한다.

$$열효율(\eta) = \frac{유효일}{공급\ 열량} = \frac{AW}{Q_1} = \frac{Q_1 - Q_2}{Q_1}$$

$$= 1 - \frac{Q_2}{Q_1} = 1 - \frac{T_2}{T_1}$$

여기서, η : 열효율, Q_1 : 공급된 열량(kcal)

Q_2 : 일의 열당량($\frac{1}{427}$ kcal/kg M), W : 유효일(kg · M)

T_1 : 고온체 온도(K), T_2 : 저온체 온도(K)

③ 성적계수(성능계수)

역사이클로 작동하면서 저온체에서 열을 받아 고온체로 열이동을 성취시키는 기구는 냉동기와 열펌프로 구분된다.

$$cop(\varepsilon_R) = Q_저$$

$$cop(\varepsilon_h) = \frac{Q_고}{Aw} = \frac{Q_고}{Q_고 - Q_저} = \frac{T_고}{T_고 - T_저}$$

$$|\varepsilon| > 1, \quad \varepsilon_h \varepsilon_R = 1$$

④ 가역과정

열적 평형을 유지하며 이루어지는 과정이며, 계나 주위에 영향을 주거나 아무런 변화도 남기지 않고 이루어지며 역과정으로 원상태로 되돌려질 수 있는 과정

Reference 가역사이클과 비가역사이클

- 가역사이클(Reversible Cycle) : 사이클의 상태변화가 모두 가역변화로 이루어지는 사이클
- 비가역사이클(Irreversible Cycle) : 사이클의 상태변화가 일부분이라도 비가역변화를 포함하는 사이클
- 실제의 사이클은 마찰이나 열전달 등의 비가역변화를 피할 수 없으므로 모두 비가역사이클이다.

(4) 영구기관

① 제1종 영구기관 : 외부에서 에너지를 공급하지 않아도 작동하는 기관으로, 열역학 제1법칙에 위배된다.
② 제2종 영구기관 : 열에너지를 자발적으로 일로 변환시키는 기관으로, 열역학 제2법칙에 위배된다.

(5) 카르노 사이클(Carnot Cycle : 1824)

효율이 100%로서 열이 일로 전환되는 것은 열역학 제1법칙을 위배하여 불가능하므로 공급열량을 일로 치환시키는 데 전 과정을 가역과정으로 하여 에너지 손실을 적게 한 사이클이다. 이상적 가역사이클이라고도 하며 사이클의 개념을 이해하는 데 중요하다.

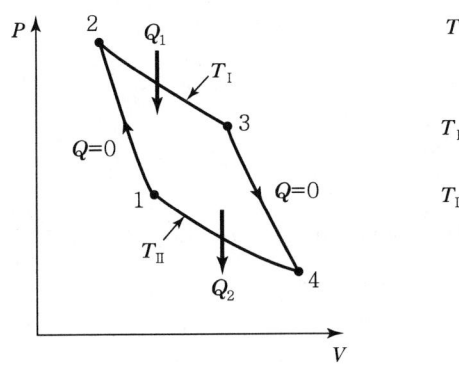

‖ 카르노 열기관 사이클의 $P-V$, $T-S$ 선도 ‖

① 카르노 사이클의 과정

    ㉮ 1 → 2 과정 : 단열압축   ㉯ 2 → 3 과정 : 등온팽창

    ㉰ 3 → 4 과정 : 단열팽창   ㉱ 4 → 1 과정 : 등온압축

② 카르노 사이클의 열효율

$$\eta = 1 - \frac{T_4}{T_2} = 1 - \frac{T_{\text{저}}}{T_{\text{고}}}$$

카르노 사이클의 효율은 온도만의 함수이며 가역과정 기관의 효율식과 일치한다. 따라서 카르노 사이클의 기관보다 효율이 좋은 기관은 제2종 영구기관으로서 존재할 수가 없다.

③ 카르노 사이클의 특징

    ㉮ 열기관의 이상 사이클로서 최고의 열효율을 갖는다.

    ㉯ 같은 두 열원에서 작동되는 모든 가역 사이클은 효율이 같다.

    ㉰ 역사이클도 성립된다.(가역과정)

(6) 엔트로피(Entropy)

열과 가장 밀접한 강도성질은 온도(T)이며, 이에 대응하는 종량성질은 엔트로피(S)이다. 엔트로피의 단위는 kcal/K, kcal/kg K이며, 절대단위로는 kJ/K, kJ/kg K이다.

$$\frac{Q_1}{T_1} - \frac{Q_2}{T_2} = 0$$

① Clausius의 적분

가역일 때 $\oint_{R(가역)} \dfrac{\delta Q}{T} = 0$　　　　　비가역일 때 $\oint_{IR(비가역)} \dfrac{\delta Q}{T} < 0$

$\therefore$ Clausius의 적분은 $\oint \dfrac{\delta Q}{T} \leq 0$이다.

② 엔트로피 식의 정리 및 지수 n의 변화

　㉮ 물일 경우 : $\Delta S = m\,C\ln\dfrac{T_2}{T_1}$

　㉯ 잠열 : $\Delta S = \dfrac{Q}{T}$

　㉰ 기체, 증기 : $\Delta S = m\,C_v \ln\dfrac{T_2}{T_1} + mR\ln\dfrac{V_2}{V_1} = m\,C_p \ln\dfrac{T_2}{T_1} = m\,C_v \ln\dfrac{T_2}{T_1} - mR\ln\dfrac{P_2}{P_1}$

$$\frac{T_2}{T_1} = \left(\frac{P_2}{P_1}\right)^{\frac{n-1}{n}} = \left(\frac{v_1}{v_2}\right)^{n-1}$$

　여기서, 폴리트로프 지수와 각 특성값에 대한 상태변화는 다음과 같다.
　　$n = 0$ 등압변화　　　　　$n = 1$ 등온변화
　　$n = K$ 단열변화　　　　　$n = \infty$ 등적변화
　　$1 < n < K$ 폴리트로프 변화

(7) 교축과정 및 줄-톰슨 계수

① 교축과정(Throttling Process)
　교축과정은 대표적인 비가역 과정으로서 열전달이 전혀 없고 일을 하지 않는 과정으로서 $H-S$ 선도에서는 수평선으로 표시되는, 다시 말해 엔탈피가 일정한 과정으로서 엔트로피는 항상 증가하며 압력이 감소되는 과정이다. 종류로는 노즐, 오리피스, 팽창밸브 등이 있다.

② 줄-톰슨(Joule-Thomson) 계수
　유체가 단면적이 좁은 곳을 정상유 과정으로 지날 때인 교축과정에서의 흐름은 매우 급속하게 그리고 엔탈피는 일정하게 흐르게 되므로 유체가 가스일 경우는 비체적이 언제나 증가하게 되며, 운동 에너지는 증가하게 된다.

$$\mu = \left(\frac{\partial T}{\partial P}\right)_h$$

줄-톰슨 계수(μ)의 값이 (+)값이면 교축 중에 온도가 감소한다는 것이며, (-)값이면 온도가 증가한다는 것을 의미한다.

(8) 최대일과 최소일
　열기관의 내부에서 기체를 팽창시킬 때는 일의 양을 최대로 하는 것이 좋으며 압축기에서 기체를 압축할 때는 일의 소요량을 최소로 하는 것이 좋다.

① 최대일

$$\delta W_n = T_0 dS - du - P_0 dv$$
$$W_n = (U_1 - U_2) + T_0(S_1 - S_2) + P_0(V_1 - V_2)$$

여기서 $(U_1 - U_2) - T_0(S_1 - S_2)$를 자유 에너지(Free Energy) 또는 헬름홀츠 함수(Helmholtz Function)라 하며 F로 표시한다.

$$F_1 - F_2 = (U_2 - U_1) - T_0(S_1 - S_2)$$
$$F = U - TS$$

② 최소일

$$\delta w_t = \delta Q - dh$$
$$W_t = (H_1 - T_0 S_1) - (H_2 - T_0 S_2)$$

여기서 $H - TS$를 자유 엔탈피(Free Entalpy) 또는 깁스 함수(Gibbs Function)라 하며 G로 표시한다.

$$G = H - TS$$

(9) 열역학 제3법칙

순수물질(완전결정)의 온도가 절대영도($-273℃$)에 도달하면 엔트로피는 영에 접근한다. 그러므로 각 물질의 엔트로피를 측정할 수 있는 절대 기준을 만들어 주며 이를 엔트로피의 절댓값 정리라고도 한다.

$$\lim_{\Delta T \to 0} \frac{\Delta Q}{\Delta T} = 0$$

SECTION 04 각종 사이클

1. 내연기관 사이클

열기관(Heat Engine)은 연료의 연소에 의해 발생되는 열에너지를 기계적 에너지로 바꾸는 기관으로 내연기관(Internal Combustion Engine)과 외연기관(External Combustion Engine)으로 구분된다.

• 내연기관 : 연소가 동작물질 내에서 연소하는 기관으로 실제 사용기관으로는 가솔린 엔진, 디젤 엔진, 로터리 엔진, 가스터빈 및 제트 엔진 등이 이에 속한다.

• 외연기관 : 동작물질 외에서 연소가 일어나 보일러, 기타 열교환기를 통해 열을 공급받는 기관으로 증기기관 및 밀폐 사이클의 가스터빈 등이 있다.

공기표준 사이클의 기본가정

- 동작물질은 이상기체인 공기이며, 비열은 일정하다.
- 연소과정은 가열과정을 대치하고 밀폐된 상태에서 외부에서 열을 공급받고 외부로 열을 방출한다.
- 압축 및 팽창과정은 가역단열과정이다.
- 각 과정은 가역과정으로 역사이클도 성립한다.

(1) 공기표준 오토사이클

전기점화기관(Spark Ignition Internal Combustion Engine)의 이상 사이클로서 열공급 및 방열이 정적하에서 이루어지므로 정적 사이클이라고도 한다. 가솔린기관의 기본 사이클이다.

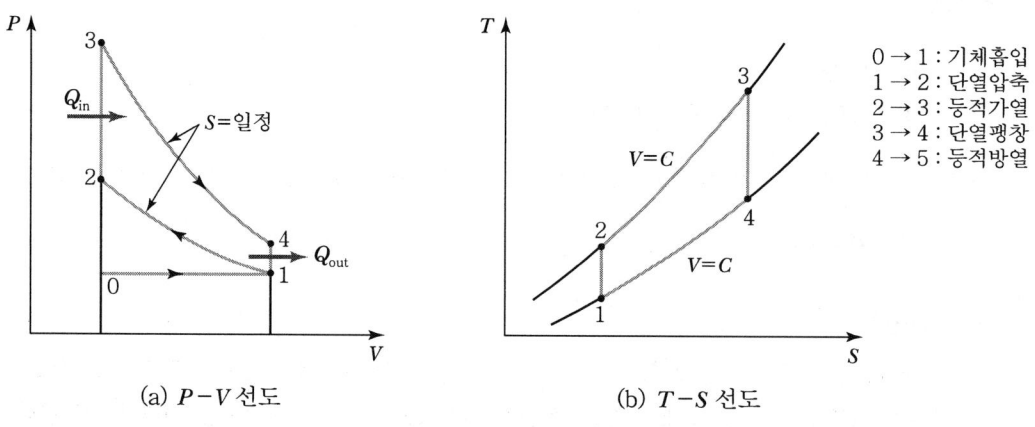

$0 \rightarrow 1$: 기체흡입
$1 \rightarrow 2$: 단열압축
$2 \rightarrow 3$: 등적가열
$3 \rightarrow 4$: 단열팽창
$4 \rightarrow 5$: 등적방열

(a) $P-V$ 선도   (b) $T-S$ 선도

‖ 공기표준 오토사이클의 선도 ‖

① 사이클의 구성

㉮ $1 \rightarrow 2$ 과정 : 단열압축 $T_1 v_1^{k-1} = T_2 v_2^{k-1}$, $T_2 = \left(\dfrac{v_1}{v_2}\right)^{k-1} \cdot T_1 = T_1 \cdot \varepsilon^{k-1}$

㉯ $3 \rightarrow 4$ 과정 : 단열팽창 $T_3 v_3^{k-1} = T_4 v_4^{k-1}$, $T_3 = \left(\dfrac{v_4}{v_3}\right)^{k-1} \cdot T_4 = \varepsilon^{k-1} \cdot T_4$

② 공급열량과 방출열량 및 일

㉮ 공급열량 $q_1 = C_v(T_3 - T_2)$

㉯ 방출열량 $q_2 = C_v(T_4 - T_1)$

㉰ 유효일 $W = q_1 - q_2 = C_p(T_3 - T_2) - C_v(T_4 - T_1)$

③ 열효율 $\eta_0 = \dfrac{W}{q_1} = 1 - \dfrac{q_2}{q_1} = 1 - \dfrac{T_4 - T_1}{T_3 - T_2} = 1 - \left(\dfrac{1}{\varepsilon}\right)^{k-1}$

④ 평균유효압력 $P_{mo} = P_1 \dfrac{a-1}{k-1} \varepsilon^k \dfrac{\varepsilon}{\epsilon - 1}$ $\left(단, a = \dfrac{P_3}{P_2}\right)$

(2) 공기표준 디젤사이클

압축착화기관(Compression Ignition Engine)인 저속 디젤 기관의 기본 사이클로서 이론적으로 연소가 등압하에서 이루어지므로 등압 사이클이라고 한다.

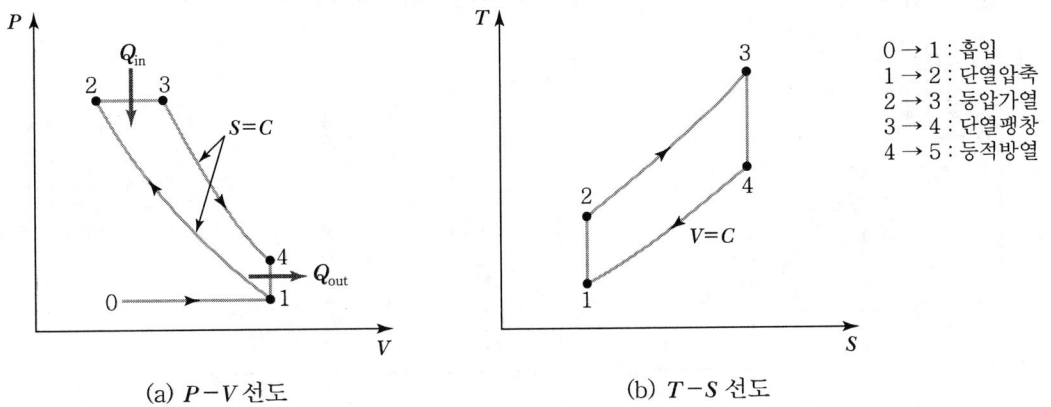

(a) $P-V$ 선도   (b) $T-S$ 선도

‖ 공기표준 디젤사이클의 선도 ‖

① 사이클의 구성

㉮ 1 → 2 과정 : 단열압축($PV^k = C$) $\dfrac{T_2}{T_1} = \left(\dfrac{V_1}{V_2}\right)^{k-1} = \varepsilon^{k-1}$, $T_2 = T_1\left(\dfrac{V_1}{V_2}\right)^{k-1} = T_1\varepsilon^{k-1}$

㉯ 2 → 3 과정 : 정압가열($P = C$) $\dfrac{T_3}{T_2} = \dfrac{V_3}{V_2}$, $T_3 = T_2\left(\dfrac{V_3}{V_2}\right) = T_2 \cdot \sigma = \sigma \cdot \varepsilon^{k-1} \cdot T_1$

㉰ 3 → 4 과정 : 단열팽창($PV^k = C$) $\dfrac{T_4}{T_3} = \left(\dfrac{V_3}{V_4}\right)^{k-1} = \left(\dfrac{P_4}{P_3}\right)^{\frac{k-1}{k}}$, $T_4 = T_3\left(\dfrac{V_3}{V_4}\right)^{k-1} = \sigma \cdot \varepsilon^{k-1} T_1$

㉱ 4 → 1 과정 : 정적방열($V = C$) $\dfrac{P_1}{T_1} = \dfrac{P_4}{T_4}$

② 공급열량과 방출열량 및 일

  ㉮ 공급열량 $q_1 = C_p(T_3 - T_2)$

  ㉯ 방출열량 $q_2 = C_v(T_4 - T_1)$

  ㉰ 유효일 $W = q_1 - q_2 = C_p(T_3 - T_2) - C_v(T_4 - T_1)$

③ 이론 열효율 $\eta_d = \dfrac{W}{q_1} = 1 - \dfrac{q_2}{q_1} = 1 - \dfrac{C_v(T_4 - T_1)}{C_p(T_3 - T_2)} = 1 - \dfrac{(T_4 - T_1)}{k(T_3 - T_2)} = 1 - \left(\dfrac{1}{\varepsilon}\right)^{k-1} \dfrac{\sigma^k - 1}{k(\sigma - 1)}$

④ 이론 평균유효압력 $P_{md} = P_1 \dfrac{\varepsilon^k k(\sigma - 1) - \varepsilon(\sigma^k - 1)}{(k-1)(\varepsilon - 1)}$

(3) 공기표준 사바테사이클

고속 디젤기관에서는 공기를 압축하는 데서 피스톤이 상사점에 도달하기 직전에 연료를 분사하므로 초기 분사연료는 등적연소가 되며, 다음 분사되는 연료는 용적이 증가하므로 거의 등압 연소로 된다. 이러한 사이클을 일명 복합 사이클, 등적·등압 사이클 또는 2중 연소 사이클이라 한다.

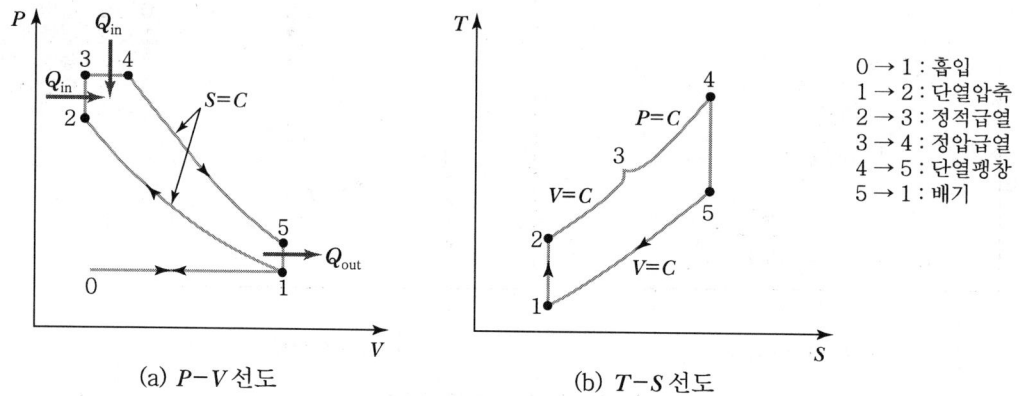

(a) $P-V$ 선도   (b) $T-S$ 선도

‖ 공기표준 복합 사이클의 선도 ‖

0 → 1 : 흡입
1 → 2 : 단열압축
2 → 3 : 정적급열
3 → 4 : 정압급열
4 → 5 : 단열팽창
5 → 1 : 배기

① 사이클 구성

㉮ 1 → 2 과정 : 단열압축 $\dfrac{T_2}{T_1} = \left(\dfrac{v_1}{v_2}\right)^{k-1}$, $T_2 = T_1 \varepsilon^{k-1}$

㉯ 2 → 3 과정 : 정적가열 $v_2 = v_3$, $\dfrac{P_2}{T_2} = \dfrac{P_3}{T_3}$, $T_3 = \dfrac{P_3}{P_2} \cdot T_2 = \rho \cdot \varepsilon^{k-1} \cdot T_1$

㉰ 3 → 4 과정 : 정압가열 $P_4 = P_3$, $\dfrac{T_4}{T_3} = \dfrac{V_4}{V_3}$, $T_4 = \dfrac{V_4}{V_3} \cdot T_3 = \dfrac{V_4}{V_2} \cdot \dfrac{V_2}{V_3} \cdot T_3 = \sigma \cdot \varepsilon^{k-1} \cdot \rho \cdot T_1$

㉱ 4 → 5 과정 : 단열팽창 $\dfrac{T_5}{T_4} = \left(\dfrac{V_4}{V_5}\right)^{k-1}$, $T_s = T_4 \left(\dfrac{V_4}{V_5}\right)^{k-1} = T_4 \left(\dfrac{V_4}{V_3} \cdot \dfrac{V_3}{V_5}\right)^{k-1} = \sigma^k p T_1$

② 공급열량과 방출열량 및 유효일

㉮ 공급열량 $q_1 = q_v + q_p = C_v(T_3 - T_2) + C_p(T_4 - T_3)$

㉯ 방출열량 $q_2 = C_v(T_5 - T_1)$

㉰ 유효일 $AW = q_1 + q_2 = C_v(T_3 - T_2) + C_p(T_4 - T_3) - C_v(T_5 - T_1)$

③ 열효율 $\eta_s = 1 - \left(\dfrac{1}{\varepsilon}\right)^{k-1} \dfrac{\rho\sigma^k - 1}{(\rho-1) + k\rho(\sigma-1)}$

④ 평균유효압력 $P_{ms} = P_1 \dfrac{\left[\varepsilon^k\{(a-1) + ka(\sigma-1)\} - \varepsilon(\sigma^k a - 1)\right]}{(k-1)(\epsilon-1)}$

(4) 브레이턴 사이클(Brayton Cycle)

가스터빈은 터빈의 깃에 직접 연소가스를 분출시켜 회전일을 얻어 동력을 발생시키는 열기관으로서 3대 기본요소에는 압축기, 연소기, 터빈으로 구성되며, 가스터빈의 공기표준 사이클이다.

(a) $P-V$선도

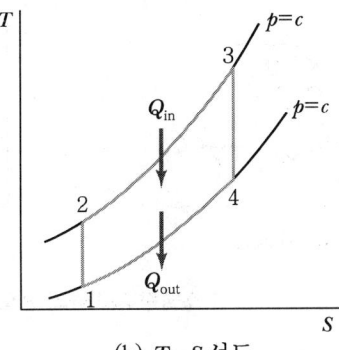
(b) $T-S$선도

m34mm : 터빈의 팽창일
m21mm : 펌프일
23412 : 실제일

∥ 공기표준 브레이턴 사이클의 선도 ∥

① 공급열량과 방출열량 및 일

㉮ 공급열량 $q_1 = C_p(T_3 - T_2) = h_3 - h_2$

㉯ 방출열량 $q_2 = C_p(T_4 - T_1) = h_4 - h_1$

㉰ 유효일 $W = q_1 - q_2 = (h_3 - h_2) - (h_4 - h_1)$

② 열효율 $\eta_b = \dfrac{AW}{q_1} = 1 - \dfrac{h_4 - h_1}{h_3 - h_2} = 1 - \dfrac{T_4 - T_1}{T_3 - T_2} = 1 - \left(\dfrac{1}{\gamma}\right)^{\frac{k-1}{k}} = 1 - \dfrac{T_1}{T_2}$

③ 최대 출력을 내는 온도 $T_2 = \sqrt{T_1 \cdot T_3}$

(5) 에릭슨 사이클(Ericsson Cycle)

브레이턴 사이클의 단열과정을 등온과정으로 대치한 사이클로서 실현이 곤란한 사이클이다.

(a) $P-V$선도

(b) $T-S$선도

∥ 에릭슨 사이클의 선도 ∥

(6) 스털링 사이클(Stirling Cycle)

2개의 등온과정과 2개의 등적과정으로 구성된 이상적 사이클로서 역스털링 사이클은 헬륨(He)을 냉매로 하는 극저온용 냉동사이클이다.

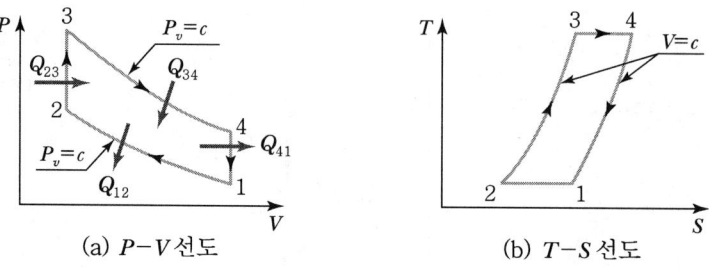

(a) $P-V$ 선도 (b) $T-S$ 선도

‖ 스털링 사이클의 선도 ‖

2. 증기

(1) 증기의 분류와 용어

① **과냉액(압축액)** : 가열하기 전의 상태에 있는 것으로 이때 온도는 포화온도보다 낮은 상태이다.

② **포화온도** : 주어진 압력하에서 증발이 일어나는 온도(1atm, 100℃)

③ **포화수(포화액)** : 과냉액을 가열하면 온도가 점점 상승하며, 그때 작용하는 압력에서 해당되는 포화온도까지 상승한다.

④ **액체열(감열)** : 포화수 상태까지 가한 열이다.

⑤ **습증기(습포화증기)** : 포화수 상태에서 가열을 계속하면 온도는 상승하지 않으며 증발에 의해 체적이 현저히 증가하여 외부에 일을 하는 상태이다.

⑥ **건포화증기(포화증기)** : 액체가 모두 증기로 변한 상태이다.

⑦ **증발잠열(Latent Heat of Vaporization)** : 포화액에서 건포화증기까지 변할 때 가한 열량으로서 1atm에서 $2,256kJ/kg(539kcal/kg)$이다.

⑧ **과열증기(Super Heat Vapor)** : 건포화증기 상태에서 계속 열을 가하면 증기의 온도는 다시 상승하여 포화온도 이상이 되는 증기로 과열증기의 압력과 온도는 독립성질이어서 열을 가할수록 압력이 유지되는 동안 온도는 증가한다.

⑨ **건도(질)** : 습증기의 전중량에 대한 증발된 증기중량의 비

$$x = \frac{증기중량}{전중량}$$

⑩ **습도(Percentage Moisture)** : 전중량에 대한 남아 있는 액체 중량의 비율

$$y = 1 - x$$

⑪ **과열도(Degree of Super Heat)** : 과열증기의 온도와 포화온도의 차이를 말하는 것으로 과열도가 증가할수록 증기의 성질은 이상기체의 성질에 가까워진다.

⑫ **임계점(Critical Point)** : 주어진 압력 또는 온도 이상에서는 습증기가 존재할 수 없는 점

⑬ **증기소비율(Specific Steam Consumption)** : 단위 에너지(1kWh)를 발생하는 데 소요되는 증기량

$$SR = \frac{3,600}{W} \, [\text{kg/kWh}]$$

여기서, SR : 증기소비율(Steam Ration)
W : 출력(kW)

⑭ **열소비율(Specific Heat Consumption)** : 단위 에너지당의 증기에 의해 소비되는 열량

$$HR = \frac{3,600}{\eta} \, [\text{kJ/kWh}]$$

여기서, HR : 열소비율(열률)
η : 열효율

(2) 증기의 열적 상태량

증기의 값은 0℃ 포화액을 기준으로 구한다. 즉, 물의 경우 0℃의 포화액(포화압력 0.00622kg/cm²)에서의 엔탈피와 엔트로피를 0으로 가정하고 이것을 기준으로 하나 냉동기에서는 0℃의 포화액 엔탈피를 100kcal/kg, 엔트로피를 1kcal/kg K으로 한다.

① **액체열** : 주어진 압력하에서 임의 상태의 과냉액을 포화온도(t_s)까지 가열하는 데 필요한 열을 액체열이라 하며, 정압과정에서 열량은 엔탈피와 그 크기가 같다.

$$Q_1 = \int_0^{t_s} m\, C\, dT = m\, C(t_s - 0) = m\, C\, t_s$$

$$\Delta H = \triangle U + \triangle Pv$$

$$h' - h_0 = u' - u_0 + P(v' - v_0)$$

$$h' = u' + Pv' = Q_1$$

② **증발잠열** : 포화액을 등압하에서 건포화증기가 될 때까지 가열하는 데 필요한 열을 증발열(γ)이라 한다. 즉, 잠열의 크기는 그 상태의 건포화증기의 엔탈피에서 포화액의 엔탈피를 뺀 값과 같으며, 내부 증발잠열과 외부 증발잠열의 합이다.

$$\delta Q = dU + \Delta PV = dU + P\, dV$$

$$\gamma = Q = h'' - h' = (u'' - u') + P(v'' - v')$$

여기서 $u'' - u' = \rho$(내부 증발열), $P(v'' - v') = \psi$(외부 증발잠열)

3. 증기원동소 사이클

증기사이클 열기관에서는 주로 물을 작동유체로 사용한다. 이 열기관에는 고열원으로 열을 얻기 위한 보일러, 과열기, 재열기와 일을 발생하는 터빈이나 피스톤, 저열원으로 열을 방출하는 복수기(응축기) 등이 필요하며, 이를 구성하는 전체를 증기원동소라 한다.

(1) 랭킨 사이클(Rankine Cycle)

증기원동소의 기본 사이클로서 2개의 단열과정과 2개의 등압과정으로 구성된다.

① 사이클 구성

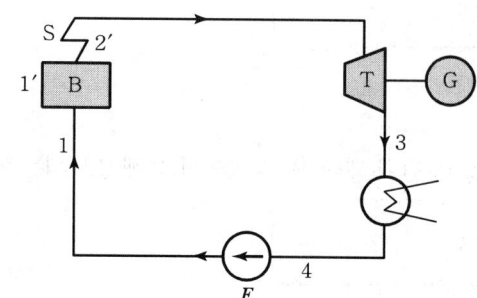

B : 보일러(Boiler)
S : 과열기(Super heater)
T : 터빈(Turbine)
G : 발전기(Generator)
C : 복수기(Condenser)
F : 급수펌프(Feed pump)

‖ 랭킨 사이클의 구성 ‖

(a) $P-V$ 선도   (b) $T-S$ 선도   (c) $h-S$ 선도

‖ 랭킨 사이클의 선도 ‖

㉮ 1 → 2 과정 : 등압가열   ㉯ 2 → 3 과정 : 단열팽창
㉰ 3 → 4 과정 : 등압방열   ㉱ 4 → 1 과정 : 단열압축

② 랭킨 사이클의 열효율

$$\eta_R = \frac{\text{사이클 중 일에 이용된 열량}}{\text{사이클에서의 가열량}} = \frac{W}{Q_1}$$

$$= \frac{Q_1 - Q_2}{Q_1} = 1 - \frac{Q_2}{Q_1} = \frac{m43nm}{m4123nm}$$

$$= 1 - \frac{h_3 - h_4}{h_2 - h_1} = \frac{h_2 - h_1 - (h_2 - h_4)}{h_3 - h_1}$$

$$= \frac{(h_2 - h_3) - (h_1 - h_4)}{h_2 - h_1} = \frac{(h_2 - h_3) - (h_1 - h_4)}{(h_2 - h_4) - (h_1 - h_4)}$$

여기서 펌프일 $(h_1 - h_4)$은 터빈일에 비하여 대단히 적으므로 터빈일을 무시하면

$$\eta_R \fallingdotseq \frac{h_2 - h_3}{h_2 - h_4}$$

이다. 그러므로 랭킨 사이클의 η_R은 초온 및 초압이 높을수록 배압이 낮을수록 증가한다.

(2) 재열 사이클(Reheative Cycle)

랭킨 사이클의 열효율은 초온, 초압이 증가될수록 높아진다. 그러나 열효율을 높이기 위해서 초압을 높게 하면 터빈에서 팽창 중 증기의 건도가 감소되어 터빈날개의 마모 및 부식의 원인이 된다. 그러므로 터빈 팽창 도중 증기를 터빈에서 전부 추출하고 재열기에서 다시 가열하여 과열도를 높인 후 터빈에서 다시 팽창시키면 습도가 감소되므로 습도에 의한 터빈 날개의 부식을 방지 또는 감소시킬 수 있다. 이와 같이 터빈날개의 부식을 방지하고 팽창일을 증대시키는 목적으로 이용되는 사이클이 재열 사이클이다.

① 사이클 구성

‖ 재열 사이클의 구성 ‖

R : 재열기
T_1 : 고압터빈
T_2 : 저압터빈

(a) $P-V$ 선도 (b) $T-S$ 선도 (c) $h-S$ 선도

‖ 재열 사이클의 선도 ‖

② 재열 사이클(Reheat Cycle)의 열효율

$$\eta_{Re} = 1 - \frac{Q_2}{Q_1} = 1 - \frac{h_7 - h_1}{(h_4 - h_2) + (h_6 - h_5)}$$

$$= \frac{(h_4 - h_2) + (h_6 - h_5) - (h_7 - h_1)}{(h_4 - h_2) + (h_6 - h_5)}$$

$$= \frac{(h_4 - h_5) + (h_6 - h_7) - (h_2 - h_1)}{(h_4 - h_2) + (h_6 - h_5) + (h_1 - h_1)}$$

$$= \frac{(h_4 - h_2) + (h_6 - h_5) - (h_7 - h_1)}{(h_4 - h_2) + (h_6 - h_5) - (h_2 - h_1)}$$

펌프일을 무시하면

$$\therefore (h_4 - h_5) + (h_6 - h_7) - (h_2 - h_1)$$

$$\eta_{Re} \fallingdotseq \frac{(h_4 - h_2) + (h_6 - h_5)}{(h_4 - h_2) + (h_6 - h_5)}$$

(3) 재생 사이클(Regenerative Cycle)

증기원동소에서는 복수기에서 방출되는 열량이 많으므로 열손실이 크다. 이 열손실을 감소시키기 위하여 터빈에서 팽창 도중의 증기를 일부 추출하여 보일러에 공급되는 물을 예열하고 복수기(Condensor)에서 방출되는 증발기의 일부 열량을 급수가열에 이용한다. 이와 같이 방출열량을 회수하여 공급열량을 감소시켜 열효율을 향상시키는 사이클을 재생 사이클이라 한다.

① 사이클 구성

H_2 : 저온 혼합 급수가열기
H_1 : 고온 혼합 급수가열기

‖ 재생 사이클의 구성 ‖

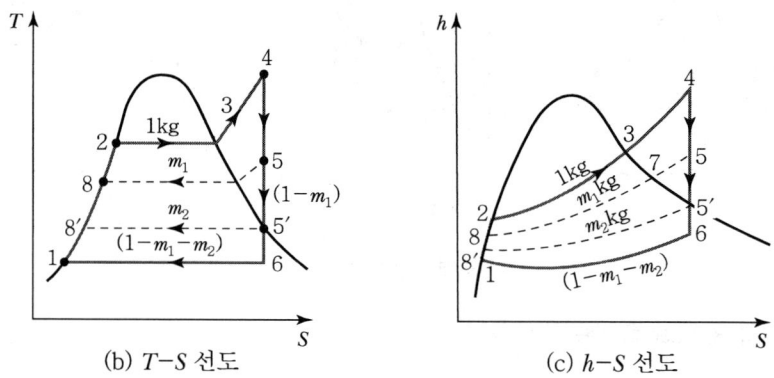

(b) $T-S$ 선도   (c) $h-S$ 선도

‖ 재생 사이클의 선도 ‖

② 재생 사이클의 열효율

재생 사이클의 열효율은

$$\eta = 1 - \frac{Q_2}{Q_1} = \frac{W}{Q_1} = \frac{(h_4 - h_6) - [m_1(h_5 - h_6) + m_2(h_5{}' - h_6)]}{h_4 - h_6}$$

단, 제1추출구에서의 증기추기량은 혼합급수가열기에서의 열교환으로부터

$$m_1(h_5 - h_4) = (1 - m_1)(h_8 - h_8{}')$$

$$m_1 = \frac{h_8 - h_8{}'}{h_5 - h_8{}'}$$

제2추출구에서의 추기량은

$$m_2(h_5 - h_8{}' - m_2)$$

$$m_2 = \frac{(1-m_1)(h_8{}'-h_1)}{h_5{}'-h_1} = \frac{(h_5-h_8)(h_8{}'-h_1)}{(h_5-h_8)(h_5{}'-h_1)}$$

(4) 재생 재열 사이클(Reheating And Regenerative Cycle)

터빈의 팽창 도중 증기를 재가열하는 재열 사이클과 팽창 도중 증기의 일부를 방출시키는 추기급수가열을 하는 재생 사이클의 두 가지 사이클을 조합한 것을 재생 재열 사이클이라 한다.

① 사이클 구성

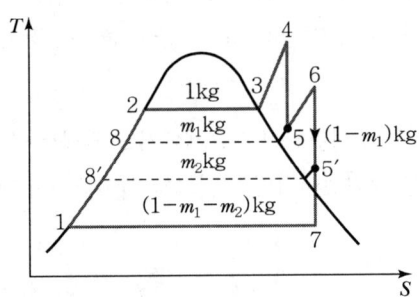

‖ 재생 재열 사이클의 $T-S$ 선도 ‖

② 재생 재열 사이클의 열효율

일반적으로 펌프일은 작으므로 무시한다.

$$\eta = \frac{(h_4-h_5)+(1-m_1)(h_6-h_5)+(1-m_1-m_2)(h_5-h_7)}{(h_4-h_8)+(h_6-h_5)}$$

추출량 m_1과 m_2는

$$m_1(h_5-h_8) = (1-m_1)(h_8-h_8{}')$$

$$m_1(h_5-h_8{}') = (1-m_1-m_2)(h_8{}'-h_1)$$

> **Reference** 증기플랜트의 효율
>
> • 보일러 효율 $\eta_B = \dfrac{\text{증기가열에 사용된 열량}}{\text{연료의 저위발열량}}$ • 터빈 효율 $\eta_t = \dfrac{\text{터빈의 실제적 열낙차}}{\text{터빈의 이론적 열낙차}}$
>
> • 기계 효율 $\eta_m = \dfrac{\text{터빈의 유효출력}}{\text{터빈의 출력}}$

4. 냉동 사이클

냉동(Refrigeration)이란 어떤 물체나 계로부터 열을 제거하여 주위 온도보다 낮은 온도로 유지하는 조작을 말하며 방법으로는 얼음의 융해열이나 드라이아이스의 승화열 혹은 액체질소의 증발열 등을 이용할 수 있다. 이러한 조작을 분류하면 다음과 같다.

$$\vdash$$ 냉각(Cooling) : 상온보다 낮은 온도로 열을 제거하는 것

$$\vdash$$ 냉동(Freezing) : 냉각작용에 의해 물질을 응고점 이하까지 열을 제거하여 고체상태로 만드는 것

$$\vdash$$ 냉장(Storage)
$$\qquad$$ $$\vdash$$ Icing Storage : 얼음을 이용하여 0℃ 근처에서 저장하는 것
$$\qquad$$ $$\vdash$$ Cooler Storage : 냉각장치를 이용하여 0℃ 이상의 일정한 온도에서 식품이나 공기를 상태 변화 없이 저장하는 것
$$\qquad$$ $$\vdash$$ Freezer Storage : 동결장치를 이용하여 물체의 응고점 이하에서 상태를 변화시켜 저장하는 것

$$\vdash$$ 냉방 : 실내공기의 열을 제거하여 주위 온도보다 낮추어 주는 조작

열역학 제2법칙에 의하면 저온 측에서 고온 측으로 열을 이동시킬 수 있는 사이클에서 저온 측을 사용하는 장치를 냉동기(Refrigerator)라 하며, 동일 장치로서 고온 측을 사용하는 장치를 열펌프(Heat Pump)라고 한다.

(1) 냉동 사이클

냉동과 냉각을 위해서는 역사이클이 성립하여 저온체에서 고온체로 열이동을 하여야 한다. 그러므로 이상적 가역 사이클인 카르노 사이클을 역회전시키면 역카르노 사이클이 된다.

$1 \rightarrow 2$ 과정 : 등온팽창
$2 \rightarrow 3$ 과정 : 단열압축
$3 \rightarrow 4$ 과정 : 등온압축
$4 \rightarrow 1$ 과정 : 단열팽창

(a) $P-V$ 선도 　　　　 (b) $T-S$ 선도

‖ **역카르노 사이클의 선도** ‖

① 공급일 $W = q_1 - q_2 = T_3(S_3 - S_4) - T_1(S_2 - S_1)$

② 흡입열량 $q_2 = q_1 + W = T_2(S_2 - S_1)$

③ 냉동기의 성능계수 $\varepsilon_r = \dfrac{q_2}{W} = \dfrac{\text{저온체에서의 흡수열량(냉동효과)}}{\text{공급일}} = \dfrac{T_2}{T_1 - T_2}$

④ 열펌프의 성능계수 $\varepsilon_h = \dfrac{q_1}{W} = \dfrac{\text{고온체에 공급한 열량}}{\text{공급일}} = \dfrac{T_1}{T_1 - T_2}$

Reference 성능계수의 비교

> 역카르노 사이클, 즉 이상 냉동 사이클의 성능계수는 동작물질에 관계없이 양 열원의 절대온도에 관계되고, 냉동기의 성능계수는 열펌프의 성능계수보다 항상 1이 작음을 알 수 있다.
> $\varepsilon_h - \varepsilon_r = 1$, $|\varepsilon| > 1$

(2) 공기 냉동 사이클(Air－Refrigerator Cycle)

공기 냉동 사이클은 가스 터빈의 이상 사이클인 브레이턴 사이클의 역사이클이다.

① 사이클 구성

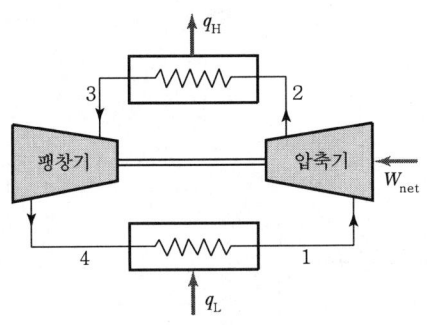

‖ 공기 표준 냉동 사이클의 구성 ‖ 　　　‖ $T-S$ 선도 ‖

㉮ $4 \rightarrow 1$ 과정(정압흡열) : $\dfrac{T_1}{T_4} = \left(\dfrac{v_4}{v_1}\right)^{k-1} = \left(\dfrac{P_1}{P_4}\right)^{\frac{k-1}{k}}$

㉯ $1 \rightarrow 2$ 과정(단열압축) : (q_2) : $q_2 = C_p(T_2 - T_1)$

㉰ $2 \rightarrow 3$ 과정(정압방열) : $\dfrac{T_2}{T_3} = \left(\dfrac{v_3}{v_2}\right)^{k-1} = \left(\dfrac{P_2}{P_3}\right)$

㉱ $3 \rightarrow 4$ 과정(단열팽창) : (q_1) : $q_1 = C_p(T_3 - T_4)$

② 성능계수

$$\varepsilon_r = \frac{q_2}{W} = \frac{q_2}{q_1 - q_2} = \frac{T_2 - T_1}{(T_3 - T_4)-(T_2 - T_1)} = \frac{1}{\dfrac{T_3 - T_4}{T_2 - T_1} - 1} = \frac{1}{\left(\dfrac{P_4}{P_1}\right)^{\frac{k-1}{k}} - 1} = \frac{T_1}{T_4 - T_1}$$

(3) 증기 압축 냉동 사이클

① 액체와 기체의 이상으로 변하는 물질을 냉매로 하는 냉동 사이클 중에서 증기를 이용하는 사이클을 증기 압축 냉동 사이클이라 한다.

② 냉동기에서 증발기를 나간 건포화증기가 압축기에 송입되는 도중에 과열증기가 되어 과열증기를 압축하는 사이클을 압축 냉동 사이클이라 한다.

‖ 증기 압축 냉동 사이클의 구성 ‖

1. 직류회로

(1) 직류회로 용어의 정리

① 전류(I) : 단위시간에 도선을 통과한 전기량

$$I = \frac{Q}{t}[\text{C/sec}] = \frac{Q}{1} = Q[\text{A}]$$

② 전압(V) : 단위전하가 이동하여 할 수 있는 일

$$V = \frac{W}{Q}[\text{J/C}] = \frac{W}{1} = W[\text{V}]$$

③ 저항(R) ↔ 컨덕턴스($G = \frac{1}{R}$) : 전기의 흐름(전류의 흐름)을 방해하는 소자

$$R[\Omega] = \rho\frac{l}{S}$$

여기서, ρ : 고유저항($\Omega \cdot \text{m}$)
l : 길이(m)
S : 전선의 단면적(굵기)(m^2)

(2) 옴의 법칙

① $V = IR[\text{V}] = \frac{I}{G}[\text{V}]$
② $I = \frac{V}{R} = G \cdot V[\text{V}]$
③ $R = \frac{V}{I}[\Omega]$
④ $G = \frac{I}{V}[\Omega]$

(3) 저항의 연결

① 직렬 연결 : 전류가 일정하고 전압이 분배된다.

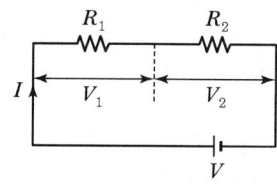

$$V_1 = \frac{R_1}{R_1 + R_2} \cdot V$$

$$V_2 = \frac{R_2}{R_1 + R_2} \cdot V$$

합성저항 $R_0 = R_1 + R_2 + \cdots$

② **병렬 연결** : 전압이 일정하고 전류가 분배된다.

$$I_1 = \frac{R_2}{R_1 + R_2} \cdot I[\text{A}]$$

합성저항 $R = \dfrac{1}{\dfrac{1}{R_1} + \dfrac{1}{R_2}} = \dfrac{R_1 R_2}{R_1 + R_2}$

$$I_2 = \frac{R_1}{R_1 + R_2} \cdot I[\text{A}]$$

(4) **전력(P)** : 단위시간에 전기가 한 일(에너지)

$$P = \frac{W}{t} = \frac{QV}{t} = IV = I^2 R = \frac{V^2}{R}[\text{W}]$$

(5) **전력량(W)** : 일정시간 동안 전기가 하는 일

$$W = Pt = I^2 Rt = \frac{V^2}{R}t[\text{J}]$$

2. 정현파 교류

(1) 교류의 표현

① 순싯값(교류 전원의 모양)

$i(t)$는 시간에 따라 변한다.(시변회로)

$$i(t) = I_m \sin(\omega t \pm \theta)$$

여기서, $i(t)$: 전류의 순싯값

I_m : 전류의 최댓값

ω : 각속도

$$\omega = \frac{\theta}{t} = \frac{2\pi}{T} = 2\pi f \ (T : 주기, \ f : 주파수)$$

θ : 위상(전류의 시작위치)

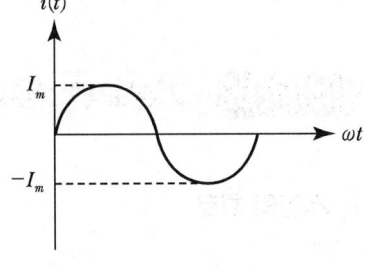

② 실횻값(교류의 크기)

파형의 면적을 구하면 실횻값과 같다.

$$I = \frac{I_m}{\sqrt{2}} = \sqrt{1주기 \ 동안 \ i^2의 \ 평균} = \sqrt{\frac{1}{T} \int_0^T i^2 \, dt}$$

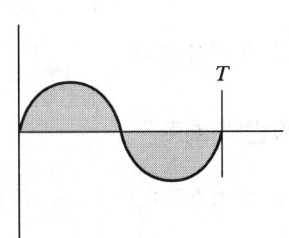

③ 평균값(교류의 평균값 = 직류분)

1주기 평균값은 0이므로 반주기 평균을 구한다.

$$I_a = \frac{1}{\frac{T}{2}} \int_0^{\frac{T}{2}} i\ dt = \frac{2}{T} \int_0^{\frac{T}{2}} i\ dt = \frac{2I_m}{\pi}$$

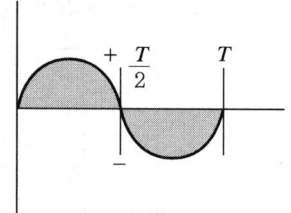

평균 $= \dfrac{\text{면적}}{\text{주기}}$

④ 파고율, 파형률

㉮ 파고율$= \dfrac{\text{최댓값}}{\text{실횻값}}$

㉯ 파형률$= \dfrac{\text{실횻값(교류크기)}}{\text{평균값(직류크기)}}$

⑤ 정현파의 복소수 표시

$$i(t) = I_m \sin(\omega t + \theta)$$

㉮ 극좌표법 : $\dfrac{I_m}{\sqrt{2}} \angle \theta$

㉯ 삼각함수형식 : $\dfrac{I_m}{\sqrt{2}}(\cos\theta + j\sin\theta)$

㉰ 지수함수형식 : $\dfrac{I_m}{\sqrt{2}} e^{j\theta}$

SECTION 02 기본교류회로(RLC 회로)

1. R만의 회로

(1) 순시전류 $i = \dfrac{v}{R} = \dfrac{V_m}{R} \sin\omega t = I_m \sin\omega t\ [\text{A}]$

(2) 임피던스 $Z = \dfrac{V}{I} = \dfrac{V_m/\sqrt{2} \angle 0}{I_m/\sqrt{2} \angle 0} = R\angle 0$ 실수만 존재

(3) 동위상 관계

2. L만의 회로

(1) 역기전력 $e = -L\dfrac{di}{dt}\ [\text{V}]$

(2) 단자전압 $v = L\dfrac{di}{dt}\ [\text{V}]$ ∴ $v = \omega L I_m \sin(\omega t + 90°)\ [\text{V}]$

(3) 임피던스 $Z = \dfrac{V}{I} = \dfrac{\omega L I_m / \sqrt{2} \angle 90}{I_m / \sqrt{2} \angle 0} = \omega L \angle 90° = j\omega L = j2\pi fL \, [\Omega]$

(4) 지상전류(유도성)

(5) 저장되는 에너지 $\omega = \dfrac{1}{2} L I^2 \, [\text{J}]$

3. C만의 회로

(1) 순시전류 $i = \dfrac{dq}{dt} = C\dfrac{dv}{dt} = \omega c V_m \sin(\omega t + 90°) \, [\text{A}]$

(2) 임피던스 $Z = \dfrac{V}{I} = \dfrac{V_m / \sqrt{2} \angle 0}{\omega c V_m / \sqrt{2} \angle 90°} = \dfrac{1}{\omega C} \angle -90° = -j\dfrac{1}{\omega C} = -jX_C = \dfrac{1}{j\omega C} = \dfrac{1}{j2\pi fL} \, [\Omega]$

(3) 진상전류(용량성)

(4) 저장되는 에너지 $\omega = \dfrac{1}{2} C V^2 \, [\text{J}]$

4. RLC 직렬회로

(1) 크기 $|Z| = \sqrt{R^2 + (X_L - X_C)^2}$

(2) 위상 $\theta = \tan^{-1}\dfrac{X_L - X_C}{R}$

(3) 전압 $|V| = \sqrt{V_R^2 + (V_L - V_C)^2} \, [\text{V}]$

(4) 역률 $\cos\theta = \dfrac{R}{Z} = \dfrac{V_R}{V} = \dfrac{R}{\sqrt{R^2 + X^2}}$ (전압과 전류의 위상차의 여현)

(5) 무효율 $\sin\theta = \dfrac{X}{Z} = \dfrac{V_X}{V} = \dfrac{X}{\sqrt{R^2 + X^2}}$

5. RLC 병렬회로

(1) 어드미턴스 $Y = \dfrac{1}{R} + j\left(\dfrac{1}{X_C} - \dfrac{1}{X_L}\right) \, [\text{℧}]$

   크기 $|Y| = \sqrt{\left(\dfrac{1}{R}\right)^2 + \left(\dfrac{1}{X_C} - \dfrac{1}{X_L}\right)^2} = \sqrt{G^2 + (B_C - B_L)^2} \, [\text{℧}]$

(2) 위상 $\theta = \tan^{-1}\dfrac{\dfrac{1}{X_C} - \dfrac{1}{X_L}}{\dfrac{1}{R}} = \tan^{-1}\dfrac{B_C - B_L}{G}$

(3) 전류 $I = I_R + j(I_C - I_L) = \sqrt{I_R^2 + (I_C - I_L)^2}$

(4) 역률 $\cos\theta = \dfrac{G}{Y} = \dfrac{I_R}{I}$

(5) 무효율 $\sin\theta = \dfrac{B}{Y} = \dfrac{I_X}{I}$

6. *RLC* 직렬/(병렬) 공진회로

(1) 공진조건 $\omega^2 LC = 1$

(2) 공진 시 주파수 $f = \dfrac{1}{2\pi\sqrt{LC}}$ [Hz]

(3) 공진의 의미

    ① 허수부가 0인 상태

    ② 전압과 전류가 동상(합성역률이 1인 상태)

    ③ 합성 Z 최소(직렬) / 합성 Y 최소(병렬)

    ④ 합성전류 최대(직렬) / 합성전류 최소(병렬)

Reference

> • 직렬 공진은 리액턴스 성분이 0이 되므로 공진 시 V와 I는 동상이 되고, 전류는 최대로 된다.
> • 병렬 공진 시에는 어드미턴스가 최소가 되고, 임피던스가 최대가 되며, 전류는 최소로 된다.

(4) 공진도 ≒ 선택도 ≒ 첨예도 ≒ 전압확대비

    ① 직렬 : $Q = \dfrac{V_L}{V} = \dfrac{V_C}{V} = \dfrac{IX_L}{IR} = \dfrac{X_L}{R} = \dfrac{1}{R}\sqrt{\dfrac{L}{C}}$

    ② 병렬 : $Q = \dfrac{I_L}{I} = \dfrac{I_C}{I} = \dfrac{\dfrac{V}{X_L}}{\dfrac{V}{R}} = \dfrac{R}{X_L} = R\sqrt{\dfrac{C}{L}}$

7. *RLC* 일반공진회로

(1) $Y = \dfrac{R}{R^2 + (\omega L)^2} + j\left(\omega C - \dfrac{\omega L}{R^2 + (\omega L)^2}\right)$ [℧]

(2) 공진조건 $R^2 + (\omega L)^2 = \dfrac{L}{C}$

(3) 공진 시 주파수 $f = \dfrac{1}{2\pi\sqrt{LC}}\sqrt{1 - \dfrac{CR^2}{L}}$ [Hz]

(4) 공진 시 어드미턴스 $Y = \dfrac{RC}{L}$ [℧]

1. 라플라스 변환의 정의

$$\pounds\,[f(t)] = \int_0^\infty f(t)\cdot e^{-st}dt = F(s)$$

2. 함수별 라플라스 변환

(1) 단위계단함수(인디셜함수) $f(t) = u(t) = 1, \quad \pounds\,[f(t)] = \pounds\,[u(t)] = \dfrac{1}{s}$

(2) 단위경사함수(단위램프함수) $f(t) = t, \quad F(s) = \dfrac{1}{s^2}$

(3) n차램프함수(시간함수) $\pounds\,[t^n] = \dfrac{n!}{s^{n+1}}$

(4) 단위임펄스함수(델타, 하중, 중량, 충격함수) $f(t) = \delta(t), \quad F(s) = 1$

(5) 상수함수 $f(t) = K$(상수) $\Rightarrow F(s) = \dfrac{K}{S}$

(6) 지수함수

① 지수감쇠함수 $f(t) = e^{-at}$일 때 $F(s) = \dfrac{1}{s+a}$

② 지수증가함수 $f(t) = e^{at}$일 때 $F(s) = \dfrac{1}{s-a}$

(7) 삼각함수

① $f(t) = \sin\omega t$일 때 $F(s) = \dfrac{\omega}{s^2+\omega^2}$

② $f(t) = \cos\omega t$일 때 $F(s) = \dfrac{s}{s^2+\omega^2}$

③ $f(t) = \sinh\omega t$일 때 $F(s) = \dfrac{\omega}{s^2-\omega^2}$

④ $f(t) = \cosh\omega t$일 때 $F(s) = \dfrac{s}{s^2-\omega^2}$

3. 라플라스 함수의 정리

(1) 초깃값 정리 $\displaystyle\lim_{t\to 0} f(t) = \lim_{s\to\infty} s\cdot F(s)$

(2) 최종값 정리 $\displaystyle\lim_{t\to\infty} f(t) = \lim_{s\to 0} s\cdot F(s)$

(3) 선형 정리 : 두 개 이상의 시간함수가 합이나 차로 연결 시

例 $f(t) = \delta(t) - \cos \omega t$일 때

$$F(s) = 1 - \frac{s}{s^2 + \omega^2} = \frac{s^2 + \omega^2 - s}{s^2 + \omega^2}$$

(4) 복소추이 정리 : 시간함수와 지수함수가 곱셈으로 연결 시

例 $f(t) = t^2 e^{-at}$일 때

$$F(s) = \frac{2}{(s+a)^3} \rightarrow \frac{2}{s^3} \cdot \frac{1}{s+a} = \frac{2}{(s+a)^3}$$

(5) 복소미분 정리 : 시간함수와 n차 램프함수가 곱셈인 경우

例 $f(t) = t \sin \omega t$일 때

$$\mathcal{L}\left[t^n f(t)\right] = (-1)^n \frac{d^n}{ds^n} F(s)$$

$$\therefore\ F(s) = (-1) \frac{d}{ds} \frac{\omega}{s^2 + \omega^2} = -\frac{\omega'(s^2 + \omega^2) - \omega(s^2 + \omega^2)}{(s^2 + \omega^2)^2} = \frac{2\omega s}{(s^2 + \omega^2)^2}$$

(6) 실미분 정리 : 시간함수 t에 대해 미분된 경우

例 $\mathcal{L}\left[\dfrac{d}{dt} \cos \omega t\right] = -\omega \sin \omega t = -\omega \dfrac{\omega}{s^2 + \omega^2} = \dfrac{-\omega^2}{s^2 + \omega^2}$

4. 역라플라스 변환

라플라스 역변환은 인수분해가 되면 부분분수법을, 인수분해가 불가하면 완전제곱식을 이용하고 기본적인 요령을 익혀두어야 한다.

1. RL 직렬회로

(1) 전압방정식 $E = V_R + V_L = Ri(t) + L\dfrac{di(t)}{dt}$

(2) 전류식 $i(t) = \dfrac{E}{R}\left(1 - e^{-\frac{R}{L}t}\right)$ [A]

(3) 특성근 $\alpha = -\dfrac{R}{L}$

(4) 시정수(시상수) $\tau = \dfrac{L}{R}$

(5) 초기전류($t = 0$) $i(0) = 0$ ($\because e^0 = 1$)

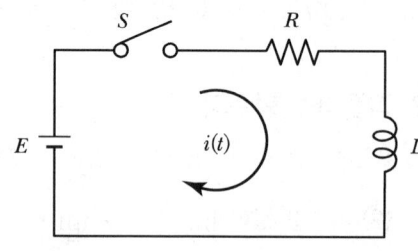

(6) 최종전류$(t=\infty)$ $i(\infty)=\dfrac{E}{R}$ $(\because e^{\infty}=0)$

(7) 시정수에 의한 전류 $i\left(\dfrac{L}{R}\right)=\dfrac{E}{R}(1-e^{-\frac{R}{L}\cdot\frac{L}{R}})=0.632\dfrac{E}{R}$

(8) R에 걸리는 전압 $V_R=R\cdot i(t)=E(1-e^{-\frac{R}{L}t})$

(9) L에 걸리는 전압 $V_L=L\cdot\dfrac{di(t)}{dt}=Ee^{-\frac{R}{L}t}$

(10) 스위치 개방 시 $i(t)=\dfrac{E}{R}e^{-\frac{R}{L}t}$

2. RC 직렬회로

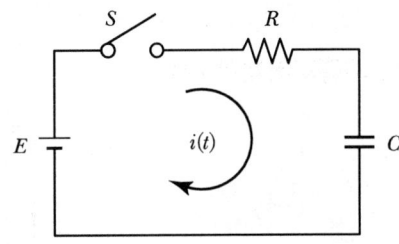

(1) 전압방정식 $E=V_R+V_C=Ri(t)+\dfrac{1}{C}\displaystyle\int i(t)\,dt$

(2) 전류식 $i(t)=\dfrac{E}{R}e^{-\frac{1}{RC}t}$ [A]

(3) 특성근 $\alpha=-\dfrac{1}{RC}$

(4) 시정수 $\tau=RC$

(5) 초기전류 $i(0)=\dfrac{E}{R}$ $(\because e^0=1)$

(6) 최종전류 $i(\infty)=0$ $(\because e^{\infty}=0)$

(7) 시정수에 의한 전류 $i(RC)=\dfrac{E}{R}(e^{-\frac{1}{RC}\cdot RC})=0.368\dfrac{E}{R}$

(8) C에 충전되는 전하 $q=\displaystyle\int_0^t i(t)\,dt=CE(1-e^{-\frac{1}{RC}t})$

(9) R에 걸리는 전압 $V_R=R\cdot i(t)=E\cdot e^{-\frac{1}{RC}t}$

(10) C에 걸리는 전압 $V_C=E(1-e^{-\frac{1}{RC}t})$

3. RLC 직렬회로

(1) $R^2>4\dfrac{L}{C}$: 비진동   (2) $R^2=4\dfrac{L}{C}$: 임계진동   (3) $R^2<4\dfrac{L}{C}$: 진동

4. LC 직렬회로

(1) 전압방정식 $E=V_L+V_C=L\dfrac{di(t)}{dt}+\dfrac{1}{C}\displaystyle\int i(t)\,dt$

(2) L에 걸리는 전압 $V_L=L\cdot\dfrac{di}{dt}=E\cdot\cos\dfrac{1}{\sqrt{LC}}t$

(3) C에 걸리는 전압 $V_C = \dfrac{1}{C}\displaystyle\int_0^t i(t)\,dt = E\left(1 - \cos\dfrac{1}{\sqrt{LC}}t\right)$

① $i(t) = E \cdot \sqrt{\dfrac{C}{L}}\sin\dfrac{1}{\sqrt{LC}}t = \dfrac{E}{\sqrt{\dfrac{L}{C}}}\sin\dfrac{1}{\sqrt{LC}}t\,[\text{A}]$

② $V_{L\max} = E$

③ $V_{C\max} = 2E$

SECTION 05 자동제어계의 요소 및 구성

1. 자동제어계의 구성

폐루프 제어계의 구성도

(1) 제어계 구성요소의 정의

① **목푯값** : 제어계에 설정되는 값으로서 제어계에 주어지는 입력을 의미한다.

② **기준입력요소** : 목푯값에 비례하는 신호인 기준입력신호를 발생시키는 장치로서 제어계의 설정부를 의미한다.

③ **동작신호** : 목푯값과 제어량 사이에서 나타나는 편차값으로서 제어요소의 입력신호이다.

④ **제어요소** : 조절부와 조작부로 구성되어 있으며 동작신호를 조작량으로 변환하는 장치이다.

⑤ **조작량** : 제어장치 또는 제어요소의 출력이면서 제어대상의 입력인 신호이다.

⑥ **제어대상** : 제어계에서 제어장치를 제외한 나머지 부분을 의미한다.

⑦ **제어량** : 제어계의 출력으로서 제어대상에서 만들어지는 값이다.

⑧ **검출부** : 제어량을 검출하는 부분으로서 입력과 출력을 비교할 수 있는 비교부에 출력신호를 공급하는 장치이다.

⑨ **외란** : 제어대상에 가해지는 정상적인 입력 이외의 좋지 않은 외부입력으로서, 편차를 유도하여 제어량의 값을 목푯값에서 멀어지게 하는 입력을 의미한다.

⑩ **제어장치** : 기준입력요소, 제어요소, 검출부, 비교부 등과 같은 제어동작이 이루어지는 제어계 구성부분을 의미하며 제어대상은 제외된다.

⑪ **다변수 시스템** : 둘 이상의 입력과 둘 이상의 출력을 가진 시스템을 말한다.

2. 자동제어계의 분류

(1) 목푯값에 의한 분류(입력기준)

① **정치제어** : 목푯값이 시간에 관계없이 항상 일정한 제어(프로세스제어, 자동조정제어)

② **추치제어** : 목푯값의 크기나 위치가 시간에 따라 변하는 것을 제어

> **Reference** 추치제어의 종류
>
> - **추종제어** : 제어량에 의한 분류 중 서보 기구에 해당하는 값을 제어한다.
>   **예** 비행기 추적레이더, 유도미사일
> - **프로그램 제어** : 미리 정해진 시간 변화에 따라 정해진 순서대로 제어한다.
>   **예** 무인 엘리베이터, 무인 자판기, 무인 열차
> - **비율제어** : 다른 것과 일정 비율 관계를 가지고 목푯값이 변화하는 경우의 추종제어법

(2) 제어량에 의한 분류(출력기준)

① **서보기구 제어** : 기계적인 변위를 제어량으로 해서 목푯값의 임의의 변화에 추종하도록 구성한 제어계
   예 물체의 위치, 방향, 자세, 각도, 거리

② **프로세스 제어** : 플랜트나 생산공정의 상태를 제어량으로 하는 제어
   예 온도, 압력, 유량, 액위, 밀도, 농도

③ **자동조정 제어** : 전기적 · 기계적 양을 주로 제어하는 것으로서 응답속도가 대단히 빨라야 한다.
   예 전압, 주파수, 장력, 속도

(3) 조절부 동작에 의한 분류

① **연속동작에 의한 분류**

⑦ 비례제어(P 제어) : 잔류편차(오프셋)와 정상오차가 발생하며, 속응성(응답속도)이 나쁘다.

⑭ 미분제어(D 제어) : 진동을 억제하여 속응성(응답속도)을 개선한다. [진상보상]

⑮ 적분제어(I 제어) : 응답특성을 개선하여 잔류편차(오프셋), 정상편차, 정상오차를 제어한다. [지상보상]

⑯ 비례미분적분제어(PID 제어) : 최상의 최적 제어로서 오프셋(off-set)을 제거하며 속응성 또한 정상특성을 개선하여 안정한 제어가 되도록 한다. 응답의 오버슈트와 정정시간을 줄이는 효과가 있다.

⑰ 연속동작

⊙ 비례동작(P 동작) : $x_0 = K_p x_i$ (단, K_p : 비례이득(비례감도))

⊙ 적분동작(I 동작) : $x_0 = \dfrac{1}{T_I} \int x_i \, dt$ (단, T_I : 적분시간)

⊙ 미분동작(D 동작) : $x_0 = T_D \dfrac{dx_i}{dt}$ (단, T_D : 미분시간)

ⓔ 비례적분동작(PI 동작) : $x_0 = K_p \left(x_i + \dfrac{1}{T_I} \displaystyle\int x_i \, dt \right)$

ⓜ 비례미분동작(PD 동작) : $x_0 = K_p \left(x_i + T_D \dfrac{d x_i}{dt} \right)$

ⓗ 비례적분미분동작(PID 동작) : $x_0 = K_p \left(x_i + \dfrac{1}{T_I} \displaystyle\int x_i \, dt + T_D \dfrac{d x_i}{dt} \right)$

② 불연속 동작에 의한 분류(사이클링 발생)

   ㉮ ON－OFF 제어 : 2위치 제어(가정용 냉장고의 온도조절)

   ㉯ 샘플링 제어 : 간헐제어(다위치 제어)

▼ 연속동작에 대한 핵심정리

종류		특징
P	비례동작	• 정상오차 수반 • 잔류편차 발생
I	적분동작	• 잔류편차 제거
D	미분동작	• 오차가 커지는 것을 미리 방지
PI	비례적분동작	• 잔류편차 제거 • 제어결과가 진동적으로 될 수 있음
PD	비례미분동작	• 응답 속응성 개선
PID	비례적분미분동작	• 잔류편차 제거 • 응답의 오버슈트 감소 • 응답 속응성 개선

3. 검출기기

온도, 압력, 유량 등의 물리량을 증폭 및 전송이 용이한 양으로 변환하는 기기

▼ 변환요소의 종류

변환량	변환요소
압력 → 변위	벨로스, 다이어프램, 스프링
변위 → 압력	노즐 플래퍼, 유압 분사관, 스프링
변위 → 임피던스	가변 저항기, 용량형 변압기, 가변 저항 스프링
변위 → 전압	포텐셔미터, 차동변압기, 전위차계
전압 → 변위	전자석, 전자 코일
광 → 임피던스	광전관, 광전도 셀, 광전 트랜지스터
광 → 전압	광전지, 광전 다이오드
방사선 → 임피던스	GM관, 전리함
온도 → 임피던스	측온 저항(열선, 서미스터, 백금, 니켈)
온도 → 전압	열전대(백금－백금 로듐, 철－콘스탄탄, 구리－콘스탄탄, 크로멜－알루멜)

SECTION **06** 라플라스 변환

1. 정의

정의식 : $\mathcal{L}\left[f(t)\right] = F(s) = \displaystyle\int_0^\infty f(t)e^{-st}dt$

(1) 단위임펄스함수(단위충격함수)

$f(t) = \delta(t)$ $F(s) = 1$

(2) 단위계단함수(인디셜함수)

$f(t) = u(t) = 1$ $F(s) = \dfrac{1}{s}$

(3) 단위경사함수(단위램프함수)

$f(t)$	$F(s)$
t	$\dfrac{1}{s^2}$
t^2	$\dfrac{2}{s^3}$
t^3	$\dfrac{6}{s^4}$

(4) 삼각함수

$f(t)$	$F(s)$	$f(t)$	$F(s)$
$\sin t$	$\dfrac{1}{s^2+1}$	$t\cos\omega t$	$\dfrac{s^2-\omega^2}{(s^2+\omega^2)^2}$
$\sin t\cos t$	$\dfrac{1}{s^2+4}$	$\sin(\omega t+\theta)$	$\dfrac{\omega\cos\theta+s\sin\theta}{s^2+\omega^2}$
$\sin t+2\cos t$	$\dfrac{2s+1}{s^2+1}$	$\sinh\omega t$	$\dfrac{\omega}{s^2-\omega^2}$
$t\sin\omega t$	$\dfrac{2\omega s}{(s^2+\omega^2)^2}$	$\cosh\omega t$	$\dfrac{s}{s^2-\omega^2}$

(5) 지수함수

① $f(t) = e^{-at}$ $F(s) = \mathcal{L}\left[f(t)\right] = \dfrac{1}{s+a}$

② $f(t) = e^{at}$ $F(s) = \mathcal{L}\left[f(t)\right] = \dfrac{1}{s-a}$

2. 라플라스 변환의 기본정리

(1) 시간추이 정리

$$\mathcal{L}\left[f(t \pm T)\right] = F(s)e^{\pm Ts}$$

$f(t)$	$F(s)$	$f(t)$	$F(s)$
$u(t-a)$	$\dfrac{1}{s}e^{-as}$	$(t-T)u(t-T)$	$\dfrac{1}{s^2}e^{-Ts}$
$u(t-b)$	$\dfrac{1}{s}e^{-bs}$	$\sin\omega\left(t-\dfrac{T}{2}\right)$	$\dfrac{\omega}{s^2+\omega^2}e^{-\frac{T}{2}s}$

(2) 복소추이 정리

$$\mathcal{L}\left[f(t)e^{-at}\right] = F(s+a)$$

$f(t)$	$F(s)$	$f(t)$	$F(s)$
te^{at}	$\dfrac{1}{(s-a)^2}$	$e^{at}\cos\omega t$	$\dfrac{s-a}{(s-a)^2+\omega^2}$
te^{-at}	$\dfrac{1}{(s+a)^2}$	$e^{-at}\cos\omega t$	$\dfrac{s+a}{(s+a)^2+\omega^2}$
$t^2 e^{+at}$	$\dfrac{2}{(s-a)^3}$	$e^{at}\sin\omega t$	$\dfrac{\omega}{(s-a)^2+\omega^2}$
$t^2 e^{-at}$	$\dfrac{2}{(s+a)^3}$	$e^{-at}\sin\omega t$	$\dfrac{\omega}{(s+a)^2+\omega^2}$

(3) 초깃값 정리와 최종값 정리

① 초깃값 정리

$$\lim_{t\to 0_+}f(t) = \lim_{s\to\infty}sF(s)$$

② 최종값 정리

$$\lim_{t\to\infty}f(t) = \lim_{s\to 0}sF(s)$$

(4) 실미분 정리와 실적분 정리

① 실미분 정리

$$\mathcal{L}\left[\frac{d^2 f(t)}{dt^2}\right] = s^n F(s) - s^{n-1}f(0_+) - s^{n-s}f'(0_+) - \cdots - f^{n-1}(0_+)$$

② 실적분 정리

$$\mathcal{L}\left[\int\int\cdots\int f(t)\,dt^n\right] = \frac{1}{s^n}F(s) + \frac{1}{s^n}f^{(-1)}(0_+) + \cdots + \frac{1}{s}f^{(-n)}(0_+)$$

(5) 복소미분 정리

$$\mathcal{L}\left[t^n f(t)\right] = (-1)^n \frac{d^n}{ds^n} F(s)$$

(6) 상사 정리

$$\mathcal{L}\left[f\left(\frac{t}{a}\right)\right] = aF(as)$$

SECTION **07** 전달함수

1. 전달함수

(1) 정의

① 입력신호와 출력신호의 관계를 수식적으로 표기한 것이다.

② 출력신호와 입력신호에 대한 라플라스 변환값의 비를 말한다.[단, 초깃값은 0 상태(제어계에 입력이 가해지기 전 제어계가 휴지상태)]

$$입력\ r(t) \xrightarrow{\quad} \boxed{G(s)} \xrightarrow{\quad} 출력\ c(t)$$
$$R(s) \qquad\qquad\qquad C(s)$$

$$G(s) = \frac{C(s)}{R(s)} = \frac{b_m s^m + b_{m-1} s^{m-1} + \cdots + b_1 s + b_0}{a_n s^n + a_{n-1} s^{n-1} + \cdots + a_1 s + a_0}$$

2. 제어계의 출력응답

(1) 임펄스 응답

$$G(s) = \frac{C(s)}{R(s)}, \qquad C(s) = G(s) \cdot R(s)$$

$C(t) = \mathcal{L}^{-1}[G(s) \cdot R(s)]$이다.

단위임펄스 $r(t) = \delta(t)$이고 $R(s) = 1$이므로 $C(t) = \mathcal{L}^{-1}[G(s) \cdot R(s)] = \mathcal{L}^{-1}[G(s)]$이다.

(2) 인디셜 응답(단위계단응답)

$C(t) = \mathcal{L}^{-1}[G(s) \cdot R(s)]$이다.

입력신호가 단위계단함수 $r(t) = u(t)$이므로 $R(s) = \frac{1}{s}$이다.

$C(t) = \mathcal{L}^{-1}\left[G(s) \cdot \frac{1}{s}\right]$가 된다.

▼ 전달함수의 요소

요소	전달함수	요소	전달함수
비례요소	$G(s) = K$	1차 지연요소	$G(s) = \dfrac{K}{1 + Ts}$
미분요소	$G(s) = Ts$	2차 지연요소	$G(s) = \dfrac{\omega_n{}^2}{s^2 + 2\zeta\omega_n s + \omega_n{}^2}$
적분요소	$G(s) = \dfrac{1}{Ts}$	부동작시간요소	$G(s) = Ke^{-Ls} = \dfrac{K}{e^{Ls}}$

3. 전기계 · 기계계의 전달함수

전기계	기계계	
	직선운동계	회전운동계
전압 E	힘 f	토크 τ
전류 I	속도 v	각속도 ω
전하 Q	변위 x	각변위 θ
인덕턴스 L	질량 m	관성모멘트 J
저항 R	제동계수 μ	제동계수 μ
용량 C	스프링정수 K	스프링정수 K

(1) 직선계(병진운동)

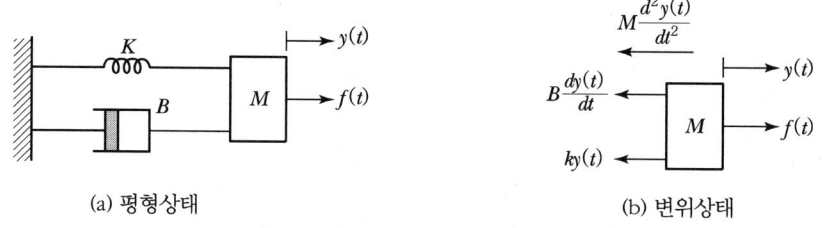

(a) 평형상태   (b) 변위상태

‖ 스프링 – 질량 – 마찰 시스템 ‖

$G(s) = \dfrac{Y(s)}{F(s)} = \dfrac{1}{Ms^2 + Bs + K}$ 이다.

(2) 회전계

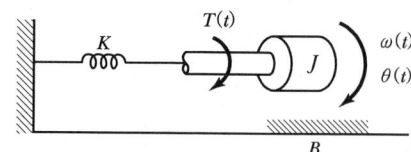

$G(s) = \dfrac{\theta(s)}{T(s)} = \dfrac{1}{Js^2 + Bs + K}$ 이다.

4. 보상기

(1) 진상 보상기

① 위상특성이 빠른 요소(진상요소)를 보상요소로 사용하여 안정도와 속응성을 개선한다.

② 출력위상이 입력위상보다 앞선다.

$$G(s) = \frac{v_0(s)}{v_i(s)} = \frac{Cs + \frac{1}{R_1}}{Cs + \frac{1}{R_1} + \frac{1}{R_2}}$$

$$\left(a = \frac{1}{R_1 C} , \ b = \frac{1}{R_1 C} + \frac{1}{R_2 C} \right)$$

$$G(s) = \frac{s+a}{s+b} \quad (b > a \text{이므로 진상 보상기})$$

(2) 지상 보상기

① 위상 특성이 느린 요소(지상요소)를 보상요소로 사용하여 이득을 재조정하고 정상편차를 개선한다.

② 출력위상이 입력위상보다 뒤진다.

SECTION 08 블록선도와 신호흐름선도

1. 블록선도 표시법

(1) 제어에 관계되는 신호가 어떠한 모양으로 변하여 어떻게 전달되는가를 표시

(2) 선형 · 비선형 시스템에 적용

(3) 전달요소, 화살표 표시, 가합점, 인출점으로 구성

2. 블록선도의 변환

(1) 직렬접속

$$\frac{C(s)}{R(s)} = G_1(s) \cdot G_2(s)$$

(2) 병렬접속

$$\frac{C(s)}{R(s)} = G_1(s) \pm G_2(s)$$

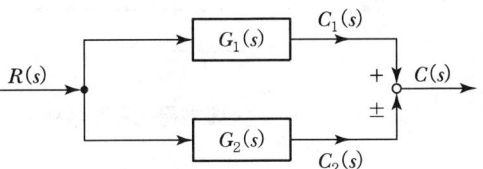

(3) 피드백 접속(부궤환 제어가 기본 블록)

$$G(s) = \frac{C(s)}{R(s)} = \frac{G(s)}{1 + G(s)H(s)}$$

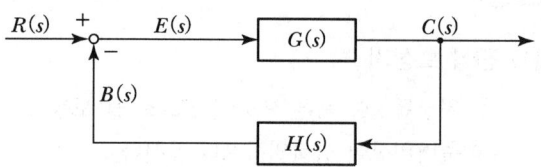

Reference 전달함수의 기본식

$$G(s) = \frac{전향경로}{1 - 피드백}$$

3. 신호흐름선도

(1) 성질

① 선형 시스템에 적용된다.

② 결과와 원인의 함수로 표현되는 형태이다.

③ **마디** : 변수를 나타내고, 원인과 결과의 순서를 왼쪽부터 차례로 배열한다.

④ **신호** : 가지의 화살표 방향으로만 전송된다.

⑤ 입력마디에서 출력마디까지 연결된 가지 : 입력의 변수가 출력에 종속됨을 나타낸다.

(2) 용어의 해석

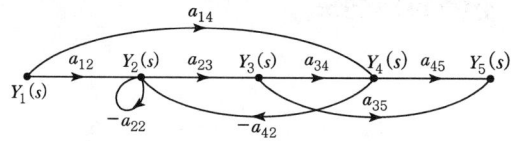

① **입력마디** : $Y_1(s)$

② **출력마디** : $Y_5(s)$

③ **경로(Path)** : 동일한 진행방향을 갖는 연결된 가지의 집합을 말한다.

④ **전향경로** : 입력마디에서 시작하여 두 번 이상 거치지 않고 출력마디까지 도달하는 경로

⑤ **경로이득** : 경로를 형성하고 있는 가지들의 이득의 곱을 말한다.

⑥ **전향경로이득(Forward Path Gain)** : 전향경로의 경로이득을 말한다.

⑦ **루프(Loop)** : 한 마디에서 시작하여 다시 그 마디로 돌아오는 경로를 말하며, 모든 마디는 두 번 이상 지날 수 없다.

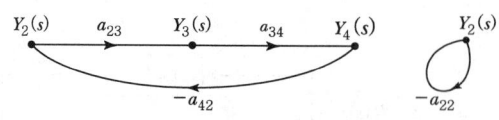

∥ 신호흐름선도의 루프 ∥

⑧ 루프 이득(Loop Gain) : 루프의 경로이득을 말한다.

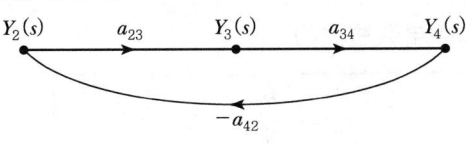

　　㉮ 루프 이득 : $-a_{23}\,a_{34}\,a_{42}$

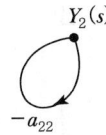

　　㉯ 루프 이득 : $-a_{22}$

4. 이득

메이슨(Mason)의 정리

$$G = \frac{\sum G_k \Delta_k}{\Delta}$$

　　여기서, Δ : 1－(서로 다른 루프 이득의 합)＋(서로 접촉하지 않은 두 개의 루프 이득의 곱)

　　　　　G_k : (입력마디~출력마디) K번째의 전방경로이득

　　　　　Δ_k : K번째의 전방경로이득과 서로 접촉하지 않는 신호흐름 선도에 대한 Δ의 값

5. 연산 증폭기(OP amp)

(1) 이상적인 연산 증폭기의 특성

　① 입력저항 : $R_i = \infty$

　② 출력저항 : $R_o = 0$

　③ 전압이득 : $V = \infty$

　④ 대역폭 $= \infty$

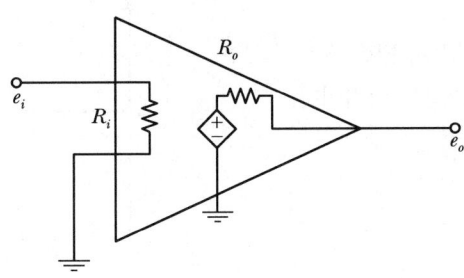

　Reference　연산 증폭기의 특징

　• 입력 임피던스가 크다.　　　　• 출력 임피던스가 작다.
　• 전압 및 전력 이득이 크다.　　• 대역폭(증폭도)이 크다.
　• 정·부(＋, －) 2개의 전원을 필요로 한다.

(2) 연산 증폭기의 종류

① 증폭회로(부호 변압기)

$$e_o = -\frac{R_2}{R_1}e_i$$

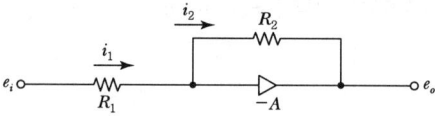

② 적분기

$$e_o = -\frac{1}{RC}\int e_i dt$$

③ 미분기

$$e_o = -RC\frac{de_i}{dt}$$

과도응답

- 응답 : 어떤 요소 또는 계에 입력신호를 가했을 때 출력신호가 어떻게 변화되는지를 나타내는 것이다.
- 과도응답 : 모든 물리계에서 관성과 저항 등의 작용에 의해 정상상태에 도달하기 전에 목푯값이 전혀 따르지 않는 기간 사이의 응답을 말한다.

1. 과도응답에 사용하는 기준입력

(1) 계단 입력

기준입력이 정상상태에서 갑자기 변한 후, 변환된 상태를 일정하게 유지하는 입력이다.

$$r(t) = Ru(t)\begin{bmatrix} = R\,(t \geq 0) \\ = 0\,\,(t < 0) \end{bmatrix}$$

여기서, R : 상수

(2) 등속도 입력(램프 함수)

입력 신호값 또는 위치가 시간에 따라 일정한 비율로 변환된 상태를 말한다.

$$r(t) = Rtu(t)\begin{bmatrix} = Rt\,(t \geq 0) \\ = 0\,\,\,\,(t < 0) \end{bmatrix}$$

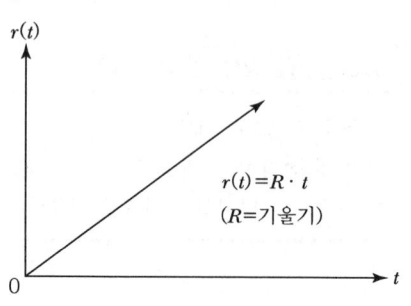

(3) 등가속도 입력(포물선함수)

입력 신호량이 시간의 제곱에 비례하는 입력이다.

$$r(t) = Rt^2 u(t) \begin{bmatrix} = Rt^2 \ (t \geq 0) \\ = \ 0 \ \ (t < 0) \end{bmatrix}$$

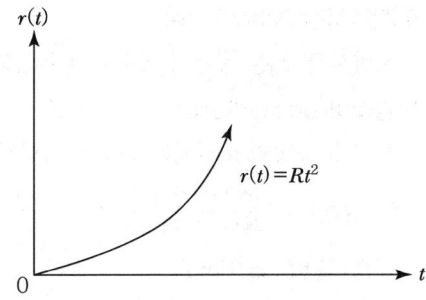

2. 시간응답 특성

(1) 정상응답

① 정상응답의 오차는 자동제어계의 정확도를 표시하는 지표이다.

② 시간입력에 대한 정상오차의 값을 측정한다.

(2) 과도응답

과도응답 특성의 평가는 속응성과 안정성에 대하여 행한다.

- 속응성 : 제어시스템이 어느 정도 빨리 목표치에 도달하는가를 나타내는 것
- 안정성 : 제어량이 정상치에 도달할 때까지의 감쇠특성을 나타내는 것

① 오버슈트(Overshoot)

㉮ 과도응답 중에 생기는 입력과 출력 사이의 최대 편차량

㉯ 자동제어계 안정도의 척도

㉰ 상대 오버슈트를 사용하는 것이 응답을 비교하는 데 편리하다.

　㉠ 상대 오버슈트 $= \dfrac{\text{최대 오버슈트}}{\text{최종 희망값}} \times 100\%$

　㉡ 백분율 오버슈트 $= \dfrac{\text{최대 오버슈트}}{\text{최종 목푯값}} \times 100\%$

㉱ 최대 오버슈트 발생시간

$$t_P = \frac{\pi}{\omega_n \sqrt{1 - \delta^2}} \ \ (\omega_n : \text{고유주파수}, \ \delta : \text{제동비})$$

$$\omega_0 = \omega_n \sqrt{1 - \delta^2} \ \ (\omega_0 : \text{공진주파수})$$

② 지연시간(Delay Time)

　지연시간 T_d는 응답이 최초로 목푯값의 50%가 되는 데 필요한 시간

③ 감쇠비(Decay Ratio)

　㉮ 과도응답의 소멸되는 속도를 나타내는 양

　㉯ 감쇠비 $= \dfrac{\text{제2 오버슈트}}{\text{최대 오버슈트}}$

④ 상승시간(Rise Time)

　㉮ 응답이 처음으로 목푯값에 도달하는 데 필요한 시간 T_r로 정의한다.

　㉯ 응답이 목푯값의 10%에서 90%까지 도달하는 데 필요한 시간이다.

⑤ 정정시간(Setting Time) 또는 응답시간(Response Time)

　㉮ 응답시간 T_s는 응답이 요구되는 오차 이내로 정착되는 데 필요한 시간이다.

　㉯ 응답이 목푯값의 ±5% 이내에 도달하는 데 필요한 시간이다.

⑥ 기타 과도응답 특성을 표시하는 양은 제동비, 제동계수, 고유진동수, 주기 등이 있다.

3. 과도응답

(1) 특성방정식

① 폐회로의 전달함수 : $\dfrac{C(s)}{R(s)} = \dfrac{G(s)}{1 + G(s)H(s)}$

② 특성방정식 : $1 + G(s)H(s) = 0$

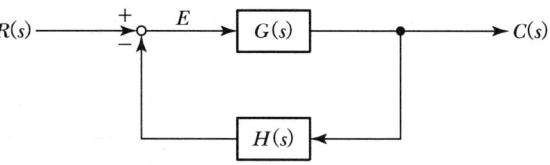

(2) 특성방정식의 근 위치와 응답

① 특성방정식의 근이 s평면 우반부에 존재하면 진동이 점점 커진다.(불안정)

② 특성방정식의 근이 s평면 좌반부에 존재하면 진동이 점점 작아진다.(안정)

③ 근은 s평면 좌반부에 존재하고 허수(j)축에서 멀리 떨어져 있을수록 정상값에 빨리 도달한다.(안정)

▼ s평면에서의 근의 위치와 응답

계단 응답	s평면상의 근의 위치	계단 응답	s평면상의 근의 위치

(3) 2차계의 과도응답

$$\frac{C(s)}{R(s)} = \frac{\dfrac{\omega_n^2}{s\,(s+2\delta\omega_n)}}{1+\dfrac{\omega_n^2}{s\,(s+2\delta\omega_n)}} = \frac{\omega_n^2}{s^2+2\delta\omega_n s+\omega_n^2}$$

특성방정식 : $s^2+2\delta\omega_n s+\omega_n^2 = 0$

여기서 s의 근을 구하면

$$s_1,\ s_2 = -\delta\omega_n \pm j\omega_n\sqrt{1-\delta^2} = -\sigma \pm j\omega$$

여기서, $\sigma = \delta\omega_n$: 제동계수 또는 실제 제동

σ : 제동비 또는 감쇠계수

ω_n : 고유주파수(자연주파수)

$\tau = \dfrac{1}{\sigma} = \dfrac{1}{\delta\omega_n}$: 시정 수

$\omega = \omega_n\sqrt{1-\delta^2}$: 감쇠진동 주파수 또는 실제 주파수

R(s) → + ⊖ − → [$\dfrac{\omega_n^2}{s(s+2\delta\omega_n)}$] → C(s)

Reference 특성방정식의 근의 위치와 실제 제동

- $\delta < 1$인 경우 : 부족제동

  $s_1,\ s_2 = -\delta\omega_n \pm j\omega\sqrt{1-\delta^2}$ (공액 복소수를 가지므로 감쇠진동을 한다.)
- $\delta = 1$인 경우 : 임계제동

  $s_1,\ s_2 = -\omega_n$ (중근을 가지므로 진동에서 비진동으로 옮겨가는 임계상태이다.)
- $\delta > 1$인 경우 : 과제동

  $s_1,\ s_2 = -\delta\omega_n \pm \omega_n\sqrt{\delta^2-1}$ (서로 다른 2개의 실근을 가지므로 비진동이다.)
- $\delta = 0$인 경우 : 무제동

  $s_1,\ s_2 = \pm j\omega_n$ (순공액 허수를 가지므로 일정한 진폭으로 무한히 진동한다.)

▼ 특성근, 제동비 및 시간응답 특성

특성근의 종류	s−평면상의 위치	제동비	시간응답 특성	안정도
서로 다른 실근 $s = -\alpha,\ -\beta$	부의 실수축	과제동 $\delta > 1$	지수적 감쇠	안정
중복근 $s = -\alpha$	부의 실수축	임계제동 $\delta = 1$	지수적 감쇠	안정
공액복소근 $s = -\alpha \pm j\beta$	2, 3 상한	부족제동 $\delta < 1$	감쇠 진동	안정

시퀀스 제어란 "미리 정해 놓은 순서 또는 일정한 논리에 의하여 정해진 순서에 따라 제어의 각 단체를 순서적으로 진행하는 제어"를 말한다. 활용하는 예로서는 전기세탁기, 자동판매기, 엘리베이터, 교통신호기, 무인발전소가 있다.

1. 논리 시퀀스 회로

(1) AND Gate (논리적인 회로)

(입력)　　　　(출력)

(a) 논리기호

$$X = AB = A \cdot B$$
(논리적)

(b) 논리식

(직렬 회로)

(c) 스위치 회로

접점 A, B가 닫히면 릴레이 ⓧ가 동작하고, 접점 X가 닫혀 전등 ⓛ이 점등된다.

(d) 릴레이 시퀀스

입력		출력
A	B	X
0	0	0
1	0	0
0	1	0
1	1	1

(e) 진리표

입력 A, B가 동시에 주어질 때에만 출력 X가 나타난다.

(f) 동작 시간표

(2) NAND Gate (AND 논리적인 부정회로)

(a) 논리기호

$$Y = AB,\ X = \overline{Y}$$
$$X = \overline{AB}$$

(b) 논리식

A, B가 닫히면 ⓧ가 동작하고, X가 열려 전등 ⓛ → "0"

(c) 릴레이 시퀀스

입력		출력
A	B	X
0	0	1
0	1	1
1	0	1
1	1	0

(d) 진리표

(e) 동작 시간표

(3) OR Gate (논리화 회로)

$Y = A + B$(논리합)

(a) 논리기호   (b) 논리식   (c) 스위치 회로

접점 A, 혹은 B가 닫히면 ⓧ가 동작하고, 접점 출력 X가 닫혀 전등 ⓛ을 점등시킨다.

입력		출력
A	B	X
0	0	0
0	1	1
1	0	1
1	1	1

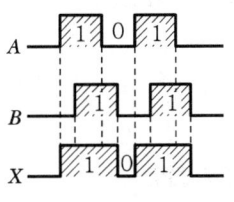

(d) 릴레이 시퀀스   (e) 진리표   (f) 동작 시간표

(4) NOR Gate (OR 논리화 부정회로)

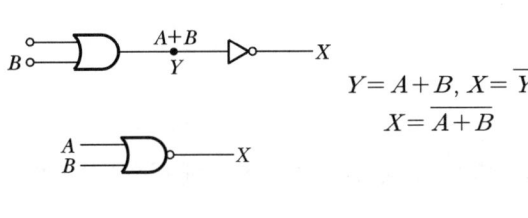

$Y = A + B,\ X = \overline{Y}$

$X = \overline{A+B}$

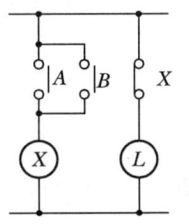

A 혹은 B가 닫히면 ⓧ가 동작, 접점 X가 열리고 전등 ⓛ은 소등

입력		출력
A	B	X
0	0	1
0	1	0
1	0	0
1	1	0

(a) 논리기호   (b) 논리식   (c) 릴레이 시퀀스   (d) 진리표

(5) NOT (부정회로)

$X = \overline{A}$

(a) 논리기호   (b) 논리식   (c) 스위치 회로

접점 A가 닫히면 ⓧ가 동작며 접점 X가 열려 부하 ⓛ을 복귀시킨다.

A	X
1	0
0	1

(d) 릴레이 시퀀스   (e) 진리표   (f) 동작 시간표

(6) Exclusive OR Gate (배타적 논리합 회로)

입력 A, B가 서로 같지 않을 때만 출력이 "1"이 되는 회로로 A, B가 모두 "1"이어서는 안 된다.
논리식은 $X = \overline{A}\,B + A\,\overline{B}$로 표시된다.

A	B	X
0	0	0
0	1	1
1	0	1
1	1	0

(a) 논리기호   (b) 진리표

(7) 한시회로

입력신호의 변화시간보다 정해진 시간만큼 뒤져서 출력신호가 변화하는 회로를 한시회로라 한다.
① **한시동작회로** : 입력신호가 0에서 1로 변화할 때에만 출력신호의 변화가 뒤지는 회로
② **한시복귀회로** : 입력신호가 1에서 0으로 변화할 때 출력신호의 변화가 뒤지는 회로
③ **뒤진 회로** : 어느 때나 출력신호가 뒤지는 회로

2. 논리대수 및 드모르간 정리

(1) 논리대수

논리변수는 2진법의 "0"과 "1"만으로 나타낸다. 논리회로의 해석, 설계 및 응용 등에 이용되고 있다.
① **분배의 법칙**
  ㉮ $A \cdot (B + C) = A \cdot B + A \cdot C$ ㉯ $A + (B \cdot C) = (A + B)(A + C)$
② **흡수의 법칙**
  ㉮ $A + A \cdot B = A$ ㉯ $A \cdot (A + B) = A$
③ **불대수의 정리**
  ㉮ $0 + A = A$ ㉯ $1 \cdot A = A$
  ㉰ $1 + A = 1$ ㉱ $0 \cdot A = 0$
  ㉲ $A + A = A$ ㉳ $A + \overline{A} = 1$
  ㉴ $A + 1 = 1$ ㉵ $A \cdot A = A$

(2) 드모르간(De Morgan) 정리

쌍대회로의 변환방법에 의해 직렬은 병렬로, 병렬은 직렬로 바꾸고 a접점은 b접점으로, b접점은 a접점으로
바꾸면 된다.

$$\overline{(X_1 + X_2 + X_3 \cdots X_n)} = \overline{X_1} \cdot \overline{X_2} \cdot \overline{X_3} \cdot \overline{X_4} \cdots \overline{X_n}$$
$$\overline{(X_1 \cdot X_2 \cdot X_3 \cdots X_n)} = \overline{X_1} + \overline{X_2} + \overline{X_3} \cdots \overline{X_n}$$

3. 시퀀스 제어회로의 종류

(1) 조합회로

논리연산을 하는 회로요소 또는 시간지연이 없을 때 또는 무시할 수 있을 때 그 출력신호가 현재 입력신호의 값만으로 결정되는 논리회로를 말한다. 특징은 기억을 포함하지 않는 것이다.

(2) 순서회로

시간지연을 갖고 그 지연이 적극적인 역할을 하는 논리회로를 순서회로라고 한다. 특징은 기억을 가지고 있으며, 이 기억의 능력이 시퀀스 제어회로에서 대단히 유용하다.

4. 시퀀스 제어계의 특징

(1) 입력신호에서 출력신호까지 정해진 순서에 따라 일방적으로 제어명령이 전해진다.
(2) 어떠한 조건을 만족하여도 제어신호가 전달된다.
(3) 제어결과에 따라 조작이 자동적으로 이행된다.

5. 접점 기호

명칭	그림기호		적요
	a접점	b접점	
접점(일반) 또는 수동조작	(a) (b)	(a) (b)	• a접점 : 평시에 열려 있는 접점(NO) • b접점 : 평시에 닫혀 있는 접점(NC) • c접점 : 전환 접점
수동조작 자동복귀 접점	(a) (b)	(a) (b)	손을 떼면 복귀하는 접점이며, 누름형, 당김형, 비틈형으로 공통이고, 버튼 스위치, 조작 스위치 등의 접점에 사용된다.
기계적 접점	(a) (b)	(a) (b)	리밋 스위치 같이 접점의 개폐가 전기적 이외의 원인에 의하여 이루어지는 것에 사용된다.
조작 스위치 잔류 접점	(a) (b)	(a) (b)	
전기 접점 또는 보조 스위치 접점	(a) (b)	(a) (b)	

명칭	그림기호		적요
	a접점	b접점	
한시동작 접점	(a) (b)	(a) (b)	특히 한시 접점이라는 것을 표시할 필요가 있는 경우에 사용한다.
한시복귀 접점	(a) (b)	(a) (b)	
수동복귀 접점	(a) (b)	(a) (b)	인위적으로 복귀시키는 것인데, 전자식으로 복귀시키는 것도 포함한다. 예를 들면, 수동복귀의 열전계전기 접점, 전자복귀식 벨계전기 접점 등이 있다.
전자접촉기 접점	(a) (b)	(a) (b)	잘못이 생길 염려가 없을 때는 계전 접점 또는 보조 스위치 접점과 똑같은 그림기호를 사용해도 된다.
제어기 접점 (드럼형 또는 캡형)			그림은 하나의 접점을 가리킨다.

SECTION **01** 배관재료 및 배관부속품

1. 관의 재료

배관을 할 수 있는 관의 재료는 철금속관, 비철금속관, 비금속관이 있다.

(1) 강관(Steel Pipe)

강관은 용도가 다양하며 특히, 물, 증기, 기름, 가스, 공기 등의 유체 배관에 널리 사용된다. 강관의 재질은 탄소강이며 제조법상에 따라 가스단접관, 전기저항 용접관, 이음매 없는 관, 아크용접관 등이 있으며 강관의 부식을 막기 위하여 관의 내외면에 아연을 도금한 아연도금강관(배관)과 아연도금을 하지 않는 흑관이 있다. 아연도금은 주로 물, 온도, 공기, 가스 등의 배관에 사용하며, 흑관은 증기, 기름, 냉매배관 등에 사용한다.

① 장점

㉮ 인장강도가 크다.

㉯ 내충격성이나 굴요성이 크다.

㉰ 가격이 저렴하다.

㉱ 연관이나 주철관에 비해 가볍다.

㉲ 관의 접합작업이 용이하다.

② 스케줄 번호(Schedule No.)

관의 두께를 나타내는 번호로서 계산식은 아래와 같다.

㉮ 스케줄 번호

$$\text{스케줄 번호(SCH)} = 10 \times \frac{P}{S}$$

여기서, P : 사용압력(kg/cm^2)

S : 허용응력(kg/mm^2)

$S =$ 인장강도 ÷ 안전율

t : 관의 두께(mm)

D : 관의 외경(mm)

σ_w : 허용인장응력(kg/mm^2)

㉯ 관의 두께

$$\text{관의 두께}(t) = \left(\frac{PD}{175\sigma_w} \right) + 2.54 \text{(mm)}$$

▼ KS에 정해진 재질 및 용도별 분류

종류		KS 규격기호	용도
배관용	배관용 탄소강 강관	SPP	사용압력이 낮은 증기, 물, 기름 및 공기 등의 배관용, 호칭 지름 15~500A (0.1MPa 이하용)
	압력 배관용 탄소강 강관	SPPS	350℃ 이하에서 사용하는 압력 배관용, 관의 호칭은 호칭 지름과 두께(스케줄 번호)에 의한다. 호칭 지름 6~500A, 25종이 있다.(0.1~10MPa 사용)
	고압 배관용 탄소강 강관	SPPH	350℃ 이하에서 사용압력이 높은 고압 배관용, 관지름 6~500A, 25종이 있다.(10MPa 이상 사용)
	고온 배관용 탄소강 강관	SPHT	350℃ 이상 온도의 배관용(350~450℃), 관의 호칭은 호칭 지름과 스케줄 번호에 의한다. 호칭 지름 6~500A
	배관용 아크용접 탄소강 강관	SPW	사용압력 1MPa의 낮은 증기, 물, 기름, 가스 및 공기 등의 배관용, 2.1MPa 이상 수압시험 실시, 호칭 지름 350~1,500A이며 22종이 있다.
	배관용 합금강 강관	SPA	주로 고온도의 배관용, 호칭 지름 6~500A, 두께는 스케줄 번호로 표시, 증기관, 석유정제용 배관
	배관용 스테인리스 강관	STS×TP	내식용, 내열용 및 고온 배관용, 저온 배관용에도 사용, 호칭 지름 6~300A, 두께는 스케줄 번호로 표시
	저온 배관용 강관	SPLT	빙점 이하 특히 저온도 배관용, 호칭 지름 6~500A, 두께는 스케줄 번호로 표시
수도용	수도용 아연 도금 강관	SPPW	정수두 100m 이하의 수도로서 주로 급수 배관용, 호칭 지름 10~300A
	수도용 도복장 강관	STPW	정수두 100m 이하의 수도로서 주로 급수 배관용, 호칭 지름 80~1,500A
열전달용	보일러·열교환기용 탄소강 강관	STH	관의 내외에서 열의 수수를 행함을 목적으로 하는 장소에 사용
	보일러·열교환기용 합금강 강관	STHA	보일러의 수관, 연관, 과열관, 공기예열관, 화학공업, 석유공업의 열교환기, 가열로 관 등에 사용
	보일러·열교환기용 스테인리스 강관	STS×TB	
	저온 열교환기용 강관	STLT	빙점하의 특히 낮은 온도에서 관의 내외에서 열의 수수를 행하는 열교환기관 콘덴서관에 사용
구조용	일반 구조용 탄소강 강관	SPS	토목, 건축, 철탑, 지주와 기타의 구조물용
	기계 구조용 탄소강 강관	STM	기계, 항공기, 자동차, 자전차 등의 기계 부품용
	구조용 합금강 강관	STA	항공기, 자동차, 기타의 구조물용

(2) 주철관(Cast Iron Pipe)

　　주철관의 용도는 급수, 배수, 통기관 등에 사용되며 비교적 내구력이 크다. 매몰 시에는 부식이 적으며, 기타의 관에 비하여 강도도 크다. 특히, 오수관, 가스공급관, 케이블 매설관, 광산용, 화학공업용에 널리 사용된다.

　　① 수도용 수직형 주철관

　　　　㉮ 보통압관 : 정수두 75m 이하에 사용

　　　　㉯ 저압관 : 정수두 45m 이하에 사용

② 수도용 원심력 사형 주철관

㉮ 고압관 : 정수두 100m 이하에 사용

㉯ 보통압관 : 정수두 75m 이하에 사용

㉰ 저압관 : 정수두 45m 이하에 사용

③ 원심력 모르타르 라이닝 주철관(부식방지관)

부식을 방지할 목적으로 관 내면에 모르타르를 바른다.

④ 배수용 주철관

㉮ 1종(두꺼운 것)　　　　　㉯ 2종(얇은 것)

(3) 동관

① 종류

㉮ 타프피치동관　　　　　㉯ 인탈산동관(수소용접에 적합)

㉰ 무산소동관　　　　　㉱ 동합금관

② 장점

㉮ 내식성이 좋다.　　　　　㉯ 수명이 길다.

㉰ 마찰저항이 적다.　　　　　㉱ 무게가 가볍다.

㉲ 열전도율이 크다.　　　　　㉳ 가공성이 좋다.

㉴ 동결에 파열되지 않는다.

③ 단점

㉮ 외부의 충격에 약하다.　　　　　㉯ 가격이 비싸다.

④ 용도

열교환기용, 급수관, 압력계 연결관, 급유관, 냉매관, 급탕관, 화학공업용 관

> **Reference** 동합금관의 종류
>
> • 이음매 없는 황동관(BsST)　　　　　• 이음매 없는 단동관(RBsP)
> • 이음매 없는 제지롤 황동관(BsPP)　　　• 이음매 없는 복수기용 황동관(BsPF)
> • 이음매 없는 규소-황동관(SiBP)　　　• 이음매 없는 니켈-동합금관(NCuP)

(4) 연관

① 종류

㉮ 수도용 연관(1종, 2종)　　　　　㉯ 공업용 연관(일반용)

㉰ 배수용 연관(HASS)　　　　　㉱ 경질연관

② 장점

㉮ 부식에 잘 견딘다.

㉯ 산성에 강하다.

㉰ 전연성이 풍부하고 굴곡이 용이하다.

　　　　㉱ 신축성이 매우 좋다.

　　　　㉮ 바닷물이나 수돗물 등에 의한 관의 용해나 부식이 방지된다.

　　③ 단점

　　　　㉮ 중량이 크다.(비중이 크기 때문에 횡주배관에서 휘어 늘어지기 쉽다.)

　　　　㉯ 초산이나 농초산, 진한 염산에 침식된다.

　　　　㉰ 알칼리에 약하다.

　　④ 용도

　　　　가정용 수도 인입관, 가스배관, 기구의 배수관, 화학공업용 관

(5) 알루미늄관

　　① 장점

　　　　㉮ 전기 및 열전도율이 좋다.

　　　　㉯ 전연성이 풍부하다.

　　　　㉰ 내식성이 뛰어나다.(알칼리에는 약하다.)

　　　　㉱ 비중이 가벼운 편이다.(비중 2.7)

　　　　㉲ 기계적 성질이 우수하다.

　　② 용도

　　　　열교환기, 선박, 차량 등에 사용된다.

(6) 스테인리스관

　　① 장점

　　　　㉮ 내식성·내열성이 있다.(철＋크롬 12～20% 정도 함유)

　　　　㉯ 관 내 마찰손실수두가 작다.

　　　　㉰ 강도가 크다.

　　　　㉱ 온수·온돌용으로 사용이 가능하다.

　　　　㉲ 배관작업 시간의 단축이 가능하다.

　　② 단점

　　　　㉮ 굽힘가공이 곤란하다.

　　　　㉯ 수리작업이 비교적 어렵다.

　　　　㉰ 열전도율이 낮다.

(7) 비금속관

　　① 경질염화비닐관(합성수지관)

　　　　㉮ 가격이 싸다.　　　　　　　㉯ 마찰손실이 적다.

　　　　㉰ 내식성이 있다.　　　　　　㉱ 중량이 가볍다.

　　　　㉲ 저온이나 고온에서는 강도가 떨어진다.

　　　　㉳ 열팽창률이 커서 온도변화가 심한 곳은 사용이 부적당하다.

⑭ 증기나 고온수 및 −10℃ 이하에는 사용이 부적당하다.

⑮ 물, 기름, 공기 등의 배관에 이상적이다.

② **철근콘크리트관**

관의 길이가 1m, 구경이 600mm 또는 소켓이 붙어 있는 형상이며, 짧은 거리의 대지 하수관 또는 옥외 배수관에 사용된다.

③ **원심력 철근콘크리트관**(Hume Pipe, 흄관)

철망을 원통형으로 엮어서 형틀에 넣고 회전기로 수평 회전시키면서 콘크리트를 주입한 다음 고속으로 회전시켜 균일한 두께의 관으로 제조한 관이다.

④ **석면시멘트관**

석면과 시멘트를 1 : 5∼1 : 6으로 배합하고 물을 혼입하여 풀형상으로 된 것을 운전기에 의해 얇은 층으로 만들고 5∼9kg/cm^2 고압을 가하여 성형한다.

⑤ **유리관**(Glass Tubes)

붕규산 유리로 만들어져 배수관으로 사용되며 관경이 140∼150mm, 길이 1.5∼3m가 제작된다.

2. 관의 이음쇠

(1) **강관용 관이음쇠**

① 나사결합형

㉮ 강관제 ㉯ 가단주철제

② 용접형

③ 플랜지형 조인트

(2) **나사결합형의 사용처별 분류**(가단주철제관 이음쇠)

① 배관의 방향을 바꿀 때 : 엘보, 벤드

② 관을 도중에서 분기할 때 : T, Y, 크로스

③ 같은 관(동경)을 직선 결합할 때 : 소켓, 유니언, 니플

④ 다른 관(이경관)을 연결할 때 : 리듀서, 이경 엘보, 줄임티, 부싱

⑤ 관의 끝을 폐쇄할 때 : 플러그, 캡

⑥ 관의 수리 교체가 필요할 때 : 유니언, 플랜지

㉮ 크로스(Cross) : 동경 크로스, 이경 크로스

(a) 90° 엘보　　(b) 45° 엘보　　(c) 90° 엘보　　(d) 45° 암수엘보

(e) 티   (f) 크로스

‖ 엘보, 티, 크로스(동경) ‖

(a)   (b)   (c)

‖ 이경 엘보 및 이경 티 ‖

㉯ 와이(Y) : 45°Y, 90°Y, 이경 90°Y

(a) 90°Y   (b) 45°Y   (c) 이경 90°Y

‖ Y의 치수 ‖

㉰ 소켓(Socket) : 동경 소켓, 이경 소켓, 암수 소켓, 편심 소켓

㉱ 벤드(Bend) : 90°벤드, 암수벤드, 수벤드, 45°벤드, 45°암수벤드, 리턴 벤드

(a) 90°Y   (b) 45°벤드   (c) U벤드(리턴 벤드)

‖ 벤드 ‖

※ 플레어 이음쇠는 용접접합이 어렵거나 용접접합을 할 수 없는 곳에 사용된다.

(3) **동합금 주물 이음쇠(Cast Bronze Fitting)**

청동 주물로서 이음쇠 본체를 만들고 관과의 접합부분을 기계 가공으로 다듬질한 것이다.

(4) **순동 이음쇠**

동관을 성형 가공시킨 것으로서 엘보, 티, 커플링 등이 있으며, 냉온수 배관, 도시가스, 의료용 산소, 건축용 동관의 접합에 사용한다.

3. 신축이음(Expansion Joint)

철은 온도가 1℃ 변화할 때마다 길이 1m에 대하여 0.012mm씩 신축한다. 온도변화에 따른 파이프의 신축에 의해 배관 및 기기류에 손상을 입히는 것을 방지하기 위하여 설치한다.

(1) 슬리브형(Slip Type Joint, 미끄럼형)

① 형식 : 단식, 복식

② 호칭 지름 50A 이하는 청동제 조인트이고, 호칭 지름 65A 이상은 슬리브, 파이프는 청동제이고 본체 일부가 주철제이거나 전체가 주철제로 되어 있다.

③ 관과의 접합은 호칭 지름 50A 이하는 주로 나사이음이고, 호칭 지름 65A 이상은 플랜지 접합이다.

④ 슬리브형은 조인트 본체와 슬리브 파이프로 되어 있으며 관의 팽창수축은 본체 속 슬리브 파이프에 의해 흡수된다.

⑤ 사용처는 최고 사용압력 10kg/cm^2 정도의 포화증기, 온도변화가 심한 기름, 물, 증기 등의 배관에 사용된다.

⑥ 구조상 과열증기에는 사용이 부적당하다.

⑦ 배관에 곡선부분이 있으면 신축이음에 비틀림이 생겨서 파손의 원인이 된다.

(2) 벨로스형(Bellows Type)

① 형식 : 단식, 복식

② 일명 팩리스(Packless) 신축이음이다.

③ 재료는 인청동, 스테인리스가 사용된다.

④ 접합은 나사이음식, 플랜지이음식이 있다.

⑤ 원리는, 관의 신축에 따라 벨로스는 슬리브와 함께 신축하며 슬리브 사이에서 유체가 새는 것을 방지한다.

⑥ 설치장소를 많이 차지하지 않는다.

⑦ 응력이 생기지 않는다.

⑧ 벨로스의 주름이 있는 곳에 응축수가 고이면 부식되기 쉽다.

(3) 루프형(Loop Type)

① 고압증기의 옥외 배관에 많이 사용된다.

② 관에 사용할 때 굽힘 반경은 파이프 지름의 6배 이상으로 한다.

③ 신축곡관이라 하며 관을 굽혀서 그 디플렉션(Deflexion)을 이용한다.

④ 장소를 많이 차지하며 응력이 생기는 결점이 있다.

(4) 스위블형(Swivel Type) : 지블이음

① 스윙타입이라고도 하며 주로 증기 및 온수난방용 배관에 사용된다.

② 2개 이상의 엘보를 사용하여 이음부의 나사회전을 이용해서 배관의 신축을 흡수한다.

③ 굴곡부에서는 압력강하가 생긴다.

④ 신축량이 큰 배관에서는 나사접합부가 헐거워져 누수의 원인이 된다.

⑤ 설비비가 싸고 조립이 용이하다.

4. 밸브의 종류

(1) 글로브 밸브(Glove Valve)

① **형상** : 옥형 밸브이다.(구형)

② **설치위치** : 직선배관의 중간

③ **밸브 디스크(Disk)의 형상** : 평면형, 원뿔형, 반구형, 부분원형 등이 있다.

④ 유체의 저항이 크나 개폐가 용이하다.

⑤ 일명 스톱밸브이다.(Y형 글로브 밸브도 있다.)

⑥ 가볍고 가격이 싸다.

⑦ 유량조절 밸브로 사용된다.

⑧ 50A 이하는 포금제의 나사결합형이다.

⑨ 65A 이상은 밸브와 밸브 시트는 포금제이고, 본체는 주철제의 플랜지형이다.

(2) 앵글밸브(Angle Valve)

① 주증기밸브 등에서 많이 사용된다.

② 엘보와 글로브 밸브의 조합형이라서 직각형이다.

③ 유체의 저항을 막아준다.

(3) 니들밸브(Needle Valve)

15~16mm의 원뿔모양의 침이며 극히 유량이 적거나 고압일 때 유량을 조금씩 가감하는 데 사용된다.

(4) 게이트 밸브(Gate Valve or Sluice Valve)

① 일명 슬루스 밸브라고 한다.

② 유체 흐름의 저항이 아주 적다.

③ 대형은 동력으로 조작한다.

④ 가격이 비싸다.

⑤ 밸브의 개폐에 시간이 많이 걸린다.

⑥ 밸브를 자주 개폐할 필요가 없는 곳에 사용한다.

⑦ 유량 조절에는 부적당하다.

⑧ 단면적을 조정하여 유량을 조정한다.

⑨ 찌꺼기가 체류하는 곳에서는 사용이 부적당하다.

⑩ 반개하면(절반만 열면) 파손이나 마모가 온다.

⑪ 종류

㉮ 바깥나사식 : 50A 이하 배관용

㉯ 속나사식 : 65A 이상 배관용

⑫ 디스크의 구조에 따른 종류

㉮ 웨지 게이트 밸브(Wedge Gate Valve)

㉯ 패러럴 슬라이드 밸브(Parallel Slide Valve)

㉰ 더블 디스크 게이트 밸브(Double Disk Gate Valve)

(5) 체크밸브(Check Valve)

① 설치목적

유체의 흐름이 역류하면 자동적으로 밸브가 닫혀서 역흐름을 차단시킨다.

② 종류

㉮ 스윙형(Swing Type) : 수직배관, 수평배관에 사용

㉯ 리프트형(Lift Type) : 수평배관에만 사용

③ 특징

㉮ 스윙형은 유수에 마찰저항이 리프트형보다 적다.

㉯ 리프트형은 글로브 밸브와 같은 시트의 구조이다.

㉰ 리프트형 밸브의 리프트는 지름의 1/4 정도이고 유체의 흐름에 대한 마찰저항이 크다.

㉱ 리프트형 내의 날개가 달려서 충격을 완화시키는 스모렌스키형이 있다.

㉲ 10~15A의 것은 청동나사 이음형이고, 50~200A의 것은 주철 또는 주강 플랜지형이다.

5. 패킹재(Packing)

패킹재는 배관 라인의 각종 접합부로부터 누설을 방지하기 위하여 사용되는 것이며 일명 가스킷이다.

(1) 패킹재의 선택조건

① 배관 내에 흐르는 유체의 물리적 성질을 고려한다.

② 관 내의 유체에 대한 화학적 성질을 고려한다.

③ 배관 내외의 기계적인 조건을 고려한다.

(2) 패킹재의 종류

① 플랜지 패킹제

㉮ 천연고무 패킹

㉠ 내산성, 내알칼리성이 있다.

㉡ 100℃ 이상의 온도에는 사용이 불가하다.

㉢ 열과 기름에 약하다.

㉣ 흡수성이 없다.

㉯ 네오프렌 패킹

　　　　㉠ 합성고무제이다.

　　　　㉡ 내열범위가 −46~121℃이다.

　　　　㉢ 증기배관에는 사용이 불가하다.

　　　　㉣ 기계적 성질이 우수하다.

　　㉰ 석면 조인트 시트

　　　　㉠ 섬유가 가늘고 강한 광물질로 된 패킹재이다.

　　　　㉡ 내열범위가 450℃까지이다.

　　　　㉢ 증기나 온수 고온의 기름배관에 사용된다.

　　㉱ 오일 실 패킹(Oil Seal Packing)

　　　　㉠ 한지를 여러 장 붙여 내유 가공한 식물성 섬유제품이다.

　　　　㉡ 내유성이 좋으나 내열성은 나쁘다.

　　　　㉢ 보통 펌프나 기어 박스에 사용된다.

　　㉲ 합성수지 패킹(Teflon)

　　　　㉠ 가장 대표적인 합성수지는 테프론이다.

　　　　㉡ 내열범위가 −260~260℃이다.

　　　　㉢ 기름에 침해되지 않는다.

　　　　㉣ 탄성이 부족해서 석면, 고무, 금속판 등과 같이 쓴다.

　　㉳ 금속패킹

　　　　㉠ 금속재 : 구리, 납, 연강, 스테인리스 강재

　　　　㉡ 탄성이 작아서 배관의 팽창, 수축, 진동 등에 의해 누설하기 쉽다.

② **나사용 패킹**

　　㉮ 페인트 : 광명단을 섞어 사용하며, 고온의 기름배관 외에는 전부 사용이 가능하다.

　　㉯ 일산화연 : 페인트에 소량 타서 사용하며, 냉매 배관용이다.

　　㉰ 액화합성수지(액상합성수지) : 내열범위가 −30~130℃까지이며, 화학약품에 강하고 내유성이 크
　　　　다. 증기, 기름, 약품수송 배관에 많이 쓴다.

③ **글랜드 패킹**

　　밸브나 펌프 등의 핸들 또는 레버와 몸체 사이의 회전 부분에 사용되며 누설을 방지한다.

　　㉮ 석면 각형 패킹 : 내열성, 내산성이 좋으며, 대형의 밸브에 사용된다.

　　㉯ 석면 얀 : 소형 밸브나 수면계의 콕에 사용되며, 소형 글랜드용이다.

　　㉰ 아마존 패킹 : 면포와 내열 고무 컴파운드를 가공 성형한 것으로 압축기의 글랜드용이다.

　　㉱ 몰드 패킹 : 석면, 흑연, 수지 등을 배합 성형한 것으로 밸브, 펌프 등의 글랜드용이다.

6. 방청도료(Paint)

(1) 종류

① 광면단 도료(연단) : 밀착력이 강하고 풍화에 잘 견디며 페인트 밑칠에 사용한다.

② 합성수지도료

　　㉮ 요소 멜라민계　　　㉯ 프탈산계　　　㉰ 염화비닐계　　　㉱ 실리콘 수지계

③ 산화철도료

④ 알루미늄 도료(은분)

⑤ 타르 및 아스팔트

⑥ 고농도 아연도료

7. 배관용 지지쇠

(1) 행거(Hanger)

행거는 배관계에 걸리는 하중을 위에서 걸어 당김으로써 지지하는 지지쇠이다.

① 리지드 행거(Rigid Hanger) : I빔에 턴 버클을 연결하여 관을 걸어 당겨 지지하는 행거로서 수직방향에 변위가 없는 곳에 사용한다.

② 스프링 행거(Spring Hanger) : 관의 수직 이동에 대해 지지하중이 변화하는 행거로서 하중조절을 턴 버클로 행한다.

③ 콘스턴트 행거(Constant Hanger) : 지정된 이동거리 범위 내에서 배관의 상하이동에 대하여 항상 일정한 하중으로 배관을 지지한다. 그리고 구조에 따라 스프링식과 중추식이 있다.

‖ 리지드 행거 ‖　　　　‖ 스프링 행거 ‖　　　　‖ 콘스턴트 행거 ‖

(2) 서포트(Support)

서포트는 배관에 걸리는 하중을 아래에서 위로 떠받쳐 지지하는 것이다.

① 스프링 서포트(Spring Support) : 스프링의 작용으로 상하 이동이 자유로워서 배관에 걸리는 하중변화에 따라 완충작용을 한다.

② 롤러 서포트(Roller Support) : 롤러가 관을 받침으로써 배관의 축 방향 이동을 자유롭게 한다.

③ 파이프 슈(Pipe Shoe) : 배관이 굽힘부 또는 수평부에 관으로 영구히 고정시킴으로써 배관의 이동을 구속한다.

④ 리지드 서포트(Rigid Support) : 강성이 큰 빔 등으로 만든 배관 지지쇠로서 정유공장 등 산업설비 배관의 파이프 랙(Pipe Rack)으로 이용한다.

| (a) 파이프슈 | (b) 리지드 서포트 |

| (c) 롤러 서포트 | (d) 스프링 서포트 |

‖ 서포트 ‖

(3) 리스트레인트(Restraint)

리스트레인트는 열팽창 등에 의해 신축이 발생되는 좌우상하 이동을 구속하고 제한하는 데 사용한다.

① 앵커(Anchor) : 배관의 이동이나 회전을 방지하기 위해 지지점 위치에 완전히 고정시킨 일종의 리지드 서포트이다. 또한 시공 시 열팽창, 신축에 의한 진동 등이 다른 부분에 영향이 미치지 않게 배관을 분리, 설치하여 고정한다.

‖ 앵커 ‖

② 스톱(Stop) : 배관의 일정한 방향의 이동과 회전을 구속하고 나머지 방향은 자유롭게 이동할 수 있는 구조로 되어 있다.

‖ 스톱 ‖

③ **가이드(Guide)** : 배관 라인의 축방향 이동을 허용하는 안내역할을 하며 축과 직각방향의 이동을 구속한다.

‖ 가이드 ‖

(4) 브레이스(Brace)

브레이스는 배관계의 진동을 방지하거나 감쇠시키는 데 사용한다.

① **완충기** : 지진 수격작용 안전밸브의 흡출반력 등에 의한 충격을 완화시킨다. 구조에 따라 스프링식과 유압식이 있다.

② **방진기** : 배관계의 진동을 방지하거나 감쇠시키며 구조에 따라 스프링식과 유압식이 있다.

> **Reference** 턴 버클(Turn Buckle)
>
> 지지봉, 지지용 로프 등을 조이거나 늦출 때 편리하게 사용되는 지지부품으로서 양 끝에 오른나사 및 왼나사가 있다.

SECTION 02 배관공작

1. 배관공작용 공구

(1) 강관의 공작용 공구

① **파이프 커터(Pipe Cutter)**

㉮ 관을 절단할 때 사용되는 공구이다.

㉯ 종류 : 1개의 날에 2개의 롤러로 된 것(1개 날), 날만 3개로 된 것(3개 날)

▼ 파이프 커터의 종류

1개 날		3개 날	
호칭번호	파이프 치수	호칭번호	파이프 치수
1	6~32A		
2	6~50A	2	15~50A
3	25~75A	3	32~75A
		4	65~100A
		5	100~150A

② 쇠톱(Iron Saw)
　㉮ 크기 : 톱날을 끼우는 구멍의 간격(Fitting Hole)으로 표시한다.
　㉯ 종류 : 200mm, 250mm, 300mm(3종류가 있다.)
　㉰ 톱날의 잇수(1인치당) : ㉠ 14　㉡ 18　㉢ 24　㉣ 32

▼ 톱날의 잇수와 공작물의 재질

잇수 (25.4mm당)	공작물의 종류	잇수 (25.4mm당)	공작물의 종류
14	탄소강(연강), 주철, 동합금, 경합금, 레일	24	강관, 합금강, 앵글
18	탄소강(경강), 주철, 합금강	32	얇은 철판, 얇은 철관, 작은 지름의 관, 합금강

③ 파이프 리머(Pipe Reamer) : 관을 절단한 후 생기는 거스러미(Burr)를 제거하는 관용 리머이다.
④ 수동 나사절삭기(Pipe Threder) : 관 끝에 나사를 절삭하는 수동용 나사절삭기이다.
　㉮ 종류
　　㉠ 리드형(Reed Type) : 2개의 다이스와 4개의 조(Jaw)로 되어 있으며, 좁은 공간에서도 절삭작업이 가능하다.
　　㉡ 오스터형(Oster Type) : 다이스 4개로 나사를 절삭하며 현장작업용으로 많이 사용된다.

▼ 오스터의 종류별 사용관경

형식	NO.	사용관경	형식	NO.	사용관경
오스터형	112R(102)	8A-32A	리드형	2R4	15A-32A
	114R(104)	15A-50A		2R5	8A-25A
	115R(105)	40A-80A		2R6	8A-32A
	117R(107)	65A-100A		4R	15A-50A

⑤ 파이프 렌치(Pipe Rench) : 관 접속부나 부속류의 분해 조립 시에 사용한다.
　㉮ 크기 : 입을 최대로 벌려놓은 전장으로 표시한다.
　㉯ 종류 : 보통형, 강력형과 체인형이 있다. 체인형은 200A 이상의 대형관에 사용한다.
　㉰ 조정 파이프 렌치는 2개의 조로 되어 있다.

▼ 파이프 렌치의 종류

호칭 (mm)	치수 (inch)	사용관경 (mm)	호칭 (mm)	치수 (inch)	사용관경 (mm)
150	6	6~15	250	10	6~25
200	8	6~20	300	12	6~32
350	14	8~40	900	36	15~90
450	18	8~50	1,200	48	25~125
600	24	8~65			

⑥ 파이프 바이스(Pipe Vise) : 둥근 관을 잡아서 절단, 나사절삭 조립 시에 고정시키는 역할을 한다.

　㉮ 크기 : 고정이 가능한 관경의 치수로 표시한다.

　㉯ 종류 : 고정식(일반 작업용), 가반식(현장용)

　㉰ 체인을 사용하는 바이스는 체인 파이프 바이스라 하며, 3~200mm의 크기도 있다.(3~65mm, 10~200mm)

▼ 파이프 바이스의 종류

호칭치수	호칭번호	파이프 치수
50	#0	6A~50A
80	#1	6A~65A
105	#2	6A~90A
130	#3	6A~115A
170	#4	15A~150A

⑦ 평바이스(수평바이스) : 강관의 조립이나 관의 열간 벤딩작업을 쉽게 하기 위해 관을 고정할 때 사용한다.

　㉮ 크기 : 조(Jaw)의 폭으로 표시한다.

⑧ 줄(File) : 금속을 조금 깎거나 표면을 매끈하게 다듬질할 때에 사용된다.

　㉮ 모든 줄은 포인트, 모서리, 면, 힐, 탱의 5부분으로 되어 있다.

　㉯ 줄은 단면의 형상에 따라 평줄, 각줄, 원줄, 반원줄, 삼각줄 등으로 분류된다.

　㉰ 100mm, 150mm, 200mm, 250mm, 300mm, 350mm, 400mm의 7종류의 크기가 있다.

⑨ 해머(Hammer) : 일반적으로 못, 스파이크, 드리프트, 핀, 볼트 및 쐐기를 박거나 빼는 데 사용된다.

　㉮ 종류

　　㉠ 볼 핀 해머(Ball Peen Hammer)

　　㉡ 가로 핀 해머(Cross Peen Hammer)

　　㉢ 세로 핀 해머(Straight Peen Hammer)

　　㉣ 연질 해머(Soft Faced Hammer)

⑩ 정(Chisel) : 강을 열처리 단조해서 정을 만들며 평정, 평홈정, 홈정이 있다. 정의 날끝 각도는 일반적으로 60° 정도지만 공작물의 재질의 종류에 따라 날끝 각도가 25~70°인 것도 있다.

(2) 연관용 공구

　　① **봄볼** : 연관의 분기관 따내기 작업 시 주관에 구멍을 뚫는다.

　　② **드레서** : 연관 표면의 산화물을 깎아 낸다.

　　③ **벤드벤** : 연관을 굽히거나 굽은 관을 펼 때 사용된다.

　　④ **턴핀** : 접합하려는 연관의 끝부분을 소정의 관경으로 넓혀준다.

　　⑤ **맬릿** : 턴핀을 때려 박든가 접합부의 주위를 오므리는 데 사용한다.

(a) 연관톱	(b) 봄볼	(c) 드레서
(d) 벤드벤		(e) 턴핀
(f) 맬릿		(g) 줄
(h) 스크레이퍼	(i) 사이징 툴	(j) 익스팬더

‖ 납땜 접합용 공구 ‖

(3) 동관용 공구

　　① **토치 램프** : 납땜이음이나 구부리기 등의 부분적 가열이 필요할 때 쓰이는 공구이며 사용연료는 가솔린
　　　용과 경유용이 있다.

　　② **사이징 툴** : 동관의 끝부분을 원형으로 교정한다.

　　③ **플레어링 툴 셋** : 동관의 압축이나 접합용에 사용되며 나팔관 모양을 만든다.

　　④ **튜브벤더** : 동관의 벤딩용 공구이다.

⑤ **익스팬더** : 동관의 관끝 확관용 공구이다.

⑥ **튜브커터** : 작은 동관의 절단용 공구이다.

⑦ **리머** : 동관의 절단 후 생기는 관의 내면, 외면에 생긴 거스러미를 제거한다.

(4) 주철관용 공구

① **납 용해용 공구세트** : 냄비, 파이어 포트, 납물용 국자, 산화납 제거기 등의 세트이다.

② **클립** : 소켓 접합 시 용해된 납물의 비산을 방지한다.

③ **코킹 정** : 소켓 접합 시 다지기(코킹)에 사용한다.

④ **링크형 파이프 커터** : 주철관의 전용 절단공구이다.

(5) PVC관용 공구

① **가열기** : PVC관의 접합 및 벤딩을 위해 관을 가열할 때 사용한다.

② **열풍용접기(Hot Jet Welder, 핫제트건)** : PVC관의 접합 및 수리를 위하여 용접 시 사용한다.

③ **파이프 커터** : PVC관을 절단할 때 쓰이는 공구이다.

④ **PVC 리머** : PVC관의 절단 후 관 내면에 생긴 거스러미를 제거한다.

(6) 스테인리스관용 공구

① **압축용 프레스 실 유닛** : 스테인리스관을 몰코 접합할 때에 사용되는 압착공구이다.

② **튜브 커터** : 스테인리스관을 자르고자 할 때에 사용하며 또한 쇠톱이나 동관용 공구와 병용하면 더욱 좋다.

2. 관의 접합(파이프의 접합)

(1) 강관의 접합

① 나사접합

㉮ 관의 절단방법

㉠ 수동공구에 의한 절단

㉡ 가스절단

㉢ 동력기계절단

㉯ 나사절삭과 결합

㉠ 나사의 테이퍼는 $\frac{1}{16}$ 이다.

㉡ 나사산 수 : 길이 25.4mm에 대한 나사산 수로 표시

㉢ 나사산의 각도 : 55°

㉣ 나사절삭 시는 절삭유를 수시로 치며 2~3회 나누어 절삭하면 더욱 좋다.

㉤ 나사결합 시는 1~2산 정도 남겨두고 조립한다.

㉥ 나사접합 시에는 누설을 방지하기 위하여 패킹재를 사용한다.

(단위 : mm)

호칭 \ 부속명	중심거리 엘보, 티	중심거리 45°L	수나사 유효 나사부	최소 물림길이	공간거리 ⓐ 엘보, 티	공간거리 ⓐ 45°L	물림 길이	공간거리 ⓑ 엘보, 티	공간거리 ⓑ 45°L
15	27	21	15	11	16	10	13	14	8
20	32	25	17	13	19	12	15	17	10
25	38	29	19	15	23	14	17	21	12
32	46	34	22	17	29	17	19	27	15
40	48	37	23	19	30	19	20	28	17
50	57	42	26	20	37	22	22	35	20

㉝ 관 길이 산출법

• 공간거리＝여유치수

  공간거리 ⓐ＝중심거리－최소 물림길이

  공간거리 ⓑ＝중심거리－물림길이

• 강관 나사접합 시 : 아래 그림에서 배관의 중심선 길이를 L, 관의 실제 길이를 l, 부속의 끝 단면에서 중심선까지의 치수를 A, 나사가 물리는 길이를 a라 할 때, $L = l + 2(A - a)$의 공식을 이용한다. 이때 관의 실제 길이를 구하는 공식은 $l = L - 2(A - a)$으로 된다.

  즉, 관의 실제 절단 길이＝전체 길이－2(부속의 중심 길이－관의 삽입길이)

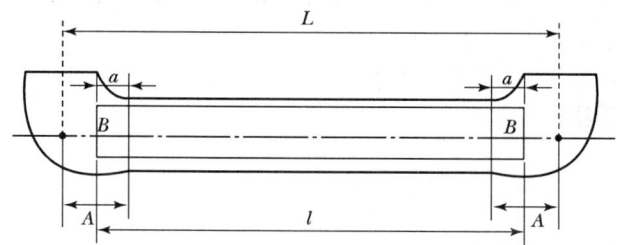

▼ 배관용 탄소강 강관의 호칭별 외경

관의 호칭 (A)	관의 호칭 (B)	외경 (mm)	관의 호칭 (A)	관의 호칭 (B)	외경 (mm)	관의 호칭 (A)	관의 호칭 (B)	외경 (mm)
6	$\frac{1}{8}$	10.5	40	$1\frac{1}{2}$	48.6	150	6	165.2
8	$\frac{1}{4}$	13.8	50	2	60.5	175	7	190.7
10	$\frac{3}{8}$	17.3	65	$2\frac{1}{2}$	76.3	200	8	216.3
15	$\frac{1}{2}$	21.7	80	3	89.1	225	9	241.8
20	$\frac{3}{4}$	27.2	90	$3\frac{1}{2}$	101.6	250	10	267.4
25	1	34.0	100	4	114.3	300	12	318.5
32	$1\frac{1}{4}$	42.7	125	5	139.8			

② 용접접합

  ㉮ 접합방법

    ㉠ 가스용접접합

    ㉡ 전기용접접합

  ㉯ 특징

    ㉠ 가스용접은 용접속도가 느리며 변형의 발생이 커서 비교적 얇고 가는 관의 접합에 사용된다.

    ㉡ 전기용접은 가스용접에 비하여 용접속도가 빠르고 변형이 적다.

    ㉢ 용접 시에 용입이 깊어서 두껍고 굵은 관의 맞대기 용접, 슬리브 용접, 플랜지 용접에 사용된다.

  ㉰ 용접접합의 이점

    ㉠ 유체의 저항손실이 적다.

    ㉡ 접합부의 강도가 강하고 누수의 염려가 없다.

    ㉢ 돌기부가 없어서 보온 피복시공이 용이하다.

    ㉣ 중량이 가볍다.

    ㉤ 배관의 용적을 축소시킬 수 있다.

    ㉥ 시설의 유지비, 관리비가 절감된다.

③ 전기용접

  ㉮ 맞대기 용접 : 일을 할 때 보조물이 필요 없고 관지름이 변화가 없이 저항이 작다.

    ㉠ 누설의 염려가 없다.

    ㉡ 강도가 크다.

    ㉢ 가급적 하향 자세로 용접한다.

    ㉣ 파이프 내에 용착금속이 새어나가지 않게 주의한다.

  ㉯ 슬리브 접합 : 슬리브의 길이는 파이프 지름의 1.2~1.7배로 한다. 그 특징은 다음과 같다.

    ㉠ 누설의 염려가 없다.

    ㉡ 배관용적이 작아도 된다.

    ㉢ 슬리브의 한쪽은 미리 공장에서 접합하고 나머지 한쪽은 현장에서 접합한다.

  ㉰ 플랜지 접합 : 용접접합, 나사접합

    ㉠ 관 끝에 용접이음 또는 나사이음을 하고 양 플랜지 사이에 패킹을 넣어 볼트 및 너트로 연결시킨다.

    ㉡ 플랜지의 볼트 및 너트를 조일 때에는 균일하게 대칭으로 조인다.

    ㉢ 대구경관의 직관은 공장에서 접합하고 곡관부분은 보통 현장에서 접합한다.

‖ 맞대기 용접 ‖

‖ 슬리브 용접 ‖

(2) 주철관의 접합

주철관은 용접이 어렵고 인장강도가 낮아 다음과 같은 방법을 쓴다. 주철관 접합법에는 소켓, 기계적, 빅토리, 플랜지, 타이톤 접합 등이 있다.

① 소켓 접합(Socket Joint)

주철관의 허브(Hub) 속에 스피고트(Spigot)가 있는 쪽을 삽입하여 파이프로 고정한다. 관의 소켓부에 얀(Yarn)을 단단히 꼬아 허브 입구에 감아서 정으로 다져 놓고 크로스 파이프일 때에는 입구 옆에 클립(Clip)을 감아 녹인 납을 흘려서 넣는다. 응고한 후 클립을 풀어 납의 표면을 코킹한다. 시공 상의 주의사항은 다음과 같다.

㉮ 얀(Yarn)의 길이

㉠ 급수관에서는 소켓 길이의 1/3

㉡ 배수관에서는 배수관 파이프의 2/3

㉯ 납은 충분히 가열하며 표면의 산화막을 제거한 후 접합부 1개소에 필요한 양은 한 번에 부어준다.

㉰ 접합부는 수분이 있으면 주입하는 납이 폭발하기 때문에 수분을 제거한 후 납을 주입한다.

㉱ 납이 굳은 후 코킹 작업을 한다.

② 기계적 접합(Mechanical Joint)

150mm 이하의 수도관용으로 소켓 접합과 플랜지 접합의 장점을 따서 만든 접합이며, 벤딩이 풍부하고 다소의 굴곡에서는 누수하지 않는다. 또한 작업이 간단하여 수중에서도 접합이 가능하다. 다만 접합작업 시에 스피고트에 주철제 푸시 풀리(Push Pulley)와 고무링을 삽입하여야 한다.

③ 플랜지 접합(Flanged Joint)

플랜지가 달린 주철관을 서로 맞추고 볼트로 죄어서 접합한다. 특히 고압의 배관이나 펌프 등의 기계 주위에 이용된다. 그리고 플랜지 접촉면에는 고무, 석면, 마, 아스베스트 등의 패킹재가 사용되고 패킹 양면에 그리스를 발라두면 관을 해체할 때 편리하다.

‖ 소켓 접합 ‖   ‖ 기계적 접합 ‖   ‖ 플랜지 접합 ‖

④ 빅토리 접합(Victoric Joint)

주철관을 사용한 가스배관에 사용되며, 빅토리형 주철관을 고무링과 컬러(누름판)를 사용하여 접합한다. 압력이 증가할수록 고무링이 더욱 관벽에 밀착되어 누수가 방지된다. 가단 주철제 컬러로 관경 350mm 이하이면 2분하여 볼트로 조이고, 400mm 이상이면 4분하여 볼트로 죈다.

⑤ 타이톤 접합(Tyton Joint)

원형의 고무링 하나만으로 접합이 가능한 방법이다.

(3) 동관의 접합

① 용접접합

용접접합은 모세관현상을 이용한 겹침 용접으로 건축배관용 동관접합의 대부분에 이용되고 있는 접합이다.

㉮ 납땜접합(연납용접) : 수파이프의 선단을 사이징 툴로 둥글게 하고 암파이프는 익스팬더(Expander)로 파이프를 넓힌다. 그리고 접합부의 길이는 파이프 지름의 약 1.5배로 한다. 접합면을 잘 닦아 용제인 페이스트(Paste)나 크림 플라스틴(Cream Plastann)을 발라 파이프 안에 삽입하여 가볍게 접합한다. 토치 램프로 접합부 주변을 균일하게 가열하여 납땜이나 와이어 플라스틴(Wire Plastann)을 사용하여 접합한다.

  ㉠ 용접온도는 200~300℃이다.

  ㉡ 가열방법은 토치 램프, 프로판, LP가스 토치, 전기가열기 등이 사용된다.

  ㉢ 용도는 사용압력이 낮은 곳에 또는 소구경관의 용접 시에 사용한다.

  ㉣ 용접재는 연납이다.

㉯ 경납용접(Brazing) : 인동납이나 은납 등을 가지고 접합부의 강도를 필요로 하는 곳(온수관 접합 및 진동이 심한 곳)에 사용된다. 동관과 동관을 산소, 수소 또는 산소, 아세틸렌으로 용접접합한다.

  ㉠ 용접온도는 700~850℃이다.

  ㉡ 강도가 강하다.

  ㉢ 용접 시 과열을 피한다.

  ㉣ 용도는 고온 및 사용압력이 높은 곳이나 특수한 곳에 사용된다.

② 플레어 접합(Flare Joint) : 압축접합이라고 하며 일반적으로 구경이 20mm 이하의 파이프에 삽입하여 기계의 점검이나 보수 또는 동관을 분해할 경우에 접합하는 방법이다.

③ 플랜지 접합(Flanged Joint)

㉮ 동관용 플랜지의 종류는 끼워맞춤형, 홈형, 유압 플랜지형이 있다.

㉯ 동관용 플랜지는 황동제, 포금제, 주철제 등의 재료가 있다.

㉰ 플랜지 접합은 강관의 플랜지 접합과 동일하나 유압 플랜지를 쓸 때에는 플랜지를 미리 관에 꽂아 놓고 관 끝을 뒤집기도 한다. 특히, 유압 플랜지는 플랜지 맞춤을 할 필요가 없으며 상당한 고압에도 잘 견딘다.

④ 분기관 접합(Branch Pipe Joint) : 메인 파이프의 중간에서 이음을 사용하지 않고 지관을 접합하는 것으로서 이 방법은 상용압력 20kg/cm² 정도의 배관에 사용된다.

(4) 연관의 접합

연관은 수도관의 분기점, 기구 배수관, 가스배관, 화학공업용 배관 등에 사용된다.

① 플라스턴 접합(Plastann Joint) : 플라스틴이란 납(Pb)이 60%, 주석(Sn)이 40%인 합금으로서 용융점이 232℃이다. 이 용융점이 낮은 플라스턴을 녹여서 연관을 접합하며, 이음의 형식에 따라 5가지가 있다.

㉮ 수전소켓의 접합   ㉯ 맨더린 접합(Mandarin Duck Joint)

㉰ 지관접합(Branch Joint)   ㉱ 직선접합

㉲ 맞대기 접합

② **살붙임 납땜접합(Over Castsolder Joint)** : 라운드 접합(Round Joint) 또는 위프드 접합(Wiped Joint) 이라고 하며 양질의 땜납을 260° 내외로 녹여서 사용한다. 이 방식은 땜납을 토치 램프로 녹여서 붙이는 방법과 녹은 땜납을 접합부에 부어서 접합하는 방법이 있다.

③ **이종관의 결합** : 재질이 서로 다른 관끼리 접합하는 방법으로 연관과 강관을 또 연관과 동관을 접합하는 접합법이다.

(5) 염화비닐관의 접합

① 냉간 접합

② 열간 삽입 접합

③ 플랜지 접합

④ 테이퍼 코어 접합(Taper Core Joint)

⑤ 테이퍼 조인트 접합

⑥ 나사접합

⑦ **용접법** : 용접에는 핫제트건(Hot Jet Gun)을 사용하며 이 용접기는 $0.25 \sim 0.4 \mathrm{kg/cm^2}$ 정도의 더운 압축공기를 노즐에서 분사시킨다.

(6) 폴리에틸렌관의 접합

① 용착 슬리브 접합

② 테이퍼 접합

③ 인서트 접합

3. 관의 굽힘

(1) 강관의 굽힘

① 굽힘방법

㉮ 수동굽힘

㉠ 냉간 굽힘 : 수동 롤러 또는 냉간 벤더기를 사용한다.

㉡ 열간 굽힘 : 800~900℃까지 가열하여 굽힌다.

㉯ 기계굽힘

㉠ 로터리식 벤더에 의한 굽힘

㉡ 램식 벤더에 의한 굽힘 : 레버식과 동력식이 있다.

② 굽힘작업의 장점

㉮ 연결용 이음쇠가 불필요하다.

㉯ 재료비가 절약된다.

㉰ 작업공정이 줄어든다.

㉱ 접합작업이 불필요하다.

㉲ 관 내의 마찰저항손실이 적다.

③ 굽힘 가공 시 주의사항

㉮ 관을 굽힐 때 굽힘 반지름(R)은 관경의 6~8배 정도로 한다.

㉯ 기계 벤딩 시에 기계 구조상 재굽힘이 되지 않으므로 너무 무리하게 굽히지 않는다.

Reference 벤딩 길이의 산출방법

벤딩 각도	벤딩 곡선길이
90°	$L = 1.5R + \dfrac{1.5R}{20}$
180°	$L = 1.5D + \dfrac{1.5D}{20}$
x	$L = \dfrac{1.5R + \dfrac{1.5R}{20}}{90} \times x$

여기서, D : 지름
R : 반지름

(2) 동관의 굽힘(Copper Tube Bending)

① 동관의 굽힘

㉮ 냉간법 : 벤더기 사용

㉯ 열간법 : 토치 램프 사용

② 사용상의 주의사항

㉮ 냉간법의 굽힘 시에 곡률반경은 굽힘반경의 4~5배 정도로 하여야 한다.

㉯ 열간법에서는 600~700℃의 온도로 가열하여 굽힌다.

(3) 연관의 굽힘

① 연관의 굽힘 시에는 모래를 채우거나 심봉을 관 속에 넣어 토치 램프로 가열해가며 구부린다.

② 연관 굽힘 시 가열온도는 100℃ 전후이다.

③ 굽힘 가공 시 배에 좌굴이 생기면 벤드벤으로 교정하고 급격한 가열은 피한다.

④ 관을 굽히는 데는 원도(原圖)를 그려 형판(型板)을 만들고 굽히는 부분을 색연필로 표시를 하고 토치 램프를 가열하면서 적당한 온도에 이르면 지렛대를 굽히는 위치까지 꽂아서 서서히 굽힌다.

(4) 폴리에틸렌관의 굽힘

폴리에틸렌관의 굽힘 시 관 외경의 8배 이상의 굽힘반경으로 굽힐 때에는 상온가공이 되지만 굽힘반경이 그보다 작을 때는 가열하여 굽힌다. 가열 시에는 가열기나 100℃ 정도의 비등수를 사용한다.

(5) 염화비닐관

호칭경 200mm 이하의 관에는 모래를 채우지 않고 25~30mm의 관은 관 내부에 모래를 채우고 굽힌다. 굽힘반경은 관경의 3~6배로 하고 가열온도는 130℃ 전후로 한다.

4. 강관의 나사내기와 나사부 길이 산출법

(1) 강관 나사내기

① 관경 15~20A 강관은 나사를 1회에 낸다.

② 관경 25A 이상은 2~3회에 걸쳐 나사를 낸다.

③ 관의 지름에 따른 나사부의 길이는 다음 표에 따른다.

관지름	15	20	25	32	40	50	65	80	100	125	150
나사부 길이(mm)	15	17	19	22	23	26	28	30	32	32	37
나사가 물리는 길이(mm)	11	13	15	17	19	20	23	25	28	30	33

(2) 직선길이 산출

$$L = l + 2(A - a)$$
$$l = L - 2(A - a)$$
$$l' = L - (A - a)$$

여기서, L : 이음부의 중심선 길이

l, l' : 관의 실제 절단 길이

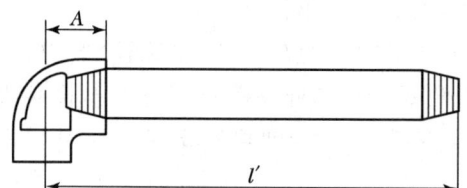

(3) 빗변길이 산출

l_1, l_2를 알고 빗변길이 l을 미지수라 하면 피타고라스의 정리를 응용하여,

$$l_2 = l_1^2 + l_2^2, \ l = \sqrt{l_1^2 + l_2^2}$$

1. 배관도의 종류

(1) 평면배관도

배관장치를 위에서 아래로 내려다보며 그린 그림이다.

(2) 입면배관도(측면도)

배관장치를 측면에서 본 그림이다.

(3) 입체배관도

입체적인 형상을 평면에 나타낸 그림이다.

(4) 부분조립도

배관조립도에 포함되어 있는 배관의 일부분을 작도한 그림, 즉 배관 일부분을 인출하여 그린 그림이다.

2. 치수기입법

(1) 치수표시

치수는 mm를 단위로 하여 표시하되 치수선에는 숫자만 기입한다. 각도는 일반적으로 도(°)로 표시하며 필요에 따라 도, 분, 초로 나타내기도 한다.

(2) 높이 표시

배관도면을 작성할 때 사용하는 높이의 표시는 기준선을 설정하여 이 기준선으로부터의 높이를 표시한다.

① EL 표시 : 배관의 높이를 관의 중심을 기준으로 표시한 것이다.

② BOP 표시 : 지름이 서로 다른 관의 높이를 표시할 때 관의 중심까지의 높이를 기준으로 표시하면 측정과 치수기입이 복잡하므로 배관 제도에서는 관 바깥지름의 아래 면까지의 높이를 기준으로 표시한다.

③ TOP 표시 : BOP와 같은 방법으로 표시하며, 관의 바깥지름의 윗면을 기준하여 표시한다.

④ GL 표시 : 포장된 지표면을 기준으로 하여 배관장치의 높이를 표시할 때 적용된다.

⑤ EL 표시(Elevation Line)

㉮ EL+4,500 : 관의 중심이 기준면보다 4,500mm 높은 장소에 있다.

㉯ EL−600BOP : 관의 밑면이 기준면보다 600mm 낮은 장소에 있다.

㉰ EL−350TOP : 관의 윗면이 기준면보다 350mm 낮은 장소에 있다.

3. 배관도의 표시법

(1) 관의 표시법

관은 한 개의 실선으로 표시하며 같은 도면에서 다른 번호를 표시할 때는 같은 굵기의 선으로 표시하는 것이 원칙이다.

① 유체의 표시

관 내를 흐르는 유체의 종류, 상태, 목적을 표시할 때에는 인출선을 긋고 그 위에 문자 기호로 도시하는 것을 원칙으로 한다.

㉮ 유체의 종류를 표시하는 문자기호는 필요에 따라 관을 표시하는 선을 끊고 표시할 수도 있다.

㉯ 유체의 방향을 표시할 때는 관을 표시하는 선 옆에 화살표로 표시한다.

② 관의 굵기와 재질의 표시

관의 굵기와 재질을 표시할 때는 관의 굵기를 숫자로 표시한 다음, 그 위에 관의 종류와 재질을 문자기호로 표시한다.

㉮ 복잡한 도면에서는 착오를 방지하기 위해 인출선을 그어서 도시한다.

㉯ 특별한 경우에는 관 내를 흐르는 유체의 종류, 상태, 목적 또는 관의 굵기, 종류를 선의 종류나 굵기를 달리하여 표시하기도 한다.

③ 관의 접속상태

㉮ 접속하지 않을 때

㉯ 접속해 있을 때

㉰ 갈라져 있을 때

④ 관의 접속상태 및 입체적 표시법

굽은 상태	실제 모양	도시기호
파이프가 A가 앞쪽 수직으로 구부러질 때		
파이프 B가 뒤쪽 수직으로 구부러질 때		
파이프 C가 뒤쪽으로 구부러져서 D에 접속될 때		

⑤ 관의 이음방법

나사이음	플랜지 이음	턱걸이 이음	용접이음	땜이음(납땜이음)

(2) 밸브의 계기 표시

밸브나 콕, 계기를 표시하는 경우는 다음과 같다. 특히 계기의 종류를 표시할 때에는 ○ 속에 압력계는 P, 온도계는 T 등으로 표시한다.

계기의 종류 표시

(TW) : 열원	(PRC) : 압력기록조절기	(PC) : 압력조절기
(T1) : 온도지시계	(PSV) : 압력안전밸브	(FRC) : 유량기록조절기
(TRC) : 온도기록조절기	(F1) : 유량지시계	(LC) : 수위조절기
(⊗) : 트랜스미터	(FR) : 유량기록계	(LG) : 수고계
(PR) : 압력기록기	(TA) : 온도경보기	(HCV) : 수동조절밸브
(PIC) : 압력지시조절기	(TR) : 온도기록기	

4. 배관의 도시기호(KS 발췌)

(1) 관의 접속상태

접속상태	실제 모양	도시기호
접속하고 있을 때		
분기하고 있을 때		
접속하지 않을 때		

(2) 투영에 의한 배관 등의 표시방법

1방향에서 본 투영도로 배관계의 상태를 표시하는 방법은 다음과 같다.

① 화면에 직각방향으로 배관되어 있는 경우

정투상도		각도
관 A가 화면에 직각으로 바로 앞쪽으로 올라가 있는 경우	A ⟋ ○ 또는 A ⟋ ⊙	A
관 A가 화면에 직각으로 반대쪽으로 내려가 있는 경우	A ⟋ ○ 또는 A ⟋ ○	A

정투상도			각도
관 A가 화면에 직각으로 바로 앞쪽으로 올라가 있고 관 B와 접속하고 있는 경우	또는		
관 A로부터 분기된 관 B가 화면에 직각으로 바로 앞쪽으로 올라가 있으며 구부러져 있는 경우	또는		
관 A로부터 분기된 관 B가 화면에 직각으로 반대쪽으로 내려가 있고, 구부러져 있는 경우	또는		

② 화면에 직각 이외의 각도로 배관되어 있는 경우

정투영도		등각도
관 A가 위쪽으로 비스듬히 일어서 있는 경우		
관 A가 아래쪽으로 비스듬히 내려가 있는 경우		
관 A가 수평방향에서 바로 앞쪽으로 비스듬히 구부러져 있는 경우		
관 A가 수평방향으로 화면에 비스듬히 반대쪽 윗방향으로 일어서 있는 경우		
관 A가 수평방향으로 화면에 비스듬히 바로 앞쪽 윗방향으로 일어서 있는 경우		

SECTION 04 단열재, 보온재 및 내화물

1. 단열재

단열재란 열전도율이 작은 재료로서 고열공업 등 공업요로에서 방산되는 열량을 적게 하기 위하여 사용되는 재료, 즉 열손실 차단재이다.

(1) 단열재의 구비조건

① 열전도율이 작을 것
② 세포조직인 다공질층일 것
③ 기공의 크기가 균일할 것

(2) 단열재의 사용효과

① 축열용량이 작아진다.
② 열전도가 작아진다.
③ 노 내 온도가 균일해진다.
④ 노 내외의 온도구배가 완만하여 스폴링이 방지된다.
⑤ 내화물의 수명이 길어진다.

(3) 내화물, 단열재, 보온재의 구분

구분		내용
내화재		SK 26(1,580℃) 이상 SK 42까지(2,000℃)의 물질
내화단열재		SK 10(1,300℃) 이상의 물질
단열재		800~1,200℃에 사용
보온재	유기질	100~500℃에 사용
	무기질	500~800℃에 사용
보냉재		100℃ 이하에 사용

(4) 단열재의 원료

① 규조토   ② 석면   ③ 질석
④ 팽창혈암   ⑤ 펄라이트

(5) 다공질 방법

① 톱밥이나 코크스와 같은 가연성 물질을 혼합한다.
② 팽창질석이나 펄라이트 이외의 경량립을 이용한다.

(6) 단열재의 사용처

① **단열벽돌** : 노 벽의 배면용으로 사용
② **내화 단열벽돌** : 노의 고온면용으로 사용

(7) 단열재의 종류

① **규조토질 단열벽돌** : 천연에 퇴적한 규조토과로부터 형상을 잘라내어 분말로 만든 다음 소량의 가소성 점토 및 톱밥 등을 가해서 혼련 성형하여 800~850℃로 소성한 벽돌이다.

㉮ 안전사용온도 : 800~1,200℃

㉯ 특징

㉠ 압축강도 및 내마모성이 작다.

㉡ 재가열 시 수축이 크다.

㉢ 스폴링 저항에 약하다.

㉣ 열전도율이 0.12~0.2kcal/m h ℃이다.

㉤ 압축강도가 5~30kg/cm²이다.

㉥ 기공률이 70~80%이다.

㉦ 비중이 0.45~0.7 정도이다.

② **적벽돌(보통벽돌)** : 점토에 흙이나 강가에 모래 등을 배합하고 5% 정도의 산화철을 첨가하여 기계로 혼련 성형하며 900~1,000℃ 정도로 건조소성하여 만든다.

㉮ 안전사용온도 : 800~1,200℃

㉯ 특징

㉠ 노벽 외측에 사용된다.

㉡ 압축강도가 100~300kg/cm²이다.

㉢ 겉보기 비중이 1.60~1.87이다.

㉣ 흡수율이 4~23%이다.

③ **점토질 단열벽돌** : 점토질이나 고알루미나질에 톱밥이나 발포제를 넣어서 고온소성(1,200~1,500℃)하여 만든다.

㉮ 안전사용온도 : 1,200~1,500℃

㉯ 특성

㉠ 벽돌이 가벼워서 중량이 가볍다.

㉡ 고온용에 적합하다.

㉢ 스폴링 저항이 크다.

㉣ 노벽의 내·외면에 모두 사용된다.

㉤ 열전도율이 0.15~0.45kcal/m h ℃이다.

㉥ 벽돌이 가벼워서 벽돌의 열용량이 가볍다.

㉦ 물체의 가열시간이 25~30% 정도 단축된다.

2. 보온재

보온재란 열전도율이 0.1kcal/m h ℃ 이하의 작은 재료로서 보일러나 요로, 난방배관에서 유체의 방열손실을 방지하여 유체의 온도를 보호한다. 보온재의 열전도율을 작게 하려면 재질 내부가 독립기포로 된 다공질층이어야 한다.

(1) 보온재의 구비조건

① 열전도율이 작고 보온능력이 클 것

② 장시간 사용하여도 사용온도에 충분히 견딜 것

③ 장시간 사용하여도 변질되지 않을 것

④ 어느 정도의 기계적 강도를 가질 것

⑤ 가볍고 비중이 작을 것

⑥ 흡습성이나 흡수성이 적을 것

⑦ 시공이 용이할 것

⑧ 가격이 저렴할 것

⑨ 열전도율이 0.07kcal/m h ℃ 이하일 것

(2) 열전도율에 영향을 미치는 요소

① 재질 자체의 기공의 크기가 작을수록 열전도율은 작아진다.

② 재료의 두께가 두꺼울수록 열전도율은 작아진다.

③ 유체의 온도가 높을수록 열전도율은 증가한다.

④ 재질 내의 흡수성이 클수록 열전도율은 증가한다.

⑤ 재질 자체의 밀도가 작으면 열전도율은 작아진다.

⑥ 재질 내의 기공이 균일하면 열전도율은 작아진다.

(3) 안전사용온도에 따른 보온재의 구분

① 저온용 보온재   ② 중온용 보온재   ③ 고온용 보온재

(4) 경제적인 보온방법

① 보온재의 두께가 두꺼우면 보온효율이 좋다.

② 보온재가 80mm 정도 두께일 때 경제적이다.

③ 보온재 두께가 증가하면 열손실 감소비율이 작아져서 경제적이지 못하다.

(5) 보온효율 계산

$$\frac{Q_0 - Q}{Q_0} \times 100\%$$

여기서, Q_0 : 배관에서 보온하지 않은 면에서 손실되는 열량(kcal/h)

Q : 보온면에서 손실되는 열량(kcal/h)

(6) 보온재의 종류

① 유기질 보온재   ② 무기질 보온재   ③ 금속질 보온재

공조냉동기계기사 필기 과년도 문제풀이 10개년
ENGINEER AIR-CONDITIONING REFRIGERATING MACHINERY

02

과년도 기출문제

SECTION 01　기계열역학

01 이상기체의 가역단열 변화에서는 압력 P, 체적 V, 절대온도 T 사이에 어떤 관계가 성립하는가?(단, 비열비 $k = C_p/C_v$ 이다.)

① PV = 일정　　② PV^{k-1} = 일정

③ PT^k = 일정　　④ TV^{k-1} = 일정

해설 이상기체 등엔트로피 과정(가역단열변화)
$P \cdot V \cdot T = PV^k = C$, $TV^{k-1} C$에서
$$\frac{T_2}{T_1} = \left(\frac{V_1}{V_2}\right)^{k-1} = \left(\frac{P_2}{P_1}\right)^{\frac{k-1}{k}}, \quad k : \text{비열비}$$

02 400K의 물 1.0kg/s와 350K의 물 0.5kg/s가 정상 과정으로 혼합되어 나온다. 이 과정 중에 300kJ/s의 열손실이 있다. 출구에서 물의 온도는 약 얼마인가? (단, 물의 비열은 4.18kJ/kg · K이다.)

① 369.2K　　② 350.1K

③ 335.5K　　④ 320.3K

해설 $400 \times 1.0 \times 4.18 = 1,672$kJ/s(물의 현열)
$350 \times 0.5 \times 4.18 = 731.5$kJ/s(물의 현열)
$Q = 1,672 + 731.5 = 2,403.5$kJ/s
$2,403.5 - 300 = 2,103.5$
출구에서 물의 온도(T) $= \dfrac{2,103.5}{(1+0.5) \times 4.18} = 335.5$K

03 이상기체 1kg이 가역등온 과정에 따라 $P_1 = 2$kPa, $V_1 = 0.1\text{m}^3$로부터 $V_2 = 0.3\text{m}^3$로 변화했을 때 기체가 한 일은 몇 줄(J)인가?

① 9,540　　② 2,200

③ 954　　④ 220

해설 등온과정 일 $W = \displaystyle\int_1^2 P dV$
$$= P_1 V_1 \ln \frac{V_2}{V_1}$$
$$= (2 \times 0.1) \times \ln\left(\frac{0.3}{0.1}\right)$$
$$= 0.2197\text{kJ}$$
$$= 219.7\text{J}$$

04 어떤 냉장고의 소비전력이 200W이다. 이 냉장고가 부엌으로 배출하는 열이 500W라면, 이때 냉장고의 성능계수는 얼마인가?

① 1　　② 2

③ 0.5　　④ 1.5

해설 COP(성능계수) $= \dfrac{\text{증발열(효과열)}}{\text{소비전력}} = \dfrac{500 - 200}{200} = 1.5$

05 기체가 0.3MPa로 일정한 압력하에서 8m^3에서 4m^3 까지 마찰 없이 압축되면서 동시에 500kJ의 열을 외부에 방출하였다면, 내부에너지(kJ)의 변화는 얼마나 되겠는가?

① 약 700　　② 약 1,700

③ 약 1,200　　④ 약 1,300

해설 등압변화 내부에너지 변화
$$du = C_v dT, \quad \Delta u = u_2 - u_1 = C_v(T_2 - T_1)$$
$$_1W_2 = \int_1^2 P dV = P(V_2 - V_1) = R(T_2 - T_1)$$
0.3MPa = 300kPa
∴ $300 \times (8-4) = 1,200$kJ
내부에너지 변화 = $1,200 - 500 = 700$kJ

06 227℃의 증기가 500kJ/kg의 열을 받으면서 가역등온 팽창한다. 이때 증기의 엔트로피 변화는 약 얼마인가?

① 1.0kJ/kg · K　　② 1.5kJ/kg · K

③ 2.5kJ/kg · K　　④ 2.8kJ/kg · K

해설 가역등온변화 엔탈피

$$\Delta S = \frac{\Delta Q}{T} = \frac{500}{(227+273)}$$
$$= 1.0 \text{kJ/kg} \cdot \text{K}$$

07 공기 10kg이 압력 200kPa, 체적 5m³인 상태에서 압력 400kPa, 온도 300℃인 상태로 변했다면 체적의 변화는?(단, 공기의 기체상수 $R = 0.287$kJ/kg · K 이다.)

① 약 $+0.6$m³ ② 약 $+0.9$m³
③ 약 -0.6m³ ④ 약 -0.9m³

해설 처음 비체적(V) = 5m³/10kg = 0.5m³/kg
$P_1 = 200$kPa, $P_2 = 400$kPa

$$T_1 = \frac{P_1 V_1}{R} = \frac{200 \times 0.5}{0.287} = 348 \text{K}$$

비체적(V_2) $= \frac{RT_2}{P_2} = \frac{0.287 \times 573}{400} = 0.4111 \text{m}^3/\text{kg}$

∴ 체적변화(V) $= 10 \times (0.4111 - 0.5) = -0.9 \text{m}^3$

08 공기표준 Carnot 열기관 사이클에서 최저 온도는 280K이고, 열효율은 60%이다. 압축 전 압력과 열을 방출한 압력은 100kPa이다. 열을 공급하기 전의 온도와 압력은?(단, 공기의 비열비는 1.4이다.)

① 700K, 2,470kPa
② 700K, 2,200kPa
③ 600K, 2,470kPa
④ 700K, 2,200kPa

해설 열을 공급하기 전 온도 = 280K

㉠ $\eta_c = \frac{AW}{Q_1} = 1 - \frac{Q_2}{Q_1} = 1 - \frac{T_{II}}{T_1} = 0.6$

$$1 - \frac{280}{T_{II}} = 0.6$$

∴ $T_{II} = \frac{280}{1-0.6} = 700$K(온도)

㉡ $P_2 = P_3 \left(\frac{T_2}{T_1}\right)^{\frac{k}{k-1}} = 100 \times \left(\frac{700}{280}\right)^{\frac{1.4}{1.4-1}}$

$= 2,470$kPa(압력)

09 잘 단열된 노즐에서 공기가 0.45MPa에서 0.15MPa 로 팽창한다. 노즐 입구에서 공기의 속도는 50m/s, 온도는 150℃이며 출구에서의 온도는 45℃이다. 출구에서의 공기 속도는?(단, 공기의 정압비열과 정적비열은 1.0035kJ/kg · K, 0.7165kJ/kg · K이다.)

① 약 350m/s ② 약 363m/s
③ 약 445m/s ④ 약 462m/s

해설 비열비(K) $= \frac{1.0035}{0.7165} = 1.4$, $J = 427$kg · m/sec

압력비 $= \frac{0.45}{0.15} = 3$

공기비열 = 1.0035 ÷ 4.2 = 0.241kcal/kg · ℃
출구공기속도

$(W_2) = \sqrt{2gJ(h_1 - h_2)} = \sqrt{2gJC_p(T_1 - T_2)}$
$= \sqrt{2 \times 9.8 \times 427 \times 0.241 \times (150 - 45)} = 461 \text{m/s}$

10 시스템의 온도가 가열과정에서 10℃에서 30℃로 상승하였다. 이 과정에서 절대온도는 얼마나 상승하였는가?

① 11K ② 20K
③ 293K ④ 303K

해설 10 + 273 = 283K
30 + 273 = 303K
∴ 303 − 233 = 20K

11 다음 그림은 오토 사이클의 $P-V$선도이다. 그림에서 3−4가 나타내는 과정은?

① 단열압축 과정 ② 단열팽창 과정
③ 정적가열 과정 ④ 정적방열 과정

해설 오토 사이클(내연기관 사이클) : 불꽃점화기관
① → ② : 단열압축(압력 상승)
② → ③ : 정적가열
③ → ④ : 단열팽창(체적 팽창)
④ → ① : 정적방열

12 10kg의 증기가 온도 50℃, 압력 38kPa, 체적 7.5m^3일 때 총 내부에너지는 $6,700\text{kJ}$이다. 이와 같은 상태의 증기가 가지고 있는 엔탈피(Enthalpy)는 몇 kJ인가?

① 1,606   ② 1,794

③ 2,305   ④ 6,985

해설 H(엔탈피) = 내부에너지 + 외부에너지(유동에너지)

$\therefore H = 6,700 + APV = 6,700 + 38 \times 7.5 = 6,985\text{kJ}$

※ $SI = PV$만 계산(SI에서는 $A = 1$)

13 증기터빈 발전소에서 터빈 출입구의 엔탈피 차이는 130kJ/kg이고, 터빈에서의 열손실은 10kJ/kg이었다. 이 터빈에서 얻을 수 있는 최대 일은 얼마인가?

① 10kJ/kg ② 120kJ/kg

③ 130kJ/kg ④ 140kJ/kg

해설 터빈에서 얻을 수 있는 최대 일 $= 130\text{kJ/kg} - 10\text{kJ/kg}$
$= 120\text{kJ/kg}$

14 열펌프의 성능계수를 높이는 방법이 아닌 것은?

① 응축온도를 낮춘다.

② 증발온도를 낮춘다.

③ 손실 열을 줄인다.

④ 생성엔트로피를 줄인다.

해설 열펌프(히트펌프)의 성능계수(ε_h)

$$\varepsilon_h = \frac{\text{고온체로의 방출열량}}{\text{공급열량}} = \frac{Q_1}{AW} = \frac{Q_1}{Q_1 - Q_2} = \frac{T_1}{T_1 - T_2}$$

$\therefore \varepsilon_h =$ 냉동기 성능계수 + 1

※ 보일러에서는 증발온도가 낮으면 잠열의 효과를 본다(냉동기는 반대이다).

15 압력 5kPa, 체적이 0.3m^3인 기체가 일정한 압력하에서 압축되어 0.2m^3로 되었을 때 이 기체가 한 일은?(단, +는 외부로 기체가 일을 한 경우이고, -는 기체가 외부로부터 일을 받은 경우)

① 500J   ② -500J

③ 1,000J   ④ -1,000J

해설 공업일 $W = \int_1^2 PdV = P(V_2 - V_1)$
$= 5 \times (0.2 - 0.3)$
$= -0.5\text{kJ}$
$= -500\text{J}$

16 증기동력 사이클에 대한 다음의 언급 중 옳은 것은?

① 이상적인 보일러에서는 등온가열 과정이 진행된다.

② 재열 사이클은 주로 사이클의 효율을 낮추기 위해 적용한다.

③ 터빈의 토출 압력을 낮추면 사이클 효율도 낮아진다.

④ 최고 압력을 높이면 사이클 효율이 높아진다.

해설 ㉠ 증기동력 사이클(랭킨 사이클)의 열효율 증가방법
- 보일러의 최고 압력을 높이고 복수기 압력을 낮춘다.
- 터빈의 초온, 초압을 높인다.
- 터빈 출구 압력은 낮춘다.

㉡ 재열 사이클을 이용하면 통상 열효율이 증대한다.

㉢ 랭킨 사이클 : 단열압축(급수펌프) → 정압가열(보일러) → 단열팽창(터빈) → 응축정압 방열

17 매시간 20kg의 연료를 소비하는 100PS인 가솔린 기관의 열효율은 약 얼마인가?(단, 1PS=750W이고, 가솔린의 저위발열량은 $43,470\text{kJ/kg}$이다.)

① 18%   ② 22%

③ 31%   ④ 43%

해설 ㉠ 1Wh = 0.86kcal, 1PS = 750W이므로
$100\text{PS} = 750 \times 0.86 = 645\text{kcal} \times 100\text{PS}$
$= 64,500\text{kcal}$
$64,500 \times 4.186\text{kJ} = 269,997\text{kJ}$

㉡ $20\text{kg/h} \times 43,470\text{kJ/kg} = 869,400\text{kJ/h}$

$\therefore$ 열효율(η) $= \dfrac{269,997}{869,400} \times 100 = 31\%$

18 가역단열펌프에 100kPa, 50℃의 물이 2kg/s로 들어가 4MPa로 압축된다. 이 펌프의 소요 동력은?(단, 50℃에서 포화액체(Saturated Liquid)의 비체적은 $0.001\text{m}^3/\text{kg}$이다.)

① 3.9kW   ② 4.0kW

③ 7.8kW   ④ 8.0kW

해설 $2\text{kg/s} \times 1\text{시간} \times (3,600\text{초/시간}) = 7,200\text{kg/h}$
(120kg/min)
$1\text{MPa} = 10\text{kg/cm}^2$
$1\text{kW} = 102\text{kg} \cdot \text{m/sec}$
$1\text{kg/cm}^2 = 10\text{mH}_2\text{O}$

펌프의 소요동력$(H') = \dfrac{F \cdot V}{102} = \dfrac{\Delta P \cdot G}{102 \cdot r}$
$= \dfrac{4 \times 10 \times 10 \times 2}{102} = 7.8\text{kW}$

19 다음 사항은 기계열역학에서 일과 열(熱)에 대한 설명이다. 이 중 틀린 것은?

① 일과 열은 전달되는 에너지이지 열역학적 상태량은 아니다.
② 일의 단위는 J(Joule)이다.
③ 일(Work)의 크기는 힘과 그 힘이 작용하여 이동한 거리를 곱한 값이다.
④ 일과 열은 정함수이다.

해설 열량(Q), 일량(W) : 과정(=경로=도정)함수

20 어떤 가스의 비내부에너지 $u(\text{kJ/kg})$, 온도 $t(\text{℃})$, 압력 $P(\text{kPa})$, 비체적 $v(\text{m}^3/\text{kg})$ 사이에는 다음의 관계식이 성립한다. 가스의 정압비열은 얼마 정도이겠는가?

- $u = 0.28t + 532$
- $Pv = 0.560(t + 380)$

① $0.84\text{kJ/kg} \cdot \text{℃}$　　② $0.68\text{kJ/kg} \cdot \text{℃}$
③ $0.50\text{kJ/kg} \cdot \text{℃}$　　④ $0.28\text{kJ/kg} \cdot \text{℃}$

해설
- 비엔탈피(h)
$h = u + Pv$
$= 0.28t + 532 + 0.560(t + 380)$
- 정압비열(C_p)
$dh = C_p dT$에서
$C_p = \dfrac{dh}{dT} = \dfrac{d(0.28t + 532 + 0.560(t + 380))}{dT}$
$= 0.28t + 0.560$
$= 0.84\text{kJ/kg} \cdot \text{℃}$

SECTION 02　냉동공학

21 응축기에서 두께 3mm의 냉각관에 두께 0.1mm의 물때와 0.02mm의 유막이 있다. 열전도도는 냉각관 40kcal/mh℃, 물때 0.8kcal/mh℃, 유막 0.1kcal/mh℃이고 열전달률은 냉매측 2,500kcal/m²h℃, 냉각수측 1,500kcal/m²h℃일 때 열통과율은 약 얼마인가?

① $681.8\text{kca/m}^2\text{h℃}$
② $618.7\text{kca/m}^2\text{h℃}$
③ $714.7\text{kca/m}^2\text{h℃}$
④ $741.8\text{kca/m}^2\text{h℃}$

해설 열통과율$(K) = \dfrac{1}{\dfrac{1}{a_1} + \dfrac{b_1}{\lambda_1} + \dfrac{b_2}{\lambda_2} + \dfrac{b_3}{\lambda_3} + \dfrac{1}{a_2}}$

$K = \dfrac{1}{\dfrac{1}{2,500} + \dfrac{0.003}{40} + \dfrac{0.0001}{0.8} + \dfrac{0.00002}{0.1} + \dfrac{1}{1,500}}$

$= \dfrac{1}{0.0004 + 0.000075 + 0.000125 + 0.0002 + 0.000666}$

$= \dfrac{1}{0.00146}$

$= 682\text{kcal/m}^2\text{h℃}$

22 스테판-볼츠만(Stefan-Boltzmann)의 법칙과 관계 있는 열이동 현상은 무엇인가?

① 열전도
② 열대류
③ 열복사
④ 열통과

해설 열복사(열방사) : 스테판-볼츠만의 법칙

$E_b = \sigma \cdot T^4 = C_b \left(\dfrac{T}{100}\right)^4$, $\sigma = 5.669 \times 10^{-8}\text{W/m}^2\text{K}^4$

$C_b = 5.669\text{W/m}^2\text{K}^4$ (흑체복사정수)

$Q_r = \varepsilon \cdot C_b \left(\left(\dfrac{T_1}{100}\right)^4 - \left(\dfrac{T_2}{100}\right)^4 \right) = \text{W/m}^2$

23 냉매와 브라인에 관한 설명 중 틀린 것은?

① 프레온 냉매에서 동부착 현상은 수소원자가 적을수록 크다.

② 유기브라인은 무기브라인에 비해 금속을 부식시키는 경향이 적다.

③ 염화칼슘 브라인에 의한 부식을 방지하기 위해 방식제를 첨가한다.

④ 프레온 냉매와 냉동기유의 용해 정도는 온도가 낮을수록 많아진다.

해설 ㉠ 암모니아 냉매는 동 및 동합금을 부식시킨다.
㉡ 프레온 냉매는 마그네슘 및 2% 이상의 알루미늄합금을 부식시킨다.

24 압축 냉동 사이클에서 응축온도가 일정할 때 증발온도가 낮아지면 일어나는 현상 중 틀린 것은?

① 압축일의 열당량 증가

② 압축기 토출가스 온도 상승

③ 성적계수 감소

④ 냉매순환량 증가

해설 증기압축식 냉동기 사이클
응축온도가 일정할 때 증발온도가 낮아지면 증발압력이 낮아지면 냉매충전량이 부족한 경우이다.

25 팽창밸브 중에서 과열도를 검출하여 냉매유량을 제어하는 것은?

① 정압식 자동팽창밸브

② 수동팽창밸브

③ 온도식 자동팽창밸브

④ 모세관

해설 온도식 자동팽창밸브
㉠ 벨로스식
㉡ 다이어프램식(감온통 사용)
※ 과열도＝흡입가스 냉매온도－증발온도

26 압축기의 체적효율에 대한 설명으로 옳은 것은?

① 톱 클리어런스(Top Clearance)가 작을수록 체적효율은 작다.

② 같은 흡입압력, 같은 증기 과열도에서 압축비가 클수록 체적효율은 작다.

③ 피스톤 링(Piston Ring) 및 흡입 변의 시트(Sheet)에서 누설이 작을수록 체적효율이 작다.

④ 흡입증기의 밀도가 클수록 체적효율은 크다.

해설 압축기의 체적효율
같은 흡입압력, 같은 증기 과열도에서 압축비가 클수록 체적효율은 작다.

$$체적효율 = \frac{이론적인\ 피스톤\ 압출량(m^3/h)}{실제적인\ 피스톤\ 압출량(m^3/h)}$$

27 일반적으로 사용되고 있는 제상방법이라고 할 수 없는 것은?

① 핫 가스에 의한 방법

② 전기가열기에 의한 방법

③ 운전 정지에 의한 방법

④ 액 냉매 분사에 의한 방법

해설 증발기 제상방법
㉠ 전열 제상
㉡ 고압가스 제상
㉢ 온 브라인 제상
㉣ 살수식 제상
㉤ 온－공기 제상
㉥ 재 증발기를 사용한 고압가스 제상

28 냉장고 방열재의 두께가 200mm이었는데, 냉동효과를 좋게 하기 위해서 300mm로 보강시켰다. 이 경우 열손실은 약 몇 % 감소하는가?(단, 외기와 외벽면 사이의 열전달률은 20kcal/m²h℃, 창고 내 공기와 내벽면 사이의 열전달률은 10kcal/m²h℃, 방열재의 열전도율은 0.035kcal/mh℃이다.)

① 30

② 33

③ 38

④ 40

해설 두께 200mm(0.2m)의 전열저항

$$= \frac{1}{20} + \frac{0.2}{0.035} + \frac{1}{10} = 5.8642 \text{m}^2\text{h}℃/\text{kcal}$$

두께 300mm(0.3m)의 전열저항

$$= \frac{1}{20} + \frac{0.3}{0.035} + \frac{1}{10} = 8.7214$$

$$\therefore \frac{8.7214 - 5.8642}{8.7214} \times 100 = 33\%$$

29 수랭식 응축기와 공랭식 응축기의 구조와 전열특성 상 초기 설치비용 및 유지보수 과정에 따른 경제성을 비교한 것 중에서 옳지 않은 것은?

① 공랭식 응축기의 경우 수랭식에 비하여 일반적으로 큰 압축기가 사용되므로 전력비용이 커진다.

② 저렴한 용수가 공급되는 곳에서는 수랭식 응축기가 관리 유지비용면에서 유리하다.

③ 경제성 비교에서는 수랭식이나 공랭식 응축기 모두 관 내부 또는 외벽 핀 사이의 오염물질 제거 등에 소요되는 제반 비용을 고려할 필요가 없다.

④ 냉각탑 설치가 필요한 경우에는 초기비용과 운전비가 추가되므로 경제성 분석을 할 필요가 있다.

해설 수랭식, 공랭식 응축기 모두 관 내부 또는 외벽 핀 사이의 오염물질 제거 등에 소요되는 비용은 경제성 비교에서는 제반비용을 고려하여야 한다.

30 유량 100L/min의 물을 15℃에서 5℃로 냉각하는 수 냉각기가 있다. 이 냉동장치의 냉동효과(냉매단위 질량당)가 40kcal/kg일 경우 냉매 순환량은 얼마인가?

① 25kg/h ② 1,000kg/h

③ 1,500kg/h ④ 500kg/h

해설 물의 현열 $Q = m \cdot C \cdot \Delta t$

$$= (100 \times 60) \times 1 \times (15 - 5)$$

$$= 60,000 \text{kcal/h}$$

$\therefore$ 단위 질량당 냉매순환량 $= \dfrac{60,000}{40}$

$$= 1,500 \text{kg/h}$$

31 응축기에 관한 설명 중 옳은 것은?

① 횡형 셸 앤드 튜브식 응축기의 관 내 유속은 5m/s가 적당하다.

② 공랭식 응축기는 기온의 변동에 따라 응축능력이 변하지 않는다.

③ 입형 셸 앤드 튜브식 응축기는 운전 중에 냉각관을 청소할 수 있다.

④ 주로 물의 감열로서 냉각하는 것이 증발식 응축기이다.

해설 ① 횡형 응축기 냉각수 유속은 0.6~2.0m/s 정도이다.

② 공랭식은 기온의 변동에 따라 응축능력이 변화하고 주로 증발식은 물의 증발열을 이용한다.

③ 입형 셸 앤드 튜브식 응축기는 운전 중에 냉각관 청소가 가능하다.

32 다음 그림의 사이클과 같이 운전되고 있는 R-22 냉동장치가 있다. 이때 압축기의 압축효율 80%, 기계효율 85%로 운전된다고 하면 성적계수는 약 얼마인가?

① 3.2 ② 3.4

③ 3.6 ④ 3.8

해설 성적계수 $COP = \dfrac{(151 - 114)}{(158 - 151)} \times 0.8 \times 0.85$

$$= 3.59$$

$$\fallingdotseq 3.6$$

33 프레온 냉매의 경우 흡입배관에 이중 입상관을 설치하는 목적으로 적합한 것은?

① 오일의 회수를 용이하게 하기 위하여

② 흡입가스의 과열을 방지하기 위하여

③ 냉매액의 흡입을 방지하기 위하여

④ 흡입관에서의 압력강하를 줄이기 위하여

해설 프레온 냉매 흡입관을 이중 입상관을 설치하는 목적은 오일의 회수를 용이하게 하기 위함이다.

34 냉동장치에서 압력용기의 안전장치로 사용되는 가용전 및 파열판에 대한 설명으로 옳지 않은 것은?

① 파열판의 파열압력은 내압시험 압력 이상의 압력으로 한다.
② 응축기에 부착하는 가용전의 용융온도는 보통 75℃ 이하로 한다.
③ 안전밸브와 파열판을 부착한 경우 파열판의 파열압력은 안전밸브의 작동 압력 이상으로 해도 좋다.
④ 파열판은 터보 냉동기에 주로 사용된다.

해설 파열판 안전장치
주로 터보형 냉동기의 저압 측에 사용한다(사용 시는 내압시험 압력 이하에서 사용된다).

35 스크루 압축기에 관한 설명으로 틀린 것은?

① 흡입밸브와 피스톤을 사용하지 않아 장시간의 연속운전이 가능하다.
② 압축기의 행정은 흡입, 압축, 토출행정의 3행정이다.
③ 회전수가 3,500rpm 정도의 고속회전임에도 소음이 적으며, 유지보수에 특별한 기술이 없어도 된다.
④ 10~100%의 무단계 용량제어가 가능하다.

해설 스크루 압축기(Screw Compressor)
㉠ 고속회전(3,500rpm)으로 인하여 소음이 크다.
㉡ 암(Femle) 및 수(Male)의 치형을 갖는 두 개의 로터(Rotor)의 맞물림에 의하여 가스를 압축한다.

36 냉각수 입구온도가 32℃, 출구온도가 37℃, 냉각수량이 100L/min인 수랭식 응축기가 있다. 압축기에 사용되는 동력이 8kW라면 이 장치의 냉동능력은 약 몇 냉동톤인가?

① 7RT
② 8RT
③ 9RT
④ 10RT

해설 물의 현열 $Q = m \cdot C \cdot \Delta t = (100 \times 60) \times 1 \times (37 - 32)$
$$= 30,000 kcal/h$$
냉동능력 $RT = \dfrac{Q - W}{3,320} = \dfrac{30,000 - (860 \times 8)}{3,320} = 6.96$
$$\therefore 7RT$$

37 압축기 과열의 원인으로 가장 적합한 것은?

① 냉각수 과대
② 수온저하
③ 냉매 과충전
④ 압축기 흡입밸브 누설

해설 압축기의 흡입밸브 누설 시 압축기가 과열된다.

38 암모니아 냉매를 사용하고 있는 과일 보관용 냉장창고에서 암모니아가 누설되었을 때 보관 물품의 손상을 방지하기 위한 방법으로 옳지 않은 것은?

① SO_2로 중화시킨다.
② CO_2로 중화시킨다.
③ 환기시킨다.
④ 물로 씻는다.

해설 SO_2(아황산가스)
허용농도 5ppm의 맹독성 가스로 보관물품의 손상 방지로는 사용불가

39 다음 그림에서와 같이 어떤 사이클에서 응축온도만 변화하였을 때 틀린 것은?(단, 사이클 A : (A－B－C－D－A), 사이클 B : (A－B′－C′－D′－A), 사이클 C : (A－B″－C″－D″－A)이다.)

(응축온도만 변했을 경우)

① 압축비 : 사이클 C>사이클 B>사이클 A
② 압축일량 : 사이클 C>사이클 B>사이클 A
③ 냉동효과 : 사이클 C>사이클 B>사이클 A
④ 성적계수 : 사이클 C<사이클 B<사이클 A

해설 응축온도만 변화하면,
냉동효과=사이클 C″>사이클 B″>사이클 A

40 냉동장치의 고압부에 대한 안전장치가 아닌 것은?

① 안전밸브
② 고압압력스위치
③ 가용전
④ 방폭문

해설 방폭문(폭발구)
보일러 화실 후부에 설치하여 가스폭발 시 폭발가스를 안전한 외부로 방출시키는 안전장치

SECTION 03 공기조화

41 다음 중 열회수 방식에 속하지 않는 것은?

① 직접이용 방식
② 전열교환기 방식
③ VAV공조기 방식
④ 승온이용 방식

해설 2중덕트 공조기방식
㉠ 변풍량 방식(VAV 방식)
㉡ 정풍량 방식
㉢ 멀티존 유닛방식

42 다음 중 예상온열감(PMV)의 일반적인 열적 쾌적범위에 속하는 것은?

① $-0.2 < PMV < +0.2$
② $-0.3 < PMV < +0.3$
③ $-0.4 < PMV < +0.4$
④ $-0.5 < PMV < +0.5$

해설 예상온열감(FMV)의 일반적인 열적 쾌적범위
$-0.5 < PMV < +0.5$

---

43 팬코일 유닛 방식은 배관 방식에 따라 2관식, 3관식, 4관식이 있다. 아래의 설명 중 적당치 못한 것은?

① 4관식은 냉수배관, 온수배관을 설치하여 각 계통마다 동시에 냉난방을 자유롭게 할 수 있다.
② 4관식 중 2코일식은 냉온수 간의 밸런스 문제가 복잡하고 열손실이 많다.
③ 3관식은 환수관에서 냉수와 온수가 혼합되므로 열손실이 생긴다.
④ 환경 제어성능이나 열손실 면에서 4관식이 가장 좋으나 설비비나 설치면적이 큰 것이 단점이다.

해설 팬코일 유닛 방식(FCU 방식)
㉠ 2관식
㉡ 3관식
㉢ 4관식(시퀀스 밸브 및 3방 밸브 사용, 스크릿코일을 사용하며 2코일식은 냉온수코일로서 밸런스의 문제가 없다.)

44 공기의 온도에 따른 밀도 특성을 이용한 방식으로 실내보다 낮은 온도의 신선공기를 해당 구역에 공급함으로써 오염물질을 대류효과에 의해 실내 상부에 설치된 배기구를 통해 배출시켜 환기 목적을 달성하는 방식은?

① 기계식 환기법　　② 전반 환기법
③ 치환 환기법　　④ 국소 환기법

해설 치환 환기법
실내보다 낮은 온도의 신선공기를 해당 구역에 공급하여 오염물질을 대류효과에 의해 실내 상부에 설치된 배기구를 통해 배출하는 환기법

45 200kVA 변압기 5대를 수용할 수 있는 건물 변전실이 있다. 변압기 최대 시의 효율을 98%로 하고, 전력이 피크일 때의 전 건물의 변압기 역률이 94%라면, 이때의 변압기 발열량은 얼마인가?

① 67,680kJ/h　　② 211,720kJ/h
③ 216,040kJ/h　　④ 331,730kJ/h

해설 $q = $ 변압기 용량 $\times (1 -$ 효율 $) \times$ 역률
$= 5 \times 200 \times (1 - 0.98) \times 0.94 = 18.8kW$
$18.8kJ/s \times 3,600s/h = 67,680kJ/h$

---

46 아네모스텃(Anemostat)형 취출구에서 유인비의 정의로 옳은 것은?(단, 취출구로부터 공급된 조화공기를 1차 공기(PA), 실내공기가 유인되어 1차공기와 혼합한 공기를 2차 공기(SA), 1차와 2차 공기를 모두 합한 것을 전공기(TA)라 한다.)

① $\dfrac{TA}{PA}$　　　　　　② $\dfrac{TA}{SA}$

③ $\dfrac{PA}{TA}$　　　　　　④ $\dfrac{SA}{TA}$

해설 천장형 아네모스탯형 취출구 유인비

유인비 $= \dfrac{TA}{PA}$

※ 아네모스탯형 외형상 : 원형(RD형), 각형(SD형)

47 건구온도 30℃, 절대습도 0.017kg/kg인 습공기 1kg의 엔탈피는 약 몇 kJ/kg인가?

① 33　　　　　　② 50
③ 60　　　　　　④ 74

해설 습공기 엔탈피

$(h_w) = C_p \cdot t + x(r + C_{vp} \cdot t)$
$= 0.24t + x(597.5 + 0.44t)$
$= \{0.24 \times 30 + 0.017(597.5 + 0.44 \times 30)\} \times 4.18$
$= 73.49$
$\fallingdotseq 74 \text{kJ/kg}$

※ 1kcal = 4.18kJ

48 증기난방 방식을 분류한 것으로 잘못된 것은?

① 증기온도에 따른 분류
② 배관방법에 따른 분류
③ 증기압력에 따른 분류
④ 응축수 환수법에 따른 분류

해설 증기난방 방식

㉠ 배관방법에 따른 분류
㉡ 증기압력에 따른 분류
㉢ 증기공급방식에 따른 분류
㉣ 응축수 환수방법에 따른 분류

49 보일러에서 급수내관(Feed Water Injection Pipe)을 설치하는 목적으로 가장 적합한 것은?

① 보일러수 역류 방지　　② 슬러지 생성 방지
③ 부동팽창 방지　　　　④ 과열 방지

50 송풍량 600m³/min을 공급하여 다음의 공기 선도와 같이 난방하는 실의 가습열량(kcal/h)은 약 얼마인가? (단, 공기의 비중은 1.2kg/m³, 비열은 0.24kcal/kg℃이다.)

상태점	온도 (℃)	엔탈피 (kcal/kg)
①	0	0.5
②	20	9.0
③	15	8.0
④	28	10.0
⑤	29	13.0

① 31,100　　　　　　② 86,400
③ 129,600　　　　　④ 172,800

해설 ㉠ 현열 $= 600 \times (0.24 \times 1.2) \times 60$분 $= 10,368$kcal

㉡ 가습열량 $= 600 \times 1.2 \times 60 \times (13 - 10)$
$= 129,600$kcal/h

※ 가습 $= ④ - ⑤$로 하면 증가하므로
13kcal/kg $-$ 10kcal/kg $= 3$kcal/kg

51 다음 중 중앙식 공기조화방식이 아닌 것은?

① 유인유닛 방식
② 팬코일 유닛 방식
③ 변풍량 단일덕트 방식
④ 패키지 유닛 방식

해설 개별공조방식

㉠ 패키지 방식
㉡ 룸 쿨러 방식
㉢ 멀티유닛 방식

52 열교환기의 입구 측 공기 및 물의 온도가 각각 30℃, 10℃, 출구 측 공기 및 물의 온도가 각각 15℃, 13℃일 때, 대향류의 대수평균온도차(LMTD)는 약 얼마인가?

① 6.8℃ ② 7.8℃
③ 8.8℃ ④ 9.8℃

해설 17℃ $\begin{pmatrix} 30 \rightarrow 15 \\ 13 \leftarrow 10 \end{pmatrix}$ 5℃

$$\text{LMTD} = \frac{\Delta_1 - \Delta_2}{\ln\dfrac{\Delta_1}{\Delta_2}} = \frac{17 - 5}{\ln\left(\dfrac{17}{5}\right)} = \frac{12}{1.2237} = 9.8℃$$

53 에어워셔에 대한 내용으로 옳지 않은 것은?

① 세정실(Spray Chamber)은 엘리미네이터 뒤에 있어 공기를 세정한다.
② 분무노즐(Spray Nozzle)은 스탠드파이프에 부착되어 스프레이 헤더에 연결된다.
③ 플러딩 노즐(Flooding Nozzle)은 먼지를 세정한다.
④ 다공판 또는 루버(Louver)는 기류를 정류해서 세정실 내를 통과시키기 위한 것이다.

해설 에어워셔(습도조절기)
엘리미네이터 앞에서 공기를 세정한다.

54 원심송풍기 번호가 No.2일 때 회전날개(깃)의 직경(mm)은 얼마인가?

① 150 ② 200
③ 250 ④ 300

해설 원심송풍기 No.1 깃의 직경 : 150mm
∴ 150×2=300mm

55 습공기를 노점온도까지 냉각시킬 때 변하지 않는 것은?

① 엔탈피 ② 상대습도
③ 비체적 ④ 수증기 분압

해설 수증기분압
습공기를 노점온도까지 냉각시킬 때 변하지 않는다.

56 매시 1,500m³의 공기(건구온도 12℃, 상대습도 60%)를 20℃까지 가열하는 데 필요로 하는 열량은 약 얼마인가?(단, 처음 공기의 비체적은 $v = 0.815$ m³/kg, 가열 전후의 엔탈피 $h_1 = 6.0$kcal/kg, $h_2 = 8.0$kcal/kg이다.)

① 25,767kcal/h ② 4,890kcal/h
③ 3,680kcal/h ④ 24,000kcal/h

해설 ㉠ 공기질량=1,500×0.815=1,222.5kg/h
  엔탈피차 : 8.0−6.0=2kcal/kg
㉡ 가열필요열량= $\dfrac{1,500 \times 2}{0.815}$ =3,680kcal/h

57 정압의 상승분을 다음 구간 덕트의 압력손실에 이용하도록 한 덕트 설계법으로 옳은 것은?

① 정압법 ② 등속법
③ 등온법 ④ 정압 재취득법

해설 정압 재취득법
정압의 상승분을 다음 구간 덕트의 압력손실에 이용하도록 한 덕트 설계법

58 어떤 공기조화 장치에 있어서, 실내로부터의 환기의 일부를 외기와 혼합한 후 냉각코일을 통과시키고, 이 냉각코일 출구의 공기와 환기의 나머지를 혼합하여 송풍기로 실내에 재순환시키는 장치의 흐름도는 어느 것인가?

해설 ② 흐름도
실내 환기의 일부를 외기와 혼합한 후 냉각 코일을 통과시키고 이 냉각코일 출구의 공기와 환기의 나머지를 혼합하여 송풍기로 실내에 재순환시킨다.

59 주철제 보일러의 특징을 설명한 것으로 틀린 것은?

① 섹션을 분할하여 반입하므로 현장설치의 제한이 적다.

② 강제 보일러보다 내식성이 우수하며 수명이 길다.

③ 강제 보일러보다 급격한 온도변화에 강하여 고온·고압의 대용량으로 사용된다.

④ 섹션을 증가시켜 간단하게 출력을 증가시킬 수 있다.

해설 주철제 보일러

급격한 온도 변화에 적응이 부적당하고 저온·저압의 소용량 보일러에 사용된다.

60 다음 난방방식의 표준방열량에 대한 것으로 옳은 것은?

① 증기난방 : 450kcal/m²h

② 온수난방 : 650kcal/m²h

③ 복사난방 : 860kcal/m²h

④ 온풍난방 : 표준방열량이 없다.

해설 표준난방

㉠ 증기난방 : 650kcal/m²h

㉡ 온수난방 : 450kcal/m²h

※ 복사난방, 온풍난방은 표준방열량이 없다.

SECTION 04 전기제어공학

61 그림과 같은 논리회로는?

① AND 회로   ② OR 회로

③ NOT 회로   ④ NOR 회로

해설 NOT 회로 : 논리부정

논리기호 :

Y, 수식 $Y = \overline{A} = A'$

진리표   유접점

A	Y
0	1
1	0

62 3상 유도전동기에서 일정 토크 제어를 위하여 인버터를 사용하여 속도제어를 하고자 할 때 공급전압과 주파수의 관계수는 어떻게 해야 하는가?

① 공급전압과 주파수는 비례되어야 한다.

② 공급전압과 주파수는 반비례되어야 한다.

③ 공급전압이 항상 일정하여야 한다.

④ 공급전압의 제곱에 비례하여야 한다.

해설 3상 유도전동기에서 일정 토크(Torgue : 회전력) 제어를 위하여 인버터(Inverter : 속도제어기)를 사용하여 속도제어를 하고자 할 때 공급전압과 주파수는 비례되어야 한다.

63 여러 가지 전해액을 이용한 전기분해에서 동일 양의 전기로 석출되는 물질의 양은 각각의 화학당량에 비례한다고 하는 법칙은?

① 패러데이의 법칙   ② 줄의 법칙

③ 렌츠의 법칙   ④ 쿨롱의 법칙

해설 패러데이의 법칙

여러 가지 전해액을 이용한 전기분해에서 동일 양의 전기로 석출되는 물질의 양은 각각의 화학당량에 비례한다는 법칙

64 예비전원으로 사용되는 축전지의 내부 저항을 측정하려고 한다. 가장 적합한 브리지는?

① 휘트스톤 브리지

② 캠벨 브리지

③ 콜라우시 브리지

④ 맥스웰 브리지

해설 콜라우시 브리지
예비전원으로 사용되는 축전지의 내부 저항을 측정할 때 사용되는 브리지

65 60Hz, 4극, 슬립 6%의 유도전동기를 어느 공장에서 운전하고자 할 때 예상되는 회전수는 약 몇 rpm인가?

① 1,300　　　　② 1,400
③ 1,700　　　　④ 1,800

해설 회전수 $N = \dfrac{120f}{P}(1-s)$

$$= \dfrac{120 \times 60}{4} \times (1-0.06)$$

$$= 1,692$$

$$\fallingdotseq 1,700 \,\mathrm{rpm}$$

66 그림과 같은 블록 선도에서 등가 합성 전달함수는?

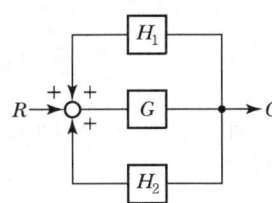

① $\dfrac{G}{1-H_1-H_2}$　　　　② $\dfrac{G}{1-H_1G-H_2G}$

③ $\dfrac{G-1}{1-H_1G-H_2G}$　　　　④ $\dfrac{H_1G+H_2G}{1-G}$

해설 전달함수 $G(s) = \dfrac{C}{R} = \dfrac{전향경로의\ 합}{1-피드백의\ 합}$

$$= \dfrac{G}{1-(GH_1+GH_2)}$$

$$= \dfrac{G}{1-H_1G-H_2G}$$

67 기준입력신호에서 제어량을 뺀 값으로 제어계의 동작결정의 기초가 되는 것은?

① 기준 입력　　　　② 제어 편차
③ 제어 입력　　　　④ 동작 편차

해설 제어 편차
기준입력신호에서 제어량을 뺀 값(제어계 동작 결정의 기초)

68 공기식 조작기기의 장점을 나타낸 것은?

① 신호를 먼 곳까지 보낼 수 있다.
② 선형의 특성에 가깝다.
③ PID 동작을 만들기 쉽다.
④ 큰 출력을 얻을 수 있다.

해설 공기식 조작기의 특징
㉠ PID 동작(비례, 적분, 미분동작)을 만들기 쉽다.
㉡ 100m 이상 장거리에는 어렵다.
㉢ 출력은 크지 않다.
㉣ 안전하다.
㉤ 장거리가 되면 늦음이 크게 된다.

69 제어장치의 에너지에 의한 분류에서 타력제어와 비교한 자력제어의 특징 중 맞지 않는 것은?

① 저비용　　　　② 단순구조
③ 확실한 동작　　　　④ 빠른 조작 속도

해설 자력제어
제어장치의 에너지에 의한 분류이며 타력제어에 비하여 조작속도가 느리다.

70 $R=100\Omega$, $L=20\mathrm{mH}$, $C=47\mu\mathrm{F}$인 RLC 직렬회로에 순시전압 $v=141.4\sin 377t(\mathrm{V})$를 인가하면 이 회로의 임피던스는 약 몇 Ω인가?

① 97　　　　② 111
③ 122　　　　④ 130

해설 임피던스(Impedance)
전기회로에 교류를 흘렸을 때 전류의 흐름을 방해하는 정도를 나타내는 값
임피던스$(Z) = R+jX = R+j(X_L-X_C)$

$$= \sqrt{R^2+(X_L-X_C)^2} = R+j\left(\omega L - \dfrac{1}{\omega C}\right)$$

절댓값$(Z) = \sqrt{R^2+X^2} = \sqrt{R^2+\left(\omega L - \dfrac{1}{\omega C}\right)^2}$

$$\omega = 377, \quad X_L = \frac{1}{377 \times 47 \times 10^{-6}} = 56.436\Omega$$

$$X_C = 377 \times 20 \times 10^{-3} = 7.54\Omega$$

$$\therefore \text{임피던스}(Z) = \sqrt{100^2 + (56.436 - 7.54)^2} = 111\Omega$$

71 프로세스 제어용 검출기기는?

① 유량계   ② 전압검출기
③ 속도검출기   ④ 전위차계

해설 검출기기
ㄱ 자동조정용(전압검출기, 속도검출기)
ㄴ 서보기구용(전위차계, 차동변압기)
ㄷ 공정프로세스 제어용(압력계, 유량계)

72 운전자가 배치되어 있지 않는 엘리베이터의 자동제어는?

① 추종제어   ② 프로그램 제어
③ 정치제어   ④ 프로세스 제어

해설 엘리베이터 자동제어
프로그램 제어

73 직류 분권발전기를 운전 중 역회전시키면 일어나는 현상은?

① 단락이 일어난다.   ② 정회전 때와 같다.
③ 발전되지 않는다.   ④ 과대 전압이 유기된다.

해설 직류 분권 발전기 운전 중 역회전시키면 발전이 되지 않는다.

74 서보 전동기의 특징으로 잘못 표현된 것은?

① 기동, 정지, 역전 동작을 자주 반복할 수 있다.
② 발열이 작아 냉각방식이 필요 없다.
③ 속응성이 충분히 높다.
④ 신뢰도가 높다.

해설 서보 전동기(조작부 기능)
발열이 커서 냉각방식이 필요하며 급가속, 급감속이 용이하여야 한다.

75 미리 정해진 순서 또는 일정의 논리에 의해 정해진 순서에 따라 제어의 각 단계를 순차적으로 진행시켜 가는 제어를 무엇이라 하는가?

① 비율차동 제어
② 조건 제어
③ 시퀀스 제어
④ 루프 제어

해설 시퀀스 제어
미리 정해진 순서 또는 일정의 논리에 의해 정해진 순서에 따라 제어의 각 단계를 순차적으로 진행시키는 제어

76 5kW, 20rps인 유도전동기의 토크는 약 몇 kg·m 인가?

① 39.81   ② 27.09
③ 18.81   ④ 8.12

해설 $\text{토크}(\tau) = \dfrac{P \times 10^3}{w}(\text{N} \cdot \text{m}) = \dfrac{P \times 10^3}{9.8w}(\text{kg} \cdot \text{m})$

$= 975\dfrac{P}{N}(\text{kg} \cdot \text{m}) = 0.975 \times \dfrac{5 \times 1,000}{20 \times 60} \times 2$

$= 8.12 \text{kg} \cdot \text{m}$

※ 유도전동기는 토크의 경우 입력에 비례하고 동기속도에 반비례한다.

77 측정하고자 하는 양을 표준량과 서로 평형을 이루도록 조절하여 표준량의 값에서 측정량을 구하는 측정 방식은?

① 편위법   ② 보상법
③ 치환법   ④ 영위법

해설 영위법
측정하고자 하는 양을 표준량과 서로 평형을 이루도록 조절하여 표준량의 값에서 측정량을 구하는 측정방식

78 전달함수 $G(s) = \dfrac{1}{s+1}$ 인 제어계의 인디셜 응답은?

① $1 + e^{-1}$
② $1 - e^{-1}$
③ $e^{-t} - 1$
④ e^{-t}

해설 $R(s) = \mathcal{L}[r(t)] = \mathcal{L}[u(t)] = \dfrac{1}{s}$

$$G(s) = \frac{C(s)}{R(s)} = \frac{1}{s+1}$$

$$C(s) = \frac{1}{s+1}R(s) = \frac{1}{s+1} \cdot \frac{1}{s}$$

$$= \frac{1}{s(s+1)} = \frac{1}{s} - \frac{1}{s+1}$$

$$\therefore c(t) = \mathcal{L}^{-1}[C(s)] = 1 - e^{-1}$$

79 환상의 슬레노이드 철심에 200회의 코일을 감고 2A의 전류를 흘릴 때 발생하는 기자력은 몇 AT인가?

① 50
② 100
③ 200
④ 400

해설 기자력 $F = NI = 200 \times 2 = 400\text{AT}$

80 처음에 충전되지 않은 커패시터에 그림과 같은 전류파형이 가해질 때 커패시터 양단의 전압파형은?

전류파형

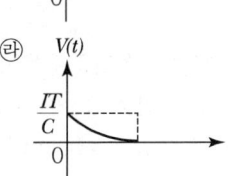

해설 커패시터(Capacitor, 콘덴서) 양단의 전압파형

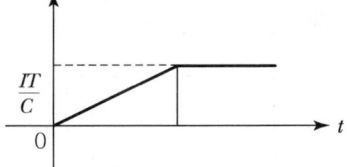

SECTION 05 배관일반

81 급탕배관과 온수난방배관에 사용하는 팽창탱크에 관한 설명이다. 적합하지 않은 것은?

① 고온수난방에는 밀폐형 팽창탱크를 사용한다.
② 물의 체적변화에 대응하기 위한 것이다.
③ 팽창탱크를 통한 열손실은 고려하지 않아도 좋다.
④ 안전밸브의 역할을 겸한다.

해설 급탕배관, 온수난방배관에서 모든 열손실은 차단하여 에너지 낭비를 감소시킨다(팽창탱크도 포함된다).

82 공기조화설비에서 수 배관 시공 시 주요 기기류의 접속배관에는 수리 시에 전계통의 물을 배수하지 않도록 서비스용 밸브를 설치한다. 이때 밸브를 완전히 열었을 때 저항이 적은 밸브가 요구되는 데 가장 적당한 밸브는?

① 나비밸브
② 게이트밸브
③ 니들밸브
④ 글로브밸브

해설 밸브 중 저항이 적게 걸리는 밸브
게이트 밸브(슬루스 밸브)

83 냉매배관의 액관 안에서 증발하는 것을 방지하기 위한 사항이다. 틀린 것은?

① 액관의 마찰 손실 압력은 19.6kPa로 제한하도록 한다.
② 매우 긴 입상 액관의 경우 압력의 감소가 크므로 충분한 과냉각이 필요하다.
③ 액관 내의 유속은 2.5~3.5m/s 정도로 하면 좋다.
④ 배관은 가능한 한 짧게 하여 냉매가 증발하는 것을 방지한다.

해설 냉매 액관은 냉매의 종류에 관계없이 0.5~1m/s 정도 유속이 필요하다.

---

84 냉매배관 시 흡입관 시공에 대한 설명으로 잘못된 것은?

① 각각의 증발기에서 흡입주관으로 들어가는 관은 주관의 하부에 접속한다.

② 압축기 가까이에 트랩을 설치하면 액이나 오일이 고여 액백(Liquid Back) 발생의 우려가 있으므로 피해야 한다.

③ 흡입관의 입상이 매우 길 경우에는 약 10m마다 중간에 트랩을 설치한다.

④ 2대 이상의 증발기가 다른 위치에 있고 압축기가 그보다 밑에 있는 경우 증발기 출구의 관은 트랩을 만든 후 증발기 상부 이상으로 올리고 나서 압축기로 향한다.

해설 냉매배관 시 흡입관 시공에서 각각의 증발기에서 흡입주관으로 들어가는 관은 주관의 상부에 접속한다.

85 호칭지름 20A의 강관을 곡률반지름 200mm로 120°의 각도로 구부릴 때 강관의 곡선길이는 약 몇 mm인가?

① 390　　　　② 405

③ 419　　　　④ 487

해설 $l = 2\pi R \times \dfrac{\theta}{360} = 2 \times 3.14 \times 200 \times \dfrac{120}{360} = 419mm$

86 옥상탱크식 급수법에 관한 설명이 옳은 것은?

① 옥상탱크의 오버플로관(Overflow Pipe)의 지름은 일반적으로 양수관의 지름보다 2배 정도 큰 것으로 한다.

② 옥상탱크의 용량은 1일간 무제한 급수할 수 있는 용량(크기)이어야 한다.

③ 펌프에서의 양수관은 옥상탱크의 하부에 연결한다.

④ 급수를 위한 급수관은 탱크의 최저 하부에서 빼낸다.

해설 ① 옥상 고가탱크 급수법에서 오버플로관의 크기는 양수관경의 2배 크기로 한다.
② 옥상탱크방식 설계 : 1일 최대사용수량×(1∼2)시간
③ 펌프양수관은 옥상탱크 상부에 설치한다.
④ 옥상탱크방식에서 급수관은 탱크 최저하부보다 약간 높은 곳에서 빼낸다.

87 도시가스 제조사업소의 부지 경계에서 정압기(整壓器)까지 이르는 배관을 말하는 것은?

① 본관　　　　② 내관

③ 공급관　　　④ 사용관

해설 가스본관
도시가스 제조사업소의 부지 경계에서 정압기까지 배관

88 강관의 용접이음에 해당되지 않는 것은?

① 맞대기 용접이음　　② 기계식 용접이음

③ 슬리브 용접이음　　④ 플랜지 용접이음

해설 강강관의 용접이음
㉠ 맞대기 이음　㉡ 슬리브 이음　㉢ 플랜지 이음

89 제조소 및 공급소 밖의 도시가스 배관을 시가지 외의 도로 노면 밑에 매설하는 경우에는 노면으로부터 배관의 외면까지 몇 m 이상을 유지해야 하는가?

① 1m　　　　② 1.2m

③ 1.5m　　　④ 2.0m

해설

90 방열기나 팬코일 유닛에 가장 적합한 관 이음은?

① 스위블 이음(Swivel Joint)

② 루프 이음(Loop Joint)

③ 슬리브 이음(Sleeve Joint)

④ 벨로우즈 이음(Bellow Joint)

해설 2개 이상 엘보 사용 : 스위블 이음

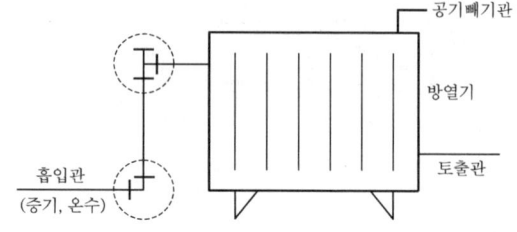

91 팬코일 유닛 방식의 배관방식에서 공급관이 2개이고 환수관이 1개인 방식으로 옳은 것은?

① 1관식　　　　② 2관식
③ 3관식　　　　④ 4관식

해설 팬코일 유닛 배관 3관식 배관방식
㉠ 공급관 2개
㉡ 환수관 1개

92 증기난방의 환수방법 중 증기의 순환이 가장 빠르며 방열기의 설치위치에 제한을 받지 않고 대규모 난방에 주로 채택되는 방식은?

① 단관식 상향 증기난방법
② 단관식 하향 증기난방법
③ 진공환수식 증기난방법
④ 기계환수식 증기난방법

해설 진공환수식 증기난방
㉠ 증기의 순환이 매우 빠르다.
㉡ 관 내부가 진공상태이다.
㉢ 방열기 설치위치에 제한을 받지 않는다.
㉣ 대규모 난방이다.

93 냉동방법의 분류이다. 해당되지 않는 것은?

① 융해열을 이용하는 방법
② 증발열을 이용하는 방법
③ 펠티에(Peltier) 효과를 이용하는 방법
④ 제백(Seebeck) 효과를 이용하는 방법

해설 제백 효과 이용
열전대 온도계 등에서 사용

94 증기난방용 방열기를 열손실이 가장 많은 창문 쪽의 벽면에 설치할 때 벽면과의 거리는 얼마가 가장 적합한가?

① 5～6cm　　　　② 8～10cm
③ 10～15cm　　　④ 15～20cm

해설

95 보온재의 선정 조건으로 적당하지 않은 것은?

① 열전도율이 작아야 한다.
② 안전 사용온도에 적합해야 한다.
③ 물리적 · 화학적 강도가 커야 한다.
④ 흡수성이 적고, 부피와 비중이 커야 한다.

해설 보온재는 흡수성이 적고 부피비중 또한 적어야 열전달이 감소한다(열전도율 : kcal/mh℃).

96 합성수지류 패킹 중 테프론(Teflon)의 내열범위로 옳은 것은?

① −30℃～140℃
② −100℃～260℃
③ −260℃～260℃
④ −40℃～120℃

해설 테프론(Teflon)은 플랜지 패킹으로 안전사용온도가 (−260～260℃)이며 기름, 약품에는 침식되지 않으나 탄성이 부족하다.

97 배수트랩의 구비조건으로서 옳지 않은 것은?

① 트랩 내면이 거칠고 오물 부착으로 유해가스 유입이 어려울 것
② 배수 자체의 유수에 의하여 배수로를 세정할 것
③ 봉수가 항상 유지될 수 있는 구조일 것
④ 재질은 내식 및 내구성이 있을 것

해설 배수트랩(관트랩, 박스트랩)
트랩 내면이 부드럽고 오물이 부착하여 막히지 않는 트랩이 좋다.

98 동관의 외경 산출공식으로 바르게 표시된 것은?

① 외경＝호칭경(인치)＋1/8(인치)

② 외경＝호칭경(인치)×25.4

③ 외경＝호칭경(인치)＋1/4(인치)

④ 외경＝호칭경(인치)×3/4＋1/8(인치)

해설 동관의 외경 산출공식

외경＝호칭경(인치)＋$\frac{1}{8}$(인치)

※ 1인치 : 25.4mm

99 펌프를 운전할 때 공동현상(캐비테이션)의 발생 원인이 아닌 것은?

① 토출양정이 높다.

② 유체의 온도가 높다.

③ 날개차의 원주속도가 크다.

④ 흡입관의 마찰저항이 크다.

해설 펌프에서 흡입양정이 높으면 공동현상이 발생된다.

100 배수관의 시공방법에 대한 설명으로 틀린 것은?

① 연관의 굴곡부에 다른 배수지관을 접속해서는 안 된다.

② 오버플로관은 트랩의 유입구 측에 연결해서는 안 된다.

③ 우수 수직관에 배수관을 연결하여서는 안 된다.

④ 냉장 상자에서의 배수를 일반 배수관에 연결해서는 안 된다.

해설 오버플로관은 트랩의 유입구 측에 연결하여야 한다.

오버플로관

SECTION 01 기계열역학

01 다음의 기본 랭킨 사이클의 보일러에서 가하는 열량을 엔탈피의 값으로 표시하였을 때 올바른 것은?(단, h는 엔탈피이다.)

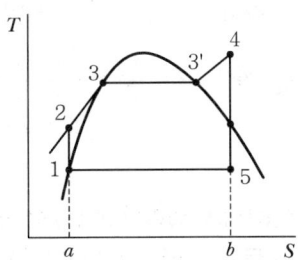

① $h_5 - h_1$ ② $h_4 - h_5$

③ $h_4 - h_2$ ④ $h_2 - h_1$

해설 ㉠ $2 \rightarrow 3 \rightarrow 3' \rightarrow 4$: 보일러에서 가열량
㉡ $1 \rightarrow 2$: 단열압축(펌프)
㉢ $4 \rightarrow 5$: 단열팽창
    (과열기에서 과열증기가 터빈을 돌린다.)
㉣ $5 \rightarrow 1$: 정압방열(응축수 생산)

02 전류 25A, 전압 13V를 가하여 축전지를 충전하고 있다. 충전하는 동안 축전지로부터 15W의 열손실이 있다. 축전지 내부에너지는 어떤 비율로 변하는가?

① +310J/s   ② −310J/s

③ +340J/s   ④ −340J/s

해설 $1W = 0.86kcal(0.0002777J)$, $1kWh = 3,600kJ$

$H = I^2Rt(J) = 0.24I^2Rt(cal)$

$I(전류) = \dfrac{Q}{t}(A)$, $V(전압) = \dfrac{W}{Q}(V)$

㉠ 전력$(W) = VI = 13 \times 25 = 325W(279.5kcal/h)$
㉡ $15W \times 0.86kcal = 12.9kcal/h$

∴ 축전지 내부 에너지 변화 $= \dfrac{(279.5 - 12.9) \times 4.186}{3,600}$

$\qquad\qquad\qquad\qquad\quad = 0.3099kJ/s$

$\qquad\qquad\qquad\qquad\quad \fallingdotseq 310J/s$

03 가정용 냉장고를 이용하여 겨울에 난방을 할 수 있다고 주장하였다면 이 주장은 이론적으로 열역학 법칙과 어떠한 관계를 갖겠는가?

① 열역학 1법칙에 위배된다.

② 열역학 2법칙에 위배된다.

③ 열역학 1, 2법칙에 위배된다.

④ 열역학 1, 2법칙에 위배되지 않는다.

해설 ㉠ 제1종 영구기관 : 입력보다 출력이 더 큰 기관(열역학 1법칙 위배)
㉡ 제2종 영구기관 : 입력과 출력이 같은 기관(열역학 2법칙 위배)
냉장고 압축기로 히트펌프를 사용하면 겨울에 난방이 가능하다.

04 온도 5℃와 35℃ 사이에서 작동되는 냉동기의 최대 성능계수는?

① 10.3   ② 5.3

③ 7.3   ④ 9.3

해설 $T_2 = 5 + 273 = 278K$, $T_1 = 35 + 273 = 308K$

㉠ 성능계수$(\varepsilon_r) = \dfrac{Q_2}{Aw} = \dfrac{Q_2}{Q_1 - Q_2} = \dfrac{T_2}{T_1 - T_2}$

$\qquad\qquad\qquad = \dfrac{(5 + 273)}{(35 + 273) - (5 + 273)}$

$\qquad\qquad\qquad \fallingdotseq 9.3$

㉡ 열 펌프 성능계수$(\varepsilon_r) = 9.3 + 1 = 10.3$

05 다음 정상유동 기기에 대한 설명으로 맞는 것은?

① 압축기의 가역 단열 공기(이상기체) 유동에서 압력이 증가하면 온도는 감소한다.

② 일차원 정상유동 노즐 내 작동 유체의 출구 속도는 가역 단열과정이 비가역 과정보다 빠르다.

③ 스로틀(Throttle)은 유체의 급격한 압력 증가를 위한 장치이다.

④ 디퓨저(Diffuser)는 저속의 유체를 가속시키는 기기로 압축기 내 과정과 반대이다.

해설 정상유동기기

㉠ 일차원 정상유동 노즐 내 작동 유체의 출구 속도는 가역 단열과정이 비가역 단열 과정보다 빠르다.
㉡ 압력증가 : 온도상승
㉢ 디퓨저 : 유체의 유속 감속
㉣ Throttle : 가속장치

06 1kg의 공기가 압력 $P_1 = 100kPa$, 온도 $t_1 = 20℃$의 상태로부터 $P_2 = 200kPa$, 온도 $t_2 = 100℃$의 상태로 변화하였다면 체적은 약 몇 배로 되는가?

① 0.64   ② 1.57
③ 3.64   ④ 4.57

해설 이상기체 상태방정식 $PV = mRT$에서

$$\frac{V_2}{V_1} = \frac{T_2 P_1}{T_1 P_2}$$

$$V_2 = V_1 \times \frac{T_2}{T_1} \times \frac{P_1}{P_2} = V_1 \times \frac{(100+273)}{(20+273)} \times \frac{100}{200}$$
$$= 0.6365 V_1$$

∴ 약 0.64배

07 초기에 온도 T, 압력 P 상태의 기체질량 m이 들어 있는 견고한 용기에 같은 기체를 추가로 주입하여 질량 $3m$이 온도 $2T$ 상태로 들어 있게 되었다. 최종 상태에서 압력은?(단, 기체는 이상기체이다.)

① $6P$ ② $3P$
③ $2P$ ④ $3P/2$

해설 이상기체 상태방정식 $PV = mRT$에서

$$P_2 = P_1 \times \frac{V_2}{V_1} = P_1 \times \frac{T_2}{T_1}$$

$$PV = mRT$$

$$\therefore P = \frac{mRT}{V} = \frac{3m \times R \times 2T}{V} = 6P$$

08 온도가 127℃, 압력이 0.5MPa, 비체적이 $0.4m^3/kg$인 이상기체가 같은 압력하에서 비체적이 $0.3m^3/kg$으로 되었다면 온도는 약 몇 ℃인가?

① 16   ② 27
③ 96   ④ 300

해설 $T_2 = T_1 \times \frac{V_2}{V_1} = (127+273) \times \frac{0.3}{0.4} = 300K$

∴ $300 - 273 = 27℃$

09 표준 대기압, 온도 100℃하에서 포화액체 물 1kg이 포화증기로 변하는 데 열 2,255kJ이 필요하였다. 이 증발 과정에서 엔트로피(Entropy)의 증가량은 얼마인가?

① $18.6kJ/kg \cdot K$ ② $14.4kJ/kg \cdot K$
③ $10.2kJ/kg \cdot K$ ④ $6.0kJ/kg \cdot K$

해설 엔트로피 증가량 $\Delta S = \frac{\Delta Q}{T} = \frac{2,255}{(100+273)}$
$$= 6.0kJ/kg \cdot K$$

10 25℃, 0.01MPa 압력의 물 1kg을 5MPa 압력의 보일러로 공급할 때 펌프가 가역단열 과정으로 작용한다면 펌프에 필요한 일의 양에 가장 가까운 값은?(단, 물의 비체적은 $0.001m^3/kg$이다.)

① 2.58kJ   ② 4.99kJ
③ 20.10kJ   ④ 40.20kJ

해설 ㉠ 펌프일$(Aw_p) = -AV'(P_2 - P_1) = AV'(P_1 - P_2)$

0.01MPa = $0.1kg/cm^2$, $1kg/cm^2 = 100kPa$,
5MPa = $50kg/cm^2$

㉡ 펌프일$(Aw_p) = 5 - 0.01 = 4.99kJ/kg$

또는 $10^4 \times \frac{1}{427} \times 0.001 \times (50 - 0.1) \times 4.2 = 4.91kJ/kg$

※ $1m^4 = 10^4 cm^2$, $1kcal = 4.2$

11 밀폐시스템에서 초기 상태가 300K, $0.5m^3$인 공기를 등온과정으로 150kPa에서 600kPa까지 천천히 압축하였다. 이 과정에서 공기를 압축하는 데 필요한 일은 약 몇 kJ인가?

① 104   ② 208
③ 304   ④ 612

해설 등온과정 압축일(공업일, W_t)

$$W_t = RT \ln\frac{P_1}{P_2}$$

$$= P_1 V_1 \ln\left(\frac{P_1}{P_2}\right) = RT \ln\left(\frac{P_1}{P_2}\right) = P_1 V_1 \ln\left(\frac{V_2}{V_1}\right)$$

$$V_2 = 0.5 \times \left(\frac{150}{600}\right) = 0.125 \text{m}^3$$

$$\therefore {}_1W_2 = 150 \times 0.5 \times \ln\left(\frac{0.5}{0.125}\right) = 104 \text{kJ}$$

12 성능계수가 3.2인 냉동기가 시간당 20MJ의 열을 흡수한다. 이 냉동기를 작동하기 위한 동력은 몇 kW인가?

① 2.25　　　　　　② 1.74
③ 2.85　　　　　　④ 1.45

해설 냉동능력 $Q_e = 20 \text{MJ} = 20 \times 10^3 \text{kJ} = 20,000 \text{kJ}$

$$= \frac{20,000}{4.2} \text{kcal} = 4,762 \text{kcal} = \frac{4,762}{860} \text{kW}$$

$$= 5.54 \text{kW}$$

성능계수 $COP = \dfrac{Q_e}{W}$ 에서

동력 $W = \dfrac{Q_e}{COP} = \dfrac{5.54}{3.2} = 1.73 \text{kW}$

13 흡수식 냉동기에서 고온의 열을 필요로 하는 곳은?

① 응축기　　　　　② 흡수기
③ 재생기　　　　　④ 증발기

해설 직화식 흡수식 냉동기는 고온재생기(희용액을 가열하여 리튬브로마이드와 물(H_2O)을 분리시킨다.)에 버너가 장착되거나 증기를 공급한다.

고온재생기→

희용액

흡수기에서 공급→

버너

※ 4대 구성요소 : 증발기 → 흡수기 → 재생기 → 응축기

14 포화상태량 표를 참조하여 온도 − 42.5℃, 압력 100 kPa 상태의 암모니아 엔탈피를 구하면?

암모니아의 포화상태량		
온도(℃)	압력(kPa)	포화액체엔탈피(kJ/kg)
− 45	54.5	− 21.94
− 40	71.7	0
− 35	93.2	22.06
− 30	119.5	44.26

① − 10.97kJ/kg　　② 11.03kJ/kg
③ 27.80kJ/kg　　　④ 33.16kJ/kg

해설 엔탈피$(h) = -21.94 \times \left(\dfrac{22.06}{44.26}\right)$

$$= -10.95 \text{kJ/kg}$$

15 기체가 167kJ의 열을 흡수하고 동시에 외부로 20kJ의 일을 했을 때, 내부에너지의 변화는?

① 약 187kJ 증가
② 약 187kJ 감소
③ 약 147kJ 증가
④ 약 147kJ 감소

해설 내부에너지$(U_2 - U_1) = Q - AW = 167 - 20 = 147 \text{kJ}$ 증가
열량$(Q) = (U_1 - U_2) + AW$

16 4kg의 공기를 온도 15℃에서 일정 체적으로 가열하여 엔트로피가 3.35kJ/K 증가하였다. 가열 후 온도는 어느 것에 가장 가까운가?(단, 공기의 정적비열은 0.717kJ/kg℃이다.)

① 927K　　　　　　② 337K
③ 535K　　　　　　④ 483K

해설 엔트로피 변화 $\Delta S = S_2 - S_1 = \displaystyle\int_1^2 \frac{\delta Q}{T}$

$$= GC\ln\frac{T_2}{T_1} \cdot T_2 = T_1 \cdot e^{\frac{\Delta S}{C}}$$

$$= (273 + 15) \cdot e^{\left(\frac{3.35}{4 \times 0.717}\right)}$$

$$= 926.14$$

$$\fallingdotseq 927 \text{K}$$

17 어떤 사람이 만든 열기관을 대기압하에서 물의 빙점과 비등점 사이에서 운전할 때 열효율이 28.6%였다고 한다. 다음에서 옳은 것은?

① 이론적으로 판단할 수 없다.
② 경우에 따라 있을 수 있다.
③ 이론적으로 있을 수 있다.
④ 이론적으로 있을 수 없다.

해설 물(H_2O)

ㄱ 빙점 : 0℃

ㄴ 비점 : 100℃

$$최대효율 = \frac{T_1 - T_2}{T_1} = 1 - \frac{T_2}{T_1} = 1 - \frac{273+0}{273+100}$$
$$= 26.80\%$$

18 다음 중 이상적인 오토 사이클의 효율을 증가시키는 방안으로 맞는 것은?

① 최고온도 증가, 압축비 증가, 비열비 증가

② 최고온도 증가, 압축비 감소, 비열비 증가

③ 최고온도 증가, 압축비 증가, 비열비 감소

④ 최고온도 감소, 압축비 증가, 비열비 감소

해설 내연기관 오토 사이클(Otto Cycle)

불꽃점화기관, 즉 전기점회기관의 내연기관(가솔린기관의 기본 사이클)이다.

ㄱ 열효율은 압축비만의 함수(압축비가 커질수록 열효율이 증가한다.)

ㄴ 열효율을 증가시키려면 최고온도, 압축비, 비열비를 증가시켜야 한다.

19 출력 10,000kW의 터빈 플랜트의 매시 연료소비량이 5,000kg/hr이다. 이 플랜트의 열효율은?(단, 연료의 발열량은 33,440kJ/kg이다.)

① 25% ② 21.5%

③ 10.9% ④ 40%

해설 1kWh = 3,600kJ

$10,000 \times 3,600 = 36,000,000$kJ/h

$$\therefore 열효율 = \frac{36,000,000}{5,000 \times 33,440} \times 100 = 21.5\%$$

20 이상기체를 단열팽창시키면 온도는 어떻게 되는가?

① 내려간다. ② 올라간다.

③ 변화하지 않는다. ④ 알 수 없다.

해설 단열팽창

압력강하, 온도하강

SECTION 02 냉동공학

21 프레온 냉매를 사용하는 냉동장치에 공기가 침입하면 어떤 현상이 일어나는가?

① 고압 압력이 높아지므로 냉매 순환량이 많아지고 냉동 능력도 증가한다.

② 냉동톤당 소요동력이 증가한다.

③ 고압 압력은 공기의 분압만큼 낮아진다.

④ 배출가스의 온도가 상승하므로 응축기의 열통과율이 높아지고 냉동능력도 증가한다.

해설 프레온 냉매 사용 냉동장치에 공기(불응축가스)가 누입되면 응축압력이 높아져서 소요되는 냉동톤당(RT) 모터의 소요동력이 증가한다.

22 냉장고의 방열벽의 열통과율이 0.131kcal/m²h℃일 때 방열벽의 두께는 약 몇 cm인가?(단, 외기와 외벽면과의 열전달률 20kcal/m²h℃, 고내 공기와 내벽면과의 열전달률 10kcal/m²h℃, 방열재의 열전도율 0.04kcal/m²h℃이다. 또, 방열재 이외의 열전도 저항은 무시하는 것으로 한다.)

① 0.3 ② 3

③ 30 ④ 300

해설 열통과율(K) = $\dfrac{1}{\dfrac{1}{a_1} + \dfrac{b}{\lambda} + \dfrac{1}{a_2}}$

$$= \frac{1}{\dfrac{1}{10} + \dfrac{b}{0.04} + \dfrac{1}{20}} = 0.131$$

∴ 방열벽의 두께(b) = 0.3m = 30cm

23 나선상의 관에 냉매를 통과시키고, 그 나선관을 원형 또는 구형의 수조에 담근 후, 물을 순환시켜서 냉각하는 방식의 응축기는?

① 대기식 응축기 ② 이중관식 응축기

③ 지수식 응축기 ④ 증발식 응축기

해설 지수식 응축기

나선상의 관에 냉매를 통과시키고 그 나선관을 원형 또는 구형의 누조에 담근 후 물을 순환시켜서 냉각하는 응축기

24 공기열원 열펌프 장치를 여름철에 냉방 운전할 때 외기의 건구온도가 저하하면 일어나는 현상으로 올바른 것은?

① 응축압력이 상승하고, 장치의 소비전력이 증가한다.
② 응축압력이 상승하고, 장치의 소비전력이 감소한다.
③ 응축압력이 저하하고, 장치의 소비전력이 증가한다.
④ 응축압력이 저하하고, 장치의 소비전력이 감소한다.

해설 공기열원 히트펌프 기기가 하절기 냉방운전 시 외기의 건구온도가 저하하면 응축압력이 저하하고 장치의 소비전력은 감소한다(동절기는 정반대).

25 15℃의 물로부터 0℃의 얼음을 매시 50kg을 만드는 냉동기의 냉동능력은 약 몇 냉동톤인가?

① 1.4 냉동톤　　　② 2.2 냉동톤
③ 3.1 냉동톤　　　④ 4.3 냉동톤

해설 • 15℃의 물 → 0℃의 물
물의 현열 $Q_1 = mC\Delta t = 50 \times 1 \times (15-0)$
$= 750$ kcal/h
• 0℃의 물 → 0℃의 얼음
물의 응고잠열 $Q_2 = m\gamma = 50 \times 80$
$= 4,000$ kcal/h
∴ 냉동톤 $= \dfrac{750+4,000}{3,320} = 1.43$ RT

26 암모니아 냉매의 누설검지에 대한 설명으로 잘못된 것은?

① 냄새로써 알 수 있다.
② 리트머스 시험지가 청색으로 변한다.
③ 페놀프탈레인 시험지가 적색으로 변한다.
④ 할로겐 누설검지기를 사용한다.

해설 할로겐 누설검지기
프레온 냉매 누설검지기

27 어떤 냉장고의 증발기가 냉매와 공기의 평균온도차가 8℃로 운전되고 있다. 이때 증발기의 열통과율이 20kcal/m²h℃라고 하면 1냉동톤당 증발기의 소요 외표면적은 몇 m²인가?

① 15.03　　　　② 17.83
③ 20.75　　　　④ 23.42

해설 냉동능력 $Q_e = KA\Delta t_m$ 에서
소요 외표면적 $A = \dfrac{Q_e}{K \cdot \Delta t_m} = \dfrac{3,320}{20 \times 8} = 20.75$ m²

28 증발식 응축기의 보급수량의 결정요인과 관계가 없는 것은?

① 냉각수 상·하부 온도차
② 냉각할 때 소비한 증발수량
③ 탱크 내 불순물의 농도를 증가시키지 않기 위한 보급수량
④ 냉각공기와 함께 외부로 비산되는 소비수량

해설 냉각수 상·하부의 온도차와 관계되는 것은 수랭식 응축기이다.

29 증발기 내의 압력에 의해 작동하는 팽창밸브는?

① 정압식 자동 팽창밸브
② 열전식 팽창밸브
③ 모세관
④ 수동식 팽창밸브

해설 정압식 자동 팽창밸브
㉠ 벨로스식
㉡ 다이어프램식
※ 증발기 내 압력을 일정하게 유지하도록 냉매의 유량을 조절한다(냉동부하가 일정한 냉동장치에 사용하는 것이며 직접팽창식 건식 증발기에 많이 사용한다).

30 제빙에 필요한 시간을 구하는 식으로 $\tau = (0.53 \sim 0.6)$ $\dfrac{a^2}{-b}$ 과 같은 식이 사용된다. 이 식에서 a와 b가 의미하는 것은?

① a : 결빙두께, b : 브라인 온도
② a : 브라인 온도, b : 결빙두께
③ a : 결빙두께, b : 브라인 유량
④ a : 브라인 유량, b : 결빙두께

31 물(H_2O) – 리튬브로마이드(LiBr) 흡수식 냉동기에 대한 설명으로 잘못된 것은?

① 특수 처리한 순수한 물을 냉매로 사용한다.
② 열교환기의 저항 등으로 인해 보통 7℃ 전후의 냉수를 얻도록 설계되어 있다.
③ LiBr 수용액은 성질이 소금물과 유사하여, 농도가 진하고 온도가 낮을수록 냉매 증기를 잘 흡수한다.
④ 묽게 된 흡수액(희용액)을 연속적으로 사용할 수 있도록 하는 장치가 압축기이다.

해설 흡수식 냉동기에서 희용액을 연속적으로 사용할 수 있도록 하는 장치는 재생기이다.

32 수랭 패키지형 공조기의 냉각수 온도를 측정하였더니 입구온도 32℃, 출구온도 37℃, 수량 70L/min 였다. 이 밀폐형 압축기의 소요동력이 5kW일 때 이 공조기의 냉동능력은 몇 kcal/h인가?(단, 열손실은 무시한다.)

① 21,300
② 18,200
③ 16,700
④ 14,200

해설 응축열량＝냉동능력＋압축기 소요동력
$$= Q = mC\Delta t$$
∴ 냉동능력＝응축열량－압축기 소요동력
$$= (70 \times 60) \times 1 \times (37-32) - (5 \times 860)$$
$$= 16,700\text{kcal/h}$$

33 다음 중 신재생에너지라고 할 수 없는 것은?

① 지열에너지
② 태양열에너지
③ 풍력에너지
④ 원자력에너지

해설 원자력에너지 : 특수 상용에너지(발전용 에너지)

34 증기 압축식 냉동장치의 운전 중에 리퀴드백(액백)이 발생되고 있을 때 나타나는 현상 중 옳은 것은?

① 흡입압력이 현저하게 저하한다.
② 토출관이 뜨거워진다.
③ 압축기에 상(霜)이 생긴다.
④ 압축기의 토출압력이 낮아진다.

해설 리퀴드백(액백)이 압축기에서 발생하면 토출압력이 하강하고 온도가 감소한다. 흡입관에 액냉매가 흐르고 압축기 입구 헤드에 서리가 생긴다.

35 유분리기를 반드시 사용하지 않아도 되는 경우는?

① 만액식 증발기를 사용하는 경우
② 토출가스 배관이 길어지는 경우
③ 증발온도가 낮은 경우
④ 프레온 냉매를 건식 증발기에 사용하는 소형 냉동 장치의 경우

해설 유분리기를 설치해야 하는 곳
①, ②, ③ 외에 다량의 Oil이 토출가스에 흡입되는 것으로 생각되는 경우 등이다.

36 1RT의 냉방능력을 얻기 위해서는 개략적으로 냉방능력의 20%에 상당하는 압축동력을 필요로 한다. 이 경우 수랭식 응축기를 사용하고 냉각수 입구수온 $t_{w1} = 28℃$, 출구온도 $t_{w2} = 33℃$로 하기 위해서는 얼마의 냉각수량을 필요로 하는가?

① 13.28L/min
② 15.45L/min
③ 16.53L/min
④ 18.72L/min

해설 1RT＝3,320kcal/h
응축부하＝3,320＋(3,320×0.2)＝3,984kcal/h
냉각수량＝$\dfrac{3,984}{(33-28) \times 60}$＝13.28L/min
※ 1시간＝60분

37 다음 중 냉동장치의 액분리기와 유분리기의 설치 위치를 올바르게 나타낸 것은?

① 액분리기 : 증발기와 압축기 사이
　유분리기 : 압축기와 응축기 사이

② 액분리기 : 증발기와 압축기 사이
　유분리기 : 응축기와 팽창밸브 사이

③ 액분리기 : 응축기와 팽창밸브 사이
　유분리기 : 증발기와 압축기 사이

④ 액분리기 : 응축기와 팽창밸브 사이
　유분리기 : 압축기와 응축기 사이

해설 ㉠ 냉매 액분리기 : 증발기와 압축기 사이의 흡입가스 배관에 설치
㉡ 오일 유분리기 : 압축기와 응축기 사이

38 이상적 냉동 사이클의 상태변화 순서를 표현한 것 중 옳은 것은?

① 단열팽창 → 단열압축 → 단열팽창 → 단열압축
② 단열압축 → 단열팽창 → 단열압축 → 단열팽창
③ 단열팽창 → 등온팽창 → 단열압축 → 등온압축
④ 단열압축 → 등온팽창 → 등온압축 → 단열팽창

해설 냉동 사이클
단열팽창→등온팽창→단열압축→등온압축

39 30RT, R-22 냉동기에서 증발기 입구온도 엔탈피 97kcal/kg, 출구 엔탈피 147kcal/kg, 응축기 입구 엔탈피 151kcal/kg이다. 이 냉동기의 냉동효과는 얼마인가?

① 30kcal/kg　② 35kcal/kg
③ 45kcal/kg　④ 50kcal/kg

해설 냉동기효과=증발기 입구 냉매엔탈피－증발기 출구 냉매엔탈피
∴ 147－97＝50kcal/kg

40 고압가스 제상장치에서 필요 없는 것은?

① 압축기　② 팽창밸브
③ 응축기　④ 열교환기

해설 고압가스 제상(Hot Gas Defrost)에서 필요한 기기
압축기, 응축기, 팽창밸브

SECTION 03 공기조화

41 지하의 일정 깊이로 내려가면 온도가 거의 일정하다는 원리를 이용하여 에너지를 절감하는 지열을 이용한 히트펌프 방식에 대한 특징 중 틀린 것은?

① 시스템을 반영구적으로 사용할 수 있다.
② 가연성 연료 사용으로 인한 폭발이나 화재의 위험이 없다.
③ 냉난방 비용이 기존 전기나 경유를 이용한 냉난방에 비하여 절약된다.
④ 연중 냉난방과 온수를 마음대로 사용할 수 없으며 실별 실내온도 조절이 가능한다.

해설 지열히트펌프는 연중 냉난방과 온수를 사용할 수 있고 실별 실내온도는 조절이 가능하다.

42 보일러의 수위를 제어하는 궁극적인 목적이라 할 수 있는 것은?

① 보일러의 급수장치가 동결되지 않도록 하기 위하여
② 보일러의 연료공급이 잘 이루어지도록 하기 위하여
③ 보일러가 과열로 인해 손상되지 않도록 하기 위하여
④ 보일러에서의 출력을 부하에 따라 조절하기 위하여

해설 보일러 수위제어(보일러 과열 방지)
㉠ 플로트식(맥도널드식)
㉡ 전극식
㉢ 차압식

43 두께 15cm, 열전도율이 1.4kcal/mh℃인 철근 콘크리트의 외벽체에 대한 열관류율(kcal/m²h℃)은 약 얼마인가?(단, 내측 표면 열전달률은 8kcal/m²h℃, 외측 표면 열전달률은 20kcal/m²h℃이다.)

① 0.1   ② 3.5
③ 5.9   ④ 7.6

해설 관류율$(K) = \dfrac{1}{\dfrac{1}{a_1} + \dfrac{b}{\lambda} + \dfrac{1}{a_2}}$, 15cm=0.15m

$= \dfrac{1}{\dfrac{1}{8} + \dfrac{0.15}{0.14} + \dfrac{1}{20}} = 3.5 \text{kcal/m}^2 \text{h℃}$

44 에어워셔의 입구공기의 건구온도, 습구온도, 노점온도를 각각 t_1, t_1', t_1''라고 하고 출구 수온을 t_{w2}라 할 때 기능을 잘못 나타낸 것은?

① 공기냉각 : $t_{w2} < t_1$
② 공기감습 : $t_{w2} < t_1''$
③ 공기가열가습 : $t_{w2} > t_1'$
④ 공기냉각감습 : $t_1'' < t_{w2} < t_1'$

해설 온도차=건구온도>습구온도>노점온도=$t_1 > t_1' > t_{w2}$

45 다음 중 분진 포집률의 측정법이 아닌 것은?

① 비색법   ② 계수법
③ 살균법   ④ 중량법

해설 분진 포집률 측정법
㉠ 비색법
㉡ 계수법
㉢ 중량법

46 다음 조건의 외기와 재순환 공기를 혼합하려고 할 때 혼합공기의 건구온도는 약 얼마인가?

① 외기 34℃ DB, 1,000m³/h
② 재순환공기 26℃ DB, 2,000m³/h

① 31.3℃   ② 28.6℃
③ 18.6℃   ④ 10.3℃

해설 혼합공기의 평균건구온도 t
$m_1 C_p t_1 + m_2 C_p t_2 = m_3 C_p t_3$에서
$t_3 = \dfrac{m_1 t_1 + m_2 t_2}{m_3} = \dfrac{1,000 \times 34 + 2,000 \times 26}{1,000 + 2,000} = 28.6℃$

47 환기 및 배연설비에 관한 설명 중 틀린 것은?

① 환기란 실내공기의 정화, 발생열의 제거, 산소의 공급, 수증기 제거 등을 목적으로 한다.
② 환기는 급기 및 배기를 통과하여 이루어진다.
③ 환기는 자연 환기방식과 기계 환기방식으로 구분할 수 있다.
④ 배연설비의 주 목적은 화재 후기에 발생하는 연기만을 제거하기 위한 설비이다.

해설 배연설비
연료의 연소설비에서 발생되는 배기가스나 화재 후기에 발생되는 연기를 제거하는 설비

48 극간풍이 비교적 많고 재실 인원이 적은 실의 중앙공조방식으로 가장 경제적인 방식은?

① 변풍량 2중덕트 방식
② 팬코일 유닛 방식
③ 정풍량 2중덕트 방식
④ 정풍량 단일덕트 방식

해설 팬코일 유닛(수방식) 방식
극간풍이 비교적 많고 재실인원이 적은 실의 중앙공조방식

49 습공기 100kg이 있다. 이때 혼합되어 있는 수증기의 무게를 2kg이라고 한다면 공기의 절대습도는 약 얼마인가?

① 0.02kg/kg   ② 0.002kg/kg
③ 0.2kg/kg   ④ 0.0002kg/kg

해설 ㉠ 포화도$(\phi_s) = \dfrac{x}{x_s} \times 100$

$= \dfrac{\text{어떤 공기 절대 습도}}{\text{같은 온도의 포화공기 절대습도}} \times 100$

㉡ 절대습도$= \dfrac{2}{100} = 0.02 \text{kg/kg}'$

50 온수난방에 대한 설명으로 틀린 것은?

① 온수의 체적팽창을 고려하여 팽창탱크를 설치한다.
② 보일러가 정지하여도 실내온도의 급격한 강하가 적다.
③ 밀폐식일 경우 배관의 부식이 많아 수명이 짧다.
④ 방열기에 공급되는 온수 온도와 유량 조절이 용이하다.

해설 100℃ 이하 개방식 팽창탱크 사용 시 온수난방은 공기가 누입되어 100℃ 이상의 밀폐식에 비하여 배관의 부식이 촉진되고 수명이 짧다.

51 온도 25℃, 상대습도 60%의 공기를 32℃로 가열하면 상대습도는 약 몇 %가 되는가?(단, 25℃의 포화수증기압은 23.5mmHg이고, 32℃의 포화수증기압은 35.4mmHg이다.)

① 25%　　　　　　② 40%
③ 55%　　　　　　④ 70%

해설 상대습도$(\phi) = \dfrac{P_v}{P_s} \times 100 = \dfrac{23.5}{35.4} \times 100$
　　　　　$= 66\%$(같은 온도조건)
25℃의 수증기분압$= 23.5 \times 0.6 = 14.1$mmHg
∴ $\dfrac{14.1}{35.4} \times 100 ≒ 40\%$

52 공기조화설비의 개방식 축열수조에 대한 설명으로 틀린 것은?

① 태양열 이용식에서 열회수의 피크시와 난방부하의 피크시가 어긋날 때 이것을 조정할 수 있다.
② 값이 비교적 저렴한 심야전력을 이용할 수 있다.
③ 호텔 등에서 생기는 심야의 부하에 열원의 가동 없이 펌프운전만으로 대응할 수 있다.
④ 공조기에 사용되는 냉수는 냉동기 출구 측보다 다소 높게 되어 2차 측의 온도차를 크게 할 수 있다.

해설 개방식 축열수조에서 공조기에 사용되는 냉수는 냉동기 출구 측보다 다소 낮게 되어서 2차 측의 온도차를 크게 할 수 있다.

53 개별 유닛 방식 중의 하나인 열펌프 유닛 방식의 특징을 설명한 것으로 틀린 것은?

① 냉난방부하가 동시에 발생하는 건물에서는 열회수가 가능하다.
② 습도제어가 쉽고 필터 효율이 좋다.
③ 증설, 간벽 변경 등에 대한 대응이 용이하고 공조방식에 융통성이 있다.
④ 난방목적으로 사용할 때의 성적계수는 냉방시의 경우에 비해 1만큼 더 크다.

해설 개별 유닛 방식에서 열펌프 유닛방식은 습도제어가 어려워서 필터 효율이 저감된다(냉방보다 난방용으로 사용하면 성적계수가 1이 더 크다).

54 냉온수가 팬코일유닛에 균등하게 공급할 수 있게 하는 역순환방식을 대신하여 설치하는 것은?

① 체크밸브
② 정유량밸브
③ 앵글밸브
④ 삼방밸브

해설 정유량밸브
냉－온수가 팬코일유닛에 균등하게 공급할 수 있게 역순환방식을 대신하여 설치하는 밸브이다.

55 900W의 형광등 밑에서 20명이 사무를 보고 있는 사무실의 전 발생열량은 얼마인가?(단, 1인당 인체의 발생 열량은 현열 50kcal/h, 잠열 42kcal/h, 형광등의 1kW당 발열량은 1,000kcal/h로 한다.)

① 1,880kcal/h
② 2,150kcal/h
③ 2,740kcal/h
④ 3,780kcal/h

해설 형광등발생열$= \dfrac{900}{1,000} \times 1,000 = 900$kcal/h
인체발생열량$= (50+42) \times 20 = 1,840$kcal/h
∴ 사무실 전체 발생열량$(Q) = 900 + 1,840$
　　　　　　　　　　　　　$= 2,740$kcal/h

56 증기난방 방식에 대한 설명 중 틀린 것은?

① 배관방법에 따라 단관식과 복관식이 있다.

② 환수방식에 따라 중력환수식과 진공환수식, 기계 환수식으로 구분한다.

③ 제어성이 온수에 비해 양호하다.

④ 부하기기에서 증기를 응축시켜 응축수만을 배출한다.

해설 증기난방은 외기부하에 대응하는 데 어려움이 있어 제어성은 온수난방에 비해 어렵다.

57 공기세정기에 대한 설명으로 틀린 것은?

① 세정기 단면의 종횡비를 크게 하면 성능이 떨어진다.

② 공기세정기의 성능에 가장 큰 영향을 주는 것은 분무수의 압력이다.

③ 세정기 출구에는 분무된 물방울의 비산을 방지하기 위해 엘리미네이터를 설치한다.

④ 스프레이 헤더의 수를 뱅크(Bank)라 하고 1본은 1뱅크, 2본을 2뱅크라 한다.

해설 에어워셔에 의한 가습(공기세정기)에서 스프레이 노즐이 성능에 큰 영향을 미친다.

58 공기조화기에 걸리는 열부하 요소에 대한 것이다. 적당하지 않은 것은?

① 외기부하

② 재열부하

③ 덕트계통에서의 열부하

④ 배관계통에서의 열부하

해설 ① 외기부하 : 외기도입 취득 부하

② 재열부하 : 재열기의 가열량 부하

③ 덕트계통 부하 : 기기로부터의 취득 부하

59 공기조화방식에서 변풍량 단일덕트 방식의 특징으로 틀린 것은?

① 변풍량 유닛을 실별 또는 존(Zone)별로 배치함으로써 개별 제어 및 존 제어가 가능하다.

② 부하변동에 따라서 실내온도를 유지할 수 없으므로 열원설비용 에너지 낭비가 많다.

③ 송풍기의 풍량제어를 할 수 있으므로 부분 부하 시 반송 에너지 소비량을 경감시킬 수 있다.

④ 동시사용률을 고려하여 기기용량을 결정할 수 있다.

해설 전공기방식

㉠ 단일덕트방식(정풍량, 변풍량 방식)

㉡ 2중덕트방식(변풍량, 정풍량, 멀티존 유닛방식)

※ 변풍량은 부하변동에 따라서 실내온도 유지가 가능하고 에너지 낭비가 적다.

60 공기 중의 악취 제거를 위한 공기정화 에어필터로 가장 적합한 것은?

① 유닛형 필터

② 롤형 필터

③ 활성탄 필터

④ 고성능 필터

해설 활성탄 필터

유해가스나 냄새 등을 제거한다. 필터의 모양은 패널형, 지그재그형, 바이-패스형이 있다.

SECTION 04 전기제어공학

61 단상전파 정류로 직류전압 100V를 얻으려면 변압기 2차 권선의 상전압은 몇 V로 하면 되는가?(단, 부하는 무유도저항이고, 정류회로 및 변압기의 전압강하는 무시한다.)

① 90

② 111

③ 141

④ 200

해설 변압기

하나의 회로에서 교류전력을 받아서 전자유도작용에 의해 다른 회로에 전력을 공급하는 정지기기

$$권수비(a) = \frac{N_1}{N_2} = \frac{V_1}{V_2} = \frac{I_2}{I_1}$$

$$단상전파정류 = \frac{2\sqrt{2}}{\pi} = 0.90$$

$$\therefore 변압기\ 2차\ 권선의\ 상전압 = \frac{100}{0.9} = 111V$$

62 물체의 위치, 방위, 자세 등의 기계적인 변위를 제어량으로 해서 목푯값의 임의의 변화에 항상 추종되도록 구성된 제어장치는?

① 프로세스 제어　　② 서보기구
③ 자동조정　　　　④ 정치제어

해설 서보기구
물체의 위치, 방위, 자세 등의 기계적 변위를 제어량으로 해서 목푯값의 임의의 변화에 항상 추종되도록 구성된 제어장치

63 다음은 역률이 $\cos\theta$인 교류전력의 벡터도이다. 이때 실제로 일을 한 전력은 어느 벡터인가?

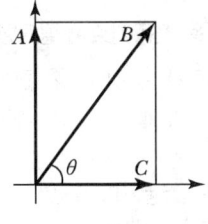

① A　　　　　② B
③ C　　　　　④ B, C

해설 벡터궤적(Vector Locus)
벡터궤적$(A) = a + jb$
벡터궤적$(b) = -\infty, +\infty$

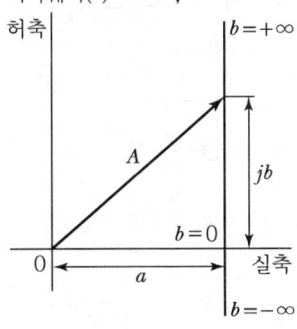

64 서미스터는 온도가 증가할 때 그 저항은 어떻게 되는가?

① 증가한다.　　　　② 감소한다.
③ 임의로 변화한다.　④ 변화가 전혀 없다.

해설 서미스터 저항온도계에서 온도가 증가하면 그 저항값은 감소가 된다.

65 PLC 프로그래밍에서 여러 개의 입력신호 중 하나 또는 그 이상의 신호가 ON 되었을 때 출력이 나오는 회로는?

① AND 회로　　　② OR 회로
③ NOT 회로　　　④ 자기유지회로

해설 OR 회로(논리합 Gate)
입력 A, B 중 어느 한쪽이거나 양자가 1일 때 출력이 1이 되는 회로
㉠ 논리식$(X) = A + B$
㉡ 논리기호
㉢ 진리값 표

A	B	X
0	0	0
0	1	1
1	0	1
1	1	1

66 어떤 단상 변압기의 무부하 시 2차 단자전압이 250V이고, 정격 부하 시의 2차 단자전압이 240V일 때 전압 변동률은 몇 %인가?

① 4.0　　　　　② 4.17
③ 5.65　　　　　④ 6.35

해설 전압변동률 $\varepsilon = \dfrac{V_o - V}{V} \times 100$

$$= \frac{250 - 240}{240} \times 100$$

$$= 4.17\%$$

67 그림과 같은 계전기 접점회로의 논리식은?

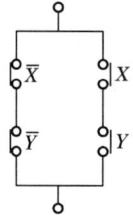

① $X \cdot Y$
② $\overline{X} \cdot \overline{Y} + X \cdot Y$
③ $X + Y$
④ $(\overline{X} + \overline{Y})(X + Y)$

해설 ① 계전기 접점회로의 논리식 $= \overline{X} \cdot \overline{Y} + X \cdot Y$
② 계전기 보원의 법칙 : 접점회로(좌변)

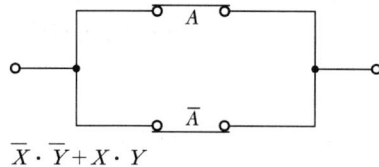

$\overline{X} \cdot \overline{Y} + X \cdot Y$

68 입력신호 $x(t)$와 출력신호 $y(t)$의 관계가 $y(t) = K \dfrac{dx(t)}{dt}$로 표현되는 것은 어떤 요소인가?

① 비례요소
② 미분요소
③ 적분요소
④ 지연요소

해설 미분요소 $y(t) = K \dfrac{dx(t)}{dt}$

여기서, K : 미분시간
※ 미분시간 : 자동제어에서 동작제어부의 시간에 비례한 동작, 즉 신호를 가했을 때 P 동작에 의한 조작량이 D 동작에 가해짐으로써 빨라지는 시간

69 주파수 50Hz, 슬립 0.2일 때 회전수가 600rpm인 3상 유도전동기의 극수는?

① 4
② 6
③ 8
④ 10

해설 유도전동기 회전수 $N = \dfrac{120f}{P}(1-s)$에서

극수 $P = \dfrac{120f}{N} \times (1-s)$

$= \dfrac{120 \times 60}{600} \times (1 - 0.2)$

$= 8$

70 전압, 전류, 주파수 등의 양을 주로 제어하는 것으로 응답속도가 빨라야 하는 것이 특징이며, 정전압장치나 발전기 및 조속기의 제어 등에 활용하는 제어방법은?

① 서보 제어
② 프로세스 제어
③ 자동조정 제어
④ 비율 제어

해설 자동조정 제어
전압, 전류, 주파수 등의 양을 주로 제어하는 것으로 응답속도가 빨라야 하는 것이 특징이며 정전압장치나 발전기 및 조속기의 제어 등에 활용하는 제어방법이다.

71 서보기구 제어에 사용되는 검출기기가 아닌 것은?

① 전압검출기
② 전위차계
③ 싱크로
④ 차동변압기

해설 검출기기 서보기구 제어용
㉠ 전위차계 : 변위 · 변각 측정
㉡ 차동변압기 : 변위를 자기저항의 불균형으로 변환
㉢ 싱크로 : 변각을 검출

72 엘리베이터용 전동기로서 필요한 특성이 아닌 것은?

① 기동 토크가 클 것
② 관성 모멘트가 작을 것
③ 기동 전류가 클 것
④ 속도 제어 범위가 클 것

해설 엘리베이터용 전동기의 특성
㉠ 기동 토크가 클 것
㉡ 관성 모멘트가 작을 것
㉢ 속도 제어 범위가 클 것

73 그림과 같은 병렬공진회로에서 주파수를 f라 할 때, 전압 E가 전류 I보다 앞서는 조건은?

① $f < \dfrac{1}{2\pi\sqrt{LC}}$
② $f > \dfrac{1}{2\pi\sqrt{LC}}$
③ $f = \dfrac{1}{2\pi\sqrt{LC}}$
④ $f \geq \dfrac{1}{2\pi\sqrt{LC}}$

해설 병렬공진

인덕턴스와 정전용량이 병렬로 포함되는 회로에서는 어느 주파수일 때 임피던스가 최대로 되는데, 이 상태를 병렬공진 이라 한다(공진주파수 $f = \dfrac{1}{2\pi\sqrt{LC}}$, 여기서 L : 인덕턴 스, C : 정전용량).

74 시퀀스 제어에 관한 설명 중 틀린 것은?

① 조합 논리회로도 사용된다.
② 시간 지연요소도 사용된다.
③ 유접점 계전기만 사용된다.
④ 제어결과에 따라 조작이 자동적으로 이행된다.

해설 시퀀스 제어 : 유접점, 무접점, 계전기가 사용된다.

75 $r = 2\Omega$인 저항을 그림과 같이 무한히 연결할 때 ab 사이의 합성저항은 몇 Ω인가?

① 0
② ∞
③ 2
④ $2(1+\sqrt{3})$

해설 ab 사이의 합성저항(Ω)

$\Omega = \dfrac{2r \pm \sqrt{4r^2 + 8r^2}}{2} = r(1 \pm \sqrt{3}) = 2(1 + \sqrt{3})$

※ 1Ω(1ohm) : 1V의 전압을 가했을 때 1A의 전류가 흐르는 저항(전기저항의 역수 : 컨덕턴스(G))

76 다음 중 탄성식 압력계에 해당되는 것은?

① 경사관식
② 환상평형식
③ 압전기식
④ 벨로스식

해설 탄성식 압력계

㉠ 부르동관식
㉡ 벨로스식
㉢ 다이어프램식

77 전동기의 회전방향을 알기 위한 법칙은?

① 플레밍의 오른손법칙
② 플레밍의 왼손법칙
③ 렌츠의 법칙
④ 암페어의 법칙

해설 Fleming의 법칙

㉠ 전자력의 방향을 알기 위한 법칙
㉡ 오른손법칙은 전류방향이 기전력의 방향이 된다.

78 제어계의 구성도에서 시퀀스 제어계에는 없고, 피드백 제어계에는 있는 요소는?

① 조작량
② 목푯값
③ 검출부
④ 제어대상

해설 검출부

온도계, 압력계, 액면계 등은 피드백 제어계(수정동작 가능 제어)에 있는 요소이다.

79 단위 피드백 계통에서 $G(s)$가 다음과 같을 때 $X = 2$ 이면 무슨 제동인가?

$$G(s) = \frac{X}{s(s+2)}$$

① 과제동
② 임계제동
③ 무제동
④ 부족제동

해설 부족제동

계기 지시의 과도 특성에서 지침이 진동하는 것을 부족제동 이라 한다. 계기의 지침은 최종지시 값을 중심으로 진동하고 진동은 서서히 감쇠하면서 최종값에 접근하는데 정지하기 까지의 시간이 길어져서 그 지시는 불안정하다.

80 전류계와 전압계는 내부저항이 존재한다. 이 내부저항은 전압 또는 전류를 측정하고자 하는 부하의 저항에 비하여 어떤 특성을 가져야 하는가?

① 내부저항이 전류계는 가능한 한 커야 하며, 전압계는 가능한 한 작아야 한다.
② 내부저항이 전류계는 가능한 한 커야 하며, 전압계도 가능한 한 커야 한다.
③ 내부저항이 전류계는 가능한 한 작아야 하며, 전압계는 가능한 한 커야 한다.
④ 내부저항이 전류계는 가능한 한 작아야 하며, 전압계도 가능한 한 작아야 한다.

해설 전류계와 전압계의 내부저항
내부저항이 전류계는 가능한 한 작아야 하고 전압계는 가능한 한 커야 한다.

SECTION **05** 배관일반

81 냉동설비에서 응축기의 냉각용수를 다시 냉각시키는 장치를 무엇이라 하는가?

① 냉각탑   ② 냉동실
③ 증발기   ④ 팽창탱크

해설

82 일반적인 급탕부하의 계산에서 1시간의 최대급탕량이 2,000L일 때 급탕부하(kcal/h)는 얼마인가?(단, 급탕온도는 60℃를 기준으로 한다.)

① 2,000   ② 72,000
③ 120,000   ④ 240,000

해설 급탕부하＝급탕량×비열×온도차
　　　＝2,000×1×(60－0)＝120,000kcal/h

83 배관용 패킹재료 선정 시 고려해야 할 사항으로 거리가 먼 것은?

① 유체의 압력   ② 재료의 부식성
③ 진동의 유무   ④ 시트(Seat)면의 형상

해설 배관용 패킹재료 선정 시 고려사항
㉠ 유체의 압력
㉡ 재료의 부식성
㉢ 진동의 유무

84 도시가스의 제조소 및 공급소 밖의 배관 표시기준에 관한 내용으로 틀린 것은?

① 가스배관을 지상에 설치할 경우에는 배관의 표면 색상을 황색으로 표시한다.
② 최고사용압력이 중압인 가스배관을 매설할 경우에는 황색으로 표시한다.
③ 배관을 지하에 매설하는 경우에는 그 배관이 매설되어 있음을 명확하게 알 수 있도록 표시한다.
④ 배관의 외부에 사용가스명, 최고사용압력 및 가스의 흐름방향을 표시하여야 한다. 다만, 지하에 매설하는 경우에는 흐름방향을 표시하지 아니할 수 있다.

해설 도시가스 중압가스배관 매설관은 적색으로 표시한다.

85 진공환수식 증기난방 설비에서 흡상이음(Lift Fitting) 시 1단의 흡상높이로 적당한 것은?

① 1.5m 이내   ② 2.5m 이내
③ 3.5m 이내   ④ 4.5m 이내

해설 흡상이음(리프트피팅)은 1단의 흡상높이가 1.5m 이내이다 (진공환수식 증기난방).

86 배관 및 수도용 동관의 표준 치수에서 호칭지름은 관의 어느 지름을 기준으로 하는가?
① 유효지름
② 안지름
③ 중간지름
④ 바깥지름

해설 동관의 지름

외경이 기준

87 저온 열교환기용 강관의 KS기호로 맞는 것은?
① STBH
② STHA
③ SPLT
④ STLT

해설 ① STBH : 보일러 열교환기용 탄소강 강관
② STHA : 보일러 열교환기용 합금강 강관
③ SPLT : 저온배관용 탄소강 강관
④ STLT : 저온 열교환기용 강관

88 급수방식 중 대규모의 급수 수요에 대응이 용이하고 단수 시에도 일정량의 급수를 계속할 수 있으며 거의 일정한 압력으로 항상 급수되는 방식은?
① 양수 펌프식
② 수도 직결식
③ 고가 탱크식
④ 압력 탱크식

해설 고가 탱크식(옥상탱크식)
㉠ 항상 일정한 압력으로 공급된다.
㉡ 저수량 확보로 단수 대비가 가능하다.
㉢ 과잉수압으로 인한 밸브류 등 배관 부속품의 파손이 방지된다.

89 안전밸브의 그림 기호로 맞는 것은?
① ② ③ ④

해설 ① 지렛대 밸브
② 감압 밸브
③ 스프링식 안전 밸브
④ 다이어프램 밸브

90 배관계통 중 펌프에서의 공동현상(Cavitation)을 방지하기 위한 대책으로 해당되지 않는 것은?
① 펌프의 설치 위치를 낮춘다.
② 회전수를 줄인다.
③ 양흡입을 단흡입으로 바꾼다.
④ 굴곡부를 적게 하여 흡입관의 마찰 손실수두를 작게 한다.

해설 단흡입을 양흡입으로 바꾸면 펌프의 공동현상이 방지된다.

91 배관에서 지름이 다른 관을 연결할 때 사용하는 것은?
① 유니언
② 니플
③ 부싱
④ 소켓

해설 부싱

(15A) (20A)
20A 25A
(25A) (32A)

92 다음 중 급탕설비에 관한 설명으로 맞는 것은?
① 급탕배관의 순환방식은 상향 순환식, 하향 순환식, 상하향 혼용순환식으로 구분된다.
② 물에 증기를 직접 분사시켜 가열하는 기수 혼합식의 사용증기압은 $0.01\text{MPa}(0.1\text{kgf/cm}^2)$ 이하가 적당하다.
③ 가열에 따른 관의 신축을 흡수하기 위하여 팽창탱크를 설치한다.
④ 강제순환식 급탕배관의 구배는 1/200 이상으로 한다.

급탕설비

ㄱ 주관 : 급탕주관, 복귀주관

ㄴ 기수혼합법 : 압력 0.1~0.4MPa 증기 사용

ㄷ 신축을 흡수하기 위해 신축 조인트를 설치한다.

ㄹ 중력순환식 : $\frac{1}{150}$ 구배, 강제순환식 : $\frac{1}{200}$ 구배

93 다음 보기에서 설명하는 급수공급 방식은?

① 고가탱크를 필요로 하지 않는다.

② 일정수압으로 급수할 수 있다.

③ 자동제어 설비에 비용이 든다.

① 부스터방식　　　　② 층별식 급수 조닝방식

③ 고가수조방식　　　④ 압력수조방식

94 가스 공급방식인 저압 공급방식의 특징 중 옳지 않은 것은?

① 수요량의 변동과 거리에 따라 공급압력이 변동한다.

② 홀더압력을 이용해 저압배관만으로 공급하므로 공급계통이 비교적 간단하다.

③ 공급구역이 좁고 공급량이 적은 경우에 적합하다.

④ 가스의 공급압력은 0.2~0.5MPa(2~5kgf/cm^2) 정도이다.

가스의 저압 공급방식은 0.1MPa(수주 50~250mmH$_2$O의 압력) 이하로 공급하는 방식이다.

95 냉동장치에서 압축기의 진동이 배관에 전달되는 것을 흡수하기 위하여 압축기 토출, 흡입배관 등에 설치해 주는 것은?

① 팽창밸브　　　　　② 안전밸브

③ 수수탱크　　　　　④ 플렉시블 튜브

압축기(토출－흡입) 배관 사이에는 압축기 진동이 전달되지 않도록 플렉시블 튜브를 설치한다.

96 다음 중 온도계를 설치하지 않아도 되는 것은?

① 열교환기　　　　　② 감압밸브

③ 냉・온수 헤더　　　④ 냉수코일

97 급탕배관에서 강관의 신축을 흡수하기 위한 신축이음쇠의 설치간격으로 적합한 것은?

① 10m 이내　　　　　② 20m 이내

③ 30m 이내　　　　　④ 40m 이내

강관용 급탕관은 30m 이내마다 신축이음쇠를 설치한다.

98 공조설비 중 덕트 설계 시 주의사항으로 틀린 것은?

① 덕트 내의 정압손실을 적게 설계할 것

② 덕트의 경로는 될 수 있는 한 최장거리로 할 것

③ 소음 및 진동이 적게 설계할 것

④ 건물의 구조에 맞도록 설계할 것

공조설비 중 덕트 설계 시에 덕트의 경로는 될 수 있는 한 최단거리로 한다.

99 다음 보기에서 설명하는 통기관 설비 방식으로 적합한 것은?

① 배수관의 청소구 위치로 인해서 수평관이 구부러지지 않게 시공한다.

② 수평주관의 방향전환은 가능한 한 없도록 한다.

③ 배수관의 끝부분은 항상 대기 중에 개방되도록 한다.

④ 배수 수평 분기관이 수평주관의 수위에 잠기면 안된다.

① 섹스티아(Sextia) 방식

② 소벤트(Sovent) 방식

③ 각개통기 방식

④ 신정통기 방식

100 배수트랩의 봉수파괴 원인 중 트랩 출구 수직배관부에 머리카락이나 실 등이 걸려서 봉수가 파괴되는 현상은?

① 사이펀 작용　　　② 모세관 작용
③ 흡인 작용　　　　④ 토출 작용

해설 배수트랩 모세관 작용
봉수파괴는 수직배관부에 머리카락이나 실 등이 걸려서 발생된다.

SECTION 01 기계열역학

01 초기압력 0.5MPa, 온도 207℃ 상태인 공기 4kg이 정압과정으로 체적이 절반으로 줄었을 때의 열전달량은 약 얼마인가?(단, 공기는 이상기체로 가정하고, 비열비는 1.4, 기체상수는 287J/kg·K이다.)

① −240kJ
② −864kJ
③ −482kJ
④ −964kJ

해설
$$T_2 = T_1 \times \left(\frac{V_1}{V_2}\right) = (207+273) \times \frac{0.5}{1} = 240K$$

∴ 열전달량$(Q) = 1 \times 1.0045(240-480)$
$$= -241.08 kJ/kg$$
$$-241.08 \times 4 = -964 kJ$$

정압비열$(C_p) = \dfrac{K}{K-1}R = \dfrac{1.4}{1.4-1} \times 0.287$
$$= 1.0045 kJ/kg$$

02 온도가 350K인 공기의 압력이 0.3MPa, 체적이 0.3m³, 엔탈피가 100kJ이다. 이 공기의 내부에너지는?

① 1kJ
② 10kJ
③ 15kJ
④ 100kJ

해설 엔탈피 $H = U + PV$에서
내부에너지 $U = H - PV$
$$= 100 - (300 \times 0.3) = 10 kJ$$
※ $P = 0.3MPa = 300,000Pa = 300kPa$

03 준평형 정적과정을 거치는 시스템에 대한 열전달량은?(단, 운동에너지와 위치에너지의 변화는 무시한다.)

① 0이다.
② 내부에너지 변화량과 같다.
③ 이루어진 일량과 같다.
④ 엔탈피 변화량과 같다.

해설 준평형 정적과정을 거치는 시스템 열전달량=내부에너지 변화량과 같다.

04 냉동기에서 0℃의 물로 0℃의 얼음 2ton을 만드는 데 50kWh의 일이 소요된다면 이 냉동기의 성능계수는?(단, 얼음의 융해잠열은 334.94kJ/kg이다.)

① 1.05
② 2.32
③ 2.67
④ 3.72

해설 0℃의 물→0℃의 얼음
얼음의 융해잠열 $Q = m\gamma = (2 \times 1,000) \times 334.94$
$$= 669,880 kJ$$

성능계수 $COP = \dfrac{Q}{W} = \dfrac{669,880}{(50 \times 3,600)}$
$$= 3.72$$

05 시스템의 열역학적 상태를 기술하는 데 열역학적 상태량(또는 성질)이 사용된다. 다음 중 열역학적 상태량으로 올바르게 짝지어진 것은?

① 열, 일
② 엔탈피, 엔트로피
③ 열, 엔탈피
④ 일, 엔트로피

해설 ㉠ 종량성 상태량 : 물질의 질량에 따라 그 크기가 결정되는 상태량(물질의 질량에 관계된다.) : 체적, 내부에너지, 엔탈피, 엔트로피
㉡ 열역학적 상태량 : 엔탈피, 엔트로피

06 체적이 0.5m³인 밀폐 압력용기 속에 이상기체가 들어 있다. 분자량이 24이고, 질량이 10kg이라면 기체상수는 몇 kN·m/kg·K인가?(단, 일반기체상수는 8.313kJ/kmol·K이다.)

① 0.3635
② 0.3464
③ 0.3767
④ 0.3237

해설 기체상수$(R) = \dfrac{848}{m}$ (kg·m/kg·K)

기체상수$(R) = \dfrac{8.314}{m}$ (kJ/kmol·K)

∴ $R = \dfrac{8.313}{24} = 0.3464$ (kN·m/kg·K)

---

07 단열과정으로 25℃의 물과 50℃의 물이 혼합되어 열평형을 이루었다면, 다음 사항 중 올바른 것은?

① 열평형에 도달되었으므로 엔트로피의 변화가 없다.

② 전계의 엔트로피는 증가한다.

③ 전계의 엔트로피는 감소한다.

④ 온도가 높은 쪽의 엔트로피가 증가한다.

해설 비가역 사이클 : 엔트로피는 항상 증가한다.

엔트로피 변화량 $\Delta S = mC \ln \dfrac{T_2}{T_1}$

$$= 1 \times 1 \times \ln \frac{(273+50)}{(273+25)}$$

$$= 0.081 \text{kJ/kg} \cdot \text{K}$$

∴ 0.081kJ/kg · K만큼 증가

08 압력 250kPa, 체적 0.35m³의 공기가 일정 압력하에서 팽창하여, 체적이 0.5m³로 되었다. 이때의 내부에너지의 증가가 93.9kJ이었다면, 팽창에 필요한 열량은 약 몇 kJ인가?

① 43.8 ② 56.4

③ 131.4 ④ 175.2

해설 정압과정 일 $W = \displaystyle\int PdV = P(V_2 - V_1) = mR(T_2 - T_1)$

$$= 250 \times (0.5 - 0.35)$$

$$= 37.5 \text{kJ}$$

∴ 팽창에 필요한 열량 $Q = 37.5 + 93.9 = 131.4 \text{kJ}$

09 가스터빈 엔진의 열효율에 대한 다음 설명 중 잘못된 것은?

① 압축계 전후의 압력비가 증가할수록 열효율이 증가한다.

② 터빈 입구의 온도가 높을수록 열효율이 증가하나 고온에 견딜 수 있는 터빈 블레이드 개발이 요구된다.

③ 역일비는 터빈 일에 대한 압축 일의 비로 정의되며 이것이 높을수록 열효율이 높아진다.

④ 가스터빈 엔진은 증기터빈 원동소와 결합된 복합 시스템을 구성하여 열효율을 높일 수 있다.

해설 가스터빈 브레이턴 사이클의 열효율은 압력비만의 함수이며 압력비가 클수록 열효율이 증가한다.

압력비$(r) = \dfrac{P_2}{P_1}$

10 단열 밀폐된 실내에서 A의 경우는 냉장고 문을 닫고, B의 경우는 냉장고 문을 연 채 냉장고를 작동시켰을 실내온도의 변화는?

① A는 실내온도 상승, B는 실내온도 변화 없음

② A는 실내온도 변화 없음, B는 실내온도 하강

③ A, B 모두 실내온도 상승

④ A는 실내온도 상승, B는 실내온도 하강

해설 단열된 상태에서는 열의 이동이 차단(외부도)되므로 압축기 운전에 의해 실내온도는 상승된다.

11 다음 중 열역학 제1법칙과 관계가 먼 것은?

① 밀폐계가 임의의 사이클을 이룰 때 열전달의 합은 이루어진 일의 총합과 같다.

② 열은 본질적으로 일과 같은 에너지의 일종으로서 일을 열로 변환할 수 있다.

③ 어떤 계가 임의의 사이클을 겪는 동안 그 사이클에 따라 열을 적분한 것이 그 사이클에 따라서 일을 적분한 것에 비례한다.

④ 두 물체가 제3의 물체와 온도의 동등성을 가질 때는 두 물체도 역시 서로 온도의 동등성을 갖는다.

해설 열역학 제1법칙

열은 본질상 에너지의 일종이며, 열과 일은 서로 변환이 가능하다. 즉, 열과 일 사이에는 일정한 비례관계가 성립된다 (에너지 보존의 법칙).

12 온도 90℃의 물이 일정 압력하에서 냉각되어 30℃가 되고 이때 25℃의 주위로 500kJ의 열이 전달된다. 주위의 엔트로피 증가량은 얼마인가?

① 1.50kJ/K ② 1.68kJ/K

③ 8.33kJ/℃ ④ 20.0kJ/℃

해설 엔트로피$(ds) = \dfrac{\delta Q}{T} = \dfrac{GCdT}{T}$(kJ/K)

$\therefore ds = \dfrac{500}{273+25} = 1.68 \text{kJ/K}$

13 이상기체의 폴리트로픽 과정을 일반적으로 $Pv^n = C$ 로 표현할 때 n에 따른 과정을 설명한 것으로 맞는 것은?(단, C는 상수이다.)

① $n = 0$이면 등온과정
② $n = 1$이면 정압과정
③ $n = 1.5$이면 등온과정
④ $n = k$(비열비)이면 가역단열과정

해설 폴리트로픽 지수(n)
㉠ 등온과정 $n = 1$
㉡ 정압과정 $n = 0$
㉢ 단열과정 $n = K$
㉣ 등적과정 $n = \infty$

14 랭킨 사이클의 각 점에서 작동유체의 엔탈피가 다음과 같다면 열효율은 약 얼마인가?

- 보일러 입구 : $h = 69.4$kJ/kg
- 보일러 출구 : $h = 830.6$kJ/kg
- 응축기 입구 : $h = 626.4$kJ/kg
- 응축기 출구 : $h = 68.6$kJ/kg

① 26.7%
② 28.9%
③ 30.2%
④ 32.4%

해설 열효율 $= \dfrac{h_3 - h_4}{h_3 - h_1} \times 100$

$\therefore \dfrac{830.6 - 626.4}{830.6 - 68.6} \times 100 = 26.7\%$

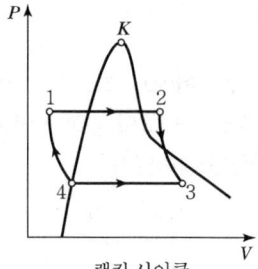
랭킨 사이클

15 견고한 단열용기 안에 온도와 압력이 같은 이상기체 산소 1kmol과 이상기체 질소 2kmol이 얇은 막으로 나뉘어져 있다. 막이 터져 두 기체가 혼합될 경우 이 시스템의 엔트로피 변화는?

① 변화가 없다.
② 증가한다.
③ 감소한다.
④ 증가한 후 감소한다.

해설 비가역 사이클에서는 엔트로피는 항상 증가한다. 실제로 자연계에서 일어나는 모든 상태는 비가역을 동반하므로 엔트로피는 증가하며 감소하는 일은 없다.

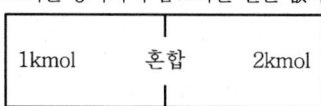

16 다음은 증기 사이클의 $P - V$ 선도이다. 이는 어떤 종류의 사이클인가?

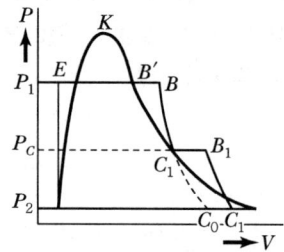

① 재생 사이클
② 재생재열 사이클
③ 재열 사이클
④ 급수가열 사이클

해설 재열 사이클
팽창일을 증대시키고 터빈 출구 증기의 건도를 떨어뜨리지 않는 수단으로서 팽창 도중의 증기를 뽑아내어 가열장치로 보내 재가열한 후 다시 터빈에 보내는 사이클(통상 열효율 증대 효과 발생)

17 14.33W의 전등을 매일 7시간 사용하는 집이 있다. 1개월(30일) 동안 몇 kJ의 에너지를 사용하는가?

① 10,830kJ
② 15,020kJ
③ 17,420kJ
④ 10,840kJ

해설 14.33W = 0.01433kW
1kWh = 3,600kJ, $0.01433 \times 3,600 = 51.588$kJ
$\therefore 51.588\text{kJ} \times 7\text{시간} \times 30\text{일} = 10,833\text{kJ}$

18 다음 중 정압연소 가스터빈의 표준 사이클이라 할 수 있는 것은?

① 랭킨 사이클　　　② 오토 사이클
③ 디젤 사이클　　　④ 브레이턴 사이클

해설 브레이턴 사이클
ㄱ 가스터빈 사이클(가스터빈의 이상 사이클)로 2개의 단열과정, 2개의 정압과정으로 구성된다(정압연소 사이클이다).
ㄴ 가스터빈의 표준 사이클이다. 일명 줄 사이클, 등압연소 사이클이다.

19 온도 600℃의 고온 열원에서 열을 받고, 온도 150℃의 저온 열원에 방열하면서 5.5kW의 출력을 내는 카르노기관이 있다면 이 기관의 공급열량은?

① 20.2kW　　　② 14.3kW
③ 12.5kW　　　④ 10.7kW

해설 카르노 사이클 효율 $\eta_c = \dfrac{W}{Q_H} = \dfrac{T_H - T_L}{T_H}$

$$= \frac{(600+273)-(150+273)}{(600+273)}$$

$$= 0.51546$$

공급열량 $Q_H = \dfrac{W}{\eta_c} = \dfrac{5.5}{0.51546} = 10.67 ≒ 10.7\text{kW}$

20 체적 2,500L인 탱크에 압력 294kPa, 온도 10℃의 공기가 들어 있다. 이 공기를 80℃까지 가열하는 데 필요한 열량은?(단, 공기의 기체상수 R=0.287kJ/kg · K, 정적비열 C_v =0.717kJ/kg · K이다.)

① 약 408kJ　　　② 약 432kJ
③ 약 454kJ　　　④ 약 469kJ

해설 이상기체 상태방정식 $PV = mRT$ 에서

• 질량 $m = \dfrac{PV}{RT}$

$$= \frac{294 \times 2.5}{0.287 \times (10+273)} = 9.049\text{kg}$$

• 가열열량 $Q = mC\Delta t$

$$= 9.049 \times 0.717\{(80+273)-(10+273)\}$$

$$= 454.17$$

$$≒ 454\text{kJ}$$

SECTION 02　냉동공학

21 흡입, 압축, 토출의 3행정으로 구성되며, 밸브와 피스톤이 없어 장시간의 연속운전에 유리하고 소형으로 큰 냉동능력을 발휘하기 때문에 대형 냉동공장에 적합한 압축기는?

① 왕복식 압축기　　　② 스크루 압축기
③ 회전식 압축기　　　④ 원심 압축기

해설 스크루 압축기
흡입, 압축, 토출 3행정으로 구성되며 밸브와 피스톤이 없어 장시간 연속운전이 가능하다. 소형이면서 큰 능력을 발휘한다.

22 다음 그림은 이상적인 냉동 사이클을 나타낸 것이다. 설명이 맞지 않는 것은?

① Ⓐ 과정은 단열팽창이다.
② Ⓑ 과정은 등온압축이다.
③ Ⓒ 과정은 단열압축이다.
④ Ⓓ 과정은 등온압축이다.

해설 Ⓑ 과정 4→3 : 등온팽창과정(역카르노 사이클)

23 온도식 자동팽창밸브의 감온통 설치방법으로 잘못된 것은?

① 증발기 출구 측 압축기로 흡입되는 곳에 설치할 것
② 흡입 관경이 20A 이하인 경우에는 관 상부에 설치할 것
③ 외기의 영향을 받는 경우에는 보온해 주거나 감온통 포켓을 설치할 것
④ 압축기 흡입관에 트랩이 있는 경우에는 트랩 부분에 부착할 것

해설 온도식 자동팽창밸브(TEV, 주로 프레온 냉매용) 증발기 출구 측 흡입관 수평부에 설치한다.

24 응축기에서 냉매가스의 열이 제거되는 방법은?

① 대류와 전도 ② 증발과 복사
③ 승화와 휘발 ④ 복사와 액화

해설 응축기에서 냉매가스의 열이 제거되는 방법 : 대류와 전도에 의한 열의 제거(냉각수와 열교환과정)

25 실린더 직경 80mm, 행정 50mm, 실린더 수 6개, 회전수 1,750rpm인 왕복동식 압축기의 피스톤 압출량은 약 얼마인가?

① 158m³/h ② 168m³/h
③ 178m³/h ④ 188m³/h

해설 $V_a = \dfrac{\pi}{4}D^2 \times L \times N \times n \times 60(\text{m}^3/\text{h})$

단면적$(A) = \dfrac{\pi}{4}d^2 = \dfrac{3.14}{4} \times (0.08)^2 = 0.005024\text{m}^3$

압축기피스톤 1회전 시 압출량 $= 0.005024 \times 0.05$
$= 0.0002512\text{m}^3$

∴ $0.0002512 \times 6 \times 1,750 \times (60분/시간) = 158\text{m}^3/\text{h}$

※ 80mm = 0.08m, 50mm = 0.05m

26 냉동장치의 운전에 관한 설명 중 맞는 것은?

① 압축기에 액백(Liquid Back)현상이 일어나면 토출가스 온도가 내려가고 구동 전동기의 전류계 지시 값이 변동한다.
② 수액기내에 냉매액을 충만시키면 증발기에서 열부하 감소에 대응하기 쉽다.
③ 냉매 충전량이 부족하면 증발압력이 높게 되어 냉동능력이 저하한다.
④ 냉동부하에 비해 과대한 용량의 압축기를 사용하면 저압이 높게 되고, 장치의 성적계수는 상승한다.

해설 압축기에서 액백(리퀴드 해머)이 일어나면 토출가스의 온도가 내려가고 구동 전동기의 전류계 지시값이 변동한다(방지용으로 액분리기 설치).

27 용량조절장치가 있는 프레온 냉동장치에서 무부하(Unload) 운전 시 냉동유 반송을 위한 압축기의 흡입관 배관방법은?

① 압축기를 증발기 밑에 설치한다.
② 2중 수직 상승관을 사용한다.
③ 수평관에 트랩을 설치한다.
④ 흡입관을 가능한 한 길게 배관한다.

해설 용량조절장치가 있는 프레온 냉동기에서 무부하 운전 시 냉동유 반송을 위한 압축기의 흡입배관은 2중 수직상승관을 사용한다.

28 어큐뮬레이터(Accumulator)에 대한 설명으로 옳은 것은?

① 건식 증발기에 설치하여 냉매액과 증기를 분리시킨다.
② 냉매액과 증기를 분리시켜 증기만을 압축기에 보낸다.
③ 분리된 증기는 다시 응축하도록 응축기로 보낸다.
④ 냉매 속에 흐르는 냉동유를 분리시키는 장치이다.

해설 어큐뮬레이터
㉠ 냉매액과 냉매증기를 분리시켜 냉매증기만을 압축기로 보내는 역할(일명 액분리기)
㉡ 설치장소 : 증발기와 압축기 사이 흡입배관에 설치하며 압축기 보호장치

29 왕복동식 압축기의 회전수를 $n(\text{rpm})$, 피스톤의 행정을 $S(\text{m})$라 하면 피스톤의 평균속도 $V_n(\text{m/s})$을 나타내는 식은?

① $\dfrac{\pi \cdot S \cdot n}{60}$ ② $\dfrac{S \cdot n}{60}$
③ $\dfrac{S \cdot n}{30}$ ④ $\dfrac{S \cdot n}{120}$

해설 왕복동식 압축기 피스톤의 평균속도
피스톤 속도$(V) = \dfrac{S \cdot n}{30}(\text{m/s})$

30 냉동장치에 부착하는 안전장치에 관한 설명이다. 맞는 것은?

① 안전밸브는 압축기의 헤드나 고압 측 수액기 등에 설치한다.

② 안전밸브의 압력이 높은 만큼 가스의 분사량이 증가하므로 규정보다 높은 압력으로 조정하는 것이 안전하다.

③ 압축기가 1대일 때 고압차단장치는 흡입밸브에 부착한다.

④ 유압보호 스위치는 압축기에서 유압이 일정 압력 이상이 되었을 때 압축기를 정지시킨다.

[해설] ㉠ 압축기의 헤드나 고압 측 수액기 등에 안전밸브를 설치하고 설정 압력을 지시한다.

㉡ 고압차단 스위치는 응축압력이 일정 압력 이상이면 압축기, 전동기의 전원이 차단된다.

㉢ 유압보호 스위치는 압축기에서 유압이 일정 압력 이하가 되면 전동기 회로를 차단하는 역할을 한다.

31 암모니아(NH₃) 냉매의 특성 중 잘못된 것은?

① 기준증발온도(−15℃)와 기준응축온도(30℃)에서 포화압력이 별로 높지 않으므로 냉동기 제작 및 배관에 큰 어려움이 없다.

② 암모니아수는 철 및 강을 부식시키므로 냉동기와 배관 재료로 강관을 사용할 수 없다.

③ 리트머스 시험지와 반응하면 청색을 띠고, 유황 불꽃과 반응하여 흰 연기를 발생시킨다.

④ 오존파괴계수(ODP)와 지구온난화계수(GWP)가 각각 0이므로 누설에 의해 환경을 오염시킬 위험이 없다.

[해설] 암모니아 냉매는 철에는 거의 부식성이 없다(철 및 강을 사용할 수 있다).

32 일반적으로 급속 동결이라 하면 동결속도가 몇 cm/h 이상인 것을 말하는가?

① 0.01~0.03   ② 0.05~0.08

③ 0.1~0.3   ④ 0.6~2.5

[해설] 냉동기의 급속 동결 : 0.6~2.5cm/h

33 소형 냉동기의 브라인 순환량이 10kg/min이고, 출입구 온도차는 10℃이다. 압축기의 실소요 마력은 3PS일 때, 이 냉동기의 실제 성적계수는 약 얼마인가?(단, 브라인의 비열은 0.8kcal/kg℃이다.)

① 1.8   ② 2.5

③ 3.2   ④ 4.7

[해설] ㉠ 1PS=632kcal/h

㉡ 순환열량=10×0.8×10℃×60분=4,800kcal/h

냉동기 실제 성적계수 = $\dfrac{4,800}{632 \times 3}$ = 2.5

34 다음 그림과 같은 냉동실 벽의 통과율(kcal/m²h℃)은 약 얼마인가?(단, 공기막 계수는 실내벽면 8kcal/m²h℃, 외부벽면 29kcal/m²h℃이며, 벽의 구조에 따른 각 열전도율(σ, kcal/m²h℃), 두께(mm)는 아래 그림과 같다.)

① 0.125   ② 0.229

③ 0.035   ④ 0.437

[해설] $K = \dfrac{1}{\dfrac{1}{a_1} + \dfrac{b}{\lambda} + \dfrac{1}{a_2}}$ (kcal/m²h℃)

$K = \dfrac{1}{\dfrac{1}{8} + \dfrac{0.02}{0.65} + \dfrac{0.003}{0.009} + \dfrac{0.15}{0.04} + \dfrac{0.1}{1.4} + \dfrac{0.03}{1.3} + \dfrac{1}{29}}$

$= 0.229$

35 열의 이동에 대한 설명으로 옳지 않은 것은?

① 고체표면과 이에 접하는 유동 유체 간의 열이동을 열전달이라 한다.

② 자연계의 열이동은 비가역 현상이다.

③ 열역학 제1법칙에 따라 고온체에서 저온체로 이동한다.

④ 자연계의 열이동은 엔트로피가 증가하는 방향으로 흐른다.

해설 ③ 열역학 제2법칙에 따라 고온체에서 저온체로 이동한다.

36 냉동기유가 갖추어야 할 조건으로 알맞지 않은 것은?

① 응고점이 낮고, 인화점이 높아야 한다.

② 냉매와 잘 반응하지 않아야 한다.

③ 산화가 되기 쉬운 성질을 가져야 된다.

④ 수분, 산분을 포함하지 않아야 된다.

해설 냉동기 냉동유
산화되기 어려운 물질로 만드는 것이 이상적이다.

37 냉동장치에서 일원 냉동 사이클과 이원 냉동 사이클의 가장 큰 차이점은?

① 압축기의 대수

② 증발기의 수

③ 냉동장치 내의 냉매 종류

④ 중간냉각기의 유무

해설 이원 냉동
1원 냉동, 2단 압축, 다효압축을 하여도 −70℃ 이하의 극저온을 얻기 어려워 채택하는 방식
㉠ 저온 측 냉매 : R−13, R−14, 에틸렌, 메탄, 에탄, 프로판
㉡ 고온 측 냉매 : R−12, R−22

38 건식 증발기의 일반적인 장점이라 할 수 없는 것은?

① 냉매 사용량이 아주 많아진다.

② 물회로의 유로저항이 작다.

③ 냉매량 조절을 비교적 간단히 할 수 있다.

④ 냉매 증기속도가 빨라 압축기로의 유회수가 좋다.

해설 건식증발기
냉매사용량 중(냉매액은 25%, 냉매증기가 75%) 냉매량이 적어도 되는 증발기이며 주로 프레온 냉동기용으로 사용된다.

39 압력−온도 선도(듀링 선도)를 이용하여 나타내는 냉동 사이클은?

① 증기 압축식 냉동기 ② 원심식 냉동기

③ 스크롤식 냉동기 ④ 흡수식 냉동기

해설 흡수식 냉동기 : 듀링 선도 이용
① 증발기 ② 흡수기 ③ 응축기 ④ 재생기

40 냉동기에서 성적계수가 6.84일 때 증발온도가 −15℃이다. 이때 응축온도는 몇 ℃인가?

① 17.5 ② 20.7

③ 22.7 ④ 25.5

해설
성적계수 $COP = \dfrac{T_L}{T_H - T_L}$

응축온도 $T_H = T_L\left(1 + \dfrac{1}{COP}\right)$

$\qquad = (-15 + 273) \times \left(1 + \dfrac{1}{6.84}\right)$

$\qquad = 295.72\text{K}$

$\qquad = 22.72℃$

SECTION **03** 공기조화

41 다음은 어느 방식에 대한 설명인가?

- 각 실이나 존의 온도를 개별제어하기가 쉽다.
- 일사량 변화가 심한 페리미터 존에 적합하다.
- 실내부하가 적어지면 송풍량이 적어지므로 실내 공기의 오염도가 높다.

① 정풍량 단일덕트 방식

② 변풍량 단일덕트 방식

③ 패키지 방식

④ 유인유닛 방식

해설 전공기 방식
ㄱ 단일덕트 방식(정풍량, 변풍량 방식)
ㄴ 2중 덕트 방식(정풍량, 변풍량 방식)
보기는 변풍량 단일덕트 방식의 특징이다.

42 다음 설명 중 옳은 것은?
① 잠열은 0℃의 물을 가열하여 100℃의 증기로 변할 때까지 가하여진 열량이다.
② 잠열은 100℃의 물이 증발하는 데 필요한 열량으로서 증기의 압력과는 관계없이 일정하다.
③ 임계점에서는 물과 증기의 비체적이 같다.
④ 증기의 정적비열은 정압비열보다 항상 크다.

해설 ㄱ 잠열 : 100℃의 물을 100℃의 증기로 변화 시 필요한 열
($539kcal/kg = 2,247kJ/kg$)
ㄴ 증기압력이 높아지면 잠열은 감소한다.
ㄷ 증기의 정압비열이 정적비열보다 크다.

43 덕트의 크기를 결정하는 방법이 아닌 것은?
① 등속법　　　　② 등마찰법
③ 등중량법　　　④ 정압재채득법

해설 덕트의 크기를 결정하는 방법
ㄱ 등속법
ㄴ 정압재취득법
ㄷ 등마찰법

44 건구온도 $t_1 = 5℃$, 상대습도 $\phi = 80\%$인 습공기를 공기가열기를 사용하여 건구온도 $t_2 = 43℃$가 되는 가열공기 650m³/h를 얻으려고 한다. 이때 가열에 필요한 열량은 약 얼마인가?(단, 습공기 선도를 참고하시오.)

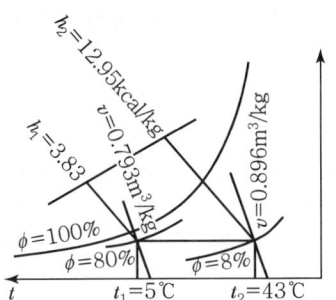

① 7,383kcal/h　　② 7,475kcal/h
③ 7,583kcal/h　　④ 7,637kcal/h

해설 $12.95 - 3.83 = 9.12kcal/kg$(가열량)
$650 \div 0.793 = 819.672kg/h$(질량)
∴ 총 가열량(Q) $= 819.672 \times 9.12 = 7,475kca/h$

45 극간풍(틈새바람)에 의한 침입 외기량이 3,000L/s일 때, 현열부하와 잠열부하는 얼마인가?(단, 실내온도 25℃, 절대습도 0.0179kg/kg DA, 외기온도 32℃, 절대습도 0.0209kg/kg DA, 건공기 정압비열 1.005kJ/kg · K, 0℃ 물의 증발잠열 2,501kJ/kg, 공기밀도 1.2kg/m³이다.)
① 현열부하 19.9kW, 잠열부하 20.9kW
② 현열부하 21.1kW, 잠열부하 22.5kW
③ 현열부하 23.3kW, 잠열부하 25.4kW
④ 현열부하 25.3kW, 잠열부하 27kW

해설 $3,000L/s \times 3,600 \times \dfrac{1}{1,000} = 10,800 \times 1.2 m^3/h$
$= 12,960kg/h$(질량)
ㄱ 현열부하 $= 12,960 \times 0.24(32 - 25) \times \dfrac{1}{860} = 25.3kW$
ㄴ 잠열부하 $= 2,501 \times 12,960 \times (0.0209 - 0.0179) \times \dfrac{1}{3,600}$
$= 27kW$
※ 현열부하 $= 0.24 G_1(t_0 - t_r)kcal/h$
잠열부하 $= r \cdot G_1(x_0 - x_r)kcal/h$
$1kWh = 3,600kJ(860kcal/h)$

46 열회수방식 중 공조설비의 에너지 절약기법으로 많이 이용되고 있으며, 외기 도입량이 많고 운전시간이 긴 시설에서 효과가 큰 것은?
① 잠열교환기 방식
② 현열교환기 방식
③ 비열교환기 방식
④ 전열교환기 방식

해설 전열교환기 방식
열회수방식 중 공조설비의 에너지 절약기법으로 많이 이용되고 있다. 외기 도입량이 많고 운전시간이 긴 시설에서 효과가 크다.

47 송풍기의 법칙에서 회전속도가 일정하고 직경이 d, 동력이 L인 송풍기의 직경을 d_1으로 크게 했을 때 동력 L_1을 나타내는 식은?

① $L_1 = (d_1/d)^2 L$ ② $L_1 = (d_1/d)^3 L$

③ $L_1 = (d_1/d)^4 L$ ④ $L_1 = (d_1/d)^5 L$

해설 직경 변화에 의한 동력 $L_1 = \left(\dfrac{d_1}{d}\right)^5 L$

48 다음 기기 중 열원설비에 해당하는 것은?

① 히트펌프   ② 송풍기
③ 팬코일 유닛   ④ 공기조화기

해설 히트펌프
냉 · 난방 위주의 열원설비

49 단일덕트 재열방식의 특징으로 적합하지 않은 것은?

① 냉각기에 재열부하가 추가된다.
② 송풍공기량이 증가한다.
③ 실별 제어가 가능하다.
④ 현열비가 큰 장소에 적합하다.

해설 단일덕트 재열방식은 현열비(SHF)가 적은 장소에 냉각기 출구공기를 재열기로 재열 후 송풍하므로 덕트 내의 공기를 말단재열기 또는 존별 재열기를 설치하여 취출한다.

50 보일러 출력표시에 대한 내용으로 잘못된 것은?

① 정격출력 : 연속 운전이 가능한 보일러의 능력으로 난방부하, 급탕부하, 배관부하, 예열부하의 합이다.
② 정미출력 : 난방부하, 급탕부하, 예열부하의 합이다.
③ 상용출력 : 정격출력에서 예열부하를 뺀 값이다.
④ 과부하출력 : 운전초기에 과부학 발생했을 때는 정격출력의 10~20% 정도 증가해서 운전할 때의 출력으로 한다.

해설 정미출력 : 난방부하+급탕부하

51 유리면을 통한 태양복사열량이 달라질 수 있는 요소가 아닌 것은?

① 건물의 높이   ② 차폐의 유무
③ 태양입사각   ④ 계절

해설 태양복사열량의 변화 요건
㉠ 차폐의 유무   ㉡ 태양의 입사각
㉢ 계절   ㉣ 그늘

52 냉방부하의 종류 중 현열부하만을 포함하고 있는 것은?

① 유리로부터의 취득열량
② 극간풍에 의한 열량
③ 인체 발생 부하
④ 외기 도입으로 인한 취득열량

해설 유리로부터의 취득열량(현열부하)
㉠ 유리로부터의 관류열량
㉡ 유리로부터의 일사취득열량

53 공기조화설비는 공기조화기, 열원장치 등 4대 주요장치로 구성되어 있다. 4대 주요장치의 하나인 공기조화기에 해당되는 것이 아닌 것은?

① 에어필터   ② 공기냉각기
③ 공기가열기   ④ 왕복동 압축기

해설 왕복동식 압축기 : 냉동기의 4대 구성요소

54 냉각탑(Cooling Tower)에 대한 설명 중 잘못된 것은?

① 어프로치(Approach)는 5℃ 정도로 한다.
② 냉각탑은 응축기에서 냉각수가 얻은 열을 공기 중에 방출하는 장치이다.
③ 쿨링레인지란 냉각탑에서의 냉각수 입 · 출구 수온차이다.
④ 보급수량은 순환수량의 15% 정도이다.

해설 ㉠ 냉각탑에서 회수흡수율은 95%이다(5% 손실).
㉡ 쿨링레인지 : (냉각수입구온도－냉각수출구온도)
㉢ 쿨링어프로치 : (냉각수 출구수온－입구공기 습구온도)

55 다음 습공기 선도($h-x$ 선도)상에서 공기의 상태가 1에서 2로 변할 때 일어나는 현상이 아닌 것은?

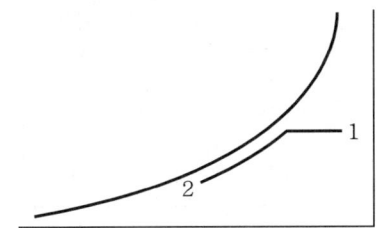

① 건구온도 감소　　② 절대습도 감소
③ 습구온도 감소　　④ 상대습도 감소

해설 1 → 2 : 상대습도의 증가

56 보일러의 부속장치인 과열기가 하는 역할은?

① 온수를 포화액으로 변화시킨다.
② 포화액을 과열증기로 만든다.
③ 습증기를 포화액으로 만든다.
④ 포화증기를 과열증기로 만든다.

해설 과열기
포화증기를 과열증기로 만든다(포화증기의 온도 상승).

57 냉수코일의 냉각부하 147,000kJ/h이고, 통과풍량은 10,000m³/h, 정면풍속 2m/s이다. 코일 입구 공기온도 28℃, 출구 공기온도 15℃이며, 코일의 입구 냉수온도 7℃, 출구 냉수온도 12℃, 열관류율은 2,346kJ/m²h℃일 때 코일열수는 얼마인가?(단, 습면보정계수는 1.33, 공기와 냉수의 열교환은 대향류형식이다.)

① 2열　　　　　　② 3열
③ 5열　　　　　　④ 6열

해설 대수 평균온도$(\Delta t_m) = \dfrac{16-8}{\ln\left(\dfrac{16}{8}\right)} = 11.5℃$

냉수코일열수$(N) = \dfrac{q_s}{k \cdot F_A \cdot \Delta t_m \cdot C_{ws}}$

$= \dfrac{147,000}{2,346 \times 1.38 \times 11.5 \times 1.33} = 3$열

※ $16℃ \begin{pmatrix} 28 & \rightarrow & 15 \\ 12 & \leftarrow & 7 \end{pmatrix} 8℃$

코일의 전면면적$(F_A) = \dfrac{10,000\text{m}^3/\text{h}}{3,600 \times 2} = 1.38\text{m}^2$

58 다음 중 일반적인 덕트의 설계 순서로 옳은 것은? (단, ㉮ 송풍량 결정, ㉯ 취출구·흡입구 위치 결정, ㉰ 덕트경로 결정, ㉱ 덕트 치수 결정, ㉲ 송풍기 선정이다.)

① ㉮ → ㉯ → ㉰ → ㉱ → ㉲
② ㉮ → ㉰ → ㉱ → ㉯ → ㉲
③ ㉲ → ㉮ → ㉰ → ㉱ → ㉯
④ ㉲ → ㉮ → ㉯ → ㉰ → ㉱

59 에어워셔(Air Washer)에 의해 단열가습을 하였다. 온도변화가 아래 그림과 같을 때, 포화효율 η_s는 얼마인가?

① 50%　　　　　② 60%
③ 70%　　　　　④ 80%

해설 에어워셔 단열가습 포화효율
$35 - 30 = 5℃$
$35 - 25 = 10℃$
∴ 포화효율 $= \dfrac{5}{10} \times 100 = 50\%$

60 다음 보온재 중에서 안전 사용온도가 제일 높은 것은?

① 규산칼슘　　　　② 경질폼라버
③ 탄화코르크　　　　④ 우모펠트

해설 보온재 사용온도
① 규산칼슘 : 650℃
② 경질폼라버 : 80℃ 이하
③ 탄화코르크 : 130℃
④ 우모펠트 : 100℃ 이하

SECTION **04**　전기제어공학

61 전기자 전류가 100A일 때 50kg·m의 토크가 발생하는 전동기가 있다. 전동기의 자계의 세기가 80%로 감소되고 전기자 전류가 120A로 되었다면 토크 kg·m는?

① 39　　　　　　　② 43
③ 48　　　　　　　④ 52

해설 토크$(T) = \frac{1}{q} \cdot \frac{60}{2\pi} \cdot \frac{P_0}{N}$ (kg·m)

$50 : 100 = 120 : x, \ x = 50 \times \frac{120}{100} = 60$

$\therefore 60 \times 0.8 = 48 \text{kg} \cdot \text{m}$

62 방사성 위험물을 원격으로 조작하는 인공수(人工手, Manipulator)에 사용되는 제어계는?

① 시퀀스 제어　　　② 서보계
③ 자동조정　　　　④ 프로세스 제어

해설 서보계 : 방사성 위험물을 원격으로 조작하는 인공수에 사용되는 제어계

63 논리식 A + BC와 등가인 논리식은?

① AB + AC　　　　② (A + B)(A + C)
③ (A + B)C　　　　④ (A + C)B

해설 A + BC = (A + B)(A + C) = A + BC = (A + B)(A + C) = A + B

64 그림에서 스위치 S의 개폐에 관계없이 전전류 I가 항상 30A라면 저항 r_3와 r_4의 값은 몇 Ω인가?

① $r_3 = 1, \ r_4 = 3$　　② $r_3 = 2, \ r_4 = 1$
③ $r_3 = 3, \ r_4 = 2$　　④ $r_3 = 4, \ r_4 = 4$

해설 전류$(I) = \frac{V}{R}, \ r_3 = 2, \ r_4 = 1$

$I_1 = 30 \times \frac{4}{4+8} = 10\text{A}, \ I_2 = 30 \times \frac{8}{4+8} = 20\text{A}$

$V_1 = 10 \times 8 = 80\text{V}$

$r_3 = \frac{100-80}{10} = 2\Omega, \ r_4 = \frac{100-80}{20} = 1\Omega$

65 60Hz, 15kW, 4극의 3상 유도전동기가 있다. 전부하가 걸렸을 때 슬립이 4%라면, 이때의 2차(회전자)측 동손(kW)은?

① 0.428　　　　　② 0.528
③ 0.625　　　　　④ 0.724

해설 2차 동손 $P_{c2} = sP_2 = \frac{s}{1-s}P_o$

$= \frac{0.04}{(1-0.04)} \times 15$

$= 0.625\text{kW}$

66 제동계수 중 최대 초과량이 가장 큰 것은?

① $\delta = 0.5$　　　　② $\delta = 1$
③ $\delta = 2$　　　　　④ $\delta = 3$

해설 제동계수(DF) : 방향탐지기
㉠ Dumping Factor
㉡ Direction Finder
제동계수는 수치가 적을수록 최대 초과량이 크다.
※ 제동계수(감쇠계수)

67 논리식 $A = X(X+Y)$를 간단히 하면?

① $A = X$ ② $A = Y$

③ $A = X+Y$ ④ $A = X \cdot Y$

해설 논리식 $A = X(X+Y)$
$$= X \cdot X + X \cdot Y$$
$$= X + X \cdot Y$$
$$= X(1+Y)$$
$$= X \cdot 1$$
$$= X$$

68 열기전력형 센서에 대한 설명이 아닌 것은?

① 전압 변화용 센서이다.

② 철, 콘스탄탄의 금속을 이용한다.

③ 제벡효과(Seebeck Effect)를 이용한다.

④ 진동 주파수는 $\dfrac{1}{2\pi\sqrt{LC}}$ 이다.

해설 Thermoelectric Effect형 센서의 특징은 ①, ②, ③항이다.

69 도체가 대전된 경우 도체의 성질과 전하분포에 대한 설명으로 옳지 않은 것은?

① 전하는 도체 표면에만 존재한다.

② 도체는 등전위이고 표면은 등전위면이다.

③ 도체 표면상의 전계는 면에 대하여 수직이다.

④ 도체 내부의 전계는 ∞이다.

해설 ㉠ 도체가 대전된 경우 도체의 성질과 전하분포에 대한 내용은 ①, ②, ③항이다.
ㄴ 전하(Charge) : 음 또는 양의 전기 일종
ㄷ 전계(Electric Field) : 전기력이 존재하고 있는 공간이며, 그 상황은 전기력선의 분포에 의해서 나타낸다.

70 제어편차가 검출될 때 편차가 변화하는 속도에 비례하여 조작량을 가감하도록 하는 제어로 오차가 커지는 것을 미연에 방지하는 제어동작은?

① ON/OFF 제어 동작   ② 미분 제어 동작

③ 적분 제어 동작   ④ 비례 제어 동작

해설 미분 제어동작
제어편차가 검출될 때 편차가 변화하는 속도에 비례하여 조작량을 가감하도록 하는 제어로,
㉠ 오차가 커지는 것을 미연에 방지한다.
ㄴ P : 비례동작
ㄷ I : 적분동작
ㄹ D : 미분동작

71 두 대 이상의 변압기를 병렬 운전하고자 할 때 이상적인 조건으로 옳지 않은 것은?

① 용량에 비례해서 전류를 분담할 것

② 각 변압기의 극성이 같을 것

③ 변압기 상호 간 순환전류가 흐르지 않을 것

④ 각 변압기의 손실비가 같을 것

해설 변압기의 병렬운전 이상적인 조건은 ①, ②, ③항이다.
㉠ 단상 변압기로 3상 결선 : $\Delta-\Delta$ 결선, Y–Y 결선,
$\Delta-Y$ 결선, Y–Δ 결선, V–V 결선
ㄴ 변압기 : 전압으로 변환하는 장치
ㄷ 3상 변압기도 있다.

72 자동제어계의 응답 중 입력과 출력 사이의 최대 편차량은?

① 오차   ② 오버슈트

③ 외란   ④ 감쇄비

해설 오버슈트
자동제어계의 응답 중 입력과 출력 사이의 최대 편차량

73 피드백 제어의 특징에 대한 설명으로 틀린 것은?

① 제어계의 특성을 향상시킬 수 있다.

② 외부 조건의 변화에 대한 영향을 줄일 수 있다.

③ 목푯값을 정확히 달성할 수 있다.

④ 제어량에 변화를 주는 외란의 영향을 받지 않는다.

해설 피드백 제어는 특성 변화에 대한 입력 대 출력비의 감도 감소가 되며 정확성이 증가한다.

74 절연저항 측정 시 가장 적당한 방법은?

① 메거에 의한 방법
② 전압, 전류계에 의한 방법
③ 전위차계에 의한 방법
④ 더블브리지에 의한 방법

해설 메거(Megger) : 절연저항계(절연저항을 측정하는 계기)
ⓐ 발생전압 : 100, 250, 500, 1,000, 2,000V 등
ⓑ 10^7MΩ 정도의 절연 저항 측정까지 사용하는 것도 있다.

75 비정현파에서 왜형률(Distortion Factor)을 나타내는 식은?

① $\dfrac{\text{전 고조파의 실횻값}}{\text{기본파의 실횻값}}$

② $\dfrac{\text{전 고조파의 최댓값}}{\text{기본파의 실횻값}}$

③ $\dfrac{\text{전 고조파의 실횻값}}{\text{기본파의 최댓값}}$

④ $\dfrac{\text{전 고조파의 최댓값}}{\text{기본파의 최댓값}}$

해설 ⓐ 비정현파 왜형률 = $\dfrac{\text{전 고조파의 실횻값}}{\text{기본파의 실횻값}}$

ⓑ 비정현파 교류 : 정현파가 아닌 교류(왜파교류)
ⓒ 고조파 : 주기파 또는 주기 변화량에 있어서 기본파 주파수의 정수배 주파수를 가진 성분
ⓓ 실횻값 : 순시값 제곱의 평균값의 평방근
ⓔ 기본파 : 3각파, 구형파 등 모든 비정현파는 주파수가 다른 많은 정현파가 합성된 것이라고 생각된다. 이 정현파 중 가장 낮은 주파수의 정현파가 기본파이다.

76 2개의 SCR로 단상 전파정류하여 $100\sqrt{2}$ V의 직류전압을 얻는 데 필요한 1차 측 교류전압은 약 몇 V인가?

① 120
② 141
③ 157
④ 220

해설 ⓐ 전파정류회로 : 중간 탭이 있는 변압기와 정류소자를 조합시켜 정류하는 회로
ⓑ 정류 : 교류를 직류로 변환하는 것
∴ 교류전압(V) = $\dfrac{\text{직류전압}}{0.9}$ = $\dfrac{100\sqrt{2}}{0.9}$ = 157V

77 변압기에 대한 설명으로 옳지 않은 것은?

① 변압기의 2차 측 권선수가 1차 측 권선수보다 적은 경우에는 1차 측의 전압보다 2차 측의 전압이 낮다.
② 변압기의 1차 측 전압이 2차 측 전압보다 높을 경우, 2차 측에 부하가 연결되면 흐르는 전류는 1차 측에서 공급되는 전류값보다 크다.
③ 변압기의 1차 측 권선수와 전압, 2차 측 권선수와 전압을 이용하여 권수비를 구할 수 있다.
④ 변압기의 1차 측과 2차 측의 권선수가 다른 경우에는 1차 측에 인가한 전압의 주파수와 2차 측에 나타나는 전압의 주파수가 다르다.

해설 변압기

∴ 주파수는 변화시킬 수 없다.

78 제어계의 분류에서 엘리베이터에 적용되는 제어방법은?

① 정치제어
② 추종제어
③ 프로그램 제어
④ 비율제어

해설 시퀀스 프로그램 제어는 엘리베이터에 적용된다.

79 $G(s) = \dfrac{2_s+1}{s^2+1}$ 에서 특성방정식의 근은?

① $s = -\dfrac{1}{2}$
② $s = -1$
③ $s = -\dfrac{1}{2}, -j$
④ $s = \pm j$

해설 $G(s) = \dfrac{2s+1}{s^2+1}$ 에서 특성방정식의 근은 $s = \pm j$

80 다음 중 온도 보상용으로 사용되는 소자는?

① 서미스터
② 배리스터
③ 버랙터다이오드
④ 제너다이오드

해설 ㉠ 서미스터 : 온도 보상용 소자
　　　㉡ 제너다이오드 : 정전압 소자

SECTION 05 배관일반

81 강관의 나사이음 시 관을 절단한 후 관 단면의 안쪽에 생기는 거스러미를 제거할 때 사용하는 공구는?

① 파이프 바이스　　② 파이프 리머
③ 파이프 렌치　　　④ 파이프 커터

해설 파이프 리머 : 나사이음 시 거스러미 제거

82 배수관에서 자정작용을 위해 필요한 최소유속으로 적당한 것은?

① 0.1m/s　　　　② 0.2m/s
③ 0.4m/s　　　　④ 0.6m/s

해설 배수관의 자정작용 시 최소유속 : 0.6m/s가 적당

83 관경 300mm, 배관길이 500m의 중압 가스수송관에서 A·B점의 게이지 압력이 3kgf/cm², 2kgf/cm²인 경우 가스유량은 약 얼마인가?(단, 가스 비중 0.64, 유량계수 52.31로 한다.)

① 10,238m³/h　　② 20,583m³/h
③ 38,315m³/h　　④ 40,153m³/h

해설 가스유량(중·고압 배관)

$$Q = K\sqrt{\frac{D^5(P_1{}^2 - P_2{}^2)}{SL}} = 52.31\sqrt{\frac{30^5(3^2 - 2^2)}{0.64 \times 500}}$$
$$= 38,315\text{m}^3/\text{h}$$

※ 관경 300mm=30cm

84 우수배관 시공 시 고려할 사항으로 틀린 것은?

① 우수배관은 온도에 따른 관의 신축에 대응하기 위해 오프셋 부분을 둔다.

② 우수 수직관은 건물 내부에 배관하는 경우와 건물 외벽에 배관하는 경우가 있다.
③ 우수 수직관은 다른 기구의 배수관과 접속시켜 통기관으로 사용할 수 있다.
④ 우수 수평관을 다른 배수관과 접속할 때에는 우수배수관을 통해 하수가스가 발생되지 않도록 U자 트랩을 설치한다.

해설 우수 수직관은 다른 기구의 배수관과 접속시켜 사용은 가능하나 통기관 사용은 불가능하다.

85 급탕의 온도는 사용온도에 따라 각각 다르나 계산을 위하여 기준온도로 환산하여 급탕의 양을 표시하고 있다. 이때 환산의 온도로 맞는 것은?

① 40℃　　　　　② 50℃
③ 60℃　　　　　④ 70℃

해설 급탕의 표준온도 : 60℃

86 열교환기 입구에 설치하여 탱크 내의 온도에 따라 밸브를 개폐하며, 열매의 유입량을 조절하여 탱크 내의 온도를 설정범위로 유지시키는 밸브는?

① 감압 밸브　　　② 플랩 밸브
③ 바이패스 밸브　④ 온도조절 밸브

해설 온도조절 밸브
열교환기 입구에 설치하여 탱크 내의 온도에 따라 밸브 개폐로 열매의 유입량을 조절하여 탱크 내 온도를 설정범위로 유지시키는 밸브

87 급수에 사용되는 물은 탄산칼슘의 함유량에 따라 연수와 경수로 구분된다. 경수 사용 시 발생될 수 있는 현상으로 틀린 것은?

① 비누거품의 발생이 좋다.
② 보일러용수로 사용 시 내면에 관석이 많이 발생한다.
③ 전열효율이 저하하고 과열의 원인이 된다.
④ 보일러의 수명이 단축된다.

해설 비누거품 발생(포밍현상)
물이 경수가 되면 비누가 용해하지 못하여 비누거품 발생이
억제된다.

88 급탕 배관에서 설치되는 팽창관의 설치위치로 적당한 것은?

① 순환펌프의 가열장치 사이
② 급탕관과 환수관 사이
③ 가열장치와 고가탱크 사이
④ 반탕관과 순환펌프 사이

해설

89 댐퍼의 종류에 관련된 내용이다. 서로 그 관련된 내용이 틀린 것은?

① 풍량조절댐퍼(VD) : 버터플라이댐퍼
② 방화댐퍼(FD) : 루버형 댐퍼
③ 방연댐퍼(SD) : 연기감지기
④ 방연 · 방화댐퍼(SFD) : 스플릿댐퍼

해설 ㉠ 방화댐퍼(FD), 방연댐퍼(SD)
㉡ 방연 방화댐퍼(SFD)
㉢ 스플릿댐퍼(Split Damper) : 분기부에 설치하여 풍량
조절용으로 사용

90 고압 배관용 탄소 강관에 대한 설명으로 틀린 것은?

① 100kgf/cm² 이상에 사용하는 고압용 강관이다.
② KS 규격기호로 SPPH라고 표시한다.
③ 치수는 호칭지름×호칭두께(Sch No)×바깥지름
으로 표시하며, 림드강을 사용하여 만든다.
④ 350℃ 이하에서 내연기관용 연료분사관, 화학공
업의 고압배관용으로 사용된다.

해설 ㉠ 고압배관용 탄소강 강관 : 킬드강괴 사용
㉡ 저압배관용 탄소강 강관 : 림드강괴 사용 가능

91 냉매배관 재료 중 암모니아를 냉매로 사용하는 냉동설비에 일반적으로 많이 사용하는 것은?

① 동, 동합금
② 아연, 주석
③ 철, 강
④ 크롬, 니켈 합금

해설 ㉠ 암모니아 냉동설비 : 철이나 강의 부식은 없다.
㉡ 프레온계 냉동설비 : 동관 사용

92 가스배관 경로 선정 시 고려하여야 할 내용으로 적당하지 않은 것은?

① 최단거리로 할 것
② 구부러지거나 오르내림을 적게 할 것
③ 가능한 한 은폐매설을 할 것
④ 가능한 한 옥외에 설치할 것

해설 가스배관은 누설 점검이 필요하여 은폐매설 배관의 시공은
자제할 것

93 각 수전에 급수공급이 일반적으로 하향식에 의해 공급되는 급수방식은?

① 수도 직결식   ② 옥상 탱크식
③ 압력 탱크식   ④ 부스터 방식

해설 옥상탱크식
각 수전에 급수공급이 일반적으로 아파트 등 옥상에서 하향
식에 의해 급수된다.

94 기계배기와 기계급기의 조합에 의한 환기방법으로 일반적으로 외기를 정화하기 위한 에어필터를 필요로 하는 환기법은?

① 1종 환기   ② 2종 환기
③ 3종 환기   ④ 4종 환기

해설 ① 1종 환기 : 급기팬+배기팬
② 2종 환기 : 급기팬+자연배기
③ 3종 환기 : 급기는 자연급기+배기팬
④ 4종 환기 : 자연환기(급기, 배기 모두)

95 도시가스 배관 시 배관이 움직이지 않도록 관지름 13 ~33mm 미만은 몇 m마다 고정장치를 설치해야 하는가?

① 1m   ② 2m
③ 3m   ④ 4m

해설 ㉠ 13mm 이하 : 1m
㉡ 13mm 초과~33mm 미만 : 2m
㉢ 33mm 초과 : 3m

96 증기트랩에 관한 설명으로서 맞는 것은?

① 응축수나 공기가 자동적으로 환수관에 배출되며, 실로폰 트랩, 방열기 트랩이라고도 하는 트랩은 플로트 트랩이다.
② 열동식 트랩은 고압·중압의 증기관에 적합하며, 환수관을 트랩보다 위쪽에 배관할 수도 있고, 형식에 따라 상향식과 하향식이 있다.
③ 버킷 트랩은 구조상 공기를 함께 배출하지 못하지만 다량의 응축수를 처리하는 데 적합하며, 다량 트랩이라고 한다.
④ 고압, 중압, 저압에 사용되며 작동 시 구조상 증기가 약간 새는 결점이 있는 것이 충격식 트랩이다.

해설 ㉠ 방열기트랩 : 벨로스 트랩
㉡ 버킷트 트랩 : 상향식, 하향식
㉢ 다량트랩 : 플로트 트랩

97 신축 이음쇠의 종류에 해당되지 않는 것은?

① 벨로스형   ② 플랜지형
③ 루프형   ④ 슬리브형

해설 신축이음쇠
㉠ 벨로스형   ㉡ 루프형
㉢ 슬리브형   ㉣ 스위블형

98 보온재의 구비조건 중 틀린 것은?

① 열전도율이 적을 것
② 균열 신축이 적을 것
③ 내식성 및 내열성이 있을 것
④ 비중이 크고 흡습성이 클 것

해설 보온재는 비중이 작고 흡습성이나 흡수성이 작을 것

99 강관 접합법에 해당되지 않는 것은?

① 나사 접합   ② 플랜지 접합
③ 용접 접합   ④ 몰코 접합

해설 일반배관용 스테인리스강관(KSD 3595)은 내식성, 내열 및 고온용의 배관에 사용되며 관 공작은 다소 어려우나 Molco Joint의 개발로 널리 사용되고 있다.

100 온수난방 배관에서 역귀환방식을 채택하는 목적으로 적합한 것은?

① 배관의 신축을 흡수하기 위하여
② 온수가 식지 않게 하기 위하여
③ 온수의 유량분배를 균일하게 하기 위하여
④ 배관길이를 짧게 하기 위하여

해설 강제순환 역귀환방식

SECTION 01 기계열역학

01 공기 1kg을 1MPa, 250℃의 상태로부터 압력 0.2 MPa까지 등온변화한 경우 외부에 대하여 한 일량은 약 몇 kJ인가?(단, 공기의 기체상수는 0.287kJ/kg · K이다.)

① 157
② 242
③ 313
④ 465

해설 등온변화 일량 $W = \int mPdV$

$$= mRT\ln\frac{V_2}{V_1} = mRT\ln\frac{P_2}{P_1}$$

$$= 1 \times 0.287 \times (250+273) \times \ln\left(\frac{1}{0.2}\right)$$

$$= 241.58\text{kJ}$$

02 공기는 압력이 일정할 때, 그 정압비열이 $C_p = 1.0053 + 0.000079t$ · kJ/kg · ℃라고 하면 공기 5kg을 0℃에서 100℃까지 일정한 압력하에서 가열하는 데 필요한 열량은 약 얼마인가?(단, $t = $℃이다.)

① 100.5kJ
② 100.9kJ
③ 502.7kJ
④ 504.6kJ

해설 정압과정 열량

$$Q = GC_p(t_2-t_1) = mC_p dt = m\int_{t_1}^{t_2} C_p dt$$

$$= m\int_{t_1}^{t_2}(1.0053 + 0.000079t)dt$$

$$= 5[1.0053(t_2-t_1) + \frac{0.000079}{2}(t_1{}^2 - t_2{}^2)]_0^{100}$$

$$= 5[1.0053 \times (100-0) + \frac{0.000079}{2}(100^2 - 0^2)]$$

$$= 504.6\text{kJ}$$

03 온도가 −23℃인 냉동실로부터 기온이 27℃인 대기 중으로 열을 뽑아내는 가역냉동기가 있다. 이 냉동기의 성능계수는?

① 3
② 4
③ 5
④ 6

해설 역카르노 사이클 효율에서

성능계수 $\varepsilon = \dfrac{q_2}{q_1-q_2} = \dfrac{T_2}{T_1-T_2}$

$$= \frac{(273-23)}{(273+27)-(273-23)} = 5$$

04 냉매 R−124a를 사용하는 증기−압축 냉동 사이클에서 냉매의 엔트로피가 감소하는 구간은 어디인가?

① 증발구간
② 압축구간
③ 팽창구간
④ 응축구간

해설 등엔트로피 : 단열변화(압축기)

$$\oint_{rev} \frac{d\theta}{T} = 0$$

여기서, $\oint$: 1사이클을 적분한다. rev : 가역과정

냉동기 응축구간 : 열의 손실(열교환)이 일어나므로 엔트로피 감소

05 이상기체의 마찰이 없는 정압과정에서 열량 Q는?(단, C_v는 정적비열, C_p는 정압비열, k는 비열비, dT는 임의의 점의 온도변화이다.)

① $Q = C_v dT$
② $Q = k^2 C_v dT$
③ $Q = C_p dT$
④ $Q = kC_p dT$

해설 이상기체 정압과정
열량(Q) $= du = C_v dT$, $dh = C_p dT$

06 질량(質量) 50kg인 계(系)의 내부에너지(u)가 100 kJ/kg이며, 계의 속도는 100m/s이고, 중력장(重力場)의 기준면으로부터 50m의 위치에 있다고 할 때, 계에 저장된 에너지(E)는?

① 3,254.2kJ
② 4,827.7kJ
③ 5,274.5kJ
④ 6,251.4kJ

해설 총에너지＝내부에너지＋속도에너지＋위치에너지

$$E = mu + \frac{mv^2}{2} + mgz$$

$$= m\left(u + \frac{v^2}{2} + gz\right)$$

$$= 50 \times \left(100 + \frac{100^2}{2 \times 10^3} + \frac{9.8 \times 50}{10^3}\right)$$

$$= 5,274.5 \text{kJ}$$

※ $1\text{kJ} = 1\text{kN/m} = 1,000\text{kg} \cdot \text{m/s}^2 \cdot \text{m}$

07 교축과정(Throttling Process)에서 처음 상태와 최종 상태의 엔탈피는 어떻게 되는가?

① 처음 상태가 크다. ② 최종 상태가 크다.

③ 같다. ④ 경우에 따라 다르다.

해설 교축과정

등 엔탈피 과정(교축과정에서 속도에너지의 감소는 열에너지로 바뀌어 유체에 회수되므로 엔탈피는 원래의 상태로 복귀되어 엔탈피는 처음과 같이 같아진다.)

08 다음 중 열전달률을 증가시키는 방법이 아닌 것은?

① 2중 유리창을 설치한다.

② 엔진실린더의 표면 면적을 증가시킨다.

③ 팬의 풍량을 증가시킨다.

④ 냉각수 펌프의 유량을 증가시킨다.

해설 2중 유리창 설치 시에는 공기에 의해 열전달이 차단된다.

09 절대온도 T_1 및 T_2의 두 물체가 있다. T_1에서 T_2로 열량 Q가 이동할 때 이 물체가 이루는 계의 엔트로피 변화를 나타내는 식은?(단, $T_1 > T_2$이다.)

① $\dfrac{T_1 - T_2}{Q(T_1 \times T_2)}$ ② $\dfrac{Q(T_1 \times T_2)}{T_1 \times T_2}$

③ $\dfrac{Q(T_1 - T_2)}{T_1 \times T_2}$ ④ $\dfrac{T_1 + T_2}{Q(T_1 \times T_2)}$

해설 엔트로피 변화＝$\dfrac{Q(T_1 - T_2)}{T_1 \times T_2}$

10 서로 같은 단위를 사용할 수 없는 것으로 나타낸 것은?

① 열과 일

② 비내부에너지와 비엔탈피

③ 비엔탈피와 비엔트로피

④ 비열과 비엔트로피

해설 ㉠ 비엔탈피(h)

$h = u + APV \text{(kcal/kg)}$

㉡ 비엔트로피(ds)

$ds = \dfrac{\delta q}{T} = \dfrac{CdT}{T} \text{(kcal/kg} \cdot \text{K)}$

11 두께 10mm, 열전도율 15W/m · ℃인 금속판의 두 면의 온도가 각각 70℃와 50℃일 때 전열면 1m^2당 1분 동안에 전달되는 열량은 몇 kJ인가?

① 1,800 ② 14,000

③ 92,000 ④ 162,000

해설 전도열량 $q = k \cdot A \cdot \Delta t$

$$= \frac{\lambda}{l} \cdot A \cdot \Delta t$$

$$= \frac{15}{10 \times 10^{-3}} \times 1 \times (70 - 50) \times 60 \times \frac{1}{1,000}$$

$$= 1,800 \text{kJ}$$

12 500W의 전열기로 4kg의 물을 20℃에서 90℃까지 가열하는 데 몇 분이 소요되는가?(단, 전열기에서 열은 전부 온도 상승에 사용되고 물의 비열은 4,180J/kg · K이다.)

① 16 ② 27

③ 39 ④ 45

해설 현열 $q = G \cdot C_p \cdot \Delta t$

$$\Delta t = \frac{q}{G \times C_p} = \frac{4,180 \times 4 \times (90 - 20)}{500}$$

$$= 2,340.8초$$

$$\fallingdotseq 39분$$

13 1kg의 공기를 압력 2MPa, 온도 20℃의 상태로부터 4MPa, 온도 100℃의 상태로 변화하였다면 최종체적은 초기체적의 약 몇 배인가?

① 0.125　　　　② 0.637
③ 3.86　　　　④ 5.25

> **해설** 이상기체 상태방정식 $PV=mRT$에서 $\dfrac{V_2}{V_1}=\dfrac{T_2 P_1}{T_1 P_2}$ 이다.
>
> $\therefore\ V_2 = V_1 \times \dfrac{T_2 P_1}{T_1 P_2} = 1 \times \dfrac{(100+273) \times 2}{(20+273) \times 4} = 0.637$배

14 그림과 같은 공기표준 브레이턴(Brayton) 사이클에서 작동유체 1kg당 터빈 일은 얼마인가?(단, T_1= 300K, T_2=475.1K, T_3=1,100K, T_4=694.5K이고, 공기의 정압비열과 정적비열은 각각 1.0035kJ/kg·K, 0.7165kJ/kg·K이다.)

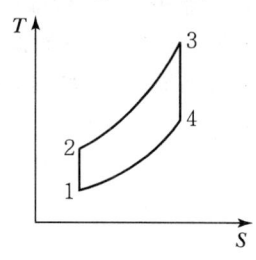

① 406.9kJ/kg　　　② 290.6kJ/kg
③ 627.2kJ/kg　　　④ 448.3kJ/kg

> **해설** Brayton Cycle
> 가스터빈 이상 사이클(등압연소 사이클)
> ㉠ 압축기일$(AW_c) = C_p(T_2 - T_2)$
> ㉡ 터빈일$(AW_t) = C_p(T_3 - T_4)$
> $\qquad\qquad = 1.0035 \times (1,100 - 694.5)$
> $\qquad\qquad = 406$kJ/kg

15 어떤 시스템이 100kJ의 열을 받고, 150kJ의 일을 하였다면 이 시스템의 엔트로피는?

① 증가했다.
② 감소했다.
③ 변하지 않았다.
④ 시스템의 온도에 따라 증가할 수도 있고 감소할 수도 있다.

> **해설** 100=150 : 비가역변화이므로 엔트로피는 증가

16 온도 300K, 압력 100kPa 상태의 공기 0.2kg이 완전히 단열된 강체 용기 안에 있다. 패들(Paddle)에 의하여 외부에서 공기에 5kJ의 일이 행해진다. 최종 온도는 얼마인가(단, 공기의 정압비열과 정적비열은 1.0035kJ/kg·K, 0.7165kJ/kg·K이다.)

① 약 325K　　　　② 약 275K
③ 약 335K　　　　④ 약 265K

> **해설** $Q = m\,C_v\,\Delta t\,(\because\ 밀폐용기의\ 내부)$
> $\Delta t = \dfrac{Q}{m \cdot C_v} = \dfrac{5}{0.2 \times 0.7165} = 34.89K$
> $\therefore\ T_2 = T_1 + \Delta t = 300 + 34.89 = 334.89K$

17 저온실로부터 46.4kW의 열을 흡수할 때 10kW의 필요로 하는 냉동기가 있다면, 이 냉동기의 성능계수는?

① 4.64　　　　② 5.65
③ 56.5　　　　④ 46.4

> **해설** 냉동기 성능계수 $= \dfrac{저온실열}{압축기동력열}$
> $\qquad\qquad = \dfrac{46.4}{10} = 4.64$

18 카르노 열기관에서 열공급은 다음 중 어느 가역과정에서 이루어지는가?

① 등온팽창　　　② 등온압축
③ 열팽창　　　　④ 단열압축

> **해설** 카르노 사이클
>
>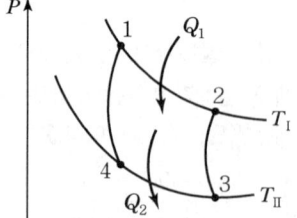
>
> 1→2 : 등온팽창
> 　　　 (열공급)
> 2→3 : 단열팽창
> 3→4 : 등온압축
> 4→1 : 단열압축

19 준평형 과정으로 실린더 안의 공기를 100kPa, 300K 상태에서 400kPa까지 압축하는 과정 동안 압력과 체적의 관계는 "PV^n＝일정($n=1.3$)"이며, 공기의 정적 비열은 $C_v=0.717$kJ/kg · K, 기체상수(R)＝0.287 kJ/kg · K이다. 단위질량당 일과 열의 전달량은?

① 일＝－108.2kJ/kg
② 일＝－108.2kJ/kg
③ 일＝－125.4kJ/kg
④ 일＝－125.4kJ/kg

해설 PV^n(폴리트로픽 변화)

$C_p = C_v + R = 0.717 + 0.287 = 1.004$kJ/kg · K

비열비(K)＝$\dfrac{C_p}{C_v} = \dfrac{1.004}{0.717} = 1.40$

㉠ 방출열＝$\left(\dfrac{n-k}{n-1}\right)C_v(T_2 - T_1)$

$\dfrac{T_2}{T_1} = \left(\dfrac{P_2}{P_1}\right)^{\frac{n-1}{n}}$ 에서

$T_2 = T_1 \times \left(\dfrac{P_2}{P_1}\right)^{\frac{n-1}{n}} = 300\text{K} \times \left(\dfrac{400}{100}\right)^{\frac{1.3-1}{1.3}} = 414\text{K}$

$\left(\dfrac{1.3-1.40}{1.3-1}\right) \times 0.717(414-300) = -27.25$kJ/kg

㉡ 폴리트로픽 밀폐시스템 일

$(_1W_2) = \dfrac{1}{n-1}(P_1 V_1 - P_2 V_2)$

$= \dfrac{P_1 V_1}{n-1}\left\{1 - \left(\dfrac{P_2}{P_1}\right)^{\frac{n-1}{n}}\right\} = \dfrac{RT_1}{n-1}\left\{1 - \left(\dfrac{P_2}{P_1}\right)^{\frac{n-1}{n}}\right\}$

$= \dfrac{R}{n-1}(T_1 - T_2)$

$= \dfrac{0.287 \times 300}{1.3-1} \times \left\{1 - \left(\dfrac{400}{100}\right)^{\frac{1.3-1}{1.3}}\right\}$

$= -108.2$kJ/kg

20 밀폐된 실린더 내의 기체를 피스톤으로 압축하는 동안 300kJ의 열이 방출되었다. 압축일의 양이 400kJ 이라면 내부에너지 증가는?

① 100kJ
② 300kJ
③ 400kJ
④ 700kJ

해설 내부에너지 증가＝압축일량－방출열
＝400－300
＝100kJ

SECTION 02 냉동공학

21 증발식 응축기의 응축능력을 높이기 위한 방법으로 옳은 것은?

① 순환수 온도를 저하시킨다.
② 외기의 습구온도를 높인다.
③ 순환수 온도를 높인다.
④ 순환수량을 줄인다.

해설 증발식 응축기(암모니아 냉동기용)
냉각수 증발에 의해 냉매가 응축된다(물의 증발잠열 이용).
㉠ 습도가 높으면 능력이 저하된다.
㉡ 냉각수가 적게 든다(냉각탑을 별도로 사용하지 않아도 된다).
㉢ 응축능력을 높이기 위하여 순환수의 온도를 저하시킨다.

22 2원 냉동 사이클에 대한 설명으로 옳은 것은?

① －100℃ 정도의 저온을 얻고자 할 때 사용되며, 보통 저온 측에는 임계점이 높은 냉매를, 고온 측에는 임계점이 낮은 냉매를 사용한다.
② 저온부 냉동 사이클의 응축기 방열량을 고온부 냉동 사이클의 증발기가 흡열하도록 되어 있다.
③ 일반적으로 저온 측에 사용하는 냉매는 R-12, R-22, 프로판 등이다.
④ 일반적으로 고온 측에 사용하는 냉매는 R-13, R-14 등이다.

해설 2원 냉동법
2단 압축보다 더 저온이 필요할 때 사용하는 방법
㉠ －70℃ 정도 저온용(고온 측 : R-12, 저온 측 : R-22)
㉡ －70~－100℃ 정도 저온용(고온 측 : R-122, 저온측 : R-13)
㉢ 압축기를 각각 병렬로 연결한다.
㉣ 저온부 냉동 사이클의 응축기 방열량은 고온부 냉동 사이클의 증발기가 흡열하도록 한다.

23 증기 압축식 냉동 사이클에서 증발온도를 일정하게 유지하고 응축온도를 상승시킬 경우에 나타는 현상 중 잘못된 것은?

① 성적계수 감소
② 토출가스 온도 상승
③ 소요동력 증대
④ 플래시가스 발생량 감소

해설 증발온도 일정, 응축온도상승 : 플래시가스 발생량 증가

24 온도식 자동팽창밸브에 관한 설명이 잘못된 것은?

① 주로 암모니아 냉동장치에 사용한다.
② 감온통의 설치는 액가스 열교환기가 있을 경우에는 증발기 쪽에 밀착하여 설치한다.
③ 부하변동에 따라 냉매유량 제어가 가능하다.
④ 내부균압형과 외부균압형이 있다.

해설 온도식 자동팽창밸브(TEV) : 주로 프레온 건식 증발기용
㉠ 리퀴드 백(Liquid Back) 방지 가능
㉡ 증발기 출구 냉매의 과열도 일정 가능

25 왕복동 냉동기에서 −70~−30℃ 정도의 저온을 얻기 위하여 2단 압축방식을 채용하고 있다. 그 이유를 설명한 것 중 옳은 것은?

① 토출가스 온도를 낮추기 위하여
② 압축기의 효율 향상을 막기 위하여
③ 윤활유의 온도를 상승시키기 위하여
④ 성적계수를 낮추기 위하여

해설 2단 압축방식의 사용목적
토출가스의 온도를 낮추기 위해 채택(1단 압축에서 압축비가 6을 넘으면 채택)

26 2단 냉동 사이클에서 응축압력을 P_c, 증발압력을 P_e 라 할 때 이론적인 최적의 중간압력으로 가장 적당한 것은?

① P_c, P_e
② $(P_c, P_e)^{\frac{1}{2}}$
③ $(P_c, P_e)^{\frac{1}{3}}$
④ $(P_c, P_e)^{\frac{1}{4}}$

해설 2단 압축 냉동 사이클의 이론적인 최적의 중간압력 $(P_c, P_e)^{\frac{1}{2}}$ 로 계산

27 전열면적이 17m²인 브라인 쿨러(Brine Cooler)가 있다. 브라인 유량이 180L/min, 쿨러의 브라인 입·출구 온도는 −12℃ 및 −16℃이다. 브라인 쿨러의 냉동부하는 약 몇 kcal/h인가?(단, 브라인의 비중량은 1.2kg/L이고, 비열은 0.72kal/kg℃이다.)

① 31,104
② 33,460
③ 37,324
④ 51,840

해설 냉동부하 $q = G \cdot C \cdot \Delta t$
$= \gamma Q \cdot C \cdot \Delta t$
$= 1.2 \times 180 \times 0.72 \times \{(-12)-(-16)\} \times 60$
$= 37,324.8 \text{kcal/h}$
※ 브라인 중량 $= 180 \times 1.2$
1시간 $= 60$분

28 냉동기 부속기기의 설치 위치로 옳지 않은 것은?

① 암모니아 냉동기의 유분리기는 압축기와 응축기 사이
② 액 분리기는 증발기와 압축기 사이
③ 건조기는 수액기와 응축기 사이
④ 수액기는 응축기와 팽창변 사이

해설 냉매건조기(Drier) 설치위치

응축기 (수액기) ⟶ 사이트글라스 ⟶

| 드라이어 | ⟶ 전자밸브 ⟶ 팽창밸브

29 압축기의 토출압력 상승 원인으로 옳지 않은 것은?

① 냉각수 부족 및 냉가수온이 높을 때
② 냉기관 내 물때 및 스케일이 끼었을 때
③ 불응축가스 혼입 시
④ 응축온도가 낮을 때

해설 응축온도가 낮으면 압축기 토출압력이 저하된다.

30 두께 100mm의 콘크리트벽의 내면에 두께 200mm의 발포 스티로폼으로 방열을 하고 또 그 내면을 10mm 두께의 내장판을 설치한 냉장고가 있다. 냉장실 온도가 −30℃이고, 평균외기 온도가 35℃이며 냉장고의 벽면적이 100m²인 경우 전열량은 약 얼마인가?

재료명	열전도율(kcal/mh℃)
콘크리트	0.9
발포스티로폼	0.04
내장판	0.15

벽면	표면 열전달률(kcal/m²h℃)
외벽면	20
내벽면	5

① 1,076kcal/h ② 1,196kcal/h
③ 1,296 ④ 1,396kcal/h

해설 열관류에 의한 전열량(Q)

Q=열관류율×벽면적×온도차

열관류율(K)=$\dfrac{1}{\frac{1}{5}+\frac{0.1}{0.9}+\frac{0.2}{0.04}+\frac{0.01}{0.15}+\frac{1}{20}}$

=0.1842kcal/m²h℃

∴ Q=0.1842×100×(35−(−30))=1,197kcal/h

31 일반적으로 냉방 시스템에 물을 냉매로 사용하는 냉동방식은?

① 터보식 ② 흡수식
③ 전자식 ④ 증기압축식

해설 흡수식냉동기
㉠ 냉매(H₂O)
㉡ 흡수제(LiBr)

32 스크루 압축기의 구성요소가 아닌 것은?

① 스러스트 베어링 ② 숫 로터
③ 암 로터 ④ 크랭크축

해설 크랭크축(Crank Shaft)
㉠ 종류 : 크랭크형, 편심형, 스카치요크형
㉡ 왕복동 시에 모터의 회전운동을 피스톤의 직선왕복운동으로 바꾸어주는 동력전달장치이다.

33 20℃, 500kg의 물을 −10℃의 얼음으로 만들고자 한다. 이때 필요한 냉동능력은 약 몇 RT인가?(단, 물의 비열을 1kcal/kg℃, 얼음의 비열을 0.5kcal/kg℃, 물의 응고잠열을 80kcal/kg, 1RT를 3,320kcal/h로 한다.)

① 9.79 ② 13.55
③ 15.81 ④ 16.57

해설 ㉠ 20℃의 얼음을 0℃로 만드는 부하
q=500×1×(20−0)
=10,000kcal/h
㉡ 얼음 자체의 부하 q=500×80=40,000kcal/h
㉢ 0℃ 얼음을 −10℃ 얼음으로 만드는 부하
q=500×0.5×{0−(−10)}=2,500kcal/h
∴ 냉동능력=$\dfrac{총부하}{3,320}$=$\dfrac{10,000+40,000+2,500}{3,320}$
=15.81RT

34 냉동기의 압축기에 사용되는 냉동유의 구비조건으로 옳지 않은 것은?

① 저온에서 응고점이 충분히 낮고, 고온에서 열화가 되지 않을 것
② 인화점이 높고, 냉매에 잘 용해될 것
③ 수분 함유량이 적고, 전기절연내력이 클 것
④ 장기간 사용하여도 변질되거나 열화하지 않을 것

해설 냉동유 오일(Oil)은 응고점이 낮고 인화점이 180~200℃로 높을 것(유동성이 좋고 항(抗) 유화성(乳化性)이 있을 것)

35 각종 냉동기의 압축작용에 대한 설명 중 옳지 않은 것은?

① 증기압축식 냉동기 : 증발기에서 증발한 저온저압의 증기를 압축기에서 압축하여 고온고압의 증기로 내보낸다.
② 흡수식 냉동기 : 흡수기 및 발생기가 증기압축식 냉동기의 압축기 역할을 한다고 할 수 있다.
③ 증기분사식 냉동기 : 노즐에서 분사된 증기와 증발기에서 증발한 증기가 혼합되지만 압축작용을 하는 기기는 없다.
④ 열펌프 : 증기압축식 냉동기와 같은 방법으로 증기를 압축한다.

해설 증기분사식 냉동기
증기 이젝터(Steam Ejector)를 이용하여 증기의 분사시 분압작용에 의해 증발기내의 압력이 저하되어 이 저압속에서 냉각된 물을 냉동 목적에 사용하는 냉동기

36 펠티에(Feltier) 효과를 이용하는 냉동방법에 대한 설명으로 옳지 않은 것은?

① 펠티에 효과를 냉동에 이용한 것이 전자냉동 또는 열전기식 냉동법이다.
② 펠티에 효과를 냉동법으로 실용화에 어려운 점이 많았으나 반도체 기술이 발달하면서 실용화되었다.
③ 이 냉동방법을 이용한 것으로는 휴대용 냉장고, 가정용 특수냉장고, 물 냉각기, 핵 잠수함 내의 냉난방장치이다.
④ 이 냉동방법도 증기 압축식 냉동장치와 마찬가지로 압축기, 응축기, 증발기 등을 이용한 것이다.

해설 전자냉동기(펠티에 효과 이용)
열전냉동법으로 성질이 다른 두 금속을 접속하여 직류전기가 통하면 접합부에서 열의 방출과 흡수가 일어나는 현상을 이용하여 저온을 얻는 방법

37 냉동장치의 냉매량이 부족할 때 일어나는 현상 중에서 맞는 것은?

① 흡입압력이 낮아진다.
② 토출압력이 높아진다.
③ 냉동능력이 증가한다.
④ 흡입압력이 높아진다.

해설 냉동기 냉매량이 부족하면 흡입압력이 낮아진다.

38 냉매로서의 갖추어야 할 중요요건에 대한 설명으로 틀린 것은?

① 동일한 냉동능력에 대하여 냉매가스의 용적이 적을 것
② 저온에 있어서도 대기압 이상의 압력에서 증발하고 비교적 저압에서 액화할 것
③ 점도가 크고 열전도율이 좋을 것
④ 증발열이 크며 액체의 비열이 작을 것

해설 냉매는 점도가 적어야 하고 전열작용이 양호해야 한다.

39 냉동장치 내 팽창밸브를 통과한 냉매의 상태로 옳은 것은?

① 엔탈피 감소 및 압력강하
② 온도저하 및 엔탈피 감소
③ 압력강하 및 온도저하
④ 엔탈피 감소 및 비체적 감소

해설 응축기 ── 팽창밸브 ──▶ 압력강하, 온도저하

40 냉매 R-22를 사용하는 냉동기에서 증발기입구 엔탈피 106kcal/kg, 증발기출구 엔탈피 451kcal/kg, 응축기입구 엔탈피 471kcal/kg이었다. 이 냉동기의 ㉠ 냉동효과(kcal/kg), ㉡ 성적계수는 얼마인가?

① ㉠ 345, ㉡ 17.2
② ㉠ 365, ㉡ 17.2
③ ㉠ 345, ㉡ 10.2
④ ㉠ 365, ㉡ 10.2

해설 냉동 사이클 $P-h$ 선도

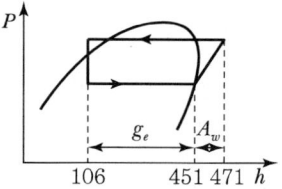

㉠ 냉동기 냉매효과 $q_e = 451 - 106 = 345$kcal/kg
㉡ 성적계수

$$\frac{q_e}{A_w} = \frac{냉매효과}{압축기\ 일량}$$
$$= \frac{451 - 106}{471 - 451}$$
$$= \frac{345}{20} = 17.25$$

SECTION **03** 공기조화

41 다음 중 공기조화설비의 계획 시 조닝(Zoning)을 하는 이유와 가장 거리가 먼 것은?

① 효과적인 실내 환경의 유지
② 설비비의 경감
③ 운전 가동면에서의 에너지 절약
④ 부하 특성에 대한 대처

해설 조닝 : 건물 전체를 몇 개의 구획으로 분할하고 각각의 구획은 덕트나 냉온수에 의해 냉난방을 처리하는 것
㉠ 내부존 ㉡ 외부존

42 공기조화방식 중에서 전공기방식에 속하는 것은?

① 패키지유닛방식
② 복사냉난방방식
③ 유인유닛방식
④ 저온공조방식

해설 저온공조(전공기방식)
㉠ 단일덕트 방식 ㉡ 2중덕트 방식
㉢ 덕트병용 패키지 방식 ㉣ 각층 유닛 방식

43 환기방식에 관한 설명으로 옳은 것은?

① 제1종 환기는 자연급기와 자연배기 방식이다.
② 제2종 환기는 기계설비에 의한 급기와 자연배기 방식이다.
③ 제3종 환기는 기계설비에 의한 급기와 기계설비에 의한 배기방식이다
④ 제4종 환기는 자연급기와 기계설비에 의한 배기 방식이다.

해설

(제2종 환기)

① 자연환기
③ 제1종 환기
④ 제3종 환기

44 크기 1,000×500mm의 직관 덕트에 35℃의 온풍 18,000m³/h이 흐르고 있다. 이 덕트가 −10℃의 실외부분을 지날 때 길이 20m당의 덕트 표면으로부터의 열손실은?(단, 덕트는 암면 25mm로 보온되어 있고 이때 1,000m당 온도차 1℃에 대한 온도강하는 0.9℃이다. 공기의 밀도는 1.2kg/m³, 정압비열은 1.01kJ/kg·K이다.)

① 3.0kW ② 3.8kW
③ 4.9kW ④ 6.0kW

해설 덕트 표면 손실열량 $q = p Q \cdot C_p \cdot \Delta t$
이때, 덕트 1m당 온도 저하
$\Delta t = 0.9 \times \{35 - (-10)\} \times 10^{-3} = 0.0405℃/m$
$\therefore q = \dfrac{1.2 \times 18,000 \times 1.01 \times (0.0405 \times 20)}{3,600} = 4.91 kW$

45 열펌프에 관한 설명으로 옳은 것은?

① 열펌프는 펌프를 가동하여 열을 내는 기관이다.
② 난방용의 보일러를 냉방에 사용할 때 이를 열펌프라 한다.
③ 열펌프는 증발기에서 내는 열을 이용한다.
④ 열펌프는 응축기에서의 방열을 난방으로 이용하는 것이다.

해설

히트펌프(열펌프)

46 두께 5cm, 면적 10m²인 어떤 콘크리트 벽의 외측이 40℃, 내측이 20℃라 할 때, 10시간 동안 이 벽을 통하여 전도되는 열량은?(단, 콘크리트의 열전도율은 1.3W/m·K로 한다.)

① 5.2kWh ② 52kWh
③ 7.8kWh ④ 78kWh

해설 전도열량 $q = k \cdot A \cdot \Delta t \cdot h$
$= \dfrac{\lambda}{l} \cdot A \cdot \Delta t \cdot h$
$= \dfrac{1.3}{5 \times 10^{-2}} \times 10 \times (40 - 20) \times 10$
$= 52,000Wh = 52kWh$
※ $l = 5cm = 5 \times 10^{-2}m$

47 보일러의 성능에 관한 설명으로 옳지 않은 것은?

① 증발계수는 실제증발량를 환산(상당)증발량으로 나눈 값을 말한다.

② 보일러 마력은 매시 100℃의 물 15.65kg을 증기로 변화시킬 수 있는 능력이다.

③ 보일러 효율은 증기에 흡수된 열량과 연료의 발열량과의 비이다.

④ 보일러 마력을 전열면적으로 표시할 때는 수관 보일러의 전열면적 0.929m²를 1보일러마력이라 한다.

해설 증발계수(증발력) $= \dfrac{실제증발량(kg/h)}{연료소비량(kg/h)}$

48 1,000명을 수용하는 극장에서 1인당 CO_2 토출량이 15L/h이면 실내 CO_2양을 0.1%로 유지하는 데 필요한 환기량은?(단, 외기의 CO_2양은 0.04%이다.)

① 2,500m³/h

② 25,000m³/h

③ 3,000m³/h

④ 30,000m³/h

해설 환기량 $Q = \dfrac{M}{K-K_0} \cdot A \cdot N$

$$= \dfrac{15 \times 1,000}{\dfrac{0.1}{100} - \dfrac{0.04}{100}}$$

$$= 25,000,000 \text{L/h}$$

$$= 25,000 \text{m}^3/\text{h}$$

※ $0.1\% = \dfrac{0.1}{100}$, $0.04\% = \dfrac{0.04}{100}$

1명 : 15L/h → 1,000명 : 15×1,000L/h

49 공기 중의 수증기가 응축하기 시작할 때의 온도, 즉 공기가 포화상태로 될 때의 온도를 의미하는 것은?

① 노점온도　　　　② 건구온도

③ 습구온도　　　　④ 절대온도

해설 노점온도 : 공기 중의 수증기가 응축하기 시작할 때의 온도이다.

50 각층 유닛방식에 관한 설명으로 옳지 않은 것은?

① 외기용 공조기가 있는 경우에는 습도제어가 곤란하다.

② 장치가 세분화되므로 설비비가 많이 들고 기기를 관리하기가 불편하다.

③ 각 층마다 부하 및 운전시간이 다른 경우에 적합하다.

④ 송풍덕트가 짧게 된다.

해설 각층 유닛방식(전공기방식)

각 건물 층마다 독립된 유닛(2차공조기)을 설치한다. 즉 외기용 중앙공조기가 외기인 1차공기를 가열, 가습, 또는 냉각, 감습하여 각층 유닛으로 보낸다.

51 온수난방용 기기가 아닌 것은?

① 방열기　　　　　② 공기방출기

③ 순환펌프　　　　④ 증발탱크

해설 증발탱크 : 증기난방용 기기

52 절대습도에 관한 설명으로 옳지 않은 것은?

① 절대습도는 비습도라고도 한다.

② 절대습도는 수증기 분압의 함수이다.

③ 건공기 질량에 대한 수증기 질량에 대한 비로 정의한다.

④ 공기 중의 수분 함량이 변해도 절대습도는 일정하게 유지한다.

해설 ㉠ 공기 중의 수분함량이 변하면 절대습도는 변화한다.

㉡ 절대습도(kg/kg′) : 습공기 중에 함유되어 있는 수증기 중량(x)

53 온열환경 평가지표인 예상불만족감(PPD)의 권장값은 얼마인가?

① 5% 미만　　　　② 10% 미만

③ 20% 미만　　　　④ 25% 미만

해설 온열환경 평가지표인 예상불만족감(PPD)의 권장값 10% 미만

54 다음 중 콜드 드래프트의 발생원인과 가장 거리가 먼 것은?

① 인체 주위의 공기온도가 너무 낮을 때
② 기류의 속도가 낮고 습도가 높을 때
③ 주위 벽면의 온도가 낮을 때
④ 겨울에 창문의 극간풍이 많을 때

해설 콜드 드래프트(Cold Draft) 발생원인
①, ③, ④항 외 기류속도가 크고 습도가 낮은 겨울철에 발생(생산된 열량보다 소비되는 열량이 많으면 추위를 느낀다)

55 다음 중 바이패스 팩터(BF)가 작아지는 경우는?

① 코일 통과풍속을 크게 할 때
② 전열면적이 작을 때
③ 코일의 열수가 증가할 때
④ 코일의 간격이 클 때

해설 바이패스 팩터(By – pass Factor)
공기가 코일을 통과하여도 코일(온수, 냉수)과 접촉하지 못하고 지나가는 공기비율이고 접촉한 공기는 CF이다. 즉 콘택트 팩터이다.

바이패스 팩터(BF) $= \dfrac{t_2 - t_s}{t_1 - t_s} = \dfrac{h_2 - h_s}{h_1 - h_s} = \dfrac{x_2 - x_s}{x_1 - x_s}$

56 공기의 감습장치에 관한 설명으로 옳지 않은 것은?

① 화학적 감습법은 흡착과 흡수 기능을 이용하는 방법이다.
② 압축식 감습법은 감습만을 목적으로 사용하는 경우 비경제적이다.
③ 흡착식 감습법은 실리카겔 등을 사용하며, 흡습재의 재생이 가능하다.
④ 흡수식 감습법은 활성알루미나를 이용하기 때문에 연속적이고 큰 용량의 것에는 적용하기 곤란하다.

해설 흡수식 감습법은 액체제습장치이며 흡수성이 큰
㉠ 염화리튬(LiCl)
㉡ 트리에틸렌글리콘
화학적 감습장치이다.

57 복사난방에 있어서 바닥패널의 온도로 가장 알맞은 것은?

① 95℃ 정도   ② 80℃ 정도
③ 55℃ 정도   ④ 30℃ 정도

해설 복사난방(온수코일바닥난방)
바닥패널의 온도는 약 30℃ 정도이다.

58 덕트의 부속품에 관한 설명으로 옳지 않은 것은?

① 댐퍼는 통과풍량의 조정 또는 개폐에 사용되는 기구이다.
② 분기덕트 내의 풍량제어용으로는 주로 익형 댐퍼를 사용한다.
③ 덕트의 곡부에 있어서 덕트의 곡률 반지름이 덕트의 긴 변의 1.5배 이내일 때는 가이드 베인을 설치하여 저항을 적게 한다.
④ 가이드 베인은 곡부의 기류를 세분해서 와류의 크기를 작게 하는 것이 목적이다.

해설 덕트의 분기부 댐퍼
스프릿 댐퍼(Split Damper)이며 구조가 간단하여 가격이 싸며 주 덕트의 압력 강하도 적다. 그러나 정밀한 풍량조절은 불가능하며 누설이 많아 폐쇄용으로는 사용하지 않는다.

59 흡수식 냉동기에 관한 설명으로 옳지 않은 것은?

① 비교적 소용량보다는 대용량에 적합하다.
② 발생기에는 증기에 의한 가열이 이루어진다.
③ 냉매는 브롬화리튬(LiBr), 흡수제는 물(H_2O)의 조합으로 이루어진다.
④ 흡수기에서는 냉각수를 사용하여 냉각시킨다.

해설 흡수식 냉동기
㉠ 냉매 : H_2O(물)
㉡ 흡수제 : LiBr(브롬화리튬)

60 정풍량 단일덕트방식에 관한 설명으로 옳은 것은?

① 실내부하가 감소될 경우에 송풍량을 줄여도 실내 공기의 오염이 적다.

② 가변풍량방식에 비하여 송풍풍기 동력이 커져서 에너지 소비가 증대한다.

③ 각 실이나 존의 부하변동이 서로 다른 건물에서도 온·습도의 불균형이 생기지 않는다.

④ 송풍량과 환기량을 크게 계획할 수 없으며, 외기 도입이 어려워 외기냉방을 할 수 없다.

해설 정풍량은 연간 송풍기 동력이 크고 에너지 소비가 증대한다 (각 실마다 부하 변동에 대응하지 않으므로 각 실의 온도차가 크다).

SECTION 04 전기제어공학

61 온 오프(on-off) 동작의 설명으로 옳은 것은?

① 간단한 단속적 제어동작이고 사이클링이 생긴다.

② 사이클링은 제거할 수 있으나 오프셋이 생긴다.

③ 오프셋은 없앨 수 있으나 응답시간이 늘어질 수 있다.

④ 응답속도는 빠르나 오프셋이 생긴다.

해설 온-오프 불연속 동작
간단한 단속적 제어동작이고 사이클링이 생긴다.

62 다음 중 직류 전동기의 속도 제어 방식으로 맞는 것은?

① 줄파수 제어　② 극수 변환 제어

③ 립 제어　④ 계자 제어

해설 ㉠ 직류전동기
- 타여자 전동기
- 분권 전동기
- 직권 전동기
- 복권 전동기

㉡ 직류전동기 속도제어 방식 : 계자제어, 저항제어, 전압제어

63 원뿔주사를 이용한 방식으로서 비행기 등과 같이 움직이는 목푯값의 위치를 알아보기 위한 서보용 제어기는?

① 자동조타장치　② 추적레이더

③ 공작기계의 제어　④ 자동평형기록계

해설 ㉠ 서보용제어기 : 추적레이더 등이 서보용 제어기다.

㉡ 서보기구 : 목푯값이 임의의 변화에 추종하도록 구성하고 물체의 위치, 방위, 자세 등에 추적활용

64 불연속제어에 속하는 것은?

① 비율제어　② 비례제어

③ 미분제어　④ ON-OFF제어

해설 연속동작

㉠ 비례제어　㉡ 적분제어

㉢ 미분제어　㉣ 비례, 적분, 미분제어

65 사이클로 컨버터의 작용은?

① 직류-교환 변환　② 직류-직류 변환

③ 교류-직류 변환　④ 교류-교류 변환

해설 ㉠ 컨버터(Converter)회로 (AC-AC 교류변환)

㉡ 사이클로 컨버터(Cyclo Converter)
주파수 및 전압의 크기까지 바꾸는 교류-교류 전력제어 장치

㉢ 컨버터 회로
- 교류전력제어장치(주파수 변화는 없다)
- 사이클로 컨버터(주파수, 전압의 크기까지 바꾼다)

66 5kVA, 3,000/200V의 변압기가 단락시험을 통한 임피던스 전압이 100V, 동손이 100W라 할 때 퍼센트 저항강하는 몇 %인가?

① 2　② 3

③ 4　④ 5

해설 $P(\%저항) = \dfrac{I_{1n}r_{21}}{V_{1n}} = \dfrac{I_{1n}^2 r_{21}}{V_{1n}I_{1n}} = \dfrac{P_c}{P_n}$

∴ 퍼센트 저항강하 $P = \dfrac{전부하동손}{정격용량} \times 100$

$= \dfrac{100}{5 \times 10^3} \times 100 = 2\%$

67 다음 전선 중 도전율이 가장 우수한 재질의 전선은?

① 경동선　　　　　② 연동선
③ 경알미늄선　　　④ 아연도금철선

해설 **연동선**
경동선과 대비된다(어닐링에 의해 경동선에 비해 신장이나 도전율이 좋다. 다만 인장강도는 떨어진다).

68 제어기의 설명 중 틀린 것은?

① P 제어기 : 잔류편차 발생
② I 제어기 : 잔류편차 소멸
③ D 제어기 : 오차예측제어
④ PD 제어기 : 응답속도 지연

해설 **PD(비례, 미분)제어기**
잔류편차 발생, 진상요소에 대응
※ PD제어는 진동을 억제하여 속응성(응답속도)를 개선시킨다.

69 "도선에서 두 점 사이의 전류의 세기는 그 두 점 사이의 전위차에 비례하고 전기저항에 반비례한다." 이것은 무슨 법칙을 설명한 것인가?

① 렌츠의 법칙　　　② 옴의 법칙
③ 플레밍의 법칙　　④ 전압분배의 법칙

해설 **옴의 법칙**
도선에서 두 점 사이의 전류의 세기는 그 두 점 사이의 전위차에 비례하고 전기저항에 반비례한다.

70 뒤진 역률 80%, 1,000kW의 3상 부하가 있다. 이것에 콘덴서를 설치하여 역률을 95%로 개선하려고 한다. 필요한 콘덴서의 용량은 약 몇 kVA인가?

① 422　　　　　② 633
③ 844　　　　　④ 1,266

해설 **콘덴서(Condenser)**
두 도체사이에 유전체를 넣어 절연하여 전하를 축적할 수 있게 한 장치이다.(가변콘덴서, 고정콘덴서가 있고 직렬접속, 병렬접속이 있다)

콘덴서 용량 $Q = P(\tan\theta_1 - \tan\theta_2)$

$$= 1,000 \times \left(\frac{\sqrt{1-0.8^2}}{0.8} - \frac{\sqrt{1-0.95^2}}{0.95} \right)$$

$$= 421.32\text{kVA}$$

※ $\tan\theta = \dfrac{\sin\theta}{\cos\theta} = \dfrac{\sqrt{1-\cos^2\theta}}{\cos\theta}$

71 그림과 같은 논리회로는?

① OR 회로　　　　② AND 회로
③ NOT 회로　　　④ NOR 회로

해설 **AND 게이트 기호**

수식 $Y = A \cdot B = AB = A \times B$

72 논리식 $L = \overline{x} \cdot \overline{y} \cdot z + \overline{x} \cdot y \cdot z + x \cdot \overline{y} \cdot z$를 간단히 한 식은?

① x　　　　　② z
③ $x \cdot \overline{y}$　　　　④ $x \cdot \overline{z}$

해설 $L = \overline{x} \cdot \overline{y} \cdot z + \overline{x} \cdot y \cdot z + x \cdot \overline{y} \cdot z (\overline{x} \cdot \overline{y} + \overline{x} \cdot y + x \cdot \overline{y}) = z$

73 도체에 전하를 주었을 경우 틀린 것은?

① 전하는 도체 외측의 표면에만 분포한다.
② 전하는 도체 내부에만 존재한다.
③ 도체 표면의 곡률 반경이 작은 곳에 전하가 많이 모인다.
④ 전기력선은 정(+)전하에서 시작하여 부전하(−)에서 끝난다.

해설 ㉠ 전하 : 어떤 물체가 대전되었을 때 이 물체가 가지고 있는 전기
㉡ 대전 : 물질이 전자가 부족하거나, 남게 된 상태에서 양전기나 음전기를 되게 되는 현상

74 목푯값에 따른 분류에 따라 열차를 무인운전하고자 할 때 사용하는 제어방식은?

① 자력제어   ② 추종제어
③ 비율제어   ④ 프로그램 제어

해설 프로그램 제어
목푯값에 따른 분류에 따라 열차를 무인운전하고자 할 때 사용하는 제어방식

75 200V의 전원에 접속하여 1kW의 전력을 소비하는 부하를 100V의 전원에 접속하면 소비전력은 몇 W가 되겠는가?

① 100   ② 150
③ 200   ④ 250

해설 소비전력 $P = VI = I^2 R = \dfrac{V^2}{R}$

저항 $R = \dfrac{V_1^{\ 2}}{P} = \dfrac{200^2}{1,000} = 40\,\Omega$

같은 장치의 저항은 일정하므로

$\therefore P_2 = \dfrac{V_2^{\ 2}}{R} = \dfrac{100^2}{40} = 250\text{W}$

76 측정하고자 하는 양을 표준량과 서로 평형을 이루도록 조절하여 측정량을 구하는 측정방식은?

① 편위법   ② 보상법
③ 치환법   ④ 영위법

해설 영위법
측정하고자 하는 양을 표준량과 서로 평형을 이루도록 조절하여 측정량을 구하는 측정방식이다.

77 그림의 신호흐름 선도에서 $\dfrac{C(s)}{R(s)}$ 는?

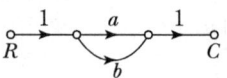

① $\dfrac{1}{ab}$ ② $\dfrac{1}{a} + \dfrac{1}{b}$
③ ab ④ $a + b$

해설 $\Delta = 1 + a, \ G_1 = a, \ \Delta_1 = 1$

$\therefore G = \dfrac{C(s)}{R(s)} = \dfrac{G\Delta_1 + G_2\Delta_2}{\Delta} = \dfrac{a+b}{1} = a + b$

78 $A = 6 + j8, \ B = 20\angle 60°$일 때 $A + B$를 직각좌표 형식으로 표현하면?

① $16 + j18$ ② $16 + j25.32$
③ $23.32 + j18$ ④ $26 + j28$

해설

$B = 20\angle 60°$
$\quad = 20\cos 60° + j20\sin 60°$
$\quad = 20 \times 0.5 + j20 \times 0.866$
$\quad = 10 + j17.32$
$\therefore A + B = (6 + j8) + (10 + j17.32)$
$\qquad\qquad = 16 + j25.32$

79 다음 중 공정제어(프로세스 제어)에 속하지 않는 제어량은?

① 온도   ② 압력
③ 유량   ④ 방위

해설 서보기구(Servo Mechanism)
제어량이 물체의 위치, 방향, 자세 및 각도 등 기계적인 변위인 경우의 제어계

80 절연의 종류에서 최고 허용온도가 낮은 것부터 높은 순서로 옳은 것은?

① A종, Y종, E종, B종
② Y종, A종, E종, B종
③ E종, Y종, B종, A종
④ B종, A종, E종, Y종

해설 절연 최고 허용온도가 낮은 것부터 높은 순서
Y<A<E<B

SECTION 05 배관일반

81 도시가스 입상배관의 관지름이 20mm일 때 움직이지 않도록 몇 m마다 고정장치를 부착해야 하는가?

① 1m   ② 2m
③ 3m   ④ 4m

82 통기관에 관한 설명으로 틀린 것은?

① 통기관경은 접속하는 배수관경의 1/2 이상으로 한다.
② 통기방식에는 신정통기, 각개통기, 화로통기 방식이 있다.
③ 통기관은 트랩내의 봉수를 보호하고 관 내 청결을 유지한다.
④ 배수입관에서 통기입관의 접속은 90° T이음으로 한다.

해설 배수 수평관에서 통기관을 뽑아올릴 때에는 배수관 윗면에서 수직으로 뽑아 올리든가 45°보다 작게 기울여서 뽑아 올린다.

83 관의 종류와 이용방법 연결이 잘못된 것은?

① 강관 – 나사이음
② 동관 – 압축이음
③ 주철관 – 칼라이음
④ 스테인리스강관 – 몰코이음

해설 석면시멘트관 이음(에터니트관의 접합)
㉠ 기어볼트 접합
㉡ 칼라 이음
㉢ 심플렉스 접합

84 공조배관설비에서 수격작용의 방지책으로 옳지 않은 것은?

① 관 내의 유속을 낮게 한다.
② 밸브는 펌프 출입구 가까이 설치하고 제어한다.
③ 펌프에 플라이휠(Fly Wheel)을 설치한다.
④ 조압수조(Surge Tank)를 관선에 설치한다.

해설 공조배관의 수격작용 방지법은 ①, ③, ④항에 따른다(밸브는 펌프 토출구에 설치한다).

85 진공환수식 증기난방 배관에 대한 설명으로 옳지 않은 것은?

① 배관 도중에 공기 빼기 밸브를 설치한다.
② 배관에는 적당한 구배를 준다.
③ 진공식에서는 리프트 피팅에 의해 응축수를 상부로 배출할 수 있다.
④ 응축수의 유속이 빠르게 되므로 환수관을 가늘게 할 수가 있다.

해설 진공환수식 증기난방은 진공펌프를 이용하여 공기를 배출한다(관 내 100~250mmHg 유지).

86 트랩에서 봉수의 파괴원인으로 볼 수 없는 것은?

① 자기사이펀 작용   ② 흡인 작용
③ 분출 작용   ④ 통기 작용

해설 배수트랩에서 봉수의 파괴원인은 ①, ②, ③항의 작용에서 발생

87 배관용 플랜지 패킹의 종류가 아닌 것은?

① 오일 시트 패킹   ② 합성수지 패킹
③ 고무 패킹   ④ 몰드 패킹

해설 ㉠ 플랜지패킹 : 오일시트패킹, 합성수지패킹, 고무패킹(네오프렌), 석면조인트시이트, 금속패킹(구리, 납, 연강, 스테인리스 등)
ㄴ 그랜드패킹 : 석면각형, 석면얀, 아마존, 몰드 등

88 호칭지름 20A 강관을 곡률반경 150mm로 90° 구부림 할 경우 곡관부 길이는 약 얼마인가?

① 117.8mm   ② 235.5mm
③ 471.0mm   ④ 942.0mm

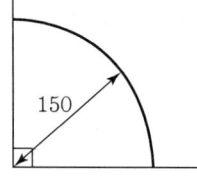

곡관부 길이 $l = 2\pi R \times \dfrac{\theta}{360°} = 2\pi \times 150 \times \dfrac{90°}{360°}$
$= 235.62mm$

또는, 곡관부 길이 $l = r\theta = 150 \times \dfrac{90}{180}\pi = 235.62mm$

89 캐비테이션(Ccavitation) 현상의 발생 조건이 아닌 것은?

① 흡입양정이 지나치게 클 경우
② 흡입관의 저항이 증대될 경우
③ 흡입 유체의 온도가 높은 경우
④ 흡입관의 압력이 양압인 경우

해설 캐비테이션(공동) 현상은 흡입관의 압력이 양압(+)이 아닌 부압(−)의 경우 즉 압력저하 시에 H_2O가 기포로 변화한다 (캐비테이션 : 펌프 작동 시 주기적으로 한숨을 쉬는 현상).

90 다음은 관의 부식 방지에 관한 것이다. 틀린 것은?

① 전기 절연을 시킨다.
② 아연도금을 한다.
③ 열처리를 한다.
④ 습기의 접촉을 없게 한다.

해설 열처리 : 금속의 강도나 성질을 개선한다.
㉠ 담금질   ㄴ 풀림   ㄷ 뜨임

91 경질염화비닐관 TS식 조인트 접합법에서 3가지 접착효과에 해당하지 않는 것은?

① 유동삽입   ② 일출접착
③ 소성삽입   ④ 변형삽입

해설 수도용경질 염화비닐관
냉간접합용 : ㉠ TS식(유동삽입, 일출접착, 변형삽입)
ㄴ 편수칼라식
ㄷ H식

92 롤러 서포트를 사용하여 배관을 지지하는 주된 이유는?

① 신축허용   ② 부식방지
③ 진동방지   ④ 해체용이

해설 ㉠ Support
• 스프링(상하이동 허용)
• 롤러(신축허용)
• 파이프 슈우(고정)
• 리지드(빔사용)
ㄴ 리스트레인트 : 앵커, 스톱, 가이드
ㄷ 브레이스 : 진동방지

93 도시가스에서 고압이라 함은 얼마 이상의 압력을 뜻하는가?

① 0.1MPa 이상   ② 1MPa 이상
③ 10MPa 이상   ④ 100MPa 이상

해설 도시가스 압력 구별
㉠ 0.1MPa 미만 : 저압
ㄴ 0.1~1MPa 미만 : 중압
ㄷ 1MPa(10kg/cm²) 이상 : 고압

94 플라스틱 배관재료에 관한 설명 중 틀린 것은?

① 경질염화비닐관은 대부분의 무기산, 알칼리에도 침식되지 않는다.
② 일반적으로 플라스틱 배관재는 고온이 될수록 인장강도는 저하된다.
③ 폴리에틸렌관은 경질염화비닐관 보다 가볍고 충격에도 강하다.
④ 일반적으로 플라스틱 배관재는 마찰손실이 크고 전기 절연성이 작다.

해설 일반적으로 플라스틱 전기절연성이 크다.

95 냉동 장치의 배관설치에 관한 내용으로 틀린 것은?

① 토출가스의 합류 부분 배관은 T이음으로 한다.
② 압축기와 응축기의 수평배관은 하향 구배로 한다.
③ 토출가스 배관에는 역류방지 밸브를 설치한다.
④ 토출관의 입상이 10m 이상일 경우 10m마다 중간 트랩을 설치한다.

해설 냉매배관의 기준은 ②, ③, ④항에 따른다.

96 냉매배관 시 주의사항이다. 틀린 것은?

① 굽힘부의 굽힘반경을 작게 한다.
② 배관 속에 기름이 고이지 않도록 한다.
③ 배관에 큰 응력 발생의 염려가 있는 곳에는 루프형 배관을 해준다.
④ 다른 배관과 달라서 벽 관통 시에는 강관 슬리브를 사용하여 보온 피복한다.

해설 각종 배관에서 굽힘부는 유체의 흐름을 원활하게 하기 위하여 굽힘부의 굽힘반경을 크게 한다.

97 복사난방에서 패널(Panel) 코일의 배관방식이 아닌 것은?

① 그리드코일식   ② 리버스리턴식
③ 벤드코일식   ④ 벽면그리드코일식

해설 온수난방배관
　㉠ 리버스리턴식(역환수배관)
　㉡ 중력환수식

98 배관의 착색도료 밑칠용으로 사용되며, 녹방지를 위하여 많이 사용되는 도료는?

① 산화철도료   ② 광명단
③ 에나멜   ④ 조합페인트

해설 광명단 : 배관의 착색도료(밑칠용)로 녹을 방지하는 도료이다.

99 암모니아 냉매를 사용하는 흡수식 냉동기의 배관재료로 가장 좋은 것은?

① 주철관   ② 동관
③ 강관   ④ 동합금관

해설 ㉠ 암모니아 : 강관 사용
　㉡ 프레온 : 동관 사용

100 관이음 도시기호 중 유니언 이음은?

①   ②
③   ④

해설 ① ———— : 나사이음
② ———— : 플랜지이음
③ ———— : 소켓이음
④ ———— : 유니언이음

SECTION 01 기계열역학

01 경로함수(Path Function)인 것은?

① 엔탈피 ② 열
③ 압력 ④ 엔트로피

해설 열역학 성질
㉠ 강도성질(계의 질량에 관계없는 성질) : 온도, 압력, 비체적
㉡ 종량성질(질량에 정비례한다.) : 체적, 에너지, 질량
㉢ 경로함수 : 열
㉣ 도정함수 : 일

02 이상기체의 내부에너지 및 엔탈피는?

① 압력만의 함수이다.
② 체적만의 함수이다.
③ 온도만의 함수이다.
④ 온도 및 압력의 함수이다.

해설 ㉠ 이상기체의 내부에너지 및 엔탈피 : 온도만의 함수
㉡ 내부에너지＝총에너지－역학적 에너지(기계적 에너지)
㉢ 엔탈피(총에너지)＝내부에너지＋외부에너지(역학적 에너지)

03 일반적으로 증기압축식 냉동기에서 사용되지 않는 것은?

① 응축기 ② 압축기
③ 터빈 ④ 팽창밸브

해설 ㉠ 증기 터빈 : 증기원동소에서 전력생산
㉡ 가스 터빈 : 터빈의 회전일로 동력 발생

04 200m의 높이로부터 250kg의 물체가 땅으로 떨어질 경우 일을 열량으로 환산하면 약 몇 kJ인가?(단, 중력가속도는 9.8m/s^2이다.)

① 79 ② 117
③ 203 ④ 490

해설 위치에너지 $E = mgh$
$$= 250 \times 9.8 \times 200$$
$$= 490,000\text{J}$$
$$= 490\text{kJ}$$

05 27℃의 물 1kg과 87℃의 물 1kg이 열의 손실 없이 직접 혼합될 때 생기는 엔트로피의 차는 다음 중 어느 것에 가장 가까운가?(단, 물의 비열은 4.18kJ/kg · K 로 한다.)

① 0.035kJ/K ② 1.36kJ/K
③ 4.22kJ/K ④ 5.02kJ/K

해설 27℃의 물 1kg과 87℃의 물 1kg 혼합 시,
혼합온도 $t = \dfrac{27+87}{2} = 57℃$

$\therefore \ T_m = 57 + 273 = 330\text{K}$

엔트로피 식
$$\Delta S_1 = mC\ln\frac{T_m}{T_1} = 1 \times 4.18\ln\left(\frac{57+273}{27+273}\right)$$
$$= 0.3984\text{kJ/K}$$
$$\Delta S_2 = mC\ln\frac{T_m}{T_2} = 1 \times 4.18\ln\left(\frac{57+273}{87+273}\right)$$
$$= -0.3637\text{kJ/K}$$
$\therefore$ 전체 차이 $\Delta S = \Delta S_1 + \Delta S_2 = 0.3984 + (-0.3637)$
$$= 0.0347\text{kJ/K}$$

06 이상기체의 비열에 대한 설명으로 옳은 것은?

① 정적비열과 정압비열의 절댓값의 차이가 엔탈피이다.
② 비열비는 기체의 종류에 관계없이 일정하다.
③ 정압비열은 정적비열보다 크다.
④ 일반적으로 압력은 비열보다 온도의 변화에 민감하다.

해설 기체의 비열
㉠ 비열비(k)는 항상 1보다 크다.
㉡ 비열비 ＝ $\dfrac{정압비열}{정적비열}$ (정압비열이 정적비열보다 크다.)

07 어떤 가솔린기관의 실린더 내경이 6.8cm, 행정이 8cm일 때 평균유효압력 1,200kPa이다. 이 관의 1 행정당 출력(kJ)은?

① 0.04
② 0.14
③ 0.35
④ 0.44

해설 출력 $W = PV = P \cdot S \cdot l = P \cdot \frac{\pi}{4}d^2 \cdot l$

$$(\because \text{체적 } V = S \cdot l, \text{ 실린더 } S = \frac{\pi}{4}d^2)$$

$$= 1,200 \times \frac{\pi}{4} \times (6.8 \times 10^{-2})^2 \times (8 \times 10^{-2})$$

$$= 0.35 \text{kJ}$$

08 피스톤이 끼워진 실린더 내에 들어있는 기체가 계로 있다. 이 계에 열이 전달되는 동안 "$PV^{1.3}$=일정"하게 압력과 체적의 관계가 유지될 경우 기체의 최초압력 및 체적이 200kPa 및 0.04m³이었다면 체적이 0.1m³로 되었을 때 계가 한 일(kJ)은?

① 약 4.35
② 약 6.41
③ 약 10.56
④ 약 12.37

해설 폴리트로픽 과정에서

일의 양 $W = \frac{1}{n-1}(P_1 V_1 - P_2 V_2)$

이때, 압력 $P_2 = P_1 \times \left(\frac{V_1}{V_2}\right)^n \; (\because P_1 V_1^n = P_2 V_2^n)$

$$= 200 \times \left(\frac{0.04}{0.1}\right)^{1.3}$$

$$= 60.77 \text{kPa}$$

$\therefore W = \frac{1}{1.3-1}(200 \times 0.04 - 60.77 \times 0.1)$

$$= 6.41 \text{kJ}$$

09 압력이 일정할 때 공기 5kg을 0℃에서 100℃까지 가열하는 데 필요한 열량은 약 몇 kJ인가?(단, 공기 비열 C_p(kJ/kg℃)=1.01+0.000079t(℃)이다.)

① 102
② 476
③ 490
④ 507

해설 열량 $\delta Q = m \int C_p dt$ 에서

$$Q = 5 \times \int_0^{100} (1.01 + 0.000079t) dt$$

$$= 5 \times \left[1.01t + \frac{1}{2} \times 0.000079t^2\right]_0^{100}$$

$$= 5 \times \left[\left(1.01 \times 100 + \frac{1}{2} \times 0.000079 \times 100^2\right) - 0\right]$$

$$= 506.98 \text{kJ}$$

10 10℃에서 160℃까지의 공기의 평균 정적비열은 0.7315kJ/kg℃이다. 이 온도변화에서 공기 1kg의 내부에너지 변화는?

① 107.1kJ
② 109.7kJ
③ 120.6kJ
④ 121.7kJ

해설 $Q = mC_v\Delta t = 1 \times 0.7315 \times (160 - 10) = 109.73 \text{kJ}$

11 실린더 내의 유체가 68kJ/kg의 일을 받고 주위에 36kJ/kg의 열을 방출하였다. 내부에너지의 변화는?

① 32kJ/kg 증가
② 32kJ/kg 감소
③ 104kJ/kg 증가
④ 104kJ/kg 감소

해설 내부에너지=총에너지-기계적 에너지(역학적 에너지)
$$= 68 - 36 = 32 \text{kJ/kg(증가)}$$

12 수은주에 의해 측정된 대기압이 753mmHg일 때 진공도 90%의 절대압력은?(단, 수은의 밀도는 13,600 kg/m³, 중력가속도는 9.8m/s²이다.)

① 약 200.08kPa
② 약 190.08kPa
③ 약 100.04kPa
④ 약 10.04kPa

해설 절대압과 진공압의 관계에서
진공도 : 90% → 절대압 : 10%
압력 $P = \rho g h$

$$= 13,600 \times 9.8 \times (753 \times 10^{-3}) \times \frac{10}{100}$$

$$= 10,035.98 \text{Pa} = 10.04 \text{kPa}$$

여기서, P : 밀도(kg/m³)
g : 중력가속도(m/s²)
h : 대기압$\times 10^{-3}$(mHg)

13 시간당 380,000kg의 물을 공급하여 수증기를 생산하는 보일러가 있다. 이 보일러에 공급하는 물의 엔탈피는 830kJ/kg이고, 생산되는 수증기의 엔탈피는 3,230kJ/kg이라고 할 때, 발열량이 32,000kJ/kg인 석탄을 시간당 34,000kg씩 보일러에 공급한다면 이 보일러 효율은 얼마인가?

① 22.6% ② 39.5%
③ 72.3% ④ 83.8%

해설 보일러 효율$(\eta) = \dfrac{출력}{입력} = \dfrac{증기발생열량(유효열)}{연료공급열량(공급열)} \times 100$

$\eta = \dfrac{380,000 \times (3,230 - 830)}{34,000 \times 32,000} \times 100 = 83.82\%$

14 이상적인 냉동 사이클을 따르는 증기압축 냉동장치에서 증발기를 지나는 냉매의 물리적 변화로 옳은 것은?

① 압력이 증가한다.
② 엔트로피가 감소한다.
③ 엔탈피가 증가한다.
④ 비체적이 감소한다.

해설 냉동장치의 냉매액이 증발기를 거치면서 냉매가 기화 증발하여 엔탈피(kJ/kg)가 증가한다.

15 액체상태 물 2kg을 30℃에서 80℃로 가열하였다. 이 과정 동안 물의 엔트로피 변화량을 구하면?(단, 액체상태 물의 비열은 4.184kJ/kg·K로 일정하다.)

① 0.6391kJ/K ② 1.278kJ/K
③ 4.100kJ/K ④ 8.208kJ/K

해설 엔트로피 변화량에서

$\Delta S = \dfrac{\Delta Q}{T} = \dfrac{mC\Delta t}{T} = mC\ln\dfrac{T_2}{T_1}$

$= 2 \times 4.184 \times \ln\left(\dfrac{80 + 273}{30 + 273}\right)$

$= 1.278\text{kJ/K}$

16 열병합발전시스템에 대한 설명으로 옳은 것은?

① 증기동력시스템에서 전기와 함께 공정용 또는 난방용 스팀을 생산하는 시스템이다.
② 증기동력 사이클 상부에 고온에서 작동하는 수은 동력 사이클을 결합한 시스템이다.
③ 가스터빈에서 방출되는 폐열을 증기동력 사이클의 열원으로 사용하는 시스템이다.
④ 한 단의 재열 사이클과 여러 단의 재생 사이클의 복합시스템이다.

해설 열병합발전시스템에 대한 설명은 ①항이다(Rankin-Cycle).
보일러 → 과열기 → 터빈 및 발전기 → 복수기 → 급수펌프 → 보일러
㉠ 등압가열 → ㉡ 단열 팽창 → ㉢ 등압방열 → ㉣ 단열압축 과정이 반복된다.

17 아래 보기 중 가장 큰 에너지는?

① 100kW 출력의 엔진이 10시간 동안 한 일
② 발열량 10,000kJ/kg의 연료를 100kg 연소시켜 나오는 열량
③ 대기압 하에서 10℃ 물 10m³를 90℃로 가열하는 데 필요한 열량(물의 비열은 4.2kJ/kg℃이다.)
④ 시속 100km로 주행하는 총 질량 2,000kg인 자동차의 운동에너지

해설 ① 엔진이 한 일의 양
$Q = W \cdot S$
$= 100 \times (10 \times 3,600) = 3,600,000\text{kJ}$
② 열량
$Q = m \cdot H$
$= 10,000 \times 100 = 1,000,000\text{kJ}$
③ 필요열량
$Q = m \cdot C \cdot \Delta t$
$= (10 \times 10^3) \times 4.2 \times (90 - 10)$
$= 3,360,000\text{kJ}$
④ 운동에너지
$Q = \dfrac{1}{2}mv^2$
$= \dfrac{1}{2} \times 2,000 \times \left(\dfrac{100 \times 10^3}{3,600}\right)^2 \times 10^{-3}$
$= 771.6\text{kJ}$

18 카르노 열기관의 열효율(η) 식으로 옳은 것은?(단, 공급열량은 Q_1, 방열량은 Q_2)

① $\eta = 1 - \dfrac{Q_2}{Q_1}$ 　② $\eta = 1 + \dfrac{Q_2}{Q_1}$

③ $\eta = 1 - \dfrac{Q_1}{Q_2}$ 　④ $\eta = 1 + \dfrac{Q_1}{Q_2}$

해설 Carnot Cycle(1824년)
사이클＝단열압축 → 등온팽창 → 단열팽창 → 등온압축

열효율 $= \dfrac{W}{Q_A} = \dfrac{Q_A - Q_R}{Q_A} = 1 - \dfrac{Q_2}{Q_1}$

19 완전히 단열된 실린더 안의 공기가 피스톤을 밀어 외부로 일을 하였다. 이때 일의 양은?(단, 절대량을 기준으로 한다.)

① 공기의 내부에너지 차
② 공기의 엔탈피 차
③ 공기의 엔트로피 차
④ 단열되었으므로 일의 수행은 없다.

해설 단열된 실린더 안의 공기가 피스톤을 밀어 외부로 일을 하는 양은 공기 내부에너지 차에 의해서 이루어진 것이다.

20 과열과 과냉이 없는 증기압축 냉동 사이클에서 응축온도가 일정할 때 증발온도가 높을수록 성능계수는?

① 증가한다.
② 감소한다.
③ 증가할 수도 있고, 감소할 수도 있다.
④ 증발온도는 성능계수와 관계없다.

해설 응축온도가 일정한 경우 증발온도가 높아지면 압축비(응축압력/증발압력)는 작아지며 성능계수는 증가한다.

SECTION **02** 냉동공학

21 다음 압축기 중 압축방식에 의한 분류에 속하지 않는 것은?

① 왕복동식 압축기 　② 흡수식 압축기
③ 회전식 압축기 　④ 스크루식 압축기

해설 흡수식 냉동기(냉매 = H_2O)
㉠ 증발기 　㉡ 응축기
㉢ 재생기 　㉣ 흡수기

22 냉동실의 온도를 $-5℃$로 유지하기 위하여 매시 150,000kcal의 열량을 제거해야 한다. 이 제거열량을 냉동기로 제거한다면 이 냉동기의 소요마력은 약 얼마인가?(단, 냉동기의 방열온도는 $10℃$, 1HP= 632kcal/h로 한다.)

① 16.5HP 　② 15.2HP
③ 14.1HP 　④ 13.3HP

해설 성적계수 $COP = \dfrac{T_L}{T_H - T_L}$

$T_H = 10 + 273 = 283\text{K}$

$T_L = -5 + 273 = 268\text{K}$

$\therefore \ COP = \dfrac{T_L}{T_H - T_L} = \dfrac{268}{283 - 268} = 17.87$

$COP = \dfrac{Q_c}{W}$ 에서

소요마력 $W = \dfrac{Q_c}{COP} = \dfrac{150,000}{17.87 \times 632} = 13.28\text{HP}$

※ 1HP = 632kcal/h

23 다음 냉동기에 관한 설명 중 옳은 것은?

① 열에너지를 기계적 에너지로 변환시키는 것이다.
② 요구되는 소정의 장소에서 열을 흡수하여 다른 장소에 열을 방출하도록 기계적 에너지를 사용한 것이다.
③ 높은 온도에서 열을 흡수하여 낮은 온도의 장소에 열을 발산하도록 기계적 에너지를 사용한 것이다.
④ 증기 원동기와 비슷한 원리이며 외연기관이다.

냉동기

요구되는 증발기에서 열을 흡수하여 응축기에 열을 방출하는 기계적 에너지를 사용한다.

24 응축열량에 대한 설명 중 틀린 것은?

① 응축기 입구 냉매증기의 엔탈피와 응축기 출구 냉매액의 엔탈피 차로 나타낸다.

② 증발기에서 저온의 물체로부터 흡수한 열량과 압축기의 압축일량을 합한 값이다.

③ 응축열량은 증발온도와 응축온도에 따라 다르다.

④ 증발온도가 낮아져도 응축온도의 변화는 없다.

해설 증발온도가 낮아지면 압축비가 증가하여 응축온도가 높아진다.

25 냉동기에 사용되고 있는 냉매로 대기압에서 비등점이 가장 낮은 냉매는?

① SO_2 ② NH_3

③ CO_2 ④ CH_3Cl

해설 냉매비등점

① SO_2 : $-75.5℃$

② NH_3 : $-33.3℃$

③ CO_2 : $-78.5℃$

④ CH_3Cl : $-23.8℃$(메틸클로라이드)

26 가역 카르노 사이클에서 저온부 $-10℃$, 고온부 $30℃$로 운전되는 열기관의 효율은 약 얼마인가?

① 7.58   ② 6.58

③ 0.15   ④ 0.13

해설 열기관 효율 $\eta = \dfrac{T_H - T_L}{T_H}$

$$= \frac{(30+273)-(-10+273)}{(30+273)} = 0.13$$

27 다음 조건에서 작동되는 냉동장치의 수랭식 응축기에서 냉매와 냉각수의 산술평균온도차는?(단, 냉각수 입구온도 : 16℃, 냉각수량 : 200L/min, 냉각수의 출구온도 : 24℃, 응축기의 냉각면적 : 20m², 응축기의 열통과율 : 800kcal/m²h℃)

① 6℃   ② 16℃

③ 8℃   ④ 18℃

해설 열량 $Q_c = KA\Delta t$

산술평균온도차 $\Delta t = \dfrac{Q_c}{KA}$

$$= \frac{200 \times 60 \times (24-16)}{800 \times 20}$$

$$= 6℃$$

※ 냉각수량 $200L/min = 200 \times 60L/s$

28 냉매충전량이 부족하거나 냉매가 누설로 인해 발생할 수 있는 현상이 아닌 것은?

① 토출압력이 너무 낮다.

② 흡입압력이 너무 낮다.

③ 압축기의 정지시간이 길다.

④ 압축기가 시동하지 않는다.

해설 냉매충전량 부족과 압축기 정지시간과는 관련성이 없다.

29 만액식 증발기에 대한 설명 중 틀린 것은?

① 증발기 내에서는 냉매액이 항상 충만되어 있다.

② 증발된 가스는 액 중에서 기포가 되어 상승 분리된다.

③ 피냉각 물체와 전열면적이 거의 냉매액과 접촉하고 있다.

④ 전열작용이 건식증발기에 비해 미흡하지만 냉매액은 거의 사용되지 않는다.

해설 만액식 증발기

㉠ 암모니아용, 프레온용이 있다.

㉡ 셸(통)에는 냉매, 튜브에는 브라인이 흐르며 열전달률이 양호하다.

㉢ 증발기 내 냉매액이 75%, 가스가 25% 존재, 전열 양호 (※ 증발기 건식은 전열이 불량하다.)

30 불응축가스를 제거하는 가스 퍼저(Gas Purger)의 설치 위치로 적당한 곳은?

① 고압 수액기 상부
② 저압 수액기 상부
③ 유분리기 상부
④ 액분리기 상부

해설 불응축가스(공기, 수소가스 등)를 제거하는 가스 퍼저는 고압수액기 상부에서 설치하고 치환한다.

31 냉동장치의 윤활 목적에 해당되지 않는 것은?

① 마모방지   ② 부식방지
③ 냉매 누설방지   ④ 동력손실 증대

해설 냉동장치 오일의 윤활 목적과 동력손실 증대와는 관련성이 없다.

32 냉동장치에서 증발온도를 일정하게 하고 응축온도를 높일 때 일어나는 현상은?

① 성적계수 증가
② 압축일량 감소
③ 토출가스온도 감소
④ 플래시가스 발생량 증가

해설 증발온도 일정하고 응축온도 상승 시 압축비가 커서 토출가스의 온도가 높아지면 팽창밸브에서 플래시가스(사용불가 냉매)의 발생량이 증가한다.

33 안정적으로 작동되는 냉동시스템에서 팽창밸브를 과도하게 닫았을 때 일어나는 현상이 아닌 것은?

① 흡입압력이 낮아지고 증발기 온도가 저하한다.
② 압축기의 흡입가스가 과열된다.
③ 냉동능력이 감소한다.
④ 압축기의 토출가스온도가 낮아진다.

해설 팽창밸브를 과도하게 닫으면 냉매의 순환이 불량하여 압축기의 토출가스온도가 상승한다.

34 일반 냉동장치의 팽창밸브의 작용에 대한 설명 중 옳은 것은?

① 고압 측의 냉매액은 팽창밸브를 통하면서 기화하여 고온가스로 되어 증발기로 들어간다.
② 냉매액은 팽창밸브를 통하여 액체가 될 때까지 감압되어 증발기로 들어가 열을 얻어 가스로 된다.
③ 냉매액은 팽창밸브에서 교축작용에 의해 저압으로 된다. 그때 일부는 가스로 되어 증발기로 들어간다.
④ 냉매액은 팽창밸브에서 교축작용에 의해 고압으로 된다. 그때 일부가 가스로 되어 증발기로 들어간다.

해설 ㉠ 팽창밸브에서는 냉매액이 저온가스가 된다(저압 유지).
㉡ 냉매액은 팽창밸브에서 냉매액과 일부는 플래시가스가 되어서 증발기로 들어간다.
㉢ 냉매액은 팽창밸브에서 교축작용에 의해 저압으로 되며 그때 일부의 냉매는 가스가 되고 나머지는 액체상태로 증발기에 유입된다.

35 냉매배관의 토출관경 결정 시 주의사항이 아닌 것은?

① 토출관에 의해 발생하는 전 마찰손실은 0.2kgf/cm^2를 넘지 않도록 할 것
② 지나친 압력손실 및 소음이 발생하지 않을 정도로 속도를 억제할 것(25m/s 이하)
③ 압축기와 응축기가 같은 높이에 있을 경우에는 일단 수평관으로 설치하고 상향구배를 할 것
④ 냉매가스 중에 녹아 있는 냉동기유가 확실하게 운반될 만한 속도(수평관 3.5m/s 이상, 상승관 6m/s 이상)가 확보될 것

해설 압축기가 응축기와 같은 높이라면 다음과 같이 배관한다.

36 격간(Clearance)에 의한 체적효율은?(단, 압축비 : $\frac{P_2}{P_1}=5$, n지수$=1.25$, 격간체적비 : $\frac{V_c}{V}=0.05$이다.)

① 75% ② 80.5%

③ 87% ④ 92%

해설 체적효율$(\eta_0)=1+\lambda-\lambda\left(\frac{P_2}{P_1}\right)^{\frac{1}{n}}$ $(\because \lambda=\frac{V_c}{V}=0.05)$

$$=1+0.05-0.05\times(5)^{\frac{1}{1.25}}=0.87(87\%)$$

냉동 사이클의 $P-h$ 선도

성적계수 $COP=\frac{증발열량}{압축열량}=\frac{150-110}{166-150}=2.5$

---

37 냉동 사이클에서 각 지점에서의 냉매 엔탈피값으로 압축기 입구에서는 150kcal/kg, 압축기 출구에서는 166kcal/kg, 팽창밸브 입구에서는 110kcal/kg인 경우 이 냉동장치의 성적계수는?

① 0.4 ② 1.4

③ 2.5 ④ 3.5

해설 압축일량$=166-150=16$kcal/kg

증발열량$=150-110=40$kcal/kg

성적계수(COP)$=\frac{증발열량}{압축일량}=\frac{40}{16}=2.5$

---

38 어떤 냉장고 벽의 열통과율이 0.32kcal/m²h℃, 벽 면적이 700m², 실온이 −5℃, 그리고 외기온도가 30℃라면 이 벽을 통한 침입 열량은 약 몇 cal/h인가?(단, 열손실은 무시한다.)

① 6,720kcal/h ② 7,840kcal/h

③ 8,200kcal/h ④ 8,750kcal/h

해설 열관류에 의한 열량(Q)

$Q=KA\Delta t=700\times0.32\times[30-(-5)]$

$\quad=7,840$kcal/h

---

39 암모니아 냉동장치에서 증발온도 −30℃, 응축온도 30℃의 운전조건에서 2단 압축과 1단 압축을 비교한 설명 중 옳은 것은?(단, 냉동 부하는 동일하다고 가정한다.)

① 부하에 대한 피스톤 압출량은 같다.

② 냉동효과는 1단 압축의 경우가 크다.

③ 고압 측 토출가스온도는 2단 압축의 경우가 높다.

④ 필요 동력은 2단 압축의 경우가 적다.

해설 2단 압축

한 대의 압축기를 이용하여 저온의 증발온도를 얻는 경우 증발압력 저하로 압축비의 상승 및 실린더 과열, 체적효율 감소, 냉동능력 저하, 성적계수 저하 등의 영향이 우려되어 2대 이상의 압축기를 설치하여 압축비 감소로 효율적인 냉동을 할 수 있다.

---

40 윤활유가 유동하는 최저온도인 유동점은 응고온도보다 몇 ℃ 정도 높은가?

① 2.5℃ ② 5℃

③ 7.5℃ ④ 10℃

해설 윤활유 유동점(응고점보다 2.5℃ 높으면 오일이 최초로 움직인다.)

SECTION 03 공기조화

41 일반 공기 냉각용 냉수 코일에서 가장 많이 사용되는 코일의 열수는?

① 0.5~1 ② 1.5~2

③ 3~3.5 ④ 4~8

해설 냉각용 냉수코일이 가장 많이 사용되는 코일 열수는 보통 4~8이다.

42 습공기의 상태 변화에 관한 설명 중 틀린 것은?

① 습공기를 냉각하면 건구온도와 습구온도가 감소한다.

② 습공기를 냉각·가습하면 상대습도와 절대습도가 증가한다.

③ 습공기를 등온감습하면 노점온도와 비체적이 감소한다.

④ 습공기를 가열하면 습구온도와 상대습도가 증가한다.

[해설] 습공기 가열

㉠ 습구온도 증가
㉡ 상대습도 감소
㉢ 건구온도 증가

43 다음의 공기조화 부하 중 잠열변화를 포함하는 것은?

① 외벽을 통한 손실열량

② 침입외기에 의한 취득열량

③ 유리창을 통한 관류 취득량

④ 지하층 바닥을 통한 손실열량

[해설] 외기(공기＝대기)는 습공기

㉠ 현열(온도 변화)
㉡ 잠열(H_2O 변화)

44 습공기 선도($T-x$ 선도)상에서 알 수 없는 것은?

① 엔탈피   ② 습구온도

③ 풍속   ④ 상대습도

[해설] 습공기 선도

㉠ $h-x$ 선도(엔탈피－절대습도)
㉡ $T-x$ 선도(건구온도－절대습도)
수증기분압, 절대습도, 상대습도, 건구온도, 습구온도, 노점온도, 비체적, 엔탈피가 파악된다.

45 인체에 해가 되지 않는 탄산가스의 실내 한계 오염농도는?

① 500ppm(0.05%)   ② 1,000ppm(0.1%)

③ 1,500ppm(0.15%)   ④ 2,000ppm(0.2%)

[해설] 탄산가스(CO_2)가 인체에 해가 되지 않는 실내 한계 오염농도 : 1,000ppm

46 덕트 내 풍속을 측정하는 피토관을 이용하여 전압 23.8mmAq, 정압 10mmAq를 측정하였다. 이 경우 풍속은 약 얼마인가?

① 10m/s   ② 15m/s

③ 20m/s   ④ 25m/s

[해설] 동압 $Pv = \dfrac{\gamma \cdot V^2}{2g}$

동압＝전압－정압＝$23.8 - 10 = 13.8$mmAg
공기밀도 $\gamma = 1.2$kg/m^3

$\therefore$ 공기유속 $v = \sqrt{\dfrac{2gP}{\gamma}} = \sqrt{\dfrac{2 \times 9.8 \times 13.8}{1.2}}$
$\qquad\qquad = 15.01$m/s

47 다음 습공기의 습도 표시방법에 대한 설명 중 틀린 것은?

① 절대습도는 건공기 중에 포함된 수증기량을 나타낸다.

② 수증기분압은 절대습도와 반비례 관계가 있다.

③ 상대습도는 습공기의 수증기 분압과 포화공기의 수증기 분압과의 비로 나타낸다.

④ 비교습도는 습공기의 절대습도와 포화공기의 절대습도와의 비로 나타낸다.

[해설] 수증기분압은 절대습도에 비례한다.
※ 절대습도 : 습공기 중에 함유되어 있는 수증기 중량

48 공기조화설비의 구성에서 각종 설비별 기기로 바르게 짝지어진 것은?

① 열원설비－냉동기, 보일러, 히트펌프

② 열교환설비－열교환기, 가열기

③ 열매수송설비－덕트, 배관, 오일펌프

④ 실내유닛－토출구, 유인유닛, 자동제어기기

해설 ① 열원설비 : 냉동기, 보일러, 히트펌프
② 열교환설비 : 열교환기
③ 열매수송설비 : 덕트, 배관
④ 실내유닛 : 토출구, 취출구, 흡입구, 유닛 등

49 복사 냉난방방식(Panel Air System)에 대한 설명 중 틀린 것은?

① 건물의 축열을 기대할 수 있다.
② 쾌감도가 전공기식에 비해 떨어진다.
③ 많은 환기량을 요하는 장소에 부적당하다.
④ 냉각패널에 결로 우려가 있다.

해설 복사 냉난방방식은 전공기방식에 비해 쾌감도가 좋다.

50 공조방식에서 가변풍량 덕트방식에 관한 설명 중 틀린 것은?

① 운전비 및 에너지 절약이 가능하다.
② 공조해야 할 공간의 열부하 증감에 따라 송풍량을 조절할 수 있다.
③ 다른 난방방식과 동시에 이용할 수 없다.
④ 실내 칸막이 변경이나 부하의 증감에 대처하기 쉽다.

해설 공조방식 중 가변풍량 덕트방식은 다른 난방방식과 동시에 사용이 가능하다.

51 6인용 입원실이 100실인 병원의 입원실 전체 환기를 위한 최소 신선 공기량은?(단, 외기 중 CO_2 함유량은 $0.0003m^3/m^3$이고 실내 CO_2의 허용농도는 0.1%, 재실자의 CO_2 발생량은 개인당 $0.015m^3/h$이다.)

① 약 $6,857m^3/h$ ② 약 $8,857m^3/h$
③ 약 $10,857m^3/h$ ④ 약 $12,857m^3/h$

해설 $0.1\% = (0.1/100 = 0.001)$

환기량$(Q) = \dfrac{M}{K-K_0} A \cdot n$

$\therefore Q = \dfrac{0.015}{0.001-0.0003} \times 6 \times 100 = 12,857m^3/h$

52 냉각코일의 장치노점온도(ADP)가 7℃이고, 여기를 통과하는 입구공기의 온도가 27℃라고 한다. 코일의 바이패스 팩터를 0.1이라고 할 때 출구공기의 온도는?

① 8.0℃   ② 8.5℃
③ 9.0℃   ④ 9.5℃

해설 바이패스 팩터 BF

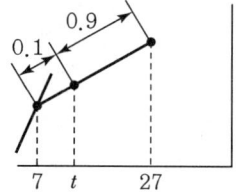

$BF = \dfrac{t_2 - t_s}{t_1 - t_s} = \dfrac{t_2 - 7}{27 - 7} = 0.1$

$\therefore$ 출구공기 온도 $t_s = 7 + (27-7) \times 0.1$
$= 9℃$

53 공기조화에 대한 설명 중 틀린 것은?

① VAV 방식을 가변풍량방식이라고 하며 실내부하 변동에 대해 송풍온도를 변화시키지 않고 송풍량을 변화시키는 방식으로 제어한다.
② 외벽과 지붕 등의 열통과율은 벽체를 구성하는 재료의 두께가 두꺼울수록 열통과율은 작아진다.
③ 냉방 시 유리창을 통한 열부하는 태양복사열과 실내외 공기의 온도차에 의한 관류열 2종류가 있다.
④ 인체로부터의 발열량은 현열 및 잠열이 있으며 주위온도가 상승하면 둘 다 열량이 많아진다.

해설 주위 온도가 상승하면 온도차가 적어서 인체에서 공기로 현열변화가 없어지므로 인체의 현열 및 잠열은 감소한다.

54 노통 보일러는 지름이 큰 원통형 보일러동(Shell)에 큰 노통을 설치한 것이다. 노통이 2개 있는 것은?

① Lancashire 보일러
② Drum 보일러
③ Shell 보일러
④ Cornish 보일러

55 다음 중 내연식 보일러의 특징이 아닌 것은?

① 설치면적을 적게 차지한다.
② 복사열의 흡수가 크다.
③ 노벽에 의한 열손실이 적다.
④ 완전연소가 가능하다.

해설 외연식 보일러(수관식, 횡연관식)가 연소용 공기량이 풍부하여 완전연소가 가능하다.

56 다음 증기난방의 설명 중 옳은 것은?

① 예열시간이 짧다.
② 실내온도의 조절이 용이하다.
③ 방열기 표면의 온도가 낮아 쾌적한 느낌을 준다.
④ 실내에서 상하온도차가 작으며, 방열량의 제어가 다른 난방에 비해 쉽다.

해설 증기는 비열이 작아서 예열시간이 온수보다 짧다(실내온도 조절이 용이한 것은 온수난방이며 온수난방은 방열기 표면 온도가 낮고 실내 상하온도차가 작다).

57 각종 공기조화방식 중에서 개별방식의 특징은?

① 수명은 대형기기에 비하여 짧다.
② 외기냉방이 어느 정도 가능하다.
③ 실 건축구조 변경이 어렵다.
④ 냉동기를 내장하고 있으므로 일반적으로 소음이 작다.

해설 개별식 공조기는 대형 기기에 비하여 수명이 짧다.

58 그림은 각 난방방식에 의한 일반적인 실내 상하의 온도분포를 나타낸 것이다. 이 중 바닥 복사난방방식에 의한 것은 어느 것인가?

① (1) ② (2)
③ (3) ④ (4)

해설 바닥 복사난방(온수온돌난방)은 고가 낮을수록 온도가 높다.

59 다음 중 온수난방 설비용 기기가 아닌 것은?

① 릴리프 밸브
② 순환펌프
③ 관말트랩
④ 팽창탱크

해설 관말트랩(버킷식 스팀트랩)은 증기난방용 응축수 제거에 사용하는 증기트랩이다.

60 다음 중 보일러 부하로 옳은 것은?

① 난방부하＋급탕부하＋배관부하＋예열부하
② 난방부하＋배관부하＋예열부하－급탕부하
③ 난방부하＋급탕부하＋배관부하－예열부하
④ 난방부하＋급탕부하＋배관부하

해설 보일러정격용량(kcal/h)＝난방부하＋급탕부하＋배관부하＋예열부하

61 2개의 입력이 "1"일 때 출력이 "0"이 되는 회로는?

① AND 회로　　② OR 회로
③ NOT 회로　　④ NOR 회로

해설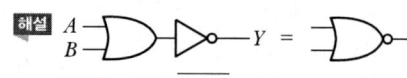

$NOR = Y = \overline{A+B}$

A · B	Y
0 0	1
0 1	0
1 0	0
1 1	0

---

62 그림에 해당하는 구형파의 함수를 라플라스 변환하면?

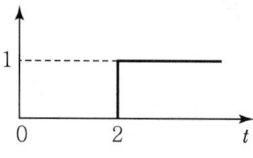

① $\dfrac{1}{s}$ 　　　　② $\dfrac{1}{s-2}$

③ $\dfrac{1}{s} \cdot e^{-2s}$ 　　④ $\dfrac{1}{s}(1-e)$

해설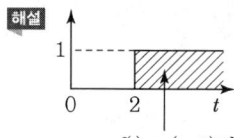

$f(t)=u(t-2)$의 라플라스 변환

$\mathcal{L}\,[u(t-2)] = \dfrac{1}{s} \cdot e^{-2s}$

※ $f(t) = u(t) - u(t-2)$이려면,

---

63 입력으로 단위계단함수 $u(t)$를 가했을 때, 출력이 그림과 같은 조절계의 기본 동작은?

① 2위치 동작　　② 비례동작
③ 비례적분동작　④ 비례미분동작

해설 비례적분(PI) 동작 $= m = K_p\!\left(e + \dfrac{1}{T_1}\displaystyle\int_{edt}\right)$

K_p : 비례감도, T_1 : 적분시간(리셋시간), $\dfrac{1}{T_1}$: 리셋율

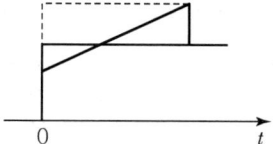

---

64 계단상 입력에 대한 정상오차에서 입력 크기가 R인 계단상 입력 $r(t) = Ru(t)$를 가한 경우 개루프 전달함수가 $G(s)$일 때 $\lim\limits_{s\to 0}G(s)$는?

① 가속오차정수　　② 정속위치오차
③ 위치오차정수　　④ 속도오차정수

해설 자동제어계의 입력·출력 관계를 수학적으로 표현한 전달함수(모든 초깃값을 0으로 하였을 때 출력신호의 Laplace 변환과 입력신호의 라플라스 변환과의 비 : 전달함수)

전달함수 $G(s) = \dfrac{\mathcal{L}\,(y(t))}{\mathcal{L}\,(x(t))} = \dfrac{Y(s)}{X(s)}$

$\therefore\ G(s) = \lim\limits_{s\to 0}G(s)$: 위치오차정수

---

65 피드백 제어시스템의 피드백 효과가 아닌 것은?

① 대역폭 증가
② 정확도 개선
③ 시스템 간소화 및 비용 감소
④ 외부조건의 변화에 대한 영향 감소

해설 피드백 제어는 입력과 출력을 비교하여 수정동작으로 편차를 제거하여야 하므로 시스템이 복잡하고 비용이 증가한다.

66 전기자철심을 규소 강판으로 성층하는 주된 이유는?

① 정류자면의 손상이 적다.

② 가공하기 쉽다.

③ 철손을 적게 할 수 있다.

④ 기계손을 적게 할 수 있다.

해설 전기자철심을 규소강판으로 성층하는 주된 이유는 철손을 적게 할 수 있기 때문이다(철손 : 시간적으로 변화하는 자화력에 의해 생기는 자심의 전력손실).

67 200V, 300W의 전열선의 길이를 $\frac{1}{3}$로 하여 200V의 전압을 인가하였다. 이때의 소비전력은 몇 W인가?

① 100

② 300

③ 600

④ 900

해설 전력 : 전기가 1초 동안에 한 일의 양(W)

$$P_1 = V_1 I_1 = \frac{V_1^2}{R_1} = \frac{V_2^2}{R_1} \ (\because \text{전압 일정}, \ V_1 = V_2 = V)$$

$$P_2 = \frac{V_2^2}{R_2} = \frac{V_2^2}{(1/3)R_1} = \frac{3V_2^2}{R_1} = 3P_1 \ (\because \ R_2 = \frac{1}{3}R_1)$$

$$\therefore \ P_2 = 3P_1 = 3 \times 300 = 900\text{W}$$

68 직류 전동기의 규약효율을 구하는 식은?

① $\frac{손실}{입력} \times 100\%$

② $\frac{입력 - 손실}{입력} \times 100\%$

③ $\frac{출력 - 손실}{출력 + 손실} \times 100\%$

④ $\frac{출력}{출력 - 손실} \times 100\%$

해설 ㉠ 직류전동기

• 분권전동기

• 직권전동기

㉡ 실측효율$(\eta) = \frac{출력}{입력} \times 100\%$

㉢ 규약효율$(\eta) = \frac{입력 - 손실}{입력} \times 100\%$

69 다음 중 kVA는 무엇의 단위인가?

① 유효전력

② 피상전력

③ 효율

④ 무효전력

해설 피상전력 : 교류의 부하 또는 전원의 용량을 나타내는 데 사용하는 값(단위 : VA, kVA 사용)

70 무인 엘리베이터의 자동제어로 가장 적합한 제어는?

① 추종제어

② 정치제어

③ 프로그램 제어

④ 프로세스 제어

해설 무인 엘리베이터 자동제어 : 프로그램 제어

71 3상 유도전동기의 출력이 5kW, 전압 200V, 효율 90%, 역률 80%일 때 이 전동기에 유입되는 선전류는 약 몇 A인가?

① 15

② 20

③ 25

④ 30

해설 선전류

선로 전류(전기회로에서 전원단자로부터 선로로 유출하는 전류 및 선로로부터 부하단자로 흘러드는 전류)

$$P = \sqrt{3} \, VI\cos\theta \cdot \eta$$

선전류(선로전류) $I = \frac{P}{\sqrt{3} \, V\cos\theta \cdot \eta}$

$$= \frac{5 \times 10^3}{\sqrt{3} \times 200 \times 0.8 \times 0.9} = 20.05\text{A}$$

72 논리식 $\overline{A} \cdot B + A \cdot B$와 같은 것은?

① B

② $\overline{B}$

③ $\overline{A}$

④ A

해설 논리식

$$(\overline{A} \cdot B) + (A \cdot B)$$

$$= (\overline{A} \cdot A + A \cdot B) + (\overline{A} \cdot B + B \cdot B)$$

$$= B(A + \overline{A}) + B = B + B = B$$

73 다음 중 프로세스 제어에 속하는 제어량은?

① 온도   ② 전류

③ 전압   ④ 장력

> **해설** 프로세스 제어
> 장치를 사용하여 온도나 압력 등의 상태량을 처리하는 과정
> 이 프로세스이며 그들의 양을 제어량으로 하는 제어방식이
> 프로세스 제어(Process Control)이다.

74 예비전원으로 사용되는 축전지의 내부 저항을 측정하려고 한다. 가장 적합한 브리지는?

① 캠벨 브리지   ② 맥스웰 브리지

③ 휘트스톤 브리지   ④ 콜라우시 브리지

> **해설** 콜라우시 브리지
> 예비전원으로 사용되는 축전지의 내부 저항 측정용으로 가
> 장 적합한 브리지

75 서보 전동기에 필요한 특징을 설명한 것으로 옳지 않은 것은?

① 정·역회전이 가능하여야 한다.

② 직류용은 없고 교류용만 있어야 한다.

③ 속도제어 범위와 신뢰성이 우수하여야 한다.

④ 급가속, 급감속이 용이하여야 한다.

> **해설** 서보전동기
> 조작부에 사용(서보기구)하며 직류용 교류용이 있다(AC 서
> 보전동기는 그다지 큰 회전력이 요구되지 않는 계에 사용되
> 는 전동기).

76 실리콘 제어정류기(SCR)는 어떤 형태의 반도체인가?

① P형 반도체

② N형 반도체

③ PNPN형 반도체

④ PNP형 반도체

> **해설** SCR
> PNPN 소자이다(단일방향성 정류소자로서 직류, 교류 전력
> 제어용 스위칭 소자).

77 그림과 같이 직류 전력을 측정하였다. 가장 정확하게 측정한 전력은?(단, R_1 : 전류계의 내부저항, R_e : 전압계의 내부저항이다.)

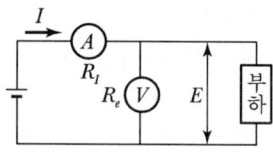

① $P = EI - \dfrac{E^2}{R_e}$ (W)

② $P = EI - \dfrac{E^2}{R_I}$ (W)

③ $P = EI - 2R_e$ (W)

④ $P = EI - 2R_I$ (W)

> **해설** 측정전력 $(P) = EI - \dfrac{E^2}{R_e}$ (W)

78 신호흐름도와 등가인 블록 선도를 그리려고 한다. 이때 $G(s)$로 알맞은 것은?

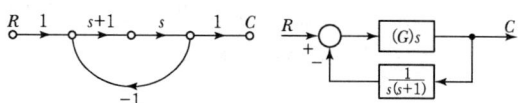

① s   ② $\dfrac{1}{s+1}$

③ 1   ④ $s(s+1)$

> **해설**
> $$\frac{s(s+1)}{1+s(s+1)} = \frac{G}{1+\dfrac{G}{s(s+1)}}$$
> $$= \frac{s(s+1)}{s(s+1)+1}$$
> $$= \frac{s(s+1)G}{s(s+1)+G}$$
> $$\therefore \ G = 1$$

79 단자전압 200V, 전기자 전류 100A, 회전속도 1,200 rpm으로 운전하고 있는 직류전동기가 있다. 역기전력은 몇 V인가?(단, 전기자 회로의 저항은 0.2Ω이다.)

① 80   ② 120

③ 180   ④ 210

해설 직류전동기

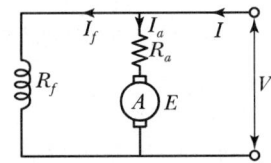

전력 $V = E + I_a(R_a + R_f)$

역기전력 $E = V - I_a(R_a + R_f)$
$$= 200 - 100 \times 0.2 = 180V$$

80 평행한 두 도체에 같은 방향의 전류를 흘렸을 때 두 도체 사이에 작용하는 힘은 어떻게 되는가?

① 반발력
② 힘이 작용하지 않는다.
③ 흡인력
④ $\dfrac{I}{2\pi r}$ 의 힘

해설 흡인력 : 평행한 두 도체에 같은 방향의 전류를 흘렸을 때 두 도체 사이에 작용하는 힘

SECTION **05** 배관일반

81 펌프의 양수량이 60m³/min이고 전양정이 20m일 때 벌류트펌프(Volute Pump)로 구동할 경우 필요한 동력은 약 몇 kW인가?(단, 펌프의 효율은 60%로 한다.)

① 196.1kW
② 200kW
③ 326.8kW
④ 405.8kW

해설 물의 비중량(1,000kg/m³)

동력(kW) $= \dfrac{r \cdot Q \cdot H}{102 \times 60 \times \eta} = \dfrac{1,000 \times 60 \times 20}{102 \times 60 \times 0.6} = 326.8kW$

82 저압 가스관에 의한 가스수송에 있어서 압력손실과 관계가 가장 먼 것은?

① 가스관의 길이
② 가스의 압력
③ 가스의 비중
④ 가스관의 내경

해설 가스배관에서 압력손실이 일어나는 요인

㉠ 관의 길이
㉡ 가스의 비중
㉢ 가스관의 내경
㉣ 가스관의 높이

83 냉동설비배관에서 액분리기와 압축기 사이의 냉매배관을 할 때 구배로 옳은 것은?

① 1/100 정도의 압축기 측 상향 구배로 한다.
② 1/100 정도의 압축기 측 하향 구배로 한다.
③ 1/200 정도의 압축기 측 상향 구배로 한다.
④ 1/200 정도의 압축기 측 하향 구배로 한다.

해설 액분리기 : 증발기와 압축기 사이의 흡입관에 설치(냉매액분리)

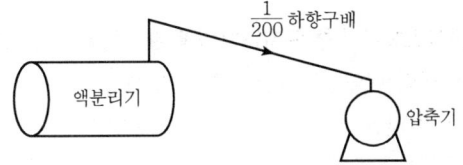

84 수배관의 경우 부식을 방지하기 위한 방법으로 틀린 것은?

① 밀폐 사이클의 경우 물을 가득 채우고 공기를 제거한다.
② 개방 사이클로 하여 순환수가 공기와 충분히 접하도록 한다.
③ 캐비테이션을 일으키지 않도록 배관한다.
④ 배관에 방식도장을 한다.

해설 수배관에는 공기빼기를 하여 물의 순환을 촉진시킨다(밀폐 사이클이 좋다).

85 지역난방의 특징에 대한 설명 중 틀린 것은?

① 대규모 열원기기를 이용한 에너지의 효율적 이용이 가능하다.
② 대기 오염물질이 증가한다.
③ 도시의 방재수준 향상이 가능하다.
④ 사용자에게는 화재에 대한 우려가 적다.

해설 지역난방은 개별난방, 중앙집중식 난방에 비하여 보일러가 한곳에 집중되므로 대기의 오염물질이 감소한다.

86 가스 사용시설의 건축물 내의 매설배관으로 적합하지 않은 배관은?

① 이음매 없는 동관
② 배관용 탄소강관
③ 스테인리스 강관
④ 가스용 금속 플렉시블 호스

해설 배관용 탄소강관은 부식방지를 위하여 가스관의 경우 건물 옥내에서는 노출배관을 원칙으로 한다.

87 공기조화설비 중 복사난방의 패널형식이 아닌 것은?

① 바닥 패널   ② 천장 패널
③ 벽 패널   ④ 유닛 패널

해설 복사난방 패널
　㉠ 바닥 패널
　㉡ 천장 패널
　㉢ 벽 패널

88 A와 B의 배관 접속에 있어서 용접 시공 시의 용접부 위 결함을 도시한 것이다. 무슨 결함인가?

용접부

A   B

① 언더컷   ② 오버랩
③ 융합불량   ④ 크레이터

해설

언더컷(아크용접)

모재

89 온수난방 설비의 온수배관 시공법에 관한 설명 중 틀린 것은?

① 수평배관에서 관의 지름을 바꿀 때에는 편심리듀서를 사용한다.
② 배관재료는 내열성을 고려한다.
③ 공기가 고일 염려가 있는 곳에는 공기배출을 고려한다.
④ 팽창관에는 슬루스 밸브를 설치한다.

해설 팽창관에는 어떠한 밸브도 설치하지 않는다(보충수관으로 사용하기 때문).

90 증기난방을 응축수환수법에 의해 분류하였을 때 그 종류가 아닌 것은?

① 기계환수식   ② 하트포드 환수식
③ 중력환수식   ④ 진공환수식

해설 하트포트 환수식
보일러 수의 역류를 제어하여 저수위 사고를 방지하기 위한 저압증기 난방용의 균형관 설치이음

91 지름 20mm 이하의 동관을 이음할 때 또는 기계의 점검·보수 기타 관을 떼어내기 쉽게 하기 위한 동관 이음 방법은?

① 플레어 접합   ② 슬리브 접합
③ 플랜지 접합   ④ 사이징 접합

해설 플레어 접합 : 지름 20mm 이하 동관의 이음방법(나팔관이음)으로 관의 해체가 용이하다.

92 배수 및 통기설비에서 배관시공법에 관한 주의사항으로 틀린 것은?

① 우수 수직관에 배수관을 연결하여서는 안 된다.
② 오버플로우관은 트랩의 유입구 측에 연결하여야 한다.
③ 바닥 아래에서 빼내는 각 통기관에는 횡주부를 형성시키지 않는다.
④ 통기 수직관은 최하위의 배수 수평지관보다 높은 위치에서 연결해야 한다.

해설 ㉠ 2관식 통기방식
  • 각개 통기식
  • 회로 통기식
  • 환상 통기식
㉡ 1관식 배관법(신정통기관＝배수통기관)
㉢ 통기수직관은 대기 중에 개구하거나 최고 높이의 기구에서 150mm 이상 높은 곳에 접속하거나 통기 수직관의 하부는 최저수위의 배수 수평분기관보다 낮은 기구에서 150mm 이상 높은 곳에 접속하거나 통기 수직관의 하부는 최저수위의 배수 수평분기관보다 낮은 위치에서 45° Y이음을 사용하여 배수 수직관에 직접 접속한다.
㉣ 섹스티아 배수방식
㉤ 솔벤트 방식
※ 2관식은 배수관, 통기관을 각각 배관한다.

---

93 다음 위생기구 중 배수 부하단위가 가장 큰 것은?

① 세정식 밸브 대변기　② 벽걸이식 소변기
③ 치과용 세면기　　　④ 주택용 샤워기

해설 배수부하
세정식 밸브 대변기＞주택용 샤워기＞벽걸이식 소변기＞치과용 세면기

---

94 냉동장치의 액순환 펌프의 토출 측 배관에 설치되는 밸브는?

① 게이트 밸브　　　② 콕
③ 글로브 밸브　　　④ 체크밸브

해설 액순환펌프 토출 측 배관 설치 밸브
체크밸브(역류방지 밸브)

---

95 급탕배관 시공에 대한 설명 중 틀린 것은?

① 배관의 굽힘 부분에는 벨로우즈 이음을 한다.
② 하향식 급탕주관의 최상부에는 공기빼기장치를 설치한다.
③ 팽창관의 관경은 겨울철 동결을 고려하여 25A 이상으로 한다.
④ 단관식 급탕배관 방식에는 상향배관, 하향배관 방식이 있다.

해설 급탕배관에서 굽힘 부분에서는 루프형 이음으로 한다.

---

96 배수 횡지관에서 통기관을 이어낼 때 경사도는 얼마 이내로 해야 하는가?(단, 수직 이음인 경우 제외한다.)

① 45°　　　　　　② 60°
③ 70°　　　　　　④ 80°

해설 배수 횡지관에서 통기관을 이어낼 때 경사도는 45° 이내로 한다.

---

97 공기의 흐름방향을 조절할 수 있으나 풍량은 조절할 수 없고 환기용 흡입구나 배기구로 사용되는 것은?

① 그릴(Grilles)
② 디퓨저(Diffusers)
③ 레지스터(Registers)
④ 아네모스탯(Anemostat)

해설 그릴
㉠ 공기의 흐름방향 조절
㉡ 풍량조절 불가
㉢ 환기용 흡입구 사용
㉣ 배기구로 사용

---

98 증기와 응축수의 온도 차이를 이용하여 응축수를 배출하는 트랩은?

① 버킷 트랩(Bucket Trap)
② 디스크 트랩(Disk Trap)
③ 벨로스 트랩(Bellows Trap)
④ 플로트 트랩(Float Trap)

해설 벨로스 트랩, 바이메탈 트랩 : 증기와 응축수의 온도차이로 응축수 배출(스팀 트랩)

---

99 저압가스 배관의 통과 유량을 구하는 아래의 공식에서 S가 나타내는 것은?(단, L : 관 길이(m)이다.)

$$Q = K\sqrt{\frac{H \cdot D^5}{S \cdot L}}$$

① 관의 내경　　　② 가스 비중
③ 유량 계수　　　④ 압력차

해설 ㉠ S : 가스의 비중
㉡ D : 관의 내경
㉢ L : 관의 길이
㉣ K : 유량계수
㉤ H : 가스의 허용 압력손실

100 연건평 30,000m²인 사무소 건물에서 필요한 급수량
은?(단, 건물의 유효면적 비율은 연면적의 60%, 유
효면적당 거주인원은 0.2인/m², 1인 1일당 사용 급
수량은 100L이다.)

① 36m³/d   ② 360m³/d

③ 3,600m³/d   ④ 360,000m³/d

해설 급수량 산정
사용인원수를 알고 있는 경우
$Q_d = N \times q$
$\quad = (30,000 \times 0.6 \times 0.2) \times 100$
$\quad = 360,000 \, \text{L/d}$
$\quad = 360 \text{m}^3/\text{d}$
     여기서, Q_d : 건물 1일 사용 급수량(L/d)
              N : 인원 수(인)
             q : 1인 1일 사용량(L/d · 인)

SECTION 01 기계열역학

01 이상기체 프로판(C_3H_8, 분자량 $M=44$)의 상태는 온도 20℃, 압력 300kPa이다. 이것을 52L의 내압 용기에 넣을 경우 적당한 프로판의 질량은?(단, 일반 기체상수는 8.314kJ/kmol·K이다.)

① 0.282kg
② 0.182kg
③ 0.414kg
④ 0.318kg

해설 $PV=mRT=m\cdot\dfrac{R_u}{M}\cdot T\left(\because R=\dfrac{R_u}{M}\right)$

프로판의 질량 $m=\dfrac{PV\times M}{R_u\times T}$

$$=\dfrac{300\times(52\times10^{-3})\times44}{8.314\times(20+273)}$$

$$=0.282\text{kg}$$

※ $1\text{L}=1\times10^{-3}\text{m}^3$

02 다음 그림과 같은 오토 사이클의 열효율은?(단, $T_1=$ 300K, $T_2=689$K, $T_3=2,364$K, $T_4=1,029$K 이고, 정적비열은 일정하다.)

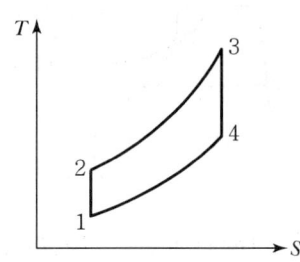

① 37.5%
② 43.5%
③ 56.5%
④ 62.5%

해설 오토 사이클(내연기관 사이클) 열효율

$$\eta_0=1-\dfrac{T_1}{T_2}=1-\dfrac{T_4}{T_3}$$

$$=1-\dfrac{300}{689}=1-\dfrac{1,029}{2,364}$$

$$=0.565=56.5\%$$

03 카르노 사이클이 500K의 고온체에서 360kJ의 열을 받아서 300K의 저온체에 열을 방출한다면 이 카르노 사이클의 출력일은 얼마인가?

① 120kJ
② 144kJ
③ 216kJ
④ 599kJ

해설 카르노 사이클 열효율 $\eta=\dfrac{W}{Q_H}=\dfrac{T_H-T_L}{T_H}$

출력일 $W=Q_H\times\dfrac{T_H-T_L}{T_H}=360\times\dfrac{(500-300)}{500}=144\text{kJ}$

04 5kg의 산소가 정압 하에서 체적이 0.2m^3에서 0.6m^3로 증가했다. 산소를 이상기체로 보고 정압비열 $C_p=0.92\text{kJ/kg℃}$로 하여 엔트로피의 변화를 구하였을 때 그 값은 얼마인가?

① 1.857kJ/K
② 2.746kJ/K
③ 5.054kJ/K
④ 6.507kJ/K

해설 정압과정 엔트로피

엔트로피 변화$(ds)=S_2-S_1=mC_p\ln\dfrac{T_2}{T_1}=mC_p\ln\dfrac{V_2}{V_1}$

$$=5\times0.92\ln\dfrac{0.6}{0.2}=5.054\text{kJ/K}$$

05 공기압축기로 매초 2kg의 공기가 연속적으로 유입된다. 공기에 50kW의 일을 투입하여 공기의 비엔탈피가 20kJ/kg 증가하면, 이 과정 동안 공기로부터 방출된 열량은 얼마인가?

① 105kW
② 90kW
③ 15kW
④ 10kW

해설 정상유동 일반에너지식

$$q=(h_2-h_1)+\dfrac{V_2^2-V_1^2}{2}+q(z_2-z_1)+w_t\ \text{kJ/kg}$$

속도 및 위치에너지를 고려하지 않을 때

$$q=(h_2-h_1)+w_t$$

$$=(2\times20)+(-50)=-10\text{kW}$$

∴ 10kW의 열을 방출

06 압축비가 7.5이고, 비열비 $k=1.4$인 오토 사이클의 열효율은?

① 48.7%　　　　② 51.2%

③ 55.3%　　　　④ 57.6%

해설 오토 사이클 열효율$(\eta_0)=1-\dfrac{T_4-T_1}{T_3-T_2}=1-\left(\dfrac{1}{\varepsilon}\right)^{k-1}$

$\qquad\qquad\qquad\qquad=1-\left(\dfrac{1}{7.5}\right)^{1.4-1}=0.553(55.3\%)$

07 피스톤 – 실린더 시스템에 100kPa의 압력을 갖는 1kg의 공기가 들어 있다. 초기 체적은 0.5m^3이고 이 시스템의 온도가 일정한 상태에서 열을 가하여 부피가 1.0m^3이 되었다. 이 과정 중 전달된 열량(kJ)은 얼마인가?

① 32.7　　　　② 34.7

③ 44.8　　　　④ 50.0

해설 등온변화 일량 $Q=$ 전달열량 W

$\qquad\qquad=P_1V_1\ln\dfrac{P_2}{P_1}=P_1V_1\ln\dfrac{V_2}{V_1}$

$\qquad\qquad=100\times0.5\times\ln\left(\dfrac{1.0}{0.5}\right)=34.66\text{kJ}$

※ 초기 체적 $V_1=0.5\text{m}^3$, 증가한 체적 $V_2=1.0\text{m}^3$

08 열역학 제1법칙은 다음의 어떤 과정에서 성립하는가?

① 가역과정에서만 성립한다.

② 비가역과정에서만 성립한다.

③ 가역등온 과정에서만 성립한다.

④ 가역이나 비가역 과정을 막론하고 성립한다.

해설 열역학 제1법칙(에너지 보존의 법칙)

제1종 영구기관의 존재를 부정하는 법칙이며, 가역이나 비가역 과정을 막론하고 성립한다.

09 $PV^n=$ 일정$(n\neq1)$인 가역과정에서 밀폐계(비유동계)가 하는 일은?

① $\dfrac{P_1V_1(V_2-V_1)}{n}$　　② $\dfrac{P_2V_2{}^{n-1}-P_1V_1{}^{n-1}}{n-1}$

③ $\dfrac{P_2V_2{}^n=P_1V_1{}^n}{n-1}$　　④ $\dfrac{P_1V_1-P_2V_2}{n-1}$

해설 $PV^n=$ 일정 가역과정 밀폐계(절대일, 비유동일)

내연기관일, 팽창일

$\therefore\ W=\dfrac{P_1V_1-P_2V_2}{n-1}$ (폴리트로픽 과정)

10 다음 중 이상 랭킨 사이클과 카르노 사이클의 유사성이 가장 큰 두 과정은?

① 등온가열, 등압방열

② 단열팽창, 등온방열

③ 단열압축, 등온가열

④ 단열팽창, 등적가열

해설 카르노 사이클

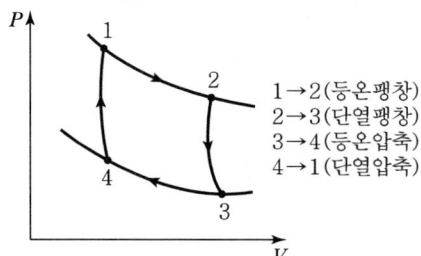

$1\rightarrow2$(등온팽창)
$2\rightarrow3$(단열팽창)
$3\rightarrow4$(등온압축)
$4\rightarrow1$(단열압축)

랭킨 사이클

$1\rightarrow2$(등압변화)
$3\rightarrow4$(단열팽창)
$3\rightarrow4$(등압냉각)
$4\rightarrow1$(단열압축)

11 체적이 0.1m^3인 피스톤 – 실린더 장치 안에 질량 0.5kg의 공기가 430.5kPa하에 있다. 정압과정으로 가열하여 온도가 400K이 되었다. 이 과정 동안의 일과 열전달량은?(단, 공기는 이상기체이며, 기체상수는 $0.287\text{kJ/kg}\cdot\text{K}$, 정압비열은 $1.004\text{kJ/kg}\cdot\text{K}$이다.)

① 14.35kJ, 35.85kJ

② 14.35kJ, 50.20kJ

③ 43.05kJ, 78.90kJ

④ 43.05kJ, 64.55kJ

해설 • 정압과정 일량 $W = PV = mRT$

$T_1 = \dfrac{P_1 V_1}{mR} = \dfrac{430.5 \times 0.1}{0.5 \times 0.287} = 300K$

• 일량 $W = P(V_2 - V_1) = mR(T_2 - T_1)$
$= 0.5 \times 0.287 \times (400 - 300)$
$= 14.35kJ$

• 열전달량 $Q = mC_p \Delta t = mC_p(T_2 - T_1)$
$= 0.5 \times 1.004 \times (400 - 300)$
$= 50.2kJ$

12 효율이 85%인 터빈에 들어갈 때 증기의 엔탈피가 3,390kJ/kg이고, 가역단열과정에 의해 팽창할 경우 출구에서의 엔탈피가 2,135kJ/kg이 된다고 한다. 운동에너지의 변화를 무시할 경우 이 터빈의 실제 일은 약 몇 kJ/kg인가?

① 1,476　　② 1,255
③ 1,067　　④ 906

해설 정상유동 일반에너지식

$q = (h_2 - h_1) + \dfrac{V_2^2 - V_1^2}{2} + q(z_2 - z_1) + w_t$

속도 및 위치에너지를 고려하지 않고, $q = 0$
$\therefore w_t = (h_1 - h_2)\eta$
$= 3,390 - 2,135 \times 0.85$
$= 1,066.75kJ/kg$

13 두께가 10cm이고, 내 · 외측 표면온도가 각각 20℃와 5℃인 벽이 있다. 정상상태일 때 벽의 중심온도는 몇 ℃인가?

① 4.5　　② 5.5
③ 7.5　　④ 12.5

해설 벽의 중심온도 $= \dfrac{20+5}{2} = 12.5℃$

14 작동 유체가 상태 1부터 상태 2까지 가역변화할 때의 엔트로피 변화로 옳은 것은?

① $S_2 - S_1 \geq -\displaystyle\int_1^2 \dfrac{\delta Q}{T}$

② $S_2 - S_1 > \displaystyle\int_1^2 \dfrac{\delta Q}{T}$

③ $S_2 - S_1 = \displaystyle\int_1^2 \dfrac{\delta Q}{T}$

④ $S_2 - S_1 < \displaystyle\int_1^2 \dfrac{\delta Q}{T}$

해설 엔트로피$(ds = \Delta s) = \dfrac{dQ}{T} = \dfrac{GCdT}{T}$ (kcal/K)

㉠ 가역 사이클 : 엔트로피 일정
㉡ 비가역 사이클 : 엔트로피 증가
$\therefore S_2 - S_1 = \displaystyle\int_1^2 \dfrac{\delta Q}{T}$

15 단열된 노즐에 유체가 10m/s의 속도로 들어와서 200m/s의 속도로 가속되어 나간다. 출구에서의 엔탈피가 $h_e = 2,770kJ/kg$일 때 입구에서의 엔탈피는 얼마인가?

① 4,370kJ/kg　　② 4,210kJ/kg
③ 2,850kJ/kg　　④ 2,790kJ/kg

해설 정상유동 일반에너지식

$q = (h_2 - h_1) + \dfrac{V_2^2 - V_1^2}{2} + q(z_2 - z_1) + w_t$

속도 및 위치에너지를 고려하지 않고, $q = 0$
$h_1 - h_2 = \dfrac{V_2^2 - V_1^2}{2}$
$\therefore h_1 = h_2 + \dfrac{V_2^2 - V_1^2}{2}$
$= (2,770 \times 10^3) + \dfrac{200^2 - 10^2}{2}$
$= 2,789,950J/kg$
$= 2,789.95kJ/kg$

16 표준 증기압축식 냉동 사이클에서 압축기 입구와 출구의 엔탈피가 각각 105kJ/kg 및 125kJ/kg이다. 응축기 출구의 엔탈피가 43kJ/kg이라면 이 냉동사이클의 성능계수(COP)는 얼마인가?

① 2.3　　② 2.6
③ 3.1　　④ 4.3

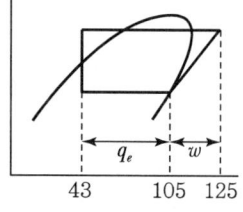

성능계수(COP) $= \dfrac{q_e}{w} = \dfrac{105-43}{125-105} = 3.1$

17 100kg의 물체가 해발 60m에 떠 있다. 이 물체의 위치에너지는 해수면 기준으로 약 몇 kJ인가?(단, 중력가속도는 9.8m/s²이다.)

① 58.8   ② 73.4
③ 98.0   ④ 122.1

위치에너지 $E = mgh$
$E = mg(h_2 - h_1) = 100 \times 9.8 \times (60-0) = 58,800J = 58.8kJ$

18 체적이 500cm³인 풍선이 있다. 이 풍선에 압력 0.1 MPa, 온도 288K의 공기가 가득 채워져 있다. 압력이 일정한 상태에서 풍선 속 공기온도가 300K로 상승했을 때 공기에 가해진 열량은?(단, 공기의 정압비열은 1.005kJ/kg · K, 기체상수 0.287kJ/kg · K이다.)

① 7.3J   ② 7.3kJ
③ 73J   ④ 73kJ

$PV = mRT$
$m = \dfrac{PV}{RT} = \dfrac{(0.1 \times 10^6) \times (500 \times 10^{-6})}{(0.287 \times 10^3) \times 288}$
$\qquad$ ($\because 1M = 10^6$, $1cm^3 = 1 \times 10^6 cm^3$)
$\qquad = 0.0006049kg$
$\therefore$ 열량 $q = mC_p \Delta t$
$\qquad\quad = mC_p(T_2 - T_1)$
$\qquad\quad = 0.0006049 \times (1.005 \times 10^3) \times (300-288)$
$\qquad\quad = 7.295J \fallingdotseq 7.3kJ$

19 열효율이 30%인 증기 사이클에서 1kWh의 출력을 얻기 위하여 공급되어야 할 열량은 약 몇 kWh인가?

① 1.25   ② 2.51
③ 3.33   ④ 4.90

열효율 $\eta = \dfrac{출력}{입력} \times 100$

입력(공급열량) $= \dfrac{출력}{\eta} \times 100$
$\qquad\qquad\qquad = \dfrac{1}{30} \times 100 = 3.33kWh$

20 $T-S$ 선도에서 어느 가역상태변화를 표시하는 곡선과 S축 사이의 면적은 무엇을 표시하는가?

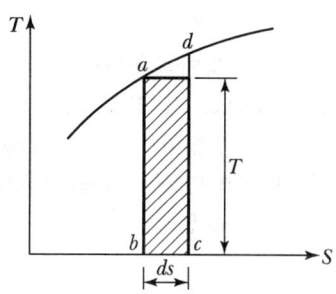

① 힘   ② 열량
③ 압력   ④ 비체적

$T-S$ 선도
　㉠ 유체가 주고받은 일량은 면적으로 표시한다(T : 절대온도, S : 엔트로피).
　㉡ 열량을 알기 위해 면적을 알아야 하므로 불편하다.

SECTION **02** 냉동공학

21 냉동능력 50RT 브라인 냉각장치에서 브라인 입구온도 −5℃, 출구온도 −10℃, 냉매의 증발온도 0℃로 운전되고 있을 때, 냉각관 전열면적이 30m²이라면 열통과율은?(단, 열손실은 무시하며 평균온도차는 산술평균으로 계산하며, 1RT=3,320kcal/h로 계산한다.)

① 약 572kcal/m²h℃
② 약 673kcal/m²h℃
③ 약 737kcal/m²h℃
④ 약 842kcal/m²h℃

해설 $1RT = 3,320 \text{kcal/h}, \ 50 \times 3,320 = 166,000 \text{kcal/h}$

브라인 평균온도$(\Delta t) = \dfrac{\{0 - (-5)\} + \{0 - (-10)\}}{2}$

$\qquad\qquad\qquad\qquad = 7.5\,℃$

열통과율$(K) = \dfrac{Q}{A \cdot \Delta t}$ $(\because \ Q = KA\Delta t)$

$\qquad\qquad\quad = \dfrac{166,000}{7.5 \times 30} = 737 \text{kcal/m}^2\text{h}℃$

22 실제 냉동 사이클에서 냉매가 증발기에서 나온 후, 압축기에서 압축될 때까지 흡입가스의 변화는?

① 압력은 떨어지고 엔탈피는 증가한다.

② 압력과 엔탈피는 떨어진다.

③ 압력은 증가하고 엔탈피는 떨어진다.

④ 압력과 엔탈피는 증가한다.

해설

23 냉매와 흡수제로 $NH_3 - H_2O$를 이용한 흡수식 냉동기의 냉매의 순환과정으로 옳은 것은?

① 증발기(냉각기) → 흡수기 → 재생기 → 응축기

② 증발기(냉각기) → 재생기 → 흡수기 → 응축기

③ 흡수기 → 증발기(냉각기) → 재생기 → 응축기

④ 흡수기 → 재생기 → 증발기(냉각기) → 응축기

해설 흡수식 냉동기($NH_3 - H_2O$)의 사이클

증발기 → 흡수기 → 재생기 → 응축기

24 냉동장치의 제어기기 중 전기식 액면제어기에 대한 설명으로 틀린 것은?

① 플로트 스위치(Float Switch)와 전자밸브를 사용한다.

② 만액식 증발기의 액면 제어에 사용한다.

③ 부하 변동에 의한 유면 제어가 불가능하다.

④ 증발기 내 액면 유동을 방지하기 위해 수동팽창밸브(MEV)를 설치한다.

해설 전기식 액면제어기는 부하 변동시 유면 제어가 가능하다.

25 직경이 다른 2개 이상의 수액기를 병렬연결하기 위한 설치방법으로 옳은 것은?

① 하단을 일치시켜 연결시킨다.

② 상단을 일치시켜 연결시킨다.

③ 옆으로 일치시켜 연결시킨다.

④ 아무 곳에나 연결시킨다.

해설 -------- (상단 일치)

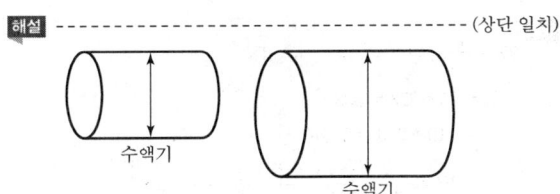

26 제빙장치에서 브라인 온도가 -10℃, 결빙시간이 48시간일 때, 얼음의 두께는?(단, 결빙계수는 0.56이다.)

① 약 29.3cm

② 약 39.3cm

③ 약 2.93cm

④ 약 3.93cm

해설 얼음의 결빙시간 $h = \dfrac{c \cdot b^2}{-t_b}$

여기서, c : 결빙계수

$\qquad\quad b$: 두께

$\qquad\quad t_b$: 브라인 온도

두께 $b = \sqrt{\dfrac{-t_b \times h}{c}}$

$\qquad\quad = \sqrt{\dfrac{-(-10) \times 48}{0.56}}$

$\qquad\quad = 29.28\text{cm}$

27 냉동장치 내에 불응축가스가 혼입되는 원인으로 가장 거리가 먼 것은?

① 냉동장치의 압력이 대기압 이상으로 운전될 경우 저압 측에서 공기가 침입한다.

② 장치를 분해·조립하였을 경우에 공기가 잔류한다.

③ 압축기의 축봉장치 패킹 연결부분에 누설이 있으면 공기가 장치 내에 침입한다.

④ 냉매, 운활유 등의 열분해로 인해 가스가 발생한다.

> **해설** 냉동장치에서 압력이 대기압 이상이면 공기누입이 방지된다.

28 고온 35℃, 저온 −10℃에서 작동되는 역카르노 사이클이 적용된 이론 냉동 사이클의 성적계수는?

① 2.89　　② 3.24

③ 4.24　　④ 5.84

> **해설** 성적계수 $COP = \dfrac{T_L}{T_H - T_L}$
>
> $T_H = 35 + 273 = 308K$
>
> $T_L = -10 + 273 = 263K$
>
> $\therefore COP = \dfrac{(-10 + 273)}{(35 + 273) - (-10 + 273)} = 5.84$

29 냉각방식에 관한 설명 중 가장 거리가 먼 것은?

① 어떤 물질을 얼리는 것만이 냉동이라고 할 수 있다.

② 일반적으로 실내의 온도를 외기온도보다 낮추어 시원하게 하는 것을 냉방이라 한다.

③ 우유 등의 제품을 영상의 온도에서 차게 보관하는 것을 냉장이라고 한다.

④ 상온 이상의 뜨거운 물질을 식히는 것을 냉각이라 한다.

> **해설** 냉동의 분류
> ㉠ 냉각
> ㉡ 냉장
> ㉢ 냉동(동결)
> ㉣ 공기조화

30 고온부의 절대온도를 T_1, 저온부의 절대온도를 T_2, 고온부로 방출하는 열량을 Q_1, 저온부로부터 흡수하는 열량을 Q_2라고 할 때, 이 냉동기의 이론 성적계수 (COP)를 구하는 식은?

① $\dfrac{Q_1}{Q_1 - Q_2}$　　② $\dfrac{Q_2}{Q_1 - Q_2}$

③ $\dfrac{T_1}{T_1 - T_2}$　　④ $\dfrac{T_1 - T_2}{T_1}$

> **해설** 냉동기 성적계수 $COP = \dfrac{Q_2}{Q_1 - Q_2} = \dfrac{T_2}{T_1 - T_2}$
>
> ※ 히트펌프 성적계수 $COP = \dfrac{Q_1}{Q_1 - Q_2} = \dfrac{T_1}{T_1 - T_2}$

31 흡수식 냉동기에 대한 설명으로 틀린 것은?

① 흡수식 냉동기는 열의 공급과 냉각으로 냉매와 흡수제가 함께 분리되고 섞이는 형태로 사이클을 이룬다.

② 냉매가 암모니아일 경우에는 흡수제로서 리튬브로마이드(LiBr)를 사용한다.

③ 리튬브로마이드 수용액 사용 시 재료에 대한 부식성 문제로 용액 중에 미량의 부식억제제를 첨가한다.

④ 압축식에 비해 열효율이 나쁘며 설치면적을 많이 차지한다.

> **해설** 흡수식
> ㉠ 냉매(H_2O) → 흡수제(LiBr)
> ㉡ 냉매(NH_3) → 흡수제(H_2O)

32 압축기 구조형태 중 개방형 압축기에 대한 특징으로 틀린 것은?

① 압축기를 구동하는 전동기가 따로 설치되어 있다.

② 크랭크축이 크랭크실 밖으로 관통되어 있어 냉매가 누설될 염려가 있다.

③ 축봉장치가 필요 없다.

④ 소음이 심하고 좁은 장소에서의 설치가 곤란하다.

> **해설** 개방형 압축기
> ㉠ 모터와 압축기가 따로 떨어져 있다(축봉장치가 필요하다).
> ㉡ 벨트구동식, 직결구동식이 있다.

33 냉매의 구비조건에 대한 설명으로 틀린 것은?

① 증기의 비체적이 작을 것
② 임계온도가 충분히 높을 것
③ 점도와 표면장력이 크고 전열성능이 좋을 것
④ 부식성이 작을 것

해설 냉매
㉠ 점도가 작아야 한다.
㉡ 표면장력이 작아야 한다.
㉢ 증기의 비체적이 작아야 한다.
㉣ 임계온도가 충분히 높아야 한다.
㉤ 부식성이 작아야 한다.

34 고속으로 회전하는 임펠러에 의해 대량 증기의 흡입·압축이 가능하며 토출밸브를 잠그고 작동시켜도 일정한 압력 이상으로는 더 이상 상승하지 않는 특징을 가진 압축기는?

① 왕복동식 압축기   ② 회전식 압축기
③ 스크루식 압축기   ④ 원심식 압축기

해설 원심식 압축기(Turbo형)
Impeller(임펠러)의 고속회전에 의해 냉매가 압축된다
(R−11 냉매가 많이 사용된다).

35 2단 압축냉동기의 저압 측 흡입압력과 고압 측 토출압력이 게이지압으로 각각 5kgf/cm², 15kgf/cm²일 때, 성적계수가 최대로 되는 중간압력(절대압)은?
(단, 대기압은 1.033kgf/cm²으로 한다.)

① 약 9.83kgf/cm²
② 약 11.15kgf/cm²
③ 약 12.65kgf/cm²
④ 약 13.11kgf/cm²

해설 2단 압축기 중간압력
$$P_m = \sqrt{P_1 \times P_2}$$
$$= \sqrt{(5+1.033) \times (15+1.033)}$$
$$= 9.83 \text{kgf/cm}^2$$

36 냉동장치의 응축기에 관한 설명 중 옳은 것은?

① 횡형 셸 앤드 튜브식 응축기는 전열이 양호하고 냉각관 청소가 용이하다.
② 7통로식 응축기는 전열이 양호하고 입형에 비해 냉각수량이 많다.
③ 대기식 응축기는 냉각수량이 적어도 되며 설치장소가 작다.
④ 입형 셸 앤드 튜브식 응축기는 냉각관 청소가 용이하고 과부하에 잘 견딘다.

해설 ㉠ 입형 셸 앤드 튜브식 응축기 : 냉각관 청소가 용이하고 과부하에 잘 견딘다.
㉡ 횡형 셸 앤드 튜브식 응축기 : 냉각관 청소가 곤란하다.
㉢ 7통로식 응축기 : 입형에 비해 냉각수량이 적게 사용된다.
㉣ 대기식 응축기 : 냉각수량이 많이 든다.

37 다음과 같이 운전되고 있는 열펌프의 성적계수는?

① 1.7   ② 2.7
③ 3.7   ④ 4.7

해설 열펌프(히트펌프) 성적계수
$$COP = \frac{\text{응축열량}(q)}{\text{압축열량}(w)} = \frac{157.5-115}{157.5-148.5} = 4.72$$
※ 히트펌프 성적계수=냉동기 성적계수+1

38 냉동능력 감소와 압축기 과열 등의 악영향을 미치는 냉동배관 내의 불응축가스를 제거하는 장치는?

① 액−가스 열교환기   ② 여과기
③ 어큐뮬레이터   ④ 가스퍼저

해설 가스퍼저 : 불응축가스 제거(요크식, 암스트롱식 등 사용)

39 2.5kgf/cm² 압력에서 작동되는 냉동기의 포화액 및 건포화증기의 엔탈피는 각각 94.58kcal/kg, 147.03 kcal/kg이다. 이 경우 건도가 0.75인 지점의 습증기 엔탈피는?

① 약 98kcal/kg   ② 약 110kcal/kg
③ 약 121kcal/kg   ④ 약 134kcal/kg

해설 습증기 엔탈피 $h = h_1 + x(h_2 - h_1)$
$= 94.58 + 0.75 \times (147.03 - 94.58)$
$= 133.92kcal/kg$

40 흡수식 냉동기의 구성요소가 아닌 것은?

① 증발기   ② 응축기
③ 재생기   ④ 압축기

해설 흡수식 냉동기 구성
㉠ 증발기   ㉡ 흡수기
㉢ 재생기   ㉣ 응축기

SECTION 03 공기조화

41 보일러의 발생증기를 한 곳으로만 취출하면 그 부근에 압력이 저하하여 수면동요현상과 동시에 비수가 발생된다. 이를 방지하기 위한 장치는?

① 급수내관   ② 비수방지관
③ 기수분리기   ④ 인젝터

해설 비수방지관(안티프라이밍 방지관)
보일러에서 비수(수분이 증기에 혼입) 발생시 수분을 제거하여 건조증기를 취출한다.

42 직접팽창코일의 습면코일 열수를 산출하기 위하여 필요한 인자는?

① 대수평균온도차(MTD)
② 상당외기온도차(ETD)
③ 대수평균엔탈피차(MED)
④ 산술평균엔탈피차(AED)

해설 ㉠ 직접팽창코일의 습면코일 열수를 산출하려면 대수평균 엔탈피차를 알아야 한다.
㉡ 습면코일 : 코일의 표면온도가 통과공기의 노점보다 낮을 때 사용한다.

43 공기의 온도나 습도를 변화시킬 수 없는 것은?

① 공기필터   ② 공기재열기
③ 공기예열기   ④ 공기가습기

해설 공기필터 : 여과기의 역할(스트레이너)

44 외기온도 −5℃, 실내온도 20℃일 때 온수방열기의 방열면적이 5m²이면 방열기의 방열량은?

① 약 1.3kW   ② 약 2.6kW
③ 약 3.4kW   ④ 약 3.8kW

해설 방열량 $Q = 450 \times \left(\dfrac{80-20}{80-18.5}\right)^{1.3} \times 5 \times \dfrac{1}{860} = 2.53 \fallingdotseq 2.6kW$

※ 온수난방 표준발열량 = 450kcal/m²h, 1kWh = 860kcal

45 공기조화설비에서 공기의 경로로 옳은 것은?

① 환기덕트 → 공조기 → 급기덕트 → 취출구
② 공조기 → 환기덕트 → 급기덕트 → 취출구
③ 냉각탑 → 공조기 → 냉동기 → 취출구
④ 공조기 → 냉동기 → 환기덕트 → 취출구

해설 공기조화설비에서 공기의 경로
환기덕트 → 공조기 → 급기덕트 → 취출구

46 습공기에 대한 설명으로 틀린 것은?

① 노점온도는 수증기 분압 및 절대습도가 높을수록 높은 값을 가진다.
② 상대습도는 공기 중 수분량이 같으면 온도에 관계없이 동일하다.
③ 습공기의 습구온도는 항상 건구온도보다 낮은 온도를 나타낸다.
④ 건습구 온도계는 기류에 따라 습구온도가 변하므로 일정 풍속을 가해야 한다.

해설 상대습도는 용기 중 수분량이 같은 경우 온도가 상승하면 감소하고, 온도가 하강하면 적어진다.

47 20명의 인원이 각각 1개비의 담배를 동시에 피울 경우 필요한 실내 환기량은?(단, 담배 1개비당 발생하는 배연량은 0.54g/h, $1m^3$/h의 환기 가능한 허용 담배연소량은 0.017g/h이다.)

① 약 $235m^3$/h   ② 약 $347m^3$/h

③ 약 $527m^3$/h   ④ 약 $635m^3$/h

해설 전체 배연량$=20 \times 0.54 = 10.8$g/h

∴ 실내환기량 $= \dfrac{10.8}{0.017} = 635.29 m^3$/h

48 다음 중 냉각탑에 관한 용어 및 특성 설명으로 틀린 것은?

① 어프로치(approach)는 냉각탑 출구수온과 입구 공기 건구온도 차

② 레인지(range)는 냉각수의 입구와 출구의 온도차

③ 어프로치(approach)를 적게 할수록 설비비 증가

④ 레인지(range)는 공기조화에서 5~8℃ 정도로 설정

해설 ㉠ 쿨링 어프로치 : 냉각수 출구온도-입구공기 습구온도
㉡ 쿨링 레인지 : 냉각수 입구수온-냉각수 출구수온

49 환기(ventilation)란 A에 있는 공기의 오염을 막기 위하여 B로부터 C를 공급하여, 실내의 D를 실외로 배출하고 실내의 오염 공기를 교환 또는 희석시키는 것을 말한다. 여기서 A, B, C, D로 적절한 것은?

① A-일정 공간, B-실외, C-청정한 공기, D-오염된 공기

② A-실외, B-일정 공간, C-청정한 공기, D-오염된 공기

③ A-일정 공간, B-실외, C-오염된 공기, D-청정한 공기

④ A-실외, B-일정 공간, C-오염된 공기, D-청정한 공기

해설 오염 공기를 교환 또는 희석시키는 적절한 방법은 ①항이다.

50 과열증기에 대한 설명 중 옳은 것은?

① 습포화 증기에 압력을 높인 것이다.

② 습포화 증기에 열을 가한 것이다.

③ 건조포화 증기에 압력을 낮춘 것이다.

④ 일정한 압력조건에서 포화증기의 온도를 높인 것이다.

해설

51 송풍 덕트 내의 정압제어가 필요 없고, 소음발생이 적은 변풍량 유닛은?

① 유인형   ② 슬롯형

③ 바이패스형   ④ 노즐형

해설 바이패스형 변풍량 유닛
덕트 내 정압제어가 필요 없고 소음발생이 적다.

52 공조설비를 구성하는 공기조화기에는 공기여과기, 냉·온수코일, 가습기, 송풍기로 구성되어 있는데, 이들 장치와 직접 연결되어 사용되는 설비가 아닌 것은?

① 공급덕트   ② 주증기관

③ 냉각수관   ④ 냉수관

해설 송풍기, 덕트, 펌프, 배관 등은 열운반장치로 사용되고 냉각 수관은 쿨링타워에서 응축기로 내려와서 고압기체 냉매를 액화시킨다.

53 냉 · 난방 시의 실내 현열부하를 q_s(W), 실내와 말단 장치의 온도를 각각 t_r, t_d라 할 때 송풍량 Q(L/s)를 구하는 식은?

① $Q=\dfrac{q_s}{0.24(t_r-t_d)}$ ② $Q=\dfrac{q_s}{1.2(t_r-t_d)}$

③ $Q=\dfrac{q_s}{1.85(t_r-t_d)}$ ④ $Q=\dfrac{q_s}{2,501(t_r-t_d)}$

해설 현열부하 송풍량 $Q=\dfrac{q_s}{P\cdot C_p\cdot \Delta t}$

$$=\dfrac{q_s}{1.2\times1,010\times\Delta t}\times1,000$$

$$=\dfrac{q_s}{1.21\,\Delta t}$$

$$\therefore Q=\dfrac{q_s}{1.21(t_r-t_d)}\,(\text{L/s})$$

54 다음 중 서로 상관이 없는 것끼리 짝지어진 것은?

① 순환수두 − 밀도차
② VAV − 변풍량방식
③ 저압증기난방 − 팽창탱크
④ MRT − 패널 표면온도

해설 팽창탱크 : 온수난방에서 안전장치 역할을 한다.

55 공기조화방식에 관한 설명 중 옳은 것은?

① 각층 유닛방식은 층별 부하변동에 대응하기 쉬우나 부분 운전은 어렵다.
② 유인유닛방식은 외기 냉방의 효과가 크다.
③ 가변풍량방식으로 할 경우 최소 풍량 시에 필요한 외기량을 확보하는 것이 중요하다.
④ 가변풍량방식은 부하변동에 대하여 제어응답이 느리다.

해설 ㉠ 각층유닛 : 각 층마다 부분운전이 가능하다.
㉡ 유인유닛 : 외기냉방효과가 적다.
㉢ 가변풍량 방식 : 부하변동 시 제어응답이 빠르다.

56 덕트 조립공법 중 원형 덕트의 이음방법이 아닌 것은?

① 드로우 밴드 이음(Draw Band Joint)
② 비드 크림프 이음(Beaded Crimp Joint)
③ 더블 심(Double Seam)
④ 스파이럴 심(Spiral Seam)

해설 덕트(원형)의 이음방법
㉠ 드로우 밴드 이음
㉡ 비드 클림프 이음
㉢ 스파이럴 심

57 다음 그림과 같은 외벽의 열관류율 값은?(단, 표면 열전달률 α_0=20W/m²K, 표면 열전달률 α_1=7.5 W/m²K이다.)

타일 -------- 10mm ----- 0.76W/m · K
모르타르 ---- 30mm ----- 1.2W/m · K
콘크리트 ---- 120mm ---- 1.4W/m · K
모르타르 ---- 20mm ----- 1.2W/m · K
플라스틱 ---- 3mm ------ 0.53W/m · K

① 약 3.03W/m²K   ② 약 10.1W/m²K
③ 약 12.5W/m²K   ④ 약 17.7W/m²K

해설 열관류율 K(W/m²K)

$$K=\cfrac{1}{\dfrac{1}{\alpha_0}+\dfrac{b_1}{\lambda_1}+\dfrac{b_2}{\lambda_2}+\dfrac{b_3}{\lambda_3}+\dfrac{b_4}{\lambda_4}+\dfrac{b_5}{\lambda_5}+\dfrac{1}{\alpha_1}}$$

$$=\cfrac{1}{\dfrac{1}{20}+\dfrac{0.01}{0.76}+\dfrac{0.03}{1.2}+\dfrac{0.12}{1.4}+\dfrac{0.02}{1.2}+\dfrac{0.003}{0.53}+\dfrac{1}{7.5}}$$

$$=3.03\text{W/m}^2\text{K}$$

58 다음 중 열원설비가 아닌 것은?

① 보일러   ② 냉동기
③ 송풍기   ④ 냉각탑

해설 송풍기 : 열운반장치

59 연간에너지소비량을 평가할 수 있는 기간 열부하계산법이 아닌 것은?

① 동적 열부하 계산법

② 디그리 데이법

③ 확장 디그리 데이법

④ 최대 열부하 계산법

해설 연간에너지소비량 평가 열부하계산법

㉠ 동적 열부하 계산법

㉡ 디그리 데이법

㉢ 확장 디그리 데이법

60 온수난방설계 시 다르시-바이스바흐(Darcy-Weisbach)의 수식을 적용한다. 이 식에서 마찰저항계수와 관련이 있는 인자는?

① 너셀수(Nu)와 상대조도

② 프란틀수(Pr)와 절대조도

③ 레이놀즈수(Re)와 상대조도

④ 그라쇼프수(Gr)와 절대조도

해설 온수난방 설계시 다르시-바이스바흐 수식의 마찰저항계수와 관련이 있는 무차원수는 Re(레이놀즈수)와 상대조도이다.

SECTION 04 전기제어공학

61 자기회로에서 퍼미언스(Permeance)에 대응하는 전기회로의 요소는 무엇인가?

① 도전율

② 컨덕턴스

③ 정전 용량

④ 엘라스턴스

해설 컨덕턴스

전기저항의 역수로서 전류가 얼만큼 잘 흐르느냐를 나타낸다. 교류회로에서는 어드미턴스 $Y = G - jB$로 나타내고 이 식의 G가 컨덕턴스이다.

※ 자기회로에서 퍼미언스에 대응하는 전기회로 요소이다.

62 3상 유도전동기의 출력이 5kW, 전압 200V, 역률 80%, 효율이 90%일 때 유입되는 선전류(A)는?

① 14

② 17

③ 20

④ 25

해설 ㉠ 3상 유도전동기 : 공작기계, 양수펌프 등 큰 기계장치용

㉡ 단상 유도전동기 : 선풍기, 냉장고 등 작은 동력에 사용

㉢ 선전류 : 선로에 흐르는 전류(전기회로에서 전원 단자로부터 선로로 유출하는 전류 및 선로로부터 부하 단자로 흘러드는 전류)

$$P = \sqrt{3} \, VI\cos\theta \cdot \eta(w)$$

$$I = \frac{P}{\sqrt{3} \, V\cos\theta \cdot \eta} = \frac{5 \times 10^3}{\sqrt{3} \times 200 \times 0.8 \times 0.9} = 20A$$

63 전달함수 $G(s) = \dfrac{s+b}{s+a}$ 를 갖는 회로가 지상 보상회로의 특성을 갖기 위한 조건으로 맞는 것은?

① $a > b$

② $a < b$

③ $a > 1$

④ $b > 1$

해설 ㉠ 전달함수

각기 다른 두 양이 있고 서로 관계하고 있을 때 최초의 양에서 다음의 다른 양으로 변화하기 위한 함수

(R : 전달함수)

㉡ 보상회로

설계값 이외의 임피던스로 종단된 전송 선로에 대하여 그 송단 측 임피던스를 실현하기 위해 원래의 회로에 부가하는 회로

$\therefore a < b$

64 직류기의 전기자 반작용에 대한 설명으로 옳지 않은 것은?

① 중성축이 이동한다.

② 전동기는 속도가 저하된다.

③ 국부적 섬락이 발생한다.

④ 발전기는 기전력이 감소한다.

해설 ㉠ 직류기 : 정류자와 브러시에 의해 외부 회로에 대하여 직류전력을 공급받는 발전기로서 혹은 외부 전원에서 직류전력이 주어져서 전동기로서 운전이 가능한 회전기이다.

ⓒ 전기자 반작용 : 발전기 전동기에 있어서 전기자 전류에 의해 생기는 자속이 주계자 자속에 주는 반작용
ⓒ 직류기 전기자반작용은 ①, ③, ④에 대한 내용의 특징이 있다.

65 변압기의 1차 및 2차의 전압, 권선수, 전류를 E_1, N_1, I_1 및 E_2, N_2, I_2라 할 때 성립하는 식으로 알맞은 것은?

① $\dfrac{E_2}{E_1}=\dfrac{N_1}{N_2}=\dfrac{I_2}{I_1}$ ② $\dfrac{E_1}{E_2}=\dfrac{N_2}{N_1}=\dfrac{I_1}{I_2}$

③ $\dfrac{E_2}{E_1}=\dfrac{N_2}{N_1}=\dfrac{I_1}{I_2}$ ④ $\dfrac{E_1}{E_2}=\dfrac{N_1}{N_2}=\dfrac{I_1}{I_2}$

[해설] 권선비(변압비) $\alpha=\dfrac{N_1}{N_2}=\dfrac{E_1}{E_2}=\dfrac{I_2}{I_1}$

$\therefore \dfrac{E_2}{E_1}=\dfrac{N_2}{N_1}=\dfrac{I_1}{I_2}$

66 그림과 같은 유접점 회로를 논리 게이트로 바꾸었을 때 올바른 것은?

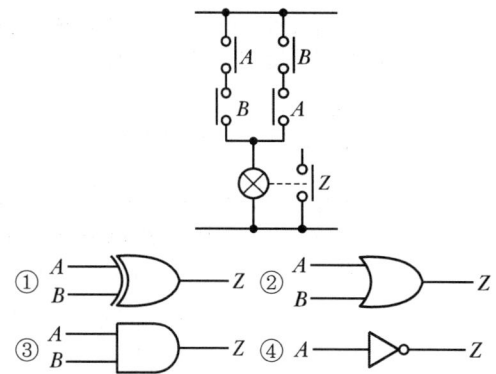

[해설] 배타적 OR 게이트
$Y=A\overline{B}+\overline{A}B=(A+B)\overline{AB}=(A+B)(\overline{A}-\overline{B})$

67 농형 3상 유도전동기의 속도를 제어하는 방법으로 가장 옳은 것은?

① 부하를 조정하여 제어한다.
② 극수를 변환하여 제어한다.
③ 회전자 자속을 변환하여 제어한다.
④ 2차저항을 삽입하여 제어한다.

[해설] 농형 유도전동기
ⓒ 유도전동기로서 회전자 권선이 농형을 하고 있는 것(소형 7.5kW 정도 소형용)
ⓒ 속도제어방법 : 극수변환제어

68 축전지 용량의 단위는?

① A   ② Ah
③ V   ④ kW

[해설] 축전지(Storage Battery)
2차 전지(즉 방전해도 충전하여 반복 사용이 가능한 전지)이며 용량의 단위(Ah : Ampere-Hour, 암페어 아워)

69 조종하는 사람이 없는 엘리베이터의 자동제어는?

① 프로그램 제어   ② 추종제어
③ 비율제어   ④ 정치제어

[해설] 프로그램 제어
조종자 없이 제어가 가능한 자동제어

70 목푯값을 직접 사용하기 곤란할 때 어떤 것을 이용하여 주 되먹임 요소와 비교하여 사용하는가?

① 기준입력요소   ② 제어요소
③ 되먹임요소   ④ 비교장치

[해설] 기준입력요소
목푯값을 직접 사용하기 곤란할 때 어떤 것을 이용하여 주 되먹임 요소와 비교하여 사용한다.

71 다음 중 프로세스 제어에 속하지 않는 것은?

① 온도   ② 유량
③ 위치   ④ 압력

[해설] 프로세스 제어
자동제어 한 분야로서 장치를 사용하여 온도나 압력, 유량의 상태량을 처리하는 과정(화학공업에서 원료나 제품의 유량 등에 대한 입출력 제어)

72 직류기에서 전압정류의 역할을 하는 것은?

① 탄소브러시 ② 보상권선

③ 리액턴스 코일 ④ 보극

해설 **직류기**
정류자와 브러시에 의해 외부 회로에 대하여 직류전력을 공급하는 발전기로서 보극은 직류기에서 전압정류의 역할을 한다.

73 제어 결과로 사이클링(Cycling)과 옵셋(Offset)을 발생시키는 동작은?

① on-off 동작 ② P 동작

③ I 동작 ④ PI 동작

해설 **on-off**
2위치 불연속 동작이며 사이클링과 옵셋(편차)을 발생시킨다.

74 PLC(Programmable Logic Controller) CPU부의 구성과 거리가 먼 것은?

① 데이터 메모리부 ② 프로그램 메모리부

③ 연산부 ④ 전원부

해설 **CPU(Central Processing Unit)**
컴퓨터 시스템의 중심을 이루는 연산장치, 제어장치로 구성되어 있다. 기타 주기억 장치까지를 포함하기도 한다.

75 저항체에 전류가 흐르면 줄열이 발생하는데 이때 전류 I와 전력 P의 관계는?

① $I=P$ ② $I=P^{0.5}$

③ $I=P^{1.5}$ ④ $I=P^2$

해설 **줄의 법칙(Joule's Law)**
저항이 있는 도체에 전류를 흘리면 열이 발생한다. 이 열량은 흐르는 전류의 제곱과 도체의 저항 및 전류가 흐른 시간의 곱에 비례한다.

$P=VI=I^2R$ (∵ 저항체에 전류 흐름 → 저항 일정)

$I=\left(\dfrac{P}{R}\right)^{0.5}$

∴ $I\propto P^{0.5}$

76 전류의 측정범위를 확대하기 위하여 사용되는 것은?

① 배율기 ② 분류기

③ 저항기 ④ 계기용 변압기

해설 **분류기**
어느 전로의 전류를 측정할 때 전로의 전류가 전류계의 정격보다 큰 경우에는 전류계와 병렬로 다른 전로를 만들고 전류를 분류하여 측정한다. 이처럼 전류를 분류하는 전로(저항기)를 분류기라 한다.

77 $G(j\omega)=j0.01\omega$에서 $\omega=0.01\text{rad/s}$일 때 계의 이득은 몇 dB인가?

① -100 ② -80

③ -60 ④ -40

해설 **이득-위상 선도**
보드 선도의 이득 선도, 위상 선도를 1개의 곡선으로 나타낸 것으로 종축에 데시벨 값(dB)을 취하고 횡측에 위상각 $\theta°$를 취하여 주파수 ω를 파라미터로 표시한다.
주파수 $g(\text{dB})=20\log|G(j\omega)|=20\log|j0.01\omega|$
$=20\log|0.0001j|=20\log\dfrac{1}{10^4}=-80\text{dB}$

78 역률이 80%이고, 유효전력이 80kW라면 피상전력은 몇 kVA인가?

① 100 ② 120

③ 160 ④ 200

해설
피상전력 P_a / 무효전력 P_r / 유효전력 $P=80\text{kW}$ / θ

역률 $80\% \to \cos\theta=0.8$

$\cos\theta=\dfrac{P}{P_a}$ 에서 피상전력 $P_a=\dfrac{P}{\cos\theta}=\dfrac{80}{0.8}=100\text{kVA}$

79 그림과 같은 블록 선도에서 $C(s)$는?(단, $G_1 = 5$, $G_2 = 2$, $H = 0.1$, $R(s) = 1$이다.)

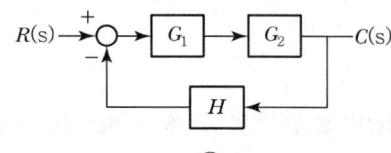

① 0   ② 1
③ 5   ④ ∞

해설 Block Diagram(블록 선도)
회로, 플로차트, 프로세스 등의 시스템, 기기 또는 컴퓨터의 도표이다. 각 부분의 기본적인 기능 및 그들의 기능적 관계를 나타내기 위하여 그 주요부위에 적절한 주석을 붙이고 기하학적 그림으로 표시한 것

$$C = \frac{5 \times 2}{1 + 0.1 \times 5 \times 2} = 5$$

80 100V용 전구 30W와 60W 두 개를 직렬로 연결하고 직류 100V 전원에 접속하였을 때 두 전구의 상태로 옳은 것은?

① 30W가 더 밝다.
② 60W가 더 밝다.
③ 두 전구가 모두 켜지지 않는다.
④ 두 전구의 밝기가 모두 같다.

해설 $P = VI = I^2 R = \dfrac{V^2}{R}$에서 저항 $R = \dfrac{V^2}{P}$

$$R_1 = \frac{V^2}{P_1} = \frac{100^2}{30} = 333.33\Omega$$

$$R_2 = \frac{V^2}{P_2} = \frac{100^2}{60} = 166.67\Omega$$

직렬연결 : $R = R_1 + R_2 = 333.33 + 166.67 = 500\Omega$

$V = IR$에서 전류 $I = \dfrac{V}{R} = \dfrac{100}{500} = 0.2A$

$P_1 = I^2 R_1 = 0.2^2 \times 333.33 = 13.33W$
$P_2 = I^2 R_2 = 0.2^2 \times 166.67 = 6.67W$
$P_1 > P_2$
∴ 30W가 더 밝다.

SECTION 05 배관일반

81 다음과 같이 두 개의 90° 엘보와 직관길이 $l = 262$ mm인 관이 연결되어 있다. $L = 300$mm이고 관 규격이 20A이며 엘보의 중심에서 단면까지의 길이 $A = 32$mm일 때 물린 부분 B의 길이는?

① 12mm   ② 13mm
③ 14mm   ④ 15mm

해설 $l = L - 2(A - a)$
$262 = 300 - 2(32 - a)$
$32 \times 2 = 64$
$300 - 64 = 236$
∴ $\dfrac{262 - 236}{2} = 13$mm

82 신축곡관이라고 통용되는 신축이음은?

① 스위블형   ② 벨로스형
③ 슬리브형   ④ 루프형

해설 신축이음 중 루프형은 신축곡관(응력이 생기나 고압의 옥외 대형배관용이다.)으로 통용된다.

83 압축기 과열(토출가스 온도 상승) 원인이 아닌 것은?

① 고압이 저하하였을 때
② 흡입가스 과열 시(냉매 부족, 팽창밸브 개도 과소)
③ 워터재킷 기능 불량(암모니아 냉동기)
④ 윤활 불량

해설 압축기 고압이 저하하면 압축기 과열이 방지되고, 응축온도가 높아지면 압축기는 과열된다.

84 공기조화설비 중 냉수코일에 관한 설명으로 틀린 것은?

① 공기와 물의 흐름은 대향류로 한다.
② 냉수 입·출구 온도차는 5℃ 정도로 한다.
③ 가능한 한 대수평균온도차를 크게 한다.
④ 코일의 모양은 가능한 한 장방형으로 한다.

해설 냉수코일은 스파이럴형·나선형 핀코일, 플레이트 핀코일, 슬릿 핀코일이 좋다.

85 5층 건물에 압력 수조식으로 급수하고자 한다. 5층 말단에 일반 대변기(세정밸브)를 설치할 경우 압력수조 출구의 압력을 어느 정도로 하여야 하는가?(단, 압력수조에서 대변기까지의 수직높이에 상당하는 압력 1.5kgf/cm²이고, 압력수조에서 대변기까지의 마찰손실수두는 4mAq, 세정밸브의 필요 최소압력은 70kPa이다.)

① 약 1.5kgf/cm²   ② 약 2.0kgf/cm²
③ 약 2.3kgf/cm²   ④ 약 2.6kgf/cm²

해설 세정밸브 출구압력 $P = P_1 + P_2 + P_3$

$$= 1.5 + \frac{10^3 \times 4}{10^4} + \frac{70 \times 10^3}{9.8 \times 10^4}$$

$$= 1.5 + 0.4 + 0.71 = 2.61\,\text{kgf/cm}^2$$

※ $1\text{kgf/cm}^2 = 10^4\text{kgf/cm}^2$
$1\text{kgf} = 9.8\text{N}$

86 트랩의 봉수 파괴 원인에 해당하지 않는 것은?

① 자기 사이펀 작용   ② 모세관 현상
③ 증발   ④ 공동현상

해설 **공동현상(캐비테이션)**
펌프에서 발생하는 이상현상(저압에서 발생)

87 배관용 보온재에 관한 설명으로 틀린 것은?

① 내열성이 높을수록 좋다.
② 열전도율이 작을수록 좋다.
③ 비중이 작을수록 좋다.
④ 흡수성이 클수록 좋다.

해설 배관용 보온재는 흡수성, 흡습성이 작아야 한다(열손실 방지 차원).

88 배관 내로 물을 수송할 때, 다음 설명 중 틀린 것은?

① 관이 길수록 관 내에서의 압력강하는 끝부분에서 커진다.
② 같은 시간에 같은 양의 물을 흐르게 하면 관이 가늘수록 유속이 빠르다.
③ 유량은 관의 단면적에 물의 평균유속을 곱하면 구해진다.
④ 관경과 물의 유속은 일정한 관계가 없다.

해설 관의 직경이 작으면 유속이 증가하고 관의 직경이 크면 유속은 감소하나 압력은 증가한다.

89 열팽창에 의한 배관의 이동을 구속 또는 제한하기 위해 사용되는 관 지지장치는?

① 행거(Hanger)
② 서포트(Support)
③ 브레이스(Brace)
④ 리스트레인트(Restraint)

해설 리스트레인트(앵커, 스톱, 가이드)는 열팽창에 의한 배관의 이동을 구속 또는 제한한다.

90 공조배관 설계 시 유속을 빠르게 설계하였을 때 나타나는 결과로 옳은 것은?

① 소음이 작아진다.
② 펌프양정이 높아진다.
③ 설비비가 커진다.
④ 운전비가 감소한다.

해설 공조배관에서 유속을 빠르게 하면 펌프양정이 높아진다.

91 방열기 전체의 수저항이 배관의 마찰손실에 비하여 큰 경우 채용하는 환수방식은?

① 개방류 방식   ② 재순환 방식
③ 리버스 리턴 방식   ④ 다이렉트 리턴 방식

해설 다이렉트 리턴방식
방열기 전체의 수저항이 배관의 마찰손실에 비하여 큰 경우 채용하는 환수방식

92 다음 주철 방열기의 도면 표시에 관한 설명으로 틀린 것은?

① 방열기 : 20쪽 수
② 유출관경 : 32A
③ 방열기 높이 : 650mm
④ 방열기 종류 : 5세주형

해설 유출관경 : 25A

93 급수설비에서 발생하는 수격작용의 방지법으로 틀린 것은?

① 관 내의 유속을 낮게 한다.
② 직선배관을 피하고 굴곡배관을 한다.
③ 수전류 등의 폐쇄를 서서히 한다.
④ 기구류 가까이에 공기실을 설치한다.

해설 굴곡배관은 압력손실이 발생하고 오히려 수격작용을 증가시킨다.

94 전기가 정전되어도 계속하여 급수를 할 수 있으며 급수오염 가능성이 적은 급수방식은?

① 압력탱크방식
② 수도직결방식
③ 부스터방식
④ 고가탱크방식

해설 수도직결방식은 전기가 정전되어도 계속하여 급수가 가능하며 급수오염이 적다.

95 관지지장치 중 서포트(Support)의 종류로 틀린 것은?

① 파이프 슈
② 리지드 서포트
③ 롤러 서포트
④ 콘스턴트 행거

해설 서포트
배관의 하중을 아래에서 위로 지지한다.
㉠ 파이프 슈
㉡ 리지드 서포트
㉢ 롤러 서포트
㉣ 스프링 서포트

96 복사난방설비의 장점으로 틀린 것은?

① 실내 상하의 온도차가 적고, 온도 분포가 균등하다.
② 매설배관이므로 준공 후의 보수·점검이 쉽다.
③ 인체에 대한 쾌감도가 높은 난방방식이다.
④ 실내에 방열기가 없기 때문에 바닥면의 이용도가 높다.

해설 복사패널난방은 매설배관이므로 준공 후의 보수나 점검이 매우 불편하고 시설비가 많이 든다.

97 배수관의 최소관경은?(단, 지중 및 지하층 바닥 매설관 제외)

① 20mm
② 30mm
③ 50mm
④ 100mm

해설 배수관의 최소관경은 30mm 정도이다.

98 가스 도매사업에 관하여 도시가스 배관을 시가지의 도로 노면 밑에 매설하는 경우에는 노면으로부터 배관의 외면까지 얼마 이상을 유지해야 하는가?(단, 방호구조물 안에 설치하는 경우 제외한다.)

① 0.8m
② 1m
③ 1.5m
④ 2m

해설

99 도시가스 계량기(30m³/h 미만)의 설치 시 바닥으로
부터 설치 높이로 가장 적합한 것은?(단, 설치 높이
의 제한을 두지 않는 특정장소는 제외한다.)

① 0.5m 이하

② 0.7m 이상 1m 이내

③ 1.6m 이상 2m 이내

④ 2m 이상 2.5m 이내

해설 도시가스 계량기(30m³/h 미만)의 설치 시 바닥에서 1.6m
이상~2m 이내에 설치한다.

100 동관의 이음에서 기계의 분해, 점검, 보수를 고려하
여 사용하는 이음법은?

① 납땜 이음　　　　② 플라스턴 이음

③ 플레어 이음　　　④ 소켓 이음

해설 플레어 이음(압축이음)
20mm 이하의 동관이음에서 기계의 분해, 점검, 보수를 고
려하여 이음한다.

SECTION 01   기계열역학

01 밀폐 시스템의 가역 정압 변화에 관한 다음 사항 중 옳은 것은?(단, U : 내부에너지, Q : 전달열, H : 엔탈피, V : 체적, W : 일이다.)

① $dU = dQ$
② $dH = dQ$
③ $dV = dQ$
④ $dW = dQ$

해설 $dH = dQ + VdP$
정압변화이므로 $dP = 0$
$\therefore dH = dQ$

02 20℃의 공기(기체상수 $R = 0.287\text{kJ/kg} \cdot \text{K}$, 정압비열 $C_p = 1.004\text{kJ/kg} \cdot \text{K}$) 3kg이 압력 0.1MPa에서 등압 팽창하여 부피가 두 배로 되었다. 이 과정에서 공급된 열량은 대략 얼마인가?

① 약 252kJ
② 약 883kJ
③ 약 441kJ
④ 약 1,765kJ

해설 $PV = mRT$에서
$\dfrac{T_2}{T_1} = \dfrac{V_2}{V_1} = \dfrac{2V_1}{V_1} = 2$
$T_2 = 2T_1 = 2 \times (20 + 273) = 586\text{K}$
$\delta Q = dH - VdP$에서 $dP = 0$이므로
$\delta Q = dH = mC_p dT$
$Q = \displaystyle\int_1^2 \delta Q = mC_p \int_1^2 dT$
$\therefore Q = mC_p(T_2 - T_1) = 3 \times 1.004 \times (586 - 293)$
$\quad = 882.5\text{kJ}$

03 한 사이클 동안 열역학계로 전달되는 모든 에너지의 합은?

① 0이다.
② 내부에너지 변화량과 같다.
③ 내부에너지 및 일량의 합과 같다.
④ 내부에너지 및 전달열량의 합과 같다.

해설 ㉠ 계의 에너지 : 운동에너지, 위치에너지, 내부에너지 계의 총 에너지$(E) = \dfrac{1}{2}mV^2 + mgz + \mu$

㉡ 에너지는(열, 일, 질량유동) 계로부터 세 가지 형태로 전달될 수 있다.

㉢ 한 사이클 동안 열역학계로 전달되는 에너지의 합은 0이다.

04 대기압하에서 물질의 질량이 같을 때 엔탈피의 변화가 가장 큰 경우는?

① 100℃ 물이 100℃ 수증기로 변화
② 100℃ 공기가 200℃ 공기로 변화
③ 90℃의 물이 91℃ 물로 변화
④ 80℃의 공기가 82℃ 공기로 변화

해설 물은 비열(1kcal/kg℃)이 크고 100℃의 물이 100℃의 수증기로 변화 시 잠열(539kcal/kg)이 커서 같은 압력하에서는 공기보다 엔탈피 변화가 크다.

05 증기압축 냉동기에는 다양한 냉매가 사용된다. 이러한 냉매의 특징에 대한 설명으로 틀린 것은?

① 냉매는 냉동기의 성능에 영향을 미친다.
② 냉매는 무독성, 안정성, 저가격 등의 조건을 갖추어야 한다.
③ 우수한 냉매로 알려져 널리 사용되던 염화불화 탄화수소(CFC) 냉매는 오존층을 파괴한다는 사실이 밝혀진 이후 사용이 제한되고 있다.
④ 현재 CFC 냉매 대신에 R-12(CCl_2F_2)가 냉매로 사용되고 있다.

해설 프레온 대채 냉매
㉠ HFC-134a
㉡ HCFC-123
㉢ HCFC-142b
㉣ HCFC-123, 132b, 133a 등

06 최고 압력이 일정한 경우 오토 사이클에 관한 설명 중 틀린 것은?

① 압축비가 커지면 열효율이 증가한다.
② 열효율이 디젤 사이클보다 좋다.
③ 불꽃점화 기관의 이상 사이클이다.
④ 열의 공급(연소)이 일정한 체적하에 일어난다.

해설 내연기관 사이클의 열효율(조건이 같을 때)
ⓐ 초온, 초압, 가열량 및 압축비가 일정한 경우 : 오토 사이클>사바테 사이클>디젤 사이클
ⓑ 초온, 초압, 가열량 및 최고 압력이 일정한 경우 : 디젤 사이클>사바테 사이클>오토 사이클
ⓒ 오토 사이클(정적 사이클)은 압축비가 증가하면 열효율이 좋고 압축비(ε)와 K만의 함수이다.

07 난방용 열펌프가 저온 물체에서 1,500kJ/h의 열을 흡수하여 고온 물체에 2,100kJ/h로 방출한다. 이 열펌프의 성능계수는?

① 2.0 ② 2.5
③ 3.0 ④ 3.5

해설 열펌프 성능계수(ε_h) $= \dfrac{Q_1}{A \cdot W}$
$= \dfrac{Q_1}{Q_1 - Q_2} = \dfrac{T_1}{T_1 - T_2}$

$2,100 - 1,500 = 600$kJ/h
$\therefore \varepsilon_h = \dfrac{2,100}{600} = 3.5$

08 최고온도 1,300K와 최저온도 300K 사이에서 작동하는 공기표준 Brayton 사이클의 열효율은 약 얼마인가?(단, 압력비는 9, 공기의 비열비는 1.4이다.)

① 30% ② 36%
③ 42% ④ 47%

해설 브레이턴 사이클(가스터빈 사이클)
열효율(η_B) $= 1 - \left(\dfrac{1}{\gamma}\right)^{\frac{k-1}{k}}$
$= 1 - \left(\dfrac{1}{9}\right)^{\frac{1.4-1}{1.4}} = 0.47(47\%)$

09 카르노 사이클에 대한 설명으로 옳은 것은?

① 이상적인 2개의 등온과정과 이상적인 2개의 정압과정으로 이루어진다.
② 이상적인 2개의 정압과정과 이상적인 2개의 단열과정으로 이루어진다.
③ 이상적인 2개의 정압과정과 이상적인 2개의 정적과정으로 이루어진다.
④ 이상적인 2개의 등온과정과 이상적인 2개의 단열과정으로 이루어진다.

해설 카르노 사이클

ⓐ 1→2 : 등온팽창
ⓑ 2→3 : 단열팽창
ⓒ 3→4 : 등온압축
ⓓ 4→1 : 단열압축

열효율(η_C) $= \dfrac{Aw}{Q_1} = \dfrac{Q_1 - Q_2}{Q_1} = 1 - \dfrac{Q_2}{Q_1}$
$= 1 - \dfrac{ART_2 \ln \frac{V_3}{V_4}}{ART_1 \ln \frac{V_2}{V_1}} = 1 - \dfrac{T_2}{T_1}$

10 냉동 효과가 70kW인 카르노 냉동기의 방열기 온도가 20℃, 흡열기 온도가 −10℃이다. 이 냉동기를 운전하는 데 필요한 이론동력(일률)은?

① 약 6.02kW
② 약 6.98kW
③ 약 7.98kW
④ 약 8.99kW

해설 성능계수 $COP = \dfrac{q_e}{W} = \dfrac{T_L}{T_H - T_L}$
$W = \dfrac{T_H - T_L}{T_L} \times q_e$
$= \dfrac{(20+273) - (-10+273)}{(-10+273)} \times 70$
$= 7.98$kW

11 저온 열원의 온도가 T_L, 고온 열원의 온도가 T_H인 두 열원 사이에서 작동하는 이상적인 냉동 사이클의 성능계수를 향상시키는 방법으로 옳은 것은?

① T_L을 올리고 $(T_H - T_L)$을 올린다.
② T_L을 올리고 $(T_H - T_L)$을 줄인다.
③ T_L을 내리고 $(T_H - T_L)$을 올린다.
④ T_L을 내리고 $(T_H - T_L)$을 줄인다.

해설 냉동 사이클의 성능계수(ε)

$$\varepsilon = \frac{Q_2}{A \cdot W} = \frac{Q_2}{Q_1 - Q_2}$$
$$= \frac{T_2}{T_1 - T_2} = \frac{T_L}{T_H - T_L}$$

성능계수 향상방법은 T_L을 올리고 $T_H - T_L$을 줄이는 것이다.

12 밀폐계에서 기체의 압력이 500kPa로 일정하게 유지되면서 체적이 $0.2m^3$에서 $0.7m^3$로 팽창하였다. 이 과정 동안에 내부에너지의 증가가 60kJ이라면 계가 한 일은?

① 450kJ
② 350kJ
③ 250kJ
④ 150kJ

해설 등압변화 절대일($_1W_2$)

$$_1W_2 = \int_1^2 Pdv$$
$$= P(V_2 - V_1) = R(T_2 - T_1)$$
$$= 500 \times (0.7 - 0.2) = 250kJ$$

13 과열기가 있는 랭킨 사이클에 이상적인 재열 사이클을 적용할 경우에 대한 설명으로 틀린 것은?

① 이상 재열 사이클의 열효율이 더 높다.
② 이상 재열 사이클의 경우 터빈 출구 건도가 증가한다.
③ 이상 재열 사이클의 기기 비용이 더 많이 요구된다.
④ 이상 재열 사이클의 경우 터빈 입구 온도를 더 높일 수 있다.

해설 ㉠ 랭킨 사이클의 열효율은 초온, 초압을 증가시키면 높아진다(초압을 높게 하면 터빈에서 팽창 중의 증기 건조도가 저하되어 터빈 날개가 부식된다).
㉡ 팽창도중의 증기를 뽑아내어 가열장치로 보내 재가열한 후 다시 터빈에 보내면 통상열효율이 증가시키는 사이클이 재열 사이클이다(증기의 건조도를 증가시킨다).
㉢ 재열 후 온도는 초온과 동일하거나 조금 낮게 된다.

14 물질의 양을 $\frac{1}{2}$로 줄이면 강도성(강성적) 상태량의 값은?

① $\frac{1}{2}$로 줄어든다.
② $\frac{1}{4}$로 줄어든다.
③ 변화가 없다.
④ 2배로 늘어난다.

해설 강도성 상태량
물질의 질량에 관계없이 그 크기가 결정되는(온도, 압력, 비체적) 상태량이므로 물질의 양과 관계가 없으며 상태량은 변화가 없다.

15 어떤 이상기체 1kg이 압력 100kPa, 온도 30℃의 상태에서 체적 $0.8m^3$를 점유한다면 기체상수는 몇 kJ/kg · K인가?

① 0.251
② 0.264
③ 0.275
④ 0.293

해설 $PV = mRT$에서

기체상수 $R = \dfrac{PV}{mT} = \dfrac{100 \times 0.8}{1 \times (30 + 273)}$
$$= 0.264kJ/kg \cdot K$$

16 단열된 용기 안에 두 개의 구리 블록이 있다. 블록 A는 10kg, 온도 300K이고, 블록 B는 10kg, 900K이다. 구리의 비열은 0.4kJ/kg · K일 때, 두 블록을 접촉시켜 열교환이 가능하게 하고 장시간 놓아두어 최종 상태에서 두 구리 블록의 온도가 같아졌다. 이 과정 동안 시스템의 엔트로피 증가량(kJ/K)은?

① 1.15
② 2.04
③ 2.77
④ 4.82

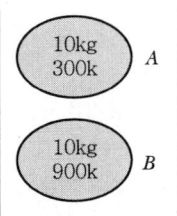

$$\Delta S_1 = GC\ln\frac{T_2}{T_1} = 10\times0.4\times\ln\frac{600}{300} = 2.7725$$

$$평균온도(T_m) = \frac{300+900}{2} = 600K$$

$$\Delta S_2 = GC\ln\frac{T_2}{T_1} = 10\times0.4\times\ln\frac{900}{600} = 1.621$$

$$\therefore 엔트로피\ 증가량(\Delta S) = \Delta S_1 - \Delta S_2 = 2.7725 - 1.621$$
$$= 1.15kJ/K$$

17 성능계수(COP)가 0.8인 냉동기로서 7,200kJ/h로 냉동하려면, 이에 필요한 동력은?

① 약 0.9kW ② 약 1.6kW
③ 약 2.0kW ④ 약 2.5kW

해설 성능계수 $COP = \dfrac{Q_c}{W}$에서

동력 $W = \dfrac{Q_c}{COP} = \dfrac{7,200}{0.8\times3,600} = 2.5kJ/s = 2.5kW$

※ 1h = 3,600s

18 전동기에 브레이크를 설치하여 출력 시험을 하는 경우, 축 출력 10kW의 상태에서 1시간 운전을 하고, 이때 마찰열을 20℃의 주위에 전할 때 주위의 엔트로피는 어느 정도 증가하는가?

① 123kJ/K
② 133kJ/K
③ 143kJ/K
④ 153kJ/K

해설 엔트로피$(\Delta S) = \dfrac{\delta Q}{T} = \dfrac{GC\cdot dT}{T}(kJ/K)$

$$\therefore \Delta S = \frac{10\times3,600}{20+273} = 123kJ/K$$

※ 전동기 모터 동력량 = 1kWh = 3,600kJ(860kcal)

19 온도 T_1의 고온열원으로부터 온도 T_2의 저온열원으로 열량 Q가 전달될 때 두 열원의 총 엔트로피 변화량을 옳게 표현한 것은?

① $-\dfrac{Q}{T_1} + \dfrac{Q}{T_2}$

② $\dfrac{Q}{T_1} - \dfrac{Q}{T_2}$

③ $\dfrac{Q(T_1+T_2)}{T_1\cdot T_2}$

④ $\dfrac{T_1-T_2}{Q(T_1\cdot T_2)}$

해설 고·저의 열전달과정의 엔트로피(ΔS) 변화량
$$\Delta S = -\frac{Q}{T_1} + \frac{Q}{T_2}(kJ/K)$$
온도차가 크면 더 비가역적인 과정이 된다.

20 대기압하에서 물의 어는점과 끓는점 사이에서 작동하는 카르노 사이클(Carnot Cycle) 열기관의 열효율은 약 몇 %인가?

① 2.7
② 10.5
③ 13.2
④ 26.8

해설 카르노 사이클 열효율
$$\eta_c = \frac{T_H-T_L}{T_H} = 1-\frac{T_L}{T_H}$$
$$= 1-\frac{(0+273)}{(100+273)}$$
$$= 0.268(26.8\%)$$
※ 어는점 : 0℃, 끓는점 : 100℃

SECTION 02 냉동공학

21 물을 냉매로 하고 LiBr을 흡수제로 하는 흡수식 냉동장치에서 장치의 성능을 향상시키기 위하여 열교환기를 설치하였다. 이 열교환기의 기능을 가장 잘 나타낸 것은?

① 응축기 입구 수증기와 증발기 출구 수증기의 열교환
② 발생기 출구 LiBr 수용액과 응축기 출구 물의 열교환
③ 발생기 출구 LiBr 수용액과 흡수기 출구 LiBr 수용액의 열 교환
④ 흡수기 출구 LiBr 수용액과 증발기 출구 수증기의 열 교환

> **해설** 흡수식 냉동장치 열교환기(흡수제 : 리튬브로마이드, LiBr)

22 증기압축 냉동 사이클에 대한 설명 중 옳은 것은?

① 응축압력과 증발압력의 차이가 작을수록 압축기의 소비동력은 작아진다.
② 팽창과정을 통해 유체의 압력은 상승한다.
③ 압축과정에서는 과열도가 작을수록 압축일량은 커진다.
④ 증발압력이 낮을수록 비체적은 작아진다.

> **해설** ㉠ 압축비 = $\dfrac{응축압력}{증발압력}$ (차이가 작을수록 압축기의 소비동력은 작아진다.)
> ㉡ 팽창과정 : 압력, 온도 하강
> ㉢ 과열도가 클수록 압축일량 증가, 압력이 높을수록 비체적(m^3/kg) 감소

23 다음 안전장치에 대한 설명으로 틀린 것은?

① 가용전은 응축기, 수액기 등의 압력용기에 안전장치로 설치된다.
② 파열판은 얇은 금속판으로 용기의 구멍을 막고 있는 구조이며 안전밸브로 사용된다.
③ 안전밸브의 최소구경은 실린더 지름과 피스톤 행정에 관여한다.
④ 고압차단스위치는 조정설정압력보다 벨로스에 가해진 압력이 낮아졌을 때 압축기를 정지시키는 안전장치이다.

> **해설** 고압차단스위치(HPS)
> 작동압력 +4kg/cm²에서 압축기가 정지된다(작동압력보다 높아질 때 작동).
> 1대의 압축기가 설치된 경우 HPS는 압축기와 토출 측 스톱밸브 사이에 설치한다.

24 다음의 이상적인 1단 증기압축 냉동 사이클에 대한 설명으로 틀린 것은?

① 압축과정은 등엔트로피 과정이다.
② 팽창과정은 등엔탈피 과정이다.
③ 응축과정은 등적 과정이다.
④ 증발과정은 등압 과정이다.

> **해설** 냉매가 응축기에서 응축되면 용적이 감소한다.
> ※ 응축기 : 등온(온도일정)압축 과정이다(부피가 축소).

25 25℃ 원수 1ton을 1일 동안에 −9℃의 얼음으로 만드는 데 필요한 냉동능력은?(단, 동결잠열 80kcal/kg, 원수 비열 1kcal/kg℃, 얼음의 비열 0.5kcal/kg℃로 한다.)

① 약 1.37냉동톤(RT)
② 약 2.38냉동톤(RT)
③ 약 1.88냉동톤(RT)
④ 약 2.88냉동톤(RT)

해설 ㉠ 물의 현열 $Q_1 = 1,000 \times 1 \times (25-0) = 25,000\text{kcal/day}$
㉡ 얼음의 융해잠열 $Q_2 = 1,000 \times 80 = 80,000\text{kcal/day}$
㉢ 얼음의 현열 $Q_3 = 1,000 \times 0.5 \times (0-(-9))$
$= 4,500\text{kcal/day}$
$\therefore$ 냉동능력 $= \dfrac{25,000+80,000+4,500}{24 \times 3,320} = 1.374\text{RT}$

26 냉동능력이 15kW인 냉동기에서 수랭식 응축기의 냉각수 입·출구 온도차가 8℃일 때, 냉각수 유량은? (단, 압축기 소요 동력은 5kW, 물의 비열은 1kcal/kg℃)

① 약 1,397kg/h ② 약 2,150kg/h
③ 약 1,852kg/h ④ 약 2,500kg/h

해설 $8℃ \times 1\text{kg/kg} = 8\text{kcal}$
$1\text{kWh} = 860\text{kcal}$
$\therefore$ 냉각수 유량 $= \dfrac{(15+5) \times 860}{8}$
$= 2,150\text{kg/h}$

27 냉수나 브라인의 동결방지용으로 사용하는 것은?

① 고압차단장치
② 차압제어장치
③ 증발압력제어장치
④ 유압보호스위치

해설 증발압력 제어장치(EPR)
압축비 상승에 의한 부작용을 방지하고 냉수나 브라인 간접 냉매의 동결 방지용 장치이다.
증발기가 한 대이면 (증발기 출구↔압축기 흡입관)에 설치한다.

28 암모니아를 사용하는 냉동기의 압축기에서 압축비 $\left(\dfrac{P_2}{P_1}\right)$가 5, 폴리트로픽 지수($n$)는 1.3, 간극비($\varepsilon_0$)가 0.05일 때, 체적효율은?

① 약 0.88 ② 약 0.62
③ 약 0.38 ④ 약 0.22

해설 ㉠ 폴리트로픽 체적효율(η_3)

$$\eta_3 = 1 - \varepsilon_o \left\{ \left(\frac{P_2}{P_1}\right)^{\frac{1}{n}} - 1 \right\} = 1 - 0.05 \left\{ (5)^{\frac{1}{1.3}} - 1 \right\} = 0.88$$

㉡ 등온압축 체적효율(η_1) $= 1 - \varepsilon_0 \left\{ \left(\dfrac{P_2}{P_1}\right) - 1 \right\}$

㉢ 단열압축 체적효율(η_2) $= 1 - \varepsilon_0 \left\{ \left(\dfrac{P_2}{P_1}\right)^{\frac{1}{k}} - 1 \right\}$

29 비열이 0.92kcal/kg℃인 액 920kg을 1시간 동안 25℃에서 5℃로 냉각시키는 데 소요되는 냉각열량은 몇 냉동톤인가?

① 약 3.1 ② 약 5.1
③ 약 15.1 ④ 약 21.1

해설 현열(Q) $= GC_p \Delta t = 920 \times 0.92 \times (25-5)$
$= 16,928\text{kcal/h}$
$1\text{RT} = 3,320\text{kcal/h}$
$\therefore$ 냉동톤(RT) $= \dfrac{16,928}{3,320} = 5.1$

30 다음 중 열전도도가 가장 큰 것은?

① 수은 ② 석면
③ 동관 ④ 질소

해설 열전도율(kcal/mh℃)
동관 : 320(동관의 열전도율이 가장 크다.)

31 쇼케이스형 냉동장치의 종류가 아닌 것은?

① 밀폐형 쇼케이스
② 반밀폐형 쇼케이스
③ 개방형 쇼케이스
④ 리칭(Reach)형 쇼케이스

해설 쇼케이스형 냉동장치
㉠ 밀폐형
㉡ 개방형
㉢ 리칭형

32 증발온도 −30℃, 응축온도 45℃에서 작동되는 이상적인 냉동기의 성적계수는?

① 1.2 　　　　② 3.2
③ 5.0 　　　　④ 5.4

해설 이론적 성적계수(COP)

$$COP = \frac{T_L}{T_H - T_L}$$

$$= \frac{(-30+273)}{(45+273)-(-30+273)}$$

$$= 3.24$$

33 고속 다기통 압축기의 윤활에 대한 설명 중 틀린 것은?

① 고온에서도 분해가 되지 않고 탄화하지 않는 윤활유를 선정하여 사용해야 한다.
② 윤활은 마찰부의 열을 제거하여 기계적 효율을 높이기 위함이다.
③ 압축기가 고도의 진공운전을 계속하면 유압은 상승한다.
④ 유압이 과대하게 상승하면 실린더에 필요 이상의 유량이 공급되어 오일해머링의 우려가 있다.

해설 ㉠ 압축기 윤활유 : 운동면의 마찰을 감소시켜 마모를 방지한다.
㉡ 고속다기통 압축기 냉동기유 : 150번 오일
㉢ 진공상태에서는 유압이 일정하다(진공 : 부압).

34 국소 대기압이 750mmHg이고 계기압력이 0.2kgf/cm²일 때, 절대압력은?

① 약 0.46kgf/cm²
② 약 0.96kgf/cm²
③ 약 1.22kgf/cm²
④ 약 1.36kgf/cm²

해설 절대압력 = 대기압력 + 계기압력

$$= \frac{750}{760} \times 1.0332 + 0.2$$

$$= 1.219 \text{kgf/cm}^2$$

35 팽창밸브가 냉동 용량에 비하여 작을 때 일어나는 현상은?

① 증발기 내의 압력 상승
② 압축기 흡입가스 과열
③ 습압축
④ 소요 전류 증대

해설 팽창밸브가 냉동용량에 비하여 작으면 냉매가 증발기에서 완전 증발하여 흡입관에서 온도가 상승하여 압축기 흡입가스가 과열된다.

36 일반적으로 증발온도의 작동범위가 −70℃ 이하일 때 사용되기 적절한 냉동 사이클은?

① 2원 냉동 사이클
② 다효 압축 사이클
③ 2단 압축 1단 팽창 사이클
④ 1단 압축 2단 팽창 사이클

해설 2원 냉동 사이클 : −70℃ 이하의 저온을 얻기 위해 2개의 냉동 사이클이 조합된다.
㉠ 고온 측 냉매 : R-12, R-22
㉡ 저온 측 냉매 : R-13, R-114, R-503, 에틸렌, 메탄, 에탄 등 사용

37 흡수식 냉동기를 이용함에 따른 장점으로 가장 거리가 먼 것은?

① 여름철 피크전력이 완화된다.
② 대기압 이하로 작동하므로 취급에 위험성이 완화된다.
③ 가스수요의 평준화를 도모할 수 있다.
④ 야간에 열을 저장하였다가 주간의 부하에 대응할 수 있다.

해설 ④항의 내용은 심야 축열식 냉동기에 대한 설명이다.

38 흡수식 냉동기에 사용하는 냉매 흡수제가 아닌 것은?

① 물−리튬브로마이드
② 물−염화리튬
③ 물−에틸렌글리콜
④ 물−암모니아

해설 에틸렌글리콜($C_2H_4(OH)_2$)
유기질 브라인 2차 간접냉매(식품과의 접촉은 금지)

SECTION 03 공기조화

39 냉동기의 증발압력이 낮아졌을 때 나타나는 현상으로 옳은 것은?

① 냉동능력이 증가한다.
② 압축기의 체적효율이 증가한다.
③ 압축기의 토출가스 온도가 상승한다.
④ 냉매 순환량이 증가한다.

해설 증발압력이 낮아졌을 때 응축압력 일정하다면 압축비 $\left(\dfrac{응축압력}{증발압력}\right)$가 상승하여 압축기 토출가스 온도가 상승한다.

41 보일러에서 방열기까지 보내는 증기관과 환수관을 따로 배관하는 방식으로서 증기와 응축수가 유동하는 데 서로 방해가 되지 않도록 증기트랩을 설치하는 증기난방 방식은?

① 트랩식　　　　　② 상향급기관
③ 건식환수법　　　④ 복관식

해설 복관식
증기관과 응축수 환수관을 별도로 설치하는 증기난방(단관식에 비하여 설비비용이 증가한다.)

40 피스톤 이론적 토출량 $200m^3/h$의 압축기가 아래 표와 같은 조건에서 운전되고 있다. 흡입증기 엔탈피와 토출한 가스압력의 측정치로부터 압축기가 단열 압축 동작을 하는 것으로 가정했을 경우의 토출가스 엔탈피 $h_2=158.6kcal/kg$이다. 이 압축기의 소요동력은?

흡입증기의 엔탈피	150.0kcal/kg
흡입증기의 비체적	0.04m³/kg
체적효율	0.72
기계효율	0.9
압축효율	0.8

① 약 25.9kW　　　② 약 40.0kW
③ 약 50.0kW　　　④ 약 68.8kW

42 실온이 25℃, 상대습도가 50%일 때, 냉방부하 중 실내 현열부하가 45,000kcal/h, 실내 잠열부하가 22,000kcal/h, 외기부하가 5,800kcal/h이라면 현열비(SHF)는?

① 0.41　　　　　　② 0.51
③ 0.67　　　　　　④ 0.97

해설 현열비$(SHF)=\dfrac{현열}{전열}=\dfrac{현열}{현열+잠열}$

$=\dfrac{45,000}{45,000+22,000}=0.67$

43 공기의 성질에 관한 설명으로 틀린 것은?

① 절대습도는 습공기를 구성하고 있는 수증기와 건공기와의 질량비이다.
② 상대습도는 공기 중에 포함되어 있는 수증기의 양과 동일 온도에서 최대로 포함될 수 있는 수증기 양의 비이다.
③ 포화공기는 최대로 수분을 수용하고 있는 상태의 공기를 말한다.
④ 비교습도는 수증기 분압과 그 온도에 있어서의 포화 공기의 수증기 분압과의 비를 말한다.

해설 압축기 소요동력 $L_b=\dfrac{m(h_2-h_1)}{\eta_c \times \eta_m \times 860}$

$m=\dfrac{V_p}{v_1} \times \eta_v$

$\therefore L_b = \dfrac{V_p \times \eta_v(h_2-h_1)}{v_1 \times \eta_c \times \eta_m \times 860}$

$=\dfrac{200 \times 0.72 \times (158.6-150)}{0.04 \times 0.8 \times 0.9 \times 860}$

$=50kW$

해설 ④항 내용은 상대습도의 계산식이다.

비교습도$=\dfrac{어느 상태 공기의 절대습도}{같은 온도 포화 공기의 절대습도}$(kg/kg′, 즉 포화도)

44 간이계산법에 의한 건평 150m²에 소요되는 보일러의 급탕부하는?(단, 건물의 열손실은 90kcal/m²h, 급탕량은 100kg/h, 급수 및 급탕 온도는 각각 30℃, 70℃이다.)

① 3,500kcal/h
② 4,000kcal/h
③ 13,500kcal/h
④ 17,500kcal/h

해설 급탕부하 현열 $q = m \cdot C \cdot \Delta t$
$$= 100 \times 1 \times (70-30)$$
$$= 4,000kcal/h$$

45 가변풍량방식(VAV)의 특징에 관한 설명으로 틀린 것은?

① 시운전 시 토출구의 풍량 조정이 간단하다.
② 동시사용률을 고려하여 기기용량을 결정하게 되므로 설비용량을 적게 할 수 있다.
③ 부하변동에 대하여 제어응답이 빠르므로 거주성이 향상된다.
④ 덕트의 설계 · 시공이 복잡해진다.

해설 VAV 방식
공기조화 대상의 부하 변동 시 송풍량을 조절하는 전공기 방식
• 단일덕트 변풍량식
• 2중 덕트 변풍량식
※ VAV 방식은 덕트의 설계시공이 복잡해지는 것보다는 설비비가 많이 든다.

46 다음 중 증기난방에 사용되는 기기로 가장 거리가 먼 것은?

① 팽창탱크
② 응축수 저장탱크
③ 공기 배출밸브
④ 증기 트랩

해설 온수난방 팽창탱크
㉠ 개방식(저온수 난방)
㉡ 밀폐식(고온수 난방)

47 다음의 냉방부하 중 실내 취득 열량에 속하지 않는 것은?

① 인체의 발생 열량
② 조명기기에 의한 열량
③ 송풍기에 의한 취득열량
④ 벽체로부터의 취득열량

해설 송풍기, 덕트
기기로부터의 취득열량의 냉방부하

48 축열조의 특징으로 틀린 것은?

① 피크 컷에 의해 열원장치의 용량을 최소화할 수 있다.
② 부분부하 운전에 쉽게 대응하기 어렵다.
③ 열원기기 운전시간을 연장하여 장래의 부하 증가에 대응할 수 있다.
④ 열원기기를 고부하 운전함으로써 효율을 향상시킨다.

해설 축열조
냉난방에 있어서 열을 일시적으로 저장하는 장치이며 부분부하 운전에 쉽게 대응하기가 용이하다.

49 에어필터의 설치에 관한 설명으로 틀린 것은?

① 필터는 스페이스가 크므로 공조기 내부에 설치한다.
② 필터는 전 풍량을 취급하도록 한다.
③ 롤형의 필터로 사용할 때는 필터 전면에 해체와 반출이 용이하도록 공간을 두어야 한다.
④ 병원용 필터를 설치할 때는 프리필터를 고성능 필터 뒤에 설치한다.

해설 ㉠ 고성능의 HEPA 필터나 ULPA 필터, 전기식 필터 등의 경우에는 송풍기의 출구 측에 설치한다.
㉡ 병원용은 중간 필터나 프리필터를 고성능 필터 앞에 설치하여 고성능 필터 수명과 미세한 입자 포집을 도와준다.

50 비엔탈피가 12kcal/kg인 공기를 냉수코일을 이용하여 10kcal/kg까지 냉각제습하고자 한다. 이때 코일 입출구의 온도차를 5℃로 할 때 냉수 순환 펌프의 수량은?(단, 코일 통과 풍량은 6,000m³/h이며, 공기의 비체적은 0.835m³/kg이다.)

① 약 0.80L/min　　② 약 47.9L/min

③ 약 63.4L/min　　④ 약 73.8L/min

해설 풍량 중량 $=\dfrac{6,000}{0.835}=7,185.63kg/h=119.76$kg/min(분당)

냉각제습열량 $=119.76\times(12-10)=239.52$kcal/min

∴ 냉수순환펌프 수량 $=\dfrac{239.52}{5\times1}=47.9$L/min

※ 물의 비열 : 1kcal/kg℃

51 주어진 계통도와 같은 공기조화장치에서 공기의 상태변화를 습공기 선도상에 나타내었다. 계통도의 '5' 점은 습공기 선도에서 어느 점인가?

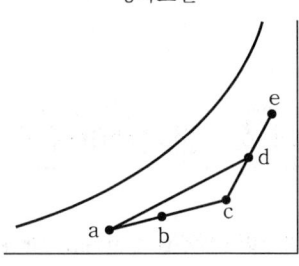

① a　　　　② b

③ c　　　　④ d

해설 혼합, 냉각, 바이패스
취출공기와 실내공기의 온도차가 크면 불쾌감을 느낀다. 따라서 온도차를 줄이기 위하여 실내로부터 오는 환기의 일부를 바이패스시킨다. 냉각기를 거쳐서 나오는 공기와 혼합하여 실내로 급기한다.
e : 외기, a : 4, c : 2, b : 5, 3 : d

52 팬코일 유닛 방식을 배관방식으로 분류할 때 각 방식의 특징에 대한 설명으로 틀린 것은?

① 4관식은 혼합손실은 없으나 배관의 양이 증가하므로 공사비 및 배관설치용 공간이 증가한다.

② 3관식은 환수관에서 냉수와 온수가 혼합되므로 열손실이 없다.

③ 3관식은 온수 공급관, 냉수 공급관, 냉온수 겸용 환수관으로 구성되어 있다.

④ 4관식은 냉수배관, 온수배관을 설치하여 각 계통마다 동시에 냉난방을 자유롭게 할 수 있다.

해설 냉수와 온수가 혼합되면 열손실이 발생한다.

53 공기 중의 악취 제거를 위한 공기정화 에어필터로 가장 적합한 것은?

① 유닛형 필터　　② 점착식 필터

③ 활성탄 필터　　④ 전기식 필터

해설 활성탄 필터 : 유해가스, 냄새 등을 제거한다(패널형, 지그재그형, 바이패스형이 있다).

54 다음 선도에서 습공기를 상태 1에서 2로 변화시킬 때 현열비(SHF)의 표현으로 옳은 것은?

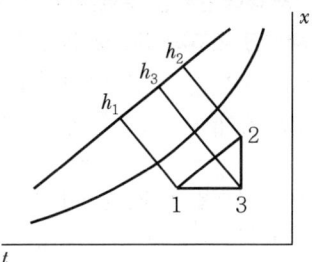

① $\dfrac{h_2-h_3}{h_2-h_1}$　　　② $\dfrac{h_3-h_1}{h_2-h_1}$

③ $\dfrac{h_3-h_1}{h_2-h_3}$　　　④ $\dfrac{h_2-h_1}{h_2-h_3}$

해설 ㉠ 현열+잠열 : h_2-h_1
㉡ 현열 : h_3-h_1

55 덕트의 마찰저항을 증가시키는 요인은 여러 가지가 있다. 다음 중 값이 커지면 마찰저항이 감소되는 것은?

① 덕트 재료의 마찰저항계수
② 덕트 길이
③ 덕트 직경
④ 풍속

해설 덕트의 직경이 감소하면 마찰저항이 증대한다(마찰저항을 줄이려면 덕트직경을 크게 한다).

56 습공기 온도가 20℃, 절대습도가 0.0072kg/kg′일 때, 이 습공기의 엔탈피는?(단, 건조공기의 정압비열은 0.24kcal/kg℃, 0℃에서 포화수의 증발잠열은 598.3kcal/kg, 수증기의 정압비열은 0.44kcal/kg℃ 이다.)

① 약 2.17kcal/kg
② 약 9.11kcal/kg
③ 약 15.17kcal/kg
④ 약 20.17kcal/kg

해설 습공기의 엔탈피 $h = h_a + h_w$
$h = 1 \times C_p \times t + x(\gamma + C_w \times t)$
$= 1 \times 0.24 \times 20 + 0.0072 \times (598.3 + 0.44 \times 20)$
$= 9.11kcal/kg$

57 에어워셔 내에 온수를 분무할 때 공기는 습공기 선도에서 어떠한 변화과정이 일어나는가?

① 가습 · 냉각
② 과냉각
③ 건조 · 냉각
④ 감습 · 과열

해설 에어워셔(공기세정기) 내에 온수가 분무되면 공기 중 가습이 되고 공기가 냉각된다.

58 일반적으로 난방부하를 계산할 때 실내 손실열량으로 고려해야 하는 것은?

① 인체에서 발생하는 잠열
② 극간풍에 의한 잠열
③ 조명에서 발생하는 현열
④ 기기에서 발생하는 현열

해설 극간풍(틈새바람)에 의한 실내손실열량은 난방부하에 의한다(공기는 현열＋잠열이 소요된다).

59 다음 중 에너지 절약에 가장 효과적인 공기조화 방식은?(단, 설비비는 고려하지 않는다.)

① 각층 유닛 방식
② 이중 덕트 방식
③ 멀티존 유닛 방식
④ 가변 풍량 방식

해설 설비비는 고려하지 않고 에너지 절약에 가장 효과적인 공조 방식 : 가변 풍량 방식(부하 변동 시 풍량 조절 가능)

60 다음 중 축류 취출구의 종류가 아닌 것은?

① 펑커 루버
② 그릴형 취출구
③ 라인형 취출구
④ 팬형 취출구

해설 축류형 취출구
• 펑커형
• 노즐형
• 그릴형(댐퍼가 없는 형)
※ 팬형 취출구 : 천장 취출구로서 원형과 각형이 있다.

SECTION **04** 전기제어공학

61 와류 브레이크(Eddy Current Break)의 특징이나 특성에 대한 설명으로 옳은 것은?

① 전기적 제동으로 마모부분이 심하다.
② 정지 시에는 제동토크가 걸리지 않는다.
③ 제동토크는 코일의 여자전류에 반비례한다.
④ 제동 시에는 회전에너지가 냉각작용을 일으키므로 별도의 냉각방식이 필요 없다.

해설 와류 브레이크
플레밍의 왼손법칙에 따라 그 방향으로 토크가 발생한다. 이것은 원판의 회전과 반대방향이며 원판을 정지시키는 구실을 한다. 이러한 브레이크가 와류 브레이크다. 계기의 제동, 전동기의 브레이크 등으로 사용한다.

62 극수가 4인 유도전동기가 900rpm으로 회전하고 있다. 현재 슬립 속도는 20rpm일 때 주파수는 약 몇 Hz 인가?

① 7.5   ② 28
③ 31   ④ 37

해설 $N_s = \dfrac{120f}{P}$ 에서

주파수 $f = \dfrac{N_s \times P}{120}$

$= \dfrac{(900+20) \times 4}{120} = 30.67 \fallingdotseq 31\text{Hz}$

63 그림과 같은 접점회로의 논리식으로 옳은 것은?

① $X \cdot Y \cdot Z$ ② $(X+Y) \cdot Z$
③ $X \cdot Z + Y$ ④ $X + Y + Z$

해설 X와 Z는 직렬(AND 회로), Y가 병렬(OR 회로)이므로 $X \cdot Z + Y$가 된다.

64 전류계와 병렬로 연결되어 전류계의 측정범위를 확대해 주는 것은?

① 배율기   ② 분류기
③ 절연저항   ④ 접지저항

해설 분류기
어느 전로의 전류를 측정하려는 경우에 전로의 전류가 전류계의 정격보다 큰 경우에는 전류계와 병렬로 다른 전로를 만들어 전류를 분류하여 측정한다. 이와 같이 전류를 분류하는 전로(저항기)가 분류기이다.

65 제어장치의 구동장치에 따른 분류에서 타력제어와 비교한 자력제어의 특징 중 틀린 것은?

① 저비용   ② 구조 간단
③ 확실한 동작   ④ 빠른 조작 속도

해설 ㉠ 타력제어 : 제어 동작을 하는 데 필요한 동력을 다른 보조 장치에서 받는 제어방식이다(보조 동력으로서 전기, 공기압, 유압 또는 그 조합 등이다).
㉡ 자력제어 : 조작부를 움직이기 위해 필요한 에너지가 제어 대상에서 검출부를 통해 얻는 제어방식이다(저비용, 구조 간단, 확실한 동작이 가능하다).

66 정격 600W 전열기에 정격전압의 80%를 인가하면 전력은 몇 W로 되는가?

① 384   ② 486
③ 545   ④ 614

해설 전력 $P = VI = I^2 R = \dfrac{V^2}{R}$

같은 전열기의 저항은 일정하므로 $P = \dfrac{V^2}{R}$

저항 $R = \dfrac{V_1^2}{P_1} = \dfrac{V_2^2}{P_2}$

$\therefore \; P_2 = P_1 \times \dfrac{V_2^2}{V_1^2} = 600 \times \dfrac{(0.8\,V_1)^2}{V_1^2}$

$= 600 \times 0.64 = 384\text{W}$

67 다음 논리식 중 틀린 것은?

① $\overline{A \cdot B} = \overline{A} + \overline{B}$
② $\overline{A + B} = \overline{A} \cdot \overline{B}$
③ $A + A = A$
④ $A + \overline{A} \cdot B = A + \overline{B}$

해설 ④에서 $A + \overline{A} \cdot B = (A + \overline{A}) \cdot (A + B) = 1(A+B)$가 되어야 한다.

68 입력전압을 변화시켜서 전동기의 회전수를 900rpm으로 조정하였을 때 회전수는 제어의 구성요소 중 어느 것에 해당하는가?

① 목푯값   ② 조작량
③ 제어량   ④ 제어대상

해설 회전수 제어의 구성요소 : 제어량

69 철심을 가진 변압기 모양의 코일에 교류와 직류를 중첩하여 흘리면 교류임피던스는 중첩된 직류의 크기에 따라 변하는데 이 현상을 이용하여 전력을 증폭하는 장치는?

① 회전증폭기　　　② 자기증폭기
③ 사이리스터　　　④ 차동변압기

해설 자기증폭기
㉠ 철심 리액터의 비선형을 이용한 것으로 리액터에 직류 자화력을 가하여 철심을 포화시켜 부하 전류를 제어하는 방식의 증폭기(전력 증폭기)
㉡ 구조가 매우 튼튼하고 대출력의 것을 간단히 얻는다.

70 물체의 위치, 방위, 자세 등의 기계적 변위를 제어량으로 해서 목푯값의 임의의 변화에 대응하도록 구성된 제어계는?

① 프로그램 제어　　　② 정치 제어
③ 공정 제어　　　　　④ 추종 제어

해설 추종 제어
물체의 위치, 방위, 자세 등의 기계적 변위를 제어량으로 해서 목푯값의 임의의 변화에 대응하도록 구성된 제어계(항공기의 레이더 방향을 자동으로 추종시키는 제어)

71 3상 동기발전기를 병렬 운전하는 경우 고려하지 않아도 되는 것은?

① 기전력 파형의 일치 여부
② 상회전방향의 동일 여부
③ 회전수의 동일 여부
④ 기전력 주파수의 동일 여부

해설 동기발전기의 병렬운전 시 고려사항은 ①, ②, ④항 외에도
㉠ 기전력의 크기가 같을 것
㉡ 기전력의 위상이 같을 것

72 미소한 전류나 전압의 유무를 검출하는 데 사용되는 계기는?

① 검류계　　　　　② 전위차계
③ 회로시험계　　　④ 오실로스코프

해설 검류계
미약한 전류를 측정하는 계기로 가동부분의 마찰 극력을 작게 하기 위해 보통의 전류계와 같이 피벗(Pivot)으로 지지하지 않고 아주 가는 금속 파이버로 매달고 있다(직류용, 교류용, 전기량 측정용이 있다).

73 기억과 판단기구 및 검출기를 가진 제어방식은?

① 시한 제어　　　　② 피드백 제어
③ 순서프로그램 제어　④ 조건 제어

해설 피드백 제어
기억과 판단기구 및 검출기를 가진 제어방식이다(출력신호를 그 입력신호로 되돌림으로써 제어량의 값을 목푯값과 비교하여 그들을 일치시키도록 정정동작을 하는 제어).
㉠ 외관의 영향을 없애는 제어 : 정치제어
㉡ 목푯값이 크게 달라지는 제어 : 추치제어

74 PLC의 구성에 해당되지 않는 것은?

① 입력장치　　　　② 제어장치
③ 주변용 장치　　　④ 출력장치

해설 ㉠ 주변용 장치
• 컴퓨터에서 입·출력장치(보조기억장치)
• 중앙처리장치(CPU)의 제어하에서 동작하는 장치
㉡ PLC 구성 : 입력장치, 제어장치, 출력장치

75 그림의 선도에서 전달함수 $C(s)/R(s)$는?

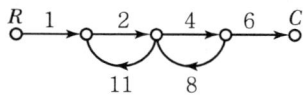

① $-\dfrac{8}{9}$　　　　② $\dfrac{4}{5}$

③ $-\dfrac{48}{53}$　　　　④ $-\dfrac{105}{77}$

해설 전달함수 $G(s) = \dfrac{C(s)}{R(s)}$

$C(s) = 1 \times 2 \times 4 \times 6 = 48$
$R(s) = 1 - (L_{11} + L_{21}) = 1 - (2 \times 11) - (4 \times 8) = -53$
$\therefore G(s) = \dfrac{C(s)}{R(s)} = -\dfrac{48}{53}$

76 변압기의 부하손(동손)에 대한 특성 중 맞는 것은?

① 동손은 주파수에 의해 변화한다.

② 동손은 온도 변화와 관계없다.

③ 동손은 부하 전류에 의해 변화한다.

④ 동손은 자속 밀도에 의해 변화한다.

해설 동손(Copper Loss)

전기 기기에 생기는 손실 중 권선저항에 의해서 생기는 줄손(Joule Loss), 권선의 전류를 I(A), 권선의 저항을 r(Ω)로 했을 때 발생하는 동손$(P) = I_r^2$(W)

77 RLC 직렬회로에서 전압(E)과 전류(I) 사이의 관계가 잘못 설명된 것은?

① $X_L > X_C$인 경우 I는 E보다 θ 만큼 뒤진다.

② $X_L < X_C$인 경우 I는 E보다 θ 만큼 앞선다.

③ $X_L = X_C$인 경우 I는 E와 동상이다.

④ $X_L < (X_C - R)$인 경우 I는 E보다 θ 만큼 뒤진다.

해설 RLC 직렬회로에서 R(저항), L(인덕턴스), C(정전용량)일 때,

㉠이 크면 전류는 뒤진다.

㉡이 크면 전류는 앞선다.

78 전기력선의 기본성질에 대한 설명으로 틀린 것은?

① 전기력선의 방향은 그 점의 전계의 방향과 일치한다.

② 전기력선은 전위가 높은 점에서 낮은 점으로 향한다.

③ 두 개의 전기력선은 전하가 없는 곳에서 교차한다.

④ 전기력선의 밀도는 전계의 세기와 같다.

해설 전기력선

전계의 상태를 생각하기 쉽게 하기 위하여 가상해서 그려지는 선(밀도가 전계의 세기를 나타내고 접선의 방향이 그것을 그은 장소에서의 전계의 방향을 나타낸다. 전기력선은 양전하에서 나와 음전하에 이른다.)

79 단자전압 300V, 전기자저항 0.3Ω의 직류분권발전기가 있다. 전부하의 경우 전기자전류가 50A 흐른다고 할 때 이 전동기의 기동전류를 정격 시의 1.7배로 하려면 기동저항은 약 몇 Ω인가?

① 2.8 　② 3.2

③ 3.5 　④ 3.8

해설 전류 $I = \dfrac{V}{R}$

기동전류 $I_s = \dfrac{V}{R_s + R_a}$

　여기서, R_s : 기동저항

　　　　R_a : 전기자저항

기동전류를 정격 시의 1.7배로 하려면

기동저항 $R_s = \dfrac{V}{I_s} - R_a$

$= \dfrac{300}{(50 \times 1.7)} - 0.3 = 3.23A$

80 피드백 제어에서 제어요소에 대한 설명 중 옳은 것은?

① 조작부와 검출부로 구성되어 있다.

② 동작신호를 조작량으로 변화시키는 요소이다.

③ 제어를 받는 출력량으로 제어대상에 속하는 요소이다.

④ 동작신호를 검출부로 변화시키는 요소이다.

해설 피드백 제어에서 제어요소

동작신호를 조작량으로 변화시키는 요소이다.

SECTION 05 배관일반

81 배수관에 트랩을 설치하는 가장 큰 목적은?

① 유체의 역류 방지를 위해

② 통기를 원활하게 하기 위해

③ 배수속도를 일정하게 하기 위해

④ 유해, 유취 가스의 역류 방지를 위해

해설 배수트랩의 설치 목적
유해, 유취 가스의 역류 방지

82 주철관 이음에 해당되는 것은?

① 납땜 이음　　　　② 열간 이음
③ 타이튼 이음　　　④ 플라스탄 이음

해설 주철관 접합
㉠ 소켓 접합
㉡ 플랜지 접합
㉢ 기계적 접합
㉣ 빅토리 접합
㉤ 타이튼 접합
※ 플라스탄 이음 : 연관접합

83 배관 도면에서 각 장치와 관에 번호를 부여하는 라인인덱스의 기재 순서 예로 '4 – 2B – N – 15 – 39 – CINS'로 기재하는데 이 중 '39'는 무엇을 나타내는 표시인가?

① 관의 호칭지름
② 배관재료의 종류
③ 유체별 배관번호
④ 장치번호

해설 라인인덱스 기재순서

4 —— 2B —— N —— 15 —— 39 —— CINS

| 장치번호 | 관의 호칭 | 유체기호 | 유체별 배관번호 | 배관재료 | 배관의 보냉 |

84 저온수 난방장치에서 배기관의 설치 위치는?

① 팽창관 하단
② 순환펌프 출구
③ 드레인관 하단
④ 팽창탱크 상단

해설 저온수 난방(100℃ 이하)장치의 배기관 설치 위치
팽창탱크 상단

85 배수배관의 관이 막혔을 때 이것을 점검·수리하기 위해 청소구를 설치하는데, 설치가 필요 장소로 적절하지 않은 곳은?

① 배수 수평 주관과 배수 수평 분기관의 분기점에 설치
② 배수관이 45° 이상의 각도로 방향을 전환하는 곳에 설치
③ 길이가 긴 수평 배수관인 경우 관경이 100A 이하일 때 5m마다 설치
④ 배수 수직관의 제일 밑 부분에 설치

해설 청소구 설치간격
㉠ 관경 100mm 이하 : 수평관 직선길이 15m마다
㉡ 관경 100mm 초과 : 수평관 직선길이 30m마다

86 증기와 응축수의 온도차를 이용하여 응축수를 배출하는 열동식 트랩이 아닌 것은?

① 벨로스 트랩
② 디스크 트랩
③ 바이메탈식 트랩
④ 다이어프램식 트랩

해설 열역학적 트랩
㉠ 디스크 트랩(충격식 Impulse)
㉡ 오리피스 트랩

87 가스배관 외부에 표시하지 않는 것은?(단, 지하에 매설하는 경우는 제외)

① 사용가스명　　　　② 최고사용압력
③ 유량　　　　　　　④ 가스흐름방향

해설 지상 가스배관 외부에는 ①, ②, ④항을 표시한다.

88 급탕설비에서 급탕 온도가 70℃, 복귀탕 온도가 60℃일 때, 온수 순환 펌프의 수량은?(단, 배관계의 총 손실 열량은 3,000kcal/h로 한다.)

① 50L/min　　　　② 5L/min
③ 45L/min　　　　④ 4.5L/min

[해설] 급탕부하 현열 $q = mC\Delta t$ 에서

$$펌프수량 \ m = \frac{q}{C \cdot \Delta t} = \frac{3,000}{1 \times (70-60)} \times \frac{1}{60} = 5L/min$$

※ 1h=60min

89 급탕배관에 관한 설명으로 틀린 것은?

① 단관식의 경우 급수관경보다 큰 관을 사용해야 한다.

② 하향식 공급방식에서는 급탕관 및 복귀관은 모두 선하향 구배로 한다.

③ 보통 급탕관은 수명이 짧으므로 장래에 수리, 교체가 용이하도록 노출 배관하는 것이 좋다.

④ 연관은 열에 강하고 부식도 잘되지 않으므로 급탕배관에 적합하다.

[해설] 연관
㉠ 산에는 강하나 알칼리에는 약하다.
㉡ 전성, 연성이 풍부하나 굴곡에는 시공성이 좋다.
㉢ 신축성이 좋다.
㉣ 납(Pb)을 사용하므로 열에는 약하다.

90 복사난방 배관에서 코일의 구배로 옳은 것은?

① 상향식 : 올림구배, 하향식 : 올림구배

② 상향식 : 내림구배, 하향식 : 올림구배

③ 상향식 : 내림구배, 하향식 : 내림구배

④ 상향식 : 올림구배, 하향식 : 내림구배

[해설] 복사난방(패널 온수 난방)
㉠ 상향식 코일 : 올림구배
㉡ 하향식 코일 : 내림구배

91 개별식 급탕방법의 특징이 아닌 것은?

① 배관의 길이가 길어 열손실이 크다.

② 사용이 쉽고 시설이 편리하다.

③ 필요한 즉시 따뜻한 온도의 물을 쓸 수 있다.

④ 소형 가열기를 급탕이 필요한 곳에 설치하는 방법이다.

[해설] 개별식이 아닌 중앙식 급탕은 배관의 길이가 길어서 열손실이 크다.

92 배관의 하중을 위에서 걸어 당겨 지지하는 행거(Hanger) 중 상하 방향의 변위가 없는 개소에 사용하는 것은?

① 콘스탄트 행거(Constant Hanger)

② 리지드 행거(Rigid Hanger)

③ 베리어블 행거(Variable Hanger)

④ 스프링 행거(Spring Hanger)

[해설] ㉠ 리지드 행거 : 수직방향에 변위가 없는 곳에 사용
㉡ 콘스탄트 행거 : 지정 이동거리 범위 내에서 배관의 상하 방향의 이동에 대해 항상 일정한 하중으로 배관을 지지할 수 있는 장치에 사용

93 냉매유속이 낮아지게 되면 흡입관에서의 오일 회수가 어려워지므로 오일 회수를 용이하게 하기 위하여 설치하는 것은?

① 이중입상관   ② 루프 배관

③ 액 트랩   ④ 리프팅 배관

[해설] 이중입상관
냉매속도가 감소하면 흡입관에서의 오일 회수가 어려워지므로 오일 회수를 용이하게 하기 위하여 설치한다.

94 펌프 주위 배관 시공에 관한 사항으로 틀린 것은?

① 풋 밸브(Foot Valve) 등 모든 관의 이음은 수밀, 기밀을 유지할 수 있도록 한다.

② 흡입관의 길이는 가능한 한 짧게 배관하여 저항이 적도록 한다.

③ 흡입관의 수평배관은 펌프를 향하여 하향 구배로 한다.

④ 양정이 높을 경우에는 펌프 토출구와 게이트 밸브와의 사이에 체크밸브를 설치한다.

[해설] 펌프 설치 시 흡입관의 수평배관(횡관)은 펌프 쪽으로 상향 구배로 배관한다.

95 압력탱크 급수방법에서 사용되는 탱크의 부속품이 아닌 것은?

① 안전밸브   ② 수면계

③ 압력계   ④ 트랩

해설 ㉠ 압력탱크 급수방식 : 물받이 탱크 저수 → 급수 펌프 →
압력탱크 → 건축구조물 내의 소요개소
㉡ 트랩 : 증기트랩, 배수트랩

96 방열기 주위 배관에 대한 설명으로 틀린 것은?

① 방열기 주위는 스위블 이음으로 배관한다.
② 공급관은 앞쪽 올림의 역구배로 한다.
③ 환수관은 앞쪽 내림의 순구배로 한다.
④ 구배를 취할 수 없거나 수평주관이 2.5m 이상일
때는 한 치수 작은 지름으로 한다.

해설 수평주관이 2.5m 이상이면 유체의 흐름 저항이 커서 방열
기 주위 배관은 한 치수 큰 것으로 한다.

97 다음 공조용 배관 중 배관 샤프트 내에서 단열시공을 하지 않는 배관은?

① 온수관   ② 냉수관
③ 증기관   ④ 냉각수관

해설 냉각탑 냉각수관은 단열시공을 하지 않는다.

98 급탕설비에 관한 설명으로 틀린 것은?

① 개별식 급탕법은 욕실, 세면장, 주방 등에 소형의
가열기를 설치하여 급탕하는 방법이다.
② 온수보일러에 의한 간접가열방식이 직접가열방식보
다 저탕조 내부에 스케일이 잘 생기지 않는다.
③ 급수관에서 공급된 물이 코일 모양으로 배관된 가
열관을 통과하는 동안에 가스 불꽃에 의해 가열되
어 급탕하는 장치를 순간온수기라 한다.
④ 열효율은 양호하지만 소음이 심하여 S형, Y형의
사이렌서를 부착하며, 사용증기압력은 약 10~
40MPa인 급탕법을 기수혼합식이라 한다.

해설 중앙식 기수혼합식 급탕설비
㉠ 사이렌서는 S형, F형이 있다.
㉡ 증기사용압력은 0.1~0.4MPa 정도이다.

99 냉동배관 시 플렉시블 조인트의 설치에 관한 설명으로 틀린 것은?

① 가급적 압축기 가까이에 설치한다.
② 압축기의 진동방향에 대하여 직각으로 설치한다.
③ 압축기가 가동할 때 무리한 힘이 가해지지 않도록
설치한다.
④ 기계·구조물 등에 접촉되도록 견고하게 설치한다.

해설 플렉시블 조인트
진동, 신축배관용 펌프나 압축기에 사용된다.

100 대·소변기 및 이와 유사한 용도를 갖는 기구로부터 배수 등 인간의 분뇨를 포함하는 배수의 종류는?

① 우수   ② 오수
③ 잡배수   ④ 특수배수

해설 오수
대·소변기 및 이와 유사한 용도를 갖는 기구로부터 배수 등
인간의 분뇨를 포함한 배수이다.

SECTION 01 기계열역학

01 배기체적이 1,200cc, 간극체적이 200cc의 가솔린 기관의 압축비는 얼마인가?

① 5 　　　　　　② 6
③ 7 　　　　　　④ 8

> 해설 압축비 $\varepsilon = \dfrac{V_s + V_c}{V_c} = \dfrac{1,200+200}{200} = 7$

02 압축기 입구온도가 −10℃, 압축기 출구온도가 100℃, 팽창기 입구온도가 5℃, 팽창기 출구온도가 −75℃ 로 작동되는 공기냉동기의 성능계수는?(단, 공기의 C_p는 1.0035kJ/kg℃로서 일정하다.)

① 0.56 　　　　　② 2.17
③ 2.34 　　　　　④ 3.17

> 해설 ㉠ 공기 1kg당 냉동효과
> $\quad = C_p(T_1 - T_4) = 1.0035\{(273-10)-(273-75)\}$
> $\quad = 1.0035(263-198)$
> $\quad = 65.2275\text{kJ/kg}$
> ㉡ 공기 1kg당 방출열량
> $\quad = C_p(T_2 - T_3)$
> $\quad = C_p(T_2 - T_3) = 1.0035\{(100+273)-(273+5)\}$
> $\qquad = 95.3325\text{kJ/kg}$
> ∴ 성적계수(COP)$= \dfrac{q_2}{A_w} = \dfrac{q_2}{q_1 - q_2} = \dfrac{65.2275}{95.3325-65.2275}$
> $\qquad = \dfrac{65.2275}{30.105} = 2.17$

03 이상기체의 등온과정에 관한 설명 중 옳은 것은?

① 엔트로피 변화가 없다.
② 엔탈피 변화가 없다.
③ 열 이동이 없다.
④ 일이 없다.

> 해설 이상기체 등온변화 : 내부에너지, 엔탈피의 변화는 0
> 일$(_1W_2) = RT\ln\dfrac{V_2}{V_1} = RT\ln\dfrac{P_1}{P_2}$
> 내부에너지$(du) = C_v dT$, $dT = 0$, $du = 0$, $dh = C_p dT = 0$

04 공기 2kg이 300K, 600kPa 상태에서 500K, 400kPa 상태로 가열된다. 이 과정 동안의 엔트로피 변화량은 약 얼마인가?(단, 공기의 정적비열과 정압비열은 각각 0.717kJ/kg · K과 1.004kJ/kg · K로 일정하다.)

① 0.73kJ/K 　　　② 1.83kJ/K
③ 1.02kJ/K 　　　④ 1.26kJ/K

> 해설 $R = C_p - C_v$
> $\quad = 1.004 - 0.717$
> $\quad = 0.287\text{kJ/kg} \cdot \text{K}$
> 엔트로피 변화량
> $\Delta S = mC_p \ln\dfrac{T_2}{T_1} - mR\ln\dfrac{P_2}{P_1}$
> $\quad = 2\times1.004\times\ln\dfrac{500}{300} - 2\times0.287\times\ln\dfrac{400}{600}$
> $\quad = 1.258\text{kJ/K}$

05 두께 1m, 면적 0.5m²의 석고판의 뒤에 가열 판이 부착되어 1,000W의 열을 전달한다. 가열 판의 뒤는 완전히 단열되어 열은 앞면으로만 전달된다. 석고판 앞면의 온도는 100℃이다. 석고의 열전도율이 K=0.79 W/m · K일 때 가열 판에 접하는 석고 면의 온도는 약 몇 ℃인가?

① 110 　　　　　② 125
③ 150 　　　　　④ 212

> 해설 열전도량 $q = \dfrac{K}{l} \cdot A(t_2 - t_1)$에서
> 온도 $t_2 = t_1 + \dfrac{q \cdot l}{K \cdot A}$
> $\quad = 100 + \dfrac{1,000\times0.01}{0.79\times0.5}$
> $\quad = 125.32\,℃$

06 오토 사이클(Otto Cycle)의 압축비 $\varepsilon = 8$이라고 하면 이론 열효율은 약 몇 %인가?(단, K는 1.4이다.)

① 36.8% ② 46.7%
③ 56.5% ④ 66.6%

해설 오토 사이클(내연기관＝불꽃점화기관)

열효율(η_0) $= 1 - \left(\dfrac{1}{\varepsilon}\right)^{k-1} = 1 - \left(\dfrac{1}{8}\right)^{1.4-1} = 0.565(56.5\%)$

(압축비만의 함수, 압축비가 커지면 열효율 증가)

07 실린더에 밀폐된 8kg의 공기가 그림과 같이 P_1 ＝800kPa, 체적 V_1＝0.27m³에서 P_2＝350kPa, 체적 V_2＝0.80m³으로 직선 변화하였다. 이 과정에서 공기가 한 일은 약 몇 kJ인가?

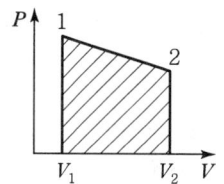

① 254 ② 305
③ 382 ④ 390

해설 공기가 한 일($_1W_2$)

$= (P_1 - P_2) \times \dfrac{(V_2 - V_1)}{2} + P_2(V_2 - V_1)$

$= (800 - 350) \times \dfrac{0.80 - 0.27}{2} + 350(0.8 - 0.27)$

$= 119.25 + 185.5 = 304.75(305\text{kJ})$

08 어떤 냉장고에서 엔탈피 17kJ/kg의 냉매가 질량 유량 80kg/hr로 증발기에 들어가 엔탈피 36kJ/kg이 되어 나온다. 이 냉장고의 냉동능력은?

① 1,220kJ/hr ② 1,800kJ/hr
③ 1,520kJ/hr ④ 2,000kJ/hr

해설

냉동능력 $Q_e = m(h_2 - h_1) = 80 \times (36 - 17) = 1,520\text{kJ/h}$

09 클라우지우스(Clausius) 부등식을 표현한 것으로 옳은 것은?(단, T는 절대온도, Q는 열량을 표시한다.)

① $\oint \dfrac{\delta Q}{T} \geq 0$ ② $\oint \dfrac{\delta Q}{T} \leq 0$

③ $\oint \delta Q \geq 0$ ④ $\oint \delta Q \leq 0$

해설 전 사이클에 대한 적분을 폐적분($\oint$)으로 표시하면

㉠ 가역과정 : $\oint \dfrac{\delta Q}{T} = 0$

㉡ 비가역과정 : $\oint \dfrac{dQ}{T} \leq 0$(비가역 사이클의 열효율이 가역 사이클 열효율보다 작기 때문에 클라우지우스의 부등식이라고 한다.)

10 절대온도가 0에 접근할수록 순수 물질의 엔트로피는 0에 접근한다는 절대 엔트로피 값의 기준을 규정한 법칙은?

① 열역학 제0법칙이다.
② 열역학 제1법칙이다.
③ 열역학 제2법칙이다.
④ 열역학 제3법칙이다.

해설 열역학 제3법칙
절대온도가 0(-273℃)에 접근할수록 물질의 엔트로피는 0에 접근한다는 절대 엔트로피 값의 기준을 규정한 법칙

11 대기압하에서 물을 20℃에서 90℃로 가열하는 동안의 엔트로피 변화량은 약 얼마인가?(단, 물의 비열은 4.184kJ/kg·K로 일정하다.)

① 0.8kJ/kg·K ② 0.9kJ/kg·K
③ 1.0kJ/kg·K ④ 1.2kJ/kg·K

해설 엔트로피 변화량(ΔS) $= GC_p \ln \dfrac{T_2}{T_1}$

$= 4.184 \times \ln\left(\dfrac{273 + 90}{273 + 20}\right)$

$= 0.896\text{kJ/kg·K}$

12 펌프를 사용하여 150kPa, 26℃의 물을 가역 단열과 정으로 650kPa로 올리려고 한다. 26℃의 포화액의 비체적이 0.001m³/kg이면 펌프일은?

① 0.4kJ/kg

② 0.5kJ/kg

③ 0.6kJ/kg

④ 0.7kJ/kg

해설 150kPa → 650kPa, 26℃ → 26℃

㉠ 일(W) : 외부에 일을 하면 (+)

　　　　외부에서 일을 받으면 (−)

㉡ 펌프, 터빈, 압축기(개방계＝공업일)

$$_1W_2 = \int_1^2 VdP = 0.001 \times (650-150) = 0.5\text{kJ/kg}$$

13 해수면 아래 20m에 있는 수중다이버에게 작용하는 절대압력은 약 얼마인가?(단, 대기압은 101kPa이고, 해수의 비중은 1.03이다.)

① 101kPa

② 202kPa

③ 303kPa

④ 504kPa

해설 액체 속에서의 압력 $P = \gamma h$

절대압력 $P =$ 대기압＋해수의 압력

$$= 101 + \frac{9,800 \times 1.03}{1,000} \times 20$$

$$= 302.88\text{kPa}$$

※ 물의 비중량 ＝ 9,800N/m³

　1kPa ＝ 1,000N/m²

14 자연계의 비가역 변화와 관련 있는 법칙은?

① 제0법칙

② 제1법칙

③ 제2법칙

④ 제3법칙

해설 열역학 제2법칙

㉠ 비가역 사이클(엔트로피는 항상 증가)

$$\oint \frac{\delta Q}{T} \leq 0 \text{(비가역 변화 클라우지우스 부등식)}$$

㉡ 비가역에서는 마찰 등의 열손실로 방열량이 가역 사이클의 방열량보다 크므로 그 적분치는 0보다 적다.

15 기본 Rankine 사이클의 터빈 출구 엔탈피 $h_{te} =$ 1,200kJ/kg, 응축기 방열량 $q_L =$ 1,000kJ/kg, 펌프 출구 엔탈피 $h_{pe} =$ 210kJ/kg, 보일러 가열량 q_H ＝ 1,210kJ/kg이다. 이 사이클의 출력일은?

① 210kJ/kg

② 220kJ/kg

③ 230kJ/kg

④ 420kJ/kg

해설 출력일＝보일러 가열량−응축기 방열량

　　　　＝1,210−1,000＝210kJ/kg

※ 효율＝$\frac{210}{1,210} \times 100 = 17.35$

16 출력이 50kW인 동력 기관이 한 시간에 13kg의 연료를 소모한다. 연료의 발열량이 45,000kJ/kg이라면, 이 기관의 열효율은 약 얼마인가?

① 25%

② 28%

③ 31%

④ 36%

해설 효율 $\eta = \frac{출력}{입력} \times 100$

$$= \frac{50 \times 3,600}{13 \times 45,000} \times 100 = 30.77(31\%)$$

17 상태와 상태량과의 관계에 대한 설명 중 틀린 것은?

① 순수물질 단순 압축성 시스템의 상태는 2개의 독립적 강도성 상태량에 의해 완전하게 결정된다.

② 상변화를 포함하는 물과 수증기의 상태는 압력과 온도에 의해 완전하게 결정된다.

③ 상변화를 포함하는 물과 수증기의 상태는 온도와 비체적에 의해 완전하게 결정된다.

④ 상변화를 포함하는 물과 수증기의 상태는 압력과 비체적에 의해 완전하게 결정된다.

해설 1L 100℃의 포화수 → 상변화 → 1,650L의 증기로 변화

1,650L 100℃의 증기 → 열교환 → $\frac{1}{1,650}$ L의 응축수

로 변화

18 용기에 부착된 압력계에 읽힌 계기압력이 150kPa 이고 국소대기압이 100kPa일 때 용기 안의 절대압력은?

① 250kPa   ② 150kPa

③ 100kPa   ④ 50kPa

해설 절대압력(abs) = 계기압력 + 국소대기압
= 150 + 100 = 250kPa

19 분자량이 30인 C_2H_6(에탄)의 기체상수는 몇 kJ/kg · K인가?

① 0.277   ② 2.013

③ 19.33   ④ 265.43

해설 • 기체상수

$$R = \frac{R_H}{M} = \frac{8.3143}{30} = 0.277 kJ/kg \cdot K$$

• 일반기체상수

$$R_H = 8.3143 kJ/kmol \cdot K$$

20 역카르노 사이클로 작동하는 증기압축 냉동 사이클에서 고열원의 절대온도를 T_H, 저열원의 절대온도를 T_L이라 할 때, $\frac{T_H}{T_L} = 1.6$이다. 이 냉동 사이클이 저열원으로부터 2.0kW의 열을 흡수한다면 소요 동력은?

① 0.7kW   ② 1.2kW

③ 2.3kW   ④ 3.9kW

해설 응축열 = 저열원 흡수열 × 성적계수 = 2.0 × 1.6 = 3.2kW
∴ 소요동력 = 응축열 − 저열원 흡수 = 3.2 − 2 = 1.2kW

SECTION 02 냉동공학

21 왕복동 압축기의 흡입밸브와 배출밸브의 구비조건으로 틀린 것은?

① 작동이 확실하고 냉매증기의 유동에 저항을 적게 주는 구조이어야 한다.

② 밸브의 관성력이 크고 개폐작동이 원활해야 한다.

③ 밸브 개폐에 필요한 냉매증기 압력의 차가 작아야 한다.

④ 밸브가 파손되거나 마모되지 않아야 한다.

해설 밸브는 관성력이 작고 밸브의 개폐가 확실하여야 한다.

22 흡수식 냉동기의 특징에 대한 설명으로 옳은 것은?

① 자동제어가 어렵고 운전경비가 많이 소요된다.

② 초기 운전 시 정격 성능을 발휘할 때까지의 도달 속도가 느리다.

③ 부분 부하에 대한 대응성이 어렵다.

④ 증기 압축식보다 소음 및 진동이 크다.

해설 흡수식 냉동기는 초기 운전 시 정격성능을 발휘할 때까지의 도달 속도가 느리다(냉매가 물이기 때문이고 1RT = 6,640 kcal/h이다).

23 다음 중 압축기의 냉동능력(R)을 산출하는 식은? (단, V : 피스톤 압출량(m^3/min), ν : 압축기 흡입 냉매 증기의 비체적(m^3/kg), q : 냉매의 냉동효과 (kcal/kg), η : 체적효율)

① $R = \dfrac{\nu \times q \times \eta \times 60}{3,320 \times V}$

② $R = \dfrac{V \times q \times 60}{3,320 \times \eta \times \nu}$

③ $R = \dfrac{V \times q \times \eta \times 60}{3,320 \times \nu}$

④ $R = \dfrac{V \times q \times \nu \times 60}{3,320 \times \eta}$

해설 왕복동식 압축기 냉동능력(R) = 1RT = 3,320kcal/h

$$R = \frac{V \times q \times \eta \times 60}{3,320 \times \nu}$$

24 다음 $P-h$ 선도상에서 냉동능력이 1냉동톤인 소형 냉장고의 실제 소요동력은?(단, 압축효율(η_c)은 0.75, 기계효율(η_m)은 0.9이다.)

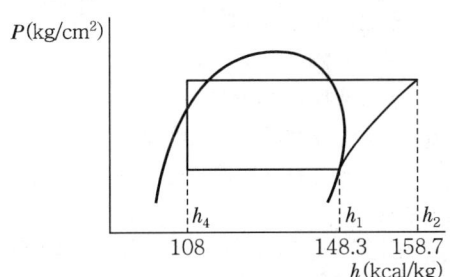

① 약 1.48kW   ② 약 1.62kW

③ 약 2.73kW   ④ 약 3.27kW

해설
- 냉매순환량 $G = \dfrac{Q_e}{q_e} = \dfrac{Q_e}{h_1 - h_4}$

$$= \dfrac{1 \times 3,320}{148.3 - 108} = 82.38 \text{kg/h}$$

- 실제소요동력 $W = \dfrac{G(h_2 - h_1)}{\eta_c \times \eta_m \times 860}$

$$= \dfrac{82.38 \times (158.7 - 148.3)}{0.75 \times 0.9 \times 860} = 1.48 \text{kW}$$

---

25 스크루 압축기의 특징으로 가장 거리가 먼 것은?

① 동일 용량의 왕복동 압축기에 비하여 소형 경량으로 설치 면적이 작다.

② 장시간 연속운전이 가능하다.

③ 부품수가 적고 수명이 길다.

④ 오일펌프를 설치하지 않는다.

해설 Screw Compressor
숫로터와 암로터가 있는 압축기이다(흡입, 토출밸브가 없다). 이 압축기는 독립된 오일 압축기가 필요하고 역지밸브가 필요하다.

---

26 저온용 단열재의 조건으로 틀린 것은?

① 내구성이 있을 것

② 흡습성이 클 것

③ 팽창계수가 작을 것

④ 열전도율이 작을 것

해설 단열재는 흡수성이나 흡습성이 작다.

---

27 온도식 자동팽창밸브(TEV)의 감온통 설치 방법으로 옳은 것은?

① 증발기 출구 수평관에 정확히 밀착한다.

② 흡입관 지름이 15mm일 때 관의 하부에 설치한다.

③ 흡입관 지름이 30mm일 때 관 중앙에서 45° 위로 설치한다.

④ 흡입관에 트랩이 있으면 피하며 설치해야 할 경우 트랩 이후에 설치한다.

해설 온도식 자동팽창밸브(주로 프레온용 냉매 사용) 감온통(가스충전식, 액충전식, 크로스충전식 등)은 증발기 출구 측 흡입관 수평부에 설치한다.

---

28 다음 그림과 같이 작동되는 냉동장치의 압축기 소요 동력이 50kW일 때, 압축기의 피스톤 토출량은?(단, 압축기 체적효율 65%, 기계효율 85%, 압축효율 80% 이다.)

① 약 260m³/h   ② 약 320m³/h

③ 약 400m³/h   ④ 약 500m³/h

해설
소요동력 $W = G \cdot \Delta h = \dfrac{V \cdot \eta_v}{v \cdot \eta_c \cdot \eta_m} \times \Delta h$

피스톤 토출량 $V = \dfrac{W \cdot v \cdot \eta_c \cdot \eta_m}{\eta_v \cdot \Delta h}$

$$= \dfrac{(50 \times 860) \times 0.65 \times 0.8 \times 0.85}{0.65 \times (468.1 - 395)}$$

$$= 400 \text{m}^3/\text{h}$$

---

29 원수 25℃인 물 1톤을 하루 동안 0℃ 얼음으로 만들기 위해 제거해야 할 열량은?(단, 얼음의 응고잠열은 79.6kcal/kg으로 계산한다.)

① 약 0.7RT   ② 약 1RT

③ 약 1.3RT   ④ 약 1.6RT

• 물의 현열 $Q_1 = GC\Delta t$

$$= 1,000 \times 1 \times (25-0)$$
$$= 25,000\text{kcal/day}$$

• 얼음의 융해열 $Q_2 = G \cdot \gamma$

$$= 1,000 \times 79.6 = 79,600\text{kcal/day}$$

∴ 총열량 $Q = \dfrac{25,000 + 79,600}{24 \times 3,320} = 1.31\text{RT}$

30 2원 냉동 사이클의 주요장치로 가장 거리가 먼 것은?

① 저온압축기 ② 고온압축기
③ 중간냉각기 ④ 팽창밸브

중간냉각기
압축비가 6 이상인 2단 압축기에서 저단측 압축기의 과열을 제거하여 고단 압축기가 과열되는 것을 방지한다.

31 어떤 냉장실 온도를 −20℃로 유지하고자 할 때 필요한 관 길이는?(단, 관의 열통과율은 7kcal/cm² h℃이고, 냉동부하는 20RT, 냉매증발 온도는 −35℃이며 관의 외경은 5cm이다.)

① 약 10.26cm ② 약 20.26cm
③ 약 40.26cm ④ 약 50.26cm

$Q = KA\Delta t$, $A = \pi dL$

∴ 관 길이 $L = \dfrac{Q}{K \cdot \pi d \cdot \Delta t}$

$$= \dfrac{20 \times 3,320}{7 \times \pi \times 5 \times (-20-(-35))}$$
$$= 40.26\text{cm}$$

32 압축기 토출압력 상승 원인으로 가장 거리가 먼 것은?

① 응축온도가 낮을 때
② 냉각수 온도가 높을 때
③ 냉각수 양이 부족할 때
④ 공기가 장치 내에 혼입했을 때

응축온도가 낮으면 응축압력(고압)이 저하하므로 압축기 토출압력이 저하한다.

33 물체 간의 온도차에 의한 열의 이동현상을 열전도라 한다. 이 과정에서 전달되는 열량에 대한 설명으로 옳은 것은?

① 단면적에 반비례한다.
② 열전도 계수에 반비례한다.
③ 온도차에 반비례한다.
④ 물체의 두께에 반비례한다.

열전도
두께가 얇으면 열전도 전달이 증가하고 두께가 두꺼우면 열전달이 감소한다.

34 역카르노 사이클로 작동되는 냉동기의 성적계수가 6.84이다. 응축온도가 22.7℃일 때 증발온도는?

① −5℃ ② −15℃
③ −25℃ ④ −30℃

응축온도 $= 22.7 + 273 = 295.7\text{K}$

성적계수 $\text{COP} = \dfrac{T_2}{T_1 - T_2} = \dfrac{T_2}{(273+22.7) - T_2} = 6.84$

∴ $T_2 = -15℃(258\text{K})$

※ $T_2 = \dfrac{T_1 \times \text{COP}}{1 + \text{COP}} = \dfrac{6.84(273+22.7)}{1+6.84} = 258\text{K} = -15℃$

35 냉동장치에서 액분리기의 적절한 설치 위치는?

① 수액기 출구 ② 압축기 출구
③ 팽창밸브 입구 ④ 증발기 출구

액분리기
증발기와 압축기 사이의 흡입배관에 설치, 흡입가스 중의 액냉매를 분리시켜 압축기로 냉매증기를 공급하므로 리퀴드 백(액 해머)을 방지한다.

36 표준 냉동 사이클의 냉매 상태변화에 대한 설명으로 틀린 것은?

① 압축 과정 − 온도상승
② 응축 과정 − 압력불변
③ 과냉각 과정 − 엔탈피 감소
④ 팽창 과정 − 온도불변

해설 냉매액 팽창과정
　㉠ 온도하강
　㉡ 압력하강

37 냉동장치의 불응축가스를 제거하기 위한 장치는?

① 중간냉각기
② 가스 퍼저
③ 제상장치
④ 여과기

해설 공기 등 불응축가스 제거법
　㉠ 에어퍼지 밸브 사용(수동식)
　㉡ 가스 퍼저 작동(자동법)
　※ 불응축가스는 응축기나 수액기 상부에 고인다.

38 몰리에르 선도상에서 표준 냉동 사이클의 냉매상태 변화에 대한 설명으로 옳은 것은?

① 등엔트로피 변화는 압축과정에서 일어난다.
② 등엔트로피 변화는 증발과정에서 일어난다.
③ 등엔트로피 변화는 팽창과정에서 일어난다.
④ 등엔트로피 변화는 응축과정에서 일어난다.

해설 등엔트로피 변화(단열압축과정)
　단열변화는 열의 변동이 전혀 없다.
　㉠ 가열량 $\delta Q = 0 (du + APdv$에서 $\delta q = 0)$
　㉡ $du + APdV = 0$

39 냉매의 필요조건으로 틀린 것은?

① 임계온도가 높고 상온에서 액화할 것
② 증발열이 크고 액체 비열이 작을 것
③ 증기의 비열비가 작을 것
④ 점도와 표면장력이 클 것

해설 냉매는 점도 및 표면장력이 작고 전열이 양호하며 또한 누설 발견이 쉬워야 한다.
　※ 터보냉동기에서 냉매는 비중이 커야 하나 타 냉동기에서는 냉매비중이 작을 것

40 브라인의 구비조건으로 적당하지 않은 것은?

① 응고점이 낮을 것
② 점도가 클 것
③ 열전달률이 클 것
④ 불연성이며 독성이 없을 것

해설 브라인 2차냉매(간접냉매)는 순환펌프, 동력소비절약을 위하여 점성이 작아야 하고 금속에 대한 부식성이 작아야 한다.
　㉠ 무기질(부식력이 크다.) : 염화칼슘 수용액, 염화나트륨 수용액 · 염화마그네슘
　㉡ 유기질 : 에틸렌글리콜, 프로필렌글리콜, 물, 메틸렌 크로라이드(R-11)

SECTION 03 공기조화

41 실내 공기 상태에 대한 설명 중 옳은 것은?

① 유리면 등의 표면에 결로가 생기는 것은 그 표면온도가 실내의 노점온도보다 높게 될 때이다.
② 실내 공기온도가 높으면 절대습도도 높다.
③ 실내 공기의 건구온도와 그 공기의 노점온도와의 차는 상대습도가 높을수록 작아진다.
④ 온도가 낮은 공기일수록 많은 수증기를 함유할 수 있다.

해설 ① 유리면 표면에 결로가 생기는 것은 표면온도가 실내의 노점온도보다 낮게 될 때이다.
② 실내 공기온도가 높으면 절대습도는 불변이다(상대습도는 감소).
④ 온도가 낮으면 수증기 함량이 낮다.

42 공기조화설비를 구성하는 열운반장치로서, 공조기에 직접 연결되어 사용하는 펌프로 거리가 가장 먼 것은?

① 냉각수 펌프
② 냉수 순환펌프
③ 온수 순환펌프
④ 응축수(진공) 펌프

해설 냉각수 펌프
쿨링타워(냉각탑)에서 나오는 냉각수를 순환시킨다.

43 습공기의 상태변화에 관한 설명으로 틀린 것은?

① 습공기를 가열하면 건구온도와 상대습도가 상승한다.

② 습공기를 냉각하면 건구온도와 습구온도가 내려간다.

③ 습공기를 노점온도 이하로 냉각하면 절대습도가 내려간다.

④ 냉방할 때 실내로 송풍되는 공기는 일반적으로 실내공기보다 냉각감습 되어 있다.

해설 습공기가열
건구온도 증가, 습구온도 증가, 노점온도 불변, 절대습도 불변, 상대습도 감소, 엔탈피 증가, 비체적 증가

44 공조부하 중 재열부하에 관한 설명으로 틀린 것은?

① 부하 계산 시 현열, 잠열부하를 고려한다.

② 냉방부하에 속한다.

③ 냉각코일의 용량산출 시 포함시킨다.

④ 냉각된 공기를 가열하는 데 소요되는 열량이다.

해설 재열부하$(q_R)=0.29 \times$ 송풍공기량(m^3/h)
$\times$ 재열기 입출구 온도차(kcal/h)
※ 현열부하만 계산한다.

45 냉·난방부하와 기기 용량과의 관계로 옳은 것은?

① 송풍량＝실내취득열량＋기기로부터의 취득열량

② 냉각코일 용량＝실내취득열량＋외기부하

③ 순수 보일러 용량＝난방부하＋배관부하

④ 냉동기 용량＝실내취득열량＋기기로부터의 취득열량＋냉수펌프 및 배관부하

해설 ② 코일용량계산$(q_t)=0.29 \times$ 풍량$(m^3/h) \times$ 코일 입출구 온도차
③ 보일러 용량＝난방부하＋급탕부하＋배관부하＋시동부하
④ 냉동기 용량＝실내취득열량＋기기로부터 취득열량＋재열부하＋외기부하

46 보일러의 능력을 나타내는 표시방법 중 가장 작은 값을 나타내는 출력은?

① 정격출력　　② 과부하출력

③ 정미출력　　④ 상용출력

해설 ㉠ 정미출력＝난방부하＋급탕부하
㉡ 상용출력＝정미출력＋배관부하
㉢ 정격출력＝상용출력＋예열부하

47 50,000kcal/h의 열량으로 물을 가열하는 열교환기를 설계하고자 할 때, 필요 전열면적은?(단, 25A 동관을 사용하며, 동관의 열통과율은 1,200kcal/m²h℃이고, 대수평균온도차는 13℃로 한다.)

① 약 3.2m²　　② 약 5.3m²

③ 약 8.6m²　　④ 약 10.7m²

해설 열량 $q=KA\Delta t_m$

전열면적 $A=\dfrac{q}{K \cdot \Delta t_m}=\dfrac{50,000}{1,200 \times 13}=3.2m^2$

48 보일러의 부속장치인 과열기가 하는 역할은?

① 과냉각액을 포화액으로 만든다.

② 포화액을 습증기로 만든다.

③ 습증기를 건포화증기로 만든다.

④ 포화증기를 과열증기로 만든다.

해설

49 원심송풍기에 사용되는 풍량 제어법 중 동일한 풍량 조건에서 가장 우수한 동력 절감 효과를 나타내는 것은?

① 가변 피치 제어　　② 흡입 베인 제어

③ 회전수 제어　　　④ 댐퍼 제어

해설 송풍기 동력절감 효과 : 회전수 제어로 가능하다.

50 덕트의 취출구 및 흡입구 설계 시, 계획상의 유의점으로 가장 거리가 먼 것은?

① 취출기류가 보 등의 장애물에 방해되지 않게 한다.

② 취출기류가 직접 인체에 닿지 않게 한다.

③ 흡연이 많은 회의실 등은 벽 하부에 흡입구를 설치한다.

④ 실내평면을 모듈로 분할하여 계획할 때에는 각 모듈에 취출구, 흡입구를 설치한다.

해설 흡연이 많은 장소건물은 흡연실을 별도로 설계하여야 하며 실내에는 벽 하부에 흡입구를 설치하면 취출량, 흡입량 설계에 혼란이 오게 된다.

51 냉수코일 설계 시 공기의 통과 방향과 물의 통과 방향을 역으로 배치하는 방법에 대한 설명으로 틀린 것은?(단, Δ_1 : 공기 입구 측에서의 온도차, Δ_2 : 공기 출구 측에서의 온도차)

① 열교환 형식은 대향류방식이다.

② 가능한 한 대수평균온도차를 크게 하는 것이 좋다.

③ 공기 출구 측에서의 온도차는 5℃ 이상으로 하는 것이 좋다.

④ 대수평균온도차(MTD)인 $\dfrac{\Delta_1 - \Delta_2}{\ln \dfrac{\Delta_2}{\Delta_1}}$를 이용한다.

해설 $\mathrm{MTD} = \dfrac{\Delta_1 - \Delta_2}{\ln\left(\dfrac{\Delta_1}{\Delta_2}\right)} = \dfrac{\Delta_1 - \Delta_2}{2.3\log\left(\dfrac{\Delta_1}{\Delta_2}\right)}$

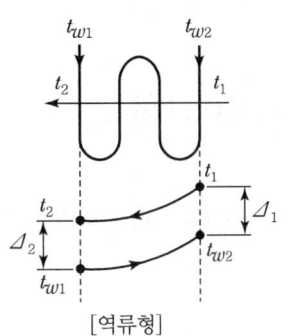

[역류형]

52 고속덕트의 주덕트 풍속은 일반적으로 얼마인가?

① 5～7m/s

② 8～10m/s

③ 12～14m/s

④ 20～23m/s

해설 덕트

㉠ 저속덕트 : 15m/s 이하 풍속

㉡ 고속덕트 : 15m/s 이상 풍속(보통 15～23m/s)

53 냉수코일의 설계에 관한 설명으로 옳은 것은?

① 코일의 전면 풍속은 가능한 한 빠르게 하며, 통상 5m/s 이상이 좋다.

② 코일의 단수에 비해 유량이 많아지면 더블서킷으로 설계한다.

③ 가능한 한 대수평균온도차를 작게 취한다.

④ 코일을 통과하는 공기와 냉수는 열교환이 양호하도록 평행류로 설계한다.

해설 ㉠ 코일의 종류(관 외주에 부착된 Fin의 종류에 따름)
- 나선형 코일
- 플레이트 핀코일
- 슬릿 핀코일

㉡ 코일의 배열 방식
- 풀 서킷코일
- 더블 서킷코일
- 하프 서킷코일

㉢ 냉수코일 정면풍속은 2.0～3.0m/s 범위

㉣ 가능한 대수평균온도차는 크게 한다.

㉤ 공기와 냉수는 코일에서 평행류보다는 역류로 한다.

54 복사 냉·난방 공조방식에 관한 설명으로 틀린 것은?

① 복사열을 사용하므로 쾌감도가 높다.

② 건물의 축열을 기대할 수 없다.

③ 구조체의 예열시간이 길고 일시적 난방에는 부적당하다.

④ 바닥에 기기를 배치하지 않아도 되므로 이용공간이 넓다.

해설 복사 냉난방 방식은 바닥, 천장 또는 벽면을 복사면으로 하여 실내 현열부하의 50～70%를 처리하도록 한다(건축물의 축열을 기대할 수 있다).

55 취출기류에 관한 설명으로 틀린 것은?

① 거주영역에서 취출구의 최소 확산반경이 겹치면 편류현상이 발생한다.

② 취출구의 베인 각도를 확대시키면 소음이 감소한다.

③ 천장 취출 시 베인의 각도를 냉방과 난방 시 다르게 조정해야 한다.

④ 취출기류의 강하 및 상승거리는 기류의 풍속 및 실내공기와의 온도차에 따라 변한다.

해설 취출구(吹出口)의 베인(Vane) 각도는 0~45°까지 확대가 가능하나 베인의 각도가 너무 확대되면 소음이 커진다.

56 중앙식 난방법의 하나로서, 각 건물마다 보일러 시설 없이 일정 장소에서 여러 건물에 증기 또는 고온수 등을 보내서 난방하는 방식은?

① 복사난방　　　② 지역난방

③ 개별난방　　　④ 온풍난방

해설 지역난방

중앙식 난방법이며 각 건물마다 보일러 시설 없이 일정 장소에서 여러 건물에 증기 또는 고온수 등을 보내서 난방하는 방식

57 습공기를 가열, 감습하는 경우 열수분비 값은?

① 0　　　　　② 0.5

③ 1　　　　　④ ∞

해설 열수분비(u)

공기의 온도나 습도가 변화할 때 절대습도(수분)의 증가에 대한 엔탈피의 증가비율 $u = \dfrac{\Delta i}{\Delta x}$ (습공기 가열 감습에서는 엔탈피가 불변이 되므로 열수분비는 0 이다.)

58 공기조화에 이용되는 열원방식 중 특수열원방식의 분류로 가장 거리가 먼 것은?

① 지역 냉·난방방식

② 열병합발전(Co-Generation)방식

③ 흡수식 냉온수기방식

④ 태양열이용방식

해설 흡수식 냉온수기 방식은 공기조화 일반 열원방식이다.

59 중앙공조기(AHU)에서 냉각코일의 용량 결정에 영향을 주지 않는 것은?

① 덕트 부하　　　② 외기 부하

③ 냉수 배관 부하　④ 재열 부하

해설 중앙공조기에서 냉각코일의 용량 결정에 영향을 주는 것

㉠ 덕트 부하

㉡ 외기 부하

㉢ 재열 부하

※ 냉수 배관 부하는 공기조화기 용량 결정에 영향을 준다.

60 각 층에 1대 또는 여러 대의 공조기를 설치하는 방법으로 단일덕트의 정풍량 또는 변풍량 방식, 2중 덕트 방식 등에 응용될 수 있는 공조방식은?

① 각층 유닛 방식　② 유인 유닛 방식

③ 복사 냉난방 방식　④ 팬코일 유닛 방식

해설 각층 유닛방식(전공기 방식)

각 층에 1대 또는 여러 대의 공조기를 설치하여 단일덕트의 정풍량, 변풍량 방식, 2중덕트 방식 등에 응용된다. 각층 유닛방식은 독립된 유닛(2차공조기)을 설치하고 이 공조기의 냉각코일 및 가열코일에는 중앙기계실로부터 냉수 및 온수나 증기를 공급받는다(환기덕트가 불필요하다). 각 층의 부하 특성에 따라서 가열 또는 냉각하여 취출시킨다.

SECTION 04 전기제어공학

61 논리식 $X=(A+B)(\overline{A}+B)$를 간단히 하면?

① A　　　　　② B

③ AB　　　　　④ A+B

해설 등가$(X) = (A+B)(\overline{A}+B)$

$= A \cdot \overline{A} + \overline{A} \cdot B + A \cdot B + B \cdot B$

$= B(\overline{A}+A)+B = B+B = B$

62 시퀀스 회로에서 a접점에 대한 설명으로 옳은 것은?

① 수동으로 리셋할 수 있는 접점이다.

② 누름버튼스위치의 접점이 붙어 있는 상태를 말한다.

③ 두 접점이 상호 인터록이 되는 접점을 말한다.

④ 전원을 투입하지 않았을 때 떨어져 있는 접점이다.

해설 a접점
전원을 투입하지 않았을 때 떨어져 있는 접점(메이크 접점)

63 제너다이오드 회로에서 $V_1 = 20\sin\omega t(\mathrm{V})$, $V = 5\mathrm{V}$, $R_L \ll R_S$일 때 V_2의 파형으로 옳은 것은?

해설 Zener Diode
제너항복을 응용한 정전압 소자(정전압 다이오드, 전압 표준 다이오드)

64 자기인덕턴스 377mH에 200V, 60Hz의 교류전압을 가했을 때 흐르는 전류는 약 몇 A인가?

① 0.4

② 0.7

③ 1.0

④ 1.4

해설 자기인덕턴스
인덕턴스 회로에서 $I_L = \dfrac{V}{X_L} = \dfrac{V}{\omega L} = \dfrac{V}{2\pi f L}$

$$= \frac{200}{2\pi \times 60 \times (377 \times 10^{-3})}$$

$$= 1.4\mathrm{A}$$

65 제어량을 원하는 상태로 하기 위한 입력신호는?

① 제어명령 ② 작업명령

③ 명령처리 ④ 신호처리

해설 제어명령
제어량을 원하는 상태로 하기 위한 입력신호

66 SCR에 대한 설명으로 틀린 것은?

① PNPN 소자이다.

② 스위칭 소자이다.

③ 쌍방향성 사이리스터이다.

④ 직류, 교류의 전력제어용으로 사용된다.

해설 ㉠ 단방향성 : SCR, GTO, SCS, LASCR
㉡ 쌍방향성 : SSS, TRIAC, DIAC, SBS
※ SCR : 사이리스터의 일종(대전류의 제어 및 정류용)
정류기능을 갖는 1방향성 3단자 소자이다. 실리콘제어
정류기로서 조광장치나 전동기의 속도제어 등 각 방면에
널리 사용된다.

67 그림과 같은 전류 파형을 커패시터 양단에 가하였을 때 커패시터에 충전되는 전압 파형은?

전류파형

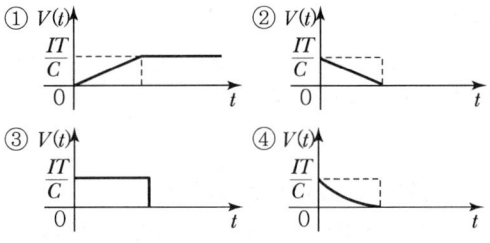

해설 커패시터(Condenser) : 정전용량(단위 : 패럿 F)

68 제어장치가 제어대상에 가하는 제어신호로 제어장치의 출력인 동시에 제어대상의 입력인 신호는?

① 동작신호 ② 조작량

③ 제어량 ④ 목푯값

해설 조작량
제어장치가 제어대상에 가하는 제어신호로 제어장치의 출력인 동시에 제어대상의 입력신호이다.

69 어떤 전지의 외부회로의 저항은 4Ω이고, 전류는 5A가 흐른다. 외부회로에 4Ω 대신 8Ω의 저항을 접속하였더니 전류가 3A로 떨어졌다면, 이 전지의 기전력은 몇 V인가?

① 10   ② 20

③ 30   ④ 40

해설 $V = I_1(R_1 + r) = I_2(R_2 + r)$

$r(I_1 - I_2) = I_2 R_2 - I_1 R_1$

$r = \dfrac{3 \times 8 - 4 \times 5}{5 - 3} = 2\Omega$

$\therefore$ 전지의 기전력 $V = I_1(R_1 + r)$

$\qquad\qquad\qquad\quad = 5 \times (4 + 2)$

$\qquad\qquad\qquad\quad = 30V$

70 자동화의 네 번째 단계로서 전 공장의 자동화를 컴퓨터 통합 생산 시스템으로 구성하는 것은?

① FMC(Factory Manufacturing Cell)

② FMS(Flexible Manufacturing System)

③ CIM(Computer Intergrated Manufacturing)

④ MIS(Management Information System)

해설 CIM
자동화의 네 번째 단계로서 전공장의 자동화를 컴퓨터 통합 생산 시스템으로 구성한 것

71 그림과 같이 철심에 두 개의 코일 C_1, C_2를 감고 코일 C_1에 흐르는 전류 I에 ΔI만큼의 변화를 주었다. 이때 일어나는 현상에 대한 설명으로 틀린 것은?

① 전류의 변화는 자속의 변화를 일으키며, 자속의 변화는 코일 C_1에 기전력 e_1을 발생시킨다.

② 코일 C_1에서 발생하는 기전력 e_1은 자속의 시간 미분값과 코일의 감은 횟수의 곱에 비례한다.

③ 코일 C_2에서 발생하는 기전력 e_2는 렌츠의 법칙에 의하여 설명이 가능하다.

④ 코일 C_2에서 발생하는 기전력 e_2와 전류 I의 시간 미분값의 관계를 설명해 주는 것이 자기인덕턴스이다.

해설 자기인덕턴스
코일의 자체 유도능력 정도를 나타내는 값으로 단위는 헨리(H)이다. 감은 횟수 N회의 코일에 흐르는 전류 I가 Δt(sec) 동안에 ΔI(A)만큼 변화하여 코일과 쇄교하는 자속(ϕ)이 $\Delta\phi$(Wb)만큼 변화하면 자기유도기전력(e) $= -N\dfrac{\Delta\phi}{\Delta t}$(V) $= -L\dfrac{\Delta I}{\Delta t}$(V)이다. 여기서 L은 비례상수로 자기인덕턴스를 나타낸다.

$\therefore L = \dfrac{N\phi}{I}$(H)

※ 1H : 1초 동안에 전류의 변화가 1A일 때 1V의 전압이 발생하는 코일 자체 인덕턴스 용량이다.

72 제어계의 동작상태를 교란하는 외란의 영향을 제거할 수 있는 제어는?

① 피드백 제어   ② 시퀀스 제어

③ 순서 제어   ④ 개루프 제어

해설 피드백 제어(정량적 제어)
제어계의 동작상태를 교란하는 외란의 영향을 제거할 수 있는 제어

73 정격주파수 60Hz의 농형 유도전동기에서 1차 전압을 정격 값으로 하고 50Hz에 사용할 때 감소하는 것은?

① 토크   ② 온도

③ 역률   ④ 여자전류

해설 역률$(\cos\theta) = \dfrac{P}{\sqrt{3}\,VI}$

무부하 전동기는 역률이 낮고 부하가 늘면 역률이 커진다 (60Hz를 50Hz로 낮추면 무부하 전류가 증가한다).

74 아날로그 제어와 디지털 제어의 비교에 대한 설명으로 틀린 것은?

① 디지털 제어를 채택하면 조정 개수 및 부품수가 아날로그 제어보다 대폭적으로 줄어든다.

② 정밀한 속도제어가 요구되는 경우 분해능이 떨어지더라도 디지털 제어를 채택하는 것이 바람직하다.

③ 디지털 제어는 아날로그 제어보다 부품편차 및 경년변화의 영향을 덜 받는다.

④ 디지털 제어의 연산속도는 샘플링계에서 결정된다.

75 그림과 같은 블록 선도에서 $\frac{C}{R}$의 값은?

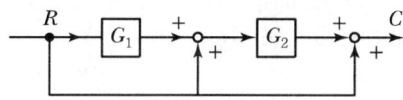

① $G_1 \cdot G_2 + G_2 + 1$ ② $G_1 \cdot G_2 + 1$
③ $G_1 \cdot G_2 + G_2$ ④ $G_1 \cdot G_2 + G_1 + 1$

해설 $(RG_1 + R)G_2 + R = C$, $R(G_1 G_2 + G_2 + 1) = C$
∴ $\frac{C}{R} = G_1 G_2 + G_2 + 1$(등가 전달함수)

76 $R = 4\Omega$, $X_L = 9\Omega$, $X_C = 6\Omega$인 직렬접속 회로의 어드미턴스는 몇 ℧인가?

① $4 + j8$ ② $0.16 - j0.12$
③ $4 - j5$ ④ $0.16 + j0.12$

해설 Admittance
교류회로에서 흐르는 전류와 거기에 가해지고 있거나 발생하고 있는 전압과의 비(임피던스의 역수). 단위는 지멘스(기호 S)이다.
임피던스 $= R + j(X_L - X_C) = 4 + j(9-6) = 4 + j3$
∴ 어드미턴스 $\frac{1}{4+j3} = \frac{4-j3}{4^2+3^2} = \frac{4}{25} = j\frac{3}{25}$
$= 0.16 - j0.12$

77 1차 전압 3,300V, 권수비 30인 단상변압기가 전등부하에 20A를 공급하고자 할 때의 입력전력(kW)은?

① 2.2 ② 3.4
③ 4.6 ④ 5.2

해설 전류비 $= \frac{I_1}{I_2} = \frac{\omega_2}{\omega_1} = \frac{1}{a}$
$I_1 = \frac{1}{a} \times I_2 = \frac{1}{30} \times 20 = \frac{2}{3}$A
전등부하에서 역률 $\cos\theta_1 = 1$
∴ 입력$(P_1) = V_1 I_1 \cos\theta = 3,300 \times \frac{2}{3} \times 1$
$= 2,200$W(2.2kW)

78 2차계 시스템의 응답형태를 결정하는 것은?

① 히스테리시스
② 정밀도
③ 분해도
④ 제동계수

해설 제동계수 : 2차계 시스템의 응답형태를 결정하는 것

79 기계적 제어의 요소로서 변위를 공기압으로 변환하는 요소는?

① 다이어프램
② 벨로스
③ 노즐플래퍼
④ 피스톤

해설 ㉠ 노즐플래퍼, 유압분사관, 스프링 : 변위 → 압력
㉡ 벨로스, 다이어프램, 스프링 : 압력 → 변위

80 자동제어계의 위상여유, 이득여유가 모두 정(+)이라면 이 계는 어떻게 되는가?

① 진동한다.
② 안정하다.
③ 불안정하다.
④ 임계안정하다.

해설 나이퀴스트 안정도 판별법(위상여유, 이득여유)
⊕정 : 안정하다.
⊖부 : 불안정하다.

SECTION 05 배관일반

81 증기배관 시공 시 환수관의 구배는?

① 1/250 이상의 내림구배
② 1/350 이상의 내림구배
③ 1/250 이상의 올림구배
④ 1/350 이상의 올림구배

해설 증기배관 시공 시 환수관 구배 : $\frac{1}{250}$ 이상 내림구배

82 다음 중 배수 트랩의 종류로 가장 거리가 먼 것은?

① 드럼트랩
② 피(P)트랩
③ 에스(S)트랩
④ 버킷트랩

해설 ㉠ 버킷 증기트랩 : 상향식, 하향식이 있으며 기계식(비중 차이용) 스팀트랩이다.
㉡ 기계식 : 버킷트랩, 플로트(프리, 레버)트랩

83 동관 이음의 종류가 아닌 것은?

① 납땜이음
② 용접이음
③ 나사이음
④ 압축이음

해설 나사이음 : 강관의 이음

84 도시가스 배관 매설에 대한 설명으로 틀린 것은?

① 배관을 철도부지에 매설하는 경우에는 배관의 외면으로부터 궤도 중심까지 거리는 4m 이상 유지할 것
② 배관을 철도부지에 매설하는 경우에는 배관의 외면으로부터 철도부지 경계까지 거리는 0.6m 이상 유지할 것
③ 배관을 철도부지에 매설하는 경우에는 지표면으로부터 배관의 외면까지의 깊이는 1.2m 이상 유지할 것
④ 배관의 외면으로부터 도로의 경계까지 수평거리 1m 이상 유지할 것

해설 철도부지 도시가스배관
배관의 외면으로부터 궤도중심까지 4m 이상, 그 철도부지의 경계까지는 1m 이상 거리 유지, 지표면으로부터 배관의 외면까지는 1.2m 이상

85 주철관 이음 중 기계식이음에 대한 설명으로 틀린 것은?

① 굽힘성이 풍부하므로 이음부가 다소 굴곡이 있어도 누수되지 않는다.
② 수중작업이 불가능하다.
③ 간단한 공구로 신속하게 이음이 되며 숙련공이 필요하지 않다.
④ 고압에 대한 저항이 크다.

해설 기계식이음(Mechanical Joint)
150mm 이하의 수도관이음으로서 작업이 간단하며 수중작업도 용이하다(지진, 기타 외압에 대한 가요성이 풍부하여 다소의 굴곡에도 누수되지 않는다).

86 급수펌프에서 발생하는 캐비테이션 현상의 방지법으로 가장 거리가 먼 것은?

① 펌프설치 위치를 낮춘다.
② 입형펌프를 사용한다.
③ 흡입손실수두를 줄인다.
④ 회전수를 올려 흡입속도를 증가시킨다.

해설 펌프의 캐비테이션(공동현상)
압력이 저하하면 용액이 기화하는 현상으로 회전수를 감소시켜 흡입속도를 낮추어 방지한다.

87 동관용 공구로 가장 거리가 먼 것은?

① 링크형 파이프커터
② 익스팬더
③ 플레어링 툴
④ 사이징 툴

해설 링크형 파이프커터 : 주철관 전용 절단 공구이다.

88 세정밸브식 대변기에서 급수관의 관경은 얼마 이상이어야 하는가?

① 15A　② 25A
③ 32A　④ 40A

> **해설** ㉠ 세정밸브식 : 급수관경 최소 25A 이상 $0.7kg/cm^2$ 이상의 밸브 작용 압력을 필요로 한다.
> ㉡ 대변기의 세정방식
> • 세정수조식
> • 세정밸브식
> • 기압탱크식

89 다음 중 나사용 패킹류가 아닌 것은?

① 페인트　② 네오프렌
③ 일산화연　④ 액상합성수지

> **해설** 플랜지 패킹
> ㉠ 천연고무 : 100℃ 이하
> ㉡ 네오프렌 : −46~121℃ 합성고무
> ㉢ 석면조인트 : 450℃
> ㉣ 합성수지(테플론) : −260~260℃
> ㉤ 금속패킹 : 구리, 납, 연강, 스테인리스

90 5명 가족이 생활하는 아파트에서 급탕가열기를 설치하려고 할 때 필요 가열기의 용량은?(단, 1일 1인당 급탕량 90L/d, 1일 사용량에 대한 가열능력 비율 1/7, 탕의 온도 70℃, 급수온도 20℃이다.)

① 약 459kcal/h　② 약 643kcal/h
③ 약 2,250kcal/h　④ 약 3,214kcal/h

> **해설** 가열기 용량 $H = Q_d \times \gamma (t_h - t_c)$
> $= (5 \times 90) \times \frac{1}{7} \times (70 - 20)$
> $= 3,214.2 kcal/h$

91 증기배관의 수평 환수관에서 관경을 축소할 때 사용하는 이음쇠로 가장 적합한 것은?

① 소켓　② 부싱
③ 플랜지　④ 편심 리듀서

92 저압 가스배관의 보수 또는 연장을 위하여 가스를 차단할 경우 사용하는 기구는?

① 가스팩　② 가스미터
③ 정압기　④ 부스터

> **해설** 가스팩
> 저압 가스배관의 보수 또는 연장을 위하여 가스를 차단할 경우 사용하는 기구

93 급수관의 수리 시 물을 배제하기 위해 최소 관의 어느 정도 구배를 주어야 하는가?

① 1/120 이상　② 1/150 이상
③ 1/200 이상　④ 1/250 이상

> **해설** 급수관 수리 시 관 내의 물(水)을 배제하기 위해 $\frac{1}{250}$ 정도 구배가 필요하다.

94 덕트의 단위길이당 마찰손실이 일정하도록 치수를 결정하는 덕트 설계법은?

① 등마찰손실법　② 정속법
③ 등온법　④ 정압재취득법

> **해설** 덕트의 단위길이당 마찰손실이 일정하도록 치수를 결정하는 덕트 설계법은 등마찰손실법을 이용한다.

95 급수방식 중 급수량의 변화에 따라 펌프의 회전수 제어에 의해 급수압을 일정하게 유지할 수 있는 회전수 제어시스템을 이용한 방식은?

① 고가수조방식
② 수도직결방식
③ 압력수조방식
④ 펌프직송방식

해설 펌프직송방식

급수방식에서 급수량의 변화에 따라 펌프의 회전수 제어에 의해 급수압을 일정하게 유지하는 회전수 제어 시스템 이용 방식

96 공기조화설비의 전공기 방식에 속하지 않는 것은?

① 단일덕트 방식

② 이중덕트 방식

③ 팬코일 유닛 방식

④ 멀티존 유닛 방식

해설 팬코일 유닛 방식(FCU 방식) : 전수 방식

97 다음 중 무기질 보온재가 아닌 것은?

① 유리면   ② 암면

③ 규조토   ④ 코르크

해설 코르크

유기질 보온재(탄화코르크 : 코르크입자를 금형으로 압축 충전하고 300℃ 정도로 가열 제조한다. 방수성을 향상시키기 위해 아스팔트를 결합한 것을 탄화코르크라 하며 우수한 보온, 보냉재이다. 130℃ 이하 사용)

98 관의 신축이음에 대한 설명으로 틀린 것은?

① 슬리브와 본체 사이에 패킹을 넣어 온수 또는 증기가 누설되는 것을 방지하며, 물, 공기, 가스, 기름 등의 배관에 사용되는 것은 슬리브형이다.

② 응축수가 고이면 부식의 우려가 있으므로 트랩과 함께 사용되며, 패킹을 넣어 누설을 방지하는 것은 벨로스형이다.

③ 배관의 구부림을 이용하여 신축이음하며, 고온고압의 옥외 배관에 많이 사용되는 것은 루프형이다.

④ 2개 이상의 엘보를 사용하여 이음부의 나사회전을 이용해서 배관의 신축을 흡수하는 것은 스위블형이다.

해설 벨로스(Bellows) 스팀밸브(온도차 이용)

본체 속에 인청동, 스테인리스강의 얇은 판으로 만든 원통에 주름을 많이 잡은 통에 휘발성이 큰 액체가 들어 있다.

99 증기보일러 배관에서 환수관의 일부가 파손된 경우에 보일러 수가 유출해서 안전수위 이하가 되어 보일러 수가 빈 상태로 되는 것을 방지하기 위한 접속법은?

① 하트 포드 접속법   ② 리프트 접속법

③ 스위블 접속법   ④ 슬리브 접속법

해설 하트 포드 접속법

증기보일러 배관에서 환수관의 일부가 파손된 경우에 보일러 수가 유출해서 안전저수위 이하가 되어 보일러 수가 빈 상태로 되는 것을 방지하기 위한 접속법

100 슬리브 신축 이음쇠에 대한 설명 중 틀린 것은?

① 신축량이 크고 신축으로 인한 응력이 생기지 않는다.

② 직선으로 이음하므로 설치 공간이 루프형에 비하여 적다.

③ 배관에 곡선부가 있어도 파손이 되지 않는다.

④ 장시간 사용 시 패킹의 마모로 누수의 원인이 된다.

해설 슬리브형 신축이음(Packless)

인청동제, 스테인리스제로 하며 나사이음식, 플랜지이음식이 있다. 패킹 대신 벨로스를 넣어서 관 내 유체의 누설을 방지한다. 단식, 복식이 있으며 자체 응력이나 누설이 없고 직선배관용이다.

SECTION 01 기계열역학

01 마찰이 없는 피스톤에 12℃, 150kPa의 공기 1.2kg이 들어 있다. 이 공기가 600kPa로 압축되는 동안 외부로 열이 전달되어 온도는 일정하게 유지되었다. 이 과정에서 공기가 한 일은 약 얼마인가?(단, 공기의 기체상수는 0.287kJ/kg·K이며, 이상기체로 가정한다.)

① −136kJ
② −100kJ
③ −13.6kJ
④ −10kJ

해설 등온과정 압축일량 $W = mRT \ln\dfrac{P_1}{P_2}$

$$= 1.2 \times 0.287 \times (12 + 273) \ln\frac{150}{600}$$

$$= -136\text{kJ}$$

02 Otto 사이클에서 열효율이 35%가 되려면 압축비를 얼마로 하여야 하는가?(단, $k = 1.3$이다.)

① 3.0
② 3.5
③ 4.2
④ 6.3

해설 오토 사이클(내연기관 사이클)

열효율 $\eta_0 = 1 - \left(\dfrac{1}{\varepsilon}\right)^{k-1} = 1 - \dfrac{1}{\varepsilon^{k-1}}$

$\varepsilon^{k-1} = \dfrac{1}{1 - \eta_0}$

$\varepsilon = \left(\dfrac{1}{1 - \eta_0}\right)^{\frac{1}{k-1}} = \left(\dfrac{1}{1 - 0.35}\right)^{\frac{1}{1.3-1}} = 4.2$

03 밀폐계 안의 유체가 상태 1에서 상태 2로 가역압축될 때, 하는 일을 나타내는 식은?(단, P는 압력, V는 체적, T는 온도이다.)

① $W = \displaystyle\int_1^2 PdV$
② $W = \displaystyle\int_1^2 V^2 dP$
③ $W = \displaystyle\int_1^2 VdT$
④ $W = -\displaystyle\int_1^2 TdP$

해설 ⊙ 밀폐계 가역압축 일(W) : 내연기관일(절대일)

$$W = \int_1^2 PdV$$

ⓒ 개방계 가역압축 일(W) : 펌프, 터빈, 압축기(공업일)

$$W = \int_1^2 VdP$$

04 물 1kg이 압력 300kPa에서 증발할 때 증가한 체적이 0.8m^3였다면, 이때의 외부 일은?(단, 온도는 일정하다고 가정한다.)

① 140kJ
② 240kJ
③ 320kJ
④ 420kJ

해설 등온변화(절대일 = 공업일)

$$W = \int_1^2 PdV = 1 \times 300 \times 0.8 = 240\text{kJ}$$

등온변화 : 내부에너지, 엔탈피변화는 없다(가열한 열량은 전부 일로 변한다).

05 효율이 40%인 열기관에서 유효하게 발생되는 동력이 110kW라면 주위로 방출되는 총 열량은 약 몇 kW인가?

① 375
② 165
③ 155
④ 110

해설 효율 $\eta = \dfrac{\text{출력}}{\text{입력}} = \dfrac{\text{입력} - \text{방출}}{\text{입력}} = \dfrac{Q_H - Q_L}{Q_H}$

$Q_H = \dfrac{Q_H - Q_L}{\eta} = \dfrac{110}{0.4} = 275\text{kW}$

$Q_H - Q_L = 110$에서 $Q_L = Q_H - 100$

∴ $Q_L = 275 - 110 = 165\text{kW}$

06 처음의 압력이 500kPa이고, 체적이 2m^3인 기체가 "PV=일정"인 과정으로 압력이 100kPa까지 팽창할 때 밀폐계가 하는 일(kJ)을 나타내는 식은?

① $1{,}000 \ln\dfrac{2}{5}$
② $1{,}000 \ln\dfrac{5}{2}$
③ $1{,}000 \ln 5$
④ $1{,}000 \ln\dfrac{1}{5}$

ANSWER | 1. ① 2. ③ 3. ① 4. ② 5. ② 6. ③

해설 $PV = C$(등온), $P_1V_1 = P_2V_2$

$5 \times 2 = 1 \times V_2$

$\therefore \ V_2 = 10m^3$

$\therefore \ _1W_2 = P_1V_1\ln\frac{V_2}{V_1} = 5 \times 10^2 \times 2 \times \ln\frac{10}{2} = 1,000\ln5 \,kJ$

07 어떤 시스템이 변화를 겪는 동안 주위의 엔트로피가 5kJ/K 감소하였다. 시스템의 엔트로피 변화는?

① 2kJ/K 감소

② 5kJ/K 감소

③ 3kJ/K 증가

④ 6kJ/K 증가

해설 ㉠ 엔트로피$(\Delta s) = \frac{\delta q}{T} = \int_1^2 \frac{\delta q}{T} = s_2 - s_1$

ⓛ 자연계의 엔트로피 총화는 $\{(\Delta s) > 0\}$이다. 따라서 $(\Delta s$ 총화$) = -5 + 6 = 1kJ/K > 0$이므로 6kJ/K 증가만이 Δs 총화(Total)> 0인 조건을 만족시킨다.

08 과열, 과랭이 없는 이상적인 증기압축 냉동 사이클에서 증발온도가 일정하고 응축온도가 내려갈수록 성능계수는?

① 증가한다.

② 감소한다.

③ 일정하다.

④ 증가하기도 하고 감소하기도 한다.

해설 냉동기 증발온도 일정 → 응축온도가 하강하면(압축비 감소) 성능계수(COP)는 증가한다.

09 직경 20cm, 길이 5m인 원통 외부에 두께 5cm의 석면이 씌워져 있다. 석면 내면과 외면의 온도가 각각 100℃, 20℃이면 손실되는 열량은 약 몇 kJ/h인가? (단, 석면의 열전도율은 0.418kJ/mh℃로 가정한다.)

① 2,591

② 3,011

③ 3,431

④ 3,851

해설

$r_1 = 20 \times \frac{1}{2} = 10cm(0.1m)$

$r_2 = 10 + 5 = 15cm(0.15m)$

$\therefore \ Q = \lambda \cdot F_m \cdot \frac{\Delta t}{b} = 0.418 \times 3.876 \times \frac{100-20}{0.15-0.1}$

$\qquad = 2,591kJ/h$

대수평균면적$(F_m) = \dfrac{2\pi L(r_2 - r_1)}{\ln\left(\dfrac{r_2}{r_1}\right)}$

$\qquad = \dfrac{2 \times 3.14 \times 5(0.15-0.1)}{\ln\left(\dfrac{0.15}{0.1}\right)} = 3.876m^2$

10 1kg의 헬륨이 100kPa하에서 정압 가열되어 온도가 300K에서 350K로 변하였을 때 엔트로피의 변화량은 몇 kJ/K인가?(단, $h = 5.238\,T$의 관계를 갖는다. 엔탈피 h의 단위는 kJ/kg, 온도 T의 단위는 K이다.)

① 0.694

② 0.756

③ 0.807

④ 0.968

해설 $ds = \frac{\delta q}{T}$ 정압변화, $\delta q = dh$이므로

엔트로피 변화량

$\Delta S = \int_1^2 \frac{\delta q}{T} = \int_1^2 \frac{dh}{T}$

$\qquad = \int_1^2 \frac{d(5.238\,T)}{T} = 5.238\ln\frac{T_2}{T_1} = 5.238\ln\frac{350}{300}$

$\qquad = 0.807kJ/K$

11 폴리트로픽 변화를 표시하는 식 $PV^n = C$에서 $n = k$일 때의 변화는?(단, k는 비열비이다.)

① 등압변화

② 등온변화

③ 등적변화

④ 가역단열변화

해설 폴리트로픽 지수(n)

㉠ 정압변화 $n = 0$

ⓛ 등온변화 $n = 1$

ⓒ 단열변화 $n = k$

ⓔ 정적변화 $n = \infty$

12 피스톤 – 실린더로 구성된 용기 안에 300kPa, 100℃ 상태의 CO_2가 $0.2m^3$ 들어 있다. 이 기체를 "$PV^{1.2}=$ 일정"인 관계가 만족되도록 피스톤 위에 추를 더해가며 온도가 200℃가 될 때까지 압축하였다. 이 과정 동안 기체가 한 일을 구하면?(단, CO_2의 기체상수는 0.189kJ/kg·K이다.)

① −20kJ   ② −60kJ
③ −80kJ   ④ −120kJ

> **해설** 이상기체 상태방정식 $PV=mRT$에서
> 질량 $m = \dfrac{PV}{RT} = \dfrac{300 \times 0.2}{0.189 \times (100+273)}$
> $\qquad\quad = 0.851kg$
> 폴리트로픽 변화과정의 절대일량
> $W = \dfrac{1}{n-1}mR(T_1-T_2)$
> $\quad = \dfrac{1}{1.2-1} \times 0.851 \times 0.189 \times (373-473)$
> $\quad = -80kJ$

13 순수물질의 압력을 일정하게 유지하면서 엔트로피를 증가시킬 때 엔탈피는 어떻게 되는가?

① 증가한다.   ② 감소한다.
③ 변함없다.   ④ 경우에 따라 다르다.

> **해설** 엔트로피
> 과정변화 중에 출입하는 열량의 이용가치를 나타내는 양
> ㉠ 가역 사이클 : 엔트로피 일정
> ㉡ 비가역 사이클 : 엔트로피 항상 증가
>   실제로 자연계에서 일어나는 모든 상태는 비가역 동반 (엔트로피 증가)
> 압력일정 : 엔트로피 증가 시 엔탈피도 증가한다.

14 어느 내연기관에서 피스톤의 흡기과정으로 실린더 속에 0.2kg의 기체가 들어 왔다. 이것을 압축할 때 15kJ의 일이 필요하였고, 10kJ의 열을 방출하였다고 한다면, 이 기체 1kg당 내부에너지의 증가량은?

① 10kJ   ② 25kJ
③ 35kJ   ④ 50kJ

> **해설** H(엔탈피)=내부에너지+유동에너지, $H = u + APV$
> 내부에너지 변화$(du) = C_v dT = Q - W$

> $\therefore \left(\dfrac{15}{0.2}\right) - \left(\dfrac{10}{0.2}\right) = 25kJ/kg$
> ※ 열을 받으면 (+), 열을 방열하면 (−)
>   일을 받으면 (−), 외부에 일을 하면 (+)

15 8℃의 이상기체를 가역단열압축하여 그 체적을 1/5로 줄였을 때 기체의 온도는 몇 ℃인가?(단, $k=1.4$이다.)

① 313℃   ② 295℃
③ 262℃   ④ 222℃

> **해설** 단열과정 $\left(\dfrac{T_2}{T_1}\right) = \left(\dfrac{V_1}{V_2}\right)^{k-1} = \left(\dfrac{P_2}{P_1}\right)^{\frac{k-1}{k}}$
> $T_2 = T_1 \times \left(\dfrac{V_1}{V_2}\right)^{k-1} = (273+8) \times \left(\dfrac{5}{1}\right)^{1.4-1} = 535K$
> $\therefore 535 - 273 = 262℃$

16 카르노 사이클(Carnot Cycle)로 작동되는 기관의 실린더 내에서 1kg의 공기가 온도 120℃에서 열량 40kJ를 얻어 등온팽창한다고 하면 엔트로피의 변화는 얼마인가?

① 0.102kJ/kg·K   ② 0.132kJ/kg·K
③ 0.162kJ/kg·K   ④ 0.192kJ/kg·K

> **해설** 등온변화 엔트로피$(\Delta s) = s_2 - s_1 = AR\ln\dfrac{V_2}{V_1}$
> $\qquad\qquad\qquad\qquad\qquad = C_p\ln\dfrac{V_2}{V_1} + C_v\ln\dfrac{P_2}{P_1}$
> 등온$(T = C : T_1 = T_2)$
> $\therefore \Delta s = \dfrac{\delta q}{T} = \dfrac{40}{273+120} = 0.102kJ/kg·K$

17 500℃와 20℃의 두 열원 사이에 설치되는 열기관이 가질 수 있는 최대의 이론 열효율은 약 몇 %인가?

① 4   ② 38
③ 62   ④ 96

> **해설** 최대 이론 열효율 $\eta = \dfrac{T_H - T_L}{T_H} \times 100$
> $\qquad = \dfrac{(500+273) - (20+273)}{(500+273)} \times 100$
> $\qquad = 62\%$

18 압력이 0.2MPa, 온도가 20℃의 공기를 압력이 2MPa로 될 때까지 가역단열압축했을 때 온도는 약 몇 ℃인가?(단, 비열비 $k = 1.4$이다.)

① 225.7℃

② 273.7℃

③ 292.7℃

④ 358.7℃

해설 가역단열

$$\frac{T_2}{T_1} = \left(\frac{P_2}{P_1}\right)^{\frac{k-1}{k}}$$

$$T_2 = T_1 \times \left(\frac{P_2}{P_1}\right)^{\frac{k-1}{k}} = (20+273) \times \left(\frac{2}{0.2}\right)^{\frac{1.4-1}{1.4}} = 566K$$

$$\therefore 566 - 273 = 292.7℃$$

19 냉동용량이 35kW인 어느 냉동기의 성능계수가 4.8 이라면 이 냉동기를 작동하는 데 필요한 동력은?

① 약 9.2kW

② 약 8.3kW

③ 약 7.3kW

④ 약 6.5kW

해설 냉동기 성능계수 $COP = \dfrac{Q_e}{W}$에서

동력 $W = \dfrac{Q_e}{COP} = \dfrac{35}{4.8} = 7.3kW$

20 공기표준 Brayton 사이클에 대한 설명 중 틀린 것은?

① 단순가스터빈에 대한 이상 사이클이다.

② 열교환기에서의 과정은 등온과정으로 가정한다.

③ 터빈에서의 과정은 가역 단열팽창과정으로 가정한다.

④ 터빈에서 생산되는 일의 40% 내지 80%를 압축기에서 소모한다.

해설 공기표준 브레이턴 사이클(가스터빈 사이클)은 등압연소 사이클(Joule 사이클) : 2개의 단열과정, 2개의 정압과정으로 이루어진다.

• 단열압축 → 정압가열 → 단열팽창 → 정압배기

---

21 내부지름이 2cm이고 외부지름이 4cm인 강철관을 3cm 두께의 석면으로 씌웠다면 관의 단위 길이당 열손실은?(단, 관 내부 온도 600℃, 석면 바깥 면 온도 100℃, 관 열전도도 16.34kcal/m · h · ℃, 석면 열전도도 0.1264kcal/m · h · ℃이다.)

① 430.8kcal/m · h

② 472.5kcal/m · h

③ 486.5kcal/m · h

④ 510.5kcal/m · h

해설 강철관 두께 $4 - 2 = 2cm$

강철관+석면의 두께 $= 3 + 2 = 5cm(0.05m)$

$$Q = \frac{2\pi L(t_1 - t_2)}{\dfrac{1}{\lambda_1} + \dfrac{1}{\lambda_2}\ln\left(\dfrac{r_2}{r_1}\right)} = \frac{2 \times 3.14 \times 1 \times (600-100)}{\dfrac{1}{16.34} + \dfrac{1}{0.1264}\ln\left(\dfrac{0.05}{0.02}\right)}$$

$$= 430kcal/m \cdot h$$

22 불응축가스가 냉동장치에 미치는 영향이 아닌 것은?

① 체적효율 상승

② 응축압력 상승

③ 냉동능력 감소

④ 소요동력 증대

해설 응축기나 수액기 등에 고인 공기 등 불응축가스(응축기에서 응축액화되지 않는 가스)가 냉동장치에 고이면 체적효율이 감소한다.

23 응축기에 관한 설명으로 옳은 것은?

① 횡형 셸 앤드 튜브식 응축기의 관 내 수속은 5m/s가 적당하다.

② 공랭식 응축기는 기온의 변동에 따라 응축능력이 변하지 않는다.

③ 입형 셸 앤드 튜브식 응축기는 운전 중에 냉각관의 청소를 할 수 있다.

④ 주로 물의 감열로서 냉각하는 것이 증발식 응축기이다.

해설 ㉠ 입형 셸 앤드 튜브식 응축기(관 내에 냉각수가 스월(Swirl)을 통해 관벽을 따라 흐른다)는 운전 중에도 냉각관 청소가 가능하다.

㉡ 증발식은 물의 잠열을 이용한다.

㉢ 공랭식은 기온의 변동에 따라 응축능력이 변한다.

---

24 증발 및 응축압력이 각각 0.8kg/cm^2, 20kg/cm^2인 2단 압축 냉동기에서 최적 중간압력은?

① 4kg/cm^2　　　② 10kg/cm^2

③ 16kg/cm^2　　④ 20kg/cm^2

[해설] 중간압력$(P_m) = \sqrt{P_e \times P_c} = \sqrt{0.8 \times 20} = 4\text{kg/cm}^2$

25 냉동장치의 운전 중 압축기에 이상음이 발생했다. 그 원인으로 가장 적합한 것은?

① 크랭크케이스 내 유량이 감소하고 유면이 하한까지 낮아지고 있다.

② 실린더에 서리가 끼고 액백 현상이 일어나고 있다.

③ 고압은 그다지 높지 않지만 저압이 높고 전동기의 전류는 전부하로 운전되고 있다.

④ 유압펌프의 토출압력은 압축기의 흡입압력보다 높게 운전되고 있다.

[해설] 압축기 이상음 원인

실린더에 서리가 끼고 액백(리퀴드 해머) 현상이 일어날 때

26 냉동기유의 구비조건으로 틀린 것은?

① 점도가 적당할 것

② 응고점이 높고 인화점이 낮을 것

③ 유성이 좋고 유막을 잘 형성할 수 있을 것

④ 수분 및 산류 등의 불순물이 적을 것

[해설] 냉동기유(오일)는 응고점이 낮고 인화점이 높을 것(인화점 : 180~200℃)

27 저온용 단열재의 성질이 아닌 것은?

① 내구성 및 내약품성이 양호할 것

② 열전도율이 좋을 것

③ 밀도가 작을 것

④ 팽창계수가 작을 것

[해설] 단열재나 보온재는 열전도율이 낮을 것

28 10냉동톤의 능력을 갖는 역카르노 사이클 냉동기의 방열온도가 25℃, 흡열온도가 −20℃이다. 이 냉동기를 운전하기 위하여 필요한 이론 마력은?

① 9.3PS

② 14.6PS

③ 15.3PS

④ 17.3PS

[해설] 냉동기 성적계수 $COP = \dfrac{Q_e}{W} = \dfrac{T_L}{T_H - T_L}$에서

$$W = \frac{T_H - T_L}{T_L} \cdot Q_e$$

$$= \frac{(25 + 273) - (-20 + 273)}{(-20 + 273)} \times (10 \times 3,320) \times \frac{1}{632}$$

$$= 9.34\text{PS}$$

※ 1PS = 632kcal/h

　　1kW = 860kcal/h

29 다음 그림과 같은 몰리에르 선도상에서 압축냉동 사이클의 각 상태점에 있는 냉매의 상태 설명 중 틀린 것은?

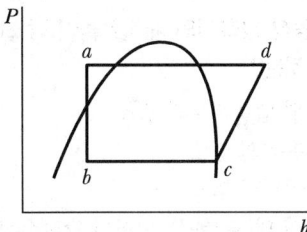

① a점의 냉매는 팽창 밸브 직전의 과냉각된 냉매액

② b점은 감압되어 응축기에 들어가는 포화액

③ c점은 압축기에 흡입되는 건포화 증기

④ d점은 압축기에서 토출되는 과열 증기

[해설] ㉠ b → c : 증발기

ⓛ b : 증발기 입구 냉매액

ⓒ c : 증발기 출구 냉매 가스

ⓔ d−a : 응축기

30 다음과 같은 카르노 사이클에서 옳은 것은?

① 면적 1−2−3′−4′는 급열 Q_1을 나타낸다.
② 면적 4−3−3′−4′는 $Q_1 - Q_2$를 나타낸다.
③ 면적 1−2−3−4는 방열 Q_2를 나타낸다.
④ $Q_1 - Q_2$는 면적과는 무관하다.

> **해설** ㉠ 1 → 2 : 등온팽창
> ㉡ 2 → 3 : 단열팽창
> ㉢ 3 → 4 : 등온압축
> ㉣ 4 → 1 : 단열압축
> • 유효일량= $Q_1 - Q_2$(1 → 2 → 3 → 4)
> • 면적 1 → 2 → 3′ → 4′ : 급열 Q_1을 나타낸다.
> • 방열량 면적 : 4 → 3 → 3′−4′ Q_2

31 왕복동식 압축기의 체적효율이 감소하는 이유로 적합한 것은?

① 단열 압축지수의 감소
② 압축비의 감소
③ 극간비의 감소
④ 흡입 및 토출밸브에서의 압력손실의 감소

32 유분리기에 대한 설명으로 가장 거리가 먼 것은?

① 만액식 증발기를 사용하거나 증발온도가 높은 경우에 설치한다.
② 압축기에서 응축기까지의 배관이 긴 경우에 설치한다.
③ 왕복식 압축기인 경우는 고압냉매의 맥동을 완화시키는 역할을 한다.
④ 일종의 소음기 역할도 한다.

> **해설** 유(오일)분리기는 만액식 증발기에서 사용되며 증발온도가 낮은 저온장치인 경우에 필요하고 그 외에도 ②, ③, ④항의 용도가 있다.

33 수랭식 냉동장치에서 응축압력이 과다하게 높은 경우로 가장 거리가 먼 것은?

① 냉각 수량 과다
② 높은 냉각수 온도
③ 응축기 내 불결한 상태
④ 장치 내 불응축가스가 존재

> **해설** 수랭식 냉동장치(쿨링타워 설치)에 냉각 수량이 과다하면 응축압력이 저하한다.

34 열펌프(Heat Pump)의 성적계수를 높이기 위한 방법으로 가장 거리가 먼 것은?

① 응축온도와 증발온도의 차를 줄인다.
② 증발온도를 높인다.
③ 응축온도를 높인다.
④ 압축동력을 줄인다.

> **해설** 응축온도를 높이면 압축비가 증가하여 성적계수가 저하된다. 또한 체적효율 감소, 토출가스온도 상승, 냉동능력이 감소한다.

35 몰리에르 선도를 통해 알 수 없는 것은?

① 냉동능력   ② 성적계수
③ 압축비   ④ 압축효율

> **해설** $P-i$ 선도(Mollier Diagram) 6대 구성요소
> ㉠ 등압선   ㉡ 등엔탈피선
> ㉢ 등엔트로피선   ㉣ 등온성
> ㉤ 등비체적선   ㉥ 등건조도선

36 다음 사이클로 작동되는 압축기의 피스톤 압출량이 $180m^3/h$, 체적효율(η_v)이 0.75, 압축효율(η_c)이 0.78, 기계효율(η_m)이 0.9일 때, 이 압축기의 소요동력은?

① 11.5kW   ② 15.8kW

③ 21.6kW   ④ 30.2kW

해설 압축기 소요동력 $L = \dfrac{G(h_B - h_A)}{\eta_c \cdot \eta_B} = \dfrac{V \cdot \eta_v \cdot (h_B - h_A)}{v \cdot \eta_c \cdot \eta_m}$

$= \dfrac{180 \times 0.75 \times (158 - 149)}{0.08 \times 0.78 \times 0.9 \times 860}$

$= 25.2\text{kW}$

37 냉매 순환량이 100kg/h인 압축기의 압축효율이 75%, 기계효율이 93%, 압축일량이 50kcal/kg일 때 축동력은?

① 4.7kW   ② 6.3kW

③ 7.8kW   ④ 8.3kW

해설 1kW = 860kcal/h, 체적효율 = 1

압축열량 = $100 \times 50 \times 1 = 5{,}000\text{kcal/h}$

∴ 축동력 = $\dfrac{5{,}000}{860} \times \dfrac{1}{0.75} \times \dfrac{1}{0.93} = 8.3\text{kW}$

38 다음 그림은 단효용 흡수식 냉동기에서 일어나는 과정을 나타낸 것이다. 각 과정에 대한 설명으로 틀린 것은?

① ① → ② 과정 : 재생기에서 돌아오는 고온 농용액과 열교환에 의한 희용액의 온도상승

② ② → ③ 과정 : 재생기 내에서 비등점에 이르기까지의 가열

③ ③ → ④ 과정 : 재생기 내에서의 가열에 의한 냉매 응축

④ ④ → ⑤ 과정 : 흡수기에서의 저온 희용액과 열교환에 의한 농용액의 온도강하

해설 흡수식 ③ → ④ 과정 : 용액의 농축작용

※ 흡수용액 = 리튬브로마이드 + H_2O

39 스테판 – 볼츠만(Stefan–Boltzmann)의 법칙과 관계있는 열이동 현상은?

① 열전도   ② 열대류

③ 열복사   ④ 열통과

해설 열복사 : 스테판 – 볼츠만의 법칙을 따른다.

40 냉동 사이클에서 응축온도 상승에 의한 영향과 가장 거리가 먼 것은?(단, 증발온도는 일정하다.)

① COP 감소(성적계수 감소)

② 압축기 토출가스 온도 상승

③ 압축비 증가

④ 압축기 흡입가스 압력 상승

해설 응축온도 상승원인은 ①, ②, ③항 등이다(압축기 흡입가스 압력은 증발기 내 냉매 압력이다).

SECTION **03** 공기조화

41 감습장치에 대한 설명으로 틀린 것은?

① 냉각 감습장치는 냉각코일 또는 공기세정기를 사용하는 방법이다.

② 압축성 감습장치는 공기를 압축해서 여분의 수분을 응축시키는 방법이며, 소요동력이 적기 때문에 일반적으로 널리 사용된다.

③ 흡수식 감습장치는 트리에틸렌글리콜, 염화리튬 등의 액체 흡수제를 사용하는 것이다.

④ 흡착식 감습장치는 실리카겔, 활성알루미나 등의 고체 흡착제를 사용한다.

해설 압축 감습장치

공기를 압축하여 급격하게 팽창시켜 온도를 낮추고 수증기를 응축시켜 제거하거나 압축한 공기를 냉각시켜 공기가 고압이 되면 포화절대습도가 저하하는 성질을 이용하여 고압 트랩으로부터 분리하는 방법이다(단, 동력 소비가 커서 잘 사용하지는 않는다).

42 콘크리트 두께 10cm, 내면 회벽 두께 2cm의 벽체를 통하여 실내로 침입하는 열량은?(단, 외기온도 30℃, 실내온도 26℃, 콘크리트 열전도율 1.4kcal/mh℃, 회벽 열전도율 0.62kcal/mh℃, 벽 외면 열전달률 20kcal/m²h℃, 벽 내면 열전달률 7kcal/m²h℃, 외벽의 면적 20m²이다.)

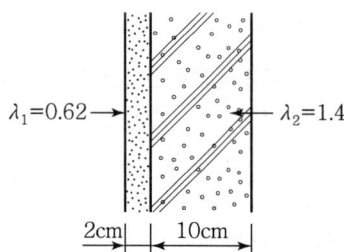

$\lambda_1 = 0.62$ $\lambda_2 = 1.4$

2cm   10cm

① 178.1kcal/h   ② 269.8kcal/h
③ 326.9kcal/h   ④ 378.2kcal/h

해설 Q(열량) = 면적 × 열관류율(K) × 온도차

$$K = \cfrac{1}{\cfrac{1}{a_1} + \cfrac{b_1}{\lambda_1} + \cfrac{b_2}{\lambda_2} + \cfrac{1}{a_2}} \ (\text{kcal/m}^2\text{h}℃)$$

$$\therefore \ Q = 20 \times \cfrac{1}{\left(\cfrac{1}{7}\right) + \left(\cfrac{0.1}{1.4}\right) + \left(\cfrac{0.02}{0.62}\right) + \left(\cfrac{1}{20}\right)} \times (30 - 26)$$

$$= 269.8\text{kcal/h}$$

43 다음 중 공기여과기(Air Filter) 효율 측정법이 아닌 것은?

① 중량법   ② 비색법(변색도법)
③ 계수법(DOP법)   ④ HEPA 필터법

해설 ㉠ 중량법, 변색도법, 계수법 : 에어필터 여과효율법
㉡ 고성능필터법(HEPA) : 여과작용에 의한 여과기분류법에 의한다.

44 방열기의 EDR은 무엇을 의미하는가?

① 상당방열면적   ② 표준방열면적
③ 최소방열면적   ④ 최대방열면적

해설 EDR(상당방열면적)
㉠ 온수 표준 난방열 : 450kcal/m²h
㉡ 증기 표준 난방열 : 650kcal/m²h

45 건물의 지하실, 대규모 조리장 등에 적합한 기계환기법(강제급기+강제배기)은?

① 제1종 환기   ② 제2종 환기
③ 제3종 환기   ④ 제4종 환기

해설 제1종 환기법
(급기=기계 사용, 배기=기계 사용)
건물지하실, 대규모 조리장에 사용

46 극간풍을 방지하는 방법이 아닌 것은?

① 회전문 설치
② 자동문 설치
③ 에어 커튼 설치
④ 충분한 간격을 두고 이중문 설치

해설 자동문 설치
에너지 열량 손실 감소를 위해 자동문을 설치한다.

47 주철제 보일러의 장점으로 틀린 것은?

① 강도가 높아 고압용에 사용된다.
② 내식성이 우수하며 수명이 길다.
③ 취급이 간단하다.
④ 전열면적이 크고 효율이 좋다.

해설 주철제는 충격에 약하여 저압증기보일러나 저압온수보일러용으로 많이 사용한다.

48 다음 중 열회수 방식에 속하는 것은?

① 열병합 방식   ② 빙축열 방식
③ 승온이용 방식   ④ 지역냉난방 방식

해설 승온
열회수 방식이다.

49 한 장의 보통 유리를 통해서 들어오는 취득열량을 $q = I_{GR} \times k_s \times A_g + I_{GC} \times A_g$ 라 할 때 k_s를 무엇이라 하는가?(단, I_{GR} : 일사투과량, A_g : 유리의 면적, I_{GC} : 창면적당의 내표면으로부터 대류에 의하여 침입하는 열량)

① 차폐계수
② 유리의 반사율
③ 유리의 열전도계수
④ 단위시간에 단위면적을 통해 투과하는 열량

해설 k_s : 차폐계수(유리로부터 열관류 형식으로 전해지는 냉방부하에서 사용)
내부 Blind가 없으면 차폐계수가 커진다.

50 공조설비의 구성은 열원설비, 열운반장치, 공조기, 자동제어장치로 이루어진다. 이에 해당하는 장치로서 직접적인 관계가 없는 것은?

① 펌프
② 덕트
③ 스프링클러
④ 냉동기

해설 스프링클러 : 화재 예방용 소화설비이다.

51 덕트에 설치되는 댐퍼에 대한 설명으로 틀린 것은?

① 버터플라이 댐퍼는 주로 소형덕트에서 개폐용으로 사용되며 풍량 조절용으로도 사용된다.
② 평형익형 댐퍼는 닫혔을 때 공기의 누설이 많다.
③ 방화댐퍼의 종류로는 루버형, 피봇형 등이 있다.
④ 풍량조절댐퍼의 종류에는 슬라이드형과 스윙형이 있다.

해설 ㉠ FD(방화댐퍼) : 루버형, 피봇형, 슬라이드형, 스윙형
㉡ SD(방연댐퍼) : Smoke Damper
㉢ SV(풍량조절댐퍼) : Volume Damper

52 다음 열원설비 중 하절기 피크전력 감소에 기여할 수 있는 방식으로 가장 거리가 먼 것은?

① GHP 방식
② 빙축열 방식
③ 흡수식 냉동기
④ EHP 방식

해설 EHP 전기식 열원설비(히트펌프) : 하절기 피크전력 증가에 기여하여 전력예비효율을 감소시킨다.

53 보일러 능력의 표시법에 대한 설명으로 옳은 것은?

① 과부하출력 : 운전시간 24시간 이후는 정격출력의 10~20% 더 많이 출력되는데 이것을 과부하출력이라 한다.
② 정격출력 : 정미출력의 2배이다.
③ 상용출력 : 배관 손실을 고려하여 정미출력의 약 1.05~1.10배 정도이다.
④ 정미출력 : 연속해서 운전할 수 있는 보일러의 최대능력이다.

해설 ① 과부하출력＝정격출력보다 많은 출력(24시간 이내)
② 정격출력＝상용출력＋시동부하
③ 상용출력＝정미출력＋배관부하
④ 정미출력＝난방부하＋급탕부하

54 실내 냉방부하가 현열 6,000kcal/h, 잠열 1,000 kcal/h인 실의 송풍량은?(단, 취출 온도차 10℃, 공기 비중량 1.2kg/m^3, 비열 0.24kcal/kg℃이다.)

① 1,538CMH
② 2,083CMH
③ 3,180CMH
④ 4,200CMH

해설 열량 $q_s = G C_p \Delta t = \gamma Q C_p T\Delta t$

송풍량 $Q = \dfrac{q_s}{\gamma \cdot C_p \cdot \Delta t} = \dfrac{6,000}{1.2 \times 0.24 \times 10}$
$= 2,083.33 \, \mathrm{m^3/h}$

55 고속 덕트의 설계법에 관한 설명 중 틀린 것은?

① 동력비가 증가된다.
② 송풍기 동력이 과대해진다.
③ 공조용 덕트는 소음의 고려가 필요하지 않다.
④ 리턴 덕트와 공조기에서는 저속방식과 같은 풍속으로 한다.

해설 산업용보다는 공조용 덕트의 설계 시 소음 고려가 절실히 필요하다.

56 냉수코일 계산 시 관 1개당 통과 권장 냉수량은?

① 6~16L/min   ② 25~30L/min

③ 35~40L/min   ④ 46~56L/min

해설 냉수코일 통과 권장량
6~16L/min(개당 물의 유속이 증가하면 코일 1열당 열관류율이 높아진다.)

57 건구온도 38℃, 절대습도 0.022kg/kg인 습공기 1kg의 엔탈피는?(단, 수증기의 정압비열은 0.44kcal/kg℃이다.)

① 38.19kJ/kg   ② 55.02kJ/kg

③ 66.56kJ/kg   ④ 94.75kJ/kg

해설 • 공기비열(0.24kcal/kg), 1kcal=4.2kJ
• 597.5=0℃에서 물의 잠열
• 건구온도 현열=38×비열=kcal/kg
• H_2O의 현열=0.022×0.44=0.00968kcal/kg
∴ 습공기 엔탈피(h_w)
$$= h_a + x \cdot h_v = C_p \cdot t + x(r + C_{vp} \cdot t)$$
$$= \{0.24 \times 38 + 0.022(597.5 + 0.44 \times 38)\} \times 4.2$$
$$= 95kJ/kg$$

58 온풍난방의 특징으로 틀린 것은?

① 연소장치, 송풍장치 등이 일체로 되어 있어 설치가 간단하다.

② 예열부하가 거의 없으므로 기동시간이 짧다.

③ 토출 공기온도가 높으므로 쾌적도는 떨어진다.

④ 실내 층고가 높을 경우에는 상하의 온도차가 작다.

해설 실내 층고가 높을 경우 송풍기에 의해 덕트에 온풍이 공급되므로 온도하강으로 상하의 온도차가 크다.

59 다음 중 개별식 공조방식의 특징이 아닌 것은?

① 국소적인 운전이 자유롭다.

② 개별제어가 자유롭게 된다.

③ 외기냉방을 할 수 없다.

④ 소음진동이 작다.

해설 ㉠ 개별공조방식은 1개의 거실에서 공조기가 직접 설치되므로 소음진동이 크다.
㉡ 개별공조(냉매방식) : 패키지 방식, 룸쿨러방식, 멀티유닛방식
※ 개별제어는 설비는 간단하나 실내에 유닛을 설치해야 하고 외기량이 부족하여 공기오염에 주의해야 한다.

60 공조기에서 냉 · 온풍을 혼합댐퍼(Mixing Damper)에 의해 일정한 비율로 혼합한 후 각 존 또는 각 실로 보내는 공조방식은?

① 단일덕트 재열 방식

② 멀티존 유닛 방식

③ 단일덕트 방식

④ 유인 유닛 방식

해설 2중 덕트 방식(혼합댐퍼 방식) : 전공기 방식
㉠ 정풍량 2중 방식
㉡ 변풍량 2중 방식
㉢ 멀티존 유닛 방식

SECTION 04 전기제어공학

61 콘덴서에서 극판의 면적을 3배로 증가시키면 정전용량은 어떻게 되는가?

① $\frac{1}{3}$로 감소한다.   ② $\frac{1}{9}$로 감소한다.

③ 3배로 증가한다.   ④ 9배로 증가한다.

해설 정전용량=커패시턴스(Capacitance)로서 절연된 도체 간에서 전위를 주었을 때 전하를 축적하는 것 $C = \frac{Q}{V} = \varepsilon \left(\frac{A}{t} \right)$ 으로 콘덴서에서 극판을 면적으로 3배 증가시키면 정전용량은 3배로 증가한다.

62 전류에 의해서 발생되는 작용이라고 볼 수 없는 것은?

① 발열 작용   ② 자기차폐 작용

③ 화학 작용   ④ 자기 작용

해설 자기차폐(Magnetic Shielding)

자계 중에 있는 일정한 공간을 투자율이 큰 자성체로 감싸면 내부의 자계는 외부보다 매우 작아져서 외부 자계의 영향을 거의 받지 않게 된다. 이를 자기차폐라고 한다.

63 조작부를 움직이는 에너지원으로 공기, 유압, 전기 등을 사용하는 것은?

① 정치제어   ② 타력제어

③ 자력제어   ④ 프로그램 제어

해설 타력제어 : 조작부를 움직이는 에너지원(공기, 유압, 전기) 등을 사용하는 제어이다.

64 유입식 변압기의 절연유 구비조건이 아닌 것은?

① 절연내력이 클 것

② 응고점이 높을 것

③ 점도가 낮고 냉각효과가 클 것

④ 인화점이 높을 것

해설 변압기에 사용하는 절연유 오일은 응고점이 낮아야 사용이 편리하다.

65 3상 유도전동기에서 일정 토크 제어를 위하여 인버터를 사용하여 속도 제어를 하고자 할 때 공급전압과 주파수의 관계는?

① 공급전압이 항상 일정하여야 한다.

② 공급전압과 주파수는 반비례되어야 한다.

③ 공급전압과 주파수는 비례되어야 한다.

④ 공급전압의 제곱에 비례하여야 한다.

해설 3상 유도전동기에서 일정 토크(회전력) 제어를 위해 인버터를 사용하여 속도 제어를 하고자 할 경우 공급전압과 주파수는 비례해야 한다.

66 피드백 제어의 장점으로 틀린 것은?

① 제어기 부품들의 성능이 나쁘면 큰 영향을 받는다.

② 외부조건의 변화에 대한 영향을 줄일 수 있다.

③ 제어계의 특성을 향상시킬 수 있다.

④ 목푯값을 정확히 달성할 수 있다.

해설 피드백 제어(Feedback Control)

출력신호를 입력신호로 되돌려서 제어량의 값을 목푯값과 비교하여 그들이 일치하도록 정정동작을 하는 제어이다. 그 분류는

㉠ 외란을 없애거나 영향을 줄이는 정치제어

㉡ 목푯값이 크게 달라지는 제어는 추치제어

㉢ 오차신호를 0으로 하는 동작이다.

67 4극 60Hz의 3상 유도전동기가 있다. 1,725rpm으로 회전하고 있을 때 2차 기전력의 주파수는 약 몇 Hz인가?

① 2.5   ② 7.5

③ 52.5   ④ 57.5

해설 동기속도 $N_s = \dfrac{120f}{P} = \dfrac{120 \times 60}{4} = 1,800\,\mathrm{rpm}$

슬립 $s = \dfrac{N_s - N}{N_s} = \dfrac{1,800 - 1,725}{1,800} = 0.0417$

∴ 2차 기전력 주파수 $f_{2s} = sf$

$$= 0.0417 \times 60$$
$$= 2.5\,\mathrm{Hz}$$

68 다음 논리식 중에서 그 결과가 다른 값을 나타낸 것은?

① $(A+B)(A+\overline{B})$ ② $A \cdot (A+B)$

③ $A + (\overline{A} \cdot B)$ ④ $(A \cdot B) + (A \cdot \overline{B})$

해설 식의 간소화

$A \cdot (\overline{A} + B) = A \cdot B$

$A + A \cdot B = A(1+B) = A$

69 목표치가 시간에 관계없이 일정한 경우로 정전압장치, 일정 속도제어 등에 해당하는 제어는?

① 정치제어   ② 비율제어

③ 추종제어   ④ 프로그램 제어

해설 정치제어

목표치가 시간에 관계없이 일정한 경우로 정전압장치, 일정속도제어 등에 해당하는 제어이다.

70 RLC 병렬회로에서 용량성 회로가 되기 위한 조건은?

① $X_L = X_C$ ② $X_L > X_C$

③ $X_L < X_C$ ④ $X_L + X_C = 0$

해설 용량성

교류회로에 전류를 흘렸을 경우 전류가 전압보다 위상이 앞선다고 하면 이 회로의 리액턴스는 용량성이라고 한다.

용량성 회로($X_L > X_C$)

71 유도전동기의 회전력은 단자전압과 어떤 관계를 갖는가?

① 단자전압에 반비례한다.

② 단자전압에 비례한다.

③ 단자전압의 $\frac{1}{2}$ 승에 비례한다.

④ 단자전압의 2승에 비례한다.

해설 유도전동기 회전력 : 단자전압의 2승에 비례한다.

회전력(T : 토크)

※ 유도전동기 : 교류전원만이 필요하다. 전원을 쉽게 얻을 수 있으며, 구조가 간단하고 가격이 싸며, 취급과 운전이 용이하다. $\left(동기속도\ N_S = \dfrac{120f}{P} \right)$, $T = \dfrac{PV_1^{\,2}}{4\pi f}$ (N·m)

72 200V의 정격전압에서 1kW의 전력을 소비하는 저항에 90%의 정격전압을 가한다면 소비전력은 몇 W인가?

① 640   ② 810

③ 900   ④ 990

해설 1kW = 1,000W(소비전력 : 전압의 제곱에 비례한다.)

소비전력(P) = 1,000 × 0.9 = 900W

전력(P) = $VI = I^2 R = \dfrac{V^2}{R}$ (W)

∴ 900 × 0.9 = 810W = (P) = $\dfrac{V^2}{R}$, $P' = \dfrac{V_1}{V} \times P$

∴ $P' = 0.9^2 \times 1,000 = 810$W

73 온도를 임피던스로 변환시키는 요소는?

① 측온저항   ② 광전지

③ 광전 다이오드   ④ 전자석

해설 임피던스(Impedance)

전기회로에 교류를 흘렸을 경우에 전류의 흐름을 방해하는 정도를 나타내는 값이다.

임피던스(Z) = $R + j\left(\omega L - \dfrac{1}{\omega C} \right)$(ohm)

※ 측온저항 : 온도를 임피던스로 변환시킨다.

74 제어계에서 적분요소에 해당되는 것은?

① 물탱크에 일정 유량의 물을 공급하여 수위를 올린다.

② 트랜지스터에 저항을 접속하여 전압증폭을 한다.

③ 마찰계수, 질량이 있는 스프링에 힘을 가하여 그 변위를 구한다.

④ 물탱크에 열을 공급하여 물의 온도를 올린다.

해설 적분요소, 적분동작

I 동작이며 자동제어에서 제어편차의 시간 적분에 비례하는 크기의 신호를 내는 제어동작(단, 적분동작만 사용하는 일은 거의 없다. PI 동작 등으로 함께 사용한다.)

①항의 작용은 적분요소이다.

②항의 작용은 제어요소(조절부와 조작부)이다.

75 내부저항 r인 전류계의 측정범위를 n배로 확대하려면 전류계에 접속하는 분류기 저항값은?

① r/n ② $r/(n-1)$

③ $(n-1)r$ ④ nr

해설 분류기

어느 전도의 전류를 측정하려는 경우에 전도의 전류가 전류계의 정격보다 큰 경우에는 전류계와 병렬로 다른 전도를 만들고 전류를 분류하여 측정한다.

㉠ 분류기의 내부저항값(R)

㉡ 측정하는 전도의 전류(I_0) $= \left(1 + \dfrac{r}{R}\right) I_a$

㉢ 전류계의 지시(I_a)

76 다음 중 정상 편차를 개선하고 응답속도를 빠르게 하는 동작은?

① K　　　　　　② $K \cdot (1 + sT)$

③ $K\left(1 + \dfrac{1}{sT}\right)$　　④ $K\left(1 + sT + \dfrac{1}{sT}\right)$

해설 PID 동작(비례, 적분, 미분 동작)

적분동작 I 동작으로 잔류편차를 제거하고 응답속도를 빠르게 한다.

$$y(t) = K\left[z(t) + \frac{1}{T_i}\int z(t)dt + T_D \frac{d}{dt}z(t)\right]$$
$$= K\left[1 + sT + \frac{1}{sT}\right]$$

77 어떤 제어계의 임펄스 응답이 $\sin \omega t$일 때 계의 전달함수는?

① $\dfrac{\omega}{s + \omega}$　　　　② $\dfrac{\omega^2}{s + \omega}$

③ $\dfrac{\omega}{s^2 + \omega^2}$　　　④ $\dfrac{\omega^2}{s^2 + \omega^2}$

해설 임펄스응답

과도응답이며 임펄스 입력을 가할 때 출력의 특성상 $r(t) = \delta(t)$를 라플라스 변환하면 $R(s) = 1$로 나타난다.

$$\sin(t) = \frac{1}{s^2 + 1}$$
$$\sin \omega t = R(s) = \mathcal{L}[r(t)] = \mathcal{L}[\delta(t)] = 1$$
$$C(s) = \mathcal{L}[C(t)] = \mathcal{L}[\sin \omega t] = \frac{\omega}{s^2 + \omega^2}$$
$$\therefore G(s) = \frac{C(s)}{R(s)} = C(s) = \frac{\omega}{s^2 + \omega^2}$$

78 그림과 같은 회로에서의 논리식은?

① $X = (A + B) \cdot C$　　② $X = A \cdot B + C$

③ $X = A \cdot B + A \cdot C$　④ $X = A \cdot B \cdot C$

해설 $X = A \cdot B + C$

$X = A \cdot B = AB = A \times B$(AND 회로)

$X = A + B$(OR 회로)

79 피상전력 100kVA, 유효전력 80kW인 부하가 있다. 무효전력은 몇 kVar인가?

① 20　　　　　② 60

③ 80　　　　　④ 100

해설 무효전력(Reactive Power)

리액턴스분을 포함하는 부하에 교류 전압을 가했을 경우 어떤 일을 하지 않는 전기에너지가 전원과 부하 사이를 끊임없이 왕복하는데 그의 크기를 무효전력이라 하고 단위는 Var로 사용

$$P_a^2 = P^2 + P_r^2$$
$$\text{무효전력}(P_r) = VI\sin\theta = \sqrt{P_a^2 - P^2} = \sqrt{100^2 - 80^2}$$
$$= 60\text{kVar}$$

80 PLC가 시퀀스동작을 소프트웨어적으로 수행하는 방법으로 틀린 것은?

① 래더도 방식

② 사이클릭 처리방식

③ 인터럽트 우선 처리방식

④ 병행 처리방식

해설 ㉠ 소프트웨어 : 컴퓨터를 이용하는 기술(프로그램 그 자체)
ㄴ PLC(Programmable Logic Controller)가 시퀀스 동작을 소프트웨어적으로 수행하는 방법은 ②, ③, ④항이다.

SECTION 05 배관일반

81 증기난방용 방열기를 열손실이 가장 많은 창문 쪽의 벽면에 설치할 때 가장 적절한 벽면과의 거리는?

① 5~6cm
② 10~11cm
③ 19~20cm
④ 25~26cm

해설

82 덕트의 구부러진 부분의 기류를 안정시키기 위해 사용하는 것은?

① 방화 댐퍼(Fire Damper)
② 가이드 베인(Guide Vane)
③ 라인 디퓨저(Line Diffuser)
④ 스플릿 댐퍼(Split Damper)

해설 가이드 베인
덕트의 구부러진 부분의 기류를 안정시키기 위해 사용하는 것

83 배관지지 장치에서 변위가 큰 개소에 사용하는 행거는?

① 리지드 행거
② 콘스탄트 행거
③ 베리어블 행거
④ 스프링 행거

해설 콘스탄트 행거(Constant Hanger)
변위가 큰 개소의 배관에 지지장치로 사용하는 행거이다(배관의 상·하 방향의 이동에 대해 항상 일정한 하중으로 배관을 지지하며 종류에는 코일스프링식, 중추식이 있다).

84 체크밸브의 종류에 대한 설명으로 옳은 것은?

① 리프트형 – 수평, 수직 배관용
② 풋형 – 수평 배관용
③ 스윙형 – 수평, 수직 배관용
④ 리프트형 – 수직 배관용

해설 ㉠ 리프트형, 풋형 : 수직배관용
ㄴ 스윙형 : 수평, 수직배관용

85 배관계통 중 펌프에서의 공동현상(Cavitation)을 방지하기 위한 대책으로 해당되지 않는 것은?

① 펌프의 설치 위치를 낮춘다.
② 회전수를 줄인다.
③ 양흡입을 단흡입으로 바꾼다.
④ 굴곡부를 적게 하여 흡입관의 마찰 손실수두를 작게 한다.

해설 펌프 공동현상(캐비테이션) 방지책은 ①, ②, ④항 외, 단흡입을 양흡입으로 바꾼다.

86 스트레이너의 형상에 따른 종류가 아닌 것은?

① Y형
② S형
③ U형
④ V형

해설 배수트랩의 관트랩
㉠ S트랩
ㄴ P트랩
ㄷ U트랩

87 배관의 보온재 선택방법에 관한 설명으로 틀린 것은?

① 대상온도에 충분히 견딜 수 있을 것
② 방수·방습성이 우수할 것
③ 가볍고 시공성이 좋을 것
④ 열전도율이 클 것

해설 보온재, 단열재는 열전도율(W/m · K)이 작아야 열손실이 감소한다.

88 다음 보기에서 설명하는 급수공급 방식은?

> ⊙ 고가탱크를 필요로 하지 않는다.
> ⓒ 일정수압으로 급수할 수 있다.
> ⓒ 자동제어 설비에 비용이 든다.

① 층별식 급수 조닝방식
② 고가수조방식
③ 압력수조방식
④ 부스터방식

해설 보기에 해당하는 급수공급방식은 부스터방식이다.

89 배관 관련 설비 중 공기조화설비의 구성요소로 가장 거리가 먼 것은?

① 열원장치
② 공기조화기
③ 환기장치
④ 트랩장치

해설 트랩장치
⊙ 증기트랩
ⓒ 배수트랩

90 가스공급방식 중 저압 공급방식의 특징으로 틀린 것은?

① 가정용 · 상업용 등 일반에게 공급되는 방식이다.
② 홀더압력을 이용해 저압배관만으로 공급하므로 공급계통이 비교적 간단하다.
③ 공급구역이 좁고 공급량이 적은 경우에 적합하다.
④ 가스의 공급압력은 0.3~0.5MPa 정도이다.

해설 가스공급방식
⊙ 저압($50\sim250mmH_2O$)
ⓒ 중압($100\sim2,500g/cm^2$)
ⓒ 고압($2,500g/cm^2$ 초과)
※ $0.3\sim0.5MPa(3\sim5kg/cm^2)$

91 증기배관에 관한 설명으로 틀린 것은?

① 수평주관의 지름을 줄일 때에는 편심리듀서를 사용한다.
② 수평주관의 지름을 줄일 때에는 응축수가 이음부에 체류하지 않도록 내림구배는 관 밑을 직선으로 일치시킨다.
③ 증기주관 위쪽에서의 입하관 분기는 상향으로 올린 후에 올림구배로 입하시킨다.
④ 증기관이나 환수관이 장애물과 교차할 때는 드레인이나 공기가 유통하기 쉽도록 한다.

해설 증기주관 위쪽에서의 입하관 분기는 상향으로 올린 후에 내림구배로 입하시킨다.

92 온수난방 배관시공 시 기울기에 관한 설명으로 틀린 것은?

① 배관의 기울기는 일반적으로 1/250 이상으로 한다.
② 단관 중력 순환식의 온수 주관은 하향기울기를 준다.
③ 복관 중력 순환식의 상향 공급식에서는 공급관, 복귀관 모두 하향기울기를 준다.
④ 강제 순환식은 상향기울기나 하향기울기 어느 쪽이든 자유로이 할 수 있다.

해설 온수난방 복관 중력 순환식
⊙ 상향 공급식은 온수공급관이 끝 올림
ⓒ 복귀관은 끝 내림구배를 준다.

93 통기관의 설치목적과 가장 거리가 먼 것은?

① 배수의 흐름을 원활하게 하여 배수관의 부식을 방지한다.
② 봉수가 사이펀 작용으로 파괴되는 것을 방지한다.
③ 배수계통 내의 신선한 공기를 유입하기 위해 환기시킨다.
④ 배수계통 내의 배수 및 공기의 흐름을 원활하게 한다.

해설 통기관의 설치 목적은 ②, ③, ④항이다.

94 배관작업용 공구에 관한 설명으로 틀린 것은?

① 파이프 리머(Pipe Reamer) : 관을 파이프커터 등으로 절단한 후 관 단면의 안쪽에 생긴 거스러미(Burr)를 제거

② 플레어링 툴(Flaring Tools) : 동관을 압축이음하기 위하여 관 끝을 나팔모양으로 가공

③ 파이프 바이스(Pipe Vice) : 관을 절단하거나 나사이음을 할 때 관이 움직이지 않도록 고정

④ 사이징 툴(Sizing Tools) : 동일 지름의 관을 이음쇠 없이 납땜이음을 할 때 한쪽 관 끝을 소켓모양으로 가공

> **해설** 사이징 툴
> 동관의 관 끝을 원형으로 교정한다.
> ④ 익스팬더(확관기)에 대한 설명이다.

95 LP가스 공급, 소비 설비의 압력손실 요인으로 틀린 것은?

① 배관의 입하에 의한 압력손실

② 엘보, 티 등에 의한 압력손실

③ 배관의 직관부에서 일어나는 압력손실

④ 가스미터, 콕, 밸브 등에 의한 압력손실

> **해설** LP가스는 비중이 무거워서 입상에 의한 압력손실이 발생한다.

96 급탕온도가 80℃, 복귀탕 온도가 60℃일 때 온수 순환펌프의 수량은?(단, 배관 중의 총 손실 열량은 6,000kcal/h로 한다.)

① 5L/min

② 10L/min

③ 20L/min

④ 25L/min

> **해설** 현열량 $q = G \cdot C \cdot \Delta t$
> 펌프수량 $Q = \dfrac{q}{C \cdot \Delta t} = \dfrac{6,000}{1 \times (80-60) \times 60}$
> $= 5\text{kg/min}$
> $= 5\text{L/min}$

97 방열기 트랩에 대한 설명으로 틀린 것은?

① 방열기 내에 머무는 공기만을 제거시켜 배관의 순환을 빠르게 한다.

② 방열기 내에 생긴 응축수를 보일러에 환수시키는 역할을 한다.

③ 방열기 밸브의 반대쪽 하부 태핑에 부착한다.

④ 증기가 환수관에 유출되지 않도록 한다.

> **해설** 방열기 내에서 공기와 응축수를 신속하게 외부로 방출시킨다(응축수는 증기트랩으로 제거).

98 팽창수조에 대한 설명으로 틀린 것은?

① 개방식 팽창수조의 설치높이는 장치의 최고 높은 곳에서 1m 이상으로 한다.

② 팽창관에는 밸브를 반드시 설치하여야 한다.

③ 팽창수조는 물의 팽창·수축을 흡수하기 위한 장치이다.

④ 밀폐식 팽창수조는 가압상태를 확인할 수 있도록 압력계를 설치하여야 한다.

> **해설** 팽창관에는 어떠한 밸브도 설치하지 않는다(팽창관=보충수관). 겨울에 동결하지 않게 보온하여야 한다.

99 배관계가 축방향 힘과 굽힘에 의한 회전력을 동시에 받을 때 사용하는 신축 이음쇠는?

① 슬리브형

② 볼형

③ 벨로스형

④ 루프형

> **해설** 볼형
> 배관계가 축방향, 굽힘에 의한 힘의 회전력을 동시에 받을 때 사용하는 신축이음쇠이다.

100 다음 중 배수의 종류가 아닌 것은?

① 청수

② 오수

③ 잡배수

④ 우수

> **해설** 청수
> 공급수나 식음료수에 사용된다.

SECTION 01 기계열역학

01 계가 비가역 사이클을 이룰 때 클라우지우스(Clausius)의 적분을 옳게 나타낸 것은?(단, T는 온도, Q는 열량이다.)

① $\oint \frac{\delta Q}{T} < 0$

② $\oint \frac{\delta Q}{T} > 0$

③ $\oint \frac{\delta Q}{T} \geq 0$

④ $\oint \frac{\delta Q}{T} \leq 0$

해설 적분값(폐적분 $\oint$)

㉠ 가역 사이클 : $\oint \frac{\delta Q}{T} = 0$(가역과정)

㉡ 비가역 사이클 : $\oint \frac{\delta Q}{T} < 0$(비가역과정) : 마찰 등의 열손실로 방열량이 가역 사이클의 방열량보다 더 크므로 그 적분치는 0보다 적다.

∴ 적분값(부등식) $\oint \frac{\delta Q}{T} \leq 0$

02 여름철 외기의 온도가 30℃일 때 김치 냉장고의 내부를 5℃로 유지하기 위해 3kW의 열을 제거해야 한다. 필요한 최소 동력은 약 몇 kW인가?(단, 이 냉장고는 카르노 냉동기이다.)

① 0.27 ② 0.54

③ 1.54 ④ 2.73

해설 카르노 사이클

성적계수 $COP = \dfrac{Q_c}{W} = \dfrac{T_L}{T_H - T_L}$

$= \dfrac{(5+273)}{(30+273)-(5+273)}$

$= 11.12$

최소동력 $W = \dfrac{Q_c}{11.12} = \dfrac{3}{11.12} = 0.27\text{kW}$

03 내부에너지가 40kJ, 절대압력이 200kPa, 체적이 0.1m^3, 절대온도가 300K인 계의 엔탈피는 약 몇 kJ 인가?

① 42 ② 60

③ 80 ④ 240

해설 엔탈피$(H) = u + APV$

비엔탈피$(h) = u + APV$(SI 단위 : $u + PV$)

∴ 엔탈피 $= 40 + 200 \times 0.1 = 60\text{kJ}$

04 2개의 정적과정과 2개의 등온과정으로 구성된 동력 사이클은?

① 브레이턴(Brayton) 사이클

② 에릭슨(Ericsson) 사이클

③ 스털링(Stirling) 사이클

④ 오토(Otto) 사이클

해설 스털링 사이클

2개의 정적과정, 2개의 등온과정(밀폐형 재생 사이클)으로 구성

㉠ 1 → 2(등온압축)

㉡ 2 → 3(정적가열)

㉢ 3 → 4(등온팽창)

㉣ 4 → 1(정적방열)

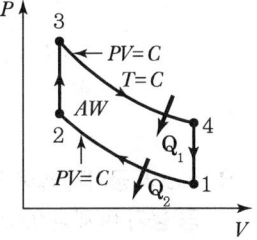

05 다음 중 폐쇄계의 정의를 올바르게 설명한 것은?

① 동작물질 및 일과 열이 그 경계를 통과하지 아니하는 특정 공간

② 동작물질은 계의 경계를 통과할 수 없으나 열과 일은 경계를 통과할 수 있는 특정 공간

③ 동작물질은 계의 경계를 통과할 수 있으나 열과 일은 경계를 통과할 수 없는 특정 공간

④ 동작물질 및 일과 열이 모두 그 경계를 통과할 수 있는 특정 공간

해설 ① 고립계 ② 폐쇄계(밀폐계) ④ 개방계

06 증기 압축 냉동기에서 냉매가 순환되는 경로를 올바르게 나타낸 것은?

① 증발기 → 팽창밸브 → 응축기 → 압축기
② 증발기 → 압축기 → 응축기 → 팽창밸브
③ 팽창밸브 → 압축기 → 응축기 → 증발기
④ 응축기 → 증발기 → 압축기 → 팽창밸브

해설 증기 압축식 냉동기(냉매증기 이용)
증발기 → 압축기 → 응축기 → 팽창밸브

---

07 한 시간에 3,600kg의 석탄을 소비하여 6,050kW를 발생하는 증기터빈을 사용하는 화력발전소가 있다면, 이 발전소의 열효율은 약 몇 %인가?(단, 석탄의 발열량은 29,900kJ/kg이다.)

① 약 20%
② 약 30%
③ 약 40%
④ 약 50%

해설 열효율 $\eta = \dfrac{출력}{입력} \times 100$

$$= \frac{6,050 \times 3,600}{3,600 \times 29,900} \times 100$$

$$= 20.23\%$$

---

08 4kg의 공기가 들어 있는 용기 A(체적 0.5m³)와 진공 용기 B(체적 0.3m³) 사이를 밸브로 연결하였다. 이 밸브를 열어서 공기가 자유팽창하여 평형에 도달했을 경우 엔트로피 증가량은 약 몇 kJ/K 인가?(단, 온도 변화는 없으며 공기의 기체상수는 0.287kJ/kg·K이다.)

① 0.54
② 0.49
③ 0.42
④ 0.37

해설 가역 엔트로피 증가

엔트로피 증가량 $\Delta S = mR \ln \dfrac{V_2}{V_1}$

$$= 4 \times 0.287 \times \ln\left(\frac{0.5 + 0.3}{0.5}\right)$$

$$= 0.54 \text{kJ/K}$$

---

09 랭킨 사이클을 구성하는 요소는 펌프, 보일러, 터빈, 응축기로 구성된다. 각 구성 요소가 수행하는 열역학적 변화 과정으로 틀린 것은?

① 펌프 : 단열 압축
② 보일러 : 정압 가열
③ 터빈 : 단열 팽창
④ 응축기 : 정적 냉각

해설 응축기(Condenser) : 정압 방열

---

10 실린더 내부에 기체가 채워져 있고 실린더에는 피스톤이 끼워져 있다. 초기 압력 50kPa, 초기 체적 0.05m³인 기체를 버너로 $PV^{1.4}$ =Constant가 되도록 가열하여 기체 체적이 0.2m³가 되었다면, 이 과정 동안 시스템이 한 일은?

① 1.33kJ
② 2.66kJ
③ 3.99kJ
④ 5.32kJ

해설 $P_2 = P_1 \left(\dfrac{V_1}{V_2}\right)^n = 50 \times \left(\dfrac{0.05}{0.2}\right)^{1.4} = 7.18\text{kPa}$

$_1W_2 = \dfrac{R}{n-1}(T_1 - T_2)$

$$= \frac{1}{1.4-1}(50 \times 0.05 - 7.18 \times 0.2)$$

$$= 2.66\text{kJ}$$

---

11 준평형 정적과정을 거치는 시스템에 대한 열전달량은?(단, 운동에너지와 위치에너지의 변화는 무시한다.)

① 0이다.
② 이루어진 일량과 같다.
③ 엔탈피 변화량과 같다.
④ 내부에너지 변화량과 같다.

해설 준평형 정적과정(가역과정으로 취급)
실제 열기관은 이 과정이 아주 빠르게 진행되고 계의 내부에 마찰 유체전단 및 온도구배가 존재하여 평형상태를 이루지 않으면서 상태가 변화한다. 하지만 해석 시에는 과정이 아주 천천히 일어나서 순간마다 계의 상태가 열역학적 평형상태에 근접하면서 일어난다고 취급한다. 따라서 열전달량은 내부에너지 변화량과 같다.

12 체적이 0.01m^3인 밀폐용기에 대기압의 포화혼합물이 들어 있다. 용기 체적의 반은 포화액체, 나머지 반은 포화증기가 차지하고 있다면, 포화혼합물 전체의 질량과 건도는?(단, 대기압에서 포화액체와 포화증기의 비체적은 각각 $0.001044\text{m}^3/\text{kg}$, $1.6729\text{m}^3/\text{kg}$이다.)

① 전체 질량 : 0.0119kg, 건도 : 0.50
② 전체 질량 : 0.0119kg, 건도 : 0.00062
③ 전체 질량 : 4.792kg, 건도 : 0.50
④ 전체 질량 : 4.792kg, 건도 : 0.00062

해설 ㉠ 전체 질량 $=\left(\dfrac{0.01}{0.001044}\times\dfrac{1}{2}\right)+\left(\dfrac{0.01}{1.6729}\times\dfrac{1}{2}\right)$

$\qquad\qquad\qquad = 4.792\text{kg}$

㉡ 건도 $=\dfrac{0.01}{1.6729}\times\dfrac{\left(\dfrac{1}{2}\right)}{4.792}=0.00062$

13 질량이 m이고 비체적이 v인 구(Sphere)의 반지름이 R이면, 질량이 $4m$이고, 비체적이 $2v$인 구의 반지름은?

① $2R$
② $\sqrt{2}\,R$
③ $\sqrt[3]{2}\,R$
④ $\sqrt[3]{4}\,R$

해설

질량(m)
비체적(V)

구
R
질량 $4m$
비체적 $2V$

$\therefore$ 반지름$(R)=2R$

14 밀폐 시스템이 압력 $P_1=200\text{kPa}$, 체적 $V_1=0.1\text{m}^3$인 상태에서 $P_2=100\text{kPa}$, $V_2=0.3\text{m}^3$인 상태까지 가역팽창되었다. 이 과정이 $P-V$ 선도에서 직선으로 표시된다면 이 과정 동안 시스템이 한 일은 약 몇 kJ인가?

① 10
② 20
③ 30
④ 45

해설
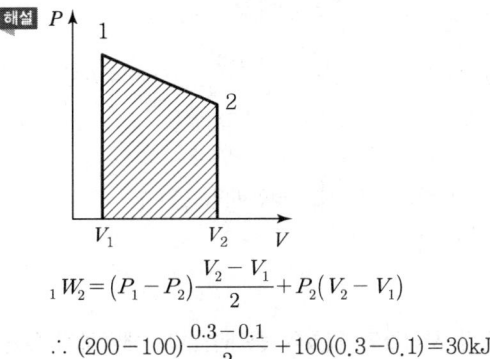

$_1W_2=(P_1-P_2)\dfrac{V_2-V_1}{2}+P_2(V_2-V_1)$

$\therefore (200-100)\dfrac{0.3-0.1}{2}+100(0.3-0.1)=30\text{kJ}$

15 온도 600℃의 구리 7kg을 8kg의 물속에 넣어 열적 평형을 이룬 후 구리와 물의 온도가 64.2℃가 되었다면 물의 처음 온도는 약 몇 ℃인가?(단, 이 과정 중 열손실은 없고, 구리의 비열은 0.386kJ/kg·K이며 물의 비열은 4.184kJ/kg·K이다.)

① 6℃
② 15℃
③ 21℃
④ 84℃

해설 $7\times0.386\times(600-64.2)=8\times4.184(64.2-x)$

$x=64.2-\dfrac{7\times0.386(600-64.2)}{8\times4.184}=21\text{℃}$

16 고온 400℃, 저온 50℃의 온도범위에서 작동하는 Carnot 사이클 열기관의 열효율을 구하면 몇 %인가?

① 37
② 42
③ 47
④ 52

해설 열효율 $\eta=\dfrac{T_H-T_L}{T_H}$

$\qquad\quad =\dfrac{(400+273)-(50+273)}{(400+273)}=0.52(52\%)$

17 비열비가 1.29, 분자량이 44인 이상기체의 정압비열은 약 몇 kJ/kg·K인가?(단, 일반기체상수는 8.314kJ/kmol·K이다.)

① 0.51
② 0.69
③ 0.84
④ 0.91

해설 기체상수$(R') = \dfrac{8.314}{44} = 0.189\text{kJ/kg} \cdot \text{K}$

정적비열$(C_v) = \dfrac{R}{K-1} = \dfrac{0.189}{1.29-1} = 0.652\text{kJ/kg} \cdot \text{K}$

$\therefore$ 정압비열 = 비열비(K)×정적비열

$\qquad = 1.29 \times 0.652 = 0.84\text{kJ/kg} \cdot \text{K}$

※ 비열비 = $\dfrac{\text{정압비열}}{\text{정적비열}}$, 정압비열$(C_p) = K \cdot C_v$

$\quad R = C_p - C_v$

18 랭킨 사이클의 열효율 증대방법에 해당하지 않는 것은?

① 복수기(응축기) 압력 저하
② 보일러 압력 증가
③ 터빈의 질량유량 증가
④ 보일러에서 증기를 고온으로 과열

해설 랭킨 증기 원동소 사이클 터빈(Turbine)
단열팽창 과정이며 터빈출구에서 온도를 낮게 하면 터빈 깃이 부식된다. 랭킨 사이클의 열효율은 ①, ②, ④항이나 터빈의 초온, 초압이 클수록 증대된다.

19 물 2kg을 20℃에서 60℃가 될 때까지 가열할 경우 엔트로피 변화량은 약 몇 kJ/K인가?(단, 물의 비열은 4.184kJ/kg · K이고, 온도 변화과정에서 체적은 거의 변화가 없다고 가정한다.)

① 0.78   ② 1.07
③ 1.45   ④ 1.96

해설 $\Delta S = C_p \times G \times \ln\left(\dfrac{T_2}{T_1}\right)$

$= 2 \times 4.184 \times \ln\left(\dfrac{273+60}{273+20}\right) = 1.07\text{kJ/K}$

20 기체가 열량 80kJ을 흡수하여 외부에 대하여 20kJ의 일을 하였다면 내부에너지 변화는 몇 kJ인가?

① 20   ② 60
③ 80   ④ 100

해설 엔탈피$(H) = u + APV$
$u = H - APV = 80 - 20 = 60\text{kJ}$

SECTION 02 냉동공학

21 프레온 냉매(CFC) 화합물은 태양의 무엇에 의해 분해되어 오존층 파괴의 원인이 되는가?

① 자외선
② 감마선
③ 적외선
④ 알파선

해설 프레온 냉매는 태양의 자외선에 의해 오존(O_3)층이 파괴된다.

22 응축압력이 이상고압으로 나타나는 원인으로 가장 거리가 먼 것은?

① 응축기의 냉각관 오염 시
② 불응축가스가 혼입 시
③ 응축부하 증대 시
④ 냉매 부족 시

해설 냉매가 부족하면 압력이 저하된다.

23 물과 리튬브로마이드 용액을 사용하는 흡수식 냉동기의 특징으로 틀린 것은?

① 흡수기의 개수에 따라 단효용 또는 다중효용 흡수식 냉동기로 구분된다.
② 냉매로 물을 사용하고, 흡수제로 리튬브로마이드를 사용한다.
③ 사이클은 압력-엔탈피 선도가 아닌 듀링 선도를 사용하여 작동상태를 표현한다.
④ 단효용 흡수식 냉동기에서 냉매는 재생기, 응축기, 냉각기, 흡수기의 순서로 순환한다.

해설 흡수식 냉동기는 흡수기가 아닌 재생기 숫자에 따라 단효용, 2중 효용 등의 냉동기로 구분된다.

24 2단 압축 냉동장치에 관한 설명으로 틀린 것은?

① 동일한 증발온도를 얻을 때 단단 압축 냉동장치 대비 압축비를 감소시킬 수 있다.

② 일반적으로 두 개의 냉매를 사용하여 $-30℃$ 이하의 증발온도를 얻기 위해 사용된다.

③ 중간냉각기는 증발기에 공급하는 액을 과냉각시키고 냉동 효과를 증대시킨다.

④ 중간냉각기는 냉매증기와 냉매액을 분리시켜 고단측 압축기 액백 현상을 방지한다.

해설 2단 압축 $= \dfrac{\text{고단 응축기 압력}}{\text{저단 증발기 압력}} =$ 압축비가 (6) 이상 시 채택한다.

25 열전달 현상에 관한 설명으로 가장 거리가 먼 것은?

① 대류는 유체의 흐름에 의해서 일어나는 현상이다.

② 전도는 고체 또는 정지유체에서의 열 이동방법으로 물체는 움직이지 않고 그 물체의 구성 분자 간에 열이 이동하는 현상이다.

③ 태양과 지구 사이의 열전달은 복사현상이다.

④ 실제 열전달 현상에서는 전도, 대류, 복사가 각각 단독으로 일어난다.

해설 열전달
전도, 대류, 복사가 함께 일어난다.

26 냉동능력 1RT로 압축되는 냉동기가 있다. 이 냉동기에서 응축기의 방열량은?(단, 응축기 방열량은 냉동능력의 1.2배로 한다.)

① 3.32kW
② 3.98kW
③ 4.22kW
④ 4.63kW

해설 응축기 발열량 $Q_c = \dfrac{3,320 \times 1.2}{860}$

$\qquad\qquad\qquad = 4.63\text{kW}$

※ 1RT $= 3,320\text{kcal/h}$
　 1kW $= 860\text{kcal/h}$

27 암모니아 입형 저속 압축기에 많이 사용되는 포펫트 밸브(Poppet Valve)에 관한 설명으로 틀린 것은?

① 중량이 가벼워 밸브 개폐가 불확실하다.

② 구조가 튼튼하고 파손되는 일이 적다.

③ 회전수가 높아지면 밸브의 관성 때문에 개폐가 자유롭지 못하다.

④ 흡입밸브는 피스톤 상부 스프링으로 가볍게 지지되어 있다.

해설 포펫트 밸브
중량이 무겁고 튼튼하며 암모니아 입형 저속에 사용한다.

28 어떤 냉장고의 증발기가 냉매와 공기의 평균온도차가 7℃로 운전되고 있다. 이때 증발기의 열통과율이 $30\text{kcal/m}^2\text{h}℃$라고 하면 냉동톤당 증발기의 소요 외표면적은?

① 15.81m^2
② 17.53m^2
③ 20.70m^2
④ 23.14m^2

해설 냉동톤당 열량 $Q_e = K \cdot A \cdot \Delta t$에서

증발기 소요 외표면적 $A = \dfrac{q}{K \cdot \Delta t}$

$\qquad\qquad\qquad\quad = \dfrac{3,320}{30 \times 7} = 15.81\text{m}^2$

29 다음 이론 냉동 사이클의 $P-h$ 선도에 대한 설명으로 옳은 것은?(단, 냉동 장치의 냉매 순환량은 540 kg/h이다.)

① 냉동능력은 약 23.1RT이다.

② 응축기의 방열량은 약 9.27kW이다.

③ 냉동 사이클의 성적계수는 약 4.84이다.

④ 증발기 입구에서 냉매의 건도는 약 0.8이다.

해설 ① 냉동능력 $Q_e = \dfrac{540 \times (410 - 256)}{3,320 \times 4.187} = 5.98RT$

② 응축기 방열량 $Q_c = \dfrac{540 \times (441.8 - 256)}{3,600} = 27.87kW$

③ 성적계수 $COP = \dfrac{410 - 256}{441.8 - 410} = 4.84$

④ 증발기 입구 냉매 건도 $x = \dfrac{256.0 - 206.3}{406.3 - 206.3}$
$= 0.2485 ≒ 0.25$

30 냉각수량 600L/min, 전열면적 80m², 응축온도 32℃, 냉각수 입구 및 출구 온도가 각각 23℃, 31℃인 수랭응축기의 냉각관 열통과율은?

① 720kcal/m²h℃

② 600kcal/m²h℃

③ 480kcal/m²h℃

④ 360kcal/m²h℃

해설 냉각관 열통과율

$Q_c = K \cdot A \cdot \Delta t_m = m \cdot C \cdot \Delta t$

$\Delta t_m = 32 - \dfrac{23 + 31}{2} = 5℃$

$\therefore K = \dfrac{m \cdot C \cdot \Delta t}{A \cdot \Delta t_m}$

$= \dfrac{(600 \times 60) \times 1 \times (31 - 23)}{80 \times 5}$

$= 720kcal/m^2h℃$

31 냉동장치의 고압부에 설치하지 않는 부속기기는?

① 투시경

② 유분리기

③ 냉매액 펌프

④ 불응축 가스 분리기(Gas Purger)

해설 냉매액 펌프 : 저압부에 설치한다.

32 냉각탑에 대한 설명으로 틀린 것은?

① 밀폐식은 개방식 냉각탑에 비해 냉각수가 외기에 의해 오염될 염려가 적다.

② 냉각탑의 성능은 입구공기의 습구온도에 영향을 받는다.

③ 쿨링 레인지(Cooling Range)는 냉각탑의 냉각수 입·출구 온도의 차이 값이다.

④ 쿨링 어프로치(Cooling Approach)는 냉각탑의 냉각수 입구온도에서 냉각탑 입구공기의 습구온도를 제한 값이다.

해설 ㉠ 쿨링 어프로치 : 냉각수 출구수온 − 냉각탑 입구공기 습구온도

㉡ 쿨링 레인지 : (냉각수 입구수온 − 냉각수 출구수온), 온도차가 클수록 응축능력이 좋다.

33 팽창밸브에 관한 설명으로 틀린 것은?

① 정압식 팽창밸브는 증발압력이 일정하게 유지되도록 냉매의 유량을 조절하기 위한 밸브이다.

② 모세관은 일반적으로 소형 냉장고에 적용되고 있다.

③ 온도식 자동팽창밸브는 감온통이 저온을 받으면 냉매의 유량이 증가된다.

④ 자동식 팽창밸브에는 플로트식이 있다.

해설 온도식 자동팽창밸브는 감온통이 고온을 받으면 냉매의 유량이 증가한다.
(감온통의 냉매충전 : 가스충전, 액충전, 액크로스충전)

34 성적계수인 COP에 관한 설명으로 틀린 것은?

① 냉동기의 성능을 표시하는 무차원수로서 압축일량과 냉동효과의 비를 말한다.

② 열펌프의 성적계수는 일반적으로 1보다 작다.

③ 실제 냉동기에서는 압축효율도 COP에 영향을 미친다.

④ 냉동 사이클에서는 응축온도가 가능한 한 낮고, 증발온도가 높을수록 성적계수는 크다.

해설 $COP = \dfrac{T_1}{T_1 - T_2} = \dfrac{Q_1}{Q_1 - Q_2}$

열펌프 성적계수=냉동기 성적계수+1이므로
열펌프의 성적계수는 항상 1보다 크다.

35 브라인(2차 냉매) 중 무기질 브라인이 아닌 것은?

① 염화마그네슘   ② 에틸렌글리콜

③ 염화칼슘   ④ 식염수

> **해설** 에틸렌글리콜($C_2H_6O_2$)
> 유기질 브라인(부식성이 무기질보다 적으나 가격이 비싸다.)

36 냉방능력이 1냉동톤당 10L/min의 냉각수가 응축기에 사용되었다. 냉각수 입구의 온도가 32℃이면 출구온도는?(단, 응축열량은 냉방능력의 1.2배로 한다.)

① 22.5℃   ② 32.6℃

③ 38.6℃   ④ 43.5℃

> **해설** 응축기 방열량 $Q_c = m \cdot C \cdot \Delta t$
> $$= m \cdot C \cdot (t_2 - t_1)$$
> 출구온도(t_2)=입구온도(t_1)+$\dfrac{Q_c}{m \cdot C}$
> $$= 32 + \frac{3,320 \times 1.2}{(10 \times 60) \times 1} = 38.64℃$$

37 압축 냉동 사이클에서 응축기 내부 압력이 일정할 때, 증발온도가 낮아지면 나타나는 현상으로 가장 거리가 먼 것은?

① 압축기 단위흡입 체적당 냉동효과 감소

② 압축기 토출가스 온도 상승

③ 성적계수 감소

④ 과열도 감소

> **해설**
>

38 터보 압축기의 특징으로 틀린 것은?

① 회전운동이므로 진동이 적다.

② 냉매의 회수장치가 불필요하다.

③ 부하가 감소하면 서징현상이 일어난다.

④ 응축기에서 가스가 응축되지 않는 경우에도 이상고압이 되지 않는다.

> **해설** 암모니아 냉동기, 만액식 브라인 쿨러 사용 시 냉매액 회수장치 반드시 필요
>
> 터보형은 응축된 냉매액은 증발기 중앙의 플로트실로 회수된다.

39 왕복 압축기에 관한 설명으로 옳은 것은?

① 압축기의 압축비가 증가하면 일반적으로 압축 효율은 증가하고 체적효율은 낮아진다.

② 고속다기통 압축기의 용량제어에 언로더를 사용하여 입형 저속에 비해 압축기의 능력을 무 단계로 제어가 가능하다.

③ 고속다기통 압축기의 밸브는 일반적으로 링 모양의 플레이트 밸브가 사용되고 있다.

④ 2단 압축 냉동장치에서 저단 측과 고단 측의 실제 피스톤 토출량은 일반적으로 같다.

> **해설** ㉠ 압축비가 증가하면 압축효율 및 체적효율은 감소한다.
> ㉡ 고속다기통은 무부하기동, 냉동능력 자동제어 가능하고 유압이용 언로더가 사용 단계적인 용량제어
> ㉢ 2단 압축에서 저단 측, 고단 측의 실제 피스톤 토출량은 다르다.
> ㉣ 고속다기통 압축기는 링모양의 플레이트 밸브 사용

40 다음 중 이중 효용 흡수식 냉동기는 단효용 흡수식 냉동기와 비교하여 어떤 장치가 복수개로 설치되는가?

① 흡수기   ② 증발기

③ 응축기   ④ 재생기

> **해설**
>

SECTION 03 공기조화

41 동일 풍량, 정압을 갖는 송풍기에서 형번이 다르면 축마력, 출구 송풍속도 등이 다르다. 송풍기의 형번이 작은 것을 큰 것으로 바꿔 선정할 때 설명이 틀린 것은?

① 모터 용량은 작아진다.
② 출구 풍속은 작아진다.
③ 회전수는 커진다.
④ 설비비는 증대한다.

해설 송풍기 형번이 작은 것을 큰 것으로 바꿔 달면 회전수가 감소한다.

42 공기조화 설비의 열원장치 및 반송 시스템에 관한 설명으로 틀린 것은?

① 흡수식 냉동기의 흡수기와 재생기는 증기압축식 냉동기의 압축기와 같은 역할을 수행한다.
② 보일러의 효율은 보일러에 공급한 연료의 발열량에 대한 보일러 출력의 비로 계산한다.
③ 흡수식 냉동기의 냉온수 발생기는 냉방 시에는 냉수, 난방 시에는 온수를 각각 공급할 수 있지만, 냉수 및 온수를 동시에 공급할 수는 없다.
④ 단일덕트 재열방식은 실내의 건구온도뿐만 아니라 부분 부하 시에 상대습도도 유지하는 것을 목적으로 한다.

해설 ③ 공기조화 흡수식 냉동기의 냉온수 발생기는 냉수 및 온수 공급이 동시에 가능하다.

43 증기압축식 냉동기의 냉각탑에서 표준냉각 능력을 산정하는 일반적 기준으로 틀린 것은?

① 입구수온 : 37℃
② 출구수온 : 32℃
③ 순환수량 : 23L/min
④ 입구 공기 습구온도 : 27℃

해설 냉각탑
㉠ 순환수량 표준 : 13L/min RT
㉡ 냉각능력 : 3,900kcal/h(1RT)

44 대류 및 복사에 의한 열전달률에 의해 기온과 평균복사온도를 가중평균한 값으로 복사난방 공간의 열환경을 평가하기 위한 지표로서 가장 적당한 것은?

① 작용온도(Operative Temperature)
② 건구온도(Dry-bulb Temperature)
③ 카타냉각력(Kata Cooling Power)
④ 불쾌지수(Discomfort Index)

해설 작용온도
대류, 복사 열전달률에 의한 기온과 평균복사온도를 가중평균한 값의 지표

45 열펌프에 대한 설명으로 틀린 것은?

① 공기-물 방식에서 물회로 변환의 경우 외기가 0℃ 이하에서는 브라인을 사용하여 채열한다.
② 공기-공기 방식에서 냉매회로 변환의 경우는 장치가 간단하나 축열이 불가능하다.
③ 물-물 방식에서 냉매회로 변환의 경우는 축열조를 사용할 수 없으므로 대형에 적합하지 않다.
④ 열펌프의 성적계수(COP)는 냉동기의 성적계수보다는 1만큼 더 크게 얻을 수 있다.

해설 물-물 방식의 히트펌프는 축열조가 있어서 대형화가 가능하다.

46 열전달 방법이 자연순환에 의하여 이루어지는 자연형 태양열 난방방식에 해당되지 않는 것은?

① 직접 획득 방식   ② 부착 온실 방식
③ 태양전지 방식   ④ 축열벽 방식

해설 자연형 태양열 난방방식
㉠ 직접 획득 방식
㉡ 부착 온실 방식
㉢ 축열벽 방식
③ 태양전지 방식은 신·재생에너지 태양광발전방식에 해당한다.

47 엔탈피 변화가 없는 경우의 열수분비는?

① 0   ② 1
③ -1   ④ ∞

해설 열수분비$(U)=\dfrac{\Delta h}{\Delta x}$ (엔탈피 변화가 없으면 0이 된다.)

여기서, Δh : 엔탈피 변화량, Δx : 수분의 변화량

48 송풍량 600m³/min을 공급하여 다음의 공기 선도와 같이 난방하는 실의 실내부하는?(단, 공기의 비중량은 1.2kg/m³, 비열은 0.24kcal/kg · ℃이다.)

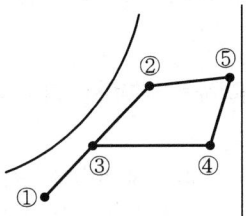

상태점	온도 (℃)	엔탈피 (kcal/kg)
①	0	0.5
②	20	9.0
③	15	8.0
④	28	10.0
⑤	29	13.0

① 31,100kcal/h ② 94,510kcal/h
③ 129,600kcal/h ④ 172,800kcal/h

해설 송풍량 600m³×60min/h×1.2=43,200kg/h
실내부하=$G\times((⑤)-(②))$=1.2×600×60×(13-9)
=172,800kcal/h

49 1년 동안의 냉난방에 소요되는 열량 및 연료 비용의 산출과 관계되는 것은?

① 상당외기 온도차   ② 풍향 및 풍속
③ 냉난방 도일   ④ 지중온도

해설 냉난방 도일 : 1년 동안의 냉난방에 소요되는 열량과 이에 따른 연료비용을 산출해야 하는 경우 산출과 관계된다.

50 주철제 보일러의 특징에 관한 설명으로 틀린 것은?

① 섹션을 분할하여 반입하므로 현장설치의 제한이 적다.
② 강제 보일러보다 내식성이 우수하며 수명이 길다.
③ 강제 보일러보다 급격한 온도변화에 강하여 고온 · 고압의 대용량으로 사용된다.
④ 섹션을 증가시켜 간단하게 출력을 증가시킬 수 있다.

해설 주철제 보일러 : 충격에 약하여 저압 보일러로서 충격, 압력, 온도 변화에 약하여 소용량(증기, 온수) 보일러로 사용된다.

51 공장이나 창고 등과 같이 높고 넓은 공간에 주로 사용되는 유닛 히터(Unit Heater)를 설치할 때 주의할 사항으로 틀린 것은?

① 온풍의 도달거리나 확산직경은 천장이나 흡출 공기온도에 따라 달라지므로 설치위치를 충분히 고려해야 한다.
② 토출 공기 온도는 너무 높지 않도록 한다.
③ 송풍량을 증가시켜 고온의 공기가 상층부에 모이지 않도록 한다.
④ 열손실이 가장 적은 곳에 설치한다.

해설 유닛 히터는 열손실이 가장 많은 장소에 설치한다.

52 일사량에 대한 설명으로 틀린 것은?

① 대기투과율은 계절, 시각에 따라 다르다.
② 지표면에 도달하는 일사량을 전일사량이라고 한다.
③ 전일사량은 직달일사량에서 천공복사량을 뺀 값이다.
④ 일사는 건물의 유리나 외벽, 지붕을 통하여 공조 (냉방)부하가 된다.

해설 전일사량=직달일사+천공일사+지면의 반사광
(일사량 측정기 : 에프리 일사계, 로비치 일사계, 옹스트롬 일사계)

53 단일덕트 정풍량 방식의 장점으로 틀린 것은?

① 각 실의 실온을 개별적으로 제어할 수가 있다.
② 설비비가 다른 방식에 비해 적게 든다.
③ 기계실에 기기류가 집중 설치되므로 운전, 보수가 용이하고, 진동, 소음의 전달 염려가 적다.
④ 외기의 도입이 용이하며 환기팬 등을 이용하면 외기냉방이 가능하고 전열교환기의 설치도 가능하다.

해설 단일덕트방식(전공기방식)은 각 실이나 존의 부하 변동 시 즉시 대응이 불가능하다.

54 다음 중 보온, 보랭, 방로의 목적으로 덕트 전체를 단열해야 하는 것은?

① 급기 덕트　　　② 배기 덕트
③ 외기 덕트　　　④ 배연 덕트

> **해설** 급기 덕트
> 덕트 전체를 단열한다(보온, 보랭, 방로의 목적).

55 덕트 설계 시 주의사항으로 틀린 것은?

① 덕트 내 풍속을 허용풍속 이하로 선정하여 소음, 송풍기 동력 등에 문제가 발생하지 않도록 한다.
② 덕트의 단면은 정방형이 좋으나, 그것이 어려울 경우 적정 종횡비로 하여 공기 이동이 원활하게 한다.
③ 덕트의 확대부는 15° 이하로 하고, 축소부는 40° 이상으로 한다.
④ 곡관부는 가능한 한 크게 구부리며, 내측 곡률반경이 덕트 폭보다 작을 경우는 가이드 베인을 설치한다.

> **해설**
>
> 확대부 15° 이하　덕트　30° 이하 축소부

56 어느 실의 냉방장치에서 실내취득 현열부하가 40,000W, 잠열부하가 15,000W인 경우 송풍공기량은?(단, 실내온도 26℃, 송풍 공기온도 12℃, 외기온도 35℃, 공기밀도 1.2kg/m³, 공기의 정압비열은 1.005kJ/kg · K이다.)

① 1,658m³/s　　　② 2,280m³/s
③ 2,369m³/s　　　④ 3,258m³/s

> **해설** 실내취득 현열부하 $q = P \cdot Q \cdot C_p(t_2 - t_1)$
> $$Q = \frac{q}{P \cdot C_p(t_2 - t_1)}$$
> $$= \frac{40,000}{1.2 \times 1.005 \times (26 - 12)}$$
> $$= 2,369.11 \text{m}^3/\text{s}$$

57 공기조화기에 걸리는 열부하 요소 중 가장 거리가 먼 것은?

① 외기부하
② 재열부하
③ 배관계통에서의 열부하
④ 덕트계통에서의 열부하

> **해설** 공기조화기 열부하에서 배관계통의 열부하는 제외된다.

58 공기조화설비에서 처리하는 열부하로 가장 거리가 먼 것은?

① 실내 열취득 부하　　② 실내 열손실 부하
③ 실내 배연 부하　　　④ 환기용 도입 외기부하

> **해설** 공기조화기 부하에서 실내 배연 부하는 부하량으로 계산하지 않는다.

59 심야전력을 이용하여 냉동기를 가동 후 주간 냉방에 이용하는 빙축열시스템의 일반적인 구성장치로 옳은 것은?

① 펌프, 보일러, 냉동기, 증기축열조
② 축열조, 판형열교환기, 냉동기, 냉각탑
③ 판형열교환기, 증기트랩, 냉동기, 냉각탑
④ 냉동기, 축열기, 브라인펌프, 에어프리히터

> **해설** 심야전력을 이용한 빙축열시스템의 구성장치
> 축열조, 판형열교환기, 냉동기, 냉각탑 등

60 건구온도 32℃, 습구온도 26℃의 신선외기 1,800 m³/h를 실내로 도입하여 실내공기를 27℃(DB), 50%(RH)의 상태로 유지하기 위해 외기에서 제거해야 할 전열량은?(단, 32℃, 27℃에서의 절대습도는 각각 0.0189kg/kg, 0.0112kg/kg이며, 공기의 비중량은 1.2kg/m³, 비열은 0.24kcal/kg · ℃이다.)

① 약 9,900kcal/h
② 약 12,530kcal/h
③ 약 18,300kcal/h
④ 약 23,300kcal/h

해설 현열량 $q_s = \gamma \cdot Q \cdot C_p \cdot \Delta t$

$= 1.2 \times 1,800 \times 0.24 \times (32 - 27)$

$= 2,592 \text{kcal/h}$

잠열량 $q_L = 597.3 \gamma Q \Delta x$

$= 597.3 \times 1.2 \times 1,800 \times (0.0189 - 0.0112)$

$= 9,934.29 \text{kcal/h}$

$\therefore$ 제거할 전열량 $Q = 2,592 + 9,934.29 = 12,526.29 \text{kcal/h}$

SECTION 04 전기제어공학

61 어떤 제어계의 입력으로 단위 임펄스가 가해졌을 때 출력이 te^{-3t}이었다. 이 제어계의 전달함수는?

① $\dfrac{1}{(s+3)^2}$ ② $\dfrac{s}{(s+1)(s+2)}$

③ $s(s+2)$ ④ $(s+1)(s+2)$

해설 ㉠ 전달함수 : 각기 다른 두 양이 서로 관계하고 있을 때 최초의 양에서 다음의 다른 양으로 변환하기 위한 함수

㉡ 임펄스 : 파고율이 큰 전기적 충격파

$G(S) = C(S)$

$\therefore G = \dfrac{1}{(s+3)^2}$

62 다음과 같이 저항이 연결된 회로의 a점과 b점의 전위가 일치할 때, 저항 R_1과 R_5의 값(Ω)은?

① $R_1 = 4.5\Omega$, $R_5 = 4\Omega$

② $R_1 = 1.4\Omega$, $R_5 = 4\Omega$

③ $R_1 = 4\Omega$, $R_5 = 1.4\Omega$

④ $R_1 = 4\Omega$, $R_5 = 4.5\Omega$

해설 휘트스톤 브리지의 평형조건에 의하여

$R_2 \cdot R_5 = R_3 \cdot R_4$

$R_5 = \dfrac{R_3 \cdot R_4}{R_2} = \dfrac{6 \times 2}{3} = 4\Omega$

병렬저항의 합성저항 $R' = \dfrac{(3+6) \times (2+4)}{(3+6) + (2+4)} = 3.6\Omega$

회로의 전체 저항 $R_t = R_1 + R' = \dfrac{V}{I} = \dfrac{10}{2} = 5$

$\therefore R_1 = R_t - R' = 5 - 3.6 = 1.4\Omega$

63 피드백 제어계에서 제어요소에 대한 설명 중 옳은 것은?

① 조작부와 검출부로 구성되어 있다.

② 조절부와 검출부로 구성되어 있다.

③ 목푯값에 비례하는 신호를 발생하는 요소이다.

④ 동작신호를 조작량으로 변화시키는 요소이다.

해설 제어요소

동작신호를 조작량으로 변화시키는 요소(조절부, 조작부)

64 제어 동작에 따른 분류 중 불연속제어에 해당되는 것은?

① ON/OFF 동작   ② 비례제어 동작

③ 적분제어 동작   ④ 미분제어 동작

해설 ㉠ 불연속제어 : ON−OFF 제어(2위치 제어)

㉡ 연속제어 : ②, ③, ④항

65 PI 동작의 전달함수는?(단, K_p는 비례감도이다.)

① K_p ② $K_p s T$

③ $K(1+sT)$ ④ $K_p\left(1 + \dfrac{1}{sT}\right)$

해설 비례적분(PI) 동작

$y(t) = K_p\left(z(t) + \dfrac{1}{T_1} \int z(t)dt\right)$

$Y(s) = K_p\left(1 + \dfrac{1}{Ts}\right)X(s)$

$\therefore G(s) = \dfrac{Y(s)}{X(s)} = K_p\left(1 + \dfrac{1}{sT}\right)$

66 상용전원을 이용하여 직류전동기를 속도제어하고자 할 때 필요한 장치가 아닌 것은?

① 초퍼
② 인버터
③ 정류장치
④ 속도센서

해설 인버터

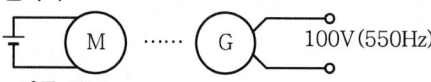
직류 12V
전력변환장치(직류전력 → 교류전력)

67 다음 그림과 같은 회로에서 스위치를 2분 동안 닫은 후 개방하였을 때 A지점에서 통과한 모든 전하량을 측정하였더니 240C이었다. 이때 저항에서 발생한 열량은 약 몇 cal인가?

① 80.2   ② 160.4
③ 240.5   ④ 460.8

해설 전류 $I = \dfrac{Q}{t} = \dfrac{240}{2 \times 60} = 2\text{A}$

열량 $H = 0.24 I^2 Rt$
$= 0.24 \times (2)^2 \times 4 \times (2 \times 60)$
$= 460.8\text{cal}$

68 온도 보상용으로 사용되는 소자는?

① 서미스터
② 바리스터
③ 제너다이오드
④ 버랙터다이오드

해설 서미스터 : 저항온도계(온도 보상용 소자)

69 그림과 같은 회로에서 단자 a, b 간에 주파수 f(Hz)의 정현파 전압을 가했을 때, 전류값 A_1과 A_2의 지시가 같았다면 f, L, C 간의 관계는?

① $f = \dfrac{1}{\sqrt{LC}}$

② $f = \sqrt{LC}$

③ $f = \dfrac{2\pi}{\sqrt{LC}}$

④ $f = \dfrac{1}{2\pi\sqrt{LC}}$

해설 그림의 회로는 병렬 공진 회로이므로

$\therefore I_L = I_C$

$I_L = \dfrac{V}{X_L}$, $I_C = \dfrac{V}{X_C}$

$X_L = \omega L$, $X_C = \dfrac{1}{\omega C}$

$\therefore \dfrac{V}{\omega L} = V \cdot \omega C$

$\dfrac{1}{2\pi f L} = 2\pi f C$

$\therefore$ 공진주파수 $f = \dfrac{1}{2\pi\sqrt{LC}}$ (Hz)

70 변압기 Y–Y 결선방법의 특성을 설명한 것으로 틀린 것은?

① 중성점을 접지할 수 있다.
② 상전압이 선간전압의 $1/\sqrt{3}$ 이 되므로 절연이 용이하다.
③ 선로에 제3조파를 주로 하는 충전전류가 흘러 통신장해가 생긴다.
④ 단상변압기 3대로 운전하던 중 한 대가 고장이 발생해도 V결선 운전이 가능하다.

해설 ④는 변압기 $\Delta - \Delta$ 결선방법에 대한 설명이다.

71 그림과 같이 트랜지스터를 사용하여 논리소자를 구성한 논리회로의 명칭은?

① OR 회로
② AND 회로
③ NOR 회로
④ NAND 회로

해설 NOR 회로 : OR 회로에 NOT 회로를 접속

논리식 $X = \overline{A+B}$

(논리기호)

진리표값

A	B	X
0	0	1
0	1	0
1	0	0
1	1	0

72 유도전동기에서 슬립이 "0"이란 의미와 같은 것은?

① 유도제동기의 역할을 한다.
② 유도전동기가 정지상태이다.
③ 유도전동기가 전부하 운전상태이다.
④ 유도전동기가 동기속도로 회전한다.

해설 ㉠ 슬립(Slip) : 미끄럼
㉡ 슬립 0 : 유도전동기가 동기속도로 회전한다.
㉢ 동기속도 : 회전자계의 극수와 교류전원의 주파수로 정해지는 회전 자계의 속도

73 자장 안에 놓여 있는 도선에 전류가 흐를 때 도선이 받는 힘 $F = BIl\sin\theta$(N)이다. 이것을 설명하는 법칙과 응용기기가 맞게 짝지어진 것은?

① 플레밍의 오른손법칙 – 발전기
② 플레밍의 왼손법칙 – 전동기
③ 플레밍의 왼손법칙 – 발전기
④ 플레밍의 오른손법칙 – 전동기

해설 전동기의 회전방향 : 플레밍의 왼손법칙 이용

74 그림과 같은 회로에서 E를 교류전압 V의 실횻값이라 할 때, 저항 양단에 걸리는 전압 e_d의 평균값은 E의 약 몇 배 정도인가?

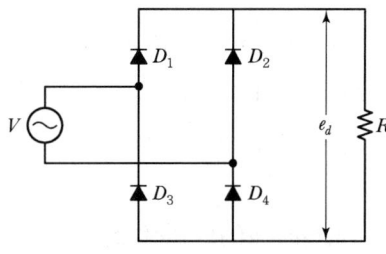

① 0.6
② 0.9
③ 1.4
④ 1.7

해설 교류의 평균값 $= \dfrac{2}{\pi}I_m = 0.637 I_m$ (A)

교류의 실횻값 $= \dfrac{I_m}{\sqrt{2}} = 0.707$A

$\therefore \dfrac{0.637}{0.707} = 0.9$

75 그림과 같은 $R-L$ 직렬회로에서 공급전압이 10V일 때 V_R=8V이면 V_L은 몇 V인가?

① 2
② 4
③ 6
④ 8

해설 $R-L$ 직렬회로

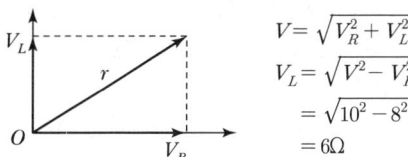

$V = \sqrt{V_R^2 + V_L^2}$

$V_L = \sqrt{V^2 - V_R^2}$

$= \sqrt{10^2 - 8^2}$

$= 6\Omega$

76 $R-L-C$ 병렬회로에서 회로가 병렬 공진되었을 때 합성 전류는 어떻게 되는가?

① 최소가 된다.
② 최대가 된다.
③ 전류는 흐르지 않는다.
④ 전류는 무한대가 된다.

해설 $R-L-C$ 병렬회로(병렬공진) 합성전류에서

㉠ 직렬공진(최대) 전류 $I = \dfrac{V}{R}$

㉡ 병렬공진(최소) 전류 $I = GV$

77 단위계단함수 $u(t)$의 그래프는?

①

②

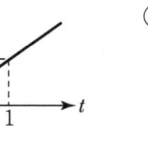
③   ④

해설 ②는 단위계단함수 $u(t)$가 시간 $t=a$만큼 지연된 파형이다.

∴ $f(t-a) = u(t-a)$

단위계단함수(Unit Step Function)

단위계단함수 $u(t) = \begin{cases} 0 & t<0 \\ 1 & t \geq 0 \end{cases}$

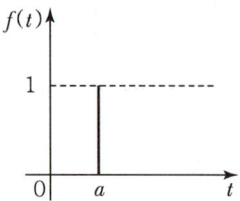

78 PLC프로그래밍에서 여러 개의 입력 신호 중 하나 또는 그 이상의 신호가 ON 되었을 때 출력이 나오는 회로는?

① OR 회로   ② AND 회로
③ NOT 회로   ④ 자기유지회로

해설 OR 회로(논리합회로)

$X = A + B$

A	B	X
0	0	0
0	1	1
1	0	1
1	1	1

A 또는 B의 한쪽이나 양자가 1일 때 출력이 1이 되는 회로

79 논리식 $X = \overline{A} \cdot \overline{B} \cdot \overline{C} + \overline{A} \cdot \overline{B} \cdot C + \overline{A} \cdot B \cdot C + \overline{A} \cdot B \cdot \overline{C}$를 가장 간단히 정리한 것은?

① $\overline{A}$ ② $\overline{B} + \overline{C}$
③ $\overline{B} \cdot \overline{C}$ ④ $\overline{A} \cdot \overline{B} \cdot \overline{C}$

해설
$X = \overline{A}\,\overline{B}\,\overline{C} + \overline{A}\,\overline{B}C + \overline{A}BC + \overline{A}B\overline{C}$
$= \overline{A}\,\overline{B}(\overline{C} + C) + \overline{A}B(C + \overline{C})$
$= \overline{A}\,\overline{B} + \overline{A}B$
$= \overline{A}(\overline{B} + B) = \overline{A} \cdot 1 = \overline{A}$

80 피드백 제어계를 시퀀스 제어계와 비교하였을 경우 그 이점으로 틀린 것은?

① 목푯값에 정확히 도달할 수 있다.
② 제어계의 특성을 향상시킬 수 있다.
③ 제어계가 간단하고 제어기가 저렴하다.
④ 외부조건의 변화에 대한 영향을 줄일 수 있다.

해설 피드백 제어계는 제어계가 복잡하고 제어기가 고가이다.

SECTION **05** 배관일반

---

81 평면상의 변위 및 입체적인 변위까지 안전하게 흡수할 수 있는 이음은?

① 스위블형 이음
② 벨로스형 이음
③ 슬리브형 이음
④ 볼 조인트 신축 이음

해설 볼 조인트 신축 이음
평면상의 변위 및 입체적인 변위까지 안전하게 흡수하는 신축조인트이다.

82 폴리에틸렌 배관의 접합방법이 아닌 것은?

① 기볼트 접합
② 용착 슬리브 접합
③ 인서트 접합
④ 테이퍼 접합

해설 기볼트(Gibault) 접합
2개의 플랜지와 고무링, 1개의 슬리브로 구성되는 석면 시멘트관(에터니트관의 접합)이다.

83 증기 트랩장치에서 필요하지 않은 것은?

① 스트레이너   ② 게이트밸브
③ 바이패스관   ④ 안전밸브

해설 ㉠ 증기트랩 : 응축수 제거(송기장치)
㉡ 안전밸브 : 스프링식, 추식, 지렛대식(안전장치)

84 배수트랩의 구비조건으로 틀린 것은?

① 내식성이 클 것
② 구조가 간단할 것
③ 봉수가 유실되지 않는 구조일 것
④ 오물이 트랩에 부착될 수 있는 구조일 것

해설 배수트랩(관트랩, 박스트랩)
하수관이나 건물 내에서 발생하는 해로운 가스의 실내 침입을 방지하는 수봉식 트랩으로서 오물이 트랩에 부착되지 않게 하는 구조이어야 한다.

85 급수배관 내 권장 유속은 어느 정도가 적당한가?

① 2m/s 이하   ② 7m/s 이하
③ 10m/s 이하   ④ 13m/s 이하

해설
급수관 유속 : 2m/s 이하로 권장한다.

86 무기질 단열재에 관한 설명으로 틀린 것은?

① 암면은 단열성이 우수하고 아스팔트 가공된 보랭용의 경우 흡수성이 양호하다.
② 유리섬유는 가볍고 유연하여 작업성이 매우 좋으며 칼이나 가위 등으로 쉽게 절단된다.
③ 탄산마그네슘 보온재는 열전도율이 낮으며 300~320℃에서 열분해한다.
④ 규조토 보온재는 비교적 단열효과가 낮으므로 어느 정도 두껍게 시공하는 것이 좋다.

해설 암면의 특징
㉠ 흡수성이 적다.
㉡ 알칼리에는 강하나 강산에는 약하다.
㉢ 풍화의 염려가 없다.
㉣ 400℃ 이하의 관, 덕트, 탱크 보온재용이다.

87 열을 잘 반사하고 확산하여 방열기 표면 등의 도장용으로 적합한 도료는?

① 광명단
② 산화철
③ 합성수지
④ 알루미늄

해설 알루미늄 방열기
알루미늄(Al)은 열을 잘 반사하고 확산하여 방열기 표면 등의 도장용으로 적합한 도료이다.

88 냉동기 용량제어의 목적으로 가장 거리가 먼 것은?

① 고내온도를 일정하게 할 수 있다.
② 중부하기동으로 기동이 용이하다.
③ 압축기를 보호하여 수명을 연장한다.
④ 부하변동에 대응한 용량제어로 경제적인 운전을 한다.

해설 냉동기 용량제어는 저부하기동으로 기동이 용이하게 하여야 한다.

89 온수난방 배관에서 리버스 리턴(Reverse Return) 방식을 채택하는 주된 이유는?

① 온수의 유량 분배를 균일하게 하기 위하여
② 배관의 길이를 짧게 하기 위하여
③ 배관의 신축을 흡수하기 위하여
④ 온수가 식지 않도록 하기 위하여

해설 리버스 리턴방식(역귀환방식)
온수배관에서 관의 길이에 상관없이 온수의 유량 분배를 균일하게 공급하기 위함이다.

90 펌프 주위의 배관 시 주의해야 할 사항으로 틀린 것은?

① 흡입관의 수평배관은 펌프를 향해 위로 올라가도록 설계한다.
② 토출부에 설치한 체크밸브는 서징현상 방지를 위해 펌프에서 먼 곳에 설치한다.
③ 흡입구는 수위면에서부터 관경의 2배 이상 물속으로 들어가게 한다.
④ 흡입관의 길이는 되도록 짧게 하는 것이 좋다.

해설

(펌프)　체크밸브(역류방지 밸브)
: 펌프 토출부 가까이에 설치한다.

91 냉매 배관을 시공할 때 주의해야 할 사항으로 가장 거리가 먼 것은?

① 배관은 가능한 한 꺾이는 곳을 적게 하고 꺾이는 곳의 구부림 지름을 작게 한다.
② 관통 부분 이외에는 매설하지 않으며, 부득이한 경우 강관으로 보호한다.
③ 구조물을 관통할 때에는 견고하게 관을 보호해야 하며, 외부로의 누설이 없어야 한다.
④ 응력발생 부분에는 냉매 흐름 방향에 수평이 되게 루프 배관을 한다.

해설

구부림의 지름(R)을 크게 하여 유체의 흐름을 원활하게 한다.

92 배수관은 피복두께를 보통 10mm 정도 표준으로 하여 피복한다. 피복의 주된 목적은?

① 충격방지　② 진동방지
③ 방로 및 방음　④ 부식방지

해설 배수관 피복의 주목적 : 방로(결로) 및 방음 방지

93 5세주형 700mm의 주철제 방열기를 설치하여 증기온도가 110℃, 실내 공기온도가 20℃이며 난방부하가 25,000kcal/h일 때 방열기의 소요 쪽수는?(단, 방열계수 6.9kcal/m²h℃, 1쪽당 방열면적 0.28m²이다.)

① 144쪽　② 154쪽
③ 164쪽　④ 174쪽

해설 방열기 방열량 $q = K \cdot A \cdot n \cdot \Delta t$

방열기 쪽수 $n = \dfrac{q}{K \cdot A \cdot \Delta t}$

$\qquad = \dfrac{2,500}{6.9 \times 0.28 \times (110 - 20)}$

$\qquad = 143.78 (144쪽)$

94 증기난방의 특징에 관한 설명으로 틀린 것은?

① 이용열량이 증기의 증발잠열로서 매우 크다.
② 실내온도의 상승이 느리고 예열 손실이 많다.
③ 운전을 정지시키면 관에 공기가 유입되므로 관의 부식이 빠르게 진행된다.
④ 취급안전상 주의가 필요하므로 자격을 갖춘 기술자를 필요로 한다.

해설 증기난방은 엔탈피가 크고 온도가 높아서 실내의 온도상승이 빠르다(예열손실이 큰 난방은 온수난방이다).

95 간접 가열 급탕법과 가장 거리가 먼 장치는?

① 증기 사일렌서　② 저탕조
③ 보일러　④ 고가수조

해설 중앙식 급탕법
㉠ 직접 가열식
㉡ 간접가열식(대규모 건물)
㉢ 기수혼합법(열효율 100%)
① 증기 사일렌서 : 증기 0.1~0.4MPa 사용(기수혼합법에 사용)

96 하트 포드(Hart Ford) 배관법에 관한 설명으로 가장 거리가 먼 것은?

① 보일러 내의 안전 저수면보다 높은 위치에 환수관을 접속한다.

② 저압증기 난방에서 보일러 주변의 배관에 사용한다.

③ 하트포드 배관법은 보일러 내의 수면이 안전수위 이하로 유지하기 위해 사용된다.

④ 하트포드 배관 접속 시 환수주관에 침적된 찌꺼기의 보일러 유입을 방지할 수 있다.

해설 하트 포드 배관법

증기보일러　표준수면 ------------
（균형관 설치） 50mm (안전저수면보다 높다)
급수공급
환수헤더 ------------ 안전저수면

97 가스배관에 관한 설명으로 틀린 것은?

① 특별한 경우를 제외한 옥내배관은 매설배관을 원칙으로 한다.

② 부득이하게 콘크리트 주요 구조부를 통과할 경우에는 슬리브를 사용한다.

③ 가스배관에는 적당한 구배를 두어야 한다.

④ 열에 의한 신축, 진동 등의 영향을 고려하여 적절한 간격으로 지지하여야 한다.

해설 가스배관은 누설검사를 위하여 옥내배관 설치 시 가급적 노출배관으로 한다.

98 팽창탱크 주위 배관에 관한 설명으로 틀린 것은?

① 개방식 팽창탱크는 시스템의 최상부보다 1m 이상 높게 설치한다.

② 팽창탱크의 급수에는 전동밸브 또는 볼밸브를 이용한다.

③ 오버플로관 및 배수관은 간접배수로 한다.

④ 팽창관에는 팽창량을 조절할 수 있도록 밸브를 설치한다.

해설 온수난방 팽창관(보충수관)에는 어떠한 밸브도 설치하지 않는다.

99 다음 중 밸브의 역할이 아닌 것은?

① 유체의 밀도 조절
② 유체의 방향 전환
③ 유체의 유량 조절
④ 유체의 흐름 단속

해설 밸브는 유체의 흐름을 개방, 폐쇄하는 데 사용된다(글로브 밸브는 유량조절 가능).
• 밀도(kg/m³), 비체적(m³/kg)

100 배수트랩의 형상에 따른 종류가 아닌 것은?

① S트랩　② P트랩
③ U트랩　④ H트랩

해설 ⊙ 배수트랩(관트랩)
• S트랩
• P트랩
• U트랩

ⓛ 배수트랩(박스트랩)
• 드럼트랩
• 벨트랩
• 가솔린 트랩
• 그리스 트랩

SECTION 01 기계열역학

01 대기압 100kPa에서 용기에 가득 채운 프로판을 일정한 온도에서 진공펌프를 사용하여 2kPa까지 배기하였다. 용기 내에 남은 프로판의 중량은 처음 중량의 몇 % 정도 되는가?

① 20% ② 2%
③ 50% ④ 5%

해설 프로판(C_3H_8) : 44kg($22.4m^3 = 1$kmol)
배출량$= 100 - 2 = 98$kPa
잔류량$= 100 - 98 = 2$kPa
∴ 잔류중량$(\%) = \dfrac{2}{100} \times 100 = 2\%$

02 열역학적 상태량은 일반적으로 강도성 상태량과 용량성 상태량으로 분류할 수 있다. 강도성 상태량에 속하지 않는 것은?

① 압력 ② 온도
③ 밀도 ④ 체적

해설 용량성 상태량
㉠ 질량에 정비례한다.
㉡ 체적, 에너지, 질량 등이며 비체적(m^3/kg)은 강도성 상태량에 속한다.

03 온도가 150℃인 공기 3kg이 정압 냉각되어 엔트로피가 1.063kJ/K만큼 감소되었다. 이때 방출된 열량은 약 몇 kJ인가?(단, 공기의 정압비열은 1.01kJ/kg · K이다.)

① 27 ② 379
③ 538 ④ 715

해설 엔트로피 변화량 $\Delta S = m C_p \ln \dfrac{T_2}{T_1}$

$\ln \dfrac{T_2}{T_1} = \dfrac{\Delta S}{m \cdot C_p}$ 이고, $\dfrac{T_2}{T_1} = e^{\frac{\Delta S}{m \cdot C_p}}$

∴ $T_2 = T_1 \times e^{\frac{\Delta S}{m \cdot C_p}} = (150 + 273) \times e^{\frac{-1.063}{3 \times 1.01}}$
$= 297.84$K
이때, 열량 $Q = m C_p (T_2 - T_1)$
$= 3 \times 1.01 \times (297.84 - 423)$
$= -379.23$
∴ 379.23kJ의 열을 방출한다.

04 밀폐계의 가역 정적 변화에서 다음 중 옳은 것은?(단, U : 내부에너지, Q : 전달된 열, H : 엔탈피, V : 체적, W : 일이다.)

① $dU = dQ$ ② $dH = dQ$
③ $dV = dQ$ ④ $dW = dQ$

해설 밀폐계 가역 정적 변화
내부에너지 변화량$(dU) = dQ$, $dQ = dU + dW$

05 공기 1kg을 정적과정으로 40℃에서 120℃까지 가열하고, 다음에 정압과정으로 120℃에서 220℃까지 가열한다면 전체 가열에 필요한 열량은 약 얼마인가?(단, 정압비열은 1.00kJ/kg · K, 정적비열은 0.71kJ/kg · K이다.)

① 127.8kJ/kg ② 141.5kJ/kg
③ 156.8kJ/kg ④ 185.2kJ/kg

해설 • 정적과정 열량 $q_1 = C_v dT_1 = 0.71 \times (393 - 313)$
$= 56.8$kJ/kg
• 정압과정 비열 $q_2 = C_p dT_2 = 1.00 \times (493 - 393)$
$= 100$kJ/kg
∴ $q_t = q_1 + q_2 = 56.8 + 100 = 156.8$kJ/kg

06 오토 사이클의 압축비가 6인 경우 이론 열효율은 약 몇 %인가?(단, 비열비=1.4이다.)

① 51 ② 54
③ 59 ④ 62

해설 열효율$(\eta_0) = 1 - \left(\dfrac{1}{\varepsilon}\right)^{k-1} = 1 - \left(\dfrac{1}{6}\right)^{1.4-1} = 0.51(51\%)$

07 수소(H_2)를 이상기체로 생각하였을 때, 절대압력 1MPa, 온도 100℃에서의 비체적은 약 몇 m³/kg인가?(단, 일반기체상수는 8.3145kJ/kmol · K이다.)

① 0.781 ② 1.26
③ 1.55 ④ 3.46

해설 $Pv=mRT$, $R=\dfrac{R_u}{M}$ 에서

비체적 $v=\dfrac{mRT}{P}=\dfrac{mR_uT}{PM}$

$\qquad =\dfrac{1\times8.3143\times(100+273)}{(1\times1,000)\times2}$

$\qquad =1.55\text{m}^3/\text{kg}$

※ 수소(H_2)의 분자량 $M=2$

08 질량 1kg의 공기가 밀폐계에서 압력과 체적이 100kPa, 1m³이었는데 폴리트로픽 과정(PV^n = 일정)을 거쳐 체적이 0.5m³이 되었다. 최종 온도(T_2)와 내부에너지의 변화량(ΔU)은 각각 얼마인가? (단, 공기의 기체상수는 287J/kg · K, 정적비열은 718J/kg · K, 정압비열은 1,005J/kg · K, 폴리트로픽 지수는 1.3이다.)

① $T_2=459.7$K, $\Delta U=111.3$kJ
② $T_2=459.7$K, $\Delta U=79.9$kJ
③ $T_2=428.9$K, $\Delta U=80.5$kJ
④ $T_2=428.9$K, $\Delta U=57.8$kJ

해설 $Pv=mRT$에서

$T_1=\dfrac{P_1V_1}{mR}=\dfrac{(100\times10^3)\times1}{1\times287}=348.43$K

폴리트로픽 변화

$P_1V_1^k=P_2V_2^k$, $T_1V_1^{k-1}=T_2V_2^{k-1}$

• 최종온도 $T_2=T_1\times\left(\dfrac{V_1}{V_2}\right)^{k-1}$

$\qquad\qquad =348.43\times\left(\dfrac{1.0}{0.5}\right)^{1.3-1}$

$\qquad\qquad =428.97$K

• 에너지 변화량 $\Delta U=U_2-U_1=mC_v(T_2-T_1)$

$\qquad\qquad =1\times718\times(428.97-348.43)\times10^{-3}$

$\qquad\qquad =57.83$kJ

09 온도 T_2인 저온체에서 열량 Q_A를 흡수해서 온도가 T_1인 고온체로 열량 Q_R를 방출할 때 냉동기의 성능계수(Coefficient of Performance)는?

① $\dfrac{Q_R-Q_A}{Q_A}$ ② $\dfrac{Q_R}{Q_A}$

③ $\dfrac{Q_A}{Q_R-Q_A}$ ④ $\dfrac{Q_A}{Q_R}$

해설 냉동기 성능계수 $COP=\dfrac{Q_A}{Q_R-Q_A}$

10 그림과 같은 Rankine 사이클의 열효율은 약 몇 %인가?(단, $h_1=191.8$kJ/kg, $h_2=193.8$kJ/kg, $h_3=2,799.5$kJ/kg, $h_4=2,007.5$kJ/kg이다.)

① 30.3% ② 39.7%
③ 46.9% ④ 54.1%

해설 랭킨 사이클 열효율

$\eta_R=\dfrac{h_3-h_4}{h_3-h_1}=\dfrac{2,799.5-2,007.5}{2,799.5-191.8}$

$\qquad =0.3037(30.37\%)$

11 비열비가 k인 이상기체로 이루어진 시스템이 정압과정으로 부피가 2배로 팽창할 때 시스템이 한 일이 W, 시스템에 전달된 열이 Q일 때, $\dfrac{W}{Q}$는 얼마인가?(단, 비열은 일정하다.)

① k ② $\dfrac{1}{k}$

③ $\dfrac{k}{k-1}$ ④ $\dfrac{k-1}{k}$

해설 $W = mR(T_2 - T_1)$

$Q = mC_p(T_2 - T_1)$

$R = C_p - C_v$, 비열비 $\dfrac{C_p}{C_v} = K$

$\therefore \dfrac{W}{Q} = \dfrac{mR(T_2 - T_1)}{mC_p(T_2 - T_1)} = \dfrac{R}{C_p} = \dfrac{C_p - C_v}{C_p}$

$\qquad = 1 - \dfrac{C_v}{C_p} = 1 - \dfrac{1}{K}$

$\qquad = \dfrac{K-1}{K}$

12 그림과 같이 중간에 격벽이 설치된 계에서 A에는 이상기체가 충만되어 있고, B는 진공이며, A와 B의 체적은 같다. A와 B 사이의 격벽을 제거하면 A의 기체는 단열비가역 자유팽창을 하여 어느 시간 후에 평형에 도달하였다. 이 경우의 엔트로피 변화 Δs는?(단, C_v는 정적비열, C_p는 정압비열, R은 기체상수이다.)

```
 ┌─┐ ┌─┐
 │A├─┤B│
 └─┘ └─┘
```

① $\Delta s = C_v \times \ln 2$　② $\Delta s = C_p \times \ln 2$

③ $\Delta s = 0$　④ $\Delta s = R \times \ln 2$

해설 엔트로피 변화$(\Delta s) = R \times \ln 2$

13 30℃, 100kPa의 물을 800kPa까지 압축한다. 물의 비체적이 $0.001\text{m}^3/\text{kg}$으로 일정하다고 할 때, 단위 질량당 소요된 일(공업일)은?

① 167J/kg　② 602J/kg

③ 700J/kg　④ 1,400J/kg

해설 공업일＝압축일＝소비일＝개방계일＝유동일＝가역일

공업일$(W_t) = -\displaystyle\int_1^2 VdP$, $\delta q = dh - AVdP$, $\delta q = 0$

$\therefore 800 - 100 = 700$J/kg

14 냉동기 냉매의 일반적인 구비조건으로서 적합하지 않은 사항은?

① 임계 온도가 높고, 응고 온도가 낮을 것

② 증발열이 적고, 증기의 비체적이 클 것

③ 증기 및 액체의 점성이 작을 것

④ 부식성이 없고, 안정성이 있을 것

해설 냉매는 증발열이 크고, 증기의 비체적(m^3/kg)이 작아야 한다.

15 카르노 열기관 사이클 A는 0℃와 100℃ 사이에서 작동되며 카르노 열기관 사이클 B는 100℃와 200℃ 사이에서 작동된다. 사이클 A의 효율(η_A)과 사이클 B의 효율(η_B)을 각각 구하면?

① $\eta_A = 26.80\%$, $\eta_B = 50.00\%$

② $\eta_A = 26.80\%$, $\eta_B = 21.14\%$

③ $\eta_A = 38.75\%$, $\eta_B = 50.00\%$

④ $\eta_A = 38.75\%$, $\eta_B = 21.14\%$

해설 카르노 사이클 효율

$\eta = \dfrac{T_H - T_L}{T_H}$

$\eta_A = \dfrac{(100+273)-(0+273)}{(100+273)} = 0.2681(26.81\%)$

$\eta_B = \dfrac{(200+273)-(100+273)}{(200+273)} = 0.2114(21.14\%)$

16 냉동실에서의 흡수 열량이 5 냉동통(RT)인 냉동기의 성능계수(COP)가 2, 냉동기를 구동하는 가솔린 엔진의 열효율이 20%, 가솔린의 발열량이 43,000 kJ/kg일 경우, 냉동기 구동에 소요되는 가솔린의 소비율은 약 몇 kg/h인가?(단, 1냉동톤(RT)은 약 3.86kW이다.)

① 1.28kg/h　② 2.54kg/h

③ 4.04kg/h　④ 4.85kg/h

해설 냉동기 성능계수 $COP = \dfrac{Q_e}{W}$에서

$W = \dfrac{Q_e}{COP} = \dfrac{5 \times 3.86}{2} = 9.65$kW

또한, $W = \dfrac{mH\eta}{3,600}$에서

가솔린 소비율 $m = \dfrac{W \times 3,600}{H \cdot \eta} = \dfrac{9.65 \times 3,600}{43,000 \times 0.2}$

$\qquad = 4.04$kg/h

17 이상기체에서 엔탈피 h와 내부에너지 u, 엔트로피 s 사이에 성립하는 식으로 옳은 것은?(단, T는 온도, v는 체적, P는 압력이다.)

① $Tds = dh + vdP$ ② $Tds = dh - vdP$

③ $Tds = du - Pdv$ ④ $Tds = dh + d(Pv)$

해설 엔트로피 $Tds = dh - vdP$

18 밀도 $1,000\text{kg/m}^3$인 물이 0.01m^2인 관 속을 2m/s의 속도로 흐를 때, 질량유량은?

① 20kg/s ② 2.0kg/s

③ 50kg/s ④ 5.0kg/s

해설 유량$(Q) = 0.01 \times 2 = 0.02\text{m}^3/\text{s}$

∴ 질량유량 $= 1,000 \times 0.02 = 20\text{kg/s}$

19 과열증기를 냉각시켰더니 포화영역 안으로 들어와서 비체적이 $0.2327\text{m}^3/\text{kg}$이 되었다. 이때의 포화액과 포화증기의 비체적이 각각 $1.079 \times 10^{-3}\text{m}^3/\text{kg}$, $0.5243\text{m}^3/\text{kg}$이라면 건도는?

① 0.964 ② 0.772

③ 0.653 ④ 0.443

해설 증기건도 $x = \dfrac{0.2327 - 1.079 \times 10^{-3}}{0.5243 - 1.079 \times 10^{-3}}$

$= 0.4427$

20 $20℃$의 공기 5kg이 정압과정을 거쳐 체적이 2배가 되었다. 공급한 열량은 몇 약 kJ인가?(단, 정압비열은 $1\text{kJ/kg} \cdot \text{K}$이다.)

① $1,465$ ② $2,198$

③ $2,931$ ④ $4,397$

해설 $PV_1 = mRT_1$, $PV_2 = mRT_2$에서

$\dfrac{T_2}{T_1} = \dfrac{V_2}{V_1} = \dfrac{2V_1}{V_1} = 2$ (∵ 체적 2배)

$T_2 = 2T_1 = 2 \times (20 + 273) = 586\text{K}$

정압과정을 거치므로 $\delta Q = m \cdot C_p \cdot dT$

∴ $Q = 5 \times 1 \times (586 - 293) = 1,465\text{kJ}$

SECTION 02 냉동공학

21 역카르노 사이클에서 $T - S$ 선도상 성적계수 ε를 구하는 식은?(단, AW : 외부로부터 받은 일, Q_1 : 고온으로 배출하는 열량, Q_2 : 저온으로부터 받은 열량, T_1 : 고온, T_2 : 저온)

① $\varepsilon = \dfrac{AW}{Q_1}$ ② $\varepsilon = \dfrac{Q_1 - Q_2}{Q_2}$

③ $\varepsilon = \dfrac{T_1 - T_2}{T_1}$ ④ $\varepsilon = \dfrac{T_2}{T_1 - T_2}$

해설 역카르노 사이클(냉동 사이클)의 $T - S$ 선도에서

성적계수$(\varepsilon) = \dfrac{Q_2}{Q_1 - Q_2} = \dfrac{T_2}{T_1 - T_2} = \dfrac{Q_2}{AW}$

22 온도식 자동팽창밸브의 감온통 설치방법으로 틀린 것은?

① 증발기 출구 측 압축기로 흡입되는 곳에 설치할 것

② 흡입 관경이 20A 이하인 경우에는 관 상부에 설치할 것

③ 외기의 영향을 받을 경우는 보온해 주거나 감온통 포켓을 설치할 것

④ 압축기 흡입관에 트랩이 있는 경우에는 트랩 부분에 부착할 것

해설 감온통은 트랩 전에 설치하고 트랩은 피한다(온도식 자동팽창밸브에서).

23 고속다기통 압축기의 장점으로 틀린 것은?

① 용량제어 장치인 시동부하 경감기(Starting Unloader)를 이용하여 기동 시 무부하 기동이 가능하고, 대용량에서도 시동에 필요한 동력이 적다.

② 크기에 비하여 큰 냉동능력을 얻을 수 있고, 설치 면적은 입형압축기에 비하여 1/2~1/3 정도이다.

③ 언로더 기구에 의해 자동 제어 및 자동 운전이 용이하다.

④ 압축비의 증가에 따라 체적 효율의 저하가 작다.

고속다기통(압축기가 4개 이상) 압축기는 압축비(고압/저압)가 커지면 체적 효율이 감소한다(능력이 감소하고 동력의 손실이 많아진다).

24 냉동장치의 제상에 대한 설명으로 옳은 것은?

① 제상은 증발기의 성능 저하를 막기 위해 행해진다.
② 증발기에 착상이 심해지면 냉매 증발압력은 높아진다.
③ 살수식 제상 장치에 사용되는 일반적인 수온은 약 50~80℃로 한다.
④ 핫가스 제상이라 함은 뜨거운 수증기를 이용하는 것이다.

냉동장치의 제상
㉠ 냉동장치에서 증발기 냉각코일의 표면온도가 공기의 냉각노점 온도보다 낮아지면 공기 중의 수분이 응축하여 코일 표면에 부착 후 코일의 온도가 물의 동결 온도보다 낮아지면서 서리(상)가 생긴다. 이것을 제거하는 것을 제상이라 한다(제상을 하면 증발기 성능이 증가한다).
㉡ 증발기에 상이 착상하면 증발압력이 낮아진다(압축비는 증가한다).
㉢ 핫가스 제상은 냉매가스 이용(냉매증기 이용)
㉣ 살수식 : 10~25℃ 물 사용

25 냉매배관 중 액분리기에서 분리된 냉매의 처리방법으로 틀린 것은?

① 응축기로 순환시키는 방법
② 증발기로 재순환시키는 방법
③ 고압 측 수액기로 회수하는 방법
④ 가열시켜 액을 증발시키고 압축기로 회수하는 방법

냉매가스 중 냉매액은 응축기로 돌려줄 수는 없다.

26 다음 그림은 이상적인 냉동 사이클을 나타낸 것이다. 각 과정에 대한 설명으로 틀린 것은?

① Ⓐ과정은 단열팽창이다.
② Ⓑ과정은 등온압축이다.
③ Ⓒ과정은 단열압축이다.
④ Ⓓ과정은 등온압축이다.

역카르노 사이클(냉동 사이클)에서 Ⓑ는 등온팽창(증발기)이다.

27 실내 벽면의 온도가 −40℃인 냉장고의 벽을 노점 온도를 기준으로 방열하고자 한다. 열전도율이 0.035 kcal/mh℃인 방열재를 사용한다면 두께는 얼마로 하면 좋은가?(단, 외기온도는 30℃, 상대습도는 85%, 노점온도는 27.2℃, 방열재와 외기의 열전달률은 7kcal/m²h℃로 한다.)

① 50mm
② 75mm
③ 100mm
④ 125mm

$q = \alpha A(t_1 - t_2) = \dfrac{\lambda}{x} A(t_2 - t_3)$ 에서

$$x = \frac{\lambda(t_2 - t_3)}{\alpha(t_1 - t_2)} = \frac{0.035 \times (27.2 - (-40))}{7 \times (30 - 27.2)} = 0.12$$

∴ 120mm
여기서, λ : 열전도율 (W/mK)
x : 방열재 두께 (m)
A : 방열재 면적 (m²)
α : 대류열전달계수 (W/m²K)

28 두께 30cm의 벽돌로 된 벽이 있다. 내면의 온도가 21℃, 외면의 온도가 35℃일 때 이 벽을 통해 흐르는 열량은?(단, 벽돌의 열전도율 K는 0.793W/mK이다.)

① 32W/m²
② 37W/m²
③ 40W/m²
④ 43W/m²

해설 열전도 손실열량 $q = \dfrac{K}{l}(t_2 - t_1)$

$$= \dfrac{0.793}{(30 \times 10^{-2})} \times (35 - 21)$$

$$= 37\text{W/m}^2$$

29 어떤 암모니아 냉동기의 이론 성적계수는 4.75이고, 기계효율은 90%, 압축효율은 75%일 때 1냉동톤 (1RT)의 능력을 내기 위한 실제 소요마력은 약 몇 마력(PS)인가?

① 1.64

② 2.73

③ 3.63

④ 4.74

해설 냉동기의 이론 성적계수 $COP = \dfrac{Q_e}{W} = 4.75$

이론상의 동력 $W = \dfrac{Q_e}{4.75}$

실제 소요 동력 $W' = \dfrac{W}{\eta_c \cdot \eta_m} = \dfrac{Q_e}{4.75 \times \eta_c \times \eta_m}$

$$= \dfrac{1 \times 3,320}{4.75 \times 0.75 \times 0.9 \times 632}$$

$$= 1.64$$

※ $1\text{RT} = 3,320\text{kcal/h}$, $1\text{PS} = 632\text{kcal/h}$

30 증발식 응축기에 대한 설명으로 옳은 것은?

① 냉각수의 감열(현열)로 냉매가스를 응축

② 외기의 습구온도가 높아야 응축능력 증가

③ 응축온도가 낮아야 응축능력 증가

④ 냉각탑과 응축기의 기능을 하나로 합한 것

해설 증발식 응축기(암모니아용)
물의 증발잠열을 이용하므로 냉각수가 적게 든다. 습도가 높으면 능력 저하(냉각탑과 응축기의 기능을 하나로 합한 것)가 발생한다.

31 압축기에 사용되는 냉매의 이상적인 구비조건으로 옳은 것은?

① 임계온도가 낮을 것

② 비열비가 작을 것

③ 증발잠열이 작을 것

④ 비체적이 클 것

해설 냉매는 임계온도가 높고, 비체적이 작으며, 증발잠열이 크다. 비열비(정압비열/정적비열)가 크면 토출가스 온도가 높아지므로 비열비가 작아야 한다.

32 흡수식 냉동기에서 냉매의 과랭 원인이 아닌 것은?

① 냉수 및 냉매량 부족

② 냉각수 부족

③ 증발기 전열면적 오염

④ 냉매에 용액이 혼입

해설 흡수식 냉동기에서 냉매가 과랭이 되는 이유는 냉각탑에서 오는 냉각수가 풍부하기 때문이다(흡수식에서 냉매는 H_2O이다).

33 흡수식 냉동기에서의 냉각원리로 옳은 것은?

① 물이 증발할 때 주위에서 기화열을 빼앗고 열을 빼앗기는 쪽은 냉각되는 현상을 이용한다.

② 물이 응축할 때 주위에서 액화열을 빼앗고 열을 빼앗기는 쪽은 냉각되는 현상을 이용한다.

③ 물이 팽창할 때 주위에서 팽창열을 빼앗고 열을 빼앗기는 쪽은 냉각되는 현상을 이용한다.

④ 물이 압축할 때 주위에서 압축열을 빼앗고 열을 빼앗기는 쪽은 냉각되는 현상을 이용한다.

해설 흡수식 냉동기

34 압축기 실린더의 체적 효율이 감소되는 경우가 아닌 것은?

① 클리어런스(Clearance)가 작을 경우

② 흡입 · 토출 밸브에서 누설될 경우

③ 실린더 피스톤이 과열될 경우

④ 회전속도가 빨라질 경우

실린더 간극
피스톤
클리어런스(간극)가 작으면 체적 효율이 증가한다.

35 냉각수 입구온도 25℃, 냉각수량 1,000L/min인 응축기의 냉각 면적이 80m², 그 열통과율이 600kcal/m²h℃이고, 응축온도와 냉각수온의 평균온도차가 6.5℃이면 냉각수 출구온도는?

① 28.4℃ ② 32.6℃
③ 29.6℃ ④ 30.2℃

해설 $q = G \cdot C \cdot (t_2 - t_1) = K \cdot A \cdot \Delta t_m$ 에서

$$t_2 - t_1 = \frac{K \cdot A \cdot \Delta t_m}{G \cdot C}$$

∴ 냉각수 출구온도 $t_2 = t_1 + \dfrac{K \cdot A \cdot \Delta t_m}{G \cdot C}$

$$= 25 + \frac{600 \times 80 \times 6.5}{(1,000 \times 60) \times 1}$$

$$= 30.2℃$$

36 동일한 냉동실 온도조건으로 냉동설비를 할 경우 브라인식과 비교한 직접팽창식에 관한 설명으로 틀린 것은?

① 냉매의 증발온도가 낮다.
② 냉매 소비량(충전량)이 많다.
③ 소요동력이 적다.
④ 설비가 간단하다.

해설 직접팽창식 냉동기는 같은 온도조건에서는 냉매의 증발온도가 간접식(브라인식) 냉동기에 비하여 높다.

37 다음 중 아이스크림 등을 제조할 때 혼합원료에 공기를 포함시켜서 얼리는 동결장치는?

① 프리저(Freezer)
② 스크루 컨베이어
③ 하드닝 터널
④ 동결 건조기(Freeze Drying)

해설 프리저
아이스크림 제조시 혼합원료에 공기를 포함하여 얼리는 동결장치이다(냉동법, 냉장법).

38 압력-온도 선도(듀링 선도)를 이용하여 나타내는 냉동 사이클은?

① 증기 압축식 냉동기
② 원심식 냉동기
③ 스크롤식 냉동기
④ 흡수식 냉동기

해설 흡수식 냉동기(듀링 선도 사용)는 증발기 내의 압력이 6.5 mmHg(증발온도 5℃) 진공

39 15℃의 순수한 물로 0℃의 얼음을 매시간 50kg 만드는 데 냉동기의 냉동능력은 약 몇 냉동톤인가?(단, 1냉동톤은 3,320kcal/h이며, 물의 응축잠열은 80 kcal/kg이고, 비열은 1kcal/kg℃이다.)

① 0.67 ② 1.43
③ 2.80 ④ 3.21

해설 • 15℃의 물→0℃의 물
물의 현열 $Q_1 = mC\Delta t = 50 \times 1 \times (15 - 0)$
$$= 750\text{kcal/h}$$
• 0℃의 물→0℃의 얼음
물의 응고열 $Q_2 = m \cdot \gamma = 50 \times 80$
$$= 4,000\text{kcal/h}$$
∴ 냉동능력 $= \dfrac{750 + 4,000}{3,320} = 1.43\text{RT}$

40 드라이어(Dryer)에 관한 설명으로 옳은 것은?

① 주로 프레온 냉동기보다 암모니아 냉동기에 사용된다.
② 냉동장치 내에 수분이 존재하는 것은 좋지 않으므로 냉매 종류에 관계없이 소형 냉동장치에 설치한다.
③ 프레온은 수분과 잘 용해하지 않으므로 팽창밸브에서의 동결을 방지하기 위하여 설치한다.
④ 건조제로는 황산, 염화칼슘 등의 물질을 사용한다.

해설 ㉠ 드라이어 냉매건조기(제습기)는 프레온 냉동장치에서 수
분의 침입으로 팽창밸브 동결을 방지한다.
㉡ 제습제 : 실리카겔, 알루미나겔, 소바비드, 몰리쿨러시브
㉢ 설치위치 : 팽창밸브와 수액기 사이
㉣ 대형 냉동기에 드라이어 설치

SECTION 03 공기조화

41 공기조절기의 공기냉각 코일에서 공기와 냉수의 온
도 변화가 그림과 같았다. 이 코일의 대수평균온도차
(LMTD)는?

① 9.7℃
② 12.4℃
③ 14.4℃
④ 15.6℃

해설 대수평균온도차 $LMTD = \dfrac{\Delta t_1 - \Delta t_2}{\ln\dfrac{\Delta t_1}{\Delta t_2}} = \dfrac{20-10}{\ln\left(\dfrac{20}{10}\right)}$

$= 14.43℃$

42 다음 공기조화 장치 중 실내로부터 환기의 일부를 외
기와 혼합한 후 냉각코일을 통과시키고, 이 냉각코일
출구의 공기와 환기의 나머지를 혼합하여 송풍기로
실내에 재순환시키는 장치의 흐름도는?

해설 ② 일부 환기＋외기 → 혼합공기 → 냉각코일 → 나머지 환
기＋혼합공기 → 실내 송풍 재순환 흐름도

43 아래의 그림은 공조기에 ① 상태의 외기와 ② 상태의
실내에서 되돌아온 공기가 공조기로 들어와 ⑥ 상태
로 실내로 공급되는 과정을 습공기 선도에 표현한 것
이다. 공조기 내 과정을 알맞게 나열한 것은?

① 예열－혼합－증기가습－가열
② 예열－혼합－가열－증기가습
③ 예열－증기가습－가열－증기가습
④ 혼합－제습－증기가습－가열

해설 ⑥ 상태로 공급될 때 실내습도 증가, 온도 상승, 엔탈피 증가
(예열－혼합－가열－증기가습)

44 덕트 시공도 작성 시 유의사항으로 틀린 것은?

① 소음과 진동을 고려한다.
② 설치 시 작업공간을 확보한다.
③ 덕트의 경로는 될 수 있는 한 최장거리로 한다.
④ 댐퍼의 조작 및 점검이 가능한 위치에 있도록 한다.

해설 덕트의 경로는 될 수 있는 한 최단거리로 한다.

45 외기 및 반송(Return) 공기의 분진량이 각각 C_O, C_R이고, 공급되는 외기량 및 필터로 반송되는 공기량은 각각 Q_O, Q_R이며, 실내 발생량이 M이라 할 때 필터의 효율(η)은?

① $\eta = \dfrac{Q_O(C_O - C_R) + M}{C_O Q_O + C_R Q_R}$

② $\eta = \dfrac{Q_O(C_O - C_R) + M}{C_O Q_O - C_R Q_R}$

③ $\eta = \dfrac{Q_O(C_O + C_R) + M}{C_O Q_O + C_R Q_R}$

④ $\eta = \dfrac{Q_O(C_O - C_R) - M}{C_O Q_O - C_R Q_R}$

해설 ㉠ 실내오염발생량(M) : mg/h · min 분진(mL/h · min 가스량)
㉡ 외기의 오염농도(mg/m³ 분진)(mL/m³ 가스)
㉢ 실내환기량(m³/h)
㉣ 도입외기량(m³/h)

46 펌프의 공동현상에 관한 설명으로 틀린 것은?

① 흡입 배관경이 클 경우 발생한다.
② 소음 및 진동이 발생한다.
③ 임펠러 침식이 생길 수 있다.
④ 펌프의 회전수를 낮추어 운전하면 이 현상을 줄일 수 있다.

해설 펌프에서 공동현상(캐비테이션)은 흡입 배관경이 작을 때 발생한다.

47 전압기준 국부저항계수 ζ_T와 정압기준 국부저항계수 ζ_S와의 관계를 바르게 나타낸 것은?(단, 덕트 상류 풍속을 v_1, 하류 풍속을 v_2라 한다.)

① $\zeta_T = \zeta_S - 1 + \left(\dfrac{v_2}{v_1}\right)^2$

② $\zeta_T = \zeta_S + 1 - \left(\dfrac{v_2}{v_1}\right)^2$

③ $\zeta_T = \zeta_S - 1 - \left(\dfrac{v_2}{v_1}\right)^2$

④ $\zeta_T = \zeta_S + 1 + \left(\dfrac{v_2}{v_1}\right)^2$

해설 전압기준 국부저항계수
$= $ 정압기준 국부저항계수 $+ 1 - \left(\dfrac{\text{하류풍속}}{\text{덕트상류풍속}}\right)^2$

48 보일러에서 발생한 증기량이 소비량에 비해 과잉일 경우 액화저장하고 증기량이 부족할 경우 저장 증기를 방출하는 장치는?

① 절탄기   ② 과열기
③ 재열기   ④ 축열기

해설 축열기(어큐뮬레이터)
소비량에 비해 남는 잉여증기를 물에 넣어서 온수로 만든 후 과부하 시 재사용한다.

49 공기 중에 떠다니는 먼지는 물론 가스와 미생물 등의 오염 물질까지도 극소로 만든 설비로서 청정 대상이 주로 먼지인 경우로 정밀측정실이나 반도체 산업, 필름 공업 등에 이용되는 시설을 무엇이라 하는가?

① 클린아웃(CO)
② 칼로리미터
③ HEPA 필터
④ 산업용 클린룸(ICR)

해설 산업용 클린룸
반도체산업 필름공업 등에 이용되는 오염물질을 극소로 만든 설비 클린룸

50 공기조화방식에서 팬코일 유닛방식에 대한 설명으로 틀린 것은?

① 사무실, 호텔, 병원 및 점포 등에 사용한다.
② 배관방식에 따라 2관식 4관식으로 분류된다.
③ 중앙기계실에서 냉수 또는 온수를 공급하여 각 실에 설치한 팬코일 유닛에 의해 공조하는 방식이다.
④ 팬코일 유닛방식에서의 열부하 분담은 내부존 팬코일 유닛방식과 외부존 터미널방식이 있다.

해설 **팬코일 유닛방식**
외기를 도입하지 않는 방식. 외기를 실내 유닛인 팬코일 유닛으로 도입하는 방식. 덕트병용 팬코일 방식이 있다.

51 증기 보일러의 발생열량이 60,000kcal/h, 환산증발량이 111.3kg/h이다. 이 증기 보일러의 상당방열면적(EDR)은?(단, 표준방열량을 이용한다.)

① 32.1m^2
② 92.3m^2
③ 133.3m^2
④ 539.8m^2

해설 증기용 표준 상당방열량 : 650kcal/m^{2}h
$$\therefore EDR = \frac{60,000}{650} = 92.3m^2$$

52 가변풍량 방식에 대한 설명으로 틀린 것은?

① 부분 부하 시 송풍기 동력을 절감할 수 없다.
② 시운전 시 토출구의 풍량조정이 간단하다.
③ 부하변동에 따라 송풍량을 조절하므로 에너지 낭비가 적다.
④ 동시부하율을 고려하여 설비용량을 적게 할 수 있다.

해설 가변풍량 공기조화방식은 부분 부하 시 송풍기 동력을 절감할 수 있다.

53 아네모스탯(Anemostat)형 취출구에서 유인비의 정의로 옳은 것은?(단, 취출구로부터 공급된 조화공기를 1차 공기(PA), 실내공기가 유인되어 1차 공기와 혼합한 공기를 2차 공기(SA), 1차와 2차 공기를 모두 합한 것을 전공기(TA)라 한다.)

① $\dfrac{TA}{SA}$
② $\dfrac{PA}{TA}$
③ $\dfrac{TA}{PA}$
④ $\dfrac{SA}{TA}$

해설 유인비 = $\dfrac{\text{전공기}(1차 + 2차 \ 공기)}{1차 \ 공기}$
※ 아네모스탯 : 천장취출구

54 대규모 건물에서 외벽으로부터 떨어진 중앙부는 외기 조건의 영향을 적게 받으며, 인체와 조명등 및 실내기구의 발열로 인해 경우에 따라 동절기 및 중간기에 냉방이 필요한 때가 있다. 이와 같은 건물의 회의실, 식당과 같이 일반 사무실에 비해 현열비가 크게 다른 경우 계통별로 구분하여 조닝하는 방법은?

① 방위별 조닝
② 부하특성별 조닝
③ 사용시간별 조닝
④ 건물층별 조닝

해설 **부하특성별 조닝**
동절기, 중간기에 부분냉방이 필요한 경우의 조닝이다(대규모 건물).

55 각층 유닛방식의 특징이 아닌 것은?

① 공조기 수가 줄어들어 설비비가 저렴하다.
② 사무실과 병원 등의 각 층에 대하여 시간차 운전에 적합하다.
③ 송풍덕트가 짧게 되고, 주 덕트의 수평덕트는 각 층의 복도 부분에 한정되므로 수용이 용이하다.
④ 설계에 따라서는 각 층 슬래브의 관통덕트가 없게 되므로 방재상 유리하다.

해설 **각층 유닛방식(전공기방식)**
㉠ 대규모 빌딩에 적합한 방식으로 각 층마다 독립된 유닛(2차 공조기)을 설치한다.
㉡ 각 층마다 공조기 설치장소가 확보되어야 한다.
㉢ 공조기 관리가 불편하고 설비비가 많이 든다.

56 온도 20℃, 포화도 60% 공기의 절대습도는?(단, 온도 20℃의 포화 습공기의 절대습도 X_s=0.01469 kg/kg이다.)

① 0.001623kg/kg　　② 0.004321kg/kg

③ 0.006712kg/kg　　④ 0.008814kg/kg

 포화도(비교습도) $\phi = \dfrac{x}{x_s} \times 100\%$

$$\therefore \ x = \dfrac{\phi \cdot x_s}{100}$$
$$= \dfrac{60 \times 0.0146}{100}$$
$$= 0.00876 \text{kg/kg}'$$

57 공장의 저속 덕트방식에서 주 덕트 내의 권장풍속으로 가장 적당한 것은?

① 36~39m/s　　② 26~29m/s

③ 16~19m/s　　④ 6~9m/s

해설 공장의 저속 덕트방식에서 주 덕트 내의 권장풍속
$=6{\sim}9\text{m/s}$

58 복사 패널의 시공법에 관한 설명으로 틀린 것은?

① 코일의 전 길이는 50m 정도 이내로 한다.

② 온도에 따른 열팽창을 고려하여 천장의 짧은 변과 코일의 직선부가 평행하도록 배관한다.

③ 콘크리트의 양생은 30℃ 이상의 온도에서 12시간 이상 건조시킨다.

④ 파이프 코일의 매설 깊이는 코일 외경의 1.5배 정도로 한다.

해설 콘크리트 양생은 24시간 이상 건조시킨다.

59 송풍량 2,500m³/h 공기(건구온도 12℃, 상대습도 60%)를 20℃까지 가열하는 데 필요로 하는 열량은?(단, 처음 공기의 비체적 v=0.815m³/kg, 가열 전후의 엔탈피는 각각 h_1=6kcal/kg, h_2=8kcal/kg 이다.)

① 4,075kcal/h　　② 5,000kcal/h

③ 6,135kcal/h　　④ 7,362kcal/h

해설 $q = G \cdot \Delta h = \dfrac{Q}{V}(h_2 - h_1) = \dfrac{2,500}{0.815} \times (8-6)$
$$= 6,134.97 \text{kcal/h}$$

60 온풍난방에 관한 설명으로 틀린 것은?

① 실내 층고가 높을 경우 상하 온도차가 커진다.

② 실내의 환기나 온습도 조절이 비교적 용이하다.

③ 직접 난방에 비하여 설비비가 높다.

④ 연도의 과열에 의한 화재에 주의해야 한다.

해설 온풍난방은 직접난방(방열기 난방)에 비해 설비비가 저렴하다.

SECTION **04** 전기제어공학

61 플레밍의 왼손법칙에서 엄지손가락이 가리키는 것은?

① 전류 방향　　② 힘의 방향

③ 기전력 방향　　④ 자력선 방향

해설 왼손법칙

62 $i=I_m\sin\omega t$인 정현파 교류가 있다. 이 전류보다 90° 앞선 전류를 표시하는 식은?

① $I_m\cos\omega t$

② $I_m\sin\omega t$

③ $I_m\cos(\omega t+90°)$

④ $I_m\sin(\omega t-90°)$

해설 ㉠ 정전용량에서

• 전류는 전압보다 위상이 $\dfrac{\pi}{2}(=90°)$ 앞선다.

• 전압은 전류보다 위상이 $\dfrac{\pi}{2}(=90°)$ 뒤진다.

㉡ 인덕턴스만의 회로

전압은 전류보다 위상이 $\dfrac{\pi}{2}(=90°)$ 앞선다.

63 시간에 대해서 설정값이 변화하지 않는 것은?

① 비율제어

② 추종제어

③ 프로세스 제어

④ 프로그램 제어

해설 프로세스 제어

시간에 대해서 설정값이 변화하지 않는 제어이며 일명 공정 제어라고 한다. 피드백 제어계로서 정치제어인 경우이다(온도, 압력, 유량, 액위, 밀도, 농도 등).

64 잔류편차와 사이클링이 없어 널리 사용되는 동작은?

① I동작

② D동작

③ P동작

④ PI동작

해설 PI(비례 적분동작) : 잔류편차제거, 제어결과가 진동적으로 될 수 있음

※ 사이클링(Cycling) : 자동제어계의 온−오프 동작에서 조작량이 단속하기 때문에 제어량이 주기적으로 변동하므로 이것을 사이클링이라고 한다. 사이클링이 제어상 바람직하지 않은 상태를 헌팅(난조)이라 한다.

65 전달함수 $G(s)=\dfrac{1}{s+1}$인 제어계의 인디셜 응답은?

① e^{-t}

② $1-e^{-t}$

③ $1+e^{-t}$

④ $e^{-t}-1$

해설 ㉠ 인디셜 응답 : 자동제어계 또는 요소의 과도적인 동특성을 살피기 위해 사용한다.

㉡ 전달함수 : 입력신호와 출력신호의 관계를 수식적으로 표기한다(출력신호와 입력신호에 대한 라플라스 변환값의 비를 말한다).

단, 초깃값은 0상태이며 제어계에 입력이 가해지기 전 제어계는 휴지상태이다.

$$G(s)=\frac{C(s)}{R(s)}=\frac{\mathcal{L}[c(t)]}{\mathcal{L}[u(t)]}=\frac{C(s)}{\frac{1}{s}}=\frac{1}{s+1}$$

$$\therefore\ C(s)=\frac{1}{s(s+1)}=\frac{k_1}{s}+\frac{k_2}{s+1}=\frac{1}{s}=\frac{1}{s+1}$$

$$\therefore\ C(t)=1-e^{-t}$$

66 회전하는 각도를 디지털량으로 출력하는 검출기는?

① 로드셀

② 보간치

③ 엔코더

④ 퍼텐쇼미터

해설 엔코더(Encoder)는 회전하는 각도를 디지털량으로 출력하는 검출기다.

67 신호흐름 선도의 기본 성질로 틀린 것은?

① 마디는 변수를 나타낸다.

② 대수방정식으로 도시한다.

③ 선형 시스템에만 적용한다.

④ 루프이득이란 루프의 마디이득이다.

해설 신호흐름 선도의 기본 성질

입력마디에서 출력마디까지 연결된 가지가 있다(입력의 변수가 출력에 종속됨을 나타낸다).

68 그림과 같은 유접점 논리회로를 간단히 하면?

① $\overline{A}$

② A

③ B

④ $\overline{B}$

해설 $A\cdot(A+B)=A\cdot A+AB$
$=A+AB=A(1+B)=A(1)=A$

69 제어동작에 대한 설명 중 틀린 것은?

① 비례동작 : 편차의 제곱에 비례한 조작신호를 낸다.

② 적분동작 : 편차의 적분값에 비례한 조작신호를 낸다.

③ 미분동작 : 조작신호가 편차의 증가속도에 비례하는 동작을 한다.

④ 2위치동작 : ON−OFF 동작이라고도 하며, 편차의 정부(+, −)에 따라 조작부를 전폐 또는 전개하는 것이다.

해설 비례동작(P)
잔류편차(Off−set) 및 정상오차가 발생하며, 속응성(응답속도)이 나쁘다.

70 AC 서보 전동기에 대한 설명 중 옳은 것은?

① AC 서보 전동기의 전달함수는 미분요소이다.

② 고정자의 기준 권선에 제어용 전압을 인가한다.

③ AC 서보 전동기는 큰 회전력이 요구되는 시스템에 사용된다.

④ AC 서보 전동기는 두 고정자 권선에 90도 위상차의 2상 전압을 인가하여 회전자계를 만든다.

해설 AC 서보 전동기(AC Servomotor)
두 고정자 권선에 90° 위상차의 2상 전압을 인가하여 회전자계를 만든다(큰 회전력이 요구되지 않는 제어계에 사용되는 전동기 전달함수는 적분요소와 1차 요소의 직렬결합으로 취급된다).

71 비행기 등과 같은 움직이는 목푯값의 위치를 알아보기 위한, 즉 원뿔주사를 이용한 서보용 제어기는?

① 추적레이더

② 자동조타장치

③ 공작기계의 제어

④ 자동평형기록계

해설 추적레이더
서보용 제어기이며 비행기 등과 같은 움직이는 목푯값의 위치를 알아보기 위한 원뿔주사를 이용한 제어기이다.

72 지시계기의 구성 3대 요소가 아닌 것은?

① 유도장치　　② 제어장치

③ 제동장치　　④ 구동장치

해설 지시계기의 3대 구성요소
제어장치, 제동장치, 구동장치

73 3상 교류에서 a, b, c상에 대한 전압을 기호법으로 표시하면 $E_a = E\angle 0°$, $E_b = E\angle -\frac{2}{3}\pi$, $E_c = E\angle -\frac{4}{3}\pi$로 표시된다. 여기서 $a = \varepsilon^{j\frac{2}{3}\pi}$라는 페이저 연산자를 이용하면 E_c는 어떻게 표시되는가?

① $E_c = E$

② $E_c = a^2 E$

③ $E_c = aE$

④ $E_c = \left(\frac{1}{a}\right)E$

해설 3상 교류 전압기호(E_b)에서 E_c에서 연산자를 이용하면
$E_c = aE$

74 100V, 6A의 전열기로 2L의 물을 15℃에서 95℃까지 상승시키는 데 약 몇 분이 소요되는가?(단, 전열기는 발생 열량의 80%가 유효하게 사용되는 것으로 한다.)

① 15.64　　② 18.36

③ 21.26　　④ 23.15

해설 $H = 0.86\,VI t_h \eta$

소요시간 $t_h = \dfrac{H}{0.86\,VI\eta}$ $(\because q = GC\Delta t)$

$\qquad = \dfrac{GC\Delta t}{0.86\,VI\eta}$

$\qquad = \dfrac{2 \times 1 \times (95-15) \times 60}{0.86 \times 100 \times 6 \times 0.8}$

$\qquad = 23.26$분

75 워드레오나드 속도 제어는?

① 저항제어　　② 계자제어

③ 전압제어　　④ 직병렬제어

해설 유도전동기 속도제어법(직류전동기 전압제어법 : 워드 레오너드, 일그너, 승압기 방식)
ⓐ 2차 저항 제어법
ⓑ 주파수 변환법
ⓒ 전압제어법(워드레오나드 속도제어)
ⓓ 극수 변환법
ⓔ 2차 여자법
ⓕ 종속접속법
ⓖ 와전류 계수법
ⓗ 전전압법

76 다음의 전동력 응용기계에서 GD^2의 값이 작은 것에 이용될 수 있는 것으로서 가장 바람직한 것은?

① 압연기　　　　② 냉동기
③ 송풍기　　　　④ 승강기

해설 물체에 가해지는 외력$(F) = GD^2 y$
G : 질량, D : 시간, y : 이동물체변위
($\therefore GD^2$의 값이 작은 것 : 승강기)

77 논리식 $X + \overline{X} + Y$를 불대수의 정리를 이용하여 간단히 하면?

① Y　　　　② 1
③ 0　　　　④ $X + Y$

해설 $X + \overline{X} + Y = (X + \overline{X}) + Y$
$\qquad\qquad\qquad = 1 + Y$
$\qquad\qquad\qquad = 1$

78 100mH의 인덕턴스를 갖는 코일에 10A의 전류를 흘릴 때 축적되는 에너지는 몇 J인가?

① 0.5　　　　② 1
③ 5　　　　④ 10

해설 원자에너지(인덕턴스)
전자에너지(자기에너지) $W = \dfrac{1}{2} L I^2$
$\qquad\qquad = \dfrac{1}{2} \times (100 \times 10^{-3}) \times 10^2$
$\qquad\qquad = 5\text{J}$

79 승강기 등 무인장치의 운전은 어떤 제어인가?

① 정치제어
② 비율제어
③ 추종제어
④ 프로그램 제어

해설 무인장치 운전제어 : 프로그램 제어

80 3상 농형유도전동기의 속도제어방법이 아닌 것은?

① 극수변환
② 주파수제어
③ 2차 저항제어
④ 1차 전압제어

해설 농형유도전동기
ⓐ 구조가 간단하고, 효율과 역률이 모두 양호하다(단, 기동전류가 크고 기동토크가 작은 결점이 있다).
ⓑ 2차 저항제어가 아닌 종속법이 있다.

SECTION 05 배관일반

81 냉매의 토출관의 관경을 결정하려고 할 때 일반적인 사항으로 틀린 것은?

① 냉매 가스 속에 용해하고 있는 기름이 확실히 운반될 수 있게 횡형관에서는 약 6m/s 이상 되도록 할 것
② 냉매 가스 속에 용해하고 있는 기름이 확실히 운반될 수 있게 입상관에서는 약 6m/s 이상 되도록 할 것
③ 속도의 압력 손실 및 소음이 일어나지 않을 정도로 속도를 약 25m/s로 제한한다.
④ 토출관에 의해 발생된 전 마찰 손실압력은 약 19.6kPa를 넘지 않도록 한다.

해설 냉매가스 유속
ⓐ 수평관(3.5m/s 이상) : 횡형관
ⓑ 수직관(6m/s 이상) : 입상관

82 공기조화설비에서 수 배관 시공 시 주요 기기류의 접속배관에는 수리 시 전 계통의 물을 배수하지 않도록 서비스용 밸브를 설치한다. 이때 밸브를 완전히 열었을 때 저항이 작은 밸브가 요구되는데, 가장 적당한 밸브는?

① 나비 밸브　　　　② 게이트 밸브
③ 니들 밸브　　　　④ 글로브 밸브

해설 개로 시 저항이 가장 적은 것은 게이트 밸브이고, 글로브 밸브는 저항이 크다.

83 배관재료 선정 시 고려해야 할 사항으로 가장 거리가 먼 것은?

① 수송유체에 의한 관의 내식성
② 유체의 온도 변화에 따른 물리적 성질의 변화
③ 사용기간(수명) 및 시공방법
④ 사용시기 및 가격

해설 배관재료 선정 시 사용기간 등은 적합하나 사용시기나 가격은 고려사항이 아니다.

84 유리섬유 단열재의 특징에 관한 설명으로 틀린 것은?

① 사용 온도범위는 보통 약 $-25 \sim 300℃$이다.
② 다량의 공기를 포함하고 있으므로 보온·단열 효과가 양호하다.
③ 유리를 녹여 섬유화한 것이므로 칼이나 가위 등으로 쉽게 절단되지 않는다.
④ 순수한 무기질의 섬유제품으로서 불에 잘 타지 않는다.

해설 유리섬유(글라스울) 보온재는 칼이나 가위 등으로 절단이 가능하다.

85 아래의 저압가스 배관의 직경을 구하는 식에서 S가 의미하는 것은?(단, L은 관의 길이를 의미한다.)

$$D^5 = \frac{Q^2 \cdot S \cdot L}{K^2 \cdot H}$$

① 관의 내경　　　　② 공급 압력차
③ 가스 유량　　　　④ 가스 비중

해설 D : 관경, Q : 가스유량(m^3/h), S : 가스비중, K : 유량계수, H : 허용압력손실, L : 관의 길이

86 증기난방 시 방열 면적 $1m^2$당 증기가 응축되는 양은 약 몇 kg/m^2h인가?(단, 증발잠열은 539kcal/kg 이다.)

① 3.4　　　　② 2.1
③ 2.0　　　　④ 1.2

해설 $\dfrac{증기난방}{EDR} = 650kcal/m^2h$

응축수량 $= \dfrac{650}{증발잠열} = \dfrac{650}{539} = 1.21kg/m^2h$

87 병원, 연구소 등에서 발생하는 배수로 하수도에 직접 방류할 수 없는 유독한 물질을 함유한 배수를 무엇이라 하는가?

① 오수　　　　② 우수
③ 잡배수　　　　④ 특수배수

해설 특수배수
병원이나 연구소 등에서 발생하는 유독물질을 함유한 배수는 직접 방류하지 않고 특수배수를 하여야 한다.

88 통기관을 접속하여도 장시간 위생기기를 사용하지 않을 때 봉수파괴가 될 수 있는 원인으로 가장 적당한 것은?

① 자기사이펀 작용　　② 흡인작용
③ 분출작용　　　　④ 증발작용

해설 통기관 접속 시 증발작용에 의해 장기간 사용하지 않으면 봉수가 파괴되는 수가 발생한다.

89 수직배관에서의 역류방지를 위해 사용하기 가장 적당한 밸브는?

① 리프트식 체크밸브
② 스윙식 체크밸브
③ 안전밸브
④ 코크밸브

[해설]

스윙식(수직관)

체크밸브(역류방지밸브)
리프트식(수평관)

---

90 급탕배관의 구배에 관한 설명으로 옳은 것은?

① 상향공급식의 경우 급탕관은 올림구배, 반탕관은 내림구배로 한다.

② 상향공급식의 경우 급탕관과 반탕관 모두 내림구배로 한다.

③ 하향공급식의 경우 급탕관은 내림구배, 반탕관은 올림구배로 한다.

④ 하향공급식의 경우 급탕관과 반탕관 모두 올림구배로 한다.

[해설] 급탕배관의 구배(급구배)

㉠ 상향식 : 급탕관(선 상향 구배), 복귀관(환탕관)은 선하향 구배

㉡ 하향식 : 급탕관, 복귀관 다같이 선하향 구배

---

91 기계배기와 기계급기의 조합에 의한 환기방법으로 일반적으로 외기를 정화하기 위한 에어필터를 필요로 하는 환기법은?

① 1종 환기   ② 2종 환기

③ 3종 환기   ④ 4종 환기

[해설] 제1종 환기

기계급기 팬   기계배기 팬

(실내)

---

92 수격현상(Water Hammer) 방지법이 아닌 것은?

① 관 내의 유속을 낮게 한다.

② 펌프의 플라이 휠을 설치하여 펌프의 속도가 급격히 변하는 것을 막는다.

③ 밸브는 펌프 송출구에서 멀리 설치하고 밸브는 적당히 제어한다.

④ 조압수조(Surge Tank)를 관선에 설치한다.

[해설] 펌프의 수격현상(워터해머)을 방지하는 조건은 ①, ②, ④ 항에 따른다(밸브는 펌프송출구 가까이에 설치한다).

---

93 다음 중 열팽창에 의한 관의 신축으로 배관의 이동을 구속 또는 제한하는 장치가 아닌 것은?

① 앵커(Anchor)   ② 스토퍼(Stopper)

③ 가이드(Guide)   ④ 인서트(Insert)

[해설] 인서트

금속의 주조품 제조 시 완전한 구조부를 만들기 위해 주형 속에 별도의 금속을 넣고 주탕하며 일체가 되도록 한 주물 속 별도의 금속이다.

※ 배관의 이동을 구속하는 리스트레인지는 ①, ②, ③항 이다.

---

94 암모니아 냉동장치 배관재료로 사용할 수 없는 것은?

① 이음매 없는 동관

② 배관용 탄소강관

③ 저온배관용 강관

④ 배관용 스테인리스강관

[해설] 동관은 프레온 냉매에서 주로 사용한다.

---

95 공기조화 설비에서 에어워셔(Air Washer)의 플러딩 노즐이 하는 역할은?

① 공기 중에 포함된 수분을 제거한다.

② 입구공기의 난류를 정류로 만든다.

③ 엘리미네이터에 부착된 먼지를 제거한다.

④ 출구에 섞여 나가는 비산수를 제거한다.

[해설] 에어워셔 플러딩 노즐

분무 노즐에서 출구의 엘리미네이터에 부착된 먼지(진애)를 제거한다.

---

96 냉온수 배관 시 유의사항으로 틀린 것은?

① 공기가 체류하는 장소에는 공기빼기 밸브를 설치한다.

② 기계실 내에서는 일정장소에 수동 공기빼기 밸브를 모아서 설치하고 간접 배수하도록 한다.

③ 자동 공기빼기 밸브는 배관이 (−)압이 걸리는 부분에 설치한다.

④ 주관에서의 분기배관은 신축을 흡수할 수 있도록 스위블 이음으로 하며, 공기가 모이지 않도록 구배를 준다.

해설 자동 공기빼기 밸브는 배관이 정압(+)이 걸리는 부분에 설치한다.

97 다음 중 증기와 응축수 사이의 밀도차, 즉 부력 차이에 의해 작동되는 기계식 트랩은?

① 버킷 트랩　　② 벨로스 트랩

③ 바이메탈 트랩　④ 디스크 트랩

해설 기계식 트랩
플로트 트랩, 버킷 트랩(밀도차 또는 부력을 이용한다.)

98 다음 중 방열기나 팬코일 유닛에 가장 적합한 관 이음은?

① 스위블 이음(Swivel Joint)

② 루프 이음(Loop Joint)

③ 슬리브 이음(Sleeve Joint)

④ 벨로스 이음(Bellows Joint)

해설 방열기, 팬코일 유닛 등 수직관 이음에서 가장 이상적인 신축이음 배관법은 스위블 이음이다.

99 가스수요의 시간적 변화에 따라 일정한 가스량을 안정하게 공급하고 저장을 할 수 있는 가스홀더의 종류가 아닌 것은?

① 무수(無水)식　② 유수(有水)식

③ 주수(柱水)식　④ 구(球)형

해설 주수식
카바이트(CaC_2)를 가지고 아세틸렌 가스(C_2H_2) 제조에 사용된다.

100 온수난방 배관에서 리버스 리턴(Reverse Return) 방식을 채택하는 주된 이유는?

① 온수의 유량분배를 균일하게 하기 위하여

② 온수배관의 부식을 방지하기 위하여

③ 배관의 신축을 흡수하기 위하여

④ 배관길이를 짧게 하기 위하여

해설 리버스 리턴(역귀환 방식) 방식은 온수난방에서 온수의 유량분배를 균일하게 한다.

SECTION 01 　기계열역학

01 2MPa 압력에서 작동하는 가역 보일러에 포화수가 들어가 포화증기가 되어서 나온다. 보일러의 물 1kg 당 가한 열량은 약 몇 kJ인가?(단, 2MPa 압력에서 포화온도는 212.4℃이고 이 온도는 일정하다. 그리고 포화수 비엔트로피는 2.4473kJ/kg · K, 포화증기 비엔트로피는 6.3408kJ/kg · K이다.)

① 295 　　　　　② 827
③ 1,890 　　　　④ 2,423

해설　엔트로피 변화 $\Delta S = \dfrac{\Delta q}{T}$ 에서

열량 $\Delta q = T \cdot \Delta S$
$\qquad = (212.4 + 273) \times (6.3408 - 2.4473)$
$\qquad = 1,889.9 \text{kJ/kg}$

02 체적이 150m³인 방 안에 질량이 200kg이고 온도가 20℃인　공기(이상기체상수 = 0.287kJ/kg · K)가 들어 있을 때 이 공기의 압력은 약 몇 kPa인가?

① 112 　　　　　② 124
③ 162 　　　　　④ 184

해설　이상기체　상태방정식
$\qquad PV = mRT$
압력 $P = \dfrac{mRT}{V} = \dfrac{200 \times 0.287 \times (20 + 273)}{150}$
$\qquad\qquad = 112.12 \text{kPa}$

03 카르노 사이클로 작동되는 열기관이 600K에서 800 kJ의 열을 받아 300K에서 방출한다면 일은 약 몇 kJ 인가?

① 200 　　　　　② 400
③ 500 　　　　　④ 900

해설　카르노 사이클 열효율
$\qquad \eta = \dfrac{W}{Q_H} = \dfrac{T_H - T_L}{T_H}$ 에서

일의 양 $W = Q_H \times \dfrac{T_H - T_L}{T_H} = 800 \times \dfrac{600 - 300}{600}$
$\qquad\qquad\qquad = 400 \text{kJ}$

04 카르노 열펌프와 카르노 냉동기가 있는데, 카르노 열펌프의 고열원 온도는 카르노 냉동기의 고열원 온도와 같고, 카르노 열펌프의 저열원 온도는 카르노 냉동기의 저열원 온도와 같다. 이때 카르노 열펌프의 성적계수(COP_{HP})와 카르노 냉동기의 성적계수(COP_R)의 관계로 옳은 것은?

① $COP_{HP} = COP_R + 1$

② $COP_{HP} = COP_R - 1$

③ $COP_{HP} = \dfrac{1}{COP_R + 1}$

④ $COP_{HP} = \dfrac{1}{COP_R - 1}$

해설　$COP_{HP} = \dfrac{Q_1}{Q_1 - Q_2} \qquad COP_R = \dfrac{Q_2}{Q_1 - Q_2}$

$\therefore\ COP_{HP} = COP_R + 1$

열펌프(히트펌프)의 성적계수는 카르노 냉동기의 성적계수 보다 항상 1이 크다.

05 온도 200℃, 500kPa, 비체적 0.6m³/kg의 산소가 정압하에서　비체적으로 0.4m³/kg으로 되었다면, 변화 후의 온도는 약 얼마인가?

① 42℃ 　　　　　② 55℃
③ 315℃ 　　　　④ 437℃

해설　등압변화에서 $T_2 = T_1 \times \left(\dfrac{V_2}{V_1}\right)$
$\qquad\qquad = (200 + 273) \times \left(\dfrac{0.4}{0.6}\right)$
$\qquad\qquad = 315 \text{K}$
$\therefore\ 315 - 273 = 42 ℃(변화 후 온도)$

06 온도 150℃, 압력 0.5MPa의 이상기체 0.287kg이 정압과정에서 원래 체적의 2배로 늘어난다. 이 과정에서 가해진 열량은 약 얼마인가?(단, 공기의 기체 상수는 0.287kJ/kg · K이고, 정압비열은 1.004 kJ/kg · K이다.)

① 98.8kJ

② 111.8kJ

③ 121.9kJ

④ 134.9kJ

해설 정압변화이므로 $\dfrac{V_1}{T_1} = \dfrac{V_2}{T_2}$

$$T_2 = T_1 \times \left(\dfrac{V_2}{V_1}\right) = (150+273) \times \left(\dfrac{2}{1}\right)$$
$$= 846\text{K}$$

∴ 정압과정 $\delta Q = mC_p dT$
$$= 0.287 \times 1.004 \times (846-423)$$
$$= 121.89\text{kJ}$$

07 압력 200kPa, 체적 0.4m³인 공기가 정압하에서 체적이 0.6m³로 팽창하였다. 이 팽창 중에 내부에너지가 100kJ만큼 증가하였으면 팽창에 필요한 열량은?

① 40kJ

② 60kJ

③ 140kJ

④ 160kJ

해설 $\delta Q = dU + PdV$
$$= 100 + 200 \times (0.6-0.4)$$
$$= 100 + 40$$
$$= 140\text{kJ}$$

08 다음 온도 – 엔트로피 선도($T-S$ 선도)에서 과정 1 – 2가 가역일 때 빗금 친 부분은 무엇을 나타내는가?

① 공업일

② 절대일

③ 열량

④ 내부에너지

해설 ㉠ $T-S$ 선도에서 $1 \rightarrow 2$가 가역이면 빗금 친 부분은 열량을 나타낸다.

㉡ $T-S$ 선도에서는 열을 면적으로 표시한다.

09 다음 중 강도성 상태량(Intensive Property)이 아닌 것은?

① 온도

② 압력

③ 체적

④ 비체적

해설 ㉠ 강도성 상태량(물질의 질량에 관계없이 그 크기가 결정되는 상태량 : 온도, 압력, 비체적)

㉡ 종량성 상태량(물질의 질량에 따라 그 크기가 결정되는 상태량 : 체적, 내부에너지, 엔탈피, 엔트로피 등)

10 시스템 내의 임의의 이상기체 1kg이 채워져 있다. 이 기체의 정압비열은 1.0kJ/kg · K이고, 초기 온도가 50℃인 상태에서 323kJ의 열량을 가하여 팽창시킬 때 변경 후 체적은 변경 전 체적의 약 몇 배가 되는가? (단, 정압과정으로 팽창한다.)

① 1.5배

② 2배

③ 2.5배

④ 3배

해설 $PV = mRT$

$\dfrac{V_1}{T_1} = \dfrac{V_2}{T_2}$에서 $V_2 = \dfrac{T_2}{T_1} V_1$ (∵ 정압과정)

정압과정 $\delta Q = mC_p dT$에서

$Q = mC_p(T_2 - T_1)$

$$T_2 = T_1 + \dfrac{Q}{mC_p}$$
$$= (50+273) + \dfrac{323}{1 \times 1.0}$$
$$= 646\text{K}$$

∴ $V_2 = \dfrac{646}{(50+273)} V_1 = 2V_1$

∴ 2배

11 그림에서 $T_1 = 561\text{K}$, $T_2 = 1,010\text{K}$, $T_3 = 690\text{K}$, $T_4 = 383\text{K}$인 공기를 작동 유체로 하는 브레이턴 사이클의 이론 열효율은?

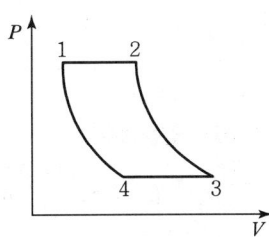

① 0.388   ② 0.465
③ 0.316   ④ 0.412

해설 브레이턴 사이클(가스터빈 사이클) : η_B(효율)

$$\eta_B = 1 - \frac{3-4}{2-1} = 1 - \frac{690-383}{1,010-561} = 1 - \frac{307}{449}$$
$$= 0.316(31.6\%)$$

12 복사열을 방사하는 방사율과 면적이 같은 2개의 방열판이 있다. 각각의 온도가 A 방열판은 120℃, B 방열판은 80℃일 때 단위면적당 복사 열전달량(Q_A/Q_B)의 비는?

① 1.08   ② 1.22
③ 1.54   ④ 2.42

해설 $\dfrac{Q_A}{Q_B} = \left(\dfrac{120+273}{80+273}\right)^4 = 1.536$

13 그림과 같이 선형 스프링으로 지지되는 피스톤 – 실린더 장치 내부에 있는 기체를 가열하여 기체의 체적이 V_1에서 V_2로 증가하였고, 압력은 P_1에서 P_2로 변화하였다. 이때 기체가 피스톤에 행한 일은?(단, 실린더 내부의 압력(P)은 실린더 내부 부피(V)와 선형관계($P = aV$, a는 상수)에 있다고 본다.)

가열

① $P_2 V_2 - P_1 V_1$

② $P_2 V_2 + P_1 V_1$

③ $\dfrac{1}{2}(P_2 + P_1)(V_2 - V_1)$

④ $\dfrac{1}{2}(P_2 + P_1)(V_2 + V_1)$

해설 기체가 피스톤에 행한 일(W) $= \dfrac{1}{2}(P_2 + P_1)(V_2 - V_1)$

※ 운동에너지 $= \dfrac{1}{2}mV^2(J) = \dfrac{1}{2}$(질량)$\times$(유속)^2

14 일정한 정적비열 C_v와 정압비열 C_p를 가진 이상기체 1kg의 절대온도와 체적이 각각 2배로 되었을 때 엔트로피의 변화량으로 옳은 것은?

① $C_v \ln 2$ ② $C_p \ln 2$

③ $(C_p - C_v) \ln 2$ ④ $(C_p + C_v) \ln 2$

해설 정압변화 $dQ = mC_p dT$ 에서

$$dS = \frac{dQ}{T} = mC_p \frac{dT}{T} \ (\because \text{정적변화 } C_v \text{는 일정})$$

$$\Delta S = mC_p \int_1^2 \frac{1}{T} dT$$
$$= mC_p(\ln T_2 - \ln T_1)$$
$$= mC_p \ln \frac{T_2}{T_1}$$

이때 질량 $m = 1\text{kg}$, 온도 $T_2 = T_1 \times 2$

$$\therefore \ \Delta S = 1 \times C_p \ln \frac{2T_1}{T_1} = C_p \ln 2$$

15 질량 유량이 10kg/s인 터빈에서 수증기의 엔탈피가 800kJ/kg 감소한다면 출력은 몇 kW인가?(단, 역학적 손실, 열손실은 모두 무시한다.)

① 80   ② 160
③ 1,600   ④ 8,000

해설 출력 $W = m \cdot \Delta h$
$$= 10\text{kg/s} \times 800\text{kJ/kg}$$
$$= 8,000\text{kJ/s}$$
$$= 8,000\text{kW}$$

16 이상기체의 압력(P), 체적(V)의 관계식 "PV^n=일정"에서 가역단열과정을 나타내는 n의 값은?(단, C_p는 정압비열, C_v는 정적비열이다.)

① 0

② 1

③ 정적비열에 대한 정압비열의 비(C_p/C_v)

④ 무한대

해설 가역단열변화
$P \cdot V \cdot T,\ PV^n = C,\ TV^{n-1} = C$
비열비(K) $= C_p/C_v$

17 다음 중 단열과정과 정적과정만으로 이루어진 사이클(Cycle)은?

① Otto Cycle ② Diesel Cycle

③ Sabathe Cycle ④ Rankine Cycle

해설 정적 사이클 불꽃점화기관 가솔린 기관(Otto Cycle)

오토 사이클
㉠ 1 → 2(가역단열 압축)
㉡ 2 → 3(정적 가열)
㉢ 3 → 4(가역단열 팽창)
㉣ 4 → 1(정적 방열)

18 순수한 물질로 되어 있는 밀폐계가 단열과정 중에 수행한 일의 절댓값에 관련된 설명으로 옳은 것은?(단, 운동에너지와 위치에너지의 변화는 무시한다.)

① 엔탈피의 변화량과 같다.

② 내부 에너지의 변화량과 같다.

③ 단열과정 중의 일은 0이 된다.

④ 외부로부터 받은 열량과 같다.

해설 단열과정(내부에너지 변화량)
내부에너지 변화량 $= C_v(T_2 - T_1)$
$\dfrac{P_1 V_1 - P_2 V_2}{K-1}$ (절대일)

19 Carnot 냉동 사이클에서 응축기 온도가 50℃, 증발기 온도가 −20℃이면, 냉동기의 성능계수는 얼마인가?

① 5.26 ② 3.61

③ 2.65 ④ 1.26

해설 카르노 사이클의 성능계수
$$COP = \frac{T_L}{T_H - T_L} = \frac{(-20+273)}{(50+273)-(-20+273)} = 3.61$$

20 질량이 m이고, 한 변의 길이가 a인 정육면체의 밀도가 ρ이면, 질량이 $2m$이고 한 변의 길이가 $2a$인 정육면체의 밀도는?

① ρ ② $\dfrac{1}{2}\rho$

③ $\dfrac{1}{4}\rho$ ④ $\dfrac{1}{8}\rho$

해설 질량 $= \dfrac{1m}{2m} = 0.5$, 길이 $= \dfrac{1a}{2a} = 0.5$
$\therefore \rho = 0.5 \times 0.5 = 0.25 = \dfrac{1}{4}$

SECTION **02** 냉동공학

21 다음 중 신재생에너지와 가장 거리가 먼 것은?

① 지열에너지 ② 태양에너지

③ 풍력에너지 ④ 원자력에너지

해설 원자력에너지는 에너지에서 법규상 제외된다.

22 전자밸브(Solenoid Valve) 설치 시 주의사항으로 틀린 것은?

① 코일 부분이 상부로 오도록 수직으로 설치한다.

② 전자밸브 직전에 스트레이너를 장치한다.

③ 배관 시 전자밸브에 과대한 하중이 걸리지 않아야 한다.

④ 전자밸브 본체의 유체 방향성에 무관하게 설치한다.

해설 전자밸브는 유체의 방향성에 맞게 본체를 설치한다.

솔레노이드밸브
(전자밸브)

23 냉동창고에 있어서 기둥, 바닥, 벽 등의 철근콘크리트 구조체 외벽에 단열시공을 하는 외부단열 방식에 대한 설명으로 틀린 것은?

① 시공이 용이하다.

② 단열의 내구성이 좋다.

③ 창고 내 벽면에서의 온도 차가 거의 없어 온도가 균일한 벽면을 이룬다.

④ 각층 각실이 구조체로 구획되고 구조체의 내측에 맞추어 각각 단열을 시공하는 방식이다.

해설 냉동창고의 외부단열은 구조체의 외측에 맞추어서 각각 단열을 시공하는 방식이다.

24 냉각관이 열관류율이 500W/m²℃이고, 대수평균온도차가 10℃일 때, 100kW의 냉동부하를 처리할 수 있는 냉각관의 면적은?

① 5m²   ② 15m²

③ 20m²   ④ 40m²

해설 $Q = K \cdot A \cdot \Delta t_m$ 에서

냉각관 면적 $A = \dfrac{Q}{K \cdot \Delta t_m} = \dfrac{100 \times 10^3}{500 \times 10} = 20\text{m}^3$

25 열펌프의 특징에 관한 설명으로 틀린 것은?

① 성적계수가 1보다 작다.

② 하나의 장치로 난방 및 냉방으로 사용할 수 있다.

③ 대기오염이 적고 설치공간을 절약할 수 있다.

④ 증발온도가 높고 응축온도가 낮을수록 성적계수가 커진다.

해설 열펌프(히트펌프)의 성적계수는 항상 1보다 크다.

26 다음 카르노 사이클의 $P-V$ 선도를 $T-S$ 선도로 바르게 나타낸 것은?

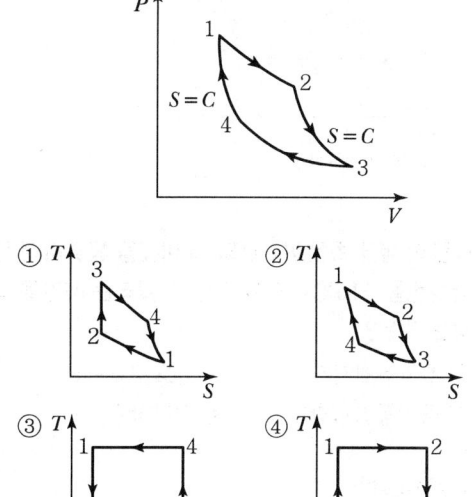

해설 카르노 사이클

같은 두 열원에서 작동되는 모든 가역 사이클의 효율이 같다(열기관의 이상 사이클로서 최고의 열효율을 갖는다).

㉠ 1 → 2(등온팽창)

㉡ 2 → 3(단열팽창)

㉢ 3 → 4(등온압축)

㉣ 4 → 1(단열압축)

④의 $T-S$ 사이클 : 카르노 사이클

27 냉동장치에서 증발온도를 일정하게 하고 응축온도를 높일 때 나타나는 현상으로 옳은 것은?

① 성적계수 증가

② 압축일량 감소

③ 토출가스온도 감소

④ 플래시가스 발생량 증가

해설 증발온도 일정 → 응축온도 상승(플래시가스 발생량 증가) 시 나타나는 현상

㉠ 성적계수 감소

㉡ 압축일량 증가

㉢ 토출가스 온도 상승

㉣ 압축비 증가

임계점

응축압력

(역카르노
사이클)

증발압력

플래시가스에 의한
냉매손실 열량값

28 식품의 평균 초온이 0℃일 때 이것을 동결하여 온도 중심점을 −15℃까지 내리는 데 걸리는 시간을 나타내는 것은?

① 유효동결시간   ② 유효냉각시간
③ 공칭동결시간   ④ 시간상수

해설 공칭동결시간

식품의 평균 초온도가 0℃에서 동결하여 온도중심점을 −15℃까지 내리는 데 드는 시간

29 압축기의 구조와 작용에 대한 설명으로 옳은 것은?

① 다기통 압축기의 실린더 상부에 안전두(Safety Head)가 있으면 액압축이 일어나도 실린더 내 압력의 과도한 상승을 막기 때문에 어떠한 액압축에도 압축기를 보호한다.
② 입형 암모니아 압축기는 실린더를 워터자켓에 의해 냉각하고 있는 것이 보통이다.
③ 압축기를 방진고무로 지지할 경우 시동 및 정지 때 진동이 적어 접속 연결배관에는 플렉시블 튜브 등을 설치할 필요가 없다.
④ 압축기를 용적식과 원심식으로 분류하면 왕복동 압축기는 용적식이고 스크루 압축기는 원심식이다.

해설 ㉠ 용적식인 스크루 압축기(숫로터, 암로터가 필요하다.)는 체크밸브가 필요하다.
㉡ 고속다기통압축기의 안전두는 액압축의 보호를 완벽하게 차단하지 못한다. 액압축에 약하여 안전밸브가 필요하다.
㉢ 압축기의 진동방지를 위해 플렉시블을 설치한다.

30 시간당 2,000kg의 30℃ 물을 −10℃의 얼음으로 만드는 능력을 가진 냉동장치가 있다. 조건이 아래와 같을 때, 이 냉동장치 압축기의 소요동력은?(단, 열손실은 무시한다.)

응축기 냉각수	입구온도	32℃
	출구온도	37℃
	유량	60m³/h
물의 비열		1kcal/kg℃
얼음	응고잠열	80kcal/kg
	비열	0.5kcal/kg℃

① 71kW   ② 76kW
③ 78kW   ④ 81kW

해설 • 물의 현열 $Q_1 = G \cdot C \cdot \Delta t_1$
$$= 2,000 \times 1 \times (30-0)$$
$$= 60,000 \text{kcal/h}$$

• 얼음의 응고열 $Q_2 = G \cdot \gamma$
$$= 2,000 \times 80$$
$$= 160,000 \text{kcal/h}$$

• 얼음의 현열 $Q_3 = G \cdot C \cdot \Delta t$
$$= 2,000 \times 0.5 \times (0-(-10))$$
$$= 10,000 \text{kcal/h}$$

∴ 냉동부하 $Q_e = 60,000 + 160,000 + 10,000$
$$= 230,000 \text{kcal/h}$$

응축부하 $Q_c = G \cdot C \cdot \Delta t = \rho \cdot Q \cdot C \cdot \Delta t$
$$= 1,000 \times 60 \times 1 \times (37-32)$$
$$= 300,000 \text{kcal/h}$$

∴ 압축기 소요동력 $W = \dfrac{Q_c - Q_e}{860}$
$$= \dfrac{300,000 - 230,000}{860}$$
$$= 81.4 \text{kW}$$

31 냉매의 구비조건으로 틀린 것은?

① 임계온도가 낮을 것
② 응고점이 낮을 것
③ 액체비열이 작을 것
④ 비열비가 작을 것

해설 냉매는 임계온도가 높아서 반드시 0℃ 이하가 아닌 상온에서 액화가 되어야 한다.

32 팽창밸브 중에서 과열도를 검출하여 냉매유량을 제어하는 것은?

① 정압식 자동팽창밸브
② 수동팽창밸브
③ 온도식 자동팽창밸브
④ 모세관

해설 온도식 자동팽창밸브
과열도(흡입냉매가스 온도-증발온도)를 검출하여 냉매유량을 조절하는 팽창밸브이다. 감온통은 증발기 출구 수평관에 설치하여 과열도를 검출한다.

33 R-22를 사용하는 냉동장치에 R-134a를 사용하려 할 때, 다음 장치의 운전 시 유의사항으로 틀린 것은?

① 냉매의 능력이 변하므로 전동기 용량이 충분한지 확인한다.
② 응축기, 증발기 용량이 충분한지 확인한다.
③ 가스켓, 시일 등의 패킹 선정에 유의해야 한다.
④ 동일 탄화수소계 냉매이므로 그대로 운전할 수 있다.

해설 R-134a 냉매는 프레온 냉매 R-12의 대체냉매이다.
HFC-134a=CH_3FCF_3이다.

34 흡수식 냉동장치에 관한 설명으로 틀린 것은?

① 흡수식 냉동장치는 냉매가스가 용매에 용해하는 비율이 온도, 압력에 따라 현저하게 다른 것을 이용한 것이다.
② 흡수식 냉동장치는 기계압축식과 마찬가지로 증발기와 응축기를 가지고 있다.
③ 흡수식 냉동장치는 기계적인 일 대신에 열에너지를 사용하는 것이다.
④ 흡수식 냉동장치는 흡수기, 압축기, 응축기 및 증발기인 4개의 열교환기로 구성되어 있다.

해설 흡수식 냉동장치 구성요소
흡수기, 증발기, 재생기, 응축기, 열 교환기 등으로 구성된다.

35 펠티에(Feltier) 효과를 이용하는 냉동방법에 대한 설명으로 틀린 것은?

① 펠티에 효과를 냉동에 이용한 것이 전자냉동 또는 열전기식 냉동법이다.
② 펠티에 효과를 냉동법으로 실용화에 어려운 점이 많았으나 반도체 기술이 발달하면서 실용화되었다.
③ 이 냉동방법을 이용한 것으로는 휴대용 냉장고, 가정용 특수냉장고, 물 냉각기, 핵 잠수함 내의 냉난방장치이다.
④ 증기 압축식 냉동장치와 마찬가지로 압축기, 응축기, 증발기 등을 이용한 것이다.

해설 펠티에 냉동기(전자 냉동기)
냉동용 열전반도체(비스무트텔루라이드, 안티모니텔루라이드, 비스무트셀렌 등)를 이용하는 냉동기이다. 성질이 다른 두 금속을 접속하여 직류전기가 통하면 접합부에서 열의 방출과 흡수가 일어나는 것을 이용하는 냉동기이다.

36 증발압력이 너무 낮은 원인으로 가장 거리가 먼 것은?

① 냉매가 과다하다.
② 팽창밸브가 너무 조여 있다.
③ 팽창밸브에 스케일이 쌓여 빙결하고 있다.
④ 증발압력 조절밸브의 조정이 불량하다.

해설 냉매순환량이 감소하면 소요동력이 증대하고 증발압력이 저하한다. 즉, 냉매충전량이 부족하면 증발압력이 저하한다.

37 가로 및 세로가 각 2m이고, 두께가 20cm, 열전도율이 0.2W/m℃인 벽체로부터의 열통과량은 50W이었다. 한쪽 벽면의 온도가 30℃일 때 반대쪽 벽면의 온도는?

① 87.5℃
② 62.5℃
③ 50.5℃
④ 42.5℃

해설 $q = \dfrac{\lambda}{l} \cdot A \cdot (t_1 - t_2)$

$t_1 = t_2 + \dfrac{l \cdot q}{\lambda \cdot A}$

$= 30 + \dfrac{(20 \times 10^{-2}) \times 50}{0.2 \times (2 \times 2)}$

$= 42.5℃$

38 냉각수 입구온도 30℃, 냉각수량 1,000L/min이고, 응축기의 전열면적이 8m², 총괄열전달계수 6,000 kcal/m²h℃일 때 대수평균온도차 6.5℃로 하면 냉각수 출구온도는?

① 26.7℃
② 30.9℃
③ 32.6℃
④ 35.2℃

해설 응축기의 냉각수 현열 출구온도(t_1) $= \dfrac{6,000 \times 8 \times 6.5}{1,000 \times 60 \times 1} + 30$

$\qquad\qquad\qquad = 35.2℃$

※ 1시간=60min, 물의 비열=1kcal/m²h℃

39 다음 액체냉각용 증발기와 가장 거리가 먼 것은?

① 만액식 셸 앤드 튜브식
② 핀 코일식 증발기
③ 건식 셸 앤드 튜브식
④ 보데로 증발기

해설 핀 튜브식(핀 코일식) 증발기는 나관에 핀(Fin)을 부착하여 소형냉장고, 쇼케이스, 에어컨 등에 사용된다(공기냉각용 증발기이다).

40 윤활유의 구비조건으로 틀린 것은?

① 저온에서 왁스가 분리될 것
② 전기 절연내력이 클 것
③ 응고점이 낮을 것
④ 인화점이 높을 것

해설 윤활유는 산에 대한 안전성이 좋고 왁스성분이 없을 것

SECTION **03** 공기조화

41 유인 유닛 방식에 관한 설명으로 틀린 것은?

① 각 실 제어를 쉽게 할 수 있다.
② 유닛에는 가동부분이 없어 수명이 길다.
③ 덕트 스페이스를 작게 할 수 있다.
④ 송풍량이 비교적 커 외기냉방 효과가 크다.

해설 유인비$\left(\dfrac{1,\ 2차\ 합계\ 공기}{1차\ 공기}\right)$, IDU 유인유닛 방식은 외기 냉방 효과가 적다(1차 공기 : 외기, 2차 공기 : 실내 공기, 합계공기 : 1, 2차 혼합공기).

42 덕트 내의 풍속이 8m/s이고 정압이 200Pa일 때, 전압은?(단, 공기밀도는 1.2kg/m³이다.)

① 219.3Pa
② 218.4Pa
③ 239.3Pa
④ 238.4Pa

해설 동압 $\dfrac{1}{2}Pv^2 = \dfrac{1}{2} \times 1.2 \times 8^2$

$\qquad\qquad = 38.4\text{Pa}$

∴ 전압=정압+동압

$\qquad = 200 + 38.4$
$\qquad = 238.4\text{Pa}$

43 다음 중 전공기방식이 아닌 것은?

① 이중 덕트 방식
② 단일 덕트 방식
③ 멀티존 유닛 방식
④ 유인 유닛 방식

해설 유인 유닛 방식 : 공기-수 방식(중앙 공조기)

44 습공기의 상태 변화에 관한 설명으로 틀린 것은?

① 습공기를 냉각하면 건구온도와 습구온도가 감소한다.
② 습공기를 냉각·가습하면 상대습도와 절대습도가 증가한다.
③ 습공기를 등온감습하면 노점온도와 비체적이 감소한다.
④ 습공기를 가열하면 습구온도와 상대습도가 증가한다.

해설 습공기를 가열하면
㉠ 습구온도 증가
㉡ 상대습도 감소

45 온수난방에서 온수의 순환방식과 가장 거리가 먼 것은?

① 중력순환방식
② 강제순환방식
③ 역귀환방식
④ 진공환수방식

해설 진공환수식 : 증기난방법(대규모 난방)
(배관 내 압력 : 100~250mmHg 진공압)

46 공기정화를 위해 설치한 프리필터 효율을 η_p, 메인필터 효율을 η_m이라 할 때 종합효율을 바르게 나타낸 것은?

① $\eta_T = 1-(1-\eta_p)(1-\eta_m)$
② $\eta_T = 1-(1-\eta_p)/(1-\eta_m)$
③ $\eta_T = 1-(1-\eta_p) \cdot \eta_m$
④ $\eta_T = 1-\eta_p \cdot (1-\eta_m)$

해설 필터종합효율(η_T)
$=1-(1-$프리필터 효율$)(1-$메인필터 효율$)$
$=1-(1-\eta_p)(1-\eta_m)$

47 정풍량 단일덕트 방식에 관한 설명으로 옳은 것은?

① 실내부하가 감소될 경우에 송풍량을 줄여도 실내 공기의 오염이 적다.
② 가변풍량방식에 비하여 송풍기 동력이 커져서 에너지 소비가 증대한다.
③ 각 실이나 존의 부하변동이 서로 다른 건물에서도 온·습도의 불균형이 생기지 않는다.
④ 송풍량과 환기량을 크게 계획할 수 없으며, 외기 도입이 어려워 외기냉방을 할 수 없다.

해설 변풍량(VAV) 방식은 송풍기 동력이 적고 정풍량 방식(단일 덕트 방식)은 가변풍량방식에 비하여 송풍기 동력이 커져서 에너지 소비가 증대한다.

48 다음 중 정압의 상승분을 다음 구간 덕트의 압력손실에 이용하도록 한 덕트 설계법은?

① 정압법
② 등속법
③ 등온법
④ 정압 재취득법

해설 정압 재취득법 덕트
정압의 상승분을 다음 구간의 덕트 압력 손실에 이용하도록 한 덕트 설계법이다.

49 아래 습공기 선도에 나타낸 과정과 일치하는 장치도는?

①

②

③

④

해설 ㉠ 외기
㉡ 환기
㉢ 혼합공기
㉣ 예냉 혼합공기
㉤ 냉각공기

50 보일러의 집진장치 중 사이클론 집진기에 대한 설명으로 옳은 것은?

① 연료유에 적정량의 물을 첨가하여 연소시킴으로써 완전연소를 촉진시키는 방법

② 배기가스에 분무수를 접촉시켜 공해물질을 흡수, 용해, 응축작용에 의해 제거하는 방법

③ 연소가스에 고압의 직류전기를 방전하여 가스를 이온화시켜 가스 중 미립자를 집진시키는 방법

④ 배기가스를 동심원통의 접선방향으로 선회시켜 입자를 원심력에 의해 분리배출하는 방법

해설 사이클론 집진기(원심식 집진기)는 배기가스를 동심원통의 접선방향으로 선회시켜 입자를 원심력에 의해 분리배출하는 방식

51 송풍기의 회전수가 1,500rpm인 송풍기의 압력이 300Pa이다. 송풍기 회전수를 2,000rpm으로 변경할 경우 송풍기 압력은?

① 423.3Pa   ② 533.3Pa
③ 623.5Pa   ④ 713.3Pa

해설 송풍기 상사법칙

$$\frac{P_2}{P_1} = \left(\frac{N_2}{N_1}\right)^2 \cdot \left(\frac{P_2}{P_1}\right)^2$$

$$P_2 = P_1 \times \left(\frac{N_2}{N_1}\right)^2 \quad (\because P_1 = P_2)$$

$$= 300 \times \left(\frac{2,000}{1,500}\right)^2$$

$$= 533.33 \text{Pa}$$

52 환기 종류와 방법에 대한 연결로 틀린 것은?

① 제1종 환기 : 급기팬(급기기)과 배기팬(배기기)의 조합

② 제2종 환기 : 급기팬(급기기)과 강제배기팬(배기기)의 조합

③ 제3종 환기 : 자연급기와 배기팬(배기기)의 조합

④ 자연환기(중력환기) : 자연급기와 자연배기의 조합

해설 제2종 환기 : 급기팬과 자연배기의 조합

(제 2종)

53 다음 공조방식 중 냉매방식이 아닌 것은?

① 패키지 방식
② 팬코일 유닛 방식
③ 룸 쿨러 방식
④ 멀티유닛 방식

해설 팬코일 유닛 방식 : 전수(全水) 방식(중앙식)

54 두께 20mm, 열전도율 40W/m · K인 강판에 전달되는 두 면의 온도가 각각 200℃, 50℃일 때, 전열면 1m²당 전달되는 열량은?

① 125kW   ② 200kW
③ 300kW   ④ 420kW

해설 20mm = 0.02m

$$\text{전열량}(Q) = \lambda \times \frac{A \times \Delta t}{b}$$

$$= 40 \times \frac{1 \times (200 - 50)}{0.02}$$

$$= 300,000\text{W}(300\text{kW})$$

55 온수의 물을 에어워셔 내에서 분무시킬 때 공기의 상태 변화는?

① 절대습도 강하
② 건구온도 상승
③ 건구온도 강하
④ 습구온도 일정

해설 온수물을 에어워셔(세정기) 내에서 분무시키면 건구온도가 강하된다.

56 보일러의 수위를 제어하는 주된 목적으로 가장 적절한 것은?

① 보일러의 급수장치가 동결되지 않도록 하기 위하여

② 보일러의 연료공급이 잘 이루어지도록 하기 위하여

③ 보일러가 과열로 인해 손상되지 않도록 하기 위하여

④ 보일러에서의 출력을 부하에 따라 조절하기 위하여

해설 보일러 수위 제어 목적
보일러가 과열로 인해 저수위 사고(또는 고수위 사고)를 방지하고 손상되지 않게 한다.

57 온수난방에 대한 설명으로 틀린 것은?

① 온수의 체적팽창을 고려하여 팽창탱크를 설치한다.

② 보일러가 정지하여도 실내온도의 급격한 강하가 적다.

③ 밀폐식일 경우 배관의 부식이 많아 수명이 짧다.

④ 방열기에 공급되는 온수 온도와 유량 조절이 용이하다.

해설 밀폐식은 고온수 난방이며 공기(에어)가 배제되어 부식이 경감되어 보일러 수명이 길어진다.

58 온도 32℃, 상대습도 60%인 습공기 150kg과 온도 15℃, 상대습도 80%인 습공기 50kg를 혼합했을 때 혼합공기의 상태를 나타낸 것으로 옳은 것은?

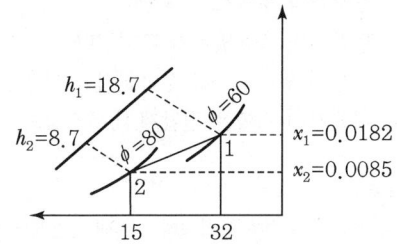

① 온도 20.15℃, 절대습도 0.0158인 공기

② 온도 20.15℃, 절대습도 0.0134인 공기

③ 온도 27.75℃, 절대습도 0.0134인 공기

④ 온도 27.75℃, 절대습도 0.0158인 공기

해설
• 열평형식
$$G_1 t_1 + G_2 t_2 = (G_1 + G_2) t_3 \text{에서}$$
혼합공기 온도 $t_3 = \dfrac{G_1 t_1 + G_2 t_2}{G_1 + G_2}$
$$= \dfrac{150 \times 32 + 50 \times 15}{150 + 50}$$
$$= 27.75℃$$

• 물질평형식
$$G_1 x_1 + G_2 x_2 = (G_1 + G_2) x_3 \text{에서}$$
절대습도 $x_3 = \dfrac{G_1 x_1 + G_2 x_2}{G_1 + G_2}$
$$= \dfrac{150 \times 0.0182 + 50 \times 0.0085}{150 + 50}$$
$$= 0.0158 \text{kg/kg′}$$

59 공기냉각용 냉수코일의 설계 시 주의사항으로 틀린 것은?

① 코일을 통과하는 공기의 풍속은 2~3m/s로 한다.

② 코일 내 물의 속도는 5m/s 이상으로 한다.

③ 물과 공기의 흐름방향은 역류가 되게 한다.

④ 코일의 설치는 관이 수평으로 놓이게 한다.

해설 코일 내 물의 유속은 1.0m/s 전후가 이상적이다.

60 습공기의 습도 표시방법에 대한 설명으로 틀린 것은?

① 절대습도는 건공기 중에 포함된 수증기량을 나타낸다.

② 수증기분압은 절대습도에 반비례 관계가 있다.

③ 상대습도는 습공기의 수증기 분압과 포화공기의 수증기 분압과의 비로 나타낸다.

④ 비교습도는 습공기의 절대습도와 포화공기의 절대습도와의 비로 나타낸다.

해설 ⊙ 수증기 분압은 절대습도에 비례한다.
ⓛ 절대습도란 습공기 중에서 수증기의 중량(kg)을 건조공기의 중량(kg′)으로 나눈 값이다.
$$\text{절대습도}(x) = 0.622 \times \frac{\text{수증기 분압}}{\text{대기압} - \text{수증기 분압}} (\text{kg/kg′})$$

61 다음의 제어기기에서 압력을 변위로 변환하는 변환요소가 아닌 것은?

① 스프링 ② 벨로우즈
③ 다이어프램 ④ 노즐플래퍼

해설 노즐플래퍼 : 변위 → 압력으로 변화

62 주파수 응답에 필요한 입력은?

① 계단 입력 ② 램프 입력
③ 임펄스 입력 ④ 정현파 입력

해설 주파수
음파, 기계진동, 전기진동 등과 같이 단위시간에 같은 현상이 반복되는 횟수이며 주파수 응답에 필요한 입력은 정현파 입력이다(정현파=사인파=시간 혹은 공간의 선형 함수의 정현함수로서 나타내는 파, $A\sin(\omega t - \beta x)$).

63 변압기 절연내력시험이 아닌 것은?

① 가압시험 ② 유도시험
③ 절연저항시험 ④ 충격전압시험

해설 절연저항
절연물에 직류전압을 가하면 아주 미소한 전류가 흐른다. 이때의 전압과 전류의 비로 구한 저항

64 자기장의 세기에 대한 설명으로 틀린 것은?

① 단위 길이당 기자력과 같다.
② 수직단면의 자력선 밀도와 같다.
③ 단위자극에 작용하는 힘과 같다.
④ 자속밀도에 투자율을 곱한 것과 같다.

해설 자기장
자석이나 전류 또는 시간에 따라 변화하는 전기장에 의해 그 주위에 자기력이 작용하는 공간이 생기는데 그 공간을 자기장(Magnetic Field)이라고 한다.

㉠ 자속밀도 : 자속의 방향에 수직 $1m^2$를 통과하는 자속수 (Wb/m^2)
㉡ 투자율 : 자속밀도(B)와 자기장(H)의 비, 즉 $\mu = \dfrac{B}{H}$

65 변압기유로 사용되는 절연유에 요구되는 특성으로 틀린 것은?

① 점도가 클 것
② 인화점이 높을 것
③ 응고점이 낮을 것
④ 절연내력이 클 것

해설 절연유
천연광유와 합성유가 있으며 함침하여 절연을 강화할 목적으로 사용된다. 전자기기용 절연유는 고전압에 사용되는 일이 드물며 고주파에서의 비유전율이나 유전 탄젠트에 대한 특성은 중요하다.

66 200V, 2kW 전열기에서 전열선의 길이를 $\dfrac{1}{2}$로 할 경우 소비전력은 몇 kW인가?

① 1 ② 2
③ 3 ④ 4

해설 $P = VI = \dfrac{V^2}{R}$ ($\because$ 전압 일정)
$V = \sqrt{P_1 R_1} = \sqrt{P_2 R_2}$
$\therefore P_2 = P_1 \times \dfrac{R_1}{R_2} = 2 \times \dfrac{1}{0.5} = 4kW$

67 배율기(Multiplier)의 설명으로 틀린 것은?

① 전압계와 병렬로 접속한다.
② 전압계의 측정범위가 확대된다.
③ 저항에 생기는 전압강하원리를 이용한다.
④ 배율기의 저항은 전압계 내부저항보다 크다.

해설 배율기
전압계의 측정범위를 확대하기 위해 전압계에 직렬로 접속하여 사용하는 저항기

68 유도전동기를 유도발전기로 동작시켜 그 발생 전력을 전원으로 변환하여 제동하는 유도전동기 제동방식은?

① 발전제동　　　　② 역상제동
③ 단상제동　　　　④ 회생제동

해설 회생제동
전기적인 제동법으로 전동기가 갖는 운동에너지를 전기에너지로 변환하고 이것을 전원으로 되돌려 보내어 전동기의 제동을 하는 방법

69 그림과 같은 논리회로의 출력 X_0에 해당하는 것은?

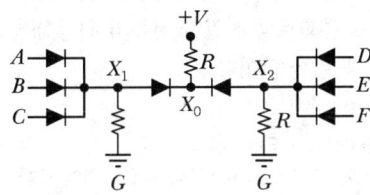

① $(ABC)+(DEF)$
② $(ABC)+(D+E+F)$
③ $(A+B+C)(D+E+F)$
④ $(A+B+C)+(D+E+F)$

해설 출력$(X_0)=(A+B+C)+(D+E+F)$

70 전압을 V, 전류를 I, 저항을 R, 그리고 도체의 비저항을 ρ라 할 때 옴의 법칙을 나타낸 식은?

① $V=\dfrac{R}{I}$　　　　② $V=\dfrac{I}{R}$
③ $V=IR$　　　　④ $V=IR\rho$

해설 옴의 법칙
저항에 흐르는 전류의 크기는 저항에 인가한 전압에 비례하고 전기저항에 반비례한다.
∴ $V=IR$(V)
※ 전압 : 전류를 흐르게 하는 전기적인 에너지 차이(전기적인 압력차)
전압$(V)=\dfrac{W}{Q}$(V)

71 SCR에 관한 설명 중 틀린 것은?

① PNPN 소자이다.
② 스위칭 소자이다.
③ 양방향성 사이리스터이다.
④ 직류나 교류의 전력제어용으로 사용된다.

해설 사이리스터(Thyrister)
PNPN 접합의 4층 구조반도체이다. 일반적으로 SCR이라고 불리는 역저지 3단자 사이리스터이다. 실리콘 제어 정류소자이다.
SCR 기호 : ⟶▶○
SCR(단방향성 역저지 소자)

72 동작신호에 따라 제어 대상을 제어하기 위하여 조작량으로 변환하는 장치는?

① 제어요소　　　　② 외란요소
③ 피드백요소　　　　④ 기준입력요소

해설 제어요소(조절기＋조작기)
자동제어 동작신호에 따라 제어 대상을 제어하기 위하여 조작량으로 변환하는 장치이다.

73 역률 0.85, 전류 50A, 유효전력 28kW인 3상 평형 부하의 전압은 약 몇 V인가?

① 300　　　　② 380
③ 476　　　　④ 660

해설 3상 평형부하 유효전력 $P=\sqrt{3}\,VI\cos\theta$에서
전압 $V=\dfrac{P}{\sqrt{3}\,I\cos\theta}$
$=\dfrac{28\times10^3}{\sqrt{3}\times50\times0.85}=380.37$V

74 제어기의 설명 중 틀린 것은?

① P 제어기 : 잔류편차 발생
② I 제어기 : 잔류편차 소멸
③ D 제어기 : 오차예측 제어
④ PD 제어기 : 응답속도 지연

해설 ㉠ PD 제어기 : 속응성을 개선한다.

㉡ PD 동작 : 자동제어계에서 제어편차의 양과 그 시간 변화량을 일정한 율로 가한 제어동작 t_1의 시간만으로도 충분하고 신속하게 제어가 가능하다.

75 $G(j\omega)=e^{-j\omega 0.4}$일 때 $\omega=2.5$rad/sec에서의 위상각은 약 몇 도인가?

① 28.6
② 42.9
③ 57.3
④ 71.5

해설 위상각 : 정현파의 시간적 변화를 나타내는 데 그림과 같이 시간의 기점을 정했을 때 ϕ로 나타내는 각도(rad)

(정현파 $v = V_n \sin(\omega t + \phi)$)

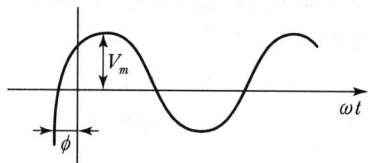

$\{\omega = \dfrac{\theta}{T}(\text{rad/sec})\}$

전기회로를 다룰 때에는 1회전한 각도를 2π(Radian, 단위 rad)로 표기한다. 즉 $2\pi=360°$이다. $90° = \dfrac{\pi}{2}$이다.

$1\text{rad}=180°$, $1\text{rad} = \dfrac{180}{\pi} = 57.3°$

각속도$(\omega)=2\pi f$(rad/sec), 주파수$(f)=\dfrac{\omega}{2\pi}$(Hz)

76 그림의 블록 선도에서 $C(s)/R(s)$를 구하면?

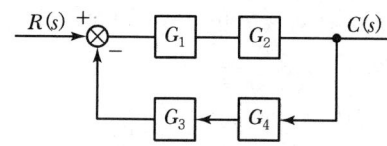

① $\dfrac{G_1 G_2}{1+G_1 G_2 G_3 G_4}$

② $\dfrac{G_3 G_4}{1+G_1 G_2 G_3 G_4}$

③ $\dfrac{G_1+G_2}{1+G_1 G_2+G_3 G_4}$

④ $\dfrac{G_1 G_2}{1+G_1 G_2+G_3 G_4}$

해설 $\{(R)-(G_3 G_4)\}G_1 G_2 = C$

$RG_1 G_2 - CG_1 G_2 G_3 H_4 = C$

$RG_1 G_2 = C(1+G_1 G_2 G_3 G_4)$

$\therefore\ G(s) = \dfrac{C}{R} = \dfrac{\text{전향경로의 합}}{1-\text{피드백의 합}} = \dfrac{G_1 G_2}{1+G_1 G_2 G_3 G_4}$

77 역률에 관한 다음 설명 중 틀린 것은?

① 역률은 $\sqrt{1-(\text{무효율})^2}$로 계산할 수 있다.
② 역률을 이용하여 교류전력의 효율을 알 수 있다.
③ 역률이 클수록 유효전력보다 무효전력이 커진다.
④ 교류회로의 전압과 전류의 위상차에 코사인(cos)을 취한 값이다.

해설 역률(Power Factor)

역률이 크면 무효전력보다 유효전력이 크다.

역률$(P \cdot f)=\cos\theta = \left(\dfrac{\text{유효전력}}{\text{피상전력}}\right)= \dfrac{P}{P_a}$

여기서, θ : 전압과 전류의 위상차

78 PLC(Programmable Logic Controller)의 출력부에 설치하는 것이 아닌 것은?

① 전자개폐기
② 열동계전기
③ 시그널램프
④ 솔레노이드밸브

해설 열동계전기

전류의 발열작용을 이용한 시한 계전기. 가열코일에 전류를 흘림으로써 바이메탈이 동작하여 통전 후의 일정시간이 얻어지지만 일단 동작하면 원상태로 복귀하는 데 시간이 걸리는 Thermal Relay이다.

79 자동제어계의 출력신호를 무엇이라 하는가?

① 조작량
② 목푯값
③ 제어량
④ 동작신호

해설 자동제어 출력신호 : 제어량

80 유도전동기의 속도제어 방법이 아닌 것은?

① 극수변환법　　　　② 역률제어법
③ 2차 여자제어법　　④ 전원전압제어법

해설 유도전동기 속도제어법
　㉠ 주파수 제어법
　㉡ 1차 전압제어법
　㉢ 2차 저항제어법
　㉣ 극수 변환에 의한 속도제어법
　㉤ 2차 여자제어법
　㉥ 전원전압제어법

SECTION **05** 배관일반

81 배관에서 금속의 산화부식 방지법 중 칼로라이징 (Calorizing)법이란?

① 크롬(Cr)을 분말상태로 배관 외부에 침투시키는 방법
② 규소(Si)를 분말상태로 배관 외부에 침투시키는 방법
③ 알루미늄(Al)을 분말상태로 배관 외부에 침투시키는 방법
④ 구리(Cu)를 분말상태로 배관 외부에 침투시키는 방법

해설 칼로라이징법
배관에서 금속의 산화부식을 방지하기 위하여 알루미늄을 배관 외부에 침투시키는 방법이다.

82 고압 배관용 탄소 강관에 대한 설명으로 틀린 것은?

① 9.8MPa 이상에 사용하는 고압용 강관이다.
② KS 규격기호로 SPPH라고 표시한다.
③ 치수는 호칭지름×호칭두께(Sch No)×바깥지름으로 표시하며, 림드강을 사용하여 만든다.
④ 350℃ 이하에서 내연기관용 연료분사관, 화학공업의 고압배관용으로 사용된다.

해설 고압배관용 탄소강 강관(SPPH)
350℃ 이하에서 10MPa 이상 고압에서 사용하는 관이다. 킬드강으로 이음매 없이 제조한다.

83 강관의 용접 접합법으로 적합하지 않은 것은?

① 맞대기용접　　　② 슬리브 용접
③ 플랜지 용접　　　④ 플라스턴 용접

해설 플라스턴 용접
연관의 이음방법이다(주석과 납의 합금인 플라스턴에 의한 이음).

84 급수방식 중 압력탱크 방식의 특징으로 틀린 것은?

① 높은 곳에 탱크를 설치할 필요가 없으므로 건축물의 구조를 강화할 필요가 없다.
② 탱크의 설치위치에 제한을 받지 않는다.
③ 조작상 최고, 최저의 압력차가 없으므로 급수압이 일정하다.
④ 옥상탱크에 비해 펌프의 양정이 길어야 하므로 시설비가 많이 든다.

해설 압력탱크 급수방식

건축구조물 내의 소요개소로 급수 최저압력, 최고압력의 차이가 난다.
(최고압력=최저압+0.7~1.4kg/cm² 정도 차이)

85 급탕배관 시 주의사항으로 틀린 것은?

① 구배는 중력순환식인 경우 $\frac{1}{150}$, 강제순환식에서는 $\frac{1}{200}$로 한다.
② 배관의 굽힘 부분에는 스위블 이음으로 접합한다.
③ 상향배관인 경우 급탕관은 하향구배로 한다.
④ 플랜지에 사용되는 패킹은 내열성 재료를 사용한다.

해설 ㉠ 상향식 : 유수방향이 상향이다(급탕관은 선상향 구배로 한다. 다만, 복귀관은 선하향 구배로 한다).
　㉡ 하향식 : 급탕관, 복귀관 모두 선하향 구배로 한다.

86 가스사용시설의 배관설비 기준에 대한 설명으로 틀린 것은?

① 배관의 재료와 두께는 사용하는 도시가스의 종류, 온도, 압력에 적절한 것일 것

② 배관을 지하에 매설하는 경우에는 지면으로부터 0.6m 이상의 거리를 유지할 것

③ 배관은 누출된 도시가스가 체류되지 않고 부식의 우려가 없도록 안전하게 설치할 것

④ 배관은 움직이지 않도록 고정하되 호칭지름이 13mm 미만의 것에는 2m마다, 33mm 이상의 것에는 5m마다 고정장치를 할 것

해설 ㉠ 13mm 미만 : 1m마다 고정
㉡ 13mm 이상~33mm 미만 : 2m마다 고정
㉢ 33mm 이상 : 3m마다 고정

87 통기관의 종류에서 최상부의 배수 수평관이 배수 수직관에 접속된 위치보다도 더욱 위로 배수 수직관을 끌어 올려 대기 중에 개구하여 사용하는 통기관은?

① 각개 통기관   ② 루프 통기관
③ 신정 통기관   ④ 도피 통기관

해설 신정 통기관 : 배수 수직관에서 대기 중에 개구하여 통기하는 관(1관식 통기관이다.)이며 2관식 통기관은 각개 통기식, 환기 통기식이 있다.

88 통기관의 설치 목적으로 가장 적절한 것은?

① 배수의 유속을 조절한다.
② 배수 트랩의 봉수를 보호한다.
③ 배수관 내의 진공을 완화한다.
④ 배수관 내의 청결도를 유지한다.

해설

유입구
(배수)
유출구
봉수깊이
5~10cm

89 염화비닐관의 특징에 관한 설명으로 틀린 것은?

① 내식성이 우수하다.
② 열팽창률이 작다.
③ 가공성이 우수하다.
④ 가볍고 관의 마찰저항이 적다.

해설 염화비닐관(합성수지 비금속관)은 경질염화비닐관 폴리에틸렌관 등이 있다. 열팽창률이 강관에 비해 7~8배가 되어서 온도변화 시 신축이 심하다.

90 밀폐 배관계에서는 압력계획이 필요하다. 압력계획을 하는 이유로 가장 거리가 먼 것은?

① 운전 중 배관계 내에 대기압보다 낮은 개소가 있으면 접속부에서 공기를 흡입할 우려가 있기 때문에

② 운전 중 수온에 알맞은 최소압력 이상으로 유지하지 않으면 순환수 비등이나 플래시 현상 발생우려가 있기 때문에

③ 수온의 변화에 의한 체적의 팽창·수축으로 배관 각부에 악영향을 미치기 때문에

④ 펌프의 운전으로 배관계 각 부의 압력이 감소하므로 수격작용, 공기정체 등의 문제가 생기기 때문에

해설 펌프의 운전 시 배관계 각 부의 밀폐된 곳은 압력이 감소가 아닌 오히려 압력이 14배나 증가하여 수격작용이 발생한다.

91 온수난방 설비의 온수배관 시공법에 관한 설명으로 틀린 것은?

① 공기가 고일 염려가 있는 곳에는 공기 배출을 고려한다.
② 수평배관에서 관의 지름을 바꿀 때에는 편심레듀서를 사용한다.
③ 배관재료는 내열성을 고려한다.
④ 팽창관에는 슬루스 밸브를 설치한다.

해설 팽창관에서는 어떠한 밸브도 설치하지 않는다.

92 강관작업에서 아래 그림처럼 15A 나사용 90° 엘보 2개를 사용하여 길이가 200mm가 되게 연결작업을 하려고 한다. 이때 실제 15A 강관의 길이는?(단, a : 나사가 물리는 최소길이는 11mm, A : 이음쇠의 중심에서 단면까지의 길이는 27mm로 한다.)

실제 강관길이
200mm

① 142mm   ② 158mm
③ 168mm   ④ 176mm

해설 ℓ(절단길이)$= L - 2(A-a) = 200 - 2(27-11) = 168$mm

93 60℃의 물 200L와 15℃의 물 100L를 혼합하였을 때 최종온도는?

① 35℃   ② 40℃
③ 45℃   ④ 50℃

해설 열평형식
$G_1 C t_1 + G_2 C t_2 = (G_1 + G_2) C t_3$에서

최종온도 $t_3 = \dfrac{G_1 t_1 + G_2 t_2}{G_1 + G_2}$

$= \dfrac{200 \times 60 + 100 \times 15}{200 + 100}$

$= 45$℃

94 동관작업용 사이징 툴(Sizing Tool) 공구에 관한 설명으로 옳은 것은?

① 동관의 확관용 공구
② 동관의 끝부분을 원형으로 정형하는 공구
③ 동관의 끝을 나팔형으로 만드는 공구
④ 동관 절단 후 생긴 거스러미를 제거하는 공구

해설 사이징 툴
동관 절단 후 끝부분을 원형으로 정형하는 공구이다.

95 일반적으로 배관계의 지지에 필요한 조건으로 틀린 것은?

① 관과 관 내 유체 및 그 부속장치, 단열피복 등의 합계중량을 지지하는 데 충분해야 한다.
② 온도변화에 의한 관의 신축에 대하여 적응할 수 있어야 한다.
③ 수격현상 또는 외부에서의 진동, 동요에 대해서 견고하게 대응할 수 있어야 한다.
④ 배관계의 소음이나 진동에 의한 영향을 다른 배관계에 전달하여야 한다.

해설 배관계의 소음이나 진동에 의한 영향을 다른 배관으로 전달하지 않도록 하여야 한다.

96 동관의 외경 산출공식으로 바르게 표시된 것은?

① 외경 = 호칭경(인치) + 1/8(인치)
② 외경 = 호칭경(인치) × 25.4
③ 외경 = 호칭경(인치) + 1/4(인치)
④ 외경 = 호칭경(인치) × 3/4 + 1/8(인치)

해설 동관의 외경(D) = 호칭경(인치) $+ \dfrac{1}{8}$(인치)

97 냉매배관 시 주의사항으로 틀린 것은?

① 굽힘부의 굽힘반경을 작게 한다.
② 배관 속에 기름이 고이지 않도록 한다.
③ 배관에 큰 응력 발생의 염려가 있는 곳에는 루프형 배관을 해 준다.
④ 다른 배관과 달라서 벽 관통 시에는 슬리브를 사용하여 보온 피복한다.

해설 배관에서 굽힘부의 반경은 항상 넉넉하게 한다.

R(굽힘부의 반경)

98 급탕배관 시공에 관한 설명으로 틀린 것은?

① 배관이 굽힘 부분에는 벨로스 이음을 한다.

② 하향식 급탕주관의 최상부에는 공기빼기 장치를 설치한다.

③ 팽창관의 관경은 겨울철 동결을 고려하여 25A 이상으로 한다.

④ 단관식 급탕배관 방식에는 상향배관, 하향배관 방식이 있다.

해설 급탕배관에서 배관의 굽힘 또는 수직부에서는 신축이음으로 스위블 이음으로(0℃에서 80℃ 온탕을 공급하면 강관 1m에 대하여 약 1mm가 늘어난다. 하여 신축이음에서 스위블 이음을 설치한다.)
※ $1m \times 0.012mm/m℃ \times (80-0)℃ = 0.96 = 1mm$ 팽창

99 지역난방의 특징에 관한 설명으로 틀린 것은?

① 대기 오염물질이 증가한다.

② 도시의 방재수준 향상이 가능하다.

③ 사용자에게는 화재에 대한 우려가 적다.

④ 대규모 열원기기를 이용한 에너지의 효율적 이용이 가능하다.

해설 지역난방은 신도시 전체에서 굴뚝 1~2개만 설치하고 건물이나 아파트 등 개별단지에는 보일러 등이 설치되지 않고 열병합발전을 하므로 대기오염 물질이 감소한다.

100 배수트랩의 봉수파괴 원인 중 트랩 출구 수직배관부에 머리카락이나 실 등이 걸려서 봉수가 파괴되는 현상과 관련된 작용은?

① 사이펀작용　　　② 모세관작용

③ 흡인작용　　　④ 토출작용

해설 모세관작용(트랩의 봉수가 파괴되는 원인)
트랩의 출구에 솜이나 천조각, 머리카락 등이 걸렸을 경우 모세관 현상에 의해 트랩의 봉수를 깨뜨리게 된다.

SECTION 01 기계열역학

01 단열된 가스터빈의 입구 측에서 가스가 압력 2MPa, 온도 1,200K으로 유입되어 출구 측에서 압력 100 kPa, 온도 600K으로 유출된다. 5MW의 출력을 얻기 위한 가스의 질량유량은 약 몇 kg/s인가?(단, 터빈의 효율은 100%이고, 가스의 정압비열은 1.12kJ/kg·K이다.)

① 6.44 ② 7.44
③ 8.44 ④ 9.44

> **해설** 가스터빈 일(공업일) $W_t = mC_p(T_1 - T_2)$
>
> 가스 질량 $m = \dfrac{W_t}{C_p(T_1 - T_2)}$
>
> $= \dfrac{5 \times 10^3}{1.12 \times (1,200 - 600)}$
>
> $= 7.44 \text{kg/s}$

02 물 1kg이 포화온도 120℃에서 증발할 때, 증발잠열은 2,203kJ이다. 증발하는 동안 물의 엔트로피 증가량은 약 몇 kJ/K인가?

① 4.3 ② 5.6
③ 6.5 ④ 7.4

> **해설** 엔트로피 변화량 $\Delta S = \dfrac{\Delta Q}{T}$
>
> $= \dfrac{2,203}{(120 + 273)}$
>
> $= 5.61 \text{J/K}$

03 오토 사이클로 작동되는 기관에서 실린더의 간극 체적이 행정 체적의 15%라고 하면 이론 열효율은 약 얼마인가?(단, 비열비 $k=1.4$이다.)

① 45.2% ② 50.6%
③ 55.7% ④ 61.4%

> **해설** 압축비 $\varepsilon = \dfrac{\text{실린더체적}}{\text{간극체적}} = \dfrac{\text{간극체적} + \text{행정체적}}{\text{간극체적}}$
>
> $= 1 + \dfrac{\text{행정체적}}{\text{간극체적}} = 1 + \dfrac{1}{0.15} = 7.67$
>
> ∴ 이론 열효율 $\eta = 1 - \left(\dfrac{1}{\varepsilon}\right)^{k-1}$
>
> $= 1 - \left(\dfrac{1}{7.67}\right)^{1.4-1}$
>
> $= 0.5573(55.73\%)$

04 14.33W의 전등을 매일 7시간 사용하는 집이 있다. 1개월(30일) 동안 약 몇 kJ의 에너지를 사용하는가?

① 10,830 ② 15,020
③ 17,420 ④ 22,840

> **해설** $1\text{kWh} = 3,600\text{kJ}$
>
> 전기사용량 $= 14.33 \times (7 \times 3,600 \times 30) \times 10^{-3}$
>
> $= 10,833.48 \text{kJ}$

05 이상적인 증기-압축 냉동 사이클에서 엔트로피가 감소하는 과정은?

① 증발과정 ② 압축과정
③ 팽창과정 ④ 응축과정

> **해설** 응축
> 냉매증기를 냉각수(냉매액)로 응축시켜서 만드는 경우 잠열이 제거되므로 엔트로피($\Delta S = \dfrac{\delta Q}{T}$)가 감소한다.

06 폴리트로픽 과정 $PV^n = C$에서 지수 $n = \infty$인 경우는 어떤 과정인가?

① 등온과정 ② 정적과정
③ 정압과정 ④ 단열과정

해설 지수(n)
⊙ 정압변화(0)
ⓛ 등온변화(1)
ⓒ 단열변화(K)
ⓔ 정적변화(∞)

07 4kg의 공기가 들어 있는 체적 $0.4m^3$의 용기(A)와 체적이 $0.2m^3$인 진공의 용기(B)를 밸브로 연결하였다. 두 용기의 온도가 같을 때 밸브를 열어 용기 A와 B의 압력이 평형에 도달했을 경우, 이 계의 엔트로피 증가량은 약 몇 J/K인가?(단, 공기의 기체상수는 0.287 kJ/kg · K이다.)

① 712.8 ② 595.7
③ 465.5 ④ 348.2

해설 등온과정 엔트로피식
$$\Delta S = S_2 - S_1 = mR \ln \frac{V_2}{V_1}$$
$$= 4 \times (0.287 \times 10^3) \times \ln \left(\frac{0.4 + 0.2}{0.4} \right)$$
$$= 465.47 J/K$$

08 피스톤 – 실린더 시스템에 100kPa의 압력을 갖는 1kg의 공기가 들어 있다. 초기 체적은 $0.5m^3$이고, 이 시스템에 온도가 일정한 상태에서 열을 가하여 부피가 $1.0m^3$이 되었다. 이 과정 중 전달된 에너지는 약 몇 kJ인가?

① 30.7 ② 34.7
③ 44.8 ④ 50.0

해설 등온변화 전달에너지식
$\delta Q = dU + PdV$에서 $dU = 0$
$$\therefore Q = \int_1^2 PdV = P_1 V_1 \ln \frac{V_2}{V_1}$$
$$= 100 \times 0.5 \times \ln \frac{1.0}{0.5}$$
$$= 34.66 kJ$$

09 열역학 제1법칙에 관한 설명으로 거리가 먼 것은?

① 열역학적계에 대한 에너지 보존법칙을 나타낸다.
② 외부에 어떠한 영향을 남기지 않고 계가 열원으로부터 받은 열을 모두 일로 바꾸는 것은 불가능하다.
③ 열은 에너지의 한 형태로서 일을 열로 변환하거나 열을 일로 변환하는 것이 가능하다.
④ 열을 일로 변환하거나 일을 열로 변환할 때, 에너지의 총량은 변하지 않고 일정하다.

해설 열역학 제1법칙 : 계가 열원으로부터 받은 열을 모두 일로 바꾸는 것이 가능하다.

10 300L 체적의 진공인 탱크가 25℃, 6MPa의 공기를 공급하는 관에 연결된다. 밸브를 열어 탱크 안의 공기 압력이 5MPa이 될 때까지 공기를 채우고 밸브를 닫았다. 이 과정이 단열이고 운동에너지와 위치에너지의 변화는 무시해도 좋을 경우에 탱크 안의 공기 온도는 약 몇 ℃가 되는가?(단, 공기의 비열비는 1.4이다.)

① 1.5℃ ② 25.0℃
③ 84.4℃ ④ 144.3℃

해설 $T_1 P_1 = T_2 P_2$
$$T_2 = T_1 \times \left(\frac{P_2}{P_1} \right)^{\frac{K-1}{K}}$$
$$= (273 + 25) \times 1.4$$
$$= 417.2 K(144.2℃)$$

11 다음 압력값 중에서 표준대기압(1atm)과 차이가 가장 큰 압력은?

① 1MPa ② 100kPa
③ 1bar ④ 100hPa

해설 표준대기압 = $1.0332 kgf/cm^2$ = 1.01325bar
$$= 101,325 Pa = 1,013.25 hPa$$
$$= 101.325 kPa = 0.101325 MPa$$

12 다음 냉동 사이클에서 열역학 제1법칙과 제2법칙을 모두 만족하는 Q_1, Q_2, W는?

① $Q_1 = 20\text{kJ}$, $Q_2 = 20\text{kJ}$, $W = 20\text{kJ}$

② $Q_1 = 20\text{kJ}$, $Q_2 = 30\text{kJ}$, $W = 20\text{kJ}$

③ $Q_1 = 20\text{kJ}$, $Q_2 = 20\text{kJ}$, $W = 10\text{kJ}$

④ $Q_1 = 20\text{kJ}$, $Q_2 = 15\text{kJ}$, $W = 5\text{kJ}$

해설 전체 엔트로피 $\Delta S = S_2 - S_1 > 0$이어야 한다.

$Q_1 + Q_2 = W + Q_3$, $Q_1 + Q_2 = W + Q_3$가 되어야 한다.

Q_1은 Q_2보다 온도가 낮으므로 $Q_1 = 20$, $Q_2 = 30$으로 보면 합이 50이 되므로 $30 + W = 50$

∴ $W = 50 - 30 = 20\text{kJ}$

13 10℃에서 160℃까지 공기의 평균 정적비열은 0.7315kJ/kg · K이다. 이 온도 변화에서 공기 1kg의 내부에너지 변화는 약 몇 kJ인가?

① 101.1kJ   ② 109.7kJ

③ 120.6kJ   ④ 131.7kJ

해설 정적 변화 $\dfrac{T_2}{T_1} = \dfrac{P_2}{P_1}$, 내부에너지 변화 $= C_v(T_2 - T_1)$

∴ 내부에너지 변화 $dU = C_v dT = 0.7315 \times (160 - 10)$

$= 109.725\text{kJ}$

14 다음에 열거한 시스템의 상태량 중 종량적 상태량인 것은?

① 엔탈피   ② 온도

③ 압력   ④ 비체적

해설 종량적 상태량

체적, 내부 에너지, 엔탈피, 엔트로피(물질의 질량에 따라 그 크기가 결정되는 상태량)

15 온도 300K, 압력 100kPa 상태의 공기 0.2kg이 완전히 단열된 강제 용기 안에 있다. 패들(paddle)에 의하여 외부로부터 공기에 5kJ의 일이 행해질 때 최종 온도는 약 몇 K인가?(단, 공기의 정압비열과 정적비열은 각각 1.0035kJ/kg · K, 0.7165kJ/kg · K 이다.)

① 315   ② 275

③ 335   ④ 255

해설 $\delta Q = dU + \delta W$에서 단열변화이므로 $\delta Q = 0$

∴ $\delta W = dU$

$W = m C_v (T_2 - T_1)$에서

$T_2 = T_1 + \dfrac{W}{m C_v} = 300 + \dfrac{5}{0.2 \times 0.7165}$

$= 334.89\text{K}$

16 증기 터빈의 입구 조건은 3MPa, 350℃이고 출구의 압력은 30kPa이다. 이때 정상 등엔트로피 과정으로 가정할 경우, 유체의 단위 질량당 터빈에서 발생되는 출력은 약 몇 kJ/kg인가?(단, 표에서 h는 단위질량당 엔탈피, s는 단위질량당 엔트로피이다.)

구분	h(kJ/kg)	s(kJ/kg · K)
터빈입구	3115.3	6.7428

구분	엔트로피(kJ/kg · K)		
	포화액 s_f	증발 s_{fg}	포화증기 s_g
터빈출구	0.9439	6.8247	7.7686

구분	엔탈피(kJ/K)		
	포화액 h_f	증발 h_{fg}	포화증기 h_g
터빈출구	289.2	2336.1	2625.3

① 679.2   ② 490.3

③ 841.1   ④ 970.4

해설 $3115.3 - 2625.3 = 490\text{kJ/kg}$

$\dfrac{2625.3 - 289.2}{3115.3 - 289.2} = 0.82$

∴ $\dfrac{490}{0.85} + 289.2 = 842\text{kJ/kg}$

17 분자량이 M이고 질량이 $2V$인 이상기체 A가 압력 p, 온도 T(절대온도)일 때 부피가 V이다. 동일한 질량의 다른 이상기체 B가 압력 $2p$, 온도 $2T$(절대온도)일 때 부피가 $2V$이면 이 기체의 분자량은 얼마인가?

① $0.5M$ ② M

③ $2M$ ④ $4M$

해설 이상기체 상태방정식 $PV = mRT = m\dfrac{R_u}{M}T$

A의 분자량 $M = \dfrac{mR_u T}{PV}$ 일 때

B의 분자량 $M' = \dfrac{mR_u \cdot 2T}{2P \cdot 2V} = \dfrac{1}{2}\dfrac{mR_u T}{PV} = 0.5M$

---

18 1kg의 공기가 100℃를 유지하면서 등온 팽창하여 외부에 100kJ의 일을 하였다. 이때 엔트로피의 변화량은 약 몇 kJ/kg·K인가?

① 0.268

② 0.373

③ 1.00

④ 1.54

해설 엔트로피 변화량$(\Delta S) = \dfrac{\delta Q}{T} = \dfrac{100}{100 + 273}$

$\qquad\qquad\qquad = 0.268 \mathrm{kJ/kg \cdot K}$

---

19 압력 5kPa, 체적이 0.3m³인 기체가 일정한 압력하에서 압축되어 0.2m³로 되었을 때 이 기체가 한 일은?(단, +는 외부로 기체가 일을 한 경우이고, −는 기체가 외부로부터 일을 받은 경우이다.)

① −1,000J   ② 1,000J

③ −500J   ④ 500J

해설 정압과정 압축일 $W = \displaystyle\int_1^2 PdV$

$\qquad\qquad = P(V_2 - V_1)$

$\qquad\qquad = 5 \times (0.2 - 0.3)$

$\qquad\qquad = -0.5\mathrm{kJ}$

$\qquad\qquad = -500\mathrm{J}$

---

20 Rankine 사이클에 대한 설명으로 틀린 것은?

① 응축기에서의 열방출 온도가 낮을수록 열효율이 좋다.

② 증기의 최고온도는 터빈 재료의 내열 특성에 의하여 제한된다.

③ 팽창일에 비하여 압축일이 적은 편이다.

④ 터빈 출구에서 건도가 낮을수록 효율이 좋아진다.

해설 ④ 터빈 출구에서 건도가 높을수록 효율이 상승한다.

SECTION 02 냉동공학

21 다음 중 터보압축기의 용량(능력)제어 방법이 아닌 것은?

① 회전속도에 의한 제어

② 흡입 댐퍼(Damper)에 의한 제어

③ 부스터(Booster)에 의한 제어

④ 흡입 가이드 베인(Guide Vane)에 의한 제어

해설 부스터 : 저단 측 압력이 현저히 낮아지면 1대의 압축기로는 저압에서 응축압력까지 압축하기 어려워서 보조적인 압축기로 저압(증발)에서 고압(응축)의 중간압력까지 압축하는 압축기

---

22 증발식 응축기에 관한 설명으로 옳은 것은?

① 외기의 습구온도 영향을 많이 받는다.

② 외부공기가 깨끗한 곳에서는 엘리미네이터(Eliminator)를 설치할 필요가 없다.

③ 공급수의 양은 물의 증발량과 엘리미네이터에서 배제하는 양을 가산한 양으로 충분하다.

④ 냉각작용은 물을 살포하는 것만으로 한다.

해설 증발식 응축기 : 응축기 냉각관 코일에 냉각수를 분무노즐에 의하여 분무하고 여기에 3m/s 정도의 바람을 보내어 냉각관의 표면을 물로 증발시켜 냉각한다.
㉠ 외기의 습구온도 영향을 많이 받는다.
㉡ 보급수량은 엘리미네이터로부터 보호한다.
㉢ 냉각수가 부족한 곳에서 사용하는 응축기이다.
㉣ 전열작용이 나쁘다.

23 2단 압축 1단 팽창 냉동장치에서 각 점의 엔탈피는 다음의 $P-h$ 선도와 같다고 할 때, 중간냉각기 냉매 순환량은?(단, 냉동능력은 20RT이다.)

① 68.04kg/h
② 85.89kg/h
③ 222.82kg/h
④ 290.8kg/h

해설 1RT=3,320kcal/h, 20×3,320=66,400kcal/h
중간냉각기 냉매순환량(W)
$$=\frac{20\times3,320}{393-95}\times\frac{(437-398)+(136-95)}{398-262}=68.04\text{kg/h}$$

24 고온부의 절대온도를 T_1, 저온부의 절대온도를 T_2, 고온부로 방출하는 열량을 Q_1, 저온부로부터 흡수하는 열량을 Q_2라고 할 때, 이 냉동기의 이론 성적계수(COP)를 구하는 식은?

① $\dfrac{Q_1}{Q_1-Q_2}$
② $\dfrac{Q_2}{Q_1-Q_2}$
③ $\dfrac{T_1}{T_1-T_2}$
④ $\dfrac{T_1-T_2}{T_1}$

해설 냉동기 성적계수(COP)$=\dfrac{Q_2}{Q_1-Q_2}=\dfrac{T_2}{T_1-T_2}$

25 냉동기에 사용되는 팽창밸브에 관한 설명으로 옳은 것은?

① 온도 자동 팽창밸브는 응축기의 온도를 일정하게 유지·제어한다.
② 흡입압력 조정밸브는 압축기의 흡입압력이 설정치 이상이 되지 않도록 제어한다.
③ 전자밸브를 설치할 경우 흐름방향을 고려할 필요가 없다.
④ 고압 측 플로트(Float) 밸브는 냉매 액의 속도로 제어한다.

해설 ⊙ 흡입압력 조정밸브(SPR) : 증발기와 압축기 사이에 설치하며 흡입냉매가스 압력이 소정 압력 이상이 되면 과부하에 따른 압축기용 전동기의 소손을 방지한다.
⑥ 고압 측 플로트 밸브는 냉매 유량제어가 불가능하다.
ⓒ 전자변 : 냉매 용량 및 액면 조정, 온도제어, 리퀴드백 방지, 냉매브라인 흐름 제어

26 0.08m³의 물속에 700℃의 쇠뭉치 3kg을 넣었더니 쇠뭉치의 평균온도가 18℃로 변하였다. 이때 물의 온도 상승량은?(단, 물의 밀도는 1,000kg/m³이고, 쇠의 비열은 606J/kg℃이며, 물과 공기와의 열교환은 없다.)

① 2.8℃
② 3.7℃
③ 4.8℃
④ 5.7℃

해설 물의 온도 상승=쇠뭉치가 잃은 열량
$(0.08\times1,000)\times4.187\times\Delta t=3\times606\times10^{-3}\times(700-18)$
$\Delta t=\dfrac{3\times606\times10^{-3}\times(700-18)}{0.08\times1,000\times4.187}=3.7℃$
※ 물의 비열=4.187kJ/kg℃

27 증기 압축식 냉동 사이클에서 증발온도를 일정하게 유지시키고, 응축온도를 상승시킬 때 나타나는 현상이 아닌 것은?

① 소요동력 증가
② 성적계수 감소
③ 토출가스 온도 상승
④ 플래시가스 발생량 감소

해설 플래시가스(Flash Gas)는 액관이 직사광선에 노출되지 않거나 액관이 방열하는 경우에 감소한다.

28 냉동능력이 1RT인 냉동정치가 1kW의 압축동력을 필요로 할 때, 응축기에서의 방열량은?

① 2kcal/h
② 3,321kcal/h
③ 4,180kcal/h
④ 2,460kcal/h

해설 응축기 방열량 Q=냉동능력+압축열량
$=1\times3,320+1\times860=4,180\text{kcal/h}$

29 증기압축식 냉동기와 비교하여 흡수식 냉동기의 특징이 아닌 것은?

① 일반적으로 증기압축식 냉동기보다 성능계수가 낮다.

② 압축기의 소비동력을 비교적 절감시킬 수 있다.

③ 초기 운전 시 정격성능을 발휘할 때까지 도달속도가 느리다.

④ 냉각수 배관, 펌프, 냉각탑의 용량이 커져 보조기기 설비비가 증가한다.

해설

흡수식 냉동기에는 압축기 대신 재생기가 부착된다.

30 증발기에 관한 설명으로 틀린 것은?

① 냉매는 증발기 속에서 습증기가 건포화증기로 변한다.

② 건식 증발기는 유회수가 용이하다.

③ 만액식 증발기는 액백을 방지하기 위해 액분리기를 설치한다.

④ 액순환식 증발기는 액 펌프나 저압 수액기가 필요 없으므로 소형 냉동기에 유리하다.

해설 액순환식 증발기는 냉매액 펌프를 사용하여 증발하는 냉매량의 4~6배 정도의 냉매액을 강제 순환시키므로 타 증발기에 비해 전열이 20% 상승하기에 대용량 저온 냉장실, 급속 동결 장치용으로 쓰인다.

31 팽창밸브의 역할로 가장 거리가 먼 것은?

① 압력강하

② 온도강하

③ 냉매량 제어

④ 증발기에 오일 흡입 방지

해설 유분리기(Oil Separator) : 압축기의 토출가스에 오일이 혼입되는 경우 응축기나 증발기 등에서 유막을 형성하여 전열을 불량하게 된다. 하여 오일을 회수하여 토출가스의 맥동을 방지하기 위해 압축기와 응축기 사이에 설치한다.

32 냉동장치의 고압부에 대한 안전장치가 아닌 것은?

① 안전밸브

② 고압스위치

③ 가용전

④ 방폭문

해설 방폭문(보일러 안전장치)

33 냉동장치로 얼음 1ton을 만드는 데 50kWh의 동력이 소비된다. 이 장치에 20℃의 물이 들어가서 −10℃의 얼음으로 나온다고 할 때, 이 냉동장치의 성적계수는?(단, 얼음의 융해잠열은 80kcal/kg, 비열은 0.5kcal/kg℃이다.)

① 1.12

② 2.44

③ 3.42

④ 4.67

해설 물의 현열 $Q_1 = GC\Delta t = 1,000 \times 1 \times (20-0)$
$$= 20,000\text{kcal}$$

물의 응고열 $Q_3 = G \cdot \gamma = 1,000 \times 0.5 \times (0-(-10))$
$$= 5,000\text{kcal}$$

$\therefore$ 성적계수 $COP = \dfrac{Q_1 + Q_2 + Q_3}{AW}$
$$= \dfrac{20,000 + 80,000 + 5,000}{50 \times 860} = 2.44$$

34 단위 시간당 전도에 의한 열량에 대한 설명으로 틀린 것은?

① 전도열량은 물체의 두께에 반비례한다.

② 전도열량은 물체의 온도차에 비례한다.

③ 전도열량은 전열면적에 반비례한다.

④ 전도열량은 열전도율에 비례한다.

해설 열전도 전열량은 전열면적에 비례한다.

35 일반적인 냉매의 구비 조건으로 옳은 것은?

① 활성이며 부식성이 없을 것

② 전기저항이 적을 것

③ 점성이 크고 유동저항이 클 것

④ 열전달률이 양호할 것

해설 냉매의 조건
　　⊙ 전기 절연 내력이 크고 절연 물질을 부식하지 말 것
　　ⓒ 점성, 점도가 작고 열전달률이 양호할 것
　　ⓒ 터보냉동기의 냉매는 비중이 클 것
　　ⓒ 유동저항이 적을 것
　　◎ 냉매의 비열비가 적을 것

36 냉동 사이클에서 습압축으로 일어나는 현상과 가장 거리가 먼 것은?

① 응축잠열 감소
② 냉동능력 감소
③ 압축기의 체적 효율 감소
④ 성적계수 감소

해설 냉매의 응축잠열(kcal/kg)은 일정하다(냉매액 → 냉매증기).

37 아래의 사이클이 적용된 냉동장치의 냉동능력이 119kW일 때, 다음 설명 중 틀린 것은?(단, 압축기의 단열효율 η_c는 0.7, 기계효율 η_m은 0.85이며, 기계적 마찰손실 일은 열이 되어 냉매에 더해지는 것으로 가정한다.)

① 냉매 순환량은 0.7kg/s이다.
② 냉동장치의 실제 성능계수는 4.25이다.
③ 실제 압축기 토출가스의 엔탈피는 약 497kJ/kg 이다.
④ 실제 압축기 축동력은 약 47.1kW이다.

해설 ① 냉매순환량 $Q_e = G \cdot q_e$에서

$$G = \frac{Q_e}{q_e} = \frac{Q_e}{h_1 - h_4} = \frac{119}{410 - 240} = 0.7\text{kg/s}$$

② 실제 성능계수 $COP = \dfrac{h_1 - h_4}{h_2 - h_1} \times \eta_c \times \eta_m$

$$= \frac{410 - 240}{450 - 410} \times 0.7 \times 0.85$$

$$= 2.528$$

③ 효율 $\eta_2 = \dfrac{h_2 - h_1}{h_2' - h_1}$에서

　압축기 토출가스 엔탈피 $h_2' = h_1 + \dfrac{h_2 - h_1}{\eta_c}$

$$= 410 + \frac{450 - 410}{0.7}$$

$$= 467.14\text{kJ/kg}$$

④ 실제 압축기 축동력 $L_b = \dfrac{G(h_2 - h_1)}{\eta_c \cdot \eta_m}$

$$= \frac{0.7 \times (450 - 410)}{0.7 \times 0.85}$$

$$= 47.06\text{kW}$$

38 나선상의 관에 냉매를 통과시키고, 그 나선관을 원형 또는 구형의 수조에 담근 후, 물을 수조에 순환시켜서 냉각하는 방식의 응축기는?

① 대기식 응축기
② 이중관식 응축기
③ 지수식 응축기
④ 증발식 응축기

39 냉동능력이 99,600kcal/h이고, 압축소요 동력이 35kW인 냉동기에서 응축기의 냉각수 입구온도가 20℃, 냉각수량이 360L/min이면 응축기 출구의 냉각수 온도는?

① 22℃　　　　　　② 24℃
③ 26℃　　　　　　④ 28℃

해설 응축열량 Q=냉동능력+압축기 열량
$$= mC(t_2 - t_1)$$
$$99,600 + (35 \times 860) = (360 \times 60) \times 1 \times (t_2 - 20)$$
∴ 출구온도 $t_2 = 20 + \dfrac{99,600 + (35 \times 860)}{360 \times 60}$
$$= 26℃$$

40 안정적으로 작동되는 냉동 시스템에서 팽창밸브를 과도하게 닫았을 때 일어나는 현상이 아닌 것은?

① 흡입압력이 낮아지고 증발기 온도가 저하한다.
② 압축기의 흡입가스가 과열된다.
③ 냉동능력이 감소한다.
④ 압축기의 토출가스 온도가 낮아진다.

해설 팽창밸브를 과도하게 닫으면 냉매가 증발기로 유입되기 어려워서 냉매의 토출가스 온도가 상승하고 고내 온도가 상승한다.

SECTION **03** 공기조화

41 공조설비를 구성하는 공기조화기는 공기여과기, 냉·온수코일, 가습기, 송풍기로 구성되어 있는데, 다음 중 이들 장치와 직접 연결되어 사용되는 설비가 아닌 것은?

① 공급덕트　　　　② 주증기관
③ 냉각수관　　　　④ 냉수관

해설 냉각수관 용도

42 냉난방 공기조화 설비에 관한 설명으로 틀린 것은?

① 조명기구에 의한 영향은 현열로서 냉방부하 계산 시 고려되어야 한다.
② 패키지 유닛 방식을 이용하면 중앙공조방식에 비해 공기조화용 기계실의 면적이 적게 요구된다.
③ 이중 덕트 방식은 개별제어를 할 수 있는 이점은 있지만 일반적으로 설비비 및 운전비가 많아진다.
④ 지역 냉난방은 개별 냉난방에 비해 일반적으로 공사비는 현저하게 감소한다.

해설 지역 냉난방 공사비는 개별 냉난방 설비에 비해 현저하게 증가한다.

43 다음 중 흡수식 냉동기의 구성기기가 아닌 것은?

① 응축기　　　　② 흡수기
③ 발생기　　　　④ 압축기

해설 압축기(프레온, 암모니아 등 증기 압축식 냉동기용)

44 냉동창고의 벽체가 두께 15cm, 열전도율 1.4kcal/mh℃인 콘크리트와 두께 5cm, 열전도율 1.2kcal/mh℃인 모르타르로 구성되어 있다면, 벽체의 열통과율은?(단, 내벽 측 표면 열전달률은 8kcal/m²h℃, 외벽 측 표면 열전달률은 20kcal/m²h℃이다.)

① 0.026kcal/m²h℃
② 0.323kcal/m²h℃
③ 3.088kcal/m²h℃
④ 38.175kcal/m²h℃

해설 열관류율$(K) = \dfrac{1}{\dfrac{1}{a_1} + \dfrac{b_1}{\lambda_1} + \dfrac{b_2}{\lambda_2} + \dfrac{1}{a_2}}$

$\therefore K = \dfrac{1}{\dfrac{1}{8} + \dfrac{0.15}{1.4} + \dfrac{0.05}{1.2} + \dfrac{1}{20}} = 3.088 \text{kcal/m}^2\text{h}℃$

45 10℃의 냉풍을 급기하는 덕트가 건구온도 30℃, 상대습도 70%인 실내에 설치되어 있다. 이때 덕트의 표면에 결로가 발생하지 않도록 하려면 보온재의 두께는 최소 몇 mm 이상이어야 하는가?(단, 30℃, 70%의 노점온도 24℃, 보온재의 열전도율은 0.03 kcal/mh℃, 내표면의 열전달률은 40kcal/m²h℃, 외표면의 열전달률은 8kcal/m²h℃, 보온재 이외의 열저항은 무시한다.)

① 5mm　　　　② 8mm
③ 16mm　　　　④ 20mm

해설 전체 열관류 열량과 외표면 열전달 열량이 같으므로

$$K \cdot A \cdot \Delta t = \alpha_0 \cdot A \cdot \Delta t_1$$

열관류율 $K = \dfrac{\alpha_0 \cdot \Delta t_1}{\Delta t} = \dfrac{8 \times (30-24)}{(30-10)}$

$\qquad\qquad\qquad = 2.4\,\text{kcal/m}^2\text{h℃}$

이때, $\dfrac{1}{K} = \dfrac{1}{\alpha_i} + \dfrac{l}{\lambda} + \dfrac{1}{\alpha_o}$ 에서

두께 $l = \lambda\left(\dfrac{1}{K} - \dfrac{1}{\alpha_i} - \dfrac{1}{\alpha_o}\right) = 0.03 \times \left(\dfrac{1}{2.4} - \dfrac{1}{40} - \dfrac{1}{8}\right)$

$\qquad\qquad\qquad = 8 \times 10^{-3} = 8\,\text{mm}$

46 원형 덕트에서 사각덕트로 환산시키는 식으로 옳은 것은?(단, a는 사각덕트의 장변길이, b는 단변길이, d는 원형 덕트의 직경 또는 상당직경이다.)

① $d = 1.2 \cdot \left[\dfrac{(ab)^5}{(a+b)^2}\right]^8$

② $d = 1.2 \cdot \left[\dfrac{(ab)^2}{(a+b)^5}\right]^8$

③ $d = 1.3 \cdot \left[\dfrac{(ab)^2}{(a+b)^5}\right]^{\frac{1}{8}}$

④ $d = 1.3 \cdot \left[\dfrac{(ab)^5}{(a+b)^2}\right]^{\frac{1}{8}}$

47 공기열원 열펌프를 냉동 사이클 또는 난방 사이클로 전환하기 위하여 사용하는 밸브는?

① 체크 밸브 　　　 ② 글로브 밸브
③ 4방 밸브 　　　 ④ 릴리프 밸브

해설 히트펌프(냉방－난방 사이클 변동 시 4방 밸브(절환밸브) 사용)

48 크기 $1,000 \times 500\,\text{mm}$의 직관 덕트에 35℃의 온풍 $18,000\,\text{m}^3/\text{h}$이 흐르고 있다. 이 덕트가 $-10℃$의 실외 부분을 지날 때 길이 20m당 덕트 표면으로부터의 열손실은?(단, 덕트는 암면 25mm로 보온되어 있고, 이때 1,000m당 온도차 1℃에 대한 온도 강하는 0.9℃이다. 공기의 밀도는 $1.2\,\text{kg/m}^3$, 정압비열은 $1.01\,\text{kJ/kg} \cdot \text{K}$이다.)

① 3.0kW 　　　 ② 3.8kW
③ 4.9kW 　　　 ④ 6.0kW

해설 온도 강하 $\Delta t = \dfrac{20}{1,000} \times (35 - (-10)) \times 0.9$

$\qquad\qquad = 0.81℃$

열손실 $q = PQC_p\Delta t$

$\qquad\qquad = 1.2 \times 18,000 \times 1.01 \times 0.81 \times \dfrac{1}{3,600}$

$\qquad\qquad = 4.91\,\text{kW}$

49 다음은 어느 방식에 대한 설명인가?

> • 각 실이나 존의 온도를 개별제어하기 쉽다.
> • 일사량 변화가 심한 페리미터 존에 적합하다.
> • 실내 부하가 적어지면 송풍량이 적어지므로 실내 공기의 오염도가 높다.

① 정풍량 단일덕트방식
② 변풍량 단일덕트방식
③ 패키지 방식
④ 유인유닛방식

50 유효온도(Effective Temperature)에 대한 설명으로 옳은 것은?

① 온도, 습도를 하나로 조합한 상태의 측정온도이다.
② 각기 다른 실내온도에서 습도에 따라 실내 환경을 평가하는 척도로 사용된다.
③ 인체가 느끼는 쾌적온도로서 바람이 없는 정지된 상태에서 상대습도가 100%인 정지된 상태에서 상대습도가 100%인 포화상태의 공기온도를 나타낸다.
④ 유효온도 선도는 복사영향을 무시하여 건구온도 대신에 글로브 온도계의 온도를 사용한다.

해설 ④는 수정 유효온도에 대한 설명이다.

51 덕트의 굴곡부 등에서 덕트 내에 흐르는 기류를 안정시키기 위한 목적으로 사용하는 기구는?

① 스플릿 댐퍼 　　　 ② 가이드 베인
③ 릴리프 댐퍼 　　　 ④ 버터플라이 댐퍼

해설

③ 전수방식으로서 부하변동이 큰 실이나 존에서 에너지 절약형으로 사용된다.

④ 시스템의 유지 · 보수 면에서는 일반 단일덕트에 비해 우수하다.

해설 단일덕트 재열방식 : 부하 패턴(특성)이 다른 여러 개의 실이나 존이 있는 건물에 적합하다.

---

52 실리카겔, 활성알루미나 등을 사용하여 감습을 하는 방식은?

① 냉각 감습   ② 압축 감습

③ 흡수식 감습   ④ 흡착식 감습

해설 흡착제(실리카겔, 활성알루미나, 염화칼슘)를 사용하는 감습은 흡착식 감습이다.

---

55 습공기 100kg이 있다. 이때 혼합되어 있는 수증기의 질량이 2kg이라면, 공기의 절대습도는?

① 0.0002kg/kg   ② 0.02kg/kg

③ 0.2kg/kg   ④ 0.98kg/kg

해설 공기의 절대습도 $x = \dfrac{\text{수증기질량}}{\text{건조공기질량}} = \dfrac{2}{100-2}$

$= \dfrac{2}{98} \fallingdotseq 0.02\text{kg/kg}'$

---

53 다음과 같이 단열된 덕트 내에 공기가 통하고 이것에 열량 $Q(\text{kcal/h})$와 수분 $L(\text{kg/h})$을 가하여 열평형이 이루어졌을 때, 공기에 가해진 열량은?(단, 공기의 유량은 $G(\text{kg/h})$, 가열코일 입출구의 엔탈피, 절대습도를 각각 h_1, $h_2(\text{kcal/kg})$, x_1, $x_2(\text{kg/kg})$로 하고, 수분의 엔탈피를 $h_L(\text{kcal/kg})$로 한다.)

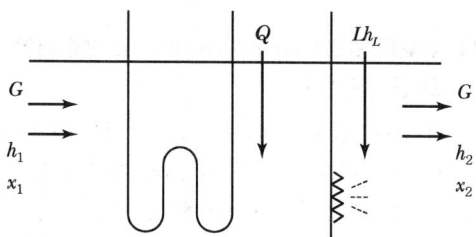

① $G(h_2 - h_1) + Lh_L$

② $G(x_2 - x_1) + Lh_L$

③ $G(h_2 - h_1) - Lh_L$

④ $G(x_2 - x_1) - Lh_L$

해설 가습에 의해 가해진 열량 $= G(h_2 - h_1) - Lh_L$

---

54 단일덕트 재열방식의 특징에 관한 설명으로 옳은 것은?

① 부하 패턴이 다른 다수의 실 또는 존의 공조에 적합하다.

② 식당과 같이 잠열부하가 많은 곳의 공조에는 부적합하다.

---

56 다음 그림에 대한 설명으로 틀린 것은?(단, 하절기 공기조화 과정이다.)

감습기   냉각기

① ㉢을 감습기에 통과시키면 엔탈피 변화 없이 감습된다.

② ㉣은 냉각기를 통해 엔탈피가 감소되며 ㉤으로 변화된다.

③ 냉각기 출구 공기 ㉤을 취출하면 실내에서 취득열량을 얻어 ㉡에 이른다.

④ 실내공기 ㉠과 외기 ㉡을 혼합하면 ㉢이 된다.

해설 ㉠ 외기   ㉡ 환기(실내공기환기)

㉢ 혼합공기   ㉣ 제습공기

㉤ 냉각공기

---

57 환기(Ventilation)란 A에 있는 공기의 오염을 막기 위하여 B로부터 C를 공급하여, 실내의 D를 실외로 배출하고 실내의 오염 공기를 교환 또는 희석시키는 것을 말한다. 여기서 A, B, C, D로 적절한 것은?

① A-일정 공간, B-실외, C-청정한 공기, D-오염된 공기
② A-실외, B-일정 공간, C-청정한 공기, D-오염된 공기
③ A-일정 공간, B-실외, C-오염된 공기, D-청정한 공기
④ A-실외, B-일정 공간, C-오염된 공기, D-청정한 공기

해설 A : 일정 공간
　　 B : 실외
　　 C : 청정한 공기
　　 D : 오염된 공기

58 국부저항 상류의 풍속을 V_1, 하류의 풍속을 V_2라 하고 전압기준 국부저항계수를 ζ_T, 정압기준 국부저항계수를 ζ_S라 할 때 두 저항계수의 관계식은?

① $\zeta_T = \zeta_S + 1 - (V_1/V_2)^2$
② $\zeta_T = \zeta_S + 1 - (V_2/V_1)^2$
③ $\zeta_T = \zeta_S + 1 + (V_1/V_2)^2$
④ $\zeta_T = \zeta_S + 1 + (V_2/V_1)^2$

해설 전압기준 국부저항계수(ζ_T)

$\zeta_T = $국부저항계수$(\zeta_S) + 1 - \left(\dfrac{\text{하류풍속}}{\text{상류풍속}}\right)^2$

59 난방설비에서 온수헤더 또는 증기헤더를 사용하는 주된 이유로 가장 적합한 것은?

① 미관을 좋게 하기 위해서
② 온수 및 증기의 온도차가 커지는 것을 방지하기 위해서
③ 워터 해머(Water Hammer)를 방지하기 위해서
④ 온수 및 증기를 각 계통별로 공급하기 위해서

60 습공기의 수증기 분압이 P_v, 동일 온도의 포화 수증기압이 P_s일 때, 다음 설명 중 틀린 것은?

① $P_v < P_s$일 때 불포화습공기
② $P_v = P_s$일 때 포화습공기
③ $\dfrac{P_s}{P_v} \times 100$은 상대습도
④ $P_v = 0$일 때 건공기

해설 $\dfrac{P_v}{P_s} \times 100 = $상대습도

SECTION 04 전기제어공학

61 어떤 저항에 전압 100V, 전류 50A를 5분간 흘렸을 때 발생하는 열량은 약 몇 kcal인가?

① 90
② 180
③ 360
④ 720

해설 열량 $H = 860VIt_h$

$\quad = 860 \times 100 \times 50 \times \dfrac{5}{60} \times 10^{-3}$

$\quad = 358.33\text{kcal}$

62 내부저항 90Ω, 최대지시값 100μA의 직류전류계로 최대지시값 1mA를 측정하기 위한 분류기 저항은 몇 Ω인가?

① 9
② 10
③ 90
④ 100

해설 $\dfrac{I_s}{I} = 1 + \dfrac{R}{R_s}$ 에서

분류기 저항 $R_s = \dfrac{I}{I_s - I} \cdot R$

$\quad = \dfrac{(100 \times 10^3)}{1 - (100 \times 10^3)} \times 90$

$\quad = 10\Omega$

63 유도전동기에 인가되는 전압과 주파수를 동시에 변환시켜 직류전동기와 동등한 제어 성능을 얻을 수 있는 제어방식은?

① VVVF 방식
② 교류 궤환제어방식
③ 교류 1단 속도제어방식
④ 교류 2단 속도제어방식

해설 유도전동기 VVVF 방식
전동기에 인가되는 전압과 주파수를 동시에 변환시켜 직류전동기와 동등한 제어 성능을 얻을 수 있는 방식(가변 전압 가변 주파수 제어)

---

64 전원전압을 안정하게 유지하기 위하여 사용되는 다이오드로 가장 옳은 것은?

① 제너 다이오드
② 터널 다이오드
③ 보드형 다이오드
④ 바랙터 다이오드

해설 제너 다이오드(Zener Diode) : 제너 항목을 응용한 정전압 소자로 정전압 다이오드와 전압 표준 다이오드가 있다.

---

65 논리식 $\overline{x} \cdot y + \overline{x} \cdot \overline{y}$를 간단히 표시한 것은?

① $\overline{x}$
② $\overline{y}$
③ 0
④ $x + y$

해설 $L = \overline{x} \cdot y + \overline{x} \cdot \overline{y} = \overline{x}(y + \overline{y}) = \overline{x} \cdot 1 = \overline{x}$

---

66 평행한 두 도체에 같은 방향의 전류를 흘렸을 때 두 도체 사이에 작용하는 힘은?

① 흡인력
② 반발력
③ $\dfrac{I}{2\pi r}$의 힘
④ 힘이 작용하지 않는다.

해설 흡인력 : 평행한 두 도체에 같은 방향의 전류를 흘렸을 때 두 도체 사이에 작용하는 힘

---

67 보일러의 자동연소제어가 속하는 제어는?

① 비율제어
② 추치제어
③ 추종제어
④ 정치제어

해설 비율제어 : 보일러 자동연소에서 연료량과 공기량을 비율로 제어한다.

---

68 비례적분미분제어를 이용했을 때의 특징에 해당되지 않는 것은?

① 정정시간을 적게 한다.
② 응답의 안정성이 작다.
③ 잔류편차를 최소화시킨다.
④ 응답의 오버슈트를 감소시킨다.

해설 비례(P), 적분(I), 미분(D) 복합 PID동작을 이용하면 응답의 안정성이 매우 크다.

---

69 서보기구에서 주로 사용하는 제어량은?

① 전류
② 전압
③ 방향
④ 속도

해설 서보기구용
㉠ 전위차계
㉡ 차동변압기
㉢ 싱크로
㉣ 마이크로신
※ 제어량 : 방향, 위치, 자세 등을 제어한다.

---

70 피드백 제어계의 제어장치에 속하지 않는 것은?

① 설정부
② 조절부
③ 검출부
④ 제어대상

해설

(피드백제어 제어장치)

71 $A=6+j8$, $B=20\angle60°$일 때 $A+B$를 직각좌표형식으로 표현하면?

① $16+j18$

② $26+j28$

③ $16+j25.32$

④ $23.32+j18$

> **해설** $B=20\angle60°$
> $= 20\cos60°+j\sin60°$
> $= 10+j17.32$
> $\therefore A+B = (6+j8)+(10+j17.32)$
> $= 16+j25.32$

72 3상 유도전동기의 출력이 5kW, 전압 200V, 역률 80%, 효율이 90%일 때 유입되는 선전류는 약 몇 A인가?

① 14   ② 17

③ 20   ④ 25

> **해설** 3상 유도전동기 출력 $P=\sqrt{3}\,VI\cos\theta\cdot\eta$
> 선전류 $I=\dfrac{P}{\sqrt{3}\,VI\cos\theta\cdot\eta}$
> $= \dfrac{5\times10^3}{\sqrt{3}\times200\times0.8\times0.9}$
> $= 20.05\text{A}$

73 100V용 전구 30W와 60W 두 개를 직렬로 연결하고 직류 100V 전원에 접속하였을 때 두 전구의 상태로 옳은 것은?

① 30W 전구가 더 밝다.

② 60W 전구가 더 밝다.

③ 두 전구의 밝기가 모두 같다.

④ 두 전구가 모두 켜지지 않는다.

> **해설** 전구의 밝기는 소비전력에 비례한다.
> ㉠ 30W 전구의 저항($R_1=\dfrac{V^2}{P_1}=\dfrac{100^2}{30}=333\Omega$)
> ㉡ 60W 전구의 저항($R_2=\dfrac{V^2}{P_2}=\dfrac{100^2}{60}=167\Omega$)

74 그림과 같은 블록 선도에서 $\dfrac{X_3}{X_1}$를 구하면?

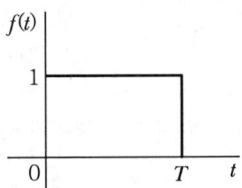

① G_1+G_2 ② G_1-G_2

③ $G_1\cdot G_2$ ④ $\dfrac{G_1}{G_2}$

> **해설** $X_1G_1G_2=X_3$
> $\therefore G(S)=\dfrac{X_3}{X_1}=\dfrac{G_1\cdot G_2}{1-0}=G_1\cdot G_2$

75 탄성식 압력계에 해당되는 것은?

① 경사관식   ② 압전기식

③ 환상평형식   ④ 벨로스식

> **해설** 탄성식 압력계
> ㉠ 벨로스식
> ㉡ 부르동관식
> ㉢ 다이어프램식

76 그림과 같은 펄스를 라플라스 변환하면 그 값은?

① $\dfrac{1}{T}\left(\dfrac{1-e^{Ts}}{s}\right)$ ② $\dfrac{1}{T}\left(\dfrac{1+e^{Ts}}{s}\right)$

③ $\dfrac{1}{s}(1-e^{-Ts})$ ④ $\dfrac{1}{s}(1+e^{Ts})$

> **해설** $f(t)=u(t)-u(t-T)=\begin{cases}1 & (t<T)\\0 & (t>T)\end{cases}$
> $F(s)=\displaystyle\int_0^T\{u(t)-u(t-T)\}e^{-st}dt$
> $\quad+\displaystyle\int_T^\infty\{u(t)-u(t-T)\}e^{-st}dt$
> $= \displaystyle\int_0^T 1\cdot e^{-st}dt+\int_T^\infty 0\cdot e^{-st}dt$
> $= \left[-\dfrac{1}{s}e^{-sT}\right]_0^T+0$

$$= \left(-\frac{1}{s}e^{-sT}\right) - \left(-\frac{1}{s}e^{-0}\right)$$

$$= -\frac{1}{s}e^{-sT} + \frac{1}{s}$$

$$= \frac{1}{s}(1 - e^{-Ts})$$

77 정현파 전압 $v = 220\sqrt{2}\sin(\omega t + 30°)$V보다 위상이 90° 뒤지고 최댓값이 20A인 정현파 전류의 순시값은 몇 A인가?

① $20\sin(\omega t - 30°)$

② $20\sin(\omega t - 60°)$

③ $20\sqrt{2}\sin(\omega t + 60°)$

④ $20\sqrt{2}\sin(\omega t - 60°)$

해설 순시값

교류의 임의의 순간에서 전류나 전압의 크기를 나타내는 값이다.

$v = 220\sqrt{2}\sin(\omega t + 30°)$V보다 위상이 90° 뒤지고 최댓값이 20A인 정현파 전류 순시값은 $20\sin(\omega t - 60°)$

78 조절계의 조절요소에서 비례미분제어에 관한 기호는?

① P   ② PI

③ PD   ④ PID

해설 연속동작(P : 비례동작, I : 적분동작, D : 미분동작)

79 빛의 양(조도)에 의해서 동작되는 CdS를 이용한 센서에 해당하는 것은?

① 저항 변화형

② 용량 변화형

③ 전압 변화형

④ 인덕턴스 변화형

해설 CdS 센서 : 빛의 조도에 의해서 동작되는 저항 변화형 센서에 사용된다.

80 단면적 $S(m^2)$를 통과하는 자속을 ϕ(Wb)라 하면 자속밀도 $B(Wb/m^2)$를 나타낸 식으로 옳은 것은?

① $B = S\phi$ ② $B = \dfrac{\phi}{S}$

③ $B = \dfrac{S}{\phi}$ ④ $B = \dfrac{\phi}{\mu S}$

해설 자속밀도 : 단위면적 내를 통과하는 자력선의 자속수이다.

자속밀도$(B) = \dfrac{\phi}{S}$(단위 : T, 테슬라)

SECTION **05** 배관일반

81 순동 이음쇠를 사용할 때에 비하여 동합금 주물 이음쇠를 사용할 때 고려할 사항으로 가장 거리가 먼 것은?

① 순동 이음쇠 사용에 비해 모세관 현상에 의한 용융 확산이 어렵다.

② 순동 이음쇠와 비교하여 용접재 부착력은 큰 차이가 없다.

③ 순동 이음쇠와 비교하여 냉벽 부분이 발생할 수 있다.

④ 순동 이음쇠 사용에 비해 열팽창의 불균일에 의한 부정적 틈새가 발생할 수 있다.

해설 동합금 주물은 순동 이음쇠에 비하여 용접재 부착력에 큰 차이가 난다.

82 증기난방 배관 시 단관 중력 환수식 배관에서 증기와 응축수의 흐름 방향이 다른 역류관의 구배는 얼마로 하는가?

① $1/50 \sim 1/100$ ② $1/100 \sim 1/200$

③ $1/200 \sim 1/250$ ④ $1/250 \sim 1/300$

해설 증기난방 단관 중력 환수식 배관 구배(기울기)

㉠ 순류관 : $\dfrac{1}{100} \sim \dfrac{1}{200}$

㉡ 역류관 : $\dfrac{1}{50} \sim \dfrac{1}{100}$

83 고무링과 가단 주철제의 칼라를 죄어서 이음하는 방법은?

① 플랜지 접합　　　② 빅토릭 접합
③ 기계적 접합　　　④ 동관 접합

해설 빅토릭 접합(Victoric joint)
빅토리형 주철관을 고무링 칼라(누름판)를 사용하여 접합한다. 압력이 증가하면 고무링이 관벽에 더욱 밀착되어 누수가 방지된다.

84 난방배관에 대한 설명으로 옳은 것은?

① 환수주관의 위치가 보일러 표준수위보다 위쪽에 배관되어 있으면 습식환수라고 한다.
② 진공환수식 증기난방에서 하트포드접속법을 활용하면 응축수를 1.5m까지 흡상할 수 있다.
③ 온수난방의 경우 증기난방보다 운전 중 침입공기에 의한 배관의 부식 우려가 크다.
④ 증기배관 도중에 글로브 밸브를 설치하는 경우에는 밸브축이 옆을 향하도록 설치하여야 한다.

해설 ① 건식 환수관
② 리프팅이음을 사용한다.
③ 증기난방이 부식력이 크다.
④ 글로브 밸브는 밸브축이 옆을 향한다.

85 급수배관 시공 시 수격작용의 방지 대책으로 틀린 것은?

① 플래시 밸브 또는 급속 개폐식 수전을 사용한다.
② 관 지름은 유속이 2.0~2.5m/s 이내가 되도록 설정한다.
③ 역류 방지를 위하여 체크밸브를 설치하는 것이 좋다.
④ 급수관에서 분기할 때에는 T이음을 사용한다.

해설 수격작용
세정밸브(플래시 밸브)나 급속 개폐식 수전 사용 시 유속의 불규칙한 변화가 발생한다(방지법은 에어챔버 설치).

86 급수 펌프에 대한 배관 시공법 중 옳은 것은?

① 수평관에서 관경을 바꿀 경우 동심 리듀서를 사용한다.
② 흡입관은 되도록 길게 하고 굴곡 부분이 되도록 많게 하여야 한다.
③ 풋 밸브는 동 수위면보다 흡입관경의 2배 이상 물속에 들어가야 한다.
④ 토출 측은 진공계를, 흡입 측은 압력계를 설치한다.

해설 ① 관경 변경 시에는 편심 리듀서를 사용한다.
② 흡입관은 짧게 하고 굴곡부분이 없게 한다.
④ 토출측은 압력계, 흡입 측은 진공계를 설치한다.

87 배관의 이음에 관한 설명으로 틀린 것은?

① 동관의 압축이음(Flare Joint)은 지름이 작은 관에서 분해·결합이 필요한 경우에 주로 적용하는 이음방식이다.
② 주철관의 타이톤 이음은 고무링을 압륜으로 죄어 볼트로 체결하는 이음방식이다.
③ 스테인리스 강관의 프레스 이음은 고무링이 들어 있는 이음쇠에 관을 넣고 압축공구로 눌러 이음하는 방식이다.
④ 경질염화비닐관의 TS이음은 접착제를 발라 이음관에 삽입하여 이음하는 방식이다.

해설 타이톤 이음(Tyton Joint)은 원형의 고무링 하나만으로 접합하는 방식으로 소켓관이 필요하다.

88 개방식 팽창탱크 장치 내 전수량이 20,000L이며 수온을 20℃에서 80℃로 상승시킬 경우, 물의 팽창수량은?(단, 비중량은 20℃일 때 0.99823kg/L, 80℃일 때 0.97183kg/L이다.)

① 54.3L　　　　② 400L
③ 544L　　　　④ 5,430L

해설 팽창수량 $\Delta V = \left(\dfrac{1}{\rho_2} - \dfrac{1}{\rho_1} \right) \times V$

$$= \left(\dfrac{1}{0.97183} - \dfrac{1}{0.99823} \right) \times 20,000$$

$$= 544.27L$$

89 급탕배관의 신축을 흡수하기 위한 시공방법으로 틀린 것은?

① 건물의 벽 관통부분 배관에는 슬리브를 끼운다.

② 배관의 굽힘 부분에는 벨로스 이음으로 접합한다.

③ 복식 신축관 이음쇠는 신축구간의 중간에 설치한다.

④ 동관을 지지할 때에는 석면, 고무 등의 보호재를 사용하여 고정시킨다.

해설 배관의 굽힘 부분에는 루프형(곡관형) 신축 조인트를 사용한다(옥외 대형 배관용).

90 배수의 성질에 의한 구분에서 수세식 변기의 대 · 소변에서 나오는 배수는?

① 오수   ② 잡배수

③ 특수배수   ④ 우수배수

91 배관용 패킹재료 선정 시 고려해야 할 사항으로 가장 거리가 먼 것은?

① 유체의 압력   ② 재료의 부식성

③ 진동의 유무   ④ 시트면의 형상

해설 패킹재료 시트 모양에는 전면, 대평면, 소평면, 삽입형, 홈형 등이 있다.

92 냉동설비배관에서 액분리기와 압축기 사이에 냉매배관을 할 때 구배로 옳은 것은?

① 1/100 정도의 압축기 측 상향 구배로 한다.

② 1/100 정도의 압축기 측 하향 구배로 한다.

③ 1/200 정도의 압축기 측 상향 구배로 한다.

④ 1/200 정도의 압축기 측 하향 구배로 한다.

해설

냉매배관은 $\frac{1}{200}$ 정도의 압축기 측 하향 구배로 한다.

93 냉동장치에서 압축기의 진동이 배관에 전달되는 것을 흡수하기 위하여 압축기 토출, 흡입배관 등에 설치해 주는 것은?

① 팽창밸브

② 안전밸브

③ 사이트 글라스

④ 플렉시블 튜브

해설

94 밀폐식 온수난방 배관에 대한 설명으로 틀린 것은?

① 배관의 부식이 비교적 적어 수명이 길다.

② 배관경이 적어지고 방열기도 적게 할 수 있다.

③ 팽창탱크를 사용한다.

④ 배관 내의 온수 온도는 70℃ 이하이다.

해설 밀폐식 고온수 난방 : 100℃ 이상

95 온수난방 배관 설치 시 주의사항으로 틀린 것은?

① 온수 방열기마다 수동식 에어벤트를 설치한다.

② 수평 배관에서 관경을 바꿀 때는 편심 이음을 사용한다.

③ 팽창관에 스톱밸브를 부착하여 긴급상황 시 유체 흐름을 차단하도록 한다.

④ 수리나 난방 휴지 시 배수를 위한 드레인 밸브를 설치한다.

해설 온수난방 팽창관에는 어떠한 밸브도 설치하여서는 아니된다.

96 공랭식 응축기 배관 시 틀린 것은?

① 소형 냉동기에 사용하며 핀이 있는 파이프 속에 냉매를 통하여 바람 이송 냉각설계로 되어 있다.

② 냉방기가 응축기 아래 설치되는 경우 배관 높이가 10m 이상일 때는 5m마다 오일 트랩을 설치해야 한다.

③ 냉방기가 응축기 위에 위치하고, 압축기가 냉방기에 내장되었을 경우에는 오일 트랩이 필요 없다.

④ 수랭식에 비해 능력은 낮지만, 냉각수를 사용하지 않아 동결의 염려가 없다.

해설 ㉠ 응축기 : 수랭식, 증발식, 공랭식
㉡ 냉매의 흡입배관에 오일 트랩을 설치한다.
㉢ 냉매 토출관에 응축기가 압축기보다 2.5m 이하이면 하향 구배하며, 수직관이 10m 이상이면 10m마다 트랩을 1개씩 설치한다.

97 공동주택 등 외의 건축물 등에 도시가스를 공급하는 경우 정압기에서 가스 사용자가 점유하고 있는 토지의 경계까지 이르는 배관을 무엇이라고 하는가?

① 내관   ② 공급관

③ 본관   ④ 중압관

해설

98 급수에 사용되는 물은 탄산칼슘의 함유량에 따라 연수와 경수로 구분된다. 경수 사용 시 발생될 수 있는 현상으로 틀린 것은?

① 보일러 용수로 사용 시 내면에 관석이 많이 발생한다.

② 전열효율이 저하하고 과열 원인이 된다.

③ 보일러의 수명이 단축된다.

④ 비누거품이 많이 발생한다.

해설 비누거품 발생은 포밍현상, 물방울 발생(증기 내부)은 프라이밍 비수 현상이라 한다.

99 관의 종류와 이음방법의 연결로 틀린 것은?

① 강관 – 나사이음

② 동관 – 압축이음

③ 주철관 – 칼라이음

④ 스테인리스강관 – 몰코이음

해설 칼라이음(누름판이음)
주철제의 특수 칼라를 사용하여 접합부 사이에 고무링을 끼워 수밀을 유지한다. 석면시멘트관 이음에 사용된다.

100 강관의 나사이음 시 관을 절단한 후 관 단면의 안쪽에 생기는 거스러미를 제거할 때 사용하는 공구는?

① 파이프 바이스   ② 파이프 리머

③ 파이프 렌치   ④ 파이프 커터

해설 파이프 리머(관용 리머)
강관 나사이음 시 관을 절단한 후 관 단면의 안쪽에 생기는 거스러미 제거용

2017년 2회 공조냉동기계기사

SECTION 01 기계열역학

01 저열원 20℃와 고열원 700℃ 사이에서 작동하는 카르노 열기관의 열효율은 약 몇 %인가?

① 30.1%　　　　② 69.9%
③ 52.9%　　　　④ 74.1%

해설 카르노 사이클
㉠ 1 → 2(등온팽창)
㉡ 2 → 3(단열팽창)
㉢ 3 → 4(등온압축)
㉣ 4 → 1(단열압축)

$$열효율(\eta) = 1 - \frac{Q_2}{Q_1} = 1 - \frac{T_2}{T_1} = 1 - \frac{273+20}{273+700}$$
$$= 0.699(69.9\%)$$

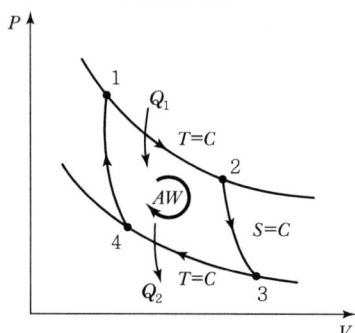

[Carnot Cycle]

02 다음 중 비가역 과정으로 볼 수 없는 것은?

① 마찰 현상
② 낮은 압력으로의 자유 팽창
③ 등온 열전달
④ 상이한 조성물질의 혼합

해설 등온열량(δq) = 절대일 = 공업일(가열량은 전부 일로 변한다.) 즉, 엔탈피 및 내부 에너지 변화가 없다(주로 가역 변화만 다룬다).

03 압력이 $10^6 N/m^2$, 체적이 $1m^3$인 공기가 압력이 일정한 상태에서 400kJ의 일을 하였다. 변화 후의 체적은 약 몇 m^3인가?

① 1.4　　　　② 1.0
③ 0.6　　　　④ 0.4

해설 정압변화 일 $W = \int_1^2 PdV$

$$W = P(V_2 - V_1)$$

∴ 변화 후 체적 $V_2 = V_1 + \dfrac{W}{P} = 1 + \dfrac{(400 \times 10^3)}{10^6} = 1.4m^3$

04 랭킨 사이클(온도(T)−엔트로피(S) 선도) 그림 각각의 지점에서 엔탈피는 표와 같을 때 이 사이클의 효율은 약 몇 %인가?

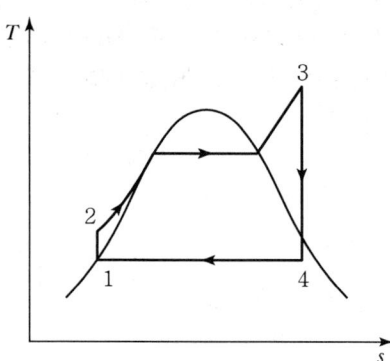

구분	엔탈피(kJ/kg)
1지점	185
2지점	210
3지점	3,100
4지점	2,100

① 33.7%　　　　② 28.4%
③ 25.2%　　　　④ 22.9%

해설 랭킨 사이클 효율

$$\eta = \frac{유효열량}{공급열량} = \frac{(h_3 - h_4) - (h_2 - h_1)}{h_3 - h_2}$$
$$= \frac{(3,100 - 2,100) - (210 - 185)}{3,100 - 210} = 0.3374(33.74\%)$$

1. ② 2. ③ 3. ① 4. ① **| ANSWER**

05 그림과 같이 상태 1, 2 사이에서 계가 1 → A → 2 → B → 1과 같은 사이클을 이루고 있을 때, 열역학 제1법칙에 가장 적합한 표현은?(단, 여기서 Q는 열량, W는 계가 하는 일, U는 내부에너지를 나타낸다.)

① $dU = \delta Q + \delta W$

② $\Delta U = Q - W$

③ $\oint \delta Q = \oint \delta W$

④ $\oint \delta Q = \oint \delta U$

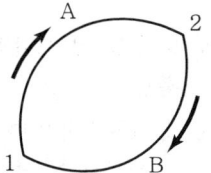

해설 열역학 제1법칙 표현

$$\oint \delta Q = \oint \delta W$$

일 → 열, 열 → 일로 변화한다.

06 100kPa, 25℃ 상태의 공기가 있다. 이 공기의 엔탈피가 298.615kJ/kg이라면 내부에너지는 약 몇 kJ/kg인가?(단, 공기는 분자량 28.97인 이상기체로 가정한다.)

① 213.05kJ/kg　　② 241.07kJ/kg

③ 298.15kJ/kg　　④ 383.72kJ/kg

해설 공기 엔탈피 $h = u + Pv$, $Pv = RT$

∴ 내부에너지 $u = h - Pv = h - RT = h - \dfrac{R_u}{M} \cdot T$

$= 298.615 - \dfrac{8.3143}{28.97} \times (25 + 273)$

$= 213.09\text{kJ/kg}$

07 압력이 일정할 때 공기 5kg을 0℃에서 100℃까지 가열하는 데 필요한 열량은 약 몇 kJ인가?(단, 비열(C_p)은 온도 T(℃)에 관계한 함수로 C_p(kJ/kg℃) = 1.01 + 0.000079 × T이다.)

① 365　　② 436

③ 480　　④ 507

해설 평균비열(C_m) = 1.01 + 0.000079 × T

∴ 가열열량(Q) = $G \displaystyle\int_0^{100} (1.01 + 0.000079 \times T) dt$

$= 5 \times \left(1.01 \times 100 + 0.000079 \times \dfrac{100^2}{2} \right)$

$= 507\text{kJ}$

08 열교환기를 흐름 배열(Flow Arrangement)에 따라 분류할 때 그림과 같은 형식은?

① 평행류　　② 대향류

③ 병행류　　④ 직교류

해설 열교환기 흐름 배열 : 직교류형

09 온도 15℃, 압력 100kPa 상태의 체적이 일정한 용기 안에 어떤 이상기체 5kg이 들어 있다. 이 기체가 50℃가 될 때까지 가열되는 동안의 엔트로피 증가량은 약 몇 kJ/K인가?(단, 이 기체의 정압비열과 정적비열은 각각 1.001kJ/kg·K, 0.7171kJ/kg·K 이다.)

① 0.411　　② 0.486

③ 0.575　　④ 0.732

해설 정적과정의 엔트로피 변화량

$\Delta S = m C_v \ln \dfrac{T_2}{T_1}$

$= 5 \times 0.717 \times \ln \left(\dfrac{50 + 273}{15 + 273} \right)$

$= 0.4112\text{kJ/K}$

10 다음 온도에 관한 설명 중 틀린 것은?

① 온도는 뜨겁거나 차가운 정도를 나타낸다.

② 열역학 제0법칙은 온도 측정과 관계된 법칙이다.

③ 섭씨온도는 표준 기압하에서 물의 어는 점과 끓는 점을 각각 0과 100으로 부여한 온도 척도이다.

④ 화씨온도 F와 절대온도 K 사이에는 K = F + 273.15의 관계가 성립한다.

해설 켈빈 절대온도(K) = ℃ + 273.15

랭킨 절대온도(°R) = °F + 460

11 밀폐계에서 기체의 압력이 100kPa으로 일정하게 유지되면서 체적이 1m³에서 2m³으로 증가되었을 때 옳은 설명은?

① 밀폐계의 에너지 변화는 없다.

② 외부로 행한 일은 100kJ이다.

③ 기체가 이상기체라면 온도가 일정하다.

④ 기체가 받은 열은 100kJ이다.

해설 외부로 행한 일(W) $= P(V_2 - V_1) = 100 \times (2-1) = 100 \text{kJ}$

12 출력 10,000kW의 터빈 플랜트의 시간당 연료소비량이 5,000kg/h이다. 이 플랜트의 열효율은 약 몇 %인가?(단, 연료의 발열량은 33,440kJ/kg이다.)

① 25.4%

② 21.5%

③ 10.9%

④ 40.8%

해설 플랜트 열효율 $\eta = \dfrac{W}{Q} = \dfrac{10,000 \times 3,600}{5,000 \times 33,440}$

$= 0.2513(25.13\%)$

13 역 Carnot Cycle로 300K와 240K 사이에서 작동하고 있는 냉동기가 있다. 이 냉동기의 성능계수는?

① 3

② 4

③ 5

④ 6

해설 냉동기 성능계수(COP) $= \dfrac{T_2}{T_1 - T_2}$

$= \dfrac{240}{300 - 240} = 4$

14 보일러 입구의 압력이 9,800kN/m²이고, 응축기의 압력이 4,900N/m²일 때 펌프가 수행한 일은 약 몇 kJ/kg인가?(단, 물의 비체적은 0.001m³/kg이다.)

① 9.79

② 15.17

③ 87.25

④ 180.52

해설 $4,900\text{N/m}^2 = 4.9\text{kN/m}^2$

펌프 일($w\rho$) $= Vf(P_2 - P_1) = 0.001 \times (9,800 - 4.9)$

$= 9.79 \text{kJ/kg}$

15 오토(Otto) 사이클에 관한 일반적인 설명 중 틀린 것은?

① 불꽃점화기관의 공기 표준 사이클이다.

② 연소과정을 정적 가열과정으로 간주한다.

③ 압축비가 클수록 효율이 높다.

④ 효율은 작업기체의 종류와 무관하다.

해설 ④ 오토 사이클의 효율은 압축비와 비열비의 값으로 결정된다. 이때 비열비(K)는 기체의 종류에 따라 값이 정해진다.

16 열역학 제2법칙과 관련된 설명으로 옳지 않은 것은?

① 열효율이 100%인 열기관은 없다.

② 저온 물체에서 고온 물체로 열은 자연적으로 전달되지 않는다.

③ 폐쇄계와 그 주변계가 열교환이 일어날 경우 폐쇄계와 주변계 각각의 엔트로피는 모두 상승한다.

④ 동일한 온도 범위에서 작동되는 가역 열기관은 비가역 열기관보다 열효율이 높다.

해설 ③ 계가 한 상태에서 다른 상태로 변할 때 엔트로피가 증가하거나 불변이다.

17 10kg의 증기가 온도 50℃, 압력 38kPa, 체적 7.5 m³일 때 총 내부에너지는 6,700kJ이다. 이와 같은 상태의 증기가 가지고 있는 엔탈피는 약 몇 kJ인가?

① 606

② 1,794

③ 3,305

④ 6,985

해설 증기 엔탈피 $H = U + PV$

$= 6,700 + (38 \times 7.5)$

$= 6,985 \text{kJ}$

18 다음 중 정확하게 표기된 SI 기본단위(7가지)의 개수가 가장 많은 것은?(단, SI 유도단위 및 그 외 단위는 제외한다.)

① A, Cd, ℃, kg, m, Mol, N, s
② cd, J, K, kg, m, Mol, Pa, s
③ A, J, ℃, kg, km, mol, S, W
④ K, kg, km, mol, N, Pa, S, W

해설 SI 기본단위(7개) : cd, K, kg, mol, s, m, A

19 어느 증기터빈에 0.4kg/s로 증기가 공급되어 260 kW의 출력을 낸다. 입구의 증기 엔탈피 및 속도는 각각 3,000kJ/kg, 720m/s, 출구의 증기 엔탈피 및 속도는 각각 2,500kJ/kg, 120m/s이면, 이 터빈의 열손실은 약 몇 kW가 되는가?

① 15.9   ② 40.8
③ 20.0   ④ 104

해설 1kWh=3,600kJ(860kcal)
260×3,600=936,000kJ/h
증기사용량=0.4×3,600s/h=1,440kg/h
$\therefore \left\{ \dfrac{1,440 \times (3,000 - 2,500)}{3,600} + \dfrac{(720^2 - 120^2) \times 9.8 \times 1,440}{2 \times 9.8 \times 1,000 \times 3,600} \right\}$
$- 260 = 40.8\text{kW}$

20 8℃의 이상기체를 가역단열 압축하여 그 체적을 1/5로 하였을 때 기체의 온도는 약 몇 ℃인가?(단, 이 기체의 비열비는 1.4이다.)

① −125℃   ② 294℃
③ 222℃   ④ 262℃

해설 단열변화이므로 $\dfrac{T_2}{T_1} = \left(\dfrac{V_1}{V_2}\right)^{k-1}$

$T_2 = T_1 \times \left(\dfrac{V_1}{V_2}\right)^{k-1}$

$= (8 + 273) \times \left(\dfrac{1}{1/5}\right)^{1.4-1}$

$= 534.93\text{K}$

$= 261.93℃$

SECTION 02 냉동공학

21 증기압축식 냉동장치에 관한 설명으로 옳은 것은?

① 증발식 응축기에서는 대기의 습구온도가 저하하면 고압압력은 통상의 운전 압력보다 높게 된다.
② 압축기의 흡입압력이 낮게 되면 토출압력도 낮게 되어 냉동능력이 증대한다.
③ 언로더 부착 압축기를 사용하면 급격하게 부하가 증가하여도 액백(Liquid Back)현상을 막을 수 있다.
④ 액배관에 플래시 가스가 발생하면 냉매 순환량이 감소되어 증발기의 냉동능력이 저하된다.

해설 ① 증발식 응축기 : 습도가 낮으면 능력이 증가한다.
② 압축기의 흡입압력이 낮으면 압축비가 커져서 냉동능력이 감소한다.
③ 언로드 상태는 무부하 상태여서 유압이 안 걸린 상태이다. 액백현상이 일어나지 않고 고속다기통압축기에서 부하경감장치로 사용하는 것이 언로드이다.

22 열전달에 관한 설명으로 틀린 것은?

① 전도란 물체 사이의 온도차에 의한 열의 이동 현상이다.
② 대류란 유체의 순환에 의한 열의 이동 현상이다.
③ 대류열전달계수의 단위는 열통과율의 단위와 같다.
④ 열전도율의 단위는 W/m² · K이다.

해설 열전도율 단위 : W/m · K

23 방열벽의 열통과율(K)이 0.2kcal/m²h℃이며, 외기와 벽면과의 열전달률(α_1)이 20kcal/m²h℃, 실내 공기와 벽면과의 열전달률(α_2)이 5kcal/m²h℃, 방열층의 열전도율(λ)이 0.03kcal/mh℃라 할 때, 방열벽의 두께는 얼마가 되는가?

① 142.5mm   ② 146.5mm
③ 155.5mm   ④ 164.5mm

해설 $\dfrac{1}{K} = \dfrac{1}{\alpha_i} + \dfrac{l}{\lambda} + \dfrac{1}{\alpha_o}$ 에서

방열벽 두께 $l = \left(\dfrac{1}{K} - \dfrac{1}{\alpha_i} - \dfrac{1}{\alpha_o} \right) \times \lambda$

$\qquad = \left(\dfrac{1}{0.2} - \dfrac{1}{5} - \dfrac{1}{20} \right) \times 0.03$

$\qquad = 0.1425\text{m}$

$\qquad = 142.5\text{mm}$

24 프레온 냉매를 사용하는 냉동장치에 공기가 침입하면 어떤 현상이 일어나는가?

① 고압 압력이 높아지므로 냉매 순환량이 많아지고 냉동능력도 증가한다.

② 냉동톤당 소요동력이 증가한다.

③ 고압 압력은 공기의 분압만큼 낮아진다.

④ 배출가스의 온도가 상승하므로 응축기의 열통과율이 높아지고 냉동능력도 증가한다.

해설 프레온 냉매사용 냉동장치에 공기가 침입하면 압력이 증가하고 압축비가 증가하여 냉동톤당 소요동력이 증가한다.

25 2단 냉동 사이클에서 응축압력을 P_c, 증발압력을 P_e라 할 때, 이론적인 최적의 중간압력으로 가장 적당한 것은?

① $P_c \times P_e$

② $\left(P_c \times P_e \right)^{\frac{1}{2}}$

③ $\left(P_c \times P_e \right)^{\frac{1}{3}}$

④ $\left(P_c \times P_e \right)^{\frac{1}{4}}$

해설 2단 냉동 사이클 중간압력 $=$ (응축압력 $\times$ 증발압력)$^{\frac{1}{2}}$

26 $-15\,^{\circ}\text{C}$의 R134a 냉매 포화액의 엔탈피는 180.1kJ/kg, 같은 온도에서 포화증기의 엔탈피는 389.6kJ/kg이다. 증기압축식 냉동시스템에서 팽창밸브 직전의 액의 엔탈피가 237.5kJ/kg이라면 팽창밸브를 통과한 후 냉매의 건도는?

① 0.27

② 0.32

③ 0.56

④ 0.72

해설 증발기 냉매잠열 $= 389.6 - 180.1 = 209.5\text{kJ/kg}$

팽창밸브 직전 잠열 $= 237.5 - 180.1 = 57.4\text{kJ/kg}$

$\therefore$ 냉매의 건도$(x) = \dfrac{237.5 - 180.1}{389.6 - 180.1} = \dfrac{57.4}{209.5} = 0.27(27\%)$

27 밀도가 $1{,}200\text{kg/m}^3$, 비열이 $0.705\text{kcal/kg} \cdot \,^{\circ}\text{C}$인 염화칼슘 브라인을 사용하는 냉각기의 브라인 입구 온도가 $-10\,^{\circ}\text{C}$, 출구온도가 $-4\,^{\circ}\text{C}$가 되도록 냉각기를 설계하고자 한다. 냉동부하가 $36{,}000\text{kcal/h}$라면 브라인의 유량은 얼마이어야 하는가?

① 118L/min

② 120L/min

③ 136L/min

④ 150L/min

해설 $q = m \cdot C \cdot \Delta t$에서

질량 $m = \dfrac{q}{C \cdot \Delta t}$

$\qquad = \dfrac{36{,}000}{0.705 \times (-4 - (-10))}$

$\qquad = 8{,}510.64\text{kg/h}$

$m = P \cdot Q$에서

브라인 냉매유량 $Q = \dfrac{m}{\rho} = \dfrac{8{,}510.64 \times 1{,}000}{1{,}200 \times 60}$

$\qquad = 118.2\text{L/min}$

※ 밀도 $1{,}200\text{kg/m}^3 = 1.2\text{kg/L}$

28 냉매의 구비 조건에 대한 설명으로 틀린 것은?

① 증기의 비체적이 작을 것

② 임계온도가 충분히 높을 것

③ 점도와 표면장력이 크고 전열성능이 좋을 것

④ 부식성이 적을 것

해설 냉매는 점도와 표면장력이 적어야 한다(증발관 표면이 잘 적셔져 전열이 좋아진다).

29 공랭식 냉동장치에서 응축압력이 과다하게 높은 경우가 아닌 것은?

① 순환공기 온도가 높을 때

② 응축기가 불결한 상태일 때

③ 장치 내 불응축가스가 존재할 때

④ 공기순환량이 충분할 때

해설 공랭식 응축기는 공기순환량이 불충분하면 응축압력이 높아진다.

30 냉동장치에서 디스트리뷰터(Distributor)의 역할로서 옳은 것은?

① 냉매의 분배
② 흡입가스의 과열방지
③ 증발온도의 저하방지
④ 플래시가스의 발생방지

해설 디스트리뷰터 : 냉매분배기

31 암모니아 냉동기에서 압축기의 흡입 포화온도 −20℃, 응축온도 30℃, 팽창밸브의 직전온도가 25℃, 피스톤 압출량이 288m³/h일 때, 냉동능력은?(단, 압축기의 체적효율 0.8, 흡입냉매의 엔탈피 396kcal/kg, 냉매흡입 비체적 0.62m³/kg, 팽창밸브 직전 냉매의 엔탈피 128kcal/kg이다.)

① 25RT ② 30RT
③ 35RT ④ 40RT

해설 냉동능력 $Q_e = G \cdot q_e$

이때, 냉매순환량 $G = \dfrac{V \cdot \eta_v}{v}$ 이므로

$\therefore Q_e = \dfrac{V \cdot \eta_v}{v} \cdot q_e = \dfrac{288 \times 0.8}{0.62 \times 3,320} \times (398 - 128)$

$\quad = 30.22RT$

32 냉매 액가스 열교환기의 사용에 대한 설명으로 틀린 것은?

① 액가스 열교환기는 보통 암모니아 장치에는 사용하지 않는다.
② 프레온 냉동장치에서 액압축 방지 및 액관 중의 플래시 가스 발생을 방지하는 데 도움이 된다.
③ 증발기로 들어가는 저온의 냉매 증기와 압축기에서 응축기에 이르는 고온의 냉매액을 열교환시키는 방법을 이용한다.
④ 습압축을 방지하여 냉동효과와 성적계수를 향상시킬 수 있다.

해설 열교환기는 증발기로 유입되는 고압액냉매를 과냉각시켜 플래시 가스량(사용하지 못하고 미리 기화된 냉매가스)을 억제하여 냉동효과를 증대시킨다.

33 다음 압축기 중 압축방식에 의한 분류에 속하지 않는 것은?

① 왕복동식 압축기
② 흡수식 압축기
③ 회전식 압축기
④ 스크루식 압축기

해설 흡수식 냉동기에는 압축기가 없고 직화식, 증기식, 중온수식 등의 재생기(용액과 냉매 분리)가 부착된다.

34 다음은 $h - x$(엔탈피−농도) 선도에 흡수식 냉동기의 사이클을 나타낸 것이다. 그림에서 흡수 사이클을 나타내는 것으로 옳은 것은?

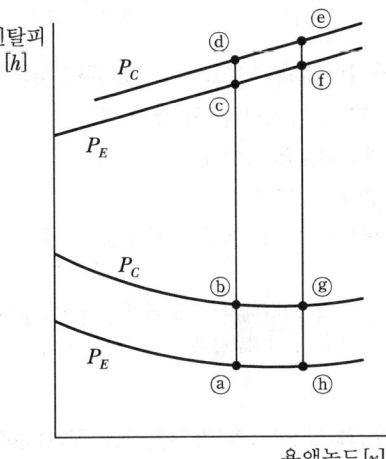

① a−b−g−h−a
② a−c−f−h−a
③ b−c−f−g−b
④ b−d−e−g−b

해설 흡수기 내에는 저압이 형성된다(증발기에서 냉매 H₂O가 증발한 냉매증기를 흡수용액인 흡수제 LiBr(리튬브로마이드)가 흡수하는 약 6mmHg 저압상태이다(사이클 : a→b→g→h→a)).

35 다음 선도와 같이 응축온도만 변화하였을 때 각 사이클의 특성 비교로 틀린 것은?(단, 사이클 A : (A−B−C−D−A), 사이클 B : (A−B′−C′−D′−A), 사이클 C : (A−B″−C″−D″−A)이다.)

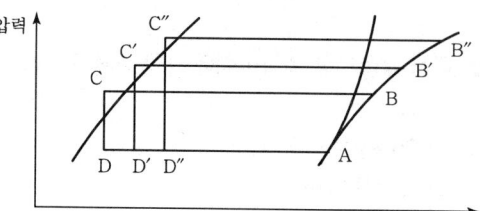

(응축온도만 변했을 경우)

① 압축비 : 사이클 C>사이클 B>사이클 A
② 압축일량 : 사이클 C>사이클 B>사이클 A
③ 냉동효과 : 사이클 C>사이클 B>사이클 A
④ 성적계수 : 사이클 C<사이클 B<사이클 A

> **해설** 사이클 B나 C가 증가하면 응축압력이 증가하여 압축비가 증가하고 냉동능력이 감소한다(단, 증발압력이 일정한 경우).
> ∴ 냉동 효과=A>B>C

36 냉동기의 압축기 윤활목적으로 틀린 것은?

① 마찰을 감소시켜 마모를 적게 한다.
② 패킹재를 보호한다.
③ 열을 발생시킨다.
④ 피스톤, 스터핑박스 등에서 냉매누출을 방지한다.

> **해설** 냉동기 압축기의 윤활유 사용 목적은 냉매와 실린더의 마찰열을 제거하여 기계효율을 증대시키는 것이다.

37 증기 압축식 냉동장치의 운전 중에 액백(Liquid Back)이 발생되고 있을 때 나타나는 현상으로 옳은 것은?

① 소요동력이 감소한다.
② 토출관이 뜨거워진다.
③ 압축기에 서리가 생긴다.
④ 냉동능력이 증가한다.

> **해설** 냉매증기가 압축기 내에서 냉매액으로 존재하여 실린더 상부를 타격하는 액백이 발생하면 압축기에서리가 발생한다.

38 액분리기에 관한 설명으로 옳은 것은?

① 증발기 입구에 설치한다.
② 액압축을 방지하며 압축기를 보호한다.
③ 냉각할 때 침입한 공기와 냉매를 혼합시킨다.
④ 증발기에 공급되는 냉매액을 냉각시킨다.

> **해설** 냉매액 분리기
> 흡입 냉매가스 중에서 미처 증발하지 못한 냉매액이 혼입되면 이것을 분리하여 압축기 보호를 위해 순수한 냉매가스만을 압축기에 흡입시켜 액압축(Liquid Back)을 방지한다.

39 1단 압축 1단 팽창 이론 냉동 사이클에서 압축기의 압축과정은?

① 등엔탈피 변화
② 정적 변화
③ 등엔트로피 변화
④ 등온 변화

> **해설** 1단 압축 1단 팽창 냉동 사이클은 단열압축으로 보며 열의 출입이 없으므로 등엔트로피 변화이다.

40 실제 냉동 사이클에서 냉매가 증발기에서 나온 후, 압축기의 흡입 전 흡입가스 변화는?

① 압력은 감소하고 엔탈피는 증가한다.
② 압력과 엔탈피가 감소한다.
③ 압력은 증가하고 엔탈피는 감소한다.
④ 압력과 엔탈피가 증가한다.

> **해설**
>

SECTION 03 공기조화

41 20명의 인원이 각각 1개비의 담배를 동시에 피울 경우 필요한 실내 환기량은?(단, 담배 1개비당 발생하는 배연량은 0.54g/h, $1m^3/h$의 환기 가능한 허용 담배 연소량은 0.017g/h이다.)

① $235m^3/h$
② $347m^3/h$
③ $527m^3/h$
④ $635m^3/h$

해설 $Q = \dfrac{20 \times 0.54}{0.017} = 635.29\text{m}^3/\text{h}$

42 보일러 출력 표시에 대한 설명으로 틀린 것은?

① 정격출력 : 연속 운전이 가능한 보일러의 능력으로 난방부하, 급탕부하, 배관부하, 예열부하의 합이다.

② 정미출력 : 난방부하, 급탕부하, 예열부하의 합이다.

③ 상용출력 : 정격출력에서 예열부하를 뺀 값이다.

④ 과부하출력 : 운전초기에 과부하가 발생했을 때는 정격 출력의 10~20% 정도 증가해서 운전할 때의 출력으로 한다.

해설 정미출력＝난방부하＋급탕부하
상용출력＝난방부하＋급탕부하＋배관부하

43 다음 공조방식 중 개별식에 속하는 것은 어느 것인가?

① 팬코일 유닛 방식
② 단일 덕트 방식
③ 2중 덕트 방식
④ 패키지 유닛 방식

해설 개별식
㉠ 패키지 유닛
㉡ 룸쿨러
㉢ 개별 공조기

44 습공기의 가습방법으로 가장 거리가 먼 것은?

① 순환수를 분무하는 방법
② 온수를 분무하는 방법
③ 수증기를 분무하는 방법
④ 외부공기를 가열하는 방법

해설 습공기 가습방법
㉠ 수(水) 분무식
㉡ 증기 분무식(증기발생식, 증기공급식)
㉢ 증발식

45 동일한 송풍기에서 회전수를 2배로 했을 경우 풍량, 정압, 소요동력의 변화에 대한 설명으로 옳은 것은?

① 풍량 1배, 정압 2배, 소요동력 2배
② 풍량 1배, 정압 2배, 소요동력 4배
③ 풍량 2배, 정압 4배, 소요동력 4배
④ 풍량 2배, 정압 4배, 소요동력 8배

해설 송풍기 회전수 증가
㉠ 풍량$\times \left(\dfrac{2}{1}\right) = 2$배
㉡ 정압$\times \left(\dfrac{2}{1}\right)^2 = 4$배
㉢ 소요동력$\times \left(\dfrac{2}{1}\right)^3 = 8$배

46 건물의 외벽 크기가 $10\text{m} \times 2.5\text{m}$이며, 벽 두께가 250mm인 벽체의 양 표면온도가 각각 $-15℃$, $26℃$일 때, 이 벽체를 통한 단위 시간당 손실열량은?(단, 벽의 열전도율은 $0.05\text{kcal/mh}℃$이다.)

① 20.5kcal/h
② 205kcal/h
③ 102.5kcal/h
④ 240kcal/h

해설 고체 열손실량
$\begin{aligned} q &= \dfrac{\lambda}{l} \cdot A(t_1 - t_2) \\ &= \dfrac{0.05}{(250 \times 10^{-3})} \times (10 \times 2.5) \times (26 - (-15)) \\ &= 205\text{kcal/h} \end{aligned}$

47 흡수식 냉동기에 관한 설명으로 틀린 것은?

① 비교적 소용량보다는 대용량에 적합하다.
② 발생기에는 증기에 의한 가열이 이루어진다.
③ 냉매는 브롬화리튬(LiBr), 흡수제는 물(H_2O)의 조합으로 이루어진다.
④ 흡수기에서는 냉각수를 사용하여 냉각시킨다.

해설 흡수식 냉동기
㉠ 증발기 압력(6.5mmHg : 증발온도 5℃)
㉡ 흡수제 : 리튬브로마이드(LiBr)
㉢ 냉매 : H_2O(물)

48 장방형 덕트(긴 변 a, 짧은 변 b)의 원형 덕트 지름 환산식으로 옳은 것은?

① $d_e = 1.3 \left[\dfrac{(ab)^2}{a+b} \right]^{1/8}$

② $d_e = 1.3 \left[\dfrac{(ab)^5}{a+b} \right]^{1/6}$

③ $d_e = 1.3 \left[\dfrac{(ab)^5}{(a+b)^2} \right]^{1/8}$

④ $d_e = 1.3 \left[\dfrac{(ab)^2}{(a+b)} \right]^{1/6}$

해설

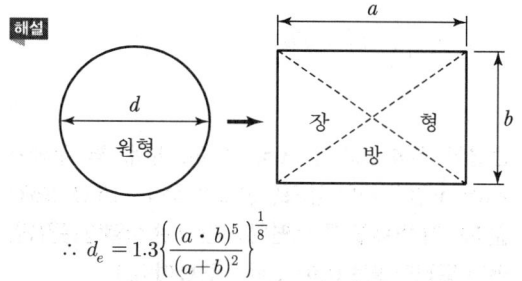

$$\therefore d_e = 1.3 \left\{ \dfrac{(a \cdot b)^5}{(a+b)^2} \right\}^{\frac{1}{8}}$$

49 온수난방 설계 시 다르시-바이스바흐(Darcy-Weibach)의 수식을 적용한다. 이 식에서 마찰저항계수와 관련이 있는 인자는?

① 너셀수(Nu)와 상대조도
② 프란틀수(Pr)와 절대조도
③ 레이놀즈수(Re)와 상대조도
④ 그라쇼프수(Gr)와 절대조도

해설 마찰저항계수는 레이놀즈수(Re), 상대조도와 관계된다.

50 공기 중의 수증기가 응축하기 시작할 때의 온도, 즉 공기가 포화상태로 될 때의 온도를 무엇이라고 하는가?

① 건구온도
② 노점온도
③ 습구온도
④ 상당외기온도

해설 노점온도는 수증기가 공기 중에서 응축하기 시작할 때의 온도이다.

51 공기 중의 수분이 벽이나 천장, 바닥 등에 닿았을 때 응축되어 이슬이 맺히는 경우가 있다. 이와 같은 수분의 응축 결로를 방지하는 방법으로 적절하지 않은 것은?

① 다습한 외기를 도입하지 않도록 한다.
② 벽체인 경우 단열재를 부착한다.
③ 유리창인 경우 2중유리를 사용한다.
④ 공기와 접촉하는 벽면의 온도를 노점온도 이하로 낮춘다.

해설 결로 방지 방법으로는 ①, ②, ③항 외에 공기와 접촉하는 벽면의 온도를 노점온도 이상으로 높이는 것이 있다.

52 에너지 절약의 효과 및 사무자동화(OA)에 의한 건물에서 내부발생열의 증가와 부하변동에 대한 제어성이 우수하기 때문에 대규모 사무실 건물에 적합한 공기조화방식은?

① 정풍량(CAV) 단일덕트 방식
② 유인유닛 방식
③ 룸 쿨러 방식
④ 가변풍량(VAV) 단일덕트 방식

해설 가변풍량 단일덕트(전공기방식)
㉠ 에너지가 절약된다.
㉡ 사무자동화 건물용이다.
㉢ 부하변동에 제어성이 좋다.

53 바닥취출 공조방식의 특징으로 틀린 것은?

① 천장 덕트를 최소화하여 건축 층고를 줄일 수 있다.
② 개개인에 맞추어 풍량 및 풍속 조절이 어려워 쾌적성이 저해된다.
③ 가압식의 경우 급기거리가 $18m$ 이하로 제한된다.
④ 취출온도와 실내온도의 차이가 $10°C$ 이상이면 드래프트 현상을 유발할 수 있다.

해설 바닥취출 공조방식은 풍량이나 풍속조절이 용이하다.

54 실내의 냉방 현열부하가 5,000kcal/h, 잠열부하가 800kcal/h인 방을 실온 26℃로 냉각하는 경우 송풍량은?(단, 취출온도는 15℃이며, 건공기의 정압비열은 0.24kcal/kg℃, 공기의 비중량은 1.2kg/m³이다.)

① 1,578m³/h ② 878m³/h
③ 678m³/h ④ 578m³/h

해설 $q_s = \gamma Q C_p \Delta t$ 에서

송풍량 $Q = \dfrac{q_s}{\gamma C_p \Delta t} = \dfrac{5,000}{1.2 \times 0.24 \times (26-15)}$
$\qquad = 1,578.28\text{m}^3/\text{h}$

55 실내를 항상 급기용 송풍기를 이용하여 정압(+) 상태로 유지할 수 있어서 오염된 공기의 침입을 방지하고, 연소용 공기가 필요한 보일러실, 반도체 무균실, 소규모 변전실, 창고 등에 적합한 환기법은?

① 제1종 환기 ② 제2종 환기
③ 제3종 환기 ④ 제4종 환기

해설 제2종 환기는 급기팬+자연환기(자연배기)이며 실내는 정압이 유지된다(오염공기 차단, 연소용 공기 필요).

56 단일덕트 재열방식의 특징으로 틀린 것은?

① 냉각기에 재열부하가 추가된다.
② 송풍 공기량이 증가한다.
③ 실별 제어가 가능하다.
④ 현열비가 큰 장소에 적합하다.

해설 단일덕트 재열방식
㉠ 전공기 방식
㉡ 현열이 아닌 잠열부하가 많은 곳에 적당하다.

57 가변풍량 공조방식의 특징으로 틀린 것은?

① 다른 방식에 비하여 에너지 절약효과가 높다.
② 실내공기의 청정화를 위하여 대풍량이 요구될 때 적합하다.
③ 각 실의 실온을 개별적으로 제어할 때 적합하다.
④ 동시사용률을 고려하여 기기용량을 결정할 수 있어 정풍량방식에 비하여 기기의 용량을 적게 할 수 있다.

해설 2중덕트변풍량(가변풍량) 방식은 실내공기의 대풍량이 아닌 '최소 풍량'이 추출되어도 실내공기의 청정을 유지할 수 있다.

58 습공기의 성질에 대한 설명으로 틀린 것은?

① 상대습도란 어떤 공기의 절대습도와 동일 온도의 포화습공기의 절대습도 비를 말한다.
② 절대습도는 습공기에 포함된 수증기의 중량을 건공기 1kg에 대하여 나타낸 것이다.
③ 포화공기란 습공기 중의 절대습도, 건구온도 등이 변화하면서 수증기가 포화상태에 이른 공기를 말한다.
④ 무입공기란 포화수증기 이상의 수분을 함유하여 공기 중에 미세한 물방울을 함유하는 공기를 말한다.

해설 상대습도 $=\dfrac{\text{어떤 상태의 수증기 분압}}{\text{위와 같은 온도의 포화공기의 수증기 분압}}$

59 공기조화설비는 공기조화기, 열원장치 등 4대 주요장치로 구성되어 있다. 4대 주요장치의 하나인 공기조화기에 해당되는 것이 아닌 것은?

① 에어필터
② 공기냉각기
③ 공기가열기
④ 왕복동 압축기

해설 ㉠ 열운반장치 : 공기, 물의 이송장치로 송풍기, 펌프, 덕트 배관 등
㉡ 공기조화 4대 요소 : 온도, 습도, 기류, 청정도
㉢ 공기조화기 : 혼합실, 가열코일, 냉각코일, 필터, 가습노즐 등
※ 왕복동 압축기 : 열원장치

60 다음 습공기 선도의 공기조화 과정을 나타낸 장치도는?(단, ㉠=외기, ㉡=환기, HC=가열기, CC=냉각기이다.)

①

②

③

④

해설 ㉠ 외기
㉡ 환기(실내공기)
㉢ 혼합공기
㉣ 가습기
㉤ 가습된 공기
㉥ 공조기 출구온도(실내 투입)

SECTION 04 전기제어공학

61 논리식 중 동일한 값을 나타내지 않는 것은?

① $X(X+Y)$
② $XY+X\overline{Y}$
③ $X(\overline{X}+Y)$
④ $(X+Y)(X+\overline{Y})$

해설
① $X(X+Y)=XX+XY=X+XY$
$\qquad\qquad\qquad\quad=X(1+Y)$
$\qquad\qquad\qquad\quad=X\cdot 1=X$
② $XY+X\overline{Y}=X(Y+\overline{Y})=X(1)=X$
③ $X(\overline{X}+Y)=X\overline{X}+XY=0+XY$
$\qquad\qquad\qquad\qquad=XY$
④ $(X+Y)(X+\overline{Y})=XX+X\overline{Y}+XY+Y\overline{Y}$
$\qquad\qquad\qquad\qquad=X+X\overline{Y}+XY+0$
$\qquad\qquad\qquad\qquad=X+X(\overline{Y}+Y)$
$\qquad\qquad\qquad\qquad=X+X(1)$
$\qquad\qquad\qquad\qquad=X+X$
$\qquad\qquad\qquad\qquad=X$

62 광전형 센서에 대한 설명으로 틀린 것은?

① 전압 변화형 센서이다.
② 포토 다이오드, 포토 TR 등이 있다.
③ 반도체의 PN 접합 기전력을 이용한다.
④ 초전효과(Pyroelectric Effect)를 이용한다.

해설 초전효과
국부적으로 가열 또는 냉각함으로써 어떤 종류의 결정에 가열하면 그 표면에 유전분극에 의해서 전하가 나타나는 현상

63 3상 권선형 유도전동기 2차 측에 외부저항을 접속하여 2차 저항값을 증가시키면 나타나는 특성으로 옳은 것은?

① 슬립 감소
② 속도 증가
③ 기동토크 증가
④ 최대토크 증가

해설 기동토크 증가
3상 권선형 유도전동기 2차 측에 외부저항을 접속하여 2차 저항값을 증가시키면 나타나는 특성이다(권선형 유도 전동기 : 2차 회전자에 저항을 접속하고 그 저항값이 변화함에 따라 기동토크나 속도를 제어할 수 있는 전동기).

64 R, L, C가 서로 직렬로 연결되어 있는 회로에서 양단의 전압과 전류가 동상이 되는 조건은?

① $\omega=LC$
② $\omega=L^2C$
③ $\omega=\dfrac{1}{LC}$
④ $\omega=\dfrac{1}{\sqrt{LC}}$

해설 RLC 직렬회로의 전압과 전류가 동상이 될 조건은
$X_L = X_C$이고,

이때, $X_L = \omega L$, $X_C = \dfrac{1}{\omega C}$이므로

$$\therefore \ \omega L = \frac{1}{\omega C}$$

$$\omega^2 = \frac{1}{LC}$$

$$\omega = \frac{1}{\sqrt{LC}}$$

65 콘덴서의 정전용량을 높이는 방법으로 틀린 것은?

① 극판의 면적을 넓게 한다.
② 극판 간의 간격을 작게 한다.
③ 극판 간의 절연파괴전압을 작게 한다.
④ 극판 사이의 유전체를 비유전율이 큰 것으로 사용 한다.

해설 정전용량$(Q) = CV(C)$: 콘덴서에 축적되는 전하(Q)
정전용량이란 콘덴서(축전기)의 축전능력을 표시하는 값이 며 그 기호는 (⊣⊢)이다.
(정전용량 증가는 ①, ②, ④항에 따른다.)
$\therefore$ 정전용량$(C) = V/Q$(F)
※ 1F : 1V의 전압을 가하여 1C의 전하를 축적하는 경우의 정전용량

66 그림과 같은 계전기 접점회로의 논리식은?

① $xz + \overline{y}\,\overline{x}$ ② $xy + z\overline{x}$
③ $(x + \overline{y})(z + \overline{x})$ ④ $(x + z)(\overline{y} + \overline{x})$

해설 relay(계전기) 접점회로의 논리식 $= (x + \overline{y})(z + \overline{x})$
※ 릴레이(relay) : 전압, 전류, 주파수 등의 전기신호를 비 롯하여 온도, 빛 등의 여러 가지 입력신호에 따라서 전기 회로를 열거나 닫는 역할을 하는 기기이다(접점계전기 (전자계전기), 무접점계전기(트랜지스터, SCR, 등)).

67 계측기 선정 시 고려사항이 아닌 것은?

① 신뢰도   ② 정확도
③ 미려도   ④ 신속도

해설 계측기 선정 시 고려사항은 신뢰도, 정확도, 신속도 등이다.

68 $\dfrac{3}{2}\pi$(rad) 단위를 각도(°) 단위로 표시하면 얼마인가?

① 120°   ② 240°
③ 270°   ④ 360°

해설 1회전한 각도 : 2π(radian 라디안)

각도 표시 1rad(라디안) $=$ 각도$\times \dfrac{\pi}{180}$

$1° = \dfrac{\pi}{180}$(rad), π(rad) $= 180°$

$\therefore 180 \times \dfrac{3}{2} = 270°$

69 궤환제어계에 속하지 않는 신호로서 외부에서 제어 량이 그 값에 맞도록 제어계에 주어지는 신호를 무엇 이라 하는가?

① 목푯값   ② 기준 입력
③ 동작 신호   ④ 궤환 신호

해설 목푯값
궤환제어계에 속하지 않는 신호로서 외부에서 제어량이 그 값에 맞도록 제어계에 주어지는 신호(Desired Value)
※ 궤환(귀환) : 피드백(Feedback)

70 타력제어와 비교한 자력제어의 특징 중 틀린 것은?

① 저비용   ② 구조 간단
③ 확실한 동작   ④ 빠른 조작속도

해설 ㉠ 자력제어 : 조작부를 움직이기 위해 필요한 에너지가 제 어대상에서 검출부를 통해 직접 얻어지는 제어이다. 그 특징은 ①, ②, ③항이다.
㉡ 타력제어 : 제어 동작을 하는 데 필요한 동력을 다른 보조 장치에서 받는 제어방식(보조동력 : 전기, 공기, 유압 그 조합 등)

71 그림 (a)의 직렬로 연결된 저항회로에서 입력전압 V_1 과 출력전압 V_0의 관계를 그림 (b)의 신호흐름 선도로 나타낼 때 A에 들어갈 전달함수는?

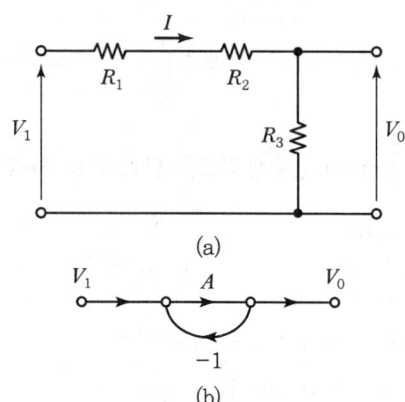

(a)

(b)

① $\dfrac{R_3}{R_1 + R_2}$ ② $\dfrac{R_1}{R_2 + R_3}$

③ $\dfrac{R_2}{R_1 + R_3}$ ④ $\dfrac{R_3}{R_1 + R_2 + R_3}$

해설 직병렬이므로 전달함수 $(A) = \dfrac{R_3}{R_1 + R_2}$

※ 전달함수 : 모든 초깃값을 0으로 하였을 때 출력신호의 라플라스 변환과 입력신호의 라플라스 변환의 비

72 다음 (a), (b) 두 개의 블록 선도가 등가가 되기 위한 K는?

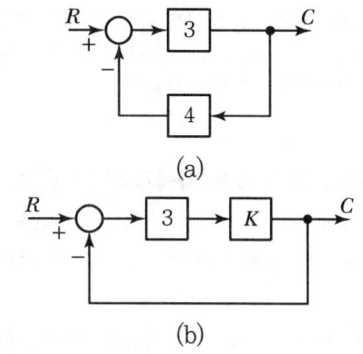

(a)

(b)

① 0   ② 0.1

③ 0.2   ④ 0.3

해설 (a) 전달함수 $G = \dfrac{C}{R} = \dfrac{3}{1 + (4 \times 3)} = \dfrac{3}{13}$

(b) 전달함수 $G = \dfrac{C}{R} = \dfrac{3K}{1 + 3K}$

(a), (b) 블록 선도가 등가관계이므로

$\therefore \dfrac{3}{13} = \dfrac{3K}{1 + 3K}$

$3 \times (1 + 3K) = 13 \times 3K$

$3 + 9K = 39K$

$30K = 3$

$\therefore K = 0.1$

73 무인커피판매기는 무슨 제어인가?

① 서보기구   ② 자동조정

③ 시퀀스 제어   ④ 프로세스 제어

해설 시퀀스 제어 : 무인커피판매기, 세탁기, 전기밥솥, 승강기 등

74 공작기계를 이용한 제품가공을 위해 프로그램을 이용하는 제어와 가장 관계 깊은 것은?

① 속도제어   ② 수치제어

③ 공정제어   ④ 최적제어

해설 수치제어(Numerical Control)
공작기계를 이용한 제품가공을 위해 프로그램을 이용하는 제어와 가장 관계가 깊다.

75 전압, 전류, 주파수 등의 양을 주로 제어하는 것으로 응답속도가 빨라야 하는 것이 특징이며, 정전압장치나 발전기 및 조속기의 제어 등에 활용하는 제어방법은?

① 서보기구   ② 비율제어

③ 자동조정   ④ 프로세스 제어

해설 자동조정 : 주로 전압, 전류, 회전속도, 회전력 등의 양을 자동제어하는 것

76 단상변압기 3대를 △결선하여 3상 전원을 공급하다가 1대의 고장으로 인하여 고장 난 변압기를 제거하고 V결선으로 바꾸어 전력을 공급할 경우 출력은 당초 전력의 약 몇 %까지 가능하겠는가?

① 46.7   ② 57.7

③ 66.7   ④ 86.7

해설 $\Delta-\Delta$변압기 결선 : 변압기 3대 중 1대가 고장이 나도 나머지 2대로 V결선이 가능하다.

$$\therefore \text{V결선의 출력비} = \frac{1}{\sqrt{3}} = 57.7\%$$

$$※ \text{V결선의 이용률} = \frac{\sqrt{3}}{2} = 86.6\%$$

77 도체를 늘려서 길이가 4배인 도선을 만들었다면 도체의 전기저항은 처음의 몇 배인가?

① $\frac{1}{4}$ ② $\frac{1}{16}$

③ 4 ④ 16

해설 전기저항 : 물체의 길이에 비례하고 단면적 A에 반비례한다 $\left(R = \rho \frac{l}{A}\right)$.

길이가 4배 증가하면 면적은 $\frac{1}{4}$로 줄어든다.

$$\therefore R' = \rho \frac{4l}{\frac{1}{4}A} = \frac{4}{0.25} = 16\text{배 증가}$$

78 $L = 4\text{H}$인 인덕턴스에 $i = -30e^{-3t}$ A의 전류가 흐를 때 인덕턴스에 발생하는 단자전압은 몇 V인가?

① $90e^{-3t}$ ② $120e^{-3t}$

③ $180e^{-3t}$ ④ $360e^{-3t}$

해설 전류 $i = -30e^{-3t}$에서 $\omega = -3$

$$I_L = \frac{V}{X_L} = \frac{V}{\omega L}$$

전압 $V = I_L \cdot \omega L = -30 \cdot e^{-3t} \times (-3 \times 4)$
$$= -360 \cdot e^{-3t}\text{V}$$

79 출력의 변동을 조정하는 동시에 목푯값에 정확히 추종하도록 설계한 제어계는?

① 타력제어 ② 추치제어
③ 안정제어 ④ 프로세스 제어

해설 추치제어(Variable Value Control)
목푯값이 변화하는 경우 그에 따라서 제어량을 추종하기 위한 제어를 말한다(추종제어, 비율제어, 프로그램 제어).

80 제어기기의 변환요소에서 온도를 전압으로 변화시키는 요소는?

① 열전대 ② 광전지
③ 벨로우즈 ④ 가변저항기

해설 ㉠ 열전대 : 온도 → 전압(변환시키는 요소)
ㄴ 광전지 : 광 → 전압
ㄷ 벨로우즈 : 압력 → 변위
ㄹ 가변저항기 : 변위 → 임피던스

SECTION 05 배관일반

81 관의 부식 방지방법으로 틀린 것은?

① 전기절연을 시킨다.
② 아연도금을 한다.
③ 열처리를 한다.
④ 습기의 접촉을 없게 한다.

해설 열처리(담금질)는 금속의 성질을 개선시킨다.

82 급탕 배관에서 설치되는 팽창관의 설치위치로 적당한 것은?

① 순환펌프와 가열장치 사이
② 가열장치와 고가탱크 사이
③ 급탕관과 환수관 사이
④ 반탕관과 순환펌프 사이

해설 팽창관의 설치 위치 : 팽창탱크(고가탱크)와 가열장치(보일러) 사이에 설치한다(온수보일러 팽창수 저장장치와 보일러 환수관과 연결).

83 기수 혼합식 급탕설비에서 소음을 줄이기 위해 사용되는 기구는?

① 서모스탯 ② 사일렌서
③ 순환펌프 ④ 감압밸브

해설 기수 혼합식 급탕설비에서 증기에 의한 소음을 줄이기 위해 사일렌서(S형, F형)를 사용한다. 증기 사용압력은 0.1~0.4MPa이다.

84 다음 중 소형, 경량으로 설치면적이 작고 효율이 좋으므로 가장 많이 사용되고 있는 냉각탑의 종류는?

① 대기식 냉각탑　　② 대향류식 냉각탑
③ 직교류식 냉각탑　④ 밀폐식 냉각탑

해설 대향류식 냉각탑
소형, 경량으로 설치면적이 작고 향류식이어서 효율이 좋다.

85 도시가스 입상배관의 관 지름이 20mm일 때 움직이지 않도록 몇 m마다 고정장치를 부착해야 하는가?

① 1m　　　　　② 2m
③ 3m　　　　　④ 4m

해설
13mm 미만 : 1m마다

13mm 이상 ~ 33mm 미만 : 2m마다

33mm 이상 : 3m마다

86 공장에서 제조 정제된 가스를 저장했다가 공급하기 위한 압력탱크로 가스압력을 균일하게 하며, 급격한 수요변화에도 제조량과 소비량을 조절하기 위한 장치는?

① 정압기　　　　② 압축기
③ 오리피스　　　④ 가스홀더

해설 가스홀더 : 공장에서 제조 정제된 가스를 저장했다가 공급하기 위한 압력탱크로 급격한 수요변화에도 제조량과 소비량을 조절한다(고압식, 저압식).

87 배관 도시기호 치수기입법 중 높이 표시에 관한 설명으로 틀린 것은?

① EL : 배관의 높이를 관의 중심을 기준으로 표시
② GL : 포장된 지표면을 기준으로 하여 배관장치의 높이를 표시

③ FL : 1층의 바닥면을 기준으로 표시
④ TOP : 지름이 다른 관의 높이를 나타낼 때 관외경의 아랫면까지를 기준으로 표시

해설
TOP : EL에서 관외경의 아랫면이 아닌 윗면까지의 높이를 표시한다.

88 급수배관에 관한 설명으로 옳은 것은?

① 수평배관은 필요할 경우 관 내의 물을 배제하기 위하여 1/100~1/150의 구배를 준다.
② 상향식 급수배관의 경우 수평주관은 내림구배, 수평분기관은 올림구배로 한다.
③ 배관이 벽이나 바닥을 관통하는 곳에는 후일 수리 시 교체가 쉽도록 슬리브(Sleeve)를 설치한다.
④ 급수관과 배수관을 수평으로 매설하는 경우 급수관을 배수관의 아래쪽이 되도록 매설한다.

해설 급수관의 구배 : (1/250)이 표준이다. 급수관의 기울기는 상향구배, 옥상 탱크식은 수평주관은 하향기울기, 급수관은 배수관보다 높은 쪽에 매설한다.

89 호칭지름 20A인 강관을 2개의 45° 엘보를 사용해서 그림과 같이 연결하고자 한다. 밑면과 높이가 똑같이 150mm라면 빗면 연결부분의 관의 실제소요길이(l)는?(단, 45° 엘보 나사부의 길이는 15mm, 이음쇠의 중심선에서 단면까지의 거리는 25mm로 한다.)

① 178mm　　　　② 180mm
③ 192mm　　　　④ 212mm

해설 중심선 길이 $L = \sqrt{150^2 + 150^2} = 150\sqrt{2} = 212.13\text{mm}$
관의 길이 $l = L - 2 \times (25 - 15)$
$ = 212.13 - 2 \times (25 - 15)$
$ = 192.13\text{mm}$

90 저압가스배관에서 관 내경이 25mm에서 압력손실이 320mmAq이라면, 관 내경이 50mm로 2배가 되었을 때 압력손실은 얼마인가?

① 160mmAq

② 80mmAq

③ 32mmAq

④ 10mmAq

해설 가스배관의 관경을 $\frac{1}{2}$로 하면 압력손실은 32배,

∴ 관이 25mm에서 50mm 증가 시

압력손실 $= \frac{320}{32} = 10$mmAq

91 증기배관의 트랩장치에 관한 설명이 옳은 것은?

① 저압증기에서는 보통 버킷형 트랩을 사용한다.

② 냉각레그(Cooling Leg)는 트랩의 입구 쪽에 설치한다.

③ 트랩의 출구 쪽에는 스트레이너를 설치한다.

④ 플로트형 트랩은 상·하 구분 없이 수직으로 설치한다.

해설

92 냉동배관 재료 구비조건으로 틀린 것은?

① 가공성이 양호할 것

② 내식성이 좋을 것

③ 냉매와 윤활유가 혼합될 때, 화학적 작용으로 인한 냉매의 성질이 변하지 않을 것

④ 저온에서 기계적 강도 및 압력손실이 적을 것

해설 냉동배관은 고온·고압에서 기계적 강도 및 압력손실이 적을 것

93 보온재의 구비조건으로 틀린 것은?

① 열전도율이 작을 것

② 균열 신축이 작을 것

③ 내식성 및 내열성이 있을 것

④ 비중이 크고 흡습성이 클 것

해설 보온재는 비중이 작고 흡습성이나 흡수성이 작을 것

94 급탕배관의 관경을 결정할 때 고려해야 할 요소로 가장 거리가 먼 것은?

① 1m마다의 마찰손실 ② 순환수량

③ 관 내 유속 ④ 펌프의 양정

해설 급수배관의 관경 결정에서 고려사항은 ①, ②, ③항 외에 펌프의 유량이 포함된다.

95 증기난방 배관설비의 응축수 환수방법 중 증기의 순환이 가장 빠른 방법은?

① 진공 환수식 ② 기계 환수식

③ 자연 환수식 ④ 중력 환수식

해설 증기 난방 배관의 응축수 순환순서
진공 환수식 > 기계 환수식 > 중력 환수식

96 가스배관 경로 선정 시 고려하여야 할 내용으로 적당하지 않은 것은?

① 최단거리로 할 것

② 구부러지거나 오르내림을 적게 할 것

③ 가능한 은폐매설을 할 것

④ 가능한 옥외에 설치할 것

해설 가스는 누설검사를 용이하게 하기 위하여 가능한 한 옥외 노출배관을 원칙으로 할 것

97 부력에 의해 밸브를 개폐하여 간헐적으로 응축수를 배출하는 구조를 가진 증기 트랩은?

① 열동식 트랩 ② 버킷 트랩

③ 플로트 트랩 ④ 충격식 트랩

해설 기계식 버킷증기 트랩

부력에 의해 밸브를 개폐하여 간헐적으로 응축수를 배출하는 구조이다(상향식, 하향식이 있다).

98 통기관에 관한 설명으로 틀린 것은?

① 각개통기관의 관경은 그것이 접속되는 배수관 관경의 1/2 이상으로 한다.

② 통기방식에는 신정통기, 각개통기, 회로통기 방식이 있다.

③ 통기관은 트랩 내의 봉수를 보호하고 관 내 청결을 유지한다.

④ 배수입관에서 통기입관의 접속은 90°T 이음으로 한다.

해설 ④항에서는 접속은 90° 엘보이음으로 이음한다.

99 배관에 사용되는 강관은 1℃ 변화함에 따라 1m당 몇 mm만큼 팽창하는가?(단, 관의 열팽창계수는 0.00012m/m℃이다.)

① 0.012   ② 0.12

③ 0.022   ④ 0.22

해설 팽창은 $0.00012\text{m/m}℃ = 0.012\text{cm/m}℃$
$$= 0.12\text{mm/m}℃$$

100 다음 신축이음 중 주로 증기 및 온수 난방용 배관에 사용되는 것은?

① 루프형 신축이음

② 슬리브형 신축이음

③ 스위블형 신축이음

④ 벨로스형 신축이음

해설 스위블형 신축이음

주로 저압의 증기난방이나 온수난방에서 방열기 입상관에 엘보를 2개 이상 사용하여 신축을 흡수한다.

SECTION 01 기계열역학

01 1kg의 기체로 구성되는 밀폐계가 50kJ의 열을 받아 15kJ의 일을 했을 때 내부에너지 변화량은 얼마인가?(단, 운동에너지의 변화는 무시한다.)

① 65kJ
② 35kJ
③ 26kJ
④ 15kJ

해설 $\delta Q = dU + \delta W$에서
내부에너지 변화량 $dU = \delta Q - \delta W$
$= 50 - 15$
$= 35$kJ

02 초기에 온도 T, 압력 P 상태의 기체(질량 m)가 들어있는 견고한 용기에 같은 기체를 추가로 주입하여 최종적으로 질량 $3m$, 온도 $2T$ 상태가 되었다. 이때 최종 상태에서의 압력은?(단, 기체는 이상기체이고, 온도는 절대온도를 나타낸다.)

① $6P$
② $3P$
③ $2P$
④ $\dfrac{3P}{2}$

해설 $PV = mRT$에서 $V = \dfrac{mRT}{P}$
이때, 같은 용기이므로 $V_1 = V_2$
$\therefore \dfrac{m_1 R T_1}{P_1} = \dfrac{3m_1 R 2T_1}{P_2}$
$P_2 = P_1 \times \dfrac{6m_1 R T_1}{m_1 R T_1} = 6P_1$

03 어떤 물질 1kg이 20℃에서 30℃로 되기 위해 필요한 열량은 약 몇 kJ인가?(단, 비열(C, kJ/kg·K)은 온도에 대한 함수로서 $C = 3.594 + 0.0372T$이며, 여기서 온도(T)의 단위는 K이다.)

① 4
② 24
③ 45
④ 147

해설 필요 열량 $Q = m \displaystyle\int_{T_1}^{T_2} (3.594 + 0.0372T)dT$

$= 1 \times \left[3.594T + \dfrac{1}{2} \times 0.0372T^2 \right]_{293}^{303}$

$= 3.594 \times (303 - 293)$
$\quad + \dfrac{1}{2} \times 0.0372(303^2 - 293^2)$

$= 146.796$

$≒ 147$kJ

04 가스터빈으로 구동되는 동력 발전소의 출력이 10MW이고 열효율이 25%라고 한다. 연료의 발열량이 45,000kJ/kg이라면 시간당 공급해야 할 연료량은 약 몇 kg/h인가?

① 3,200
② 6,400
③ 8,320
④ 12,800

해설 열효율 $\eta = \dfrac{출력}{입력} = \dfrac{발전소출력}{연료량 \times 발열량}$

연료공급량 $= \dfrac{(10 \times 10^3) \times 3,600}{0.25 \times 45,000}$

$= 3,200$kg/h

※ 10MW = 10,000kW, 1kW = 3,600kJ/h

05 어느 발명가가 바닷물로부터 매시간 1,800kJ의 열량을 공급받아 0.5kW 출력의 열기관을 만들었다고 주장한다면, 이 사실은 열역학 제 몇 법칙에 위반되겠는가?

① 제0법칙
② 제1법칙
③ 제2법칙
④ 제3법칙

해설 **열역학 제2법칙**
㉠ 열효율이 100%인 열기관은 존재할 수 없다(반드시 작동 유체는 공급된 에너지의 일부가 주위와의 열교환이 이루어져야 한다).
㉡ Kelvin-Planck 표현
※ 0.5kWh = 1,800kJ, 1kWh = 3,600kJ

06 다음 중 강도성 상태량(Intensive Property)에 속하는 것은?

① 온도 ② 체적
③ 질량 ④ 내부에너지

해설 ㉠ 강도성 상태량 : 물질의 질량에 관계없이 그 크기가 결정되는 상태량(온도, 압력, 비체적 등)
㉡ 종량성 상태량 : 체적, 내부에너지, 엔탈피, 엔트로피 등

07 다음 중 냉매의 구비조건으로 틀린 것은?

① 증발압력이 대기압보다 낮을 것
② 응축압력이 높지 않을 것
③ 비열비가 작을 것
④ 증발열이 클 것

해설 기화 냉매는 압력이 대기압보다 높다.

08 그림과 같이 다수의 추를 올려놓은 피스톤이 설치된 실린더 안에 가스가 들어 있다. 이때 가스의 최초압력이 300kPa이고, 초기 체적은 0.05m³이다. 여기에 열을 가하여 피스톤을 상승시킴과 동시에 피스톤 추를 덜어내어 가스온도를 일정하게 유지하여 실린더 내부의 체적을 증가시킬 경우 이 과정에서 가스가 한 일은 약 몇 kJ인가?(단, 이상기체 모델로 간주하고, 상승 후의 체적은 0.2m³이다.)

가스

① 10.79kJ ② 15.79kJ
③ 20.79kJ ④ 25.79kJ

해설 등온변화일량(W) = $P_1 V_1 \ln \dfrac{P_1}{P_2}$ = $P_1 V_1 \ln \dfrac{V_2}{V_1}$

∴ 가스일량 = $300 \times 0.05 \times \ln \left(\dfrac{0.2}{0.05} \right)$ = 20.79kJ

09 체적이 0.1m³인 용기 안에 압력 1MPa, 온도 250℃의 공기가 들어 있다. 정적과정을 거쳐 압력이 0.35MPa로 될 때 이 용기에서 일어난 열전달과정으로 옳은 것은?(단, 공기의 기체상수는 0.287kJ/kg·K, 정압비열은 1.0035kJ/kg·K, 정적비열은 0.7165kJ/kg·K이다.)

① 약 162kJ의 열이 용기에서 나간다.
② 약 162kJ의 열이 용기로 들어간다.
③ 약 227kJ의 열이 용기에서 나간다.
④ 약 227kJ의 열이 용기로 들어간다.

해설 비열비(K) = $\dfrac{C_p}{C_v}$ = $\dfrac{1.0035}{0.7165}$ = 1.40

$G = \dfrac{PV}{RT}$ = $\dfrac{1 \times 10 \times 0.1}{29.27 \times (273 + 250)}$ = 0.65kg

$T_2 = T_1 \times \dfrac{P_2}{P_1}$ = $(273 + 250) \times \dfrac{0.35}{1}$ = 183.05K

정적과정 열전달(Q) = $0.65 \times 0.7165 \times (523 - 183.05)$
= 158.32 ≒ 160kJ(배출열)

10 출력 15kW의 디젤기관에서 마찰손실이 그 출력의 15%일 때 그 마찰손실에 의해서 시간당 발생하는 열량은 약 몇 kJ인가?

① 2.25 ② 25
③ 810 ④ 8,100

해설 마찰 열손실량 = $15 \times 0.15 \times 3,600$
= 8,100kJ

11 3kg의 공기가 들어있는 실린더가 있다. 이 공기가 200kPa, 10℃인 상태에서 600kPa이 될 때까지 압축한다면 공기가 한 일은 약 몇 kJ인가?(단, 이 과정은 폴리트로픽 변화로서 폴리트로픽 지수는 1.3이다. 또한 공기의 기체상수는 0.287kJ/kg·K이다.)

① −285 ② −235
③ 13 ④ 125

해설 폴리트로픽 변화의 절대일

$$W = \frac{1}{n-1} mR(T_1 - T_2)$$
$$= \frac{1}{n-1} mRT_1 \left(1 - \frac{T_2}{T_1} \right)$$
$$= \frac{1}{n-1} mRT_1 \left\{ 1 - \left(\frac{P_2}{P_1} \right)^{\frac{n-1}{n}} \right\}$$
$$= \frac{1}{1.3-1} \times 3 \times 0.287 \times (10+273) \times \left\{ 1 - \left(\frac{600}{200} \right)^{\frac{1.3-1}{1.3}} \right\}$$
$$= -234.37 \text{kJ}$$

12 체적이 0.5m^3, 온도가 80℃인 밀폐압력용기 속에 이상기체가 들어 있다. 이 기체의 분자량이 24이고, 질량이 10kg이라면 용기 속의 압력은 약 몇 kPa인가?

① 1,845.4   ② 2,446.9
③ 3,169.2   ④ 3,885.7

해설 $PV = mRT = m\dfrac{R_u}{M} T$에서

압력 $P = \dfrac{m \cdot R_u \cdot T}{V \cdot M} = \dfrac{10 \times 8.3143 \times (80+273)}{0.5 \times 24}$
$$= 2,445.79 \text{kPa}$$

13 이론적인 카르노 열기관의 효율(η)을 구하는 식으로 옳은 것은?(단, 고열원의 절대온도는 T_H, 저열원의 절대온도는 T_L이다.)

① $\eta = 1 - \dfrac{T_H}{T_L}$ ② $\eta = 1 + \dfrac{T_L}{T_H}$

③ $\eta = 1 - \dfrac{T_L}{T_H}$ ④ $\eta = 1 + \dfrac{T_H}{T_L}$

해설 이론적 카르노 열기관 효율(η)

$$\eta = 1 - \frac{T_L}{T_H}$$

카르노 사이클
- $1 \rightarrow 2$(등온팽창)
- $2 \rightarrow 3$(단열팽창)
- $3 \rightarrow 4$(등온압축)
- $4 \rightarrow 1$(단열압축)

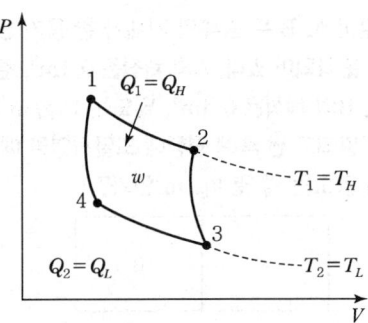

14 물 2L를 1kW의 전열기를 사용하여 20℃로부터 100℃까지 가열하는 데 소요되는 시간은 약 몇 분(min)인가?(단, 전열기 열량의 50%가 물을 가열하는 데 유효하게 사용되고, 물은 증발하지 않는 것으로 가정한다. 물의 비열은 4.18kJ/kg · K이다.)

① 22.3   ② 27.6
③ 35.4   ④ 44.6

해설 물 2L를 가열하는 데 필요한 열량

$$Q = m \cdot C \cdot \Delta t$$
$$= m \cdot C \cdot (t_2 - t_1)$$
$$= 2 \times 4.18 \times (100 - 20)$$
$$= 668.8 \text{kJ}$$

$W = P \cdot t \cdot \eta$에서

소요시간 $t = \dfrac{W}{P \cdot \eta} = \dfrac{Q}{P \cdot \eta}$
$$= \frac{668.8}{1 \times 0.5 \times 60}$$
$$= 22.29 \text{min}$$

15 다음 중 이론적인 카르노 사이클 과정(순서)을 옳게 나타낸 것은?(단, 모든 사이클은 가역 사이클이다.)

① 단열압축 → 정적가열 → 단열팽창 → 정적방열
② 단열압축 → 단열팽창 → 정적가열 → 정적방열
③ 등온팽창 → 등온압축 → 단열팽창 → 단열압축
④ 등온팽창 → 단열팽창 → 등온압축 → 단열압축

해설 카르노 사이클 과정
등온팽창 → 단열팽창 → 등온압축 → 단열압축

16 그림과 같이 A, B 두 종류의 기체가 한 용기 안에서 박막으로 분리되어 있다. A의 체적은 $0.1m^3$, 질량은 2kg이고, B의 체적은 $0.4m^3$, 밀도는 $1kg/m^3$이다. 박막이 파열되고 난 후에 평형에 도달하였을 때 기체 혼합물의 밀도는 약 몇 kg/m^3인가?

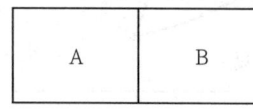

① 4.8　　　　　　　② 6.0
③ 7.2　　　　　　　④ 8.4

해설 밀도 $\rho = \dfrac{m}{V}$

혼합물 밀도 $\rho = \dfrac{m_1 + m_2}{V_1 + V_2} = \dfrac{m_1 + \rho_2 V_2}{V_1 + V_2}$
$= \dfrac{2 + (1 \times 0.4)}{0.1 + 0.4}$
$= 4.8kg/m^3$

17 랭킨 사이클로 작동되는 증기동력 발전소에서 20MPa, 45℃의 물이 보일러에 공급되고, 응축기 출구에서의 온도는 20℃, 압력은 2.339kPa이다. 이때 급수펌프에서 수행하는 단위질량당 일은 약 몇 kJ/kg인가? (단, 20℃에서 포화액 비체적은 $0.001002m^3/kg$, 포화증기 비체적은 $57.79m^3/kg$이며, 급수펌프에서는 등엔트로피 과정으로 변화한다고 가정한다.)

① 0.4681　　　　　② 20.04
③ 27.14　　　　　　④ 1,020.6

해설 $20MPa = 200kg/cm^2 = 약\ 20,000kPa$
$W_P = V_1 (P_2 - P_1)$
$= 0.001002 \times (20,000 - 2.339) = 20.04kJ/kg$

18 오토 사이클(Otto Cycle) 기관에서 헬륨(비열비=1.66)을 사용하는 경우의 효율(η_{He})과 공기(비열비=1.4)를 사용하는 경우의 효율(η_{air})을 비교하고자 한다. 이때 η_{He}/η_{air} 값은 약 얼마인가?(단, 오토 사이클의 압축비는 10이다.)

① 0.681　　　　　　② 0.770
③ 1.298　　　　　　④ 1.468

해설 헬륨 효율$(\eta_{He}) = 1 - \left(\dfrac{1}{\varepsilon}\right)^{k-1}$
$= 1 - \left(\dfrac{1}{10}\right)^{1.66-1} = 0.78$

공기 효율$(\eta_{air}) = 1 - \left(\dfrac{1}{\varepsilon}\right)^{k-1}$
$= 1 - \left(\dfrac{1}{10}\right)^{1.4-1} = 0.60$

∴ 비교값$(\eta_{He}/\eta_{air}) = \dfrac{0.78}{0.60} = 1.30$

19 어떤 냉장고의 소비전력이 2kW이고, 이 냉장고의 응축기에서 방열되는 열량이 5kW라면, 냉장고의 성적계수는 얼마인가?(단, 이론적인 증기압축 냉동 사이클로 운전된다고 가정한다.)

① 0.4　　　　　　　② 1.0
③ 1.5　　　　　　　④ 2.5

해설 성적계수 $COP = \dfrac{Q_e}{W} = \dfrac{Q_c - W}{W}$
$= \dfrac{5 - 2}{2} = \dfrac{3}{2}$
$= 1.5$

20 1kg의 이상기체가 압력 100kPa, 온도 20℃의 상태에서 압력 200kPa, 온도 100℃의 상태로 변화하였다면 체적은 어떻게 되는가?(단, 변화 전 체적을 V_1라고 한다.)

① $0.64 V_1$　　　　　② $1.57 V_1$
③ $3.64 V_1$　　　　　④ $4.64 V_1$

해설 $PV = mRT$에서
$mR = \dfrac{P_1 V_1}{T_1} = \dfrac{P_2 V_2}{T_2}$
∴ 변화 후 체적 $V_2 = \dfrac{T_2 \cdot P_1}{T_1 \cdot P_2} \times V_1$
$= \dfrac{(100 + 273) \times 100}{(20 + 273) \times 200} \times V_1$
$= 0.637 V_1$

SECTION 02 냉동공학

21 흡수식 냉동기에 대한 설명으로 틀린 것은?

① 흡수식 냉동기는 열의 공급과 냉각으로 냉매와 흡수제가 함께 분리되고 섞이는 형태로 사이클을 이룬다.

② 냉매가 암모니아일 경우에는 흡수제로 리튬브로마이드(LiBr)를 사용한다.

③ 리튬브로마이드 수용액 사용 시 재료에 대한 부식성 문제로 용액에 미량의 부식억제제를 첨가한다.

④ 압축식에 비해 열효율이 나쁘며 설치면적을 많이 차지한다.

해설 흡수식 냉동기 냉매 : 물(H₂O) → 흡수제(LiBr)

22 냉동장치에서 응축기에 관한 설명으로 옳은 것은?

① 응축기 내의 액회수가 원활하지 못하면 액면이 높아져 열교환의 면적이 작아지므로 응축압력이 낮아진다.

② 응축기에서 방출하는 냉매가스의 열량은 증발기에서 흡수하는 열량보다 크다.

③ 냉매가스의 응축온도는 압축기의 토출가스온도보다 높다.

④ 응축기 냉각수 출구온도는 응축온도보다 높다.

해설 응축기 방열=증발기 흡수열량+압축기 일의 열량
∴ 증발기 열량보다 크다.

23 2원 냉동장치에 관한 설명으로 틀린 것은?

① 증발온도 −70℃ 이하의 초저온 냉동기에 적합하다.

② 저단 압축기 토출냉매의 과냉각을 위해 압축기 출구에 중간냉각기를 설치한다.

③ 저온 측 냉매는 고온 측 냉매보다 비등점이 낮은 냉매를 사용한다.

④ 두 대의 압축기 소비동력을 고려하여 성능계수(COP)를 구한다.

해설

[2원 냉동 사이클]

㉠ 고온 측 냉매(R−12, 22)
㉡ 저온 측 냉매(R−13, 14, 에틸렌, 메탄, 에탄, 프로판)
㉢ 중간냉각기는 2단 압축에서 필요하다.

24 냉동장치의 운전 준비 작업으로 가장 거리가 먼 것은?

① 윤활상태 및 전류계 확인

② 벨트의 장력상태 확인

③ 압축기 유면 및 냉매량 확인

④ 각종 밸브의 개폐 유·무 확인

해설 윤활상태 및 전류계는 냉동장치 운전 중이거나 수시 점검 시 실시한다.

25 증발온도 −30℃, 응축온도 45℃에서 작동되는 이상적인 냉동기의 성적계수는?

① 2.2 　　　　　② 3.2
③ 4.2 　　　　　④ 5.2

해설 냉동기 성적계수

$$COP = \frac{T_e}{T_c - T_e} = \frac{(-30+273)}{(45+273)-(-30+273)} = 3.24$$

26 증발하기 쉬운 유체를 이용한 냉동방법이 아닌 것은?

① 증기분사식 냉동법 　　② 열전냉동법
③ 흡수식 냉동법 　　　　④ 증기압축식 냉동법

해설 열전냉동법(전자냉동법)
접합부의 열의 방출, 흡수현상을 이용한 냉동방법
㉠ Peltier Effect(펠티에 효과) 이용
㉡ 열전반도체(비스무트텔루라이드, 안티모니텔루라이드, 비스무트셀렌 등) 이용

27 압력 2.5kg/cm^2에서 포화온도는 $-20℃$이고, 이 압력에서의 포화액 및 포화증기의 비체적 값이 각각 0.74L/kg, $0.09254\text{m}^3/\text{kg}$일 때, 압력 2.5kg/cm^2에서 건도(x)가 0.98인 습증기의 비체적(m^3/kg)은 얼마인가?

① 0.08050   ② 0.00584
③ 0.06754   ④ 0.09070

해설 습증기 비체적 $=0.09254 \times 0.98 \fallingdotseq 0.0907\text{m}^3/\text{kg}$

28 다음 냉매 중 2원 냉동장치의 저온 측 냉매로 가장 부적합한 것은?

① R-14   ② R-32
③ R-134a   ④ 에탄(C_2H_6)

해설 ㉠ 고온 측 냉매(R-12, 22)
㉡ 저온 측 냉매(R-13, 14, 에틸렌, 메탄, 에탄, 프로판)

29 여름철 공기열원 열펌프 장치로 냉방 운전할 때, 외기의 건구온도 저하 시 나타나는 현상으로 옳은 것은?

① 응축압력이 상승하고, 장치의 소비전력이 증가한다.
② 응축압력이 상승하고, 장치의 소비전력이 감소한다.
③ 응축압력이 저하하고, 장치의 소비전력이 증가한다.
④ 응축압력이 저하하고, 장치의 소비전력이 감소한다.

해설 여름철 공기열원 히트펌프(열펌프) 장치의 냉방운전 시 건구온도 저하일 때 나타나는 현상은 응축압력 저하 및 장치의 소비전력 감소이다(건구온도계 : 알코올, 수은 온도계).

30 다음 중 왕복동식 냉동기의 고압 측 압력이 높아지는 원인에 해당되는 것은?

① 냉각수량이 많거나 수온이 낮음
② 압축기 토출밸브 누설
③ 불응축가스 혼입
④ 냉매량 부족

해설 불응축가스(공기, N_2, H_2 등의 가스)가 발생하면 응축기(고압측) 압력이 높아져서 압축기일량 증가로 냉동효과가 감소한다.

31 다기통 컴파운드 압축기가 다음과 같이 2단 압축 1단 팽창 냉동 사이클로 운전되고 있다. 냉동능력이 12 RT일 때 저단 측 피스톤 토출량(m^3/h)은?(단, 저·고단 측의 체적효율은 모두 0.65이다.)

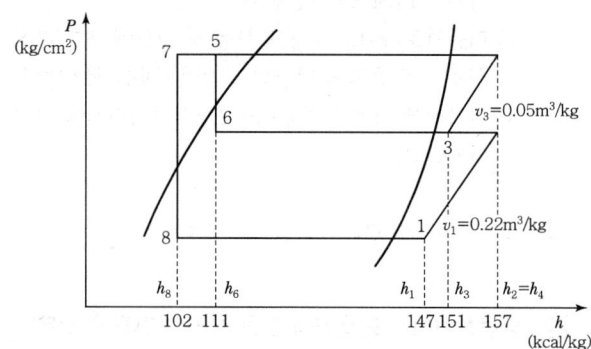

① 219.2   ② 249.2
③ 299.7   ④ 329.7

해설 $Q_e = G \times q_e = \dfrac{V \cdot \eta_v}{v_1} \times q_e$ 에서

압축기 토출량 $V = \dfrac{Q_e \cdot v_1}{\eta_v \cdot q_e}$

$\qquad = \dfrac{(12 \times 3,320) \times 0.22}{0.65 \times (147-102)}$

$\qquad = 299.65\text{m}^3/\text{h}$

※ $1\text{RT} = 3,320\text{kcal/h}$

32 흡수식 냉동장치에서의 흡수제 유동방향으로 틀린 것은?

① 흡수기 → 재생기 → 흡수기
② 흡수기 → 재생기 → 증발기 → 응축기 → 흡수기
③ 흡수기 → 용액열교환기 → 재생기 → 용액열교환기 → 흡수기
④ 흡수기 → 고온재생기 → 저온재생기 → 흡수기

해설 흡수식 냉동기(1RT = 6,640kcal/h)

※ 증발기 : 냉매만 사용된다.

33 증발온도는 일정하고 응축온도가 상승할 경우 나타나는 현상으로 틀린 것은?

① 냉동능력 증대
② 체적효율 저하
③ 압축비 증대
④ 토출가스 온도 상승

해설

34 냉각수 입구온도가 15℃이며 매분 40L로 순환되는 수랭식 응축기에서 시간당 18,000kcal의 열이 제거되고 있을 때 냉각수 출구온도(℃)는?

① 22.5　　　　② 23.5
③ 25　　　　④ 30

해설 $Q_c = m \cdot C \cdot \Delta t$
$= m \cdot C \cdot (t_2 - t_1)$

출구온도 $t_2 = t_1 + \dfrac{Q_c}{m \cdot C}$

$= 15 + \dfrac{18,000}{(40 \times 60) \times 1}$

$= 22.5℃$

35 냉장실의 냉동부하가 크게 되었다. 이때 냉동기의 고압 측 및 저압 측의 압력 변화는?

① 압력의 변화가 없음
② 저압 측 및 고압 측 압력이 모두 상승
③ 저압 측은 압력 상승, 고압 측은 압력 저하
④ 저압 측은 압력 저하, 고압 측은 압력 상승

해설 냉동부하 상승 시 나타나는 현상
㉠ 저압 측, 고압 측 압력상승현상 발생(증발압력, 응축압력)

36 제빙에 필요한 시간을 구하는 공식이 아래와 같다. 이 공식에서 a와 b가 의미하는 것은?

$$\tau = (0.53 - 0.6)\frac{a^2}{-b}$$

① a : 브라인 온도, b : 결빙 두께
② a : 결빙 두께, b : 브라인 유량
③ a : 결빙 두께, b : 브라인 온도
④ a : 브라인 유량, b : 결빙 두께

해설 제빙기(1RT = 1.65RT)
㉠ a : 결빙두께, b : 냉매 브라인 온도
㉡ 결빙시간$(h) = \dfrac{0.56 \times t^2}{-(t_b)}$
㉢ 결빙계수(0.53~0.60), t(결빙두께), t_b(브라인 온도)

37 브라인에 대한 설명으로 틀린 것은?

① 에틸렌글리콜은 무색, 무취이며 물로 희석하여 농도를 조절할 수 있다.
② 염화칼슘은 무취로서 주로 식품 동결에 쓰이며, 직접적 동결방법을 이용한다.
③ 염화마그네슘 브라인은 염화나트륨 브라인보다 동결점이 낮으며 부식성도 작다.
④ 브라인에 대한 부식 방지를 위해서는 밀폐 순환식을 채택하여 공기에 접촉하지 않게 해야 한다.

해설 무기질 브라인 냉매(2차 간접냉매)
㉠ 염화칼슘($CaCl_2$) 수용액은 간접식 냉매이다.
㉡ 용도는 제빙, 냉장, 공업용이다.
㉢ 냉매 공정점 : $-55℃$(사용온도 : $-40℃$)

38 다음 $P-i$ 선도와 같은 2단 압축 2단 팽창 사이클로 운전되는 NH_3 냉동장치에서 고단 측 냉매 순환량 (kg/h)은 얼마인가?(단, 냉동능력은 55,000kcal/h이다.)

$i_1=89.0$, $i_2=388$, $i_3=433$
$i_4=399$, $i_5=447$, $i_6=128$

① 210.8   ② 220.7
③ 233.5   ④ 242.9

해설 냉매 순환량

저단 측$(G) = \dfrac{Q_e}{p} = \dfrac{Q_1}{i_2 - i_1}$

$= \dfrac{55,000}{388 - 89.0}$

$= 183.95 \text{kg/h}$

고단 측 냉매 순환량(G_2)

$G_2 = G \times \dfrac{(i_3 - i_4) + (i_6 - i_1) + (i_4 - i_6)}{(i_4 - i_6)}$

$= 183.95 \times \dfrac{(433 - 399) + (128 - 89) + (399 - 128)}{(399 - 128)}$

$= 233.5 \text{kg/h}$

39 열전달에 관한 설명으로 옳은 것은?

① 열관류율의 단위는 kW/m · ℃이다.
② 열교환기에서 성능을 향상시키려면 병류형보다는 향류형으로 하는 것이 좋다.
③ 일반적으로 핀(Fin)은 열전달계수가 높은 쪽에 부착한다.
④ 물때 및 유막의 형성은 전열작용을 증가시킨다.

해설 ① 열관류율 단위 = W/m² · h
③ 핀은 열전달계수가 낮은 쪽에 부착한다.
④ 물때는 전열작용을 방해한다.

40 냉동능력 감소와 압축기 과열 등의 악영향을 미치는 냉동배관 내의 불응축가스를 제거하기 위해 설치하는 장치는?

① 액－가스 열교환기
② 여과기
③ 어큐뮬레이터
④ 가스 퍼저

해설 가스 퍼저기는 냉동기 불응축 가스 제거 작용을 한다.

SECTION 03 공기조화

41 각층 유닛방식에 대한 설명으로 틀린 것은?

① 외기용 공조기가 있는 경우에는 습도제어가 곤란하다.
② 장치가 세분화되므로 설비비가 많이 들며, 기기 관리가 불편하다.
③ 각층마다 부하 및 운전시간이 다른 경우에 적합하다.
④ 송풍덕트가 짧게 된다.

해설 각층 유닛(전공기 방식)
㉠ 층마다 2차 공기조화기를 설치한다(독립된 유닛).
㉡ 중앙기계실이 별도로 있고 냉수, 온수, 증기 등을 2차 유닛으로 보낸다.
㉢ 외기용 공조기(1차 공조기)가 설치되면 습도제어가 용이하다.

42 냉각탑(Cooling Tower)에 대한 설명으로 틀린 것은?

① 일반적으로 쿨링 어프로치는 5℃ 정도로 한다.
② 냉각탑은 응축기에서 냉각수가 얻은 열을 공기 중에 방출하는 장치이다.
③ 쿨링레인지란 냉각탑에서의 냉각수 입 · 출구 수온차이다.
④ 일반적으로 냉각탑으로의 보급수량은 순환수량의 15% 정도이다.

해설

㉠ 냉각탑에서 냉각수는 95% 회수가 가능하다.
㉡ 쿨링어프로치＝냉각수 출구수온－입구공기 습구온도
㉢ 쿨링레인지＝냉각수 입구수온－냉각수 출구수온

---

43 다음 중 직접난방법이 아닌 것은?

① 온풍난방   ② 고온수난방

③ 저압증기난방   ④ 복사난방

해설 온풍난방(간접난방)

연료의 연소열에 의하여 데워진 공기를 각 실로 보내어 난방
한다. 즉 공기가열기를 사용하여 송풍기로 덕트를 통해 각
실로 보낸다.

㉠ 흡입식 : 송풍기 흡입 측에 가열기 설치

㉡ 압입식 : 송풍기 흡출 측에 가열기 설치

　• 가열코일식(온수 덕트식)

　• 직접 연소식

---

44 습공기 선도상에서 ⓐ의 공기가 온도가 높은 다량의
물과 접촉하여 가열, 가습되고 ⓒ의 상태로 변화한
경우를 나타내는 것은?

①

②

③

④

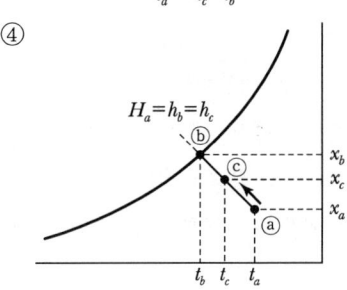

해설 ① 냉각가습

② 단열혼합

③ 가열가습

④ 단열가습

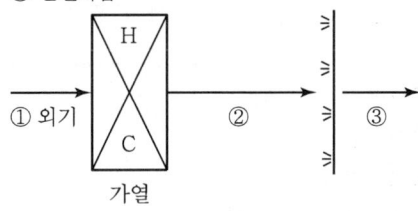

[가열, 가습]

---

45 화력발전설비에서 생산된 전력을 사용함과 동시에
전력이 생산되는 과정에서 발생되는 열을 난방 등에
이용하는 방식은?

① 히트펌프(Heat Pump) 방식

② 가스엔진 구동형 히트펌프 방식

③ 열병합발전(Co－generation) 방식

④ 지열방식

해설

---

46 각종 공조방식 중 개별방식에 관한 설명으로 틀린 것은?

① 개별제어가 가능하다.
② 외기냉방이 용이하다.
③ 국소적인 운전이 가능하여 에너지 절약적이다.
④ 대량생산이 가능하여, 설비비와 운전비가 저렴해 진다.

해설

※ 개별방식은 외기량이 부족하여 외기냉방이 곤란하다.

47 방열기에서 상당방열면적(EDR)은 아래의 식으로 나타낸다. 이 중 Q_o는 무엇을 뜻하는가?(단, 사용단위 Q는 W, Q_o는 W/m²이다.)

$$EDR(\text{m}^2) = \frac{Q}{Q_o}$$

① 증발량
② 응축수량
③ 방열기의 전방열량
④ 방열기의 표준방열량

해설

48 에어 필터의 종류 중 병원의 수술실, 반도체 공장의 청정구역(Clean Room) 등에 이용되는 고성능 에어 필터는?

① 백 필터   ② 롤 필터
③ HEPA 필터   ④ 전기 집진기

해설 HEPA(High Efficiency Perticulate Air) 필터는 고성능 필터로서 유닛형이며 사용처는 방사물질 취급처, 클린룸, 바이오 클린룸 등이다.

49 내부에 송풍기와 냉·온수 코일이 내장되어 있으며, 각 실내에 설치되어 기계실로부터 냉·온수를 공급받아 실내공기의 상태를 직접 조절하는 공조기는?

① 패키지형 공조기   ② 인덕션 유닛
③ 팬코일 유닛   ④ 에어핸들링 유닛

해설 팬코일 유닛(FCU 방식)
㉠ 내부에 송풍기 냉·온수 코일이 내장된다.
㉡ 기계실에서 냉·온수를 공급받아 실내공기의 상태를 직접 조절하는 공조기로 전수방식이다.

50 단면적 10m², 두께 2.5cm의 단열벽을 통하여 3kW의 열량이 내부로부터 외부로 전도된다. 내부표면온도가 415℃이고, 재료의 열전도율이 0.2W/m·K일 때, 외부표면온도는?

① 185℃   ② 218℃
③ 293℃   ④ 378℃

해설 $q = \dfrac{\lambda}{l} \cdot A(t_1 - t_2)$ 에서

외부표면온도 $t_2 = t_1 - \dfrac{q \cdot l}{\lambda \cdot A}$

$\qquad = 415 - \dfrac{(3 \times 10^3) \times (2.5 \times 10^{-2})}{0.2 \times 10}$

$\qquad = 377.5℃$

51 공기조화방식 중에서 전공기방식에 속하는 것은?

① 패키지유닛방식   ② 복사냉난방방식
③ 유인유닛방식   ④ 저온공조방식

해설 ①항 : 개별방식
②항 : 공기수방식
③항 : 공기수방식

52 송풍기의 법칙에서 회전속도가 일정하고, 직경이 d, 동력이 L인 송풍기를 직경 d_1으로 크게 했을 때 동력(L_1)을 나타내는 식은?

① $L_1 = (d/d_1)^5 L$ ② $L_1 = (d/d_1)^4 L$
③ $L_1 = (d_1/d)^4 L$ ④ $L_1 = (d_1/d)^5 L$

해설 회전속도 변화동력$(L_1) = \left(\dfrac{d_1}{d}\right)^5 \cdot L$

※ 동력은 송풍기 크기의 5제곱에 비례하여 변화한다.

53 덕트의 크기를 결정하는 방법이 아닌 것은?

① 등속법
② 등마찰법
③ 등중량법
④ 정압재취득법

해설 덕트의 치수 결정법
㉠ 등속법(풍속 일정)
㉡ 등마찰저항법(마찰저항 일정)
㉢ 정압재취득법(풍속 일정)

54 9m×6m×3m의 강의실에 10명의 학생이 있다. 1인당 CO_2 토출량이 15L/h이면, 실내 CO_2양을 0.1%로 유지시키는 데 필요한 환기량(m³/h)은? (단, 외기의 CO_2양은 0.04%로 한다.)

① 80
② 120
③ 180
④ 250

해설 환기량 $= \dfrac{CO_2 \text{ 발생량}}{\text{실내외 농도 차}} = \dfrac{M}{C_r - C_o}$

$= \dfrac{(15 \times 10) \times 10^{-3}}{\dfrac{0.1}{100} - \dfrac{0.04}{100}} = 250 \text{m}^3/\text{h}$

55 냉방부하 중 유리창을 통한 일사취득열량을 계산하기 위한 필요사항으로 가장 거리가 먼 것은?

① 창의 열관류율
② 창의 면적
③ 차폐계수
④ 일사의 세기

해설 유리창 일사취득량(현열량) 분류
㉠ 일사취득량$(I) = \boxed{}$ kcal/m²h
 (반사율＋투과량＋흡수량)
㉡ 창의 면적(m²)
㉢ 일사의 세기

56 냉수 코일의 설계에 관한 설명으로 틀린 것은?

① 공기와 물의 유동방향은 가능한 대향류가 되도록 한다.
② 코일의 열수는 일반 공기 냉각용에는 4~8열이 주로 사용된다.
③ 수온의 상승은 일반적으로 20℃ 정도로 한다.
④ 수속은 일반적으로 1m/s 정도로 한다.

해설 냉수코일 : 수온의 상승 변화는 일반적으로 5℃ 정도이다.

57 온풍난방의 특징에 관한 설명으로 틀린 것은?

① 송풍동력이 크며, 설계가 나쁘면 실내로 소음이 전달되기 쉽다.
② 실온과 함께 실내습도, 실내기류를 제어할 수 있다.
③ 실내 층고가 높을 경우에는 상하의 온도차가 크다.
④ 예열부하가 크므로 예열시간이 길다.

해설 온풍난방에서 공기의 비열은 0.24kcal/kg℃이므로 예열부하가 매우 적어서 예열시간이 짧다.

58 냉방부하의 종류 중 현열부하만 취득하는 것은?

① 태양복사열
② 인체에서의 발생열
③ 침입외기에 의한 취득열
④ 틈새바람에 의한 부하

해설 ㉠ 태양열 : 현열부하
㉡ 인체발생열, 침입외기, 틈새바람 : 현열＋잠열

59 건구온도 30℃, 절대습도 0.015kg/kg'인 습공기의 엔탈피(kJ/kg)는?(단, 건공기 정압비열 1.01kJ/kg · K, 수증기 정압비열 1.85kJ/kg · K, 0℃에서 포화수의 증발잠열은 2,500kJ/kg이다.)

① 68.63
② 91.12
③ 103.34
④ 150.54

해설 습공기 엔탈피(Δh) 변화
$\Delta h = 0.24 G_F(t_o - t_r) + 597.5 G_F(x_o - x_r)$
∴ $\Delta h = (30 \times 1.01) + (1.85 \times 30 \times 0.015)$
$+ (2,500 \times 0.015) = 68.63 \text{kJ/kg}$

60 연도를 통과하는 배기가스에 분무수를 접촉시켜 공해물질의 흡수, 융해, 응축작용에 의해 불순물을 제거하는 집진장치는 무엇인가?

① 세정식 집진기
② 사이클론 집진기
③ 공기 주입식 집진기
④ 전기 집진기

해설

SECTION 04 전기제어공학

61 최대눈금이 100V인 직류전압계가 있다. 이 전압계를 사용하여 150V의 전압을 측정하려면 배율기의 저항(Ω)은?(단, 전압계의 내부저항은 5,000Ω이다.)

① 1,000
② 2,500
③ 5,000
④ 10,000

해설 배율기

$\dfrac{V_m}{V} = 1 + \dfrac{R_m}{R}$ 에서

$\begin{aligned} 저항\ R_m &= R \times \left(\dfrac{V_m}{V} - 1 \right) \\ &= 5{,}000 \times \left(\dfrac{150}{100} - 1 \right) \\ &= 2{,}500\,\Omega \end{aligned}$

62 스위치를 닫거나 열기만 하는 제어동작은?

① 비례동작
② 미분동작
③ 적분동작
④ 2위치동작

해설 2위치동작(온–오프동작)
스위치를 닫거나 열기만 하는 2가지 동작(불연속동작)

---

63 정격 10kW의 3상 유도전동기가 기계손 200W, 전부하 슬립 4%로 운전될 때 2차 동손은 몇 W인가?

① 375
② 392
③ 409
④ 425

해설 2차 동손 $P_{c2} = s(P_2 + m + P_{c2})$

$P_{c2} - sP_{c2} = s(P_2 + m)$

$\begin{aligned} \therefore\ P_{c2} &= \dfrac{s(P_2 + m)}{1 - s} \\ &= \dfrac{0.04 \times (10 \times 10^3 + 200)}{1 - 0.04} \\ &= 425\text{W} \end{aligned}$

64 저항체에 전류가 흐르면 줄열이 발생하는데, 이때 전류 I와 전력 P의 관계는?

① $I = P$
② $I = P^{0.5}$
③ $I = P^{1.5}$
④ $I = P^2$

해설 Joule(줄)의 법칙
전류는 발열작용이 있다. 즉, 저항 Ω에 전류 I가 흐르면 열이 발생하는데 이 열을 줄열이라고 한다.

$P = VI = I^2 R$ 에서

$I = \sqrt{\dfrac{P}{R}} \propto P^{0.5}$

65 자동제어서 미리 정해 놓은 순서에 따라 제어의 각 단계가 순차적으로 진행되는 제어방식은?

① 서보 제어
② 되먹임제어
③ 시퀀스 제어
④ 프로세스 제어

해설 시퀀스 제어(정성적 제어)
미리 정해 놓은 순서에 따라 제어의 각 단계가 순차적으로 진행되는 제어(승강기, 커피자판기 등)

66 정전용량이 같은 2개의 콘덴서를 병렬로 연결했을 때의 합성 정전용량은 직렬로 했을 때의 합성 정전용량의 몇 배인가?

① 1/2
② 2
③ 4
④ 8

해설 콘덴서 병렬접속

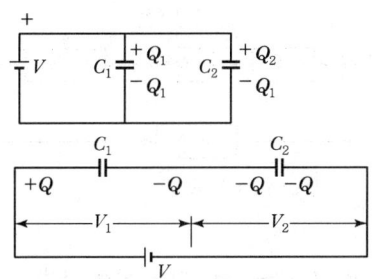

$\therefore$ 병렬 $C_P = 2C$, 직렬 $C_S = \dfrac{C}{2}$

$\therefore C_P = 2C_S = 2 \times 2 = 4$

67 3상 농형 유도전동기 기동방법이 아닌 것은?

① 2차 저항법   ② 전전압 기동법

③ 기동 보상기법   ④ 리액터 기동법

해설 3상 농형 유도전동기의 기동방법은 ②, ③, ④항 외에 $Y-\Delta$기동법이 있다.

68 어떤 회로에 정현파 전압을 가하니 90° 위상이 뒤진 전류가 흘렀다면 이 회로의 부하는?

① 저항   ② 용량성

③ 무부하   ④ 유도성

해설 ㉠ 90° 앞선 위상의 전류가 흐르는 회로 : 용량성 회로

㉡ 90° 뒤진 위상의 전류가 흐르는 회로 : 유도성

69 자동제어기기의 조작용 기기가 아닌 것은?

① 클러치   ② 전자밸브

③ 서보전동기   ④ 앰플리다인

해설 앰플리다인(Amplidyne) : 회전기의 증폭기

70 전동기의 회전방향을 알기 위한 법칙은?

① 렌츠의 법칙

② 암페어의 법칙

③ 플레밍의 왼손법칙

④ 플레밍의 오른손법칙

해설 전동기 회전법칙

회전방향 : 플레밍의 왼손법칙

71 그림과 같은 논리회로가 나타내는 식은?

① $X = AB + BA$ ② $X = (\overline{A + B})AB$

③ $X = \overline{AB}(A + B)$ ④ $X = AB + (A + B)$

해설 $X = \overline{AB}(A + B)$

72 온도, 유량, 압력 등의 상태량을 제어량으로 하는 제어계는?

① 서보기구   ② 정치제어

③ 샘플값 제어   ④ 프로세스 제어

해설 프로세스 제어

온도, 유량, 압력 등의 상태량을 제어량으로 하는 제어계

73 서보 전동기의 특징이 아닌 것은?

① 속응성이 높다.

② 전기자의 지름이 작다.

③ 시동, 정지 및 역전의 동작을 자주 반복한다.

④ 큰 회전력을 얻기 위해 축방향으로 전기자의 길이가 짧다.

해설 서보 전동기
　㉠ DC 서보 전동기(DC Servo Motor)
　㉡ AC 서보 전동기(AC Servo Motor)
　※ AC 서보 전동기 : 큰 회전력이 요구되지 않는 제어계에 사용되는 전동기(전달함수는 적분 요소와 1차 요소의 직렬결합으로 취급된다.)

74 발열체의 구비조건으로 틀린 것은?
　① 내열성이 클 것
　② 용융온도가 높을 것
　③ 산화온도가 낮을 것
　④ 고온에서 기계적 강도가 클 것

해설 발열체는 산화온도가 높아야 한다.

75 입력으로 단위계단함수 $u(t)$를 가했을 때, 출력이 그림과 같은 조절계의 기본동작은?

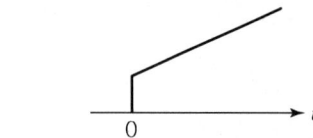

　① 비례 동작　　② 2위치 동작
　③ 비례 적분 동작　④ 비례 미분 동작

해설

76 피드백 제어계의 특징으로 옳은 것은?
　① 정확성이 감소된다.
　② 감대폭이 증가된다.
　③ 특성 변화에 대한 입력 대 출력비의 감도가 증대된다.
　④ 발진을 일으켜도 안정된 상태로 되어가는 경향이 있다.

해설 피드백 제어계 : 감대폭이 증가된다.

(Feed back 요소)

77 $i = I_{m1}\sin\omega t + I_{m2}\sin(2\omega t + \theta)$의 실횻값은?

　① $\dfrac{I_{m1} + I_{m2}}{2}$　　② $\sqrt{\dfrac{I_{m1}^2 + I_{m2}^2}{2}}$

　③ $\dfrac{\sqrt{I_{m1}^2 + I_{m2}^2}}{2}$　　④ $\sqrt{\dfrac{I_{m1} + I_{m2}}{2}}$

해설 실횻값은 순시값 제곱의 평균값의 평방근이므로
$i = I_{m1}\sin\omega t + I_{m2}\sin(2\omega t + \theta)$의 실횻값은
$\sqrt{\dfrac{I_{m1}^2 + I_{m2}^2}{2}}$ V

78 온도−전압의 변환장치는?
　① 열전대
　② 전자석
　③ 벨로우즈
　④ 광전다이오드

해설 열전대(제백효과)는 온도계로서 온도−전압의 변환장치

79 그림과 같은 피드백 회로에서 종합 전달함수는?

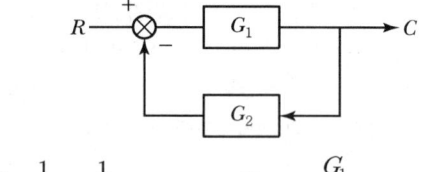

　① $\dfrac{1}{G_1} + \dfrac{1}{G_2}$　　② $\dfrac{G_1}{1 - G_1 \cdot G_2}$

　③ $\dfrac{G_1}{1 + G_1 \cdot G_2}$　　④ $\dfrac{G_1 \cdot G_2}{1 + G_2 \cdot G_2}$

해설 전달함수

모든 초깃값을 0으로 하였을 때 출력신호의 라플라스 변환과 입력신호의 라플라스 변환의 비(입력신호 $x(t)$, 출력신호 $y(t)$의 전달함수 $G(s)$는 $G(s) = \dfrac{\mathcal{L}[y(t)]}{\mathcal{L}[x(t)]} = \dfrac{y(s)}{x(s)}$ 가 된다.)

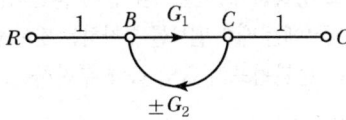

$(R - G_1 G_2)G = C$

$RG = C + C G_1 G_2$

$\therefore$ 종합전달함수 $= \dfrac{C}{R} = \dfrac{G_1}{1 - (- G_1 G_2)} = \dfrac{G_1}{1 + G_1 G_2}$

80 서보기구에서 제어량은?

① 유량   ② 전압

③ 위치   ④ 주파수

해설 서보기구 제어량

위치, 방위, 자세 등의 물체 변위를 제어량(출력)으로 하고 목푯값(입력)의 임의의 변화에 추종하도록 한 제어계

SECTION 05 배관일반

81 냉매 배관용 팽창밸브 종류로 가장 거리가 먼 것은?

① 수동형 팽창밸브   ② 정압 팽창밸브

③ 열동식 팽창밸브   ④ 팩리스 팽창밸브

해설 온도조절식 증기트랩

열동식 트랩(벨로스식), 바이메탈식 증기트랩

82 급수관에서 수평관을 상향구배 주어 시공하려고 할 때, 행거로 고정한 지점에서 구배를 자유롭게 조정할 수 있는 지지 금속은?

① 고정 인서트   ② 앵커

③ 롤러   ④ 턴버클

해설 턴버클

급수관의 수평관 상향구배를 시공할 때 행거로 고정한 지점에서 구배를 자유롭게 조정한다.

83 배관의 종류별 주요 접합방법이 아닌 것은?

① MR조인트 이음 – 스테인리스 강관

② 플레어 접합 이음 – 동관

③ TS식 이음 – PVC관

④ 콤포이음 – 연관

해설 콤포이음(Compo Joint)

칼라(Collar)이음이며 철근콘크리트로 만든 Collar와 특수 모르타르의 일종인 콤포로서 콘크리트관을 이음한다.

84 보온재 선정 시 고려해야 할 조건으로 틀린 것은?

① 부피 및 비중이 작아야 한다.

② 열전도율이 가능한 적어야 한다.

③ 물리적, 화학적 강도가 커야 한다.

④ 흡수성이 크고, 가공이 용이해야 한다.

해설 보온재는 흡수성 및 흡습성이 적어야 한다.

85 스테인리스 강관의 특징에 대한 설명으로 틀린 것은?

① 내식성이 우수하여 내경의 축소, 저항 증대 현상이 없다.

② 위생적이어서 적수, 백수, 청수의 염려가 없다.

③ 저온 충격성이 적고, 한랭지 배관이 가능하다.

④ 나사식, 용접식, 몰코식, 플랜지식 이음법이 있다.

해설 스테인리스(STS×TB) 보일러 열교환기용이나 STS강관은 저온의 충격성에 크고 한랭지 배관이 가능하며 동결에 대한 저항도 크다.

86 공조설비 구성장치 중 공기 분배(운반)장치에 해당하는 것은?

① 냉각코일 및 필터   ② 냉동기 및 보일러

③ 제습기 및 가습기   ④ 송풍기 및 덕트

해설 송풍기 · 덕트
공기조화설비에서 공기운반이나 분배장치이다.

87 냉동설비의 토출가스 배관 시공 시 압축기와 응축기가 동일 선상에 있는 경우 수평관의 구배는 어떻게 해야 하는가?

① 1/100의 올림 구배로 한다.
② 1/100의 내림 구배로 한다.
③ 1/50의 내림 구배로 한다.
④ 1/50의 올림 구배로 한다.

해설

88 급수배관 설계 및 시공상의 주의사항으로 틀린 것은?

① 수평배관에는 공기나 오물이 정체하지 않도록 한다.
② 주 배관에는 적당한 위치에 플랜지(유니언)를 달아 보수점검에 대비한다.
③ 수격작용이 우려되는 곳에는 진공브레이커를 설치한다.
④ 음료용 급수관과 다른 용도의 배관을 접속하지 않아야 한다.

해설 급수배관에서 수격작용(워터해머)이 우려되는 곳에는 에어챔버 등 정압브레이커를 설치한다.

89 급수관의 유속을 제한(1.5∼2m/s 이하)하는 이유로 가장 거리가 먼 것은?

① 유속이 빠르면 흐름방향이 변하는 개소의 원심력에 의한 부압(−)이 생겨 캐비테이션이 발생하기 때문에
② 관 지름을 작게 할 수 있어 재료비 및 시공비가 절약되기 때문에
③ 유속이 빠른 경우 배관의 마찰손실 및 관 내면의 침식이 커지기 때문에
④ 워터해머 발생 시 충격압에 의해 소음, 진동이 발생하기 때문에

해설 급수관의 유속을 제한하는 이유는 ①, ③, ④이며, 관지름을 작게 하려면 압력을 증가시킨다.

90 온수배관 시공 시 유의사항으로 틀린 것은?

① 일반적으로 팽창관에는 밸브를 달지 않는다.
② 배관의 최저부에는 배수 밸브를 부착하는 것이 좋다.
③ 공기밸브는 순환펌프의 흡입 측에 부착하는 것이 좋다.
④ 수평관은 팽창탱크를 향하여 올림구배가 되도록 한다.

해설 온수보일러 에어핀은 팽창탱크 상부나 상부배관에 설치한다.

91 관경 300mm, 배관길이 500m의 중압 가스수송관에서 A, B 점의 게이지 압력이 각각 3kgf/cm², 2kgf/cm²인 경우 가스유량(m³/h)은?(단, 가스비중은 0.64, 유량계수는 52.31로 한다.)

① 10,238
② 20,583
③ 38,317
④ 40,153

해설 가스유량$(Q) = k\sqrt{\dfrac{D^5(P_1^2 - P_2^2)}{S \cdot L}}$

$= 52.31 \times \sqrt{\dfrac{30^5((3+1)^2 - (2+1)^2)}{0.64 \times 500}}$

$= 38,138.35 \text{m}^3/\text{h}$

92 증기난방방식에서 응축수 환수방법에 따른 분류가 아닌 것은?

① 기계 환수식
② 응축 환수식
③ 진공 환수식
④ 중력 환수식

해설 증기난방 응축수 환수방법
㉠ 기계 환수식
㉡ 진공 환수식(대규모 난방용)
㉢ 중력 환수식

93 증기로 가열하는 간접가열식 급탕설비에서 저장탱크 주위에 설치하는 장치와 가장 거리가 먼 것은?

① 증기트랩장치
② 자동온도 조절장치
③ 개방형 팽창탱크
④ 안전장치와 온도계

해설 증기가열식 급탕설비 저장탱크 부속기구
㉠ 증기트랩
㉡ 자동온도 조절장치
㉢ 안전장치
㉣ 온도계
㉤ 가열코일

94 신축 이음쇠의 종류에 해당되지 않는 것은?

① 벨로스형   ② 플랜지형
③ 루프형   ④ 슬리브형

해설 플랜지형 : 강관, 동관의 이음(관의 분해 해체 조립 시 사용)

95 다음 방열기 표시에서 "5"의 의미는?

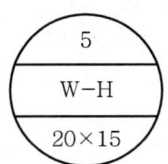

① 방열기의 섹션 수
② 방열기 사용 압력
③ 방열기의 종별과 형
④ 유입관의 관경

해설 ㉠ 5 : 섹션 수(쪽수)
㉡ W : 벽걸이
㉢ H : 수평형 방열기
㉣ 20×15 : 방열기 입출구 관경

96 도시가스배관 설치기준으로 틀린 것은?

① 배관은 지반의 동결에 의해 손상을 받지 않는 깊이로 한다.
② 배관 접합은 용접을 원칙으로 한다.

③ 가스계량기의 설치 높이는 바닥으로부터 1.6m 이상 2m 이내의 높이에 수직·수평으로 설치한다.
④ 폭 8m 이상의 도로에 관을 매설할 경우에는 매설 깊이를 지면으로부터 0.6m 이상으로 한다.

해설

97 난방 배관 시공을 위해 벽, 바닥 등에 관통 배관시공을 할 때, 슬리브(Sleeve)를 사용하는 이유로 가장 거리가 먼 것은?

① 열팽창에 따른 배관 신축에 적용하기 위해
② 이후 관 교체 시 편리하게 하기 위해
③ 고장 시 수리를 편리하게 하기 위해
④ 유체의 압력을 증가시키기 위해

해설

슬리브 설치 목적은 ①, ②, ③항이다.

98 도시가스 제조사업소의 부지경계에서 정압기지의 경계까지 이르는 배관을 무엇이라고 하는가?

① 본관   ② 내관
③ 공급관   ④ 사용관

해설

99 공조배관설비에서 수격작용의 방지책으로 틀린 것은?

① 관 내의 유속을 낮게 한다.
② 밸브는 펌프 흡입구 가까이 설치하고 제어한다.
③ 펌프에 플라이휠(Fly Wheel)을 설치한다.
④ 서지탱크를 설치한다.

해설

흡입구 　 펌프 　 토출구 배관라인에 밸브 설치

100 증기난방 배관시공에서 환수관에 수직 상향부가 필요할 때 리프트 피팅(Lift Fitting)을 써서 응축수가 위쪽으로 배출되게 하는 방식은?

① 단관 중력 환수식　② 복관 중력 환수식
③ 진공 환수식　　　④ 압력 환수식

해설 진공환수식 리프트피팅(Lift Fitting)

입상관은 환수관보다 1~2단계 작은 관 사용

1.5m 이내

1.5m 이내 (리프트 피팅 높이) (진공환수식 증기난방)

진공펌프에 연결

환수관

SECTION 01 　기계열역학

01 증기터빈 발전소에서 터빈 입구의 증기 엔탈피는 출구의 엔탈피보다 136kJ/kg 높고, 터빈에서의 열손실은 10kJ/kg이다. 증기속도가 터빈 입구에서 10m/s이고, 출구에서 110m/s일 때 이 터빈에서 발생시킬 수 있는 일은 약 몇 kJ/kg인가?

① 10
② 90
③ 120
④ 140

> **해설**

[1854 랭킨사이클]

정상류 일반에너지식

$$u_1 + P_1 v_1 + \frac{v_1^2}{2} + gz_1 + q = u_2 + P_2 v_2 + \frac{v_2^2}{2} + gz_2 + w_t$$

$u + Pv = h$이고, $z_1 = z_2$이므로

$$\therefore h_1 + \frac{v_1^2}{2} + q = h_2 + \frac{v_2^2}{2} + w_t$$

터빈일 $w_t = (h_1 - h_2) + \frac{1}{2}(v_1^2 - v_2^2) + q$

$$= 136 + \frac{1}{2} \times (10^2 - 110^2) \times 10^{-3} + (-10)$$

$$= 120 \text{kJ/kg}$$

02 압력 2MPa, 온도 300℃의 수증기가 20m/s 속도로 증기터빈으로 들어간다. 터빈 출구에서 수증기 압력이 100kPa, 속도는 100m/s이다. 가역 단열과정으로 가정 시, 터빈을 통과하는 수증기 1kg당 출력일은 약 몇 kJ/kg인가?(단, 수증기표로부터 2MPa, 300℃에서 비엔탈피는 3023.5kJ/kg, 비엔트로피는

6.7663kJ/kg · K이고, 출구에서의 비엔탈피 및 비엔트로피는 아래 표와 같다.)

출구	포화액	포화증기
비엔트로피(kJ/kg · K)	1.3025	7.3593
비엔탈피(kJ/kg)	417.44	2675.46

① 1534
② 564.3
③ 153.4
④ 764.5

> **해설** $Q_1 = \left(\frac{100}{91.48}\right)^2 \times 4.186 = 5\text{kJ}$
>
> $Q_2 = 3023.5 - 2675.46 = 348\text{kJ}$
>
> $Q_3 = (1.3025 \times 300) - \{(7.3593 - 6.7663) \times 300\}$
>
> $\quad = 212\text{kJ}$
>
> $\therefore$ 출력일 $= 5 + 348 + 212 = 565\text{kJ/kg}$

03 그림과 같이 온도(T)-엔트로피(S)로 표시된 이상적인 랭킨 사이클에서 각 상태의 엔탈피(h)가 다음과 같다면, 이 사이클의 효율은 약 몇 %인가?(단, h_1=30kJ/kg, h_2=31kJ/kg, h_3=274kJ/kg, h_4=668 kJ/kg, h_5=764kJ/kg, h_6=478kJ/kg 이다.)

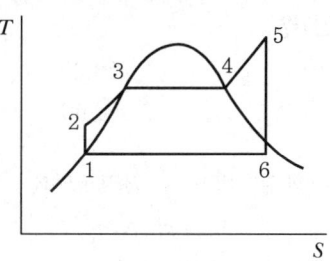

① 39
② 42
③ 53
④ 58

해설 랭킨 사이클 열효율 $\eta = \dfrac{(h_5 - h_6) - (h_2 - h_1)}{h_5 - h_2}$

$= \dfrac{(764 - 478) - (31 - 30)}{764 - 30}$

$= 0.389 (39\%)$

04 어떤 기체가 5kJ의 열을 받고 0.18kN·m의 일을 외부로 하였다. 이때의 내부에너지의 변화량은?

① 3.24kJ   ② 4.82kJ

③ 5.18kJ   ④ 6.14kJ

해설 내부에너지 변화량 = 받은 열 − 외부일

$= 5 - 0.18 = 4.82kJ$

05 단위질량의 이상기체가 정적과정 하에서 온도가 T_1에서 T_2로 변하였고, 압력도 P_1에서 P_2로 변하였다면, 엔트로피 변화량 ΔS은?(단, C_v와 C_p는 각각 정적비열과 정압비열이다.)

① $\Delta S = C_v \ln \dfrac{P_1}{P_2}$ ② $\Delta S = C_p \ln \dfrac{P_2}{P_1}$

③ $\Delta S = C_v \ln \dfrac{T_2}{T_1}$ ④ $\Delta S = C_p \ln \dfrac{T_1}{T_2}$

해설 정적과정 엔트로피 변화량(ΔS)

$\Delta S = S_2 - S_1 = C_v \ln \dfrac{T_2}{T_1} = C_v \ln \dfrac{P_2}{P_1}$

06 초기 압력 100kPa, 초기 체적 0.1m³인 기체를 버너로 가열하여 기체 체적이 정압과정으로 0.5m³이 되었다면 이 과정 동안 시스템이 외부에 한 일은 약 몇 kJ인가?

① 10   ② 20

③ 30   ④ 40

해설 정압변화 일$(_1W_2) = \displaystyle\int_1^2 PdV = P(V_2 - V_1)$

$= R(T_2 - T_1)$

$\therefore 100 \times (0.5 - 0.1) = 40kJ$

07 엔트로피(s) 변화 등과 같은 직접 측정할 수 없는 양들을 압력(P), 비체적(v), 온도(T)와 같은 측정 가능한 상태량으로 나타내는 Maxwell 관계식과 관련하여 다음 중 틀린 것은?

① $\left(\dfrac{\partial T}{\partial P} \right)_s = \left(\dfrac{\partial v}{\partial s} \right)_P$

② $\left(\dfrac{\partial T}{\partial v} \right)_s = -\left(\dfrac{\partial P}{\partial s} \right)_v$

③ $\left(\dfrac{\partial v}{\partial T} \right)_P = -\left(\dfrac{\partial s}{\partial P} \right)_T$

④ $\left(\dfrac{\partial P}{\partial v} \right)_T = \left(\dfrac{\partial s}{\partial T} \right)_v$

해설 Maxwell 관계식은 ① ② ③항 및 $\left(\dfrac{\partial T}{\partial S} \right)_s = -\left(\dfrac{\partial V}{\partial S} \right)_V$ 이다.

08 대기압이 100kPa일 때, 계기 압력이 5.23MPa인 증기의 절대압력은 약 및 MPa인가?

① 3.02   ② 4.12

③ 5.33   ④ 6.43

해설 대기압(1atm) = 102kPa = 102,000Pa, 1kPa = 1,000Pa

5.23MPa × 10^6 = 5,230,000Pa

절대압력 = 대기압 + 계기압 $= \dfrac{100 \times 10^3}{1,000,000} + 5.23$

$= 5.33MPa$

09 열역학적 변화와 관련하여 다음 설명 중 옳지 않은 것은?

① 단위 질량당 물질의 온도를 1℃ 올리는 데 필요한 열량을 비열이라 한다.

② 정압과정으로 시스템에 전달된 열량은 엔트로피 변화량과 같다.

③ 내부 에너지는 시스템의 질량에 비례하므로 종량적(Extensive) 상태량이다.

④ 어떤 고체가 액체로 변화할 때 융해(Melting)라고 하고, 어떤 고체가 기체로 바로 변화할 때 승화(Sublimation)라고 한다.

382

해설 정압변화(등압변화)

시스템에 가열한 가열량은 모두 엔탈피 변화량과 같다.

$$dh = C_p dT$$
$$\Delta h = h_2 - h_1 = C_p(T_2 - T_1) = {}_1q_2(dh - Avdp)$$

---

10 공기압축기에서 입구 공기의 온도와 압력은 각각 27℃, 100kPa이고, 체적유량은 0.01m^3/s이다. 출구에서 압력이 400kPa이고, 이 압축기의 등엔트로피 효율이 0.8일 때, 압축기의 소요 동력은 약 몇 kW인가?(단, 공기의 정압비열과 기체상수는 각각 $1\text{kJ/kg} \cdot \text{K}$, $0.287\text{kJ/kg} \cdot \text{K}$이고, 비열비는 1.4이다.)

① 0.9   ② 1.7
③ 2.1   ④ 3.8

해설 압축기 일량

$$W = \frac{K}{K-1}P_1V_1\left[\left(\frac{P_2}{P_1}\right)^{\frac{K-1}{K}} - 1\right]$$
$$= \frac{1.4}{1.4-1} \times 100 \times 10^3 \times 0.01\left[\left(\frac{400}{100}\right)^{\frac{1.4-1}{1.4}} - 1\right]$$
$$= 1,700\text{J/s}$$

압축기 소요동력 $= \dfrac{1,700}{4.186 \times 0.8}$
$$= 0.5076\text{kcal/s}(507.6\text{J/s})$$

$\therefore \dfrac{0.5076}{0.2388} = 2.1\text{kW}$

※ $1\text{kWh} = 3,600\text{kJ}(860\text{kcal})$

$\dfrac{860\text{kcal}}{3,600\text{s}} = 0.2388\text{kcal/s}$

---

11 다음 중 강성적(강도성, Intensive) 상태량이 아닌 것은?

① 압력   ② 온도
③ 엔탈피   ④ 비체적

해설 ㉠ 강도성 : 온도, 밀도, 압력, 비체적
㉡ 종량성 : 내부에너지, 엔탈피, 엔트로피, 체적 등

---

12 이상기체가 정압과정으로 dT만큼 온도가 변하였을 때 1kg당 변화된 열량 Q는?(단, C_v는 정적비열, C_p는 정압비열, k는 비열비를 나타낸다.)

① $Q = C_v dT$ ② $Q = k^2 C_v dT$
③ $Q = C_p dT$ ④ $Q = k C_p dT$

해설 정압과정으로 변화된 열량 $Q = C_p dT$

---

13 랭킨 사이클에서 25℃, 0.01MPa 압력의 물 1kg을 5MPa 압력의 보일러로 공급한다. 이때 펌프가 가역 단열과정으로 작용한다고 가정할 경우 펌프가 한 일은 약 몇 kJ인가?(단, 물의 비체적은 0.001m^3/kg이다.)

① 2.58   ② 4.99
③ 20.10   ④ 40.20

해설 펌프가 한 공업일

$$w_p = -\int_1^2 vdP = v(P_1 - P_2)$$
$$= 0.001 \times (0.01 - 5) \times 10^3$$
$$= -4.99\text{kJ/kg}$$

$\therefore$ 압축일 4.99kJ/kg

---

14 520K의 고온 열원으로부터 18.4kJ 열량을 받고 273K의 저온 열원에 13kJ의 열량 방출하는 열기관에 대하여 옳은 설명은?

① Clausius 적분값은 −0.0122kJ/K이고, 가역과정이다.
② Clausius 적분값은 −0.0122kJ/K이고, 비가역과정이다.
③ Clausius 적분값은 +0.0122kJ/K이고, 가역과정이다.
④ Clausius 적분값은 +0.0122kJ/h이고, 비가역과정이다.

해설 클라우스 적분값

㉠ 가역 : $\oint \dfrac{\delta Q}{T} = 0$ ㉡ 비가역 : $\oint \dfrac{\delta Q}{T} < 0$

$\left(\dfrac{18.4}{520} - \dfrac{13}{273}\right) = -0.0122\text{ kJ/K (비가역)}$

---

15 이상적인 오토 사이클에서 단열압축되기 전 공기가 101.3kPa, 21℃이며, 압축비 7로 운전할 때 이 사이클의 효율은 약 몇 %인가?(단, 공기의 비열비는 1.4이다.)

① 62%   ② 54%
③ 46%   ④ 42%

해설
$$\eta_0 = 1 - \left(\frac{v_2}{v_1}\right)^{K-1} = 1 - \left(\frac{1}{\varepsilon}\right)^{K-1}$$
$$= 1 - \left(\frac{1}{7}\right)^{1.4-1} = 0.54(54\%)$$

16 이상적인 복합 사이클(사바테 사이클)에서 압축비는 16, 최고압력비(압력상승비)는 2.3, 체절비는 1.6이고, 공기의 비열비는 1.4일 때 이 사이클의 효율은 약 몇 %인가?

① 55.52   ② 58.41
③ 61.54   ④ 64.88

해설 사바테 사이클 열효율
$$(\eta_s) = 1 - \left(\frac{1}{\varepsilon}\right)^{k-1} \times \frac{\rho\sigma^{k-1}}{(\rho-1) + k\rho(\sigma-1)}$$
여기서, σ : 단절비, 체절비
ρ : 폭발비, 압력상승비
$$\therefore 1 - \left(\frac{1}{16}\right)^{1.4-1} \times \frac{2.3 \times 1.6^{1.4-1}}{(2.3-1) + 1.4 \times 2.3(1.6-1)}$$
$$= 0.6488(= 64.88\%)$$

17 이상기체 공기가 안지름 0.1m인 관을 통하여 0.2 m/s로 흐르고 있다. 공기의 온도는 20℃, 압력은 100kPa, 기체상수는 0.287kJ/kg · K라면 질량유량은 약 몇 kg/s인가?

① 0.0019   ② 0.0099
③ 0.0119   ④ 0.0199

해설 질량 $m = \rho Q = \rho \cdot Av$
$Pv = RT_1$ 에서 $\frac{1}{v} = \frac{P}{RT}$
밀도 $\rho = \frac{100}{0.287 \times (20+273)} = 1.189\text{kg/m}^3$
$$\therefore \text{질량 } m = \rho AV = 1.189 \times \frac{T_1 \times 0.1^2}{4} \times 0.2 = 0.0019\text{kg/s}$$

18 저온실로부터 46.4kW의 열을 흡수할 때 10kW의 동력을 필요로 하는 냉동기가 있다면, 이 냉동기의 성능계수는?

① 4.64   ② 5.65
③ 7.49   ④ 8.82

해설 성능계수(COP) $= \dfrac{\text{저온증발기 열량}}{\text{압축기일의 열당량}}$
$$\therefore COP = \frac{Q_e}{AW} = \frac{46.4}{10} = 4.64$$

19 온도가 각기 다른 액체 A(50℃), B(25℃), C(10℃)가 있다. A와 B를 동일 질량으로 혼합하면 40℃로 되고, A와 C를 동일 질량으로 혼합하면 30℃로 된다. B와 C를 동일 질량으로 혼합할 때는 몇 ℃로 되겠는가?

① 16.0℃   ② 18.4℃
③ 20.0℃   ④ 22.5℃

해설 • A와 B를 동일질량으로 혼합 시
$$GC_A(50-40) = GC_B(40-25)$$
$$C_B = \frac{50-40}{40-25}C_A = \frac{1}{1.5}C_A$$
• A와 C를 동일질량으로 혼합 시
$$GC_A(50-30) = GC_C(30-10)$$
$$C_C = \frac{50-30}{30-10}C_A = C_A$$
$$\therefore \frac{C_C}{C_B} = 1.5$$
• B와 C를 동일질량으로 혼합 시
$$GC_B(25-t) = GC_C(t-10)$$
$$\frac{(25-t)}{(t-10)} = \frac{C_C}{C_B} = 1.5$$
$$1.5(t-10) = (25-t)$$
$$\therefore t = \frac{40}{2.5} = 16℃$$

20 다음 4가지 경우에서 ( ) 안의 물질이 보유한 엔트로피가 증가한 경우는?

ⓐ 컵에 있는 (물)이 증발하였다.
ⓑ 목욕탕의 (수증기)가 차가운 타일 벽에서 물로 응결되었다.
ⓒ 실린더 안의 (공기)가 가역 단일적으로 팽창되었다.
ⓓ 뜨거운 (커피)가 식어서 주위 온도와 같게 되었다.

① ⓐ   ② ⓑ

③ ⓒ   ④ ⓓ

해설 엔트로피(Entropy) 표현

㉠ 엔트로피$(\Delta S) = \dfrac{\delta Q}{T} = \dfrac{GCdT}{T}$(kcal/K)

㉡ 비엔트로피$(\Delta S) = \dfrac{\delta q}{T} = \dfrac{CdT}{T}$(kcal/kg · K)(비가역사
이클에서는 엔트로피가 항상 증가한다.)

- 물의 증발$(\Delta S) = \dfrac{539}{100+273}$
  $= 1.445$kcal/kg · K(증가)
- 물의 응결$(\Delta S) = \dfrac{-539}{100+273}$
  $= -1.445$kcal/kg · K(감소)

※ 539kcal/kg = 2,256kJ/kg = 물의 증발잠열

SECTION 02 냉동공학

21 축열시스템 중 빙축열 방식이 수축열 방식에 비해 유
리하다고 할 수 없는 것은?

① 축열조를 소형화할 수 있다.

② 낮은 온도를 이용할 수 있다.

③ 난방 시의 축열대응에 적합하다.

④ 축열조의 설치장소가 자유롭다.

해설 축열시스템에서 난방 시는 수축열 방식이 유리하고 냉방 시
는 빙축열방식이 유리하다.

22 유량이 1,800kg/h인 30℃ 물을 −10℃의 얼음으로
만드는 능력을 가진 냉동장치의 압축기 소요동력은
약 얼마인가?(단, 응축기의 냉각수 입구온도 30℃,
냉각수 출구온도 35℃, 냉각수 수량 50m³/h이고,
얼음의 비열 0.5, 물의 비열은 1이다. 그리고 열손실
은 무시하는 것으로 한다.)

① 30kW   ② 40kW

③ 50kW   ④ 60kW

해설 $Q_1 = G \cdot C \cdot \Delta t = 1,800 \times 1 \times (30-0)$
$= 54,000$kcal/h

$Q_2 = G \cdot \gamma = 1,800 \times 79.68 = 143,424$kcal/h

$Q_3 = G \cdot C \cdot \Delta t = 1,800 \times 0.5 \times (0-(-10))$
$= 9,000$kcal/h

∴ 증발기 열량 $Q_e = Q_1 + Q_2 + Q_3$
$= 206,424$kcal/h

응축기 응축열량 $Q_c = G \cdot C \cdot \Delta t$
$= (50 \times 1,000) \times 1 \times (35-30)$
$= 250,000$kcal/h

이때, 압축기 소요동력 $AW = Q_c - Q_e$

∴ $AW = \dfrac{250,000 - 206,424}{860}$
$= 50.7$kW

23 냉매의 구비조건에 대한 설명으로 틀린 것은?

① 동일한 냉동능력에 대하여 냉매가스의 용적이 적
을 것

② 저온에 있어서도 대기압 이상의 압력에서 증발하
고 비교적 저압에서 액화할 것

③ 점도가 크고 열전도율이 좋은 것

④ 증발열이 크며 액체의 비열이 작을 것

해설 냉매는 점도가 작고 전열이 양호하며 표면장력이 작아야 한
다(점도가 크면 동력소비 증가).

24 냉매에 관한 설명으로 옳은 것은?

① 암모니아 냉매가스가 누설된 경우 비중이 공기보
다 무거워 바닥에 정체한다.

② 암모니아의 증발잠열은 프레온계 냉매보다 작다.

③ 암모니아는 프레온계 냉매에 비하여 동일 운전 압
력조건에서는 토출가스 온도가 높다.

④ 프레온계 냉매는 화학적으로 안정한 냉매이므로
장치 내에 수분이 혼입되어도 운전상 지장이 없다.

해설 ㉠ 암모니아 비중(17/29 = 0.59), 프레온계보다 비중이 작다.
㉡ 증발잠열은 암모니아가 프레온 냉매보다 크다.
㉢ 프레온 냉매는 화학적으로 안정하지 못하다(프레온 냉매
는 수분혼입을 예방하여야 한다).

25 흡수식 냉동기에서 냉매의 순환경로는?

① 흡수기 → 증발기 → 재생기 → 열교환기
② 증발기 → 흡수기 → 열교환기 → 재생기
③ 증발기 → 재생기 → 흡수기 → 열교환기
④ 증발기 → 연교환기 → 재생기 → 흡수기

해설 흡수식 냉동기 사이클
증발기 → 흡수기 → 열교환기 → 재생기 → 응축기
(②항이 흡수식에 근접한다.)

26 고온가스 제상(Hot Gas Defrost)방식에 대한 설명으로 틀린 것은?

① 압축기의 고온 · 고압가스를 이용한다.
② 소형 냉동장치에 사용하면 언제라도 정상운전을 할 수 있다.
③ 비교적 설비하기가 용이하다.
④ 제상 소요시간이 비교적 짧다.

해설 핫가스 제상(고온가스＝고압가스 제상)은 대형 냉동장치에 유리하고 제상(서리 제거)은 사용 시에만 가능하다.

27 다음의 장치는 액-가스 열교환기가 설치되어 있는 1단 증기압축식 냉동장치를 나타낸 것이다. 이 냉동장치의 운전 시에 아래와 같은 현상이 발생하였다. 이 현상에 대한 원인으로 옳은 것은?

액-가스 열교환기에서 응축기 출구 냉매액과 증발기 출구 냉매증기가 서로 열교환할 때, 이 열교환기 내에서 증발기 출구 냉매 온도변화($T_1 - T_6$)는 18℃이고, 응축기 출구 냉매액의 온도 변화($T_3 - T_4$)는 1℃이다.

① 증발기 출구(점 6)의 냉매상태는 습증기이다.
② 응축기 출구(점 3)의 냉매상태는 불응축상태이다.
③ 응축기 내에 불응축가스가 혼입되어 있다.
④ 액-가스 열교환기의 열손실이 상당히 많다.

해설 열교환기(프레온 냉동기, 만액식 냉동기에 사용)
㉠ 흡입가스를 가열시켜 액해머 방지
㉡ 고압 액냉매를 과냉시켜 플래시가스량 억제
㉢ 성적계수 향상 RT당 소요동력 감소
㉣ 액가스형 열교환기가 많이 사용된다.

※ 열교환기를 벗어난 응축온도 변화가 1℃ 정도라면 냉매가 고온의 기체에서 응축되지 않았다는 근거이다.

28 냉동장치의 냉매량이 부족할 때 일어나는 현상으로 옳은 것은?

① 흡입압력이 낮아진다.
② 토출압력이 높아진다.
③ 냉동능력이 증가한다.
④ 흡입압력이 높아진다.

해설 냉매량이 부족하면 흡입압력이 낮아진다.

29 증기압축식 냉동 사이클에서 증발온도를 일정하게 유지하고 응축온도를 상승시킬 경우에 나타나는 현상으로 틀린 것은?

① 성적계수 감소
② 토출가스 온도 상승
③ 소요동력 증대
④ 플래시가스 발생량 감소

해설

30 냉매액 강제순환식 증기에 대한 설명으로 틀린 것은?

① 냉매액이 충분한 속도로 순환되므로 타 증발기에 비해 전열이 좋다.

② 일반적으로 설비가 복잡하며 대용량의 저온냉장실이나 급속동결장치에 사용한다.

③ 강제순환식이므로 증발기에 오일이 고일 염려가 적고 배관 저항에 의한 압력강하도 작다.

④ 냉매액에 의한 리퀴드백(Liquid Back)의 발생이 적으며 저압 수액기와 액펌프의 위치에 제한이 없다.

해설 액순환식 증발기(강제순환식 증발기)

(1.2m 높이에 저압수액기 설치)

강제순환식은 리퀴드 백(Liquid Back)은 방지되나 수액기와 액펌프의 설치 시 위치의 제한이 따른다.

---

31 그림과 같은 사이클을 난방용 히트펌프로 사용한다면 이론 성적계수를 구하는 식은 다음 중 어느 것인가?

[압력 - 엔탈피 선도]

① $COP = \dfrac{h_2 - h_1}{h_3 - h_2}$

② $COP = 1 + \dfrac{h_3 - h_1}{h_3 + h_2}$

③ $COP = \dfrac{h_2 + h_1}{h_3 + h_2}$

④ $COP = 1 + \dfrac{h_2 - h_1}{h_3 - h_2}$

해설 ㉠ 냉동기 성적계수 $COP = \dfrac{h_2 - h_1}{h_3 - h_2}$

㉡ 히트펌프 성적계수 $COP = \dfrac{h_3 - h_1}{h_3 - h_2}$

$= \dfrac{(h_3 - h_2) - (h_2 - h_1)}{(h_3 - h_2)}$

$= 1 + \dfrac{h_2 - h_1}{h_3 - h_2}$

히트펌프 성적계수가 냉동기 성적계수보다 항상 1이 크다.

---

32 암모니아 냉매의 누설검지 방법으로 적절하지 않은 것은?

① 냄새로 알 수 있다.

② 리트머스 시험지를 사용한다.

③ 페놀프탈레인 시험지를 사용한다.

④ 할로겐 누설검지기를 사용한다.

해설 암모니아 냉매가스 누설검지 방법은 ①, ②, ③항이다.

㉠ 리트머스 시험지 : 청색 변화(누설)

㉡ 페놀프탈레인지 : 홍색 변화(누설)

㉢ 유황초 : 흰 연기 발생(누설)

---

33 다음 조건을 이용하여 응축기 설계 시 1RT(3,320 kcal/h)당 응축면적은?(단, 온도차는 산술평균온도차를 적용한다.)

- 방열계수 : 1.3
- 응축온도 : 35℃
- 냉각수 입구온도 : 28℃
- 냉각수 출구온도 : 32℃
- 열통과율 : 900kcal/m²h℃

① 1.25m²

② 0.96m²

③ 0.62m²

④ 0.45m²

해설 방열계수$= \dfrac{\text{응축기열량}}{\text{증발기열량}} = \dfrac{Q_c}{Q_e} = 1.3$

산술평균온도차 $\Delta t_m = 35 - \left(\dfrac{28 + 32}{2}\right) = 5℃$

$Q_c = K \cdot A \cdot \Delta t_m = 1.3 Q_e$ 에서

응축면적 $A = \dfrac{1.3 Q_e}{K \cdot \Delta t_m} = \dfrac{1.3 \times 3,320}{900 \times 5} = 0.96\text{m}^2$

---

34 다음 중 빙축열시스템의 분류에 대한 조합으로 적당하지 않은 것은?

① 정적 제빙형 – 관 내 착빙형
② 정적 제빙형 – 캡슐형
③ 동적 제빙형 – 관 외 착빙형
④ 동적 제빙형 – 과냉각 아이스형

해설 ㉠ 동적 제빙형 빙축열 : 얼음을 간헐적, 연속적으로 제빙형 열교환기로부터 분리시키거나 연속적으로 제빙시키는 방식
㉡ 관 외 착빙형 : 축열조 내에 동관 또는 폴리에틸렌관 코일을 설치하는 제빙형

35 산업용 식품동결 방법은 열을 빼앗는 방식에 따라 분류가 가능하다. 다음 중 위의 분류방식에 따른 식품동결 방법이 아닌 것은?

① 진공동결   ② 분사동결
③ 접촉동결   ④ 담금동결

해설 진공동결(진공도 4.58mmHg)
㉠ 원료에서 열이 아닌 수분을 증발시키는 동결이다.
㉡ 연속동작은 불가하나 좋은 품질을 얻을 수 있다.

36 2단 압축 1단 팽창 냉동시스템에서 게이지 압력계로 증발압력이 100kPa, 응축압력이 1,100kPa일 때, 중간냉각기의 절대압력은 약 얼마인가?

① 331kPa   ② 491kPa
③ 732kPa   ④ 1,010kPa

해설 절대압력 = 게이지압력 + 대기압력
대기압력 = 102kPa
$(100+102)=202$kPa, $1,100+102=1,202$kPa
$\therefore P_2$(중간냉각기 절대압력)
$= \sqrt{P_1 \times P_3}$
$= \sqrt{(100+101.3) \times (1,100+101.3)}$
$= \sqrt{202 \times 1,202}$
$= 491$kPa

37 방열벽 면적 1,000m², 방열벽 열통과율 0.232W/m²℃인 냉장실에 열통과율 29.03W/m²℃, 전달면적 20m²인 증발기가 설치되어 있다. 이 냉장실에 열전달률 5.805W/m²℃, 전열면적 500m², 온도 5℃인 식품을 보관한다면 실내온도는 몇 ℃로 변화되는가?(단, 증발온도는 −10℃로 하며, 외기온도는 30℃로 한다.)

① 3.7℃   ② 4.2℃
③ 5.8℃   ④ 6.2℃

해설

$Q_1 = 1,000 \times 0.232 \times (30-5) = 5,800$W/m²
$Q_2 = 500 \times 5.805 \times (30-5) = 7,256.25$W/m²
$\therefore t = 5 - \left(\dfrac{5,800}{7,256.25} \right) = 4.2$℃

열통과율(0.232, 29.03)
냉장실 열전달률 5.805W/m²℃

38 다음 중 자연냉동법이 아닌 것은?

① 융해열을 이용하는 방법
② 승화열을 이용하는 방법
③ 기한제를 이용하는 방법
④ 증기분사를 하여 냉동하는 방법

해설 증기분사식 냉동기(증발기, 이젝터, 복수기, 펌프)는 이젝터의 노즐에서 분사되는 증기흡입작용에 의해 증발기 내가 진공으로 유지되는 기계적인 냉동법이다.

39 다음 중 암모니아 냉동시스템에 사용되는 팽창장치로 적절하지 않은 것은?

① 수동식 팽창밸브
② 모세관식 팽창장치
③ 저압 플로트 팽창밸브
④ 고압 플로트 팽창밸브

해설 모세관 팽창밸브 용도(전기냉장고, 룸에어컨, 쇼케이스 등)
ⓐ 프레온 냉동장치용이다.
ⓑ 소형에 사용된다.
ⓒ 교축 정도가 일정하여 증발부하 변동에 따라서 유량조절
이 불가능하다.

40 착상이 냉동장치에 미치는 영향으로 가장 거리가 먼 것은?

① 냉장실 내 온도가 상승한다.
② 증발온도 및 증발압력이 저하한다.
③ 냉동능력당 전력소비량이 감소한다.
④ 냉동능력당 소요동력이 증대한다.

해설 착상(서리)이 증발기에 부착하면 열교환이 불가하여 냉동능력당 소요동력이 증가한다.

SECTION **03** 공기조화

41 온도가 30℃이고, 절대습도가 0.02kg/kg′인 실외 공기와 온도가 20℃, 절대습도가 0.01kg/kg′인 실내 공기를 1 : 2의 비율로 혼합하였다. 혼합된 공기의 건구온도와 절대습도는?

① 23.3℃, 0.013kg/kg′
② 26.6℃, 0.025kg/kg′
③ 26.6℃, 0.013kg/kg′
④ 23.3℃, 0.025kg/kg′

해설 열평형식 $m_1 C_p t_1 + m_2 C_p t_2 = m_3 C_p t_3$에서

$$t_3 = \frac{m_1 t_1 + m_2 t_2}{m_3}$$

$$= \frac{1 \times 30 + 2 \times 20}{1 + 2} = 23.3℃$$

물질평형식 $m_1 x_1 + m_2 x_2 = m_3 x_3$에서

$$x_3 = \frac{m_1 x_1 + m_2 x_2}{m_3}$$

$$= \frac{1 \times 0.02 + 2 \times 0.01}{1 + 2}$$

$$= 0.013 \text{kg/kg}′$$

42 냉수코일 설계 시 유의사항으로 옳은 것은?

① 대향류로 하고 대수평균온도차를 되도록 크게 한다.
② 병행류로 하고 대수평균온도차를 되도록 작게 한다.
③ 코일 통과 풍속을 5m/s 이상으로 취하는 것이 경제적이다.
④ 일반적으로 냉수 입·출구 온도차는 10℃보다 크게 취하여 통과유량을 적게 하는 것이 좋다.

해설 냉수코일 설계

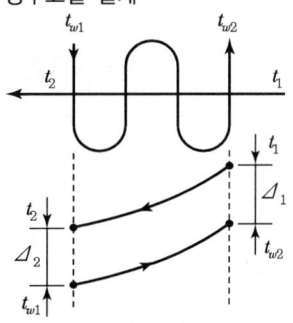

$$대수평균온도차(MTD) = \frac{\Delta_1 - \Delta_2}{\ln\left(\dfrac{\Delta_1}{\Delta_2}\right)}$$

※ 역류(대향류) 시에는 온도차를 크게 한다.
$$\Delta_1 = t_1 - t_{w1}$$
$$\Delta_2 = t_2 - t_{w2}$$

43 건물의 지하실, 대규모 조리장 등에 적합한 기계환기법(강제급기 + 강제배기)은?

① 제1종 환기   ② 제2종 환기
③ 제3종 환기   ④ 제4종 환기

해설 제1종환기(급기 : 기계, 배기 : 기계)는 주방시설, 연소기구 설치실, 대규모 조리장에 사용된다.

44 다음 난방방식의 표준방열량에 대한 것으로 옳은 것은?

① 증기난방 : 0.523kW
② 온수난방 : 0.756kW
③ 복사난방 : 1.003kW
④ 온풍난방 : 표준방열량이 없다.

표준난방 방열기 방열량

① 증기난방 : $650\text{kcal/m}^2\text{h}\left(\dfrac{650}{860}=0.756\text{kW}\right)$

② 온수난방 : $450\text{kcal/m}^2\text{h}\left(\dfrac{450}{860}=0.523\text{kW}\right)$

③ 복사난방 : $400\text{kcal/m}^2\text{h}$

④ 온풍난방 : 표준방열량이 없다.

45 냉·난방 시의 실내 현열부하를 q_s(W), 실내와 말단 장치의 온도(℃)를 각각 t_r, t_d라 할 때 송풍량 Q (L/s)를 구하는 식은?

① $Q=\dfrac{q_s}{0.24(t_r-t_d)}$ ② $Q=\dfrac{q_s}{1.2(t_r-t_d)}$

③ $Q=\dfrac{q_s}{1.85(t_r-t_d)}$ ④ $Q=\dfrac{q_s}{2501(t_r-t_d)}$

송풍량(Q) 계산

$Q=\dfrac{q_s}{1.2(t_r-t_d)}$ (L/s)

※ 0.24kcal/kg℃(공기정압비열)

※ 1.2kg/m³(공기의 밀도)

46 에어워셔에 대한 설명으로 틀린 것은?

① 세정실(Spray Chamber)은 엘리미네이터 뒤에 있어 공기를 세정한다.

② 분무노즐(Spray Nozzle)은 스탠드 파이프에 부착되어 스프레이 헤더에 연결된다.

③ 플러딩 노즐(Flooding Nozzle)은 먼지를 세정한다.

④ 다공판 또는 루버(Louver)는 기류를 정류해서 세정실 내를 통과시키기 위한 것이다.

에어워셔 가습기의 세정실은 엘리미네이터 앞에 있어서 공기를 세정한다.

47 덕트 내 풍속을 측정하는 피토관을 이용하여 전압 23.8mmAq, 정압 10mmAq를 측정하였다. 이 경우 풍속은 약 얼마인가?

① 10m/s   ② 15m/s

③ 20m/s   ④ 25m/s

전압=정압+동압

동압=전압−정압=23.8−10=13.8mmAq(kgf/m²)

동압 $P_v=\dfrac{v^2}{2g}\cdot\gamma$에서

풍속 $v=\sqrt{\dfrac{2gP_v}{\gamma}}=\sqrt{\dfrac{2\times9.8\times13.8}{1.2}}=15.01\text{m/s}$

48 어떤 방의 취득 현열량이 8,360kJ/h로 되었다. 실내온도를 28℃로 유지하기 위하여 16℃의 공기를 취출하기로 계획한다면 실내로의 송풍량은?(단, 공기의 비중량은 1.2kg/m³, 정압비열은 1.004kJ/kg·℃이다.)

① 426.2m³/h

② 467.5m³/h

③ 578.7m³/h

④ 612.3m³/h

현열량 $q_s=GC_p\Delta t=\gamma QC_p\Delta t$

송풍량 $Q=\dfrac{q_s}{\gamma C_p\Delta t}=\dfrac{8,360}{1.2\times1.004\times(28-16)}$

$=578.24\text{m}^3/\text{h}$

49 다음 조건의 외기와 재순환공기를 혼합하려고 할 때 혼합공기의 건구온도는?

- 외기 34℃ DB, 1,000m³/h
- 재순환공기 26℃ DB, 2,000m³/h

① 31.3℃   ② 28.6℃

③ 18.6℃   ④ 10.3℃

열평형식 $m_1C_pt_1+m_2C_pt_2=m_3C_pt_3$

혼합공기 건구온도 $t_3=\dfrac{m_1t_1+m_2t_2}{m_3}$

$=\dfrac{1,000\times34+2,000\times26}{1,000+2,000}$

$=28.67℃$

50 온풍난방의 특징에 관한 설명으로 틀린 것은?

① 예열부하가 거의 없으므로 기동시간이 아주 짧다.

② 취급이 간단하고 취급자격자를 필요로 하지 않는다.

③ 방열기기나 배관 등의 시설이 필요 없어 설비비가 싸다.

④ 취출온도의 차가 적어 온도분포가 고르다.

해설 온풍난방은 난방 시 실내공기와 온도차가 커서 온도 분포가 고르다(비열이 적어서 온도상승은 빠르다).

51 간이계산법에 의한 건평 150m²에 소요되는 보일러의 급탕부하는?(단, 건물의 열손실은 90kJ/m²h, 급탕량은 100kg/h, 급수 및 급탕 온도는 각각 30℃, 70℃ 이다.)

① 3,500kJ/h 　② 4,000kJ/h

③ 13,500kJ/h ④ 16,800kJ/h

해설 급탕부하 $q = G \cdot C \cdot \Delta t$
$$= 100 \times 1 \times (70-30) = 4,000 \text{kcal/h}$$
$$\therefore \ 4,000 \times 4.187 = 16,748 \text{kJ/h}$$

52 덕트 조립공법 중 원형 덕트의 이음방법이 아닌 것은?

① 드로우 밴드 이음(Draw Band Joint)

② 비드 클림프 이음(Beaded Crimp Joint)

③ 더블 심(Double Seam)

④ 스파이럴 심(Spiral Seam)

해설 덕트의 가로방향 조립법
㉠ 버튼 펀치 스냅록 　㉡ 더블 심
㉢ 피치버그 록 　　　㉣ 아크메 록

53 공기 냉각·가열 코일에 대한 설명으로 틀린 것은?

① 코일의 관 내에 물 또는 증기, 냉매 등의 열매를 통과시키고 외측에는 공기를 통과시켜서 열매와 공기 간의 열교환을 시킨다.

② 코일에 일반적으로 16mm 정도의 동관 또는 강관의 외측에 동, 강 또는 알루미늄제의 판을 붙인 구조로 되어 있다.

③ 에로핀 중 감아 붙인 핀이 주름진 것을 스무드 핀, 주름이 없는 평면상의 것을 링클핀이라고 한다.

④ 관의 외부에 얇게 리본모양의 금속판을 일정한 간격으로 감아 붙인 핀의 형상을 에로핀 형이라 한다.

해설 공조기 코일
㉠ 냉수코일
㉡ 증기코일
㉢ 직접팽창코일

54 유인유닛 공조방식에 대한 설명으로 틀린 것은?

① 1차 공기를 고속덕트로 공급하므로 덕트 스페이스를 줄일 수 있다.

② 실내유닛에는 회전기기가 없으므로 시스템의 내용연수가 길다.

③ 실내부하를 주로 1차 공기로 처리하므로 중앙공조기는 커진다.

④ 송풍량이 적어 외기 냉방효과가 낮다.

해설 유인유닛방식 : 공기수방식이며 중앙공조기는 1차 공기만 처리하므로 규모를 작게 할 수 있다.
(1차공기 : PA, 2차공기 : SA, 혼합공기 : TA)

유인비$= \dfrac{TA}{PA}$ (일반적으로 3~4 정도이다.)

55 온풍난방에서 중력식 순환방식과 비교한 강제순환방식의 특징에 관한 설명으로 틀린 것은?

① 기기 설치장소가 비교적 자유롭다.

② 급기 덕트가 작아서 은폐가 용이하다.

③ 공급되는 공기는 필터 등에 의하여 깨끗하게 처리될 수 있다.

④ 공기순환이 어렵고 쾌적성 확보가 곤란하다.

해설 강제 순환식 온풍난방은 공기의 순환이 용이하고 쾌적성 확보가 순조롭다.

56 공조방식에서 가변풍량 덕트방식에 관한 설명으로 틀린 것은?

① 운전비 및 에너지의 절약이 가능하다.
② 공조해야 할 공간의 열부하 증감에 따라 송풍량을 조절할 수 있다.
③ 다른 난방방식과 동시에 이용할 수 없다.
④ 실내 칸막이 변경이나 부하의 증감에 대처하기 쉽다.

해설 가변풍량 덕트방식은 다른 난방방식과 동시에 이용이 가능하다.

57 특정한 곳에 열원을 두고 열수송 및 분배망을 이용하여 한정된 지역으로 열매를 공급하는 난방법은?

① 간접난방법　　② 지역난방법
③ 단독난방법　　④ 개별난방법

해설 지역난방
특정한 곳에 열원(중온수)을 두고 열수송 및 분배망을 이용하여 한정된 지역으로 열매를 공급한다.

58 공조용 열원장치에서 히트펌프방식에 대한 설명으로 틀린 것은?

① 히트펌프방식은 냉방과 난방을 동시에 공급할 수 있다.
② 히트펌프 원리를 이용하여 지열시스템 구성이 가능하다.
③ 히트펌프방식 열원기기의 구동동력은 전기와 가스를 이용한다.
④ 히트펌프를 이용해 난방은 가능하나 급탕공급은 불가능하다.

해설 히트펌프방식
㉠ 공기－공기 방식
㉡ 공기－물 방식
㉢ 물－공기 방식
㉣ 물－물 방식
㉤ 흡수식
※ 난방이나 급탕공급이 가능하다.

59 겨울철에 어떤 방을 난방하는 데 있어서 이 방의 현열 손실이 12,000kJ/h이고 잠열 손실이 4,000kJ/h이며, 실온을 21℃, 습도를 50%로 유지하려 할 때 취출구의 온도차를 10℃로 하면 취출구 공기상태 점은?

① 21℃, 50%인 상태점을 지나는 현열비 0.75에 평행한 선과 건구온도 31℃인 선이 교차하는 점
② 21℃, 50%인 점을 지나고 현열비 0.33에 평행한 선과 건구온도 31℃인 선이 교차하는 점
③ 21℃, 50%인 점을 지나고 현열비 0.75에 평행한 선과 건구온도 11℃인 선이 교차하는 점
④ 21℃, 50%인 점과 31℃, 50%인 점을 잇는 선분을 4 : 3으로 내분하는 점

해설 현열손실부하 $= \dfrac{12,000}{12,000+4,000} \times 100 = 75\%(0.75\%)$

건구온도 $= 10+21 = 31℃$
현열비 $=$ SHF

60 관류보일러에 대한 설명으로 옳은 것은?

① 드럼과 여러 개의 수관으로 구성되어 있다.
② 관을 자유로이 배치할 수 있어 보일러 전체를 합리적인 구조로 할 수 있다.
③ 전열면적당 보유수량이 커 시동시간이 길다.
④ 고압 대용량에 부적합하다.

해설 수관식 관류보일러 : 관을 자유로이 배치할 수 있어서 보일러 전체를 합리적인 구조로 할 수 있다.

SECTION **04** 전기제어공학

61 회로에서 A와 B 간의 합성저항은 약 몇 Ω인가?(단, 각 저항의 단위는 모두 Ω이다.)

② 2.66 ② 3.2
③ 5.33 ④ 6.4

> **해설** 평형회로이므로 C, D 간을 단락해도 무방하므로
> A−B 사이의 합성저항$(R_{ab}) = \dfrac{(4+4) \times (8+8)}{(4+4)+(8+8)} = 5.33$

62 기계장치, 프로세스 및 시스템 등에서 제어되는 전체 또는 부분으로서 제어량을 발생시키는 장치는?

① 제어장치 ② 제어대상
③ 조작장치 ④ 검출장치

> **해설** 제어대상
> 기계장치, 프로세스 및 시스템에서 제어되는 전체 또는 부분으로서 제어량을 발생시키는 장치

63 목푯값이 미리 정해진 시간적 변화를 하는 경우 제어량을 변화시키는 제어는?

① 정치 제어 ② 추종 제어
③ 비율 제어 ④ 프로그램 제어

> **해설** 프로그램 제어 : 추치제어로서 목푯값이 미리 정해진 시간적 변화를 하는 경우 제어량을 변화시키는 제어

64 입력이 $011_{(2)}$일 때, 출력은 3V인 컴퓨터 제어의 D/A 변환기에서 입력을 $101_{(2)}$로 하였을 때 출력은 몇 V인가?(단, 3bit 디지털 입력이 $011_{(2)}$은 off, on, on을 뜻하고 입력과 출력은 비례한다.)

① 3 ② 4
③ 5 ④ 6

> **해설** D/A 변환기 : 디지털 입력에 따라서 아날로그 출력을 나타낸다(1비트는 0과 1 중 하나만 나타내는 정보단위).
> 분해능 : 2의 N승, $2^3 = 8$
> ∴ 출력$= 8 - 3 = 5$

65 토크가 증가하면 속도가 낮아져 대체적으로 일정한 출력이 발생하는 것을 이용해서 전차, 기중기 등에 주로 사용하는 직류전동기는?

① 직권전동기 ② 분권전동기
③ 가동 복권전동기 ④ 차동 복권전동기

> **해설** 직권전동기
> ㉠ 토크(T)가 증가하면 속도가 낮아져 대체적으로 일정한 출력이 발생하는 것을 이용해서 전차나 기중기 등에 주로 사용하는 직류전동기이다.
> ㉡ 직권 전동기는 토크가 전류의 제곱에 비례한다.

66 제어량을 원하는 상태로 하기 위한 입력신호는?

① 제어명령 ② 작업명령
③ 명령처리 ④ 신호처리

> **해설** 제어명령
> 제어량을 원하는 상태로 하기 위한 입력신호이다.

67 평행하게 왕복되는 두 노선에 흐르는 전류 간의 전자력은?(단, 두 도선 간의 거리는 r(m)라 한다.)

① r에 비례하며 흡인력이다.
② r^2에 비례하며 흡인력이다.
③ $\dfrac{1}{r}$에 비례하며 반발력이다.
④ $\dfrac{1}{r^2}$에 비례하며 반발력이다.

해설

$$F = \frac{2I_1 \cdot I_2}{r} \times 10^{-7} \text{N/m}$$

평행하게 왕복되는 두 도선에 흐르는 전류 간의 전자력은 $\frac{1}{r}$ 에 비례하며 반발력이다.

※ 전자력 : 자계 중에 두어진 도체에 전류를 흘리면 전류 및 자계와 직각방향으로 도체를 움직이는 힘

---

68 피드백 제어계에서 제어장치가 제어대상에 가하는 제어신호로 제어장치의 출력인 동시에 제어대상의 입력인 신호는?

① 목푯값 ② 조작량

③ 제어량 ④ 동작신호

해설 조작량

제어장치가 제어대상에 가하는 제어신호로 제어장치의 출력인 동시에 제어대상의 입력신호이다.

---

69 피드백 제어의 장점으로 틀린 것은?

① 목푯값에 정확히 도달할 수 있다.

② 제어계의 특성을 향상시킬 수 있다.

③ 외부 조건의 변화에 대한 영향을 줄일 수 있다.

④ 제어기 부품들의 성능이 나쁘면 큰 영향을 받는다.

해설 ④항은 피드백 제어의 단점에 속한다.

---

70 다음과 같은 두 개의 교류전압이 있다. 두 개의 전압은 서로 어느 정도의 시간차를 가지고 있는가?

$$v_1 = 10\cos 10t, \ v_2 = 10\cos 5t$$

① 약 0.25초 ② 약 0.46초

③ 약 0.63초 ④ 약 0.72초

해설 여현파 $v = V_m \cos \omega t$

각속도 $\omega = 2\pi f = 2\pi \cdot \dfrac{1}{T}$

주기 $T = \dfrac{2\pi}{\omega}(\text{sec})$

시간차 $T_2 - T_1 = \dfrac{2\pi}{\omega_2} - \dfrac{2\pi}{\omega_1}$

이때, $\omega_1 = 10$, $\omega_2 = 5$이므로

$\therefore \ T_2 - T_1 = \dfrac{2\pi}{5} - \dfrac{2\pi}{10} = 0.63\text{sec}$

---

71 그림과 같은 계통의 전달함수는?

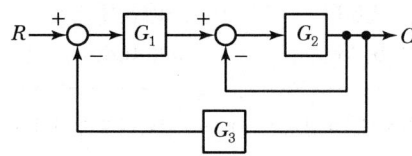

① $\dfrac{G_1 G_2}{1 + G_2 G_3}$

② $\dfrac{G_1 G_2}{1 + G_1 + G_2 G_3}$

③ $\dfrac{G_1 G_2}{1 + G_2 + G_1 G_2 G_3}$

④ $\dfrac{G_1 G_2}{1 + G_1 G_2 + G_2 G_3}$

해설 전달함수 $G(s) = \dfrac{C}{R} = \dfrac{\text{전향경로의 합}}{1 - \text{피드백의 합}}$

$= \dfrac{G_1 G_2}{1 - (-G_2 - G_1 G_2 G_3)}$

$= \dfrac{G_1 G_2}{1 + G_2 + G_1 G_2 G_3}$

---

72 평행판 간격을 처음의 2배로 증가시킬 경우 정전용량 값은?

① 1/2로 된다. ② 2배로 된다.

③ 1/4로 된다. ④ 4배로 된다.

해설 정전용량(Capacitance) : 절연된 도체 간에 전위를 주었을 때 전하를 축적하는 것

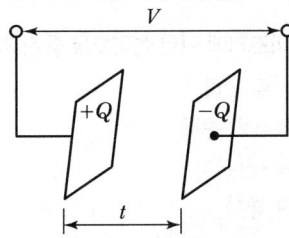

$$정전용량(C) = \frac{Q}{V} = \varepsilon\left(\frac{A}{t}\right)$$

여기서, ε : 극판 간 물질의 비유전율

　　　　A : 극판 간의 면적

　　　　Q : 전하

　　　　V : 전압

• 단위 : F(패럿)

• $1\mu F = 10^{-6}F$, $C = \varepsilon\frac{A}{l}(F)$, $W = \frac{1}{2}CV^2$

73 내부저항 r인 전류계의 측정범위를 n배로 확대하려면 전류계에 접속하는 분류기 저항(Ω)값은?

① nr　　　　　　　　② r/n

③ $(n-1)r$　　　　　④ $r/(n-1)$

해설 분류기 : 어느 전로의 전류를 측정하려는 경우에 전로의 전류가 전류계의 정격값보다 큰 경우에는 전류계와 병렬로 다른 전로를 만들고 전류를 분류하여 측정하는 저항기가 분류기이다.

∴ n배의 분류기 저항값 $= \dfrac{1}{(n-1)}$

74 그림과 같은 계전기 접점회로의 논리식은?

① $XZ+Y$　　　　　② $(X+Y)Z$

③ $(X+Z)Y$　　　　④ $X+Y+Z$

해설

$$I_o = (1+\frac{r}{R})I_a = I_a + I_s$$

논리식 $= ((X \cdot Z) + Y) \cdot Z = (X \cdot Z) \cdot Z + Y \cdot Z$

　　　$= X(Z \cdot Z) + Y \cdot Z = X \cdot Z + Y \cdot Z$

　　　$= (X+Y) \cdot Z$

75 전달함수 $G(s) = \dfrac{s+b}{s+a}$ 를 갖는 회로가 진상 보상회로의 특성을 갖기 위한 조건으로 옳은 것은?

① $a > b$　　　　　　② $a < b$

③ $a > 1$　　　　　　④ $b > 1$

해설

$$G_{1end(s)} = \frac{V_{0(s)}}{V_{i(s)}} = \frac{C_s + \dfrac{1}{R_1}}{C_s + \dfrac{1}{R_1} + \dfrac{1}{R_2}} = \frac{s+a}{s+b}$$

$$a = \frac{1}{R_1 C}, \; b = \frac{1}{R_1 C} + \frac{1}{R_2 C}$$

이 회로는 $b > a$이므로 진상보상기로 작동한다.

[진상보상기 회로]

76 예비전원으로 사용되는 축전지의 내부저항을 측정할 때 가장 적합한 브리지는?

① 캠벨 브리지

② 맥스웰 브리지

③ 휘트스톤 브리지

④ 콜라우시 브리지

해설 콜라우시 브리지(Kohlraush Bridge)

휘트스톤 브리지의 일종으로 비례변에 미끄럼 저항선을 사용하고 전원에 가청 주파수의 교류를 사용한다. 전지의 내부저항이나 전해액의 도전율 등의 측정용이다.

77 물 20L를 15℃에서 60℃로 가열하려고 한다. 이때 필요한 열량은 몇 kcal인가?(단, 가열 시 손실은 없는 것으로 한다.)

① 700　　　　　② 800
③ 900　　　　　④ 1,000

해설 가열량$(Q) = G \times C_p = \Delta t$

∴ $20 \times 1 \times (60 - 15) = 900$kcal

78 제어하려는 물리량을 무엇이라 하는가?

① 제어　　　　　② 제어량
③ 물질량　　　　④ 제어대상

해설 제어량 : 제어하려는 물리량이다.

79 전동기에 일정 부하를 걸어 운전 시 전동기 온도 변화로 옳은 것은?

해설 전동기의 일정부하 시 계속 운전하면 온도가 상승한다(어느 적정선 온도에 도달하면 온도가 일정해진다).

80 서보드라이브에서 펄스로 지령하는 제어운전은?

① 위치제어운전　　　② 속도제어운전
③ 토크제어운전　　　④ 변위제어운전

해설 위치제어운전
서보드라이브에서 펄스로 지령하는 제어운전
※ 서보드라이브 : 부여된 목표입력에 대한 빠른 추종응답 특성을 갖고 넓은 속도제어의 범위를 가지며 정밀하게 움직일 수 있도록 서보 모터에 공급하는 전력을 서보모터에 적합한 형태로 변환하여 제어하는 시스템이다.

SECTION 05 배관일반

81 배관용 보온재의 구비조건에 관한 설명으로 틀린 것은?

① 내열성이 높을수록 좋다.
② 열전도율이 적을수록 좋다.
③ 비중이 작을수록 좋다.
④ 흡수성이 클수록 좋다.

해설 배관용 보온재는 흡수성이나 흡습성이 작아야 한다.

82 가열기에서 최고위 급탕 전까지 높이가 12m이고, 급탕온도가 85℃, 복귀탕의 온도가 70℃일 때, 자연순환수두(mmAq)는?(단, 85℃일 때 밀도는 0.96876 kg/L이고, 70℃일 때 밀도는 0.97781kg/L이다.)

① 70.5　　　　　② 80.5
③ 90.5　　　　　④ 108.6

해설 1m = 1,000m
자연순환수두 $= 1,000 \times H(r_2 - r_1)$
$= 1,000 \times 12 \times (0.97781 - 0.96876)$
$= 108.6$mmAq

83 관경 100A인 강관을 수평주관으로 시공할 때 지지간격으로 가장 적절한 것은?

① 2m 이내
② 4m 이내
③ 8m 이내
④ 12m 이내

해설

(관경 32A 이상 : 지지간격 3~4m)

84 상수 및 급탕배관에서 상수 이외의 배관 또는 장치가 접속되는 것을 무엇이라고 하는가?

① 크로스 커넥션 ② 역압 커넥션
③ 사이펀 커넥션 ④ 에어갭 커넥션

해설 상수도배관 및 급탕배관에서 상수 이외의 배관이나 장치가 접속되는 것을 크로스 커넥션이라고 한다.

85 보온재를 유기질과 무기질로 구분할 때, 다음 중 성질이 다른 하나는?

① 우모펠트 ② 규조토
③ 탄산마그네슘 ④ 슬래그 섬유

해설 ① : 유기질 보온재
②, ③, ④ : 무기질 보온재

86 도시가스의 공급설비 중 가스 홀더의 종류가 아닌 것은?

① 유수식 ② 중수식
③ 무수식 ④ 고압식

해설 도시가스 홀더
㉠ 저압식(유수식, 무수식)
㉡ 고압식

87 냉매 배관 시 주의사항으로 틀린 것은?

① 배관은 가능한 간단하게 한다.
② 배관의 굽힘을 적게 한다.
③ 배관에 큰 응력이 발생할 염려가 있는 곳에는 루프 배관을 한다.
④ 냉매의 열손실을 방지하기 위해 바닥에 매설한다.

해설 냉매배관을 바닥에 설치하면 기화가 불편하고 부식이 염려된다.

88 냉각 레그(Cooling Leg) 시공에 대한 설명으로 틀린 것은?

① 관경은 증기 주관보다 한 치수 크게 한다.
② 냉각 레그와 환수관 사이에는 트랩을 설치하여야 한다.
③ 응축수를 냉각하여 재증발을 방지하기 위한 배관이다.
④ 보온피복을 할 필요가 없다.

해설
(냉각레그는 주관보다 한 치수 작은 것을 사용한다.)

89 기체 수송 설비에서 압축공기 배관의 부속장치가 아닌 것은?

① 후부냉각기 ② 공기여과기
③ 안전밸브 ④ 공기빼기밸브

해설 **공기빼기밸브** : 난방장치나 위생배관 등에 설치한다.

90 가스설비에 관한 설명으로 틀린 것은?

① 일반적으로 사용되고 있는 가스유량 중 1시간당 최댓값을 설계유량으로 한다.
② 가스미터는 설계유량을 통과시킬 수 있는 능력을 가진 것을 선정한다.
③ 배관 관경은 설계유량이 흐를 때 배관의 끝부분에서 필요한 압력이 확보될 수 있도록 한다.
④ 일반적으로 공급되고 있는 천연가스에는 일산화탄소가 많이 함유되어 있다.

해설 천연가스의 주성분은 메탄(CH_4)가스이다.

91 증기트랩에 관한 설명으로 옳은 것은?

① 플로트 트랩은 응축수나 공기가 자동적으로 환수
관에 배출되며, 저 · 고압에 쓰이고 형식에 따라
앵글형과 스트레이트형이 있다.

② 열동식 트랩은 고압 · 중압의 증기관에 적합하며,
환수관을 트랩보다 위쪽에 배관할 수도 있고, 형
식에 따라 상향식과 하향식이 있다.

③ 임펄스 증기 트랩은 실린더 속의 온도 변화에 따
라 연속적으로 밸브가 개폐하며, 작동 시 구조상
증기가 약간 새는 결점이 있다.

④ 버킷 트랩은 구조상 공기를 함께 배출하지 못하지
만 다량의 응축수를 처리하는 데 적합하며, 다량
트랩이라고 한다.

해설 충동증기트랩(임펄스 증기트랩 : Impulse Steam Trap)은
높은 온도의 응축수가 압력이 저하하면 이때 증발로 인하여
생기는 부피의 증가를 밸브의 개폐에 이용하는 disk trap이다.

92 폴리에틸렌관의 이음방법이 아닌 것은?

① 콤포이음   ② 융착이음
③ 플랜지이음   ④ 테이퍼이음

해설 콤포이음(Compo Joint)
콘크리트관 이음이며 일명 칼라이음(Collared Joint)이라
고 한다.

93 동일 구경의 관을 직선 연결할 때 사용하는 관 이음재
료가 아닌 것은?

① 소켓   ② 플러그
③ 유니언   ④ 플랜지

해설 플러그, 캡 : 관을 폐쇄하는 데 사용한다.

94 열교환기 입구에 설치하여 탱크 내의 온도에 따라 밸
브를 개폐하며, 열매의 유입량을 조절하여 탱크 내의
온도를 설정범위로 유지시키는 밸브는?

① 감압 밸브   ② 플랩 밸브
③ 바이패스 밸브   ④ 온도조절 밸브

해설 온도조절밸브(구동기 : 액추에이터)는 열교환기 입구에 설
치하여 탱크 내의 온도에 따라 밸브를 개폐시킨다.

95 급수배관 내에 공기실을 설치하는 주된 목적은?

① 공기밸브를 작게 하기 위하여
② 수압시험을 원활하기 위하여
③ 수격작용을 방지하기 위하여
④ 관 내 흐름을 원활하게 하기 위하여

해설 급수배관에 공기실을 설치하면 관 내의 수격작용(워터해머)
이 방지된다.

96 다음 보기에서 설명하는 통기관 설비방식과 특징으
로 적합한 방식은?

> ㉠ 배수관의 청소구 위치로 인해서 수령관이 구부러지
> 지 않게 시공한다.
> ㉡ 배수 수평분기관이 수평주관의 수위에 잠기면 안
> 된다.
> ㉢ 배수관의 끝 부분은 항상 대기 중에 개방되도록 한다.
> ㉣ 이음쇠를 통해 배수에 선회력을 주어 관 내 통기를
> 위한 공기 코어를 유지하도록 한다.

① 섹스티아(Sextia) 방식
② 소벤트(Sovent) 방식
③ 각개통기방식
④ 신정통기방식

해설 통기관 설비
㉠ 1관식 배관법(신정통기관 : 배수통기관)
㉡ 2관식 배관법(각개통기관, 회로통기관, 환상통기관,
   섹스티아 통기관)

97 25mm 강관의 용접이음용 숏(Short) 엘보의 곡률 반경(mm)은 얼마 정도로 하면 되는가?

① 25   ② 37.5

③ 50   ④ 62.5

해설 엘보의 곡률반경
ⓐ 롱(long) : 강관호칭지름 1.5배
ⓑ 숏트(short) : 강관호칭지름 1.0배
ⓒ 맞대기 용접관 이음쇠 : 50A 이상
∴ 25×1.0=25mm

98 다음 중 배수설비와 관련된 용어는?

① 공기실(Air Chamber)
② 봉수(Seal Water)
③ 볼탭(Ball Tap)
④ 드렌처(Drencher)

해설 배수용 트랩

99 도시가스 계량기(30m³/h 미만)의 설치 시 바닥으로 부터 설치 높이로 가장 적합한 것은?(단, 설치 높이 의 제한을 두지 않는 특정 장소는 제외한다.)

① 0.5m 이하
② 0.7m 이상 1m 이내
③ 1.6m 이상 2m 이내
④ 2m 이상 2.5m 이내

해설

100 진공환수식 증기난방 배관에 대한 설명으로 틀린 것은?

① 배관 도중에 공기빼기밸브를 설치한다.
② 배관 기울기는 작게 할 수 있다.
③ 리프트 피팅에 의해 응축수를 상부로 배출할 수 있다.
④ 응축수의 유속이 빠르게 되므로 환수관을 가늘게 할 수 있다.

해설 진공환수식 증기난방에서는 공기빼기는 진공펌프로 한다.

SECTION 01 기계열역학

01 이상기체에 대한 관계식 중 옳은 것은?(단, C_p, C_v 는 정압 및 정적 비열, k는 비열비이고, R은 기체상수이다.)

① $C_p = C_v - R$

② $C_v = \dfrac{k-1}{k}R$

③ $C_p = \dfrac{k}{k-1}R$

④ $R = \dfrac{C_p + C_v}{2}$

해설 $C_p - C_v = AR \ (C_p - C_v = R)$

비열비 $k = \dfrac{C_p}{C_v} = 1$이므로

$C_v = \dfrac{AR}{k-1}$, $C_p = kC_v = \dfrac{kAR}{k-1} \ \left(C_p = \dfrac{k}{k-1}R\right)$

02 온도가 T_1인 고열원으로부터 온도가 T_2인 저열원으로 열전도, 대류, 복사 등에 의해 Q만큼 열전달이 이루어졌을 때 전체 엔트로피 변화량을 나타내는 식은?

① $\dfrac{T_1 - T_2}{Q(T_1 \times T_2)}$

② $\dfrac{Q(T_1 + T_2)}{T_1 \times T_2}$

③ $\dfrac{Q(T_1 - T_2)}{T_1 \times T_2}$

④ $\dfrac{T_1 + T_2}{Q(T_1 \times T_2)}$

해설 전도, 대류, 복사의 열전달에 의한 전체 엔트로피 변화량

$\Delta S = S_2 - S_1 = \dfrac{Q(T_1 - T_2)}{T_1 \times T_2}$

03 1kg의 공기가 100℃를 유지하면서 가역등온 팽창하여 외부에 500kJ의 일을 하였다. 이때 엔트로피의 변화량은 약 몇 kJ/K인가?

① 1.895

② 1.665

③ 1.467

④ 1.340

해설 등온변화

엔트로피 변화량(ΔS) = $\dfrac{\delta Q}{T} = \dfrac{500}{100 + 273} = 1.340 \text{kJ/K}$

(등온변화 $T = C : T_1 = T_2$)

$\Delta S = S_2 - S_1 = C_p \ln \dfrac{V_2}{V_1} + C_v \ln \dfrac{P_2}{P_1}$

04 증기 압축 냉동 사이클로 운전하는 냉동기에서 압축기 입구, 응축기 입구, 증발기 입구의 엔탈피가 각각 387.2kJ/kg, 435.1kJ/kg, 241.8kJ/kg일 경우 성능계수는 약 얼마인가?

① 3.0

② 4.0

③ 5.0

④ 6.0

해설 성능계수 $COP = \dfrac{q_e}{W} = \dfrac{387.2 - 241.8}{435.1 - 387.2} = 3.0 \text{K}$

05 습증기 상태에서 엔탈피 h를 구하는 식은?(단, h_f는 포화액의 엔탈피, h_g는 포화증기의 엔탈피, x는 건도이다.)

① $h = f_f + (xh_g - h_f)$

② $h = h_f + x(h_g - h_f)$

③ $h = h_g + (xh_f - h_g)$

④ $h = h_g + x(h_g - h_f)$

해설 습증기 상태 엔탈피(h)

h = 포화액 엔탈피 + 증기건도(포화증기 엔탈피 − 포화액 엔탈피)

$= h_f + x(h_g - h_f)$

06 다음의 열역학 상태량 중 종량적 상태량(Extensive Property)에 속하는 것은?

① 압력   ② 체적
③ 온도   ④ 밀도

해설 종량적 상태량
물질의 질량에 따라 그 크기가 결정되는 상태량으로 물질의 질량에 정비례한다.
㉠ 체적   ㉡ 내부에너지
㉢ 엔탈피   ㉣ 엔트로피

07 온도 150℃, 압력 0.5MPa의 공기 0.2kg이 압력이 일정한 과정에서 원래 체적의 2배로 늘어난다. 이 과정에서의 일은 약 몇 kJ인가?(단, 공기는 기체상수가 0.287kJ/kg·K인 이상기체로 가정한다.)

① 12.3kJ   ② 16.5kJ
③ 20.5kJ   ④ 24.3kJ

해설 정압과정에서의 절대일
$$W = P(V_2 - V_1) = P\left(\frac{V_2}{V_1} - 1\right)V_1$$
$$= P(2-1)V_1 = PV_1$$

이때, $P_1 V_1 = mRT_1$에서 $V_1 = \frac{mRT_1}{P_1}$

$$\therefore W = P \times \frac{mRT_1}{P_1} = mRT_1$$
$$= 0.2 \times 0.287 \times (150 + 273)$$
$$= 24.28\text{kJ}$$

08 천제연 폭포의 높이가 55m이고 주위와 열교환을 무시한다면 폭포수가 낙하한 후 수면에 도달할 때까지 온도 상승은 약 몇 K인가?(단, 폭포수의 비열은 4.2 kJ/kg·K이다.)

① 0.87   ② 0.31
③ 0.13   ④ 0.68

해설 $Q = mC\Delta T = W$
온도변화 $\Delta T = \frac{W}{mC} = \frac{mgh}{mC} = \frac{gh}{C}$
$$= \frac{9.8 \times 55 \times 10^{-3}}{4.2}$$
$$= 0.128\,\text{K}$$

09 유체의 교축과정에서 Joule-Thomson 계수(μ_J)가 중요하게 고려되는데 이에 대한 설명으로 옳은 것은?

① 등엔탈피 과정에 대한 온도변화와 압력변화의 비를 나타내며 $\mu_J < 0$인 경우 온도 상승을 의미한다.
② 등엔탈피 과정에 대한 온도변화와 압력변화의 비를 나타내며 $\mu_J < 0$인 경우 온도 강하를 의미한다.
③ 정적 과정에 대한 온도변화와 압력변화의 비를 나타내며 $\mu_J < 0$인 경우 온도 상승을 의미한다.
④ 정적 과정에 대한 온도변화와 압력변화의 비를 나타내며 $\mu_J < 0$인 경우 온도 강하를 의미한다.

해설 교축현상(Throttling)
증기가 밸브나 오리피스 등의 작은 단면을 통과할 때는 외부에 대해서 일을 하지 않고 다만 압력만 강하한다. 이와 같은 현상이 교축현상이다.

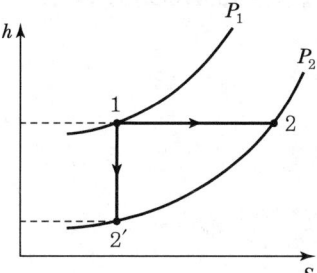

$h_1 = h_2$(등엔탈피 과정)
$P_1 > P_2$
증기건도(x) 측정 $= \frac{h_2 - h_1'}{r_1}$

10 Brayton 사이클에서 압축기 소요일은 175kJ/kg, 공급열은 627kJ/kg, 터빈 발생일은 406kJ/kg로 작동될 때 열효율은 약 얼마인가?

① 0.28   ② 0.37
③ 0.42   ④ 0.48

해설 열효율 $= \frac{\text{유효일량}}{\text{공급열량}}$
$$= \frac{406 - 175}{627} = 0.37$$

※ 가스터빈 : 압축기, 연소기, 터빈으로 구성

11 마찰이 없는 실린더 내에 온도 500K, 비엔트로피 3kJ/kg·K인 이상기체가 2kg 들어 있다. 이 기체의 비엔트로피가 10kJ/kg·K이 될 때까지 등온과정으로 가열한다면 가열량은 약 몇 kJ인가?

① 1,400kJ
② 2,000kJ
③ 3,500kJ
④ 7,000kJ

해설 엔트로피 변화 $\Delta S = \dfrac{\Delta Q}{T}$

$$Q_2 - Q_1 = T(S_2 - S_1) = T(S_1 - S_2) \cdot m$$
$$= 500 \times (10 - 3) \times 2$$
$$= 7,000\text{kJ}$$

12 매시간 20kg의 연료를 소비하여 74kW의 동력을 생산하는 가솔린 기관의 열효율은 약 몇 %인가?(단, 가솔린의 저위발열량은 43,470kJ/kg이다.)

① 18
② 22
③ 31
④ 43

해설 열효율 $\eta = \dfrac{\text{발생열}}{\text{공급열}} \times 100$

$$= \dfrac{74 \times 3,600}{20 \times 43,470} \times 100$$
$$= 30.64(31\%)$$

13 다음 중 이상적인 증기 터빈의 사이클인 랭킨 사이클을 옳게 나타낸 것은?

① 가역등온압축 → 정압가열 → 가역등온팽창 → 정압냉각
② 가역단열압축 → 정압가열 → 가역단열팽창 → 정압냉각
③ 가역등온압축 → 정적가열 → 가역등온팽창 → 정적냉각
④ 가역단열압축 → 정적가열 → 가역단열팽창 → 정적냉각

해설 랭킨 사이클
㉠ 1 → 2(급수펌프)
㉡ 2 → 3(보일러 가열)
㉢ 3 → 4(터빈발생일)
㉣ 4 → 1(복수기 방출열)

㉠ 단열압축(1 → 2) 펌프
㉡ 정압가열(2 → 3) 보일러
㉢ 단열팽창(3 → 4) 터빈
㉣ 정압방열(4 → 1) 복수기

14 피스톤-실린더 장치 내에 있는 공기가 0.3m^3에서 0.1m^3으로 압축되었다. 압축되는 동안 압력(P)과 체적(V) 사이에 $P = aV^{-2}$의 관계가 성립하며, 계수 $a = 6\text{kPa} \cdot \text{m}^6$이다. 이 과정 동안 공기가 한 일은 약 얼마인가?

① -53.3kJ
② -1.1kJ
③ 253kJ
④ -40kJ

해설 공업일 단열압축 $= \dfrac{k(P_1 V_1 - P_2 V_2)}{k-1} = \displaystyle\int_1^2 P_c dV$

$$= \int_1^2 (aV^{-2})dV = a(V^{-1})_{0.1}^{0.3}$$
$$= 6[(0.3)^{-3} - (0.1)^{-1}] = -40$$

15 이상적인 카르노 사이클의 열기관이 500℃인 열원으로 부터 500kJ을 받고, 25℃에 열을 방출한다. 이 사이클의 일(W)과 효율(η_{th})은 얼마인가?

① $W = 307.2\text{kJ}$, $\eta_{th} = 0.6143$
② $W = 207.2\text{kJ}$, $\eta_{th} = 0.5748$
③ $W = 250.3\text{kJ}$, $\eta_{th} = 0.8316$
④ $W = 401.5\text{kJ}$, $\eta_{th} = 0.6517$

해설 카르노 사이클 효율

$$\eta_c = 1 - \dfrac{Q_2}{Q_1} = 1 - \dfrac{T_2}{T_1} = 1 - \dfrac{(25+273)}{(500+273)} = 0.6144$$

$$\dfrac{Q_2}{Q_1} = \dfrac{T_2}{T_1} \text{에서} \quad Q_2 = \dfrac{(25+273)}{(500+273)} \times 500 = 192.76\text{kJ}$$

$$\therefore W = Q_1 - Q_2 = 500 - 192.76 = 307.24\text{kJ}$$

16 어떤 카르노 열기관이 100℃와 30℃ 사이에서 작동
되며 100℃의 고온에서 100kJ의 열을 받아 40kJ의
유용한 일을 한다면 이 열기관에 대하여 가장 옳게 설
명한 것은?

① 열역학 제1법칙에 위배된다.
② 열역학 제2법칙에 위배된다.
③ 열역학 제1법칙과 제2법칙에 모두 위배되지 않는다.
④ 열역학 제1법칙과 제2법칙에 모두 위배된다.

해설 $T_2 = 100 + 273 = 373K$, $T_1 = 30 + 273 = 300K$

$\eta_c = 1 - \dfrac{300}{373} = 0.1957$

∴ 유용열 $= 100 \times 0.1957 = 19.57kJ$(최대일)
$19.57kJ < 40kJ$

※ 열역학 제2법칙 : 입력과 출력이 같은 기관이다(제2종
영구기관).

17 내부 에너지가 30kJ인 물체에 열을 가하여 내부 에너
지가 50kJ이 되는 동안에 외부에 대하여 10kJ의 일
을 하였다. 이 물체에 가해진 열량은?

① 10kJ
② 20kJ
③ 30kJ
④ 60kJ

해설

⊙ 가해진 열량 = {(50-30) + 10} = 30kJ
ⓛ 내부에너지 변화량 = 50 - 30 = 20kJ
∴ (30 + 20) - 10 = 40kJ

18 그림과 같이 다수의 추를 올려놓은 피스톤이 장착된
실린더가 있는데, 실린더 내의 초기 압력은 300kPa,
초기 체적은 0.05m³이다. 이 실린더에 열을 가하면
서 적절히 추를 제거하여 폴리트로픽 지수가 1.3인
폴리트로픽 변화가 일어나도록 하여 최종적으로 실
린더 내의 체적이 0.2m³이 되었다면 가스가 한 일은
약 몇 kJ인가?

① 17
② 18
③ 19
④ 20

해설 $P_2 = P_1 \left(\dfrac{V}{V_2}\right)^n$, $P_2 = 300 \times \left(\dfrac{0.05}{0.2}\right)^{1.3} = 49.5kPa$

폴리트로픽 팽창일($_1 W_2) = \int PdV = \dfrac{P_1 V_1 - P_2 V_2}{n-1}$

$= \dfrac{(300 \times 0.05) - (49.5 \times 0.2)}{1.3 - 1}$

$= 17kJ$

19 온도 20℃에서 계기압력 0.183MPa의 타이어가 고
속주행으로 온도 80℃로 상승할 때 압력은 주행 전과
비교하여 약 몇 kPa 상승하는가?(단, 타이어의 체적
은 변하지 않고, 타이어 내의 공기는 이상기체로 가정
한다. 그리고 대기압은 101.3kPa이다.)

① 37kPa
② 58kPa
③ 286kPa
④ 445kPa

해설 $Pv = RT_1$이고 체적이 일정하므로, $\dfrac{P_1}{T_1} = \dfrac{P_2}{T_2}$에서

$P_2 - P_1 = \left(\dfrac{T_2}{T_1} - 1\right) \times P_1 = \left(\dfrac{80+273}{20+273} - 1\right) \times (101.3 + 183)$

$= 58.22kPa$

20 랭킨 사이클의 열효율을 높이는 방법으로 틀린 것은?

① 복수기의 압력을 저하시킨다.
② 보일러 압력을 상승시킨다.
③ 재열(Reheat) 장치를 사용한다.
④ 터빈 출구 온도를 높인다.

해설 랭킨 사이클은 터빈에서 출구의 온도를 낮추면 터빈의 부식
이 초래되어 열효율이 감소한다.

⊙ 정압가열($h_2 - h_1$)
ⓛ 정압방열($h_3 - h_4$)
ⓒ 단열팽창($h_2 - h_3$)
ⓔ 단열압축($h_1 - h_4$)

[랭킨 사이클]

21 1대의 압축기로 증발온도를 −30℃ 이하의 저온도로 만들 경우 일어나는 현상이 아닌 것은?

① 압축기 체적효율의 감소
② 압축기 토출 증기의 온도상승
③ 압축기의 단위흡입체적당 냉동효과 상승
④ 냉동능력당의 소요동력 증대

해설 ㉠ 1대의 압축기로 증발온도를 저온 −30℃ 이하로 압축하려면 성적계수, 냉동효과가 감소한다.
㉡ 2대의 2단 압축이 필요하다.

22 제빙장치에서 135kg용 빙관을 사용하는 냉동장치와 가장 거리가 먼 것은?

① 헤어 핀 코일
② 브라인 펌프
③ 공기교반장치
④ 브라인 애지테이터(Agitator)

해설 빙관
물을 채워서 냉각된 브라인 속에 넣어서 얼음을 얼리는 통, 보통 135kg용의 빙관이 사용된다(브라인 교반기 및 브라인 냉각기가 필요하다).

23 모세관 팽창밸브의 특징에 대한 설명으로 옳은 것은?

① 가정용 냉장고 등 소용량 냉동장치에 사용된다.
② 베이퍼록 현상이 발생할 수 있다.
③ 내부균압관이 설치되어 있다.
④ 증발부하에 따라 유량조절이 가능하다.

해설 모세관 팽창밸브
㉠ 냉장고, 룸에어컨, 쇼케이스 등에 사용한다.
㉡ 냉매의 베이퍼록 현상이 발생할 수가 있다.
㉢ 기타 냉매액의 리퀴드 백(Liquid Back) 현상에 주의한다.

24 증발기에서의 착상이 냉동장치에 미치는 영향에 대한 설명으로 옳은 것은?

① 압축비 및 성적계수 감소
② 냉각능력 저하에 따른 냉장실 내 온도 강하
③ 증발온도 및 증발압력 강하
④ 냉동능력에 대한 소요동력 감소

해설 증발기에서 서리(착상)가 발생하면 증발온도 및 증발압력이 강하(저하)된다.
기타 압축비 상승, 소요동력 증가, 냉장고 내 온도상승 등이 발생한다.

25 냉동능력이 7kW인 냉동장치에서 수랭식 응축기의 냉각수 입·출구 온도차가 8℃인 경우, 냉각수의 유량(kg/h)은?(단, 압축기의 소요동력은 2kW이다.)

① 630
② 750
③ 860
④ 964

해설 $Q_c = Q_e + W = G \cdot C \cdot \Delta t_w$

냉각수 유량 $G = \dfrac{Q_e + W}{C \cdot \Delta t_w}$

$$= \frac{(7+2) \times 3,600}{4.2 \times 8} = 964.29 \text{kg/h}$$

26 다음 냉동에 관한 설명으로 옳은 것은?

① 팽창밸브에서 팽창 전후의 냉매 엔탈피 값은 변한다.
② 단열 압축은 외부와의 열의 출입이 없기 때문에 단열 압축 전후의 냉매 온도는 변한다.
③ 응축기 내에서 냉매가 버려야 하는 열은 현열이다.
④ 현열에는 응고열, 융해열, 응축열, 증발열, 승화열 등이 있다.

해설 단열압축에서 압축 후에는 온도가 상승한다.

냉매입구 → 압축기 → 냉매출구 압력, 온도상승

① 팽창밸브에서 팽창 전후의 냉매 엔탈피는 동일하다.
③ 응축부하=현열+압축기열
④ 현열은 감열이다.

27 암모니아를 사용하는 2단 압축 냉동기에 대한 설명으로 틀린 것은?

① 증발온도가 −30℃ 이하가 되면 일반적으로 2단 압축방식을 사용한다.

② 중간냉각기의 냉각방식에 따라 2단 압축 1단 팽창과 2단 압축 2단 팽창으로 구분한다.

③ 2단 압축 1단 팽창 냉동기에서 저단 측 냉매와 고단 측 냉매는 서로 같은 종류의 냉매를 사용한다.

④ 2단 압축 2단 팽창 냉동기에서 저단 측 냉매와 고단 측 냉매는 서로 다른 종류의 냉매를 사용한다.

해설 • 압축비가 6 이상이면 2단 압축 채택
• 동일 냉매가 사용된다(중간 냉각은 물 또는 냉매로 한다).

[2단 압축 2단 팽창]

28 $P-h$(압력−엔탈피) 선도에서 나타내지 못하는 것은?

① 엔탈피   ② 습구온도

③ 건조도   ④ 비체적

해설 습구온도
공기 선도에서 파악한다.

29 냉동장치가 정상적으로 운전되고 있을 때에 관한 설명으로 틀린 것은?

① 팽창밸브 직후의 온도는 직전의 온도보다 낮다.

② 크랭크 케이스 내의 유온은 증발온도보다 높다.

③ 응축기의 냉각수 출구온도는 응축온도보다 높다.

④ 응축온도는 증발온도보다 높다.

해설 ㉠ 응축방식 : 수랭식, 공랭식
㉡ 응축온도와 냉각수 온도와의 차는 작을수록 좋다(응축온도가 낮아진다).
㉢ 응축기 냉각수 출구온도는 응축온도보다 낮다.

30 만액식 증발기를 사용하는 R−134a용 냉동장치가 아래와 같다. 이 장치에서 압축기의 냉매순환량이 0.2kg/s이며, 이론 냉동 사이클의 각 점에서의 엔탈피가 아래 표와 같을 때, 이론성능계수(COP)는?(단, 배관의 열손실은 무시한다.)

h_1=393kJ/kg	h_2=440kJ/kg
h_3=230kJ/kg	h_4=230kJ/kg
h_5=185kJ/kg	h_6=185kJ/kg
h_7=385kJ/kg	

① 1.98   ② 2.39

③ 2.87   ④ 3.47

해설 총 증발열량 $Q_e = G_e(h_1 - h_6)$

성적계수 $COP = \dfrac{Q_e}{W} = \dfrac{G_e(h_1 - h_6)}{G(h_2 - h_1)}$

팽창밸브 직후 증발기로 들어가는 냉매액량은

$G_e = G \times \dfrac{h_1 - h_4}{h_1 - h_5}$ 에서 $\dfrac{G_e}{G} = \dfrac{h_1 - h_4}{h_1 - h_5}$

$\therefore COP = \dfrac{G_e(h_1 - h_6)}{G(h_2 - h_1)} = \dfrac{h_1 - h_6}{h_2 - h_1} \times \dfrac{h_1 - h_4}{h_1 - h_5}$

$= \dfrac{h_1 - h_4}{h_2 - h_1} \quad (\because h_5 = h_6)$

$= \dfrac{393 - 230}{440 - 393} = 3.47$

31 냉동장치 내 공기가 혼입되었을 때 나타나는 현상으로 옳은 것은?

① 응축기에서 소리가 난다.
② 응축온도가 떨어진다.
③ 토출온도가 높다.
④ 증발압력이 낮아진다.

> **해설** 냉동기에 불응축가스(공기 등)가 혼입되면 응축압력이 높아져서 압축비가 증대하여 토출가스온도가 높아진다(또한 냉동능력 감소, 소요동력 증대).

32 빙축열 설비의 특징에 대한 설명으로 틀린 것은?

① 축열조의 크기를 소형화할 수 있다.
② 값싼 심야전력을 사용하므로 운전비용이 절감된다.
③ 자동화 설비에 의한 최적화 운전으로 시스템의 운전효율이 높다.
④ 제빙을 위한 냉동기 운전은 냉수취출을 위한 운전보다 증발온도가 높기 때문에 소비동력이 감소한다.

> **해설** 빙축열 설비에서 제빙을 위해 냉수취출을 위한 운전보다 증발온도가 낮기 때문에 소비동력이 증가한다.

33 공비혼합물(Azeotrope) 냉매의 특성에 관한 설명으로 틀린 것은?

① 서로 다른 할로카본 냉매들을 혼합하여 서로의 결점이 보완되는 냉매를 얻을 수 있다.
② 응축압력과 압축비를 줄일 수 있다.
③ 대표적인 냉매로 R-407C와 R-410A가 있다.
④ 각각의 냉매를 적당한 비율로 혼합하면 혼합물의 비등점이 일치할 수 있다.

> **해설** 대체 냉매
> ㉠ R-407C
> ㉡ R-410A
> ㉢ R-134a

34 암모니아 냉동장치에서 피스톤 압출량 120m³/h의 압축기가 아래 선도와 같은 냉동 사이클로 운전되고 있을 때 압축기의 소요동력(kW)은?

① 8.7
② 10.9
③ 12.8
④ 15.2

> **해설**
> $$W = \frac{G \cdot \Delta h}{860} = \frac{V}{v} \cdot \frac{\Delta h}{860}$$
> $$= \frac{120 \times (453 - 395.5)}{0.624 \times 860}$$
> $$= 12.86 \text{kW}$$
> ※ 1kW = 860kcal/h

35 다음 중 모세관의 압력강하가 가장 큰 경우는?

① 직경이 가늘고 길수록
② 직경이 가늘고 짧을수록
③ 직경이 굵고 짧을수록
④ 직경이 굵고 길수록

> **해설** 모세관 팽창밸브는 직경이 가늘고 길수록 압력강하가 크게 일어난다.

36 물을 냉매로 하고 LiBr을 흡수제로 하는 흡수식 냉동장치에서 장치의 성능을 향상시키기 위하여 열교환기를 설치하였다. 이 열교환기의 기능을 가장 잘 나타낸 것은?

① 발생기 출구 LiBr 수용액과 흡수기 출구 LiBr 수용액의 열 교환
② 응축기 입구 수증기와 증발기 출구 수증기의 열 교환
③ 발생기 출구 LiBr 수용액과 응축기 출구 물의 열 교환
④ 흡수기 출구 LiBr 수용액과 증발기 출구 수증기의 열 교환

해설 열교환기(성능효과 발생)

열교환기 (성능효과 발생)

37 다음 응축기 중 열통과율이 가장 작은 형식은?(단, 동일 조건 기준으로 한다.)

① 7통로식 응축기
② 입형 셸 앤드 튜브식 응축기
③ 공랭식 응축기
④ 2중관식 응축기

해설 응축기 열통과율(kcal/m²h℃)
㉠ 입형 : 750
㉡ 7통로식 : 1,000
㉢ 횡형 : 900
㉣ 대기식 : 600
㉤ 셸 앤드 코일식 : 500
㉥ 증발식 : 200~280
㉦ 공랭식 : 20~25

38 흡수식 냉동기에서 재생기에 들어가는 희용액의 농도가 50%, 나오는 농용액의 농도가 65%일 때, 용액순환비는?(단, 흡수기의 냉각열량은 730kca/kg이다.)

① 2.5   ② 3.7
③ 4.3   ④ 5.2

해설 흡수식 냉동기

$$용액순환비 = \frac{\varepsilon_2}{\varepsilon_2 - \varepsilon_1}$$
$$= \frac{65\%}{(65-50)\%} = 4.3$$

39 냉매에 관한 설명으로 옳은 것은?

① 냉매표기 R－xyz 형태에서 xyz는 공비 혼합 냉매의 경우 400번대, 비공비 혼합 냉매의 경우 500번대로 표시한다.
② R－502는 R－22와 R－113과의 공비혼합냉매이다.
③ 흡수식 냉동기는 냉매로 NH_3와 R–11이 일반적으로 사용된다.
④ R－1234yf는 HFO 계열의 냉매로서 지구온난화지수(GWP)가 매우 낮아 R－134a의 대체 냉매로 활용 가능하다.

해설 R－1234yf 냉매(HFO 계열)
지구온난화 지수(GWP)가 매우 낮아서 R－134a의 대체 냉매가 가능하다.

40 냉동기 중 공급 에너지원이 동일한 것끼리 짝지어진 것은?

① 흡수 냉동기, 압축기체 냉동기
② 증기분사 냉동기, 증기압축 냉동기
③ 압축기체 냉동기, 증기분사 냉동기
④ 증기분사 냉동기, 흡수 냉동기

해설 ㉠ 증기분사냉동기(증기이젝터 사용) : 물의 일부를 증발시키고 잔류물을 냉각시킨다.
㉡ 흡수식 냉동기는 7~8(kg/cm²) 증기잠열을 이용하여 LiBr, 즉 희용액을 농용액으로 만든다.

SECTION **03** 공기조화

41 난방부하가 6,500kcal/hr인 어떤 방에 대해 온수난방을 하고자 한다. 방열기의 상당방열면적(m²)은?

① 6.7   ② 8.4
③ 10   ④ 14.4

해설 온수난방 상당방열량 1EDR : 450kcal/m²h
$$\therefore EDR = \frac{6,500}{450} = 14.45ea$$

42 다음 중 감습(제습)장치의 방식이 아닌 것은?

① 흡수식   ② 감압식

③ 냉각식   ④ 압축식

해설 제습장치

㉠ 흡수식   ㉡ 압축식   ㉢ 냉각식

---

43 실내 설계온도 26℃인 사무실의 실내유효 현열부하는 20.42kW, 실내유효 잠열부하는 4.27kW이다. 냉각코일의 장치노점온도는 13.5℃, 바이패스 팩터가 0.1일 때, 송풍량(L/s)은?(단, 공기의 밀도는 1.2kg/m³, 정압비열은 1.006kJ/kg · K이다.)

① 1,350   ② 1,503

③ 12,530   ④ 13,532

해설 바이패스 팩터 $BF = \dfrac{t-13.5}{26-13.5} = 0.1$

$t = 13.5 + 0.1 \times (26-13.5) = 14.75℃$

$q_s = G \cdot C_p \cdot \Delta t = \rho Q \cdot C_p \cdot \Delta t$

송풍량 $Q = \dfrac{20.42 \times 1,000}{1.2 \times 1.006 \times (26-14.75)}$

         $= 1,503.57 \text{L/s}$

---

44 유효온도(Effective Temperature)의 3요소는?

① 밀도, 온도, 비열

② 온도, 기류, 밀도

③ 온도, 습도, 비열

④ 온도, 습도, 기류

해설 유효온도(ET : Effective Temperature)

실내환경 평가척도로, 기류, 습도, 온도를 하나로 조합한 상태의 온도감각을 상대습도 100% 풍속 0m/s일 때 느끼는 온도감각이다.

---

45 배출가스 또는 배기가스 등의 열을 열원으로 하는 보일러는?

① 관류보일러   ② 폐열보일러

③ 입형보일러   ④ 수관보일러

해설 폐열보일러 : 배기가스 등의 열을 이용하며, 하이네보일러, 리 보일러 등이 있다.

---

46 공기조화설비의 구성에서 각종 설비별 기기로 바르게 짝지어진 것은?

① 열원설비－냉동기, 보일러, 히트펌프

② 열교환설비－열교환기, 가열기

③ 열매 수송설비－덕트, 배관, 오일펌프

④ 실내유닛－토출구, 유인유닛, 자동제어기기

해설 ㉠ 열원설비 : 냉동기, 보일러, 히트펌프 등

㉡ 열운반장치 : 송풍기, 덕트 등

㉢ 공조기 : 코일, 필터, 노즐(가습용), 혼합실 등

---

47 덕트의 분기점에서 풍량을 조절하기 위하여 설치하는 댐퍼는?

① 방화 댐퍼   ② 스플릿 댐퍼

③ 피봇 댐퍼   ④ 터닝 베인

해설 스플릿 댐퍼(split damper)

풍량조절용이며 버터플라이 댐퍼, 루버댐퍼 등이 있다.

※ 방화댐퍼 : 루버형, 피봇형 등이 있다.

---

48 냉방부하 계산 결과 실내취득열량은 q_R, 송풍기 및 덕트 취득열량은 q_F, 외기부하는 q_O, 펌프 및 배관 취득열량은 q_p일 때, 공조기 부하를 바르게 나타낸 것은?

① $q_R + q_O + q_p$ ② $q_F + q_O + q_P$

③ $q_R + q_O + q_F$ ④ $q_R + q_P + q_F$

해설 공조기 부하＝실내취득열량＋외기부하

            ＋송풍기 및 덕트취득열량

---

49 다음 공조방식 중에서 전공기 방식에 속하지 않는 것은?

① 단일덕트 방식   ② 이중덕트 방식

③ 팬코일 유닛 방식   ④ 각층 유닛 방식

해설 ㉠ 전공기 방식

• 단일덕트, 2중덕트 방식

• 덕트 병용 패키지 방식

• 각층 유닛 방식

㉡ 전수방식 : 팬코일 유닛 방식

50 온수보일러의 수두압을 측정하는 계기는?

① 수고계　　　　　② 수면계
③ 수량계　　　　　④ 수위 조절기

해설 온수보일러 수두압 측정 : 수고계(온도 및 수두압 측정)

51 공기조화방식을 결정할 때에 고려할 요소로 가장 거리가 먼 것은?

① 건물의 종류　　　② 건물의 안정성
③ 건물의 규모　　　④ 건물의 사용목적

해설 건물의 안정성
건축물 설계 및 건축물 구조진단에서 실시한다.

52 증기난방방식에서 환수주관을 보일러 수면보다 높은 위치에 배관하는 환수배관방식은?

① 습식 환수방법　　② 강제 환수방식
③ 건식 환수방식　　④ 중력 환수방식

해설 보일러

건식환수(증기드럼 내 급수가 수면 위로 급수된다)

53 온수난방설비에 사용되는 팽창탱크에 대한 설명으로 틀린 것은?

① 밀폐식 팽창탱크의 상부 공기층은 난방장치의 압력변동을 완화하는 역할을 할 수 있다.
② 밀폐식 팽창탱크는 일반적으로 개방식에 비해 탱크 용적을 크게 설계해야 한다.
③ 개방식 탱크를 사용하는 경우는 장치 내의 온수온도를 85℃ 이상으로 해야 한다.
④ 팽창탱크는 난방장치가 정지하여도 일정압 이상으로 유지하여 공기침입 방지역할을 한다.

해설 팽창탱크
㉠ 개방식(100℃ 이하)
㉡ 밀폐식(100℃ 초과 중온수)

54 냉수코일 설계상 유의사항으로 틀린 것은?

① 코일의 통과 풍속은 2~3m/s로 한다.
② 코일의 설치는 관이 수평으로 놓이게 한다.
③ 코일 내 냉수속도는 2.5m/s 이상으로 한다.
④ 코일의 출입구 수온 차이는 5~10℃ 전·후로 한다.

해설 코일 속도
㉠ 냉수코일 정면 풍속(2.0~3.0m/s)
㉡ 코일 수속(1.0m/s 이내)

55 가열로(加熱爐)의 벽 두께가 80mm이다. 벽의 안쪽과 바깥쪽의 온도차는 32℃, 벽의 면적은 60m², 벽의 열전도율은 40kcal/m·h·℃일 때, 시간당 방열량(kcal/hr)은?

① 7.6×10^5　　　② 8.9×10^5
③ 9.6×10^5　　　④ 10.2×10^5

해설 시간당 방열량 $q = \dfrac{\lambda}{l} \cdot A \cdot \Delta t = \dfrac{40}{0.08} \times 60 \times 32$
$$= 9.6 \times 10^5 \text{kcal/h}$$

56 다음 중 온수난방과 가장 거리가 먼 것은?

① 팽창탱크　　　　② 공기빼기밸브
③ 관말트랩　　　　④ 순환펌프

해설 증기트랩(응축수 제거)
증기난방 관의 끝
(관말)
(증기 이송)　⊗　응축수 제거

57 공기조화방식 중 혼합상자에서 적당한 비율로 냉풍과 온풍을 자동적으로 혼합하여 각 실에 공급하는 방식은?

① 중앙식　　　　　② 2중 덕트방식
③ 유인 유닛방식　　④ 각층 유닛방식

해설 2중 덕트방식(전공기 방식)

58 다음의 공기조화장치에서 냉각코일 부하를 올바르게 표현한 것은?(단, G_F는 외기량(kg/h)이며, G는 전풍량(kg/h)이다.)

① $G_F(h_1 - h_3) + G_F(h_1 - h_2) + G(h_2 - h_5)$
② $G(h_1 - h_2) + G_F(h_1 - h_3) + G_F(h_2 - h_5)$
③ $G_F(h_1 - h_2) + G_F(h_1 - h_3) + G(h_2 - h_5)$
④ $G(h_1 - h_2) + G_F(h_1 - h_3) + G_F(h_2 - h_5)$

해설 ㉠ 냉각코일부하
= $G_F \times (h_1 - h_2) - G_F(h_1 - h_3) + G(h_2 - h_5)$
공기부하=외기부하+실내취득열량+예냉부하
㉡ 코일부하=외기부하-냉각코일부하-예냉코일부하-
냉각부하=③ : 혼합공기
㉢ ④ 혼합공기

59 온풍난방의 특징에 대한 설명으로 틀린 것은?
① 예열시간이 짧아 간헐운전이 가능하다.
② 실내 상하의 온도차가 커서 쾌적성이 떨어진다.
③ 소음발생이 비교적 크다.
④ 방열기, 배관 설치로 인해 설비비가 비싸다.

해설 ㉠ 온풍난방=난방기기 → 덕트 → 실내
㉡ 온수난방=방열기, 배관 → 실내

60 에어워셔를 통과하는 공기의 상태 변화에 대한 설명으로 틀린 것은?
① 분무수의 온도가 입구공기의 노점온도보다 낮으면 냉각 감습된다.
② 순환수 분무하면 공기는 냉각가습되어 엔탈피가 감소한다.
③ 증기분무를 하면 공기는 가열 가습되고 엔탈피도 증가한다.
④ 분무수의 온도가 입구공기 노점온도보다 높고 습구온도보다 낮으면 냉각 가습된다.

해설

t_1, t_2 : 건구온도
t_1' : 습구온도
가습효율$(\eta_s) = \dfrac{t_1 - t_2}{t_1 - t_1'}$ (%)

SECTION 04 전기제어공학

61 그림과 같이 철심에 두 개의 코일 C_1, C_2를 감고 코일 C_1에 흐르는 전류 I에 ΔI만큼의 변화를 주었다. 이때 일어나는 현상에 관한 설명으로 옳지 않은 것은?

코일 C_1 코일 C_2

ΔI, I / e_1 / e_2

① 코일 C_2에서 발생하는 기전력 e_2는 렌츠의 법칙에 의하여 설명이 가능하다.
② 코일 C_1에서 발생하는 기전력 e_1은 자속의 시간 미분값과 코일의 감은 횟수의 곱에 비례한다.
③ 전류의 변화는 자속의 변화를 일으키며, 자속의 변화는 코일 C_1에 기전력 e_1을 발생시킨다.
④ 코일 C_2에서 발생하는 기전력 e_2와 전류 I의 시간 미분값의 관계를 설명해 주는 것이 자기 인덕턴스이다.

58. ③ 59. ④ 60. ② 61. ④ **| ANSWER**

해설 ⑦ 자속(Flux) : 자계, 전계, 전자계의 세기의 측정 단위이다.
ⓒ 기전력(Electromotive Force) : 전지나 발전기의 내부에서 발생하는 전위차(전압)는 전류를 흘리는 원동력이 되므로 기전력이라고 한다(단위 : 볼트).
ⓒ 자기인덕턴스(Self Inductance) : 코일의 상수로 유도 전압의 비례상수, 기호는 L, 단위는 헨리(H), 1H는 1초 간에 1A의 전류변화에 대하여 1V의 전압 발생을 하는 코일의 자기 인덕턴스
※ 코일 C_2에서 발생하는 기전력 e_2와 전류 I의 시간 적분값의 관계를 설명하였다.

62 그림과 같은 제어에 해당하는 것은?

① 개방 제어　　　　　② 시퀀스 제어
③ 개루프 제어　　　　④ 폐루프 제어

해설 제어동작 순서(측정→비교→판단→조작)

[피드백 제어]

63 물체의 위치, 방위, 자세 등의 기계적 변위를 제어량으로 하여 목푯값의 임의의 변화에 항상 추종되도록 구성된 제어장치는?

① 서보기구　　　　　② 자동조정
③ 정치 제어　　　　　④ 프로세스 제어

해설 서보기구(Servo Mechanism)
제어량이 기계적 위치에 있도록 하는 자동제어, 즉 물체의 위치, 방위, 자세 등 목푯값의 임의 변화에 추종하도록 구성된 피드백 제어계이다(기계를 명령대로 움직이는 장치).

64 다음 중 무인 엘리베이터의 자동제어로 가장 적합한 것은?

① 추종 제어　　　　　② 정치 제어
③ 프로그램 제어　　　④ 프로세스 제어

해설 프로그램 제어(Program Control)
목푯값이 미리 정해진 시간적 변화를 하는 경우 제어량을 그것에 추종시키기 위한 제어

65 다음의 논리식을 간단히 한 것은?

$$X = \overline{A}\overline{B}C + A\overline{B}\overline{C} + A\overline{B}C$$

① $\overline{B}(A+C)$　　　　② $C(A+\overline{B})$
③ $\overline{C}(A+B)$　　　　④ $\overline{A}(B+C)$

해설 $A\overline{B}C$를 추가해도 결과는 동일하므로
$X = \overline{A}\overline{B}C + A\overline{B}C + A\overline{B}\overline{C} + A\overline{B}C$
$= \overline{B}C(\overline{A}+A) + A\overline{B}(\overline{C}+C)$
$= \overline{B}C(1) + A\overline{B}(1)$
$= \overline{B}(C+A)$

66 PLC 프로그래밍에서 여러 개의 입력신호 중 하나 또는 그 이상의 신호가 ON 되었을 때 출력이 나오는 회로는?

① OR 회로　　　　　② AND 회로
③ NOT 회로　　　　④ 자기유지회로

해설 OR 회로(논리합 회로 Gate)
입력 A 또는 B의 어느 한쪽이나 양자가 "1"일 때 출력이 "1"이 되는 회로이다. 논리식 X=A+B로 표시한다.

(유접점)

(무접점)

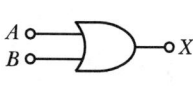

진리값 표

A	B	X
0	0	0
0	1	1
1	0	1
1	1	1

(논리기호)

67 단상변압기 2대를 사용하여 3상 전압을 얻고자 하는 결선방법은?

① Y결선　　　　② V결선
③ △결선　　　　④ Y−△결선

해설 V결선 : 단상변압기 2대를 사용하여 3상 전압을 얻고자 하는 결선이다.

68 직류기에서 전압정류의 역할을 하는 것은?

① 보극　　　　② 보상권선
③ 탄소브러시　　　　④ 리액턴스 코일

해설 보극(Commutating Pole)
정류기계의 주자속 중간 위치에 둔 보조자극으로 그 여자 권선에는 부하전류에 비례한 전류가 흘러 정류를 쉽게 하는 자속을 발생하도록 한다(즉 직류기에서 전압정류의 역할).

69 전동기 2차 측에 기동저항기를 접속하고 비례 추이를 이용하여 기동하는 전동기는?

① 단상 유도전동기
② 2상 유도전동기
③ 권선형 유도전동기
④ 2중 농형 유도전동기

해설 권선형 유도전동기
전동기 2차 측에 기동저항기를 접속하고 비례추이를 이용하여 기동하는 전동기이다(권상기, 기중기에 사용).

70 100V, 40W의 전구에 0.4A의 전류가 흐른다면 이 전구의 저항은?

① 100Ω　　　　② 150Ω
③ 200Ω　　　　④ 250Ω

해설 전기저항 $R = \dfrac{V}{I} = \dfrac{100}{0.4} = 250\Omega$

71 공작기계의 물품 가공을 위하여 주로 펄스를 이용한 프로그램 제어를 하는 것은?

① 수치제어　　　　② 속도제어
③ PLC 제어　　　　④ 계산기 제어

해설 수치제어(NC)
공작기계의 물품 가공을 위하여 펄스(Pulse : 충격파)를 이용한 프로그램 제어이다.

72 다음 중 절연저항을 측정하는 데 사용되는 계측기는?

① 메거　　　　② 저항계
③ 켈빈브리지　　　　④ 휘스톤브리지

해설 메거(Megger)
절연저항계(수동식의 정전압 직류발전기와 가동코일형의 비율계로 구성)

73 검출용 스위치에 속하지 않는 것은?

① 광전 스위치　　　　② 액면 스위치
③ 리미트 스위치　　　　④ 누름버튼 스위치

해설 누름버튼 스위치
전기등의 소통이나 on−off와 관계되는 스위치이다.

74 다음과 같은 회로에서 i_2가 0이 되기 위한 C의 값은? (단, L은 합성인덕턴스, M은 상호인덕턴스이다.)

① $\dfrac{1}{\omega L}$　　　　② $\dfrac{1}{\omega^2 L}$

③ $\dfrac{1}{\omega M}$　　　　④ $\dfrac{1}{\omega^2 M}$

해설 2차 회로의 전압방식

$$-j\omega MI_1 - \frac{1}{j\omega C}I_1 + \left(j\omega L_2 + \frac{1}{j\omega C}\right)I_2 = 0$$

$I_2 = 0$이 되려면 $I_1(i_1)$의 계수가 0이어야 하므로

$$-j\omega M + j\frac{1}{\omega C} = 0$$

$$\therefore \ C = \frac{1}{\omega^2 M}$$

※ 인덕턴스(Inductance) : 전선이나 코일에는 그 주위나 내부를 통하는 자속의 변화를 방해하는 작용이 있으며 이 작용의 세기를 나타내는 값이다.

75 오차 발생시간과 오차의 크기로 둘러싸인 면적에 비례하여 동작하는 것은?

① P 동작 ② I 동작
③ D 동작 ④ PD 동작

해설 I 동작(적분 동작)
㉠ 잔류편차 제거의 응답시간이 길다.
㉡ 오차 발생시간과 오차의 크기로 둘러싸인 면적에 비례하여 동작한다.

$$Y = \frac{1}{T_i}\int z(t)dt$$

여기서, T_i : 적분시간, $\frac{1}{T_i}$: 리셋률

76 개루프 전달함수 $G(s) = \dfrac{1}{s^2 + 2s + 3}$ 인 단위 궤환계에서 단위계단입력을 가하였을 때의 오프셋(offset)은?

① 0 ② 0.25
③ 0.5 ④ 0.75

해설 단위계단입력 $R(s) = \dfrac{1}{s}$

단위계단입력을 가했을 때 오프셋 e_{ss}

$$e_{ss} = \lim_{s\to 0} s \cdot \frac{1}{1+G(s)} \cdot R(s)$$
$$= \lim_{s\to 0} s \cdot \frac{1}{1+G(s)} \cdot \frac{1}{s} = \lim_{s\to 0}\frac{1}{1+G(s)}$$
$$= \frac{1}{1+\lim_{s\to 0}G(s)} = \frac{1}{1+\lim_{s\to 0}\frac{1}{s^2+2s+3}}$$
$$= \frac{1}{1+\frac{1}{3}} = \frac{3}{4} = 0.75$$

77 저항 8Ω과 유도리액턴스 6Ω이 직렬접속된 회로의 역률은?

① 0.6 ② 0.8
③ 0.9 ④ 1

해설 역률 $= \dfrac{저항}{임피던스} = \dfrac{R}{Z} = \dfrac{R}{\sqrt{R^2+X_L^2}} = \dfrac{8}{\sqrt{8^2+6^2}} = 0.8$

78 온도 보상용으로 사용되는 소자는?

① 서미스터 ② 바리스터
③ 제너다이오드 ④ 버랙터 다이오드

해설 온도보상용
서미스터 저항온도계, 열전온도계, 부르동관 온도계 등

79 다음과 같은 회로에서 a, b 양단자 간의 합성 저항은? (단, 그림에서 저항의 단위는 Ω이다.)

① 1.0Ω ② 1.5Ω
③ 3.0Ω ④ 6.0Ω

해설 합성저항$(R_{ac}) = \dfrac{(1+2)\times(1+2)}{(1+2)+(1+2)} = \dfrac{9}{6} = 1.5\Omega$

80 온 오프(on-off) 동작에 관한 설명으로 옳은 것은?

① 응답속도는 빠르나 오프셋이 생긴다.
② 사이클링은 제거할 수 있으나 오프셋이 생긴다.
③ 간단한 단속적 제어동작이고 사이클링이 생긴다.
④ 오프셋은 없앨 수 있으나 응답시간이 늦어질 수 있다.

해설 온-오프 불연속동작은 간단한 단속적 제어동작이고 사이클링(Cycling)이 생긴다.

사이클링 : 자동제어계의 온 오프 동작에서 조작량이 단속하기 때문에 제어량에 주기적인 변동이 생기는 것을 말한다. 사이클링이 제어상 바람직하지 않은 상태를 헌팅(난조)이라고 한다.

SECTION 05 배관일반

81 도시가스 배관 시 배관이 움직이지 않도록 관 지름 13
~33mm 미만의 경우 몇 m마다 고정 장치를 설치해
야 하는가?

① 1m   ② 2m

③ 3m   ④ 4m

해설 도시가스배관 고정장치

82 냉매배관에 사용되는 재료에 대한 설명으로 틀린
것은?

① 배관 선택 시 냉매의 종류에 따라 적절한 재료를
선택해야 한다.

② 동관은 가능한 한 이음매 있는 관을 사용한다.

③ 저압용 배관은 저온에서도 재료의 물리적 성질이
변하지 않는 것으로 사용한다.

④ 구부릴 수 있는 관은 내구성을 고려하여 충분한
강도가 있는 것을 사용한다.

해설 냉매배관은 동관의 경우 가능한 한 이음매가 없는 관을 사용
하여야 한다.

83 동관의 호칭경이 20A일 때 실제 외경은?

① 15.87mm   ② 22.22mm

③ 28.57mm   ④ 34.93mm

해설 동관(3/4 호칭경 20A)의 평균 외경은 22.22mm이다(살두
께는 K타입 : 1.65, L타입 : 1.14, M타입 : 0.8이다).

84 팬코일 유닛방식의 배관방식에서 공급관이 2개이고
환수관이 1개인 방식으로 옳은 것은?

① 1관식   ② 2관식

③ 3관식   ④ 4관식

해설

[3관식]

85 방열기 전체의 수저항이 배관의 마찰손실에 비해 큰
경우 채용하는 환수방식은?

① 개방류방식   ② 재순환방식

③ 역귀환방식   ④ 직접귀환방식

해설 귀환방식
㉠ 직접귀환방식(방열기 전체의 수저항이 배관의 마찰손실
에 비해 큰 경우 채용)
㉡ 역귀환방식(각 층, 각 방열기에 흐르는 배관에서 동일 순
환율을 갖도록 함)

86 증기와 응축수의 온도 차이를 이용하여 응축수를 배
출하는 트랩은?

① 버킷 트랩(Bucket Trap)

② 디스크 트랩(Disk Trap)

③ 벨로스 트랩(Bellows Trap)

④ 플로트 트랩(Float Trap)

해설 온도차에 의한 증기트랩
㉠ 벨로스 트랩
㉡ 바이메탈 트랩

87 배관의 분해, 수리 및 교체가 필요할 때 사용하는 관
이음재의 종류는?

① 부싱   ② 소켓

③ 엘보   ④ 유니언

해설

[유니언이음(50A 미만용)] [플랜지이음(50A 이상 관경)]

88 급수량 산정에 있어서 시간평균예상급수량(Q_h)이 3000L/h였다면, 순간 최대 예상 급수량(Q_p)은?

① 75~100L/min ② 150~200L/min

③ 225~250L/min ④ 275~300L/min

┄┄┄┄┄┄┄┄┄┄┄┄┄┄┄┄┄┄┄┄┄┄┄

해설 순간 최대 예상 급수량

$$Q_p = \frac{(3\sim4)\,Q_h}{60}$$
$$= \frac{(3\sim4)\times3,000}{60}$$
$$= 150 \sim 200\text{L/min}$$

89 증기난방법에 관한 설명으로 틀린 것은?

① 저압 증기난방에 사용하는 증기의 압력은 0.15~0.35kg/cm² 정도이다.

② 단관 중력환수식의 경우 증기와 응축수가 역류하지 않도록 선단 하향 구배로 한다.

③ 환수주관을 보일러 수면보다 높은 위치에 배관한 것은 습식 환수관식이다.

④ 증기의 순환이 가장 빠르며 방열기, 보일러 등의 설치위치에 제한을 받지 않고 대규모 난방용으로 주로 채택되는 방식은 진공환수식이다.

┄┄┄┄┄┄┄┄┄┄┄┄┄┄┄┄┄┄┄┄┄┄┄

해설 건식 환수주관

90 배관의 자중이나 열팽창에 의한 힘 이외에 기계의 진동, 수격작용, 지진 등 다른 하중에 의해 발생하는 변위 또는 진동을 억제시키기 위한 장치는?

① 스프링 행거 ② 브레이스

③ 앵커 ④ 가이드

┄┄┄┄┄┄┄┄┄┄┄┄┄┄┄┄┄┄┄┄┄┄┄

해설 브레이스(Brace) : 열팽창 및 중력에 의한 힘 이외의 외력에 의한 배관이동을 제한하는 장치이다.
㉠ 방진기 : 주로 진동방지나 감쇠시키는 장치
㉡ 완충기 : 안전밸브 등 토출반력 등에 충격완화장치

91 펌프를 운전할 때 공동현상(캐비테이션)의 발생 원인으로 가장 거리가 먼 것은?

① 토출양정이 높다.

② 유체의 온도가 높다.

③ 날개차의 원주속도가 크다.

④ 흡입관의 마찰저항이 크다.

┄┄┄┄┄┄┄┄┄┄┄┄┄┄┄┄┄┄┄┄┄┄┄

해설 펌프에서 Cavitation이 발생하는 것은 흡입양정이 크기 때문이다.

92 급수방식 중 대규모의 급수 수요에 대응이 용이하고 단수 시에도 일정량의 급수를 계속할 수 있으며 거의 일정한 압력으로 항상 급수되는 방식은?

① 양수 펌프식

② 수도 직결식

③ 고가 탱크식

④ 압력 탱크식

┄┄┄┄┄┄┄┄┄┄┄┄┄┄┄┄┄┄┄┄┄┄┄

해설 고가탱크 급수설비

93 증기트랩의 종류를 대분류한 것으로 가장 거리가 먼 것은?

① 박스 트랩

② 기계적 트랩

③ 온도조절 트랩

④ 열역학적 트랩

┄┄┄┄┄┄┄┄┄┄┄┄┄┄┄┄┄┄┄┄┄┄┄

해설 배수트랩
㉠ 관트랩(Pipe Trap) : S형, P형, U형
㉡ 박스트랩(Box Trap)의 종류
　• 드럼트랩
　• 벨 트랩
　• 가솔린 트랩
　• 그리스 트랩

94 열팽창에 의한 배관의 이동을 구속 또는 제한하기 위해 사용되는 관 지지장치는?

① 행거(Hanger)
② 서포트(Support)
③ 브레이스(Brace)
④ 리스트레인트(Restraint)

> **해설** 리스트레인트
> 열팽창에 의한 배관의 이동을 구속 또는 제한하는 관 지지장치로서 앵커, 스톱, 가이드가 있다.

95 그림과 같은 입체도에 대한 설명으로 맞는 것은?

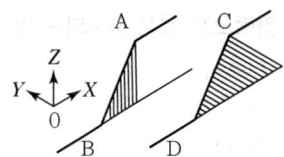

① 직선 A와 B, 직선 C와 D는 각각 동일한 수직평면에 있다.
② A와 B는 수직 높이 차가 다르고, 직선 C와 D는 동일한 수평평면에 있다.
③ 직선 A와 B, 직선 C와 D는 각각 동일한 수평평면에 있다.
④ 직선 A와 B는 동일한 수평평면에, 직선 C와 D는 동일한 수직평면에 있다.

> **해설** ㉠ A와 B : 수직 높이차가 다르다.
> ㉡ D와 C : 동일한 수평평면에 있다.
> ※ 입체도 : 입체공간을 X축, Y축, Z축으로 나누어 입체적인 형상을 평면에 나타낸다.

96 급수배관 시공에 관한 설명으로 가장 거리가 먼 것은?

① 수리와 기타 필요시 관 속의 물을 완전히 뺄 수 있도록 기울기를 주어야 한다.
② 공기가 모여 있는 곳이 없도록 하여야 하며, 공기가 모일 경우 공기빼기 밸브를 부착한다.
③ 급수관에서 상향 급수는 선단 하향 구배로 하고, 하향 급수에서는 선단 상향 구배로 한다.
④ 가능한 마찰손실이 적도록 배관하며 관의 축소는 편심 리듀서를 써서 공기의 고임을 피한다.

> **해설** 급수관 시공
> ㉠ 상향급수 : 선단 상향 구배
> ㉡ 하향급수 : 선단 하향 구배

97 베이퍼록 현상을 방지하기 위한 방법으로 틀린 것은?

① 실린더 라이너의 외부를 가열한다.
② 흡입배관을 크게 하고 단열 처리한다.
③ 펌프의 설치위치를 낮춘다.
④ 흡입관로를 깨끗이 청소한다.

> **해설** 베이퍼록(액이 기화) 현상 방지를 위하여 실린더 라이너의 외부를 냉각시킨다.

98 저압 증기난방장치에서 적용되는 하트포드 접속법(Hartford Connection)과 관련된 용어로 가장 거리가 먼 것은?

① 보일러 주변 배관
② 균형관
③ 보일러수의 역류방지
④ 리프트 피팅

> **해설** 진공환수식 증기난방방식의 리프트 피팅(Lift Fitting)에서는 1단의 흡상높이를 1.5m 이내로 한다.
>
>

99 배수 및 통기설비에서 배관시공법에 관한 배수 사항으로 틀린 것은?

① 배수 수직관에 배수관을 연결해서는 안 된다.
② 오버플로관은 트랩의 유입구 측에 연결해야 한다.
③ 바닥 아래에서 빼내는 각 통기관에는 횡주부를 형성시키지 않는다.
④ 통기 수직관은 최하위의 배수 수평지관보다 높은 위치에서 연결해야 한다.

해설

통기수직관

최하위의 배수수평지관

통기수직관은 최하위의 배수수평지관보다
낮은 위치에서 연결해야 한다.

100 온수난방 배관에서 에어 포켓(Air Pocket)이 발생될
우려가 있는 곳에 설치하는 공기빼기밸브의 설치위
치로 가장 적절한 것은?

① 공기빼기
밸브

② 공기빼기
밸브

③ 공기빼기
밸브

④ 공기빼기
밸브

해설 공기 등 에어는 관의 위로 상승하므로 공기빼기 밸브의 설치
위치는 ③항처럼 한다.

SECTION 01 기계열역학

01 그림과 같이 카르노 사이클로 운전하는 기관 2개가 직렬로 연결되어 있는 시스템에서 두 열기관의 효율이 똑같다고 하면 중간 온도 T 는 약 몇 K인가?

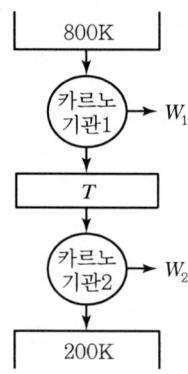

① 330K
② 400K
③ 500K
④ 660K

[해설] ㉠ 카르노기관1 열효율 $\eta_1 = 1 - \dfrac{T_L}{T_H} = 1 - \dfrac{T}{800}$

㉡ 카르노기관2 열효율 $\eta_2 = 1 - \dfrac{T_L}{T_H} = 1 - \dfrac{200}{T}$

두 열효율이 같으므로

$1 - \dfrac{T}{800} = 1 - \dfrac{200}{T}$ 에서 $T^2 = 800 \times 200$

$\therefore T = 400K$

02 역카르노 사이클로 운전하는 이상적인 냉동 사이클에서 응축기 온도가 40℃, 증발기 온도가 −10℃이면 성능계수는?

① 4.26
② 5.26
③ 3.56
④ 6.56

[해설] 역카르노 사이클 냉동기 성적계수

$COP_R = \dfrac{T_L}{T_H - T_L} = \dfrac{(-10 + 273)}{(40 + 273) - (-10 + 273)}$

$= 5.26$

03 밀폐 시스템에서 초기 상태가 300K, 0.5m³인 이상 기체를 등온과정으로 150kPa에서 600kPa까지 천천히 압축하였다. 이 압축과정에 필요한 일은 약 몇 kJ인가?

① 104
② 208
③ 304
④ 612

[해설] 등온과정 일 $W = P_1 V_1 \ln\left(\dfrac{P_1}{P_2}\right)$

$= (150 \times 0.5) \times \ln\left(\dfrac{150}{600}\right)$

$= -103.97$

$\therefore$ 압축일 104kJ

04 에어컨을 이용하여 실내의 열을 외부로 방출하려 한다. 실외 35℃, 실내 20℃인 조건에서 실내로부터 3kW의 열을 방출하려 할 때 필요한 에어컨의 최소 동력은 약 몇 kW인가?

① 0.154
② 1.54
③ 0.308
④ 3.08

[해설] 역카르노 냉동 사이클

성적계수 $COP = \dfrac{T_L}{T_H - T_L} = \dfrac{Q}{W}$

최소동력 $W = \dfrac{T_H - T_L}{T_L} \times Q$

$= \dfrac{(35 + 273) - (20 + 273)}{(20 + 273)} \times 3$

$= 0.154kW$

05 압력 250kPa, 체적 0.35m³의 공기가 일정 압력하에서 팽창하여, 체적이 0.5m³로 되었다. 이때 내부 에너지의 증가가 93.9kJ이었다면, 팽창에 필요한 열량은 약 몇 kJ인가?

① 43.8
② 56.4
③ 131.4
④ 175.2

해설 정압변화 팽창일

$\delta Q = dU + PdV$

$\therefore Q = \Delta U + P(V_2 - V_1)$

$\quad = 93.9 + 250 \times (0.5 - 0.35)$

$\quad = 131.4 \text{kJ}$

06 이상기체의 가역 폴리트로픽 과정은 다음과 같다. 이에 대한 설명으로 옳은 것은?(단, P는 압력, v는 비체적, C는 상수이다.)

$$Pv^n = C$$

① $n = 0$이면 등온과정

② $n = 1$이면 정적과정

③ $n = \infty$이면 정압과정

④ $n = k$(비열비)이면 단열과정

해설

상태변화	폴리트로픽 지수 (n)	폴리트로픽 비열 (C_n)
정압(등압)변화	0	C_P
등온(정온)변화	1	∞
단열변화	k	0
정적(등적)변화	∞	C_V

07 열과 일에 대한 설명 중 옳은 것은?

① 열역학적 과정에서 열과 일은 모두 경로에 무관한 상태함수로 나타낸다.

② 일과 열의 단위는 대표적으로 Watt(W)를 사용한다.

③ 열역학 제1법칙은 열과 일의 방향성을 제시한다.

④ 한 사이클 과정을 지나 원래 상태로 돌아왔을 때 시스템에 가해진 전체 열량은 시스템이 수행한 전체 일의 양과 같다.

해설 ㉠ 열량, 일량의 과정 = 경로함수(도정함수)

ㄴ 일과 열의 단위 : J

ㄷ 열역학적 제1법칙 : 에너지보존의 법칙

08 랭킨 사이클의 각각의 지점에서 엔탈피는 다음과 같다. 이 사이클의 효율은 약 몇 %인가?(단, 펌프일은 무시한다.)

- 보일러 입구 : 290.5kJ/kg
- 보일러 출구 : 3,476.9kJ/kg
- 응축기 입구 : 2,622.1kJ/kg
- 응축기 출구 : 286.3kJ/kg

① 32.4% ② 29.8%

③ 26.7% ④ 23.8%

해설

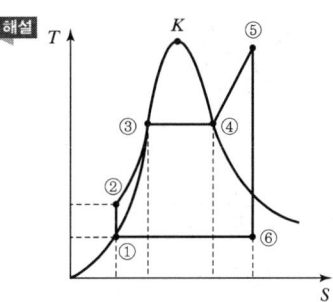

② 290.5

⑤ 3,476.9

⑥ 2,622.1

① 286.3

$\eta_R = \dfrac{(h_5 - h_6) - (h_2 - h_1)}{h_5 - h_2}$

$\quad = \dfrac{(3,476.9 - 2,622.1) - (290.5 - 286.3)}{(3,476.9 - 286.3)}$

$\quad = 0.26628(26.7\%)$

09 공기의 정압비열(C_p, kJ/kg℃)이 다음과 같다고 가정한다. 이때 공기 5kg을 0℃에서 100℃까지 일정한 압력하에서 가열하는 데 필요한 열량은 약 몇 kJ인가?(단, 다음 식에서 t는 섭씨온도를 나타낸다.)

$$C_p = 1.0053 + 0.000079 \times t(\text{kJ/kg℃})$$

① 85.5 ② 100.9

③ 312.7 ④ 504.6

해설 $Q = \displaystyle\int mcdt = \int_0^{100} (1.0053 + 0.000079t)dt$

$\quad = \left[1.0053t\right]_0^{100} + \left[0.000079\dfrac{t^2}{2}\right]_0^{100}$

$$= 1.0053 \times 100 + 0.000079 \frac{100^2}{2} = 100.925 \text{kJ}$$

$$\therefore \ 100.925 \text{kJ} \times 5 = 504.6 \text{kJ}$$

10 공기 표준 사이클로 운전하는 디젤 사이클 엔진에서 압축비는 18, 체절비(분사 단절비)는 2일 때 이 엔진의 효율은 약 몇 %인가?(단, 비열비는 1.4이다.)

① 63%　　　　　　② 68%

③ 73%　　　　　　④ 78%

해설 ㉠ 오토 사이클(내연기관 사이클)

$$\eta_0 = 1 - \frac{T_4 - T_1}{T_3 - T_2} = 1 - \frac{T_4 - T_1}{T_4 \varepsilon^{k-1} - T_1 \varepsilon^{k-1}}$$

$$= 1 - \left(\frac{1}{\varepsilon}\right)^{k-1}$$

㉡ 디젤 사이클(내연)

$$= \frac{A_w}{q_1} = 1 - \frac{q_2}{q_1} = 1 - \frac{C_v(T_4 - T_1)}{C_p(T_3 - T_2)} = 1 - \frac{(T_4 - T_1)}{k(T_3 - T_2)}$$

$$= 1 - \left(\frac{1}{\varepsilon}\right)^{k-1} \cdot \frac{\sigma^k - 1}{k(\sigma - 1)}$$

$$= 1 - \left(\frac{1}{18}\right)^{1.4-1} \times \frac{2^{1.4} - 1}{1.4(2 - 1)} = 0.63(63\%)$$

※ 디젤 사이클의 효율을 증가시키려면 압축비는 크고 체절비(단절비)는 작아야 한다.

11 카르노 냉동기 사이클과 카르노 열펌프 사이클에서 최고 온도와 최소 온도가 서로 같다. 카르노 냉동기의 성적 계수는 COP_R이라고 하고, 카르노 열펌프의 성적계수는 COP_{HP}라고 할 때 다음 중 옳은 것은?

① $COP_{HP} + COP_R = 1$

② $COP_{HP} + COP_R = 0$

③ $COP_R - COP_{HP} = 1$

④ $COP_{HP} - COP_R = 1$

해설 열펌프(히트펌프) 성적계수가 항상 냉동기(역카르노사이클)보다 1이 크다.

12 500℃의 고온부와 50℃의 저온부 사이에서 작동하는 Carnot 사이클 열기관의 열효율은 얼마인가?

① 10%　　　　　　② 42%

③ 58%　　　　　　④ 90%

해설 카르노 사이클 열효율

$$\eta = \frac{T_H - T_L}{T_H} = 1 - \frac{T_L}{T_H} = 1 - \frac{(50 + 273)}{(500 + 273)} = 0.58(58\%)$$

13 이상기체가 등온 과정으로 부피가 2배로 팽창할 때 한 일이 W_1이다. 이 이상기체가 같은 초기 조건하에서 폴리트로픽 과정(지수 = 2)으로 부피가 2배로 팽창할 때 한 일은?

① $\dfrac{1}{2\ln 2} \times W_1$　　　② $\dfrac{2}{\ln 2} \times W_1$

③ $\dfrac{\ln 2}{2} \times W_1$　　　④ $2\ln 2 \times W_1$

해설 폴리트로픽 과정의 절대일

$$(W) = \frac{P_1 V_1 - P_2 V_2}{n - 1} = \frac{1}{2\ln 2} \times W_1$$

14 클라우지우스(Clausius) 적분 중 비가역 사이클에 대하여 옳은 식은?(단, Q는 시스템에 공급되는 열, T는 절대온도를 나타낸다.)

① $\displaystyle\oint \frac{dQ}{T} = 0$　　　② $\displaystyle\oint \frac{dQ}{T} < 0$

③ $\displaystyle\oint \frac{dQ}{T} > 0$　　　④ $\displaystyle\oint \frac{dQ}{T} \geq 0$

해설 ㉠ 가역 : $\displaystyle\sum \frac{\delta Q}{T} = 0 \Rightarrow \oint \frac{\delta Q}{T} = 0$

㉡ 비가역 : $\displaystyle\oint \frac{\delta Q}{T} < 0$

㉢ 클라우지우스 부등식(적분값) : $\displaystyle\oint \frac{\delta Q}{T} \leq 0$

15 다음 중 이상적인 스로틀 과정에서 일정하게 유지되는 양은?

① 압력　　　　　　② 엔탈피

③ 엔트로피　　　　④ 온도

해설 스로틀(교축) 과정

㉠ 엔탈피 일정

㉡ 엔트로피 증가

16 70kPa에서 어떤 기체의 체적이 $12m^3$이었다. 이 기체를 800kPa까지 폴리트로픽 과정으로 압축했을 때 체적이 $2m^3$로 변화했다면, 이 기체의 폴리트로픽 지수는 약 얼마인가?

① 1.21　　　　　② 1.28
③ 1.36　　　　　④ 1.43

해설 $P_1 V_1^n = P_2 V_2^n$

$\dfrac{P_2}{P_1} = \left(\dfrac{V_1}{V_2}\right)^n$ 에 ln을 취하면

$\ln\left(\dfrac{P_2}{P_1}\right) = \ln\left(\dfrac{V_1}{V_2}\right)^n = n\ln\left(\dfrac{V_1}{V_2}\right)$

$\therefore \ n = \dfrac{\ln\left(\dfrac{P_2}{P_1}\right)}{\ln\left(\dfrac{V_1}{V_2}\right)} = \dfrac{\ln\left(\dfrac{800}{70}\right)}{\ln\left(\dfrac{12}{2}\right)} = 1.36$

17 어떤 기체 1kg이 압력 50kPa, 체적 $2.0m^3$의 상태에서 압력 1,000kPa, 체적 $0.2m^3$의 상태로 변화하였다. 이 경우 내부 에너지의 변화가 없다고 한다면, 엔탈피의 변화는 얼마나 되겠는가?

① 57kJ　　　　　② 79kJ
③ 91kJ　　　　　④ 100kJ

해설 $H = U + PV$
엔탈피 변화 $\Delta H = \Delta U + \Delta(PV)$
$\qquad = 0 + (P_2 V_2 - P_1 V_1)$
$\qquad = (1,000 \times 0.2) - (50 \times 2.0)$
$\qquad = 100kJ$

18 두 물체가 각각 제3의 물체와 온도가 같을 때는 두 물체도 역시 서로 온도가 같다는 것을 말하는 법칙으로 온도측정의 기초가 되는 것은?

① 열역학 제0법칙
② 열역학 제1법칙
③ 열역학 제2법칙
④ 열역학 제3법칙

해설 열역학 제0법칙
온도가 다른 두 물체를 접촉시키면 온도가 높은 물체의 온도는 내려가고 온도가 낮은 물체의 온도는 올라가서 결국 두 물체의 온도 차가 없어져서 열이 평형상태가 된다($_1 Q_2 = Gc\Delta t$ $= Gc(t_2 - t_1)$ 단, $t_2 > t_1$의 경우).

19 이상기체가 등온과정으로 체적이 감소할 때 엔탈피는 어떻게 되는가?

① 변하지 않는다.
② 체적에 비례하여 감소한다.
③ 체적에 반비례하여 증가한다.
④ 체적의 제곱에 비례하여 감소한다.

해설 등온과정 엔탈피 변화$(\Delta h) = C_p(T_2 - T_1) = 0$

20 이상적인 디젤 기관의 압축비가 16일 때 압축 전의 공기 온도가 90℃라면, 압축 후의 공기의 온도는 약 몇 ℃인가?(단, 공기의 비열비는 1.4이다.)

① 1,101℃　　　　② 718℃
③ 808℃　　　　　④ 828℃

해설 Diesel Cycle 과정

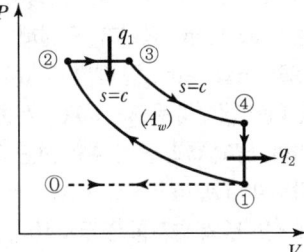

디젤 사이클의 압축과정은 단열압축이다.

$\dfrac{T_2}{T_1} = \left(\dfrac{V_1}{V_2}\right)^{k-1}$

$T_2 = T_1\left(\dfrac{V_1}{V_2}\right)^{k-1} = T_1 \varepsilon^{k-1}$

$T_1 = 273 + 90 = 363K$

$\therefore \ T_2 = \{(16^{1.4-1}) \times 363\} - 273 = 828℃$

SECTION 02 냉동공학

21 흡수식 냉동기의 특징에 대한 설명으로 옳은 것은?

① 자동제어가 어렵고 운전경비가 많이 소요된다.

② 초기 운전 시 정격 성능을 발휘할 때까지의 도달 속도가 느리다.

③ 부분 부하에 대한 대응이 어렵다.

④ 증기 압축식보다 소음 및 진동이 크다.

> **해설** 흡수식 냉동기
> ㉠ 자동제어가 용이하고 소요경비가 절감된다.
> ㉡ 부분 부하 대응이 용이하다.
> ㉢ 증기 압축식보다 소음이나 진동이 적다.

[재생기 부착 흡수식]

22 내경이 20mm인 관 안으로 포화상태의 냉매가 흐르고 있으며 관은 단열재로 싸여있다. 관의 두께는 1mm이며, 관 재질의 열전도도는 50W/m·K이며, 단열재의 열전도도는 0.02W/m·K이다. 단열재의 내경과 외경은 각각 22mm와 42mm일 때, 단위길이당 열손실(W)은?(단, 이때 냉매의 온도는 60℃, 주변 공기의 온도는 0℃이며, 냉매 측과 공기 측의 평균 대류열전달계수는 각각 2,000W/m²·K와 10W/m²·K이다. 관과 단열재 접촉부의 열저항은 무시한다.)

① 9.87　　　　② 10.15

③ 11.10　　　　④ 13.27

> **해설** 열손실(Q) = 면적 × K(열관류율) × 온도차
> - 열관류율(K) = $\dfrac{1}{\dfrac{1}{a_1}+\dfrac{b_1}{\lambda_1}+\dfrac{b_2}{\lambda_2}+\dfrac{1}{a_2}}$
>   = $\dfrac{1}{\dfrac{1}{2,000}+\dfrac{0.001}{50}+\dfrac{0.02}{0.02}+\dfrac{1}{10}}$
>   = $\dfrac{1}{1.10052}$ = 0.90W/m²·K

- 면적(A) = πDL = 3.14 × $\left(\dfrac{20+40}{10^3}\right)$ × 1 = 0.188m²
- ∴ 열손실 Q = 0.188 × 0.90 × (60−0) = 10.15W
- 20 + (42−22) × 2 = 20 + 40 = 60mm = 0.06m

23 40냉동톤의 냉동부하를 가지는 제빙공장이 있다. 이 제빙공장 냉동기의 압축기 출구 엔탈피가 457kcal/kg, 증발기 출구 엔탈피가 369kcal/kg, 증발기 입구 엔탈피가 128kcal/kg일 때, 냉매순환량(kg/h)은?(단, 1RT는 3,320kcal/h이다.)

① 551　　　　② 403

③ 290　　　　④ 25.9

> **해설** 냉동능력 $Q_e = G \cdot q_e$에서
> 냉매순환량 $G = \dfrac{Q_e}{q_e} = \dfrac{40 \times 3,320}{369 - 128}$
> = 551.04kg/h

24 증기압축식 냉동 시스템에서 냉매량 부족 시 나타나는 현상으로 틀린 것은?

① 토출압력의 감소　　② 냉동능력의 감소

③ 흡입가스의 과열　　④ 토출가스의 온도 감소

> **해설** 냉매 충전량 부족 시 현상
> ㉠ 증발기 증발압력 감소
> ㉡ 압축비 증대
> ㉢ 토출가스 온도 상승
> ㉣ 압축기 흡입가스 과열

25 프레온 냉동장치에서 가용전에 관한 설명으로 틀린 것은?

① 가용전의 용융온도는 일반적으로 75℃ 이하로 되어 있다.

② 가용전은 Sn(주석), Cd(카드뮴), Bi(비스무트) 등의 합금이다.

③ 온도상승에 따른 이상 고압으로부터 응축기 파손을 방지한다.

④ 가용전의 구경은 안전밸브 최소구경의 1/2 이하이어야 한다.

[해설] 가용전
　㉠ 구경은 안전밸브 구경의 $\dfrac{1}{2}$ 이상이 되어야 한다.
　㉡ 설치장소 : 응축기, 수액기 등

26 암모니아 냉동장치에서 고압 측 게이지 압력이 14 $kg/cm^2\,g$, 저압 측 게이지 압력이 $3kg/cm^2\,g$이고, 피스톤 압출량이 $100m^3/h$, 흡입증기의 비체적이 $0.5m^3/kg$이라 할 때, 이 장치에서의 압축비와 냉매순환량(kg/h)은 각각 얼마인가?(단, 압축기의 체적효율은 0.7로 한다.)

① 3.73, 70　　　　② 3.73, 140
③ 4.67, 70　　　　④ 4.67, 140

[해설] 압축비 $\alpha = \dfrac{P_c}{P_e} = \dfrac{14+1.0332}{3+1.0332} = 3.73$

냉매순환량 $G = \dfrac{V}{v}\eta_V = \dfrac{100}{0.5} \times 0.7 = 140kg/h$

27 피스톤 압출량이 $48m^3/h$인 압축기를 사용하는 아래와 같은 냉동장치가 있다. 압축기 체적효율(η_v)이 0.75이고, 배관에서의 열손실을 무시하는 경우, 이 냉동장치의 냉동능력(RT)은?(단, 1RT는 3,320kcal/h이다.)

$h_1 = 135.5kcal/kg$
$\nu_1 = 0.12m^3/kg$
$h_2 = 105.5kcal/kg$
$h_3 = 104.0kcal/kg$

① 1.83　　　　② 2.54
③ 2.71　　　　④ 2.84

[해설] 냉매순환량 $G = \dfrac{V}{v_1}\eta_V = \dfrac{48}{0.12} \times 0.75 = 300kg/h$

열교환식 $G(h_2 - h_3) = G(h_1 - h_4)$ 에서
$h_4 = h_1 - (h_2 - h_3)$
　　$= 135.5 - (105.5 - 104.0) = 134$

∴ 냉동능력 $Q_e = \dfrac{300 \times (134 - 104.0)}{3,320}$
　　　　　　$= 2.71RT$

28 다음 중 독성이 거의 없고 금속에 대한 부식성이 적어 식품 냉동에 사용되는 유기질 브라인은?

① 프로필렌글리콜
② 식염수
③ 염화칼슘
④ 염화마그네슘

[해설] 프로필렌글리콜 유기질 2차 냉매 : 부식성이 적고 독성이 없어 식품 동결에 사용한다.

29 열통과율 $900kcal/m^2h℃$, 전열면적 $5m^2$인 아래 그림과 같은 대류류 열교환기에서의 열교환량(kcal/h)은?(단, $t_1 : 27℃$, $t_2 : 13℃$, $t_{w1} : 5℃$, $t_{w2} : 10℃$ 이다.)

① 26,865　　　　② 53,730
③ 45,000　　　　④ 90,245

[해설] $t_1 - t_{w2} = 27 - 10 = 17$, $t_2 - t_{w1} = 13 - 5 = 8$

Δt_n(대수평균온도차)$= \dfrac{17-8}{\ln\left(\dfrac{17}{8}\right)} = \dfrac{9}{0.753} = 11.94℃$

∴ $Q = 5 \times 900 \times 11.94 = 53,730kcal/h$

30 냉동장치에 사용하는 브라인 순환량이 $200L/min$이고, 비열이 $0.7kcal/kg \cdot ℃$이다. 브라인의 입·출구 온도는 각각 $-6℃$와 $-10℃$일 때, 브라인 쿨러의 냉동능력(kcal/h)은?(단, 브라인의 비중은 1.2이다.)

① 36,880　　　　② 38,860
③ 40,320　　　　④ 43,200

[해설] 냉동능력 $Q = G \cdot C \cdot \Delta t = \rho Q \cdot C \cdot \Delta t$
　　　　$= (1.2 \times 200 \times 60) \times 0.7 \times (-6-(-10))$
　　　　$= 40,320kcal/h$

31 프레온 냉매의 경우 흡입배관에 이중 입상관을 설치하는 목적으로 가장 적합한 것은?

① 오일의 회수를 용이하게 하기 위하여
② 흡입가스의 과열을 방지하기 위하여
③ 냉매액의 흡입을 방지하기 위하여
④ 흡입관에서의 압력 강하를 줄이기 위하여

해설 오일의 회수는 압축기 피스톤링이나 유분리기로 처리한다.

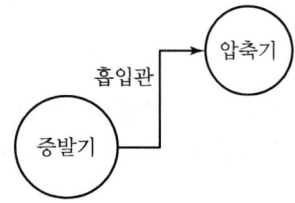

32 다음 중 흡수식 냉동기의 용량제어 방법으로 적당하지 않은 것은?

① 흡수기 공급흡수제 조절
② 재생기 공급용액량 조절
③ 재생기 공급증기 조절
④ 응축수량 조절

해설 흡수제인 리튬브로마이드(LiBr)의 기능은 증발기의 냉매증기를 흡수하는 것이다.

33 냉동장치 운전 중 팽창밸브의 열림이 적을 때, 발생하는 현상이 아닌 것은?

① 증발압력은 저하한다.
② 냉매 순환량은 감소한다.
③ 액압축으로 압축기가 손상된다.
④ 체적효율은 저하한다.

해설 액압축은 압축기 내에서 발생한다.
※ 액압축(Liquid Back) : 증발기에서 압축기로 유입되는 냉매 중 액냉매가 증발하지 못하고 냉매액 그대로 압축기로 유입되는 현상이다(팽창밸브의 개도가 크면 발생한다).

34 폐열을 회수하기 위한 히트파이프(Heat Pipe)의 구성요소가 아닌 것은?

① 단열부   ② 응축부
③ 증발부   ④ 팽창부

해설 히트파이프(Heat Pipe) 구성
㉠ 단열부   ㉡ 증발부   ㉢ 응축부

35 냉동기유가 갖추어야 할 조건으로 틀린 것은?

① 응고점이 낮고, 인화점이 높아야 한다.
② 냉매와 잘 반응하지 않아야 한다.
③ 산화가 되기 쉬운 성질을 가져야 된다.
④ 수분, 산분을 포함하지 않아야 된다.

해설 냉동기유(오일)는 산에 대한 안전성이 좋고 왁스 성분이 적어야 한다.

36 냉동장치 내에 불응축 가스가 생성되는 원인으로 가장 거리가 먼 것은?

① 냉동장치의 압력이 대기압 이상으로 운전될 경우 저압 측에서 공기가 침입한다.
② 장치를 분해, 조립하였을 경우에 공기가 잔류한다.
③ 압축기의 축봉장치 패킹 연결부분에 누설부분이 있으면 공기가 장치 내에 침입한다.
④ 냉매, 윤활유 등의 열분해로 인해 가스가 발생한다.

해설 ㉠ 불응축가스 : 공기, H_2가스 등이다.
㉡ 냉동장치 운전 중 압력이 대기압 이하가 되면 고압 측에서 공기가 침입한다.
㉢ 흡수제가 온도가 높아지면 수소가스가 발생한다.

37 가역 카르노 사이클에서 고온부 40℃, 저온부 0℃로 운전될 때 열기관의 효율은?

① 7.825   ② 6.825
③ 0.147   ④ 0.128

해설 카르노 사이클 열효율
$$\eta_c = \frac{T_H - T_L}{T_H} = 1 - \frac{T_L}{T_H} = 1 - \frac{(0+273)}{(40+273)} = 0.128$$

38 다음 냉동장치에서 물의 증발열을 이용하지 않는 것은?

① 흡수식 냉동장치
② 흡착식 냉동장치
③ 증기분사식 냉동장치
④ 열전식 냉동장치

해설 ㉠ 열전식 냉동기는 펠티에 효과(Peltier Effect)를 이용한 전자냉동기이다.
㉡ 열전반도체 : 비스무트텔루라이드, 안티모니텔루라이드, 비스무트셀렌 등

39 다음 중 밀착 포장된 식품을 냉각부동액 중에 집어넣어 동결시키는 방식은?

① 침지식 동결장치
② 접촉식 동결장치
③ 진공 동결장치
④ 유동층 동결장치

해설 침지식 동결장치
밀착 포장된 식품을 냉각부동액 중에 집어넣어 동결시킨다.

40 압축기에 부착하는 안전밸브의 최소구경을 구하는 공식으로 옳은 것은?

① 냉매상수×(표준회전속도에서 1시간의 피스톤 압출량)$^{1/2}$
② 냉매상수×(표준회전속도에서 1시간의 피스톤 압출량)$^{1/3}$
③ 냉매상수×(표준회전속도에서 1시간의 피스톤 압출량)$^{1/4}$
④ 냉매상수×(표준회전속도에서 1시간의 피스톤 압출량)$^{1/5}$

해설 압축기 안전밸브 최소구경(d)
$d =$ 냉매상수×(표준회전속도에서 1시간의 피스톤 압출량)$^{1/2}$

SECTION 03 공기조화

41 장방형 덕트(장변 a, 단변 b)를 원형 덕트로 바꿀 때 사용하는 식은 아래와 같다. 이 식으로 환산된 장방형 덕트와 원형 덕트의 관계는?

$$D_e = 1.3\left[\frac{(a \cdot b)^5}{(a+b)^2}\right]^{1/8}$$

① 두 덕트의 풍량과 단위 길이당 마찰손실이 같다.
② 두 덕트의 풍량과 풍속이 같다.
③ 두 덕트의 풍속과 단위 길이당 마찰손실이 같다.
④ 두 덕트의 풍량과 풍속 및 단위 길이당 마찰손실이 모두 같다.

해설 원형 덕트로의 변환식
㉠ 덕트 단면의 두 변 길이가 a, b인 장방형 덕트를 원형 덕트로 바꿀 때 두 덕트의 풍량과 단위 길이당 마찰손실이 같도록 원형 덕트의 직경(상당직경, D_e)을 산정하는 식
㉡ 두 덕트의 단면적이 같을 때 동일 풍량에서의 마찰손실은 원형 틱트가 작다.

42 열회수방식 중 공조설비의 에너지 절약기법으로 많이 이용되고 있으며, 외기 도입량이 많고 운전시간이 긴 시설에서 효과가 큰 것은?

① 잠열교환기 방식
② 현열교환기 방식
③ 비열교환기 방식
④ 전열교환기 방식

해설 전열교환기
공조설비에서의 열회수방식으로 에너지 절약기법으로 채택하며 외기 도입량이 많고 운전시간이 긴 시설에서 효과가 크다.

---

43 중앙식 공조방식의 특징에 대한 설명으로 틀린 것은?

① 중앙집중식이므로 운전 및 유지관리가 용이하다.
② 리턴 팬을 설치하면 외기냉방이 가능하게 된다.
③ 대형건물보다는 소형건물에 적합한 방식이다.
④ 덕트가 대형이고, 개별식에 비해 설치공간이 크다.

> **해설** 중앙식 공조방식은 대형건물용이다. 소형건물에는 개별방식이 용이하다.

44 어느 건물 서편의 유리 면적이 40m²이다. 안쪽에 크림색의 베네시언 블라인드를 설치한 유리면으로부터 오후 4시에 침입하는 열량(kW)은?(단, 외기는 33℃, 실내는 27℃, 유리는 1중이며, 유리의 열통과율(K)은 5.9W/m²℃, 유리창의 복사량(I_{gr})은 608 W/m², 차폐계수(K_s)는 0.56이다.)

① 15   ② 13.6
③ 3.6   ④ 1.4

> **해설** ㉠ 일사열량(Q)=40×5.9×(33−27)=1,416W
> ㉡ 복사열량(Q)=40×0.56×608=13,619.2W
> ∴ 1,416+13,619.2=15,035.2W(15kW)

45 보일러의 스케일 방지방법으로 틀린 것은?

① 슬러지는 적절한 분출로 제거한다.
② 스케일 방지 성분인 칼슘의 생성을 돕기 위해 경도가 높은 물을 보일러수로 활용한다.
③ 경수연화장치를 이용하여 스케일 생성을 방지한다.
④ 인산염을 일정 농도가 되도록 투입한다.

> **해설** 보일러수는 칼슘, 마그네슘 등의 경도 성분을 제거하여 연수로 만들어 공급한다.

46 외부의 신선한 공기를 공급하여 실내에서 발생한 열과 오염물질을 대류효과 또는 급배기팬을 이용하여 외부로 배출시키는 환기 방식은?

① 자연환기   ② 전달환기
③ 치환환기   ④ 국소환기

> **해설** 치환환기
> 외부의 신선한 공기를 공급하여 실내의 오염물질과 교환하는 환기법이다.

47 다음 중 사용되는 공기 선도가 아닌 것은?(단, h : 엔탈피, x : 절대습도, t : 온도, p : 압력이다.)

① $h-x$ 선도
② $t-x$ 선도
③ $t-h$ 선도
④ $p-h$ 선도

> **해설** $p-h$ 선도(압력-엔탈피 선도) : 냉동기의 몰리에르 선도이다.

48 다음 중 일반 공기냉각용 냉수 코일에서 가장 많이 사용되는 코일의 열수로 가장 적정한 것은?

① 0.5~1
② 1.5~2
③ 4~8
④ 10~14

> **해설** ㉠ 냉수코일 정면 풍속 : 2.0~3.0m/s
> ㉡ 냉수코일 튜브 내 수속 : 1.0m/s
> ㉢ 냉수코일 열수 : 4~8열

49 일사를 받는 외벽으로부터의 침입열량(q)을 구하는 식으로 옳은 것은?(단, k는 열관류율, A는 면적, Δt는 상당 외기온도 차이다.)

① $q=k\times A\times\Delta t$
② $q=0.86\times A/\Delta t$
③ $q=0.24\times A\times\Delta t/k$
④ $q=0.29\times k/(A\times\Delta t)$

> **해설** 외벽의 일사열량(q)
> $q=k\times A\times\Delta t\,(kcal/h)$

50 공기의 감습장치에 관한 설명으로 틀린 것은?

① 화학적 감습법은 흡착과 흡수 기능을 이용하는 방법이다.

② 압축식 감습법은 감습만을 목적으로 사용하는 경우 재열이 필요하므로 비경제적이다.

③ 흡착식 감습법은 실리카겔 등을 사용하며, 흡습재의 재생이 가능하다.

④ 흡수식 감습법은 활성 알루미나를 이용하기 때문에 연속적이고 큰 용량의 것에는 적용하기 곤란하다.

해설 ㉠ 흡착식 감습장치(고체 감습장치) : 화학적 감습장치이다 (실리카겔, 활성알루미나, 아드솔 반고체 사용).
㉡ 흡수식 감습장치 : 리튬브로마이드(LiBr)나 트리에틸렌글리콜 등 흡수성이 큰 액체 사용

51 간접난방과 직접난방 방식에 대한 설명으로 틀린 것은?

① 간접난방은 중앙 공조기에 의해 공기를 가열해 실내로 공급하는 방식이다.

② 직접난방은 방열기에 의해서 실내공기를 가열하는 방식이다.

③ 직접난방은 방열체의 방열형식에 따라 대류난방과 복사난방으로 나눌 수 있다.

④ 온풍난방과 증기난방은 간접난방에 해당된다.

해설 간접난방 : 공기조화난방이다.

52 다음 중 온수난방용 기기가 아닌 것은?

① 방열기 ② 공기방출기
③ 순환펌프 ④ 증발탱크

해설 증발탱크 : 증기난방용 기기이다.

53 다음 중 축류형 취출구에 해당되는 것은?

① 아네모스탯형 취출구
② 펑커루버형 취출구
③ 팬형 취출구
④ 다공판형 취출구

해설 ㉠ ①, ③ : 천장 취출구
㉡ ②, ④ : 축류형 취출구

54 냉수코일의 설계상 유의사항으로 옳은 것은?

① 일반적으로 통과 풍속은 2~3m/s로 한다.

② 입구 냉수온도는 20℃ 이상으로 취급한다.

③ 관 내의 물의 유속은 4m/s 전후로 한다.

④ 병류형으로 하는 것이 보통이다.

해설 냉수코일
㉠ 입구 냉수온도는 20℃ 이하로 유지한다.
㉡ 관 내 물의 유속은 1m/s 전후이다.
㉢ 병류형보다는 향류형이 전열 효과가 크다.

55 수증기 발생으로 인한 환기를 계획하고자 할 때, 필요 환기량 Q(m³/h)의 계산식으로 옳은 것은?(단, q_s : 발생 현열량(kJ/h), W : 수증기 발생량(kg/h), M : 먼지 발생량(m³/h), t_i(℃) : 허용 실내온도, x_i(kg/kg) : 허용 실내 절대습도, t_o(℃) : 도입외기온도, x_o(kg/kg) : 도입외기 절대습도, K, K_o : 허용 실내 및 도입외기 가스농도, C, C_o : 허용 실내 및 도입외기 먼지농도이다.)

① $Q = \dfrac{q_s}{0.29(t_i - t_o)}$ ② $Q = \dfrac{W}{1.2(x_i - x_o)}$

③ $Q = \dfrac{100 \cdot M}{K - K_o}$ ④ $Q = \dfrac{M}{C - C_0}$

해설 수증기 배출 필요환기량$(Q) = \dfrac{W}{1.2(x_i - x_o)}$(m³/h)

56 다음 그림에서 상태 1인 공기를 2로 변화시켰을 때의 현열비를 바르게 나타낸 것은?

① $(i_3 - i_1)/(i_2 - i_1)$
② $(i_2 - i_3)/(i_2 - i_1)$
③ $(x_2 - x_1)/(t_1 - t_2)$
④ $(t_1 - t_2)/(i_3 - i_1)$

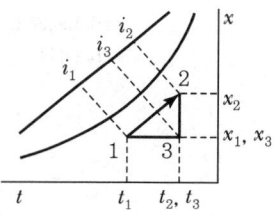

해설 현열비=$\frac{현열}{현열+잠열}$

㉠ i_3-i_1(현열)

㉡ i_2-i_3(잠열)

㉢ 현열+잠열=i_2-i_1

57 보일러의 종류 중 수관 보일러 분류에 속하지 않는 것은?

① 자연순환식 보일러

② 강제순환식 보일러

③ 연관 보일러

④ 관류 보일러

해설 연관보일러(원통형 보일러)

58 제주지방의 어느 한 건물에 대한 냉방기간 동안의 취득열량(GJ/기간)은?(단, 냉방도일 CD_{24-24}=162.4 deg℃ · day, 건물 구조체 표면적 500m², 열관류율은 0.58W/m²℃, 환기에 의한 취득열량은 168W/℃이다.)

① 9.37

② 6.43

③ 4.07

④ 2.36

해설 건축 총 열부하 BLC=관류열부하+환기열부하

$$=0.58\times500+168=458W/℃$$

취득열량 $Q=BLC\times CD$

$$=458\times162.4\times24\times3,600$$

$$=6,426,362,880J$$

$$=6.43GJ$$

59 송풍량 2,000m³/min을 송풍기 전후의 전압차 20Pa로 송풍하기 위한 필요 전동기 출력(kW)은? (단, 송풍기의 전압효율은 80%, 전동효율은 V벨트로 0.95이며, 여유율은 0.2이다.)

① 1.05

② 10.35

③ 14.04

④ 25.32

해설 축동력 $L_b=\frac{P_T Q}{60\times\eta_T}$

$$=\frac{20\times2,000}{60\times0.8}\times10^{-3}=0.833kW$$

전동기 출력 $L_m=\frac{L_b}{\eta_t}\times(1+\alpha)$

$$=\frac{0.833}{0.95}\times(1+0.2)$$

$$=1.05kW$$

60 에어워셔 단열 가습 시 포화효율은 어떻게 표시하는가?(단, 입구공기의 건구온도 t_1, 출구공기의 건구온도 t_2, 입구공기의 습구온도 t_{w1}, 출구공기의 습구온도 t_{w2}이다.)

① $\eta=\frac{(t_1-t_2)}{(t_2-t_{w2})}$

② $\eta=\frac{(t_1-t_2)}{(t_1-t_{w1})}$

③ $\eta=\frac{(t_2-t_1)}{(t_{w2}-t_1)}$

④ $\eta=\frac{(t_1-t_{w1})}{(t_2-t_1)}$

해설 에어워셔 가습효율(η_s)

$$\eta_s=\frac{(t_1-t_2)}{(t_1-t_{w1})}\times100\%$$

SECTION **04** 전기제어공학

61 변압기의 부하손(동손)에 관한 설명으로 옳은 것은?

① 동손은 온도 변화와 관계없다.

② 동손은 주파수에 의해 변화한다.

③ 동손은 부하전류에 의해 변화한다.

④ 동손은 자속밀도에 의해 변화한다.

해설 동손(Copper Loss)

전기기기에 생기는 손실 중 권선저항에 의해 생기는 줄(J) 손

동손(P) = $I^2 \cdot r$(W)

※ I(전류), r(권선의 저항, Ω)

---

62 목푯값이 다른 양과 일정한 비율 관계를 가지고 변화하는 경우의 제어는?

① 추종제어　　　　② 비율제어

③ 정치제어　　　　④ 프로그램 제어

해설 ㉠ 정치제어

㉡ 추치제어

　• 추종제어

　• 비율제어

　• 프로그램 제어

㉢ 비율제어 : 목푯값이 다른 양과 일정한 비율 관계를 가지고 변화하는 제어

---

63 프로세스 제어용 검출기기는?

① 유량계

② 전위차계

③ 속도검출기

④ 전압검출기

해설 온도계, 액면계, 유량계 : 프로세스 제어용 검출기기

---

64 R−L−C 직렬회로에서 전압(E)과 전류(I) 사이의 위상 관계에 관한 설명으로 옳지 않은 것은?

① $X_L = X_C$인 경우 I는 E와 동상이다.

② $X_L > X_C$인 경우 I는 E보다 θ만큼 뒤진다.

③ $X_L < X_C$인 경우 I는 E보다 θ만큼 앞선다.

④ $X_L < (X_C - R)$인 경우 I는 E보다 θ만큼 뒤진다.

해설 R−L−C 직렬회로

㉠ 전압과 전류의 위상차(θ) = $\tan^{-1} \dfrac{\omega L - \dfrac{1}{\omega C}}{R}$ (동상)

㉡ 역률 $\cos\theta = 1$

---

65 그림과 같은 R−L−C 회로의 전달함수는?

① $\dfrac{1}{LCs + RC + 1}$

② $\dfrac{1}{LC + RCs + 1}$

③ $\dfrac{1}{LCs^2 + RCs + 1}$

④ $\dfrac{1}{LCs + RCs^2 + 1}$

해설 ㉠ 전달함수 : 모든 초깃값을 0으로 가정하고 입력에 대한 출력비를 나타내는 함수이다.

㉡ 입력 신호 $x(t)$, 출력신호 $y(t)$일 때 전달함수 $G(s)$는

$$G(s) = \frac{\mathcal{L}[y(t)]}{\mathcal{L}[x(t)]} = \frac{Y(s)}{X(s)}$$

㉢ R−L−C 회로 전달함수 = $\dfrac{1}{LCs^2 + RCs + 1}$

---

66 디지털 제어에 관한 설명으로 옳지 않은 것은?

① 디지털 제어의 연산속도는 샘플링계에서 결정된다.

② 디지털 제어를 채택하면 조정 개수 및 부품 수가 아날로그 제어보다 줄어든다.

③ 디지털 제어는 아날로그 제어보다 부품편차 및 경년변화의 영향을 덜 받는다.

④ 정밀한 속도제어가 요구되는 경우 분해능이 떨어지더라도 디지털 제어를 채택하는 것이 바람직하다.

해설 ㉠ 디지털(Digital) : 계수형이며 숫자에 관한 용어 및 숫자에 의한 데이터 또는 물리량의 표현에 관한 용어(수치를 나타낼 때 두 가지의 안정 상태를 갖는 물리적 현상을 2진법의 수치에 대응시키는 경우가 많다.)

㉡ 아날로그(Analog) : 연속적으로 변화하는 물리량으로 데이터를 표현 또는 측정하는 것. 자동제어나 시뮬레이션 등에 사용되는 경우가 많다.

---

67 그림과 같은 피드백 제어계에서의 폐루프 종합 전달 함수는?

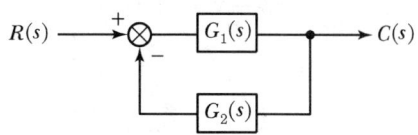

① $\dfrac{1}{G_1(s)} + \dfrac{1}{G_2(s)}$

② $\dfrac{1}{G_1(s) + G_2(s)}$

③ $\dfrac{G_1(s)}{1 + G_1(s) G_2(s)}$

④ $\dfrac{G_1(s) G_2(s)}{1 + G_1(s) G_2(s)}$

해설 $(R - CG_2) G_1 = C$

$RG_1 = C + CG_1 G_2 = C(1 + G_1 G_2)$

$\therefore\ G(s) = \dfrac{C}{R} = \dfrac{\text{전향경로의 합}}{1 - \text{피드백의 합}} = \dfrac{G_1(s)}{1 + G_1(s) G_2(s)}$

68 자성을 갖고 있지 않은 철편에 코일을 감아서 여기에 흐르는 전류의 크기와 방향을 바꾸면 히스테리시스 곡선이 발생하는데, 이 곡선 표현에서 X축과 Y축을 옳게 나타낸 것은?

① X축 – 자화력, Y축 – 자속밀도
② X축 – 자속밀도, Y축 – 자화력
③ X축 – 자화세기, Y축 – 잔류자속
④ X축 – 잔류자속, Y축 – 자화세기

해설 히스테리시스(Hysteresis)
철심을 자화하는 경우에 자계의 세기를 증가해 갈 때의 자속밀도의 변화를 나타내는 곡선과 자계의 세기를 감소해 갈 때의 자속밀도의 변화를 나타내는 곡선과는 일치하지 않는다.

69 그림과 같은 회로에서 전력계 W와 직류전압계 V의 지시가 각각 60W, 150V일 때 부하 전력은 얼마인가?(단, 전력계의 전류코일의 저항은 무시하고 전압계의 저항은 1kΩ이다.)

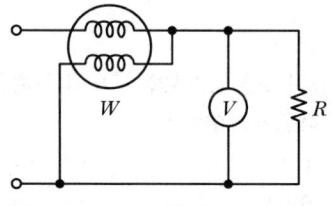

① 27.5W   ② 30.5W
③ 34.5W   ④ 37.5W

해설 전체 부하 $P_t = \dfrac{V^2}{R_t}$ 에서

전체 저항 $R_t = \dfrac{V^2}{P_t} = \dfrac{150^2}{60} = 375\,\Omega$

병렬저항의 합성저항 $R_t = \dfrac{R \times r}{R + r}$ 에서

$R = \dfrac{r \times R_t}{r - R_t} = \dfrac{1,000 \times 375}{1,000 - 375} = 600\,\Omega$

$\therefore$ 저항 R에 걸리는 부하전력

$P = \dfrac{V^2}{R} = \dfrac{150^2}{600} = 37.5\text{W}$

70 제어계의 동작상태를 교란하는 외란의 영향을 제거할 수 있는 제어는?

① 순서 제어
② 피드백 제어
③ 시퀀스 제어
④ 개루프 제어

해설 피드백 제어

71 $G(j\omega) = \dfrac{1}{1+3(j\omega)+3(j\omega)^2}$ 일 때 이 요소의 인디셜 응답은?

① 진동   ② 비진동

③ 임계진동   ④ 선형진동

해설 인디셜 응답(Indicial Response)

자동제어계 또는 요소의 과도적인 동특성을 살피기 위해 사용하는 것이다.

즉 자동제어계 또는 요소의 과도적인 동특성을 살피기 위해 사용하는 것으로 그림(a)와 같은 단위 계산한 입력이 가해졌을 때의 응답이다.

(a)   (안정한계, 요소에서의 응답)
                (b)

72 다음의 논리식 중 다른 값을 나타내는 논리식은?

① $X(\overline{X}+Y)$

② $X(X+Y)$

③ $XY+X\overline{Y}$

④ $(X+Y)(X+\overline{Y})$

해설 ① $X(\overline{X}+Y) = X\overline{X}+XY = 0+XY = XY$

② $X(X+Y) = XX+XY = X+XY = X(1+Y)$
                   $= X \cdot 1 = X$

③ $XY+X\overline{Y} = X(Y+\overline{Y}) = X \cdot 1 = X$

④ $(X+Y)(X+\overline{Y}) = XX+X\overline{Y}+XY+Y\overline{Y}$
                         $= X+X\overline{Y}+XY+0$
                         $= X+X(\overline{Y}+Y)$
                         $= X+X(1)$
                         $= X$

73 다음 중 불연속 제어에 속하는 것은?

① 비율 제어

② 비례 제어

③ 미분 제어

④ ON-OFF 제어

해설 불연속 제어(2위치 동작=ON-OFF)

74 저항 $R(\Omega)$에 전류 $I(A)$를 일정 시간 동안 흘렸을 때 도선에 발생하는 열량의 크기로 옳은 것은?

① 전류의 세기에 비례

② 전류의 세기에 반비례

③ 전류의 세기의 제곱에 비례

④ 전류의 세기의 제곱에 반비례

해설 저항 중의 발생열량(H)

∴ $H = I^2 Rt$ (J)

※ 1cal = 4.186J, 1J = $\dfrac{1}{4.186}$ = 0.24cal

75 어떤 코일에 흐르는 전류가 0.01초 사이에 일정하게 50A에서 10A로 변할 때 20V의 기전력이 발생할 경우 자기인덕턴스(mH)는?

① 5   ② 10

③ 20   ④ 40

해설 유도기전력 $e = -L\dfrac{di}{dt}$ 에서

자기인덕턴스 $L = -\dfrac{dt}{di}\times e$
                $= -\dfrac{0.01}{10-50}\times 20$
                $= 0.005H$
                $= 5mH$

76 유도전동기에서 슬립이 "0"이라고 하는 것은?

① 유도전동기가 정지 상태인 것을 나타낸다.

② 유도전동기가 전부하 상태인 것을 나타낸다.

③ 유도전동기가 동기속도로 회전한다는 것이다.

④ 유도전동기가 제동기의 역할을 한다는 것이다.

해설 슬립(Slip)

㉠ 동기속도에 대한 동기속도와 회전자속도 차와의 비이다.

㉡ 전동기에서 최대 토크를 발생하는 슬립은 0에 가깝다.

㉢ 회전자 속도가 동기속도로 회전하면 슬립 $S=0$이 된다.

77 공기식 조작기기에 관한 설명으로 옳은 것은?

① 큰 출력을 얻을 수 있다.
② PID 동작을 만들기 쉽다.
③ 속응성이 장거리에서는 빠르다.
④ 신호를 먼 곳까지 보낼 수 있다.

해설 공기식 조작기
　㉠ on-off 2위치 동작이나 PID 동작이 자주 사용된다.
　㉡ 안전하나 출력은 크지 않고 장거리에서는 전송 및 속응성이 느리다.

78 자기회로에서 퍼미언스(Permeance)에 대응하는 전기회로의 요소는?

① 도전율　　　　② 컨덕턴스
③ 정전용량　　　④ 엘라스턴스

해설 ㉠ 퍼미언스 : 자기저항의 역수로서 자속이 통하기 쉬움을 나타내는 양이다. 단위는 Wb/A 또는 H(헨리)이다.
　㉡ 컨덕턴스(Conductance) : 저항의 역수이며 전류가 얼마만큼 잘 흐르는지를 나타낸다. 단위는 G(지멘스)이다.

79 다음 설명에 알맞은 전기 관련 법칙은?

> 회로 내의 임의의 폐회로에서 한쪽 방향으로 일주하면서 취할 때 공급된 기전력의 대수합은 각 회로 소자에서 발생한 전압 강하의 대수합과 같다

① 옴의 법칙　　　② 가우스 법칙
③ 쿨롱의 법칙　　④ 키르히호프의 법칙

해설 Kirchhoff's Law를 설명한 것이다.

80 방사성 위험물을 원격으로 조작하는 인공수(人工手 ; Manipulator)에 사용되는 제어계는?

① 서보기구　　　② 자동조정
③ 시퀀스 제어　　④ 프로세스 제어

해설 ㉠ 서보기구(Servo Mechanism) : 제어량이 기계적 위치에 있도록 하는 자동제어계. 즉, 물체의 위치, 방위, 자세 등 목푯값의 임의 변화에 추종하도록 구성된 피드백 제어이며 기계를 명령대로 움직이는 장치이다.
　㉡ 서보기구의 종류 : 전위차계, 차동변압기

SECTION 05　배관일반

81 배관설비 공사에서 파이프 랙의 폭에 관한 설명으로 틀린 것은?

① 파이프 랙의 실제 폭은 신규라인을 대비하여 계산된 폭보다 20% 정도 크게 한다.
② 파이프 랙상의 배관밀도가 작아지는 부분에 대해서는 파이프 랙의 폭을 좁게 한다.
③ 고온배관에서는 열팽창에 의하여 과대한 구속을 받지 않도록 충분한 간격을 둔다.
④ 인접하는 파이프의 외측과 외측과의 최소 간격을 25mm로 하여 랙의 폭을 결정한다.

해설 파이프 랙
인접하는 파이프 외측과 외측과의 최소간격은 75mm(3인치) 정도로 한다.

82 다음 중 방열기나 팬코일 유닛에 가장 적합한 관 이음은?

① 스위블 이음　　② 루프 이음
③ 슬리브 이음　　④ 벨로스 이음

해설

---

83 원심력 철근 콘크리트관에 대한 설명으로 틀린 것은?

① 흄(Hume)관이라고 한다.
② 보통관과 압력관으로 나뉜다.
③ A형 이음재 형상은 칼라이음쇠를 말한다.
④ B형 이음재 형상은 삽입이음쇠를 말한다.

해설 ㉠ 흄관(Hume Pipe)
• 보통압관
• 송수관
㉡ 흄관의 이음재 형상
• A형(칼라 이음쇠)
• B형(소켓 이음쇠)
• C형(삽입 이음쇠)

84 냉매 배관 중 토출관 배관 시공에 관한 설명으로 틀린 것은?

① 응축기가 압축기보다 2.5m 이상 높은 곳에 있을 때는 트랩을 설치한다.
② 수평관은 모두 끝내림 구배로 배관한다.
③ 수직관이 너무 높으면 3m마다 트랩을 설치한다.
④ 유분리기는 응축기보다 온도가 낮지 않은 곳에 설치한다.

해설 ㉠ 토출관의 경우 트랩 설치 시 압축기가 응축기보다 아래에 있는 경우 토출관의 상승길이가 길어지면 10m마다 중간 트랩을 설치하여 오일역류를 방지한다.
㉡ 수직상승 2.5m 이상이면 휴지 중 배관 속의 오일이 압축기에 역류하는 것을 방지하기 위해 수직상승 토출관의 아래에 오일 트랩을 설치한다.

85 배관의 보온재를 선택할 때 고려해야 할 점이 아닌 것은?

① 불연성일 것
② 열전도율이 클 것
③ 물리적, 화학적 강도가 클 것
④ 흡수성이 작을 것

해설

보온관(열전도율이 낮은 것 사용)

86 다음 냉매액관 중에 플래시가스 발생 원인이 아닌 것은?

① 열교환기를 사용하여 과냉각도가 클 때
② 관경이 매우 작거나 현저히 입상할 경우
③ 여과망이나 드라이어가 막혔을 때
④ 온도가 높은 장소를 통과 시

해설 Flash Gas
열 교환기를 설치하여 과냉각도가 크면 방지된다.
(30−25＝5℃의 과냉각도)
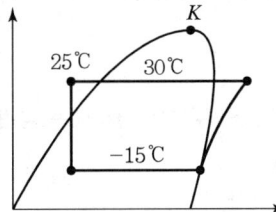

87 고가 탱크식 급수방법에 대한 설명으로 틀린 것은?

① 고층건물이나 상수도 압력이 부족할 때 사용된다.
② 고가 탱크의 용량은 양수펌프의 양수량과 상호 관계가 있다.
③ 건물 내의 밸브나 각 기구에 일정한 압력으로 물을 공급한다.
④ 고가 탱크에 펌프로 물을 압송하여 탱크 내에 공기를 압축 가압하여 일정한 압력을 유지시킨다.

해설 고가 탱크, 즉 옥상 탱크 방식은 저수조에 물을 저장 후에 옥상으로 양수한다.

88 지역난방 열공급 관로 중 지중 매설방식과 비교한 공동구 내 배관 시설의 장점이 아닌 것은?

① 부식 및 침수 우려가 적다.

② 유지보수가 용이하다.

③ 누수점검 및 확인이 쉽다.

④ 건설비용이 적고 시공이 용이하다.

해설 지역난방에서 공동구 내 배관시설은 한 장소에 집중하므로 여러 동을 관리하는 공동구 내에서는 건설비용이 크고 시공이 불편하다.

89 스케줄 번호에 의해 관의 두께를 나타내는 강관은?

① 배관용 탄소강관

② 수도용 아연도금강관

③ 압력배관용 탄소강관

④ 내식성 급수용 강관

해설 압력배관용 탄소강관(SPPS) : 1~10MPa까지 사용

스케줄 번호(SCH)$= 10 \times \dfrac{P}{S}$

10, 20, 30, 40, 60, 80 등의 SCH가 있다.

두께$(t) = \left(\dfrac{P \cdot D}{175 \cdot \sigma} \right) + 2.54 (\text{mm})$

90 배관을 지지장치에 완전하게 구속시켜 움직이지 못하도록 한 장치는?

① 리지드행거　　　② 앵커

③ 스토퍼　　　　　④ 브레이스

해설 리스트레인트(Restraint)

㉠ 앵커(완전 고정형)

㉡ 스토퍼(일정한 방향만 구속)

㉢ 가이드(축과 직각방향 이동 구속)

91 증기보일러 배관에서 환수관의 일부가 파손된 경우 보일러 수의 유출로 안전수위 이하가 되어 보일러 수가 빈 상태로 되는 것을 방지하기 위해 하는 접속법은?

① 하트포드 접속법　　② 리프트 접속법

③ 스위블 접속법　　　④ 슬리브 접속법

해설

92 동력나사 절삭기의 종류 중 관의 절단, 나사 절삭, 거스러미 제거 등의 작업을 연속적으로 할 수 있는 유형은?

① 리드형　　　　　② 호브형

③ 오스터형　　　　④ 다이헤드형

해설 다이헤드형 나사절삭기 기능

㉠ 관의 절단

㉡ 나사 절삭

㉢ 거스러미 제거

93 냉동배관 재료로서 갖추어야 할 조건으로 틀린 것은?

① 저온에서 강도가 커야 한다.

② 가공성이 좋아야 한다.

③ 내식성이 작아야 한다.

④ 관 내 마찰저항이 작아야 한다.

해설 배관은 항상 부식성이 작고 내식성이 커야 한다.

94 급탕배관의 신축방지를 위한 시공 시 틀린 것은?

① 배관의 굽힘 부분에는 스위블 이음으로 접합한다.

② 건물의 벽 관통부분 배관에는 슬리브를 끼운다.

③ 배관 직관부에는 팽창량을 흡수하기 위해 신축이음쇠를 사용한다.

④ 급탕밸브나 플랜지 등의 패킹은 고무, 가죽 등을 사용한다.

해설 급탕은 온수의 온도에 잘 견디는 패킹을 사용하며 급탕밸브, 플랜지 등의 패킹은 열에 약한 고무나 가죽 등은 사용하지 않는다.

95 5명 가족이 생활하는 아파트에서 급탕가열기를 설치하려고 할 때 필요한 가열기의 용량(kcal/h)은?(단, 1일 1인당 급탕량 90L/d, 1일 사용량에 대한 가열능력 비율 1/7, 탕의 온도 70℃, 급수온도 20℃이다.)

① 459   ② 643
③ 2,250   ④ 3,214

해설 급탕가열기의 가열능력
$$H = Q_d \times \gamma(t_h - t_c)$$
$$= (90 \times 5) \times \frac{1}{7} \times (70 - 20)$$
$$= 3,214.29 \text{kcal/h}$$
여기서, γ : 1일 급탕량(Q_d)에 대한 1시간당 가열능력의 비율

96 온수난방에서 개방식 팽창탱크에 관한 설명으로 틀린 것은?

① 공기빼기 배기관을 설치한다.
② 4℃의 물을 100℃로 높였을 때 팽창체적 비율이 4.3% 정도이므로 이를 고려하여 팽창탱크를 설치한다.
③ 팽창탱크에는 오버플로관을 설치한다.
④ 팽창관에는 반드시 밸브를 설치한다.

해설 팽창관에는 어떠한 밸브도 부착하지 아니한다.

97 도시가스의 공급 계통에 따른 공급 순서로 옳은 것은?

① 원료 → 압송 → 제조 → 저장 → 압력조정
② 원료 → 제조 → 압송 → 저장 → 압력조정
③ 원료 → 저장 → 압송 → 제조 → 압력조정
④ 원료 → 저장 → 제조 → 압송 → 압력조정

해설 도시가스 공급 순서
원료 → 제조(LNG) → 압송 → 저장 → 압력조정(R)

98 증기배관의 수평 환수관에서 관경을 축소할 때 사용하는 이음쇠로 가장 적합한 것은?

① 소켓   ② 부싱
③ 플랜지   ④ 리듀서

해설 리듀서(줄임쇠)

99 다음 중 안전밸브의 그림 기호로 옳은 것은?

해설 스프링식 안전밸브

100 도시가스 배관 매설에 대한 설명으로 틀린 것은?

① 배관을 철도부지에 매설하는 경우 배관의 외면으로부터 궤도 중심까지 거리는 4m 이상 유지할 것
② 배관을 철도부지에 매설하는 경우 배관의 외면으로부터 철도부지 경계까지 거리는 0.6m 이상 유지할 것
③ 배관을 철도부지에 매설하는 경우 지표면으로부터 배관의 외면까지의 깊이는 1.2m 이상 유지할 것
④ 배관의 외면으로부터 도로의 경계까지 수평거리 1m 이상 유지할 것

해설

SECTION 01 기계열역학

01 어느 내연기관에서 피스톤의 흡기과정으로 실린더 속에 0.2kg의 기체가 들어왔다. 이것을 압축할 때 15kJ의 일이 필요하였고, 10kJ의 열을 방출하였다고 한다면, 이 기체 1kg당 내부에너지의 증가량은?

① 10kJ/kg   ② 25kJ/kg
③ 35kJ/kg   ④ 50kJ/kg

해설 $\delta q = du + \delta w$ 에서
$du = \delta q - \delta w$
$= \dfrac{(-10) - (-15)}{0.2} = 25\text{kJ/kg}$

02 그림과 같은 단열된 용기 안에 25℃의 물이 0.8m³ 들어 있다. 이 용기 안에 100℃, 50kg의 쇳덩어리를 넣은 후 열적 평형이 이루어졌을 때 최종 온도는 약 몇 ℃인가?(단, 물의 비열은 4.18kJ/kg · K, 철의 비열은 0.45kJ/kg · K이다.)

Water : 25℃, 0.8m³

Iron : 50kg, 100℃

① 25.5   ② 27.4
③ 29.2   ④ 31.4

해설 물이 얻은 열량=쇠가 잃은 열량
$G_w C_w (t - t_w) = G_I C_I (t_I - t)$
$G_w C_w t - G_w C_w t_w = G_I C_I t_I - G_I C_I t$
$\therefore$ 최종온도 $t = \dfrac{G_w C_w t_w + G_I C_I t_I}{G_w C_w + G_I C_I}$
$= \dfrac{(0.8 \times 1,000 \times 4.18 \times 25) + (50 \times 0.45 \times 100)}{(0.8 \times 1,000 \times 4.18) + (50 \times 0.45)}$
$= 25.5℃$

03 체적이 일정하고 단열된 용기 내에 80℃, 320kPa의 헬륨 2kg이 들어 있다. 용기 내에 있는 회전날개가 20W의 동력으로 30분 동안 회전한다고 할 때 용기 내의 최종 온도는 약 몇 ℃인가?(단, 헬륨의 정적비열은 3.12kJ/kg · K이다.)

① 81.9℃   ② 83.3℃
③ 84.9℃   ④ 85.8℃

해설 $dU = mC_v dT = mC_v (T_2 - T_1)$ 에서
최종온도 $T_2 = T_1 + \dfrac{dU}{mC_v}$
$= 80 + \dfrac{20 \times 10^{-3} \times 30 \times 60}{2 \times 3.12}$
$= 85.769℃$

04 이상적인 오토 사이클에서 열효율을 55%로 하려면 압축비를 약 얼마로 하면 되겠는가?(단, 기체의 비열비는 1.4이다.)

① 5.9   ② 6.8
③ 7.4   ④ 8.5

해설 오토 사이클의 열효율(η_o)
$\eta_o = 1 - \left(\dfrac{1}{\varepsilon}\right)^{k-1} = 1 - \left(\dfrac{1}{\varepsilon}\right)^{1.4-1} = 0.55$
$\therefore \varepsilon = {}^{k-1}\sqrt{\dfrac{1}{1 - \eta_o}} = {}^{1.4-1}\sqrt{\dfrac{1}{1 - 0.55}} = 7.4$

05 유리창을 통해 실내에서 실외로 열전달이 일어난다. 이때 열전달량은 약 몇 W인가?(단, 대류열전달계수는 50W/m²K, 유리창 표면온도는 25℃, 외기온도는 10℃, 유리창 면적은 2m²이다.)

① 150   ② 500
③ 1,500   ④ 5,000

해설 열전달량(Q) $= K \cdot A \cdot \Delta t$
$= 50 \times 2 \times (25 - 10)$
$= 1,500\text{W}$

06 열역학 제2법칙에 관해서는 여러 가지 표현으로 나타낼 수 있는데, 다음 중 열역학 제2법칙과 관계되는 설명으로 볼 수 없는 것은?

① 열을 일로 변환하는 것은 불가능하다.
② 열효율이 100%인 열기관을 만들 수 없다.
③ 열은 저온 물체로부터 고온 물체로 자연적으로 전달되지 않는다.
④ 입력되는 일 없이 작동하는 냉동기를 만들 수 없다.

해설 열역학 제2법칙은 비가역 변화에 대한 설명이다.
계속적으로 열을 일로 바꾸기 위해서는 일부를 저열원에 버리는 것이 필요하다.

07 시간당 380,000kg의 물을 공급하여 수증기를 생산하는 보일러가 있다. 이 보일러에 공급하는 물의 엔탈피는 830kJ/kg이고, 생산되는 수증기의 엔탈피는 3,230kJ/kg이라고 할 때, 발열량이 32,000kJ/kg인 석탄을 시간당 34,000kg씩 보일러에 공급한다면 이 보일러의 효율은 약 몇 %인가?

① 66.9% ② 71.5%
③ 77.3% ④ 83.8%

해설 효율$(\eta) = \dfrac{출력}{입력} = \dfrac{G_s(h_2 - h_1)}{G_f \times HL} \times 100$

$= \dfrac{380,000 \times (3,230 - 830)}{34,000 \times 32,000} \times 100$

$= 83.8\%$

08 실린더에 밀폐된 8kg의 공기가 그림과 같이 $P_1=$800kPa, 체적 $V_1=0.27m^3$에서 $P_2=350kPa$, 체적 $V_2=0.80m^3$으로 직선 변화하였다. 이 과정에서 공기가 한 일은 약 몇 kJ인가?

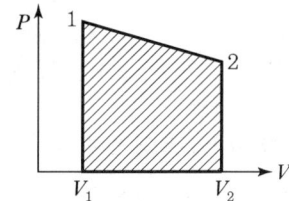

① 305 ② 334
③ 362 ④ 390

해설 공기가 한 일

$W = \int_1^2 PdV = \dfrac{1}{2}(P_1 + P_2) \times (V_2 - V_1)$

$= \dfrac{1}{2}(800 + 350) \times (0.8 - 0.27)$

$= 304.75kJ$

09 계의 엔트로피 변화에 대한 열역학적 관계식 중 옳은 것은?(단, T는 온도, S는 엔트로피, U는 내부에너지, V는 체적, P는 압력, H는 엔탈피를 나타낸다.)

① $TdS = dU - PdV$
② $TdS = dH - PdV$
③ $TdS = dU - VdP$
④ $TdS = dH - VdP$

해설 계의 엔트로피 변화 관계식

$S_2 - S_1 = \dfrac{1}{T}\int_1^2 \delta Q = \dfrac{1}{T}Q_2$

$TdS = dH - VdP$

※ 엔트로피 : 출입하는 열량의 이용가치를 나타내는 양으로 에너지도 아니고 물리학상의 상태량이다.

10 터빈, 압축기, 노즐과 같은 정상 유동장치의 해석에 유용한 몰리에르(Mollier) 선도를 옳게 설명한 것은?

① 가로축에 엔트로피, 세로축에 엔탈피를 나타내는 선도이다.
② 가로축에 엔탈피, 세로축에 온도를 나타내는 선도이다.
③ 가로축에 엔트로피, 세로축에 밀도를 나타내는 선도이다.
④ 가로축에 비체적, 세로축에 압력를 나타내는 선도이다.

해설 몰리에르 선도
가로축에 엔트로피, 세로축에 엔탈피를 표시한다.

11 그림과 같은 Rankine 사이클로 작동하는 터빈에서 발생하는 일은 약 몇 kJ/kg인가?(단, h는 엔탈피, s는 엔트로피를 나타내며, h_1=191.8kJ/kg, h_2=193.8kJ/kg, h_3=2,799.5kJ/kg, h_4=2,007.5kJ/kg이다.)

① 2.0kJ/kg   ② 792.0kJ/kg
③ 2,605.7kJ/kg   ④ 1,815.7kJ/kg

해설 랭킨 사이클
ⓖ 터빈일량=$h_3 - h_4 = 2,799.5 - 2,007.5 = 792$kJ/kg
ⓛ 방열량=$h_4 - h_1$
ⓒ 가열량=$h_3 - h_2$
ⓔ 펌프일량=$h_2 - h_1$

12 다음 중 강도성 상태량(Intensive Property)이 아닌 것은?

① 온도   ② 압력
③ 체적   ④ 밀도

해설 ⓖ 강도성 상태량 : 온도, 압력, 비체적(물질의 질량과 관계없다.)
ⓛ 종량성 상태량 : 체적, 내부에너지, 엔탈피, 엔트로피(물질의 질량과 관계있다.)

13 이상기체 1kg이 초기에 압력 2kPa, 부피 $0.1m^3$를 차지하고 있다. 가역등온과정에 따라 부피가 $0.3m^3$로 변화했을 때 기체가 한 일은 약 몇 J인가?

① 9,540   ② 2,200
③ 954   ④ 220

해설 등온과정 일 $W = \int_1^2 PdV = P_1 V_1 \ln\dfrac{V_2}{V_1}$
$$= (2 \times 0.1) \times \ln\dfrac{0.3}{0.1} = 0.2197\text{kJ} = 219.7\text{J}$$

14 밀폐계가 가역정압변화를 할 때 계가 받은 열량은?

① 계의 엔탈피 변화량과 같다.
② 계의 내부에너지 변화량과 같다.
③ 계의 엔트로피 변화량과 같다.
④ 계가 주위에 대해 한 일과 같다.

해설 정압변화 시 엔탈피 변화
가열량은 모두 엔탈피 변화로 나타난다.

15 어떤 기체 동력장치가 이상적인 브레이턴 사이클로 다음과 같이 작동할 때 이 사이클의 열효율은 약 몇 %인가?(단, 온도(T)-엔트로피(s) 선도에서 T_1=30℃, T_2=200℃, T_3=1,060℃, T_4=160℃이다.)

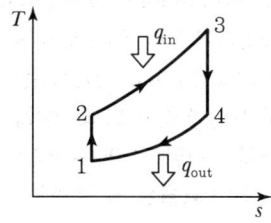

① 81%   ② 85%
③ 89%   ④ 92%

해설 $\eta_B = \dfrac{q_1 - q_2}{q_1} = \dfrac{C_p(T_3 - T_2) - C_p(T_4 - T_1)}{C_p(T_3 - T_2)}$
$$= 1 - \dfrac{T_4 - T_1}{T_3 - T_2} = 1 - \dfrac{T_4}{T_3} = 1 - \dfrac{T_1}{T_2}$$
$$= 1 - \dfrac{160}{1,060} = 0.85(85\%)$$

16 600kPa, 300K 상태의 이상기체 1kmol이 엔탈피가 등온과정을 거쳐 압력이 200kPa로 변했다. 이 과정 동안의 엔트로피 변화량은 약 몇 kJ/K인가?(단, 일반기체상수($\overline{R}$)는 8.31451kJ/kmol·K이다.)

① 0.782   ② 6.31
③ 9.13   ④ 18.6

해설 등온변화 시 엔트로피 변화(Δs)
$$\Delta s = S_2 - S_1 = R\ln\left(\dfrac{P_1}{P_2}\right) = 8.31451 \times \ln\left(\dfrac{600}{200}\right)$$
$$= 9.13\text{kJ/K}$$

17 다음 중 기체상수(Gas Constant, R, kJ/kg · K) 값이 가장 큰 기체는?

① 산소(O_2)
② 수소(H_2)
③ 일산화탄소(CO)
④ 이산화탄소(CO_2)

해설 기체상수 = $\dfrac{8.314}{\text{분자량}}$

분자량(산소 : 32, 수소 : 2, 일산화탄소 : 28, 이산화탄소 : 44)이 가장 작은 수소의 기체상수 값이 가장 크다.

18 이상기체에 대한 다음 관계식 중 잘못된 것은?(단, C_v는 정적비열, C_p는 정압비열, u는 내부에너지, T는 온도, V는 부피, h는 엔탈피, R은 기체상수, k는 비열비이다.)

① $C_v = \left(\dfrac{\partial u}{\partial T} \right)_v$
② $C_p = \left(\dfrac{\partial h}{\partial T} \right)_v$

③ $C_p - C_v = R$
④ $C_p = \dfrac{kR}{k-1}$

해설 비열의 정의에 의한 가역변화에 의한 열역학 제1, 2법칙에서

$C_p = \left(\dfrac{\partial h}{\partial T} \right)_P$

19 압력 2MPa, 300℃의 공기 0.3kg이 폴리트로픽 과정으로 팽창하여, 압력이 0.5MPa로 변화하였다. 이 때 공기가 한 일은 약 몇 kJ인가?(단, 공기는 기체상수가 0.287kJ/kg · K인 이상기체이고, 폴리트로픽 지수는 1.3이다.)

① 416
② 157
③ 573
④ 45

해설 폴리트로픽 팽창 절대일(W)

$W = \dfrac{R}{n-1}(T_1 - T_2)G$

$T_2 = T_1 \left(\dfrac{P_1}{P_2} \right)^{\frac{n-1}{n}} = (300+273) \times \left(\dfrac{0.5}{2} \right)^{\frac{1.3-1}{1.3}} = 416\text{K}$

$\therefore W = \dfrac{0.287}{1.3-1}(573-416) \times 0.3 = 45\text{kJ}$

20 공기 1kg이 압력 50kPa, 부피 3m³인 상태에서 압력 900kPa, 부피 0.5m³인 상태로 변화할 때 내부 에너지가 160kJ 증가하였다. 이때 엔탈피는 약 몇 kJ이 증가하였는가?

① 30
② 185
③ 235
④ 460

해설 엔탈피 $H = U + PV$에서

$H_1 = U_1 + P_1 V_1$
$H_2 = U_2 + P_2 V_2$
$\therefore H_2 - H_1 = (U_2 - U_1) + (P_2 V_2 - P_1 V_1)$
$= 160 + (900 \times 0.5 - 50 \times 3) = 460\text{kJ}$

SECTION 02 냉동공학

21 제빙능력은 원료수 온도 및 브라인 온도 등 조건에 따라 다르다. 다음 중 제빙에 필요한 냉동능력을 구하는 데 필요한 항목으로 가장 거리가 먼 것은?

① 온도 t_w ℃인 제빙용 원수를 0℃까지 냉각하는 데 필요한 열량
② 물의 동결 잠열에 대한 열량(79.68kcal/kg)
③ 제빙장치 내의 발생열과 제빙용 원수의 수질상태
④ 브라인 온도 t_1 ℃ 부근까지 얼음을 냉각하는 데 필요한 열량

해설 냉동능력과 제빙용 원수의 수질상태는 비교적 거리가 멀다.

22 냉동장치에서 흡입압력 조정밸브는 어떤 경우를 방지하기 위해 설치하는가?

① 흡입압력이 설정 압력 이상으로 상승하는 경우
② 흡입압력이 일정한 경우
③ 고압 측 압력이 높은 경우
④ 수액기의 액면이 높은 경우

해설 흡입압력 조정밸브
흡입압력이 설정 압력 이상이 되면 과부하에 의한 전동기의 소손이 일어나는 것을 방지하기 위해 증발기와 압축기 사이에 설치하는 SPR이다.

23 다음 중 증발기 출구와 압축기 흡입관 사이에 설치하는 저압 측 부속장치는?

① 액분리기 ② 수액기
③ 건조기 ④ 유분리기

해설 액분리기(어큐뮬레이터)

팽창밸브
흡입가스배관

24 25℃ 원수 1ton을 1일 동안에 −9℃의 얼음으로 만드는 데 필요한 냉동능력(RT)은?(단, 열손실은 없으며, 동결잠열 80kcal/kg, 원수 비열 1kcal/kg · ℃, 얼음의 비열 0.5kcal/kg · ℃이며, 1RT는 3,320 kcal/h로 한다.)

① 1.37 ② 1.88
③ 2.38 ④ 2.88

해설
$$Q_1 = G \cdot C \cdot \Delta t$$
$$= \frac{1,000 \times 1 \times (25-0)}{24} = 1,041.67 \text{kcal/h}$$
$$Q_2 = G \cdot \gamma$$
$$= \frac{1,000 \times 80}{24} = 3,333.33 \text{kcal/h}$$
$$Q_3 = G \cdot C \cdot \Delta t$$
$$= \frac{1,000 \times 0.5 \times (0-(-9))}{24} = 187.5 \text{kcal/h}$$
$$\therefore \text{냉동능력 } Q_e = \frac{Q_1 + Q_2 + Q_3}{3,320}$$
$$= \frac{1,041.67 + 3,333.33 + 187.5}{3,320}$$
$$= 1.37 \text{RT}$$

25 다음의 냉매 중 지구온난화지수(GWP)가 가장 낮은 것은?

① R−1234yf ② R−23
③ R−12 ④ R−744

해설 R−744(CO_2)는 지구온난화지수(GWP)가 1로 온실가스의 지구온난화지수 기준이다.
※ GWP : CO_2(1), R−23(11,700)

26 제상방식에 대한 설명으로 틀린 것은?

① 살수방식은 저온의 냉장창고용 유닛 쿨러 등에서 많이 사용된다.
② 부동액 살포방식은 공기 중의 수분이 부동액에 흡수되므로 일정한 농도 관리가 필요하다.
③ 핫가스 제상방식은 응축기 출구의 고온의 액냉매를 이용한다.
④ 전기히터방식은 냉각관 배열의 일부에 핀튜브 형태의 전기히터를 삽입하여 착상부를 가열한다.

해설 • 제상(서리 제거)은 증발기에서 실시한다.
• 고압가스 제상(Hot Gas Defrost)은 압축기에서 토출된 고온의 냉매가스를 증발기에 보내는 응축열에 의한 제상이다.

27 다음 중 불응축 가스를 제거하는 가스 퍼저(Gas Purger)의 설치 위치로 가장 적당한 것은?

① 수액기 상부 ② 압축기 흡입부
③ 유분리기 상부 ④ 액분리기 상부

해설 냉동기 운전 중 불응축 가스(수소, 공기 등)를 제거하려면 수액기 상부에 가스 퍼저를 설치한다.

28 암모니아와 프레온 냉매의 비교 설명으로 틀린 것은? (단, 동일 조건을 기준으로 한다.)

① 암모니아가 R−13보다 비등점이 높다.
② R−22는 암모니아보다 냉동효과(kcal/kg)가 크고 안전하다.
③ R−13은 R−22에 비하여 저온용으로 적합하다.
④ 암모니아는 R−22에 비하여 유분리가 용이하다.

해설 증발효과(kcal/kg)
㉠ 암모니아 : 313.5
㉡ R−22 : 60.75

29 냉동기, 열기관, 발전소, 화학플랜트 등에서의 뜨거운 배수를 주위의 공기와 직접 열교환시켜 냉각시키는 방식의 냉각탑은?

① 밀폐식 냉각탑 ② 증발식 냉각탑
③ 원심식 냉각탑 ④ 개방식 냉각탑

해설 개방식 쿨링타워
냉동기, 열기관, 발전소, 화학플랜트 등에서 뜨거운 배수를 주위의 공기와 직접 열교환시키는 냉각탑이다.

30 염화나트륨 브라인을 사용한 식품냉장용 냉동장치에서 브라인의 순환량이 220L/min이며, 냉각관 입구의 브라인 온도가 −5℃, 출구의 브라인 온도가 −9℃라면 이 브라인 쿨러의 냉동능력(kcal/h)은?(단, 브라인의 비열은 0.75kcal/kg · ℃, 비중은 1.15이다.)

① 759　　　　　　② 45,540
③ 60,720　　　　　④ 148,005

해설 쿨러의 냉동능력
$q = G \cdot C \cdot \Delta t$
$\quad = (220 \times 1.15 \times 60) \times 0.75 \times [(-5)-(-9)]$
$\quad = 45,540 \text{kcal/h}$
※ 물 1L = 1kg

31 냉동장치의 냉동부하가 3냉동톤이며, 압축기의 소요동력이 20kW일 때 응축기에 사용되는 냉각수량(L/h)은?(단, 냉각수 입구온도는 15℃이고, 출구온도는 25℃이다.)

① 2,716　　　　　　② 2,547
③ 1,530　　　　　　④ 600

해설 냉동능력 $q_c = G \cdot C \cdot \Delta t$에서
냉각수량 $G = \dfrac{q_c}{C \cdot \Delta t} = \dfrac{q_e + AW}{C \cdot \Delta t}$
$\quad = \dfrac{3 \times 3,320 + 20 \times 860}{1 \times (25-15)}$
$\quad = 2,716 \text{kg/h} = 2,716 \text{L/h}$
※ 물 1kg = 1L

32 전열면적이 20m²인 수랭식 응축기의 용량이 200kW이다. 냉각수의 유량은 5kg/s이고, 응축기 입구에서 냉각수 온도는 20℃이다. 열관류율이 800W/m² · K일 때, 응축기 내부 냉매의 온도(℃)는 얼마인가?(단, 온도차는 산술평균온도차를 이용하고, 물의 비열은 4.18kJ/kg · K이며, 응축기 내부 냉매의 온도는 일정하다고 가정한다.)

① 36.5　　　　　　② 37.3
③ 38.1　　　　　　④ 38.9

해설 $200 = 0.8 \times 20 \times (x - 24.785)$
∴ 냉매온도$(x) = \dfrac{200}{0.8 \times 20} + 24.785 = 37.3℃$
※ 800W = 0.8kW
　200kW = 200,000W

• 냉각수출구온도 = 입구수온 + $\dfrac{열량}{물사용량 \times 비열}$
$\quad = 20 + \dfrac{200}{5 \times 4.18} = 29.57℃$

• 온도차 = 29.57 − 20 = 9.57℃

• 산술평균온도차 = 응축온도 − $\dfrac{입구수온 + 출구수온}{2}$
$\quad = 34.355 - \dfrac{20 + 29.57}{2} = 9.57$

• 응축온도 = $\dfrac{입구수온 + 출구수온}{2}$ + 온도차
$\quad = \dfrac{20 + 29.57}{2} + 9.57 = 34.355$

• 냉각수평균온도 = $\dfrac{20 + 29.57}{2} = 24.785℃$

33 다음 응축기 중 동일 조건하에 열관류율이 가장 낮은 응축기는 무엇인가?

① 셸 앤드 튜브식 응축기　② 증발식 응축기
③ 공랭식 응축기　　　　　④ 2중관식 응축기

해설 응축기의 열관류율(kcal/m²h℃)
① 셸 앤드 튜브식(750~900)
② 증발식(200~280)
③ 공랭식(20~25)
④ 2중관식(900)

34 냉동기에서 동일한 냉동효과를 구현하기 위해 압축기가 작동하고 있다. 이 압축기의 클리어런스(극간)가 커질 때 나타나는 현상으로 틀린 것은?

① 윤활유가 열화된다.
② 체적효율이 저하한다.
③ 냉동능력이 감소한다.
④ 압축기의 소요동력이 감소한다.

해설 압축기에서 톱클리어런스가 크면 냉매토출가스량이 감소하고 동력소비가 커지며 냉동능력이 감소한다.

35 다음과 같은 냉동 사이클 중 성적계수가 가장 큰 사이클은 어느 것인가?

① b−e−h−i−b
② c−d−h−i−c
③ b−f−g−i_1−b
④ a−e−h−j−a

해설 COP(성적계수)$= \dfrac{T_2}{T_1 - T_2} = \dfrac{Q_2}{Q_1 - Q_2}$

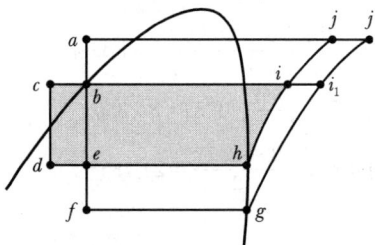

36 대기압에서 암모니아액 1kg을 증발시킨 열량은 0℃ 얼음 몇 kg을 융해시킨 것과 유사한가?

① 2.1
② 3.1
③ 4.1
④ 5.1

해설 $q = G \cdot \gamma$에서
$G = \dfrac{q}{\gamma} = \dfrac{326.78}{79.68} = 4.1\text{kg}$

37 축열시스템 방식에 대한 설명으로 틀린 것은?

① 수축열 방식 : 열용량이 큰 물을 축열재료로 이용하는 방식
② 빙축열 방식 : 냉열을 얼음에 저장하여 작은 체적에 효율적으로 냉열을 저장하는 방식
③ 잠열축열 방식 : 물질의 융해 및 응고 시 상변화에 따른 잠열을 이용하는 방식
④ 토양축열 방식 : 심해의 해수온도 및 해양의 축열성을 이용하는 방식

해설 축열시스템에서 토양축열 방식은 사용하지 않는다.

38 압축기 토출압력 상승 원인이 아닌 것은?

① 응축온도가 낮을 때
② 냉각수 온도가 높을 때
③ 냉각수 양이 부족할 때
④ 공기가 장치 내에 혼입되었을 때

해설 응축기에서 냉매의 응축온도가 높으면 토출압력 상승 원인이 된다.

39 단위에 대한 설명으로 틀린 것은?

① 토리첼리의 실험 결과 수은주의 높이가 68cm일 때, 실험장소에서의 대기압은 1.2atm이다.
② 비체적이 0.5m³/kg인 암모니아 증기 1m³의 질량은 2.0kg이다.
③ 압력 760mmHg는 1.01bar이다.
④ 작업대 위에 놓여진 밑면적이 2.4m²인 가공물의 무게가 24kgf라면 작업대의 가해지는 압력은 98Pa이다.

해설 수은주 높이가 76cmHg일 때 대기압은 1atm이다.
대기압이 1.2atm일 때 수은주의 높이는
1.2×76=91.2cmHg이다.

40 냉동장치의 운전 시 유의사항으로 틀린 것은?

① 펌프다운 시 저압 측 압력은 대기압 정도로 한다.
② 압축기 가동 전에 냉각수 펌프를 기동시킨다.
③ 장시간 정지시키는 경우에는 재가동을 위하여 배관 및 기기에 압력을 걸어둔 상태로 둔다.
④ 장시간 정지 후 시동 시에는 누설여부를 점검한 후에 기동시킨다.

해설 냉동기에서 장시간 정지 시는 배관이나 기기에서 압력을 제거한 상태에서 정지시킨다.

SECTION 03 공기조화

41 다음 중 난방설비의 난방부하를 계산하는 방법 중 현열만을 고려하는 경우는?

① 환기 부하
② 외기 부하
③ 전도에 의한 열 손실
④ 침입 외기에 의한 난방 손실

해설 ㉠ 전도열 : 고체의 온도차에 의한 이동열
㉡ 현열 : 온도변화 시 소요되는 열

42 다음 중 냉방부하의 종류에 해당되지 않는 것은?

① 일사에 의해 실내로 들어오는 열
② 벽이나 지붕을 통해 실내로 들어오는 열
③ 조명이나 인체와 같이 실내에서 발생하는 열
④ 침입 외기를 가습하기 위한 열

해설 외기 가습
건조한 겨울철에 공기 중의 습도를 높이기 위한 작업

43 송풍 덕트 내의 정압제어가 필요 없고, 발생 소음이 적은 변풍량 유닛은?

① 유인형
② 슬롯형
③ 바이패스형
④ 노즐형

해설 바이패스형 변풍량 유닛
풍덕트 내의 정압제어가 필요 없고, 발생 소음이 적은 유닛이다. 천장 내 조명의 발생열을 제거한다.
※ 변풍량 유닛의 종류 : 바이패스형, 슬롯형, 유인형

44 증기난방에 대한 설명으로 틀린 것은?

① 건식 환수시스템에서 환수관에는 증기가 유입되지 않도록 증기관과 환수관 사이에 증기트랩을 설치한다.
② 중력식 환수시스템에서 환수관은 선하향구배를 취해야 한다.

③ 증기난방은 극장 같이 천장고가 높은 실내에 적합하다.
④ 진공식 환수시스템에서 관경을 가늘게 할 수 있고 리프트 피팅을 사용하여 환수관 도중에서 입상시킬 수 있다.

해설 극장같이 천장고가 높은 곳에서 공조기는 전공기 방식을 채택한다.

45 정방실에 35kW의 모터에 의해 구동되는 정방기가 12대 있을 때 전력에 의한 취득열량(kW)은?(단, 전동기와 이것에 의해 구동되는 기계가 같은 방에 있으며, 전동기의 가동률은 0.74이고, 전동기 효율은 0.87, 전동기 부하율은 0.92이다.)

① 483
② 420
③ 357
④ 329

해설 취득열량 = 발생열량 = $\dfrac{\text{모터용량} \times \text{부하율} \times \text{가동률}}{\text{전동기 효율}}$

$= \dfrac{(35 \times 12) \times 0.92 \times 0.74}{0.87}$

$= 328.66\text{kW}$

46 다음 중 보온, 보냉, 방로의 목적으로 덕트 전체를 단열해야 하는 것은?

① 급기 덕트
② 배기 덕트
③ 외기 덕트
④ 배연 덕트

해설 급기 덕트
보온이나 보냉 시를 대비하여 냉방 · 난방 덕트 전체를 단열 보온 처리한다.

47 덕트의 소음 방지대책에 해당되지 않는 것은?

① 덕트의 도중에 흡음재를 부착한다.
② 송풍기 출구 부근에 플래넘 챔버를 장치한다.
③ 댐퍼 입 · 출구에 흡음재를 부착한다.
④ 덕트를 여러 개로 분기시킨다.

해설 덕트를 여러 개로 분기시키면 소음이 증가한다.
※ 소음방지재 : 흡음재, 섬유류, 다공판

48 취출구에서 수평으로 취출된 공기가 일정 거리만큼 진행된 뒤 기류 중심선과 취출구 중심과의 수직거리를 무엇이라고 하는가?

① 강하도   ② 도달거리
③ 취출온도차   ④ 셔터

해설 강하도
취출구에서 수평으로 취출된 공기가 일정 거리만큼 진행된 뒤 기류 중심선과 취출구 중심과의 수직거리이다.

49 증기설비에 사용하는 증기 트랩 중 기계식 트랩의 종류로 바르게 조합한 것은?

① 버킷 트랩, 플로트 트랩
② 버킷 트랩, 벨로스 트랩
③ 바이메탈 트랩, 열동식 트랩
④ 플로트 트랩, 열동식 트랩

해설 기계식 증기 트랩
㉠ 버킷 트랩   ㉡ 플로트 트랩

50 공기조화방식에서 변풍량 단일덕트 방식의 특징에 대한 설명으로 틀린 것은?

① 송풍기의 풍량제어가 가능하므로 부분 부하 시 반송에너지 소비량을 경감시킬 수 있다.
② 동시 사용률을 고려하여 기기용량을 결정할 수 있으므로 설비용량이 커질 수 있다.
③ 변풍량 유닛을 실별 또는 존별로 배치함으로써 개별제어 및 존 제어가 가능하다.
④ 부하변동에 따라 실내온도를 유지할 수 있으므로 열원설비용 에너지 낭비가 적다.

해설 변풍량은 풍량의 제어가 가능하여 설비용량 동시 사용률을 고려하면 설비 용량이 감소될 수 있다.

51 다음 중 공기조화설비의 계획 시 조닝을 하는 목적으로 가장 거리가 먼 것은?

① 효과적인 실내 환경의 유지
② 설비비의 경감
③ 운전 가동면에서의 에너지 절약
④ 부하 특성에 대한 대처

해설 조닝(Zoning)
건물을 조닝하는 경우에 건물 전체를 몇 개의 구획으로 분할하고 각각의 구획은 덕트나 냉온수에 의해 냉·난방 부하를 처리한다(외부존, 내부존).

52 다음 중 축류 취출구의 종류가 아닌 것은?

① 펑커루버형 취출구   ② 그릴형 취출구
③ 라인형 취출구   ④ 팬형 취출구

해설 천장형 취출구
㉠ 아네모스탯형   ㉡ 웨이형
㉢ 팬형   ㉣ 라이트트로피형
㉤ 다공판형

53 건물의 콘크리트 벽체의 실내 측에 단열재를 부착하여 실내 측 표면에 결로가 생기지 않도록 하려 한다. 외기온도가 0℃, 실내온도가 20℃, 실내공기의 노점온도가 12℃, 콘크리트 두께가 100mm일 때, 결로를 막기 위한 단열재의 최소 두께(mm)는?(단, 콘크리트와 단열재 접촉부분의 열저항은 무시한다.)

열전도도	콘크리트	1.63W/m·K
	단열재	0.17W/m·K
대류열전달계수	외기	23.3W/m²·K
	실내공기	9.3W/m²·K

① 11.7   ② 10.7
③ 9.7   ④ 8.7

해설

| 100 ↕ | 콘크리트 1.63W/m·K, 100mm |
| x ↕ | 단열재 0.17W/m·K, (l)mm |

콘크리트열관류율 $(K) = \dfrac{1}{\dfrac{1}{23.3}+\dfrac{0.1}{1.63}+\dfrac{1}{9.3}} = 4.723$

$9.3 \times (20-12) = K(20-0)$

단열재열관류율 $(K) = \dfrac{9.3(20-12)}{(20-0)} = 3.39\text{W/m}^2\cdot\text{K}$

$\dfrac{1}{3.39} = \dfrac{1}{\dfrac{1}{4.72}+\dfrac{l}{0.17}}$

∴ $(l) ≒ 0.0097\text{m}(9.7\text{mm})$(단열재의 최소두께)

54 공기조화방식 중 전공기 방식이 아닌 것은?

① 변풍량 단일덕트 방식
② 이중 덕트 방식
③ 정풍량 단일덕트 방식
④ 팬코일 유닛 방식(덕트병용)

해설 공기조화방식
㉠ 팬코일 유닛 방식 : 전수 방식
㉡ 덕트병용 팬코일 유닛 방식 : 공기수 방식
㉢ 덕트 방식 : 전공기 방식

55 외기의 건구온도 32℃와 환기의 건구온도 24℃인 공기를 1 : 3(외기 : 환기)의 비율로 혼합하였다. 이 혼합공기의 온도는?

① 26℃   ② 28℃
③ 29℃   ④ 30℃

해설 열평형식 $G_3 C_p t_3 = G_1 C_p t_1 + G_2 C_p t_2$에서
$t_3 = \dfrac{G_1 t_1 + G_2 t_2}{G_3} = \dfrac{32 \times 1 + 24 \times 3}{1+3} = 26℃$

56 부하계산 시 고려되는 지중온도에 대한 설명으로 틀린 것은?

① 지중온도는 지하실 또는 지중배관 등의 열손실을 구하기 위하여 주로 이용된다.
② 지중온도는 외기온도 및 일사의 영향에 의해 1일 또는 연간을 통하여 주기적으로 변한다.
③ 지중온도는 지표면의 상태변화, 지중의 수분에 따라 변화하나, 토질의 종류에 따라서는 큰 차이가 없다.
④ 연간변화에 있어 불역층 이하의 지중온도는 1m 증가함에 따라 0.03~0.05℃씩 상승한다.

해설 부하계산 시 지중의 온도는 지표면의 상태변화, 지중의 수분, 토질의 종류에 따라 큰 차이가 발생한다.

57 이중 덕트 방식에 설치하는 혼합상자의 구비조건으로 틀린 것은?

① 냉풍·온풍 덕트 내의 정압 변동에 의해 송풍량이 예민하게 변화할 것
② 혼합비율 변동에 따른 송풍량의 변동이 완만할 것
③ 냉풍·온풍 댐퍼의 공기누설이 적을 것
④ 자동제어 신뢰도가 높고 소음발생이 적을 것

해설 이중 덕트 방식의 전공기방식에서 냉풍·온풍 덕트 내의 전압변동에 의해 혼합상자 송풍량의 변동이 완만해야 한다.

58 보일러의 부속장치인 과열기가 하는 역할은?

① 연료 연소에 쓰이는 공기를 예열시킨다.
② 포화액을 습증기로 만든다.
③ 습증기를 건포화증기로 만든다.
④ 포화증기를 과열증기로 만든다.

해설 과열증기
㉠ 압력 일정
㉡ 온도 상승

59 공조기 내에 엘리미네이터를 설치하는 이유로 가장 적절한 것은?

① 풍량을 줄여 풍속을 낮추기 위해
② 공조기 내의 기류의 분포를 고르게 하기 위해
③ 결로수가 비산되는 것을 방지하기 위해
④ 먼지 및 이물질을 효율적으로 제거하기 위해

해설 엘리미네이터
공조기에서 결로수가 비산되어 배출하는 것을 방지한다.

60 저온공조방식에 관한 내용으로 가장 거리가 먼 것은?

① 배관지름의 감소
② 팬 동력 감소로 인한 운전비 절감
③ 낮은 습도의 공기 공급으로 인한 쾌적성 향상
④ 저온공기 공급으로 인한 급기 풍량 증가

> **해설** 저온공조방식은 저온공기 공급으로 인하여 급기 풍량이 감소한다.

SECTION 04 전기제어공학

61 서보기구의 특징에 관한 설명으로 틀린 것은?

① 원격제어의 경우가 많다.
② 제어량이 기계적 변위이다.
③ 추치제어에 해당하는 제어장치가 많다.
④ 신호는 아날로그에 비해 디지털인 경우가 많다.

> **해설** 서보기구
> 제어량이 기계적 위치에 있도록 하는 자동제어계이다. 물체의 위치, 자세, 방위 등 목푯값의 임의의 변화에 추종하도록 구성된 피드백 제어계이다(신호는 아날로그 방식이 많다).

62 다음은 직류전동기의 토크 특성을 나타내는 그래프이다. (A), (B), (C), (D)에 알맞은 것은?

① (A) : 직권발전기, (B) : 가동복권발전기
  (C) : 분권발전기, (D) : 차동복권발전기

② (A) : 분권발전기, (B) : 직권발전기
  (C) : 가동복권발전기, (D) : 차동복권발전기

③ (A) : 직권발전기, (B) : 분권발전기
  (C) : 가동복권발전기, (D) : 차동복권발전기

④ (A) : 분권발전기, (B) : 가동복권발전기
  (C) : 직권발전기, (D) : 차동복권발전기

> **해설** 토크(Torque : 회전력)
> $$토크(T) = \frac{출력(W)}{각속도(w)}(N \cdot m)$$
> $$T = 0.975 \times \frac{출력}{회전수}(kg \cdot m)$$
> 속도변동률 : 차동복권 < 분권 < 가동복권 < 직권
> ∴ 부하전류와 토크의 관계에 의한 토크 특성곡선 : A(직권), B(가동복권), C(분권), D(차동복권)
>
>
>
> [속도특성곡선]

63 4,000Ω의 저항기 양단에 100V의 전압을 인가할 경우 흐르는 전류의 크기(mA)는?

① 4   ② 15
③ 25   ④ 40

> **해설** 저항$(R) = \frac{V}{I}(\Omega)$
> $$\therefore I = \frac{100}{4,000} = 0.025A = 25mA$$
> ※ 전류$(I) = \frac{Q}{t} = \frac{전기량}{시간}(A)$
> 전압$(V) = \frac{W}{Q} = \frac{일량}{전기량}(V)$

64 공기 중 자계의 세기가 100A/m인 점에 놓아 둔 자극에 작용하는 힘은 8×10^{-3}N이다. 이 자극의 세기는 몇 Wb인가?

① 8×10 ② 8×10^{5}
③ 8×10^{-1} ④ 8×10^{-5}

> **해설** 자극의 세기$(m) = \frac{F}{H} = \frac{8 \times 10^{-3}}{100} = 8 \times 10^{-5}$Wb

65 온도를 전압으로 변환시키는 것은?

① 광전관   ② 열전대

③ 포토다이오드   ④ 광전다이오드

해설 열전대

㉠ 온도계 : 온도를 전압으로 변환시킨다.

㉡ 재질 : 백금, 철, 콘스탄탄, 구리 등

66 신호흐름 선도와 등가인 블록 선도를 그리려고 한다. 이때 $G(s)$로 알맞은 것은?

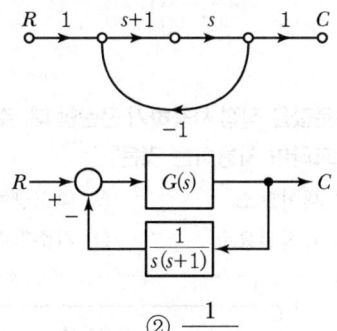

① s ② $\dfrac{1}{s+1}$

③ 1 ④ $s(s+1)$

해설 $\Delta=1$

$G_1=(s+1)s \qquad \Delta_1=1$

$G_2=s \qquad\qquad \Delta_2=1$

$\therefore G=\dfrac{C}{R}=\dfrac{\Delta_2}{\Delta_1}=\dfrac{1}{1}=1$

67 정상 편차를 개선하고 응답속도를 빠르게 하며 오버슈트를 감소시키는 동작은?

① K ② $K(1+sT)$

③ $K\left(1+\dfrac{1}{sT}\right)$ ④ $K\left(1+sT+\dfrac{1}{sT}\right)$

해설 PID(비례, 적분, 미분) 동작 회로

$K\left(1+sT+\dfrac{1}{sT}\right)$

※ 오버슈트

자동제어계의 정상오차이다. 즉, 자동제어계의 안정도 척도가 된다(과도기간 중 응답이 목푯값을 넘어가는 양이다).

68 최대눈금 100mA, 내부저항 1.5Ω인 전류계에 0.3Ω의 분류기를 접속하여 전류를 측정할 때 전류계의 지시가 50mA라면 실제 전류는 몇 mA인가?

① 200   ② 300

③ 400   ④ 600

해설 분류기를 접속하여 어느 전로의 전류를 측정하려는 경우에 전로의 전류가 전류계의 정격보다 큰 경우에는 전류계와 병렬로 다른 전로를 만들고 전류를 분류하여 측정한다.

$\therefore$ 실제 전류$=\left(1+\dfrac{1.5}{0.3}\right)\times 50=300\text{mA}$

69 그림과 같은 RLC 병렬공진회로에 관한 설명으로 틀린 것은?

① 공진조건은 $\omega C=\dfrac{1}{\omega L}$이다.

② 공진 시 공진전류는 최소가 된다.

③ R이 작을수록 선택도 Q가 높다.

④ 공진 시 입력 어드미턴스는 매우 작아진다.

해설 전압과 전류가 동상이 되는 병렬회로의 이와 같은 상태를 병렬공진이라고 한다.

[R-L-C 병렬회로]

㉠ R과 공진주파수는 무관하며 $Q=\dfrac{1}{R}\sqrt{\dfrac{L}{C}}$에서 R을 크게 하면 Q값은 감소한다.

㉡ R이 클수록 Q가 높다.

㉢ 공진 시 L 또는 C를 흐르는 전류는 입력전류 크기의 Q배가 된다.

70 SCR에 관한 설명으로 틀린 것은?

① PNPN 소자이다.
② 스위칭 소자이다.
③ 양방향성 사이리스터이다.
④ 직류나 교류의 전력제어용으로 사용된다.

> **해설** SCR(PNPN 소자)는 직류, 교류 전력 제어용으로 스위칭 소자이며 정류소자 단일방향성이다.

71 병렬 운전 시 균압모선을 설치해야 되는 직류발전기로만 구성된 것은?

① 직권발전기, 분권발전기
② 분권발전기, 복권발전기
③ 직권발전기, 복권발전기
④ 분권발전기, 동기발전기

> **해설** ㉠ 직류발전기 : 직권발전기, 복권발전기, 분권발전기
> ㉡ 동기발전기 : 교류발전기

72 정현파 교류의 실횻값(V)과 최댓값(V_m)의 관계식으로 옳은 것은?

① $V = \sqrt{2}\, V_m$
② $V = \dfrac{1}{\sqrt{2}}\, V_m$
③ $V = \sqrt{3}\, V_m$
④ $V = \dfrac{1}{\sqrt{3}}\, V_m$

> **해설** 사인파 전류
> ㉠ 실횻값 = 최댓값 × $\dfrac{1}{\sqrt{2}}$
> ㉡ 평균값 = 최댓값 × $\dfrac{2}{\pi}$
> ㉢ 최댓값 = 실횻값 × $\sqrt{2}$

73 비례적분제어 동작의 특징으로 옳은 것은?

① 간헐현상이 있다.
② 잔류편차가 많이 생긴다.
③ 응답의 안정성이 낮은 편이다.
④ 응답의 진동시간이 매우 길다.

> **해설** 비례적분동작
> 비례제어계에서는 잔류편차를 제거하기 위해 리셋을 사용하는데 이것을 자동화한 것이다(간헐현상이나 헌팅현상이 발생).
>
>

74 목푯값을 직접 사용하기 곤란할 때, 주 되먹임 요소와 비교하여 사용하는 것은?

① 제어요소
② 비교장치
③ 되먹임요소
④ 기준입력요소

> **해설**
>

75 피드백 제어계에서 목표치를 기준입력신호로 바꾸는 역할을 하는 요소는?

① 비교부
② 조절부
③ 조작부
④ 설정부

> **해설** 설정부는 목표치를 기준입력신호로 바꾸는 역할을 한다.

76 특성방정식이 $s^3 + 2s^2 + Ks + 5 = 0$인 제어계가 안정하기 위한 K 값은?

① $K > 0$
② $K < 0$
③ $K > \dfrac{5}{2}$
④ $K < \dfrac{5}{2}$

해설 계가 안정되려면 모든 차수의 항이 존재하고 각 계수의 부호가 같아야 한다.

제1열의 부호 변화가 없으려면

루드표		
s^3	1	K
s^2	2	5
s^1	$\dfrac{2K-5}{2}$	0
s^0	5	0

여기서, $2K-5>0$

$\therefore K>\dfrac{5}{2}$

---

77 세라믹 콘덴서 소자의 표면에 103^K라고 적혀 있을 때 이 콘덴서의 용량은 몇 μF인가?

① 0.01

② 0.1

③ 103

④ 10^3

해설 103^K 250V용 세라믹 콘덴서

㉠ 자기콘덴서이며 세라믹(자기)을 유전체로 사용한 콘덴서이다.

㉡ HK계(고유전율계), TC계(온도보상용)가 있다.

※ $1\mu F=10^{-6}F$, $103^K=10\times1,000=0.01\mu F$

---

78 PLC(Programmable Logic Controller)의 출력부에 설치하는 것이 아닌 것은?

① 전자개폐기

② 열동계전기

③ 시그널 램프

④ 솔레노이드 밸브

해설 열동계전기

전류의 발열작용을 이용한 시한계전기이며 통신기기나 전기기기 등에 쓰인다.

---

79 적분시간이 2초, 비례감도가 5mA/mV인 PI 조절계의 전달함수는?

① $\dfrac{1+2s}{5s}$

② $\dfrac{1+5s}{2s}$

③ $\dfrac{1+2s}{0.4s}$

④ $\dfrac{1+0.4s}{2s}$

해설 PI 동작 입력신호 $x(t)$, 출력신호 $y(t)$의 관계식

$$y(t)=K_p\left[x(t)+\frac{1}{T_I}\int s(t)dt\right]$$

라플라스 변환하면

$$Y(s)=K_p\left[X(s)+\frac{1}{T_I}\cdot\frac{1}{s}X(s)\right]$$

$$=K_p\left(1+\frac{1}{T_Is}\right)X(s)$$

$\therefore$ 전달함수 $G(s)=\dfrac{Y(s)}{X(s)}=K_p\left(1+\dfrac{1}{T_Is}\right)$

$$=5\left(1+\frac{1}{2s}\right)=5\left(\frac{2s+1}{2s}\right)$$

$$=\frac{5+10s}{2s}=\frac{1+2s}{0.4s}$$

---

80 다음 설명에 알맞은 전기 관련 법칙은?

> 도선에서 두 점 사이 전류의 크기는 그 두 점 사이의 전위차에 비례하고, 전기 저항에 반비례한다.

① 옴의 법칙

② 렌츠의 법칙

③ 플레밍의 법칙

④ 전압분배의 법칙

해설 옴의 법칙

㉠ 전기회로에 흐르는 전류는 전압, 즉 전위차에 비례하며 도체의 저항에 반비례한다.

㉡ 전기저항 R은 물체의 길이에 비례하고 단면적에 반비례한다.

SECTION 05 배관일반

81 증기난방 배관 시공법에 대한 설명으로 틀린 것은?

① 증기주관에서 지관을 분기하는 경우 관의 팽창을 고려하여 스위블 이음법으로 한다.

② 진공환수식 배관의 증기주관은 1/100~1/200 선상향 구배로 한다.

③ 주형방열기는 일반적으로 벽에서 50~60mm 정도 떨어지게 설치한다.

④ 보일러 주변의 배관방법에서는 증기관과 환수관 사이에 밸런스관을 달고, 하트포드(Hartford) 접속법을 사용한다.

해설 진공환수식 증기난방 구배

$\frac{1}{200} \sim \frac{1}{300}$ 끝내림 구배

82 급탕배관의 단락현상(Sort Circuit)을 방지할 수 있는 배관 방식은?

① 리버스 리턴 배관방식
② 다이렉트 리턴 배관방식
③ 단관식 배관방식
④ 상향식 배관방식

해설 리버스 리턴 배관방식
역귀환방식이며 단락현상을 방지할 수 있는 배관 방식이다.

83 다음 중 온수온도 90℃의 온수난방 배관의 보온재로 사용하기에 가장 부적합한 것은?

① 규산칼슘
② 펄라이트
③ 암면
④ 폴리스티렌

해설 폴리스티렌(Polystyrene)은 단열재로 사용한다(0℃ 이하용).

84 간접 가열식 급탕법에 관한 설명으로 틀린 것은?

① 대규모 급탕설비에 부적당하다.
② 순환증기는 높이에 관계없이 저압으로 사용 가능하다.
③ 저탕탱크와 가열용 코일이 설치되어 있다.
④ 난방용 증기보일러가 있는 곳에 설치하면 설비비를 절약하고 관리가 편하다.

해설 중 · 대규모 급탕설비
㉠ 직접가열식(소규모용)
㉡ 간접가열식(대규모 건물용)
㉢ 기수혼합법(병원 · 공장용)

85 증발량 5,000kg/h인 보일러의 증기 엔탈피가 640 kcal/kg이고, 급수 엔탈피가 15kcal/kg일 때, 보일러의 상당증발량(kg/h)은?

① 278
② 4,800
③ 5,797
④ 3,125,000

해설 상당증발량 $W_c = \dfrac{보일러\ 증발열량}{대기압에서\ 100℃\ 물의\ 증발잠열}$
$= \dfrac{W(h_2 - h_1)}{538.8} = \dfrac{5,000 \times (640 - 15)}{538.8}$
$= 5,799.93 \mathrm{kg/h}$

86 증기난방 설비의 특징에 대한 설명으로 틀린 것은?

① 증발열을 이용하므로 열의 운반능력이 크다.
② 예열시간이 온수난방에 비해 짧고 증기순환이 빠르다.
③ 방열면적을 온수난방보다 작게 할 수 있다.
④ 실내 상하 온도차가 작다.

해설 실내 상하 온도차가 작은 것은 복사난방이다(실내 온도가 균등하며 쾌적도가 높기 때문이다).

87 벤더에 의한 관 굽힘 시 주름이 생겼다. 주된 원인은?

① 재료에 결함이 있다.
② 굽힘형의 홈이 관지름보다 작다.
③ 클램프 또는 관에 기름이 묻어 있다.
④ 압력형이 조정이 세고 저항이 크다.

해설 ① · ④ : 관의 파손 원인
③ : 관이 미끄러지는 현상

88 냉동장치의 배관설치에 관한 내용으로 틀린 것은?

① 토출가스의 합류 부분 배관은 T이음으로 한다.
② 압축기와 응축기의 수평배관은 하향 구배로 한다.
③ 토출가스 배관에는 역류방지 밸브를 설치한다.
④ 토출관의 입상이 10m 이상일 경우 10m마다 중간 트랩을 설치한다.

해설 냉동장치의 흡입가스 배관에서 두 갈래의 흐름이 합류하는 곳은 T이음을 하지 말고 Y(와이)이음을 해야 한다.

89 가스 배관재료 중 내약품성 및 전기 절연성이 우수하며 사용온도가 80℃ 이하인 관은?

① 주철관　　　　　② 강관
③ 동관　　　　　　④ 폴리에틸렌관

[해설] 폴리에틸렌관(Polyethylene Pipe)
PE관(폴리에틸렌관)은 가스 배관용에서 내약품성 및 전기 절연성이 우수하며 사용온도가 −60~80℃ 이하이다.

90 도시가스배관 설비기준에서 배관을 시가지의 도로 노면 밑에 매설하는 경우에는 노면으로부터 배관의 외면까지 얼마 이상을 유지해야 하는가?(단, 방호구조물 안에 설치하는 경우는 제외한다.)

① 0.8m　　　　　② 1m
③ 1.5m　　　　　④ 2m

[해설]

91 급탕설비의 설계 및 시공에 관한 설명으로 틀린 것은?

① 중앙식 급탕방식은 개별식 급탕방식보다 시공비가 많이 든다.
② 온수의 순환이 잘되고 공기가 고이는 것을 방지하기 위해 배관에 구배를 둔다.
③ 게이트 밸브는 공기고임을 만들기 때문에 글로브 밸브를 사용한다.
④ 순환방식은 순환펌프에 의한 강제순환식과 온수의 비중량 차이에 의한 중력식이 있다.

[해설] 급탕설비에서는 글로브 밸브 대신 게이트 밸브를 설치한다(공기고임 방지를 위하여 공기빼기 밸브를 설치한다).

92 냉매 배관 재료 중 암모니아를 냉매로 사용하는 냉동설비에 가장 적합한 것은?

① 동, 동합금　　　② 아연, 주석
③ 철, 강　　　　　④ 크롬, 니켈 합금

[해설] ㉠ 프레온 냉매 : 동관을 사용
㉡ 암모니아 냉매 : 철이나 강을 사용(동이나 동합금을 부식시킨다.)

93 다음 중 "접속해 있을 때"를 나타내는 관의 도시기호는?

[해설]

[관의 접속]

94 증기 및 물배관 등에서 찌꺼기를 제거하기 위하여 설치하는 부속품은?

① 유니언　　　　　② P트랩
③ 부싱　　　　　　④ 스트레이너

[해설] 스트레이너
찌꺼기 제거용

95 공조배관 설계 시 유속을 빠르게 했을 경우의 현상으로 틀린 것은?

① 관경이 작아진다.
② 운전비가 감소한다.
③ 소음이 발생된다.
④ 마찰손실이 증대한다.

[해설] 공조배관에서 유체의 유속을 증가시키면 운전비가 증가한다.

96 관의 두께별 분류에서 가장 두꺼워 고압배관으로 사용할 수 있는 동관의 종류는?

① K형 동관
② S형 동관
③ L형 동관
④ N형 동관

해설 ㉠ 동관의 종류
• 연질(O)
• 반연질(OL)
• 반경질($\frac{1}{2}$H)
• 경질(H)
㉡ 동관의 표준치수 : K, L, M 등
㉢ 동관의 두께별 분류 : K>L>M>N

97 동관 이음 방법에 해당하지 않는 것은?

① 타이튼 이음　② 납땜 이음
③ 압축 이음　　④ 플랜지 이음

해설 타이튼 접합(Tyton Joint)
주철관의 접합이며 고무링 하나만으로 접합하는 방법이다.

98 배수관의 관경 선정 방법에 관한 설명으로 틀린 것은?

① 기구배수관의 관경은 배수트랩의 구경 이상으로 하고 최소 30mm 정도로 한다.
② 수직·수평관 모두 배수가 흐르는 방향으로 관경이 축소되어서는 안 된다.
③ 배수수직관은 어느 층에서나 최하부의 가장 큰 배수부하를 담당하는 부분과 동일한 관경으로 한다.
④ 땅속에 매설되는 배수관 최소 구경은 30mm 정도로 한다.

해설 땅속에 매설되는 배수관 최소 구경은 50mm 이상으로 한다.

99 고가수조식 급수방식의 장점이 아닌 것은?

① 급수압력이 일정하다.
② 단수 시에도 일정량의 급수가 가능하다.
③ 급수 공급계통에서 물의 오염 가능성이 없다.
④ 대규모 급수에 적합하다.

해설 고가수조식(옥상탱크식)

※ 급수계통이나 배관에서 물의 오염 가능성이 있다.

100 냉매배관 시공 시 주의사항으로 틀린 것은?

① 배관 길이는 되도록 짧게 한다.
② 온도변화에 의한 신축을 고려한다.
③ 곡률 반지름은 가능한 한 작게 한다.
④ 수평배관은 냉매흐름 방향으로 하향구배 한다.

해설 곡률 반지름은 넉넉하게 한다.
곡관벤딩

SECTION 01 기계열역학

01 어떤 시스템에서 공기가 초기에 290K에서 330K으로 변화하였고, 이때 압력은 200kPa에서 600kPa로 변화하였다. 이때 단위 질량당 엔트로피 변화는 약 몇 kJ/kg · K인가?(단, 공기는 정압비열이 1.006 kJ/kg · K이고, 기체상수가 0.287kJ/kg · K인 이상기체로 간주한다.)

① 0.445　　　　　② -0.445

③ 0.185　　　　　④ -0.185

해설 엔트로피 변화량 일반식

$$\Delta S = S_2 - S_1 = C_p \ln \frac{T_2}{T_1} - R \ln \frac{P_2}{P_1}$$
$$= 1.006 \times \ln\left(\frac{330}{290}\right) - 0.287 \times \ln\left(\frac{600}{200}\right)$$
$$= -0.1853 \text{kJ/kg} \cdot \text{K}$$

02 체적이 500cm³인 풍선에 압력 0.1MPa, 온도 288K의 공기가 가득 채워져 있다. 압력이 일정한 상태에서 풍선 속 공기 온도가 300K로 상승했을 때 공기에 가해진 열량은 약 얼마인가?(단, 공기는 정압비열이 1.005kJ/kg · K, 기체상수가 0.287kJ/kg · K인 이상기체로 간주한다.)

① 7.3J　　　　　② 7.3kJ

③ 14.6J　　　　　④ 14.6kJ

해설 $PV = mRT$에서

풍선 속 공기질량 $m = \dfrac{PV}{RT} = \dfrac{0.1 \times 10^3 \times 500 \times 10^{-6}}{0.287 \times 288}$
$$= 0.00060492 \text{kg}$$

$\delta Q = dH - VdP$ (∵ 정압변화)

$dP = 0$

$\therefore \delta Q = dH = mC_p dT$
$$= 0.00060492 \times 1.005 \times (300 - 288)$$
$$= 0.007295 \text{kJ}$$
$$= 7.295 \text{J}$$

03 어떤 사이클이 다음 온도(T)-엔트로피(s) 선도와 같을 때 작동 유체에 주어진 열량은 약 몇 kJ/kg인가?

① 4

② 400

③ 800

④ 1,600

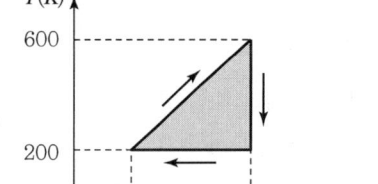

해설
- 일량$(_1 W_2) = (P_1 - P_2)\dfrac{(V_2 - V_1)}{2} + P_2(V_2 - V_1)$
- 가열량$(\delta Q) = dU$

$_1 Q_2 = U_2 - U_1 = GC_v(T_2 - T_1) = H_2 - H_1$

$\therefore {}_1 Q_2 = \dfrac{(600 - 200) \times (6 - 2)}{2} = 800 \text{kJ/kg}$

04 효율이 40%인 열기관에서 유효하게 발생되는 동력이 110kW라면 주위로 방출되는 총 열량은 약 몇 kW인가?

① 375　　　　　② 165

③ 135　　　　　④ 85

해설 효율 $\eta = \dfrac{출력}{입력} = \dfrac{Q_1 - Q_2}{Q_1}$

$0.4 = \dfrac{110}{Q_1}$에서 $Q_1 = \dfrac{110}{0.4} = 275 \text{kW}$

이때, $Q_1 - Q_2 = 110 \text{kW}$

$\therefore Q_2 = Q_1 - 110 = 275 - 110 = 165 \text{kJ}$

05 500W의 전열기로 4kg의 물을 20℃에서 90℃까지 가열하는 데 몇 분이 소요되는가?(단, 전열기에서 열은 전부 온도 상승에 사용되고 물의 비열은 4,180 J/kg · K이다.)

① 16　　　　　② 27

③ 39　　　　　④ 45

해설 $\delta Q = m \cdot C \cdot \Delta t$

$W \cdot t = m \cdot C \cdot \Delta t$에서

시간 $t = \dfrac{m \cdot C \cdot \Delta t}{W} = \dfrac{4 \times 4,180 \times (90 - 20)}{500 \times 60} = 39.01$분

---

06 카르노 사이클로 작동되는 열기관이 고온체에서 100 kJ의 열을 받고 있다. 이 기관의 열효율이 30%라면 방출되는 열량은 약 몇 kJ인가?

① 30 　　　　　　　　② 50
③ 60 　　　　　　　　④ 70

해설 카르노 사이클 열효율

$$\eta_c = \frac{Q_1 - Q_2}{Q_1} = 1 - \frac{Q_2}{Q_1} \text{에서}$$

$$Q_2 = (1 - \eta_c) \cdot Q_1 = (1 - 0.3) \times 100 = 70\text{kJ}$$

07 100℃와 50℃ 사이에서 작동하는 냉동기로 가능한 최대 성능계수(COP)는 약 얼마인가?

① 7.46 　　　　　　　② 2.54
③ 4.25 　　　　　　　④ 6.46

해설 $T_1 = 100 + 273 = 373\text{K}$
$T_2 = 50 + 273 = 323\text{K}$

$$\text{효율}(\eta) = \frac{AW}{Q_1} = 1 - \frac{Q_2}{Q_1} = 1 - \frac{T_2}{T_1}$$

$$= 1 - \frac{323}{373} = 0.134$$

$$\text{COP(성능계수)} = \frac{323}{373 - 323} = 6.46$$

08 압력이 0.2MPa이고, 초기 온도가 120℃인 1kg의 공기를 압축비 18로 가열 단열 압축하는 경우 최종온도는 약 몇 ℃인가?(단, 공기는 비열비가 1.4인 이상 기체이다.)

① 676℃ 　　　　　　② 776℃
③ 876℃ 　　　　　　④ 976℃

해설 $P_1 = 0.2\text{MPa}, \ P_2 = 0.2 \times 18 = 3.6\text{MPa}$

$$T_2 = T_1 \times \left(\frac{P_2}{P_1}\right)^{\frac{k-1}{k}}$$

압축비에 대한 단열변화(T_2)

$$T_2 = T_1 \times \left(\frac{V_1}{V_2}\right)^{k-1}$$

$$= (120 + 273) \times 18^{1.4-1} = 1,249\text{K}$$

$$\therefore \ T_2 = 1,249 - 273 = 976℃$$

09 수증기가 정상과정으로 40m/s의 속도로 노즐에 유입되어 275m/s로 빠져나간다. 유입되는 수증기의 엔탈피는 3,300kJ/kg, 노즐로부터 발생되는 열손실은 5.9kJ/kg일 때 노즐 출구에서의 수증기 엔탈피는 약 몇 kJ/kg인가?

① 3,257 　　　　　　② 3,024
③ 2,795 　　　　　　④ 2,612

해설 $h_2 = h_1 - \dfrac{V_2{}^2 - V_1{}^2}{2}$

$$= 3,300 - \left\{5.9 + \frac{(275 \times 275) - (40 \times 40)}{2} \times \frac{1}{10^3}\right\}$$

$$= 3,257\text{kJ/kg}$$

10 용기에 부착된 압력계에 읽힌 계기압력이 150kPa이고 국소대기압이 100kPa일 때 용기 안의 절대압력은?

① 250kPa 　　　　　② 150kPa
③ 100kPa 　　　　　④ 50kPa

해설 절대압력 = 계기압력 + 국소대기압
$$= 150 + 100$$
$$= 250\text{kPa}$$

11 R-12를 작동 유체로 사용하는 이상적인 증기압축 냉동 사이클이 있다. 여기서 증발기 출구 엔탈피는 229kJ/kg, 팽창밸브 출구 엔탈피는 81kJ/kg, 응축기 입구 엔탈피는 255kJ/kg일 때 이 냉동기의 성적 계수는 약 얼마인가?

① 4.1 　　　　　　　② 4.9
③ 5.7 　　　　　　　④ 6.8

해설 냉매증발량 = 229 - 81 = 148kJ/kg
압축기일량 = 255 - 229 = 26kg/kg

$$\therefore \ \text{성적계수(COP)} = \frac{229 - 81}{255 - 229} = \frac{148}{26} = 5.7$$

12 어떤 시스템에서 유체는 외부로부터 19kJ의 일을 받으면서 167kJ의 열을 흡수하였다. 이때 내부에너지의 변화는 어떻게 되는가?

① 148kJ 상승한다.
② 186kJ 상승한다.
③ 148kJ 감소한다.
④ 186kJ 감소한다.

> **해설** $\delta Q = dU + \delta W$
> 내부에너지 변화 $dU = \delta Q - \delta W$
> $\qquad\qquad\qquad = 167 - (-19) = 186\text{kJ}$
> $\therefore$ 186kJ 상승한다.

13 그림과 같이 실린더 내의 공기가 상태 1에서 상태 2로 변화할 때 공기가 한 일은?(단, P는 압력, V는 부피를 나타낸다.)

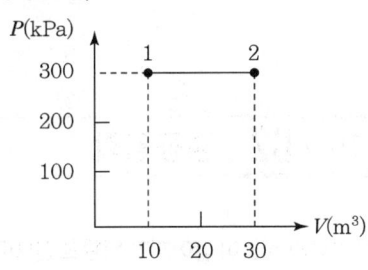

① 30kJ
② 60kJ
③ 3,000kJ
④ 6,000kJ

> **해설** 절대일$({}_1 W_2) = \int_1^2 P dV$
> $\therefore {}_1 W_2 = P(V_2 - V_1)$
> $\qquad\qquad = 300 \times (30 - 10) = 6,000\text{kJ}$

14 보일러에 물(온도 20℃, 엔탈피 84kJ/kg)이 유입되어 600kPa의 포화증기(온도 159℃, 엔탈피 2,757kJ/kg) 상태로 유출된다. 물의 질량유량이 300kg/h이라면 보일러에 공급된 열량은 약 몇 kW인가?

① 121
② 140
③ 223
④ 345

> **해설** 공급 열량 $Q = m \cdot (h_2 - h_1)$
> $\qquad\qquad = \dfrac{300 \times (2,757 - 84)}{3,600} = 222.75\text{kW}$

15 압력이 100kPa이며 온도가 25℃인 방의 크기가 240m³이다. 이 방에 들어 있는 공기의 질량은 약 몇 kg인가?(단, 공기는 이상기체로 가정하며, 공기의 기체상수는 0.287kJ/kg·K이다.)

① 0.00357
② 0.28
③ 3.57
④ 280

> **해설** $PV = mRT$에서
> 질량 $m = \dfrac{PV}{RT} = \dfrac{100 \times 240}{0.287 \times (25 + 273)}$
> $\qquad\quad = 280.62\text{kg}$

16 클라우지우스(Clausius) 부등식을 옳게 표현한 것은?(단, T는 절대온도, Q는 시스템으로 공급된 전체 열량을 표시한다.)

① $\oint \dfrac{\delta Q}{T} \ge 0$
② $\oint \dfrac{\delta Q}{T} \le 0$
③ $\oint T \delta Q \ge 0$
④ $\oint T \delta Q \le 0$

> **해설** 비가역 사이클
> ㉠ 비가역과정 $\oint \dfrac{\delta Q}{T} < 0$
> ㉡ 비가역부등식(적분값) $\oint \dfrac{\delta Q}{T} \le 0$
> ㉢ 가역 사이클 $\oint \dfrac{\delta Q}{T} = 0$

17 Van der Waals 상태 방적식은 다음과 같이 나타낸다. 이 식에서 $\dfrac{a}{v^2}$, b는 각각 무엇을 의미하는 것인가?(단, P는 압력, v는 비체적, R은 기체상수, T는 온도를 나타낸다.)

$$\left(P + \frac{a}{v^2}\right) \times (v - b) = RT$$

① 분자 간의 작용 인력, 분자 내부 에너지
② 분자 간의 작용 인력, 기체 분자들이 차지하는 체적
③ 분자 간의 질량, 분자 내부 에너지
④ 분자 자체의 질량, 기체 분자들이 차지하는 체적

해설 반데르발스 상태 방정식

$$\left(P+\frac{a}{v^2}\right)\times(v-b)=RT$$

- $\frac{a}{v^2}$: 분자 간의 작용 인력
- b : 기체 분자들이 차지하는 체적

18 가역 과정으로 실린더 안의 공기를 50kPa, 10℃ 상태에서 300kPa까지 압력(P)과 체적(V)의 관계가 다음과 같은 과정으로 압축할 때 단위 질량당 방출되는 열량은 약 몇 kJ/kg인가?(단, 기체상수는 0.287 kJ/kg · K이고, 정적비열은 0.7kJ/kg · K이다.)

$PV^{1.3}$ = 일정

① 17.2   ② 37.2
③ 57.2   ④ 77.2

해설 $Pv=RT$에서

$$v_1=\frac{RT_1}{P_1}=\frac{0.287\times(10+273)}{50}=1.62442\text{m}^3/\text{kg}$$

$P_1 v_1^{1.3}=P_2 v_2^{1.3}$에서

$$v_2=\left(\frac{P_1}{P_2}\right)^{\frac{1}{1.3}}\times v_1=\left(\frac{50}{300}\right)^{\frac{1}{1.3}}\times 1.62442=0.4094\text{m}^3/\text{kg}$$

$P_2 v_2=RT_2$에서

$$T_2=\frac{P_2 v_2}{R}=\frac{300\times 0.4094}{0.287}=427.94\text{K}$$

열량 $q=\left(C_v-\dfrac{R}{n-1}\right)\times(T_2-T_1)$

$$=\left(0.7-\frac{0.287}{1.3-1}\right)\times(427.94-283)$$

$$=-37.2\text{kJ/kg}$$

∴ 방출되는 열량 : 37.2kJ/kg

19 등엔트로피 효율이 80%인 소형 공기터빈의 출력이 270kJ/kg이다. 입구 온도는 600K이며, 출구 압력은 100kPa이다. 공기의 정압비열은 1.004kJ/kg · K, 비열비는 1.4일 때, 입구 압력(kPa)은 약 몇 kPa인가?(단, 공기는 이상기체로 간주한다.)

① 1,984   ② 1,842
③ 1,773   ④ 1,621

해설 터빈출구온도

$$(T_2)=600-\frac{270}{1.004}=331\text{K}\left(\frac{331}{0.8}=263.84\text{K}\right)$$

∴ 입구 압력(P_1)$=P_2\times\left(\dfrac{T_1}{T_2}\right)^{\frac{k}{k-1}}$

$$=100\times\left(\frac{600}{263.84}\right)^{\frac{1.4}{1.4-1}}=1,773\text{kPa}$$

20 화씨 온도가 86°F일 때 섭씨 온도는 몇 ℃인가?

① 30   ② 45
③ 60   ④ 75

해설 $℃=\dfrac{5}{9}(°\text{F}-32)$

$$=\frac{5}{9}(86-32)=30℃$$

SECTION 02 냉동공학

21 냉각탑의 성능이 좋아지기 위한 조건으로 적절한 것은?

① 쿨링레인지가 작을수록, 쿨링어프로치가 작을수록
② 쿨링레인지가 작을수록, 쿨링어프로치가 클수록
③ 쿨링레인지가 클수록, 쿨링어프로치가 작을수록
④ 쿨링레인지가 클수록, 쿨링어프로치가 클수록

해설 ㉠ 쿨링레인지 : '냉각수 입구수온－냉각수 출구수온'의 값이 클수록 좋다.
㉡ 쿨링어프로치 : '냉각수 출구수온－입구공기 습구온도'의 값이 작을수록 좋다.
※ 냉각탑의 냉각능력(kcal/h)
＝(순환수량(L/min)×60분/시간)×쿨링레인지

22 다음 중 절연내력이 크고 절연물질을 침식시키지 않기 때문에 밀폐형 압축기에 사용하기에 적합한 냉매는?

① 프레온계 냉매   ② H_2O
③ 공기   ④ NH_3

해설 프레온 냉매
  ㉠ 전기적 절연내력이 크다.
  ㉡ 절연물질을 침식시키지 않는다.
  ㉢ 오일에 잘 용해한다.

23 어떤 냉동기의 증발기 내 압력이 245kPa이며, 이 압력에서의 포화온도, 포화액 엔탈피 및 건포화증기 엔탈피, 정압비열은 조건과 같다. 증발기 입구 측 냉매의 엔탈피가 455kJ/kg이고, 증발기 출구 측 냉매온도가 −10℃의 과열증기일 경우 증발기에서 냉매가 취득한 열량(kJ/kg)은?

> • 포화온도 : −20℃
> • 포화액 엔탈피 : 396kJ/kg
> • 건포화증기 엔탈피 : 615.6kJ/kg
> • 정압비열 : 0.67kJ/kg · K

① 167.3 ② 152.3
③ 148.3 ④ 112.3

해설 과열증기 냉매의 취득열량
냉매증기 = 615.6 − 455 = 160.6kJ/kg
과열증기 = (−10) − (−20) × 0.67 = 6.7kJ/kg
∴ 취득열량 = 160.6 + 6.7 = 167.3kJ/kg

24 냉동능력이 1RT인 냉동장치가 1kW의 압축동력을 필요로 할 때, 응축기에서의 방열량(kW)은?

① 2 ② 3.3
③ 4.8 ④ 6

해설 1RT = 3,320kcal/h, 1kWh = 860kcal
응축열량 = 3,320 + 860 = 4,180kcal/h
∴ 응축기 방열량 = $\frac{4,180}{860}$ = 4.8kW

25 냉동 사이클에서 응축온도 상승에 따른 시스템의 영향으로 가장 거리가 먼 것은?(단, 증발온도는 일정하다.)

① COP 감소
② 압축비 증가
③ 압축기 토출가스 온도 상승
④ 압축기 흡입가스 압력 상승

해설 압축기 토출가스의 압력 상승 시에는 응축온도가 상승한다.

26 어떤 냉장고의 방열벽 면적이 500m², 열통과율이 0.311W/m²℃일 때, 이 벽을 통하여 냉장고 내로 침입하는 열량(kW)은?(단, 이때의 외기온도는 32℃이며, 냉장고 내부온도는 −15℃이다.)

① 12.6 ② 10.4
③ 9.1 ④ 7.3

해설 열량 $q = K \cdot A \cdot \Delta t$
$= \dfrac{0.311 \times 500 \times (32 - (-15))}{1,000} = 7.3085$kW

27 2차 유체로 사용되는 브라인의 구비 조건으로 틀린 것은?

① 비등점이 높고, 응고점이 낮을 것
② 점도가 낮을 것
③ 부식성이 없을 것
④ 열전달률이 작을 것

해설 2차 유체(간접냉매)는 열전달률(kcal/m²h℃)이 커야 한다.

28 냉매 배관 내에 플래시 가스(Flash Gas)가 발생했을 때 나타나는 현상으로 틀린 것은?

① 팽창밸브의 능력 부족 현상 발생
② 냉매 부족과 같은 현상 발생
③ 액관 중의 기포 발생
④ 팽창밸브에서의 냉매 순환량 증가

해설 냉매 배관 내에 플래시 가스가 발생하면 냉매액이 감소하여 팽창밸브에서 냉매순환량이 감소한다(플래시 가스 : 냉매액이 증발기를 거치지 않은 상태에서 사전에 기화한 냉매가스).

29 단면이 1m²인 단열재를 통하여 0.3kW의 열이 흐르고 있다. 이 단열재의 두께는 2.5cm이고 열전도계수가 0.2W/m℃일 때 양면 사이의 온도차(℃)는?

① 54.5 ② 42.5
③ 37.5 ④ 32.5

해설 열전도 열량 $q = \dfrac{\lambda}{l} \cdot A \cdot \Delta t$에서

$$온도\ 차\ \Delta t = \frac{l \cdot q}{\lambda \cdot A} = \frac{(2.5 \times 10^{-2}) \times (0.3 \times 10^3)}{0.2 \times 1}$$

$$= 37.5℃$$

30 여러 대의 증발기를 사용할 경우 증발관 내의 압력이 가장 높은 증발기의 출구에 설치하여 압력을 일정 값 이하로 억제하는 장치를 무엇이라고 하는가?

① 전자밸브
② 압력개폐기
③ 증발압력조정밸브
④ 온도조절밸브

해설 증발압력조정밸브

여러 대의 증발기 사용 시 증발관 내 압력이 가장 높은 증발기의 출구에 설치하여 압력을 일정 값 이하로 억제하는 장치

31 다음 그림은 2단 압축 암모니아 사이클을 나타낸 것이다. 냉동능력이 2RT인 경우 저단 압축기의 냉매순환량(kg/h)은?(단, 1RT는 3.8kW이다.)

① 10.1
② 22.9
③ 32.5
④ 43.2

해설 냉동능력 $Q_e = G \cdot q_e$에서

$$냉매순환량\ G = \frac{Q_e}{q_e} = \frac{2 \times 3.8 \times 3,600}{1,612 - 418}$$

$$= 22.91\text{kg/h}$$

※ 1RT = 3.8kW

32 다음 팽창밸브 중 인버터 구동 가변 용량형 공기조화장치나 증발온도가 낮은 냉동장치에서 팽창밸브의 냉매유량 조절 특성 향상과 유량제어 범위 확대 등을 목적으로 사용하는 것은?

① 전자식 팽창밸브
② 모세관
③ 플로트 팽창밸브
④ 정압식 팽창밸브

해설 전자식 팽창밸브는 인버터 구동 가변용량형 공기조화장치용 팽창밸브이다(냉매유량제어, 냉매용량 조절용).

33 식품의 평균 초온이 0℃일 때 이것을 동결하여 온도 중심점을 −15℃까지 내리는 데 걸리는 시간을 나타내는 것은?

① 유효동결시간
② 유효냉각시간
③ 공칭동결시간
④ 시간상수

해설 공칭동결시간 : 식품을 초온 0℃에서 동결하여 −15℃까지 내리는 데 걸리는 시간

34 냉동장치를 운전할 때 다음 중 가장 먼저 실시하여야 하는 것은?

① 응축기 냉각수 펌프를 기동한다.
② 증발기 팬을 기동한다.
③ 압축기를 기동한다.
④ 압축기의 유압을 조정한다.

해설 냉동장치 운전 시 가장 먼저 응축기 냉각수 펌프를 기동시킨다.

[응축기]

35 다음 중 냉매를 사용하지 않는 냉동장치는?

① 열전 냉동장치
② 흡수식 냉동장치
③ 교축팽창식 냉동장치
④ 증기압축식 냉동장치

해설 열전 냉동장치는 냉매를 사용하지 않는다.

36 축동력 10kW, 냉매순환량 33kg/min인 냉동기에서 증발기 입구 엔탈피가 406kJ/kg, 증발기 출구 엔탈피가 615kJ/kg, 응축기 입구 엔탈피가 632kJ/kg이다. ⓐ 실제 성능계수와 ⓑ 이론 성능계수는 각각 얼마인가?

① ⓐ 8.5, ⓑ 12.3　　② ⓐ 8.5, ⓑ 9.5

③ ⓐ 11.5, ⓑ 9.5　　④ ⓐ 11.5, ⓑ 12.3

해설 • 실제 성적계수

$$COP = \frac{Q_e}{W} = \frac{(33/60) \times (615 - 406)}{10} = 11.495 \fallingdotseq 11.5$$

• 이론 성적계수

$$COP = \frac{q_e}{w} = \frac{615 - 406}{632 - 615} = 12.29 \fallingdotseq 12.3$$

37 암모니아용 압축기의 실린더에 있는 워터재킷의 주된 설치 목적은?

① 밸브 및 스프링의 수명을 연장하기 위해서

② 압축효율의 상승을 도모하기 위해서

③ 암모니아는 토출온도가 낮기 때문에 이를 방지하기 위해서

④ 암모니아의 응고를 방지하기 위해서

해설 압축기의 워터재킷(물주머니)은 냉각수 역할을 하므로 실린더 과열을 방지하여 압축효율 상승을 도모할 수 있다.

38 스크루 압축기의 특징에 대한 설명으로 틀린 것은?

① 소형 경량으로 설치면적이 작다.

② 밸브와 피스톤이 없어 장시간의 연속운전이 불가능하다.

③ 암수 회전자의 회전에 의해 체적을 줄여가면서 압축한다.

④ 왕복동식과 달리 흡입밸브와 토출밸브를 사용하지 않는다.

해설 스크루 압축기는 암, 수의 치형을 갖는 두 개의 로터의 맞물림에 의하여 냉매가스를 압축시킨다. 소형이면서 대용량의 가스를 처리하며, 고속회전으로 소음이 크고, 오일 부족 시 마모가 크다.

39 고온부의 절대온도를 T_1, 저온부의 절대온도를 T_2, 고온부로 방출하는 열량을 Q_1, 저온부로부터 흡수하는 열량을 Q_2라고 할 때, 이 냉동기의 이론 성적계수(COP)를 구하는 식은?

① $\dfrac{Q_1}{Q_1 - Q_2}$　　② $\dfrac{Q_2}{Q_1 - Q_2}$

③ $\dfrac{T_1}{T_1 - T_2}$　　④ $\dfrac{T_1 - T_2}{T_1}$

해설 이론 성적계수$(COP) = \dfrac{T_2}{T_1 - T_2} = \dfrac{Q_2}{Q_1 - Q_2}$

40 2단 압축 냉동장치 내 중간냉각기 설치에 대한 설명으로 옳은 것은?

① 냉동효과를 증대시킬 수 있다.

② 증발기에 공급되는 냉매액을 과열시킨다.

③ 저압 압축기 흡입가스 중의 액을 분리시킨다.

④ 압축비가 증가되어 압축효율이 저하된다.

해설 중간냉각기(인터쿨러)는 고압 냉매액을 과냉시켜 냉동효과를 증대시킨다.

SECTION 03 공기조화

41 난방부하 계산 시 일반적으로 무시할 수 있는 부하의 종류가 아닌 것은?

① 틈새바람 부하　　② 조명기구 발열 부하

③ 재실자 발생 부하　　④ 일사 부하

해설 난방부하

ⓐ 외벽이나 창유리 부하　ⓑ 극간풍(틈새바람 부하)

ⓒ 덕트 부하　　　　　　ⓓ 환기 부하

42 습공기의 상태변화를 나타내는 방법 중 하나인 열수분비의 정의로 옳은 것은?

① 절대습도 변화량에 대한 잠열량 변화량의 비율
② 절대습도 변화량에 대한 전열량 변화량의 비율
③ 상대습도 변화량에 대한 현열량 변화량의 비율
④ 상대습도 변화량에 대한 잠열량 변화량의 비율

해설 열수분비(μ)

$$\mu = \frac{\text{엔탈피 변화(전열량변화)}}{\text{절대습도 변화}}$$

43 온수관의 온도가 80℃, 환수관의 온도가 60℃인 자연순환식 온수난방장치에서의 자연순환수두(mmAq)는?(단, 보일러에서 방열기까지의 높이는 5m, 60℃에서의 온수 밀도는 983.24kg/m³, 80℃에서의 온수 밀도는 971.84kg/m³이다.)

① 55
② 56
③ 57
④ 58

해설 자연순환수두(H)

$$H = (\rho_2 - \rho_1) \times h$$
$$= (983.24 - 971.84) \times 5 = 57 \text{mmAq(kgf/m}^2)$$

44 온수난방 배관방식에서 단관식과 비교한 복관식에 대한 설명으로 틀린 것은?

① 설비비가 많이 든다.
② 온도변화가 많다.
③ 온수 순환이 좋다.
④ 안정성이 높다.

해설 온수난방 배관방식에서 단관식은 열손실에 비해 온도변화가 많다.

45 극간풍이 비교적 많고 재실 인원이 적은 실의 중앙 공조방식으로 가장 경제적인 방식은?

① 변풍량 2중덕트 방식
② 팬코일 유닛 방식
③ 정풍량 2중덕트 방식
④ 정풍량 단일덕트 방식

해설 팬코일 유닛 전수방식
극간풍(틈새바람)이 비교적 많고 재실 인원이 적은 실의 중앙공조방식이며 가장 경제적이다.

46 덕트 설계 시 주의사항으로 틀린 것은?

① 장방형 덕트 단면의 종횡비는 가능한 한 6 : 1 이상으로 해야 한다.
② 덕트의 풍속은 15m/s 이하, 정압은 50mmAq 이하의 저속덕트를 이용하여 소음을 줄인다.
③ 덕트의 분기점에는 댐퍼를 설치하여 압력 평행을 유지시킨다.
④ 재료는 아연도금강판, 알루미늄판 등을 이용하여 마찰저항 손실을 줄인다.

해설 동일한 원형 덕트에 대한 4각 덕트의 장변과 장변치수는 여러 가지로 조합이 가능하고, 장변과 단변의 비를 아스펙트비라 하며 보통 4 : 1 이하가 바람직하나 8 : 1을 넘지 않는 범위로 한다.

47 공장에 12kW의 전동기로 구동되는 기계 장치 25대를 설치하려고 한다. 전동기는 실내에 설치하고 기계장치는 실외에 설치한다면 실내로 취득되는 열량(kW)은?(단, 전동기의 부하율은 0.78, 가동률은 0.9, 전동기 효율은 0.87이다.)

① 242.1
② 210.6
③ 44.8
④ 31.5

해설 전동기는 실내, 기계는 실외에 있는 경우

실내 취득 열량 $q_E = P \times f_e \times f_o \times \left(\frac{1}{\eta} - 1\right)$

$$= (12 \times 25) \times 0.78 \times 0.9 \times \left(\frac{1}{0.87} - 1\right)$$
$$= 31.47 \text{kW}$$

48 공기세정기에서 순환수 분무에 대한 설명으로 틀린 것은?(단, 출구 수온은 입구 공기의 습구온도와 같다.)

① 단열변화
② 증발냉각
③ 습구온도 일정
④ 상대습도 일정

해설 세정기 가습효율(η)

$$\eta = \frac{\text{에어워셔입구 건구온도} - \text{에어워셔출구 건구온도}}{\text{에어워셔입구 건구온도} - \text{에어워셔입구 습구온도}}$$

가습장치 : 수분무형, 고압수분무형, 증기분사형, 가습팬형,
실내 직접가습

※ 상대습도 = $\dfrac{\text{수증기 분압}}{\text{포화수증기 분압}}$

---

49 전압기준 국부저항계수 ζ_T와 정압기준 국부저항계수 ζ_S의 관계를 바르게 나타낸 것은?(단, 덕트 상류 풍속은 v_1, 하류 풍속은 v_2이다.)

① $\zeta_T = \zeta_S - 1 + \left(\dfrac{v_2}{v_1}\right)^2$ ② $\zeta_T = \zeta_S + 1 - \left(\dfrac{v_2}{v_1}\right)^2$

③ $\zeta_T = \zeta_S - 1 - \left(\dfrac{v_2}{v_1}\right)^2$ ④ $\zeta_T = \zeta_S + 1 + \left(\dfrac{v_2}{v_1}\right)^2$

해설 국부저항손실(ΔP_T)

ΔP_T에서 국부저항손실계수 ζ

국부저항(ΔP_L) = $\zeta \dfrac{W^2}{2g} \gamma$

- W(풍속), g(9.8m/s^2), γ(공기비중량, 1.2kg/m^3)
- ζ_T : 전압기준 국부저항계수
- ζ_S : 정압기준 국부저항계수

∴ $\zeta_T = \zeta_S + 1 - \left(\dfrac{v_2}{v_1}\right)^2$

---

50 공기세정기에 대한 설명으로 틀린 것은?

① 세정기 단면의 종횡비를 크게 하면 성능이 떨어진다.
② 공기세정기의 수·공기비는 성능에 영향을 미친다.
③ 세정기 출구에는 분무된 물방울의 비산을 방지하기 위해 루버를 설치한다.
④ 스프레이 헤더의 수를 뱅크(Bank)라 하고 1본을 1뱅크, 2본을 2뱅크라 한다.

해설 ㉠ 플러딩 노즐은 물을 분무하여 엘리미네이터를 청소한다.
㉡ 루버는 공기흐름을 균일하게 한다.
㉢ 물방울의 비산방지는 엘리미네이터로 한다.

---

51 실내의 CO_2 농도기준이 1,000ppm이고, 1인당 CO_2 발생량이 18L/h인 경우, 실내 1인당 필요한 환기량(m^3/h)은?(단, 외기 CO_2 농도는 300ppm이다.)

① 22.7 ② 23.7
③ 25.7 ④ 26.7

해설 환기량(Q) = $\dfrac{M}{K - k_0} A \cdot n$

$$= \frac{18 \times 10^{-3}}{\dfrac{(1,000 - 300)}{10^6}}$$

$$= 25.7 m^3/h$$

※ $1m^3 = 10^3 L$, $1ppm = \dfrac{1}{10^6}$

---

52 타원형 덕트(Flat Oval Duct)와 같은 저항을 갖는 상당직경 D_e를 바르게 나타낸 것은?(단, A는 타원형 덕트 단면적, P는 타원형 덕트 둘레길이이다.)

① $D_e = \dfrac{1.55 P^{0.25}}{A^{0.625}}$ ② $D_e = \dfrac{1.55 A^{0.25}}{P^{0.625}}$

③ $D_e = \dfrac{1.55 P^{0.625}}{A^{0.25}}$ ④ $D_e = \dfrac{1.55 A^{0.625}}{P^{0.25}}$

해설 타원형 덕트와 같은 저항을 갖는 상당직경(D_c)

$$D_c = \frac{1.55 A^{0.625}}{P^{0.25}}$$

---

53 압력 1MPa, 건도 0.89인 습증기 100kg이 일정 압력의 조건에서 엔탈피가 3,052kJ/kg인 300℃의 과열증기로 되는 데 필요한 열량(kJ)은?(단, 1MPa에서 포화액의 엔탈피는 759kJ/kg, 증발잠열은 2,018kJ/kg이다.)

① 44,208 ② 49,698
③ 229,311 ④ 103,432

해설 습포화증기 엔탈피 $h_1 = h_1{}' + x(h_1{}'' - h_1{}')$

$$= 759 + 0.89 \times 2,018$$

$$= 2,555.02 kJ/kg$$

필요한 열량 $q = G \times (h_2 - h_1)$

$$= 100 \times (3,052 - 2,555.02)$$

$$= 49,698 kJ$$

---

54 EDR(Equivalent Direct Radiation)에 관한 설명으로 틀린 것은?

① 증기의 표준방열량은 650kcal/m²h이다.
② 온수의 표준방열량은 450kcal/m²h이다.
③ 상당 방열면적을 의미한다.
④ 방열기의 표준방열량을 전방열량으로 나눈 값이다.

해설 $EDR(상당방열면적) = \dfrac{방열기\ 전방열량}{방열기\ 표준방열량}$

55 증기난방 방식에 대한 설명으로 틀린 것은?

① 환수방식에 따라 중력환수식과 진공환수식, 기계환수식으로 구분한다.
② 배관방법에 따라 단관식과 복관식이 있다.
③ 예열시간이 길지만 열량 조절이 용이하다.
④ 운전 시 증기 해머로 인한 소음을 일으키기 쉽다.

해설 온수난방 방식
㉠ 예열시간이 길고 잘 식지 않아서 동절기에 유리하다.
㉡ 열량의 조절이 용이하다.

56 어떤 냉각기의 1열(列) 코일의 바이패스 펙터가 0.65라면 4열(列)의 바이패스 펙터는 약 얼마가 되는가?

① 0.18   ② 1.82
③ 2.83   ④ 4.84

해설 코일의 열수가 증가하면 바이패스 펙터는 감소한다.
∴ 2열에서는 $(0.65)^2$
3열에서는 $(0.65)^3$
4열에서는 $(0.65)^4 = 0.18$

57 다음 냉방부하 요소 중 잠열을 고려하지 않아도 되는 것은?

① 인체에서의 발생열
② 커피포트에서의 발생열
③ 유리를 통과하는 복사열
④ 틈새바람에 의한 취득열

해설 복사열은 절대온도의 4승에 비례하고, H_2O가 없어서 잠열은 제외된다.

58 냉수 코일설계 기준에 대한 설명으로 틀린 것은?

① 코일은 관이 수평으로 놓이게 설치한다.
② 관 내 유속은 1m/s 정도로 한다.
③ 공기 냉각용 코일의 열 수는 일반적으로 4~8열이 주로 사용된다.
④ 냉수 입·출구 온도차는 10℃ 이상으로 한다.

해설 ㉠ 냉수 코일 정면풍속 : 2.0~3.0m/s
㉡ 냉수 코일 내 수속 : 1.0m/s
㉢ 냉수 코일 통과 수온변화 : 5℃
㉣ 온수 코일 풍속 : 2.0~3.5m/s
㉤ 일반 코일 풍속 : 2.5m/s

59 다음 용어에 대한 설명으로 틀린 것은?

① 자유면적 : 취출구 혹은 흡입구 구멍면적의 합계
② 도달거리 : 기류의 중심속도가 0.25m/s에 이르렀을 때, 취출구에서의 수평거리
③ 유인비 : 전공기량에 대한 취출공기량(1차 공기)의 비
④ 강하도 : 수평으로 취출된 기류가 일정 거리만큼 진행한 뒤 기류중심선과 취출구 중심과의 수직거리

해설 $유인비 = \dfrac{혼합공기(TA)}{1차\ 공기(PA)}$
혼합공기(TA) = 1차공기(PA) + 2차공기(SA)

60 덕트의 마찰저항을 증가시키는 요인 중 값이 커지면 마찰저항이 감소되는 것은?

① 덕트재료의 마찰저항계수
② 덕트길이
③ 덕트직경
④ 풍속

해설 덕트직경이 커지면 마찰저항이 감소한다.

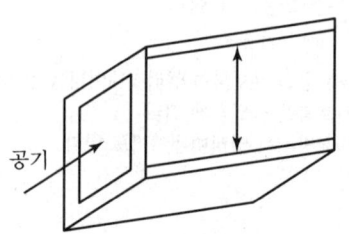
공기

SECTION **04** 전기제어공학

61 정격 주파수 60Hz의 농형 유도전동기를 50Hz의 정격전압에서 사용할 때, 감소하는 것은?

① 토크
② 온도
③ 역률
④ 여자전류

> **해설** ㉠ 유도전동기의 종류
> • 농형 유도전동기
> • 권선형 유도전동기
> • 특수농형 유도전동기
> ㉡ 농형 유도전동기에서 정격 주파수가 감소하면 역률이 감소한다(부하의 역률이 나쁘면 전압강하로 전력손실 증가, 수전설비용량 증가).
> ※ 역률$(\cos\theta) = \dfrac{\text{유효전력}}{\sqrt{\text{유효전력} + \text{무효전력}}} = \dfrac{\text{유효전력}}{\text{피상전력}}$

62 그림과 같은 피드백 회로의 종합 전달함수는?

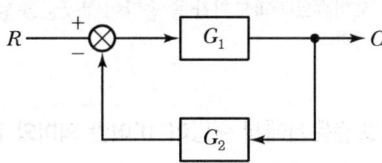

① $\dfrac{1}{G_1} + \dfrac{1}{G_2}$
② $\dfrac{G_1}{1 - G_1 G_2}$
③ $\dfrac{G_1}{1 + G_1 G_2}$
④ $\dfrac{G_1 G_2}{1 - G_1 G_2}$

> **해설** $(R - CG_2)G_1 = C$
> $RG_1 = C + CG_1 G_2 = C(1 + G_1 G_2)$
> $\therefore G(s) = \dfrac{C}{R} = \dfrac{\text{전향경로의 합}}{1 - \text{피드백의 합}} = \dfrac{G_1}{1 + G_1 G_2}$

63 도체가 대전된 경우 도체의 성질과 전하 분포에 관한 설명으로 틀린 것은?

① 도체 내부의 전계는 ∞이다.
② 전하는 도체 표면에만 존재한다.
③ 도체는 등전위이고 표면은 등전위면이다.
④ 도체 표면상의 전계는 면에 대하여 수직이다.

> **해설** ㉠ 전계(Electric Field) : 전기력이 존재하고 있는 공간이다. 그 상황은 전기력선의 분포에 의해서 나타난다.
> ㉡ 대전 : 물체가 전하를 갖는 것

64 어떤 교류전압의 실횻값이 100V일 때 최댓값은 약 몇 V가 되는가?

① 100
② 141
③ 173
④ 200

> **해설** 실횻값 $= \dfrac{V_m}{\sqrt{2}} = 0.707 V_m$
> $\therefore V_m = \dfrac{100}{0.707} = 141$
> 최댓값 $=$ 실횻값 $\times \sqrt{2} = 100 \times 1.414 = 141$

65 PLC(Programmable Logic Controller)에서, CPU부의 구성과 거리가 먼 것은?

① 연산부
② 전원부
③ 데이터 메모리부
④ 프로그램 메모리부

> **해설** CPU(중앙처리장치)에서 전원부와는 구성거리가 멀다.

66 제어대상의 상태를 자동적으로 제어하며, 목푯값이 제어 공정과 기타의 제한 조건에 순응하면서 가능한 가장 짧은 시간에 요구되는 최종상태까지 가도록 설계하는 제어는?

① 디지털제어
② 적응제어
③ 최적제어
④ 정치제어

> **해설** 최적제어
> 목푯값이 제어공정과 기타의 제한 조건에 순응하면서 가능한 가장 짧은 시간에 요구되는 최종상태까지 가도록 설계하는 제어이다.

67 90Ω의 저항 3개가 △결선으로 되어 있을 때, 상당(단상) 해석을 위한 등가 Y결선에 대한 각 상의 저항 크기는 몇 Ω인가?

① 10
② 30
③ 90
④ 120

해설 등가 Y결선에 대한 각 상의 저항 크기

$$\frac{90\Omega}{3개\ 저항}=\frac{1}{3}\times90=30\Omega/개$$

68 다음과 같은 회로에 전압계 3대와 저항 10Ω을 설치하여 $V_1=80V$, $V_2=20V$, $V_3=100V$의 실효치 전압을 계측하였다. 이때 순저항 부하에서 소모하는 유효전력은 몇 W인가?

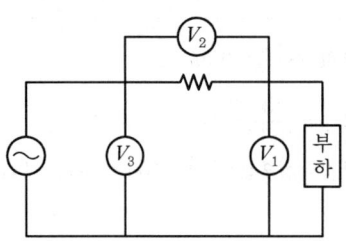

① 160 ② 320
③ 460 ④ 640

해설 유효전력 $P=V_1I\cos\theta$

$$=V_1\times\frac{V_2}{R}\times\frac{V_3^2-V_1^2-V_2^2}{2V_1V_2}$$

$$=\frac{1}{R}\times\frac{V_3^2-V_1^2-V_2^2}{2}$$

$$=\frac{1}{10}\times\frac{100^2-20^2-80^2}{2}$$

$$=160W$$

69 $G(j\omega)=e^{-j\omega0.4}$일 때 $\omega=2.5$에서의 위상각은 약 몇 도인가?

① -28.6 ② -42.9
③ -57.3 ④ -71.5

해설 위상각$(\omega)=\dfrac{\theta}{2}=\dfrac{2\pi}{T}=2\pi f(\text{rad/sec})$

rad(라디안)$=$각도$\times\dfrac{\pi}{180}$, $\omega=\dfrac{\theta}{T}(\text{rad/sec})$

$G(j\omega)$: 주파수 전달함수

위상차 $\angle G(j\omega)=\tan^{-1}\dfrac{허수부}{실수부}$

위상각$(\theta)=-0.4\times2.5=-1\text{rad}$

$\therefore -1\times\dfrac{180}{77}=-57.30$

70 여러 가지 전해액을 이용한 전기분해에서 동일량의 전기로 석출되는 물질의 양은 각각의 화학당량에 비례한다고 하는 법칙은?

① 줄의 법칙 ② 렌츠의 법칙
③ 쿨롱의 법칙 ④ 패러데이의 법칙

해설 패러데이의 법칙

여러 가지 전해액을 이용한 전기분해에서 동일량의 전기로 석출되는 물질의 양은 각각의 화학당량에 비례한다는 법칙

71 과도 응답의 소멸되는 정도를 나타내는 감쇠비(Decay Ratio)로 옳은 것은?

① $\dfrac{제2오버슈트}{최대오버슈트}$ ② $\dfrac{제4오버슈트}{최대오버슈트}$

③ $\dfrac{최대오버슈트}{제2오버슈트}$ ④ $\dfrac{최대오버슈트}{제4오버슈트}$

해설 과도응답 감쇠비$=\dfrac{제2오버슈트}{최대오버슈트}$

※ 오버슈트 : 과도기간 중 응답이 목푯값을 넘어가는 양을 말한다.

72 유도전동기에서 슬립이 '0'이란 의미와 같은 것은?

① 유도제동기의 역할을 한다.
② 유도전동기가 정지상태이다.
③ 유도전동기가 전부하 운전상태이다.
④ 유도전동기가 동기속도로 회전한다.

해설 유도전동기 슬립

㉠ 슬립$(S)=\dfrac{동기속도(N_s)-회전속도(N)}{동기속도(N_s)}$

  • $N_s=\dfrac{120f}{p}(\text{rpm})$

  • f : 주파수(Hz)

㉡ 전동기 정지상태(회전자속도 $N=0$, 슬립 $S=1$)

㉢ 회전자의 속도 $N=N_s$인 경우는 무부하 운전 시이며 회전자가 동기속도로 회전하면 슬립 $S=0$이다.

73 제어장치가 제어대상에 가하는 제어신호로 제어장치의 출력인 동시에 제어대상의 입력인 신호는?

① 조작량 ② 제어량
③ 목푯값 ④ 동작신호

해설 제어대상 조작량은 제어장치가 제어대상에 가하는 제어신호로 제어장치의 출력인 동시에 제어대상의 입력신호가 된다.

74 200V, 1kW 전열기에서 전열선의 길이를 1/2로 할 경우, 소비전력은 몇 kW인가?

① 1　　　　　　　　② 2
③ 3　　　　　　　　④ 4

해설 전열선의 길이 $\dfrac{1}{2}$ → 저항 $\dfrac{1}{2}$

$\therefore R_2 = \dfrac{1}{2} R_1$

전력 $P = VI = V \times \dfrac{V}{R} = \dfrac{V^2}{R}$ 이므로

$P_1 = \dfrac{V^2}{R_1} = 1\text{kW}$

$P_2 = \dfrac{V^2}{\frac{1}{2}R_1} = \dfrac{2V^2}{R_1} = 2\text{kW}$

75 제어계의 분류에서 엘리베이터에 적용되는 제어방법은?

① 정치제어　　　　② 추종제어
③ 비율제어　　　　④ 프로그램 제어

해설 프로그램 제어
엘리베이터, 커피자판기, 신호등, 전기밥솥 등에 적용

76 다음 설명은 어떤 자성체를 표현한 것인가?

> N극을 가까이 하면 N극으로, S극을 가까이 하면 S극으로 자화되는 물질로 구리, 금, 은 등이 있다.

① 강자성체　　　　② 상자성체
③ 반자성체　　　　④ 초강자성체

해설 ㉠ 반자성체 : 자화되는 물질이며 구리, 금, 은 등이 있다.
ㄴ 자성체 : 자계가 가해지면 자속이 현저하게 증가하는 물질이다.
ㄷ 강자성체 : 비투자율이 매우 크고 자화에 히스테리시스 특성을 나타내는 물질로 철, 코발트, 니켈 등이 있다.

77 단위 피드백 제어계통에서 입력과 출력이 같다면 전향전달함수 $G(s)$의 값은?

① 0　　　　　　　　② 0.707
③ 1　　　　　　　　④ ∞

해설 ㉠ 전달함수는 모든 초깃값을 0으로 한다.
ㄴ 단위 피드백 제어계통에서 입력과 출력이 같다면 전향전달함수 $G(s)$의 값은 ∞이다.
$\dfrac{C}{R} = \dfrac{G}{1+G} = \dfrac{1}{\frac{1}{G}+1}$ 이므로 $\dfrac{C}{R} = 1$이 되려면 $G = \infty$이다.

78 제어계의 과도응답특성을 해석하기 위해 사용하는 단위계단입력은?

① $\delta(t)$　　　　　　② $u(t)$
③ $-3tu(t)$　　　　④ $\sin(120\pi t)$

해설 과도응답
일반적으로 입력의 임의의 시간적 변화에 대해 계의 출력이 정상상태에 이르기까지의 경과 상황을 말한다.

79 추종제어에 속하지 않는 제어량은?

① 위치　　　　　　② 방위
③ 자세　　　　　　④ 유량

해설 계측기기의 검출유량(급수량, 급유량, 가스량)은 추종제어에 속하지 않는다.

80 PI 동작의 전달함수는?(단, K_P는 비례감도이고, T_I는 적분시간이다.)

① K_P　　　　　　　② $K_P s T_I$
③ $K_P(1 + s T_I)$　　④ $K_P\left(1 + \dfrac{1}{s T_I}\right)$

해설 PI(비례적분) 동작 : $Y(t) = K_P \left[Z(t) + \dfrac{1}{T_i} \int Z(t)dt \right]$

∴ PI 전달함수$= K_P \left(1 + \dfrac{1}{T_i s} \right)$

여기서, Y : 조작량, K_P : 비례감도, $Z(t)$: 동작신호

T_i : 적분시간, $\dfrac{1}{T_i}$: 리셋률

SECTION 05 배관일반

81 냉동장치의 배관공사가 완료된 후 방열공사의 시공 및 냉매를 충전하기 전에 전 계통에 걸쳐 실시하며, 진공 시험으로 최종적인 기밀 유무를 확인하기 전에 하는 시험은?

① 내압시험   ② 기밀시험
③ 누설시험   ④ 수압시험

해설 누설시험을 냉동장치 배관공사 완료 후 방열공사의 시공 및 냉매를 충전하기 전에, 전 계통에 대해 최종적인 기밀 유무를 확인하기 전에 실시한다.

82 가스미터를 구조상 직접식(실측식)과 간접식(추정식)으로 분류한다. 다음 중 직접식 가스미터는?

① 습식   ② 터빈식
③ 벤투리식   ④ 오리피스식

해설 ㉠ 직접식 가스미터 : 건식, 습식
㉡ 간접식 가스미터 : 터빈식, 벤투리식, 오리피스식

83 전기가 정전되어도 계속하여 급수를 할 수 있으며 급수오염 가능성이 적은 급수방식은?

① 압력탱크 방식   ② 수도직결 방식
③ 부스터 방식   ④ 고가탱크 방식

해설 수도직결 방식
㉠ 전기가 정전되어도 계속 급수가 가능한 방식이다(공급수압방식).
㉡ 급수오염 가능성이 적어 저층 건물, 소규모 주택에 사용된다.

84 배관작업용 공구의 설명으로 틀린 것은?

① 파이프 리머(Pipe Reamer) : 관을 파이프커터 등으로 절단한 후 관 단면의 안쪽에 생긴 거스러미(Burr)를 제거
② 플레어링 툴(Flaring Tools) : 동관을 압축이음하기 위하여 관 끝을 나팔모양으로 가공
③ 파이프 바이스(Pipe Vice) : 관을 절단하거나 나사이음을 할 때 관이 움직이지 않도록 고정
④ 사이징 툴(Sizing Tools) : 동일지름의 관을 이음 쇠 없이 납땜이음을 할 때 한쪽 관 끝을 소켓모양으로 가공

해설

익스팬드 사용 / 확관 / 사이징 툴 (원형으로 교정)

85 LP가스 공급, 소비 설비의 압력손실 요인으로 틀린 것은?

① 배관의 입하에 의한 압력손실
② 엘보, 티 등에 의한 압력손실
③ 배관의 직관부에서 일어나는 압력손실
④ 가스미터, 콕크, 밸브 등에 의한 압력손실

해설 ㉠ LP가스는 공기보다 비중이 무거워서 배관의 입상에 의한 압력손실이 발생한다.
㉡ 압력손실$(H) = 1.293(s-1)h(\text{mmH}_2\text{O})$
여기서, s : 가스 비중, h : 관의 높이
㉢ 분자량 : 공기(29), 프로판(44), 부탄(58)

86 통기관의 설치 목적으로 가장 거리가 먼 것은?

① 배수의 흐름을 원활하게 하여 배수관의 부식을 방지한다.
② 봉수가 사이펀 작용으로 파괴되는 것을 방지한다.
③ 배수계통 내에 신선한 공기를 유입하기 위해 환기시킨다.
④ 배수계통 내의 배수 및 공기의 흐름을 원활하게 한다.

해설 통기관의 주된 목적은 트랩의 봉수를 보호하는 것이다.
　※ 통기방식
　　㉠ 1관식(신정통기관)
　　㉡ 2관식(각개통기식, 회로통기식)

87 배관의 끝을 막을 때 사용하는 이음쇠는?
① 유니언
② 니플
③ 플러그
④ 소켓

해설 관의 폐쇄

　　　[플러그]　　　　　　　[캡]

88 다음 저압가스 배관의 직경(D)을 구하는 식에서 S 가 의미하는 것은?(단, L 은 관의 길이를 의미한다.)

$$D^5 = \frac{Q^2 \cdot S \cdot L}{K^2 \cdot H}$$

① 관의 내경
② 공급 압력 차
③ 가스 유량
④ 가스 비중

해설 S : 가스 비중
L : 관의 길이(m)
Q : 가스 유량(m^3/h)
K : 계수(0.707)
H : 허용 압력손실(mmH_2O)

89 다음 장치 중 일반적으로 보온·보냉이 필요한 것은?
① 공조기용의 냉각수 배관
② 방열기 주변 배관
③ 환기용 덕트
④ 급탕배관

해설 보온·보냉이 필요한 곳
　㉠ 급탕배관
　㉡ 온수배관
　㉢ 증기배관
　㉣ 냉매배관

90 순동 이음쇠를 사용할 때에 비하여 동합금 주물 이음쇠를 사용할 때 고려할 사항으로 가장 거리가 먼 것은?
① 순동 이음쇠 사용에 비해 모세관 현상에 의한 용융 확산이 어렵다.
② 순동 이음쇠와 비교하여 용접재 부착력은 큰 차이가 없다.
③ 순동 이음쇠와 비교하여 냉벽 부분이 발생할 수 있다.
④ 순동 이음쇠 사용에 비해 열팽창의 불균일에 의한 부정적 틈새가 발생할 수 있다.

해설 순동 이음쇠와 동합금 주물은 이음쇠 사용 시 부착력에 용접 상 차이가 많이 난다.

91 보온 시공 시 외피의 마무리재로서 옥외 노출부에 사용되는 재료로 사용하기에 가장 적당한 것은?
① 면포
② 비닐 테이프
③ 방수 마포
④ 아연 철판

해설 아연 철판은 부식력이 적어 보온시공 시 외피의 마무리재로서 옥외 노출부에 사용하는 재료이다(함석 : 철＋아연).

92 급수방식 중 급수량의 변화에 따라 펌프의 회전수를 제어하여 급수압을 일정하게 유지할 수 있는 회전수 제어시스템을 이용한 방식은?
① 고가수조방식
② 수도직결방식
③ 압력수조방식
④ 펌프직송방식

해설 펌프직송방식
급수량의 변화에 따라 펌프의 회전수를 제어하여 급수압을 일정하게 유지가 가능한 회전수 제어시스템을 이용한다.

93 보일러 등 압력용기와 그 밖에 고압 유체를 취급하는 배관에 설치하여 관 또는 용기 내의 압력이 규정 한도에 달하면 내부 에너지를 자동적으로 외부에 방출하여 항상 안전한 수준으로 압력을 유지하는 밸브는?
① 감압 밸브
② 온도 조절 밸브
③ 안전 밸브
④ 전자 밸브

해설

94 밀폐 배관계에서는 압력계획이 필요하다. 압력계획을 하는 이유로 틀린 것은?

① 운전 중 배관계 내에 대기압보다 낮은 개소가 있으면 접속부에서 공기를 흡입할 우려가 있기 때문에
② 운전 중 수온에 알맞은 최소압력 이상으로 유지하지 않으면 순환수 비등이나 플래시 현상 발생 우려가 있기 때문에
③ 펌프의 운전으로 배관계 각 부의 압력이 감소하므로 수격작용, 공기정체 등의 문제가 생기기 때문에
④ 수온의 변화에 의한 체적의 팽창·수축으로 배관 각부에 악영향을 미치기 때문에

해설 펌프의 운전상태에서는 배관계 각 부의 압력이 증가하여 수격작용, 공기정체 등의 문제가 생긴다.

95 다음 중 난방 또는 급탕설비의 보온재료로 가장 부적합한 것은?

① 유리 섬유
② 발포폴리스티렌폼
③ 암면
④ 규산칼슘

해설 발포폴리스티렌폼은 난방, 급탕의 보온재보다 다소 온도 낮은 액체의 보냉재로 사용이 가능하다. 80~100℃ 이하용에 이상적이다.

96 배수의 성질에 따른 구분에서 수세식 변기의 대·소변에서 나오는 배수는?

① 오수
② 잡배수
③ 특수배수
④ 우수배수

해설 오수(汚水)는 수세식 변기 등에서 나오는 배수이다.

97 리버스 리턴 배관 방식에 대한 설명으로 틀린 것은?

① 각 기기 간의 배관회로 길이가 거의 같다.
② 저항의 밸런싱을 취하기 쉽다.
③ 개방회로 시스템(Open Loop System)에서 권장된다.
④ 환수관이 2중이므로 배관 설치 공간이 커지고 재료비가 많이 든다.

해설 리버스 리턴 배관(역환수 배관 : Reverse Return Pipe)

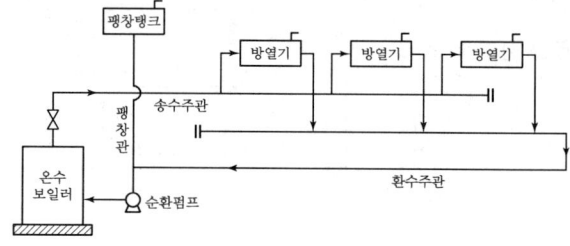

98 패럴렐 슬라이드 밸브(Parallel Slide Valve)에 대한 설명으로 틀린 것은?

① 평행한 두 개의 밸브 몸체 사이에 스프링이 삽입되어 있다.
② 밸브 몸체와 디스크 사이에 시트가 있어 밸브 측면의 마찰이 적다.
③ 쐐기 모양의 밸브로서 쐐기의 각도는 보통 6~8°이다.
④ 밸브 시트는 일반적으로 경질금속을 사용한다.

해설 패럴렐 슬라이드 밸브(Parallel Slide Valve)
㉠ 게이트 밸브이며 증기유동의 흐름을 제어하는 밸브이다.
㉡ 2개의 칸막이 사이에 스프링 또는 수평봉을 넣어 2개의 칸막이를 스프링에 의해 밸브시트를 붙이도록 한 구조이다.

99 5세주형 700mm의 주철제 방열기를 설치하여 증기 온도가 110℃, 실내 공기온도가 20℃이며 난방부하가 29kW일 때 방열기의 소요쪽수는?(단, 방열계수는 8 W/m²℃, 1쪽당 방열면적은 0.28m²이다.)

① 144쪽
② 154쪽
③ 164쪽
④ 174쪽

[해설] 부하열량 $q = K \cdot A \cdot \Delta t_m = K \cdot (a \cdot n) \cdot \Delta t_m$

방열기 쪽수 $n = \dfrac{q}{K \cdot a \cdot \Delta t_m}$

$$= \dfrac{29 \times 1,000}{8 \times 0.28 \times (110 - 20)}$$

$$= 143.85$$

∴ 144쪽

---

100 다음 중 열팽창에 의한 관의 신축으로 배관의 이동을 구속 또는 제한하는 장치가 아닌 것은?

① 앵커(Anchor)　　② 스토퍼(Stopper)

③ 가이드(Guide)　　④ 인서트(Insert)

[해설] 열팽창에 의한 관의 신축이동 구속장치(리스트레인트)
앵커, 스토퍼, 가이드

※ 인서트 : 삽입물(성형품 속에 삽입된 금속이나 기타 재료, 즉 수명이 짧은 부분만을 교환식으로 바꿔 갈아끼울 수 있게 만든 부분이다.)

※ 신축이음 : 슬리브형, 루프형, 벨로스형, 스위블형

※ 진동방지기 : 방진기, 완충기

SECTION 01 기계열역학

01 두께 10mm, 열전도율 15W/m℃인 금속판 두 면의 온도가 각각 70℃와 50℃일 때 전열면 1m²당 1분 동안에 전달되는 열량(kJ)은 얼마인가?

① 1,800
② 14,000
③ 92,000
④ 162,000

해설 열전도에 의한 손실열

$$q = \frac{\lambda}{l} \cdot A \cdot (t_1 - t_2) = \frac{15}{(10 \times 10^{-3})} \times 1 \times (70 - 50)$$
$$= 30,000 \text{W} = 30,000 \text{J/s}$$
$$= 30,000 \times 10^{-3} \times 60 \text{kJ/min}$$
$$= 1,800 \text{kJ/min}$$

02 압축비가 18인 오토 사이클의 효율(%)은?(단, 기체의 비열비는 1.41이다.)

① 65.7
② 69.4
③ 71.3
④ 74.6

해설 오토 사이클 열효율(η_0) $= 1 - \left(\frac{1}{\varepsilon}\right)^{k-1}$

$$\therefore 1 - \left(\frac{1}{18}\right)^{1.41-1} = 0.694(69.4\%)$$

03 800kPa, 350℃의 수증기를 200kPa로 교축한다. 이 과정에 대하여 운동에너지의 변화를 무시할 수 있다고 할 때 이 수증기의 Joule–Thomson 계수 (K/kPa)는 얼마인가?(단, 교축 후의 온도는 344℃ 이다.)

① 0.005
② 0.01
③ 0.02
④ 0.03

해설 줄–톰슨 계수(μ) $= \left(\frac{\delta T}{\delta P}\right)$

$$\therefore \mu = \frac{350-344}{(800-200)} = 0.01 ℃/\text{kPa}$$

04 표준대기압 상태에서 물 1kg이 100℃로부터 전부 증기로 변하는 데 필요한 열량이 0.652kJ이다. 이 증발과정에서의 엔트로피 증가량(J/K)은 얼마인가?

① 1.75
② 2.75
③ 3.75
④ 4.00

해설 엔트로피 증가량

$$\Delta S = \frac{\Delta Q}{T} = \frac{0.652 \times 10^3}{(100+273)} = 1.75 \text{J/K}$$

05 냉동기 팽창밸브 장치에서 교축과정을 일반적으로 어떤 과정이라고 하는가?(단, 이때 일반적으로 운동에너지 차이를 무시한다.)

① 정압과정
② 등엔탈피 과정
③ 등엔트로피 과정
④ 등온과정

해설 팽창밸브
㉠ 엔트로피 증가
㉡ 엔탈피 일정(등엔탈피 과정)

06 최고온도(T_H)와 최저온도(T_L)가 모두 동일한 이상적인 가역 사이클 중 효율이 다른 하나는?(단, 사이클 작동에 사용되는 가스(기체)는 모두 동일하다.)

① 카르노 사이클
② 브레이턴 사이클
③ 스털링 사이클
④ 에릭슨 사이클

해설 브레이턴 사이클
㉠ 가스터빈 사이클이다.
㉡ 열효율은 압력비만의 함수이며, 압력비가 클수록 열효율이 증가한다.

$$효율(\eta_B) = 1 - \left(\frac{1}{r}\right)^{\frac{k-1}{k}}$$

07 냉동효과가 70kW인 냉동기의 방열기 온도가 20℃, 흡열기 온도가 −10℃이다. 이 냉동기를 운전하는 데 필요한 압축기의 이론 동력(kW)은 얼마인가?

① 6.02   ② 6.98

③ 7.98   ④ 8.99

해설 역카르노 사이클 성적계수

$COP = \dfrac{q_e}{W} = \dfrac{T_L}{T_H - T_L}$ 에서

압축기 이론 동력 $W = \dfrac{T_H - T_L}{T_L} \times q_e$

$= \dfrac{(20 + 273) - (-10 + 273)}{(-10 + 273)} \times 70$

$= 7.98\text{kW}$

08 체적이 1m³인 용기에 물이 5kg 들어 있으며 그 압력을 측정해보니 500kPa이었다. 이 용기에 있는 물 중에 증기량(kg)은 얼마인가?(단, 500kPa에서 포화액체와 포화증기의 비체적은 각각 0.001093m³/kg, 0.37489m³/kg이다.)

① 0.005   ② 0.94

③ 1.87   ④ 2.66

해설 물의 체적$(V_1) = 5 \times 0.001093 = 0.005465\text{m}^3$

증기의 체적$(V_2) = 1 - 0.005465 = 0.994535\text{m}^3$

∴ 증기량$(G) = \dfrac{0.994535}{0.37489} = 2.66\text{kg}$

09 배기량(Displacement Volume)이 1,200cc, 극간체적(Clearance Volume)이 200cc인 가솔린 기관의 압축비는 얼마인가?

① 5   ② 6

③ 7   ④ 8

해설 가솔린 기관의 압축비

$\varepsilon = \dfrac{\text{실린더체적}}{\text{극간체적}} = \dfrac{\text{배기량} + \text{극간체적}}{\text{극간체적}}$

$= \dfrac{1,200 + 200}{200}$

$= 7$

10 국소 대기압력이 0.099MPa일 때 용기 내 기체의 게이지 압력이 1MPa이었다. 기체의 절대압력(MPa)은 얼마인가?

① 0.901   ② 1.099

③ 1.135   ④ 1.275

해설 절대압력(abs) = 대기압력 + 게이지압력

$= 0.099 + 1 = 1.099\text{MPa}$

11 그림과 같이 다수의 추를 올려놓은 피스톤이 끼워져 있는 실린더에 들어 있는 가스를 계로 생각한다. 초기 압력이 300kPa이고, 초기 체적은 0.05m³이다. 피스톤을 고정하여 체적을 일정하게 유지하면서 압력이 200kPa로 떨어질 때까지 계에서 열을 제거한다. 이때 계가 외부에 한 일(kJ)은 얼마인가?

가스

① 0   ② 5

③ 10   ④ 15

해설 $_1W_2 = \displaystyle\int_1^2 P(V_1 - V_2)$

$V = c\,(V_1 = V_2)$

∴ $_1W_2 = 0$이다.

※ 등적변화 : 절대일은 0, 외부로 가해진 열량은 내부에너지의 증가로 축적된다(계가 외부에 한 일은 0이다).

12 질량 4kg의 액체를 15℃에서 100℃까지 가열하기 위해 714kJ의 열을 공급하였다면 액체의 비열(kJ/kg · K)은 얼마인가?

① 1.1   ② 2.1

③ 3.1   ④ 4.1

해설 공급열량 $q = m \cdot C \cdot \Delta t$에서

액체 비열 $C = \dfrac{q}{m \cdot \Delta t}$

$= \dfrac{714}{4 \times (100 - 15)}$

$= 2.1\text{kJ/kg} \cdot \text{K}$

13 공기 3kg이 300K에서 650K까지 온도가 올라갈 때 엔트로피 변화량(J/K)은 얼마인가?(단, 이때 압력은 100kPa에서 550kPa로 상승하고, 공기의 정압비열은 $1.005kJ/kg \cdot K$, 기체상수는 $0.287kJ/kg \cdot K$이다.)

① 712 ② 863
③ 924 ④ 966

해설 엔트로피 변화량

$$\Delta S = m\left(C_p \ln\frac{T_2}{T_1} - R\ln\frac{P_2}{P_1}\right)$$
$$= 3 \times \left(1.005 \times \ln\frac{650}{300} - 0.287 \times \ln\frac{550}{100}\right) \times 10^3$$
$$= 863.38 J/K$$

14 열역학적 상태량은 일반적으로 강도성 상태량과 용량성 상태량으로 분류할 수 있다. 강도성 상태량에 속하지 않는 것은?

① 압력 ② 온도
③ 밀도 ④ 체적

해설 용량성(종량성) 상태량

체적, 내부에너지, 엔탈피, 엔트로피

15 공기 표준 브레이턴(Brayton) 사이클 기관에서 최고압력이 500kPa, 최저압력은 100kPa이다. 비열비(k)가 1.4일 때, 이 사이클의 열효율(%)은?

① 3.9 ② 18.9
③ 36.9 ④ 26.9

해설 브레이턴 사이클 열효율(η_B)

$$\eta_B = 1 - \left(\frac{1}{r}\right)^{\frac{k-1}{k}}$$
$$= 1 - \left(\frac{1}{\left(\frac{500}{100}\right)}\right)^{\frac{1.4-1}{1.4}}$$
$$= 0.369(36.9\%)$$

16 증기가 디퓨저를 통하여 0.1MPa, 150℃, 200m/s의 속도로 유입되어 출구에서 50m/s의 속도로 빠져나간다. 이때 외부로 방열된 열량이 500J/kg일 때 출구 엔탈피(kJ/kg)는 얼마인가?(단, 입구의 0.1 MPa, 150℃ 상태에서 엔탈피는 2,776.4kJ/kg이다.)

① 2,751.3 ② 2,778.2
③ 2,794.7 ④ 2,812.4

해설 $V = \sqrt{2gh}$

$$h_1 - h_2 = \frac{A(W_1^2 - W_2^2) \times 9.8}{2 \times 9.8 \times 10^3} = \frac{(200^2 - 50^2) \times 9.8}{2 \times 9.8 \times 10^3}$$
$$= 18.75 kJ/kg$$

∴ 증기출구 엔탈피 $h = 2,776.4 + 18.75 = 2,795.15 kJ/kg$

17 체적이 $0.5m^3$인 탱크에, 분자량이 24kg/kmol인 이상기체 10kg이 들어 있다. 이 기체의 온도가 25℃일 때 압력(kPa)은 얼마인가?(단, 일반기체상수는 $8.3143kJ/kmol \cdot K$이다.)

① 126 ② 845
③ 2,066 ④ 49,578

해설 $PV = mRT$, $R = \frac{R_u}{M}$

$$\therefore P = \frac{mRT}{V} = \frac{mR_u T}{V} = \frac{10 \times 8.3143 \times (25+273)}{0.5 \times 24}$$
$$= 2,064.7 kPa$$

18 이상적인 카르노 사이클 열기관에서 사이클당 585.5 J의 일을 얻기 위하여 필요로 하는 열량이 1kJ이다. 저열원의 온도가 15℃라면 고열원의 온도(℃)는 얼마인가?

① 422 ② 595
③ 695 ④ 722

해설 효율 $\eta = \frac{얻은 일량}{공급열량} = \frac{585.35}{1 \times 10^3} = 0.58535$

카르노 사이클 효율 $\eta = 1 - \frac{T_L}{T_H}$에서

$$T_H = \frac{T_L}{1-\eta} = \frac{(15+273)}{1-0.58535} = 694.56K$$

∴ $694.56 - 273 = 421.56℃$

19 5kg의 산소가 정압하에서 체적이 0.2m³에서 0.6m³로 증가했다. 이때의 엔트로피의 변화량(kJ/K)은 얼마인가?(단, 산소는 이상기체이며, 정압비열은 0.92 kJ/kg·K이다.)

① 1.857   ② 2.746
③ 5.054   ④ 6.507

해설 정압상태 엔트로피 변화량

$$(\Delta S) = S_1 - S_2 = G \times C_p \times \ln\left(\frac{V_2}{V_1}\right)$$

$$\Delta S = 5 \times 0.92 \times \ln\left(\frac{0.6}{0.2}\right) = 5.054\text{kJ/K}$$

20 다음 냉동 사이클에서 열역학 제1법칙과 제2법칙을 모두 만족하는 Q_1, Q_2, W는?

① $Q_1=20$kJ, $Q_2=20$kJ, $W=20$kJ
② $Q_1=20$kJ, $Q_2=30$kJ, $W=20$kJ
③ $Q_1=20$kJ, $Q_2=20$kJ, $W=10$kJ
④ $Q_1=20$kJ, $Q_2=15$kJ, $W=5$kJ

해설 T_1 : 320K은 T_2 : 370K보다 작다.
그러므로 $Q_1=20$kJ, $Q_2=30$kJ, $Q_3=30$kJ
∴ 일량(W)=20kJ이 가장 근사치다.

SECTION 02 냉동공학

21 다음 중 흡수식 냉동기의 냉매 흐름 순서로 옳은 것은?
① 발생기 → 흡수기 → 응축기 → 증발기
② 발생기 → 흡수기 → 증발기 → 응축기
③ 흡수기 → 발생기 → 응축기 → 증발기
④ 응축기 → 흡수기 → 발생기 → 증발기

해설 흡수식 냉동장치

22 다음 중 스크루 압축기의 구성요소가 아닌 것은?
① 스러스트 베어링
② 숫로터
③ 암로터
④ 크랭크축

해설 크랭크축(Crank Shaft)
전동기의 회전운동을 연결봉을 통해 피스톤의 왕복운동으로 전달하는 왕복동식 압축기의 주축이다.

23 다음 그림은 단효용 흡수식 냉동기에서 일어나는 과정을 나타낸 것이다. 각 과정에 대한 설명으로 틀린 것은?

① ① → ② 과정 : 재생기에서 돌아오는 고온 농용액과 열교환에 의한 희용액의 온도증가
② ② → ③ 과정 : 재생기 내에서 비등점에 이르기까지의 가열
③ ③ → ④ 과정 : 재생기 내에서 가열에 의한 냉매 응축
④ ④ → ⑤ 과정 : 흡수기에서의 저온 희용액과 열교환에 의한 농용액의 온도감소

해설 단효용(1중효용 흡수식 냉동기)

24 다음 카르노 사이클의 $P-V$ 선도를 $T-S$ 선도로 바르게 나타낸 것은?

①

②

③

④

해설 카르노 사이클

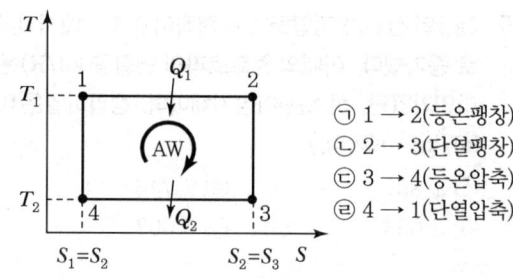

- ㉠ 1 → 2(등온팽창)
- ㉡ 2 → 3(단열팽창)
- ㉢ 3 → 4(등온압축)
- ㉣ 4 → 1(단열압축)

25 스테판-볼츠만(Stefan-Boltzmann)의 법칙과 관계있는 열 이동 현상은?

① 열전도　　　　② 열대류

③ 열복사　　　　④ 열통과

해설 열의 복사 : 스테판-볼츠만의 법칙을 따른다.

26 다음 그림과 같은 2단 압축 1단 팽창식 냉동장치에서 고단 측의 냉매 순환량(kg/h)은?(단, 저단 측 냉매 순환량은 1,000kg/h이며, 각 지점에서의 엔탈피는 아래 표와 같다.)

지점	엔탈피(kJ/kg)	지점	엔탈피(kJ/kg)
1	1,641.2	4	1,838.0
2	1,796.1	5	535.9
3	1,674.7	6	420.8

① 1,058.2　　　　② 1,207.7

③ 1,488.5　　　　④ 1,594.6

해설

2단 압축 사이클 냉매공식 $\dfrac{G_H}{G_L} = \dfrac{h_2 - h_7}{h_3 - h_5}$

고단 측 냉매순환량 $G_H = G_L \times \dfrac{h_2 - h_7}{h_3 - h_5}$

$= 1,000 \times \dfrac{1,796.1 - 420.8}{1,674.7 - 535.9}$

$= 1,207.67 \text{kg/h}$

27 증발기의 착상이 냉동장치에 미치는 영향에 대한 설명으로 틀린 것은?

① 냉동능력 저하에 따른 냉장(동)실내 온도 상승
② 증발온도 및 증발압력의 상승
③ 냉동능력당 소요동력의 증대
④ 액압축 가능성의 증대

해설 증발기에서 H_2O에 의해 수분이 착상(적상=서리)하면 전열의 방해로 ①, ③, ④의 장해(증발온도 저하, 압축비 증대, 증발압력 저하)가 발생한다.

28 다음 중 일반적으로 냉방시스템에서 물을 냉매로 사용하는 냉동방식은?

① 터보식   ② 흡수식
③ 전자식   ④ 증기압축식

해설 흡수식 냉동기
㉠ 냉매 : 물, 암모니아
㉡ 흡수식의 흡수제 : 리튬브로마이드(LiBr)

29 전열면적 40m², 냉각수량 300L/min, 열통과율 3,140kJ/m²h℃인 수랭식 응축기를 사용하며, 응축부하가 439,614kJ/h일 때 냉각수 입구온도가 23℃이라면 응축온도(℃)는 얼마인가?(단, 냉각수의 비열은 4.186kJ/kg·K이다.)

① 29.42℃   ② 25.92℃
③ 20.35℃   ④ 18.28℃

해설 $q_c = G \cdot C \cdot (t_{w_2} - t_{w_1})$에서

$t_{w_2} = t_{w_1} + \dfrac{q_c}{G \cdot C} = 23 + \dfrac{439,614}{300 \times 60 \times 4.186} = 28.83℃$

$q_c = K \cdot A \cdot \Delta t_m$에서

$\Delta t_m = \dfrac{q_c}{K \cdot A} = \dfrac{439,614}{3,140 \times 40} = 3.5℃$

$\Delta t_m = t_c - \dfrac{t_{w_1} + t_{w_2}}{2}$에서

$t_c = \Delta t_m + \dfrac{t_{w_1} + t_{w_2}}{2} = 3.5 + \dfrac{23 + 28.83}{2} = 29.42℃$

30 냉동장치에서 일원 냉동 사이클과 이원 냉동 사이클을 구분 짓는 가장 큰 차이점은?

① 증발기의 대수   ② 압축기의 대수
③ 사용냉매 개수   ④ 중간냉각기의 유무

해설 이원 냉동에서 사용하는 냉매 개수는 고온 측 냉매, 저온 측 냉매가 서로 다르며, 2단 압축보다 더 저온을 얻을 때 사용한다.

31 불응축가스가 냉동장치에 미치는 영향으로 틀린 것은?

① 체적효율 상승   ② 응축압력 상승
③ 냉동능력 감소   ④ 소요동력 증대

해설 불응축가스(공기 등)가 발생하면 ②, ③, ④의 장해가 발생하고 각 효율이 감소한다.

32 냉동기유의 역할로 가장 거리가 먼 것은?

① 윤활작용   ② 냉각작용
③ 탄화작용   ④ 밀봉작용

해설 탄화작용은 냉동기유의 역할에서 제외된다.

33 1대의 압축기로 -20℃, -10℃, 0℃, 5℃의 온도가 다른 저장실로 구성된 냉동장치에서 증발압력조정밸브(EPR)를 설치하지 않는 저장실은?

① -20℃의 저장실   ② -10℃의 저장실
③ 0℃의 저장실   ④ 5℃의 저장실

해설 증발압력조정밸브(EPR)는 증발기와 압축기 사이의 흡입관에 설치하며, 증발압력이 일정압력 이하가 되면 밸브를 조여 증발기 내의 압력이 일정압력 이하가 되는 것을 방지한다. 가장 온도가 낮은 온도의 증발기에는 체크밸브를 설치한다.

34 물속에 지름 10cm, 길이 1m인 배관이 있다. 이때 표면온도가 114℃로 가열되고 있고, 주위 온도가 30℃라면 열전달률(kW)은?(단, 대류열전달계수는 1.6kW/m²K이며, 복사열전달은 없는 것으로 가정한다.)

① 36.7   ② 42.2
③ 45.3   ④ 96.3

해설 열전달률 $q = \alpha \cdot A \cdot \Delta t$
$$= \alpha \cdot (\pi D L) \cdot \Delta t$$
$$= 1.6 \times (\pi \times 0.1 \times 1) \times (114 - 30)$$
$$= 42.2 \text{kW}$$

35 냉동기에서 유압이 낮아지는 원인으로 옳은 것은?

① 유온이 낮은 경우
② 오일이 과충전된 경우
③ 오일에 냉매가 혼입된 경우
④ 유압조정밸브의 개도가 적은 경우

해설 오일에 냉매가 혼입하면 냉동기 운전 중 오일 유압이 저하된다.

36 냉장고의 방열벽의 열통과율이 $0.000117 \text{kW/m}^2\text{K}$일 때 방열벽의 두께(cm)는?(단, 각 값은 아래 표와 같으며, 방열재 이외의 열전도 저항은 무시한다.)

외기와 외벽면과의 열전달률	$0.023 \text{kW/m}^2\text{K}$
고내 공기와 내벽면과의 열전달률	$0.0116 \text{kW/m}^2\text{K}$
방열벽의 열전도율	$0.000046 \text{kW/m}^2\text{K}$

① 35.6   ② 37.1
③ 38.7   ④ 41.8

해설 열관류율$(K) = \cfrac{1}{\cfrac{1}{a_1} + \cfrac{b}{\lambda} + \cfrac{1}{a_2}}$

$$0.000117 = \cfrac{1}{\cfrac{1}{0.0116} + \cfrac{b}{0.000046} + \cfrac{1}{0.023}}$$

$$b = 0.000046 \times \left(\frac{1}{0.000117} - \frac{1}{0.0116} - \frac{1}{0.023} \right) = 0.387$$
$$\therefore b = 0.387\text{m}\,(38.7\text{cm})$$

37 냉동능력이 5kW인 제빙장치에서 0℃의 물 20kg을 모두 0℃ 얼음으로 만드는 데 걸리는 시간(min)은 얼마인가?(단, 0℃ 얼음의 융해열은 334kJ/kg이다.)

① 22.2   ② 18.7
③ 13.4   ④ 11.2

해설 제빙 냉각열량 $q = 20 \times 334 = 6,680 \text{kJ}$

제빙시간 $t = \cfrac{\text{제빙 냉각열량}}{\text{냉동능력}}$

$$= \frac{6,680}{5 \times 60} = 22.26 \text{min}$$

38 2단 압축 냉동장치에 관한 설명으로 틀린 것은?

① 동일한 증발온도를 얻을 때 단단 압축 냉동장치 대비 압축비를 감소시킬 수 있다.
② 일반적으로 두 개의 냉매를 사용하여 -30℃ 이하의 증발온도를 얻기 위해 사용된다.
③ 중간냉각기는 증발기에 공급하는 액을 과냉각시키고 냉동 효과를 증대시킨다.
④ 중간냉각기는 냉매증기와 냉매액을 분리시켜 고단 측 압축기 액백 현상을 방지한다.

해설 2단 압축은 (고압/저압)에서 압축비가 6 이상이면 실시한다.
※ -30℃ 이하의 증발온도를 얻기 위해 두 개의 냉매를 사용한다면 2원 냉동장치이다.

39 다음 중 동일한 조건에서 열전도도가 가장 낮은 것은?

① 물   ② 얼음
③ 공기   ④ 콘크리트

해설 열전도율$(\text{kcal/m} \cdot \text{h} \cdot ℃)$
① 물 : 0.511
② 얼음 : 1.9(0℃)
③ 공기 : 0.0221
④ 콘크리트 : 1.3~1.4(20℃)

40 다음 중 이중 효용 흡수식 냉동기는 단효용 흡수식 냉동기와 비교하여 어떤 장치가 복수로 설치되는가?

① 흡수기   ② 증발기
③ 응축기   ④ 재생기

해설 이중 효용 흡수식 냉동기는 단효용에 비하여 재생기가 2개(고온재생기, 저온재생기)이다.
※ 단효용 흡수기에는 고온재생기를 1개만 부착한다.

SECTION 03 공기조화

41 실내 난방을 온풍기로 하고 있다. 이때 실내 현열량 6.5kW, 송풍 공기온도 30℃, 외기온도 −10℃, 실내 온도 20℃일 때, 온풍기의 풍량(m^3/h)은 얼마인가? (단, 공기비열은 1.005kJ/kg · K, 밀도는 1.2kg/m^3이다.)

① 1,940.2 ② 1,882.1
③ 1,324.1 ④ 890.1

해설 $q_s = \rho Q \cdot C_p \cdot \Delta t$ 에서

온풍기 풍량 $Q = \dfrac{q_s}{\rho C_p \Delta t} = \dfrac{6.5 \times 3,600}{1.2 \times 1.005 \times (30-20)}$
$= 1,940.29 m^3/h$

42 가로 20m, 세로 7m, 높이 4.3m인 방이 있다. 아래 표를 이용하여 용적기준으로 한 전체 필요 환기량(m^3/h)은?

실용적 (m³)	500 미만	500~1,000	1,000~1,500	1,500~2,000	2,000~2,500
환기횟수 n(회/h)	0.7	0.6	0.55	0.5	0.42

① 421 ② 361
③ 331 ④ 253

해설 방의 용적 $= 20 \times 7 \times 4.3 = 602 m^3$
500~1,000m^3의 환기횟수 $= 0.6h$
∴ 환기량 $= 602 \times 0.6 = 361.2 m^3/h$

43 난방설비에 관한 설명으로 옳은 것은?
① 증기난방은 실내 상 · 하 온도차가 작은 특징이 있다.
② 복사난방의 설비비는 온수나 증기난방에 비해 저렴하다.
③ 방열기의 트랩은 증기의 유량을 조절하는 역할을 한다.
④ 온풍난방은 신속한 난방 효과를 얻을 수 있는 특징이 있다.

해설 ① 증기난방 : 실내 상 · 하 온도차가 크다.
② 복사난방 : 패널의 매립난방이라서 시설비가 많이 든다.
③ 방열기의 트랩은 응축수를 배출한다.
④ 온풍난방 : 공기는 비열이 작아서 난방시간이 단축된다 (신속난방).

44 공기조화방식 중 중앙식의 수−공기방식에 해당하는 것은?
① 유인유닛 방식
② 패키지유닛 방식
③ 단일덕트 정풍량 방식
④ 이중덕트 정풍량 방식

해설 공기조화방식(수−공기방식) 종류
㉠ 유인유닛 방식
㉡ 복사냉난방 방식
㉢ 덕트병용 팬코일 방식

45 다음 공기 선도상에서 난방풍량이 25,000m^3/h인 경우 가열코일의 열량(kW)은?(단, 1은 외기, 2는 실내 상태점을 나타내며, 공기의 비중량은 1.2kg/m^3이다.)

① 98.3 ② 87.1
③ 73.2 ④ 61.4

해설 가열코일 열량 $q = G \cdot \Delta h = \gamma Q \cdot \Delta h$
$= \dfrac{1.2 \times 25,000 \times (22.6 - 10.8)}{3,600}$
$= 98.3 kW$

46 다음 가습방법 중 물분무식이 아닌 것은?

① 원심식   ② 초음파식

③ 노즐분무식   ④ 적외선식

해설 물(수)분무식 가습방법에는 원심식, 초음파식, 노즐분무식이 있다.

※ 적외선식은 증기발생식 가습방법이다.

---

47 덕트 설계 시 주의사항으로 틀린 것은?

① 덕트의 분기지점에 댐퍼를 설치하여 압력 평행을 유지시킨다.

② 압력손실이 적은 덕트를 이용하고 확대 시와 축소 시에는 일정 각도 이내가 되도록 한다.

③ 종횡비(Aspect Ratio)는 가능한 한 크게 하여 덕트 내 저항을 최소화한다.

④ 덕트 굴곡부의 곡률반경은 가능한 한 크게 하며, 곡률이 매우 작을 경우 가이드 베인을 설치한다.

해설 사각덕트의 장변과 단변의 치수(아스펙트)비는 보통 4 : 1 이하로 하며, 8 : 1을 넘지 않아야 한다.

---

48 보일러의 능력을 나타내는 표시방법 중 가장 작은 값을 나타내는 출력은?

① 정격출력   ② 과부하출력

③ 정미출력   ④ 상용출력

해설 ① 정격출력＝난방부하＋급탕부하＋배관부하＋시동부하

② 과부하출력＝정격출력 이상

③ 정미출력＝난방부하＋급탕부하

④ 상용출력＝난방부하＋급탕부하＋배관부하

---

49 덕트의 부속품에 관한 설명으로 틀린 것은?

① 댐퍼는 통과풍량의 조정 또는 개폐에 사용되는 기구이다.

② 분기 덕트 내의 풍량제어용으로 주로 익형 댐퍼를 사용한다.

③ 방화구획관통부에는 방화댐퍼 또는 방연댐퍼를 설치한다.

④ 가이드 베인은 곡부의 기류를 세분해서 와류의 크기를 작게 하는 것이 목적이다.

해설 분기 덕트 내의 풍량제어용으로 스플릿 댐퍼(Split damper)를 사용한다.

---

50 난방부하가 10kW인 온수난방 설비에서 방열기의 출·입구 온도차가 12℃이고, 실내·외 온도차가 18℃일 때 온수순환량(kg/s)은 얼마인가?(단, 물의 비열은 4.2kJ/kg · ℃이다.)

① 1.3   ② 0.8

③ 0.5   ④ 0.2

해설 $q = G \cdot C \cdot \Delta t$ 에서

온수순환량 $G = \dfrac{q}{C \cdot \Delta t}$

$= \dfrac{10}{4.2 \times 12} = 0.198 ≒ 0.2\text{kg/s}$

---

51 다음 중 온수난방과 관계없는 장치는 무엇인가?

① 트랩

② 공기빼기밸브

③ 순환펌프

④ 팽창탱크

해설 증기트랩(덫)은 증기난방에서 응축수를 배출하여 수격작용을 방지한다.

---

52 공조기용 코일은 관 내 유속에 따라 배열방식을 구분하는데, 그 배열방식에 해당하지 않는 것은?

① 풀서킷

② 더블서킷

③ 하프서킷

④ 탑다운서킷

해설 코일의 배열방식

㉠ 풀서킷

㉡ 더블서킷

㉢ 하프서킷

53 어떤 단열된 공조기의 장치도가 다음 그림과 같을 때 수분비(U)를 구하는 식으로 옳은 것은?(단, h_1, h_2 : 입구 및 출구 엔탈피(kJ/kg), x_1, x_2 : 입구 및 출구 절대습도(kg/kg), q_s : 가열량(W), L : 가습량(kg/h), h_L : 가습수분(L)의 엔탈피(kJ/kg), G : 유량(kg/h)이다.)

① $U = \dfrac{q_s}{G} - h_L$ ② $U = \dfrac{q_s}{L} - h_L$

③ $U = \dfrac{q_s}{L} + h_L$ ④ $U = \dfrac{q_s}{G} + h_L$

해설 열수분비

$$(U) = \frac{\text{가열량}}{\text{가습량}} + \text{가습수분의 엔탈피} = \frac{\text{엔탈피 변화}}{\text{절대습도 변화}}$$

54 유인유닛 방식에 관한 설명으로 틀린 것은?
① 각 실 제어를 쉽게 할 수 있다.
② 덕트 스페이스를 작게 할 수 있다.
③ 유닛에는 가동부분이 없어 수명이 길다.
④ 송풍량이 비교적 커 외기냉방 효과가 크다.

해설 유인유닛 방식(공기-수방식)
㉠ 1차 공기(PA), 2차 공기(SA), 혼합공기(TA)
㉡ 외기냉방 효과가 작다.

55 다음 송풍기의 풍량 제어 방법 중 송풍량과 축동력의 관계를 고려하여 에너지 절감 효과가 가장 좋은 제어 방법은?(단, 모두 동일한 조건으로 운전된다.)
① 회전수 제어
② 흡입베인 제어
③ 취출댐퍼 제어
④ 흡입댐퍼 제어

해설 풍량 제어 방법 중 회전수 제어
에너지 절감 효과가 매우 크다.

56 다음 중 고속덕트와 저속덕트를 구분하는 기준이 되는 풍속은?
① 15m/s   ② 20m/s
③ 25m/s   ④ 30m/s

해설 ㉠ 고속덕트 : 15m/s 초과~20m/s 이하
㉡ 저속덕트 : 15m/s 이하

57 공조부하 중 재열부하에 관한 설명으로 틀린 것은?
① 냉방부하에 속한다.
② 냉각코일의 용량산출 시 포함시킨다.
③ 부하 계산 시 현열, 잠열부하를 고려한다.
④ 냉각된 공기를 가열하는 데 소요되는 열량이다.

해설 재열부하
㉠ 재열기로부터의 가열량
㉡ 냉각코일로부터 냉각된 공기를 다시 가열한다.
㉢ 현열부하가 필요하다.

58 보일러에서 급수내관을 설치하는 목적으로 가장 적합한 것은?
① 보일러수 역류 방지   ② 슬러지 생성 방지
③ 부동팽창 방지   ④ 과열 방지

해설 급수내관
보일러수의 부동팽창 방지

[보일러]

59 아래의 특징에 해당하는 보일러는 무엇인가?

> 공조용으로 사용하기보다는 편리하게 고압의 증기를 발생하는 경우에 사용하며, 드럼이 없이 수관으로 되어 있다. 보유 수량이 적어 가열시간이 짧고 부하변동에 대한 추종성이 좋다.

① 주철제 보일러   ② 연관 보일러
③ 수관 보일러   ④ 관류 보일러

해설 관류 보일러에는 증기드럼, 물드럼이 없다.

[관류 단관식 보일러]

60 외기온도 5℃에서 실내온도 20℃로 유지되고 있는 방이 있다. 내벽 열전달계수 5.8W/m² · K, 외벽 열전달계수 17.5W/m² · K, 열전도율이 2.3W/m · K 이고, 벽 두께가 10cm일 때, 이 벽체의 열저항(m² · K/W)은 얼마인가?

① 0.27   ② 0.55
③ 1.37   ④ 2.35

해설 열저항 $= \dfrac{R}{1}(\text{m}^2 \cdot \text{K/W})$

$= \dfrac{\left(\dfrac{1}{5.8}\right) + \left(\dfrac{0.1}{2.3}\right) + \left(\dfrac{1}{17.5}\right)}{1} = 0.27(\text{m}^2 \cdot \text{K/W})$

SECTION **04** 전기제어공학

61 사이클링(Cycling)을 일으키는 제어는?

① I 제어   ② PI 제어
③ PID 제어   ④ ON−OFF 제어

해설 사이클링
자동제어 온−오프 동작에서 조작량이 단속하기 때문에 제어량에 주기적인 변동이 발생하는 것을 말한다. 사이클링이 제어상 바람직하지 않은 상태로 된 것을 헌팅(난조)이라 한다.

62 60Hz, 4극, 슬립 6%인 유도전동기를 어느 공장에서 운전하고자 할 때 예상되는 회전수는 약 몇 rpm인가?

① 240   ② 720
③ 1,690   ④ 1,800

해설 회전수 $N = \dfrac{120f}{P}(1-s) = \dfrac{120 \times 60}{4} \times (1-0.06)$

$= 1,692\,\text{rpm}$

63 제어동작에 대한 설명으로 틀린 것은?

① 비례동작 : 편차의 제곱에 비례한 조작신호를 출력한다.
② 적분동작 : 편차의 적분 값에 비례한 조작신호를 출력한다.
③ 미분동작 : 조작신호가 편차의 변화속도에 비례하는 동작을 한다.
④ 2위치동작 : ON−OFF 동작이라고도 하며, 편차의 정부(+, −)에 따라 조작부를 전폐 또는 전개하는 것이다.

해설 비례동작(P)
자동제어에서 잔류편차가 남는다. 즉, 제어편차 신호의 값에 비례하도록 제어대상을 제어하는 동작으로 잔류편차가 발생하는 결점이 있다.

64 전류의 측정 범위를 확대하기 위하여 사용되는 것은?

① 배율기   ② 분류기
③ 전위차계   ④ 계기용 변압기

해설 분류기
어느 전로의 전류를 측정할 때, 전로의 전류가 전류계의 정격보다 큰 경우에는 전류계와 병렬로 다른 전로를 만들고 전류를 분류하여 측정한다.

65 그림과 같은 △결선회로를 등가 Y결선으로 변환할 때 R_c의 저항값(Ω)은?

① 1   ② 3
③ 5   ④ 7

해설
$$R_c = \frac{R_{bc} R_{ca}}{R_{ab} + R_{bc} + R_{ca}}$$
$$= \frac{5 \times 2}{3 + 5 + 2} = 1\Omega$$

66 제어시스템의 구성에서 제어요소는 무엇으로 구성되는가?

① 검출부
② 검출부와 조절부
③ 검출부와 조작부
④ 조작부와 조절부

해설 블록 선도의 제어요소
조절부, 조작부

67 제어계에서 미분요소에 해당하는 것은?

① 한 지점을 가진 지렛대에 의하여 변위를 변환한다.
② 전기로에 열을 가하여도 처음에는 열이 올라가지 않는다.
③ 직렬 RC 회로에 전압을 가하여 C에 충전전압을 가한다.
④ 계단 전압에서 임펄스 전압을 얻는다.

해설 미분요소
계단 전압에서 임펄스 전압을 얻는다(출력신호가 입력신호의 미분값으로 주어지는 전달 요소를 말하며 그 전달함수는 $G(s) = K_s$로 나타낸다).

68 특성방정식의 근이 복소평면의 좌반면에 있으면 이 계는?

① 불안정하다.
② 조건부 안정이다.
③ 반안정이다.
④ 안정하다.

해설 특성방정식
㉠ 상태천이행렬 $\phi(t) = \pounds^{-1}\{(S-A)^{-1}\}$에서 $|sI - A| = 0$일 때 특성방정식이 된다(특성방정식 $1 + G(s)H(s) = 0$의 근 중에서 Z-평면상의 원점을 중심으로 하는 단위원의 원주상에 사상되는 근은 S-평면의 허수축상에 존재하는 근이다).
㉡ 특성방정식의 근이 모두 복소 S-평면의 좌반평면에 존재하면 이 제어계는 안정하다.

69 피드백(Feedback) 제어시스템의 피드백 효과로 틀린 것은?

① 정상상태 오차 개선
② 정확도 개선
③ 시스템 복잡화
④ 외부 조건의 변화에 대한 영향 증가

해설 외부 조건의 변화에 대한 영향 증가는 시퀀스 제어의 특성이다.

70 그림과 같은 회로에서 부하전류 I_L은 몇 A인가?

① 1
② 2
③ 3
④ 4

해설 부하전류 $I_L = \dfrac{6}{6+10} \times 8 = 3\text{A}$

71 어떤 전지에 5A의 전류가 10분간 흘렀다면 이 전지에서 나온 전기량은 몇 C인가?

① 1,000
② 2,000
③ 3,000
④ 4,000

해설 전기량(전하량) $Q = I \times t$
$$= 5 \times (10 \times 60)$$
$$= 3,000\text{C}$$

72 일정 전압의 직류전원 V에 저항 R을 접속하니 정격전류 I가 흘렀다. 정격전류 I의 130%를 흘리기 위해 필요한 저항은 약 얼마인가?

① $0.6R$
② $0.77R$
③ $1.3R$
④ $3R$

해설 저항$(R) = \dfrac{V}{I}(\Omega)$
$$\therefore \frac{1}{1.3} = 0.77R$$

73 그림에서 3개의 입력단자 모두 1을 입력하면 출력단자 A와 B의 출력은?

① $A=0$, $B=0$ ② $A=0$, $B=1$
③ $A=1$, $B=0$ ④ $A=1$, $B=1$

해설 $A=(0+1)\times1=1$
$B=1\times1=1$

〈회로〉
$OR(X=A+B)$, $NOT(X=\overline{A})$
$NAND(X=\overline{A\cdot B})$, $NOR(X=\overline{A+B})$

OR $A \circ$ $B \circ$ $\circ X$

NOT $A \circ$ $\circ$

NAND $A \circ$ $B \circ$ $\circ A$

NOR $A \circ$ $B \circ$ $\circ X$

74 다음 신호흐름 선도와 등가인 블록 선도는?

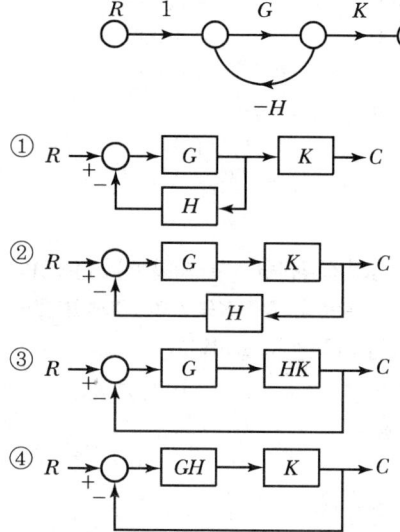

해설 $T=\dfrac{C(s)}{R(s)}$, $\Delta=1+G$, $\Delta_1=1$

$\therefore\ T=\dfrac{G}{1+G}$

즉 $G_1=G$, $\Delta_1=1$
$G_2=H$, $\Delta_2=K$

$G=\dfrac{G_1\Delta_1+G_2HK}{\Delta}$ $\therefore\ \dfrac{C}{R}=\dfrac{GK}{1+GH}$

※ 블록 선도 병렬접속 $C=(G_1\pm G_2)R$

75 교류에서 역률에 관한 설명으로 틀린 것은?

① 역률은 $\sqrt{1-(무효율)^2}$ 로 계산할 수 있다.
② 역률을 이용하여 교류전력의 효율을 알 수 있다.
③ 역률이 클수록 유효전력보다 무효전력이 커진다.
④ 교류회로의 전압과 전류의 위상차에 코사인(cos)을 취한 값이다.

해설 역률
㉠ 전압과 전류의 위상차(θ)에 코사인을 취한 것($\cos\theta$)
㉡ 역률($\cos\theta$)=$\dfrac{유효전력}{피상전력}$
㉢ 역률이 클수록 유효전력이 커진다.

76 다음 블록 선도의 전달함수는?

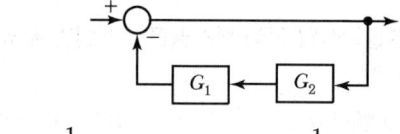

① $\dfrac{1}{G_2(G_1+1)}$ ② $\dfrac{1}{G_1(G_2+1)}$
③ $\dfrac{1}{G_1G_2(1+G_1G_2)}$ ④ $\dfrac{1}{1+G_1G_2}$

해설 $(R-C)G_1G_2=C$, $RG_1G_2-CG_1G_2=C$
$RG_1G_2=C(1+G_1G_2)$
$G(s)=\dfrac{C}{R}=\dfrac{전향경로의\ 합}{1-피드백의\ 합}=\dfrac{1}{1+G_1G_2}$
정리하면, $R-CG_1G_2=C$, $R=C(1+G_1G_2)$
$\therefore\ \dfrac{C}{R}=\dfrac{1}{1+G_1G_2}$

77 100mH의 인덕턴스를 갖는 코일에 10A의 전류를 흘릴 때 축적되는 에너지(J)는?

① 0.5   ② 1

③ 5   ④ 10

해설 $L = 0.1\text{H}$, $I = 10\text{A}$, $1\text{H} = 10^3\text{mH}$

$\therefore W = \dfrac{1}{2}LI^2 = \dfrac{1}{2} \times (100 \times 10^{-3}) \times 10^2 = 5\text{J}$

78 변압기의 1차 및 2차의 전압, 권선수, 전류를 각각 E_1, N_1, I_1 및 E_2, N_2, I_2라고 할 때 성립하는 식으로 옳은 것은?

① $\dfrac{E_2}{E_1} = \dfrac{N_1}{N_2} = \dfrac{I_2}{I_1}$ ② $\dfrac{E_1}{E_2} = \dfrac{N_2}{N_1} = \dfrac{I_1}{I_2}$

③ $\dfrac{E_2}{E_1} = \dfrac{N_2}{N_1} = \dfrac{I_1}{I_2}$ ④ $\dfrac{E_1}{E_2} = \dfrac{N_1}{N_2} = \dfrac{I_1}{I_2}$

해설 전압 $\left(\dfrac{E_2}{E_1} \right) = \dfrac{N_2}{N_1} = \dfrac{I_1}{I_2}$

1차에서 2차 환산 권수비$(a) = \dfrac{N_1}{N_2} = \dfrac{E_1}{E_2} = \dfrac{V_1}{V_2} = \dfrac{I_2}{I_1}$

79 온도를 임피던스로 변환시키는 요소는?

① 측온 저항체   ② 광전지

③ 광전 다이오드   ④ 전자석

해설 측온 저항체는 온도를 임피던스로 변환시키는 요소이다(임피던스 : 전기회로에서 교류를 흘렸을 때 전류의 흐름을 방해하는 정도를 나타내는 것이며, Z로 표시한다).

80 근궤적의 성질로 틀린 것은?

① 근궤적은 실수축을 기준으로 대칭이다.

② 근궤적은 개루프 전달함수의 극점으로부터 출발한다.

③ 근궤적의 가지 수는 특성방정식의 극점 수와 영점 수 중 큰 수와 같다.

④ 점근선은 허수축에서 교차한다.

해설 근궤적

개루프 전달함수의 이득정수 K를 0에서 ∞까지 변화시킬 때 특성방정식의 근(개루프 전달함수의 극점)의 이동궤적을 말한다. 특성방정식의 근이 실근 또는 공액복소근을 가지므로 근궤적은 실수축에 대하여 대칭이다(점근선은 실수축상에서만 교차하고 그 수는 $n = P - Z$이다).

SECTION **05** 배관일반

81 방열량이 3kW인 방열기에 공급하여야 하는 온수량(m^3/s)은 얼마인가?(단, 방열기 입구온도 80℃, 출구온도 70℃, 온수 평균온도에서 물의 비열은 4.2 kJ/kg · K, 물의 밀도는 977.5kg/m³이다.)

① 0.002   ② 0.025

③ 0.073   ④ 0.098

해설 $q = m \cdot C \cdot \Delta t = \rho Q \cdot C \cdot \Delta t$에서

온수량 $Q = \dfrac{q}{\rho \cdot C \cdot \Delta t}$

$= \dfrac{3}{977.5 \times 4.2 \times (80-70)}$

$= 0.000073\text{m}^3/\text{s}$

82 다이헤드형 동력 나사절삭기에서 할 수 없는 작업은?

① 리밍   ② 나사절삭

③ 절단   ④ 벤딩

해설 파이프 벤딩기의 종류

로터리식, 램식

83 저장 탱크 내부에 가열코일을 설치하고 코일 속에 증기를 공급하여 물을 가열하는 급탕법은?

① 간접 가열식

② 기수 혼합식

③ 직접 가열식

④ 가스 순간 탕비식

해설 저탕 간접식

---

84 주철관의 이음방법 중 고무링(고무개스킷 포함)을 사용하지 않는 방법은?

① 기계식이음   ② 타이톤이음
③ 소켓이음   ④ 빅토릭이음

해설 소켓이음(연납이음)
건축물의 배수관이나 지름이 작은 관에 사용한다.

(마와 납의 용융물을 사용한다.)

---

85 저압증기의 분기점을 2개 이상의 엘보로 연결하여 한쪽이 팽창하면 비틀림이 일어나 팽창을 흡수하는 특징의 이음방법은?

① 슬리브형   ② 벨로스형
③ 스위블형   ④ 루프형

해설 스위블형 신축 조인트
저압증기나 온수난방에서 분기점을 2개 이상의 엘보로 연결하여 팽창을 흡수한다.

---

86 배관계통 중 펌프에서의 공동현상(Cavitation)을 방지하기 위한 대책으로 틀린 것은?

① 펌프의 설치 위치를 낮춘다.
② 회전수를 줄인다.
③ 양흡입을 단흡입으로 바꾼다.
④ 굴곡부를 적게 하여 흡입관의 마찰손실수두를 작게 한다.

해설 공동현상(캐비테이션)을 방지하려면 단흡입에서 양흡입 펌프로 교체한다.

---

87 지름 20mm 이하의 동관을 이음할 때, 기계의 점검 보수, 기타 관을 분해하기 쉽게 하기 위해 이용하는 동관이음방법은?

① 슬리브 이음   ② 플레어 이음
③ 사이징 이음   ④ 플랜지 이음

해설 플레어 동관이음

---

88 냉동장치의 액분리기에서 분리된 액이 압축기로 흡입되지 않도록 하기 위한 액 회수방법으로 틀린 것은?

① 고압 액관으로 보내는 방법
② 응축기로 재순환시키는 방법
③ 고압 수액기로 보내는 방법
④ 열교환기를 이용하여 증발시키는 방법

해설 액 : 냉매＋냉매액
※ 냉매증기는 응축기에서 냉매액으로 만들기 때문에 냉매액 분리기에서 분리된 액은 응축기로 넣지 않고 고압수액기로 보낸다.

---

89 배수 및 통기배관에 대한 설명으로 틀린 것은?

① 루프 통기식은 여러 개의 기구군에 1개의 통기지관을 빼내어 통기주관에 연결하는 방식이다.
② 도피 통기관의 관경은 배수관의 1/4 이상이 되어야 하며 최소 40mm 이하가 되어서는 안 된다.
③ 루프 통기식 배관에 의해 통기할 수 있는 기구의 수는 8개 이내이다.
④ 한랭지의 배수관은 동결되지 않도록 피복을 한다.

해설 ㉠ 통기관 설비
• 1관식 배관법(신정통기관＝배수통기관)
• 2관식 배관법(각개통기식, 회로통기식)
• 환상통기식(루프통기관)
• 섹스티아 배수방식(섹스티아 곡관 사용)
• 솔벤트 방식

ⓛ 도피통기관

배수지관 관경의 $\frac{1}{2}$ 이상이 되어야 하며, 40mm보다 작아서는 안 된다.

90 고가(옥상)탱크 급수방식의 특징에 대한 설명으로 틀린 것은?

① 저수시간이 길어지면 수질이 나빠지기 쉽다.
② 대규모의 급수 수요에 쉽게 대응할 수 있다.
③ 단수 시에도 일정량의 급수를 계속할 수 있다.
④ 급수 공급 압력의 변화가 심하다.

해설 고가탱크 급수방식은 항상 일정한 수압으로 급수가 가능하다.

91 공장에서 제조 정제된 가스를 저장했다가 공급하기 위한 압력탱크로서 가스압력을 균일하게 하며, 급격한 수요변화에도 제조량과 소비량을 조절하기 위한 장치는?

① 정압기
② 압축기
③ 오리피스
④ 가스홀더

해설 가스홀더
정제된 가스를 저장했다가 공급하기 위한 압력탱크로서 가스 공급압력이 균일하며 급격한 수요변화에도 제조량과 소비량이 조절된다.

92 배수 통기배관의 시공 시 유의사항으로 옳은 것은?

① 배수 입관의 최하단에는 트랩을 설치한다.
② 배수 트랩은 반드시 이중으로 한다.
③ 통기관은 기구의 오버플로선 이하에서 통기 입관에 연결한다.
④ 냉장고의 배수는 간접배수로 한다.

해설 냉장고의 배수는 실내이므로 간접배수로 한다.

93 지역난방의 특징에 관한 설명으로 틀린 것은?

① 대기오염물질이 증가한다.
② 도시의 방재수준 향상이 가능하다.
③ 사용자에게는 화재에 대한 우려가 적다.
④ 대규모 열원기기를 이용한 에너지의 효율적 이용이 가능하다.

해설 지역난방은 중앙식 난방법으로 대기오염물질이 감소한다. 이는 한 곳에서의 난방열원설비로 전 지역의 난방을 커버하기 때문이다.

94 급수관의 수리 시 물을 배제하기 위한 관의 최소 구배 기준은?

① 1/120 이상
② 1/150 이상
③ 1/200 이상
④ 1/250 이상

해설 급수관의 기울기

95 냉매배관 시 흡입관 시공에 대한 설명으로 틀린 것은?

① 압축기 가까이에 트랩을 설치하면 액이나 오일이 고여 액백 발생의 우려가 있으므로 피해야 한다.
② 흡입관의 입상이 매우 길 경우에는 중간에 트랩을 설치한다.
③ 각각의 증발기에서 흡입주관으로 들어가는 관은 주관의 하부에 접속한다.
④ 2대 이상의 증발기가 다른 위치에 있고 압축기가 그 보다 밑에 있는 경우 증발기 출구의 관은 트랩을 만든 후 증발기 상부 이상으로 올리고 나서 압축기로 향하게 한다.

해설

96 배관 용접 작업 중 다음과 같은 결함을 무엇이라고 하는가?

① 용입불량   ② 언더컷
③ 오버랩   ④ 피트

해설

97 유체 흐름의 방향을 바꾸어 주는 관 이음쇠는?

① 리턴벤드   ② 리듀서
③ 니플   ④ 유니언

해설
리턴벤드(유체의 흐름 변경)

98 온수난방 배관에서 에어포켓(Air Pocket)이 발생될 우려가 있는 곳에 설치하는 공기빼기 밸브(◇)의 설치위치로 가장 적절한 것은?

해설 공기빼기는 설비의 최상부로 한다.

공기빼기 밸브(에어핀)
(티)
(엘보)

99 부력에 의해 밸브를 개폐하여 간헐적으로 응축수를 배출하는 구조를 가진 증기 트랩은?

① 버킷 트랩   ② 열동식 트랩
③ 벨 트랩   ④ 충격식 트랩

해설 부력을 이용한 증기 트랩
㉠ 버킷 트랩(상향식, 하향식)
㉡ 레버식 트랩

100 가스배관에 관한 설명으로 틀린 것은?

① 특별한 경우를 제외한 옥내배관은 매설배관을 원칙으로 한다.
② 부득이하게 콘크리트 주요 구조부를 통과할 경우에는 슬리브를 사용한다.
③ 가스배관에는 적당한 구배를 두어야 한다.
④ 열에 의한 신축, 진동 등의 영향을 고려하여 적절한 간격으로 지지하여야 한다.

해설 가스배관은 옥내배관의 경우 누설검지를 위하여 노출배관을 이용한다.

SECTION 01 기계열역학

01 다음 중 가장 큰 에너지는?

① 100kW 출력의 엔진이 10시간 동안 한 일

② 발열량 10,000kJ/kg의 연료를 100kg 연소시켜 나오는 열량

③ 대기압하에서 10℃의 물 10m³를 90℃로 가열하는 데 필요한 열량(단, 물의 비열은 4.2kJ/kg·K이다.)

④ 시속 100km로 주행하는 총 질량 2,000kg인 자동차의 운동에너지

해설
① $Q_1 = 100 \times 10 \times 3,600 = 3,600,000$kJ

② $Q_2 = 10,000 \times 100 = 1,000,000$kJ

③ $Q_3 = \rho QC\Delta t$
$= 1,000 \times 10 \times 4.2 \times (90-10)$
$= 3,360,000$kJ

④ $Q_4 = \dfrac{1}{2}mv^2$
$= \dfrac{1}{2} \times 2,000 \times \left(100 \times 10^3 \times \dfrac{1}{3,600}\right)^2 \times \dfrac{1}{1,000}$
$= 771.6$kJ

02 실린더 내의 공기가 100kPa, 20℃ 상태에서 300kPa이 될 때까지 가역단열과정으로 압축된다. 이 과정에서 실린더 내의 계에서 엔트로피의 변화(kJ/kg·K)는?(단, 공기의 비열비(k)는 1.4이다.)

① -1.35
② 0
③ 1.35
④ 13.5

해설 ㉠ 엔트로피 변화(ΔS) $= \dfrac{\delta Q}{T} = \dfrac{GC\Delta T}{T}$

㉡ 단열변화 시 엔트로피 변화 $= S_2 - S_1 = 0$

∴ $S_1 = S_2$ (등엔트로피)

03 용기 안에 있는 유체의 초기 내부에너지는 700kJ이다. 냉각과정 동안 250kJ의 열을 잃고, 용기 내에 설치된 회전날개로 유체에 100kJ의 일을 한다. 최종 상태의 유체의 내부에너지(kJ)는 얼마인가?

① 350
② 450
③ 550
④ 650

해설 냉각과정에서 250kJ 손실
유체 초기 내부에너지 700kJ
회전날개 설치 일량 100kJ
∴ 최종 상태의 유체 내부에너지 $= (700-250) + 100$
$= 550$kJ

04 열역학적 관점에서 다음 장치들에 대한 설명으로 옳은 것은?

① 노즐은 유체를 서서히 낮은 압력으로 팽창하여 속도를 감속시키는 기구이다.

② 디퓨저는 저속의 유체를 가속하는 기구이며 그 결과 유체의 압력이 증가한다.

③ 터빈은 작동유체의 압력을 이용하여 열을 생성하는 회전식 기계이다.

④ 압축기의 목적은 외부에서 유입된 동력을 이용하여 유체의 압력을 높이는 것이다.

해설 ① 노즐 : 압력 강하(유체의 속도 증가)
② 디퓨저 : 유속 감소(유체의 압력 증가)
③ 터빈 : 증기 또는 가스의 힘으로 동력을 얻는 장치

05 랭킨 사이클에서 보일러 입구 엔탈피 192.5kJ/kg, 터빈 입구 엔탈피 3,002.5kJ/kg, 응축기 입구 엔탈피 2,361.8kJ/kg일 때 열효율(%)은?(단, 펌프의 동력은 무시한다.)

① 20.3
② 22.8
③ 25.7
④ 29.5

해설 랭킨 사이클

$$\text{효율}(\eta_R) = \frac{h_2 - h_3}{h_2 - h_4}$$
$$= \frac{3,002.5 - 2,361.8}{3,002.5 - 192.5} = 0.228\,(22.8\%)$$

06 준평형 정적과정을 거치는 시스템에 대한 열전달량은?
(단, 운동에너지와 위치에너지의 변화는 무시한다.)

① 0이다.
② 이루어진 일량과 같다.
③ 엔탈피 변화량과 같다.
④ 내부에너지 변화량과 같다.

해설 준평형 정적과정에서 정적은 등적변화이다.
내부에너지 변화$(du) = C_v dt$
$\Delta u = u_2 - u_1 = C_v(T_2 - T_1) = {}_1q_2 (\because \delta_q = du + APdv)$
즉 가열량 전부가 내부에너지 변화로 표시된다.

07 초기 압력 100kPa, 초기 체적 0.1m³인 기체를 버너로 가열하여 기체 체적이 정압과정으로 0.5m³가 되었다면 이 과정 동안 시스템이 외부에 한 일(kJ)은?

① 10
② 20
③ 30
④ 40

해설 압력 일정(등압변화)
절대일$({}_1W_2) = \int_1^2 Pdv = P(V_2 - V_1)$
$= 100 \times (0.5 - 0.1) = 40\text{kJ}$

08 열역학 제2법칙에 대한 설명으로 틀린 것은?

① 효율이 100%인 열기관은 얻을 수 없다.
② 제2종의 영구기관은 작동 물질의 종류에 따라 가능하다.
③ 열은 스스로 저온의 물질에서 고온의 물질로 이동하지 않는다.
④ 열기관에서 작동 물질이 일을 하게 하려면 그보다 더 저온인 물질이 필요하다.

해설 제2종 영구기관 : 입력과 출력이 같은 기관, 즉 열효율이 100%인 기관으로 열역학 제2법칙에 위배된다.

09 공기 10kg이 압력 200kPa, 체적 5m³인 상태에서 압력 400kPa, 온도 300℃인 상태로 변한 경우 최종 체적(m³)은 얼마인가?(단, 공기의 기체상수는 0.287 kJ/kg · K이다.)

① 10.7
② 8.3
③ 6.8
④ 4.1

해설 $P_2 V_2 = mRT_2$에서
$V_2 = \dfrac{mRT_2}{P_2} = \dfrac{10 \times 0.287 \times (300 + 273)}{400} = 4.1\text{m}^3$

10 그림과 같은 공기표준 브레이턴(Brayton) 사이클에서 작동유체 1kg당 터빈 일(kJ/kg)은?(단, $T_1 = 300$ K, $T_2 = 475.1$K, $T_3 = 1,100$K, $T_4 = 694.5$K이고, 공기의 정압비열과 정적비열은 각각 1.0035kJ/kg · K, 0.7165kJ/kg · K이다.)

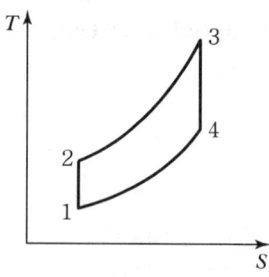

① 290
② 407
③ 448
④ 627

해설 브레이턴 사이클 열효율율(η_B) : 정압과정

효율(η_B) $= \dfrac{A_W}{q_1} = 1 - \dfrac{q_2}{q_1} = 1 - \dfrac{C_p(T_4 - T_1)}{C_p(T_3 - T_2)}$

온도변화(Δt) $= T_3 - T_4 = 1,100 - 694.5 = 405.5\mathrm{K}$

∴ 터빈일량 $W = GC_p(T_3 - T_4) = 1.0035 \times 405.5$
$= 407\mathrm{kJ/kg}$

11 보일러에 온도 40℃, 엔탈피 167kJ/kg인 물이 공급되어 온도 350℃, 엔탈피 3,115kJ/kg인 수증기가 발생한다. 입구와 출구에서의 유속은 각각 5m/s, 50m/s이고, 공급되는 물의 양이 2,000kg/h일 때, 보일러에 공급해야 할 열량(kW)은?(단, 위치에너지 변화는 무시한다.)

① 631　　　　　　② 832

③ 1,237　　　　　④ 1,638

해설 가열량 $Q = m\left[(h_2 - h_1) + \dfrac{1}{2}(v_2^2 - v_1^2)\right]$

$= \dfrac{2,000}{3,600} \times \left[(3,115 - 167) + \dfrac{1}{2}(50^2 - 5^2) \times 10^{-3}\right]$

$= 1,638\mathrm{kW}$

12 피스톤-실린더 장치에 들어있는 100kPa, 27℃의 공기가 600kPa까지 가역단열과정으로 압축된다. 비열비가 1.4로 일정하다면 이 과정 동안에 공기가 받은 일(kJ/kg)은?(단, 공기의 기체상수는 0.287 kJ/kg · K이다.)

① 263.6　　　　　② 171.8

③ 143.5　　　　　④ 116.9

해설 단열변화(등엔트로피 변화)

$\dfrac{T_2}{T_1} = \left(\dfrac{P_2}{P_1}\right)^{\frac{k-1}{k}}$

압축 후의 온도 $T_2 = (27 + 273) \times \left(\dfrac{600}{100}\right)^{\frac{1.4-1}{1.4}}$
$= 500\mathrm{K}$

절대일량 $W = \dfrac{1}{k-1} \cdot R(T_1 - T_2)$

$= \dfrac{1}{1.4 - 1} \times 0.287 \times (300 - 500)$

$= -143.5\mathrm{kJ/kg}$

13 이상기체 1kg을 300K, 100kPa에서 500K까지 "PV^n=일정"의 과정(n=1.2)을 따라 변화시켰다. 이 기체의 엔트로피 변화량(kJ/K)은?(단, 기체의 비열비는 1.3, 기체상수는 0.287kJ/kg · K이다.)

① −0.244　　　　② −0.287

③ −0.344　　　　④ −0.373

해설 폴리트로픽 변화

엔트로피 변화량(ΔS) $= C_n \ln \dfrac{T_2}{T_1} = \dfrac{n-k}{n-1} \times C_v \ln \dfrac{T_2}{T_1}$

∴ $\dfrac{n-k}{n-1} \times \dfrac{1}{k-1} R \ln \dfrac{T_2}{T_1} = \dfrac{1.2 - 1.3}{1.2 - 1} \times \dfrac{0.287}{1.3 - 1} \ln \dfrac{500}{300}$

$= -0.244\mathrm{kJ/K}$

14 300L 체적의 진공인 탱크가 25℃, 6MPa의 공기를 공급하는 관에 연결된다. 밸브를 열어 탱크 안의 공기 압력이 5MPa이 될 때까지 공기를 채우고 밸브를 닫았다. 이 과정이 단열이고 운동에너지와 위치에너지의 변화를 무시한다면 탱크 안의 공기의 온도(℃)는 얼마가 되는가?(단, 공기의 비열비는 1.4이다.)

① 1.5　　　　　　② 25.0

③ 84.4　　　　　④ 144.2

해설

1MPa = 1,000kPa

단열용기(T_2) $= T_1 \times \dfrac{C_p}{C_v} = k \times T_1$

∴ $T_2 = 1.4 \times (273 + 25) = 417\mathrm{K}(144.2℃)$

15 1kW의 전기히터를 이용하여 101kPa, 15℃의 공기로 차 있는 100m³의 공간을 난방하려고 한다. 이 공간은 견고하고 밀폐되어 있으며 단열되어 있다. 히터를 10분 동안 작동시킨 경우, 이 공간의 최종온도(℃)는?(단, 공기의 정적비열은 0.718kJ/kg · K이고, 기체상수는 0.287kJ/kg · K이다.)

① 18.1　　　　　② 21.8

③ 25.3　　　　　④ 29.4

해설 가열량 $Q = 1 \times 10 \times 60$초 $= 600$kJ

$PV = mRT$ 에서

$m = \dfrac{PV}{RT} = \dfrac{101 \times 100}{0.287 \times (15 + 273)} = 122.19$kg

$Q = m \cdot C_v(t_2 - t_1)$ (∵ 체적 일정)

∴ $t_2 = t_1 + \dfrac{Q}{m \cdot C_v}$

$= 15 + \dfrac{600}{122.19 \times 0.718}$

$= 21.83$℃

16 다음은 시스템(계)과 경계에 대한 설명이다. 옳은 내용을 모두 고른 것은?

> 가. 검사하기 위하여 선택한 물질의 양이나 공간 내의 영역을 시스템(계)이라 한다.
> 나. 밀폐계는 일정한 양의 체적으로 구성된다.
> 다. 고립계의 경계를 통한 에너지 출입은 불가능하다.
> 라. 경계는 두께가 없으므로 체적을 차지하지 않는다.

① 가, 다   ② 나, 라
③ 가, 다, 라   ④ 가, 나, 다, 라

해설 시스템(계)
㉠ 열역학상 대상이 되는 임의의 공간상 범위 내에 들어가는 일정량의 물질군
㉡ 문제의 대상이 되는 어떤 양의 물질이나 공간의 어떤 구역으로 정의된다.
㉢ 계의 외부 둘레를 주위라고 하며 계는 계의 경계에 의하여 주위와 구분된다.
 (밀폐계, 개방계, 절연계 등)
※ 밀폐계 : 열이나 일은 전달되나 동작물질이 유동하지 않는 계이며 질량이 불변이다.

17 단열된 가스터빈의 입구 측에서 압력 2MPa, 온도 1,200K인 가스가 유입되어 출구 측에서 압력 100 kPa, 온도 600K로 유출된다. 5MW의 출력을 얻기 위해 가스의 질량유량(kg/s)은 얼마이어야 하는가? (단, 터빈의 효율은 100%이고, 가스의 정압비열은 1.12kJ/kg · K이다.)

① 6.44   ② 7.44
③ 8.44   ④ 9.44

해설 가스터빈 일(공업일)

$w_t = m \cdot C_p(T_1 - T_2)$ 에서

질량 유량 $m = \dfrac{w_t}{C_p(T_1 - T_2)}$

$= \dfrac{5 \times 1,000}{1.12 \times (1,200 - 600)}$

$= 7.44$kg/s

18 펌프를 사용하여 150kPa, 26℃의 물을 가역단열과정으로 650kPa까지 변화시킨 경우, 펌프의 일(kJ/kg)은?(단, 26℃의 포화액의 비체적은 0.001m³/kg이다.)

① 0.4   ② 0.5
③ 0.6   ④ 0.7

해설 가역단열 압력변화(P') $= 650 - 150 = 500$kPa
∴ 일량 $= 500 \times 0.001 = 0.5$kJ/kg

19 압력 1,000kPa, 온도 300℃ 상태의 수증기(엔탈피 3,051.15kJ/kg, 엔트로피 7.1228kJ/kg · K)가 증기터빈으로 들어가서 100kPa 상태로 나온다. 터빈의 출력 일이 370kJ/kg일 때 터빈의 효율(%)은?

수증기의 포화 상태표(압력 100kPa/온도 99.62℃)

엔탈피(kJ/kg)		엔트로피(kJ/kg · K)	
포화액체	포화증기	포화액체	포화증기
417.44	2,675.46	1.3025	7.3593

① 15.6   ② 33.2
③ 66.8   ④ 79.8

해설 랭킨 사이클 : 증기 원동소

$$터빈 효율(\eta_R) = \frac{실제 \, 터빈 \, 출력}{이상적 \, 터빈 \, 출력}$$
$$= \frac{370}{3,051.15 - 2,675.46}$$
$$= 0.98 \, (98\%)$$

(가장 근사치인 ④를 답으로 한다.)

20 이상적인 냉동 사이클에서 응축기 온도가 30℃, 증발기 온도가 −10℃일 때 성적계수는?

① 4.6 　　　　　② 5.2

③ 6.6 　　　　　④ 7.5

해설 $T_1 = 30 + 273 = 303K$

$T_2 = -10 + 273 = 263K$

$성적계수(COP) = \dfrac{T_2}{T_1 - T_2}$

$\qquad = \dfrac{263}{303 - 263}$

$\qquad = 6.6$

SECTION 02 냉동공학

21 스크루 압축기의 운전 중 로터에 오일을 분사시켜 주는 목적으로 가장 거리가 먼 것은?

① 높은 압축비를 허용하면서 토출온도 유지

② 압축효율 증대로 전력소비 증가

③ 로터의 마모를 줄여 장기간 성능 유지

④ 높은 압축비에서도 체적효율 유지

해설 스크루 압축기의 오일이 부족하면 마모가 커진다. 별도의 오일펌프가 필요하고 냉매가스와 오일이 같이 토출된다(1단의 압축비를 크게 잡을 수 있다).

22 그림은 냉동 사이클을 압력 – 엔탈피 선도에 나타낸 것이다. 이 그림에 대한 설명으로 옳은 것은?

① 팽창밸브 출구의 냉매 건조도는 $[(h_5 - h_7)/(h_6 - h_7)]$로 계산한다.

② 증발기 출구에서의 냉매 과열도는 엔탈피차$(h_1 - h_6)$로 계산한다.

③ 응축기 출구에서의 냉매 과냉각도는 엔탈피차$(h_3 - h_5)$로 계산한다.

④ 냉매순환량은 [냉동능력/$(h_6 - h_5)$]로 계산한다.

해설

① 냉매 건조도 = $\dfrac{냉매증기}{전체냉매} = \dfrac{h_5 - h_7}{h_6 - h_7}$

② $h_1 - h_6$: 압축기 입구의 과열도

③ $h_3 - h_4$: 응축기 출구에서 냉매의 과냉각도

④ 냉매순환량 = 냉동능력/$(h_1 - h_5)$

23 최근 에너지를 효율적으로 사용하자는 측면에서 빙축열시스템이 보급되고 있다. 빙축열시스템의 분류에 대한 조합으로 적절하지 않은 것은?

① 정적 제빙형 – 관 외 착빙형

② 정적 제빙형 – 빙박리형

③ 동적 제빙형 – 리퀴드 아이스형

④ 동적 제빙형 – 과냉각 아이스형

24 냉동장치의 운전에 관한 설명으로 옳은 것은?

① 압축기에 액백(Liquid Back) 현상이 일어나면 토출가스 온도가 내려가고 구동 전동기의 전류계 지시 값이 변동한다.

② 수액기 내에 냉매액을 충만시키면 증발기에서 열부하 감소에 대응하기 쉽다.

③ 냉매 충전량이 부족하면 증발압력이 높게 되어 냉동능력이 저하한다.

④ 냉동부하에 비해 과대한 용량의 압축기를 사용하면 저압이 높게 되고, 장치의 성적계수는 상승한다.

25 다음의 역카르노 사이클에서 등온팽창과정을 나타내는 것은?

① A
② B
③ C
④ D

26 증기압축 냉동 사이클에서 압축기의 압축일은 5HP이고, 응축기의 용량은 12.86kW이다. 이때 냉동 사이클의 냉동능력(RT)은?

① 1.8
② 2.6
③ 3.1
④ 3.5

27 다음과 같은 카르노 사이클에 대한 설명으로 옳은 것은?

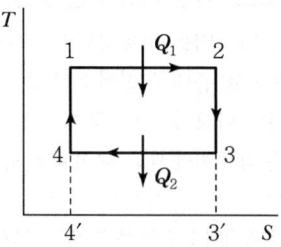

① 면적 1−2−3′−4′는 흡열 Q_1을 나타낸다.

② 면적 4−3−3′−4′는 유효열량을 나타낸다.

③ 면적 1−2−3−4는 방열 Q_2를 나타낸다.

④ Q_1, Q_2는 면적과는 무관하다.

해설 카르노 사이클

- 1 → 2(등온팽창)
- 2 → 3(단열팽창)
- 3 → 4(등온압축)
- 4 → 1(단열압축)

㉠ 공급열량(면적 1 2 3′ 4′ 1)
㉡ 방열량(면적 4 3 3′ 4′)
㉢ 유효열량(Q) = $Q_1 - Q_2$ = (면적 1 2 3 4)

28 비열이 3.86kJ/kg · K인 액 920kg을 1시간 동안 25℃에서 5℃로 냉각시키는 데 소요되는 냉각열량은 몇 냉동톤(RT)인가?(단, 1RT는 3.5kW이다.)

① 3.2   ② 5.6
③ 7.8   ④ 8.3

해설 냉각열량 $Q = G \cdot C \cdot \Delta t = \dfrac{920 \times 3.86 \times (25-5)}{3,600 \times 3.5}$
$= 5.64RT$

29 1분간에 25℃의 물 100L를 0℃의 물로 냉각시키기 위하여 최소 몇 냉동톤의 냉동기가 필요한가?

① 45.2RT   ② 4.52RT
③ 452RT   ④ 42.5RT

해설 1RT = 3,320kcal/h
현열(Q) = 100 × 1 × (25−0) × 60분 = 150,000kcal/h
∴ $\dfrac{150,000}{3,320}$ = 45.2RT

30 흡수식 냉동기에 사용하는 흡수제의 구비조건으로 틀린 것은?

① 농도 변화에 의한 증기압의 변화가 클 것
② 용액의 증기압이 낮을 것
③ 점도가 높지 않을 것
④ 부식성이 없을 것

해설 흡수제(리튬브로마이드)는 농도 변화에 의한 증기압의 변화가 일정해야 한다(일반적인 농도는 59~63%이다).

31 셀 앤드 튜브식 응축기에서 냉각수 입구 및 출구 온도가 각각 16℃와 22℃이고, 냉매의 응축온도를 25℃라 할 때, 응축기의 냉매와 냉각수와의 대수평균온도차(℃)는?

① 3.5   ② 5.5
③ 6.8   ④ 9.2

해설

대수평균온도차(Δt_m) = $\dfrac{\Delta t_1 - \Delta t_2}{\ln\left(\dfrac{\Delta t_1}{\Delta t_2}\right)}$

$\Delta t_1 = 25 - 16 = 9℃$
$\Delta t_2 = 25 - 22 = 3℃$
∴ 대수평균온도차(Δt_m) = $\dfrac{9-3}{\ln\left(\dfrac{9}{3}\right)}$ = 5.5℃

32 실제 냉동 사이클에서 압축과정 동안 냉매 변환 중 스크루 냉동기는 어떤 압축과정에 가장 가까운가?

① 단열압축   ② 등온압축
③ 등적압축   ④ 과열압축

해설 냉동기의 실제 냉동 사이클 압축
단열압축(등엔트로피 이용)

33 암모니아 냉동기의 배관재료로서 적절하지 않은 것은?

① 배관용 탄소강 강관
② 동합금관
③ 압력배관용 탄소강 강관
④ 스테인리스 강관

해설 암모니아(NH_3) 냉매는 부식성이 있어서 동(구리)이나 동합금과는 사용이 불가하다.

34 냉동기유의 구비조건으로 틀린 것은?

① 응고점이 높아 저온에서도 유동성이 있을 것
② 냉매나 수분, 공기 등이 쉽게 용해되지 않을 것
③ 쉽게 산화하거나 열화하지 않을 것
④ 적당한 점도를 가질 것

해설 냉동기유(오일)는 응고점이 낮고 인화점이 높아야 사용이 편리하다.

35 그림과 같은 냉동 사이클로 작동하는 압축기가 있다. 이 압축기의 체적효율이 0.65, 압축효율이 0.8, 기계효율이 0.9라고 한다면 실제 성적계수는?

① 3.89
② 2.81
③ 1.82
④ 1.42

해설 실제 성적계수 $COP = \dfrac{395.5 - 136.5}{462 - 395.5} \times 0.8 \times 0.9 = 2.8$

36 증발기의 종류에 대한 설명으로 옳은 것은?

① 대형 냉동기에서는 주로 직접팽창식 증발기를 사용한다.
② 직접팽창식 증발기는 2차 냉매를 냉각시켜 물체를 냉동, 냉각시키는 방식이다.
③ 만액식 증발기는 팽창 밸브에서 교축팽창된 냉매를 직접 증발기로 공급하는 방식이다.
④ 간접팽창식 증발기는 제빙, 양조 등의 산업용 냉동기에 주로 사용된다.

해설 ① 대형 냉동기 : 간접팽창식 이용
② 직접팽창식 증발기 : 1차 냉매 이용
③ 만액식 증발기의 팽창 밸브는 플로트 밸브이다.
④ 간접팽창식(2차 냉매 사용) 증발기는 제빙, 양조 등 산업용 대형 냉동기용이다.

37 2단 압축 1단 팽창식과 2단 압축 2단 팽창식의 비교 설명으로 옳은 것은?(단, 동일 운전 조건으로 가정한다.)

① 2단 팽창식의 경우에는 두 가지의 냉매를 사용한다.
② 2단 팽창식의 경우가 성적계수가 약간 높다.
③ 2단 팽창식은 중간냉각기를 필요로 하지 않는다.
④ 1단 팽창식의 팽창밸브는 1개가 좋다.

해설 2단 압축(압축비가 6 이상인 경우)
㉠ 2단 압축 1단 팽창 사이클 : 중간냉각이 불완전하다.
㉡ 2단 압축 2단 팽창 사이클 : 중간냉각이 완전하다(성적계수가 약간 높다).
㉢ 1단, 2단 모두 팽창밸브가 2개이다.

38 운전 중인 냉동장치의 저압 측 진공게이지가 50cmHg을 나타내고 있다. 이때의 진공도는?

① 65.8%
② 40.8%
③ 26.5%
④ 3.4%

해설

진공도 $= \dfrac{\text{진공계압력}}{\text{대기압력}} = \dfrac{56}{76} \times 100 = 65.8\%$

※ 절대압 : 26cmHg

39 안전밸브의 시험방법에서 약간의 기포가 발생할 때의 압력을 무엇이라고 하는가?

① 분출 전개압력
② 분출 개시압력
③ 분출 정지압력
④ 분출 종료압력

해설 안전밸브 분출 개시압력
약간의 기포가 발생한다.

40 응축압력의 이상 고압에 대한 원인으로 가장 거리가 먼 것은?

① 응축기의 냉각관 오염
② 불응축 가스 혼입
③ 응축부하 증대
④ 냉매 부족

> **해설** 냉매가 부족하면 응축압력이 저하한다(냉매가 부족하면 증발압력이 낮아지고 압축비가 증대).

SECTION 03 공기조화

41 단일덕트 방식에 대한 설명으로 틀린 것은?

① 중앙기계실에 설치한 공기조화기에서 조화한 공기를 주 덕트를 통해 각 실로 분배한다.
② 단일덕트 일정 풍량 방식은 개별제어에 적합하다.
③ 단일덕트 방식에서는 큰 덕트 스페이스를 필요로 한다.
④ 단일덕트 일정 풍량 방식에서는 재열을 필요로 할 때도 있다.

> **해설** 덕트 방식은 개별식이 아닌 중앙식 공조냉난방 방식이다.

42 내벽 열전달률 4.7W/m²K, 외벽 열전달률 5.8W/m²K, 열전도율 2.9W/m℃, 벽두께 25cm, 외기온도 -10℃, 실내온도 20℃일 때 열관류율(W/m²K)은?

① 1.8
② 2.1
③ 3.6
④ 5.2

> **해설** 열관류율$(K) = \cfrac{1}{\cfrac{1}{a_1} + \cfrac{d}{\lambda} + \cfrac{1}{a_2}}$
>
> $= \cfrac{1}{\cfrac{1}{4.7} + \cfrac{0.25}{2.9} + \cfrac{1}{5.8}}$
>
> $= \cfrac{1}{4.7} = 2.1 \text{W/m}^2\text{K}$
>
> ※ 25cm = 0.25m

43 변풍량 유닛의 종류별 특징에 대한 설명으로 틀린 것은?

① 바이패스형은 덕트 내의 정압 변동이 거의 없고 발생 소음이 작다.
② 유인형은 실내 발생열을 온열원으로 이용 가능하다.
③ 교축형은 압력 손실이 작고 동력 절감이 가능하다.
④ 바이패스형은 압력 손실이 작지만 송풍기 동력 절감이 어렵다.

> **해설** 변풍량 유닛(터미널 유닛)
> ㉠ 바이패스형
> ㉡ 슬롯형(교축형) : 정풍량장치의 설치에 따른 덕트의 설계시공이 용이하나 정압 변화에 대응할 수 있는 정압 제어가 필요하다는 단점이 있다(송풍동력의 절감이 가능하다는 장점이 있다).
> ㉢ 유인형

44 냉방부하의 종류에 따라 연관되는 열의 종류로 틀린 것은?

① 인체의 발생열 – 현열, 잠열
② 극간풍에 의한 열량 – 현열, 잠열
③ 조명부하 – 현열, 잠열
④ 외기 도입량 – 현열, 잠열

> **해설** 조명부하(현열부하)
> ㉠ 백열등 : $0.86 \times W \cdot f$
> ㉡ 형광등 : $0.86 \times W \cdot f \times 1.2$
> (W : 조명기구 총 watt, f : 조명점등률)

45 습공기의 습도에 대한 설명으로 틀린 것은?

① 절대습도는 건공기 중에 포함된 수증기량을 나타낸다.
② 수증기 분압은 절대습도에 반비례 관계가 있다.
③ 상대습도는 습공기의 수증기 분압과 포화공기의 수증기 분압과의 비로 나타낸다.
④ 비교습도는 습공기의 절대습도와 포화공기의 절대습도와의 비로 나타낸다.

> **해설** ㉠ 포화수증기 압력은 각 온도에서 포화공기 중의 수증기 분압과 같다.
> ㉡ 수증기 분압은 절대습도와 비례 관계이다.

---

46 공기의 온도에 따른 밀도 특성을 이용한 방식으로 실내보다 낮은 온도의 신선공기를 해당 구역에 공급함으로써 오염물질을 대류효과에 의해 실내 상부에 설치된 배기구를 통해 배출시켜 환기 목적을 달성하는 방식은?

① 기계식 환기법 　　② 전반 환기법
③ 치환 환기법 　　④ 국소 환기법

해설 치환 환기법

47 아래 그림에 나타낸 장치를 표의 조건으로 냉방운전을 할 때 A실에 필요한 송풍량(m³/h)은?(단, A실의 냉방부하는 현열부하 8.8kW, 잠열부하 2.8kW이고, 공기의 정압비열은 1.01kJ/kg · K, 밀도는 1.2 kg/m³이며, 덕트에서의 열손실은 무시한다.)

지점	온도(DB), ℃	습도(RH), %
A	26	50
B	17	–
C	16	85

① 924 　　② 1,847
③ 2,904 　　④ 3,831

해설 $q_s = \rho \cdot Q \cdot C_p \cdot \Delta t$ 에서

송풍량 $Q = \dfrac{8.8 \times 3,600}{1.2 \times 1.01 \times (26-17)}$

$\quad = 2,904.29 \text{m}^3/\text{h}$

48 다음 중 증기난방 장치의 구성으로 가장 거리가 먼 것은?

① 트랩 　　② 감압밸브
③ 응축수탱크 　　④ 팽창탱크

해설 팽창탱크(온수난방용)
　ㄱ 개방식(저온수용)
　ㄴ 밀폐식(고온수용)

49 환기에 따른 공기조화부하의 절감 대책으로 틀린 것은?

① 예냉, 예열 시 외기도입을 차단한다.
② 열 발생원이 집중되어 있는 경우 국소배기를 채용한다.
③ 전열교환기를 채용한다.
④ 실내 정화를 위해 환기횟수를 증가시킨다.

해설 환기횟수가 증가하면 송풍량이 많아져서 냉방, 난방 부하가 증가된다. 따라서 에너지 손실 요인이 증가한다.

50 온수난방에 대한 설명으로 틀린 것은?

① 저온수 난방에서 공급수의 온도는 100℃ 이하이다.
② 사람이 상주하는 주택에서는 복사난방을 주로 한다.
③ 고온수 난방의 경우 밀폐식 팽창탱크를 사용한다.
④ 2관식 역환수 방식에서는 펌프에 가까운 방열기일수록 온수 순환량이 많아진다.

해설 온수난방 역환수방식(리버스리턴 방식)은 온수의 순환량이 일정하다.

51 방열기에서 상당방열면적(EDR)은 아래의 식으로 나타낸다. 이 중 Q_o는 무엇을 뜻하는가?(단, 사용단위로 Q는 W, Q_o는 W/m^2이다.)

$$EDR(\text{m}^2) = \frac{Q}{Q_o}$$

① 증발량 　　② 응축수량
③ 방열기의 전방열량 　　④ 방열기의 표준방열량

해설 $EDR = \dfrac{\text{난방부하}}{\text{방열기 표준방열량}}\ (\text{m}^2)$

52 공조기 냉수코일 설계 기준으로 틀린 것은?

① 공기류와 수류의 방향은 역류가 되도록 한다.
② 대수평균온도차는 가능한 한 작게 한다.
③ 코일을 통과하는 공기의 전면풍속은 2~3m/s로 한다.
④ 코일의 설치는 관이 수평으로 놓이게 한다.

해설 공조기 냉방 시, 냉수코일 설계 시 대수평균온도차는 가능한 한 크게 해야 전열효과가 커진다.

53 공기세정기의 구성품인 엘리미네이터의 주된 기능은?

① 미립화된 물과 공기와의 접촉 촉진
② 균일한 공기 흐름 유도
③ 공기 내부의 먼지 제거
④ 공기 중의 물방울 제거

해설 가습장치(공기세정기)의 엘리미네이터의 주된 기능은 공기 중의 물방울을 제거하는 것이다.

54 다음 중 열수분비(μ)와 현열비(SHF)와의 관계식으로 옳은 것은?(단, q_S는 현열량, q_L는 잠열량, L은 가습량이다.)

① $\mu = SHF \times \dfrac{q_S}{L}$

② $\mu = \dfrac{1}{SHF} \times \dfrac{q_L}{L}$

③ $\mu = SHF \times \dfrac{q_L}{L}$

④ $\mu = \dfrac{1}{SHF} \times \dfrac{q_S}{L}$

해설 열수분비(μ) $= \dfrac{\text{엔탈피 변화}}{\text{절대습도 변화}}$

현열비(SHF) $= \dfrac{\text{현열}}{\text{현열}+\text{잠열}}$

$\therefore$ 열수분비(μ) $= \dfrac{1}{SHF} \times \dfrac{q_s}{L}$

55 대류 및 복사에 의한 열전달률에 의해 기온과 평균복사온도를 가중 평균한 값으로 복사난방 공간의 열환경을 평가하기 위한 지표를 나타내는 것은?

① 작용온도(Operative Temperature)
② 건구온도(Drybulb Temperature)
③ 카타냉각력(Kata Cooling Power)
④ 불쾌지수(Discomfort Index)

해설 작용온도
대류 및 복사에 의한 열전달률(kcal/m² · h · ℃)에 의해 기온과 평균복사온도를 가중 평균한 값으로 복사난방 공간의 열환경을 평가하기 위한 지표이다.

56 A, B 두 방의 열손실은 각각 4kW이다. 높이 600 mm인 주철재 5세주 방열기를 사용하여 실내온도를 모두 18.5℃로 유지시키고자 한다. A실은 102℃의 증기를 사용하며, B실은 평균 80℃의 온수를 사용할 때 두 방 전체에 필요한 총 방열기의 절수는?(단, 표준방열량을 적용하며, 방열기 1절(節)의 상당 방열면적은 0.23m²이다.)

① 23개   ② 34개
③ 42개   ④ 56개

해설 • 증기난방 시

방열기 절수 $= \dfrac{\text{난방부하}}{\text{1절당 상당방열면적}\times\text{상당방열량}}$

$= \dfrac{4}{0.23\times756\times10^{-3}} = 23$절

• 온수난방 시

방열기 절수 $= \dfrac{4}{0.23\times523\times10^{-3}} = 33$절

$\therefore$ 총 방열기 절수 $= 23+33 = 56$절

57 실내를 항상 급기용 송풍기를 이용하여 정압(+) 상태로 유지할 수 있어서 오염된 공기의 침입을 방지하고, 연소용 공기가 필요한 보일러실, 반도체 무균실, 소규모 변전실, 창고 등에 적용하기에 적합한 환기법은?

① 제1종 환기   ② 제2종 환기
③ 제3종 환기   ④ 제4종 환기

해설 제2종 환기

58 전공기방식에 대한 설명으로 틀린 것은?

① 송풍량이 충분하여 실내오염이 적다.
② 환기용 팬을 설치하면 외기냉방이 가능하다.
③ 실내에 노출되는 기기가 없어 마감이 깨끗하다.
④ 천장의 여유 공간이 작을 때 적합하다.

해설 전공기방식(단일덕트, 2중덕트)은 천장의 여유 공간이 많은 극장, 공회당, 종교시설, 집합장소에서 사용이 편리하다.

59 건구온도 30℃, 습구온도 27℃일 때 불쾌지수(DI)는 얼마인가?

① 57 ② 62
③ 77 ④ 82

해설 불쾌지수$(DI) = 0.72 \times (t + t') + 40.6$
$= 0.72 \times (30 + 27) + 40.6$
$= 81.64 ≒ 82℃$

60 송풍기의 법칙에 따라 송풍기 날개 직경이 D_1일 때, 소요동력이 L_1인 송풍기를 직경 D_2로 크게 했을 때 소요동력 L_2를 구하는 공식으로 옳은 것은?(단, 회전속도는 일정하다.)

① $L_2 = L_1\left(\dfrac{D_1}{D_2}\right)^5$ ② $L_2 = L_1\left(\dfrac{D_1}{D_2}\right)^4$

③ $L_2 = L_1\left(\dfrac{D_2}{D_1}\right)^4$ ④ $L_2 = L_1\left(\dfrac{D_2}{D_1}\right)^5$

해설 송풍기 날개 직경 변화에 의한 소요동력(L_2)
$L_2 = L_1\left(\dfrac{D_2}{D_1}\right)^5$

SECTION 04 전기제어공학

61 다음 신호흐름 선도에서 $\dfrac{C(s)}{R(s)}$는?

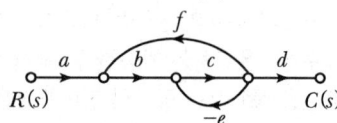

① $\dfrac{abcd}{1+ce+bcf}$ ② $\dfrac{abcd}{1-ce+bcf}$

③ $\dfrac{abcd}{1+ce-bcf}$ ④ $\dfrac{abcd}{1-ce-bcf}$

해설 $G_1 = abcd$, $\Delta_1 = 1$, $L_{11} = -ce$, $L_{21} = bcf$
$\Delta = 1 - (L_{11} + L_{21}) = 1 + ce - bcf$
$G = \dfrac{c}{R} = \dfrac{G_1 \Delta_1}{\Delta} = \dfrac{abcd}{1+ce-bcf}$
※ 종속접속
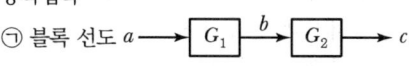
㉠ 블록 선도 $a \rightarrow \boxed{G_1} \xrightarrow{b} \boxed{G_2} \rightarrow c$
㉡ 신호흐름 선도 $a \circ\!\!\xrightarrow{\quad G_1 \quad}\!\!\circ\!\!\xrightarrow{b}\!\!\circ\!\!\xrightarrow{\quad G_2 \quad}\!\!\circ c$

62 코일에 흐르고 있는 전류가 5배로 되면 측정되는 에너지는 몇 배가 되는가?

① 10 ② 15
③ 20 ④ 25

해설 자기에너지 $W = \dfrac{1}{2}LI^2 = \dfrac{1}{2} \times L \times (5I)^2 = \dfrac{1}{2} \times 25LI^2$
∴ 25배

63 역률 0.85, 선전류 50A, 유효전력 28kW인 평형 3상 △부하의 전압(V)은 약 얼마인가?

① 300 ② 380
③ 476 ④ 660

해설 3상 교류 유효전력 $P = \sqrt{3}\,VI\cos\theta$
$V = \dfrac{P}{\sqrt{3}\,I\cos\theta} = \dfrac{28 \times 10^3}{\sqrt{3} \times 50 \times 0.85} = 380.37\text{V}$

64 탄성식 압력계에 해당되는 것은?

① 경사관식   ② 압전기식
③ 환상평형식   ④ 벨로스식

해설 탄성식 압력계(2차 압력계)
㉠ 벨로스식
㉡ 부르동관식
㉢ 다이어프램식

65 맥동률이 가장 큰 정류회로는?

① 3상 전파   ② 3상 반파
③ 단상 전파   ④ 단상 반파

해설 맥동률
(단상반파 > 단상전파 > 3상반파 > 3상전파 > 3상양파)
㉠ 교류분을 포함한 직류에서 그 평균값에 대한 교류분의 실효값의 비이다
㉡ 단상반파 121%, 단상전파 48%, 3상반파 17.7%, 3상전파 4.04%
※ 정류회로 : 교류를 직류로 변환하는 회로(실리콘 정류기 회로)

66 다음 블록 선도의 전달함수는?

① $G_1(s)\,G_2(s) + G_2(s) + 1$
② $G_1(s)\,G_2(s) + 1$
③ $G_1(s)\,G_2(s) + G_2$
④ $G_1(s)\,G_2(s) + G_1 + 1$

해설 $(RG_1 + R)\,G_2 + R \to C$
$RG_1G_2 + RG_1 + R \to C$
$R(G_1G_2 + G_2 + 1) \to C$
∴ 전달함수 $\left(\dfrac{C}{R}\right) = G_1G_2 + G_2 + 1$

67 다음 중 간략화한 논리식이 다른 것은?

① $(A+B) \cdot (A+\overline{B})$ ② $A \cdot (A+B)$
③ $A + (\overline{A} \cdot B)$ ④ $(A \cdot B) + (A \cdot \overline{B})$

해설 ① $(A+B)(A+\overline{B}) = AA + A\overline{B} + BA + B\overline{B}$
$\quad\quad = A + A(\overline{B}+B) + 0$
$\quad\quad = A + A \cdot 1$
$\quad\quad = A$
② $A \cdot (A+B) = AA + AB = A + AB$
$\quad\quad = A(1+B)$
$\quad\quad = A \cdot 1 = A$
③ $A + (\overline{A} \cdot B) = (A \cdot \overline{A}) \cdot (A+B)$
$\quad\quad = 1 \cdot (A+B)$
$\quad\quad = A+B$
④ $(A \cdot B) + (A \cdot \overline{B}) = A(B + \overline{B})$
$\quad\quad = A \cdot 1 = A$

68 논리식 $L = \overline{x} \cdot \overline{y} + \overline{x} \cdot y$ 를 간단히 한 식은?

① $L = x$ ② $L = \overline{x}$
③ $L = y$ ④ $L = \overline{y}$

해설 $L = \overline{x} \cdot \overline{y} + \overline{x} \cdot y = \overline{x}(\overline{y}+y) = \overline{x}$

69 물체의 위치, 방향 및 자세 등의 기계적 변위를 제어량으로 해서 목푯값의 임의의 변화에 추종하도록 구성된 제어계는?

① 프로그램 제어   ② 프로세스 제어
③ 서보기구   ④ 자동조정

해설 서보기구
물체의 위치, 방향, 자세 등의 기계적 변위를 제어량으로 목푯값의 임의의 변화에 추종하도록 구성된 제어계이다.
※ 제어량의 분류 : 서보기구, 프로세스 제어, 자동조정 제어

70 단자전압 V_{ab} 는 몇 V인가?

① 3   ② 7
③ 10   ④ 13

해설 중첩의 정리
- 5A의 전류원만 있는 경우

$V_1 = IR = 5 \times 2$
$\qquad = 10V$

- 3V의 전압원만 있는 경우

$V_2 = 3V$

∴ 단자전압 $V_{ab} = V_1 + V_2 = 10 + 3 = 13V$

---

71 전자석의 흡인력은 자속밀도 $B(\text{Wb/m}^2)$와 어떤 관계에 있는가?

① B에 비례

② $B^{1.5}$에 비례

③ B^2에 비례

④ B^3에 비례

해설 자기흡인력$(f) = \dfrac{1}{2} \times \dfrac{B^2}{\mu_o}(\text{N/m}^2)$

$(\mu_o$: 자장의 세기$)$

---

72 피드백 제어의 특징에 대한 설명으로 틀린 것은?

① 외란에 대한 영향을 줄일 수 있다.

② 목푯값과 출력을 비교한다.

③ 조절부와 조작부로 구성된 제어요소를 가지고 있다.

④ 입력과 출력의 비를 나타내는 전체 이득이 증가한다.

해설 피드백 제어의 특징
①, ②, ③항 외에도 입력과 출력(목푯값 − 제어량)을 비교하여 제어동작을 일으키는 데 필요한 신호를 만드는 비교부가 필요하며, 계의 특성 변화에 대한 입력 대 출력 비는 감소하고 비선형성과 왜형에 대한 효과가 감소한다. 발진을 일으키고 불안정한 상태로 되어가는 경향성이 있다.

---

73 다음 회로와 같이 외전압계법을 통해 측정한 전력(W)은?(단, R_i : 전류계의 내부저항, R_e : 전압계의 내부저항이다.)

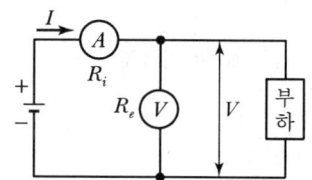

① $P = VI - \dfrac{V^2}{R_e}$

② $P = VI - \dfrac{V^2}{R_i}$

③ $P = VI - 2R_e I$

④ $P = VI - 2R_i I$

해설 외전압계법 전력$(P) = VI - \dfrac{V^2}{R_e}$

※ 전압계
- ㉠ 전기회로에서 저항 등 회로요소의 양끝 사이의 전압을 측정하는 기구이다(직류전압계, 교류전압계).
- ㉡ 작동방법 : 아날로그형, 디지털형
- ㉢ 작동원리 : 가동코일형, 가동철편형, 전류력계형, 정전기형, 열전쌍형
- ㉣ 전압을 측정하려면 전압계를 회로에 병렬로 접속한다.

---

74 목푯값 이외의 외부 입력으로 제어량을 변화시키며 인위적으로 제어할 수 없는 요소는?

① 제어동작신호   ② 조작량

③ 외란   ④ 오차

해설 오차는 목푯값 이외의 외부입력으로 제어량을 변화시키며 인위적으로 제어할 수 없는 요소이다.

---

75 2전력계법으로 3상 전력을 측정할 때 전력계의 지시가 $W_1 = 200W$, $W_2 = 200W$이다. 부하전력(W)은?

① 200   ② 400

③ $200\sqrt{3}$ ④ $400\sqrt{3}$

해설 3상 전력$(P) = P_1 + P_2 = \sqrt{3}\,V_\ell I_\ell$
∴ 부하전력 $= 200 + 200 = 400W$

---

76 $R=10\Omega$, $L=10\text{mH}$에 가변콘덴서 C를 직렬로 구성시킨 회로에 교류주파수 1,000Hz를 가하여 직렬 공진을 시켰다면 가변콘덴서는 약 몇 μF인가?

① 2.533 ② 12.675
③ 25.35 ④ 126.75

해설 공진주파수 $f=\dfrac{1}{2\pi\sqrt{LC}}$에서

가변콘덴서 $C=\dfrac{1}{(2\pi)^2 \cdot L \cdot f^2}$

$=\dfrac{1}{4\pi^2 \times (10\times10^{-3}) \times (1{,}000)^2}\times10^6$

$=2.533\mu\text{F}$

77 스위치 S의 개폐에 관계없이 전류 I가 항상 30A라면 R_3와 R_4는 각각 몇 Ω인가?

① $R_3=1$, $R_4=3$ ② $R_3=2$, $R_4=1$
③ $R_3=3$, $R_4=2$ ④ $R_3=4$, $R_4=4$

해설 스위치 S의 개폐와 관계없이 전류가 일정하므로 휘트스톤 브리지 회로이다.

전체 저항 $R=\dfrac{V}{I}=\dfrac{100}{30}=\dfrac{10}{3}\Omega$

병렬저항의 합성 $\dfrac{1}{R}=\dfrac{1}{8+R_3}+\dfrac{1}{4+R_4}$

휘트스톤 브리지 $8\times R_4=4\times R_3$에서 $R_3=2R_4$

$\dfrac{1}{R}=\dfrac{1}{8+2R_4}+\dfrac{1}{4+R_4}$

$\dfrac{3}{10}=\dfrac{1+2}{8+2R_4}=\dfrac{3}{8+2R_4}$

$\therefore R_4=1\Omega$, $R_3=2\Omega$

78 아래 R-L-C 직렬회로의 합성 임피던스(Ω)는?

4Ω 7Ω 4Ω

① 1 ② 5
③ 7 ④ 15

해설 임피던스
㉠ 전기회로에 교류를 흘리는 경우 전류의 흐름을 방해하는 정도를 나타내는 값이다.
㉡ R-L-C 직렬회로 임피던스(Z)

$Z=\sqrt{R^2+(X_L-X_C)^2}=\sqrt{R^2+\left(\omega L-\dfrac{1}{\varepsilon c}\right)^2}$ (Ω)

$\therefore$ 임피던스 $=\sqrt{4^2+(7-4)^2}=5\Omega$

79 변압기의 효율이 가장 좋을 때의 조건은?

① 철손 $=\dfrac{2}{3}\times$동손

② 철손 $=2\times$동손

③ 철손 $=\dfrac{1}{2}\times$동손

④ 철손 $=$동손

해설 • 변압기 전부하 효율(η) $=\dfrac{출력}{출력+손실}\times100\%$

• 변압기 전손실은 무부하손(철손)과 부하손(동손)의 합이며 철손은 부하에 관계없이 일정하고 동손은 부하전류의 제곱에 비례한다.(변압기의 최대 효율 조건 : 무부하손=부하손) 즉, 무부하손의 대부분인 철손(P_L)과 부하손의 대부분인 동손(P_C)이 같을 때 효율이 최대가 된다.

80 입력 신호가 모두 "1"일 때만 출력이 생성되는 논리회로는?

① AND 회로   ② OR 회로
③ NOR 회로   ④ NOT 회로

해설 AND 논리곱회로 : 2개의 입력 A와 B가 모두 1일 때만 출력이 1이 되는 논리식 ($X=A\cdot B$)로 표시된다.

SECTION 05 배관일반

81 펌프 흡입 측 수평배관에서 관경을 바꿀 때 편심 리듀서를 사용하는 목적은?

① 유속을 빠르게 하기 위하여
② 펌프 압력을 높이기 위하여
③ 역류 발생을 방지하기 위하여
④ 공기가 고이는 것을 방지하기 위하여

해설 편심 리듀서(공기 고임 방지용)

25A · 20A

82 다음 중 배관의 중심 이동이나 구부러짐 등의 변위를 흡수하기 위한 이음이 아닌 것은?

① 슬리브형 이음
② 플렉시블 이음
③ 루프형 이음
④ 플라스탄 이음

해설 연관이음
  ㉠ 플라스탄 이음
    • 맞대기이음 및 직선이음
    • 수전 소켓 이음
    • 지관이음 및 만다린 이음
  ㉡ 살올림 납땜 이음
  ㉢ 용접이음

83 온수배관 시공 시 유의사항으로 틀린 것은?

① 일반적으로 팽창관에는 밸브를 설치하지 않는다.
② 배관의 최저부에는 배수 밸브를 설치한다.
③ 공기밸브는 순환펌프의 흡입 측에 부착한다.
④ 수평관은 팽창탱크를 향하여 올림구배로 배관한다.

해설
온수배관 공기빼기 밸브
(배관이나 팽창밸브에서 에어 배출)

온수배관

84 다음 중 밸브 몸통 내에 밸브대를 축으로 하여 원판 형태의 디스크가 회전함에 따라 개폐하는 밸브는 무엇인가?

① 버터플라이 밸브   ② 슬루스 밸브
③ 앵글 밸브   ④ 볼 밸브

해설 버터플라이 밸브
밸브 몸통 내에 밸브대를 축으로 하여 원판 형태의 디스크가 회전함에 따라 개폐하며 기어형, 집게형이 있다.

85 강관의 나사이음 시 관을 절단한 후 관 단면의 안쪽에 생기는 거스러미를 제거할 때 사용하는 공구는?

① 파이프 바이스   ② 파이프 리머
③ 파이프 렌치   ④ 파이프 커터

해설 파이프 리머(관용리머) : 거스러미 제거용 공구

86 옥상탱크에서 오버플로관을 설치하는 가장 적합한 위치는?

① 배수관보다 하위에 설치한다.
② 양수관보다 상위에 설치한다.
③ 급수관과 수평위치에 설치한다.
④ 양수관과 동일 수평위치게 설치한다.

해설 옥상탱크방식

87 하트포드(Hartford) 배관법에 관한 설명으로 틀린 것은?

① 보일러 내의 안전 저수면보다 높은 위치에 환수관을 접속한다.

② 저압증기난방에서 보일러 주변의 배관에 사용한다.

③ 하트포드 배관법은 보일러 내의 수면이 안전수위 이하로 유지하기 위해 사용된다.

④ 하트포드 배관 접속 시 환수주관에 침적된 찌꺼기의 보일러 유입을 방지할 수 있다.

> **해설** 하트포드 배관법은 보일러 내의 수면을 안전수위 이상으로 유지하기 위한 배관법이다.

88 급수급탕설비에서 탱크류에 대한 누수의 유무를 조사하기 위한 시험방법으로 가장 적절한 것은?

① 수압시험　　　② 만수시험

③ 통수시험　　　④ 잔류염소의 측정

> **해설**
>
>
>
> 급수, 급탕 탱크 누수 유무 시험 (만수시험)

89 중앙식 급탕법에 대한 설명으로 틀린 것은?

① 탱크 속에 직접 증기를 분사하여 물을 가열하는 기수 혼합식의 경우 소음이 많아 증기관에 소음기(Silencer)를 설치한다.

② 열원으로 비교적 가격이 저렴한 석탄, 중유 등을 사용하므로 연료비가 적게 든다.

③ 급탕설비를 다른 설비 기계류와 동일한 장소에 설치하므로 관리가 용이하다.

④ 저탕 탱크 속에 가열 코일을 설치하고, 여기에 증기 보일러를 통해 증기를 공급하여 탱크 안의 물을 직접 가열하는 방식을 직접 가열식 중앙 급탕법이라 한다.

> **해설** ④는 직접가열식에 관한 내용이다. 직접가열식은 급수를 넣고 직접 열을 가하여 온수를 만드는 것으로, 단관식, 복관식이 있다. ④의 내용 중 '증기 보일러를 통해 증기를 공급하여'는 직접가열식이 아닌 기수혼합식이다.

90 공기조화 설비에서 에어워셔의 플러딩 노즐이 하는 역할은?

① 공기 중에 포함된 수분을 제거한다.

② 입구공기의 난류를 정류로 만든다.

③ 엘리미네이터에 부착된 먼지를 제거한다.

④ 출구에 섞여 나가는 비산수를 제거한다.

> **해설** 공조기 에어워셔(가습기)의 플러딩 노즐은 엘리미네이터에 부착된 먼지 제거용이다.

91 다음 공조용 배관 중 배관 샤프트 내에서 단열시공을 하지 않는 배관은?

① 온수관　　　　② 냉수관

③ 증기관　　　　④ 냉각수관

> **해설** 냉각수관은 단열시공을 하지 않는다.
>
> ※ 냉각수 흐름도
>
>
>
> ㉠ 냉동기
>
> 냉각탑 → 응축기 → 냉각탑
>
> ㉡ 흡수식
>
> 냉각탑 → 흡수기 → 응축기 → 냉각탑

92 급수온도 5℃, 급탕온도 60℃, 가열 전 급탕설비의 전수량은 2m³, 급수와 급탕의 압력차는 50kPa일 때, 절대압력 300kPa의 정수두가 걸리는 위치에 설치하는 밀폐식 팽창탱크의 용량(m³)은?(단, 팽창탱크의 초기 봉입 절대압력은 300kPa이고, 5℃일 때 밀도는 1,000kg/m³, 60℃일 때 밀도는 983.1kg/m³이다.)

① 0.83　　　　② 0.57

③ 0.24　　　　④ 0.17

> **해설** 팽창량 $\Delta V = V_2 - V_1 = \left(\dfrac{1}{\rho_2} - \dfrac{1}{\rho_1} \right) \times m$
>
> $$= \left(\dfrac{1}{983.1} - \dfrac{1}{1,000} \right) \times 2,000 = 0.0344\,\mathrm{m}^3$$
>
> 팽창탱크 용량
>
> $$V = \dfrac{\Delta V}{\dfrac{P_o}{P_1} - \dfrac{P_o}{P_2}} = \dfrac{0.0344}{\dfrac{300}{300} - \dfrac{300}{300+50}} = 0.24\,\mathrm{m}^3$$

93 배관재료에 대한 설명으로 틀린 것은?

① 배관용 탄소강 강관은 1MPa 이상, 10MPa 이하 증기관에 적합하다.

② 주철관은 용도에 따라 수도용, 배수용, 가스용, 광산용으로 구분한다.

③ 연관은 화학 공업용으로 사용되는 1종관과 일반 용으로 쓰이는 2종관, 가스용으로 사용되는 3종 관이 있다.

④ 동관은 관 두께에 따라 K형, L형, M형으로 구분 한다.

> **해설** 배관용 탄소강관(SPP)
> 1MPa 이하의 배관용이며 물, 기름, 증기, 가스, 공기 배관용

94 다음 중 증기난방용 방열기를 열손실이 가장 많은 창 문 쪽의 벽면에 설치할 때 벽면과의 거리로 가장 적절 한 것은?

① 5~6cm ② 10~11cm

③ 19~20cm ④ 25~26cm

> **해설** 방열기(라디에이터) 설치
>
>

95 저·중압의 공기가열기, 열교환기 등 다량의 응축수 를 처리하는 데 사용되며, 작동원리에 따라 다량 트 랩, 부자형 트랩으로 구분하는 트랩은?

① 바이메탈 트랩 ② 벨로스 트랩

③ 플로트 트랩 ④ 벨 트랩

> **해설** 다량 증기 트랩(기계적 트랩)
> ㉠ 플로트 트랩(레버 부자형) : 대량형
> ㉡ 볼조인트형 트랩(자유 부자형) : 소량형

96 냉동장치에서 압축기의 표시방법으로 틀린 것은?

 : 밀폐형 일반

 : 로터리형

 : 원심형

 : 왕복동형

> **해설** ㉠ 원심형 압축기
>
>
>
> ㉡ 압축기 일반

97 공조배관설비에서 수격작용의 방지법으로 틀린 것은?

① 관 내의 유속을 낮게 한다.

② 밸브는 펌프 흡입구 가까이 설치하고 제어한다.

③ 펌프에 플라이휠(flywheel)을 설치한다.

④ 서지 탱크를 설치한다.

> **해설** 수격작용(워터해머) 방지법은 ①, ③, ④항이다.
>
>

98 압축공기 배관설비에 대한 설명으로 틀린 것은?

① 분리기는 윤활유를 공기나 가스에서 분리시켜 제거하는 장치로서 보통 중간냉각기와 후부냉각기 사이에 설치한다.

② 위험성 가스가 체류되어 있는 압축기실은 밀폐시킨다.

③ 맥동을 완화하기 위하여 공기탱크를 장치한다.

④ 가스관, 냉각수관 및 공기탱크 등에 안전밸브를 설치한다.

해설 위험성 가스가 체류하는 압축기실은 개방시켜 환기한다.

99 프레온 냉동기에서 압축기로부터 응축기에 이르는 배관의 설치 시 유의사항으로 틀린 것은?

① 배관이 합류할 때는 T 자형보다 Y 자형으로 하는 것이 좋다.

② 압축기로부터 올라온 토출관이 응축기에 연결되는 수평부분은 응축기 쪽으로 하향 구배로 배관한다.

③ 2대의 압축기가 아래쪽에 있고 1대의 응축기가 위쪽에 있는 경우 토출가스 헤더는 압축기 위에 배관하여 토출가스관에 연결한다.

④ 압축기와 응축기가 각각 2대이고 압축기가 응축기의 하부에 설치된 경우 압축기의 크랭크 케이스 균압관은 수평으로 배관한다.

해설

100 수도 직결식 급수방식에서 건물 내에 급수를 할 경우 수도 본관에서의 최저 필요압력을 구하기 위한 필요 요소가 아닌 것은?

① 수도 본관에서 최고 높이에 해당하는 수전까지의 관 재질에 따른 저항

② 수도 본관에서 최고 높이에 해당하는 수전이나 기구별 소요압력

③ 수도 본관에서 최고 높이에 해당하는 수전까지의 관 내 마찰손실수두

④ 수도 본관에서 최고 높이에 해당하는 수전까지의 상당압력

해설 수도 직결식 수도 본관 최저 필요압력(P)=②+③+④
※ 압력을 구하는 것과 재질과는 관련성이 없다.

SECTION 01 기계열역학

01 어떤 습증기의 엔트로피가 6.78kJ/kg·K라고 할 때 이 습증기의 엔탈피는 약 몇 kJ/kg인가?(단, 이 기체의 포화액 및 포화증기의 엔탈피와 엔트로피는 다음과 같다.)

구분	포화액	포화증기
엔탈피(kJ/kg)	384	2,666
엔트로피(kJ/kg·K)	1.25	7.62

① 2,365 ② 2,402
③ 2,473 ④ 2,511

해설
- 건도

  $s = s' + x(s'' - s')$ 에서

  건도 $x = \dfrac{s - s'}{s'' - s'} = \dfrac{6.78 - 1.25}{7.62 - 1.25} = 0.868$

- 습증기 엔탈피

  $h = h' + x(h'' - h')$
  $= 384 + 0.868 \times (2,666 - 384)$
  $= 2,364.77\text{kJ/kg}$

02 압력(P)-부피(V) 선도에서 이상기체가 그림과 같은 사이클로 작동한다고 할 때 한 사이클 동안 행한 일은 어떻게 나타내는가?

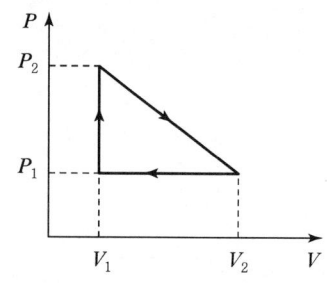

① $\dfrac{(P_2 + P_1)(V_2 + V_1)}{2}$

② $\dfrac{(P_2 - P_1)(V_2 + V_1)}{2}$

③ $\dfrac{(P_2 + P_1)(V_2 - V_1)}{2}$

④ $\dfrac{(P_2 - P_1)(V_2 - V_1)}{2}$

해설 이상기체가 한 사이클 동안 행한 일(W)

$$W = \dfrac{(P_2 - P_1) \times (V_2 - V_1)}{2}$$

03 다음 중 스테판-볼츠만의 법칙과 관련이 있는 열전달은?

① 대류 ② 복사
③ 전도 ④ 응축

해설 스테판-볼츠만의 법칙 : 복사(방사)열전달

$$E_b = \sigma \cdot T^4 = C_b\left(\dfrac{T}{100}\right)^4$$

여기서, C_b : 흑체복사정수($5.669\text{W/m}^2\text{K}^4$)
σ : 스테판-볼츠만의 정수
($5.669 \times 10^{-8}\text{W/m}^2\text{K}^4$)

04 이상기체 2kg이 압력 98kPa, 온도 25℃ 상태에서 체적이 0.5m³였다면 이 이상기체의 기체상수는 약 몇 J/kg·K인가?

① 79 ② 82
③ 97 ④ 102

해설 이상기체 상태방정식 $PV = mRT$ 에서

기체상수 $R = \dfrac{PV}{mT} = \dfrac{(98 \times 10^3) \times 0.5}{2 \times (25 + 273)} = 82.21\text{J/kg·K}$

05 냉매가 갖추어야 할 요건으로 틀린 것은?

① 증발온도에서 높은 잠열을 가져야 한다.
② 열전도율이 커야 한다.
③ 표면장력이 커야 한다.
④ 불활성이고 안전하며 비가연성이어야 한다.

해설 냉매는 응고점이 낮고 임계온도가 높으며 표면장력이 작아야 한다.

06 어떤 유체의 밀도가 $741kg/m^3$이다. 이 유체의 비체적은 약 몇 m^3/kg인가?

① 0.78×10^{-3} ② 1.35×10^{-3}

③ 2.35×10^{-3} ④ 2.98×10^{-3}

해설 유체 밀도(ρ) : kg/m^3, 유체 비체적(V) : m^3/kg

∴ 비체적$(V) = \dfrac{1}{741} = 0.00135 = 1.35 \times 10^{-3} m^3/kg$

07 이상적인 랭킨 사이클에서 터빈 입구 온도가 350℃이고, 75kPa과 3MPa의 압력범위에서 작동한다. 펌프 입구와 출구, 터빈 입구와 출구에서 엔탈피는 각각 384.4kJ/kg 387.5kJ/kg, 3,116kJ/kg, 2,403 kJ/kg이다. 펌프일을 고려한 사이클의 열효율과 펌프일을 무시한 사이클의 열효율 차이는 약 몇 %인가?

① 0.0011 ② 0.092

③ 0.11 ④ 0.18

해설 랭킨 사이클

펌프일량 = 387.5 − 384.4 = 3.1kJ/kg

㉠ 펌프일을 무시한 효율(η_R)

$\eta_R = \dfrac{3,116 - 2,403}{3,116 - 387.5} \times 100 = 26.1315\%$

㉡ 펌프일을 고려한 효율(η_R)

$\eta_R = \dfrac{(3,116 - 2,403) - (387.5 - 384.4)}{3,116 - 384.4} \times 100$

$= 25.9884\%$

∴ 26.1315 − 25.9884 = 0.14%

08 전류 25A, 전압 13V를 가하여 축전지를 충전하고 있다. 충전하는 동안 축전지로부터 15W의 열손실이 있다. 축전지의 내부에너지 변화는 약 몇 W인가?

① 310 ② 340

③ 370 ④ 420

해설 내부에너지 변화 = 축전지에 충전된 에너지
　　　　　　　　− 축전지에서 나오는 에너지

$= VI - 15$

$= (25 \times 13) - 15$

$= 310W$

09 고온열원(T_1)과 저온열원(T_2) 사이에서 작동하는 역카르노 사이클에 의한 열펌프(Heat Pump)의 성능계수는?

① $\dfrac{T_1 - T_2}{T_1}$ ② $\dfrac{T_2}{T_1 - T_2}$

③ $\dfrac{T_1}{T_1 - T_2}$ ④ $\dfrac{T_1 - T_2}{T_2}$

해설 ㉠ 히트펌프 성능계수$(\varepsilon_h) = \dfrac{Q_1}{AW_c} = \dfrac{Q_1}{Q_1 - Q_2} = 1 + \varepsilon_h$

㉡ 냉동기 성능계수$(\varepsilon_r) = \dfrac{Q_2}{AW_c} = \dfrac{Q_2}{Q_1 - Q_2}$

∴ $\varepsilon_h = \dfrac{T_1}{T_1 - T_2}$, $\varepsilon_r = \dfrac{T_2}{T_1 - T_2}$

10 압력이 0.2MPa, 온도가 20℃의 공기를 압력이 2MPa로 될 때까지 가역단열압축했을 때 온도는 약 몇 ℃인가?(단, 공기는 비열비가 1.4인 이상기체로 간주한다.)

① 225.7 ② 273.7

③ 292.7 ④ 358.7

해설 단열변화이므로 $\dfrac{T_2}{T_1} = \left(\dfrac{P_2}{P_1}\right)^{\frac{k-1}{k}}$ 에서

압축 후 온도 $T_2 = (20 + 273) \times \left(\dfrac{2}{0.2}\right)^{\frac{1.4-1}{1.4}} = 565.7K$

∴ 565.7 − 273 = 292.7℃

11 어떤 물질에서 기체상수(R)가 0.189kJ/kg·K, 임계온도가 305K, 임계압력이 7,380kPa이다. 이 기체의 압축성 인자(Compressibility Factor, Z)가 다음과 같은 관계식을 나타낸다고 할 때 이 물질의 20℃, 1,000kPa 상태에서의 비체적(v)은 약 몇 m³/kg인가?(단, P는 압력, T는 절대온도, P_r은 환산압력, T_r은 환산온도를 나타낸다.)

$$Z = \frac{Pv}{RT} = 1 - 0.8\frac{P_r}{T_r}$$

① 0.0111　　　② 0.0303
③ 0.0491　　　④ 0.0554

해설　환산온도 $T_r = \dfrac{T}{T_c} = \dfrac{293}{305} = 0.961$

환산압력 $P_r = \dfrac{P}{P_c} = \dfrac{1,000}{7,380} = 0.136$

$Z = \dfrac{Pv}{RT} = 1 - 0.8 \times \dfrac{P_r}{T_r}$ 에서

비체적 $v = \left(1 - 0.8 \times \dfrac{P_r}{T_r}\right) \times \dfrac{RT}{P}$

$= \left(1 - 0.8 \times \dfrac{0.136}{0.961}\right) \times \dfrac{0.189 \times 293}{1,000}$

$= 0.0491\text{m}^3/\text{kg}$

12 단열된 노즐에 유체가 10m/s의 속도로 들어와서 200m/s의 속도로 가속되어 나간다. 출구에서의 엔탈피가 2,770kJ/kg일 때 입구에서의 엔탈피는 약 몇 kJ/kg인가?

① 4,370　　　② 4,210
③ 2,850　　　④ 2,790

해설　$h_1 - h_2 = \dfrac{(W_1^2 - W_2^2) \times 9.8}{2 \times 9.8 \times 10^3} = \dfrac{(200^2 - 10^2) \times 9.8}{2 \times 9.8 \times 10^3}$

$= 19.95\text{kJ/kg}$

$\therefore h_1 = 2,770 + 19.95 ≒ 2,790\text{kJ/kg}$

※ $1\text{kg}_f \cdot \text{m} = 9.8\text{N} \cdot \text{m} = 9.8\text{J}, \ 1,000\text{J} = 1\text{kJ}$

13 100℃의 구리 10kg을 20℃의 물 2kg이 들어있는 단열 용기에 넣었다. 물과 구리 사이의 열전달을 통한 평형 온도는 약 몇 ℃인가?(단, 구리 비열은 0.45 kJ/kg·K, 물 비열은 4.2kJ/kg·K이다.)

① 48　　　② 54
③ 60　　　④ 68

해설　구리가 방출한 열량＝물이 흡수한 열량

$Q = G_c C_c (t_c - t) = G_w C_w (t - t_w)$

$\therefore$ 온도 $t = \dfrac{G_c C_c t_c + G_w C_w t_w}{G_c C_c + G_w C_w}$

$= \dfrac{10 \times 0.45 \times 100 + 2 \times 4.2 \times 20}{10 \times 0.45 + 2 \times 4.2}$

$= 47.91 ≒ 48℃$

14 이상적인 교축과정(Throttling Process)을 해석하는 데 있어서 다음 설명 중 옳지 않은 것은?

① 엔트로피는 증가한다.
② 엔탈피의 변화가 없다고 본다.
③ 정압과정으로 간주한다.
④ 냉동기의 팽창밸브의 이론적인 해석에 적용될 수 있다.

해설　교축과정

　㉠ 압력강하　　　　　　　　㉡ 속도감소
　㉢ 엔탈피 일정(등엔탈피)　㉣ 비가역변화
　㉤ 엔트로피 증가

　• 정압과정 : 가열량은 엔탈피 변화로 나타난다.
　• 등온변화 : 엔탈피 변화가 없다.

15 이상기체로 작동하는 어떤 기관의 압축비가 17이다. 압축 전의 압력 및 온도는 112kPa, 25℃이고 압축 후의 압력은 4,350kPa이었다. 압축 후의 온도는 약 몇 ℃인가?

① 53.7　　　② 180.2
③ 236.4　　　④ 407.8

해설　이상기체 상태방정식

$P_1 V_1 = mRT_1, \ P_2 V_2 = mRT_2$ 에서

$\dfrac{P_1 V_1}{T_1} = \dfrac{P_2 V_2}{T_2}$

압축 후 온도 $T_2 = T_1 \times \dfrac{P_2 V_2}{P_1 V_1} = T_1 \times \dfrac{P_2}{P_1} \times \dfrac{V_2}{V_1}$

$= (25 + 273) \times \dfrac{4,350}{112} \times \dfrac{1}{17} = 680.8\text{K}$

$\therefore 680.8 - 273 = 407.8℃$

16 다음은 오토(Otto) 사이클의 온도-엔트로피($T-S$) 선도이다. 이 사이클의 열효율을 온도를 이용하여 나타낼 때 옳은 것은?(단, 공기의 비열은 일정한 것으로 본다.)

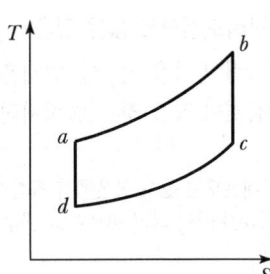

① $1-\dfrac{T_c-T_d}{T_b-T_a}$ ② $1-\dfrac{T_b-T_a}{T_c-T_d}$

③ $1-\dfrac{T_a-T_d}{T_b-T_c}$ ④ $1-\dfrac{T_b-T_c}{T_a-T_d}$

해설 오토(Otto) 사이클

⊙ 1 → 2(단열압축)
ⓒ 2 → 3(정적수열)
ⓒ 3 → 4(단열팽창)
ⓔ 4 → 1(정적방열)
공기표준 사이클의

$\eta_o=1-\dfrac{T_c-T_d}{T_b-T_a}$

17 클라우지우스(Clausius)의 부등식을 옳게 나타낸 것은?(단, T는 절대온도, Q는 시스템으로 공급된 전체 열량을 나타낸다.)

① $\oint T\delta Q\leq 0$ ② $\oint T\delta Q\geq 0$

③ $\oint \dfrac{\delta Q}{T}\leq 0$ ④ $\oint \dfrac{\delta Q}{T}\geq 0$

해설 클라우지우스의 부등식

⊙ 가역과정 : $\oint \dfrac{\delta Q}{T}=0$

ⓒ 비가역과정 : $\oint \dfrac{\delta Q}{T}<0$

ⓒ 부등식(폐적분값) : $\oint \dfrac{\delta Q}{T}\leq 0$

• 적분기호($\oint$)는 1사이클의 적분을 의미한다.
• 가역 사이클인 경우 등호(=), 비가역 사이클인 경우 부등호(<)에 해당하며, 가역 사이클인 경우 클라우지우스의 대적분값은 항상 0이다.

18 다음 중 강도성 상태량(Intensive Property)이 아닌 것은?

① 온도   ② 내부에너지
③ 밀도   ④ 압력

해설 ⊙ 강도성 상태량(물질의 질량에 관계없이 그 크기가 결정되는 상태량) : 온도, 압력, 비체적
ⓒ 종량성 상태량(물질의 질량에 따라 그 크기가 결정되는 상태량) : 체적, 내부에너지, 엔탈피, 엔트로피

19 기체가 0.3MPa로 일정한 압력하에 8m³에서 4m³까지 마찰 없이 압축되면서 동시에 500kJ의 열을 외부로 방출하였다면, 내부에너지의 변화는 약 몇 kJ인가?

① 700   ② 1,700
③ 1,200   ④ 1,400

해설 $\delta Q=dU+\delta W$에서 $dU=\delta Q-\delta W$
∴ 내부에너지 변화 $\Delta U=Q-P(V_2-V_1)$
$=-500-(0.3\times 10^3)\times(4-8)$
$=700kJ$

20 카르노 사이클로 작동하는 열기관이 1,000℃의 열원과 300K의 대기 사이에서 작동한다. 이 열기관이 사이클당 100kJ의 일을 할 경우 사이클당 1,000℃의 열원으로부터 받은 열량은 약 몇 kJ인가?

① 70.0   ② 76.4
③ 130.8   ④ 142.9

해설 카르노 사이클 효율 $\eta_c=\dfrac{T_H-T_L}{T_H}$
$=\dfrac{(1,000+273)-300}{(1,000+273)}=0.764$

$\eta_c=\dfrac{w}{q}$에서

열량 $q=\dfrac{w}{\eta_c}=\dfrac{100}{0.764}=130.8kJ$

SECTION 02 냉동공학

21 냉동능력이 15RT인 냉동장치가 있다. 흡입증기 포화온도가 −10℃이며, 건조포화증기 흡입압축으로 운전된다. 이때 응축온도가 45℃이라면 이 냉동장치의 응축부하(kW)는 얼마인가?(단, 1RT는 3.8kW 이다.)

① 74.1   ② 58.7
③ 49.8   ④ 36.2

해설

응축부하=냉동능력+압축기 일부하
냉동능력(R)=15×3.8=57kW
∴ 57×1.3=74.1kW

22 다음 중 터보 압축기의 용량(능력)제어 방법이 아닌 것은?

① 회전속도에 의한 제어
② 흡입 댐퍼에 의한 제어
③ 부스터에 의한 제어
④ 흡입 가이드 베인에 의한 제어

해설 터보형의 용량제어 방법에는 ①, ②, ④항 외에도 바이패스법, 응축수량 조절법 등이 있다.

23 냉매의 구비조건으로 옳은 것은?

① 표면장력이 작을 것   ② 임계온도가 낮을 것
③ 증발잠열이 작을 것   ④ 비체적이 클 것

해설 냉매는 임계온도가 높고 상온에서 액화가 가능하여야 하며, 증발잠열(kJ/kg)이 크고 비체적(m^3/kg) 및 표면장력이 작아야 한다.

24 증기 압축식 열펌프에 관한 설명으로 틀린 것은?

① 하나의 장치로 난방 및 냉방으로 사용할 수 있다.
② 일반적으로 성적계수가 1보다 작다.
③ 난방을 위한 별도의 보일러 설치가 필요 없어 대기오염이 적다.
④ 증발온도가 높고 응축온도가 낮을수록 성적계수가 커진다.

해설 열펌프(히트펌프)의 성적계수(COP)
COP=냉동기 성적계수(ε_R)+1
(일반적으로 성적계수가 1보다 크다.)

25 프레온 냉동장치의 배관공사 중에 수분이 장치 내에 잔류했을 경우 이 수분에 의한 장치에 나타나는 현상으로 틀린 것은?

① 프레온 냉매는 수분의 용해도가 작으므로 냉동장치 내의 온도가 0℃ 이하이면 수분은 빙결한다.
② 수분은 냉동장치 내에서 철재 재료 등을 부식시킨다.
③ 증발기의 전열기능을 저하시키고, 흡입관 내 냉매 흐름을 방해한다.
④ 프레온 냉매와 수분이 서로 화합반응하여 알칼리를 생성시킨다.

해설 프레온 냉매는 수분과의 용해도가 극히 작아서 제습기를 사용하여야 한다.
※ 암모니아 냉매는 수분과 잘 용해하나 한도 이상 침투하면 오일 유탁액 현상이 발생한다.

26 0℃와 100℃ 사이에서 작용하는 카르노 사이클 기관(㉮)과 400℃와 500℃ 사이에서 작용하는 카르노 사이클 기관(㉯)이 있다. ㉮ 기관 열효율은 ㉯ 기관 열효율의 약 몇 배가 되는가?

① 1.2배   ② 2배

③ 2.5배   ④ 4배

해설 카르노 사이클 효율 $\eta_c = \dfrac{T_H - T_L}{T_H}$

㉮ 사이클 효율 $\eta_c = \dfrac{(100+273) - (0+273)}{(100+273)} = 0.2681$

㉯ 사이클 효율 $\eta_c = \dfrac{(500+273) - (400+273)}{(500+273)} = 0.1294$

$\therefore \dfrac{㉮\ 사이클\ 효율}{㉯\ 사이클\ 효율} = \dfrac{0.2681}{0.1294} = 2.07배$

27 팽창밸브 중 과열도를 검출하여 냉매유량을 제어하는 것은?

① 정압식 자동팽창밸브
② 수동팽창밸브
③ 온도식 자동팽창밸브
④ 모세관

해설 ㉠ 온도자동식은 증발기 출구의 냉매 과열도를 일정하게 유지시킨다.
ㄴ 온도식 자동팽창밸브 과열도＝흡입가스 냉매온도－증발온도(프레온 건식 증발기에 사용한다.)

28 다음 중 가연성이 있어 조건이 나쁘면 인화, 폭발위험이 가장 큰 냉매는?

① R－717
② R－744
③ R－718
④ R－502

해설 R－717(암모니아 냉매)
가연성 가스냉매(분자량 17)로 가스폭발범위는 15~28% 이다.

29 흡수식 냉동 사이클 선도에 대한 설명으로 틀린 것은?

① 듀링 선도는 수용액의 농도, 온도, 압력 관계를 나타낸다.
② 증발잠열 등 흡수식 냉동기 설계상 필요한 열량은 엔탈피－농도 선도를 통해 구할 수 있다.
③ 듀링 선도에서는 각 열교환기 내의 열교환량을 표현할 수 없다.
④ 엔탈피－농도 선도는 수평축에 비엔탈피, 수직축에 농도를 잡고 포화용액의 등온, 등압선과 발생 증기의 등압선을 그은 것이다.

해설 흡수식 냉동 사이클 듀링 선도

30 저온용 단열재의 조건으로 틀린 것은?

① 내구성이 있을 것   ② 흡습성이 클 것
③ 팽창계수가 작을 것   ④ 열전도율이 작을 것

해설 저온용 단열재의 조건으로는 ①, ③, ④항 외에도 흡수성·흡습성이 작아야 하고 균형 있는 다공질층이어야 하며, 종류는 일반용, 고온용이 있다.

31 다음 안전장치에 대한 설명으로 틀린 것은?

① 가용전은 응축기, 수액기 등의 압력용기에 안전장치로 설치된다.
② 파열판은 얇은 금속판으로 용기의 구멍을 막고 있는 구조이며 안전밸브로 사용된다.
③ 안전밸브는 고압 측의 각 부분에 설치하여 일정 이상 고압이 되면 밸브가 열려 저압부로 보내거나 외부로 방출하도록 한다.
④ 고압차단 스위치는 조정설정압력보다 벨로스에 가해진 압력이 낮아졌을 때 압축기를 정지시키는 안전장치이다.

해설 고압차단 스위치(안전장치)는 조정설정압력보다 벨로스(격막)에 가해진 압력이 초과할 경우 압축기를 정지시킨다.

32 흡수식 냉동기의 특징에 대한 설명으로 틀린 것은?

① 부분 부하에 대한 대응성이 좋다.
② 압축식, 터보식 냉동기에 비해 소음과 진동이 적다.
③ 초기 운전 시 정격 성능을 발휘할 때까지의 도달 속도가 느리다.
④ 용량제어 범위가 비교적 작아 큰 용량 장치가 요구되는 장소에 설치 시 보조 기기 설비가 요구된다.

해설 흡수식 냉동기는 용량제어 범위가 커서 큰 용량 장치가 요구되는 장소에 설치가 가능하고 보조기는 불필요하다.

33 다음의 $P-h$ 선도상에서 냉동능력이 1냉동톤인 소형 냉장고의 실제 소요동력(kW)은?(단, 1냉동톤은 3.8kW이며, 압축효율은 0.75, 기계효율은 0.9이다.)

① 1.47
② 1.81
③ 2.73
④ 3.27

해설
• 1냉동톤의 냉매량

$$G = \frac{Q_e}{h_1 - h_4} = \frac{1 \times 3.8}{621 - 452} = 0.0225 \text{kg/s}$$

• 실제 소요동력

$$L = \frac{G(h_2 - h_1)}{\eta_c \cdot \eta_m} = \frac{0.0225 \times (665 - 621)}{0.75 \times 0.9} = 1.47 \text{kW}$$

34 냉동장치의 윤활 목적으로 틀린 것은?

① 마모 방지
② 부식 방지
③ 냉매 누설방지
④ 동력손실 증대

해설 냉동장치에서 압축기에 윤활오일을 투입하는 이유는 동력손실을 감소시키기 위함이다.

35 2단 압축 1단 팽창 냉동장치에서 고단 압축기의 냉매순환량을 G_2, 저단 압축기의 냉매 순환량을 G_1 이라고 할 때 G_2/G_1은 얼마인가?

저단 압축기 흡입증기 엔탈피(h_1)	610.4kJ/kg
저단 압축기 토출증기 엔탈피(h_2)	652.3kJ/kg
고단 압축기 흡입증기 엔탈피(h_3)	622.2kJ/kg
중간냉각기용 팽창밸브 직전 냉매 엔탈피(h_4)	462.6kJ/kg
증발기용 팽창밸브 직전 냉매 엔탈피(h_5)	427.1kJ/kg

① 0.8
② 1.4
③ 2.5
④ 3.1

해설 2단 압축 1단 팽창 냉동장치의 $P-h$ 선도

냉매순환량비$(K) = \dfrac{G_2}{G_1} = \dfrac{652.3 - 427.1}{622.2 - 462.6} = 1.4$

36 공기열원 수가열 열펌프 장치를 가열운전(시운전)할 때 압축기 토출밸브 부근에서 토출가스 온도를 측정하였더니 일반적인 온도보다 지나치게 높게 나타났다. 이러한 현상의 원인으로 가장 거리가 먼 것은?

① 냉매 분해가 일어났다.
② 팽창밸브가 지나치게 교축되었다.
③ 공기 측 열교환기(증발기)에서 눈에 띄게 착상이 일어났다.
④ 가열 측 순환 온수의 유량이 설계값보다 많다.

> **해설** 압축기 토출가스 온도가 지나치게 높은 원인은 ①, ②, ③항 외에도 가열 측 순환 온수의 유량이 설계값보다 적어서 발생한다.

37 두께 30cm의 벽돌로 된 벽이 있다. 내면온도가 21℃, 외면온도가 35℃일 때 이 벽을 통해 흐르는 열량(W/m²)은?(단, 벽돌의 열전도율은 0.793W/m·K이다.)

① 32
② 37
③ 40
④ 43

> **해설** 열량 $q = \dfrac{\lambda}{l} A(t_1 - t_2)$에서
>
> 면적당 열량 $\dfrac{q}{A} = \dfrac{0.793}{0.3} \times (35 - 21) = 37\text{W/m}^2$

38 온도식 팽창밸브는 어떤 요인에 의해 작동되는가?

① 증발온도
② 과냉각도
③ 과열도
④ 액화온도

> **해설** 온도식 팽창밸브의 과열도
> 과열도 = 흡입가스 냉매온도 - 냉매 증발온도

39 프레온 냉매를 사용하는 냉동장치에 공기가 침입하면 어떤 현상이 일어나는가?

① 고압 압력이 높아지므로 냉매 순환량이 많아지고 냉동능력도 증가한다.
② 냉동톤당 소요동력이 증가한다.
③ 고압 압력은 공기의 분압만큼 낮아진다.
④ 배출가스의 온도가 상승하므로 응축기의 열통과율이 높아지고 냉동능력도 증가한다.

> **해설** 응축기에 에어(공기 등 불응축 가스)가 차면 응축압력(압축비)이 증가하여 냉동톤당 소요동력이 증가한다.

40 냉동부하가 25RT인 브라인 쿨러가 있다. 열전달계수가 1.53kW/m²K이고, 브라인 입구온도가 -5℃, 출구온도가 -10℃, 냉매의 증발온도가 -15℃일 때 전열면적(m²)은 얼마인가?(단, 1RT는 3.8kW이고, 산술평균온도차를 이용한다.)

① 16.7
② 12.1
③ 8.3
④ 6.5

> **해설** 산술평균온도차
>
> $\Delta t_m = \dfrac{-5 + (-10)}{2} - (-15) = 7.5℃$
>
> $Q_c = K \cdot A \cdot \Delta t_m$에서
>
> 전열면적 $A = \dfrac{Q_c}{K \cdot \Delta t_m}$
>
> $= \dfrac{25 \times 3.8}{1.53 \times 7.5} = 8.27\text{m}^2$

SECTION 03 공기조화

41 인체의 발열에 관한 설명으로 틀린 것은?

① 증발 : 인체 피부에서의 수분이 증발하며 그 증발열로 체내 열을 방출한다.
② 대류 : 인체 표면과 주위 공기와의 사이에 열의 이동으로 인위적으로 조절이 가능하며 주위 공기의 온도와 기류에 영향을 받는다.
③ 복사 : 실내온도와 관계없이 유리창과 벽면 등의 표면온도와 인체 표면과의 온도차에 따라 실제 느끼지 못하는 사이 방출되는 열이다.
④ 전도 : 겨울철 유리창 근처에서 추위를 느끼는 것은 전도에 의한 열 방출이다.

해설 난방부하(창유리)

유리창의 난방부하(W/h)＝유리창의 열관류율(kJ/m²K)
×유리창 면적×방위계수×(실내온도－(외기온도＋대기복
사에 따른 외기온도에 의한 보정온도))

42 냉방 시 실내부하에 속하지 않는 것은?

① 외기의 도입으로 인한 취득열량
② 극간풍에 의한 취득열량
③ 벽체로부터의 취득열량
④ 유리로부터의 취득열량

해설 외기의 도입에 의한 취득열량은 외부부하(현열＋잠열)에 속
한다.

43 송풍기의 크기는 송풍기의 번호(No, #)로 나타내는
데, 원심송풍기의 송풍기 번호를 구하는 식으로 옳은
것은?

① $No(\#)=\dfrac{회전날개의\ 지름(mm)}{100(mm)}$

② $No(\#)=\dfrac{회전날개의\ 지름(mm)}{150(mm)}$

③ $No(\#)=\dfrac{회전날개의\ 지름(mm)}{200(mm)}$

④ $No(\#)=\dfrac{회전날개의\ 지름(mm)}{250(mm)}$

해설
• ①항 : 축류송풍기 번호(No)
• ②항 : 원심송풍기 번호(No)

44 아래 습공기 선도에 나타낸 과정과 일치하는 장치
도는?

해설
① : 외기
② : 실내환기
③ : 냉각감습상태(예냉기로 예냉)
④ : 환기 ②와 혼합상태
⑤ : 감습된 후 냉각코일에 의해 냉각된 후 실내로 냉방송풍

45 인위적으로 실내 또는 일정한 공간의 공기를 사용 목
적에 적합하도록 공기조화 하는 데 있어서 고려하지
않아도 되는 것은?

① 온도   ② 습도
③ 색도   ④ 기류

해설 공기조화 시 고려사항
㉠ 온도   ㉡ 습도
㉢ 기류   ㉣ 청정도

46 크기 1,000×500mm의 직관 덕트에 35℃의 온풍
18,000m³/h이 흐르고 있다. 이 덕트가 −10℃의 실
외 부분을 지날 때 길이 20m당 덕트 표면으로부터의
열손실(kW)은?(단, 덕트는 암면 25mm로 보온되
어 있고, 이때 1,000m당 온도차 1℃에 대한 온도강
하는 0.9℃이다. 공기의 밀도는 1.2kg/m³, 정압비
열은 1.01kJ/kg · K이다.)

① 3.0   ② 3.8
③ 4.9   ④ 6.0

해설 열손실량
$$q = \rho Q C_p \Delta t$$
$$= 1.2 \times \frac{18,000}{3,600} \times 1.01 \times \frac{0.9}{1,000}(35 - (-10)) \times 20$$
$$= 4.9 \text{kW}$$

47 동일한 덕트 장치에서 송풍기의 날개의 직경이 d_1, 전동기 동력이 L_1인 송풍기를 직경 d_2로 교환했을 때 동력의 변화로 옳은 것은?(단, 회전수는 일정하다.)

① $L_2 = \left(\dfrac{d_2}{d_1}\right)^2 L_1$ ② $L_2 = \left(\dfrac{d_2}{d_1}\right)^3 L_1$

③ $L_2 = \left(\dfrac{d_2}{d_1}\right)^4 L_1$ ④ $L_2 = \left(\dfrac{d_2}{d_1}\right)^5 L_1$

해설 ㉠ 동력은 송풍기 크기비의 5제곱에 비례하여 변화한다.
$$\therefore L_2 = L_1 \times \left(\frac{d_2}{d_1}\right)^5$$
㉡ 풍량은 송풍기 크기비의 3제곱에 비례한다.
$$\therefore Q_2 = Q_1 \times \left(\frac{d_2}{d_1}\right)^3$$

48 다음의 취출과 관련한 용어 설명으로 틀린 것은?
① 그릴(Grill)은 취출구의 전면에 설치하는 면격자이다.
② 아스펙트(Aspect)비는 짧은 변을 긴 변으로 나눈 값이다.
③ 셔터(Shutter)는 취출구의 후부에 설치하는 풍량 조절용 또는 개폐용의 기구이다.
④ 드래프트(Draft)는 인체에 닿아 불쾌감을 주는 기류이다.

해설 아스펙트비(Aspect Ratio)
덕트의 장변과 단변의 비이다. 보통 4 : 1 이하가 바람직하나 8 : 1을 넘지 않도록 한다.

49 온수난방에 대한 설명으로 틀린 것은?
① 온수의 체적팽창을 고려하여 팽창탱크를 설치한다.
② 보일러가 정지하여도 실내온도의 급격한 강하가 적다.
③ 밀폐식일 경우 배관의 부식이 많아 수명이 짧다.
④ 방열기에 공급되는 온수 온도와 유량 조절이 용이하다.

해설 온수난방은 개방식의 경우 공기 누입이 심하여 부식이 많아 수명이 짧다.

50 증기 난방배관에서 증기트랩을 사용하는 이유로 옳은 것은?
① 관 내의 공기를 배출하기 위하여
② 배관의 신축을 흡수하기 위하여
③ 관 내의 압력을 조절하기 위하여
④ 증기관에 발생된 응축수를 제거하기 위하여

해설 증기트랩(돛)은 증기 배관설비에 발생하는 응축수를 제거하여 수격작용(워터해머)을 방지한다(증기난방은 증기의 잠열을 이용하고 온수난방은 온수의 현열을 이용한다).

51 보일러에서 화염이 없어지면 화염검출기가 이를 감지하여 연료공급을 즉시 정지시키는 형태의 제어는?
① 시퀀스 제어   ② 피드백 제어
③ 인터록 제어   ④ 수면 제어

해설 보일러 운전 중 이상상태 발생 시 연료공급을 신속 차단하는 것은 인터록 제어(안전조치 사항)에 해당한다.

52 중앙식 난방법의 하나로서 각 건물마다 보일러 시설 없이 일정 장소에서 여러 건물에 증기 또는 고온수 등을 보내서 난방하는 방식은?
① 복사난방   ② 지역난방
③ 개별난방   ④ 온풍난방

해설

53 보일러의 출력에는 상용출력과 정격출력이 있다. 다음 중 이들의 관계가 적당한 것은?

① 상용출력 = 난방부하 + 급탕부하 + 배관부하
② 정격출력 = 난방부하 + 배관 열손실부하
③ 상용출력 = 배관 열손실부하 + 보일러 예열부하
④ 정격출력 = 난방부하 + 급탕부하 + 배관부하 + 예열부하 + 온수부하

해설 ㉠ 상용출력 = 난방부하 + 급탕부하 + 배관부하
㉡ 정격출력 = 난방부하 + 급탕부하 + 배관부하 + 예열부하
※ 정미출력 = 난방부하 + 급탕부하

54 수관식 보일러의 특징에 관한 설명으로 틀린 것은?

① 관(드럼)의 직경이 작아서 고온 · 고압용에 적당하다.
② 전열면적이 커서 증기 발생시간이 빠르다.
③ 구조가 단순하여 청소나 검사, 수리가 용이하다.
④ 보유수량이 적어 부하 변동 시 압력변화가 크다.

해설 ㉠ 원통형 보일러 : 소용량 보일러이며 구조가 단순하고 청소나 검사, 수리가 용이하다.

㉡ 수관식 보일러 : 대용량 보일러이며 그 특징은 ①, ②, ④항과 같다.

55 6인용 입원실이 100실인 병원의 입원실 전체 환기를 위한 최소 신선공기량(m^3/h)은?(단, 외기 중 CO_2 함유량은 $0.0003m^3/m^3$이고 실내 CO_2의 허용농도는 0.1%, 재실자의 CO_2 발생량은 개인당 $0.015m^3$/h이다.)

① 6,857   ② 8,857
③ 10,857   ④ 12,857

해설 $M = Q(C_R - C_o)$에서

최소 신선공기량 $Q = \dfrac{M}{C_R - C_o} = \dfrac{0.015 \times (6 \times 100)}{\dfrac{0.1}{100} - 0.0003}$

$= 12,857.14 m^3/h$

56 다음 공기조화방식 중 냉매방식인 것은?

① 유인 유닛 방식   ② 멀티존 방식
③ 팬코일 유닛 방식   ④ 패키지 유닛 방식

해설 공기조화 냉매방식
㉠ 패키지 방식
㉡ 룸쿨러 방식
㉢ 멀티 유닛 방식

57 전열교환기에 관한 설명으로 틀린 것은?

① 공기조화기기의 용량설계에 영향을 주지 않는다.
② 열교환기 설치로 설비비와 요구 공간이 증가한다.
③ 회전식과 고정식이 있다.
④ 배기와 환기의 열교환으로 현열과 잠열을 교환한다.

해설 전열교환기의 이점
보일러나 냉동기 등 공기조화기의 용량을 줄이고 연료비가 절약되며 에너지 절약에 도움을 준다.

[전열교환기 공조시스템]

58 복사난방 방식의 특징에 대한 설명으로 틀린 것은?

① 외기 온도의 갑작스러운 변화에 대응이 용이하다.

② 실내 상하 온도분포가 균일하여 난방효과가 이상적이다.

③ 실내 공기온도가 낮아도 되므로 열손실이 적다.

④ 바닥에 난방기기가 필요 없어 바닥면의 이용도가 높다.

··

해설 외기 온도의 갑작스런 변화에 대응이 용이한 것은 온수난방 방식이다.

59 송풍기의 풍량조절법이 아닌 것은?

① 토출댐퍼에 의한 제어

② 흡입댐퍼에 의한 제어

③ 토출베인에 의한 제어

④ 흡입베인에 의한 제어

··

해설 풍량제어법
①, ②, ④항 외에 날개 각도의 변환에 의한 가변피치제어가 있다.

60 유효온도차(상당외기온도차)에 대한 설명으로 틀린 것은?

① 태양 일사량을 고려한 온도차이다.

② 계절, 시각 및 방위에 따라 변화한다.

③ 실내온도와는 무관하다.

④ 냉방부하 시에 적용된다.

··

해설 상당외기온도차(실효온도차, ETD)
$ETD = t_e$(상당외기온도)$- t_r$(실내온도)

$t_e = \dfrac{\text{벽체 표면의 일사흡수율}}{\text{표면 열전달률}}$
$\qquad \times$ 벽체 표면이 받는 전일사량+외기온도

SECTION 04 전기제어공학

61 그림과 같은 회로에서 전달함수 $G(s) = \dfrac{I(s)}{V(s)}$ 를 구하면?

① $R + Ls + Cs$

② $\dfrac{1}{R + Ls + Cs}$

③ $R + Ls + \dfrac{1}{Cs}$

④ $\dfrac{1}{R + Ls + \dfrac{1}{Cs}}$

··

해설 전압 $v(t) = Ri(t) + L\dfrac{d}{dt}i(t) + \dfrac{1}{C}\displaystyle\int_0^t i(t)dt$

라플라스 변환하면

$\quad V(s) = RI(s) + LsI(s) + \dfrac{1}{Cs}I(s)$

$\qquad = \left(R + Ls + \dfrac{1}{Cs}\right) \cdot I(s)$

$\therefore\ G(s) = \dfrac{I(s)}{V(s)} = \dfrac{1}{R + Ls + \dfrac{1}{Cs}}$

62 논리식 $A + BC$ 와 등가인 논리식은?

① $AB + AC$

② $(A + B)(A + C)$

③ $(A + B)C$

④ $(A + C)B$

··

해설 논리회로 : 컴퓨터의 연산장치나 제어장치 등에 쓰인다.
$A + A = A,\ A \times A = A,\ A + \overline{A} = 1$
$A(A + B) = A \cdot A + A \cdot B = A(1 + B) = A \cdot 1 = A$
$A + AB = A(1 + B) = A \cdot 1 = A$
$\therefore$ 분배의 법칙 $A + (B \cdot C) = (A + B)(A + C)$

63 입력 A, B, C에 따라 Y를 출력하는 다음의 회로는 무접점 논리회로 중 어떤 회로인가?

① OR 회로
② NOR 회로
③ AND 회로
④ NAND 회로

해설 OR 회로

$Y = A + B$ (논리합)

[무접점 기호]

[릴레이 시퀀스]

접점 A 혹은 B가 닫히면 ⊗가 동작하며 접점 X가 닫혀 전등 ⓛ을 점등시킨다.

A	B	X
0	0	0
0	1	1
1	0	1
1	1	1

[진리표]

---

64 승강기나 에스컬레이터 등의 옥내 전선의 절연저항을 측정하는 데 가장 적당한 측정기기는?

① 메거
② 휘트스톤 브리지
③ 켈빈 더블 브리지
④ 콜라우시 브리지

해설 메거(Megger)
승강기나 에스컬레이터 등의 옥내 전선의 절연저항을 측정하는 측정기기이다. 수동식의 정전압 직류발전기와 가동코일형의 비율계로 구성된다.

---

65 $e(t) = 200\sin\omega t$(V), $i(t) = 4\sin\left(\omega t - \dfrac{\pi}{3}\right)$(A)일 때 유효전력(W)은?

① 100
② 200
③ 300
④ 400

해설 유효전력 $P = VI\cos\theta$

$$= \frac{V_m}{\sqrt{2}} \cdot \frac{I_m}{\sqrt{2}} \cdot \cos\theta$$

$$= \frac{200}{\sqrt{2}} \times \frac{4}{\sqrt{2}} \times \cos\frac{\pi}{3}$$

$$= 400\cos\frac{\pi}{3} = 200\text{W}$$

---

66 전력(W)에 관한 설명으로 틀린 것은?

① 단위는 J/s이다.
② 열량을 적분하면 전력이다.
③ 단위시간에 대한 전기에너지이다.
④ 공률(일률)과 같은 단위를 갖는다.

해설 전력(P)
전기에너지에 의한 일의 속도를 1초 동안의 전기에너지로 표시하며 단위는 W이다.

$$P = \frac{VQ}{t} = VI = I^2R = \frac{V^2}{R}(\text{W})$$

$$W = VIt = I^2Rt = Pt(\text{J})$$

---

67 환상 솔레노이드 철심에 200회의 코일을 감고 2A의 전류를 흘릴 때 발생하는 기자력은 몇 AT인가?

① 50
② 100
③ 200
④ 400

해설 환상 솔레노이드에 의한 자장(H) $= \dfrac{NI}{2\pi r}$(AT/m)

$\therefore 200 \times 2 = 400\text{AT}$

---

68 제어편차가 검출될 때 편차가 변화하는 속도에 비례하여 조작량을 가감하도록 하는 제어로서 오차가 커지는 것을 미연에 방지하는 제어동작은?

① ON/OFF 제어동작

② 미분제어동작

③ 적분제어동작

④ 비례제어동작

해설 **미분동작(D)**

제어편차가 검출될 때 편차가 변화하는 속도에 비례하여 조작량을 가감하도록 하는 제어로서 오차가 커지는 것을 미연에 방지하는 연속동작이다.

$$Y = T_d \frac{dz(t)}{dt}$$

여기서, Y : 조작량, T_d : 미분시간, Z : 동작신호

69 $10\mu F$의 콘덴서에 200V의 전압을 인가하였을 때 콘덴서에 축적되는 전하량은 몇 C인가?

① 2×10^{-3}

② 2×10^{-4}

③ 2×10^{-5}

④ 2×10^{-6}

해설 전하량 $Q = CV = (10 \times 10^{-6}) \times 200$
$$= 2 \times 10^{-3} \text{C}$$

70 3상 유도전동기의 출력이 10kW, 슬립이 4.8%일 때의 2차 동손은 약 몇 kW인가?

① 0.24

② 0.36

③ 0.5

④ 0.8

해설 2차 동손 $P_{c_2} = \frac{s}{1-s} \times P = \frac{0.048}{1-0.048} \times 10 = 0.5042$

∴ 0.5kW

71 유도전동기에 인가되는 전압과 주파수의 비를 일정하게 제어하여 유도전동기의 속도를 정격속도 이하로 제어하는 방식은?

① CVCF 제어방식

② VVVF 제어방식

③ 교류 궤환 제어방식

④ 교류 2단 속도 제어방식

해설 **유도전동기 속도(VVVF) 제어방식**

유도전동기에 인가되는 전압과 주파수비를 일정하게 제어하여 유도전동기의 속도를 정격속도 이하로 제어하는 방식이다.

72 회전각을 전압으로 변환시키는 데 사용되는 위치 변환기는?

① 속도계

② 증폭기

③ 변조기

④ 전위차계

해설 **전위차계(Potentiometer)**

회전각을 전압으로 변환시키는 데 사용되는 위치 변환기이다(회전각에 비례한 저항값을 나타내는 저항기이다).

73 그림의 신호흐름 선도에서 전달함수 $\dfrac{C(s)}{R(s)}$는?

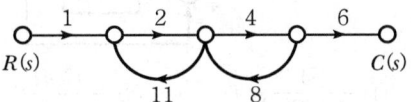

① $-\dfrac{8}{9}$

② $-\dfrac{13}{19}$

③ $-\dfrac{48}{53}$

④ $-\dfrac{105}{77}$

해설 $\dfrac{C(s)}{R(s)} = \dfrac{\text{전향경로의 합}}{1-\text{피드백의 합}}$

$$= \frac{1 \times 2 \times 4 \times 6}{1-(2 \times 11 + 4 \times 8)} = -\frac{48}{53}$$

74 폐루프 제어시스템의 구성에서 조절부와 조작부를 합쳐서 무엇이라고 하는가?

① 보상요소

② 제어요소

③ 기준입력요소

④ 귀환요소

해설

75 그림과 같은 회로에 흐르는 전류 I(A)는?

① 0.3

② 0.6

③ 0.9

④ 1.2

해설 전류$(I)=\dfrac{Q}{t}(\mathrm{A})=\dfrac{V}{R}=\dfrac{12-3}{10+20}=0.3\mathrm{A}$

76 그림과 같은 단위 피드백 제어시스템의 전달함수 $\dfrac{C(s)}{R(s)}$는?

① $\dfrac{1}{1+G(s)}$

② $\dfrac{G(s)}{1+G(s)}$

③ $\dfrac{1}{1-G(s)}$

④ $\dfrac{G(s)}{1-G(s)}$

해설 $\dfrac{C(s)}{R(s)}=\dfrac{\text{전향경로의 합}}{1-\text{피드백의 합}}$

$=\dfrac{G(s)}{1-G(s)\times 1}$

$=\dfrac{G(s)}{1-G(s)}$

77 선간전압 200V의 3상 교류전원에 화물용 승강기를 접속하고 전력과 전류를 측정하였더니 2.77kW, 10A이었다. 이 화물용 승강기 모터의 역률은 약 얼마 인가?

① 0.6

② 0.7

③ 0.8

④ 0.9

해설 유효전력 $P=\sqrt{3}\,VI\cos\theta$에서

역률 $\cos\theta=\dfrac{P}{\sqrt{3}\,VI}=\dfrac{2.77\times 10^3}{\sqrt{3}\times 200\times 10}=0.8$

78 그림의 논리회로에서 A, B, C, D를 입력, Y를 출력이라 할 때 출력식은?

① $A+B+C+D$

② $(A+B)(C+D)$

③ $AB+CD$

④ $ABCD$

해설 ㉠ AND 논리곱회로 : 2개의 입력 A와 B가 모두 1일 때만 출력이 1이 되는 회로이다.

$X=AB=A\cdot B$

㉡ NAND 회로(AND 회로의 논리적인 부정회로)

$Y=AB\cdot X=\overline{Y}=\overline{A\cdot B}$

접점 A, B가 닫히면 릴레이 Ⓧ가 동작하고 접점 X가 닫혀 전등 Ⓛ이 점등된다.

[AND 회로]

$\therefore\ Y=\overline{\overline{AB}\cdot\overline{CD}}=\overline{\overline{AB}}+\overline{\overline{CD}}=\overline{\overline{A}\cdot\overline{B}}+\overline{\overline{C}\cdot\overline{D}}$
$=AB+CD$

79 그림과 같은 RL 직렬회로에서 공급전압의 크기가 10V일 때 $|V_R|=8$V이면 V_L의 크기는 몇 V인가?

① 2

② 4

③ 6

④ 8

해설 $V_L=\sqrt{10^2-8^2}=6$V

80 전기자 철심을 규소 강판으로 성층하는 주된 이유는?

① 정류자면의 손상이 적다.

② 가공하기 쉽다.

③ 철손을 적게 할 수 있다.

④ 기계손을 적게 할 수 있다.

해설 전기자 철심 규소강판은 철손을 감소시킨다.

SECTION 05 배관일반

81 팬코일 유닛방식의 배관방식 중 공급관이 2개이고 환수관이 1개인 방식은?

① 1관식

② 2관식

③ 3관식

④ 4관식

해설 팬코일(FCW) 유닛방식 중 3관식 방식

82 냉매 액관 중에 플래시 가스 발생의 방지대책으로 틀린 것은?

① 온도가 높은 곳을 통과하는 액관은 방열시공을 한다.

② 액관, 드라이어 등의 구경을 충분히 선정하여 통과저항을 적게 한다.

③ 액펌프를 사용하여 압력강하를 보상할 수 있는 충분한 압력을 준다.

④ 열교환기를 사용하여 액관에 들어가는 냉매의 과냉각도를 없앤다.

해설 냉매 액관 : 응축기에서 증발기 입구까지

※ 플래시 가스 발생 방지를 위해 냉매의 과냉각도 5℃를 유지한다.

83 공랭식 응축기 배관 시 유의사항으로 틀린 것은?

① 소형 냉동기에 사용하면 핀이 있는 파이프 속에 냉매를 통하여 바람 이송 냉각설계로 되어 있다.

② 냉방기가 응축기 아래 설치되는 경우 배관 높이가 10m 이상일 때는 5m마다 오일 트랩을 설치해야 한다.

③ 냉방기가 응축기 위에 위치하고 압축기가 냉방기에 내장되었을 경우에는 오일 트랩이 필요 없다.

④ 수랭식에 비해 능력은 낮지만, 냉각수를 사용하지 않아 동결의 염려가 없다.

해설

84 배수 배관 시공 시 청소구의 설치위치로 가장 적절하지 않은 곳은?

① 배수 수평주관과 배수 수평분기관의 분기점

② 길이가 긴 수평배수관 중간

③ 배수 수직관의 제일 윗부분 또는 근처

④ 배수관이 45℃ 이상의 각도로 방향을 전환하는 곳

해설 배수 배관 시공 시 청소구의 설치위치
배수 수직관의 가장 아랫부분에 설치하여야 청소하기가 매우 편리하다.

---

85 급탕배관에 관한 설명으로 틀린 것은?

① 단관식의 경우 급수관경보다 큰 관을 사용해야 한다.

② 하향식 공급 방식에서는 급탕관 및 복귀관은 모두 선하향 구배로 한다.

③ 보통 급탕관은 수명이 짧으므로 장래에 수리, 교체가 용이하도록 노출 배관하는 것이 좋다.

④ 연관은 열에 강하고 부식도 잘되지 않으므로 급탕배관에 적합하다.

해설 급탕방법
(1) 개별식 ㉠ 즉시탕비기
㉡ 저탕탕비기
(2) 중앙식 ㉠ 직접가열식
㉡ 간접가열식
㉢ 기수혼합식(스팀사일런서식)
(3) 급탕배관식 ㉠ 단관식 • 상향배관
• 하향배관
㉡ 순환식 • 상향급탕배관
• 하향급탕배관
• 상 · 하향 혼합급탕배관
※ 급탕관 연관은 열에 약하고 부식 발생이 심하다.

86 냉매 배관 시 유의사항으로 틀린 것은?

① 냉동장치 내의 배관은 절대기밀을 유지할 것

② 배관 도중에 고저의 변화를 될수록 피할 것

③ 기기 간의 배관은 가능한 한 짧게 할 것

④ 만곡부는 될 수 있는 한 적고 또한 곡률반경은 작게 할 것

해설 곡률반경은 가급적 크게 할 것

87 염화비닐관의 설명으로 틀린 것은?

① 열팽창률이 크다.

② 관 내 마찰손실이 적다.

③ 산, 알칼리 등에 대해 내식성이 적다.

④ 고온 또는 저온의 장소에 부적당하다.

해설 합성수지관
㉠ 경질염화비닐관
㉡ 폴리에틸렌관

※ 염화비닐관 : 내식성이 커서 염산, 황산, 가성소다 등 산이나 알칼리 등 부식성 약품에 거의 부식되지 않는다.

88 급수펌프에서 발생하는 캐비테이션 현상의 방지법으로 틀린 것은?

① 펌프 설치위치를 낮춘다.

② 입형 펌프를 사용한다.

③ 흡입손실수두를 줄인다.

④ 회전수를 올려 흡입속도를 증가시킨다.

해설 캐비테이션(공동현상)을 방지하려면 회전수를 낮춰 흡입속도를 감소시킨다.

89 가스배관의 설치 시 유의사항으로 틀린 것은?

① 특별한 경우를 제외한 배관의 최고사용압력은 중압 이하일 것

② 배관은 하천(하천을 횡단하는 경우는 제외) 또는 하수구 등 암거 내에 설치할 것

③ 지반이 약한 곳에 설치되는 배관은 지반침하에 의해 배관이 손상되지 않도록 필요한 조치 후 배관을 설치할 것

④ 본관 및 공급관은 건축물의 내부 또는 기초 밑에 설치하지 아니할 것

해설 가스배관
㉠ 건물 내 배관 : 노출배관이 원칙이다.
㉡ 하천이나 수도에서의 배관
• 독성가스는 2중관 설비
• 하천 : 4m 이상 깊게 매설
• 수로 : 2.5m 이상 매설
• 좁은 수로 : 1.2m 이상 매설

90 밀폐식 온수난방 배관에 대한 설명으로 틀린 것은?

① 팽창탱크를 사용한다.

② 배관의 부식이 비교적 적어 수명이 길다.

③ 배관경이 적어지고 방열기도 적게 할 수 있다.

④ 배관 내의 온수 온도는 70℃ 이하이다.

해설 ㉠ 개방식 온수난방 : 100℃ 이하 온수(60~70℃ 사용)
㉡ 밀폐식 온수난방 : 100℃ 초과 온수

91 동관 이음 중 경납땜 이음에 사용되는 것으로 가장 거리가 먼 것은?

① 황동납   ② 은납

③ 양은납   ④ 규소납

해설 동관의 납땜(경납땜)의 종류

㉠ 황동납   ㉡ 은납   ㉢ 양은납

92 온수난방 배관에서 리버스 리턴(Reverse Return) 방식을 채택하는 주된 이유는?

① 온수의 유량 분배를 균일하게 하기 위하여

② 배관의 길이를 짧게 하기 위하여

③ 배관의 신축을 흡수하기 위하여

④ 온수가 식지 않도록 하기 위하여

해설 리버스 리턴 방식 : 온수의 유량분배가 균등하게 된다.

93 하향급수 배관방식에서 수평주관의 설치위치로 가장 적절한 것은?

① 지하층의 천장 또는 1층의 바닥

② 중간층의 바닥 또는 천장

③ 최상층의 바닥 또는 천장

④ 최상층의 천장 또는 옥상

해설 하향급수배관(옥상탱크식) 수평주관은 최상층의 천장 또는 옥상에 설치한다.

94 냉매 배관에서 압축기 흡입관의 시공 시 유의사항으로 틀린 것은?

① 압축기가 증발기보다 밑에 있는 경우 흡입관은 작은 트랩을 통과한 후 증발기 상부보다 높은 위치까지 올려 압축기로 가게 한다.

② 흡입관의 수직상승 입상부가 매우 길 때는 냉동기 유의 회수를 쉽게 하기 위하여 약 20m마다 중간에 트랩을 설치한다.

③ 각각의 증발기에서 흡입주관으로 들어가는 관은 주관 상부로부터 들어가도록 접속한다.

④ 2대 이상의 증발기가 있어도 부하의 변동이 그다지 크지 않은 경우는 1개의 입상관으로 충분하다.

해설 ㉠ 흡입관(증발기 – 압축기 사이 배관)에서 약 10m마다 중간트랩을 설치한다.

㉡ 압축기와 응축기 사이의 입상관이 높아지면 10m마다 중간트랩을 설치하여 배관 중의 오일이 압축기로 역류하는 것을 방지한다.

95 난방 배관 시공을 위해 벽, 바닥 등에 관통 배관 시공을 할 때, 슬리브(Sleeve)를 사용하는 이유로 가장 거리가 먼 것은?

① 열팽창에 따른 배관 신축에 적용하기 위해

② 관 교체 시 편리하게 하기 위해

③ 고장 시 수리를 편리하게 하기 위해

④ 유체의 압력을 증가시키기 위해

해설 슬리브 사용목적은 ①, ②, ③항이며, 유체의 압력과는 관련성이 없다.

96 급수방식 중 압력탱크 방식에 대한 설명으로 틀린 것은?

① 국부적으로 고압을 필요로 하는 데 적합하다.
② 탱크의 설치위치에 제한을 받지 않는다.
③ 항상 일정한 수압으로 급수할 수 있다.
④ 높은 곳에 탱크를 설치할 필요가 없으므로 건축물의 구조를 강화할 필요가 없다.

해설 급수방식 중 압력탱크 방식
사용압력이 일정하지 않으며 대양정펌프 사용, 제작비 증가, 취급곤란이 우려된다.

97 냉동설비 배관에서 액분리기와 압축기 사이에 냉매 배관을 할 때 구배로 옳은 것은?

① 1/100 정도의 압축기 측 상향구배로 한다.
② 1/100 정도의 압축기 측 하향구배로 한다.
③ 1/200 정도의 압축기 측 상향구배로 한다.
④ 1/200 정도의 압축기 측 하향구배로 한다.

해설

$\dfrac{1}{200}$ 정도 하향구배

98 길이 30m의 강관의 온도 변화가 120℃일 때 강관에 대한 열팽창량은?(단, 강관의 열팽창계수는 11.9 × 10^{-6}mm/mm · ℃이다.)

① 42.8mm
② 42.8cm
③ 42.8m
④ 4.28mm

해설 열팽창량 $\Delta l = L \times \alpha (t_2 - t_1)$
$= (30 \times 10^3) \times (11.9 \times 10^{-6}) \times 120$
$= 42.84$mm

99 증기나 응축수가 트랩이나 감압밸브 등의 기기에 들어가기 전 고형물을 제거하여 고장을 방지하기 위해 설치하는 장치는?

① 스트레이너
② 리듀서
③ 신축이음
④ 유니언

해설

100 부하변동에 따라 밸브의 개도를 조절함으로써 만액식 증발기의 액면을 일정하게 유지하는 역할을 하는 것은?

① 에어벤트
② 온도식 자동팽창밸브
③ 감압밸브
④ 플로트밸브

해설 만액식 증발기 플로트(부자형) 밸브의 기능
부하변동에 따라서 밸브의 개도로 액면을 일정하게 한다.

SECTION 01 기계열역학

01 어떤 이상기체 1kg이 압력 100kPa, 온도 30℃의 상태에서 체적 0.8m³을 점유한다면 기체상수(kJ/kg·K)는 얼마인가?

① 0.251　　　　② 0.264
③ 0.275　　　　④ 0.293

해설 이상기체 상태방정식
$PV = mRT$ 에서

$$기체상수 \ R = \frac{PV}{mT} = \frac{100 \times 0.8}{1 \times (30 + 273)}$$
$$= 0.264 kN \cdot m/kg \cdot K$$
$$= 0.264 kJ/kg \cdot K$$

02 이상적인 디젤 기관의 압축비가 16일 때 압축 전의 공기 온도가 90℃라면 압축 후의 공기 온도(℃)는 얼마인가?(단, 공기의 비열비는 1.4이다.)

① 1,101.9　　　　② 718.7
③ 808.2　　　　④ 827.4

해설 디젤 사이클(내연기관 사이클) : 정압가열 사이클

단열압축이므로 $\dfrac{T_2}{T_1} = \left(\dfrac{V_1}{V_2}\right)^{k-1} = T \cdot \varepsilon^{k-1}$

$$\therefore \ T_2 = T_1 \times \left(\frac{V_1}{V_2}\right)^{k-1}$$
$$= (90 + 273) \times 16^{1.4-1}$$
$$= 1,100.41 K = 827.41 ℃$$

03 내부에너지가 30kJ인 물체에 열을 가하여 내부에너지가 50kJ이 되는 동안에 외부에 대하여 10kJ의 일을 하였다. 이 물체에 가해진 열량(kJ)은?

① 10　　　　② 20
③ 30　　　　④ 60

해설 내부에너지 변화 = 50 − 30 = 20kJ
물체에 가해진 열량(Q) = 20 + 10 = 30kJ

04 풍선에 공기 2kg이 들어 있다. 일정 압력 500kPa하에서 가열 팽창하여 체적이 1.2배가 되었다. 공기의 초기온도가 20℃일 때 최종온도(℃)는 얼마인가?

① 32.4　　　　② 53.7
③ 78.6　　　　④ 92.3

해설 $PV = mRT$에서 정압변화이므로

$$\frac{T_2}{T_1} = \frac{V_2}{V_1}$$

$$\therefore \ T_2 = T_1 \times \left(\frac{V_2}{V_1}\right) = (20 + 273) \times 1.2$$
$$= 351.6 K (78.6 ℃)$$

05 그림과 같이 A, B 두 종류의 기체가 한 용기 안에서 박막으로 분리되어 있다. A의 체적은 0.1m³, 질량은 2kg이고, B의 체적은 0.4m³, 밀도는 1kg/m³이다. 박막이 파열되고 난 후에 평형에 도달하였을 때 기체 혼합물의 밀도(kg/m³)는 얼마인가?

① 4.8　　　　② 6.0
③ 7.2　　　　④ 8.4

해설 밀도 $\rho = \dfrac{m}{V}$

$$혼합물의 \ 밀도 \ \rho = \frac{m_1 + m_2}{V_1 + V_2} = \frac{m_1 + \rho_2 V_2}{V_1 + V_2}$$
$$= \frac{2 + (1 \times 0.4)}{0.1 + 0.4} = 4.8 kg/m^3$$

06 다음 중 경로함수(Path Function)는?

① 엔탈피　　　　② 엔트로피
③ 내부에너지　　　　④ 일

해설 ㉠ 경로함수 : 일량, 열량(도정함수)
㉡ 점함수(Point Function) : 경로에 관계없이 상태에만 관계되는 양, 즉 각 물질마다 특정한 값을 가지며 상태함수라고도 한다.

07 이상적인 가역과정에서 열량 ΔQ가 전달될 때 온도 T가 일정하면 엔트로피 변화 ΔS를 구하는 계산식으로 옳은 것은?

① $\Delta S = 1 - \dfrac{\Delta Q}{T}$　② $\Delta S = 1 - \dfrac{T}{\Delta Q}$

③ $\Delta S = \dfrac{\Delta Q}{T}$　④ $\Delta S = \dfrac{T}{\Delta Q}$

해설 가역과정에서 열량 ΔQ가 전달될 때 온도 T가 일정하면 엔트로피 변화 $\Delta S = \dfrac{\Delta Q}{T}$

08 처음 압력이 500kPa이고, 체적이 2m³인 기체가 "$PV =$ 일정"인 과정으로 압력이 100kPa까지 팽창할 때 밀폐계가 하는 일(kJ)을 나타내는 계산식으로 옳은 것은?

① $1{,}000\ln\dfrac{2}{5}$　② $1{,}000\ln\dfrac{5}{2}$

③ $1{,}000\ln 5$　④ $1{,}000\ln\dfrac{1}{5}$

해설 $PV = C$(등온), 100kPa(1bar), 500kPa(5bar)
$P_1 V_1 = P_2 V_2$에서 $5 \times 2 = 1 \times V_2$
$V_2 = 10\text{m}^3$
$\therefore\ _1W_2 = P_1 V_1 \ln\dfrac{V_2}{V_1} = 5 \times 10^2 \times 2 \times \ln\dfrac{10}{2} = 1{,}000\ln 5\text{kJ}$

09 냉매로서 갖추어야 될 요구 조건으로 적합하지 않은 것은?

① 불활성이고 안정하며 비가연성이어야 한다.
② 비체적이 커야 한다.
③ 증발 온도에서 높은 잠열을 가져야 한다.
④ 열전도율이 커야 한다.

해설 냉매의 구비조건은 ①, ③, ④항이며 비체적(m³/kg)이 작으면 설비용 배관의 지름이 작아진다.

10 밀폐계에서 기체의 압력이 100kPa으로 일정하게 유지되면서 체적이 1m³에서 2m³로 증가되었을 때 옳은 것은?

① 밀폐계의 에너지 변화는 없다.
② 외부로 행한 일은 100kJ이다.
③ 기체가 이상기체라면 온도가 일정하다.
④ 기체가 받은 열은 100kJ이다.

해설 등압(정압)변화에서의 절대일(팽창일)
$W = P(V_2 - V_1) = 100 \times (2 - 1) = 100\text{kPa}$
$\therefore$ 외부로 행한 일은 100kJ이다.

11 원형 실린더를 마찰 없는 피스톤이 덮고 있다. 피스톤에 비선형 스프링이 연결되고 실린더 내의 기체가 팽창하면서 스프링이 압축된다. 스프링의 압축 길이가 Xm 일 때 피스톤에는 $kX^{1.5}$N의 힘이 걸린다. 스프링의 압축 길이가 0m에서 0.1m로 변하는 동안에 피스톤이 하는 일이 W_a이고, 0.1m에서 0.2m로 변하는 동안에 하는 일이 W_b라면 W_a / W_b는 얼마인가?

① 0.083　② 0.158
③ 0.214　④ 0.333

해설 피스톤의 일
$$W_a = \int_0^{0.1} kX^{1.5}dX = \left[\dfrac{1}{1.5+1}kX^{1.5+1}\right]_0^{0.1}$$
$$= \dfrac{1}{2.5}k \times 0.1^{2.5} = 0.00126k$$
$$W_b = \int_{0.1}^{0.2} kX^{1.5}dX = \left[\dfrac{1}{1.5+1}kX^{1.5+1}\right]_{0.1}^{0.2}$$
$$= \dfrac{1}{2.5}k\left[0.2^{2.5} - 0.1^{2.5}\right] = 0.00589k$$
$$\therefore\ \dfrac{W_a}{W_b} = \dfrac{0.00126k}{0.00589k} = 0.214$$

12 랭킨 사이클의 각 점에서의 엔탈피가 아래와 같을 때 사이클의 이론 열효율(%)은?

• 보일러 입구 : 58.6kJ/kg
• 보일러 출구 : 810.3kJ/kg
• 응축기 입구 : 614.2kJ/kg
• 응축기 출구 : 57.4kJ/kg

① 32　② 30
③ 28　④ 26

해설 랭킨 사이클(Rankine Cycle)

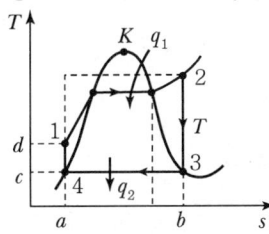

㉠ 4 → 1 단열압축(급수펌프)
㉡ 1 → 2 정압가열(보일러, 과열기)
㉢ 2 → 3 단열팽창(터빈)
㉣ 3 → 4 정압방열(복수기)

$$\eta_R = \frac{\text{터빈이 한 일}}{\text{가열된 열량}} = \frac{W}{q_1} = \frac{(h_2 - h_1) - (h_3 - h_4)}{h_2 - h_1}$$

$$= \frac{(810 - 57.4) - (614.2 - 58.6)}{810 - 57.4}$$

$$= \frac{752.6 - 555.6}{752.6} = 0.26\,(26\%)$$

13 고온 열원의 온도가 700℃이고, 저온 열원의 온도가 50℃인 카르노 열기관의 열효율(%)은?

① 33.4   ② 50.1
③ 66.8   ④ 78.9

해설 카르노 열기관 효율

$$\eta_c = \frac{T_H - T_L}{T_H} = \frac{(700 + 273) - (50 + 273)}{(700 + 273)} \times 100$$

$$= 66.8\%$$

14 자동차 엔진을 수리한 후 실린더 블록과 헤드 사이에 수리 전과 비교하여 더 두꺼운 개스킷을 넣었다면 압축비와 열효율은 어떻게 되겠는가?

① 압축비는 감소하고, 열효율도 감소한다.
② 압축비는 감소하고, 열효율은 증가한다.
③ 압축비는 증가하고, 열효율은 감소한다.
④ 압축비는 증가하고, 열효율도 증가한다.

해설 자동차 엔진 수리 후 실린더 블록과 헤드 사이에 더 두꺼운 개스킷을 부착하면 압축비는 감소하고, 열효율도 감소한다.

15 엔트로피(s) 변화 등과 같은 직접 측정할 수 없는 양들을 압력(P), 비체적(v), 온도(T)와 같은 측정 가능한 상태량으로 나타내는 Maxwell 관계식과 관련하여 다음 중 틀린 것은?

① $\left(\dfrac{\partial T}{\partial P}\right)_s = \left(\dfrac{\partial v}{\partial s}\right)_P$ ② $\left(\dfrac{\partial T}{\partial v}\right)_s = -\left(\dfrac{\partial P}{\partial s}\right)_v$

③ $\left(\dfrac{\partial v}{\partial T}\right)_P = -\left(\dfrac{\partial s}{\partial P}\right)_T$ ④ $\left(\dfrac{\partial P}{\partial v}\right)_T = \left(\dfrac{\partial s}{\partial T}\right)_v$

해설 맥스웰 관계식

㉠ $\left(\dfrac{\partial T}{\partial v}\right)_s = -\left(\dfrac{\partial P}{\partial s}\right)_v$ ㉡ $\left(\dfrac{\partial T}{\partial P}\right)_s = \left(\dfrac{\partial v}{\partial s}\right)_P$

㉢ $\left(\dfrac{\partial P}{\partial T}\right)_v = \left(\dfrac{\partial s}{\partial v}\right)_T$ ㉣ $\left(\dfrac{\partial v}{\partial T}\right)_P = -\left(\dfrac{\partial s}{\partial P}\right)_T$

16 비가역 단열변화에 있어서 엔트로피 변화량은 어떻게 되는가?

① 증가한다.
② 감소한다.
③ 변화량은 없다.
④ 증가할 수도 감소할 수도 있다.

해설 엔트로피(Entropy)
㉠ 출입하는 열량의 이용가치를 나타내는 양으로 에너지도 아니고 온도와 같이 감각으로도 알 수 없고 측정할 수도 없는 물리학상의 상태량이다.
㉡ 엔트로피는 어느 물체에 열을 가하면 증가하고 냉각시키면 감소하는 상징적인 양이다.

$$\left(\Delta S = \frac{\delta Q}{T} = S_2 - S_1 = \int_1^2 \Delta S = \int_1^2 \frac{\delta Q}{T}\right)$$

㉢ 비가역 사이클은 가역 사이클보다 항상 엔트로피가 증가하며, 비가역 단열변화에서는 엔트로피가 증가한다.

17 성능계수가 3.2인 냉동기가 시간당 20MJ의 열을 흡수한다면 이 냉동기의 소비동력(kW)은?

① 2.25   ② 1.74
③ 2.85   ④ 1.45

해설 성능계수 $COP = \dfrac{Q}{W}$ 에서

소비동력 $W = \dfrac{Q}{COP} = \dfrac{20 \times 10^3}{3.2 \times 3,600} = 1.74\text{kW}$

18 랭킨 사이클에서 25℃, 0.01MPa 압력의 물 1kg을 5MPa 압력의 보일러로 공급한다. 이때 펌프가 가역단열과정으로 작용한다고 가정할 경우 펌프가 한 일 (kJ)은?(단, 물의 비체적은 0.001m³/kg이다.)

① 2.58   ② 4.99

③ 20.12   ④ 40.24

> **해설** 펌프일량(단열압축)
> $0.1\text{MPa}=1\text{kg}_\text{f}/\text{cm}^2$
> $0.01\text{MPa}=0.1\text{kg}_\text{f}/\text{cm}^2$
> $5\text{MPa}=50\text{kg}_\text{f}/\text{cm}^2$
> $1\text{MPa}=10^3\text{kJ}$
> 펌프일(공업일) $\cdot \; W_t = -\int_1^2 VdP$
> $\therefore AW_P = A_v(P_1-P_2) = 0.001 \times (5-0.01) \times 10^3$
> $\qquad\qquad = 4.99\text{kJ}$

19 어떤 가스의 비내부에너지 $u(\text{kJ/kg})$, 온도 $t(℃)$, 압력 $P(\text{kPa})$, 비체적 $v(\text{m}^3/\text{kg})$ 사이에 아래의 관계식이 성립한다면, 이 가스의 정압비열(kJ/kg · ℃)은 얼마인가?

$u = 0.28t + 532$	$Pv = 0.560(t+380)$

① 0.84   ② 0.68

③ 0.50   ④ 0.28

> **해설** 엔탈피 $h = u + Pv$
> $\qquad\qquad = 0.28t + 532 + 0.560(t+380)$
> $dh = C_p dT$
> $\therefore C_p = \dfrac{dh}{dT} = \dfrac{d(0.28t+532+0.560(t+380))}{dT}$
> $\qquad\quad = 0.28 + 0.560 = 0.84\text{kJ/kg} \cdot ℃$

20 최고온도 1,300K과 최저온도과 300K 사이에서 작동하는 공기표준 Brayton 사이클의 열효율(%)은? (단, 압력비는 9, 공기의 비열비는 1.4이다.)

① 30.4   ② 36.5

③ 42.1   ④ 46.6

> **해설** 공기표준 브레이턴 사이클(가스터빈 이상 사이클)
>
>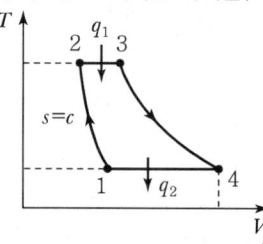
>
> 열효율$(\eta_B) = 1 - \dfrac{q_2}{q_1} = 1 - \dfrac{C_p(T_4-T_1)}{C_p(T_3-T_2)} = 1 - \dfrac{T_4-T_1}{T_3-T_2}$
> $\therefore \eta_B = 1 - \left(\dfrac{1}{r}\right)^{\frac{k-1}{k}} = 1 - \left(\dfrac{1}{9}\right)^{\frac{1.4-1}{1.4}} = 0.466$
> $\qquad \therefore 46.6\%$

SECTION 02   냉동공학

21 축열장치의 종류로 가장 거리가 먼 것은?

① 수축열 방식

② 빙축열 방식

③ 잠열축열 방식

④ 공기축열 방식

> **해설** 공기는 비열이 낮고 열전도율이 작아서 축열장치로는 부적당하다.

22 이원 냉동 사이클에 대한 설명으로 옳은 것은?

① −100℃ 정도의 저온을 얻고자 할 때 사용되며, 보통 저온 측에는 임계점이 높은 냉매를, 고온 측에는 임계점이 낮은 냉매를 사용한다.

② 저온부 냉동 사이클의 응축기 방열량을 고온부 냉동 사이클의 증발기가 흡열하도록 되어 있다.

③ 일반적으로 저온 측에 사용하는 냉매로는 R−12, R−22, 프로판이 적절하다.

④ 일반적으로 고온 측에 사용하는 냉매로는 R−13, R−14가 적절하다.

해설 이원 냉동 사이클
−70℃ 이하의 극저온을 얻기 위하여 저온 측 냉매와 고온 측 냉매를 사용하여 각각 독립된 냉동 사이클을 2단계로 분리하여 저온 측의 응축기와 고온 측 증발기인 캐스케이드 콘덴서를 열교환하도록 한 냉동 사이클이다.

23 냉동장치에서 증발온도를 일정하게 하고 응축온도를 높일 때 나타나는 현상으로 옳은 것은?

① 성적계수 증가　② 압축일량 감소
③ 토출가스온도 감소　④ 체적효율 감소

해설 응축온도 상승 시 나타나는 현상
㉠ 성적계수(COP) 감소
㉡ 압축일량 증가
㉢ 토출가스온도 상승
㉣ 체적효율 감소
㉤ 냉동능력 감소

24 중간냉각이 완전한 2단 압축 1단 팽창 사이클로 운전되는 R-134a 냉동기가 있다. 냉동능력은 10kW이며, 사이클의 중간압, 저압부의 압력은 각각 350kPa, 120kPa이다. 전체 냉매순환량을 m, 증발기에서 증발하는 냉매의 양을 m_e라 할 때, 중간냉각시키기 위해 바이패스되는 냉매의 양 $m-m_e$(kg/h)은 얼마인가?(단, 제1압축기의 입구 과열도는 0이며, 각 엔탈피는 아래 표를 참고한다.)

압력(kPa)	포화액체 엔탈피(kJ/kg)	포화증기 엔탈피(kJ/kg)
120	160.42	379.11
350	195.12	395.04

지점별 엔탈피(kJ/kg)	
h_2	227.23
h_4	401.08
h_7	482.41
h_8	234.29

① 5.8　② 11.1
③ 15.7　④ 19.3

해설 2단 압축 1단 팽창 사이클
저단 측 냉매순환량 $m_e = \dfrac{Q_e}{h_3-h_2}$
$= \dfrac{10\times3,600}{379.11-227.23} = 237.03$kg/h
고단 측 냉매순환량 $m = m_e \times \dfrac{h_4-h_2}{h_6-h_8}$
$= 237.03 \times \dfrac{401.08-227.23}{395.04-234.29}$
$= 256.35$kg/h
$\therefore m-m_e = 256.35-237.03 = 19.32$kg/h

25 다음 중 대기 중의 오존층을 가장 많이 파괴시키는 물질은?

① 질소　② 수소
③ 염소　④ 산소

해설 오존층 파괴물질
㉠ 온실가스 유발물질 : CO_2, CH_4, N_2O, HFCs(수소불화탄소), PFCs(과불화탄소), SF_6(육불화황)
㉡ 프레온 냉매 구성 : 탄화수소계 CH_4, C_2H_6의 H(수소)를 할로겐(Halogen)계 원소인 Cl(염소), F(불소)로 치환한 것

26 진공압력이 60mmHg일 경우 절대압력(kPa)은?(단, 대기압은 101.3kPa이고 수은의 비중은 13.6이다.)

① 53.8　② 93.2
③ 106.6　④ 196.4

해설 절대압력(abs)＝대기압－진공압＝760－60

$$= 700\text{mmHg}$$

$$\therefore \ 101.3 \times \left(\frac{700}{760}\right) = 93.2\text{kPa}$$

---

27 물(H_2O) – 리튬브로마이드(LiBr) 흡수식 냉동기에 대한 설명으로 틀린 것은?

① 특수 처리한 순수한 물을 냉매로 사용한다.

② 4~15℃ 정도의 냉수를 얻는 기기로 일반적으로 냉수온도는 출구온도 7℃ 정도를 얻도록 설계한다.

③ LiBr 수용액은 성질이 소금물과 유사하여, 농도가 진하고 온도가 낮을수록 냉매 증기를 잘 흡수한다.

④ LiBr의 농도가 진할수록 점도가 높아져 열전도율이 높아진다.

해설 흡수식 냉동기

흡수제인 리튬브로마이드(LiBr)의 농도가 진하면 냉매가 감소하여 열전도율이 낮아진다.

---

28 응축압력 및 증발압력이 일정할 때 압축기의 흡입증기 과열도가 크게 된 경우 나타나는 현상으로 옳은 것은?

① 냉매순환량이 증대한다.

② 증발기의 냉동능력은 증대한다.

③ 압축기의 토출가스 온도가 상승한다.

④ 압축기의 체적효율은 변하지 않는다.

해설

냉매 출구 → 냉매 입구

㉠ 과열도＝압축기 입구 가스온도－증발기 출구 가스온도

㉡ 과열도가 크면 압축기의 냉매토출가스 온도가 상승한다.

---

29 실린더 지름 200mm, 행정 200mm, 회전수 400rpm, 기통수 3기통인 냉동기의 냉동능력이 5.72RT이다. 이때 냉동효과(kJ/kg)는?(단, 체적효율은 0.75, 압축기 흡입 시의 비체적은 $0.5\text{m}^3/\text{kg}$이고, 1RT는 3.8 kW이다.)

① 115.3

② 110.8

③ 89.4

④ 68.8

해설 피스톤 토출량 $V = \dfrac{\pi}{4} D^2 L n Z$

$$= \frac{\pi}{4} \times 0.2^2 \times 0.2 \times 400 \times 3 \times \frac{1}{60}$$

$$= 0.12566\text{m}^3/\text{s}$$

냉매순환량 $G = \dfrac{V}{v} \times \eta_v$

$$= \frac{0.12566}{0.5} \times 0.75$$

$$= 0.18849\text{kg/s}$$

$$\therefore \ \text{냉동효과} \ q_e = \frac{Q}{G} = \frac{5.72 \times 3.8}{0.18849} = 115.3\text{kJ/kg}$$

---

30 응축기에 관한 설명으로 틀린 것은?

① 응축기의 역할은 저온, 저압의 냉매증기를 냉각하여 액화시키는 것이다.

② 응축기의 용량은 응축기에서 방출하는 열량에 의해 결정된다.

③ 응축기의 열부하는 냉동기의 냉동능력과 압축기 소요일의 열당량을 합한 값과 같다.

④ 응축기 내에서의 냉매상태는 과열영역, 포화영역, 액체영역 등으로 구분할 수 있다.

해설

31 다음 그림과 같이 수랭식과 공랭식 응축기의 작용을 혼합한 형태의 응축기는?

① 증발식 응축기
② 셸 앤드 코일식 응축기
③ 공랭식 응축기
④ 7통로식 응축기

해설 증발식 응축기
㉠ 응축기 냉각관 코일에 냉각수를 분무노즐에 의하여 분무하고 여기에 3m/s 정도의 공기를 보내 냉각관 · 표면의 물을 증발시켜 냉매를 응축시킨다.
㉡ 냉각수가 부족한 곳에서 사용되며 설비비가 싸며 응축압력을 낮게 유지한다.
㉢ 외기의 습구온도 영향을 많이 받는다.

32 2중 효용 흡수식 냉동기에 대한 설명으로 틀린 것은?
① 단중 효용 흡수식 냉동기에 비해 증기 소비량이 적다.
② 2개의 재생기를 갖고 있다.
③ 2개의 증발기를 갖고 있다.
④ 증기 대신 가스연소를 사용하기도 한다.

해설 2중 흡수식 냉동기
㉠ 증발기, 응축기 : 1개
㉡ 재생기(저온, 고온) : 2개
㉢ 흡수기 : 1개

33 어떤 냉동 사이클에서 냉동효과를 $\gamma(kJ/kg)$, 흡입 건조 포화증기의 비체적을 $v(m^3/kg)$로 표시하면 NH_3와 R-22에 대한 값은 다음과 같다. 사용 압축기의 피스톤 압출량은 NH_3와 R-22의 경우 동일하며, 체적효율도 75%로 동일하다. 이 경우 NH_3와 R-22 압축기의 냉동능력을 각각 R_N, R_F(RT)로 표시한다면 R_N/R_F는?

구분	NH_3	R-22
$\gamma(kJ/kg)$	1,126.37	168.90
$v(m^3/kg)$	0.509	0.077

① 0.6
② 0.7
③ 1.0
④ 1.5

해설 NH_3 냉동기능력(R_N) : 분자량 17
R-22 냉동기능력(R_F) : 분자량(CHClF₂) 86.48
$$\therefore \frac{R_N}{R_F} = \frac{(1,126.37/0.509)}{(168.90/0.077)} = 1.0$$

34 냉각수 입구온도 25℃, 냉각수량 900kg/min인 응축기의 냉각 면적이 80m², 그 열통과율이 1.6kW/m² · K이고, 응축온도와 냉각수온의 평균온도차가 6.5℃이면 냉각수 출구온도(℃)는?(단, 냉각수의 비열은 4.2kJ/kg · K이다.)
① 23.8
② 32.6
③ 29.6
④ 38.2

해설 $Q = GC(t_2 - t_1) = KA\Delta t_m$
출구온도 $t_2 = t_1 + \dfrac{K \cdot A \cdot \Delta t_m}{G \cdot C}$
$$= 25 + \frac{1.6 \times 80 \times 6.5}{(900/60) \times 4.2}$$
$$= 38.2℃$$

35 다음 중 흡수식 냉동기의 구성요소가 아닌 것은?
① 증발기
② 응축기
③ 재생기
④ 압축기

해설 흡수식 냉동기의 4대 구성요소
증발기, 응축기, 재생기, 흡수기

36 흡수식 냉동기에서 냉동시스템을 구성하는 기기들 중 냉각수가 필요한 기기의 구성으로 옳은 것은?

① 재생기와 증발기   ② 흡수기와 응축기

③ 재생기와 응축기   ④ 증발기와 흡수기

해설

37 두께가 200mm인 두꺼운 평판의 한 면(T_o)은 600K, 다른 면(T_1)은 300K으로 유지될 때 단위 면적당 평판을 통한 열전달량(W/m²)은?(단, 열전도율은 온도에 따라 $\lambda(T) = \lambda_o(1 + \beta t_m)$로 주어지며, λ_o는 0.029W/m · K), β는 3.6×10^{-3}K^{-3}이고, t_m은 양면 간의 평균온도이다.)

① 114   ② 105

③ 97   ④ 83

해설

$$Q = \frac{\lambda_o}{l}\left\{T + B\frac{T^2}{2}\right\}_{300K}^{600K}$$

$$\therefore Q = \frac{0.029}{0.2} \times \left\{(600 - 300) + \frac{3.6}{10^3} \times \left(\frac{600^2 - 300^2}{2}\right)\right\}$$

$$= 0.145 \times (300 + 0.0036 \times 135,000)$$

$$= 113.97 \fallingdotseq 114\text{W/m}^2$$

38 두께가 0.1cm인 관으로 구성된 응축기에서 냉각수 입구온도를 15℃, 출구온도를 21℃, 응축온도를 24℃라고 할 때, 이 응축기의 냉매와 냉각수의 대수평균온도차(℃)는?

① 9.5   ② 6.5

③ 5.5   ④ 3.5

해설 • 산술평균온도차(Δt)

$$= 응축온도 - \left(\frac{냉각수\ 입구수온 + 냉각수\ 출구수온}{2}\right)$$

• 대수평균온도차($\Delta t'$) $= \dfrac{\Delta t_1 - \Delta t_2}{\dfrac{\Delta t_1}{\Delta t_2}}$

$24 - 15 = 9℃$

$24 - 21 = 3℃$

$$\therefore \Delta t' = \frac{9 - 3}{\ln\left(\dfrac{9}{3}\right)} = 5.46 \fallingdotseq 5.5℃$$

39 열의 종류에 대한 설명으로 옳은 것은?

① 고체에서 기체가 될 때에 필요한 열을 증발열이라 한다.

② 온도의 변화를 일으켜 온도계에 나타나는 열을 잠열이라 한다.

③ 기체에서 액체로 될 때 제거해야 하는 열을 응축열 또는 감열이라 한다.

④ 고체에서 액체로 될 때 필요한 열은 융해열이며 이를 잠열이라 한다.

해설 ㉠ 고체 → 기체 : 승화열

㉡ 기체 → 고체 : 승화열

㉢ 고체 → 액체 : 융해열(얼음 : 융해잠열)

㉣ 액체 → 기체 : 증발열

㉤ 액체 → 액체 : 현열

40 증기압축식 냉동장치 내에 순환하는 냉매의 부족으로 인해 나타나는 현상이 아닌 것은?

① 증발압력 감소   ② 토출온도 증가

③ 과냉도 감소   ④ 과열도 증가

해설 냉매가 부족하면 과냉도가 증가한다.

SECTION 03 공기조화

41 장방형 덕트(장변 a, 단변 b)를 원형 덕트로 바꿀 때 사용하는 계산식은 아래와 같다. 이 식으로 환산된 장방형 덕트와 원형 덕트의 관계는?

$$D_e = 1.3 \left[\frac{(a \times b)^5}{(a+b)^2} \right]^{1/8}$$

① 두 덕트의 풍량과 단위 길이당 마찰손실이 같다.
② 두 덕트의 풍량과 풍속이 같다.
③ 두 덕트의 풍속과 단위 길이당 마찰손실이 같다.
④ 두 덕트의 풍량과 풍속 및 단위 길이당 마찰손실이 모두 같다.

해설

$$D_e = 1.3 \left\{ \frac{(a \times b)^5}{(a+b)^2} \right\}^{\frac{1}{8}}$$

42 공조기의 풍량이 45,000kg/h, 코일 통과풍속을 2.4m/s로 할 때 냉수코일의 전면적(m²)은?(단, 공기의 밀도는 1.2kg/m³이다.)

① 3.2
② 4.3
③ 5.2
④ 10.4

해설 풍량 $Q = AV$에서

냉수코일의 전면적 $A = \dfrac{Q}{V} = \dfrac{G}{\rho \cdot V}$

$= \dfrac{45,000}{1.2 \times 2.4 \times 3,600}$

$= 4.34 \text{m}^2$

43 다음 중 직접난방 방식이 아닌 것은?

① 온풍난방
② 고온수난방
③ 저압증기난방
④ 복사난방

해설 온풍난방은 간접난방(공기조화난방) 방식이다.

44 9m × 6m × 3m의 강의실에 10명의 학생이 있다. 1인당 CO_2 토출량이 15L/h이면, 실내 CO_2양을 0.1%로 유지시키는 데 필요한 환기량(m³/h)은?(단, 외기의 CO_2양은 0.04%로 한다.)

① 80
② 120
③ 180
④ 250

해설 건물용적$(V) = 9 \times 6 \times 3 = 162 \text{m}^3$

CO_2 농도기준 환기량$(Q) = \dfrac{M}{K - K_o} A \cdot n = \dfrac{15 \times 10}{\dfrac{(0.1 - 0.04)}{10^{-2}}}$

$= 2,500 \text{L/h} = 250 \text{m}^3/\text{h}$

45 덕트 내의 풍속이 8m/s이고 정압이 200Pa일 때, 전압(Pa)은 얼마인가?(단, 공기밀도는 1.2kg/m³이다.)

① 197.3Pa
② 218.4Pa
③ 238.4Pa
④ 255.3Pa

해설 전압 = 정압 + 동압$\left(\dfrac{V^2}{2} \right)$

$= 200 + \left(\dfrac{8 \times 8}{2} \times \dfrac{1.2}{1} \right) = 238.4 \text{Pa}$

46 냉각탑에 관한 설명으로 틀린 것은?

① 어프로치는 냉각탑 출구수온과 입구공기 건구온도 차
② 레인지는 냉각수의 입구와 출구의 온도차
③ 어프로치를 적게 할수록 설비비 증가
④ 어프로치는 일반 공조용에서 5℃ 정도로 설정

해설 어프로치 = 냉각탑 출구수온 − 입구공기 습구온도
※ 쿨링레인지는 냉각수의 입구와 출구의 온도차이다.

47 동일한 송풍기에서 회전수를 2배로 했을 경우 풍량, 정압, 소요동력의 변화에 대한 설명으로 옳은 것은?

① 풍량 1배, 정압 2배, 소요동력 2배
② 풍량 1배, 정압 2배, 소요동력 4배
③ 풍량 2배, 정압 4배, 소요동력 4배
④ 풍량 2배, 정압 4배, 소요동력 8배

송풍기 법칙

변수	정수	법칙	공식
회전속도 $N_1 \rightarrow N_2$	송풍기 크기	풍량은 회전속도에 비례	$Q_2 = Q_1 \times \left(\dfrac{N_1}{N_2}\right)$
		압력은 회전속도의 2제곱에 비례	$P_2 = P_1 \times \left(\dfrac{N_2}{N_1}\right)^2$
		동력은 회전속도의 3제곱에 비례	$L_2 = L_1 \times \left(\dfrac{N_2}{N_1}\right)^3$

$$\therefore Q_2 = \left(\frac{2}{1}\right) = 2 배, \ P_2 = \left(\frac{2}{1}\right)^2 = 4 배, \ L_2 = \left(\frac{2}{1}\right)^3 = 8 배$$

48 겨울철 창면을 따라 발생하는 콜드 드래프트(Cold Draft)의 원인으로 틀린 것은?

① 인체 주위의 기류속도가 클 때
② 주위 공기의 습도가 높을 때
③ 주위 벽면의 온도가 낮을 때
④ 창문의 틈새를 통한 극간풍이 많을 때

겨울철(동절기)에는 주위 공기의 습도가 매우 건조하다.

49 건구온도(t_1) 5℃, 상대습도 80%인 습공기를 공기가열기를 사용하여 건구온도(t_2) 43℃가 되는 가열공기 950m³/h을 얻으려고 한다. 이때 가열에 필요한 열량(kW)은?

건구온도(℃)

① 2.14
② 4.65
③ 8.97
④ 11.02

가열에 필요한 열량

$$q = \rho Q(h_2 - h_1) = \frac{1}{v} Q(h_2 - h_1)$$
$$= \frac{1}{0.793} \times \frac{950}{3,600} \times (54.2 - 40.2)$$
$$= 4.66 \text{kW}$$

50 증기난방 방식에서 환수주관을 보일러 수면보다 높은 위치에 배관하는 환수방식은?

① 습식 환수방식
② 강제 환수방식
③ 건식 환수방식
④ 중력 환수방식

51 난방용 보일러의 요구조건이 아닌 것은?

① 일상취급 및 보수관리가 용이할 것
② 건물로의 반출입이 용이할 것
③ 높이 및 설치면적이 적을 것
④ 전열효율이 낮을 것

보일러는 연소효율, 전열효율, 열효율이 높아야 한다.

$$전열효율 = \frac{실제유효열}{실제연소열}$$

52 일사를 받는 외벽으로부터의 침입열량(q)을 구하는 계산식으로 옳은 것은?(단, K는 열관류율, A는 면적, Δt는 상당외기 온도차이다.)

① $q = K \times A \times \Delta t$
② $q = \dfrac{0.86 \times A}{\Delta t}$
③ $q = 0.24 \times A \times \dfrac{\Delta t}{K}$
④ $q = \dfrac{0.29 \times K}{A \times \Delta t}$

해설 일사(햇빛)에 의한 침입열량(q)

$q = K \times A \times \Delta t$

53 팬코일 유닛 방식에 대한 설명으로 틀린 것은?

① 일반적으로 사무실, 호텔, 병원 및 점포 등에 사용한다.

② 배관 방식에 따라 2관식, 4관식으로 분류한다.

③ 중앙기계실에서 냉수 또는 온수를 공급하여 각 실에 설치한 팬코일 유닛에 의해 공조하는 방식이다.

④ 팬코일 유닛 방식에서의 열부하 분담은 내부 존 팬코일 유닛 방식과 외부 존 터미널 방식이 있다.

해설 팬코일 유닛 방식(FCU) : 전수 방식

㉠ 외기를 도입하지 않는 방식

㉡ 외기를 실내 유닛인 팬코일 유닛으로 직접 도입하는 방식

㉢ 덕트병용 팬코일 유닛 방식(공기-수 방식)

㉣ 외부 존 부하(현열부하), 중앙공조기(잠열+현열부하) : 외부 존에서 서모스탯에 의해 냉·온수를 제어한다.

54 덕트의 굴곡부 등에서 덕트 내에 흐르는 기류를 안정시키기 위한 목적으로 사용하는 기구는?

① 스플릿 댐퍼　　② 가이드 베인

③ 릴리프 댐퍼　　④ 버터플라이 댐퍼

해설

55 공기조화기에 관한 설명으로 옳은 것은?

① 유닛 히터는 가열코일과 팬, 케이싱으로 구성된다.

② 유인 유닛은 팬만을 내장하고 있다.

③ 공기세정기를 사용하는 경우에는 엘리미네이터를 사용하지 않아도 좋다.

④ 팬코일 유닛은 팬과 코일, 냉동기로 구성된다.

해설 공기조화기

㉠ 유닛 히터

　• 가열코일

　• 팬

　• 케이싱

㉡ 공기세정기 : 엘리미네이터 부착

㉢ 팬코일 유닛 : 냉각수 팬코일, 온수 팬코일

56 공기조화설비 중 수분이 공기에 포함되어 실내로 급기되는 것을 방지하기 위해 설치하는 것은?

① 에어워셔　　　② 에어필터

③ 엘리미네이터　　④ 벤틸레이터

해설 엘리미네이터

공기조화설비 중 수분이 공기에 포함되어 실내로 급기되는 것을 방지하기 위해 설치하는 것

57 다음 원심송풍기의 풍량제어 방법 중 동일한 송풍량 기준 소요동력이 가장 적은 것은?

① 흡입구 베인 제어　　② 스크롤 댐퍼 제어

③ 토출 측 댐퍼 제어　　④ 회전수 제어

해설 풍량제어

㉠ 토출댐퍼에 의한 제어

㉡ 흡입댐퍼에 의한 제어

㉢ 흡입베인에 의한 제어

㉣ 회전수 제어(정류자 전동기에 의한 방법)

㉤ 가변피치 제어

58 공조기에서 냉·온풍을 혼합댐퍼에 의해 일정한 비율로 혼합한 후 각 존 또는 각 실로 보내는 공조방식은?

① 단일덕트 재열 방식
② 멀티존 유닛 방식
③ 단일덕트 방식
④ 유인 유닛 방식

해설 멀티존 유닛 방식
공조기에서 냉·온풍을 혼합댐퍼에 의해 일정한 비율로 혼합한 후 각 존 또는 각 실로 보내는 공조방식이다.

59 온풍난방에 관한 설명으로 틀린 것은?

① 송풍 동력이 크며, 설계가 나쁘면 실내로 소음이 전달되기 쉽다.
② 실온과 함께 실내습도, 실내기류를 제어할 수 있다.
③ 실내 층고가 높을 경우에는 상하의 온도차가 크다.
④ 예열부하가 크므로 예열시간이 길다.

해설 온풍(공기조화)은 공기의 가열이 낮아서(공기의 비열 : 0.24kcal/kg·℃) 예열부하가 매우 적게 들어간다(신속한 난방이 가능하다).

60 온수난방에 대한 설명으로 틀린 것은?

① 증기난방에 비하여 연료소비량이 적다.
② 난방부하에 따라 온도 조절을 용이하게 할 수 있다.
③ 축열 용량이 크므로 운전을 정지해도 금방 식지 않는다.
④ 예열시간이 짧아 예열부하가 작다.

해설 온수는 비열이 커서(물의 비열 : 1kcal/kg·℃) 예열 시 시간이 많이 걸리고 예열부하가 매우 많이 필요하다.

SECTION 04 전기제어공학

61 다음 회로에서 $E=100V$, $R=4\Omega$, $X_L==5\Omega$, $X_C=2\Omega$일 때 이 회로에 흐르는 전류(A)는?

① 10
② 15
③ 20
④ 25

해설
• 전류는 전기(전하)의 이동으로, 1A는 1초 동안에 1쿨롱(C)의 전하가 이동하는 것이다.

$$전류(I) = \frac{Q}{t}, \quad Q = It(C)$$

• R(저항), L(인덕턴스), C(정전용량)

$$\therefore 전류(I) = \frac{100V}{\sqrt{(4\Omega)^2 + (5\Omega - 2\Omega)^2}} = 20A$$

62 전압을 V, 전류를 I, 저항을 R, 그리고 도체의 비저항을 ρ라 할 때 옴의 법칙을 나타낸 식은?

① $V = \dfrac{R}{I}$
② $V = \dfrac{I}{R}$
③ $V = IR$
④ $V = IR\rho$

해설 옴의 법칙
1827년에 독일의 Ohm에 의해 발견된 법칙으로 도체를 흐르는 전류는 그 도체의 양단에 가해진 전압에 비례하는 것이다.

$$I = \frac{R}{V}, \quad V(전압) = \frac{W}{Q}(J/C) = VQ(J) = IR$$

63 다음 블록 선도의 전달함수 $\dfrac{C(s)}{R(s)}$는?

① $\dfrac{G(s)}{1 - G(s)H(s)}$
② $\dfrac{G(s)}{1 + G(s)H(s)}$
③ $\dfrac{H(s)}{1 - G(s)H(s)}$
④ $\dfrac{H(s)}{1 + G(s)H(s)}$

[해설] 전달함수

㉠ 모든 초깃값을 0으로 가정하고 입력에 대한 출력비를 나타내는 함수이다.

㉡ 전달함수 $G(s) = \dfrac{\mathcal{L}(y(t))}{\mathcal{L}(x(t))} = \dfrac{Y(s)}{X(s)}$

입력과 출력이 정현파인 경우 $G(j\omega) = \dfrac{Y(j\omega)}{X(j\omega)}$ (주파수 전달함수)

㉢ $G(s) = \dfrac{\sum \text{전향경로의 이득}}{1 - \sum \text{폐루프의 이득}}$

$= \dfrac{G(s)}{1 + G(s)H(s)}$

$= \dfrac{G(s)}{1 - G(s)H(s)}$

64 다음 중 전류계에 대한 설명으로 틀린 것은?

① 전류계의 내부저항이 전압계의 내부저항보다 작다.
② 전류계를 회로에 병렬접속하면 계기가 손상될 수 있다.
③ 직류용 계기에는 (+), (−)의 단자가 구별되어 있다.
④ 전류계의 측정 범위를 확장하기 위해 직렬로 접속한 저항을 분류기라고 한다.

[해설] 분류기

어느 전로의 전류를 측정하려는 경우에 전로의 전류가 전류계의 정격보다 큰 경우에는 전류계와 병렬로 다른 전로를 만들고 전류를 분류하여 측정한다. 이와 같이 전류를 분류하여 전로를 측정하는 저항기를 분류기라고 한다.

$$I_o = \left(1 + \frac{r}{R}\right) I_a$$

65 다음의 신호흐름 선도에서 전달함수 $\dfrac{C(s)}{R(s)}$ 는?

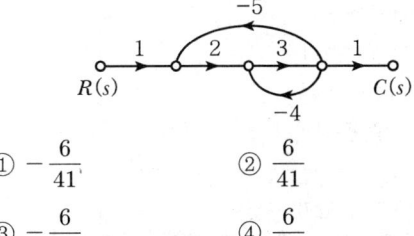

① $-\dfrac{6}{41}$ 　　② $\dfrac{6}{41}$

③ $-\dfrac{6}{43}$ 　　④ $\dfrac{6}{43}$

[해설] $\dfrac{C(s)}{R(s)} = \dfrac{\text{전향경로의 합}}{1 - \text{피드백의 합}}$

$= \dfrac{1 \times 2 \times 3 \times 1}{1 - (-3) \times 4 - (-2) \times 3 \times 5}$

$= \dfrac{6}{1 + 12 + 30} = \dfrac{6}{43}$

66 전기기기 및 전로의 누전 여부를 알아보기 위해 사용되는 계측기는?

① 메거　　　　　② 전압계
③ 전류계　　　　④ 검전기

[해설] 메거(Megger)

절연저항계, 절연저항을 측정하는 계기

67 전동기를 전원에 접속한 상태에서 중력부하를 하강시킬 때 속도가 빨라지는 경우 전동기의 유기기전력이 전원전압보다 높아져서 발전기가 동작하고 발생전력을 전원으로 되돌려 줌과 동시에 속도를 감속하는 제동법은?

① 회생제동　　　② 역전제동
③ 발전제동　　　④ 유도제동

[해설] 회생제동(Regenerative Braking)

전동기가 갖는 운동에너지를 전기에너지로 변환하고 이것을 전원으로 되돌려 보내어 전동기의 제동을 하는 방법으로 전기적인 제동법이다.

68 기계적 제어의 요소로서 변위를 공기압으로 변환하는 요소는?

① 벨로스
② 트랜지스터
③ 다이어프램
④ 노즐 플래퍼

해설 ① 벨로스 : 압력 → 변위
② 트랜지스터 : 변위 → 압력(전기적 요소)
③ 다이어프램 : 압력 → 변위
④ 노즐 플래퍼 : 변위 → 압력(기계적 요소)

69 어떤 코일에 흐르는 전류가 0.01초 사이에 20A에서 10A로 변할 때 20V의 기전력이 발생한다고 하면 자기 인덕턴스(mH)는?

① 10　　　　② 20
③ 30　　　　④ 50

해설 유도 기전력 $e = -L\dfrac{di}{dt}$ 에서

자기 인덕턴스 $L = -e\dfrac{dt}{di}$

$$= -20 \times \frac{0.01}{10-20} \times 10^3$$

$$= 20\text{mH}$$

70 입력에 대한 출력의 오차가 발생하는 제어시스템에서 오차가 변화하는 속도에 비례하여 조작량을 가변하는 제어방식은?

① 미분제어
② 정치제어
③ on-off 제어
④ 시퀀스 제어

해설 연속동작 미분제어
오차가 변화하는 속도에 비례하여 조작량을 가변하는 제어방식이다.

71 영구자석의 재료로 요구되는 사항은?

① 잔류자기 및 보자력이 큰 것
② 잔류자기가 크고 보자력이 작은 것
③ 잔류자기는 작고 보자력이 큰 것
④ 잔류자기 및 보자력이 작은 것

해설 영구자석의 재료로 요구되는 사항
잔류자기 및 보자력이 큰 것(보자력 : 강자성체를 자기포화 상태에서 자장을 0으로 했을 때 잔류자화가 남는데 다시 반대 방향으로 자장을 증가시키면 자화가 감소하고 어느 세기의 자장에서 자화는 0이 된다. 이때의 자장의 세기를 말한다.)

72 평형 3상 전원에서 각 상 간 전압의 위상차(rad)는?

① $\dfrac{\pi}{2}$　　　　② $\dfrac{\pi}{3}$

③ $\dfrac{\pi}{6}$　　　　④ $\dfrac{2\pi}{3}$

해설 평형 3상 전원에서 각 상 간 전압의 위상차
Y결선, △결선, V결선이며 위상차는 $\dfrac{2\pi}{3}$ 이다.

73 피드백 제어에 관한 설명으로 틀린 것은?

① 정확성이 증가한다.
② 대역폭이 증가한다.
③ 입력과 출력의 비를 나타내는 전체 이득이 증가한다.
④ 개루프 제어에 비해 구조가 비교적 복잡하고 설치비가 많이 든다.

해설 피드백 제어계
계의 특성변화에 대한 입력 대 출력비의 감도가 감소한다. 다만, 감대폭이 증가한다. 또한 발진을 일으키고 불안정한 상태로 되어가는 경향성이 있다.

74 절연의 종류를 최고 허용온도가 낮은 것부터 높은 순서로 나열한 것은?

① A종<Y종<E종<B종
② Y종<A종<E종<B종
③ E종<Y종<B종<A종
④ B종<A종<E종<Y종

절연체(Insulator : 애자)

부도체이며 전기를 거의 통하지 않는 물질이다. 절연체는 전자회로의 구성부품을 분리하거나 불필요한 회로에 전류가 흐르지 않게 하기 위하여 사용하며, 고무, 유리, 세라믹, 플라스틱 등이 있다.

허용온도가 낮은 것부터 높은 순서 : Y종<A종<E종<B종

75 아래 접점회로의 논리식으로 옳은 것은?

① $X \cdot Y \cdot Z$

② $(X+Y) \cdot Z$

③ $(X \cdot Z)+Y$

④ $X+Y+Z$

해설 논리합 OR 회로

$X = A+B$

A와 B는 직렬이므로 AND 회로이고 이것과 C가 병렬이므로 OR 회로이다.

∴ $(X \cdot Z)+Y$가 된다.

76 다음 회로도를 보고 진리표를 채우고자 한다. 빈칸에 알맞은 값은?

A	B	X_1	X_2	X_3
1	1	1	0	(ⓐ)
1	0	0	1	(ⓑ)
0	1	0	0	(ⓒ)
0	0	0	0	(ⓓ)

① ⓐ 1, ⓑ 1, ⓒ 0, ⓓ 0

② ⓐ 0, ⓑ 0, ⓒ 1, ⓓ 1

③ ⓐ 0, ⓑ 1, ⓒ 0, ⓓ 1

④ ⓐ 1, ⓑ 0, ⓒ 1, ⓓ 0

해설 논리회로 진리값표

A	B	X_1	X_2	X_3
1	1	1	0	0
1	0	0	1	0
0	1	0	0	1
0	0	0	0	1

77 코일에 단상 200V의 전압을 가하면 10A의 전류가 흐르고 1.6kW의 전력이 소비된다. 이 코일과 병렬로 콘덴서를 접속하여 회로의 합성역률을 100%로 하기 위한 용량 리액턴스(Ω)는 약 얼마인가?

① 11.1

② 22.2

③ 33.3

④ 44.4

해설 • 피상전력 $P_a = VI = 20 \times 10 = 2,000\text{VA}$

• 무효전력 P_r

$P_a = \sqrt{P^2 + P_r^2}$ 에서

$P_r = \sqrt{P_a^2 - P^2}$

$= \sqrt{2,000^2 - 1,600^2}$

$= 1,200\text{Var}$

• 용량 리액턴스 X_c

$P_r = \dfrac{V^2}{X_c}$ 에서

$X_c = \dfrac{V^2}{P_r} = \dfrac{200^2}{1,200} = 33.3\,\Omega$

78 시퀀스 제어에 관한 설명으로 틀린 것은?

① 조합논리회로가 사용된다.

② 시간지연요소가 사용된다.

③ 제어용 계전기가 사용된다.

④ 폐회로 제어계로 사용된다.

해설 시퀀스 제어 : 개회로 정성적 계로 사용된다.

79 두 대 이상의 변압기를 병렬 운전하고자 할 때 이상적인 조건으로 틀린 것은?

① 각 변압기의 극성이 같을 것
② 각 변압기의 손실비가 같을 것
③ 정격용량에 비례해서 전류를 분담할 것
④ 변압기 상호 간 순환전류가 흐르지 않을 것

해설 변압기의 병렬 운전조건 : ①, ③, ④항 외에 각 변압기의 권수비 및 1, 2차 정격전압이 같을 것, 각 변압기의 저항과 리액턴스의 비가 같을 것

※ 변압기 결선
  ㉠ Y−Y결선
  ㉡ △−△결선
  ㉢ Y−△결선, △−Y결선
  ㉣ V−V결선

80 100V에서 500W를 소비하는 저항이 있다. 이 저항에 100V의 전원을 200V로 바꾸어 접속하면 소비되는 전력(W)은?

① 250
② 500
③ 1,000
④ 2,000

해설 전력$(P) = VI = I^2 R = \dfrac{V^2}{R}$(W)

1W : 1초 동안에 1J의 비율로 일을 하는 속도(1W = J/s)

저항$(R) = \dfrac{V^2}{P} = \dfrac{100^2}{50} = 200\Omega,\ \dfrac{200^2}{50} = 800\Omega$

∴ $W = 500 \times \dfrac{800}{200} = 2,000$W

SECTION **05** 배관일반

81 같은 지름의 관을 직선으로 연결할 때 사용하는 배관 이음쇠가 아닌 것은?

① 소켓 ② 유니언
③ 벤드 ④ 플랜지

해설 벤드

180°   90°

82 온수난방 배관에서 역귀환 방식을 채택하는 주된 목적으로 가장 적합한 것은?

① 배관의 신축을 흡수하기 위하여
② 온수가 식지 않게 하기 위하여
③ 온수의 유량분배를 균일하게 하기 위하여
④ 배관길이를 짧게 하기 위하여

해설 역귀환 방식
리버스 리턴 방식으로, 온수의 유량분배를 균일하게 한다.

83 급탕배관 시공에 관한 설명으로 틀린 것은?

① 배관의 굽힘 부분에는 벨로스 이음을 한다.
② 하향식 급탕주관의 최상부에는 공기빼기장치를 설치한다.
③ 팽창관의 관경은 겨울철 동결을 고려하여 25A 이상으로 한다.
④ 단관식 급탕배관 방식에는 상향배관, 하향배관 방식이 있다.

해설 급탕배관 굽힘부
스위블 이음 채택(신축 조인트는 루프형, 슬리브형 채택)

84 냉동배관 시 플렉시블 조인트의 설치에 관한 설명으로 틀린 것은?

① 가급적 압축기 가까이에 설치한다.

② 압축기의 진동방향에 대하여 직각으로 설치한다.

③ 압축기가 가동할 때 무리한 힘이 가해지지 않도록 설치한다.

④ 기계 · 구조물 등에 접촉되도록 견고하게 설치한다.

해설 플렉시블 신축이음은 냉동기 배관에서 배관이나 기기에 부착한다(충격완화용).

플렉시블 신축이음

급수펌프

85 밸브의 역할로 가장 거리가 먼 것은?

① 유체의 밀도 조절   ② 유체의 방향 전환

③ 유체의 유량 조절   ④ 유체의 흐름 단속

해설 유체의 밀도(kg/m^3)는 온도와 관계된다(질량/체적).

86 경질염화비닐관의 TS식 이음에서 작용하는 3가지 접착효과로 가장 거리가 먼 것은?

① 유동삽입   ② 일출접착

③ 소성삽입   ④ 변형삽입

해설 TS식 이음

상온에서 PVC관 접합부의 내면과 관 끝의 외면에 PVC 전용 접착제를 칠하여 삽입함으로써 접합하는 방식이다(접착효과 : 유동삽입, 일출접착, 변형삽입).

87 패킹재의 선정 시 고려사항으로 관 내 유체의 화학적 성질이 아닌 것은?

① 점도   ② 부식성

③ 휘발성   ④ 용해능력

해설 패킹재(플랜지용, 나사용, 그랜드용)의 선정 시 관 내 유체의 휘발성, 부식성, 용해능력을 고려하여 선택한다.

88 기체 수송설비에서 압축공기 배관의 부속장치가 아닌 것은?

① 후부냉각기   ② 공기여과기

③ 안전밸브   ④ 공기빼기밸브

해설 압축공기 배관의 부속장치
㉠ 분리기 및 후부냉각기
㉡ 밸브
㉢ 공기탱크
㉣ 공기여과기

89 배관용 패킹재료 선정 시 고려해야 할 사항으로 가장 거리가 먼 것은?

① 유체의 압력   ② 재료의 부식성

③ 진동의 유무   ④ 시트면의 형상

해설 배관용 패킹재료 선정 시 고려사항
유체의 압력, 재료의 부식성, 진동의 유무 등

90 무기질 단열재에 관한 설명으로 틀린 것은?

① 암면은 단열성이 우수하고 아스팔트 가공된 보냉용의 경우 흡수성이 양호하다.

② 유리섬유는 가볍고 유연하여 작업성이 매우 좋으며 칼이나 가위 등으로 쉽게 절단된다.

③ 탄산마그네슘 보온재는 열전도율이 낮으며 300 ~320℃에서 열분해한다.

④ 규조토 보온재는 비교적 단열효과가 낮으므로 어느 정도 두껍게 시공하는 것이 좋다.

해설 암면 보온재
㉠ 원료가 안산암, 현무암, 석회석으로, 흡수성이 작다.
㉡ 400℃ 이하의 관, 탱크, 덕트의 보온재로 사용된다.
㉢ 알칼리에는 강하나 강산에는 약하다.
㉣ 풍화의 염려가 없다.
㉤ 열전도율은 0.039~0.048kcal/m · h · ℃이다.

91 펌프 주위 배관시공에 관한 사항으로 틀린 것은?

① 풋 밸브 등 모든 관의 이음은 수밀, 기밀을 유지할 수 있도록 한다.
② 흡입관의 길이는 가능한 한 짧게 배관하여 저항이 적도록 한다.
③ 흡입관의 수평배관은 펌프를 향하여 하향구배로 한다.
④ 양정이 높을 경우 펌프 토출구와 게이트 밸브 사이에 체크밸브를 설치한다.

> **해설**
> 토출관
> 펌프
> 흡입관
> (펌프를 향하여 상향구배로 한다.)

92 다음 중 기수혼합식(증기분류식) 급탕설비에 소음을 방지하는 기구는?

① 가열코일   ② 사일런서
③ 순환펌프   ④ 서머스탯

> **해설** 기수혼합법
> 병원이나 공장에서 증기를 열원으로 하는 경우 급탕설비 저탕조 내에서 증기를 공급하여 증기와 물을 혼합시켜 물을 끓여주는 급탕방법이다(증기가 물에 주는 열효율은 100%이다).

93 가스 수요의 시간적 변화에 따라 일정한 가스양을 안정하게 공급하고 저장할 수 있는 가스홀더의 종류가 아닌 것은?

① 무수(無水)식   ② 유수(有水)식
③ 주수(柱水)식   ④ 구(球)형

> **해설** 가스홀더
> ㉠ 유수식 : 물이 있다.
> ㉡ 무수식 : 물이 없다.
> ㉢ 구형
> ※ 주수식 : 아세틸렌가스 제조방식이다.
>
> 구형

94 급수관의 평균 유속이 2m/s이고 유량이 100L/s로 흐르고 있다. 관 내의 마찰손실을 무시할 때 안지름(mm)은 얼마인가?

① 173   ② 227
③ 247   ④ 252

> **해설** 유량 $Q = A \cdot V = \dfrac{\pi}{4}d^2 \cdot V$
>
> 안지름 $d = \sqrt{\dfrac{4Q}{\pi V}} = \sqrt{\dfrac{4 \times 100 \times 10^{-3}}{\pi \times 2}}$
>
> $= 0.25231\text{m}$
> $= 252.31\text{mm}$

95 다음 도시기호의 이음은?

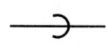

① 나사식 이음   ② 용접식 이음
③ 소켓식 이음   ④ 플랜지식 이음

> **해설** 이음기호
> ① 나사식(——┤├——)
> ② 용접식(——●——)
> ③ 플랜지식(——┤├——)
> ④ 소켓식(——┤ ┤——)

96 도시가스 배관 시 배관이 움직이지 않도록 관 지름 13mm 이상 33mm 미만의 경우 몇 m마다 고정장치를 설치해야 하는가?

① 1m   ② 2m
③ 3m   ④ 4m

> **해설** 가스배관
>
>
>
> 13mm 미만 : 1m   13mm 이상 33mm 미만 : 2m
>
>
>
> 33mm 이상 : 3m

97 증기난방법에 관한 설명으로 틀린 것은?

① 저압식은 증기의 사용압력이 0.1MPa 미만인 경우이며, 주로 10~35kPa인 증기를 사용한다.
② 단관 중력 환수식의 경우 증기와 응축수가 역류하지 않도록 선단 하향 구배로 한다.
③ 환수주관을 보일러 수면보다 높은 위치에 배관한 것은 습식환수관식이다.
④ 증기의 순환이 가장 빠르며 방열기, 보일러 등의 설치위치에 제한을 받지 않고 대규모 난방용으로 주로 채택되는 방식은 진공환수식이다.

해설

98 급수배관의 수격현상 방지방법으로 가장 거리가 먼 것은?

① 펌프에 플라이휠을 설치한다.
② 관경을 작게 하고 유속을 매우 빠르게 한다.
③ 에어챔버를 설치한다.
④ 완폐형 체크밸브를 설치한다.

해설

99 온수배관 시공 시 유의사항으로 틀린 것은?

① 배관재료는 내열성을 고려한다.
② 온수배관에는 공기가 고이지 않도록 구배를 준다.
③ 온수 보일러의 릴리프 관에는 게이트 밸브를 설치한다.
④ 배관의 신축을 고려한다.

해설 온수가 팽창하면 4.3%가 팽창한다. 팽창수를 방출하여 압력을 감소시키려면 릴리프 밸브(방출밸브)를 설치하여 안전장치로 사용하며 릴리프관에는 밸브를 설치하지 않는다.

100 제조소 및 공급소 밖의 도시가스 배관을 시가지 외의 도로 노면 밑에 매설하는 경우에는 노면으로부터 배관의 외면까지 최소 몇 m 이상을 유지해야 하는가?

① 1.0 ② 1.2
③ 1.5 ④ 2.0

해설 도시가스 배관(도시 시가지 외의 도로인 경우)

SECTION 01 기계열역학

01 다음 중 가장 낮은 온도는?

① 104℃   ② 284°F

③ 410K   ④ 684°R

해설 ① 104℃

② $284°F = \left\{ \dfrac{5}{9} \times (284-32) \right\} = 140℃$

③ $410K = (410-273) = 137℃$

④ $684°R = \left(\dfrac{684}{1.8} - 273 \right) = 107℃$

※ °F = ℃보다 1.8배 크다.
    랭킨절대온도(°R) = °F+460
    켈빈절대온도(K) = ℃+273

---

02 과열증기를 냉각시켰더니 포화영역 안으로 들어와서 비체적이 0.2327m³/kg이 되었다. 이때 포화액과 포화증기의 비체적이 각각 1.079×10^{-3}m³/kg, 0.5243m³/kg이라면 건도는 얼마인가?

① 0.964   ② 0.772

③ 0.653   ④ 0.443

해설 습포화증기의 비체적 $v_x = v' + x(v''-v')$에서

건도 $x = \dfrac{v_x - v'}{v'' - v'}$

$= \dfrac{0.2327 - 1.079 \times 10^{-3}}{0.5243 - 1.079 \times 10^{-3}} = 0.4427$

---

03 증기동력 사이클의 종류 중 재열 사이클의 목적으로 가장 거리가 먼 것은?

① 터빈 출구의 습도가 증가하며 터빈 날개를 보호한다.

② 이론 열효율이 증가한다.

③ 수명이 연장된다.

④ 터빈 출구의 질(Quality)을 향상시킨다.

해설 재열 사이클

팽창일을 증대시키고 또 터빈 출구 증기의 건도를 떨어뜨리지 않는 수단으로서 팽창 도중의 증기를 뽑아 내어 가열장치로 보내 재가열한 후 다시 터빈에 보내서 열효율을 증가시킨다. 그 이점은 ②, ③, ④항이다.

---

04 비열비가 1.29, 분자량이 44인 이상기체의 정압비열은 약 몇 kJ/kg · K인가?(단, 일반기체상수는 8.314kJ/kmol · K이다.)

① 0.51

② 0.69

③ 0.84

④ 0.91

해설 정압비열 $C_p = \dfrac{k}{k-1}R$, 기체상수 $R = \dfrac{R_u}{M}$

$\therefore \ C_p = \dfrac{k}{k-1} \times \dfrac{R_u}{M}$

$= \dfrac{1.29}{1.29-1} \times \dfrac{8.314}{44}$

$= 0.84$kJ/kg · K

---

05 수소(H₂)가 이상기체라면 절대압력 1MPa, 온도 100℃에서의 비체적은 약 몇 m³/kg인가?(단, 일반기체상수는 8.3145kJ/kmol · K이다.)

① 0.781

② 1.26

③ 1.55

④ 3.46

해설 $Pv = RT$, $R = \dfrac{R_u}{M}$ 이므로

$Pv = \dfrac{R_u}{M}T$

비체적 $v = \dfrac{R_u T}{PM} = \dfrac{8.3145 \times (100+273)}{(1 \times 1,000) \times 2}$

$= 1.55$m³/kg

※ 수소 분자량 $M = 2$

---

06 온도 15℃, 압력 100kPa 상태의 체적이 일정한 용기 안에 어떤 이상기체 5kg이 들어 있다. 이 기체가 50℃가 될 때까지 가열되는 동안의 엔트로피 증가량은 약 몇 kJ/K인가?(단, 이 기체의 정압비열과 정적비열은 각각 1.001kJ/kg · K, 0.7171kJ/kg · K 이다.)

① 0.411 　　　　　　② 0.486
③ 0.575 　　　　　　④ 0.732

해설 정적 엔트로피 변화

엔트로피 증가 $\Delta S = m C_v \ln \dfrac{T_2}{T_1}$

$$= 5 \times 0.717 \times \ln \dfrac{(50+273)}{(15+273)}$$

$$= 0.411 \text{kJ/K}$$

07 계가 비가역 사이클을 이룰 때 클라우지우스(Clausius)의 적분을 옳게 나타낸 것은?(단, T는 온도, Q는 열량이다.)

① $\oint \dfrac{\delta Q}{T} < 0$ 　　② $\oint \dfrac{\delta Q}{T} > 0$

③ $\oint \dfrac{\delta Q}{T} \geq 0$ 　　④ $\oint \dfrac{\delta Q}{T} \leq 0$

해설 비가역 사이클 클라우지우스 적분값 : $\oint \dfrac{\delta Q}{T} < 0$

부등식 : $\oint \dfrac{\delta Q}{T} \leq 0$

08 계가 정적 과정으로 상태 1에서 상태 2로 변화할 때 단순압축성 계에 대한 열역학 제1법칙을 바르게 설명한 것은?(단, U, Q, W는 각각 내부에너지, 열량, 일량이다.)

① $U_1 - U_2 = Q_{12}$ 　　② $U_2 - U_1 = W_{12}$
③ $U_1 - U_2 = W_{12}$ 　　④ $U_2 - U_1 = Q_{12}$

해설 계가 정적 과정(체적 일정)으로 상태 1에서 상태 2로 변화 시 단순압축성 계에 대한 열역학 제1법칙
$U_2 - U_1 = Q_{12}$

09 증기터빈에서 질량유량이 1.5kg/s이고, 열손실률이 8.5kW이다. 터빈으로 출입하는 수증기에 대한 값이 아래 그림과 같다면 터빈의 출력은 약 몇 kW인가?

$m_i = 1.5$kg/s
$z_i = 6$m
$v_i = 50$m/s
$h_i = 3,137.0$kJ/kg

Control Surface

터빈

$m_e = 1.5$kg/s
$z_e = 3$m
$v_e = 200$m/s
$h_e = 2,675.5$kJ/kg

① 273kW 　　　　　② 656kW
③ 1,357kW 　　　　④ 2,616kW

해설 정상유동의 일반에너지식

출력 $W_t = m \left\{ q - (h_e - h_i) - \dfrac{v_e^2 - v_i^2}{2} - (z_e - z_i) \right\}$

$$= 1.5 \times \left\{ -8.5 - (2,675.5 - 3,137.0) \right.$$

$$\left. - \dfrac{200^2 - 50^2}{2} \times 10^{-3} - (3-6) \right\}$$

$$= 655.875 \text{W}$$

10 완전가스의 내부에너지(U)는 어떤 함수인가?

① 압력과 온도의 함수이다.
② 압력만의 함수이다.
③ 체적과 압력의 함수이다.
④ 온도만의 함수이다.

해설 완전가스
㉠ 내부에너지는 온도만의 함수이다.
㉡ 일반적으로 비열은 온도만의 함수이다.

11 어떤 냉동기에서 0℃의 물로 0℃의 얼음 2ton을 만드는 데 180MJ의 일이 소요된다면 이 냉동기의 성적계수는?(단, 물의 융해열은 334kJ/kg이다.)

① 2.05　　　　　　② 2.32
③ 2.65　　　　　　④ 3.71

해설 냉동기 성적계수 $COP = \dfrac{Q_e}{W} = \dfrac{m \times \gamma}{W}$

$$= \dfrac{(2 \times 10^3) \times 334}{180 \times 10^3}$$

$$= 3.71$$

12 열펌프를 난방에 이용하려 한다. 실내 온도는 18℃이고, 실외 온도는 −15℃이며 벽을 통한 열손실은 12kW이다. 열펌프를 구동하기 위해 필요한 최소 동력은 약 몇 kW인가?

① 0.65kW　　　　　② 0.74kW
③ 1.36kW　　　　　④ 1.53kW

해설 역카르노 사이클 히트펌프

성적계수 $COP = \dfrac{12}{W} = \dfrac{T_H}{T_H - T_L}$ 에서

동력 $W = \dfrac{T_H - T_L}{T_H} \times 12$

$$= \dfrac{(18 + 273) - (-15 + 273)}{(18 + 273)} \times 12$$

$$= 1.36 \text{kW}$$

13 밀폐용기에 비내부에너지가 200kJ/kg인 기체가 0.5kg 들어 있다. 이 기체를 용량이 500W인 전기가열기로 2분 동안 가열한다면 최종상태에서 기체의 내부에너지는 약 몇 kJ인가?(단, 열량은 기체로만 전달된다고 한다.)

① 20kJ　　　　　　② 100kJ
③ 120kJ　　　　　④ 160kJ

해설 전기가열기 용량(500W), 1Wh = 0.86kcal = 1J/s
비내부에너지 : 200kJ/kg × 0.5kg = 100kJ
500W = 0.5kW, 1Wh = 3,600kJ

∴ 내부에너지 $= 100 + \dfrac{0.5 \times 2 \times 3,600}{60} = 160 \text{kJ}$

14 온도 20℃에서 계기압력 0.183MPa의 타이어가 고속주행으로 온도 80℃로 상승할 때 압력은 주행 전과 비교하여 약 몇 kPa 상승하는가?(단, 타이어의 체적은 변하지 않고, 타이어 내의 공기는 이상기체로 가정하며, 대기압은 101.3kPa이다.)

① 37kPa　　　　　② 58kPa
③ 286kPa　　　　　④ 445kPa

해설 이상기체 상태방정식 $Pv = mRT$

정적변화이므로 $\dfrac{T_1}{P_1} = \dfrac{T_2}{P_2}$

$P_2 = \dfrac{T_2}{T_1} \times P_1 = \dfrac{(80 + 273)}{(20 + 273)} \times (0.183 \times 10^3 + 101.3)$

$$= 342.52 \text{kPa}$$

∴ 상승된 압력 $= P_2 - P_1$

$$= 342.52 - (0.183 \times 10^3 + 101.3)$$

$$= 58.22 \text{kPa}$$

15 10℃에서 160℃까지 공기의 평균 정적비열은 0.7315 kJ/kg·K이다. 이 온도 변화에서 공기 1kg의 내부에너지 변화는 약 몇 kJ인가?

① 101.1kJ　　　　　② 109.7kJ
③ 120.6kJ　　　　　④ 131.7kJ

해설 내부에너지 변화$(Q) = G \cdot C_v (t_1 - t_2)$

$$= 1 \times 0.7315 \times (160 - 10)$$

$$= 109.7 \text{kJ}$$

16 온도가 127℃, 압력이 0.5MPa, 비체적이 0.4m³/kg인 이상기체가 같은 압력하에서 비체적이 0.3m³/kg으로 되었다면 온도는 약 몇 ℃가 되는가?

① 16　　　　　　　② 27
③ 96　　　　　　　④ 300

해설 정압 과정$(T_2) = T_1 \times \dfrac{V_2}{V_1}$

$$= (127 + 273) \times \dfrac{0.3}{0.4} = 300 \text{K}$$

∴ $t = 300 - 273 = 27$℃

17 한 밀폐계가 190kJ의 열을 받으면서 외부에 20kJ의 일을 한다면 이 계의 내부에너지의 변화는 약 얼마인가?

① 210kJ만큼 증가한다.
② 210kJ만큼 감소한다.
③ 170kJ만큼 증가한다.
④ 170kJ만큼 감소한다.

해설

$\delta Q = dU + \delta W$ 에서
$dU = \delta Q - \delta W$
$\quad = 190 - 20 = 170 \text{kJ}$
$\therefore 170 \text{kJ}$ 만큼 증가한다.

18 증기를 가역단열 과정을 거쳐 팽창시키면 증기의 엔트로피는?

① 증가한다.
② 감소한다.
③ 변하지 않는다.
④ 경우에 따라 증가도 하고, 감소도 한다.

해설 단열 변화
열량의 출입이 없으므로 열량의 변화가 없다(엔트로피는 변화가 없다).

19 오토 사이클의 압축비(ε)가 8일 때 이론열효율은 약 몇 %인가?(단, 비열비(K)는 1.4이다.)

① 36.8%
② 46.7%
③ 56.5%
④ 66.6%

해설 내연기관(Otto Cycle)
압축비(ε) $= \dfrac{V_1}{V_2}$

$\eta_o = 1 - \left(\dfrac{1}{\varepsilon}\right)^{K-1}$

$\quad = 1 - \left(\dfrac{1}{8}\right)^{1.4-1} = 0.5647(56.5\%)$

20 이상적인 카르노 사이클의 열기관이 500℃인 열원으로부터 500kJ을 받고, 25℃의 열을 방출한다. 이 사이클의 일(W)과 효율(η_{th})은 얼마인가?

① $W = 307.2 \text{kJ}$, $\eta_{th} = 0.6143$
② $W = 307.2 \text{kJ}$, $\eta_{th} = 0.5748$
③ $W = 250.3 \text{kJ}$, $\eta_{th} = 0.6143$
④ $W = 250.3 \text{kJ}$, $\eta_{th} = 0.5748$

해설 카르노 사이클

$\eta_{th} = \dfrac{W}{Q} = 1 - \dfrac{T_L}{T_H}$

• 사이클의 일 $W = \left(1 - \dfrac{T_L}{T_H}\right) \times Q$

$\quad = \left(1 - \dfrac{25+273}{500+273}\right) \times 500$

$\quad = 307.25 \text{kJ}$

• 열효율 $\eta_{th} = 1 - \dfrac{T_L}{T_H} = 1 - \dfrac{25+273}{500+273} = 0.6145$

SECTION 02 냉동공학

21 다음 조건을 이용하여 응축기 설계 시 1RT(3.86kW)당 응축면적(m²)은?(단, 온도차는 산술평균온도차를 적용한다.)

- 응축온도 : 35℃
- 냉각수 입구온도 : 28℃
- 냉각수 출구온도 : 32℃
- 열통과율 : 1.05kW/m²℃

① 1.05
② 0.74
③ 0.52
④ 0.35

해설 산술평균온도차 $\Delta t_m = 35 - \left(\dfrac{28+32}{2}\right) = 5$℃

응축열량 $Q_c = K \cdot A \cdot \Delta t_m$ 에서

응축면적 $A = \dfrac{Q_c}{K \cdot \Delta t_m} = \dfrac{3.86}{1.05 \times 5} = 0.7352$

22 히트파이프(Heat Pipe)의 구성요소가 아닌 것은?

① 단열부　　　　② 응축부
③ 증발부　　　　④ 팽창부

해설　히트파이프의 구성요소 : 단열부, 응축부, 증발부
※ 히트펌프 사이클 : 증발 → 압축 → 응축 → 팽창

23 흡수식 냉동장치에서의 흡수제 유동방향으로 틀린 것은?

① 흡수기 → 재생기 → 흡수기
② 흡수기 → 재생기 → 증발기 → 응축기 → 흡수기
③ 흡수기 → 용액열교환기 → 재생기 → 용액열교환기 → 흡수기
④ 흡수기 → 고온재생기 → 저온재생기 → 흡수기

해설　흡수식 냉동장치 사이클(흡수제)
㉠ 흡수기 → 재생기 → 흡수기
㉡ 흡수기 → 고·저온 재생기 → 흡수기
㉢ 흡수기 → 용액열교환기 → 재생기 → 용액열교환기 → 흡수기

24 실제기체가 이상기체의 상태방정식을 근사하게 만족시키는 경우는 어떤 조건인가?

① 압력과 온도가 모두 낮은 경우
② 압력이 높고 온도가 낮은 경우
③ 압력이 낮고 온도가 높은 경우
④ 압력과 온도 모두 높은 경우

해설　실제기체가 이상기체에 근접하려면 압력이 낮고 온도가 높은 경우이다.

25 암모니아 냉동장치에서 고압 측 게이지 압력이 1,372.9 kPa, 저압 측 게이지 압력이 294.2kPa이고, 피스톤 압출량이 100m³/h, 흡입증기의 비체적이 0.5m³/kg일 때, 이 장치에서의 압축비와 냉매순환량(kg/h)은 각각 얼마인가?(단, 압축기의 체적효율은 0.7이다.)

① 압축비 3.73, 냉매순환량 70
② 압축비 3.73, 냉매순환량 140
③ 압축비 4.67, 냉매순환량 70
④ 압축비 4.67, 냉매순환량 140

해설　㉠ 압축비$(CR) = \dfrac{고압 + 102kPa}{저압 + 102kPa} = \dfrac{1,372.9 + 102}{294.2 + 102} = 3.73$

※ 대기압(1atm)≒102kPa

㉡ 냉매순환량$(kg/h) = \dfrac{100}{0.5} = 200kg/h$

$\therefore \ 200 \times 0.7 = 140kg/h$

26 냉동기유의 구비조건으로 틀린 것은?

① 점도가 적당할 것
② 응고점이 높고 인화점이 낮을 것
③ 유성이 좋고 유막을 잘 형성할 수 있을 것
④ 수분 등의 불순물을 포함하지 않을 것

해설　냉동기의 압축기용 오일은 응고하는 온도가 낮고 인화점이 높을 것. 기타 구비조건은 ①, ③, ④항 외에도 냉매와 분리성이 좋고 화학반응이 없을 것

27 다음 중 빙축열시스템의 분류에 대한 조합으로 적당하지 않은 것은?

① 정적 제빙형 - 관 내 착빙형
② 정적 제빙형 - 캡슐형
③ 동적 제빙형 - 관 외 착빙형
④ 동적 제빙형 - 과냉각 아이스형

해설　관 외 착빙형은 정적 제빙형에 해당한다.

28 냉동장치가 정상운전되고 있을 때 나타나는 현상으로 옳은 것은?

① 팽창밸브 직후의 온도는 직전의 온도보다 높다.
② 크랭크 케이스 내의 유온은 증발온도보다 낮다.
③ 수액기 내의 액온은 응축온도보다 높다.
④ 응축기의 냉각수 출구온도는 응축온도보다 낮다.

해설　냉동장치

㉠
입구온도　→　[팽창밸브]　→　출구온도 (출구온도가 낮다)

㉡ 압축기의 크랭크 케이스 내의 유온은 냉매의 증발온도보다 높다.
㉢ 수액기 내의 냉매액 온도는 응축온도보다 높다.
㉣ 응축기의 냉각수 출구온도는 응축온도보다 낮다.

29 여름철 공기열원 열펌프 장치로 냉방운전할 때, 외기의 건구온도 저하 시 나타나는 현상으로 옳은 것은?

① 응축압력이 상승하고, 장치의 소비전력이 증가한다.

② 응축압력이 상승하고, 장치의 소비전력이 감소한다.

③ 응축압력이 저하하고, 장치의 소비전력이 증가한다.

④ 응축압력이 저하하고, 장치의 소비전력이 감소한다.

> **해설** 열펌프(히트펌프)로 하절기 냉방운전 시 외기의 건구온도가 저하하면 응축압력이 저하하고 소비전력이 감소한다. 이유는 냉방부하가 감소하기 때문이다.

30 다음 중 액압축을 방지하고 압축기를 보호하는 역할을 하는 것은?

① 유분리기   ② 액분리기

③ 수액기   ④ 드라이어

> **해설** 액분리기
> ㉠ 냉매증기 중 냉매액을 분리하여 압축기 내의 액압축사고를 방지한다(Liquid Back 방지).
> ㉡ 설치장소 : 증발기와 압축기 사이에 설치한다.

31 표준 냉동 사이클에서 상태 1, 2, 3에서의 각 성적계수 값을 모두 합하면 약 얼마인가?

상태	응축온도	증발온도
1	32℃	−18℃
2	42℃	2℃
3	37℃	−13℃

① 5.11   ② 10.89

③ 17.17   ④ 25.14

> **해설** 성적계수 $COP = \dfrac{T_L}{T_H - T_L}$
>
> $COP_1 = \dfrac{(-18 + 273)}{(32 + 273) - (-18 + 273)} = 5.1$
>
> $COP_2 = \dfrac{(2 + 273)}{(42 + 273) - (2 + 273)} = 6.875$

$COP_3 = \dfrac{(-13 + 273)}{(37 + 273) - (-13 + 273)} = 5.2$

$\therefore COP_1 + COP_2 + COP_3 = 5.1 + 6.875 + 5.2$
$= 17.175$

32 수액기에 대한 설명으로 틀린 것은?

① 응축기에서 응축된 고온고압의 냉매액을 일시 저장하는 용기이다.

② 장치 안에 있는 모든 냉매를 응축기와 함께 회수할 정도의 크기를 선택하는 것이 좋다.

③ 소형 냉동기에는 필요하지 않다.

④ 어큐뮬레이터라고도 한다.

> **해설** ㉠ 어큐뮬레이터 : 냉동기의 냉매액 분리기
> ㉡ 수액기(Liquid Receiver)

33 그림은 R−134a를 냉매로 한 건식 증발기를 가진 냉동장치의 개략도이다. 지점 1, 2에서의 게이지 압력은 각각 0.2MPa, 1.4MPa로 측정되었다. 각 지점에서의 엔탈피가 아래 표와 같을 때, 5지점에서의 엔탈피(kJ/kg)는 얼마인가?(단, 비체적(v_1)은 0.08m³/kg이다.)

지점	엔탈피(kJ/kg)
1	623.8
2	665.7
3	460.5
4	439.6

① 20.9   ② 112.8

③ 408.6   ④ 602.9

해설 팽창밸브 → 증발기 → 압축기 → 응축기(증발기 냉매엔탈피는 압축기 입구냉매엔탈피보다 조금 작다.)
- ㉠ 압축기 입구(1) : 623.8kJ/kg
- ㉡ 증발기 출구(5) : 602.9kJ/kg

34 표준 냉동 사이클에서 냉매의 교축 후에 나타나는 현상으로 틀린 것은?
① 온도는 강하한다.   ② 압력은 강하한다.
③ 엔탈피는 일정하다.   ④ 엔트로피는 감소한다.

해설 냉매의 교축
- ㉠ 엔탈피 일정(kJ/kg)
- ㉡ 엔트로피 증가(kJ/kg · K)

35 냉동능력이 10RT이고 실제 흡입가스의 체적이 15 m³/h인 냉동기의 냉동효과(kJ/kg)는?(단, 압축기 입구 비체적은 0.52m³/kg이고, 1RT는 3.86kW이다.)
① 4,817.2   ② 3,128.1
③ 2,984.7   ④ 1,534.8

해설 냉매순환량 $G = \dfrac{V}{v} = \dfrac{15}{0.52} = 28.85 \text{kg/h}$

$Q_e = G \times q_e$ 에서

냉동효과 $q_e = \dfrac{Q_e}{G} = \dfrac{10 \times 3.86 \times 3,600}{28.85}$

$\qquad\qquad = 4,816.64 \text{kJ/kg}$

36 냉동용 압축기를 냉동법의 원리에 의해 분류할 때, 저온에서 증발한 가스를 압축기로 압축하여 고온으로 이동시키는 냉동법을 무엇이라고 하는가?
① 화학식 냉동법   ② 기계식 냉동법
③ 흡착식 냉동법   ④ 전자식 냉동법

해설 냉매증기를 압축기로 압축하는 냉동법
기계식 냉동법(프레온, 암모니아 냉매 등 사용)

37 브라인(2차 냉매) 중 무기질 브라인이 아닌 것은?
① 염화마그네슘   ② 에틸렌글리콜
③ 염화칼슘   ④ 식염수

해설 유기질 브라인(2차 간접냉매)
- ㉠ 에틸렌글리콜   ㉡ 프로필렌글리콜
- ㉢ 물(H₂O)   ㉣ 메틸렌크로라이드(R-11)

38 가역 카르노 사이클에서 고온부 40℃, 저온부 0℃로 운전될 때, 열기관의 효율은?
① 7.825   ② 6.825
③ 0.147   ④ 0.128

해설 카르노 사이클 열효율
$$\eta_c = \frac{T_H - T_L}{T_H} = 1 - \frac{T_L}{T_H} = 1 - \frac{(0+273)}{(40+273)}$$
$$= 0.128$$

39 R-22를 사용하는 냉동장치에 R-134a를 사용하려 할 때, 장치의 운전 시 유의사항으로 틀린 것은?
① 냉매의 능력이 변하므로 전동기 용량이 충분한지 확인한다.
② 응축기, 증발기 용량이 충분한지 확인한다.
③ 개스킷, 실 등의 패킹 선정에 유의해야 한다.
④ 동일 탄화수소계 냉매이므로 그대로 운전할 수 있다.

해설 ㉠ R-22(CHClF₂) : 프레온에서는 냉동능력이 좋다.
㉡ R-134a : R-22의 대체냉매, 신냉매, H · F · C로만 구성, 오존에 대한 피해가 없다.
※ R-12의 대체냉매, R-22 대체냉매는 R-407C, R-410A가 쓰인다.

40 흡수식 냉동기의 특징에 대한 설명으로 옳은 것은?
① 자동제어가 어렵고 운전경비가 많이 소요된다.
② 초기 운전 시 정격 성능을 발휘할 때까지의 도달 속도가 느리다.
③ 부분부하에 대한 대응이 어렵다.
④ 증기압축식보다 소음 및 진동이 크다.

해설 흡수식 냉동기 운전 시(냉방) 초기 운전 시에는 정격 성능을 발휘할 때까지의 도달속도가 느리다.
(냉매+흡수제 리튬브로마이드 사용)

SECTION 03 공기조화

41 습공기의 상대습도(ϕ)와 절대습도(w)의 관계에 대한 계산식으로 옳은 것은?(단, P_a는 건공기 분압, P_s는 습공기와 같은 온도의 포화수증기 압력이다.)

① $\phi = \dfrac{w}{0.622}\dfrac{P_a}{P_s}$ ② $\phi = \dfrac{w}{0.622}\dfrac{P_s}{P_a}$

③ $\phi = \dfrac{0.622}{w}\dfrac{P_s}{P_a}$ ④ $\phi = \dfrac{0.622}{w}\dfrac{P_a}{P_s}$

해설 상대습도와 절대습도의 관계
㉠ 상대습도(ϕ) $= \dfrac{w}{0.622} \times \dfrac{P_a}{P_s}$
㉡ 절대습도(w) $= 0.622 \times \dfrac{P_w}{760 - P_w}$

42 기후에 따른 불쾌감을 표시하는 불쾌지수는 무엇을 고려한 지수인가?

① 기온과 기류   ② 기온과 노점
③ 기온과 복사열   ④ 기온과 습도

해설 불쾌지수(UI ; Uncomfort Index)
UI $= 0.72 \times$ (건구온도 + 습구온도) $+ 40.6$
UI 값이 75가 넘으면 덥다고 느낀다.

43 냉방부하에 따른 열의 종류로 틀린 것은?

① 인체의 발생열 – 현열, 잠열
② 틈새바람에 의한 열량 – 현열, 잠열
③ 외기 도입량 – 현열, 잠열
④ 조명의 발생열 – 현열, 잠열

해설 조명의 발생열(현열)
㉠ 백열등 : 1W당 0.86kcal/h
㉡ 형광등(안정기 실내 포함)
   0.86×W×조명점등률×1.2kcal/h

44 공기조화설비에 관한 설명으로 틀린 것은?

① 이중덕트 방식은 개별제어를 할 수 있는 이점이 있지만, 단일덕트 방식에 비해 설비비 및 운전비가 많아진다.
② 변풍량 방식은 부하의 증가에 대처하기 용이하며, 개별제어가 가능하다.
③ 유인유닛 방식은 개별제어가 용이하며, 고속덕트를 사용할 수 있어 덕트 스페이스를 작게 할 수 있다.
④ 각층 유닛 방식은 중앙기계실 면적을 작게 차지하고, 공조기의 유지관리가 편하다.

해설 각층 유닛(전 공기 방식)
㉠ 각 층마다 독립된 2차 공조기 설치로 대규모 건물이고 다층인 경우에 적용된다.
㉡ 지하 1차 공조기에서 냉수나 온수·증기를 공급받는다. 면적을 많이 차지하고 공조기의 유지관리가 번잡하다.

45 외기 및 반송(Return)공기의 분진량이 각각 C_O, C_R이고, 공급되는 외기량 및 필터로 반송되는 공기량이 각각 Q_O, Q_R이며, 실내 발생량이 M이라 할 때, 필터의 효율(η)을 구하는 식으로 옳은 것은?

① $\eta = \dfrac{Q_O(C_O - C_R) + M}{C_O Q_O + C_R Q_R}$

② $\eta = \dfrac{Q_O(C_O - C_R) + M}{C_O Q_O - C_R Q_R}$

③ $\eta = \dfrac{Q_O(C_O + C_R) + M}{C_O Q_O + C_R Q_R}$

④ $\eta = \dfrac{Q_O(C_O - C_R) - M}{C_O Q_O - C_R Q_R}$

해설 필터의 효율(η) $= \dfrac{Q_O(C_O - C_R) + M}{C_O Q_O + C_R Q_R}$(%)

46 다음 중 라인형 취출구의 종류로 가장 거리가 먼 것은?

① 브리즈라인형   ② 슬롯형
③ T-라인형   ④ 그릴형

해설 라인형 취출구는 ①, ②, ③항 외에도 T-bar형, 캄라인형이 있다.
※ 격자형 흡입구 : 레지스터형, 그릴형

47 축열시스템에서 수축열조의 특징으로 옳은 것은?

① 단열, 방수공사가 필요 없고 축열조를 따로 구축하는 경우 추가비용이 소요되지 않는다.

② 축열배관계통이 여분으로 필요하고 배관설비비 및 반송동력비가 절약된다.

③ 축열수의 혼합에 따른 수온 저하 때문에 공조기 코일 열수, 2차 측 배관계의 설비가 감소할 가능성이 있다.

④ 열원기기는 공조부하의 변동에 직접 추종할 필요가 없고 효율이 높은 전부하에서의 연속운전이 가능하다.

해설 축열시스템의 수축열조에서 열원기기는 공조부하의 변동에 직접 추종할 필요가 없으며 효율이 높은 전부하에서의 연속운전이 가능하다.
※ 수축열조 : 물탱크에 냉매, 열매를 저장하여 부하변동 시 공급하여 사용한다.

48 가습장치에 대한 설명으로 옳은 것은?

① 증기분무 방법은 제어의 응답성이 빠르다.

② 초음파 가습기는 다량의 가습에 적당하다.

③ 순환수 가습은 가열 및 가습효과가 있다.

④ 온수 가습은 가열·감습이 된다.

해설 ㉠ 초음파식 가습기는 120~320W의 전력으로 초음파를 가하면 수면으로부터 작은 물방울이 발생한다.
㉡ 용량이 비교적 작아서 1.3~4.0L/h 정도이다.

49 개별 공기조화방식에 사용되는 공기조화기에 대한 설명으로 틀린 것은?

① 사용하는 공기조화기의 냉각코일에는 간접팽창코일을 사용한다.

② 설치가 간편하고 운전 및 조작이 용이하다.

③ 제어대상에 맞는 개별 공조기를 설치하여 최적의 운전이 가능하다.

④ 소음이 크나, 국소운전이 가능하여 에너지 절약형이다.

해설 ㉠ 개별식은 중앙집중식에 비하여 국소운전이 가능하여 에너지절약형이다. 각 유닛마다 냉동기가 필요하며 소음, 진동이 크다.
㉡ 개별 방식(냉매 방식) : 패키지 방식, 룸－쿨러 방식, 멀티유닛 방식

50 취출기류에 관한 설명으로 틀린 것은?

① 거주영역에서 취출구의 최소 확산반경이 겹치면 편류현상이 발생한다.

② 취출구의 베인 각도를 확대시키면 소음이 감소한다.

③ 천장 취출 시 베인의 각도를 냉방과 난방 시 다르게 조정해야 한다.

④ 취출기류의 강하 및 상승거리는 기류의 풍속 및 실내공기와의 온도차에 따라 변한다.

해설 **취출구**
㉠ 천장형 : 하향공급식
㉡ 벽면형 : 벽에서 취출형
㉢ 라인형 : 창틀이나 창쪽형
※ 취출구의 베인 각도는 0~45°가 적당하며 베인 각도를 너무 확대시키면 소음이 커진다.

51 다음 중 원심식 송풍기가 아닌 것은?

① 다익 송풍기   ② 프로펠러 송풍기

③ 터보 송풍기   ④ 익형 송풍기

해설 **축류형 송풍기**
㉠ 프로펠러형   ㉡ 디스크형

52 노점온도(Dew Point Temperature)에 대한 설명으로 옳은 것은?

① 습공기가 어느 한계까지 냉각되어 그 속에 있던 수증기가 이슬방울로 응축되기 시작하는 온도

② 건공기가 어느 한계까지 냉각되어 그 속에 있던 공기가 팽창하기 시작하는 온도

③ 습공기가 어느 한계까지 냉각되어 그 속에 있던 수증기가 자연 증발하기 시작하는 온도

④ 건공기가 어느 한계까지 냉각되어 그 속에 있던 공기가 수축하기 시작하는 온도

해설 노점온도

습공기가 어느 한계까지 냉각되어 그 속에 있던 수증기가 이슬방울로 응축되기 시작하는 온도이다.

53 바닥취출 공조방식의 특징으로 틀린 것은?

① 천장 덕트를 최소화하여 건축 층고를 줄일 수 있다.

② 개개인에 맞추어 풍량 및 풍속 조절이 어려워 쾌적성이 저해된다.

③ 가압식의 경우 급기거리가 18m 이하로 제한된다.

④ 취출온도와 실내온도 차이가 10℃ 이상이면 드래프트 현상을 유발할 수 있다.

해설 바닥취출은 개개인에 맞추어 풍량이나 풍속 조절이 용이하므로 쾌적성이 증가한다.

54 냉동창고의 벽체가 두께 15cm, 열전도율 1.6W/m℃인 콘크리트와 두께 5cm, 열전도율이 1.4W/m℃인 모르타르로 구성되어 있다면 벽체의 열통과율(W/m²℃)은?(단, 내벽 측 표면 열전달률은 9.3W/m²℃, 외벽 측 표면 열전달률은 23.2W/m²℃이다.)

① 1.11   ② 2.58

③ 3.57   ④ 5.91

해설 열관류율 $\left(\dfrac{1}{R}\right) = \dfrac{1}{\dfrac{1}{a_1} + \dfrac{b_1}{\lambda_1} + \dfrac{b_2}{\lambda_2} + \dfrac{1}{a_2}}$

$= \dfrac{1}{\dfrac{1}{9.3} + \dfrac{0.15}{1.6} + \dfrac{0.05}{1.4} + \dfrac{1}{23.2}} = \dfrac{1}{0.28}$

$= 3.57 \text{W/m}^2\text{℃}$

55 다음 온수난방 분류 중 적당하지 않은 것은?

① 고온수식, 저온수식

② 중력순환식, 강제순환식

③ 건식환수법, 습식환수법

④ 상향공급식, 하향공급식

해설 응축수 회수 증기난방

㉠ 건식환수법

㉡ 습식환수법

56 공기조화설비에서 공기의 경로로 옳은 것은?

① 환기덕트 → 공조기 → 급기덕트 → 취출구

② 공조기 → 환기덕트 → 급기덕트 → 취출구

③ 냉각탑 → 공조기 → 냉동기 → 취출구

④ 공조기 → 냉동기 → 환기덕트 → 취출구

해설 공기조화설비의 공기 경로

환기덕트 → 공조기 → 급기덕트 → 취출구 → 흡입구 → 공조기

57 온풍난방에 관한 설명으로 틀린 것은?

① 실내 층고가 높을 경우 상하 온도차가 커진다.

② 실내의 환기나 온습도 조절이 비교적 용이하다.

③ 직접난방에 비하여 설비비가 높다.

④ 국부적으로 과열되거나 난방이 잘 안 되는 부분이 발생한다.

해설 온풍난방은 직접난방(온수, 증기)에 비하여 설비비가 적게 든다.

58 극간풍(틈새바람)에 의한 침입 외기량이 2,800L/s일 때, 현열부하(q_S)와 잠열부하(q_L)는 얼마인가?(단, 실내의 공기온도와 절대습도는 각각 25℃, 0.0179kg/kg DA이고, 외기의 공기온도와 절대습도는 각각 32℃, 0.0209kg/kg DA이며, 건공기 정압비열은 1.005kJ/kg·K, 0℃ 물의 증발잠열은 2,501kJ/kg, 공기밀도는 1.2kg/m³이다.)

① q_S : 23.6kW, q_L : 17.8kW

② q_S : 18.9kW, q_L : 17.8kW

③ q_S : 23.6kW, q_L : 25.2kW

④ q_S : 18.9kW, q_L : 25.2kW

해설 • 극간풍 현열부하

$q_{IS} = PQ_I \times C_p \times \Delta t$

$= 1.2 \times (2,800 \times 10^{-3}) \times 1.005 \times (32 - 25)$

$= 23.64 \text{kW}$

• 극간풍 잠열부하

$q_{IL} = 2,501 \times PQ_I \times \Delta x$

$= 2,501 \times 1.2 \times (2,800 \times 10^{-3}) \times (0.0209 - 0.0179)$

$= 25.21 \text{kW}$

59 온수난방에 대한 설명으로 틀린 것은?

① 난방부하에 따라 온도조절을 용이하게 할 수 있다.

② 예열시간은 길지만 잘 식지 않으므로 증기난방에 비하여 배관의 동결우려가 적다.

③ 열용량이 증기보다 크고 실온 변동이 적다.

④ 증기난방보다 작은 방열기 또는 배관이 필요하므로 배관공사비를 절감할 수 있다.

해설 온수난방 방열기는 증기난방보다 커야 한다.

60 보일러의 성능에 관한 설명으로 틀린 것은?

① 증발계수는 1시간당 증기발생량에 시간당 연료소비량으로 나눈 값이다.

② 1보일러 마력은 매시 100℃의 물 15.65kg을 같은 온도의 증기로 변화시킬 수 있는 능력이다.

③ 보일러 효율은 증기에 흡수된 열량과 연료의 발열량과의 비이다.

④ 보일러 마력을 전열면적으로 표시할 때는 수관 보일러의 전열면적 $0.929m^2$를 1보일러 마력이라 한다.

해설 증발계수 = $\dfrac{증기발생엔탈피 - 급수엔탈피}{539kcal/kg(2,252kJ/kg)}$

SECTION **04** 전기제어공학

61 어떤 전지에 연결된 외부회로의 저항은 4Ω이고, 전류는 $5A$가 흐른다. 외부회로에 4Ω 대신 8Ω의 저항을 접속하였더니 전류가 $3A$로 떨어졌다면, 이 전지의 기전력(V)은?

① 10   ② 20

③ 30   ④ 40

해설 기전력

전기나 발전기 내부에서 발생하는 전위차(전압)는 전류를 흐르게 하는 원동력이다. 이것을 기전력이라고 한다. 단위는 V이다.

$4\Omega \rightarrow 5(A)$, $8\Omega \rightarrow 3(A)$

$E = I(r+R) = IR + Ir(V)$

$5 \times 4 + 5r = 8 \times 3 + 3r$, $r = 2$

$\therefore E = 5 \times 4 + 5 \times 2 = 30(V)$

62 스위치를 닫거나 열기만 하는 제어동작은?

① 비례동작   ② 미분동작

③ 적분동작   ④ 2위치동작

해설 2위치동작(온-오프동작)

스위치를 닫거나 열거나 하여 만족하는 동작

63 발열체의 구비조건으로 틀린 것은?

① 내열성이 클 것

② 용융온도가 높을 것

③ 산화온도가 낮을 것

④ 고온에서 기계적 강도가 클 것

해설 발열체 조건

㉠ 용융, 연화 및 산화온도가 높을 것

㉡ 팽창계수가 작을 것

㉢ 가공이 용이할 것

㉣ 적당한 고유저항을 가질 것

㉤ 기타 ①, ②, ④항일 것

64 3상 교류에서 a, b, c상에 대한 전압을 기호법으로 표시하면 $E_a = E \angle 0°$, $E_b = E \angle -120°$, $E_c = E \angle 120°$로 표시된다. 여기서 $a = -\dfrac{1}{2} + j\dfrac{\sqrt{3}}{2}$ 이라는 페이저 연산자를 이용하면 E_c는 어떻게 표시되는가?

① $E_c = E$ ② $E_c = a^2 E$

③ $E_c = aE$ ④ $E_c = \left(\dfrac{1}{a}\right)E$

해설 3상 교류

주파수가 같고 위상이 다른 3개의 기전력에 의해 흐르는 교류이다(일반적으로는 대칭 3상 기전력에 의해 흐르는 교류이다. 서로 위상이 120° 다르고 진폭이 같은 3개의 정현파 교류가 동시에 흐르는 교류이다).

※ 페이저 : 정상 정현파량(교류의 전압, 전류)을 복소량으로 표시한 것이다.

$\therefore E_c = E < 120° = aE$(페이저 연산자)

65 상호인덕턴스 150mH인 a, b 두 개의 코일이 있다. b 코일에 전류를 균일한 변화율로 1/50초 동안에 10A 변화시키면 a 코일에 유기되는 기전력(V)의 크기는?

① 75 　　　　　　② 100
③ 150 　　　　　　④ 200

> **해설** 유도기전력
> $$e = M\frac{dI}{dt} = (150 \times 10^{-3}) \times \frac{10}{1/50} = 75V$$

66 단상교류전력을 측정하는 방법이 아닌 것은?

① 3전압계법 　　　② 3전류계법
③ 단상전력계법 　　④ 2전력계법

> **해설** 단상교류전력을 측정하는 방법
> ㉠ 3전압계법
> ㉡ 3전류계법
> ㉢ 단상전력계법
> ※ 단상 : 우리가 사용하는 전기는 교류로서 보통 단상이라 하고 220V를 쓴다. 3상은 산업용으로 380V를 쓴다.

67 $G(s) = \dfrac{10}{s(s+1)(s+2)}$ 의 최종값은?

① 0 　　　　　　② 1
③ 5 　　　　　　④ 10

> **해설** 라플라스 변환에서 최종값 정리
> $$\lim f(t) = \lim s \cdot F(s) = \lim \cdot \frac{10}{s(s+1)(s+2)} = 5$$

68 다음 논리식 중 틀린 것은?

① $\overline{A \cdot B} = \overline{A} + \overline{B}$
② $\overline{A+B} = \overline{A} \cdot \overline{B}$
③ $A + A = A$
④ $A + \overline{A} \cdot B = A + \overline{B}$

> **해설** $A + \overline{A} \cdot B = 1 \cdot B = B$

69 그림과 같은 유접점 논리회로를 간단히 하면?

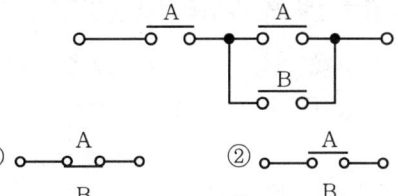

① ○—A—○　　② ○—A—○
③ ○—B—○　　④ ○—B—○

> **해설** 유접점 논리회로
> a접점, b접점으로 나뉨(동작−복귀의 순으로 진행)
> $$y = A(A+B) = AA + AB = A + AB = A(1+B) = A$$

70 입력이 011$_{(2)}$일 때, 출력이 3V인 컴퓨터 제어의 D/A 변환기에서 입력을 101$_{(2)}$로 하였을 때 출력은 몇 V인가?(단, 3bit 디지털 입력이 011$_{(2)}$은 Off, On, On을 뜻하고 입력과 출력은 비례한다.)

① 3 　　　　　　② 4
③ 5 　　　　　　④ 6

> **해설** D/A 변환기
> 디지털 입력에 따라서 아날로그 출력을 내는 것이다.
>
> | 2진수 | 10진수 |
> |---|---|
> | 100 | 4 |
> | 101 | 5 |
> | 110 | 6 |

71 잔류편차와 사이클링이 없고, 간헐현상이 나타나는 것이 특징인 동작은?

① I 동작 　　　　② D 동작
③ P 동작 　　　　④ PI 동작

> **해설** PI 동작(비례−적분동작)
> ㉠ 간헐현상이 있다.
> ㉡ 잔류편차가 제거된다.

72 피상전력이 P_a(kVA)이고 무효전력이 P_r(kVar)인 경우 유효전력 P(kW)를 나타낸 것은?

① $P = \sqrt{P_a - P_r}$ ② $P = \sqrt{P_a{}^2 - P_r{}^2}$

③ $P = \sqrt{P_a + P_r}$ ④ $P = \sqrt{P_a{}^2 + P_r{}^2}$

해설 유효전력$(P_1) = VI_1 = VI\cos\theta$(W)

무효전력$(P_2) = VI_2 = VI\sin\theta$(Var)

※ 피상전력$(P_a) = \sqrt{P^2 - P_r{}^2}$

∴ $P_1 = \sqrt{P_a{}^2 - P_r{}^2}$(kW)

피상전력 P_a

무효전력 P_r

유효전력 P

73 $R = 4\Omega$, $X_L = 9\Omega$, $X_C = 6\Omega$인 직렬접속회로의 어드미턴스($\mho$)는?

① $4 + j8$ ② $0.16 - j0.12$

③ $4 - j8$ ④ $0.16 + j0.12$

해설 어드미턴스 $Y = \dfrac{1}{Z} = \dfrac{1}{R + jX}$

$= \dfrac{1}{4 + j3}$

$= \dfrac{4 - j(9-6)}{4^2 + (9-6)^2} = \dfrac{4 - j3}{25}$

$= 0.16 - j0.12$

74 제어계의 구성도에서 개루프 제어계에는 없고 폐루프 제어계에만 있는 제어구성요소는?

① 검출부   ② 조작량

③ 목푯값   ④ 제어대상

해설 검출부 : 피드백 제어계 구성요소(폐루프계용)

75 비전해콘덴서의 누설전류 유무를 알아보는 데 사용될 수 있는 것은?

① 역률계   ② 전압계

③ 분류기   ④ 자속계

해설 전압계 : 전압의 크기를 재기 위한 계기(가반형 패널용)

㉠ 동작원리상
  • 가동코일형
  • 가동철편형
  • 열전형
  • 정류형

㉡ 전압계는 비전해콘덴서의 누설전류 유무를 알 수 있다.

76 목표치가 시간에 관계없이 일정한 경우로 정전압장치, 일정속도제어 등에 해당하는 제어는?

① 정치제어   ② 비율제어

③ 추종제어   ④ 프로그램 제어

해설 정치제어

목표치가 시간에 관계없이 일정한 경우로 정전압장치, 일정속도제어 등에 해당한다.

77 그림과 같은 블록 선도에서 $C(s)$는?(단, $G_1(s) = 5$, $G_2(s) = 2$, $H(s) = 0.1$, $R(s) = 1$이다.)

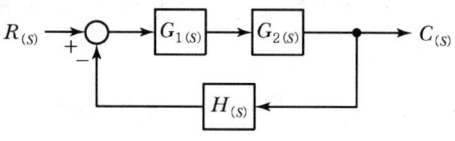

① 0   ② 1

③ 5   ④ ∞

해설 $\dfrac{C(s)}{R(s)} = \dfrac{G_1(s) \cdot G_2(s)}{1 - \{-G_1(s) \cdot G_2(s) \cdot H(s)\}}$

∴ $C(s) = \dfrac{G_1(s)G_2(s)R(s)}{1 + G_1(s)G_2(s)H(s)}$

$= \dfrac{5 \times 2 \times 1}{1 + 5 \times 2 \times 0.1} = 5$

78 전위의 분포가 $V = 15x + 4y^2$으로 주어질 때 점($x = 3$, $y = 4$)에서 전계의 세기(V/m)는?

① $-15i + 32j$

② $-15i - 32j$

③ $15i + 32j$

④ $15i - 32j$

해설 전계의 세기

전계란 전기력이 존재하고 있는 공간이다. 그 상황은 전기력선의 분포에 의해서 나타난다.

$$E = -1\text{grad}$$
$$= -\left(\frac{\partial}{\partial x}i + \frac{\partial}{\partial y}j + \frac{\partial}{\partial z}k\right) \times (15x + 4y^2)$$
$$= -15i - 8yj$$
$$x = 3, \ y = 4$$
$$\therefore \ E = -15i - 8j \times 4 = -15i - 32j$$

79 교류를 직류로 변환하는 전기기기가 아닌 것은?

① 수은정류기   ② 단극발전기
③ 회전변류기   ④ 컨버터

해설 단극발전기

직류발전기로서 전기자에 작용하는 자극의 극성은 단일하기 때문에 권선 내에 생기는 전압이 언제나 같은 극성을 갖는 발전기이다(전기자 도체에는 동일방향의 기전력이 발생하고 저전압 대전류에 적합하다).

80 PLC(Programmable Logic Controller)에 대한 설명 중 틀린 것은?

① 시퀀스 제어방식과는 함께 사용할 수 없다.
② 무접점 제어방식이다.
③ 산술연산, 비교연산을 처리할 수 있다.
④ 계전기, 타이머, 카운터의 기능까지 쉽게 프로그램 할 수 있다.

해설 PLC 제어는 시퀀스 제어방식을 사용할 수 있으며, PLC 작동은 CPU라는 작업에 의해 처리된다.

SECTION 05   배관일반

81 다음 배관지지 장치 중 변위가 큰 개소에 사용하기에 가장 적절한 행거(Hanger)는?

① 리지드 행거   ② 콘스턴트 행거
③ 베리어블 행거   ④ 스프링 행거

해설 콘스턴트 행거

지정 이동거리 범위 내에서 배관의 상하 방향 이동에 대해 변위가 큰 개소에 항상 일정한 하중으로 배관을 지지할 수 있는 장치에 사용한다. 코일형과 중추형이 있다.

82 밸브 종류 중 디스크의 형상을 원뿔모양으로 하여 고압, 소유량의 유체를 누설 없이 조절할 목적으로 사용하는 밸브는?

① 앵글밸브
② 슬루스밸브
③ 니들밸브
④ 버터플라이밸브

해설 니들밸브

밸브 종류 중 디스크의 형상을 원뿔모양으로 하여 고압, 소유량의 유체를 누설 없이 조절할 목적으로 사용하는 밸브이다. 밸브 보디가 바늘모양으로 되어서 노즐 또는 관 속의 유량을 조절하는 밸브로 유체의 교란이 없고 조정이 용이하다.

83 플래시밸브 또는 급속개폐식 수전을 사용할 때 급수의 유속이 불규칙적으로 변하여 생기는 현상을 무엇이라고 하는가?

① 수밀작용   ② 파동작용
③ 맥동작용   ④ 수격작용

해설 수격작용

플래시밸브, 급속개폐식 수전을 사용할 때 급수의 유속이 불규칙적으로 변하여 생기는 워터해머 작용이다.

84 보온재의 구비조건으로 틀린 것은?

① 부피와 비중이 커야 한다.
② 흡수성이 적어야 한다.
③ 안전사용 온도 범위에 적합해야 한다.
④ 열전도율이 낮아야 한다.

해설 보온재

비중이나 밀도가 작아야 다공질층을 형성하여 보온효과가 크다.

85 증기압축식 냉동 사이클에서 냉매배관의 흡입관은 어느 구간을 의미하는가?

① 압축기-응축기 사이
② 응축기-팽창밸브 사이
③ 팽창밸브-증발기 사이
④ 증발기-압축기 사이

해설

86 공조배관 설계 시 유속을 빠르게 설계하였을 때 나타나는 결과로 옳은 것은?

① 소음이 작아진다.
② 펌프양정이 높아진다.
③ 설비비가 커진다.
④ 운전비가 감소한다.

해설 공조배관 설계 시 유속증가 : 펌프양정 증가

87 도시가스의 제조소 및 공급소 밖의 배관 표시기준에 관한 내용으로 틀린 것은?

① 가스배관을 지상에 설치할 경우에는 배관의 표면 색상을 황색으로 표시한다.
② 최고사용압력이 중압인 가스배관을 매설할 경우에는 황색으로 표시한다.
③ 배관을 지하에 매설하는 경우에는 그 배관이 매설되어 있음을 명확하게 알 수 있도록 표시한다.
④ 배관의 외부에 사용가스명, 최고사용압력 및 가스의 흐름방향을 표시하여야 한다. 다만, 지하에 매설하는 경우에는 흐름방향을 표시하지 아니할 수 있다.

해설 도시가스의 제조소 및 공급소 밖의 배관 표시기준에 관한 내용에서 최고사용압력이 중압인 경우 가스배관 색상
㉠ 저압 : 황색
㉡ 중압 : 적색

88 주철관이음 중 고무링 하나만으로 이음하며 이음 과정이 간편하여 관 부설을 신속하게 할 수 있는 것은?

① 기계식 이음
② 빅토릭이음
③ 타이튼이음
④ 소켓이음

해설 주철관 타이튼이음
고무링 하나만으로 이음하며 고무링은 단면이 원형으로 되어 있다. 그 구조와 치수는 견고하며 장기적으로 이음에 견딜 수 있도록 만들어져 있다.

89 직접가열식 중앙급탕법의 급탕순환경로의 순서로 옳은 것은?

① 급탕입주관 → 분기관 → 저탕조 → 복귀주관 → 위생기구
② 분기관 → 저탕조 → 급탕입주관 → 위생기구 → 복귀주관
③ 저탕조 → 급탕입주관 → 복귀주관 → 분기관 → 위생기구
④ 저탕조 → 급탕입주관 → 분기관 → 위생기구 → 복귀주관

해설 직접가열식 중앙급탕법의 급탕순환경로
지하 저탕조 → 급탕입주관 → 분기관 → 위생기구 → 복귀주관

90 냉매유속이 낮아지게 되면 흡입관에서의 오일 회수가 어려워지므로 오일 회수를 용이하게 하기 위하여 설치하는 것은?

① 이중입상관
② 루프배관
③ 액트랩
④ 리프팅배관

해설

프레온흡입관에서 오일 회수가 어려워지므로 오일 회수를 용이하게 하기 위하여 이중입상관을 설치한다. 흡입이나 토출관 입상배관에서 냉매유속이 늦어지면 오일이 올라갈 수 없게 되어 오일 회수가 어려워진다.
특히 부하경감장치가 설치되어 있는 경우 부하경감장치가 작동하면 냉매유속이 감소하여 오일 회수가 어려워서 이중입상관을 설치한다.

91 다음 중 동관의 이음방법과 가장 거리가 먼 것은?

① 플레어이음　　　　② 납땜이음
③ 플랜지이음　　　　④ 소켓이음

해설 소켓접합 : 주철관의 관의 내부에서 소켓부에 납과 얀(Yarn)을 넣는 접합방식이다.

92 온수난방설비의 온수배관 시공법에 관한 설명으로 틀린 것은?

① 공기가 고일 염려가 있는 곳에는 공기배출을 고려한다.
② 수평배관에서 관의 지름을 바꿀 때에는 편심리듀서를 사용한다.
③ 배관재료는 내열성을 고려한다.
④ 팽창관에는 슬루스밸브를 설치한다.

해설 팽창온수난방에서 팽창관에는 어떠한 밸브도 설치하면 안된다.

93 증기난방설비 중 증기헤더에 관한 설명으로 틀린 것은?

① 증기를 일단 증기헤더에 모은 다음 각 계통별로 분배한다.
② 헤더의 설치 위치에 따라 공급헤더와 리턴헤더로 구분한다.
③ 증기헤더는 압력계, 드레인 포켓, 트랩장치 등을 함께 부착시킨다.
④ 증기헤더의 접속관에 설치하는 밸브류는 바닥 위 5m 정도의 위치에 설치하는 것이 좋다.

해설 증기헤더의 접속관에 설치하는 밸브류는 바닥 위 2m 이내로 제한하여 설치한다.

94 지중 매설하는 도시가스배관 설치방법에 대한 설명으로 틀린 것은?

① 배관을 시가지 도로 노면 밑에 매설하는 경우 노면으로부터 배관의 외면까지 1.5m 이상 간격을 두고 설치해야 한다.
② 배관의 외면으로부터 도로의 경계까지 수평거리 1.5m 이상, 도로 밑의 다른 시설물과는 0.5m 이상 간격을 두고 설치해야 한다.

③ 배관을 인도·보도 등 노면 외의 도로 밑에 매설하는 경우에는 지표면으로부터 배관의 외면까지 1.2m 이상 간격을 두고 설치해야 한다.
④ 배관을 포장되어 있는 차도에 매설하는 경우 그 포장부분의 노반의 밑에 매설하고 배관의 외면과 노반의 최하부와의 거리는 0.5m 이상 간격을 두고 설치해야 한다.

해설

※ 도로 밑의 다른 시설물이 있는 경우 이들의 하부에 설치한다.

95 배수설비의 종류에서 주방 요리실, 욕조, 세척, 싱크와 세면기 등에서 배출되는 물로, 하수도에 방류하여도 지장이 없는 물을 배수하는 설비의 명칭으로 옳은 것은?

① 오수설비　　　　② 잡배수설비
③ 빗물배수설비　　　　④ 특수배수설비

해설 ㉠ 잡배수설비 : 배수설비의 종류 중 요리실, 욕조, 세척, 싱크와 세면기 등에서 배출되는 물을 배수하는 설비이다.
㉡ 배수의 종류 : 오수, 잡배수, 우수, 용수
㉢ 특수배수(폐수), 중수도배수(배수재처리용수)

96 펌프의 양수량이 $60m^3/min$이고 전양정이 20m일 때, 벌류트 펌프로 구동할 경우 필요한 동력(kW)은 얼마인가?(단, 물의 비중량은 $9,800N/m^3$이고, 펌프의 효율은 60%로 한다.)

① 196.1　　　　② 200
③ 326.7　　　　④ 405.8

해설 펌프동력 $P = \dfrac{\gamma \cdot H \cdot Q}{\eta}$

$\quad = \dfrac{(9,800 \times 10^{-3}) \times 20 \times 60}{60 \times 0.6}$

$\quad = 326.67kW$

97 다음 중 수직배관에서 역류방지 목적으로 사용하기에 가장 적절한 밸브는?

① 리프트식 체크밸브
② 스윙식 체크밸브
③ 안전밸브
④ 코크밸브

해설 체크밸브
㉠ 리프트식(수직배관 사용불가, 수평배관용)
㉡ 스윙식(수직, 수평배관에서 겸용)

98 관의 결합방식 표시방법 중 용접식의 그림기호로 옳은 것은?

① ──┼──   ② ──●──
③ ──╫──   ④ ──→──

해설 ① ──┼── : 나사이음
② ──●── : 용접이음
③ ──╫── : 플랜지이음
④ ──→── : 소켓이음

99 연관의 접합 과정에 쓰이는 공구가 아닌 것은?

① 봄볼   ② 턴핀
③ 드레서   ④ 사이징툴

해설 사이징툴
동관의 끝부분을 원형으로 정형한다.

100 중차량이 통과하는 도로에서의 급수배관 매설깊이 기준으로 옳은 것은?

① 450mm 이상   ② 750mm 이상
③ 900mm 이상   ④ 1,200mm 이상

 해설

SECTION 01 기계열역학

01 4kg의 공기를 온도 15℃에서 일정 체적으로 가열하여 엔트로피가 3.35kJ/K 증가하였다. 이때 온도는 약 몇 K인가?(단, 공기의 정적비열은 0.717kJ/kg·K이다.)

① 927   ② 337
③ 533   ④ 483

해설 엔트로피 변화 $\Delta S = m C_v \ln \dfrac{T_2}{T_1} = m C_v (\ln T_2 - \ln T_1)$

$$\ln T_2 = \ln T_1 + \dfrac{\Delta S}{m \cdot C_v}$$

$$= \ln(15 + 273) + \dfrac{3.35}{4 \times 0.717}$$

$$= 6.831$$

$$\therefore\ T_2 = e^{6.831} = 926.14K$$

02 카르노 사이클로 작동되는 열기관이 200kJ의 열을 200℃에서 공급받아 20℃에서 방출한다면 이 기관의 일은 약 얼마인가?

① 38kJ   ② 54kJ
③ 63kJ   ④ 76kJ

해설 카르노 사이클 열효율 $\eta = \dfrac{W}{Q} = \dfrac{T_H - T_L}{T_H}$ 에서

기관이 한 일 $W = Q \times \dfrac{T_H - T_L}{T_H}$

$$= 200 \times \dfrac{(200 + 273) - (20 + 273)}{(200 + 273)}$$

$$= 76.11kJ$$

03 기체상수가 0.462kJ/kg·K인 수증기를 이상기체로 간주할 때 정압비열(kJ/kg·K)은 약 얼마인가? (단, 이 수증기의 비열비는 1.33이다.)

① 1.86   ② 1.54
③ 0.64   ④ 0.44

해설 비열비 $k = \dfrac{\text{정압비열 } C_p}{\text{정적비열 } C_v}$, $C_p - C_v = AR$(또는 R)

$C_p = C_v + R$(SI 단위)

$\dfrac{C_p}{C_v} = k$, $C_p - C_v = R$에서 $C_v = \dfrac{R}{k-1} = \dfrac{0.462}{1.33-1} = 1.4$

$C_p = C_v + R = 1.4 + 0.462 \fallingdotseq 1.86$

04 다음 4가지 경우에서 ( ) 안의 물질이 보유한 엔트로피가 증가한 경우는?

> ⓐ 컵에 있는 (물)이 증발하였다.
> ⓑ 목욕탕의 (수증기)가 차가운 타일 벽에서 물로 응결되었다.
> ⓒ 실린더 안의 (공기)가 가역 단열적으로 팽창되었다.
> ⓓ 뜨거운 (커피)가 식어서 주위 온도와 같게 되었다.

① ⓐ   ② ⓑ
③ ⓒ   ④ ⓓ

해설 엔트로피 변화(ΔS)

$$\Delta S = \dfrac{\delta Q}{T}$$

여기서, δQ : 증발열
            T : 온도(K)

컵의 물이 증발하면 증발열에 의해 엔트로피가 증가한다.

05 이상적인 오토 사이클의 열효율이 56.5%이라면 압축비는 약 얼마인가?(단, 작동 유체의 비열비는 1.4로 일정하다.)

① 7.5   ② 8.0
③ 9.0   ④ 9.5

해설 열효율 $\eta_o = 1 - \left(\dfrac{1}{\varepsilon}\right)^{k-1} = 1 - \dfrac{1}{\varepsilon^{k-1}}$ 에서

압축비 $\varepsilon = \left(\dfrac{1}{1-\eta_o}\right)^{\frac{1}{k-1}}$

$$= \left(\dfrac{1}{1-0.565}\right)^{\frac{1}{1.4-1}}$$

$$= 8.01$$

06 시스템 내의 임의의 이상기체 1kg이 채워져 있다. 이 기체의 정압비열은 1.0kJ/kg · K이고, 초기 온도가 50℃인 상태에서 323kJ의 열량을 가하여 팽창시킬 때 변경 후 체적은 변경 전 체적의 약 몇 배가 되는가?(단, 정압과정으로 팽창한다.)

① 1.5배   ② 2배

③ 2.5배   ④ 3배

해설 $PV = mRT$에서 정압과정이므로 $\dfrac{V_1}{T_1} = \dfrac{V_2}{T_2}$

변경 후 체적 $V_2 = \dfrac{T_2}{T_1} \times V_1$

$Q = m \times C_p \times \Delta t = m \times C_p \times (T_2 - T_1)$에서

$T_2 = T_1 + \dfrac{Q}{m \cdot C_p} = (50 + 273) + \dfrac{323}{1 \times 1.0} = 646K$

$\therefore V_2 = \dfrac{646}{(50 + 273)} V_1 = 2 V_1 (2배)$

07 그림과 같은 Rankine 사이클의 열효율은 약 얼마인가?(단, h는 엔탈피, s는 엔트로피를 나타내며, $h_1 = 191.8$kJ/kg, $h_2 = 193.8$kJ/kg, $h_3 = 2,799.5$kJ/kg, $h_4 = 2,007.5$kJ/kg이다.)

① 30.3%   ② 36.7%

③ 42.9%   ④ 48.1%

해설 열효율$(\eta_R) = \dfrac{(h_3 - h_4) - (h_2 - h_1)}{h_3 - h_2}$

$= \dfrac{(2,799.5 - 2,007.5) - (193.8 - 191.8)}{2,799.5 - 193.8}$

$= 0.303 \,(30.3\%)$

08 복사열을 방사하는 방사율과 면적이 같은 2개의 방열판이 있다. 각각의 온도가 A방열판은 120℃, B방열판은 80℃일 때 두 방열판의 복사열전달량비(Q_A/Q_B)는?

① 1.08   ② 1.22

③ 1.54   ④ 2.42

해설 복사열전달량 $Q = 4.88 \times \left(\dfrac{T}{100}\right)^4 \times$ 면적

$\therefore \dfrac{Q_A}{Q_B} = \dfrac{4.88 \times \left(\dfrac{273 + 120}{100}\right)^4}{4.88 \times \left(\dfrac{273 + 80}{100}\right)^4} = \left(\dfrac{120 + 273}{80 + 273}\right)^4 = 1.54$

09 질량이 5kg인 강제 용기 속에 물이 20L 들어 있다. 용기와 물이 24℃인 상태에서 이 속에 질량이 5kg이고 온도가 180℃인 어떤 물체를 넣었더니 일정 시간 후 온도가 35℃가 되면서 열평형에 도달하였다. 이때 이 물체의 비열은 약 몇 kJ/kg · K인가?(단, 물의 비열은 4.2kJ/kg · K, 강의 비열은 0.46kJ/kg · K이다.)

① 0.88   ② 1.12

③ 1.31   ④ 1.86

해설 열평형식

$G_1 C_1 (t_2 - t_1) + G_2 C_2 (t_2 - t_1) = G_3 C_3 (t_1 - t_2)$

비열 $C_3 = \dfrac{G_1 C_1 (t_2 - t_1) + G_2 C_2 (t_2 - t_1)}{G_3 (t_1 - t_2)}$

$= \dfrac{5 \times 0.46 \times (35 - 24) + 20 \times 4.19 \times (35 - 24)}{5 \times (180 - 35)}$

$= 1.31 \text{kJ/kg} \cdot \text{K}$

10 어느 왕복동 내연기관에서 실린더 안지름이 6.8cm, 행정이 8cm일 때 평균 유효압력은 1,200kPa이다. 이 기관의 1행정당 유효일은 약 몇 kJ인가?

① 0.09   ② 0.15

③ 0.35   ④ 0.48

해설 평균유효압력 $P_m = \dfrac{w}{v_1 - v_2}$에서

유효일 $w = P_m \times (v_1 - v_2)$

$= P_m \times \dfrac{\pi}{4} d^2 \times L$

$= 1,200 \times \dfrac{\pi}{4} \times 0.068^2 \times 0.08$

$= 0.35 \text{kJ}$

11 실린더에 밀폐된 8kg의 공기가 그림과 같이 압력 P_1 =800kPa, 체적 V_1=0.27m³에서 P_2=350kPa, V_2 =0.80m³으로 직선 변화하였다. 이 과정에서 공기가 한 일은 약 몇 kJ인가?

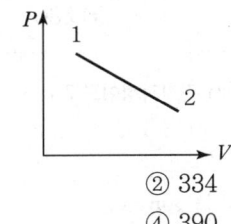

① 305
② 334
③ 362
④ 390

해설 공기가 한 절대일

$$W = \int_1^2 PdV = \frac{1}{2}(P_1 + P_2)(V_2 - V_1)$$
$$= \frac{1}{2}(800 + 350) \times (0.8 - 0.27) = 304.75\text{kJ}$$

12 상태 1에서 경로 A를 따라 상태 2로 변화하고 경로 B를 따라 다시 상태 1로 돌아오는 가역 사이클이 있다. 아래의 사이클에 대한 설명으로 틀린 것은?

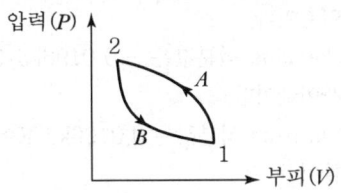

① 사이클 과정 동안 시스템의 내부 에너지 변화량은 0이다.
② 사이클 과정 동안 시스템은 외부로부터 순(net) 일을 받았다.
③ 사이클 과정 동안 시스템의 내부에서 외부로 순(net) 열이 전달되었다.
④ 이 그림으로 사이클 과정 동안 총 엔트로피 변화량을 알 수 없다.

해설 가역 사이클
㉠ 클라우지우스의 부등식은 0이 된다. 즉, 가역 사이클에서는 엔트로피 변화는 항상 일정하다.
㉡ 엔트로피 변화 적분

$$\frac{\delta Q}{T} = ds(\text{kJ/K})$$

※ 가역 : $\oint \frac{\delta Q}{T} = 0$, 비가역 : $\oint \frac{\delta Q}{T} < 0$

13 보일러, 터빈, 응축기, 펌프로 구성되어 있는 증기원동소가 있다. 보일러에서 2,500kW의 열이 발생하고 터빈에서 550kW의 일을 발생시킨다. 또한, 펌프를 구동하는 데 20kW의 동력이 추가로 소모된다면 응축기에서의 방열량은 약 몇 kW인가?

① 980
② 1,930
③ 1,970
④ 3,070

해설 총공급열량=2,500+20=2,520kW
전력생산량=550kW
∴ 응축기의 방열량=2,520−550=1,970kW

14 유리창을 통해 실내에서 실외로 열전달이 일어난다. 이때 열전달량은 약 몇 W인가?(단, 대류열전달계수는 50W/m²K, 유리창 표면온도는 25℃, 외기온도는 10℃, 유리창 면적은 2m²이다.)

① 150
② 500
③ 1,500
④ 5,000

해설 열전달량 $Q = A \times K \times \Delta t_m$
$= 2 \times 50 \times (25 - 10) = 1,500\text{W}$
※ 1W=1J/s, 1kcal=4.186J
1kgf · m=9.8N · m=9.8J

15 냉동기 냉매의 일반적인 구비조건으로서 적합하지 않은 것은?

① 임계온도가 높고, 응고온도가 낮을 것
② 증발열이 작고, 증기의 비체적이 클 것
③ 증기 및 액체의 점성(점성계수)이 작을 것
④ 부식성이 없고, 안정성이 있을 것

해설 냉매는 증발잠열(kJ/kg)이 크고 비체적(m³/kg)이 작아야 한다.

16 완전히 단열된 실린더 안의 공기가 피스톤을 밀어 외부로 일을 하였다. 이때 외부로 행한 일의 양과 동일한 값(절댓값 기준)을 가지는 것은?

① 공기의 엔탈피 변화량
② 공기의 온도 변화량
③ 공기의 엔트로피 변화량
④ 공기의 내부 에너지 변화량

해설 열역학 제1법칙 : 밀폐계에 전달된 열량은 내부 에너지 증가와 계가 외부에 한 일(W)의 합과 같다.
※ 일(Work)
  • 중력단위계 : kgf·m, 절대단위계 : N·m
  • 1kgf·m=9.8N·m=9.8J
※ H(엔탈피)=내부에너지+유동에너지

17 오토 사이클로 작동되는 기관에서 실린더의 극간체적(Clearance Volume)이 행정체적(Stroke Volume)의 15%라고 하면 이론 열효율은 약 얼마인가?(단, 비열비 $k=1.4$이다.)

① 39.3%
② 45.2%
③ 50.6%
④ 55.7%

해설 압축비 $\varepsilon = \dfrac{v_1}{v_2} = \dfrac{\text{실린더체적}}{\text{극간체적}} = \dfrac{\text{극간체적}+\text{행정체적}}{\text{극간체적}}$

$\qquad = 1 + \dfrac{\text{행정체적}}{\text{극간체적}}$

$\qquad = 1 + \dfrac{1}{0.15} = 7.67$

열효율 $\eta_o = 1 - \left(\dfrac{1}{\varepsilon}\right)^{k-1} = 1 - \left(\dfrac{1}{7.67}\right)^{1.4-1} = 0.557$

18 열역학 제2법칙과 관계된 설명으로 가장 옳은 것은?

① 과정(상태변화)의 방향성을 제시한다.
② 열역학적 에너지의 양을 결정한다.
③ 열역학적 에너지의 종류를 판단한다.
④ 과정에서 발생한 총 일의 양을 결정한다.

해설 열역학 제2법칙은 에너지 변환의 방향성과 비가역성을 명시했다.

19 압력 100kPa, 온도 20℃인 일정량의 이상기체가 있다. 압력을 일정하게 유지하면서 부피가 처음 부피의 2배가 되었을 때 기체의 온도는 약 몇 ℃가 되는가?

① 148
② 256
③ 313
④ 586

해설 $PV=mRT$에서 정압과정이므로

$\dfrac{T_2}{T_1} = \dfrac{V_2}{V_1}$

기체온도 $T_2 = \dfrac{V_2}{V_1} \times T_1$

$\qquad = 2 \times (20+273)$

$\qquad = 586K$

$\therefore 586 - 273 = 313℃$

20 어떤 열기관이 550K의 고열원으로부터 20kJ의 열량을 공급받아 250K의 저열원에 14kJ의 열량을 방출할 때 이 사이클의 Clausius 적분값과 가역, 비가역 여부의 설명으로 옳은 것은?

① Clausius 적분값은 −0.0196kJ/K이고 가역 사이클이다.
② Clausius 적분값은 −0.0196kJ/K이고 비가역 사이클이다.
③ Clausius 적분값은 0.0196kJ/K이고 가역 사이클이다.
④ Clausius 적분값은 0.0196kJ/K이고 비가역 사이클이다.

해설 Clausius의 표현
열은 그 자신만으로는 저온체에서 고온체로 이동할 수 없다. 즉, 에너지에 방향성이 있으며, 성적계수가 무한대인 냉동기의 제작은 불가능하다.

• $\eta_c = 1 - \dfrac{T_2}{T_1} = 1 - \dfrac{250}{550} = 0.545$

• $\eta_c = \dfrac{AW}{Q_1} = 1 - \dfrac{14}{20} = 0.3$

$0.545 \neq 0.3 \rightarrow$ 비가역

$\therefore \Delta S = \dfrac{\delta Q}{T}$

$\qquad = \dfrac{-(20-14)}{550}$

$\qquad = -0.0109kJ/K$

SECTION 02 냉동공학

21 냉각탑에 대한 설명으로 틀린 것은?

① 밀폐식은 개방식 냉각탑에 비해 냉각수가 외기에 의해 오염될 염려가 적다.

② 냉각탑의 성능은 입구 공기의 습구온도에 영향을 받는다.

③ 쿨링레인지는 냉각탑의 냉각수 입·출구 온도의 차이다.

④ 어프로치는 냉각탑의 냉각수 입구 온도에서 냉각탑 입구 공기의 습구온도의 차이다.

해설 어프로치 = 냉각수 출구 온도 − 입구 공기 습구온도

22 다음 압축과 관련한 설명으로 옳은 것은?

> ㉠ 압축비는 체적효율에 영향을 미친다.
> ㉡ 압축기의 클리어런스(Clearance)를 크게 할수록 체적효율은 크게 된다.
> ㉢ 체적효율이란 압축기가 실제로 흡입하는 냉매와 이론적으로 흡입하는 냉매 체적과의 비이다.
> ㉣ 압축비가 클수록 냉매 단위 중량당의 압축일량은 작게 된다.

① ㉠, ㉣   ② ㉠, ㉢
③ ㉡, ㉣   ④ ㉡, ㉢

해설 ㉠ 압축비$\left(\dfrac{응축압력}{증발압력}\right)$는 체적효율에 영향을 미친다.

㉡ 클리어런스(압축기 간극)가 작을수록 체적효율은 증가한다.

㉢ 체적효율 = $\dfrac{압축기의 \ 실제 \ 흡입 \ 냉매량}{압축기의 \ 이론적 \ 흡입 \ 냉매량}$

㉣ 압축비가 클수록 단위 냉매 중량당 압축일은 커진다.

23 몰리에르 선도상에서 표준 냉동 사이클의 냉매 상태 변화에 대한 설명으로 옳은 것은?

① 등엔트로피 변화는 압축과정에서 일어난다.

② 등엔트로피 변화는 증발과정에서 일어난다.

③ 등엔트로피 변화는 팽창과정에서 일어난다.

④ 등엔트로피 변화는 응축과정에서 일어난다.

해설 등엔트로피 변화는 압축기의 단열압축과정이다.

24 흡수식 냉동기에서 냉매의 과랭 원인으로 가장 거리가 먼 것은?

① 냉수 및 냉매량 부족

② 냉각수 부족

③ 증발기 전열면적 오염

④ 냉매에 용액이 혼입

해설 냉각수가 부족하면 냉매(물)가 과열된다.

25 흡수식 냉동기에 사용하는 "냉매–흡수제"가 아닌 것은?

① 물–리튬브로마이드

② 물–염화리튬

③ 물–에틸렌글리콜

④ 암모니아–물

해설 냉매(물)의 흡수제
㉠ 암모니아
㉡ 리튬브로마이드

26 냉동장치의 냉매량이 부족할 때 일어나는 현상으로 옳은 것은?

① 흡입압력이 낮아진다.

② 토출압력이 높아진다.

③ 냉동능력이 증가한다.

④ 흡입압력이 높아진다.

해설 냉동기의 냉매량이 부족하면 압축기의 흡입압력이 저하된다.

27 펠티에(Peltier) 효과를 이용하는 냉동방법에 대한 설명으로 틀린 것은?

① 펠티에 효과를 냉동에 이용한 것이 전자냉동 또는 열전기식 냉동법이다.

② 펠티에 효과를 냉동법으로 실용화에 어려운 점이 많았으나 반도체 기술이 발달하면서 실용화되었다.

③ 펠티에 효과가 적용된 냉동방법은 휴대용 냉장고, 가정용 특수냉장고, 물 냉각기, 핵 잠수함 내의 냉난방장치 등에 사용된다.

④ 증기 압축식 냉동장치와 마찬가지로 압축기, 응축기, 증발기 등을 이용한 것이다.

해설 펠티에(전자냉동법) 효과로 저온을 얻기 위하여 냉동용 열전반도체(비스무트텔루라이드, 안티모니텔루라이드, 비스무트셀렌 등)가 이용되며, 직류전기가 통하여야 한다.

28 압축기의 기통수가 6기통이며, 피스톤 직경이 140mm, 행정이 110mm, 회전수가 800rpm인 NH_3 표준 냉동 사이클의 냉동능력(kW)은?(단, 압축기의 체적효율은 0.75, 냉동효과는 1,126.3kJ/kg, 비체적은 0.5m³/kg이다.)

① 122.7

② 148.3

③ 193.4

④ 228.9

해설 체적용량 $V = \dfrac{\pi}{4} \cdot D^2 \cdot L \cdot n \cdot z \cdot 60$

$= \dfrac{\pi}{4} \times 0.14^2 \times 0.11 \times 800 \times 6 \times 0.75 \times 60$

$= 365.76 \text{m}^3/\text{h}$

용량질량 $G = \dfrac{V}{v} = \dfrac{365.76}{0.5} = 731.52 \text{kg/h}$

$\therefore$ 냉동능력 $Q_e = \dfrac{731.52 \times 1,126.3}{3,600}$

$= 228.86 \text{kW}$

29 증기압축식 냉동장치에 관한 설명으로 옳은 것은?

① 증발식 응축기에서는 대기의 습구온도가 저하하면 고압압력은 통상의 운전압력보다 높게 된다.

② 압축기의 흡입압력이 낮게 되면 토출압력도 낮게 되어 냉동능력이 증대한다.

③ 언로더 부착 압축기를 사용하면 급격하게 부하가 증가하여도 액백현상을 막을 수 있다.

④ 액배관에 플래시 가스가 발생하면 냉매 순환량이 감소되어 증발기의 냉동능력이 저하된다.

해설 ① 증발식 응축기는 암모니아용이다. 물의 증발잠열을 이용하며, 외기 습구온도의 영향을 많이 받는다. 압력강하가 크다.

② 토출압력이 낮으면 냉동능력이 감소한다.

③ 압축기는 부하가 증가하면 액백현상 방지가 어렵다.

④ 플래시 가스가 발생하면 냉동능력이 저하된다.

30 증기압축식 냉동 사이클에서 증발온도를 일정하게 유지시키고, 응축온도를 상승시킬 때 나타나는 현상이 아닌 것은?

① 소요동력 증가

② 성적계수 감소

③ 토출가스 온도 상승

④ 플래시 가스 발생량 감소

해설 액관에 플래시 가스가 발생하면 증발압력과 압축비가 저하되고 다만, 응축온도 상승 시에는 냉동기에서 문제 보기 ①, ②, ③의 장해가 발생한다(압축기 운전 중 증발온도 일정, 응축온도 상승 : 압축비 증가).

31 2단 압축 1단 팽창 냉동장치에서 게이지 압력계로 증발압력 0.19MPa, 응축압력 1.17MPa일 때, 중간 냉각기의 절대압력(MPa)은?

① 2.166　　　　② 1.166

③ 0.608　　　　④ 0.409

해설 중간압력 $P_2 = \sqrt{P_1 \times P_3}$

$= \sqrt{(0.19+0.1) \times (1.17+0.1)}$

$= 0.607 \text{MPa}$

32 냉동장치의 운전 중 장치 내에 공기가 침입하였을 때 나타나는 현상으로 옳은 것은?

① 토출가스 압력이 낮게 된다.
② 모터의 암페어가 적게 된다.
③ 냉각 능력에는 변화가 없다.
④ 토출가스 온도가 높게 된다.

해설 냉동장치에 공기 등의 불응축 가스가 침입하면 압축 시 토출가스 온도가 높아진다(압축비 상승).

33 2단 압축 냉동기에서 냉매의 응축온도가 38℃일 때 수랭식 응축기의 냉각수 입·출구의 온도가 각각 30℃, 35℃이다. 이때 냉매와 냉각수와의 대수평균온도차(℃)는?

① 2 ② 5
③ 8 ④ 10

해설 대수평균온도차

$$LMTD = \frac{\Delta t_1 - \Delta t_2}{\ln \dfrac{\Delta t_1}{\Delta t_2}}$$

$$= \frac{8-3}{\ln \dfrac{8}{3}} = 5.098 ≒ 5℃$$

34 냉동장치에서 흡입가스의 압력을 저하시키는 원인으로 가장 거리가 먼 것은?

① 냉매 유량의 부족
② 흡입배관의 마찰손실
③ 냉각부하의 증가
④ 모세관의 막힘

해설 냉각부하가 증가하면 흡입가스의 압력이 상승한다.

35 다음 중 열통과율이 가장 작은 응축기 형식은?(단, 동일 조건 기준으로 한다.)

① 7통로식 응축기
② 입형 셸 앤드 튜브식 응축기
③ 공랭식 응축기
④ 2중관식 응축기

해설 열통과율 $K(\text{kcal/m}^2\text{h}℃)$

7통로식	1,000
입형 셸 앤드 튜브식	600~900
공랭식	20
2중관식	900

36 고온 35℃, 저온 −10℃에서 작동되는 역카르노사이클이 적용된 이론 냉동 사이클의 성적계수는?

① 2.8 ② 3.2
③ 4.2 ④ 5.8

해설 성적계수 $COP = \dfrac{T_L}{T_H - T_L}$

$$= \frac{(-10 + 273)}{(35 + 273) - (-10 + 273)}$$
$$= 5.84$$

37 제빙에 필요한 시간을 구하는 공식이 아래와 같다. 이 공식에서 a와 b가 의미하는 것은?

$$\tau = (0.53 \sim 0.6)\frac{a^2}{-b}$$

① a : 브라인 온도, b : 결빙두께
② a : 결빙두께, b : 브라인 유량
③ a : 결빙두께, b : 브라인 온도
④ a : 브라인 유량, b : 결빙두께

해설 결빙시간(h) $= \dfrac{0.56 \times t_a^2}{-t_b}$

여기서, 0.56 : 결빙계수(0.53~0.6)
t_a : 얼음 두께(cm)
t_b : 브라인 온도(℃)

38 브라인 냉각용 증발기가 설치된 소형 냉동기가 있다. 브라인 순환량이 20kg/min이고, 브라인의 입·출구 온도차는 15K이다. 압축기의 실제 소요동력이 5.6kW일 때, 이 냉동기의 실제 성적계수는?(단, 브라인의 비열은 3.3kJ/kg·K이다.)

① 1.82　　　　　② 2.18

③ 2.94　　　　　④ 3.31

[해설] 성적계수 $COP = \dfrac{Q}{AW} = \dfrac{G \times C \times \Delta t}{W}$

$$= \dfrac{20/60 \times 3.3 \times 15}{5.6}$$

$$= 2.94$$

39 그림에서 사이클 A(1-2-3-4-1)로 운전될 때 증발기의 냉동능력은 5RT, 압축기의 체적효율은 0.78이었다. 그러나 운전 중 부하가 감소하여 압축기 흡입밸브 개도를 줄여서 운전하였더니 사이클 B(1′-2′-3-4-1-1′)로 되었다. 사이클 B로 운전될 때의 체적효율이 0.7이라면 이때의 냉동능력(RT)은 얼마인가?(단, 1RT는 3.8kW이다.)

① 1.37　　　　　② 2.63

③ 2.94　　　　　④ 3.14

[해설] $Q_1 = G_1 \cdot \Delta h = \dfrac{V \cdot \eta_v}{v_1} \cdot \Delta h$

$V = \dfrac{Q_1 \cdot v_1}{\eta_v \cdot \Delta h}$

$$= \dfrac{(5 \times 3.8) \times 0.07}{0.78 \times (628 - 456)} = 0.0099 \text{m}^3/\text{s}$$

$Q_2 = G_2 \cdot \Delta h = \dfrac{V \cdot \eta_v{'}}{v_1{'}} \cdot \Delta h$

$$= \dfrac{0.0099 \times 0.7}{0.1} \times (628 - 456) \times \dfrac{1}{3.8}$$

$$= 3.14 \text{RT}$$

∵ 같은 압축기이므로 피스톤 토출량이 같음

40 직경 10cm, 길이 5m의 관에 두께 5cm의 보온재(열전도율 λ=0.1163W/m·K)로 보온을 하였다. 방열층의 내측과 외측의 온도가 각각 −50℃, 30℃라면 침입하는 전열량(W)은?

① 133.4　　　　　② 248.8

③ 362.6　　　　　④ 421.7

[해설] $Q = \lambda \times \dfrac{2\pi l(t_1 - t_2)}{\ln\left(\dfrac{r_2}{r_1}\right)}$

$$= 0.1163 \times \dfrac{(2 \times 3.14 \times 5) \times \{30 - (-50)\}}{\ln\left(\dfrac{0.1}{0.05}\right)} = 421.5 \text{W}$$

※ 1W=1J/s, 1kW=3,600kJ/h, 1N=1kg·m/s²
　1kgf=1kg×9.8m/s²=9.8N

SECTION **03** 공기조화

41 보일러의 수위를 제어하는 주된 목적으로 가장 적절한 것은?

① 보일러의 급수장치가 동결되지 않도록 하기 위하여

② 보일러의 연료공급이 잘 이루어지도록 하기 위하여

③ 보일러가 과열로 인해 손상되지 않도록 하기 위하여

④ 보일러에서의 출력을 부하에 따라 조절하기 위하여

[해설]

수위를 제어하는 주된 목적은 ③항이다.

42 열매에 따른 방열기의 표준방열량(W/m²) 기준으로 가장 적절한 것은?

① 온수 : 405.2, 증기 : 822.3

② 온수 : 523.3, 증기 : 822.3

③ 온수 : 405.2, 증기 : 755.8

④ 온수 : 523.3, 증기 : 755.8

해설 방열기 표준방열량

○ 온수 : $450kcal/m^2h = 450 \times \dfrac{1}{0.86} W/m^2 = 523.3 W/m^2$

○ 증기 : $650kcal/m^2h = 650 \times \dfrac{1}{0.86} W/m^2 = 755.8 W/m^2$

※ $1W/m^2 = 0.86 kcal/mm^2h$

43 에어워셔 내에 온수를 분무할 때 공기는 습공기 선도에서 어떠한 변화과정이 일어나는가?

① 가습 · 냉각 ② 과냉각
③ 건조 · 냉각 ④ 감습 · 과열

해설 에어워셔

○ 에어워셔(공기세정기) 내에 온수를 분무하는 가습에서 습공기 선도상에 가습 · 냉각 변화가 발생한다.

○ 출구 측에 엘리미네이터를 설치한다.

○ 엘리미네이터의 더러워짐을 방지하기 위해 상부에 있는 플러딩 노즐로 물을 분무하여 청소한다.

44 보일러의 발생의 증기를 한곳으로만 취출하면 그 부근에 압력이 저하하여 수면 동요 현상과 동시에 비수가 발생된다. 이를 방지하기 위한 장치는?

① 급수내관 ② 비수방지관
③ 기수분리기 ④ 인젝터

해설

보일러

45 복사난방 방식의 특징에 대한 설명으로 틀린 것은?

① 실내에 방열기를 설치하지 않으므로 바닥이나 벽면을 유용하게 이용할 수 있다.
② 복사열에 의한 난방으로서 쾌감도가 크다.
③ 외기온도가 갑자기 변하여도 열용량이 크므로 방열량의 조정이 용이하다.
④ 실내의 온도 분포가 균일하며, 열이 방의 위쪽으로 빠지지 않으므로 경제적이다.

해설 외기온도가 갑자기 변하여도 열용량이 크므로 방열량 조정이 용이한 것은 온수난방이다.

46 다음 중 난방부하를 경감시키는 요인으로만 짝지어진 것은?

① 지붕을 통한 전도열량, 태양열의 일사부하
② 조명부하, 틈새바람에 의한 부하
③ 실내기구부하, 재실인원의 발생열량
④ 기기(덕트 등)부하, 외기부하

해설 ①, ②, ④의 감소는 하절기의 냉방부하 경감 요인이다.

47 온수난방의 특징에 대한 설명으로 틀린 것은?

① 증기난방에 비하여 연료소비량이 적다.
② 예열시간은 길지만 잘 식지 않으므로 증기난방에 비하여 배관의 동결 피해가 적다.
③ 보일러 취급이 증기보일러에 비해 안전하고 간단하므로 소규모 주택에 적합하다.
④ 열용량이 크기 때문에 짧은 시간에 예열할 수 있다.

해설 증기난방은 열용량이 작아서 짧은 시간에 예열이 가능하다.

※ 비열 : 물(1kcal/kg℃)
증기(0.44kcal/kg℃)

48 콜드 드래프트 현상의 발생 원인으로 가장 거리가 먼 것은?

① 인체 주위의 공기 온도가 너무 낮을 때
② 기류의 속도가 낮고 습도가 높을 때
③ 주위 벽면의 온도가 낮을 때
④ 겨울에 창문의 극간풍이 많을 때

해설 콜드 드래프트(Cold Draft)

생산된 열량보다 소비되는 열량이 많으면 추위를 느끼는 것으로, ①, ③, ④ 외에도 기류속도가 크거나 습도가 낮으면 발생한다.

49 다음과 같이 단열된 덕트 내에 공기가 통하고 이것에 열량 $Q(\text{kJ/h})$와 수분 $L(\text{kg/h})$을 가하여 열평형이 이루어졌을 때, 공기에 가해진 열량(Q)은 어떻게 나타내는가?(단, 공기의 유량은 $G(\text{kg/h})$, 가열코일 입·출구의 엔탈피, 절대습도는 각각 h_1, $h_2(\text{kJ/kg})$, x_1, $x_2(\text{kg/kg})$이며, 수분의 엔탈피는 $h_L(\text{kJ/kg})$이다.)

① $G(h_2 - h_1) + Lh_L$ ② $G(x_2 - x_1) + Lh_L$
③ $G(h_2 - h_1) - Lh_L$ ④ $G(x_2 - x_1) - Lh_L$

해설 덕트 내에서 열평형 시 공기에 가해진 열량
$= G(h_2 - h_1) - Lh_L$

50 대기압(760mmHg)에서 온도 28℃, 상대습도 50%인 습공기 내의 건공기 분압(mmHg)은 얼마인가? (단, 수증기 포화압력은 31.84mmHg이다.)

① 16   ② 32
③ 372   ④ 744

해설 상대습도 $\phi = \dfrac{P_w}{P_{ws}}$에서

$P_w = \phi \times P_{ws} = \dfrac{50}{100} \times 31.84 = 15.92\text{mmHg}$

대기압 $P = P_a + P_w$에서

$P_a = P - P_w = 760 - 15.92 = 744.08\text{mmHg}$

51 단일 덕트 재열방식의 특징에 관한 설명으로 옳은 것은?

① 부하 패턴이 다른 다수의 실 또는 존의 공조에 적합하다.
② 식당과 같이 잠열부하가 많은 곳의 공조에는 부적합하다.
③ 전수방식으로서 부하변동이 큰 실이나 존에서 에너지 절약형으로 사용된다.
④ 시스템의 유지·보수 면에서는 일반 단일 덕트에 비해 우수하다.

해설 단일 덕트 재열방식
㉠ 부하 패턴이 다른 다수의 실 또는 존의 공조에 적합하다.
㉡ 잠열부하가 많은 곳의 공조에 적합하다.
㉢ 전공기 방식의 특징이 있다.
㉣ 설비비(재열기가 없는 단일 덕트 방식보다 많이 들고 2중 덕트 방식보다는 적게 든다.)

52 온풍난방에서 중력식 순환방식과 비교한 강제 순환방식의 특징에 관한 설명으로 틀린 것은?

① 기기 설치장소가 비교적 자유롭다.
② 급기 덕트가 작아서 은폐가 용이하다.
③ 공급되는 공기는 필터 등에 의하여 깨끗하게 처리될 수 있다.
④ 공기순환이 어렵고 쾌적성 확보가 곤란하다.

해설 온풍난방
강제순환방식은 공기순환이 잘되고 쾌적성 확보가 용이하다.

53 건구온도 30℃, 절대습도 0.01kg/kg인 외부공기 30%와 건구온도 20℃, 절대습도 0.02kg/kg인 실내공기 70%를 혼합하였을 때 최종 건구온도(T)와 절대습도(x)는 얼마인가?

① $T = 23℃$, $x = 0.017\text{kg/kg}$
② $T = 27℃$, $x = 0.017\text{kg/kg}$
③ $T = 23℃$, $x = 0.013\text{kg/kg}$
④ $T = 27℃$, $x = 0.013\text{kg/kg}$

해설 • 열평형식 $G_1 C_1 t_1 + G_2 C_2 t_2 = G_3 C_3 t_3$
$C_1 = C_2 = C_3$이므로
$t_3 = \dfrac{G_1 t_1 + G_2 t_2}{G_3}$
$= \dfrac{0.3 \times 30 + 0.7 \times 20}{1.0} = 23℃$

• 물질평형식 $G_1 x_1 + G_2 x_2 = G_3 x_3$
$x_3 = \dfrac{G_1 x_1 + G_2 x_2}{G_3}$
$= \dfrac{0.3 \times 0.01 + 0.7 \times 0.02}{1.0}$
$= 0.017\text{kg/kg}'$

54 가변풍량 방식에 대한 설명으로 틀린 것은?

① 부분부하 대응으로 송풍기 동력이 커진다.
② 시운전 시 토출구의 풍량조정이 간단하다.
③ 부하변동에 대해 제어응답이 빠르므로 거주성이 향상된다.
④ 동시부하율을 고려하여 설비용량을 적게 할 수 있다.

> **해설** 가변풍량 방식은 부분부하 대응으로 송풍기 동력이 감소한다.

55 다음 그림과 같이 송풍기의 흡입 측에만 덕트가 연결되어 있을 경우 동압(mmAq)은 얼마인가?

① 5
② 10
③ 15
④ 25

> **해설**
>
>
> 동압 : 속도에너지를 압력에너지로 환산한 값
> 동압＝전압－정압＝15－10＝5

56 건구온도 10℃, 절대습도 0.003kg/kg인 공기 50 m³를 20℃까지 가열하는 데 필요한 열량(kJ)은?(단, 공기의 정압비열은 1.01kJ/kg·K, 공기의 밀도는 1.2kg/m³이다.)

① 425
② 606
③ 713
④ 884

> **해설** 공기의 질량 $G = 50\text{m}^3 \times 1.2\text{kg/m}^3 = 60\text{kg}$
> 가열 열량
> $Q = G \times C_p \times \Delta t = 60 \times 1.01 \times (20-10) = 606\text{kJ}$

57 내부에 송풍기와 냉·온수 코일이 내장되어 있으며, 각 실내에 설치되어 기계실로부터 냉·온수를 공급받아 실내공기의 상태를 직접 조절하는 공조기는?

① 패키지형 공조기
② 인덕션 유닛
③ 팬코일 유닛
④ 에어핸드링 유닛

> **해설** 팬코일 유닛
> ㉠ 내부에 송풍기, 냉수·온수 코일 내장
> ㉡ 실내공기의 상태를 직접 조절한다.
> ㉢ 공조기의 일종이다.

58 취출구 관련 용어에 대한 설명으로 틀린 것은?

① 장방형 취출구의 긴 변과 짧은 변의 비를 아스펙트비라 한다.
② 취출구에서 취출된 공기를 1차 공기라 하고, 취출공기에 의해 유인되는 실내공기를 2차 공기라 한다.
③ 취출구에서 취출된 공기가 진행해서 취출기류의 중심선상의 풍속이 1.5m/s로 되는 위치까지의 수평거리를 도달거리라 한다.
④ 수평으로 취출된 공기가 어떤 거리를 진행했을 때 기류의 중심선과 취출구의 중심과의 거리를 강하도라 한다.

> **해설** 도달거리
> 취출구로부터 기류의 중심속도 W_x가 0.25m/s로 되는 곳까지의 수평거리 $L_{\max}$를 최대 도달거리, W_x가 0.5m/s로 되는 곳까지의 수평거리 $L_{\min}$을 최소 도달거리라 한다.

59 극간풍의 방지방법으로 가장 적절하지 않은 것은?

① 회전문 설치
② 자동문 설치
③ 에어커튼 설치
④ 충분한 간격의 이중문 설치

> **해설** 자동문은 개폐 시 편리한 문이며, 극간풍(틈새바람)과는 상관이 없다.
> ※ 극간풍 : 난방부하와 관련이 있다.

60 취출온도를 일정하게 하여 부하에 따라 송풍량을 변화시켜 실온을 제어하는 방식은?

① 가변풍량방식　　② 재열코일방식
③ 정풍량방식　　　④ 유인유닛방식

> **해설** 가변풍량방식
> 취출온도를 일정하게 하여 부하에 따라 송풍량을 변화시켜 실온을 제어한다.

SECTION **04**　전기제어공학

61 100V용 전구 30W와 60W 두 개를 직렬로 연결하고 직류 100V 전원에 접속하였을 때 두 전구의 상태로 옳은 것은?

① 30W 전구가 더 밝다.
② 60W 전구가 더 밝다.
③ 두 전구의 밝기가 모두 같다.
④ 두 전구가 모두 켜지지 않는다.

> **해설** 30W, 60W 각 전구의 저항을 구하면
>
> $P = \dfrac{V^2}{R}$ 에서
>
> $R_1 = \dfrac{100^2}{30} \fallingdotseq 333\,\Omega$
>
> $R_2 = \dfrac{100^2}{60} \fallingdotseq 166\,\Omega$
>
> 직렬이므로 전류는 일정하고, $P = I^2 R$ 에 의해 저항이 큰 쪽이 전력을 많이 쓰므로 저항이 R_1 인 30W가 더 밝다.

62 워드 레오너드 속도제어방식이 속하는 제어방법은?

① 저항제어　　　　② 계자제어
③ 전압제어　　　　④ 직병렬제어

> **해설** 속도제어법
> ㉠ 전압제어는 전기자에 가해지는 전압을 가감하여 속도를 조정하는 방법이다.
> ㉡ 워드 레오너드 방식, 일그너 방식(플라이휠), 정토크 방식

63 전동기의 회전방향을 알기 위한 법칙은?

① 렌츠의 법칙
② 암페어의 법칙
③ 플레밍의 왼손법칙
④ 플레밍의 오른손법칙

> **해설** ㉠ 플레밍의 왼손법칙 : 전자력의 방향을 알기 위한 법칙
> ㉡ 플레밍의 오른손법칙 : 도체의 운동에 의한 전자유도로 생기는 기전력의 방향을 알기 위한 법칙

64 지상역률 80%, 1,000kW의 3상 부하가 있다. 이것에 콘덴서를 설치하여 역률을 95%로 개선하려고 한다. 필요한 콘덴서의 용량(kVar)은 약 얼마인가?

① 421.3　　　　　② 633.3
③ 844.3　　　　　④ 1,266.3

> **해설** 콘덴서 용량 $= P(\tan\theta_1 - \tan\theta_2)$
>
> $$= P\left(\frac{\sqrt{1-\cos^2\theta_1}}{\cos\theta_1} - \frac{\sqrt{1-\cos^2\theta_2}}{\cos\theta_2} \right)$$
>
> $$= 1,000\left(\frac{\sqrt{1-0.8^2}}{0.8} - \frac{\sqrt{1-0.95^2}}{0.95} \right)$$
>
> $$= 421.3\text{kVar}$$

65 3상 유도전동기의 주파수가 60Hz, 극수가 6극, 전부하 시 회전수가 1,160rpm이라면 슬립은 약 얼마인가?

① 0.03　　　　　② 0.24
③ 0.45　　　　　④ 0.57

> **해설** 동기속도 $N_s = \dfrac{120f}{P} = \dfrac{120 \times 60}{6} = 1,200\text{rpm}$
>
> 슬립 $s = \dfrac{N_s - N}{N_s} \times 100 = \dfrac{1,200 - 1,160}{1,200} = 0.03$

66 저항에 전류가 흐르면 줄열이 발생하는데 저항에 흐르는 전류 I와 전력 P의 관계는?

① $I \propto P$　　　　　② $I \propto P^{0.5}$
③ $I \propto P^{1.5}$　　　　④ $I \propto P^2$

> **해설** 줄의 법칙에 의해 $P \propto I^2 R$ 이므로 $I^2 \propto P$
> $\therefore I \propto P^{0.5}$

※ 줄의 법칙 열량 $(H) = 0.24 I^2 Rt\,(\mathrm{cal})$

$1\mathrm{cal} = \dfrac{1}{0.24}\,\mathrm{J} = 4.167\mathrm{J}$

전력량 $W = Pt = I^2 Rt$, $1\mathrm{W} \cdot \mathrm{s} = 1\mathrm{J}$

67 입력신호 중 어느 하나가 "1"일 때 출력이 "0"이 되는 회로는?

① AND 회로   ② OR 회로

③ NOT 회로   ④ NOR 회로

> **해설** NOR Gate : $X = \overline{A+B}$

(무접점)

유접점 회로

A	B	X
0	0	1
0	1	0
1	0	0
1	1	0

68 입력신호 $x(t)$와 출력신호 $y(t)$의 관계가 $y(t) = K\dfrac{dx(t)}{dt}$ 로 표현되는 것은 어떤 요소인가?

① 비례요소   ② 미분요소

③ 적분요소   ④ 지연요소

> **해설** 미분요소
>
> 출력신호 $y(t) = k\dfrac{dx(t)}{dt}$ 로, 입력신호를 시간으로 미분한 값에 출력신호가 비례한다.

69 다음 조건을 만족시키지 못하는 회로는?

> 어떤 회로에 흐르는 전류가 20A이고, 위상이 60도이며, 앞선 전류가 흐를 수 있는 조건

① RL 병렬   ② RC 병렬

③ RLC 병렬   ④ RLC 직렬

> **해설** RL 병렬회로에서 L에 흐르는 전류는 전압보다 위상이 $\dfrac{\pi}{2} = 90°$ 뒤진다.

70 다음 논리기호의 논리식은?

① $X = A + B$ ② $X = \overline{AB}$

③ $X = AB$ ④ $X = \overline{A+B}$

> **해설** 드모르간의 정리 논리기호
>
> • $\overline{A+B} = \overline{A} \cdot \overline{B}$
>
> • $\overline{A \cdot B} = \overline{A} + \overline{B}$
>
> • $\overline{\overline{A} + \overline{B}} = \overline{A} \cdot \overline{B}$
>
> • $\overline{\overline{A} \cdot \overline{B}} = \overline{A} + \overline{B}$

71 콘덴서의 전위차와 축적되는 에너지와의 관계식을 그림으로 나타내면 어떤 그림이 되는가?

① 직선   ② 타원

③ 쌍곡선   ④ 포물선

> **해설** 콘덴서
>
> ㉠ 정전용량을 얻기 위해 사용되는 부품으로, 전자회로를 구성하는 중요한 소자이다.
>
> ㉡ 고정 콘덴서와 가변 콘덴서가 있다.
>
> ㉢ 콘덴서를 정하려면 정전용량의 크기 외에 사용전압에 대한 절연내력을 고려하여야 한다.

72 열전대에 대한 설명이 아닌 것은?

① 열전대를 구성하는 소선은 열기전력이 커야 한다.

② 철, 콘스탄탄 등의 금속을 이용한다.

③ 제벡 효과를 이용한다.

④ 열팽창계수에 따른 변형 또는 내부응력을 이용한다.

해설 ④는 금속관의 열팽창계수를 이용하는 바이메탈 온도계에 대한 내용이다.

73 전류계와 전압계는 내부저항이 존재한다. 이 내부저항은 전압 또는 전류를 측정하고자 하는 부하의 저항에 비하여 어떤 특성을 가져야 하는가?

① 내부저항이 전류계는 가능한 한 커야 하며, 전압계는 가능한 한 작아야 한다.
② 내부저항이 전류계는 가능한 한 커야 하며, 전압계도 가능한 한 커야 한다.
③ 내부저항이 전류계는 가능한 한 작아야 하며, 전압계는 가능한 한 커야 한다.
④ 내부저항이 전류계는 가능한 한 작아야 하며, 전압계도 가능한 한 작아야 한다.

해설 전기의 내부저항
㉠ 전류계 : 가능한 한 작아야 한다.
㉡ 전압계 : 가능한 한 커야 한다.

74 피드백 제어에서 제어요소에 대한 설명 중 옳은 것은?

① 조작부와 검출부로 구성되어 있다.
② 동작신호를 조작량으로 변화시키는 요소이다.
③ 제어를 받는 출력량으로 제어대상에 속하는 요소이다.
④ 제어량을 주궤환 신호로 변화시키는 요소이다.

해설 제어요소
동작신호를 조작량으로 변화시키는 요소이다.

[피드백 블록 선도]

75 제어량에 따른 분류 중 프로세스 제어에 속하지 않는 것은?

① 압력   ② 유량
③ 온도   ④ 속도

해설 자동조정제어
속도, 주파수, 장력, 전압 등이다.

76 다음 블록 선도를 등가 합성 전달함수로 나타낸 것은?

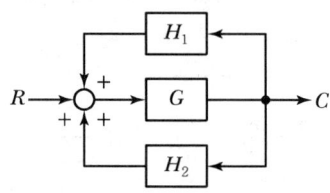

① $\dfrac{G}{1-H_1-H_2}$ ② $\dfrac{G}{1-H_1G-H_2G}$

③ $\dfrac{G-1}{1-H_1G-H_2G}$ ④ $\dfrac{H_1G-H_2G}{1-G}$

해설 $(R+CH_1+CH_2)G=C$
$RG+CH_1G+CH_2G=C$
$RG=C(1-H_1G-H_2G)$
$\therefore \dfrac{C}{R}=\dfrac{G}{1-(GH_1+GH_2)}=\dfrac{G}{1-H_1G-H_2G}$
(등가 합성 전달함수)

77 다음 논리회로의 출력은?

① $Y=A\overline{B}+\overline{A}B$
② $Y=\overline{A}B+\overline{A}B$
③ $Y=\overline{A}\overline{B}+A\overline{B}$
④ $Y=\overline{A}+\overline{B}$

해설 Exclusive OR 회로(배타적 논리합 회로)

㉠ A, B가 모두 1이어서는 안 된다.

㉡ 논리식 $X = \overline{A}B + A\overline{B}$로 표시한다.

$[A\overline{B} + \overline{A}B = (A+B) \cdot (\overline{A} + \overline{B}) = A \oplus B]$

A	B	X
0	0	0
0	1	1
1	0	1
1	1	0

78 $R_1 = 100\Omega$, $R_2 = 1,000\Omega$, $R_3 = 800\Omega$일 때 전류계의 지시가 0이 되었다. 이때 저항 R_4는 몇 Ω인가?

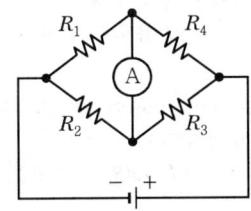

① 80

② 160

③ 240

④ 320

해설 휘트스톤 브리지

$R_1 \cdot R_3 = R_2 \cdot R_4$

$R_4 = \dfrac{R_1 \cdot R_3}{R_2} = \dfrac{100 \times 800}{1,000} = 80\Omega$

79 $x_2 = ax_1 + cx_3 + bx_4$의 신호흐름 선도는?

①

②

③

④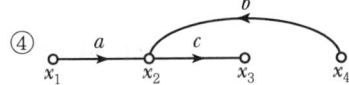

해설

① $x_2 = ax_1$

② $x_2 = ax_1 + bx_3$

③ $x_2 = ax_1 + cx_3 + bx_4$

④ $x_2 = ax_1 + bx_4$

80 R, L, C가 서로 직렬로 연결되어 있는 회로에서 양단의 전압과 전류의 위상이 동상이 되는 조건은?

① $\omega = LC$

② $\omega = L^2 C$

③ $\omega = \dfrac{1}{LC}$

④ $\omega = \dfrac{1}{\sqrt{LC}}$

해설 $R-L-C$ 직렬공진회로(전압과 전류가 동상)

허수부가 0인 경우 $X_L = X_C \left($또는 $\omega L = \dfrac{1}{\omega C}\right)$이므로 공진각주파수 ω_o와 공진주파수 f_o를 구하면

$\omega_o L = \dfrac{1}{\omega C}$, $\omega_o{}^2 = \dfrac{1}{LC}$, $\omega_o = \dfrac{1}{\sqrt{LC}}$

$2\pi f_o = \dfrac{1}{\sqrt{LC}}$, $f_o = \dfrac{1}{2\pi \sqrt{LC}}$

SECTION 05 배관일반

81 배수 배관의 시공 시 유의사항으로 틀린 것은?

① 배수를 가능한 한 천천히 옥외 하수관으로 유출할 수 있을 것

② 옥외 하수관에서 하수 가스나 쥐 또는 각종 벌레 등이 건물 안으로 침입하는 것을 방지할 수 있는 방법으로 시공할 것

③ 배수관 및 통기관은 내구성이 풍부하여야 하며 가스나 물이 새지 않도록 기구 상호 간의 접합을 완벽하게 할 것

④ 한랭지에서는 배수관이 동결되지 않도록 피복을 할 것

해설 배수는 가능한 한 실내에서 신속하게 유출되어야 한다.

82 배관설비 공사에서 파이프 래크의 폭에 관한 설명으로 틀린 것은?

① 파이프 래크의 실제 폭은 신규라인을 대비하여 계산된 폭보다 20% 정도 크게 한다.
② 파이프 래크상의 배관밀도가 작아지는 부분에 대해서는 파이프 래크의 폭을 좁게 한다.
③ 고온배관에서는 열팽창에 의하여 과대한 구속을 받지 않도록 충분한 간격을 둔다.
④ 인접하는 파이프의 외측과 외측과의 최소 간격을 25mm로 하여 래크의 폭을 결정한다.

해설

최소 간격
(래크의 폭)

83 공기조화 설비 중 복사난방의 패널 형식이 아닌 것은?

① 바닥 패널
② 천장 패널
③ 벽 패널
④ 유닛 패널

해설 복사난방(패널 난방) 형식
㉠ 바닥 패널(가장 많이 선호)
㉡ 천장 패널
㉢ 벽 패널

보일러온수 → 방열관 패널 → 보일러 난방수 출구 → 보일러

84 동관작업용 사이징 툴(Sizing Tool) 공구에 관한 설명으로 옳은 것은?

① 동관의 확관용 공구
② 동관의 끝부분을 원형으로 정형하는 공구
③ 동관의 끝을 나팔형으로 만드는 공구
④ 동관 절단 후 생긴 거스러미를 제거하는 공구

해설 사이징 툴(동관 공구)

동관 → 동관 원형 교정

85 다음 중 신축 이음쇠의 종류로 가장 거리가 먼 것은?

① 벨로스형
② 플랜지형
③ 루프형
④ 슬리브형

해설 신축이음쇠의 종류
㉠ 벨로스형
㉡ 루프형
㉢ 슬리브형

관 벨로즈형 관
신축이음

86 공조설비에서 증기코일의 동결 방지 대책으로 틀린 것은?

① 외기와 실내환기가 혼합되지 않도록 차단한다.
② 외기 댐퍼와 송풍기를 인터록시킨다.
③ 야간의 운전정지 중에도 순환 펌프를 운전한다.
④ 증기코일 내에 응축수가 고이지 않도록 한다.

해설 공조설비의 증기코일에 외기와 실내환기가 혼합되어 공급되면 동결이 방지된다.
※ 코일의 종류 : 증기코일, 온수코일, 냉수코일

87 동일 구경의 관을 직선 연결할 때 사용하는 관 이음재료가 아닌 것은?

① 소켓
② 플러그
③ 유니언
④ 플랜지

해설

작은 관 → 큰 관
부싱
플러그 관 관의 끝을 폐쇄한다.

88 강관의 용접 접합법으로 가장 적합하지 않은 것은?

① 맞대기 용접
② 슬리브 용접
③ 플랜지 용접
④ 플라스턴 용접

해설 플라스턴 용접
납 60%, 주석 40%, 용융점 232℃에 의한 접합이며, 연관의 대표적인 접합하다.

89 하향공급식 급탕배관법의 구배방법으로 옳은 것은?

① 급탕관은 끝올림, 복귀관은 끝내림 구배를 준다.
② 급탕관은 끝내림, 복귀관은 끝올림 구배를 준다.
③ 급탕관, 복귀관 모두 끝올림 구배를 준다.
④ 급탕관, 복귀관 모두 끝내림 구배를 준다.

해설 급탕배관 구배
㉠ 중력순환식 : 1/150, 강제순환식 : 1/200
㉡ 상향공급식 : 끝올림 구배
㉢ 하향공급식 : 급탕관, 복귀관 모두 끝내림 구배

90 보온재의 열전도율이 작아지는 조건으로 틀린 것은?

① 재료의 두께가 두꺼울수록
② 재료 내 기공이 작고 기공률이 클수록
③ 재료의 밀도가 클수록
④ 재료의 온도가 낮을수록

해설 보온재는 다공질이므로 밀도가 낮아야 보온능력이 좋아진다(재료의 밀도(kg/m³)가 높으면 다공질이 되지 못하여 보온재의 열전도율(kJ/m℃)이 커진다).

91 캐비테이션(Cavitation) 현상의 발생 조건이 아닌 것은?

① 흡입양정이 지나치게 클 경우
② 흡입관의 저항이 증대될 경우
③ 흡입 유체의 온도가 높은 경우
④ 흡입관의 압력이 양압인 경우

해설 내부 흡입관 압력이 부압(진공법)일 때 펌프에서 캐비테이션(공동 현상)이 발생한다.

92 간접가열식 급탕법에 관한 설명으로 틀린 것은?

① 대규모 급탕설비에 부적당하다.
② 순환증기는 높이에 관계없이 저압으로 사용 가능하다.
③ 저탕탱크와 가열용 코일이 설치되어 있다.
④ 난방용 증기보일러가 있는 곳에 설치하면 설비비를 절약하고 관리가 편하다.

해설 ㉠ 직접가열식 : 소규모 급탕설비에 적합하다.
㉡ 간접가열식 : 대규모 급탕설비에 적합하다.

93 온수배관에서 배관의 길이 팽창을 흡수하기 위해 설치하는 것은?

① 팽창관   ② 완충기
③ 신축이음쇠   ④ 흡수기

해설
관의 선팽창을 방지한다.

94 고온수 난방 방식에서 넓은 지역에 공급하기 위해 사용되는 2차 측 접속방식에 해당되지 않는 것은?

① 직결 방식   ② 브리드인 방식
③ 열교환 방식   ④ 오리피스 접합 방식

해설 오리피스는 차압식 유량계로 많이 사용된다.

95 다음 중 열을 잘 반사하고 확산하여 방열기 표면 등의 도장용으로 사용하기에 가장 적합한 도료는?

① 광명단   ② 산화철
③ 합성수지   ④ 알루미늄

해설 알루미늄 도료
방열기의 표면 도장용이다. 열을 잘 반사하고 확산한다.

96 수배관 사용 시 부식을 방지하기 위한 방법으로 틀린 것은?

① 밀폐 사이클의 경우 물을 가득 채우고 공기를 제거한다.
② 개방 사이클로 하여 순환수가 공기와 충분히 접하도록 한다.
③ 캐비테이션을 일으키지 않도록 배관한다.
④ 배관에 방식도장을 한다.

수배관에서는 점식의 부식을 방지하기 위하여 밀폐식 사이클로 순환수와 공기의 접촉을 방지하여야 한다.

97 다음 중 암모니아 냉동장치에 사용되는 배관재료로 가장 적합하지 않은 것은?

① 이음매 없는 동관
② 배관용 탄소강관
③ 저온 배관용 강관
④ 배관용 스테인리스강관

암모니아 냉매
㉠ 철이나 강에 대하여는 부식성이 없다.
㉡ 동(구리)이나 동합금을 부식시킨다.

98 증기난방 배관시공에서 환수관에 수직 상향부가 필요할 때 리프트 피팅(Lift Fitting)을 써서 응축수가 위쪽으로 배출되게 하는 방식은?

① 단관 중력환수식
② 복관 중력환수식
③ 진공환수식
④ 압력환수식

진공환수식 증기난방
(환수관의 진공도 100~250mmHg)

1.5m 이내
환수 횡주관
입상관은 환수관보다 1~2단계 작은 관을 연결한다.(리프트 피팅 배관)
진공펌프에 연결한다.

99 다음 보온재 중 안전사용(최고)온도가 가장 높은 것은?(단, 동일 조건 기준으로 한다.)

① 글라스울 보온판　　② 우모 펠트
③ 규산칼슘 보온판　　④ 석면 보온판

보온재의 최고 사용온도
① 글라스울 : 300℃ 이하
② 우모 펠트 : 100℃ 이하 보냉용
③ 규산칼슘 : 650℃
④ 석면 : 350~550℃

100 급수관의 유속을 제한(1.5~2m/s 이하)하는 이유로 가장 거리가 먼 것은?

① 유속이 빠르면 흐름방향이 변하는 개소의 원심력에 의한 부압(−)이 생겨 캐비테이션이 발생하기 때문에
② 관 지름을 작게 할 수 있어 재료비 및 시공비가 절약되기 때문에
③ 유속이 빠른 경우 배관의 마찰손실 및 관 내면의 침식이 커지기 때문에
④ 워터해머 발생 시 충격압에 의해 소음, 진동이 발생하기 때문에

㉠ 급수관의 유속이 1.5~2m/s를 넘으면 수격작용(Water Hammering)이 발생할 염려가 있으므로 관 내 유속을 낮게 해야 한다(단, 관의 직경을 크게 하면 수격작용이 방지된다).
㉡ 급수펌프
• 터보형 : 원심식(벌류트, 터빈), 축류식, 사류식
• 용적형 : 회전형(기어식, 나사식, 베인식), 왕복형(피스톤, 플런저, 다이어프램, 윙)

SECTION **01** 기계열역학

01 열전도계수 1.4W/m · K, 두께 6mm 유리창의 내부 표면온도는 27℃, 외부 표면온도는 30℃이다. 외기 온도는 36℃이고 바깥에서 창문에 전달되는 총 복사열전달이 대류열전달의 50배라면, 외기에 의한 대류열전달계수(W/m² · K)는 약 얼마인가?

① 22.9 　　　　② 11.7
③ 2.29 　　　　④ 1.17

해설 $30+273=303$K, $36+273=309$K, $27+273=300$K

전열량$(Q)=\dfrac{1.4\times(303-300)}{0.006}=700$W/h

$\dfrac{700}{50}=14$W/h

$14=a\times(309-303)$

$\therefore a=\dfrac{14}{309-303}≒2.3$W/m² · K

02 500℃와 100℃ 사이에서 작동하는 이상적인 Carnot 열기관이 있다. 열기관에서 생산되는 일이 200kW라면 공급되는 열량은 약 몇 kW인가?

① 255 　　　　② 284
③ 312 　　　　④ 387

해설 열효율 $\eta=\dfrac{W}{Q}=\dfrac{T_H-T_L}{T_H}$

공급열량 $Q=\dfrac{W\times T_H}{T_H-T_L}$

$=\dfrac{200\times(500+273)}{(500+273)-(100+273)}$

$=386.5$kW

03 외부에서 받은 열량이 모두 내부에너지 변화만을 가져오는 완전가스의 상태변화는?

① 정적변화 　　　　② 정압변화
③ 등온변화 　　　　④ 단열변화

해설 정적변화
외부에서 받은 열량이 모두 내부에너지 변화만을 가져오는 완전가스의 상태변화이다. 이상기체의 내부에너지는 온도만의 함수이다.

04 절대압력 100kPa, 온도 100℃인 상태에 있는 수소의 비체적(m³/kg)은?(단, 수소의 분자량은 2이고, 일반기체상수는 8.3145kJ/kmol · K이다.)

① 31.0 　　　　② 15.5
③ 0.428 　　　　④ 0.0321

해설 $Pv=RT,\ R=\dfrac{R_u}{M}$

$\therefore$ 비체적 $v=\dfrac{R_u T}{PM}=\dfrac{8.3145\times(100+273)}{100\times2}$

$=15.51$m³/kg

05 다음 그림은 이상적인 오토 사이클의 압력(P)−부피(V) 선도이다. 여기서 "ㄱ"의 과정은 어떤 과정인가?

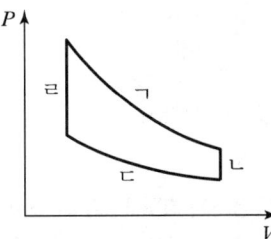

① 단열압축과정 　　　　② 단열팽창과정
③ 등온압축과정 　　　　④ 등온팽창과정

해설 오토 사이클(내연기관 사이클)

• 0 → 1 : 흡입과정
• 1 → 2 : 단열압축과정
• 2 → 3 : 정적연소과정
• 3 → 4 : 단열팽창과정
• 4 → 1 : 정적방열과정
• 1 → 0 : 배기과정

06 비열비 1.3, 압력비 3인 이상적인 브레이턴 사이클(Brayton Cycle)의 이론 열효율이 $X(\%)$였다. 여기서 열효율 12%를 추가 향상시키기 위해서는 압력비를 약 얼마로 해야 하는가?(단, 향상된 후 열효율은 $(X+12)\%$이며, 압력비를 제외한 다른 조건은 동일하다.)

① 4.6　　　　② 6.2

③ 8.4　　　　④ 10.8

해설 브레이턴 사이클(가스터빈 사이클)

$$\eta_1 = 1 - \frac{1}{\phi^{\frac{k-1}{k}}} = 1 - \frac{1}{3^{\frac{1.3-1}{1.3}}} = 0.224$$

$$\eta_2 = 0.224 + 0.12 = 0.344$$

$$0.344 = 1 - \frac{1}{\phi^{\frac{1.3-1}{1.3}}}$$

$$\therefore \phi = 6.2$$

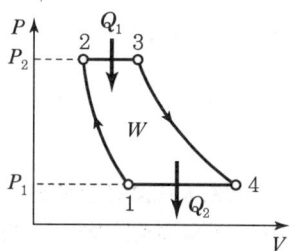

- $1 \to 2$: 가역단열압축
- $2 \to 3$: 가역정압가열
- $3 \to 4$: 가역단열팽창
- $4 \to 1$: 가역정압배기

07 어느 발명가가 바닷물로부터 매시간 1,800kJ의 열량을 공급받아 0.5kW 출력의 열기관을 만들었다고 주장한다면, 이 사실은 열역학 제 몇 법칙에 위배되는가?

① 제0법칙　　　② 제1법칙

③ 제2법칙　　　④ 제3법칙

해설 1W=1J/s, 1kW=3,600kJ/h
출력=$0.5 \times 3,600 = 1,800$kJ/h
공급열=1,800kJ/h
입력과 출력이 같은, 즉 열효율이 100%인 기관(제2종 영구기관)이므로 열역학 제2법칙에 위배된다.

08 그림과 같이 다수의 추를 올려놓은 피스톤이 끼워져 있는 실린더에 들어 있는 가스를 계로 생각한다. 초기 압력이 300kPa이고, 초기 체적은 0.05m³이다. 압력을 일정하게 유지하면서 열을 가하여 가스의 체적을 0.2m³로 증가시킬 때 계가 한 일(kJ)은?

가스

열

① 30　　　　② 35

③ 40　　　　④ 45

해설 계가 한 일$(W) = \int P dV = P(V_2 - V_1)$
　　　$= 300 \times (0.2 - 0.05) = 45$kJ

09 1kg의 헬륨이 100kPa하에서 정압 가열되어 온도가 27℃에서 77℃로 변하였을 때 엔트로피의 변화량은 약 몇 kJ/K인가?(단, 헬륨의 엔탈피(h, kJ/kg)는 아래와 같은 관계식을 가진다.)

$h = 5.238\,T$
여기서, T는 온도(K)

① 0.694　　　　② 0.756

③ 0.807　　　　④ 0.968

해설 $dS = \dfrac{\delta q}{T}$

정압변화이므로 $\delta q = dh$

엔트로피 변화 $\Delta S = \displaystyle\int_1^2 \frac{\delta q}{T} = \int_1^2 \frac{dh}{T}$

$$= \int_1^2 \frac{d(5.238\,T)}{T}$$

$$= 5.238 \ln \frac{T_2}{T_1}$$

$$= 5.238 \ln \frac{(77+273)}{(27+273)}$$

$$= 0.807\text{kJ/K}$$

10 8℃의 이상기체를 가역단열 압축하여 그 체적을 $\frac{1}{5}$ 로 하였을 때 기체의 최종온도(℃)는?(단, 이 기체의 비열비는 1.4이다.)

① −125　　　　② 294
③ 222　　　　④ 262

해설 $T_2 = T_1 \times \left[\dfrac{1}{\left(\frac{1}{5}\right)}\right]^{k-1}$

$= (8+273) \times \left[\dfrac{1}{\left(\frac{1}{5}\right)}\right]^{1.4-1} = 534.9\text{K}$

∴ 534.9 − 273 = 262℃

11 흑체의 온도가 20℃에서 80℃로 되었다면 방사하는 복사 에너지는 약 몇 배가 되는가?

① 1.2　　　　② 2.1
③ 4.7　　　　④ 5.5

해설 복사에너지$(E) = 4.88 \times \left(\dfrac{273+t}{100}\right)^4 = q_R = \sigma T^4$

∴ $E' = \dfrac{4.88\left(\frac{273+80}{100}\right)^4}{4.88\left(\frac{273+20}{100}\right)^4} = \dfrac{155.03}{73.70} = 2.1$배

12 밀폐 시스템이 압력(P_1) 200kPa, 체적(V_1) 0.1m³ 인 상태에서 압력(P_2) 100kPa, 체적(V_2) 0.3m³인 상태까지 가역 팽창되었다. 이 과정이 선형적으로 변화한다면, 이 과정 동안 시스템이 한 일(kJ)은?

① 10　　　　② 20
③ 30　　　　④ 45

해설 200kPa → 0.1m³, 100kPa → 0.3m³

일$(_1W_2) = (P_1-P_2) \times \dfrac{(V_2-V_1)}{2} + P_2(V_2-V_1)$

$= (200-100) \times \dfrac{0.3-0.1}{2} + 100(0.3-0.1)$

$= 30\text{kJ}$

13 카르노 열펌프와 카르노 냉동기가 있는데, 카르노 열펌프의 고열원 온도는 카르노 냉동기의 고열원 온도와 같고, 카르노 열펌프의 저열원 온도는 카르노 냉동기의 저열원 온도와 같다. 이때 카르노 열펌프의 성적계수(COP_{HP})와 카르노 냉동기의 성적계수(COP_R)의 관계로 옳은 것은?

① $COP_{HP} = COP_R + 1$
② $COP_{HP} = COP_R - 1$
③ $COP_{HP} = \dfrac{1}{(COP_R+1)}$
④ $COP_{HP} = \dfrac{1}{(COP_R-1)}$

해설 카르노 사이클 성적계수는 카르노 열펌프 성적계수 값보다 항상 1이 작다.
∴ 카르노 열펌프(히트펌프) 성적계수
　= 카르노 냉동기 사이클 + 1
　= $COP_R + 1$

14 보일러 입구의 압력이 9,800kN/m²이고, 응축기의 압력이 4,900N/m²일 때 펌프가 수행한 일(kJ/kg)은?(단, 물의 비체적은 0.001m³/kg이다.)

① 9.79　　　　② 15.17
③ 87.25　　　　④ 180.52

해설 펌프일량 $W_p = v(P_2 - P_1)$
$= 0.001 \times (9,800 - 4,900 \times 10^{-3})$
$= 9.7951\text{kJ/kg}$

15 열교환기의 1차 측에서 압력 100kPa, 질량유량 0.1 kg/s인 공기가 50℃로 들어가서 30℃로 나온다. 2차 측에서는 물이 10℃로 들어가서 20℃로 나온다. 이때 물의 질량유량(kg/s)은 약 얼마인가?(단, 공기의 정압비열은 1kJ/kg·K이고, 물의 정압비열은 4kJ/kg·K로 하며, 열교환 과정에서 에너지 손실은 무시한다.)

① 0.005　　　　② 0.01
③ 0.03　　　　④ 0.05

해설 열평형식 $G_a G_p \Delta t_a = G_w C_w \Delta t_w$ 에서

질량유량 $G_w = \dfrac{G_a G_p \Delta t_a}{C_w \cdot \Delta t_w} = \dfrac{0.1 \times 1 \times (50 - 30)}{4 \times (20 - 10)}$

$\qquad\qquad\qquad = 0.05 \text{kg/s}$

16 다음 중 그림과 같은 냉동 사이클로 운전할 때 열역학 제1법칙과 제2법칙을 모두 만족하는 경우는?

① $Q_1 = 100\text{kJ}, \ Q_3 = 30\text{kJ}, \ W = 30\text{kJ}$

② $Q_1 = 80\text{kJ}, \ Q_3 = 40\text{kJ}, \ W = 10\text{kJ}$

③ $Q_1 = 90\text{kJ}, \ Q_3 = 50\text{kJ}, \ W = 10\text{kJ}$

④ $Q_1 = 100\text{kJ}, \ Q_3 = 30\text{kJ}, \ W = 40\text{kJ}$

해설 전체 엔트로피 $\Delta S = S_2 - S_1 > 0$ 이어야 한다.

평균온도 $(T) = \dfrac{240\text{K} + 280\text{K}}{2} = 260\text{K}$

열효율 $(\eta) = \dfrac{W}{Q_1} = 1 - \dfrac{260}{330}$

$Q_2 = 30$

$W = \dfrac{30}{1 - \left(\dfrac{260}{330}\right)} \fallingdotseq 40$

$Q_3 = 30$

$Q_1 = 30 + 40 + (70 - 40) = 100\text{kJ}$

17 상온(25℃)의 실내에 있는 수은 기압계에서 수은주의 높이가 730mm라면, 이때 기압은 약 몇 kPa인가? (단, 25℃ 기준, 수은 밀도는 13,534kg/m³이다.)

① 91.4

② 96.9

③ 99.8

④ 104.2

해설 기압 $P = \gamma \cdot h = \rho g \cdot h$

$\qquad\qquad = 13,534 \times 9.8 \times (730 \times 10^{-3})$

$\qquad\qquad = 96,822.236$

$\qquad\qquad = 96.82\text{kPa}$

18 어느 이상기체 2kg이 압력 200kPa, 온도 30℃의 상태에서 체적 0.8m³를 차지한다. 이 기체의 기체상수(kJ/kg · K)는 약 얼마인가?

① 0.264

② 0.528

③ 2.34

④ 3.53

해설 $PV = mRT$ 에서

$R = \dfrac{PV}{mT} = \dfrac{200 \times 0.8}{2 \times (30 + 273)} = 0.264\text{kJ/kg} \cdot \text{K}$

19 고열원의 온도가 157℃이고, 저열원의 온도가 27℃인 카르노 냉동기의 성적계수는 약 얼마인가?

① 1.5

② 1.8

③ 2.3

④ 3.3

해설 냉동기 성적계수 $COP = \dfrac{T_L}{T_H - T_L}$

$\qquad\qquad\qquad\quad = \dfrac{(27 + 273)}{(157 + 273) - (27 + 273)}$

$\qquad\qquad\qquad\quad = 2.3$

20 질량이 m 이고 한 변의 길이가 a인 정육면체 상자 안에 있는 기체의 밀도가 ρ라면 질량이 $2m$ 이고 한 변의 길이가 $2a$인 정육면체 상자 안에 있는 기체의 밀도는?

① ρ

② $\dfrac{1}{2}\rho$

③ $\dfrac{1}{4}\rho$

④ $\dfrac{1}{8}\rho$

해설

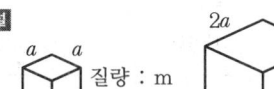

질량 : m

밀도 : ρ

질량 : 2m

밀도 : ρ'

$\therefore \ \rho' = \rho \times \dfrac{1}{2 \times 2} = \rho \times \dfrac{1}{4}$

SECTION 02 냉동공학

21 스크루 압축기에 대한 설명으로 틀린 것은?

① 동일 용량의 왕복동 압축기에 비하여 소형 경량으로 설치 면적이 작다.

② 장시간 연속운전이 가능하다.

③ 부품수가 적고 수명이 길다.

④ 오일펌프를 설치하지 않는다.

해설 스크루 압축기(나사식 압축기) 구성

㉠ 암로터, 숫로터

㉡ 유분리기

㉢ 오일 급유구(여과기, 펌프, 유압조정밸브, 유냉각기)

㉣ 계측기구, 안전장치

22 단위 시간당 전도에 의한 열량에 대한 설명으로 틀린 것은?

① 전도열량은 물체의 두께에 반비례한다.

② 전도열량은 물체의 온도 차에 비례한다.

③ 전도열량은 전열면적에 반비례한다.

④ 전도열량은 열전도율에 비례한다.

해설 열전도율(λ)=kJ/m · K

∴ 열전도 전열량은 전열면적에 비례한다.

23 응축기에 관한 설명으로 틀린 것은?

① 증발식 응축기의 냉각작용은 물의 증발잠열을 이용하는 방식이다.

② 이중관식 응축기는 설치면적이 작고, 냉각수량도 작기 때문에 과냉각 냉매를 얻을 수 있는 장점이 있다.

③ 입형 셸 앤드 튜브식 응축기는 설치면적이 작고 전열이 양호하며 냉각관의 청소가 가능하다.

④ 공랭식 응축기는 응축압력이 수랭식보다 일반적으로 낮기 때문에 같은 냉동기일 경우 형상이 작아진다.

해설 공랭식 응축기는 수랭식에 비하여 응축온도가 높고 응축기 형상이 커야 한다. 또한 통풍이 잘되는 곳에 설치하여야 한다.

24 몰리에르 선도 내 등건조도선의 건조도(x) 0.2는 무엇을 의미하는가?

① 습증기 중의 건포화 증기 20%(중량비율)

② 습증기 중의 액체인 상태 20%(중량비율)

③ 건증기 중의 건포화 증기 20%(중량비율)

④ 건증기 중의 액체인 상태 20%(중량비율)

해설 습증기 건조도(x)

$x = 0.2$ (액은 0.8)

25 냉동장치에서 냉매 1kg이 팽창밸브를 통과하여 5℃의 포화증기로 될 때까지 50kJ의 열을 흡수하였다. 같은 조건에서 냉동능력이 400kW라면 증발 냉매량(kg/s)은 얼마인가?

① 5   ② 6

③ 7   ④ 8

해설 냉동능력 $Q_e = G \times q_e$ 에서

냉매량 $G = \dfrac{Q_e}{q_e} = \dfrac{400}{50} = 8 \text{kg/s}$

26 염화칼슘 브라인에 대한 설명으로 옳은 것은?

① 염화칼슘 브라인은 식품에 대해 무해하므로 식품 동결에 주로 사용된다.

② 염화칼슘 브라인은 염화나트륨 브라인보다 일반적으로 부식성이 크다.

③ 염화칼슘 브라인은 공기 중에 장시간 방치하여 두어도 금속에 대한 부식성은 없다.

④ 염화칼슘 브라인은 염화나트륨 브라인보다 동일 조건에서 동결온도가 낮다.

해설 ㉠ 무기질 염화칼슘($CaCl_2$) 브라인 공정점 : $-55℃$

㉡ 무기질 염화나트륨($NaCl$) 브라인 공정점 : $-21℃$

27 냉각탑에 관한 설명으로 옳은 것은?

① 오염된 공기를 깨끗하게 정화하며 동시에 공기를 냉각하는 장치이다.

② 냉매를 통과시켜 공기를 냉각시키는 장치이다.

③ 찬 우물물을 냉각시켜 공기를 냉각하는 장치이다.

④ 냉동기의 냉각수가 흡수한 열을 외기에 방사하고 온도가 내려간 물을 재순환시키는 장치이다.

해설 냉각탑 사이클

28 증기압축식 냉동기에 설치되는 가용전에 대한 설명으로 틀린 것은?

① 냉동설비의 화재 발생 시 가용합금이 용융되어 냉매를 대기로 유출시켜 냉동기 파손을 방지한다.

② 안전성을 높이기 위해 압축가스의 영향이 미치는 압축기 토출부에 설치한다.

③ 가용전의 구경은 최소 안전밸브 구경의 1/2 이상으로 한다.

④ 암모니아 냉동장치에서는 가용합금이 침식되므로 사용하지 않는다.

해설 증기압축식 냉동기(프레온, 암모니아 냉동기 등)

㉠ 가용전 설치
  • 응축기 및 수액기 상부에 설치한다.
  • 일반적으로 프레온 냉매 수액기용으로 설치한다.

㉡ 가용전의 주성분
  납, 주석, 안티몬, 카드뮴, 비스무스 등(용융온도는 68 ~78℃이다.)

29 다음 선도와 같이 응축온도만 변화하였을 때 각 사이클의 특성 비교로 틀린 것은?(단, 사이클 A : (A-B-C-D-A), 사이클 B : (A-B′-C′-D′-A), 사이클 C : (A-B″-C″-D″-A)이다.)

(응축온도만 변했을 경우) 엔탈피 h(kJ/kg)

① 압축비 : 사이클 C>사이클 B>사이클 A

② 압축일량 : 사이클 C>사이클 B>사이클 A

③ 냉동효과 : 사이클 C>사이클 B>사이클 A

④ 성적계수:사이클 A>사이클 B>사이클 C

해설 이 사이클은 습압축이다. 압축기 일당량이 커지면 압축비가 커지고 성적계수가 감소하며, 냉동효과가 작아진다. 성적계수는 A→B→C→D→A가 가장 크다.

30 흡수식 냉동기에 대한 설명으로 틀린 것은?

① 흡수식 냉동기는 열의 공급과 냉각으로 냉매와 흡수제가 함께 분리되고 섞이는 형태로 사이클을 이룬다.

② 냉매가 암모니아일 경우에는 흡수제로 리튬브로마이드(LiBr)를 사용한다.

③ 리튬브로마이드 수용액 사용 시 재료에 대한 부식성 문제로 용액에 미량의 부식억제제를 첨가한다.

④ 압축식에 비해 열효율이 나쁘며 설치면적을 많이 차지한다.

27. ④ 28. ② 29. ③ 30. ② **| ANSWER**

해설 흡수식 냉동기의 냉매 및 흡수제
㉠ 냉매 : 물, 흡수제 : 리튬브로마이드
㉡ 냉매 : 암모니아, 흡수제 : 물

31 암모니아 냉매의 특성에 대한 설명으로 틀린 것은?

① 암모니아는 오존파괴지수(ODP)와 지구온난화지수(GWP)가 각각 0으로 온실가스 배출에 대한 영향이 적다.
② 암모니아는 독성이 강하여 조금만 누설되어도 눈, 코, 기관지 등을 심하게 자극한다.
③ 암모니아는 물에 잘 용해되지만 윤활유에는 잘 녹지 않는다.
④ 암모니아는 전기절연성이 양호하므로 밀폐식 압축기에 주로 사용된다.

해설 프레온냉매는 전기절연성이 양호하여 밀폐형 냉동기에 많이 사용한다.

32 0.24MPa 압력에서 작동되는 냉동기의 포화액 및 건포화증기의 엔탈피는 각각 396kJ/kg, 615kJ/kg이다. 동일 압력에서 건도가 0.75인 지점의 습증기의 엔탈피(kJ/kg)는 얼마인가?

① 398.75
② 481.28
③ 501.49
④ 560.25

해설 냉매의 증발잠열(r) = 615 − 396 = 219kJ/kg
실제 증발열 = 219 × 0.75 = 164.25kJ/kg
∴ 습증기 엔탈피(h_2) = h_1 + r = 396 + 164.25
= 560.25kJ/kg

33 왕복동식 압축기의 회전수를 n(rpm), 피스톤의 행정을 S(m)라 하면 피스톤의 평균속도 V_m(m/s)을 나타내는 식은?

① $V_m = \dfrac{\pi \cdot S \cdot n}{60}$
② $V_m = \dfrac{S \cdot n}{60}$
③ $V_m = \dfrac{S \cdot n}{30}$
④ $V_m = \dfrac{S \cdot n}{120}$

해설 왕복동식 압축기
피스톤 토출량 $V_o = \left(60 \times \dfrac{\pi}{4} d^2 \times L \times N \times R\right)$m³/h
여기서, d : 지름, L : 행정, N : 개수, R : 회전수(rpm)
압축기 피스톤 평균속도(V_m)
$= \dfrac{\text{피스톤 행정거리} \times \text{회전수}}{30}$(m/s)

34 착상이 냉동장치에 미치는 영향으로 가장 거리가 먼 것은?

① 냉장실 내 온도가 상승한다.
② 증발온도 및 증발압력이 저하한다.
③ 냉동능력당 전력소비량이 감소한다.
④ 냉동능력당 소요동력이 증대한다.

해설 냉동기의 증발기에 착상(서리 쌓임)이 발생하면 전열이 불량하여 냉동능력당 전력소비량이 증가한다.

35 나관식 냉각코일로 물 1,000kg/h를 20℃에서 5℃로 냉각시키기 위한 코일의 전열면적(m²)은?(단, 냉매액과 물과의 대수평균온도차는 5℃, 물의 비열은 4.2kJ/kg · ℃, 열관류율은 0.23kW/m² · ℃이다.)

① 15.2
② 30.0
③ 65.3
④ 81.4

해설 물의 현열 $Q = K \cdot A \cdot \Delta t_m = G \cdot C_p \cdot \Delta t$ 에서
전열면적 $A = \dfrac{G \cdot C_p \cdot \Delta t}{K \cdot \Delta t_m}$
$= \dfrac{1,000 \times 4.2 \times (20 - 5)}{0.23 \times 5 \times 3,600}$
$= 15.2$m²

36 열전달에 관한 설명으로 틀린 것은?

① 전도란 물체 사이의 온도차에 의한 열의 이동 현상이다.
② 대류란 유체의 순환에 의한 열의 이동 현상이다.
③ 대류열전달계수의 단위는 열통과율의 단위와 같다.
④ 열전도율의 단위는 W/m² · K이다.

열전도율(λ) 단위 : W/m · K

37 흡수냉동기의 용량제어 방법으로 가장 거리가 먼 것은?

① 구동열원입구제어

② 증기토출제어

③ 희석운전제어

④ 버너연소량제어

흡수냉동기의 희석운전 제어는 흡수용액의 용액과 냉매 분리를 용이하게 하고 흡수용액의 결정 생성을 방지하는 데 그 목적이 있다.

38 제상방식에 대한 설명으로 틀린 것은?

① 살수방식은 저온의 냉장창고용 유닛 쿨러 등에서 많이 사용된다.

② 부동액 살포방식은 공기 중의 수분이 부동액에 흡수되므로 일정한 농도 관리가 필요하다.

③ 핫가스 제상방식은 응축기 출구 측 고온의 액냉매를 이용한다.

④ 전기히터방식은 냉각관 배열의 일부에 핀튜브 형태의 전기히터를 삽입하여 착상부를 가열한다.

고압가스 제상(Hot Gas Defrost)
압축기에서 토출된 고온의 냉매가스를 증발기에 보내, 응축열에 의해 제상한다.

39 불응축 가스가 냉동기에 미치는 영향에 대한 설명으로 틀린 것은?

① 토출가스 온도의 상승

② 응축압력의 상승

③ 체적효율의 증대

④ 소요동력의 증대

불응축 가스는 체적효율을 증대한다.
※ 불응축가스 : 공기, 산소, 질소, 수소 등

40 다음 중 $P-h$(압력-엔탈피) 선도에서 나타내지 못하는 것은?

① 엔탈피

② 습구온도

③ 건조도

④ 비체적

냉동기 냉매 선도인 $P-h$ 선도는 습구온도는 나타내지 못한다. 습구온도는 공기조화 선도에서 나타난다.

SECTION 03 공기조화

41 보일러의 종류 중 수관 보일러 분류에 속하지 않는 것은?

① 자연순환식 보일러

② 강제순환식 보일러

③ 연관 보일러

④ 관류 보일러

연관 보일러(원통형 보일러)

42 아래의 그림은 공조기에 ① 상태의 외기와 ② 상태의 실내에서 되돌아온 공기가 들어와 ⑥ 상태로 실내로 공급되는 과정을 습공기 선도에 표현한 것이다. 공조기 내 과정을 맞게 서술한 것은?

① 예열－혼합－가열－물분무가습

② 예열－혼합－가열－증기가습

③ 예열－증기가습－가열－증기가습

④ 혼합－제습－증기가습－가열

해설 공조기 계통도

예열기 가습기 가열기

---

43 이중덕트방식에 설치하는 혼합상자의 구비조건으로 틀린 것은?

① 냉풍·온풍 덕트 내의 정압변동에 의해 송풍량이 예민하게 변화할 것

② 혼합비율 변동에 따른 송풍량의 변동이 완만할 것

③ 냉풍·온풍 댐퍼의 공기누설이 적을 것

④ 자동제어 신뢰도가 높고 소음발생이 적을 것

해설 이중 덕트 혼합상자(Mixing Box : Air Blender)

전공기방식이므로 혼합상자에서 소음과 진동이 생기고 냉·온풍의 혼합으로 인한 손실 발생으로 에너지 소비량이 많지만, 실의 냉난방부하가 감소되어도 취출공기의 송풍량 부족 현상이 없다.

---

44 냉방부하 중 유리창을 통한 일사취득열량을 계산하기 위한 필요 사항으로 가장 거리가 먼 것은?

① 창의 열관류율   ② 창의 면적

③ 차폐계수   ④ 일사의 세기

해설 유리로부터의 일사취득열량(Q)

Q(W/h)=유리의 표준일사취득량×차폐계수
　　　　×유리의 면적

---

45 다음 열원방식 중에 하절기 피크 전력의 평준화를 실현할 수 없는 것은?

① GHP 방식   ② EHP 방식

③ 지역냉난방 방식   ④ 축열방식

해설 EHP 방식

전기식 히트펌프(난방 위주 공조기)로서 하절기·동절기 등에 전기소비량이 많아진다.

---

46 일반적으로 난방부하를 계산할 때 실내 손실열량으로 고려해야 하는 것은?

① 인체에서 발생하는 잠열

② 극간풍에 의한 잠열

③ 조명에서 발생하는 현열

④ 기기에서 발생하는 현열

해설 난방부하 발생

항목	부하 발생 요인	현열	잠열
실내 손실열량	외벽, 창유리	○	
	바닥, 지붕, 내벽	○	
	극간풍	○	○
기기 손실열량	덕트	○	
외기 부하	환기, 극간풍	○	○

---

47 원심 송풍기에 사용되는 풍량제어 방법으로 가장 거리가 먼 것은?

① 송풍기의 회전수 변화에 의한 방법

② 흡입구에 설치한 베인에 의한 방법

③ 바이패스에 의한 방법

④ 스크롤 댐퍼에 의한 방법

해설 송풍기 덕트는 바이패스(우회통로)가 불필요하다.

---

48 냉수 코일의 설계에 대한 설명으로 옳은 것은?(단, q_s : 코일의 냉각부하, k : 코일 전열계수, FA : 코일의 정면 면적, MTD : 대수평균온도차(℃), M : 젖은 면 계수이다.)

① 코일 내의 순환수량은 코일 출입구의 수온차가 약 5~10℃가 되도록 선정한다.

② 관 내의 수속은 2~3m/s 내외가 되도록 한다.

③ 수량이 적어 관 내의 수속이 늦게 될 때에는 더블 서킷(double circuit)을 사용한다.

④ 코일의 열수(N)= $\dfrac{q_s \times MTD}{M \times k \times FA}$ 이다.

해설 ① 코일 내 수온차 : 5~10℃

② 관 내 수(水)속 : 1.0m/s

③ 유량이 적을 때 : 하프서킷코일 사용

---

④ 코일 열수(N) = $\dfrac{\text{코일 현열부하} \times \text{대수평균온도차}}{\substack{\text{젖은 면계 수} \times \text{정면 면적} \times \\ \text{열관류율} \times \text{튜브 표면적}}}$

49 온도 10℃, 상대습도 50%의 공기를 25℃로 하면 상대습도(%)는 얼마인가?(단, 10℃일 경우의 포화증기압은 1.226kPa, 25℃일 경우의 포화증기압은 3.163kPa이다.)

① 9.5 ② 19.4
③ 27.2 ④ 35.5

해설 상대습도 $\phi_{10} = \dfrac{P_w}{P_{ws}} = \dfrac{P_w}{1.226} = 0.5$

$P_w = 1.226 \times 0.5 = 0.613 \text{kPa}$

∴ 상대습도 $\phi_{25} = \dfrac{P_w}{P_{ws}} = \dfrac{0.613}{3.163} = 0.194(19.4\%)$

50 건구온도 22℃, 절대습도 0.0135kg/kg인 공기의 엔탈피(kJ/kg)는 얼마인가?(단, 공기밀도 1.2kg/m³, 건공기 정압비열 1.01kJ/kg·K, 수증기 정압비열 1.85kJ/kg·K, 0℃ 포화수의 증발잠열 2,501kJ/kg이다.)

① 58.4 ② 61.2
③ 56.5 ④ 52.4

해설 습공기엔탈피(h_w)

$\begin{aligned} h_w &= C_p \cdot t + x(r + C_p' \cdot t) \\ &= 1.01 \times 22 + 0.0135(2,501 + 1.85 \times 22) \\ &= 56.5 (\text{kJ/kg}) \end{aligned}$

51 보일러 능력의 표시법에 대한 설명으로 옳은 것은?

① 과부하출력 : 운전시간 24시간 이후는 정미출력의 10~20% 더 많이 출력되는 정도이다.
② 정격출력 : 정미출력의 2배이다.
③ 상용출력 : 배관 손실을 고려하여 정미출력의 1.05~1.10배 정도이다.
④ 정미출력 : 연속해서 운전할 수 있는 보일러의 최대 능력이다.

해설 ㉠ 보일러 상용출력 = 난방출력 + 급탕출력 + 배관출력
㉡ 보일러 정미부하 = 난방출력 + 급탕출력
※ 배관출력 = 정미출력의 1.05배~1.10배

52 송풍기 회전날개의 크기가 일정할 때, 송풍기의 회전속도를 변화시킬 경우 상사법칙에 대한 설명으로 옳은 것은?

① 송풍기 풍량은 회전속도비에 비례하여 변화한다.
② 송풍기 압력은 회전속도비의 3제곱에 비례하여 변화한다.
③ 송풍기 동력은 회전속도비의 제곱에 비례하여 변화한다.
④ 송풍기 풍량, 압력, 동력은 모두 회전속도비에 제곱에 비례하여 변화한다.

해설

[송풍기 특성곡선]

㉠ $Q_2 = Q_1 \times \left(\dfrac{N_2}{N_1}\right)$: 풍량

㉡ $P_2 = P_1 \times \left(\dfrac{N_2}{N_1}\right)^2$: 풍압

㉢ $L_2 = L_1 \times \left(\dfrac{N_2}{N_1}\right)^3$: 풍동력

53 온수난방 배관방식에서 단관식과 비교한 복관식에 대한 설명으로 틀린 것은?

① 설비비가 많이 든다.
② 온도 변화가 많다.
③ 온수 순환이 좋다.
④ 안정성이 높다.

해설 복관식 온수난방의 특징은 보기 ①, ③, ④ 외 온도의 변화가 적다는 것이다.

54 건축 구조체의 열통과율에 대한 설명으로 옳은 것은?

① 열통과율은 구조체 표면 열전달 및 구조체 내 열전도율에 대한 열이동의 과정을 총합한 값을 말한다.

② 표면 열전달 저항이 커지면 열통과율도 커진다.

③ 수평구조체의 경우 상향열류가 하향열류보다 열통과율이 작다.

④ 각종 재료의 열전도율은 대부분 함습률의 증가로 인하여 열전도율이 작아진다.

해설 열통과율$(K) = \dfrac{1}{\dfrac{1}{\alpha_i} + \dfrac{l}{\lambda} + \dfrac{1}{\alpha_o}}$ (W/m² · K)

55 다음 중 출입의 빈도가 잦아 틈새바람에 의한 손실부하가 비교적 큰 경우 난방방식으로 적용하기에 가장 적합한 것은?

① 증기난방　　　　② 온풍난방
③ 복사난방　　　　④ 온수난방

해설 복사난방

복사난방은 손실부하가 비교적 커도 난방이 가능하다.

56 단일 덕트 정풍량 방식에 대한 설명으로 틀린 것은?

① 각 실의 실온을 개별적으로 제어할 수가 있다.

② 설비비가 다른 방식에 비해서 적게 든다.

③ 기계실에 기기류가 집중 설치되므로 운전, 보수가 용이하고, 진동, 소음의 전달 염려가 적다.

④ 외기의 도입이 용이하며 환기팬 등을 이용하면 외기 냉방이 가능하고 전열교환기의 설치도 가능하다.

해설 공기조화
㉠ 단일덕트방식
　• 정풍량 방식
　• 변풍량 방식
㉡ 단일 덕트 변풍량 방식은 각 실 또는 각 존의 개별제어가 가능하다.

57 난방부하를 산정할 때 난방부하의 요소에 속하지 않는 것은?

① 벽체의 열통과에 의한 열손실

② 유리창의 대류에 의한 열손실

③ 침입외기에 의한 난방손실

④ 외기부하

해설 유리창의 전도, 복사에 의한 열손실이 난방부하의 요소이다.

58 실내의 냉방 현열부하가 5.8kW, 잠열부하가 0.93kW 인 방을 실온 26℃로 냉각하는 경우 송풍량(m³/h)은?(단, 취출온도는 15℃이며, 공기의 밀도 1.2kg/m³, 정압비열 1.01kJ/kg · K이다.)

① 1,566.1

② 1,732.4

③ 1,999.8

④ 2,104.2

해설 냉방 현열부하 $q_s = \rho \cdot Q \cdot C_p \cdot \Delta t$에서

송풍량 $Q = \dfrac{q_s}{\rho \cdot C_p \cdot \Delta t}$

$= \dfrac{5.8 \times 3,600}{1.2 \times 1.01 \times (26 - 15)}$

$= 1,566.16 \text{m}^3/\text{h}$

59 공조설비의 구성은 열원설비, 열운반장치, 공조기, 자동제어장치로 이루어진다. 이에 해당하는 장치로서 직접적인 관계가 없는 것은?

① 펌프
② 덕트
③ 스프링클러
④ 냉동기

해설 스프링클러 : 화재 방지용 살수장치

60 아래 그림은 냉방 시의 공기조화 과정을 나타낸다. 그림과 같은 조건일 경우 취출풍량이 1,000m³/h라면 소요되는 냉각코일의 용량(kW)은 얼마인가?(단, 공기의 밀도는 1.2kg/m³이다.)

1 : 실내 공기의 상태점
2 : 외기의 상태점
3 : 혼합 공기의 상태점
4 : 취출 공기의 상태점
5 : 코일의 장치 노점 온도

① 8
② 5
③ 3
④ 1

해설 냉각코일 용량 $q_{ac} = \rho Q(h_3 - h_4)$

$$= \frac{1.2 \times 1,000 \times (59-44)}{3,600}$$

$$= 5\text{kW}$$

※ 1h = 3,600s

SECTION 04 전기제어공학

61 다음 유접점회로를 논리식으로 변환하면?

① $L = A \cdot B$
② $L = A + B$
③ $L = \overline{(A+B)}$
④ $L = \overline{(A \cdot B)}$

해설 X : 릴레이, L : 전등
접점 A 혹은 B가 닫히면 ⓧ가 동작하고 접점출력 X가 열리고 전등 ⓛ을 소등시킨다.
$L = AB$, $X = \overline{Y}$, $Y = A+B$(논리합)
∴ $L = \overline{(A+B)}$(논리화)

62 그림과 같은 논리회로가 나타내는 식은?

① $X = AB + BA$
② $X = \overline{(A+B)}\,AB$
③ $X = \overline{AB}(A+B)$
④ $X = AB + (A+B)$

해설 $X = (\overline{A} + \overline{B})(A+B) = \overline{A}B + A\overline{B}$
∴ $X = \overline{AB}(A+B)$

63 다음 블록 선도에서 성립이 되지 않는 식은?

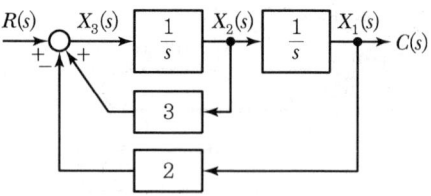

① $x_3(t) = r(t) + 3x_2(t) - 2c(t)$

② $\dfrac{dx_3(t)}{dt} = x_2(t)$

③ $x_2(t) = \displaystyle\int (r(t) + 3x_2(t) - 2x_1(t))dt$

④ $x_1(t) = c(t)$

해설 ① $x_3(t) = r(t) + x_2(t) \times 3 - x_1(t) \times 2$

$x_1(t) = c(t)$

$\therefore x_3(t) = r(t) + 3x_2(t) - 2c(t)$

② $\frac{1}{S}$: 적분요소, $\int x_3(t)dt = x_2(t)$

③ $x_3(t) = r(t) + 3x_2(t) - 2x_1(t)$

$\therefore x_2(t) = \int x_3(t)dt$

$= \int (r(t) + 3x_2(t) - 2x_1(t))dt$

④ $x_1(t) = c(t)$

64 자극수 6극, 슬롯수 40, 슬롯 내 코일변수 6인 단중 중권 직류기의 정류자편수는?

① 60 ② 80

③ 100 ④ 120

해설 정류자편수 $K = \dfrac{\text{총 도체수}}{2} = \dfrac{\text{슬롯수} \times \text{자극수}}{2}$

$= \dfrac{40 \times 6}{2} = 120$

65 일정 전압의 직류전원에 저항을 접속하고, 전류를 흘릴 때 이 전류값을 20% 감소시키기 위한 저항값은 처음 저항의 몇 배가 되는가?(단, 저항을 제외한 기타 조건은 동일하다.)

① 0.65 ② 0.85

③ 0.91 ④ 1.25

해설 처음 저항을 R_1, 20% 감소 시의 저항을 R_2라 하면, 전압이 일정하므로 $V = IR$에 의해

$IR_1 = (1 - 0.2)IR_2$

$IR_2 = \dfrac{R_1}{0.8} = 1.25R_1$

※ 나중 저항은 처음 저항의 1.25배가 된다.

66 절연저항을 측정하는 데 사용되는 계기는?

① 메거(Megger)

② 회로시험기

③ R−L−C 미터

④ 검류계

해설 메거 : 절연저항 측정 계기

67 전압방정식이 $e(t) = Ri(t) + L\dfrac{di(t)}{dt}$로 주어지는 RL 직렬회로가 있다. 직류전압 E를 인가했을 때, 이 회로의 정상상태 전류는?

① $\dfrac{E}{RL}$ ② E

③ $\dfrac{E}{R}$ ④ $\dfrac{RL}{E}$

해설 RL 직렬회로$[I_m \sin(\omega t - \theta)]$

전류$(I) = \dfrac{V}{\sqrt{R^2 + X_1^2}} = \dfrac{V}{Z}$

직류전압(E) 인가 후 회로의 정상상태 전류$= \dfrac{E}{R}$(직류 전압 E를 인가한 경우)

68 조절부의 동작에 따른 분류 중 불연속제어에 해당되는 것은?

① ON/OFF 제어 동작

② 비례제어 동작

③ 적분제어 동작

④ 미분제어 동작

해설 ON−OFF 제어 동작(2위치 제어 동작)은 불연속 제어이다.

69 논리식 $L = \overline{x} \cdot \overline{y} \cdot z + \overline{x} \cdot y \cdot z + x \cdot \overline{y} \cdot z + x \cdot y \cdot z$를 간단히 하면?

① x ② z

③ $x \cdot \overline{y}$ ④ $x \cdot \overline{z}$

해설 논리식 $L = \overline{x}\overline{y}z + \overline{x}yz + x\overline{y}z + xyz$

$= z(\overline{x}\overline{y} + \overline{x}y + x\overline{y} + xy)$

$= z(\overline{x}(\overline{y} + y) + x(\overline{y} + y))$

$= z(\overline{x} + x)$

$= z$

70 $v=141\sin\left(377t-\dfrac{\pi}{6}\right)$인 파형의 주파수(Hz)는 약 얼마인가?

① 50 　　　　　② 60
③ 100 　　　　　④ 377

> **해설** $\omega t = 2\pi ft = 377t$
> $$f = \frac{377t}{2\pi t} \fallingdotseq 60\text{Hz}$$

71 불평형 3상 전류 $I_a = 18+j3(\text{A})$, $I_b = -25-j7(\text{A})$, $I_c = -5+j10(\text{A})$일 때, 정상분 전류 $I_1(\text{A})$은 약 얼마인가?

① $-12-j6$ 　　　② $15.9-j5.27$
③ $6+j6.3$ 　　　④ $-4+j2$

> **해설** 불평형률(역상분/정상분)
> 불평형 3상 전압이나 전류에 포함되어 있는 정상분과 역상분의 크기의 비이다. 즉, 불평형의 정도를 나타낸 것이다.
> $$\text{영상분 전류}(I_o) = \frac{1}{3}(I_a + I_b + I_c)$$
> $$= \frac{1}{3}(18+j3-25-j7-5+j10)$$
> $$= -4+j2(\text{A})$$
> $\therefore$ 정상분 전류$(I_1) = -15.9-j5.27$

72 다음 설명이 나타내는 법칙은?

> 회로 내의 임의의 한 폐회로에서 한 방향으로 전류가 일주하면서 취한 전압상승의 대수합은 각 회로 소자에서 발생한 전압강하의 대수합과 같다.

① 옴의 법칙
② 가우스 법칙
③ 쿨롱의 법칙
④ 키르히호프의 법칙

> **해설** 키르히호프의 법칙
> 회로 내의 임의의 한 폐회로에서 한 방향으로 전류가 일주하면서 취한 전압상승의 대수합은 각 회로 소자에서 발생한 전압강하의 대수합과 같다.

73 다음과 같은 회로에서 I_2가 0이 되기 위한 C의 값은? (단, L은 합성인덕턴스, M은 상호인덕턴스이다.)

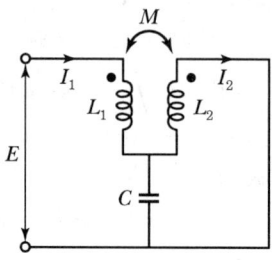

① $\dfrac{1}{\omega L}$ 　　　　② $\dfrac{1}{\omega^2 L}$
③ $\dfrac{1}{\omega M}$ 　　　　④ $\dfrac{1}{\omega^2 M}$

> **해설** 2차 회로의 전압방정식
> $$j\omega(L_2-M)I_2 + j\omega M(I_2-I_1) + \frac{1}{j\omega C}(I_2-I_1) = 0$$
> $$\left(-j\omega M + j\frac{1}{\omega C}\right)I_1 + \left(j\omega I_2 + j\frac{1}{\omega C}\right)I_2 = 0$$
> I_2가 0이 되려면 I_1의 계수가 0이어야 하므로
> $$-j\omega M + j\frac{1}{\omega C} = 0$$
> $$\therefore C = \frac{1}{\omega^2 M}$$

74 무인으로 운전되는 엘리베이터의 자동제어방식은?

① 프로그램 제어　　② 추종제어
③ 비율제어　　　　④ 정치제어

> **해설** 무인으로 운전되는 엘리베이터의 자동제어는 프로그램 제어에 속한다.

75 다음의 제어기기에서 압력을 변위로 변환하는 변환요소가 아닌 것은?

① 스프링　　　　　② 벨로우즈
③ 노즐플래퍼　　　④ 다이어프램

> **해설** 노즐플래퍼, 유압분사관, 스프링 : '변위 → 압력' 변환

76 제어계에서 전달함수의 정의는?

① 모든 초깃값을 0으로 하였을 때 계의 입력신호의 라플라스 값에 대한 출력신호의 라플라스 값의 비

② 모든 초깃값을 1로 하였을 때 계의 입력신호의 라플라스 값에 대한 출력신호의 라플라스 값의 비

③ 모든 초깃값을 ∞로 하였을 때 계의 입력신호의 라플라스 값에 대한 출력신호의 라플라스 값의 비

④ 모든 초깃값을 입력과 출력의 비로 한다.

해설 전달함수
모든 초깃값을 0으로 하였을 때 계의 입력신호의 라플라스 값에 대한 출력신호의 라플라스 값의 비이다.
※ 초기 조건을 0이라 가정하면 출력의 라플라스 변환은
$$C(s) = G(s)R(s), \ C(t) = \mathcal{L}^{-1}[G(s)R(s)]$$

77 자동조정제어의 제어량에 해당하는 것은?

① 전압 ② 온도
③ 위치 ④ 압력

해설 자동조정제어의 제어량
전압, 전류, 주파수, 회전속도, 힘 등

78 발전기에 적용되는 법칙으로 유도기전력의 방향을 알기 위해 사용되는 법칙은?

① 옴의 법칙
② 암페어의 주회적분 법칙
③ 플레밍의 왼손 법칙
④ 플레밍의 오른손 법칙

해설 ㉠ 플레밍의 오른손 법칙 : 유도기전력의 방향을 알기 위해 사용되는 법칙이다(발전기에 적용).
㉡ 플레밍의 왼손 법칙 : 자기장 내 전선을 넣고 전류를 흘리면 전선 주위에 발생하는 자기장으로 인하여 전선에 힘이 작용한다(모터의 원리).

79 피드백 제어계에서 제어요소에 대한 설명으로 옳은 것은?

① 목푯값에 비례하는 기준 입력신호를 발생하는 요소이다.

② 제어량의 값을 목푯값과 비교하기 위하여 피드백되는 요소이다.

③ 조작부와 조절부로 구성되고 동작신호를 조작량으로 변환하는 요소이다.

④ 기준입력과 주궤환신호의 차로 제어동작을 일으키는 요소이다.

해설 피드백 제어

80 2차계 시스템의 응답형태를 결정하는 것은?

① 히스테리시스 ② 정밀도
③ 분해도 ④ 제동계수

해설 감쇠비(제동계수)
㉠ 과도응답이 소멸되는 정도를 나타내는 양이다.
㉡ 최대 오버슈트와 다음 주기에 오는 오버슈트와의 비로서, 이것이 작을수록 최대 초과량이 커진다.
※ 감쇠제동(부족제동) : $\delta < 1$
과제동(비진동) : $\delta > 1$
임계제동 : $\delta = 1$
무제동(완전진동) : $\delta = 0$

SECTION 05 배관일반

81 순동 이음쇠를 사용할 때에 비하여 동합금 주물 이음쇠를 사용할 때 고려할 사항으로 가장 거리가 먼 것은?

① 순동 이음쇠 사용에 비해 모세관 현상에 의한 용융 확산이 어렵다.

② 순동 이음쇠와 비교하여 용접재 부착력은 큰 차이가 없다.

③ 순동 이음쇠와 비교하여 냉벽 부분이 발생할 수 있다.

④ 순동 이음쇠 사용에 비해 열팽창의 불균일에 의한 부정적 틈새가 발생할 수 있다.

해설 순동 이음쇠가 동합금 주물보다 용접재 부착력이 더 우수하다.

82 증기 및 물 배관 등에서 찌꺼기를 제거하기 위하여 설치하는 부속품으로 옳은 것은?

① 유니언
② P트랩
③ 부싱
④ 스트레이너

유체 입구 → 유체 출구
여과통 (찌꺼기 제거용)

83 관경 300mm, 배관길이 500m의 중압가스수송관에서 공급압력과 도착압력이 게이지 압력으로 각각 3kgf/cm², 2kgf/cm²인 경우 가스유량(m³/h)은 얼마인가?(단, 가스비중 0.64, 유량계수 52.31이다.)

① 10,238
② 20,583
③ 38,317
④ 40,153

해설 가스유량 계산

$P_1 = 3 + 1.033 = 4.033 \text{kgf/cm}^2$

$P_2 = 2 + 1.033 = 3.033 \text{kgf/cm}^2$

중압용 유량 $Q = K \times \sqrt{\dfrac{(P_1^2 - P_2^2) \times D^5}{S \times L}}$

$= 52.31 \times \sqrt{\dfrac{(4.033^2 - 3.033^2) \times 30^5}{0.64 \times 500}}$

$= 38,317.72 \text{m}^3/\text{h}$

84 다음 중 배수설비에서 소제구(C.O)의 설치위치로 가장 부적절한 곳은?

① 가옥 배수관과 옥외의 하수관이 접속되는 근처
② 배수 수직관의 최상단부
③ 수평지관이나 횡주관의 기점부
④ 배수관이 45도 이상의 각도로 구부러지는 곳

해설 배수설비 소제구(C.O)는 배수 수직관의 최하단부에 설치한다.

85 다음 중 폴리에틸렌관의 접합법이 아닌 것은?

① 나사 접합
② 인서트 접합
③ 소켓 접합
④ 용착 슬리브 접합

해설 폴리에틸렌관(PE)의 접합
㉠ 용착 슬리브 접합
㉡ 테이퍼 접합
㉢ 인서트 접합
※ 주철관 접합은 소켓 접합이 우수하다.

86 배관의 접합방법 중 용접접합의 특징으로 틀린 것은?

① 중량이 무겁다.
② 유체의 저항 손실이 적다.
③ 접합부 강도가 강하여 누수 우려가 적다.
④ 보온피복 시공이 용이하다.

해설 용접접합은 부속품 이음쇠 접합보다 중량이 가볍다.

87 폴리부틸렌관(PB) 이음에 대한 설명으로 틀린 것은?

① 에이콘 이음이라고도 한다.
② 나사이음 및 용접이음이 필요 없다.
③ 그랩링, O-링, 스페이스 와셔가 필요하다.
④ 이종관 접합 시는 어댑터를 사용하여 인서트 이음을 한다.

해설 폴리부틸렌(PB)관 접합
㉠ 에이콘 이음이다.
㉡ 캡, 오링, 와셔, 그랩링 등을 사용한다.
㉢ 전기절연성이 우수하여 금속 배관재와는 달리 전이부식의 걱정이 없다.
㉣ 어댑터는 동관이음에 용접용으로 많이 사용하는 이종관 이음이다.

88 병원, 연구소 등에서 발생하는 배수로 하수도에 직접 방류할 수 없는 유독한 물질을 함유한 배수를 무엇이라 하는가?

① 오수
② 우수
③ 잡배수
④ 특수배수

해설 특수배수
병원, 연구소 등에서 발생하는 유독한 물질을 함유한 배수이다.

89 LP가스 공급, 소비 설비의 압력손실 요인으로 틀린 것은?

① 배관의 입하에 의한 압력손실
② 엘보, 티 등에 의한 압력손실
③ 배관의 직관부에서 일어나는 압력손실
④ 가스미터, 콕크, 밸브 등에 의한 압력손실

해설 LP가스 공급 설비에서 배관의 입상관에서 압력손실이 발생한다(LP가스는 비중이 1.53~2 정도로 크다).

90 밀폐 배관계에서는 압력계획이 필요하다. 압력계획을 하는 이유로 틀린 것은?

① 운전 중 배관계 내에 대기압보다 낮은 개소가 있으면 접속부에서 공기를 흡입할 우려가 있기 때문에
② 운전 중 수온에 알맞은 최소압력 이상으로 유지하지 않으면 순환수 비등이나 플래시 현상 발생 우려가 있기 때문에
③ 펌프의 운전으로 배관계 각부의 압력이 감소하므로 수격작용, 공기정체 등의 문제가 생기기 때문에
④ 수온의 변화에 의한 체적의 팽창·수축으로 배관 각부에 악영향을 미치기 때문에

해설 밀폐계 배관에서는 펌프의 운전으로 배관계 각부의 압력이 증가하므로 수격작용, 공기정체 등의 문제가 발생한다.

91 펌프 운전 시 발생하는 캐비테이션 현상에 대한 방지대책으로 틀린 것은?

① 흡입양정을 짧게 한다.
② 펌프의 회전수를 낮춘다.
③ 단흡입 펌프를 사용한다.
④ 흡입관의 관경을 굵게, 굽힘을 적게 한다.

해설 캐비테이션(펌프의 공동현상) 발생을 방지하려면 단흡입보다는 양흡입 펌프를 설치해야 한다.

92 급탕설비에 관한 설명으로 옳은 것은?

① 급탕배관의 순환방식은 상향순환식, 하향순환식, 상하향 혼용 순환식으로 구분된다.
② 물에 증기를 직접 분사시켜 가열하는 기수혼합식의 사용증기압은 0.01MPa(0.1kgf/cm^2) 이하가 적당하다.
③ 가열에 따른 관의 신축을 흡수하기 위하여 팽창탱크를 설치한다.
④ 강제순환식 급탕배관의 구배는 1/200~1/300 정도로 한다.

해설 급탕설비
㉠ 배관 : 상향식, 하향식
㉡ 기수혼합식 : 0.1~0.4MPa 압력
㉢ 신축흡수 : 신축흡수장치가 필요하다.
㉣ 물의 팽창 흡수 : 팽창탱크 사용
㉤ 배관 구배 : $\frac{1}{200} \sim \frac{1}{300}$(강제순환식)

93 강관작업에서 아래 그림처럼 15A 나사용 90° 엘보 2개를 사용하여 길이가 200mm가 되도록 연결작업을 하려고 한다. 이때 실제 15A 강관의 길이(mm)는 얼마인가?(단, 나사가 물리는 최소길이(여유치수)는 11mm, 이음쇠의 중심에서 단면까지의 길이는 27mm이다.)

① 142
② 158
③ 168
④ 176

해설 절단길이$(l) = L - 2(A - a)$
$$\therefore \ l = 200 - 2(27 - 11) = 168mm$$

94 온수난방에서 개방식 팽창탱크에 관한 설명으로 틀린 것은?

① 공기빼기 배기관을 설치한다.
② 4℃의 물을 100℃로 높였을 때 팽창체적비율이 4.3% 정도이므로 이를 고려하여 팽창탱크를 설치한다.
③ 팽창탱크에는 오버플로관을 설치한다.
④ 팽창관에는 반드시 밸브를 설치한다.

해설 개방식 팽창탱크

95 관 공작용 공구에 대한 설명으로 틀린 것은?

① 익스팬더 : 동관의 끝부분을 원형으로 정형 시 사용
② 봄볼 : 주관에서 분기관을 따내기 작업 시 구멍을 뚫을 때 사용
③ 열풍 용접기 : PVC관의 접합, 수리를 위한 용접 시 사용
④ 리드형 오스타 : 강관에 수동으로 나사를 절삭할 때 사용

해설 보기 ①은 익스팬더(확관기)가 아닌 사이징 툴 공구에 대한 설명이다.

96 공기조화설비에서 수배관 시공 시 주요 기기류의 접속 배관에는 수리 시 전 계통의 물을 배수하지 않도록 서비스용 밸브를 설치한다. 이때 밸브를 완전히 열었을 때 저항이 적은 밸브가 요구되는데 가장 적당한 밸브는?

① 나비 밸브
② 게이트 밸브
③ 니들 밸브
④ 글로브 밸브

해설 ㉠ 저항이 작은 밸브 : 게이트 슬루스 밸브
㉡ 저항이 큰 밸브 : 글로브 유량조절 밸브

97 스테인리스 강관에 삽입하고 전용 압착공구를 사용하여 원형의 단면을 갖는 이음쇠를 6각의 형태로 압착시켜 접착하는 배관 이음쇠는?

① 나사식 이음쇠
② 그립식 관 이음쇠
③ 몰코 조인트 이음쇠
④ MR 조인트 이음쇠

해설 몰코 조인트 이음쇠
스테인리스강관에 전용 압착공구를 사용하여 이음쇠를 6각 형태로 압착시켜 접합한다.

98 중앙식 급탕방식의 특징으로 틀린 것은?

① 일반적으로 다른 설비 기계류와 동일한 장소에 설치할 수 있어 관리가 용이하다.
② 저탕량이 많으므로 피크부하에 대응할 수 있다.
③ 일반적으로 열원장치는 공조설비와 겸용하여 설치되기 때문에 열원단가가 싸다.
④ 배관이 연장되므로 열효율이 높다.

해설 중앙식 급탕법은 개별식 급탕법에 비하여 최초의 시설비는 비싸나 관리비가 적게 든다. 급탕설비가 대규모이므로 열효율이 좋다.

99 냉매 배관용 팽창밸브 종류로 가장 거리가 먼 것은?

① 수동식 팽창밸브

② 정압식 자동팽창밸브

③ 온도식 자동팽창밸브

④ 팩리스 자동팽창밸브

해설 팩리스

저온수 난방, 저압증기 난방에서 엘보를 2개 이상 설치하여 관의 신축을 흡수하는 스위블 신축이음이다.

100 다음 중 흡수성이 있으므로 방습재를 병용해야 하며, 아스팔트로 가공한 것은 −60℃까지의 보냉용으로 사용이 가능한 것은?

① 펠트   ② 탄화코르크

③ 석면   ④ 암면

해설 펠트

흡수성이 있어서 방습재를 병용하며, 아스팔트로 가공한 것은 −60℃까지 사용이 가능한 보온 · 보냉용이다.

SECTION 01 에너지관리

01 다음 온열환경지표 중 복사의 영향을 고려하지 않는 것은?

① 유효온도(ET)   ② 수정유효온도(CET)
③ 예상온열감(PMV)   ④ 작용온도(OT)

> **해설** ㉠ 유효온도 측정기준
>   온도, 습도, 기류
> ㉡ 수정유효온도 측정기준
>   온도, 습도, 기류, 복사

02 주간 피크(Peak)전력을 줄이기 위한 냉방시스템 방식으로 가장 거리가 먼 것은?

① 터보냉동기 방식   ② 수축열 방식
③ 흡수식 냉동기 방식   ④ 빙축열 방식

> **해설** 터보냉동기(원심식) 방식은 피크전력을 증가시키는 냉동기이다.(가동운전 중)

03 실내 공기상태에 대한 설명으로 옳은 것은?

① 유리면 등의 표면에 결로가 생기는 것은 그 표면온도가 실내의 노점온도보다 높게 될 때이다.
② 실내 공기온도가 높으면 절대습도도 높다.
③ 실내 공기의 건구온도와 그 공기의 노점온도와의 차는 상대습도가 높을수록 작아진다.
④ 건구온도가 낮은 공기일수록 많은 수증기를 함유할 수 있다.

> **해설** 상대습도$(\rho) = \dfrac{P_v}{P_s} \times 100\%$
>
> 상대습도란 습공기가 함유하고 있는 습도의 정도이다.
>
>
>
> 그래프를 통해 알 수 있듯이 실내 공기의 건구온도와 그 공기의 노점온도와의 차는 상대습도가 높을수록 작아진다.

04 열교환기에서 냉수코일 입구 측의 공기와 물의 온도차가 16℃, 냉수코일 출구 측의 공기와 물의 온도차가 6℃이면 대수평균온도차(℃)는 얼마인가?

① 10.2   ② 9.25
③ 8.37   ④ 8.00

> **해설** 대수평균온도차
> $$LMTD = \frac{\Delta_1 - \Delta_2}{\ln\left(\dfrac{\Delta_1}{\Delta_2}\right)} = \frac{16 - 6}{\ln\left(\dfrac{16}{6}\right)} = 10.195 ≒ 10.2℃$$

05 습공기를 단열가습하는 경우 열수분비(u)는 얼마인가?

① 0   ② 0.5
③ 1   ④ ∞

> **해설** 열수분비(수분비 u)
> 습공기의 상태변화량 중 수분의 변화량과 엔탈피변화량의 비율이다. 단열변화에서는 엔탈피의 변화는 거의 없으나 건구온도는 감소한다.

06 습공기 선도($t - x$ 선도)상에서 알 수 없는 것은?

① 엔탈피   ② 습구온도
③ 풍속   ④ 상대습도

> **해설** 풍속은 풍속계로 직접 측정하여야 파악이 된다.

07 다음 중 풍량조절댐퍼의 설치위치로 가장 적절하지 않은 곳은?

① 송풍기, 공조기의 토출 측 및 흡입 측
② 연소의 우려가 있는 부분의 외벽 개구부
③ 분기덕트에서 풍량조정을 필요로 하는 곳
④ 덕트계에서 분기하여 사용하는 곳

> **해설** 풍량조절댐퍼(VD)
> ㉠ 버터플라이댐퍼
> ㉡ 루버댐퍼
> ㉢ 스플릿댐퍼(분기부용)
> ②항에서는 방화댐퍼가 필요하다.

08 수랭식 응축기에서 냉각수 입 · 출구 온도차가 5℃, 냉각수량이 300LPM인 경우 이 냉각수에서 1시간에 흡수하는 열량은 1시간당 LNG 몇 N · m³을 연소한 열량과 같은가?(단, 냉각수의 비열은 4.2kJ/kg · ℃, LNG 발열량은 43961.4kJ/N · m³, 열손실은 무시한다.)

① 4.6   ② 6.3
③ 8.6   ④ 10.8

해설 냉각수가 흡수한 열량=연료 연소열량

$G_w \cdot C_w \cdot \Delta t_w = G_f \cdot H_f$

$$\therefore \; G_f = \frac{G_w \cdot C_w \cdot \Delta t_w}{H_f}$$

$$= \frac{(300 \times 60) \times 4.2 \times 5}{43{,}961.4}$$

$$\fallingdotseq 8.6 \text{N} \cdot \text{m}^3$$

09 덕트의 분기점에서 풍량을 조절하기 위하여 설치하는 댐퍼로 가장 적절한 것은?

① 방화댐퍼
② 스플릿댐퍼
③ 피봇댐퍼
④ 터닝베인

해설 ㉠ 방화댐퍼(FD)
　　　루버댐퍼, 피벗댐퍼, 슬라이드형 댐퍼, 스윙댐퍼
　㉡ 방연댐퍼(SD)
　　　방연댐퍼(SD), 방연방화댐퍼(SFD)
　※ 스플릿댐퍼 : 덕트의 분기점에 설치하는 풍량댐퍼

10 증기난방방식에 대한 설명으로 틀린 것은?

① 환수방식에 따라 중력환수식과 진공환수식, 기계환수식으로 구분한다.
② 배관방법에 따라 단관식과 복관식이 있다.
③ 예열시간이 길지만 열량 조절이 용이하다.
④ 운전 시 증기해머로 인한 소음을 일으키기 쉽다.

해설 증기는 비열(0.44kcal/kg · ℃)이 작아서 예열시간이 짧고 물은 비열(1kcal/kg · ℃)이 커서 예열시간이 길지만 온도조절이 용이하다.

11 공기 중의 수증기가 응축하기 시작할 때의 온도 즉, 공기가 포화상태로 될 때의 온도를 무엇이라고 하는가?

① 건구온도   ② 노점온도
③ 습구온도   ④ 상당외기온도

해설

12 다음 중 일반사무용 건물의 난방부하 계산결과에 가장 작은 영향을 미치는 것은?

① 외기온도   ② 벽체로부터의 손실열량
③ 인체부하   ④ 틈새바람부하

해설 난방부하
㉠ 실내 손실열량(벽체 등)
㉡ 기기손실열량(덕트 등)
㉢ 외기, 환기부하
※ 인체부하는 거의가 냉방부하에 속한다.

13 에어와셔 단열가습 시 포화효율(η)은 어떻게 표시하는가?(단, 입구공기의 건구온도 t_1, 출구공기의 건구온도 t_2, 입구공기의 습구온도 t_{w1}, 출구공기의 습구온도 t_{w2}이다.)

① $\eta = \dfrac{(t_1 - t_2)}{(t_2 - t_{w2})}$ ② $\eta = \dfrac{(t_1 - t_2)}{(t_1 - t_{w1})}$

③ $\eta = \dfrac{(t_2 - t_1)}{(t_{w2} - t_1)}$ ④ $\eta = \dfrac{(t_1 - t_{w1})}{(t_2 - t_1)}$

해설 ㉠ 포화도$(\rho_s) = \dfrac{x}{x_s} \times 100\%$

　　　x (어느 공기의 절대습도)
　　　x_s (어느 공기의 온도에서 포화공기의 절대습도)

　㉡ 포화효율$(\eta) = \dfrac{(t_1 - t_2)}{(t_1 - t_{w1})} \times 100\%$

14 정방실에 35kW의 모터에 의해 구동되는 정방기가 12대 있을 때 전력에 의한 취득열량(kW)은 얼마인가?(단, 전동기와 이것에 의해 구동되는 기계가 같은 방에 있으며, 전동기의 가동률은 0.74이고, 전동기 효율은 0.87, 전동기부하율은 0.92이다.)

① 483　　　　　② 420
③ 357　　　　　④ 329

해설 정방기 모터에 의한 취득열량(Q)

$$Q = \frac{35 \times 12 \times 0.74}{0.87} \times 0.92 = 329\text{kW}$$

※ 1kW = 1kJ/s, 1kWh = 3,600kJ

15 보일러의 시운전 보고서에 관한 내용으로 가장 관련이 없는 것은?

① 제어기 세팅값과 입/출수 조건 기록
② 입/출구공기의 습구온도
③ 연도가스의 분석
④ 성능과 효율 측정값을 기록, 설계값과 비교

해설 보일러실에서 사용하는 온도는 건구온도이다.

16 다음 용어에 대한 설명으로 틀린 것은?

① 자유면적 : 취출구 혹은 흡입구 구멍면적의 합계
② 도달거리 : 기류의 중심속도가 0.25m/s에 이르렀을 때, 취출구에서의 수평거리
③ 유인비 : 전공기량에 대한 취출공기량(1차 공기)의 비
④ 강하도 : 수평으로 취출된 기류가 일정거리만큼 진행한 뒤 기류중심선과 취출구 중심과의 수직거리

해설 공조기기 유인비 $= \dfrac{TA}{PA} = \dfrac{1\text{차, 2차 혼합공기}}{\text{유인유닛 1차 공기}}$
$= 3 \sim 4$ 정도

17 증기난방과 온수난방의 비교 설명으로 틀린 것은?

① 주 이용열로 증기난방은 잠열이고, 온수난방은 현열이다.
② 증기난방에 비하여 온수난방은 방열량을 쉽게 조절할 수 있다.

③ 장거리 수송으로 증기난방은 발생증기압에 의하여, 온수난방은 자연순환력 또는 펌프 등의 기계력에 의한다.
④ 온수난방에 비하여 증기난방은 예열부하와 시간이 많이 소요된다.

해설 온수난방은 예열부하 및 예열에 필요한 시간이 많이 소요된다.

18 공기조화시스템에 사용되는 댐퍼의 특성에 대한 설명으로 틀린 것은?

① 일반 댐퍼(Volume Control Damper) : 공기 유량조절이나 차단용이며, 아연도금철판이나 알루미늄 재료로 제작된다.
② 방화댐퍼(Fire Damper) : 방화벽을 관통하는 덕트에 설치되며, 화재 발생 시 자동으로 폐쇄되어 화염의 전파를 방지한다.
③ 밸런싱댐퍼(Balancing Damper) : 덕트의 여러 분기관에 설치되어 분기관의 풍량을 조절하며, 주로 T.A.B 시 사용된다.
④ 정풍량댐퍼(Linear Volume Control Damper) : 에너지절약을 위해 결정된 유량을 선형적으로 조절하며, 역류방지 기능이 있어 비싸다.

해설 정풍량댐퍼는 유량이 고정적이라서 조절이 불가하다.

19 공기조화기의 T.A.B 측정절차 중 측정 요건으로 틀린 것은?

① 시스템의 검토공정이 완료되고 시스템 검토보고서가 완료되어야 한다.
② 설계도면 및 관련 자료를 검토한 내용을 토대로 하여 보고서 양식에 장비규격 등의 기준이 완료되어야 한다.
③ 댐퍼, 말단 유닛, 터미널의 개도는 완전 밀폐되어야 한다.
④ 제작사의 공기조화기 시운전이 완료되어야 한다.

해설 T.A.B
공기조화설비의 에너지반송매체인 공기와 물에 대해 시공된 설비시설에 출입하는 양이나 질이 설계값에 합당한가를 시험, 조정, 평가를 거쳐 소음방지 및 실내환경의 쾌적성 등

을 추구하는 중요한 전문기술 분야이다. (시험, 조정, 평가를 통해 설계목적에 맞도록 관련 계통을 검토하고 조정하는 과정 및 제반절차를 규정함을 말하며 설계도서상의 오류, 시스템 및 기기의 용량을 확인하여 정확한 발주와 시공비용을 절감할 수 있고 시공 품질 향상, 안전성 검토, 비상시스템의 대응 등 효율적인 시설관리 등의 효과가 있다.)

20 강제순환식 온수난방에서 개방형 팽창탱크를 설치하려고 할 때, 온수의 온도는?

① 100℃ 미만   ② 130℃ 미만

③ 150℃ 미만   ④ 170℃ 미만

해설 ㉠ 개방식 팽창탱크 : 100℃ 미만 온수난방용
㉡ 밀폐식 팽창탱크 : 100℃ 이상 온수난방용

SECTION 02 공조냉동 설계

---

21 부피가 0.4m^3인 밀폐된 용기에 압력 3MPa, 온도 100℃의 이상기체가 들어있다. 기체의 정압비열 5kJ/kg·K, 정적비열 3kJ/kg·K일 때 기체의 질량(kg)은 얼마인가?

① 1.2   ② 1.6

③ 2.4   ④ 2.7

해설 기체상수 $R = C_p - C_v$
$$= 5 - 3$$
$$= 2\text{kJ/kg} \cdot \text{K}$$

$PV = mRT$ 에서

질량 $m = \dfrac{PV}{RT} = \dfrac{(3 \times 10^3) \times 0.4}{2 \times (100 + 273)}$
$$= 1.6\text{kg}$$

---

22 온도 100℃, 압력 200kPa의 이상기체 0.4kg이 가역단열과정으로 압력이 100kPa로 변화하였다면, 기체가 한 일(kJ)은 얼마인가?(단, 기체비열비 1.4, 정적비열 0.7kJ/kg·K이다.)

① 13.7   ② 18.8

③ 23.6   ④ 29.4

해설 단열일량 $W = \dfrac{RT}{k-1} \times \left\{ 1 - \left(\dfrac{P_2}{P_1} \right)^{\frac{k-1}{k}} \right\} \times G$

이때, $k = \dfrac{C_p}{C_v}$ 에서

정적비열 $C_p = k \times C_v$
$$= 1.4 \times 0.7 = 0.98\text{kJ/kg} \cdot \text{K}$$

기체상수 $R = C_p - C_v$
$$= 0.98 - 0.7 = 0.28\text{kJ/kg} \cdot \text{K}$$

$\therefore$ 단열일량 $W = \dfrac{0.28 \times 373}{1.4 - 1} \times \left\{ 1 - \left(\dfrac{100}{200} \right)^{\frac{1.4-1}{1.4}} \right\} \times 0.4$
$$= 18.8$$

---

23 70kPa에서 어떤 기체의 체적이 12m^3이었다. 이 기체를 800kPa까지 폴리트로픽 과정으로 압축했을 때 체적이 2m^3로 변화했다면, 이 기체의 폴리트로픽 지수는 약 얼마인가?

① 1.21   ② 1.28

③ 1.36   ④ 1.43

해설 압축일(공업일)

$$\dfrac{T_2}{T_1} = \left(\dfrac{V_1}{V_2} \right)^{n-1} = \left(\dfrac{P_1}{P_2} \right)^{\frac{n-1}{n}}$$

$\therefore$ 지수$(n) = \dfrac{\ln\left(\dfrac{P_1}{P_2} \right)}{\ln\left(\dfrac{V_1}{V_2} \right)} = \dfrac{\ln\left(\dfrac{800}{70} \right)}{\ln\left(\dfrac{2}{12} \right)} = 1.36$

---

24 공기 정압비열(C_p, kJ/kg·℃)이 다음과 같을 때 공기 5kg을 0℃에서 100℃까지 일정한 압력하에서 가열하는 데 필요한 열량(kJ)은 약 얼마인가?(단, 다음 식에서 t는 섭씨온도를 나타낸다.)

$$C_p = 1.0053 + 0.000079 \times t\,(\text{kJ/kg} \cdot ℃)$$

① 85.5   ② 100.9

③ 312.7   ④ 504.6

해설 $C_p = 1.0053 + 0.000079 \times t = 1.0053 + 0.000079 \times \dfrac{0 + 100}{2}$
$$= 1.00925\text{kJ/kg} \cdot ℃$$

$\therefore Q = G \cdot C_p \cdot \Delta t = 5 \times 1.00925 \times (100 - 0)$
$$= 504.625\text{kJ}$$

---

25 흡수식 냉동기의 냉매 순환과정으로 옳은 것은?

① 증발기(냉각기) → 흡수기 → 재생기 → 응축기

② 증발기(냉각기) → 재생기 → 흡수기 → 응축기

③ 흡수기 → 증발기(냉각기) → 재생기 → 응축기

④ 흡수기 → 재생기 → 증발기(냉각기) → 응축기

해설 흡수식 냉동기

26 이상기체 1kg이 초기에 압력 2kPa, 부피 $0.1m^3$를 차지하고 있다. 가역등온과정에 따라 부피가 $0.3m^3$로 변화했을 때 기체가 한 일(J)은 얼마인가?

① 9,540   ② 2,200

③ 954   ④ 220

해설 등온과정 $\left(\dfrac{P_2}{P_1}\right) = \dfrac{V_1}{V_2}$, 1kPa=1,000Pa

$1N = 1kg \times 1m/s^2 = 1kg \cdot m/s^2$

$1J = 1N \times 1m = 1N \cdot m$

기체일$(W) = GPV_1 \ln\left(\dfrac{V_2}{V_1}\right)$

$= 1 \times 2 \times 10^3 \times 0.1 \times \ln\left(\dfrac{0.3}{0.1}\right) = 220J$

27 증기터빈에서 질량유량이 1.5kg/s이고, 열손실률이 8.5kW이다. 터빈으로 출입하는 수증기에 대하여 그림에 표시한 바와 같은 데이터가 주어진다면 터빈의 출력(kW)은 약 얼마인가?

$\dot{m}_i = 1.5kg/s$
$z_i = 6m$
$v_i = 50m/s$
$h_i = 3,137.0kJ/kg$

Control Surface

터빈

$\dot{m}_e = 1.5kg/s$
$z_e = 3m$
$v_e = 200m/s$
$h_e = 2,675.5kJ/kg$

① 273.3   ② 655.7

③ 1,357.2   ④ 2,616.8

해설 공급열량$({}_1 Q_2) = m(h_e - h_i) + \dfrac{m}{2}(V_2{}^2 - V_1{}^2)$

$\qquad\qquad + mg(Z_e - Z_i) + W_t$

손실열 $= 1.5(2675.5 - 3137.0) + \dfrac{1.5 \times 10^3}{2} \times (200^2 - 50^2)$

$\qquad\qquad + 1.5 \times 9.8 \times 10^{-3} \times (3 - 6) + W_t$

$\therefore W_t = 655.7kW$

28 냉동 사이클에서 응축온도 47℃, 증발온도 −10℃이면 이론적인 최대 성적계수는 얼마인가?

① 0.21   ② 3.45

③ 4.61   ④ 5.36

해설 성적계수 $COP = \dfrac{T_1}{T_2 - T_1}$

$\qquad = \dfrac{(-10 + 273)}{(47 + 273) - (-10 + 273)}$

$\qquad = 4.614$

29 압축기의 체적효율에 대한 설명으로 옳은 것은?

① 간극체적(Top Clearance)이 작을수록 체적효율은 작다.

② 같은 흡입압력, 같은 증기과열도에서 압축비가 클수록 체적효율은 작다.

③ 피스톤링 및 흡입밸브의 시트에서 누설이 작을수록 체적효율이 작다.

④ 이론적 요구 압축동력과 실제 소요 압축동력의 비이다.

해설

압축효율$(\eta_c) = \dfrac{\text{가스압축 이론적 소요동력}}{\text{가스압축 실제 소요동력}}$

30 냉동장치에서 플래시가스의 발생원인으로 틀린 것은?

① 액관이 직사광선에 노출되었다.

② 응축기의 냉각수 유량이 갑자기 많아졌다.

③ 액관이 현저하게 입상하거나 지나치게 길다.

④ 관의 지름이 작거나 관 내 스케일에 의해 관경이 작아졌다.

해설 ㉠ 응축기의 냉각수 유량이 갑자기 많아지면 냉매기체가 냉매액으로 상변화를 일으키고 플래시가스 발생이 적어진다.
㉡ 플래시가스 : 증발기 이전에서 냉매가 사전에 증발한 냉매가스

31 프레온 냉동장치에서 가용전에 대한 설명으로 틀린 것은?

① 가용전의 용융온도는 일반적으로 75℃ 이하로 되어 있다.

② 가용전은 Sn, Cd, Bi 등의 합금이다.

③ 온도상승에 따른 이상 고압으로부터 응축기 파손을 방지한다.

④ 가용전의 구경은 안전밸브 최소구경의 1/2 이하이어야 한다.

해설 가용전(가용마개)
㉠ 프레온 냉동장치의 응축기나 수액기 등에서 냉매증기의 화재 시 팽창이나 압력증가를 방지하기 위하여 가용전이 녹으면 고압의 냉매가스를 외부로 방출시켜 사고를 미연에 방지한다.(가용전 용융온도는 68~75℃)
㉡ 가용전 성분은 비스무트, 카드뮴, 납, 주석 등이며 가용전 구경은 안전밸브 구경의 1/2 이상이어야 한다.

32 흡수식 냉동기에 사용되는 흡수제의 구비조건으로 틀린 것은?

① 냉매와 비등온도 차이가 작을 것

② 화학적으로 안정하고 부식성이 없을 것

③ 재생에 필요한 열량이 크지 않을 것

④ 점성이 작을 것

해설 흡수제(리튬브로마이드)는 냉매보다 비등온도가 매우 높아야 하므로 냉매(물)와 비등온도 차이가 커야 한다.

33 클리어런스포켓이 설치된 압축기에서 클리어런스가 커질 경우에 대한 설명으로 틀린 것은?

① 냉동능력이 감소한다.

② 피스톤의 체적 배출량이 감소한다.

③ 체적효율이 저하한다.

④ 실제 냉매 흡입량이 감소한다.

해설 클리어런스(간극)포켓이 설치된 압축기라면 피스톤의 체적 배출량이 증가한다.

34 이상기체 1kg을 일정 체적하에 20℃로부터 100℃로 가열하는 데 836kJ의 열량이 소요되었다면 정압비열(kJ/kg · K)은 약 얼마인가?(단, 해당 가스의 분자량은 2이다.)

① 2.09 　　　　② 6.27

③ 10.5 　　　　④ 14.6

해설 $Q = G \times C_p \times \Delta t$

기체상수$(R) = \dfrac{8.314}{M} = \dfrac{8.314}{2} = 4.157 \text{kJ/kg} \cdot \text{K}$

$R = C_p - C_v, \ C_p = KC_v$

$C_p = \dfrac{836}{1 \times (100-20)} + 4.157 = 14.6 \text{kJ/kg} \cdot \text{K}$

35 20℃의 물로부터 0℃의 얼음을 매시간당 90kg을 만드는 냉동기의 냉동능력(kW)은 얼마인가?(단, 물의 비열 4.2kJ/kg · K, 물의 응고잠열 335kJ/kg이다.)

① 7.8 　　　　② 8.0

③ 9.2 　　　　④ 10.5

해설 물의 현열 $Q_1 = mC\Delta t = 90 \times 4.2 \times (20-0)$
　　　　　　　　$= 7,560 \text{kJ/h}$

물의 응고잠열 $Q_2 = m\gamma = 90 \times 335$
　　　　　　　　$= 30,150 \text{kJ/h}$

$\therefore$ 냉동능력 $= \dfrac{7,560 + 30,150}{3,600} = 10.5 \text{kW}$

36 2차 유체로 사용되는 브라인의 구비조건으로 틀린 것은?

① 비등점이 높고, 응고점이 낮을 것
② 점도가 낮을 것
③ 부식성이 없을 것
④ 열전달률이 작을 것

해설 브라인 2차 냉매(간접냉매)는 현열을 이용하므로 열전달률이 커야 한다. 브라인냉매는 무기질냉매, 유기질냉매가 있다.

37 카르노 사이클로 작동되는 기관의 실린더 내에서 1kg의 공기가 온도 120℃에서 열량 40kJ을 받아 등온팽창한다면 엔트로피의 변화(kJ/kg · K)는 약 얼마인가?

① 0.102 ② 0.132
③ 0.162 ④ 0.192

해설 엔트로피 변화$(\Delta S) = \dfrac{\delta Q}{T}$

$$= \dfrac{40}{120 + 273}$$

$$= 0.102 \text{kJ/kg} \cdot \text{K}$$

38 표준냉동 사이클의 단열교축과정에서 입구상태와 출구상태의 엔탈피는 어떻게 되는가?

① 입구상태가 크다.
② 출구상태가 크다.
③ 같다.
④ 경우에 따라 다르다.

해설 냉동장치에서 단열교축상태이면 엔탈피는 일정(kJ/kg)하고, 엔트로피(kJ/kg · K)는 증가한다.

39 온도식 자동팽창밸브에 대한 설명으로 틀린 것은?

① 형식에는 일반적으로 벨로스식과 다이어프램식이 있다.
② 구조는 크게 감온부와 작동부로 구성된다.
③ 만액식 증발기나 건식 증발기에 모두 사용이 가능하다.
④ 증발기 내 압력을 일정하게 유지하도록 냉매유량을 조절한다.

해설 ㉠ 온도식 자동팽창밸브는 냉동장치의 증발기 출구 냉매의 과열도에 의하여 개폐되므로 출구의 과열도(3~8℃)를 항상 일정하게 유지하여야 한다.
㉡ 과열도＝증발기 흡입관 내의 냉매가스온도－증발기 내 냉매의 포화온도

40 다음 중 검사질량의 가역열전달과정에 관한 설명으로 옳은 것은?

① 열전달량은 $\int PdV$ 와 같다.
② 열전달량은 $\int PdV$ 보다 크다.
③ 열전달량은 $\int TdS$ 와 같다.
④ 열전달량은 $\int TdS$ 보다 크다.

해설 $du = TdS - PdV$
$dh = TdS + VdP$
$dq = du + PdV = dh - VdP$
열전달량은 $\int TdS$와 같다.

SECTION **03** 시운전 및 안전관리

41 고압가스 안전관리법령에 따라 ( ) 안의 내용으로 옳은 것은?

> • "충전용기"란 고압가스의 충전질량 또는 충전압력의 (㉠)이 충전되어 있는 상태의 용기를 말한다.
> • "잔가스용기"란 고압가스의 충전질량 또는 충전압력의 (㉡)이 충전되어 있는 상태의 용기를 말한다.

① ㉠ 2분의 1 이상, ㉡ 2분의 1 미만
② ㉠ 2분의 1 초과, ㉡ 2분의 1 이하
③ ㉠ 5분의 2 이상, ㉡ 5분의 2 미만
④ ㉠ 5분의 2 초과, ㉡ 5분의 2 이하

해설 고압가스

㉠ 충전용기 : 충전질량, 충전압력의 $\dfrac{1}{2}$ 이상 용기

㉡ 잔가스용기 : 충전질량, 충전압력의 $\dfrac{1}{2}$ 미만 용기

42 기계설비법령에 따라 기계설비 발전 기본계획은 몇 년마다 수립 · 시행하여야 하는가?

① 1   ② 2

③ 3   ④ 5

해설 기계설비법규의 기본계획 수립기간 : 5년마다

43 기계설비법령에 따라 기계설비 유지관리교육에 관한 업무를 위탁받아 시행하는 기관은?

① 한국기계설비건설협회

② 대한기계설비건설협회

③ 한국공작기계산업협회

④ 한국건설기계산업협회

해설 대한기계설비건설협회 : 기계설비의 유지관리교육에 관한 업무를 위탁받아 시행한다.

44 고압가스 안전관리법령에서 규정하는 냉동기 제조등록을 해야 하는 냉동기의 기준은 얼마인가?

① 냉동능력 3톤 이상인 냉동기

② 냉동능력 5톤 이상인 냉동기

③ 냉동능력 8톤 이상인 냉동기

④ 냉동능력 10톤 이상인 냉동기

해설 냉동기 제조등록은 냉동능력 3톤 이상인 냉동기로서 시 · 도지사에게 제조업 등록 후에 제조가 가능하다.

45 다음 중 고압가스 안전관리법령에 따라 500만 원 이하의 벌금기준에 해당되는 경우는?

> ㉠ 고압가스를 제조하려는 자가 신고를 하지 아니하고 제조한 경우
> ㉡ 특정고압가스 사용신고자가 특정고압가스의 사용 전에 안전관리자를 선임하지 않은 경우
> ㉢ 고압가스의 수입을 업(業)으로 하려는 자가 등록을 하지 아니하고 고압가스 수입업을 한 경우
> ㉣ 고압가스를 운반하려는 자가 등록을 하지 아니하고 고압가스를 운반한 경우

① ㉠   ② ㉠, ㉡

③ ㉠, ㉡, ㉢   ④ ㉠, ㉡, ㉢, ㉣

46 전류의 측정범위를 확대하기 위하여 사용되는 것은?

① 배율기   ② 분류기

③ 저항기   ④ 계기용 변압기

해설 ㉠ 분류기 : 전류의 측정범위를 확대하기 위하여 사용된다.

㉡ 배율기 :

㉢ 저항기 :

47 절연저항 측정 시 가장 적당한 방법은?

① 메거에 의한 방법

② 전압, 전류계에 의한 방법

③ 전위차계에 의한 방법

④ 더블브리지에 의한 방법

해설 절연저항 측정기 : 메거테스터기

48 저항 100Ω의 전열기에 5A의 전류를 흘렸을 때 소비되는 전력은 몇 W인가?

① 500   ② 1,000

③ 1,500   ④ 2,500

해설
$$P = VI = I^2 R$$
$$= (5)^2 \times 100$$
$$= 2,500W$$

49 유도전동기에서 슬립이 "0" 이라고 하는 것은?

① 유도전동기가 정지상태인 것을 나타낸다.

② 유도전동기가 전부하상태인 것을 나타낸다.

③ 유도전동기가 동기속도로 회전한다는 것이다.

④ 유도전동기가 제동기의 역할을 한다는 것이다.

해설 유도전동기

슬립이 0이면 전동기가 발생자속에 따라 회전하는 동기전동기이다.

50 논리식 중 동일한 값을 나타내지 않는 것은?

① $X(X+Y)$ ② $XY+X\overline{Y}$

③ $X(\overline{X}+Y)$ ④ $(X+Y)(X+\overline{Y})$

해설 ① $X(X+Y) = XX+XY$
$= X+XY$
$= X(1+Y) = X \cdot 1 = X$
② $XY+X\overline{Y} = X(Y+\overline{Y}) = X \cdot 1 = X$
③ $X(\overline{X}+Y) = X\overline{X}+XY = 0+XY = XY$
④ $(X+Y)(X+\overline{Y}) = X \cdot X+X \cdot \overline{Y}+XY+Y\overline{Y}$
$= X+0+XY+0$
$= X(1+Y)$
$= X \cdot 1$
$= X$

51 $i_t = I_m \sin \omega t$인 정현파 교류가 있다. 이 전류보다 $90°$ 앞선 전류를 표시하는 식은?

① $I_m \cos \omega t$ ② $I_m \sin \omega t$

③ $I_m \cos(\omega t+90°)$ ④ $I_m \sin(\omega t-90°)$

해설 $i_t = I_m \sin \omega t$의 정현파 교류에서 이 전류보다 $90°$ 앞선 전류 표시는 $I_m \cos \omega t$이다.
※ 정현파(사인파) : 시간 혹은 공간의 선형함수의 정현함수로 나타내어지는 파이다.

52 $i = I_{m1} \sin \omega t + I_{m2} \sin(2\omega t+\theta)$의 실횻값은?

① $\dfrac{I_{m1}+I_{m2}}{2}$ ② $\sqrt{\dfrac{I_{m1}^2+I_{m2}^2}{2}}$

③ $\dfrac{\sqrt{I_{m1}^2+I_{m2}^2}}{2}$ ④ $\sqrt{\dfrac{I_{m1}+I_{m2}}{2}}$

해설
㉠ 맥류구형파 실횻값$(I) = \sqrt{\dfrac{2(I_m^2 \cdot \pi)}{2\pi}} = I_m$
㉡ 펄스파 실횻값$(I) = \dfrac{I_m}{\sqrt{2}}$
∴ $i = I_{m1} \sin \omega t + I_m^2 \sin(2\omega t+\theta)$의 실횻값은
$\sqrt{\dfrac{I_{m1}^2+I_{m2}^2}{2}}$ 이다.
※ 실횻값 : 순시값 제곱의 평균값의 평방근

53 그림과 같은 브리지 정류회로는 어느 점에 교류입력을 연결하여야 하는가?

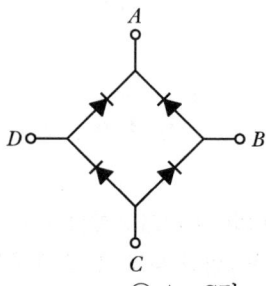

① A−B점   ② A−C점

③ B−C점   ④ B−D점

해설 교류입력=B−D
㉠ A : 직류⊕+출력
㉡ C : 직류⊖−출력

54 추종제어에 속하지 않는 제어량은?

① 위치   ② 방위

③ 자세   ④ 유량

해설 프로세스 제어 : 온도, 유량, 압력, 액위, 농도, 밀도 등의 제어에 필요하다.

55 직류 · 교류 양용에 만능으로 사용할 수 있는 전동기는?

① 직권정류자전동기
② 직류복권전동기
③ 유도전동기
④ 동기전동기

해설 직권정류자전동기
직류, 교류 양용에 만능으로 사용이 가능한 전동기이다.

56 배율기의 저항이 $50\text{k}\Omega$, 전압계의 내부 저항이 $25\text{k}\Omega$이다. 전압계가 100V를 지시하였을 때, 측정한 전압(V)은?

① 10   ② 50

③ 100   ④ 300

해설 $V =$ 전압계 $\times \dfrac{\text{배율기 저항} + \text{내부 저항}}{\text{내부 저항}}$

$= 100 \times \dfrac{50 + 25}{25} = 300V$

57 아래 그림의 논리회로와 같은 진리값을 NAND 소자만으로 구성하여 나타내려면 NAND 소자는 최소 몇 개가 필요한가?

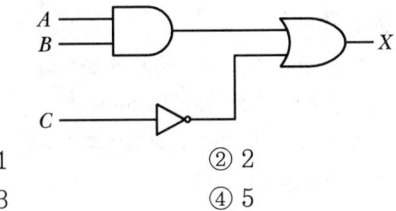

① 1
② 2
③ 3
④ 5

해설 $X = AB + \overline{C}$

NAND 소자 : 2개

※ NAND 논리기호 : AND 회로에 NOT 회로를 접속한 회로논리식은 $(X = \overline{A + B})$ 이다.

58 궤환제어계에 속하지 않는 신호로서 외부에서 제어량이 그 값에 맞도록 제어계에 주어지는 신호를 무엇이라 하는가?

① 목푯값
② 기준입력
③ 동작신호
④ 궤환신호

해설 ① 목푯값 : 외부에서 제어량이 그 값에 맞도록 제어계에 주어지는 신호이다.
② 기준입력 : 제어대상에 특정한 동작을 하도록 제어계에 가해지는 외적 입력
③ 동작신호 : 기준입력신호와 주궤환신호와의 편차
④ 궤환신호 : 검출부 제어량의 검출 주궤환신호

59 그림과 같은 전자릴레이회로는 어떤 게이트회로인가?

① OR
② AND
③ NOR
④ NOT

해설 ㉠ NOT 회로 유접점

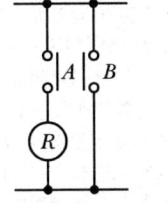

㉡ NOT Gate(논리부정회로)
논리기호

$A \circ\!\!-\!\!\triangleright\!\circ-\!\!\circ X$

논리식($X = \overline{A}$)

진리표

A	X
0	1
1	0

㉢ NOT : 입력이 0일 때 출력은 1, 입력이 1일 때 출력은 0이며 입력신호에 대해서 부정(NOT)의 출력이 나오는 회로

60 제어량에 따른 분류 중 프로세스 제어에 속하지 않는 것은?

① 압력
② 유량
③ 온도
④ 속도

해설 장력, 속도, 전압, 주파수 : 자동조정

SECTION 04 유지보수공사관리

61 급수배관 시공 시 수격작용의 방지대책으로 틀린 것은?

① 플래시밸브 또는 급속개폐식 수전을 사용한다.
② 관 지름은 유속이 2.0~2.5m/s 이내가 되도록 설정한다.
③ 역류방지를 위하여 체크밸브를 설치하는 것이 좋다.
④ 급수관에서 분기할 때에는 T이음을 사용한다.

해설 ㉠ 수격작용(워터해머) : 펌프에서 물을 압송하고 있을 때 정전이나 체크밸브 고장 시 등 관 내 물의 유속이 급격히 변화하면 물에 의한 심한 압력 변화가 발생하는 현상
㉡ 플러시밸브 : 최저운전수압이 설정되어 있는 밸브로, 한 번 밸브를 누르면 급수의 압력으로 일정량의 물이 나온 후 자동적으로 잠기는 밸브이다. 소변기, 대변기에 사용된다. 수격작용은 플러시밸브나 수전을 급격히 열고 닫을 때 발생하므로 사용을 자제한다.
㉢ 수전 : 수돗물을 나오게 하거나 막는 장치

62 다음 중 사용압력이 가장 높은 동관은?

① L관   ② M관
③ K관   ④ N관

해설 ㉠ 동관(K형 : 의료배관용, L형 : 의료배관, 급수배관, 냉난방용, M형 : L형과 유사하다.)
㉡ 동관(연질 O, 반연질 OL, 반경질 $\frac{1}{2}$H, 경질 H)
㉢ 상용압력(K형>L형>M형)

63 공조설비 중 덕트 설계 시 주의사항으로 틀린 것은?

① 덕트 내 정압손실을 적게 설계할 것
② 덕트의 경로는 가능한 최장거리로 할 것
③ 소음 및 진동이 적게 설계할 것
④ 건물의 구조에 맞도록 설계할 것

해설 덕트나 배관은 저항을 생각하여 항상 최단거리로 설계한다.

64 가스배관 시공에 대한 설명으로 틀린 것은?

① 건물 내 배관은 안전을 고려, 벽, 바닥 등에 매설하여 시공한다.
② 건축물의 벽을 관통하는 부분의 배관에는 보호관 및 부식방지피복을 한다.

③ 배관의 경로와 위치는 장래의 계획, 다른 설비와의 조화 등을 고려하여 정한다.
④ 부식의 우려가 있는 장소에 배관하는 경우에는 방식, 절연조치를 한다.

해설 가스배관은 가스누설검지를 위해 건물 내 시공은 항상 노출배관을 원칙으로 한다.

65 증기배관 중 냉각레그(Cooling Leg)에 관한 내용으로 옳은 것은?

① 완전한 응축수를 회수하기 위함이다.
② 고온증기의 동파방지설비이다.
③ 열전도 차단을 위한 보온단열구간이다.
④ 익스팬션조인트이다.

해설 냉각레그(완전한 응축수 회수를 위함)

66 보온재의 구비조건으로 틀린 것은?

① 표면시공이 좋아야 한다.
② 재질 자체의 모세관현상이 커야 한다.
③ 보냉효율이 좋아야 한다.
④ 난연성이나 불연성이어야 한다.

해설 보온재는 재질 자체의 모세관현상이 적어야 한다.

67 신축이음쇠의 종류에 해당하지 않는 것은?

① 벨로스형
② 플랜지형
③ 루프형
④ 슬리브형

해설 신축이음쇠
벨로스형, 슬리브형, 루프형(곡관형), 스위블형(엘보이음)

68 고압 증기관에서 권장하는 유속기준으로 가장 적합한 것은?

① 5~10m/s ② 15~20m/s

③ 30~50m/s ④ 60~70m/s

해설 ㉠ 고압 증기관 내 증기의 유속 : 30~50m/s
㉡ 저압 증기관 내 증기의 유속 : 15~20m/s

69 증기난방의 환수방법 중 증기의 순환이 가장 빠르며 방열기의 설치위치에 제한을 받지 않고 대규모 난방에 주로 채택되는 방식은?

① 단관식 상향증기난방법

② 단관식 하향증기난방법

③ 진공환수식 증기난방법

④ 기계환수식 증기난방법

해설 증기난방 환수방법
㉠ 중력환수식(소형 난방용)
㉡ 기계환수식(중·소형 난방용)
㉢ 진공환수식(대규모 난방용)

70 온수난방 배관 시 유의사항으로 틀린 것은?

① 온수 방열기마다 반드시 수동식 에어벤트를 부착한다.

② 배관 중 공기가 고일 우려가 있는 곳에는 에어벤트를 설치한다.

③ 수리나 난방 휴지 시의 배수를 위한 드레인밸브를 설치한다.

④ 보일러에서 팽창탱크에 이르는 팽창관에는 밸브를 2개 이상 부착한다.

해설 팽창탱크 개방식

71 강관에서 호칭관경의 연결로 틀린 것은?

① $25A : 1\frac{1}{2}B$ ② $20A : \frac{3}{4}B$

③ $32A : 1\frac{1}{4}B$ ④ $50A : 2B$

해설 $25A(25mm) : 1B$(인치)

72 펌프 주위 배관에 관한 설명으로 옳은 것은?

① 펌프의 흡입 측에는 압력계를, 토출 측에는 진공계(연성계)를 설치한다.

② 흡입관이나 토출관에는 펌프의 진동이나 관의 열팽창을 흡수하기 위하여 신축이음을 한다.

③ 흡입관의 수평배관은 펌프를 향해 1/50~1/100의 올림구배를 준다.

④ 토출관의 게이트밸브 설치높이는 1.3m 이상으로 하고 바로 위에 체크밸브를 설치한다.

해설

18m 이상 시에는 게이트밸브와의 사이에 체크밸브를 설치한다.

73 중·고압 가스배관의 유량(Q)을 구하는 계산식으로 옳은 것은?(단, P_1:처음압력, P_2:최종압력, d:관 내경, l:관 길이, s:가스비중, K:유량계수이다.)

① $Q = K\sqrt{\dfrac{(P_1 - P_2)^2 d^5}{s \cdot l}}$

② $Q = K\sqrt{\dfrac{(P_2 - P_1)^2 d^4}{s \cdot l}}$

③ $Q = K\sqrt{\dfrac{(P_1^2 - P_2^2)^2 d^5}{s \cdot l}}$

④ $Q = K\sqrt{\dfrac{(P_2^2 - P_1^2)^2 d^4}{s \cdot l}}$

해설 ㉠ 저압가스배관의 가스유량

$$Q = K\sqrt{\dfrac{d^5 H}{s \cdot l}}$$

ⓛ 고압가스배관의 가스유량

$$Q = K\sqrt{\frac{(P_1^2 - P_2{}^2)^2 d^4}{s \cdot l}}$$

74 보온재의 열전도율이 작아지는 조건으로 틀린 것은?

① 재료의 두께가 두꺼울수록
② 재질 내 수분이 작을수록
③ 재료의 밀도가 클 수록
④ 재료의 온도가 낮을수록

해설 보온재는 재료의 밀도가 작을수록 보온효과가 우수하다. (밀도=kg/m³) 재료의 밀도가 크면 열전달이 커서 열손실이 많아진다.

75 다음 중 증기사용 간접가열식 온수공급탱크의 가열관으로 가장 적절한 관은?

① 납관   ② 주철관
③ 동관   ④ 도관

해설 ⓖ 납관(연관) : 수도관, 가스배관 등
ⓛ 주철관 : 급수관, 배수관, 통기관 등
ⓒ 도관 : 농업용수관, 도시하수관, 철도배수관 등

76 펌프의 양수량이 60m³/min이고 전양정이 20m일 때, 벌류트펌프로 구동할 경우 필요한 동력(kW)은 얼마인가?(단, 물의 비중량은 9,800N/m³이고, 펌프의 효율은 60%로 한다.)

① 196.1   ② 200.2
③ 326.7   ④ 405.8

해설 동력

$$L_b = \frac{\gamma H Q}{\eta}$$

$$= \frac{(9,800 \times 10^{-3}) \times 20 \times 60}{60 \times 0.6}$$

$$= 326.7\text{kW}$$

77 다음 중 주철관이음에 해당되는 것은?

① 납땜이음   ② 열간이음
③ 타이튼이음   ④ 플라스턴이음

해설 ⓖ 주철관 이음
  • 소켓접합
  • 플랜지접합
  • 기계적 접합(메커니컬조인트)
  • 빅토리접합
  • 타이튼접합
ⓛ 플라스턴 이음 : 연관의 이음

78 전기가 정전되어도 계속하여 급수를 할 수 있으며 급수오염 가능성이 적은 급수방식은?

① 압력탱크방식   ② 수도직결방식
③ 부스터방식   ④ 고가탱크방식

해설 수도직결방식 : 정전이 되어도 계속 급수가 가능하고 급수의 오염이 적은 급수방식이다.

79 도시가스의 공급설비 중 가스홀더의 종류가 아닌 것은?

① 유수식   ② 중수식
③ 무수식   ④ 고압식

해설 ⓖ 가스홀더
  • 저압식 : 유수식, 무수식
  • 고압식
ⓛ 도시가스 공급방식
  • 저압공급 : 0.1MPa 이하
  • 중압공급 : 0.1~1MPa
  • 고압공급 : 1MPa 이상

80 강관의 두께를 선정할 때 기준이 되는 것은?

① 곡률반경   ② 내경
③ 외경   ④ 스케줄번호

해설 관의 두께 표시방법(스케줄번호 SCH)

$$\text{SCH} = 10 \times \frac{P(\text{사용압력})}{S(\text{허용응력})}$$

$$\text{두께}(t) = \left(\frac{PD}{175\sigma_w}\right) + 2.54$$

여기서, σ_w : 허용인장응력(kg/mm²)
  D : 관의 외경(mm)
  P : 사용압력(kgf/cm²)
  S : 허용응력 = $\dfrac{\text{인장강도}}{\text{안전율}}$

SECTION 01 에너지관리

01 습공기의 상대습도(ϕ)와 절대습도(w)와의 관계식으로 옳은 것은?(단, P_a는 건공기분압, P_s는 습공기와 같은 온도의 포화수증기압력이다.)

① $\phi = \dfrac{w}{0.622}\dfrac{P_a}{P_s}$　　② $\phi = \dfrac{w}{0.622}\dfrac{P_s}{P_a}$

③ $\phi = \dfrac{0.622}{w}\dfrac{P_s}{P_a}$　　④ $\phi = \dfrac{0.622}{w}\dfrac{P_a}{P_s}$

해설 절대습도 $w = 0.622 \times \dfrac{P_w}{P-P_w}$

$= 0.622 \times \dfrac{\phi P_s}{P-\phi P_s}$

$= 0.622 \times \dfrac{\phi P_s}{P_a}$

$\therefore$ 상대습도 $\phi = \dfrac{w}{0.622}\dfrac{P_a}{P_s}$

02 난방방식 종류별 특징에 대한 설명으로 틀린 것은?

① 저온복사난방 중 바닥복사난방은 특히 실내기온의 온도분포가 균일하다.
② 온풍난방은 공장과 같은 난방에 많이 쓰이고 설비비가 싸며 예열시간이 짧다.
③ 온수난방은 배관부식이 크고 워밍업 시간이 증기난방보다 짧으며 관의 동파 우려가 있다.
④ 증기난방은 부하변동에 대응한 조절이 곤란하고 실온분포가 온수난방보다 나쁘다.

해설 온수(물)는 열용량이 크고 비열이 커서 워밍업 시간이 증기보다 길며 온수는 잘 냉각되지 않기 때문에 동파의 우려가 적고 증기의 응축수는 냉각이 빨라서 동파의 우려가 있다.

03 덕트의 경로 중 단면적이 확대되었을 경우 압력변화에 대한 설명으로 틀린 것은?

① 전압이 증가한다.
② 동압이 감소한다.
③ 정압이 증가한다.
④ 풍속은 감소한다.

해설

분류판　덕트의 확대

전압＝동압＋정압

04 건축의 평면도를 일정한 크기의 격자로 나누어서 이 격자의 구획 내에 취출구, 흡입구, 조명, 스프링클러 등 모든 필요한 설비요소를 배치하는 방식은?

① 모듈방식
② 셔터방식
③ 펑커루버방식
④ 클래스방식

해설 모듈방식 건축의 평면도
일정한 크기의 격자로 나누어서 이 격자의 구획 내에 취출구, 흡입구, 조명, 스프링클러 등 필요한 설비요소를 배치하는 방식이다.

05 습공기의 가습방법으로 가장 거리가 먼 것은?

① 순환수를 분무하는 방법
② 온수를 분무하는 방법
③ 수증기를 분무하는 방법
④ 외부공기를 가열하는 방법

해설 가습방식

- ㉠ 수분무식
  - 원삼식
  - 초음파식
  - 분무식
- ㉡ 증기식
  - 증기발생식
    - 전열식
    - 전극식
    - 적외선식
  - 증기공급식
    - 과열증기식
    - 분무식
- ㉢ 증발식
  - 회전식
  - 모세관식
  - 적하식

06 공기조화설비를 구성하는 열운반장치로서 공조기에 직접 연결되어 사용하는 펌프로 가장 거리가 먼 것은?

① 냉각수펌프
② 냉수순환펌프
③ 온수순환펌프
④ 응축수(진공)펌프

해설 냉각수펌프는 냉각탑에 필요한 펌프이므로 열운반장치와는 관련이 없다. 냉동기의 응축기나 냉온수기의 흡수기에서 냉각수를 이송하는 펌프이다.

07 저압증기난방 배관에 대한 설명으로 옳은 것은?

① 하향공급식의 경우에는 상향공급식의 경우보다 배관경이 커야 한다.
② 상향공급식의 경우에는 하향공급식의 경우보다 배관경이 커야 한다.
③ 상향공급식이나 하향공급식은 배관경과 무관하다.
④ 하향공급식의 경우 상향공급식보다 워터해머를 일으키기 쉬운 배관법이다.

해설 저압증기난방 : $0.15 \sim 0.35 kgf/cm^2$이며 고압식($0.1MPa$ 이상)보다 관경이 커야 한다.
※ 저압식의 경우 상향공급식 배관은 하향공급식보다 배관경이 커야 한다.

08 현열만을 가하는 경우로 $500m^3/h$의 건구온도(t_1) 5℃, 상대습도(Ψ_1) 80%인 습공기를 공기가열기로 가열하여 건구온도(t_2) 43℃, 상대습도(Ψ_2) 8%인 가열공기를 만들고자 한다. 이때 필요한 열량(kW)은 얼마인가?(단, 공기의 비열은 $1.01kJ/kg \cdot ℃$, 공기의 밀도는 $1.2kg/m^3$이다.)

① 3.2
② 5.8
③ 6.4
④ 8.7

해설 필요한 열량 $q_s = \rho \cdot Q \cdot C_p \cdot \Delta t$

$$= 1.2 \times 500 \times 1.01 \times (43-5) \times \frac{1}{3,600}$$

$$\fallingdotseq 6.4kW$$

09 다음 중 열전도율(W/m · ℃)이 가장 작은 것은?

① 납
② 유리
③ 얼음
④ 물

해설 열전도율
① 납 : $30kcal/m \cdot h \cdot ℃$
② 유리 : 약 $0.063 \sim 0.67kcal/m \cdot h \cdot ℃$
③ 얼음 : $1.92kcal/m \cdot h \cdot ℃$
④ 물 : $0.560kcal/m \cdot h \cdot ℃$

10 아래 표는 암모니아 냉매설비 운전을 위한 안전관리 절차서에 대한 설명이다. 이 중 틀린 내용은?

> ㉠ 노출확인 절차서
> 반드시 호흡용 보호구를 착용한 후 감지기를 이용하여 공기 중 암모니아 농도를 측정한다.
> ㉡ 노출로 인한 위험관리 절차서
> 암모니아가 노출되었을 때 호흡기를 보호할 수 있는 호흡보호프로그램을 수립하여 운영하는 것이 바람직하다.
> ㉢ 근로자 작업확인 및 교육 절차서
> 암모니아설비가 밀폐된 곳이나 외진 곳에 설치된 경우, 해당 지역에서 근로자 작업을 할 때에는 다음 중 어느 하나에 의해 근로자의 안전을 확인할 수 있어야 한다.
> (가) CCTV 등을 통한 육안확인
> (나) 무전기나 전화를 통한 음성확인
> ㉣ 암모니아설비 및 안전설비의 유지관리 절차서
> 암모니아설비 주변에 설치된 안전대책의 작동 및 사용 가능 여부를 최소한 매년 1회 확인하고 점검하여야 한다.

① ㉠　　　　　　② ㉡
③ ㉢　　　　　　④ ㉣

해설 암모니아 독성가스냉매의 주변설비 안전대책의 작동 및 사용 가능 여부는 최소한 6개월에 1회 이상 확인 · 점검하고 누설검사는 1일 1회 이상 실시한다.

11 외기에 접하고 있는 벽이나 지붕으로부터의 취득 열량은 건물 내외의 온도차에 의해 전도의 형식으로 전달된다. 그러나 외벽의 온도는 일사에 의한 복사열의 흡수로 외기온도보다 높게 되는데 이 온도를 무엇이라고 하는가?

① 건구온도　　　　② 노점온도
③ 상당외기온도　　④ 습구온도

해설 상당외기온도 : 외벽의 온도는 일사에 의한 복사열의 흡수를 외기온도보다 높게 되는 온도이다.

$$상당외기온도(t_e) = \frac{a}{\sigma_o} \times I + t_o$$

여기서, σ_o : 표면 열전달률, a : 벽체 표면의 일사흡수율
t_o : 외기온도, I : 벽체 표면이 받는 전일사량

12 보일러의 스케일 방지방법으로 틀린 것은?

① 슬러지는 적절한 분출로 제거한다.
② 스케일 방지 성분인 칼슘의 생성을 돕기 위해 경도가 높은 물을 보일러수로 활용한다.
③ 경수연화장치를 이용하여 스케일 생성을 방지한다.
④ 인산염을 일정 농도가 되도록 투입한다.

해설 보일러 수관, 연관의 스케일 방지를 위하여 칼슘, 마그네슘의 성분이 적은 연수를 보일러수로 활용하거나 응축수를 이용한다(경수연화장치, 청관제 주입장치가 필요하다).

13 습공기 선도상의 상태변화에 대한 설명으로 틀린 것은?

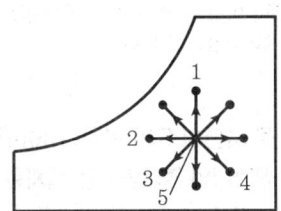

① 5 → 1 : 가습
② 5 → 2 : 현열냉각
③ 5 → 3 : 냉각가습
④ 5 → 4 : 가열감습

해설 습공기 상태변화

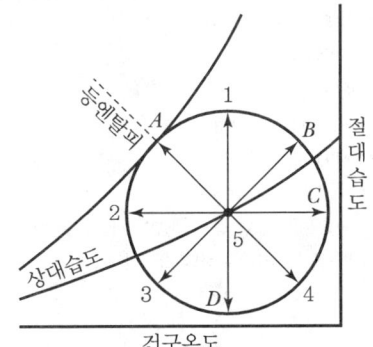

과정	건구온도	변화
5 → 2	감소	냉각
5 → A	감소	냉각, 가습
5 → 1	동일	가습
5 → B	증가	가열, 가습
5 → C	증가	가열
5 → 4	증가	가열, 감습
5 → D	동일	감습
5 → 3	감소	냉각, 감습

14 다음 중 보온, 보냉, 방로의 목적으로 덕트 전체를 단열해야 하는 것은?

① 급기덕트
② 배기덕트
③ 외기덕트
④ 배연덕트

해설 급기로 보온이나 보냉, 방로 시에는 반드시 덕트 전체를 단열해야 에너지절약이 된다.

15 어느 건물 서편의 유리 면적이 40m²이다. 안쪽에 크림색의 베네시언 블라인드를 설치한 유리면으로부터 침입하는 열량(kW)은 얼마인가?(단, 외기 33℃, 실내공기 27℃, 유리는 1중이며, 유리의 열통과율은 5.9W/m²℃, 유리창의 복사량(I_{gr})은 608W/m², 차폐계수는 0.56이다.)

① 15.0
② 13.6
③ 3.6
④ 1.4

해설 유리를 통한 열량 $q_G = q_{GR} + q_{GT}$
• 일사에 의한 열량 q_{GR}
$q_{GR} = I_{gr} \cdot A_g \cdot k_s$
$= 608 \times 40 \times 0.56 = 13,619.2W$
• 관류에 의한 열량 q_{GT}
$q_{GT} = k \cdot A_g \cdot \Delta t$
$= 5.9 \times 40 \times (33 - 27) = 1,416W$
∴ $q_G = 13,619.2 + 1,416 = 15,035.2 ≒ 15kW$

16 T.A.B 수행을 위한 계측기기의 측정위치로 가장 적절하지 않은 것은?

① 온도 측정위치는 증발기 및 응축기의 입·출구에서 최대한 가까운 곳으로 한다.
② 유량 측정위치는 펌프의 출구에서 가장 가까운 곳으로 한다.
③ 압력 측정위치는 입·출구에 설치된 압력계용 탭에서 한다.
④ 배기가스 온도 측정위치는 연소기의 온도계 설치위치 또는 시료 채취 출구를 이용한다.

해설 T.A.B : 공기조화설비의 에너지반송매체인 공기와 물에 관하여 시공된 설비시설에 출입하는 양이나 질이 설계치에 합당한가를 시험하고 오차가 있는 경우 조정하여 최종적으로 설비계통을 평가하는 분야를 말한다. 계측기에서 유량 측정위치는 될수록 펌프의 출구에서 가장 먼 곳에서 측정하는 것이 좋다. 정확한 계산을 위하여 T.A.B를 이용한다.

17 난방부하가 7,559.5W인 어떤 방에 대해 온수난방을 하고자 한다. 방열기의 상당발열면적(m²)은 얼마인가?(단, 방열량은 표준방열량으로 한다.)

① 6.7
② 8.4
③ 10.2
④ 14.4

해설 표준방열량 = 450kcal/m²h = 1,883.7kJ/m²h
$1W = 1J/s = 0.86kcal/h$, $\frac{450}{0.86} = 524W$
∴ 상당방열면적(EDR) $= \frac{7,559.5}{524} = 14.4m²$

18 에어와셔 내에서 물을 가열하지도 냉각하지도 않고 연속적으로 순환분무시키면서 공기를 통과시켰을 때 공기의 상태변화는 어떻게 되는가?

① 건구온도는 높아지고, 습구온도는 낮아진다.
② 절대온도는 높아지고, 습구온도는 높아진다.
③ 상대습도는 높아지고, 건구온도는 낮아진다.
④ 건구온도는 높아지고, 상대습도는 낮아진다.

해설 에어워셔(공기세정기)에 연속적으로 물을 순환분무시키면 공기는 상대습도가 높아지고 건구온도가 낮아진다.

19 크기에 비해 전열면적이 크므로 증기발생이 빠르고, 열효율도 좋지만 내부청소가 곤란하므로 양질의 보일러 수를 사용할 필요가 있는 보일러는?

① 입형 보일러
② 주철제 보일러
③ 노통보일러
④ 연관보일러

> 해설 횡연관보일러

20 온수난방과 비교하여 증기난방에 대한 설명으로 옳은 것은?

① 예열시간이 짧다.
② 실내온도의 조절이 용이하다.
③ 방열기 표면의 온도가 낮아 쾌적한 느낌을 준다.
④ 실내에서 상하온도차가 작으며, 방열량의 제어가 다른 난방에 비해 쉽다.

> 해설 ㉠ 증기의 비열(0.44kcal/kg · ℃) : 예열시간이 짧으나 냉각이 빠르다.
> ㉡ 물의 비열(1kcal/kg · ℃) : 예열시간이 길다.

SECTION 02 공조냉동 설계

21 공기압축기에서 입구 공기의 온도와 압력은 각각 27℃, 100kPa이고, 체적유량은 0.01m³/s이다. 출구에서 압력이 400kPa이고, 이 압축기의 등엔트로피 효율이 0.8일 때, 압축기의 소요동력(kW)은 얼마인가?(단, 공기의 정압비열과 기체상수는 각각 1kJ/kg · K, 0.287kJ/kg · K이고, 비열비는 1.4이다.)

① 0.9
② 1.7
③ 2.1
④ 3.8

> 해설 100kPa, 27℃, 0.01m³/s → 400kPa
> 1kWh=3,600kJ
> 정적비열(C_V)=$C_P - R$
> $\qquad = 1 - 0.287$
> $\qquad = 0.713$kJ/kg · K
>
> 비열비(K)=$\dfrac{1}{0.713}$=1.4
>
> 압축기 소요동력(W_t)
>
> $= \dfrac{K}{K-1} \times P_1 \times V \times \left\{ 1 - \left(\dfrac{P_2}{P_1} \right)^{\frac{K-1}{K}} \right\} \times \dfrac{1}{\eta}$
>
> $= \dfrac{1.4}{1.4-1} \times 100 \times 0.01 \times \left\{ 1 - \left(\dfrac{400}{100} \right)^{\frac{1.4-1}{1.4}} \right\} \times \dfrac{1}{0.8}$
>
> $= 2.12$kW

22 다음은 2단 압축 1단 팽창 냉동장치의 중간냉각기를 나타낸 것이다. 각 부에 대한 설명으로 틀린 것은?

① a의 냉매관은 저단 압축기에서 중간냉각기로 냉매가 유입되는 배관이다.
② b는 제1(중간냉각기 앞)팽창밸브이다.
③ d부분의 냉매증기 온도는 a부분의 냉매증기 온도보다 낮다.
④ a와 c의 냉매순환량은 같다.

해설 중간냉각기(인터쿨러) : 저단 압축기 출구에 설치하여 저단 압축기 토출가스의 과열도를 낮춰 준다.

[2단 압축 1단 팽창]

저단 압축기 ⓐ에서 들어오는 냉매량과 수액기 ⓒ에서 들어오는 냉매순환량은 각각 다르다.

23 흡수식 냉동기의 냉매와 흡수제 조합으로 가장 적절한 것은?

① 물(냉매) – 프레온(흡수제)
② 암모니아(냉매) – 물(흡수제)
③ 메틸아민(냉매) – 황산(흡수제)
④ 물(냉매) – 디메틸에테르(흡수제)

해설 흡수식 냉동기(흡수식 냉온수기)의 냉매
㉠ 냉매(물) : 흡수제는 리튬브로마이드
㉡ 냉매(암모니아) : 흡수제는 물

24 견고한 밀폐용기 안에 공기가 압력 100kPa, 체적 1m³, 온도 20℃ 상태로 있다. 이 용기를 가열하여 압력이 150kPa이 되었다. 최종상태의 온도와 가열량은 각각 얼마인가?(단, 공기는 이상기체이며, 공기의 정적비열은 0.717kJ/kg · K, 기체상수는 0.287kJ/kg · K이다.)

① 303.2K, 117.8kJ
② 303.2K, 124.9kJ
③ 439.7K, 117.8kJ
④ 439.7K, 124.9kJ

해설

$$비열비(K) = \frac{C_P}{C_V} = \frac{0.717 + 0.287}{0.717} = 1.4$$

- $T_2 = T_1 \times \left(\frac{P_2}{P_1}\right) = (273 + 20) \times \left(\frac{150}{100}\right) ≒ 439.7K$
- 질량$(G) = \frac{PV}{RT} = \frac{1 \times 1}{0.287 \times 293} = 1.19kg$
- 열전달량$(Q) = G \cdot C_V(T_2 - T_1)$
  $= 1.19 \times 0.717 \times (439.5 - 293)$
  $= 124.9kJ$

25 밀폐계에서 기체의 압력이 500kPa로 일정하게 유지되면서 체적이 0.2m³에서 0.7m³로 팽창하였다. 이 과정 동안에 내부에너지의 증가가 60kJ이라면 계가 한 일(kJ)은 얼마인가?

① 450   ② 310
③ 250   ④ 150

해설 $\delta W = PdV$
$$W = P(V_2 - V_1) = 500 \times (0.7 - 0.2)$$
$$= 250kN \cdot m = 250kJ$$

26 이상기체가 등온과정으로 부피가 2배로 팽창할 때 한 일이 W_1이다. 이 이상기체가 같은 초기조건하에서 폴리트로픽 과정($n = 2$)으로 부피가 2배로 팽창할 때 W_1 대비 한 일은 얼마인가?

① $\frac{1}{2\ln 2} \times W_1$ ② $\frac{2}{\ln 2} \times W_1$
③ $\frac{\ln 2}{2} \times W_1$ ④ $2\ln 2 \times W_1$

해설 Polytropic Change
등온과정으로 부피 2배 증가 시 팽창 일은 W_1 → 같은 초기 조건에서 폴리트로픽 과정(n)=2로 부피 2배 증가 시 한 일은
$$\left\{\frac{1}{2\ln 2} \times W_1\right\}$$

- 절대 일 $(W) = \dfrac{1}{n-1}R(T_1 - T_2)$

$\quad = \dfrac{1}{n-1}RT_1\left(1 - \dfrac{T_2}{T_1}\right)$

$\quad = \dfrac{1}{n-1}RT_1\left[1 - \left(\dfrac{V_1}{V_2}\right)^{n-1}\right]$

- 공업 일 $(W_t) = \dfrac{n}{n-1}R(T_1 - T_2)$

$\quad = \dfrac{n}{n-1}RT_1\left(1 - \dfrac{T_2}{T_1}\right)$

$\quad = \dfrac{n}{n-1}(P_1 V_1 - P_2 V_2)$

$\quad = \dfrac{n}{n-1}RT_1\left\{1 - \left(\dfrac{P_2}{P_1}\right)^{\frac{n-1}{n}}\right\}$

$\quad = \dfrac{n}{n-1}RT_1\left\{1 - \left(\dfrac{V_1}{V_2}\right)^{n-1}\right\}$

27 증발기에 대한 설명으로 틀린 것은?

① 냉각실 온도가 일정한 경우, 냉각실 온도와 증발기 내 냉매 증발온도의 차이가 작을수록 압축기 효율은 좋다.

② 동일 조건에서 건식 증발기는 만액식 증발기에 비해 충전 냉매량이 적다.

③ 일반적으로 건식 증발기 입구에서는 냉매의 증기가 액냉매에 섞여 있고, 출구에서 냉매는 과열도를 갖는다.

④ 만액식 증발기에서는 증발기 내부에 윤활유가 고일 염려가 없어 윤활유를 압축기로 보내는 장치가 필요하지 않다.

 해설

만액식 증발기
(냉매액 75%, 냉매가스 25%)

증발기 내 오일이 체류할 가능성이 있어서 프레온냉동장치에는 오일회수장치(윤활유회수장치)가 필요하다.

28 다음 중 압력값이 다른 것은?

① 1mAq
② 73.56mmHg
③ 980.665Pa
④ 0.98N/cm²

해설
- $1\text{mAq} = 73.56\text{mmHg} = 0.98\text{N/cm}^2 = 9,807\text{Pa}$
- $1\text{at} = 1\text{kg/cm}^2 = 98,000\text{Pa} = 98\text{kPa} = 735\text{mmHg}$
- $1\text{atm} = 10.332\text{mAq} = 101,325\text{Pa} = 101.325\text{kPa}$
  $= 76\text{cmHg}$

29 냉동기에서 고압의 액체냉매와 저압의 흡입증기를 서로 열교환시키는 열교환기의 주된 설치 목적은?

① 압축기 흡입증기 과열도를 낮추어 압축효율을 높이기 위함

② 일종의 재생 사이클을 만들기 위함

③ 냉매액을 과랭시켜 플래시가스 발생을 억제하기 위함

④ 이원냉동 사이클에서의 캐스케이드응축기를 만들기 위함

해설

고압액 냉매

↓ 저압 흡입증기

열교환하면 냉매액을 과냉시켜 플래시가스 발생을 억제한다.
※ 플래시가스 : 증발기에 도달하기 전 사전에 냉매액이 냉매기체로 상변화한 냉매

30 피스톤 – 실린더시스템에 100kPa의 압력을 갖는 1kg의 공기가 들어있다. 초기 체적은 0.5m³이고, 이 시스템에 온도가 일정한 상태에서 열을 가하여 부피가 1.0m³가 되었다. 이 과정 중 시스템에 가해진 열량(kJ)은 얼마인가?

① 30.7
② 34.7
③ 44.8
④ 50.0

해설 등온변화 $\delta Q = dU + P dV$에서
$dV = 0$

∴ 전달 에너지 $Q = \displaystyle\int_1^2 P dV = P_1 V_1 \ln \dfrac{V_2}{V_1}$

$\quad = 100 \times 0.5 \times \ln \dfrac{1.0}{0.5}$

$\quad = 34.66$

$\quad ≒ 34.7\text{kJ}$

31 다음 조건을 이용하여 응축기 설계 시 1RT(3.86kW) 당 응축면적(m²)은 얼마인가?(단, 온도차는 산술평균온도차를 적용한다.)

- 방열계수 : 1.3
- 응축온도 : 35℃
- 냉각수 입구온도 : 28℃
- 냉각수 출구온도 : 32℃
- 열통과율 : 1.05kW/m² · ℃

① 1.25　　　　② 0.96

③ 0.74　　　　④ 0.45

해설 방열계수 $= \dfrac{응축기\ 열량}{증발기\ 열량} = \dfrac{Q_c}{Q_e} = 1.3$

산술평균온도차 $\Delta t_m = 35 - \dfrac{28+32}{2} = 5℃$

$Q_c = k \cdot A \cdot \Delta t_m = 1.3 Q_e$

$\therefore$ 응축면적 $A = \dfrac{1.3 Q_e}{k \cdot \Delta t_m} = \dfrac{1.3 \times 3,320}{900 \times 5} = 0.96\text{m}^2$

32 역카르노 사이클로 300K과 240K 사이에서 작동하고 있는 냉동기가 있다. 이 냉동기의 성능계수는 얼마인가?

① 3　　② 4　　③ 5　　④ 6

해설 성능계수(COP) $= \dfrac{Q_2}{AW} = \dfrac{Q_2}{Q_1 - Q_2} = \dfrac{T_2}{T_1 - T_2}$

$\qquad = \dfrac{240}{300-240} = 4$

33 체적 2,500L인 탱크에 압력 294kPa, 온도 10℃의 공기가 들어 있다. 이 공기를 80℃까지 가열하는 데 필요한 열량(kJ)은 얼마인가?(단, 공기의 기체상수는 0.287kJ/kg · K, 정적비열은 0.717kJ/kg · K 이다.)

① 408　　　　② 432

③ 454　　　　④ 469

해설

2,500L
294kPa
10℃ → 80℃
R=0.287
C_V=0.717

정압비열$(C_P) = R + C_V = 0.287 + 0.717 = 1.004\text{kJ/kg} \cdot \text{K}$

비열비$(K) = \dfrac{C_P}{C_V} = \dfrac{1.004}{0.717} = 1.4$, 2,500L = 25m³

질량$(G) = \dfrac{PV}{RT} = \dfrac{294 \times 2.5}{0.287 \times (10+273)} = 9.05\text{kg}$

$T_1 = 10 + 273 = 283\text{K}$

$T_2 = 80 + 273 = 353\text{K}$

$\therefore$ 필요한 열량$(Q) = GC_V(T_2 - T_1)$

$\qquad\qquad\qquad = 9.05 \times 0.717 \times (353 - 283)$

$\qquad\qquad\qquad = 454\text{kJ}$

34 다음 그림은 냉동 사이클을 압력 – 엔탈피($P-h$) 선도에 나타낸 것이다. 다음 설명 중 옳은 것은?

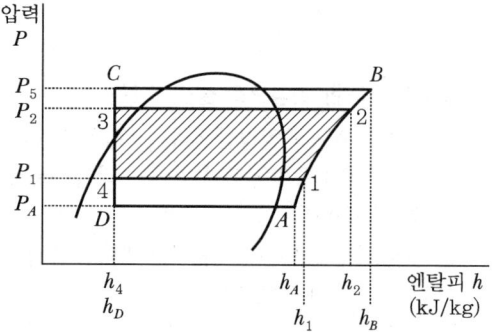

① 냉동 사이클이 $1-2-3-4-1$에서 $1-B-C-4-1$로 변하는 경우 냉매 1kg당 압축일의 증가는 $(h_B - h_1)$이다.

② 냉동 사이클이 $1-2-3-4-1$에서 $1-B-C-4-1$로 변하는 경우 성적계수는 $[(h_1 - h_4)/(h_2 - h_1)]$에서 $[(h_1 - h_4)/(h_B - h_1)]$로 된다.

③ 냉동 사이클이 $1-2-3-4-1$에서 $A-2-3-D-A$로 변하는 경우 증발압력이 P_1에서 P_A로 낮아져 압축비는 (P_2/P_1)에서 (P_1/P_A)로 된다.

④ 냉동 사이클이 $1-2-3-4-1$에서 $A-2-3-D-A$로 변하는 경우 냉동효과는 $(h_1 - h_4)$에서 $(h_A - h_4)$로 감소하지만, 압축기 흡입증기의 비체적은 변하지 않는다.

해설

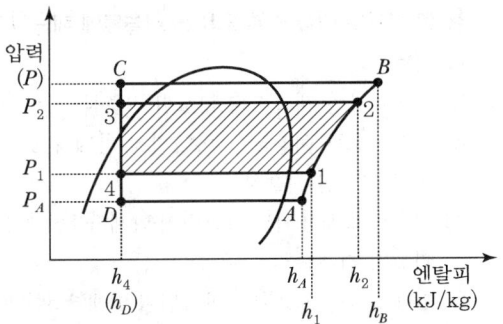

○ 압축일의 증가 : $h_B - h_2$

ⓒ 사이클이 $1-2-3-4-1$에서 $A-2-3-D-A$로 변하는 경우 증발압력이 낮아져서 증발압력의 압축비는 $\left(\dfrac{P_2}{P_A}\right)$로 된다.

ⓒ 압축기에서 압력이 증가하면 비체적(m^3/kg)은 감소한다.

35 다음 중 증발기 내 압력을 일정하게 유지하기 위해 설치하는 팽창장치는?

① 모세관
② 정압식 자동팽창밸브
③ 플로트식 팽창밸브
④ 수동식 팽창밸브

해설 정압식 팽창밸브(AEV)

○ 증발기 내 압력을 일정하게 유지하기 위한 팽창밸브이다.
ⓒ 냉동기 부하가 적을 때 사용한다.
ⓒ 냉수나 브라인 등의 동결 방지용으로 사용한다(부하증대에 따른 유량제어가 불가능하다).

36 외기온도 $-5℃$, 실내온도 $18℃$, 실내습도 70%일 때, 벽 내면에서 결로가 생기지 않도록 하기 위해서는 내·외기 대류와 벽의 전도를 포함하여 전체 벽의 열통과율(W/m^2K)은 얼마 이하이어야 하는가?(단, 실내공기 $18℃$, 70%일 때 노점온도는 $12.5℃$이며, 벽의 내면 열전달률은 $7W/m^2K$이다.)

① 1.91
② 1.83
③ 1.76
④ 1.67

해설 열관류율(K) $= \dfrac{실내온도-노점온도}{실내온도-외기온도} \times$ 벽의 열전달률

$= \dfrac{18-12.5}{18-(-5)} \times 7 = 1.67 W/m^2K$

37 다음 이상기체에 대한 설명으로 옳은 것은?

① 이상기체의 내부에너지는 압력이 높아지면 증가한다.
② 이상기체의 내부에너지는 온도만의 함수이다.
③ 이상기체의 내부에너지는 항상 일정하다.
④ 이상기체의 내부에너지는 온도와 무관하다.

해설 ○ 이상기체의 내부에너지는 온도만의 함수이다.
ⓒ 이상기체를 정압하에서 가열하면 체적이 증가, 온도가 상승한다.

38 다음 중 냉매를 사용하지 않는 냉동장치는?

① 열전냉동장치
② 흡수식 냉동장치
③ 교축팽창식 냉동장치
④ 증기압축식 냉동장치

해설 열전냉동기(전자냉동기) : 성질이 다른 두 금속을 접속하여 직류전기가 통하면 접합부에서 열의 방출과 흡수가 일어나는 현상을 이용하여 저온을 얻는다.
※ 사용 반도체 : 비스무트텔루라이드, 안티모니텔루라이드, 비스무트셀렌 등

39 냉동장치의 냉동능력이 38.8kW, 소요동력이 10kW이었다. 이때 응축기 냉각수의 입·출구 온도차가 $6℃$, 응축온도와 냉각수 온도와의 평균온도차가 $8℃$일 때, 수랭식 응축기의 냉각수량(L/min)은 얼마인가?(단, 물의 정압비열은 $4.2kJ/kg·℃$이다.)

① 126.1
② 116.2
③ 97.1
④ 87.1

해설 $\Delta t_m = \dfrac{8-6}{\ln\left(\dfrac{8}{6}\right)} = \dfrac{2}{0.288} = 6.94℃$, $1kWh = 3,600kJ$

$(38.8+10) \times 3,600 = 175,680kJ/h = 2,928kJ/min$
냉각수 입·출구 온도차 $= 6℃$

∴ 냉각수량 $= \dfrac{2,928}{6 \times 4.2} = 116.2L/min$

40 열과 일에 대한 설명으로 옳은 것은?

① 열역학적 과정에서 열과 일은 모두 경로에 무관한 상태함수로 나타낸다.
② 일과 열의 단위는 대표적으로 Watt(W)를 사용한다.
③ 열역학 제1법칙은 열과 일의 방향성을 제시한다.
④ 한 사이클 과정을 지나 원래 상태로 돌아왔을 때 시스템에 가해진 전체 열량은 시스템이 수행한 전체 일의 양과 같다.

해설 ㉠ 열역학 제1법칙은 열과 일에너지의 변환에 대한 수량적 관계를 표시한다.
㉡ 어떤 밀폐계가 임의의 사이클을 이룰 때 열전달의 총합은 이루어진 일의 총합과 같다(열과 일은 도정함수이므로 경도에 관계가 있다).
㉢ 밀폐계에 전달된 열량은 내부에너지 증가와 계가 한 일의 합과 같다(일과 이동열량은 과정에 의존한다).
㉣ 완전가스의 엔탈피는 온도만의 함수이다(일의 단위는 N · m이다).

SECTION 03 시운전 및 안전관리

41 산업안전보건법령상 냉동 · 냉장창고시설 건설공사에 대한 유해위험방지계획서를 제출해야 하는 대상 시설의 연면적기준은 얼마인가?

① 3천제곱미터 이상
② 4천제곱미터 이상
③ 5천제곱미터 이상
④ 6천제곱미터 이상

해설 냉동 · 냉장창고시설 건설공사(산업안전보건법상) 시 유해위험방지계획서 제출 대상 연면적기준 : 5,000m² 이상

42 기계설비법령에 따른 기계설비의 착공 전 확인과 사용 전 검사의 대상 건축물 또는 시설물에 해당하지 않는 것은?

① 연면적 1만 제곱미터 이상인 건축물
② 목욕장으로 사용되는 바닥면적 합계가 500제곱미터 이상인 건축물
③ 기숙사로 사용되는 바닥면적 합계가 1천제곱미터 이상인 건축물
④ 판매시설로 사용되는 바닥면적 합계가 3천제곱미터 이상인 건축물

해설 기숙사의 경우 기계설비의 착공 전 확인과 사용 전 검사의 대상 건축물 또는 시설물의 경우는 바닥면적의 합계가 2천제곱미터 이상인 건축물만 해당(시행령 별표5 사항)

43 고압가스안전관리법령에 따라 "냉매로 사용되는 가스 등 대통령령으로 정하는 종류의 고압가스"는 품질기준으로 고시하여야 하는데, 목적 또는 용량에 따라 고압가스에서 제외될 수 있다. 이러한 제외기준에 해당되는 경우로 모두 고른 것은?

> 가. 수출용으로 판매 또는 인도되거나 판매 또는 인도될 목적으로 저장 · 운송 또는 보관되는 고압가스
> 나. 시험용 또는 연구개발용으로 판매 또는 인도되거나 판매 또는 인도될 목적으로 저장 · 운송 또는 보관되는 고압가스(해당 고압가스를 직접 시험하거나 연구개발하는 경우만 해당한다.)
> 다. 1회 수입되는 양이 400킬로그램 이하인 고압가스

① 가, 나
② 가, 다
③ 나, 다
④ 가, 나, 다

해설 고압가스 안전관리법령에서 그 기준에 해당되는 내용 중 법규상 제외가 가능한 것은 ㉮, ㉯의 내용이다.

44 고압가스안전관리법령에 따라 일체형 냉동기의 조건으로 틀린 것은?

① 냉매설비 및 압축기용 원동기가 하나의 프레임 위에 일체로 조립된 것

② 냉동설비를 사용할 때 스톱밸브 조작이 필요한 것

③ 응축기유닛 및 증발유닛이 냉매배관으로 연결된 것으로 하루 냉동능력이 20톤 미만인 공조용 패키지에어컨

④ 사용장소에 분할 반입하는 경우에는 냉매설비에 용접 또는 절단을 수반하는 공사를 하지 않고 재조립하여 냉동제조용으로 사용할 수 있는 것

해설 일체형 냉동기

㉠ 냉각탑일체형 냉동기

㉡ 펌프일체형 냉동기

㉢ 연료전지내장일체형 냉동기

㉣ 증발응축기일체형 스크루냉동기

※ 스톱밸브는 분리형 냉동기에 많이 사용한다.

45 기계설비법령에 따라 기계설비성능점검업자는 기계설비성능점검업의 등록한 사항 중 대통령령으로 정하는 사항이 변경된 경우에는 변경등록을 하여야 한다. 만약 변경등록을 정해진 기간 내 못한 경우, 1차 위반 시 받게 되는 행정처분기준은?

① 등록취소

② 업무정지 2개월

③ 업무정지 1개월

④ 시정명령

해설 기계설비법에서 기계설비성능점검업자의 경우 대통령령으로 정하는 사항이 변경된 경우 변경등록을 하여야 한다. 만약 정해진 기간 내 못한 경우 1차 위반 시 행정처분은 시정명령을 받게 된다.

46 엘리베이터용 전동기의 필요 특성으로 틀린 것은?

① 소음이 작아야 한다.

② 기동토크가 작아야 한다.

③ 회전부분의 관성모멘트가 작아야 한다.

④ 가속도의 변화비율이 일정값이 되어야 한다.

해설 엘리베이터용 전동기(모터)는 기동 시 기동토크(기동 시 회전력)가 커야 한다. 기타 전동기 특성은 ①, ③, ④항에 속한다.

47 다음은 직류전동기의 토크특성을 나타내는 그래프이다. (A), (B), (C), (D)에 알맞은 것은?

① (A) : 직권발전기,   (B) : 가동복권발전기
   (C) : 분권발전기,   (D) : 차동복권발전기

② (A) : 분권발전기,   (B) : 직권발전기
   (C) : 가동복권발전기, (D) : 차동복권발전기

③ (A) : 직권발전기,   (B) : 분권발전기
   (C) : 가동복권발전기, (D) : 차동복권발전기

④ (A) : 분권발전기,   (B) : 가동복권발전기
   (C) : 직권발전기,   (D) : 차동복권발전기

해설 (A) : 직권발전기, (B) : 가동복권발전기
(C) : 분권발전기, (D) : 차동복권발전기

$$토크(T) = \frac{P\phi Z}{2\pi a} \times I_a (\text{N} \cdot \text{m}) = 0.975 \frac{P_o}{N}(\text{kg} \cdot \text{m})$$

직류전동기 ⎡ 분권전동기
         ⎣ 직권전동기

[전동기 속도특성]

48 서보전동기는 서보기구의 제어계 중 어떤 기능을 담당하는가?

① 조작부   ② 검출부

③ 제어부   ④ 비교부

해설 서보전동기 $\left[\begin{array}{l} \text{DC 서보전동기} \\ \text{AC 서보전동기} \end{array}\right.$

서보전동기는 서보기구의 조작부에 해당하며(조작부의 조작기기) 그 기능을 완수한다.

49 그림과 같은 유접점 논리회로를 간단히 하면?

① —○ A ○—   ② —○ A ○—

③ —○ B ○—   ④ —○ B ○—

해설 $y = A(A+B) = AA + AB = A + AB = A(1+B) = A$

∴ —○ A ○—

50 10kVA의 단상 변압기 2대로 V결선하여 공급할 수 있는 최대 3상 전력은 약 몇 kVA인가?

① 20   ② 17.3

③ 10   ④ 8.7

해설 단상 3상 전력(변압기)= $\sqrt{3} \cdot P = \sqrt{3} \times 10 = 17.3 \text{kVA}$

3상 변압기 결선 : Y−Y결선, △−△결선, Y−△결선, △−Y결선, V−V결선

51 교류에서 역률에 관한 설명으로 틀린 것은?

① 역률은 $\sqrt{1 - (\text{무효율})^2}$ 로 계산할 수 있다.

② 역률을 이용하여 교류전력의 효율을 알 수 있다.

③ 역률이 클수록 유효전력보다 무효전력이 커진다.

④ 교류회로의 전압과 전류의 위상차에 코사인(cos)을 취한 값이다.

해설 역률

교류회로에서 전력(P)= $VI\cos\theta$ 에서 θ는 회로에 가하는 전압 V와 전류 I의 위상차를 말한다. 저항 R만의 회로에서는 $P = VI$로 나타내며 직류회로와 똑같이 취급한다. $\cos\theta$ 를 역률이라 하면 θ는 역률각이다.

$$\therefore \cos\theta = \frac{P}{VI} = \frac{\text{유효전력}}{\text{피상전력}}$$

역률이 클수록 무효전력보다 유효전력이 커진다.

52 아날로그 신호로 이루어지는 정량적 제어로서 일정한 목푯값과 출력값을 비교·검토하여 자동적으로 행하는 제어는?

① 피드백 제어   ② 시퀀스 제어

③ 오픈루프 제어   ④ 프로그램 제어

해설 자동제어

㉠ 시퀀스 제어 : 정성적 제어

㉡ 피드백 제어 : 정량적 제어(비교검토가 자동)

53 $G(s) = \dfrac{2(s+2)}{(s^2 + 5s + 6)}$ 의 특성방정식의 근은?

① 2, 3   ② −2, −3

③ 2, −3   ④ −2, 3

해설 특성방정식

$$G(s) = \frac{2(s+2)}{(s+3)(s+2)}$$

$$\therefore s = -2, -3$$

54 $R = 8\Omega$, $X_L = 2\Omega$, $X_C = 8\Omega$의 직렬회로에 100V의 교류전압을 가할 때, 전압과 전류의 위상관계로 옳은 것은?

① 전류가 전압보다 약 37° 뒤진다.

② 전류가 전압보다 약 37° 앞선다.

③ 전류가 전압보다 약 43° 뒤진다.

④ 전류가 전압보다 약 43° 앞선다.

해설 2개 이상의 동일한 교류의 시간적인 차를 위상이라고 한다.
X_L : 유도리액턴스, X_C : 용량리액턴스

$$\tan^{-1}\left(\frac{X_C - X_L}{R}\right) = \tan^{-1}\left(\frac{8-2}{8}\right)$$
$$= \tan^{-1}\left(\frac{6}{8}\right)$$
$$= 37°$$

∴ 전류가 전압보다 약 37° 앞선다.

55 역률이 80%이고, 유효전력이 80kW일 때, 피상전력(kVA)은?

① 100   ② 120

③ 160   ④ 200

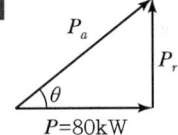

$P = P_a\cos\theta$ 이므로

피상전력 $P_a = \dfrac{P}{\cos\theta} = \dfrac{80}{0.8} = 100\text{kVA}$

56 직류전압, 직류전류, 교류전압 및 저항 등을 측정할 수 있는 계측기기는?

① 검전기   ② 검상기

③ 메거   ④ 회로시험기

해설 ㉠ 절연저항측정기 : 메거테스트기
㉡ 회로시험기 : 직류전압, 직류전류, 교류전압, 저항의 측정

57 자장 안에 놓여 있는 도선에 전류가 흐를 때 도선이 받는 힘은 $F = BIl\sin\theta(\text{N})$ 이다. 이것을 설명하는 법칙과 응용기기가 알맞게 짝지어진 것은?

① 플레밍의 오른손법칙 – 발전기

② 플레밍의 왼손법칙 – 전동기

③ 플레밍의 왼손법칙 – 발전기

④ 플레밍의 오른손법칙 – 전동기

해설 플레밍의 왼손법칙(전동기) 도선의 힘$(F) = BIl\sin\theta(\text{N})$ 즉, 전동기의 회전방향과 전자력의 관계이다.

58 다음의 논리식을 간단히 한 것은?

$$X = \overline{A}\overline{B}C + A\overline{B}\overline{C} + A\overline{B}C$$

① $\overline{B}(A+C)$ ② $C(A+\overline{B})$

③ $\overline{C}(A+B)$ ④ $\overline{A}(B+C)$

해설 $X = \overline{A}\,\overline{B}C + A\,\overline{B}\,\overline{C} + A\,\overline{B}C$
$= \overline{B}(\overline{A}C + A\overline{C} + AC)$
$= \overline{B}(A+C)$

59 전압을 인가하여 전동기가 동작하고 있는 동안에 교류전류를 측정할 수 있는 계기는?

① 후크미터(클램프미터)

② 회로시험기

③ 절연저항계

④ 어스테스터

해설 후크미터(클램프미터) : 전압을 인가하여 전동기가 동작하고 있는 동안에 교류전류를 측정한다.

60 그림과 같은 단자 1, 2 사이의 계전기접점회로 논리식은?

① {(a+b)d+c}e   ② {(ab+c)d}+e

③ {(a+b)c+d}e   ④ (ab+d)c+e

해설 ㉠ 단자 1, 2 사이의 계전기접점회로 : {(a+b)c+d}e
㉡ 계전기 : 계전기는 전기로 작동하는 스위치이다(Relay).
전자기력을 이용하여 기계적으로 스위치가 작동한다.

SECTION 04 유지보수공사관리

61 배수배관이 막혔을 때 이것을 점검, 수리하기 위해 청소구를 설치하는데, 다음 중 설치 필요 장소로 적절하지 않은 곳은?

① 배수수평주관과 배수수평분기관의 분기점에 설치
② 배수관이 45° 이상의 각도로 방향을 전환하는 곳에 설치
③ 길이가 긴 수평배수관인 경우 관경이 100A 이하일 때 5m마다 설치
④ 배수수직관의 제일 밑부분에 설치

해설 100mm 이상 관경이면 점검부도 100mm 이상

단, 점검부는 관경과 같게 한다.(100mm 이하)

점검부는 배수관경이 100mm 미만이면 수평관 직선거리 15m마다, 관경이 100mm 이상이면 30m마다 1개소씩

62 증기와 응축수의 온도 차이를 이용하여 응축수를 배출하는 트랩은?

① 버킷트랩
② 디스크트랩
③ 벨로스트랩
④ 플로트트랩

해설 증기트랩
㉠ 비중차 이용 : 버킷식, 플로트식
㉡ 온도차 이용 : 벨로스, 바이메탈
㉢ 열역학적 이용 : 오리피스, 디스크

63 정압기의 종류 중 구조에 따라 분류할 때 아닌 것은?

① 피셔식 정압기
② 액셜플로우식 정압기
③ 가스미터식 정압기
④ 레이놀드식 정압기

해설 도시가스 정압기의 종류
㉠ 피셔식
㉡ 액셜플로식
㉢ 레이놀드식

64 슬리브 신축이음쇠에 대한 설명으로 틀린 것은?

① 신축량이 크고 신축으로 인한 응력이 생기지 않는다.
② 직선으로 이음하므로 설치공간이 루프형에 비하여 적다.
③ 배관에 곡선부가 있어도 파손이 되지 않는다.
④ 장시간 사용 시 패킹의 마모로 누수의 원인이 된다.

해설 관의 신축이음
㉠ 슬리브형 : 배관의 곡관에는 사용 불가
㉡ 벨로스형(미끄럼형)
㉢ 루프형(곡관형)
㉣ 스위블형(엘보형)

65 간접가열급탕법과 가장 거리가 먼 장치는?

① 증기사일렌서
② 저탕조
③ 보일러
④ 고가수조

해설 급탕설비
㉠ 개별식
㉡ 중앙식
　• 직접가열식
　• 간접가열식
　• 기수혼합법(증기사일렌서 이용)

66 강관의 종류와 KS규격기호가 바르게 짝지어진 것은?

① 배관용 탄소강관 : SPA
② 저온배관용 탄소강관 : SPPT
③ 고압배관용 탄소강관 : SPTH
④ 압력배관용 탄소강관 : SPPS

해설 강관
① 배관용 탄소강관 : SPP
② 저온배관용 탄소강관 : SPLT
③ 고압배관용 탄소강관 : SPPH

67 폴리에틸렌배관의 접합방법이 아닌 것은?

① 기볼트접합
② 용착슬리브접합
③ 인서트접합
④ 테이퍼접합

해설 기볼트접합(Gibault) : 석면시멘트관, 즉 에터닛관의 접합법이다.

68 배관접속상태 표시 중 배관 A가 앞쪽으로 수직하게 구부러져 있음을 나타낸 것은?

해설
① ——A—⊙ : 관이 도면에서 직각으로 앞쪽을 향해 구부러져 있을 때

② ——A—○ : 관이 앞쪽에서 도면 직각으로 구부러져 있을 때

③ —A—○— : 관 A가 앞쪽에서 도면 직각으로 구부러져 관 B에 접속할 때

69 증기보일러배관에서 환수관의 일부가 파손된 경우 보일러 수의 유출로 안전수위 이하가 되어 보일러 수가 빈 상태로 되는 것을 방지하기 위해 하는 접속법은?

① 하트포드접속법
② 리프트접속법
③ 스위블접속법
④ 슬리브접속법

해설

[하트포드접속법]

70 도시가스 입상배관의 관 지름이 20mm일 때 움직이지 않도록 몇 m마다 고정장치를 부착해야 하는가?

① 1m
② 2m
③ 3m
④ 4m

해설 가스배관
㉠ 10mm 이상~13mm 미만 : 1m마다 고정
㉡ 13mm 이상~33mm 미만 : 2m마다 고정
㉢ 33mm 이상 : 3m마다 고정

71 증기난방 배관시공법에 대한 설명으로 틀린 것은?

① 증기주관에서 지관을 분기하는 경우 관의 팽창을 고려하여 스위블이음법으로 한다.
② 진공환수식 배관의 증기주관은 1/100~1/200 선상향구배로 한다.
③ 주형방열기는 일반적으로 벽에서 50~60mm 정도 떨어지게 설치한다.
④ 보일러 주변의 배관방법에서는 증기관과 환수관 사이에 밸러스관을 달고, 하트포드접속법을 사용한다.

해설 ㉠ 진공환수식 증기난방
증기주관은 $\frac{1}{200}$ ~ $\frac{1}{300}$ 선하향구배(끝내림구배)를 준다.
㉡ 증기난방 응축수환수법
• 중력순환식
• 기계환수식
• 진공환수식

72 급수배관에서 수격현상을 방지하는 방법으로 가장 적절한 것은?

① 도피관을 설치하여 옥상탱크에 연결한다.
② 수압관을 갑자기 높인다.
③ 밸브나 수도꼭지를 갑자기 열고 닫는다.
④ 급폐쇄형 밸브 근처에 공기실을 설치한다.

해설 급수배관의 수격현상(워터해머) 방지법은 급폐쇄형 밸브 근처에 공기실(Air Chamber)을 설치한다.
※ 수격작용 시에는 유속의 14배로 압력이 증가한다.

73 홈이 만들어진 관 또는 이음쇠에 고무링을 삽입하고 그 위에 하우징(Housing)을 덮어 볼트와 너트로 죄는 이음방식은?

① 그루브이음   ② 그립이음
③ 플레어이음   ④ 플랜지이음

> **해설** 그루브이음
> 홈이 만들어진 관이나 또는 이음쇠에 고무링을 삽입하고 그 위에 하우징을 덮어 볼트와 너트로 조임한다.

74 90℃의 온수 2,000kg/h을 필요로 하는 간접가열식 급탕탱크에서 가열관의 표면적(m^2)은 얼마인가?(단, 급수의 온도는 10℃, 급수의 비열은 4.2kJ/kg · K, 가열관으로 사용할 동관의 전열량은 1.28kW/m^2 · ℃, 증기의 온도는 110℃이며 전열효율은 80%이다.)

① 2.92   ② 3.03
③ 3.72   ④ 4.07

> **해설** 급수의 현열(Q) $= G \times C_p(t_1 - t_2)$
> $\qquad\qquad\qquad = 2,000 \times 4.2 \times (90-10) = 672,000$kJ/h
>
> 온수평균온도 $= \dfrac{90+10}{2} = 50$℃
>
> $672,000 = S \times 1.28 \times 3,600(110-50) \times 0.8$
>
> ∴ 표면적(S) $= \dfrac{672,000}{1.28 \times 3,600 \times 60 \times 0.8} = 3.03m^2$
>
> ※ 1kWh = 3,600kJ
>   1.28kW × 3,600kJ/h = 4,608kJ/h

75 급수배관에서 크로스커넥션을 방지하기 위하여 설치하는 기구는?

① 체크밸브   ② 워터해머어레스터
③ 신축이음   ④ 버큠브레이커

> **해설** 급수배관에서 크로스커넥션을 방지하기 위해 설치하는 기구는 버큠브레이커를 설치한다.
>
> ㉠ 버큠브레이커 : 물받이 용기 안에 배출된 물이나 사용한 물이 역사이펀 작용으로 상수계통에 역류하는 것을 방지하기 위하여 급수관 안에 생긴 마이너스압에 대해 자동적으로 공기를 보충하는 장치이다.
> ㉡ 크로스커넥션 : 다른 도관의 물이 유입되어 수질 저하를 발생시키는 수도관의 잘못된 접합을 말한다.

76 아래 강관 표시방법 중 "S – H"의 의미로 옳은 것은?

> SPPS – S – H – 1965, 11 – 100A × SCH40 × 6

① 강관의 종류
② 제조회사명
③ 제조방법
④ 제품표시

> **해설** SPPS(관의 종류), S – H(제조방법), 11(제조연도), 100A(관경), SCH40(스케줄번호), 6(관의 길이, m)

77 냉풍 또는 온풍을 만들어 각 실로 송풍하는 공기조화 장치의 구성순서로 옳은 것은?

① 공기여과기 → 공기가열기 → 공기가습기 → 공기냉각기
② 공기가열기 → 공기여과기 → 공기냉각기 → 공기가습기
③ 공기여과기 → 공기가습기 → 공기가열기 → 공기냉각기
④ 공기여과기 → 공기냉각기 → 공기가열기 → 공기가습기

> **해설** 공기조화기(AHU)의 구성요소
> 공기흡입 → 공기여과기 → 공기냉각기 → 공기가열기 → 공기가습기 → 취출구

78 롤러서포트를 사용하여 배관을 지지하는 주된 이유는?

① 신축 허용
② 부식 방지
③ 진동 방지
④ 해체 용이

> **해설** Support
> 배관 하중을 아래에서 위로 지지하는 지지대이다.
> ㉠ 스프링서포트(상하 이동 자유)
> ㉡ 롤러서포트(관 지지, 신축 허용)
> ㉢ 리지드서포트(I빔 타입)
> ㉣ 파이프슈(벤딩부분, 수평부분 고정)

79 배관의 끝을 막을 때 사용하는 이음쇠는?

① 유니언
② 니플
③ 플러그
④ 소켓

해설 이음쇠

유니언( ), 플러그( ), 소켓( ),
니플( ), 캡( )

80 다음 보온재 중 안전사용온도가 가장 낮은 것은?

① 규조토
② 암면
③ 펄라이트
④ 발포폴리스티렌

해설 보온재 안전사용온도
① 규조토 : 650℃ 이하
② 암면 : 400℃ 이하
③ 펄라이트 : 650℃
④ 발포폴리스티렌 : 80℃ 이하

공조냉동기계기사 필기 과년도 문제풀이 10개년
ENGINEER AIR-CONDITIONING REFRIGERATING MACHINERY

2023년~2025년 CBT 필기시험 대비
복원기출문제 수록

실전점검!
01 회
CBT 실전모의고사

수험번호 :
수험자명 :

제한 시간 : 2시간
남은 시간 :

글자 크기 100% 150% 200%   화면 배치

전체 문제 수 :
안 푼 문제 수 :

	답안 표기란			
1	①	②	③	④
2	①	②	③	④
3	①	②	③	④
4	①	②	③	④
5	①	②	③	④
6	①	②	③	④
7	①	②	③	④
8	①	②	③	④
9	①	②	③	④
10	①	②	③	④
11	①	②	③	④
12	①	②	③	④
13	①	②	③	④
14	①	②	③	④
15	①	②	③	④
16	①	②	③	④
17	①	②	③	④
18	①	②	③	④
19	①	②	③	④
20	①	②	③	④
21	①	②	③	④
22	①	②	③	④
23	①	②	③	④
24	①	②	③	④
25	①	②	③	④
26	①	②	③	④
27	①	②	③	④
28	①	②	③	④
29	①	②	③	④
30	①	②	③	④

1과목 에너지관리

01 간이계산법에 의한 건평 150m²에 소요되는 보일러의 급탕부하는 얼마인가?(단, 건물의 열손실은 90kcal/m²h, 급탕량은 100kg/h, 급수 및 급탕온도는 각각 30℃, 70℃이다.)

① 3,500kcal/h
② 4,000kcal/h
③ 13,500kcal/h
④ 17,500kcal/h

02 다음 중 공기여과기(Air Filter) 효율 측정법이 아닌 것은?

① 중량법
② 비색법(변색도법)
③ 계수법(DOP법)
④ HEPA 필터법

03 한 장의 보통 유리를 통해서 들어오는 취득열량을 $q=I_{GR} \times k_s \times A_g + I_{GC} \times A_q$라 할 때 k_s를 무엇이라 하는가?(단, I_{GR} : 일사 투과량, A_g : 유리의 면적, I_{GC} : 창면적당의 내표면으로부터 대류에 의하여 침입하는 열량)

① 유리의 열전도계수
② 차폐계수
③ 단위시간에 단위면적을 통해 투과하는 열량
④ 유리의 반사율

04 어떤 장치에 비엔탈피 10kcal/kg인 공기가 매시간 500kg씩 들어와서 비엔탈피 12kcal/kg인 공기로 변환된다고 하면 이 장치에서 공급되는 열량은 몇 kcal/h인가?(단, 장치에서의 가습은 없는 것으로 한다.)

① 1,000
② 1,500
③ 2,000
④ 2,500

계산기   다음 ▶   안 푼 문제   답안 제출

01 회 실전점검!
CBT 실전모의고사

수험번호 :

수험자명 :

제한 시간 : 2시간
남은 시간 :

글자
크기 100% 150% 200%

화면
배치

전체 문제 수 :
안 푼 문제 수 :

05 중앙공조기(AHU)에서 냉각코일의 용량 결정에 영향을 주지 않는 것은?

① 덕트부하
② 외기부하
③ 냉수배관부하
④ 재열부하

06 다음 중 일반적으로 난방부하 계산에 포함되지 않는 것은?

① 벽체의 열손실
② 유리면의 열손실
③ 극간용에 의한 열손실
④ 조명기구의 발열

07 주철제 보일러의 단점에 해당하는 것은?

① 인장 및 충격에 약하다.
② 복잡한 구조는 제작이 불가능하다.
③ 내식 및 내열성이 나쁘다.
④ 파열 시 고압으로 인한 피해가 크다.

08 단일덕트 정풍량 방식의 장점 중에서 옳지 않은 것은?

① 각 실의 실온을 개별적으로 제어할 수 있다.
② 공조기가 기계실에 있으므로 운전, 보수가 용이하고 진동, 소음의 전달 염려가 적다.
③ 외기의 도입이 용이하여 환기팬 등을 이용하면 외기냉방이 가능하고 전열교환기의 설치도 가능하다.
④ 존의 수가 적을 때는 설비비가 다른 방식에 비해서 적게 든다.

09 다음 중 온수보일러의 부속품으로는 사용되지 않는 것은?

① 순환펌프
② 릴리프밸브
③ 수면계
④ 팽창탱크

1	①	②	③	④
2	①	②	③	④
3	①	②	③	④
4	①	②	③	④
5	①	②	③	④
6	①	②	③	④
7	①	②	③	④
8	①	②	③	④
9	①	②	③	④
10	①	②	③	④
11	①	②	③	④
12	①	②	③	④
13	①	②	③	④
14	①	②	③	④
15	①	②	③	④
16	①	②	③	④
17	①	②	③	④
18	①	②	③	④
19	①	②	③	④
20	①	②	③	④
21	①	②	③	④
22	①	②	③	④
23	①	②	③	④
24	①	②	③	④
25	①	②	③	④
26	①	②	③	④
27	①	②	③	④
28	①	②	③	④
29	①	②	③	④
30	①	②	③	④

계산기

다음 ▶

안 푼 문제

답안 제출

글자 크기 100% 150% 200% 화면 배치 ▮▮ ▯ ▯

전체 문제 수 :
안 푼 문제 수 :

답안 표기란				
1	①	②	③	④
2	①	②	③	④
3	①	②	③	④
4	①	②	③	④
5	①	②	③	④
6	①	②	③	④
7	①	②	③	④
8	①	②	③	④
9	①	②	③	④
10	①	②	③	④
11	①	②	③	④
12	①	②	③	④
13	①	②	③	④
14	①	②	③	④
15	①	②	③	④
16	①	②	③	④
17	①	②	③	④
18	①	②	③	④
19	①	②	③	④
20	①	②	③	④
21	①	②	③	④
22	①	②	③	④
23	①	②	③	④
24	①	②	③	④
25	①	②	③	④
26	①	②	③	④
27	①	②	③	④
28	①	②	③	④
29	①	②	③	④
30	①	②	③	④

10 풍량 5,000kg/h인 공기(절대습도 0.002kg/kg)를 온수 분무로 절대습도 0.00375 kg/kg까지 가습할 때의 분무수량은 약 얼마인가?(단, 가습효율은 60%이다.)

① 5.25kg/h

② 8.75kg/h

③ 14.58kg/h

④ 20.01kg/h

11 공장의 저속 덕트방식에서 주덕트 내의 권장풍속으로 가장 적당한 것은?

① 23~27m/s

② 17~22m/s

③ 13~16m/s

④ 6~9m/s

12 강제순환식 온수난방에서 개방형 팽창탱크를 설치하려고 할 때, 적당한 온수의 온도는?

① 100℃ 미만

② 130℃ 미만

③ 150℃ 미만

④ 170℃ 미만

13 주로 덕트의 분기부에 설치하여 분기덕트 내의 풍량조절용으로 사용되는 댐퍼는?

① 방화댐퍼

② 다익댐퍼

③ 방연댐퍼

④ 스플릿댐퍼

14 다음 공기조화방식 중 전공기 방식이 아닌 것은?

① 변풍량 단일덕트 방식

② 이중덕트 방식

③ 정풍량 단일덕트 방식

④ 팬코일 유닛 방식(덕트 병용)

📋 계산기   다음 ▶   안 푼 문제   📋 답안 제출

글자 크기 🔍 100% Ⓜ 150% 🔍 200% 화면 배치 ▭▭ ▯▯ ▯ 전체 문제 수 : 안 푼 문제 수 :

답안 표기란
1	① ② ③ ④
2	① ② ③ ④
3	① ② ③ ④
4	① ② ③ ④
5	① ② ③ ④
6	① ② ③ ④
7	① ② ③ ④
8	① ② ③ ④
9	① ② ③ ④
10	① ② ③ ④
11	① ② ③ ④
12	① ② ③ ④
13	① ② ③ ④
14	① ② ③ ④
15	① ② ③ ④
16	① ② ③ ④
17	① ② ③ ④
18	① ② ③ ④
19	① ② ③ ④
20	① ② ③ ④
21	① ② ③ ④
22	① ② ③ ④
23	① ② ③ ④
24	① ② ③ ④
25	① ② ③ ④
26	① ② ③ ④
27	① ② ③ ④
28	① ② ③ ④
29	① ② ③ ④
30	① ② ③ ④

15 실내 난방을 온풍기로 하고 있다. 이때 실내 현열량 5,600kcal/h, 송풍공기온도 30℃, 외기온도 −10℃, 실내온도 20℃일 때, 온풍기의 풍량(m^3/min)은 약 얼마인가?

① 32.2m^3/min

② 38.9m^3/min

③ 66.6m^3/min

④ 79.8m^3/min

16 다음 중 사용되는 공기 선도가 아닌 것은?(단, h : 엔탈피, x : 절대습도, t : 온도, p : 압력)

① $h-x$ 선도

② $t-x$ 선도

③ $t-h$ 선도

④ $p-h$ 선도

17 다음 증기난방의 분류법에 해당되지 않는 것은?

① 응축수 환수법

② 증기공급법

③ 증기압력

④ 지역냉난방법

18 다음 중 강제 대류형 방열기에 속하는 것은?

① 주철제 방열기

② 컨벡터

③ 베이스보드 히터

④ 유닛 히터

19 원심송풍기의 풍량제어방법 중 소요동력이 가장 적은 방법은?

① 흡입구 베인 제어

② 스크롤 댐퍼 제어

③ 토출 측 댐퍼 제어

④ 회전수 제어

20 다음 중 개별식 공기조화방식이 아닌 것은 무엇인가?

① 각층 유닛 방식

② 룸쿨러 방식

③ 패키지 방식

④ 멀티 유닛형 룸쿨러 방식

 계산기   다음 ▶   안 푼 문제   답안 제출

01 회 실전점검!
CBT 실전모의고사

수험번호 :
수험자명 :

제한 시간 : 2시간
남은 시간 :

글자 크기 100% 150% 200%   화면 배치

전체 문제 수 :
안 푼 문제 수 :

답안 표기란

1	① ② ③ ④
2	① ② ③ ④
3	① ② ③ ④
4	① ② ③ ④
5	① ② ③ ④
6	① ② ③ ④
7	① ② ③ ④
8	① ② ③ ④
9	① ② ③ ④
10	① ② ③ ④
11	① ② ③ ④
12	① ② ③ ④
13	① ② ③ ④
14	① ② ③ ④
15	① ② ③ ④
16	① ② ③ ④
17	① ② ③ ④
18	① ② ③ ④
19	① ② ③ ④
20	① ② ③ ④
21	① ② ③ ④
22	① ② ③ ④
23	① ② ③ ④
24	① ② ③ ④
25	① ② ③ ④
26	① ② ③ ④
27	① ② ③ ④
28	① ② ③ ④
29	① ② ③ ④
30	① ② ③ ④

2과목 **공조냉동 설계**

21 열효율이 30%인 증기사이클에서 1kWh의 출력을 얻기 위하여 공급되어야 할 열량은 몇 kWh인가?

① 9.25
② 2.51
③ 3.33
④ 4.90

22 등엔트로피 효율이 80%인 소형 공기 터빈의 출력이 270kJ/kg이다. 입구온도는 600k이며, 출구압력은 100kPa이다. 공기의 정압비열은 1.004kJ/kg · K, 비열비는 1.4이다. 출구온도(K)와 입구압력(kPa)은 각각 얼마인가?

① 약 264K, 1,774kPa
② 약 264K, 1,842kPa
③ 약 331K, 1,774kPa
④ 약 331K, 1,842kPa

23 다음 그림의 랭킨(Rankine) 사이클에서 각 지점의 엔탈피가 h_1=100kJ/kg, h_2=110kJ/kg, h_3=2,000kJ/kg, h_4=1,500kJ/kg일 때 이 사이클의 열효율은?

① 28%
② 26%
③ 24%
④ 30%

계산기
다음 ▶
안 푼 문제
답안 제출

실전점검!
01회
CBT 실전모의고사

수험번호 :
수험자명 :

제한 시간 : 2시간
남은 시간 :

글자
크기 100% 150% 200%　　화면 배치　　전체 문제 수 :
안 푼 문제 수 :

답안 표기란

1	① ② ③ ④
2	① ② ③ ④
3	① ② ③ ④
4	① ② ③ ④
5	① ② ③ ④
6	① ② ③ ④
7	① ② ③ ④
8	① ② ③ ④
9	① ② ③ ④
10	① ② ③ ④
11	① ② ③ ④
12	① ② ③ ④
13	① ② ③ ④
14	① ② ③ ④
15	① ② ③ ④
16	① ② ③ ④
17	① ② ③ ④
18	① ② ③ ④
19	① ② ③ ④
20	① ② ③ ④
21	① ② ③ ④
22	① ② ③ ④
23	① ② ③ ④
24	① ② ③ ④
25	① ② ③ ④
26	① ② ③ ④
27	① ② ③ ④
28	① ② ③ ④
29	① ② ③ ④
30	① ② ③ ④

24 순수한 물질로 되어 있는 밀폐계가 단열과정 중에 수행한 일의 절댓값에 관련된 설명으로 옳은 것은?(단, 운동에너지와 위치에너지의 변화는 무시한다.)

① 엔탈피의 변화량과 같다.
② 내부에너지의 변화량과 같다.
③ 일의 수행은 있을 수 없다.
④ 정압과정에서 이루어진 일의 양과 같다.

25 환산 온도(T_r)와 환산 압력(P_r)을 이용하여 나타낸 상태방정식이 $Z = \dfrac{P_v}{RT} = 1 - 0.8\dfrac{P_r}{T_r}$ 과 같고, 어떤 물질의 기체상수가 0.189kJ/kg · K, 임계온도가 305K, 임계압력이 7,380kPa이다. 20℃, 1,000kPa 상태에서 이 물질의 비체적을 위의 방정식을 이용하여 구하면?

① 0.0111m³/kg
② 0.0303m³/kg
③ 0.0492m³/kg
④ 0.0554m³/kg

26 공기표준 동력사이클에서 오토 사이클이 디젤 사이클과 다른 과정은?

① 가열과정
② 팽창과정
③ 방열과정
④ 압축과정

계산기　　　　다음 ▶　　　　안 푼 문제　　답안 제출

01 회 실전점검!
CBT 실전모의고사

수험번호 :
수험자명 :

제한 시간 : 2시간
남은 시간 :

글자
크기 100% 150% 200%

화면
배치

전체 문제 수 :
안 푼 문제 수 :

27 그림과 같이 실린더 내의 공기가 상태 1에서 상태 2로 변화할 때 공기가 한 일은?

① 30kJ
② 200kJ
③ 3,000kJ
④ 6,000kJ

28 다음 중 기체상수(R)가 제일 큰 것은?

① 수소
② 질소
③ 산소
④ 이산화탄소

29 Joule-Thomson 계수 $\mu_J = (\partial T / \partial P)_h$로 정의된다. 양(+)의 Joule-Thomson 계수는 교축(Throttle) 중에 온도가 어떻게 된다는 것을 뜻하는가?

① 온도가 올라간다는 것을 뜻한다.
② 온도가 떨어진다는 것을 뜻한다.
③ 온도가 일정하다는 것을 뜻한다.
④ 온도가 올라가고 압력은 내려간다는 것을 뜻한다.

30 다음 중 강도성 상태량(Intensive Property)이 아닌 것은?

① 온도
② 압력
③ 체적
④ 밀도

	답안 표기란			
1	①	②	③	④
2	①	②	③	④
3	①	②	③	④
4	①	②	③	④
5	①	②	③	④
6	①	②	③	④
7	①	②	③	④
8	①	②	③	④
9	①	②	③	④
10	①	②	③	④
11	①	②	③	④
12	①	②	③	④
13	①	②	③	④
14	①	②	③	④
15	①	②	③	④
16	①	②	③	④
17	①	②	③	④
18	①	②	③	④
19	①	②	③	④
20	①	②	③	④
21	①	②	③	④
22	①	②	③	④
23	①	②	③	④
24	①	②	③	④
25	①	②	③	④
26	①	②	③	④
27	①	②	③	④
28	①	②	③	④
29	①	②	③	④
30	①	②	③	④

계산기
다음 ▶
안 푼 문제
답안 제출

01 회
실전점검!
CBT 실전모의고사

수험번호 :
수험자명 :

제한 시간 : 2시간
남은 시간 :

글자
크기
100%
150%
200%

화면
배치

전체 문제 수 :
안 푼 문제 수 :

답안 표기란

31	①	②	③	④
32	①	②	③	④
33	①	②	③	④
34	①	②	③	④
35	①	②	③	④
36	①	②	③	④
37	①	②	③	④
38	①	②	③	④
39	①	②	③	④
40	①	②	③	④
41	①	②	③	④
42	①	②	③	④
43	①	②	③	④
44	①	②	③	④
45	①	②	③	④
46	①	②	③	④
47	①	②	③	④
48	①	②	③	④
49	①	②	③	④
50	①	②	③	④
51	①	②	③	④
52	①	②	③	④
53	①	②	③	④
54	①	②	③	④
55	①	②	③	④
56	①	②	③	④
57	①	②	③	④
58	①	②	③	④
59	①	②	③	④
60	①	②	③	④

31 흡수식 냉동기에 적용하는 원리 중 잘못된 것은?

① 대기압의 물은 100℃에서 증발하지만, 높은 산과 달리 대기압이 1기압 이하인 곳은 100℃ 이하에서 증발한다.

② 냉매가 물일 때에는 흡수제로서 LiBr(리튬브로마이드)를 사용한다.

③ 흡수식 냉동기에서 물이 증발할 때에는 주위에서 기화열을 빼앗고 열을 빼앗기는 쪽은 냉각된다.

④ 흡수식 냉동기는 증발기, 흡수기, 재생기, 응축기, 압축기, 열교환기로 구성되어 있다.

32 냉동실의 온도를 −10℃로 유지하기 위하여 매시 100,000kcal의 열량을 제거해야 한다. 이 제거열량을 냉동기로 제거한다면 이 냉동기의 소요마력은 약 얼마인가? (단, 냉동기의 방열온도는 15℃, 1HP=632kcal/h로 한다.)

① 17.5HP
② 16.2HP
③ 15.1HP
④ 13.1HP

33 냉매 배관 내에 플래시가스(Flash Gas)가 발생했을 때 운전상태가 아닌 것은?

① 팽창밸브의 능력 부족 현상

② 냉매 부족과 같은 현상

③ 팽창밸브 직전의 액 냉매의 온도상승 현상

④ 액관 중의 기포 발생

34 히트펌프 사이클의 냉매 엔탈피 값이 다음과 같을 때 이 히트펌프 장치의 가열능력이 30kW였다. 이 히트펌프 장치의 실제 냉동능력은 몇 kW인가?(단, 압축기의 흡입증기 엔탈피 h_1=148kcal/kg, 압축기의 실제 토출가스 엔탈피 h_2=160kcal/kg, 팽창밸브 직전 냉매액 엔탈피 h_3=110kcal/kg이다.)

① 12.8
② 22.8
③ 32.4
④ 39.5

계산기
다음 ▶
안 푼 문제
답안 제출

실전점검!
01회
CBT 실전모의고사

수험번호 :
수험자명 :

제한 시간 : 2시간
남은 시간 :

글자 크기 100% 150% 200%

화면 배치

전체 문제 수 :
안 푼 문제 수 :

답안 표기란

31	① ② ③ ④
32	① ② ③ ④
33	① ② ③ ④
34	① ② ③ ④
35	① ② ③ ④
36	① ② ③ ④
37	① ② ③ ④
38	① ② ③ ④
39	① ② ③ ④
40	① ② ③ ④
41	① ② ③ ④
42	① ② ③ ④
43	① ② ③ ④
44	① ② ③ ④
45	① ② ③ ④
46	① ② ③ ④
47	① ② ③ ④
48	① ② ③ ④
49	① ② ③ ④
50	① ② ③ ④
51	① ② ③ ④
52	① ② ③ ④
53	① ② ③ ④
54	① ② ③ ④
55	① ② ③ ④
56	① ② ③ ④
57	① ② ③ ④
58	① ② ③ ④
59	① ② ③ ④
60	① ② ③ ④

35 왕복 압축기에 관한 설명 중 맞는 것은?

① 압축기의 압축비가 증가하면 일반적으로 압축효율은 증가하고 체적효율은 낮아진다.

② 고속다기통 압축기의 유량제어에 언로더를 사용하는 이점은 입형 저속에 비해 압축기의 능력을 무단계로 제어가 가능하기 때문이다.

③ 고속다기통 압축기의 밸브는 일반적으로 링 모양의 플레이트 밸브가 사용되고 있다.

④ 2단 압축 냉동장치에서 저단 측과 고단 측의 실제 피스톤 토출량은 일반적으로 같다.

36 물을 냉매로 사용할 수 있는 냉동기로 맞는 것은?

① 흡수식 냉동기
② 증기 압축식 냉동기
③ 열전 냉동기
④ 공기 압축식 냉동기

37 두께가 0.15m인 두꺼운 평판의 한 면은 T_0=500K으로, 다른 면은 T_1=280K으로 유지될 때 단위 면적당의 평판을 통한 열전달량(kcal/hm²)은 얼마인가?(단, 열전도율은 온도에 따라 $\lambda(T)=\lambda_0(1+\beta T)$로 주어지며, λ_0=0.030kcal/mh℃, β=3.6×10⁻³K⁻¹이다.)

① 100.3
② 105.6
③ 110.9
④ 120.8

38 냉매배관 중 액분리기에서 분리된 냉매의 처리방법으로 틀린 것은?

① 증발기로 재순환시키는 방법
② 가열시켜 액을 증발시키고 압축기로 회수하는 방법
③ 고압 측 수액기로 회수하는 방법
④ 응축기로 순환시키는 방법

계산기   다음 ▶   안 푼 문제   답안 제출

실전점검!
01 회 **CBT 실전모의고사**

수험번호 :
수험자명 :

제한 시간 : 2시간
남은 시간 :

글자
크기 100% 150% 200%

화면
배치

전체 문제 수 :
안 푼 문제 수 :

답안 표기란

39 다음 그림은 냉동사이클을 압력 – 엔탈피($P - h$) 선도에 나타낸 것이다. 올바르게 설명된 것은?

① 냉동사이클이 $1-2-3-4-1$에서 $1-B-C-4-1$로 변하는 경우 냉매 1kg 당 압축일의 증가는 $(h_B - h_1)$이다.

② 냉동사이클이 $1-2-3-4-1$에서 $1-B-C-4-1$로 변하는 경우 성적계수 는 $[(h_1 - h_4)/(h_2 - h_1)]$에서 $[(h_1 - h_4)/(h_B - h_1)]$로 된다.

③ 냉동사이클이 $1-2-3-4-1$에서 $A-2-3-D-A$로 변하는 경우 증발압력 이 P_1에서 P_A로 낮아져 압축비는 (P_2/P_1)에서 (P_1/P_A)로 된다.

④ 냉동사이클이 $1-2-3-4-1$에서 $A-2-3-D-A$로 변하는 경우 냉동효과 는 $(h_1 - h_4)$에서 $(h_A - h_4)$로 감소하지만, 압축기 흡입증기의 비체적은 변하지 않는다.

40 동일한 냉동실 온도조건으로 냉동설비를 할 경우 브라인식과 비교한 직접 팽창식의 설명으로 옳지 않은 것은?

① 냉매의 증발온도가 낮다.
② 냉매 소비량(충전량)이 많다.
③ 소요동력이 적다.
④ 설비가 간단하다.

31	①	②	③	④
32	①	②	③	④
33	①	②	③	④
34	①	②	③	④
35	①	②	③	④
36	①	②	③	④
37	①	②	③	④
38	①	②	③	④
39	①	②	③	④
40	①	②	③	④
41	①	②	③	④
42	①	②	③	④
43	①	②	③	④
44	①	②	③	④
45	①	②	③	④
46	①	②	③	④
47	①	②	③	④
48	①	②	③	④
49	①	②	③	④
50	①	②	③	④
51	①	②	③	④
52	①	②	③	④
53	①	②	③	④
54	①	②	③	④
55	①	②	③	④
56	①	②	③	④
57	①	②	③	④
58	①	②	③	④
59	①	②	③	④
60	①	②	③	④

계산기　　　　　다음 ▶　　　　안 푼 문제　　답안 제출

실전점검!
CBT 실전모의고사

수험번호 :
수험자명 :

제한 시간 : 2시간
남은 시간 :

글자
크기 100% 150% 200%

화면
배치 ▢▢ ▢ ▢

전체 문제 수 :
안 푼 문제 수 :

답안 표기란				
31	①	②	③	④
32	①	②	③	④
33	①	②	③	④
34	①	②	③	④
35	①	②	③	④
36	①	②	③	④
37	①	②	③	④
38	①	②	③	④
39	①	②	③	④
40	①	②	③	④
41	①	②	③	④
42	①	②	③	④
43	①	②	③	④
44	①	②	③	④
45	①	②	③	④
46	①	②	③	④
47	①	②	③	④
48	①	②	③	④
49	①	②	③	④
50	①	②	③	④
51	①	②	③	④
52	①	②	③	④
53	①	②	③	④
54	①	②	③	④
55	①	②	③	④
56	①	②	③	④
57	①	②	③	④
58	①	②	③	④
59	①	②	③	④
60	①	②	③	④

3과목 시운전 및 안전관리

41 단상 변압기의 2차 측 110V 단자에 0.4Ω의 저항을 접속하고 1차 측 단자에 720V를 가했을 때 1차 전류가 2A이었다. 이때 1차 측 탭 전압은?(단, 변압기의 임피던스와 손실은 무시한다.)

① 3,100V
② 3,150V
③ 3,300V
④ 3,450V

42 100V, 40W의 전구에 0.4A의 전류가 흐른다면 이 전구의 저항은?

① 100Ω
② 150Ω
③ 200Ω
④ 250Ω

43 다음 중 자성체가 아닌 것은?

① 니켈
② 백금
③ 산소
④ 나무

44 그림과 같은 Y결선회로에서 X에 걸리는 전압은?

① $\dfrac{220}{\sqrt{3}}$ V
② $\dfrac{220}{3}$ V
③ 110V
④ 220V

 계산기
 다음 ▶
안 푼 문제 답안 제출

실전점검!
CBT 실전모의고사

수험번호 :
수험자명 :

제한 시간 : 2시간
남은 시간 :

글자
크기 100% 150% 200%

화면
배치

전체 문제 수 :
안 푼 문제 수 :

45 다음 중 불연속 제어계는?

① ON－OFF 제어
② 비례제어
③ 미분제어
④ 적분제어

46 그림과 같은 피드백 회로의 종합 전달함수는?

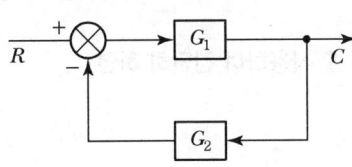

① $\dfrac{1}{G_1} + \dfrac{1}{G_2}$

② $\dfrac{G_1}{1 + G_1 G_2}$

③ $\dfrac{G_1}{1 - G_1 G_2}$

④ $\dfrac{G_1 G_2}{1 - G_1 G_2}$

47 온도, 유량, 압력 등 공정제어의 제어량으로 하는 제어로 일반적으로 응답속도가 늦는 제어계는?

① 비율제어
② 프로그램 제어
③ 정치제어
④ 프로세스 제어

48 시퀀스 회로에서 a접점에 대한 설명으로 옳은 것은?

① 수동으로 리셋할 수 있는 접점이다.
② 누름버튼 스위치의 접점이 붙어 있는 상태를 말한다.
③ 두 접점이 상호 인터록이 되는 접점을 말한다.
④ 전원을 투입하지 않았을 때 떨어져 있는 접점이다.

계산기

다음 ▶

안 푼 문제

답안 제출

실전점검!
01회 CBT 실전모의고사

수험번호:
수험자명:

제한 시간: 2시간
남은 시간:

글자 크기 100% 150% 200%
화면 배치
전체 문제 수:
안 푼 문제 수:

49 유도전동기에서 슬립이 "0"이란 의미와 같은 것은?

① 유도전동기가 동기속도로 회전한다.

② 유도전동기가 전부하 운전상태이다.

③ 유도전동기가 정지상태이다.

④ 유도제동기의 역할을 한다.

50 그림과 같은 릴레이 시퀀스 제어회로를 불 대수를 사용하여 간단히 하면?

① AB

② A+B

③ A+C

④ B+C

51 다음 회로에서 부하 R_L에 전달되는 최대 전력은?

① 1W

② 2W

③ 3W

④ 4W

답안 표기란				
31	①	②	③	④
32	①	②	③	④
33	①	②	③	④
34	①	②	③	④
35	①	②	③	④
36	①	②	③	④
37	①	②	③	④
38	①	②	③	④
39	①	②	③	④
40	①	②	③	④
41	①	②	③	④
42	①	②	③	④
43	①	②	③	④
44	①	②	③	④
45	①	②	③	④
46	①	②	③	④
47	①	②	③	④
48	①	②	③	④
49	①	②	③	④
50	①	②	③	④
51	①	②	③	④
52	①	②	③	④
53	①	②	③	④
54	①	②	③	④
55	①	②	③	④
56	①	②	③	④
57	①	②	③	④
58	①	②	③	④
59	①	②	③	④
60	①	②	③	④

계산기   다음 ▶   안 푼 문제   답안 제출

실전점검!

01 회 CBT 실전모의고사

수험번호 :

수험자명 :

제한 시간 : 2시간
남은 시간 :

글자
크기 100% 150% 200%

화면
배치

전체 문제 수 :
안 푼 문제 수 :

답안 표기란

31	① ② ③ ④
32	① ② ③ ④
33	① ② ③ ④
34	① ② ③ ④
35	① ② ③ ④
36	① ② ③ ④
37	① ② ③ ④
38	① ② ③ ④
39	① ② ③ ④
40	① ② ③ ④
41	① ② ③ ④
42	① ② ③ ④
43	① ② ③ ④
44	① ② ③ ④
45	① ② ③ ④
46	① ② ③ ④
47	① ② ③ ④
48	① ② ③ ④
49	① ② ③ ④
50	① ② ③ ④
51	① ② ③ ④
52	① ② ③ ④
53	① ② ③ ④
54	① ② ③ ④
55	① ② ③ ④
56	① ② ③ ④
57	① ② ③ ④
58	① ② ③ ④
59	① ② ③ ④
60	① ② ③ ④

52 직류 전동기에 관한 사항으로 틀린 것은?(단, N은 회전속도, ϕ는 자속, I_a는 전기자 전류, R_a는 전기자 저항, R은 전동기 저항, ω는 회전 각속도, K는 상수이다.)

① 역기전력 : $E = K \cdot \phi \cdot N(\text{V})$

② 회전속도 : $N = \dfrac{V - I_a R_a}{K\phi}(\text{rpm})$

③ 토크 : $\tau = \dfrac{E I_a}{2\pi N}(\text{N} \cdot \text{m})$

④ 기계적 출력 : $P = 9.8 \omega R^2(\text{W})$

53 최대 눈금이 100V인 직류전압계가 있다. 이 전압계를 사용하여 150V의 전압을 측정하려면 배율기의 저항은?(단, 전압계의 내부저항은 5,000Ω이다.)

① 1,000Ω
② 2,500Ω
③ 5,000Ω
④ 10,000Ω

54 유도전동기를 유도발전기로 동작시켜 그 발생 전력을 전원으로 반환하여 제동하는 유도전동기 제동방식은?

① 발전제동
② 역상제동
③ 단상제동
④ 회생제동

55 공작기계의 물품 가공을 위하여 주로 펄스를 이용한 프로그램 제어를 하는 것은?

① 수치제어
② 속도제어
③ PLC 제어
④ 계산기 제어

계산기   다음 ▶   안 푼 문제   답안 제출

실전점검!
01 회 CBT 실전모의고사

수험번호 :
수험자명 :

제한 시간 : 2시간
남은 시간 :

글자
크기
100% 150% 200%

화면
배치

전체 문제 수 :
안 푼 문제 수 :

56 목푯값을 직접 사용하기 곤란할 때 어떤 것을 이용하여 주 되먹임 요소와 비교하여 사용하는가?

① 기준입력요소
② 제어요소
③ 되먹임요소
④ 비교장치

57 다음 중 추치제어에 속하는 제어계는?

① 자동전압조정 제어
② SCR 전원장치 제어
③ 발전소의 주파수 제어
④ 미사일 유도 제어

58 전류에 의해서 발생되는 작용이라고 볼 수 없는 것은?

① 발열작용
② 자기차폐작용
③ 화학작용
④ 자기작용

59 서보전동기(Servo Motor)는 다음의 제어기기 중 어디에 속하는가?

① 증폭기
② 조작기기
③ 변환기
④ 검출기

60 자동제어계에서 제어요소는 무엇으로 구성되는가?

① 검출부와 제어대상
② 검출부와 조절부
③ 검출부와 조작부
④ 조작부와 조절부

답안 표기란

31	①	②	③	④
32	①	②	③	④
33	①	②	③	④
34	①	②	③	④
35	①	②	③	④
36	①	②	③	④
37	①	②	③	④
38	①	②	③	④
39	①	②	③	④
40	①	②	③	④
41	①	②	③	④
42	①	②	③	④
43	①	②	③	④
44	①	②	③	④
45	①	②	③	④
46	①	②	③	④
47	①	②	③	④
48	①	②	③	④
49	①	②	③	④
50	①	②	③	④
51	①	②	③	④
52	①	②	③	④
53	①	②	③	④
54	①	②	③	④
55	①	②	③	④
56	①	②	③	④
57	①	②	③	④
58	①	②	③	④
59	①	②	③	④
60	①	②	③	④

계산기   다음 ▶   안 푼 문제   답안 제출

실전점검!
CBT 실전모의고사

01 회

수험번호 :
수험자명 :

제한 시간 : 2시간
남은 시간 :

글자
크기
 100%
 150%
⊕ 200%

화면
배치

전체 문제 수 :
안 푼 문제 수 :

답안 표기란				
61	①	②	③	④
62	①	②	③	④
63	①	②	③	④
64	①	②	③	④
65	①	②	③	④
66	①	②	③	④
67	①	②	③	④
68	①	②	③	④
69	①	②	③	④
70	①	②	③	④
71	①	②	③	④
72	①	②	③	④
73	①	②	③	④
74	①	②	③	④
75	①	②	③	④
76	①	②	③	④
77	①	②	③	④
78	①	②	③	④
79	①	②	③	④
80	①	②	③	④

4과목 **유지보수공사관리**

61 온수난방 배관에서 온수의 팽창, 수축량은 다음 식에 의하여 구한다. 설명이 잘못된 것은?

$$\Delta v = \left(\frac{1}{\rho_2} - \frac{1}{\rho_1} \right) Q$$

① Δv : 수온 변화에 의한 팽창, 수축량(m^3)
② ρ_2 : 가열 후의 물의 밀도(kg/m^3)
③ ρ_1 : 가열 전의 물의 밀도(kg/m^3)
④ Q : 팽창탱크 내의 물의 총량(kg)

62 보일러 부하가 300,000kcal/h이고 효율이 60%일 때 오일버너의 연료 소비량은 약 얼마인가?(단, 연료 발열량은 9,000kcal/kg이다.)

① 46.5kg/h
② 55.5kg/h
③ 61.5kg/h
④ 66.5kg/h

63 급수배관의 수격현상 방지방법에 관한 설명 중 잘못된 것은?

① 밸브를 천천히 열고 닫는다.
② 공기실을 설치한다.
③ 관내 유속을 빠르게 한다.
④ 굴곡배관을 억제하고 가능한 한 직선배관으로 한다.

계산기

다음 ▶

 안 푼 문제

 답안 제출

실전점검!
CBT 실전모의고사

01 회

수험번호 :

수험자명 :

제한 시간 : 2시간
남은 시간 :

글자
크기 100% 150% 200%

화면
배치

전체 문제 수 :
안 푼 문제 수 :

답안 표기란

61	① ② ③ ④
62	① ② ③ ④
63	① ② ③ ④
64	① ② ③ ④
65	① ② ③ ④
66	① ② ③ ④
67	① ② ③ ④
68	① ② ③ ④
69	① ② ③ ④
70	① ② ③ ④
71	① ② ③ ④
72	① ② ③ ④
73	① ② ③ ④
74	① ② ③ ④
75	① ② ③ ④
76	① ② ③ ④
77	① ② ③ ④
78	① ② ③ ④
79	① ② ③ ④
80	① ② ③ ④

64 다음 중에서 보온피복을 하지 않아도 되는 곳은?

① 급탕용 배관
② 급수용 배관
③ 증기용 배관
④ 통기용 배관

65 지역난방의 옥외배관에서 고온수 배관은 얼마 정도의 구배를 주는가?

① $\frac{1}{250}$ 이상
② $\frac{1}{350}$ 이상
③ $\frac{1}{450}$ 이상
④ $\frac{1}{500}$ 이상

66 증기보일러 배관에서 환수관의 일부가 파손된 경우에 보일러수가 유출해서 안전수위 이하가 되어 보일러수가 빈 상태로 되는 것을 방지하기 위한 접속법은?

① 하트포드 접속법
② 리프트 접속법
③ 스위블 접속법
④ 슬리브 접속법

67 냉동설비배관에서 액분리기와 압축기 사이의 냉매배관을 할 때 구배로 맞는 것은?

① $\frac{1}{100}$ 정도의 압축기 측으로 상향 구배로 한다.

② $\frac{1}{100}$ 정도의 압축기 측으로 하향 구배로 한다.

③ $\frac{1}{200}$ 정도의 압축기 측으로 상향 구배로 한다.

④ $\frac{1}{200}$ 정도의 압축기 측으로 하향 구배로 한다.

계산기   다음 ▶   안 푼 문제   답안 제출

실전점검!
01 회
CBT 실전모의고사

수험번호 :
수험자명 :

제한 시간 : 2시간
남은 시간 :

글자
크기 100% 150% 200%

화면
배치

전체 문제 수 :
안 푼 문제 수 :

답안 표기란

61	①	②	③	④
62	①	②	③	④
63	①	②	③	④
64	①	②	③	④
65	①	②	③	④
66	①	②	③	④
67	①	②	③	④
68	①	②	③	④
69	①	②	③	④
70	①	②	③	④
71	①	②	③	④
72	①	②	③	④
73	①	②	③	④
74	①	②	③	④
75	①	②	③	④
76	①	②	③	④
77	①	②	③	④
78	①	②	③	④
79	①	②	③	④
80	①	②	③	④

68 우리나라 상수도 원수의 기준에서 수질검사를 위한 원수 채취 기준으로 맞는 것은?

① 상온의 일반 기상상태하에서 5일 이상의 간격으로 2회 채취한 물

② 상온의 일반 기상상태하에서 5일 이상의 간격으로 3회 채취한 물

③ 상온의 일반 기상상태하에서 7일 이상의 간격으로 2회 채취한 물

④ 상온의 일반 기상상태하에서 7일 이상의 간격으로 3회 채취한 물

69 냉동장치의 배관 설치에 관한 내용으로 틀린 것은?

① 토출가스의 합류 부분 배관은 T이음으로 한다.

② 압축기와 응축기의 수평배관은 하향 구배로 한다.

③ 토출가스 배관에는 역류방지 밸브를 설치한다.

④ 토출관의 입상이 10m 이상일 경우 10m마다 중간 트랩을 설치한다.

70 도시가스 배관을 매설하는 경우로 틀린 것은?

① 배관을 철도부지에 매설하는 경우에는 배관의 외면으로부터 궤도 중심까지 거리는 4m 이상일 것

② 배관을 철도부지에 매설하는 경우에는 배관의 외면으로부터 궤도 중심까지 거리는 0.6m 이상일 것

③ 배관을 철도부지에 매설하는 경우에는 지표면으로부터 배관의 외면까지 깊이는 1.2m 이상일 것

④ 배관을 산에 매설하는 경우에는 지표면으로부터 배관의 외면까지 깊이는 1m 이상일 것

계산기
다음 ▶
안 푼 문제
 답안 제출

01회

실전점검!
CBT 실전모의고사

수험번호 :

수험자명 :

제한 시간 : 2시간
남은 시간 :

글자
크기
100% 150% 200%

화면
배치

전체 문제 수 :
안 푼 문제 수 :

답안 표기란

61	① ② ③ ④
62	① ② ③ ④
63	① ② ③ ④
64	① ② ③ ④
65	① ② ③ ④
66	① ② ③ ④
67	① ② ③ ④
68	① ② ③ ④
69	① ② ③ ④
70	① ② ③ ④
71	① ② ③ ④
72	① ② ③ ④
73	① ② ③ ④
74	① ② ③ ④
75	① ② ③ ④
76	① ② ③ ④
77	① ② ③ ④
78	① ② ③ ④
79	① ② ③ ④
80	① ② ③ ④

71 공조설비에서 증기코일의 동결방지대책으로 잘못 설명한 것은?

① 외기와 실내 환기가 혼합되지 않도록 차단한다.

② 외기 댐퍼와 송풍기를 인터록(Interlock)시킨다.

③ 야간의 운전정지 중에도 순환펌프를 운전한다.

④ 증기 코일 내에 응축수가 고이지 않도록 한다.

72 급탕의 온도는 사용온도에 따라 각각 다르나 계산을 위하여 기준온도로 환산하여 급탕의 양을 표시하고 있다. 이때 환산 온도로 맞는 것은?

① 40℃

② 50℃

③ 60℃

④ 70℃

73 각개 통기관의 최소 관경으로 옳은 것은?

① 30mm

② 40mm

③ 50mm

④ 60mm

74 온수난방 설비의 온수배관 시공법에 관한 설명 중 잘못된 것은?

① 수평배관에서 관의 지름을 바꿀 때에는 편심리듀서를 사용한다.

② 배관재료는 내열성을 고려한다.

③ 공기가 고일 염려가 있는 곳에는 공기 배출을 고려한다.

④ 팽창관에는 슬루스밸브를 설치한다.

75 배관재질의 선정 시 기본적으로 고려할 사항과 거리가 먼 것은?

① 사용온도

② 사용유량

③ 화학적, 물리적 성질

④ 사용압력

계산기   다음 ▶   안 푼 문제   답안 제출

01 회
실전점검!
CBT 실전모의고사

수험번호:
수험자명:

제한 시간 : 2시간
남은 시간 :

글자 크기 100% 150% 200%　화면 배치

전체 문제 수:
안 푼 문제 수:

답안 표기란

61	①	②	③	④
62	①	②	③	④
63	①	②	③	④
64	①	②	③	④
65	①	②	③	④
66	①	②	③	④
67	①	②	③	④
68	①	②	③	④
69	①	②	③	④
70	①	②	③	④
71	①	②	③	④
72	①	②	③	④
73	①	②	③	④
74	①	②	③	④
75	①	②	③	④
76	①	②	③	④
77	①	②	③	④
78	①	②	③	④
79	①	②	③	④
80	①	②	③	④

76 다음 중 앵글밸브에 대한 설명이 잘못된 것은?

① 앵글밸브는 게이트밸브의 일종이다.

② 출구 쪽에 드레인이 허용되지 않는 경우에 사용된다.

③ 유체의 입구와 출구의 각이 90°로 되어 있다.

④ 방열기용 밸브로 많이 사용된다.

77 다음 중 폴리에틸렌관의 접합법이 아닌 것은?

① 나사접합　　　　　　② 인서트접합

③ 소켓접합　　　　　　④ 용착접합

78 동관 이음의 종류가 아닌 것은?

① 납땜이음　　　　　　② 용접이음

③ 나사이음　　　　　　④ 압축이음

79 배수설비의 종류에서 요리실, 욕조, 세척 싱크와 세면기 등에서 배출되는 물을 배수하는 설비의 명칭으로 맞는 것은?

① 오수 설비　　　　　　② 잡배수 설비

③ 빗물배수 설비　　　　④ 특수배수 설비

80 다음은 관의 부식 방지에 관한 것이다. 틀린 것은?

① 전기 절연을 시킨다.

② 아연 도금을 한다.

③ 열처리를 한다.

④ 습기의 접촉을 없게 한다.

계산기　　　　　　다음 ▶　　　　　안 푼 문제　답안 제출

CBT 정답 및 해설

01	02	03	04	05	06	07	08	09	10
②	④	②	①	③	④	①	①	③	③
11	12	13	14	15	16	17	18	19	20
④	①	④	④	①	④	④	④	④	①
21	22	23	24	25	26	27	28	29	30
③	③	④	②	③	①	④	①	②	③
31	32	33	34	35	36	37	38	39	40
④	③	③	②	③	①	②	④	②	①
41	42	43	44	45	46	47	48	49	50
③	④	④	④	②	②	④	④	①	①
51	52	53	54	55	56	57	58	59	60
①	④	②	④	①	①	④	②	②	④
61	62	63	64	65	66	67	68	69	70
④	②	③	④	①	①	④	④	①	②
71	72	73	74	75	76	77	78	79	80
①	③	①	④	②	①	③	③	②	③

01 정답 | ②
풀이 | $H = F \times Q = 150 \times 90 = 13,500$kcal/h
난방부하＝보일러부하－급탕부하
$H_2 = 100 \times 1 \times (70-30) = 4,000$kcal/h
※ H_1(난방부하)＝$13,500 - 4,000 = 9,500$kcal/h

02 정답 | ④
풀이 | HEPA(High Efficiency Particulate Air)는 고성능 필터로서 클린룸, 바이오클린룸 등에 사용된다.

03 정답 | ②
풀이 | k_s : 차폐계수(일사가 차폐물에 의해 차폐된 다음 실내로 침입하는 일사의 비율)

04 정답 | ①
풀이 | $Q = 500 \times (12-10) = 1,000$kcal/h

05 정답 | ③
풀이 | 냉각코일 용량 결정에 영향을 주는 것
　ⓐ 덕트부하
　ⓑ 외기부하
　ⓒ 재열부하 등

06 정답 | ④
풀이 | 조명기구의 발열 : 냉방부하

07 정답 | ①
풀이 | ② 주물 제작이 가능하기 때문에 복잡한 구조의 제작이 가능하다.
　③ 내식 및 내열성이 좋다.
　④ 파열 시 저압이므로 피해가 적다.

08 정답 | ①
풀이 | 단일덕트 정풍량 방식은 중앙방식으로 각 실의 실온을 개별적으로 제어하기가 어렵다.

09 정답 | ③
풀이 | 수면계 : 증기보일러용

10 정답 | ③
풀이 | 분무수량＝$\dfrac{5,000 \times (0.00375 - 0.002)}{0.6} = 14.58$kg/h

11 정답 | ④
풀이 | 공장 저속덕트(주덕트) 내 권장풍속 : 6~9m/sec

12 정답 | ①
풀이 | ⓐ 개방형 : 100℃ 미만
　ⓑ 밀폐형 : 100℃ 이상(중온수)

13 정답 | ④
풀이 | 스플릿댐퍼
분기부용 댐퍼로 풍량조절에 사용된다. 단, 정밀한 풍량조절은 어렵다.

14 정답 | ④
풀이 | ⓐ 팬코일 유닛 방식(덕트 병용) : 공기－수 방식
　ⓑ 유인 유닛 방식 : 공기－수 방식
　ⓒ 복사 냉난방 방식 : 공기－수 방식

15 정답 | ①
풀이 | $q = 0.29Q(t_o - t_r)$
$5,600 = 0.29 \times Q \times (30-20) \times 60$
∴ $Q = \dfrac{5,600}{0.29 \times (30-20) \times 60} = 32.2$m^3/min
※ 1시간＝60분

16 정답 | ④
풀이 | $p-h$ 선도 : 압력－엔탈피 선도

17 정답 | ④

풀이 | 중앙난방법
  ㉠ 직접난방(증기, 온수)
  ㉡ 지역냉난방(난방＋냉방)
  ㉢ 복사난방
  ㉣ 온풍난방
  ㉤ 간접난방

18 정답 | ④

풀이 | 유닛 히터
  강제 대류형 방열기(증기나 온수코일이 송풍기와 일체화된 난방장치)

19 정답 | ④

풀이 | 회전수 제어
  ㉠ 유도전동기 2차 측 저항 조정
  ㉡ 정류자 전동기에 의한 조정
  ㉢ 전동기에 의한 회전수 변화 및 풀리의 직경 변환 등

20 정답 | ①

풀이 | 각층 유닛 방식 : 전공기 방식(중앙식 공기조화방식)
  ※ 전공기 방식의 종류
    ㉠ 단일 덕트 방식
    ㉡ 2중 덕트 방식
    ㉢ 덕트 병용 패키지 방식
    ㉣ 각층 유닛 방식

21 정답 | ③

풀이 | 1kWh＝3,600kJ(860kcal/h)

$$공급열량(Q)=\frac{1}{0.3}=3.33\text{kWh}$$

22 정답 | ③

풀이 | ㉠ 출구온도 $=600-\left(\dfrac{270}{1.004}\right)=331\text{K}$

출구압력＝100kPa

이론출구온도 $=600-\left(\dfrac{270}{0.8}\times1.004\right)=263.84\text{K}$

㉡ 입구압력 $=\dfrac{600}{263.84}\times\left(\dfrac{1.4}{1.4-1}\right)\times100=1,774\text{kPa}$

23 정답 | ②

풀이 | $\eta_R=\dfrac{(h_3-h_4)-(h_2-h_1)}{h_3-h_2}$

$=\dfrac{(2,000-1,500)-(110-100)}{2,000-110}\times100=26\%$

24 정답 | ②

풀이 | 순수한 물질로 되어 있는 밀폐계가 단열과정 중에 수행한 일의 절댓값은 내부에너지의 변화량과 같다.

25 정답 | ③

풀이 | $P_r=\dfrac{1,000}{7,380}=0.136,\ T_r=\dfrac{20+273}{305}=0.961$

$\dfrac{1,000\times V}{0.189\times(20+273)}=1-0.8\times\dfrac{0.136}{0.961}$

$\therefore\ V=\left(1-0.8\times\dfrac{0.136}{0.961}\right)\times\dfrac{0.189\times(20+273)}{1,000}$

$=0.0492\text{m}^3/\text{kg}$

26 정답 | ①

풀이 | 공기표준 사이클에서 오토 사이클이 디젤 사이클과 다른 점은 가열과정이다(공기 사이클＝사바테 사이클).

27 정답 | ④

풀이 | $_1W_2=P\times(U_2-U_1)$

$=300\times(30-10)=6,000\text{kJ}$

28 정답 | ①

풀이 | $R=\dfrac{8.314}{분자량}=\text{kJ/kg}\cdot\text{K}$

분자량이 작으면 기체상수가 크다.
※ 분자량의 크기 : 수소(2), 질소(28), 산소(32), 이산화탄소(44)

29 정답 | ②

풀이 | 줄－톰슨 계수
  ㉠ $\mu_J=\left(\dfrac{\partial T}{\partial P}\right)_h$
  ㉡ 유체가 단면적이 좁은 곳을 정상유 과정으로 지날 때인 교축과정에서 흐름은 매우 급속하게 그리고 엔탈피가 일정하게 흐른다.
  ㉢ 줄－톰슨 계수의 값이 ＋값이면 온도가 감소하고, －값이면 온도가 증가한다.

30 정답 | ③

풀이 | 종량성 상태량 : 체적, 내부에너지, 엔탈피, 엔트로피 등 물체의 양에 비례하여 크기를 갖는다.

31 정답 | ④

풀이 | 냉매가 H_2O이기 때문에 흡수식 냉동기는 압축기가 필요 없다(진공상태 운전).

32 정답 | ③

풀이 | 열량제거효율(COP) $= \dfrac{288-263}{263}$

$273-10=263K$

$273+15=288K$

$\therefore$ 소요마력 $= \dfrac{\left(\dfrac{288-263}{263}\times 100,000\right)}{632}$

$=15.1HP$

33 정답 | ③

풀이 | 플래시가스가 발생하면 흡입가스 과열로 토출가스 온도가 상승한다.

34 정답 | ②

풀이 | $1kWh=860kcal$, $30\times 860=25,800kcal/h$

$h_2-h_3=160-110=50kcal/kg$

$h_1-h_3=148-110=38kcal/kg$

$\therefore \dfrac{25,800\times\left(\dfrac{38}{50}\right)}{860}=22.8kW$

35 정답 | ③

풀이 | 링 플레이트 밸브 : 주로 고속다기통 압축기 밸브로 사용한다.

36 정답 | ①

풀이 | 흡수식 냉동기

증발기 내 6.5mmHg 상태에서 냉매(물)가 5℃에서 증발한다.

37 정답 | ②

풀이 | $Q=\lambda\times\dfrac{A(t_1-t_2)}{b}$

$=\dfrac{\lambda_0}{l}\left[T+B\dfrac{T_2}{2}\right]_{280}^{500}$

$=\dfrac{0.03}{0.15}\left\{(500-280)+\dfrac{3.6}{1,000}\times\left(\dfrac{500^2-280^2}{2}\right)\right\}$

$=105.7$

38 정답 | ④

풀이 | 액분리기에서 분리된 냉매는 압축기, 수액기 또는 증발기로 회수하는 방법이 있다.

39 정답 | ②

풀이 | 사이클 $1-2-3-4-1$에서 $1-B-C-4-1$로 변할 때 성적계수(COP)

$COP=\dfrac{\left(\dfrac{h_1-h_4}{h_2-h_1}\right)}{\left(\dfrac{h_1-h_4}{h_B-h_1}\right)}$

40 정답 | ①

풀이 | 냉매의 증발온도는 직접식의 경우에 높고 간접식(브라인 냉매)의 경우는 낮다.

41 정답 | ③

풀이 | $2\times 0.4=0.8$, $\dfrac{720}{0.4}=1,800$, $1,800\times 0.8=1,440$

$\sqrt{110}+\sqrt{1,440}=48$

권수비$(a)=\dfrac{V_1}{V_2}=\dfrac{1,440}{48}=30$

1차 측 탭전압$(V_T)=aV_2=30\times 110=3,300V$

42 정답 | ④

풀이 | $R=\dfrac{V}{I}=\dfrac{100}{0.4}=250\,\Omega$

※ 전류$(I)=\dfrac{V}{R}(A)$, 전압$(V)=IR(V)$

43 정답 | ④

풀이 | 나무는 비자성체이다.

44 정답 | ①

풀이 | $V_L=\sqrt{3}\cdot V_p$, 여기서, V_p : 상전압

X에 걸리는 전압 $=\dfrac{V_1}{\sqrt{3}}=\dfrac{220}{\sqrt{3}}V$

※ Y결선 : $V_{12}=\sqrt{3}\,V_2 < 30°$

용량 $P_2=\sqrt{3}\,V_{12}I_{12}=3V_2I_2(VA)$

45 정답 | ①

풀이 | 불연속 제어 : ON－OFF 제어

46 정답 | ②

풀이 | $(R-CG_2)G_1=C$

$RG_1=C+CG_1=C(1+G_1G_2)$

$\therefore G=\dfrac{C}{R}=\dfrac{G_1}{1+G_1G_2}$

CBT 정답 및 해설

47 정답 | ④
풀이 | 프로세스 제어
온도, 유량, 압력 등 공정제어의 제어량으로 하는 제어로 응답속도가 늦다.

48 정답 | ④
풀이 | a접점
전원을 투입하지 않았을 때 떨어져 있는 접점

49 정답 | ①
풀이 | 슬립이 0이라는 것은 유도전동기가 동기속도로 회전한다는 뜻이다.

50 정답 | ①
풀이 | 교환의 법칙
$AB = BA$

51 정답 | ①
풀이 | 전력$(P) = \dfrac{W}{t} = \dfrac{VIt}{t} = VI(\text{W})$

$P = VI = (IR)I = I^2 R(\text{W})$

$P = VI = V\left(\dfrac{V}{R}\right) = \dfrac{V^2}{R}(\text{W})$

$\therefore\ P = I^2 R = \left(\dfrac{10}{1,000} \times \dfrac{1}{2}\right)^2 \times (40 \times 10^3) = 1\text{W}$

※ 전류단위 : $\text{A}(1 \times 10^{-3}\ \text{mA})$
저항단위 : $\Omega(1 \times 10^{-3}\ \text{k}\Omega)$

52 정답 | ④
풀이 | 직류 전동기
기계적 출력$(P) = EI_a = \omega\tau(\text{W})$
유효출력$(P) = $ 기계적 출력$-($철손$+$기계손$)(\text{W})$

53 정답 | ②
풀이 | 배율기
전압계의 측정범위를 확대하기 위해 전압계에 직렬로 접속하여 사용하는 저항기

배율$(\eta) = \dfrac{1 + \text{배율기 저항}}{\text{전압계 내부저항}} \times (n\text{배의 전압 측정})$

배율$(\eta) = \dfrac{150}{100} = 1.5$

배율기 저항$(R_m) = (1.5 - 1) \times 5,000 = 2,500\,\Omega$

54 정답 | ④
풀이 | 유도전동기 회생제동
유도전동기를 유도발전기로 동작시켜 그 발생 전력을 전원으로 반환하여 제동하는 방식

55 정답 | ①
풀이 | 수치제어
공작기계의 물품 가공을 위하여 주로 펄스를 이용한 프로그램 제어를 한다.

56 정답 | ①
풀이 | 기준입력요소
목푯값을 직접 사용하기 곤란할 때 주 되먹임 요소와 비교하여 사용한다.

57 정답 | ④
풀이 | 미사일 유도 제어는 추치제어에 해당한다.

58 정답 | ②
풀이 | 자기차폐
자계 중에 중공이고 투자율이 큰 물질을 둔 경우 자속은 그 물질에 집합하고 중공부는 자계의 영향을 받지 않는다. 이것을 자기차폐라고 한다.

59 정답 | ②
풀이 | 서보전동기는 조작기기에 속한다.

60 정답 | ④
풀이 | 제어요소
조절부와 조작부의 합으로 동작신호를 조작량으로 변환한다.

61 정답 | ④
풀이 | Q : 온수보일러 및 배관 내의 물의 총량(m^3)

62 정답 | ②
풀이 | 연료 소비량 $= \dfrac{300,000}{9,000 \times 0.6} = 55.5\text{kg/h}$

63 정답 | ③
풀이 | 관내 유속을 빠르게 하면 수격현상이 증가된다(워터해머 상승).

64 정답 | ④
풀이 | 통기용 배관은 보온피복을 하지 않는다.

65 정답 | ①
풀이 | 고온수 배관의 구배(기울기) : $\dfrac{1}{250}$ 이상

66 정답 | ①
풀이 | 저압증기난방의 하트포드 접속법(균형관 접속법)은 보일러수 유출을 방지한다.

67 정답 | ④
풀이 |

$$\frac{1}{200} \text{ 정도 기울기}$$
하향 구배가 이상적
액분리기 ⟵——————⟶ 압축기

68 정답 | ④
풀이 | 상수도 수질검사 기준
상온의 일반 기상상태하에서 7일 이상의 간격으로 3회 채취한 물

69 정답 | ①
풀이 | 냉동장치에서 토출가스는 합류하지 않는 배관을 원칙으로 한다.

70 정답 | ②
풀이 | 철도부지 경계까지 거리 : 1.2m 이상

71 정답 | ①
풀이 | 증기코일의 동결을 방지하려면 ②, ③, ④항 외에 외기와 실내 환기가 혼합되게 한다.

72 정답 | ③
풀이 | 급탕 기준온도(온수탱크 기준) : 60℃

73 정답 | ①
풀이 | 각개 통기방식
신정 통기방식이며 각개 통기관을 채용한 것(위생기구마다 통기관이 하나씩 배치되는 이상적인 통기방식)으로, 최소 관경은 30mm 정도이다.

74 정답 | ④
풀이 | 팽창관에는 절대로 밸브를 설치하지 않는다.

75 정답 | ②
풀이 | 배관재질 선정 시 사용유량은 고려하지 않아도 된다.

76 정답 | ①
풀이 | ㉠ 앵글밸브는 90° 밸브이다.
㉡ 게이트밸브는 사절밸브(슬루스밸브)이다.

77 정답 | ③
풀이 | 소켓접합 : 주철관 접합(납과 얀을 넣는 접합)

78 정답 | ③
풀이 | 나사이음 : 강관의 이음(소구경용 접합)

79 정답 | ②
풀이 | 잡배수 설비
요리실, 욕조, 세척 싱크, 세면기 등에서 배출되는 물을 배수하는 설비

80 정답 | ③
풀이 | 관의 열처리는 금속의 부식 방지보다는 금속의 성질을 개선시킨다.

실전점검!
02 회
CBT 실전모의고사

수험번호 :

수험자명 :

제한 시간 : 2시간
남은 시간 :

글자
크기 100% 150% 200%

화면
배치

전체 문제 수 :
안 푼 문제 수 :

답안 표기란

1	①	②	③	④
2	①	②	③	④
3	①	②	③	④
4	①	②	③	④
5	①	②	③	④
6	①	②	③	④
7	①	②	③	④
8	①	②	③	④
9	①	②	③	④
10	①	②	③	④
11	①	②	③	④
12	①	②	③	④
13	①	②	③	④
14	①	②	③	④
15	①	②	③	④
16	①	②	③	④
17	①	②	③	④
18	①	②	③	④
19	①	②	③	④
20	①	②	③	④
21	①	②	③	④
22	①	②	③	④
23	①	②	③	④
24	①	②	③	④
25	①	②	③	④
26	①	②	③	④
27	①	②	③	④
28	①	②	③	④
29	①	②	③	④
30	①	②	③	④

1과목 에너지관리

01 열펌프에 대한 설명으로 올바르지 못한 것은?

① 열펌프의 성적계수(COP)는 냉동기의 성적계수보다 1만큼 더 크게 얻을 수 있다.

② 공기 – 공기 방식에서 냉매회로 교체의 경우는 장치가 간단하나 축열이 불가능하다.

③ 공기 – 물 방식에서 물회로 교체의 경우 외기가 0℃ 이하에서는 브라인을 사용하여 채열한다.

④ 물 – 물 방식에서 냉매회로 교체의 경우는 축열조를 사용할 수 없으므로 대형에 적합하지 않다.

02 환기횟수를 나타낸 것으로 맞는 것은?

① 매시간 환기량×실용적

② 매시간 환기량+실용적

③ 매시간 환기량−실용적

④ 매시간 환기량÷실용적

03 에너지 절약의 효과 및 사무자동화(OA)에 의한 건물에서 내부 발생열의 증가와 부하 변동에 대한 제어성이 우수하기 때문에 대규모 사무실 건물에 적합한 공기조화 방식은?

① 정풍량(CAV) 단일덕트 방식

② 유인 유닛 방식

③ 룸쿨러 방식

④ 가변풍량(VAV) 단일덕트 방식

04 침입 외기에 의한 손실열량 중 현열부하율을 구하는 식은 어느 것인가?(단, 식에서 t는 온도, x는 절대습도, Q는 풍량을 나타내고 아래 첨자 r은 실내, o는 실외를 나타낸 것이다.)

① $q = 0.29Q(t_o - t_r)$

② $q = 717Q(t_o - t_r)$

③ $q = 0.29Q(x_o - x_r)$

④ $q = 0.24Q(x_o - x_r)$

계산기   다음 ▶   안 푼 문제   답안 제출

02회

실전점검!

CBT 실전모의고사

수험번호:

수험자명:

제한 시간 : 2시간
남은 시간 :

글자
크기 · 100% · 150% · 200%

화면
배치

전체 문제 수 :
안 푼 문제 수 :

답안 표기란

1	① ② ③ ④
2	① ② ③ ④
3	① ② ③ ④
4	① ② ③ ④
5	① ② ③ ④
6	① ② ③ ④
7	① ② ③ ④
8	① ② ③ ④
9	① ② ③ ④
10	① ② ③ ④
11	① ② ③ ④
12	① ② ③ ④
13	① ② ③ ④
14	① ② ③ ④
15	① ② ③ ④
16	① ② ③ ④
17	① ② ③ ④
18	① ② ③ ④
19	① ② ③ ④
20	① ② ③ ④
21	① ② ③ ④
22	① ② ③ ④
23	① ② ③ ④
24	① ② ③ ④
25	① ② ③ ④
26	① ② ③ ④
27	① ② ③ ④
28	① ② ③ ④
29	① ② ③ ④
30	① ② ③ ④

05 국부저항 상류의 풍속을 V_1, 하류의 풍속을 V_2라 하고 전압 기준 국부저항계수를 ζ_T, 정압 기준 국부저항계수를 ζ_S라 할 때 두 저항계수의 관계식은?

① $\zeta_T = \zeta_S + 1 - (V_1/V_2)^2$

② $\zeta_T = \zeta_S + 1 - (V_2/V_1)^2$

③ $\zeta_T = \zeta_S + 1 + (V_1/V_2)^2$

④ $\zeta_T = \zeta_S + 1 + (V_2/V_1)^2$

06 어떤 방의 실내온도가 20℃, 외기온도가 −5℃인 경우 온수방열기의 방열면적이 5m² EDR인 방의 방열량은?

① 2,000kcal/h

② 2,250kcal/h

③ 1,000kcal/h

④ 1,520kcal/h

07 냉난방 설계용 외기조건에서 난방 설계용 외기온도는 난방기간 2,904시간 중 2,831시간은 외기온도가 설정된 외기온도보다 높으므로 정해진 난방장치로 충분하지만 나머지 73시간은 설계 외기온도보다 낮아질 가능성이 있다는 뜻으로서 올바른 것은?

① TAC 1%

② TAC 1.5%

③ TAC 2.5%

④ TAC 97.5%

08 다음 설명 중 옳지 않은 것은?

① 건공기는 산소, 질소, 탄산가스, 아르곤 및 헬륨 등의 기체가 혼합된 가스이다.

② 습공기는 건공기와 수증기가 혼합된 것이다.

③ 포화공기의 온도를 습공기의 노점온도라고 한다.

④ 현열비는 실내의 전체 열량에 대한 잠열량의 비이다.

계산기

다음 ▶

안 푼 문제

답안 제출

02회

실전점검!
CBT 실전모의고사

수험번호 :

수험자명 :

제한 시간 : 2시간
남은 시간 :

글자
크기 100% 150% 200%

화면
배치

전체 문제 수 :
안 푼 문제 수 :

답안 표기란

1	① ② ③ ④
2	① ② ③ ④
3	① ② ③ ④
4	① ② ③ ④
5	① ② ③ ④
6	① ② ③ ④
7	① ② ③ ④
8	① ② ③ ④
9	① ② ③ ④
10	① ② ③ ④
11	① ② ③ ④
12	① ② ③ ④
13	① ② ③ ④
14	① ② ③ ④
15	① ② ③ ④
16	① ② ③ ④
17	① ② ③ ④
18	① ② ③ ④
19	① ② ③ ④
20	① ② ③ ④
21	① ② ③ ④
22	① ② ③ ④
23	① ② ③ ④
24	① ② ③ ④
25	① ② ③ ④
26	① ② ③ ④
27	① ② ③ ④
28	① ② ③ ④
29	① ② ③ ④
30	① ② ③ ④

09 다음 습공기 선도의 공기조화과정을 나타낸 장치도는?(단, ①=외기, ②=환기, HC=가열기, CC=냉각기이다.)

10 온수난방에서 온수의 순환방식과 관계가 없는 것은?

① 중력순환방식
② 강제순환방식
③ 역귀환방식
④ 진공환수방식

11 진공환수식 증기난방에 대한 설명으로 틀린 것은?

① 중력환수식, 기계환수식보다 환수관경을 작게 할 수 있다.
② 방열량을 광범위하게 조정할 수 있다.
③ 환수관 도중 입상부를 만들 수 있다.
④ 증기의 순환이 다른 방식에 비해 느리다.

12 두께 30cm, 벽면의 면적이 30m²인 벽돌벽이 있다. 내면의 온도가 20℃, 외면의 온도가 32℃일 때, 이 벽을 통한 열전열량은 몇 kcal/h인가?(단, 벽돌의 열전도율 λ=0.7kcal/mh℃이다.)

① 510
② 620
③ 730
④ 840

계산기   다음 ▶   안 푼 문제   답안 제출

실전점검!
02회
CBT 실전모의고사

수험번호:
수험자명:

제한 시간 : 2시간
남은 시간 :

글자 크기 100% 150% 200% 화면 배치 전체 문제 수:
안 푼 문제 수:

13 덕트의 설계 시 덕트치수 결정과 관계가 없는 것은?

① 공기의 온도(℃)
② 풍속(m/s)
③ 풍량(m^3/h)
④ 마찰손실(mmAq)

14 냉수코일의 설계에 대한 설명으로 맞는 것은?(단, g_s : 코일의 냉각부하, k : 코일 전열계수, FA : 코일의 정면면적, MTD : 대수평균온도차(℃), M : 젖은 면 계수이다.)

① 코일 내의 순환수량은 코일 출입구의 수온차가 약 5~9℃가 되도록 선정하고 입구온도는 출구공기온도보다 3~5℃ 낮게 취한다.
② 관 내의 수속은 3m/s 내외가 되도록 한다.
③ 수량이 적어 관 내의 수속이 늦게 될 때에는 더블 서킷(Double Circuit)을 사용한다.
④ 코일의 열수 $N=(g_s \times MTD)/(M \times k \times FA)$이다.

15 두께 8mm인 유리창의 열관류율($kcal/m^2h℃$)은 약 얼마인가?(단, 내측 열전달률 $4kcal/m^2h℃$, 외측 열전달률 $10kcal/m^2h℃$, 유리의 열전도율 0.65kcal/mh℃이다.)

① 0.36
② 1.2
③ 2.76
④ 3.25

16 외기온도가 −5℃이고, 실내 공급 공기온도를 18℃로 유지하는 히트 펌프가 있다. 실내 총 손실열량이 50,000kcal/h일 때 외기로부터 침입되는 열량은 약 몇 kcal/h인가?

① 23,255kcal/h
② 33,500kcal/h
③ 46,047kcal/h
④ 50,000kcal/h

답안 표기란

1	①	②	③	④
2	①	②	③	④
3	①	②	③	④
4	①	②	③	④
5	①	②	③	④
6	①	②	③	④
7	①	②	③	④
8	①	②	③	④
9	①	②	③	④
10	①	②	③	④
11	①	②	③	④
12	①	②	③	④
13	①	②	③	④
14	①	②	③	④
15	①	②	③	④
16	①	②	③	④
17	①	②	③	④
18	①	②	③	④
19	①	②	③	④
20	①	②	③	④
21	①	②	③	④
22	①	②	③	④
23	①	②	③	④
24	①	②	③	④
25	①	②	③	④
26	①	②	③	④
27	①	②	③	④
28	①	②	③	④
29	①	②	③	④
30	①	②	③	④

계산기　　　　다음 ▶　　　안 푼 문제　　답안 제출

02회

실전점검!
CBT 실전모의고사

수험번호 :

수험자명 :

제한 시간 : 2시간
남은 시간 :

글자
크기 🔍 100% 🔍 150% 🔍 200% 화면 배치 � 전체 문제 수 : 안 푼 문제 수 :

답안 표기란				
1	①	②	③	④
2	①	②	③	④
3	①	②	③	④
4	①	②	③	④
5	①	②	③	④
6	①	②	③	④
7	①	②	③	④
8	①	②	③	④
9	①	②	③	④
10	①	②	③	④
11	①	②	③	④
12	①	②	③	④
13	①	②	③	④
14	①	②	③	④
15	①	②	③	④
16	①	②	③	④
17	①	②	③	④
18	①	②	③	④
19	①	②	③	④
20	①	②	③	④
21	①	②	③	④
22	①	②	③	④
23	①	②	③	④
24	①	②	③	④
25	①	②	③	④
26	①	②	③	④
27	①	②	③	④
28	①	②	③	④
29	①	②	③	④
30	①	②	③	④

17 습공기를 단열 가습하는 경우에 열 수분비는 얼마인가?

① 0

② 0.5

③ 1

④ ∞

18 산업용 공기조화의 주요 목적이 아닌 것은?

① 제품의 품질을 보존하기 위하여

② 보관 중인 제품의 변형을 방지하기 위하여

③ 생산성 향상을 위하여

④ 작업자의 근로시간을 개선하기 위하여

19 외기의 공급은 없이 실내공기만이 계속 흡입되고, 다시 취출되어 부하를 처리하는 방식으로 주택, 호텔의 객실, 사무실 등에 많이 설치하는 공조기는?

① 패키지형 공조기

② 인덕션 유닛

③ 팬코일 유닛

④ 에어핸들링 유닛

20 공기조화기(AHU)에 내장된 전열교환기에 대한 설명으로 가장 알맞은 것은?

① 환기와 배기의 현열교환장치이다.

② 배기와 도입 외기와의 잠열교환장치이다.

③ 환기와 배기의 잠열교환장치이다.

④ 배기와 도입 외기와의 전열교환장치이다.

🖩 계산기   다음 ▶   안 푼 문제   📋 답안 제출

02회

실전점검!
CBT 실전모의고사

수험번호 :

수험자명 :

⏱ 제한 시간 : 2시간
남은 시간 :

글자
크기 🔍 100% 🔍 150% 🔍 200%

화면
배치

전체 문제 수 :
안 푼 문제 수 :

2과목   **공조냉동 설계**

21 비열이 $0.475kJ/kg \cdot K$인 철 $10kg$을 $20℃$에서 $80℃$로 올리는 데 필요한 열량은 몇 kJ인가?

① 222

② 232

③ 285

④ 315

22 다음 중 이상기체의 교축(스로틀)과정에 대한 사항으로 틀린 것은?

① 엔탈피 변화가 없다.

② 온도의 변화가 없다.

③ 엔트로피의 변화가 없다.

④ 비가역 단열과정이다.

23 $T-S$선도에서 어느 가역 상태변화를 표시하는 곡선과 S축 사이의 면적은 무엇을 의미하는가?

① 힘

② 열량

③ 압력

④ 비체적

1	①	②	③	④
2	①	②	③	④
3	①	②	③	④
4	①	②	③	④
5	①	②	③	④
6	①	②	③	④
7	①	②	③	④
8	①	②	③	④
9	①	②	③	④
10	①	②	③	④
11	①	②	③	④
12	①	②	③	④
13	①	②	③	④
14	①	②	③	④
15	①	②	③	④
16	①	②	③	④
17	①	②	③	④
18	①	②	③	④
19	①	②	③	④
20	①	②	③	④
21	①	②	③	④
22	①	②	③	④
23	①	②	③	④
24	①	②	③	④
25	①	②	③	④
26	①	②	③	④
27	①	②	③	④
28	①	②	③	④
29	①	②	③	④
30	①	②	③	④

⌨ 계산기

다음 ▶

안 푼 문제

📋 답안 제출

실전점검!
02회
CBT 실전모의고사

수험번호 :

수험자명 :

제한 시간 : 2시간
남은 시간 :

글자
크기   100%   150%   200%

화면
배치

전체 문제 수 :
안 푼 문제 수 :

	답안 표기란			
1	①	②	③	④
2	①	②	③	④
3	①	②	③	④
4	①	②	③	④
5	①	②	③	④
6	①	②	③	④
7	①	②	③	④
8	①	②	③	④
9	①	②	③	④
10	①	②	③	④
11	①	②	③	④
12	①	②	③	④
13	①	②	③	④
14	①	②	③	④
15	①	②	③	④
16	①	②	③	④
17	①	②	③	④
18	①	②	③	④
19	①	②	③	④
20	①	②	③	④
21	①	②	③	④
22	①	②	③	④
23	①	②	③	④
24	①	②	③	④
25	①	②	③	④
26	①	②	③	④
27	①	②	③	④
28	①	②	③	④
29	①	②	③	④
30	①	②	③	④

24 대형 Brayton 사이클 가스 터빈 동력 발전소의 압축기 입구에서 온도가 300K, 압력은 100kPa이고 압축기 압력비는 10 : 1이다. 공기의 비열은 1.004kJ/kg · K, 비열비는 1.400일 때, 압축기 일은 얼마인가?

① 280.3kJ/kg
② 299.7kJ/kg
③ 350.1 kJ/kg
④ 370.5kJ/kg

25 0.5MPa, 375℃에서 수증기의 정압비열(kJ/kg · K)은?(단, 0.5MPa, 350℃에서 엔탈피 h=3,167.7kJ/kg · K이고, 0.5MPa, 400℃에서 엔탈피 h=3,271.9kJ/kg · K이다. 수증기는 이상기체로 가정한다.)

① 1.042
② 2.084
③ 4.168
④ 8.742

26 어떤 냉동사이클의 $T-S$ 선도에 대한 설명으로 틀린 것은?

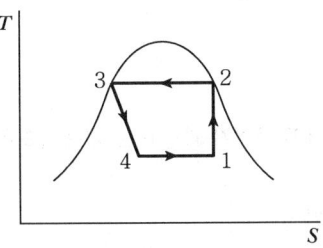

① 1−2 과정 : 가역단열압축
② 2−3 과정 : 등온흡열
③ 3−4 과정 : 교축과정
④ 4−1 과정 : 증발기에서 과정

27 압력이 일정할 때 공기 5kg을 0℃에서 100℃까지 가열하는 데 필요한 열량은 약 몇 kJ인가?(단, 공기의 비열 C_p(kJ/kg · ℃)=1.01+0.000079t이다.)

① 102
② 476
③ 490
④ 507

계산기

다음 ▶

안 푼 문제

답안 제출

실전점검!
02회 CBT 실전모의고사

수험번호 :
수험자명 :

제한 시간 : 2시간
남은 시간 :

글자 크기 100% 150% 200% 화면 배치

전체 문제 수 :
안 푼 문제 수 :

답안 표기란

1	① ② ③ ④
2	① ② ③ ④
3	① ② ③ ④
4	① ② ③ ④
5	① ② ③ ④
6	① ② ③ ④
7	① ② ③ ④
8	① ② ③ ④
9	① ② ③ ④
10	① ② ③ ④
11	① ② ③ ④
12	① ② ③ ④
13	① ② ③ ④
14	① ② ③ ④
15	① ② ③ ④
16	① ② ③ ④
17	① ② ③ ④
18	① ② ③ ④
19	① ② ③ ④
20	① ② ③ ④
21	① ② ③ ④
22	① ② ③ ④
23	① ② ③ ④
24	① ② ③ ④
25	① ② ③ ④
26	① ② ③ ④
27	① ② ③ ④
28	① ② ③ ④
29	① ② ③ ④
30	① ② ③ ④

28 피스톤-실린더로 구성된 용기 안에 들어 있는 100kPa, 20℃ 상태의 질소기체를 가역 단열압축하여 압력이 500kPa이 되었다. 질소의 정적비열은 0.745kJ/kg·K이고, 비열비는 1.4이다. 질소 1kg당 필요한 압축일은 약 얼마인가?

① 102.7kJ/kg

② 127.5kJ/kg

③ 171.8kJ/kg

④ 240.5kJ/kg

29 공기가 등온과정을 통해 압력이 200kPa, 비체적이 0.02m³/kg인 상태에서 압력이 100kPa인 상태로 팽창하였다. 공기를 이상기체로 가정할 때 시스템이 이 과정에서 한 단위질량당 일은 약 얼마인가?

① 1.4kJ/kg

② 2.0kJ/kg

③ 2.8kJ/kg

④ 8.0kJ/kg

30 폴리트로픽 변화의 관계식 "$PV^n =$ 일정"에서 n 이 무한대가 되면 어느 과정이 되는가?

① 정압과정

② 등온과정

③ 정적과정

④ 단열과정

계산기   다음 ▶   안 푼 문제   답안 제출

실전점검!
02회 **CBT 실전모의고사**

수험번호:

수험자명:

제한 시간 : 2시간
남은 시간 :

글자
크기 100% 150% 200%

화면
배치

전체 문제 수 :
안 푼 문제 수 :

답안 표기란

31	① ② ③ ④
32	① ② ③ ④
33	① ② ③ ④
34	① ② ③ ④
35	① ② ③ ④
36	① ② ③ ④
37	① ② ③ ④
38	① ② ③ ④
39	① ② ③ ④
40	① ② ③ ④
41	① ② ③ ④
42	① ② ③ ④
43	① ② ③ ④
44	① ② ③ ④
45	① ② ③ ④
46	① ② ③ ④
47	① ② ③ ④
48	① ② ③ ④
49	① ② ③ ④
50	① ② ③ ④
51	① ② ③ ④
52	① ② ③ ④
53	① ② ③ ④
54	① ② ③ ④
55	① ② ③ ④
56	① ② ③ ④
57	① ② ③ ④
58	① ② ③ ④
59	① ② ③ ④
60	① ② ③ ④

31 냉동장치의 응축기 속에 공기(불응축가스)가 들어 있을 때 일어나는 현상이라고 할 수 없는 것은?

① 고압측 압력이 보통보다 높다.

② 소비동력이 증가한다.

③ 응축기에서의 전열이 불량해진다.

④ 응축기의 온도가 낮아진다.

32 그림과 같이 2단 압축 1단 팽창을 하는 냉동 사이클이 R−22 냉매로 작동되고 있을 때 성적계수는 얼마인가?(단, 각 상태점의 엔탈피는 a : 95kcal/kg, c : 143 kcal/kg, d : 154kcal/kg, e : 149kcal/kg, f : 158kcal/kg이다.)

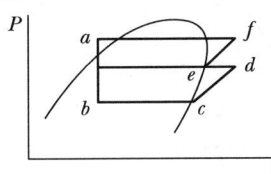

① 0.9

② 1.4

③ 2.4

④ 3.1

33 $H_2O - LiBr$ 흡수식 냉동기에 대한 설명 중 틀린 것은?

① 냉매는 물(H_2O), 흡수제는 $LiBr$을 사용한다.

② 냉매 순환과정은 발생기 → 응축기 → 증발기 → 흡수기로 되어 있다.

③ 소형보다는 대용량 공기조화용으로 많이 사용한다.

④ 흡수제는 가능한 한 농도가 낮고, 고온이어야 한다.

34 액 분리기에 관한 내용 중 옳은 것은?

① 증발기 흡입배관에 설치한다.

② 액압축을 방지하며 압축기를 보호한다.

③ 냉각할 때 침입한 공기와 냉매를 혼합시킨다.

④ 증발기에 공급되는 냉매액을 냉각시킨다.

계산기 다음 ▶ 안 푼 문제 답안 제출

02회

실전점검!
CBT 실전모의고사

수험번호:

수험자명:

제한 시간 : 2시간
남은 시간 :

글자 크기 100% 150% 200% | 화면 배치 | 전체 문제 수 : | 안 푼 문제 수 :

답안 표기란

31	① ② ③ ④
32	① ② ③ ④
33	① ② ③ ④
34	① ② ③ ④
35	① ② ③ ④
36	① ② ③ ④
37	① ② ③ ④
38	① ② ③ ④
39	① ② ③ ④
40	① ② ③ ④
41	① ② ③ ④
42	① ② ③ ④
43	① ② ③ ④
44	① ② ③ ④
45	① ② ③ ④
46	① ② ③ ④
47	① ② ③ ④
48	① ② ③ ④
49	① ② ③ ④
50	① ② ③ ④
51	① ② ③ ④
52	① ② ③ ④
53	① ② ③ ④
54	① ② ③ ④
55	① ② ③ ④
56	① ② ③ ④
57	① ② ③ ④
58	① ② ③ ④
59	① ② ③ ④
60	① ② ③ ④

35 온도식 자동팽창밸브의 감온통 설치방법으로 잘못된 것은?

① 증발기 출구 측 압축기로 흡입되는 곳에 설치할 것

② 흡입 관경이 20A 이하인 경우에는 관 상부에 설치할 것

③ 외기의 영향을 받을 경우는 보온해 주거나 감온통 포켓을 설치할 것

④ 압축기 흡입관에 트랩이 있는 경우에는 트랩 부분에 부착할 것

36 어떤 냉동사이클을 압력 – 엔탈피 선도에 나타내었더니 그림과 같았다. 이 냉동사이클에서의 냉동순환량이 200kg/h라면 냉동장치의 냉동능력은 약 몇 RT인가? (단, 1RT는 3,320kcal/h로 한다.)

① 0.54

② 2.47

③ 3.01

④ 5.91

37 냉동기에서 성적계수가 6.84일 때 증발온도가 −15℃이다. 이때 응축온도는 몇 ℃인가?

① 17.5

② 20.7

③ 22.7

④ 25.5

38 2단 압축 냉동장치에 관한 내용이다. 옳지 않은 것은?

① 2단 압축에서 중간압력이란 저단 압축기의 토출압력과 고단 압축기의 흡입압력을 말한다.

② 중간냉각기는 고압 측 흡입가스의 압력을 낮추어 압축비를 증가시킨다.

③ 중간냉각기는 저압 측 토출가스의 온도를 내려 냉동장치의 성적계수를 높인다.

④ 압축비가 6 이상이면 2단 압축을 채택한다.

계산기 　　　　다음 ▶　　　　안 푼 문제　　답안 제출

실전점검!
02^회 **CBT 실전모의고사**

수험번호 :

수험자명 :

제한 시간 : 2시간
남은 시간 :

글자
크기 | 100% | 150% | 200%

화면
배치

전체 문제 수 :
안 푼 문제 수 :

답안 표기란

31	① ② ③ ④
32	① ② ③ ④
33	① ② ③ ④
34	① ② ③ ④
35	① ② ③ ④
36	① ② ③ ④
37	① ② ③ ④
38	① ② ③ ④
39	① ② ③ ④
40	① ② ③ ④
41	① ② ③ ④
42	① ② ③ ④
43	① ② ③ ④
44	① ② ③ ④
45	① ② ③ ④
46	① ② ③ ④
47	① ② ③ ④
48	① ② ③ ④
49	① ② ③ ④
50	① ② ③ ④
51	① ② ③ ④
52	① ② ③ ④
53	① ② ③ ④
54	① ② ③ ④
55	① ② ③ ④
56	① ② ③ ④
57	① ② ③ ④
58	① ② ③ ④
59	① ② ③ ④
60	① ② ③ ④

39 어떤 R – 22 냉동장치에서 냉매 1kg이 팽창밸브를 통과하여 5℃의 포화증기로 될 때까지 약 40kcal의 열을 흡수하였다. 같은 조건에서 냉동능력이 25,000kcal/h 이라면 증발 냉매량은 얼마인가?

① 387kg/h

② 450kg/h

③ 525kg/h

④ 625kg/h

40 냉동장치의 제어기기에 관한 설명 중 올바르게 서술된 것은?

① 만액식 증발기에 저압 측 플로트식 팽창밸브를 설치하여 증발온도를 거의 일정하게 제어할 수 있다.

② 냉장고용 냉동장치에서 겨울철에 응축온도가 낮아지면 팽창밸브 전후의 압력차가 커지기 때문에 팽창밸브가 작동하지 않는다.

③ 일반적인 증발압력조정밸브는 증발기 입구 측에 설치하여 냉매의 유량을 조절하고 증발기 내 냉매의 압력을 일정하게 유지하는 조정밸브이다.

④ R – 22를 냉매로 하는 냉방기에서 증발기 출구의 과열도가 커지면 감온통 내의 가스압력이 높아져 온도식 자동팽창밸브가 닫힌다.

 계산기

 다음 ▶

 안 푼 문제 · 답안 제출

02회 실전점검!
CBT 실전모의고사

수험번호 :

수험자명 :

제한 시간 : 2시간
남은 시간 :

글자 크기 100% 150% 200%　　화면 배치　　전체 문제 수 :
안 푼 문제 수 :

	답안 표기란			
31	①	②	③	④
32	①	②	③	④
33	①	②	③	④
34	①	②	③	④
35	①	②	③	④
36	①	②	③	④
37	①	②	③	④
38	①	②	③	④
39	①	②	③	④
40	①	②	③	④
41	①	②	③	④
42	①	②	③	④
43	①	②	③	④
44	①	②	③	④
45	①	②	③	④
46	①	②	③	④
47	①	②	③	④
48	①	②	③	④
49	①	②	③	④
50	①	②	③	④
51	①	②	③	④
52	①	②	③	④
53	①	②	③	④
54	①	②	③	④
55	①	②	③	④
56	①	②	③	④
57	①	②	③	④
58	①	②	③	④
59	①	②	③	④
60	①	②	③	④

3과목 　**시운전 및 안전관리**

41 온도를 임피던스로 변환시키는 요소는?

① 측온저항
② 광전지
③ 광전 다이오드
④ 전자석

42 다음 중 옴의 법칙에 대한 설명으로 옳지 않은 것은?

① 저항에 전류가 흐를 때 전압, 전류, 저항의 관계를 설명해준다.
② 옴의 법칙은 저항으로 전류의 크기를 조절할 수 있음을 보여준다.
③ 옴의 법칙은 저항에 의한 전압강하를 설명해준다.
④ 옴의 법칙을 이용하여 임피던스에 의한 전압강하는 설명할 수 없다.

43 그림에서 출력 Y는?

① $\overline{A} + \overline{B} + \overline{C} + \overline{D} + \overline{E}$
② $A + B + C + D$
③ $ABCDE$
④ $\overline{A}\,\overline{B}\,\overline{C}\,\overline{D}\,\overline{E}$

44 그림과 같은 피드백 제어시스템에서 단위계단함수를 입력으로 할 때 정상상태 오차가 0.01이 되도록 하는 a의 값은?

$R(s)$ ＋ － $\dfrac{19.8}{s+a}$ $C(s)$

① 0.1
② 0.2
③ 0.3
④ 0.4

 계산기　　　　 다음 ▶　　　　안 푼 문제　　 답안 제출

02회 실전점검!
CBT 실전모의고사

수험번호 :

수험자명 :

제한 시간 : 2시간
남은 시간 :

글자 크기 ⊖ 100% ⊙ 150% ⊕ 200%   화면 배치   전체 문제 수 :
안 푼 문제 수 :

45 궤환제어계에 속하지 않는 신호로서 외부에서 제어량이 그 값에 맞도록 제어계에 주어지는 신호를 무엇이라 하는가?

① 동작신호
② 기준입력
③ 목푯값
④ 궤환신호

46 변압기 절연내력시험이 아닌 것은?

① 가압시험
② 유도시험
③ 충격시험
④ 절연저항시험

47 시퀀스 제어의 장점이 아닌 것은?

① 구성하기 쉽다.
② 시스템의 구성비가 낮다.
③ 원하는 출력을 얻기 위해 보정이 필요 없다.
④ 유지 및 보수가 간단하다.

48 논리식 $A+AB$를 간단히 하면?

① 0
② 1
③ A
④ B

49 그림과 같은 브리지 정류회로는 어느 점에 교류입력을 연결하여야 하는가?

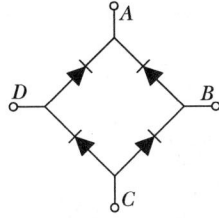

① $A-B$점
② $A-C$점
③ $B-C$점
④ $B-D$점

답안 표기란

31	①	②	③	④
32	①	②	③	④
33	①	②	③	④
34	①	②	③	④
35	①	②	③	④
36	①	②	③	④
37	①	②	③	④
38	①	②	③	④
39	①	②	③	④
40	①	②	③	④
41	①	②	③	④
42	①	②	③	④
43	①	②	③	④
44	①	②	③	④
45	①	②	③	④
46	①	②	③	④
47	①	②	③	④
48	①	②	③	④
49	①	②	③	④
50	①	②	③	④
51	①	②	③	④
52	①	②	③	④
53	①	②	③	④
54	①	②	③	④
55	①	②	③	④
56	①	②	③	④
57	①	②	③	④
58	①	②	③	④
59	①	②	③	④
60	①	②	③	④

▦ 계산기   다음 ▶   안 푼 문제   답안 제출

02회 실전점검!
CBT 실전모의고사

수험번호 :
수험자명 :

제한 시간 : 2시간
남은 시간 :

| 글자
크기 | 100% | 150% | 200% | 화면
배치 | |

전체 문제 수 :
안 푼 문제 수 :

답안 표기란

31	① ② ③ ④
32	① ② ③ ④
33	① ② ③ ④
34	① ② ③ ④
35	① ② ③ ④
36	① ② ③ ④
37	① ② ③ ④
38	① ② ③ ④
39	① ② ③ ④
40	① ② ③ ④
41	① ② ③ ④
42	① ② ③ ④
43	① ② ③ ④
44	① ② ③ ④
45	① ② ③ ④
46	① ② ③ ④
47	① ② ③ ④
48	① ② ③ ④
49	① ② ③ ④
50	① ② ③ ④
51	① ② ③ ④
52	① ② ③ ④
53	① ② ③ ④
54	① ② ③ ④
55	① ② ③ ④
56	① ② ③ ④
57	① ② ③ ④
58	① ② ③ ④
59	① ② ③ ④
60	① ② ③ ④

50 $v = 141\sin\left(377t - \dfrac{\pi}{6}\right)$ 인 파형의 주파수는 약 몇 Hz인가?

① 50

② 60

③ 100

④ 377

51 그림과 같은 다이오드 브리지 정류회로가 있다. 교류전원 v가 양일 때와 음일 때의 전류의 방향을 바로 적은 것은?(단, 화살표 방향을 양으로 한다.)

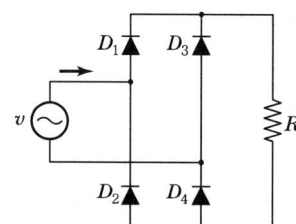

① $v > 0 : v \rightarrow D_1 \rightarrow R \rightarrow D_2 \rightarrow v$
　$v < 0 : v \rightarrow D_2 \rightarrow R \rightarrow D_1 \rightarrow v$

② $v > 0 : v \rightarrow D_1 \rightarrow R \rightarrow D_2 \rightarrow v$
　$v < 0 : v \rightarrow D_4 \rightarrow R \rightarrow D_1 \rightarrow v$

③ $v > 0 : v \rightarrow D_1 \rightarrow R \rightarrow D_4 \rightarrow v$
　$v < 0 : v \rightarrow D_3 \rightarrow R \rightarrow D_2 \rightarrow v$

④ $v > 0 : v \rightarrow D_1 \rightarrow R \rightarrow D_2 \rightarrow v$
　$v < 0 : v \rightarrow D_4 \rightarrow R \rightarrow D_3 \rightarrow v$

52 제동계수 중 최대 초과량이 가장 큰 것은?

① $\delta = 0.5$

② $\delta = 1$

③ $\delta = 2$

④ $\delta = 3$

 계산기

 다음 ▶

안 푼 문제

 답안 제출

실전점검!
02 CBT 실전모의고사

수험번호 :
수험자명 :

제한 시간 : 2시간
남은 시간 :

글자 크기 100% 150% 200% | 화면 배치 | 전체 문제 수 :
안 푼 문제 수 :

53 그림과 같은 블록 선도를 등가 변환한 것은?

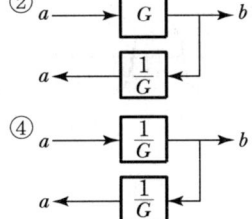

54 도체에 전하를 주었을 경우에 대한 설명으로 틀린 것은?

① 전하는 도체 외측의 표면에만 분포한다.
② 전하는 도체 내부에만 존재한다.
③ 도체 표면의 곡률반경이 작은 곳에 전하가 많이 모인다.
④ 전기력선은 정(+)전하에서 시작하여 부전하(−)에서 끝난다.

55 제어동작에 대한 설명 중 옳지 않은 것은?

① 2위치 동작 : ON−OFF 동작이라고도 하며, 편차의 정부(+, −)에 따라 조작 부를 전폐 또는 전개하는 것이다.
② 비례동작 : 편차의 제곱에 비례한 조작신호를 낸다.
③ 적분동작 : 편차의 적분치에 비례한 조작신호를 낸다.
④ 미분동작 : 조작신호가 편차의 증가속도에 비례하는 동작을 한다.

56 불연속 제어에 속하는 것은?

① 비율제어   ② 비례제어
③ 미분제어   ④ ON−OFF 제어

답안 표기란

31	①	②	③	④
32	①	②	③	④
33	①	②	③	④
34	①	②	③	④
35	①	②	③	④
36	①	②	③	④
37	①	②	③	④
38	①	②	③	④
39	①	②	③	④
40	①	②	③	④
41	①	②	③	④
42	①	②	③	④
43	①	②	③	④
44	①	②	③	④
45	①	②	③	④
46	①	②	③	④
47	①	②	③	④
48	①	②	③	④
49	①	②	③	④
50	①	②	③	④
51	①	②	③	④
52	①	②	③	④
53	①	②	③	④
54	①	②	③	④
55	①	②	③	④
56	①	②	③	④
57	①	②	③	④
58	①	②	③	④
59	①	②	③	④
60	①	②	③	④

계산기   다음 ▶   안 푼 문제   답안 제출

실전점검!

02회 CBT 실전모의고사

수험번호:
수험자명:

제한 시간 : 2시간
남은 시간 :

글자
크기 100% 150% 200%

화면
배치

전체 문제 수 :
안 푼 문제 수 :

답안 표기란

31	①	②	③	④
32	①	②	③	④
33	①	②	③	④
34	①	②	③	④
35	①	②	③	④
36	①	②	③	④
37	①	②	③	④
38	①	②	③	④
39	①	②	③	④
40	①	②	③	④
41	①	②	③	④
42	①	②	③	④
43	①	②	③	④
44	①	②	③	④
45	①	②	③	④
46	①	②	③	④
47	①	②	③	④
48	①	②	③	④
49	①	②	③	④
50	①	②	③	④
51	①	②	③	④
52	①	②	③	④
53	①	②	③	④
54	①	②	③	④
55	①	②	③	④
56	①	②	③	④
57	①	②	③	④
58	①	②	③	④
59	①	②	③	④
60	①	②	③	④

57 순시전압 $e = E_m \sin(\omega t + \theta)$의 파형은?

58 2차계 시스템의 응답형태를 결정하는 것은?

① 히스테리시스 ② 정밀도
③ 분해도 ④ 제동계수

59 다음 중 직류 전동기의 규약효율을 나타내는 식으로 가장 알맞은 것은?

① $\eta = \dfrac{\text{출력}}{\text{입력}} \times 100\%$

② $\eta = \dfrac{\text{출력}}{\text{출력} + \text{손실}} \times 100\%$

③ $\eta = \dfrac{\text{입력} - \text{손실}}{\text{입력}} \times 100\%$

④ $\eta = \dfrac{\text{입력}}{\text{출력} + \text{손실}} \times 100\%$

60 그림에서 스위치 S의 개폐에 관계없이 전전류 I가 항상 30A라면 저항 r_3와 r_4의 값은 몇 Ω인가?

① $r_3 = 1,\ r_4 = 3$

② $r_3 = 2,\ r_4 = 1$

③ $r_3 = 3,\ r_4 = 2$

④ $r_3 = 4,\ r_4 = 4$

 계산기

다음 ▶

안 푼 문제

 답안 제출

실전점검!
02회 CBT 실전모의고사

수험번호 :

수험자명 :

제한 시간 : 2시간
남은 시간 :

글자
크기 100% 150% 200%

화면
배치

전체 문제 수 :
안 푼 문제 수 :

4과목 유지보수공사관리

61 고무링과 가단 주철제의 칼라를 죄어서 이음하는 방법은?

① 플랜지 접합
② 빅토리 접합
③ 기계적 접합
④ 동관 접합

62 고온고압용 관 재료의 구비조건 중 틀린 것은?

① 유체에 대한 내식성이 클 것
② 고온에서 기계적 강도를 유지할 것
③ 가공이 용이하고 값이 쌀 것
④ 크리프 강도가 작을 것

63 통기관의 설치와 거리가 먼 것은?

① 배수의 흐름을 원활하게 하여 배수관의 부식을 방지한다.
② 봉수가 사이펀 작용으로 파괴되는 것을 방지한다.
③ 배수계통 내의 신선한 공기를 유입하기 위해 환기시킨다.
④ 배수계통 내의 배수 및 공기의 흐름을 원활하게 한다.

64 캐비테이션(Cavitation) 현상의 발생 조건이 아닌 것은?

① 흡입양정이 지나치게 클 경우
② 흡입관의 저항이 증대될 경우
③ 날개차의 모양이 적당하지 않을 경우
④ 관로 내의 온도가 감소될 경우

61	①	②	③	④
62	①	②	③	④
63	①	②	③	④
64	①	②	③	④
65	①	②	③	④
66	①	②	③	④
67	①	②	③	④
68	①	②	③	④
69	①	②	③	④
70	①	②	③	④
71	①	②	③	④
72	①	②	③	④
73	①	②	③	④
74	①	②	③	④
75	①	②	③	④
76	①	②	③	④
77	①	②	③	④
78	①	②	③	④
79	①	②	③	④
80	①	②	③	④

계산기

다음 ▶

안 푼 문제

답안 제출

02회 실전점검!
CBT 실전모의고사

수험번호:
수험자명:

제한 시간 : 2시간
남은 시간 :

글자크기 100% 150% 200%

화면배치

전체 문제 수 :
안 푼 문제 수 :

답안 표기란

61	①	②	③	④
62	①	②	③	④
63	①	②	③	④
64	①	②	③	④
65	①	②	③	④
66	①	②	③	④
67	①	②	③	④
68	①	②	③	④
69	①	②	③	④
70	①	②	③	④
71	①	②	③	④
72	①	②	③	④
73	①	②	③	④
74	①	②	③	④
75	①	②	③	④
76	①	②	③	④
77	①	②	③	④
78	①	②	③	④
79	①	②	③	④
80	①	②	③	④

65 옥상탱크식 급수방식의 장점이 아닌 것은?

① 급수압력이 일정하다.
② 단수 시에도 일정량의 급수가 가능하다.
③ 급수 공급계통에서 물의 오염 가능성이 없다.
④ 대규모 급수에 대응이 가능하다.

66 밀폐배관계에서는 압력계획이 필요하다. 압력계획을 하는 이유로 적당하지 않은 것은?

① 운전 중 배관계 내에 대기압보다 낮은 개소가 있으면 접속부에서 공기를 흡입할 우려가 있기 때문에
② 운전 중 수온에 알맞은 최소압력 이상으로 유지하지 않으면 순환수 비등이나 플래시 현상 발생 우려가 있기 때문에
③ 수온의 변화에 의한 체적의 팽창·수축으로 배관 각부에 악영향을 미치기 때문에
④ 펌프의 운전으로 배관계 각부의 압력이 감소하므로 수격작용, 공기정체 등의 문제가 생기기 때문에

67 냉동장치에서 압축기의 표시방법이 옳지 않은 것은?

① ⬭ : 밀폐형 일반

② ◎ : 로터리형

③ ⬓ : 원심형

④ ⬤ : 왕복동형

계산기

다음 ▶

안 푼 문제

답안 제출

02회

실전점검!
CBT 실전모의고사

수험번호:
수험자명:

제한 시간 : 2시간
남은 시간 :

글자
크기 100% 150% 200%

화면
배치

전체 문제 수 :
안 푼 문제 수 :

답안 표기란

61	①	②	③	④
62	①	②	③	④
63	①	②	③	④
64	①	②	③	④
65	①	②	③	④
66	①	②	③	④
67	①	②	③	④
68	①	②	③	④
69	①	②	③	④
70	①	②	③	④
71	①	②	③	④
72	①	②	③	④
73	①	②	③	④
74	①	②	③	④
75	①	②	③	④
76	①	②	③	④
77	①	②	③	④
78	①	②	③	④
79	①	②	③	④
80	①	②	③	④

68 배수관은 피복두께를 보통 10mm 정도를 표준으로 하여 피복하는데 피복의 주목적은?

① 충격 방지
② 진동 방지
③ 방로 및 방음
④ 부식 방지

69 흡수식 냉동기에 대한 설명으로 틀린 것은?

① 주요 부품은 응축기, 증발기, 발생기, 압축기이다.
② 운전압력이 낮고 용량제어 특성이 좋고, 부하의 범위가 넓다.
③ 진동이나 소음이 적고 건물의 어느 위치에서도 용이하게 설치할 수 있다.
④ 흡수식 냉동기는 일반적으로 냉매로 물을, 흡수액으로 취화리튬 수용액을 사용한다.

70 냉매의 토출관 관경을 결정하려고 한다. 틀린 것은?

① 냉매 가스 속에 용해하고 있는 기름이 확실히 운반될 수 있게 입상관에서는 6m/s 이상 되도록 할 것
② 냉매 가스 속에 용해하고 있는 기름이 확실히 운반될 수 있게 횡형관에서는 6m/s 이상 되도록 할 것
③ 속도의 압력손실 및 소음이 일어나지 않을 정도로 속도를 25m/s로 제한한다.
④ 토출관에 의해 발생된 전 마찰 손실압력은 19.6kPa을 넘지 않도록 한다.

 계산기

다음 ▶

 안 푼 문제

 답안 제출

02회 실전점검!
CBT 실전모의고사

수험번호 :

수험자명 :

제한 시간 : 2시간
남은 시간 :

글자
크기 ⊖ 100% Ⓜ 150% ⊕ 200%

화면
배치

전체 문제 수 :
안 푼 문제 수 :

답안 표기란

61	①	②	③	④
62	①	②	③	④
63	①	②	③	④
64	①	②	③	④
65	①	②	③	④
66	①	②	③	④
67	①	②	③	④
68	①	②	③	④
69	①	②	③	④
70	①	②	③	④
71	①	②	③	④
72	①	②	③	④
73	①	②	③	④
74	①	②	③	④
75	①	②	③	④
76	①	②	③	④
77	①	②	③	④
78	①	②	③	④
79	①	②	③	④
80	①	②	③	④

71 덕트의 단위길이당 마찰저항이 일정하도록 치수를 결정하는 덕트 설계법은?

① 등마찰손실법
② 정속법
③ 등온법
④ 정압재취득법

72 복사난방에서 패널(Panel) 코일의 배관방식이 아닌 것은?

① 그리드코일식
② 리버스리턴식
③ 벤드코일식
④ 벽면그리드코일식

73 진공환수식 증기난방 배관에 대한 설명으로 옳지 않은 것은?

① 배관 도중에 공기빼기밸브를 설치한다.
② 배관에는 적당한 구배를 준다.
③ 진공식에서는 리프트 피팅에 의해 응축수를 상부로 빨아올릴 수 있으므로 반드시 배관을 방열기 하부에 할 필요는 없다.
④ 응축수의 유속이 빠르게 되므로 환수관을 가늘게 할 수가 있다.

74 도시가스 입상배관의 관지름이 20mm일 때 움직이지 않도록 몇 m마다 고정장치를 부착해야 하는가?

① 1m
② 2m
③ 3m
④ 4m

75 압력계를 설치하지 않아도 되는 곳은?

① 감압밸브 입구 측과 출구 측
② 펌프 출구 측
③ 냉각탑 입구 측과 출구 측
④ 증기헤더 출구 측

🖩 계산기

다음 ▶

🗐 안 푼 문제

🗐 답안 제출

02회 실전점검!
CBT 실전모의고사

수험번호 :
수험자명 :

제한 시간 : 2시간
남은 시간 :

글자 크기 100% 150% 200%　화면 배치

전체 문제 수 :
안 푼 문제 수 :

답안 표기란				
61	①	②	③	④
62	①	②	③	④
63	①	②	③	④
64	①	②	③	④
65	①	②	③	④
66	①	②	③	④
67	①	②	③	④
68	①	②	③	④
69	①	②	③	④
70	①	②	③	④
71	①	②	③	④
72	①	②	③	④
73	①	②	③	④
74	①	②	③	④
75	①	②	③	④
76	①	②	③	④
77	①	②	③	④
78	①	②	③	④
79	①	②	③	④
80	①	②	③	④

76 급수배관에 대한 설명으로 틀린 것은?

① 상향급수 배관 방식에서 상향 수직관은 상층으로 올라갈수록 관경을 작게 한다.

② 하향급수 배관방식은 옥상탱크식의 경우에 흔히 사용되는 배관법으로 급수 수압이 일정하다.

③ 상·하향 혼용배관 방식은 일반적으로 1, 2층은 상향식, 3층 이상은 하향식으로 한다.

④ 벽이나 바닥의 관통배관 시에는 슬리브(Sleeve)를 넣고 배관하여 교체나 수리가 가능하도록 하여야 한다.

77 급탕량이 300kg/h이고 급탕온도 80℃, 급수온도 20℃, 중유의 발열량이 10,000 kcal/kg, 가열기의 효율이 60%일 때 연료 소모량은 얼마인가?

① 2kg/h

② 2.5kg/h

③ 3kg/h

④ 3.5kg/h

78 분기관을 만들 때 사용되는 배관 부속품은?

① 유니언(Union)

② 엘보(Elbow)

③ 티(Tee)

④ 플랜지(Flange)

79 가스 수요의 시간적 변화에 따라 일정한 가스양을 안정하게 공급하고 저장할 수 있는 가스홀더의 종류가 아닌 것은?

① 무수(無水)식

② 유수(有水)식

③ 주수(柱水)식

④ 구(球)형

80 체크밸브를 나타내는 것은?

① ②

③ ④

계산기　　　다음 ▶　　　안 푼 문제　　답안 제출

📖 CBT 정답 및 해설

01	02	03	04	05	06	07	08	09	10
④	④	④	①	②	②	③	④	②	④
11	12	13	14	15	16	17	18	19	20
④	④	①	①	③	③	①	④	③	④
21	22	23	24	25	26	27	28	29	30
③	③	②	①	②	②	④	②	③	③
31	32	33	34	35	36	37	38	39	40
④	③	④	②	④	②	③	②	④	④
41	42	43	44	45	46	47	48	49	50
①	④	③	④	③	④	③	③	④	②
51	52	53	54	55	56	57	58	59	60
③	①	①	②	②	④	②	④	③	②
61	62	63	64	65	66	67	68	69	70
②	④	①	④	③	④	③	③	①	②
71	72	73	74	75	76	77	78	79	80
①	②	①	②	③	①	③	③	③	①

01 정답 | ④
풀이 | 물−물 방식은 증발기에서 냉수를 만들어 냉수에 의해
냉방을 하여 축열조가 커야 하므로 대형이어야 한다
(냉매회로는 동절기에는 온수코일로 사용하여 온수코
일에 의해 난방을 한다).
※ 공기조화 방식 : 공기−공기 방식, 공기−물 방식,
물−공기 방식, 물−물 방식

02 정답 | ④
풀이 | 환기횟수 $= \dfrac{\text{매시간 환기량}}{\text{실용적}}$

03 정답 | ④
풀이 | 가변풍량 단일덕트 방식
대규모 사무실의 사무자동화에 편리하고 제어성이 우
수하며 에너지 절약 효과가 있다.

04 정답 | ①
풀이 | 현열부하율$(q) = 0.29Q(t_o - t_r)$(kcal/h)
여기서, 0.29 : 정압비열
 $= 0.24$kcal/kg℃$\times 1.2$kg/m^3

05 정답 | ②
풀이 | 전압 기준 국부저항계수
 $\zeta_T = \zeta_S + 1 - \left(\dfrac{V_2}{V_1}\right)^2$

06 정답 | ②
풀이 | 온수표준방열량(EDR) : 450kcal/m^{2}h
 ∴ $5 \times 450 = 2,250$kcal/h

07 정답 | ③
풀이 | 난방 설계용 외기온도(TAC)
 $\dfrac{2,904 - 2,831}{2,904} \times 100 = 2.5\%$

08 정답 | ④
풀이 | 현열비 $= \dfrac{\text{현열}}{\text{현열} + \text{잠열}}$

09 정답 | ②
풀이 | 혼합, 가열, 가습 상태
 ㉠ I : 엔탈피
 ㉡ SHF : 현열비
 ㉢ H/C : 가열코일
 ㉣ C/C : 냉각코일

10 정답 | ④
풀이 | 증기난방방식
 ㉠ 중력환수식
 ㉡ 기계환수식
 ㉢ 진공환수식

11 정답 | ④
풀이 | 진공환수식 증기난방은 배관 내가 진공상태이며 순환
이 매우 빠르다.

12 정답 | ④
풀이 | $Q = \lambda \times \dfrac{A(t_2 - t_1)}{b} = 0.7 \times \dfrac{30 \times (32 - 20)}{0.3}$
 $= 840$kcal/h
 ※ 30cm$= 0.3$m

13 정답 | ①
풀이 | 덕트치수 결정 구성인자
 ㉠ 풍속 ㉡ 풍량 ㉢ 마찰손실

14 정답 | ①
풀이 | 냉수코일의 특징
 ㉠ 풍속 : 2.0~3.0m/s(약 2.5m/s)
 ㉡ 수속 : 1.0m/s 전후
 ㉢ 수온 : 5℃ 정도(약 8~10℃)
 ㉣ 코일 열수 $= g_s / (FA \times k \times M \times MTD)$

CBT 정답 및 해설

15 정답 | ③

풀이 | 관류율$(k) = \dfrac{1}{\dfrac{1}{a_1}+\dfrac{b}{\lambda}+\dfrac{1}{a_2}}$ (kcal/m²h℃)

$= \dfrac{1}{\dfrac{1}{4}+\dfrac{0.008}{0.65}+\dfrac{1}{10}}$

$= \dfrac{1}{0.25+0.0123+0.1}$

$= 2.76(\text{kcal/m}^2\text{h℃})$

16 정답 | ③

풀이 | $T_1 = 273+(-5) = 268\text{K}$

$T_2 = 273+18 = 291\text{K}$

$\therefore 50,000 \times \dfrac{268}{291} = 46,047\text{kcal/h}$

17 정답 | ①

풀이 | 열 수분비$(u) = \dfrac{\text{엔탈피 변화량}}{\text{수분의 변화량}} = \dfrac{h_3-h_1}{x_3-x_1}$

단열 가습에서 엔탈피 변화가 없어 열 수분비=0이다.

18 정답 | ④

풀이 | 작업자의 근로시간과 산업용 공기조화 목적은 관련성이 없다.

19 정답 | ③

풀이 | 팬코일 유닛 공조기

ⓐ 전수 방식이며 실내공기만 계속 흡입되고 다시 취출되어 부하를 처리한다.

ⓑ 코일, 송풍기, 필터 등으로 구성된다.

ⓒ 주택, 호텔의 객실, 사무실용으로 사용된다.

20 정답 | ④

풀이 | 전열교환기

공기 대 공기의 열교환기로서 현열은 물론 잠열까지도 교환된다. 공조시스템에서 배기와 도입되는 외기와의 전열교환으로 공조기는 물론 보일러나 냉동기의 용량을 줄일 수 있고 에너지가 절약된다.

21 정답 | ③

풀이 | $Q = G \times C_p \times \Delta t = 10 \times 0.475 \times (80-20) = 285\text{kJ}$

22 정답 | ③

풀이 | 이상기체에서 단열변화 시 엔트로피의 변화는 없다(교축 시 엔트로피는 증가, 압력은 감소).

23 정답 | ②

풀이 | $T-S$ 선도에서의 면적 : 열량의 표시

24 정답 | ①

풀이 | $T_2 = T_1 \times \left(\dfrac{P_2}{P_1}\right)^{\frac{k-1}{k}} = 300 \times \left(\dfrac{1,000}{100}\right)^{\frac{1.4-1}{1.4}}$

$= 579.2093\text{K}$

$10 : 1 = 1,000 : 100\text{kPa}$

$\therefore W_t = 1.004 \times (579.2093 - 300) = 280.3\text{kJ/kg}$

25 정답 | ②

풀이 | $C_p = \dfrac{3,271.9-3,167.7}{(400-350)} = 2.084\text{kJ/kg} \cdot \text{K}$

26 정답 | ②

풀이 | 2-3 과정 : 정압방열과정(응축기의 일)

27 정답 | ④

풀이 | $Q = G \displaystyle\int_{t_1}^{t_2} C_p dt = 5 \int_0^{100} (1.01 + 0.000079t)dt$

$= 5 \times \left(1.01 \times 100 + 0.000079 \times \dfrac{100^2}{2}\right) = 507\text{kJ}$

28 정답 | ②

풀이 | $T_2 = T_1 \times \left(\dfrac{P_2}{P_1}\right)^{\frac{K-1}{K}} = (20+273) \times \left(\dfrac{500}{100}\right)^{\frac{1.4-1}{1.4}}$

$= 464.059\text{K}$

$T_1 = 20 + 273 = 293\text{K}$

$\therefore W_t = C_v(T_2 - T_1)$

$= 0.745 \times (464.059 - 293) = 127.5\text{kJ/kg}$

29 정답 | ③

풀이 | $W_t = -\displaystyle\int VdP = P_1 V_1 \ln\left(\dfrac{P_1}{P_2}\right)$: 등온압축

$\therefore 200 \times 0.02 \times \ln\left(\dfrac{200}{100}\right) = 2.8\text{kJ/kg}$

30 정답 | ③

풀이 | 폴리트로픽 지수(n)

ⓐ 정압변화=0

ⓑ 등온변화=1

ⓒ 단열변화=K

ⓓ 정적변화=∞

31 정답 | ④
풀이 | 냉동장치에 불응축가스가 발생하면 압력이 높아져서 응축기의 온도가 높아진다.

32 정답 | ③
풀이 | 냉동효과 $= c - b = 143 - 95 = 48$kcal/kg
압축일량 $= (d - c) + (f - e)$
$\qquad\qquad = (154 - 143) + (158 - 149) = 20$kcal/kg
∴ 성적계수(COP) $= \dfrac{48}{20} = 2.4$

33 정답 | ④
풀이 | 흡수제(LiBr)는 농도가 63% 정도로 높고 온도가 낮아야 흡수능력이 커진다.

34 정답 | ②
풀이 | 냉동기 냉매액 분리기는 액압축을 방지하며 압축기를 보호한다.

35 정답 | ④
풀이 | 압축기 흡입관에 트랩이 있으면 트랩을 피해 설치한다.

36 정답 | ②
풀이 | $200 \times (148 - 107) = 8,200$kcal/h
∴ 냉동능력 $= \dfrac{8,200}{3,320} = 2.47$RT

37 정답 | ③
풀이 | $273 + (-15) = 258$K
$\dfrac{258}{6.84} = 37.7$
∴ 응축온도 $= 37.7 - 15 = 22.7$℃

38 정답 | ②
풀이 | 2단 압축은 2단으로 나누어 행함으로써 각 단의 압축비를 감소시켜 냉동능력의 저하, 실린더 과열을 방지한다.

39 정답 | ④
풀이 | 냉매량 $= \dfrac{25,000}{40} = 625$kg/h

40 정답 | ④
풀이 | ㉠ 저압 측 플로트식 팽창밸브는 대용량 만액식 증발기용 응축기에 불응축가스나 하부에 오일이 괴면 응축온도가 상승한다.
㉡ 증발압력 조정밸브(EPR)는 입구 측에 설치한다.

41 정답 | ①
풀이 | 임피던스 : 전기 회로에 교류를 흘렸을 때 전류의 흐름을 방해하는 정도를 나타내는 값
$Z(\text{임피던스}) = \dfrac{\text{전압}}{\text{전류}}\ (\Omega)$
온도를 임피던스로 변환시키는 요소는 측온저항이다.

42 정답 | ④
풀이 | 옴의 법칙
전기회로에 흐르는 전류는 전압(전위차)에 비례하며, 도체의 저항에 반비례한다.
$\text{전류}(I) = \dfrac{V}{R},\ \text{컨덕턴스}(G) = \dfrac{1}{R}$(저항의 역수)

43 정답 | ③
풀이 | $Y = \overline{\overline{(ABC + \overline{DE})}} = \overline{(\overline{ABC} + \overline{DE})}$
$\qquad = ABCDE$

44 정답 | ②
풀이 | $0.01 = \dfrac{x}{19.8}$, $x = 19.8 \times 0.01 ≒ 0.2$

45 정답 | ③
풀이 | 목푯값
제어량이 그 값에 맞도록 제어계에 주어지는 신호

46 정답 | ④
풀이 | 절연내력시험 : 가압시험, 유도시험, 충격시험
※ 변압기 : 하나의 회로에서 교류전력을 받아 전자유도작용에 의해 다른 회로에 전력을 공급하는 정지기기

47 정답 | ③
풀이 | 시퀀스(Sequence) 제어는 독립된 다수의 출력 회로를 동시에 얻을 수 있다.

48 정답 | ③
풀이 | $A + AB = A(1 + B) = A \cdot 1 = A$

49 정답 | ④
풀이 | 브리지 정류회로
양파 정류회로의 일종으로 다이오드를 4개 브리지 모양으로 접속하여 정류하는 회로(중간 탭이 있는 트랜스를 사용하지 않아도 된다.)로서 교류입력은 $B - D$점에 연결한다.

50 정답 | ②

풀이 | $\pi(\mathrm{rad})=180°$, $1\mathrm{rad}=\dfrac{180°}{\pi}$

라디안$(\mathrm{rad})=$ 각도 $\times \dfrac{\pi}{180}$

$V=V_m\sin(\omega t+\theta)$

$\omega=\dfrac{377}{180}=2\pi f$

$\therefore f=\dfrac{377}{2\pi}=\dfrac{377}{2\times3.14}=60\mathrm{Hz}$

51 정답 | ③

풀이 | 교류전원(v)

(양) $v>0$: $v \rightarrow D_1 \rightarrow R \rightarrow D_4 \rightarrow v$

(음) $v<0$: $v \rightarrow D_3 \rightarrow R \rightarrow D_2 \rightarrow v$

52 정답 | ①

풀이 | 제동계수(DF)가 작을수록 최대 초과량이 크다.

53 정답 | ①

풀이 |

54 정답 | ②

풀이 | 전하(Charge)

음 또는 양의 전기를 일종의 양으로 다룬 것

㉠ 단위 : 쿨롱(C)

㉡ 1A의 불변 전류로 1초간 운반되는 전기량을 1쿨롱(C)이라 한다.

㉢ 전하는 도체 내부 · 외부에 존재한다.

55 정답 | ②

풀이 | 비례동작(P 연속동작)

편차(잔류편차 Offset 발생)

$Y=k \cdot z(t)$

56 정답 | ④

풀이 | ON−OFF 제어 : 불연속 제어로서 사이클링이 있다.

57 정답 | ②

풀이 | 순시값

교류는 시간에 따라 순간마다 파의 크기가 변화하므로 전류파형 또는 전압파형의 어떤 임의의 순간에서 전류 또는 전압의 크기를 나타내는 것

58 정답 | ④

풀이 | 제동계수 : 2차계 시스템의 응답형태를 결정하는 것

59 정답 | ③

풀이 | 직류전동기 규약효율$(\eta)=\dfrac{\text{입력}-\text{손실}}{\text{입력}}\times100\%$

60 정답 | ②

풀이 | 8Ω의 전류$(I)=30\times\dfrac{4}{8+4}=10\mathrm{A}$

4Ω의 전류$(I)=30-10=20\mathrm{A}$

$\therefore r_3=\dfrac{100-(10\times8)}{10}=2\,\Omega$

$r_4=\dfrac{100-(20\times4)}{20}=1\,\Omega$

61 정답 | ②

풀이 | Victoric Joint : 고무링과 누름판(칼라)을 사용하여 주철관을 접합한다(가스배관용으로 우수하다).

62 정답 | ④

풀이 | 고온고압용 관 재료는 크리프 강도가 커야 한다.

63 정답 | ①

풀이 | 통기관의 설치 목적 : 트랩의 봉수를 보호한다.

64 정답 | ④

풀이 | 관로 내 유체의 온도가 적정선을 상승하면 캐비테이션(공동현상)이 발생한다. ①, ②, ③항은 공동현상 발생 조건에 해당한다.

65 정답 | ③

풀이 | 옥상탱크식 급수계통에서, 저수조 등에서 물의 오염 가능성이 크다.

66 정답 | ④

풀이 | 밀폐배관에서는 펌프의 운전으로 배관계 각부의 압력이 증가한다.

67 정답 | ③

풀이 | : 왕복동형 압축기

68 정답 | ③

풀이 | 배수관 피복의 설치 목적은 방로 및 방음이다.

69 정답 | ①

풀이 | 흡수식에서는 압축기 대신 재생기가 필요하다(고온, 저온 재생기).

70 정답 | ②

풀이 | 유분리기(냉매배관의 기름 제거기)의 설치장소
  ㉠ 암모니아 냉매 : 압축기에서 멀고 응축기에 가까운 곳
  ㉡ 프레온 냉매 : 압축기에 가까운 곳

71 정답 | ①

풀이 | 등마찰손실법
  덕트의 단위길이당 마찰저항이 일정하도록 치수를 결정하는 덕트 설계법

72 정답 | ②

풀이 | 리버스리턴식(역귀환방식) : 온수난방 시공법

73 정답 | ①

풀이 | ㉠ 단관중력식 증기난방 : 방열기 상부에 공기빼기밸브를 설치
  ㉡ 복관중력식 증기난방 : 에어리턴식, 에어벤트식으로 공기를 배제
  ㉢ 진공환수식 진공도 : 100~250mmHg

74 정답 | ②

풀이 | ㉠ 13mm 미만 : 1m
  ㉡ 13mm 이상~33mm 미만 : 2m
  ㉢ 33mm 이상 : 3m

75 정답 | ③

풀이 | 냉각탑 입구 측, 출구 측에는 온도계를 설치한다.

76 정답 | ①

풀이 | 급수관경이 작아지면 급수의 저항을 받는다.

77 정답 | ③

풀이 | 급탕부하 $= 300 \times 1 \times (80 - 20) = 18,000$kcal/h

  $\therefore$ 연료소모량 $= \dfrac{18,000}{10,000 \times 0.6} = 3$kg/h

78 정답 | ③

풀이 | : 분기관에 사용

79 정답 | ③

풀이 | 주수식, 침지식, 투입식(가스발생기) : 아세틸렌 가스 제조용 발생기

80 정답 | ①

풀이 | ① ⊣◁├── : 체크밸브
  ② ──◁▷── : 일반 게이트 밸브
  ③ ──◁●▷── : 글로브 유량조절 밸브
  ④ : 앵글밸브

실전점검!
03회 CBT 실전모의고사

수험번호 :

수험자명 :

제한 시간 : 2시간
남은 시간 :

글자 크기 100% 150% 200%   화면 배치

전체 문제 수 :
안 푼 문제 수 :

1과목 에너지관리

01 풍량 $Q(\text{m}^3/\text{h})$, 팬의 전압 $P_T(\text{mmAq})$, 팬의 정압 $P_S(\text{mmAq})$, 토출풍속 V_D (m/s), 전압효율 η_T, 정압효율 η_S라 할 때 송풍기의 소요동력을 계산하는 식은?

① $\text{kW} = \dfrac{Q \times P_T}{102\eta_S \times 3,600}$

② $\text{kW} = \dfrac{Q \times V_D}{102\eta_T \times 3,600}$

③ $\text{kW} = \dfrac{Q \times P_T}{102\eta_T \times 3,600}$

④ $\text{kW} = \dfrac{Q \times P_S}{102\eta_T \times 3,600}$

02 환기방식에 관한 설명 중 옳은 것은?

① 제1종 환기는 자연급기와 자연배기 방식이다.
② 제2종 환기는 기계설비에 의한 급기와 자연배기 방식이다.
③ 제3종 환기는 기계설비에 의한 급기와 기계설비에 의한 배기방식이다.
④ 제4종 환기는 자연급기와 기계설비에 의한 배기방식이다.

03 열펌프에 대한 설명 중 옳은 것은?

① 열펌프는 펌프를 가동하여 열을 내는 기관이다.
② 난방용의 보일러를 냉방에 사용할 때 이를 열펌프라 한다.
③ 열펌프는 증발기에서 내는 열을 이용한다.
④ 열펌프는 응축기에서의 방열을 난방으로 이용하는 것이다.

04 공조부하 중 재열부하의 설명이 옳지 않은 것은?

① 현열 및 잠열부하에 속한다.
② 냉방부하에 속한다.
③ 냉각코일의 용량 산출 시 포함시킨다.
④ 냉각된 공기를 가열하는 데 소요되는 열량이다.

답안 표기란

1	①	②	③	④
2	①	②	③	④
3	①	②	③	④
4	①	②	③	④
5	①	②	③	④
6	①	②	③	④
7	①	②	③	④
8	①	②	③	④
9	①	②	③	④
10	①	②	③	④
11	①	②	③	④
12	①	②	③	④
13	①	②	③	④
14	①	②	③	④
15	①	②	③	④
16	①	②	③	④
17	①	②	③	④
18	①	②	③	④
19	①	②	③	④
20	①	②	③	④
21	①	②	③	④
22	①	②	③	④
23	①	②	③	④
24	①	②	③	④
25	①	②	③	④
26	①	②	③	④
27	①	②	③	④
28	①	②	③	④
29	①	②	③	④
30	①	②	③	④

계산기   다음 ▶   안 푼 문제   답안 제출

03회 실전점검!
CBT 실전모의고사

수험번호 :

수험자명 :

제한 시간 : 2시간
남은 시간 :

글자 크기 100% 150% 200%

화면 배치

전체 문제 수 :
안 푼 문제 수 :

05 공기조화 분류에 대한 설명으로 맞지 않는 것은?

① 공기조화는 대상에 따라 보건용 공조와 산업용 공조로 분류된다.

② 보건용 공조에는 사무실, 오락실, 전산실, 측정실 등이 해당된다.

③ 산업용 공조에는 차고, 공장 등이 해당된다.

④ 보건용 공조는 실내 거주자의 쾌적성을 목적으로 한다.

06 덕트의 배치방식에 관한 설명 중 틀린 것은?

① 간선덕트 방식은 주 덕트인 입상덕트로부터 각 층에서 분기되어 각 취출구로 취출관을 연결한다.

② 개별덕트 방식은 주 덕트에서 각개의 취출구로 각개의 덕트를 통해 분산하여 송풍하는 방식으로 각 실의 개별 제어성이 우수하다.

③ 환상덕트 방식은 2개의 덕트 말단을 루프(Loop) 상태로 연결함으로써 덕트 말단에 가까운 취출구에서 송풍량의 언밸런스가 발생될 수 있다.

④ 각개 입상덕트 방식은 호텔, 오피스빌딩 등 공기-수 방식인 덕트 병용 팬코일 유닛 방식이나 유인 유닛 방식 등에 사용된다.

07 습구온도에 대한 설명 중 옳은 것은?

① 감열부에 습한 공기를 불어 넣어 측정한 온도이다.

② 습구온도는 주위의 공기가 포화증기에 가까우면 건구온도와의 차는 작아지고, 건조하게 되면 그 차는 커진다.

③ 습구온도계의 감열부는 기류속도 3m/s 이상의 장소에 설치하는 것이 좋다.

④ 기류가 거의 없는 곳에서는 아스만 통풍 건습계, 일정 풍속을 강제적으로 공급하여 측정하는 경우는 오거스트 건습계가 사용된다.

08 태양으로부터의 일사량이 480kcal/m²h이고, 유리면의 차폐계수가 0.75일 때 유리의 전열면적 10m²를 통해 실내로 침입하는 열부하량은 얼마인가?

① 2,400kcal/h

② 3,600kcal/h

③ 4,800kcal/h

④ 6,400kcal/h

답안 표기란

1	① ② ③ ④
2	① ② ③ ④
3	① ② ③ ④
4	① ② ③ ④
5	① ② ③ ④
6	① ② ③ ④
7	① ② ③ ④
8	① ② ③ ④
9	① ② ③ ④
10	① ② ③ ④
11	① ② ③ ④
12	① ② ③ ④
13	① ② ③ ④
14	① ② ③ ④
15	① ② ③ ④
16	① ② ③ ④
17	① ② ③ ④
18	① ② ③ ④
19	① ② ③ ④
20	① ② ③ ④
21	① ② ③ ④
22	① ② ③ ④
23	① ② ③ ④
24	① ② ③ ④
25	① ② ③ ④
26	① ② ③ ④
27	① ② ③ ④
28	① ② ③ ④
29	① ② ③ ④
30	① ② ③ ④

계산기

다음 ▶

안 푼 문제

답안 제출

03회 실전점검!
CBT 실전모의고사

수험번호 :
수험자명 :

제한 시간 : 2시간
남은 시간 :

글자
크기   100% 150% 200%

화면
배치

전체 문제 수 :
안 푼 문제 수 :

답안 표기란

1	① ② ③ ④
2	① ② ③ ④
3	① ② ③ ④
4	① ② ③ ④
5	① ② ③ ④
6	① ② ③ ④
7	① ② ③ ④
8	① ② ③ ④
9	① ② ③ ④
10	① ② ③ ④
11	① ② ③ ④
12	① ② ③ ④
13	① ② ③ ④
14	① ② ③ ④
15	① ② ③ ④
16	① ② ③ ④
17	① ② ③ ④
18	① ② ③ ④
19	① ② ③ ④
20	① ② ③ ④
21	① ② ③ ④
22	① ② ③ ④
23	① ② ③ ④
24	① ② ③ ④
25	① ② ③ ④
26	① ② ③ ④
27	① ② ③ ④
28	① ② ③ ④
29	① ② ③ ④
30	① ② ③ ④

09 복사패널의 시공법에 관한 설명으로 잘못된 것은?

① 코일의 직선 길이부가 방의 짧은 변 쪽에 위치하도록 코일을 배열한다.
② 콘크리트의 양생은 30℃ 이상의 온도에서 24시간 이상 건조시킨다.
③ 코일의 길이는 50m 이내가 좋다.
④ 코일 위의 모르타르 두께는 코일 외경의 1.5배 정도로 한다.

10 환수주관을 보일러 수면보다 높은 위치에 배관하는 환수배관방식은?

① 습식 환수방법
② 강제 환수방식
③ 건식 환수방식
④ 중력 환수방식

11 냉수 코일 설계 기준을 설명한 것 중 옳지 않은 것은?

① 코일의 설치는 관이 수평으로 놓이게 한다.
② 수속(水速)의 기준 설계 값은 1m/s 전후이다.
③ 공기 냉각용 코일의 열 수는 4~8열이 많이 사용된다.
④ 냉수 입출구 온도차는 10℃ 이상으로 한다.

12 다음 중 전공기 방식의 특징이 아닌 것은?

① 송풍량이 충분하여 실내오염이 적다.
② 환기용 팬(Fan)을 설치하면 외기냉방이 가능하다.
③ 실내에 노출되는 기기가 없어 마감이 깨끗하다.
④ 천장의 여유공간이 작을 때 적합하다.

계산기   다음 ▶   안 푼 문제   답안 제출

03회 실전점검!
CBT 실전모의고사

수험번호:

수험자명:

제한 시간 : 2시간
남은 시간 :

글자
크기 100% 150% 200%

화면
배치

전체 문제 수:

안 푼 문제 수:

13 외기냉방에 대한 설명으로 옳지 않은 것은?

① 외기온도가 실내공기온도 이하로 되는 때에 적용한다.

② 냉동기를 가동하지 않아도 냉방을 할 수 있다.

③ 외기온도가 실내공기온도보다 높을 때에는 외기만을 급기한다.

④ 급기용 및 환기용 송풍기를 설치한다.

14 500rpm으로 운전되는 송풍기가 풍량 300m³/min, 전압 40mmAq, 동력 3.5kW 의 성능을 나타내고 있다. 회전수를 550rpm으로 상승시키면 동력은 약 몇 kW가 소요되는가?(단, 송풍기 효율은 변화되지 않는 것으로 가정한다.)

① 3.5kW

② 4.7kW

③ 5.5kW

④ 6.0kW

15 냉풍 및 온풍을 각 실에서 자동적으로 혼합하여 공급하는 송풍방식은?

① 복사 냉난방 방식

② 유인 유닛 방식

③ 팬코일 유닛 방식

④ 2중 덕트 방식

16 취출에 관한 용어 설명 중 옳은 것은?

① 내부유인이란 취출구의 내부에 실내 공기를 흡입해서 이것과 취출 1차 공기를 혼합해서 취출하는 작용이다.

② 강하도란 수평으로 취출된 공기가 어느 거리만큼 진행했을 때의 기류 중심선과 취출구 중심과의 수평거리이다.

③ 2차 공기란 취출구로부터 취출되는 공기를 말한다.

④ 도달거리란 수평으로 취출된 공기가 어느 거리만큼 진행했을 때의 기류 중심선과 취출구와의 수직거리이다.

1	①	②	③	④
2	①	②	③	④
3	①	②	③	④
4	①	②	③	④
5	①	②	③	④
6	①	②	③	④
7	①	②	③	④
8	①	②	③	④
9	①	②	③	④
10	①	②	③	④
11	①	②	③	④
12	①	②	③	④
13	①	②	③	④
14	①	②	③	④
15	①	②	③	④
16	①	②	③	④
17	①	②	③	④
18	①	②	③	④
19	①	②	③	④
20	①	②	③	④
21	①	②	③	④
22	①	②	③	④
23	①	②	③	④
24	①	②	③	④
25	①	②	③	④
26	①	②	③	④
27	①	②	③	④
28	①	②	③	④
29	①	②	③	④
30	①	②	③	④

계산기

다음 ▶

안 푼 문제

답안 제출

17 방직공장의 정방실에서 20kW의 전동기로서 구동되는 정방기가 10대 있을 때, 전력에 의하는 취득열량은 얼마인가?(단, 소요동력/정격동력 ϕ=0.85, 가동률 ϕ=0.9, 전동기 효율은 0.9이다.)

① 156,200kcal/h

② 146,200kcal/h

③ 166,200kcal/h

④ 176,200kcal/h

18 증기 사용압력이 가장 낮은 보일러는?

① 노통 연관 보일러

② 수관 보일러

③ 관류 보일러

④ 입형 보일러

19 보일러의 부속설비로서 연소실에서 연돌에 이르기까지 배치되는 순서로 맞는 것은?

① 과열기 → 절탄기 → 공기예열기

② 절탄기 → 과열기 → 공기예열기

③ 과열기 → 공기예열기 → 절탄기

④ 공기예열기 → 절탄기 → 과열기

20 습공기의 상태변화에 관한 설명 중 옳지 않은 것은?

① 습공기를 가열하면 엔탈피가 증가한다.

② 습공기를 가열하면 상대습도는 감소한다.

③ 습공기를 냉각하면 비체적은 감소한다.

④ 습공기를 냉각하면 절대습도는 증가한다.

답안 표기란

1	①	②	③	④
2	①	②	③	④
3	①	②	③	④
4	①	②	③	④
5	①	②	③	④
6	①	②	③	④
7	①	②	③	④
8	①	②	③	④
9	①	②	③	④
10	①	②	③	④
11	①	②	③	④
12	①	②	③	④
13	①	②	③	④
14	①	②	③	④
15	①	②	③	④
16	①	②	③	④
17	①	②	③	④
18	①	②	③	④
19	①	②	③	④
20	①	②	③	④
21	①	②	③	④
22	①	②	③	④
23	①	②	③	④
24	①	②	③	④
25	①	②	③	④
26	①	②	③	④
27	①	②	③	④
28	①	②	③	④
29	①	②	③	④
30	①	②	③	④

계산기 다음 ▶ 안 푼 문제 답안 제출

실전점검!

03회

CBT 실전모의고사

수험번호 :

수험자명 :

제한 시간 : 2시간
남은 시간 :

글자
크기 100% 150% 200%

화면
배치

전체 문제 수 :
안 푼 문제 수 :

답안 표기란

2과목 **공조냉동 설계**

21 $P-V$ 선도에서 그림과 같은 사이클 변화를 갖는 이상기체가 한 사이클 동안 행한 일은?

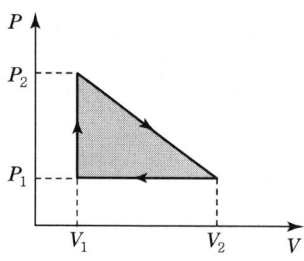

① $P_2(V_2 - V_1)$

② $P_1(V_2 - V_1)$

③ $\dfrac{(P_2 + P_1)(V_2 - V_1)}{2}$

④ $\dfrac{(P_2 - P_1)(V_2 - V_1)}{2}$

22 8℃의 이상기체를 가역 단열압축하여 그 체적을 $\dfrac{1}{5}$로 하였을 때 기체의 온도는 몇 ℃로 되겠는가?(단, $k=1.4$이다.)

① $-125℃$

② $294℃$

③ $222℃$

④ $262℃$

23 온도 15℃, 압력 100kPa 상태의 체적이 일정한 용기 안에 어떤 이상기체 5kg이 들어 있다. 이 기체가 50℃가 될 때까지 가열되었다. 이 과정 동안의 엔트로피 변화는 약 얼마인가?(단, 이 기체의 정압비열과 정적비열은 1.001kJ/kg · K, 0.7171 kJ/kg · K이다.)

① 0.411kJ/K 증가

② 0.411kJ/K 감소

③ 0.575kJ/K 증가

④ 0.575kJ/K 감소

1	① ② ③ ④
2	① ② ③ ④
3	① ② ③ ④
4	① ② ③ ④
5	① ② ③ ④
6	① ② ③ ④
7	① ② ③ ④
8	① ② ③ ④
9	① ② ③ ④
10	① ② ③ ④
11	① ② ③ ④
12	① ② ③ ④
13	① ② ③ ④
14	① ② ③ ④
15	① ② ③ ④
16	① ② ③ ④
17	① ② ③ ④
18	① ② ③ ④
19	① ② ③ ④
20	① ② ③ ④
21	① ② ③ ④
22	① ② ③ ④
23	① ② ③ ④
24	① ② ③ ④
25	① ② ③ ④
26	① ② ③ ④
27	① ② ③ ④
28	① ② ③ ④
29	① ② ③ ④
30	① ② ③ ④

 계산기

 다음 ▶

 안 푼 문제 📋 답안 제출

03회 실전점검!
CBT 실전모의고사

수험번호 :

수험자명 :

제한 시간 : 2시간
남은 시간 :

글자 크기 100% 150% 200%

화면 배치

전체 문제 수 :
안 푼 문제 수 :

답안 표기란

1	① ② ③ ④
2	① ② ③ ④
3	① ② ③ ④
4	① ② ③ ④
5	① ② ③ ④
6	① ② ③ ④
7	① ② ③ ④
8	① ② ③ ④
9	① ② ③ ④
10	① ② ③ ④
11	① ② ③ ④
12	① ② ③ ④
13	① ② ③ ④
14	① ② ③ ④
15	① ② ③ ④
16	① ② ③ ④
17	① ② ③ ④
18	① ② ③ ④
19	① ② ③ ④
20	① ② ③ ④
21	① ② ③ ④
22	① ② ③ ④
23	① ② ③ ④
24	① ② ③ ④
25	① ② ③ ④
26	① ② ③ ④
27	① ② ③ ④
28	① ② ③ ④
29	① ② ③ ④
30	① ② ③ ④

24 500℃의 고온부와 50℃의 저온부 사이에서 작동하는 Carnot 사이클 열기관의 열효율은 얼마인가?

① 10% ② 42%

③ 58% ④ 90%

25 수은주에 의해 측정된 대기압이 753mmHg일 때 진공도 90%의 절대압력은?(단, 수은의 밀도는 $13,600kg/m^3$, 중력가속도는 $9.8m/s^2$이다.)

① 약 200.08kPa ② 약 190.08kPa

③ 약 100.04kPa ④ 약 10.04kPa

26 증기터빈으로 질량 유량 1kg/s, 엔탈피 h_1=3,500kJ/kg의 수증기가 들어온다. 중간 단에서 h_2=3,100kJ/kg의 수증기가 추출되며 나머지는 계속 팽창하여 h_3=2,500kJ/kg 상태로 출구에서 나온다면, 중간 단에서 추출되는 수증기의 질량 유량은?(단, 열손실은 없으며, 위치에너지 및 운동에너지의 변화가 없고, 총 터빈 출력은 900kW이다.)

① 0.167kg/s ② 0.323kg/s

③ 0.714kg/s ④ 0.886kg/s

27 물 1kg이 압력 300kPa에서 증발할 때 증가한 체적이 $0.8m^3$이었다면 이때의 외부 일은?(단, 온도는 일정하다고 가정한다.)

① 140kJ ② 240kJ

③ 320kJ ④ 420kJ

계산기 다음 ▶ 안 푼 문제 답안 제출

03회 실전점검!
CBT 실전모의고사

수험번호 :
수험자명 :

제한 시간 : 2시간
남은 시간 :

글자
크기 100% 150% 200%

화면
배치

전체 문제 수 :
안 푼 문제 수 :

28 열역학 제1법칙은 다음의 어떤 과정에서 성립하는가?

① 가역 과정에서만 성립한다.

② 비가역 과정에서만 성립한다.

③ 가역 등온과정에서만 성립한다.

④ 가역이나 비가역 과정을 막론하고 성립한다.

29 10^5Pa, 15℃의 공기가 $n=1.3$인 폴리트로픽 과정(Polytropic Process)으로 변환하여 7×10^5Pa로 압축되었다. 압축 후의 온도는 약 몇 ℃인가?

① 187℃

② 193℃

③ 165℃

④ 178℃

30 계(系)가 한 상태에서 다른 상태로 변할 때 엔트로피 변화는?

① 증가하거나 불변이다.

② 항상 증가한다.

③ 감소하거나 불변이다.

④ 증가, 감소할 수 있으며 불변일 경우도 있다.

1	①	②	③	④
2	①	②	③	④
3	①	②	③	④
4	①	②	③	④
5	①	②	③	④
6	①	②	③	④
7	①	②	③	④
8	①	②	③	④
9	①	②	③	④
10	①	②	③	④
11	①	②	③	④
12	①	②	③	④
13	①	②	③	④
14	①	②	③	④
15	①	②	③	④
16	①	②	③	④
17	①	②	③	④
18	①	②	③	④
19	①	②	③	④
20	①	②	③	④
21	①	②	③	④
22	①	②	③	④
23	①	②	③	④
24	①	②	③	④
25	①	②	③	④
26	①	②	③	④
27	①	②	③	④
28	①	②	③	④
29	①	②	③	④
30	①	②	③	④

계산기

다음 ▶

안 푼 문제

답안 제출

03회 실전점검!
CBT 실전모의고사

수험번호 :

수험자명 :

제한 시간 : 2시간
남은 시간 :

글자
크기 100% 150% 200%

화면
배치

전체 문제 수 :
안 푼 문제 수 :

	답안 표기란			
31	①	②	③	④
32	①	②	③	④
33	①	②	③	④
34	①	②	③	④
35	①	②	③	④
36	①	②	③	④
37	①	②	③	④
38	①	②	③	④
39	①	②	③	④
40	①	②	③	④
41	①	②	③	④
42	①	②	③	④
43	①	②	③	④
44	①	②	③	④
45	①	②	③	④
46	①	②	③	④
47	①	②	③	④
48	①	②	③	④
49	①	②	③	④
50	①	②	③	④
51	①	②	③	④
52	①	②	③	④
53	①	②	③	④
54	①	②	③	④
55	①	②	③	④
56	①	②	③	④
57	①	②	③	④
58	①	②	③	④
59	①	②	③	④
60	①	②	③	④

31 증기분사식 냉동기에 대한 설명으로 옳지 않은 것은?

① 물의 증발잠열을 이용하여 냉동효과를 얻는다.

② 공급열원은 증기이다.

③ −10℃ 정도의 냉각에 이용된다.

④ 증기를 고속으로 분출시켜 증발기로부터 끌어올려서 저압을 형성한다.

32 냉동장치 운전 중 팽창밸브의 열림이 적을 때 발생하는 현상이 아닌 것은?

① 증발압력은 저하한다.

② 순환 냉매량은 감소한다.

③ 압축비는 감소한다.

④ 체적효율은 저하한다.

33 냉동기에 사용되는 냉매는 일반적으로 비체적이 작은 것이 요구된다. 그러나 냉매의 비체적이 어느 정도 큰 것을 사용하는 냉동기는 어느 것인가?

① 회전식

② 흡수식

③ 왕복동식

④ 터보(원심)식

34 제빙장치에서 브라인온도 −10℃, 결빙시간 48시간일 때 얼음의 두께는 약 얼마인가?(단, 결빙계수는 0.56이다.)

① 293mm

② 393mm

③ 29.3mm

④ 39.3mm

35 압축기에 대한 설명 중 옳지 않은 것은?

① 고속다기통 압축기는 입형 압축기의 실린더 수를 많이 한 것이다.

② 체적효율이란 압축기의 실제적인 흡입량과 이상적 흡입량의 비를 말한다.

③ 터보 압축기의 증속장치는 하이포이드 기어를 채용한다.

④ 압축비란 압축기의 토출 측과 흡입 측의 절대압력의 비를 말한다.

36 흡수냉동기의 용량제어법으로 적당하지 않은 것은?

① 냉각수의 교축

② 냉수의 교축

③ 가열증기 드레인의 교축

④ 용액순환량의 교축

계산기

다음 ▶

안 푼 문제

답안 제출

03회 실전점검!
CBT 실전모의고사

수험번호:
수험자명:

제한 시간 : 2시간
남은 시간 :

글자
크기 ⊖ 100% ⊕ 150% ⊕ 200%

화면
배치

전체 문제 수 :
안 푼 문제 수 :

답안 표기란

31	①	②	③	④
32	①	②	③	④
33	①	②	③	④
34	①	②	③	④
35	①	②	③	④
36	①	②	③	④
37	①	②	③	④
38	①	②	③	④
39	①	②	③	④
40	①	②	③	④
41	①	②	③	④
42	①	②	③	④
43	①	②	③	④
44	①	②	③	④
45	①	②	③	④
46	①	②	③	④
47	①	②	③	④
48	①	②	③	④
49	①	②	③	④
50	①	②	③	④
51	①	②	③	④
52	①	②	③	④
53	①	②	③	④
54	①	②	③	④
55	①	②	③	④
56	①	②	③	④
57	①	②	③	④
58	①	②	③	④
59	①	②	③	④
60	①	②	③	④

37 피스톤 압출량이 320m³/h인 압축기가 다음 조건으로 단열압축운전되고 있을 때 토출가스의 엔탈피는 446.8kcal/kg이었다. 이 압축기의 소요동력(kW)은?

흡입증기의 엔탈피	400kcal/kg
흡입증기의 비체적	0.38m³/kg
체적효율	0.72
기계효율	0.90
압축효율	0.80

① 32.9
② 37.4
③ 45.8
④ 48.6

38 2단 압축 1단 팽창식과 2단 압축 2단 팽창식을 동일 운전조건하에서 비교한 설명 중 맞는 것은?

① 2단 팽창식의 경우가 성적계수가 조금 높다.
② 2단 팽창식의 경우가 운전이 용이하다.
③ 2단 팽창식은 중간냉각기를 필요로 하지 않는다.
④ 1단 팽창식의 팽창밸브는 1개가 좋다.

39 공랭식 응축기에서 열통과량을 증대시키기 위한 방법으로 적당하지 못한 것은?

① 전열면에 핀(Fin)을 부착한다.
② 관 두께를 얇게 한다.
③ 응축압력을 낮춘다.
④ 냉매와 공기와의 온도차를 증가시킨다.

40 전열면적 4.5m², 열통과율 800kcal/m²h℃인 수랭식 응축기를 사용하는 냉각장치가 있다. 또한 응축기를 냉각수 입구온도 32℃로 운전하는 경우 응축온도가 40℃가 된다. 이 응축기의 냉각수량은 몇 L/min인가?(단, 냉매와 냉각수 간의 온도차는 산술평균온도차 5℃를 사용한다.)

① 30L/min
② 50L/min
③ 60L/min
④ 80L/min

계산기
다음 ▶
안 푼 문제
답안 제출

03회

실전점검!
CBT 실전모의고사

수험번호 :
수험자명 :

제한 시간 : 2시간
남은 시간 :

글자
크기 100% 150% 200%

화면
배치

전체 문제 수 :
안 푼 문제 수 :

답안 표기란

31	①	②	③	④
32	①	②	③	④
33	①	②	③	④
34	①	②	③	④
35	①	②	③	④
36	①	②	③	④
37	①	②	③	④
38	①	②	③	④
39	①	②	③	④
40	①	②	③	④
41	①	②	③	④
42	①	②	③	④
43	①	②	③	④
44	①	②	③	④
45	①	②	③	④
46	①	②	③	④
47	①	②	③	④
48	①	②	③	④
49	①	②	③	④
50	①	②	③	④
51	①	②	③	④
52	①	②	③	④
53	①	②	③	④
54	①	②	③	④
55	①	②	③	④
56	①	②	③	④
57	①	②	③	④
58	①	②	③	④
59	①	②	③	④
60	①	②	③	④

3과목 **시운전 및 안전관리**

41 그림의 논리회로를 NAND 소자만으로 구성하려면 NAND 소자는 최소 몇 개가 필요한가?

A
B
C
X

① 1
③ 3
② 2
④ 5

42 어떤 회로에 정현파 전압을 가하니 90° 위상이 뒤진 전류가 흘렀다면 이 회로의 부하는?

① 저항
③ 무부하
② 용량성
④ 유도성

43 다음 중 불연속 제어에 해당되는 것은?

① 비례제어
③ 미분제어
② ON – OFF 제어
④ 적분제어

44 정격 10kW의 3상 유도전동기가 기계손 200W, 전부하 슬립 4%로 운전될 때 2차 동손은 약 몇 W인가?

① 400
③ 417
② 408
④ 425

계산기

다음 ▶

안 푼 문제

답안 제출

03회 실전점검!
CBT 실전모의고사

수험번호:
수험자명:

제한 시간 : 2시간
남은 시간 :

글자 크기 100% 150% 200% 화면 배치

전체 문제 수:
안 푼 문제 수:

45 저항 4Ω, 유도 리액턴스 3Ω을 직렬로 구성하였을 때 전류가 5A 흐른다면 이 회로에 인가한 전압은 몇 V인가?

① 15
② 20
③ 25
④ 35

46 다음 중 회로시험기로 측정할 수 없는 것은?

① 저항
② 교류전압
③ 고주파전류
④ 직류전류

47 피드백 제어시스템의 피드백 효과가 아닌 것은?

① 외부 조건의 변화에 대한 영향 감소
② 정확도 개선
③ 대역폭 증가
④ 시스템 간소화 및 비용 감소

48 유도전동기에서 극수가 일정할 때 동기속도(N_s)와 주파수(f)와의 관계는?

① 회전자계의 속도는 주파수에 비례한다.
② 회전자계의 속도는 주파수에 반비례한다.
③ 회전자계의 속도는 주파수의 제곱에 비례한다.
④ 회전자계의 속도는 주파수와 관계가 없다.

49 제어오차의 변화속도에 비례하여 조작량을 조절하는 제어동작은?

① P 동작
② D 동작
③ I 동작
④ PI 동작

31	① ② ③ ④
32	① ② ③ ④
33	① ② ③ ④
34	① ② ③ ④
35	① ② ③ ④
36	① ② ③ ④
37	① ② ③ ④
38	① ② ③ ④
39	① ② ③ ④
40	① ② ③ ④
41	① ② ③ ④
42	① ② ③ ④
43	① ② ③ ④
44	① ② ③ ④
45	① ② ③ ④
46	① ② ③ ④
47	① ② ③ ④
48	① ② ③ ④
49	① ② ③ ④
50	① ② ③ ④
51	① ② ③ ④
52	① ② ③ ④
53	① ② ③ ④
54	① ② ③ ④
55	① ② ③ ④
56	① ② ③ ④
57	① ② ③ ④
58	① ② ③ ④
59	① ② ③ ④
60	① ② ③ ④

계산기
다음 ▶
안 푼 문제
답안 제출

03회 실전점검!
CBT 실전모의고사

수험번호 :

수험자명 :

제한 시간 : 2시간
남은 시간 :

글자 크기 100% 150% 200%　　화면 배치　　전체 문제 수 :　안 푼 문제 수 :

	답안 표기란			
31	①	②	③	④
32	①	②	③	④
33	①	②	③	④
34	①	②	③	④
35	①	②	③	④
36	①	②	③	④
37	①	②	③	④
38	①	②	③	④
39	①	②	③	④
40	①	②	③	④
41	①	②	③	④
42	①	②	③	④
43	①	②	③	④
44	①	②	③	④
45	①	②	③	④
46	①	②	③	④
47	①	②	③	④
48	①	②	③	④
49	①	②	③	④
50	①	②	③	④
51	①	②	③	④
52	①	②	③	④
53	①	②	③	④
54	①	②	③	④
55	①	②	③	④
56	①	②	③	④
57	①	②	③	④
58	①	②	③	④
59	①	②	③	④
60	①	②	③	④

50 플레밍의 왼손법칙에서 엄지손가락이 가리키는 것은?

① 기전력 방향　　　　　　② 전류 방향

③ 힘의 방향　　　　　　　④ 자력선 방향

51 그림과 같은 블록 선도로 표시되는 제어계의 전달함수는?

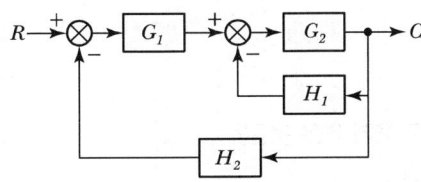

① $\dfrac{G_1(1+G_2H_1)}{1+G_1G_2+G_2H_1}$　　　　② $\dfrac{G_1G_2}{1+G_2H_1+G_1G_2H_2}$

③ $\dfrac{G_1}{1+G_2H_1+G_1G_2H_2}$　　　　④ $\dfrac{G_1G_2}{1+G_2H_1+G_1H_2}$

52 평행판 콘덴서에 100V의 전압이 걸려 있다. 이 전원을 제거한 후 평행판 간격을 처음의 2배로 증가할 경우 정전용량은 어떻게 되는가?

① 1/2로 된다.　　　　　　② 2배로 된다.

③ 1/4로 된다.　　　　　　④ 4배로 된다.

53 동일한 저항에 교류와 직류를 동일시간 동안 인가하였을 때 소비되는 전력량(발열량)이 같은 경우, 이때의 직류값을 정현파 교류의 무엇이라 하는가?

① 실횻값　　　　　　　　② 파고값

③ 평균값　　　　　　　　④ 파형률

계산기　　　　　　다음 ▶　　　　　　안 푼 문제　　답안 제출

03회 실전점검!
CBT 실전모의고사

수험번호 :

수험자명 :

제한 시간 : 2시간
남은 시간 :

글자 크기 100% 150% 200%

화면 배치

전체 문제 수 :
안 푼 문제 수 :

54 와류 브레이크(Eddy Current Break)의 특징이나 특성에 대한 설명으로 옳은 것은?

① 전기적 제동으로 마모부분이 심하다.

② 제동토크는 코일의 여자전류에 반비례한다.

③ 정지 시에는 제동토크가 걸리지 않는다.

④ 제동 시에는 회전에너지가 냉각작용을 일으키므로 별도의 냉각방식이 필요 없다.

55 조작기기로 사용되는 서보 전동기의 설명 중 옳지 않은 것은?

① 제어범위가 넓고 특성 변경이 쉬워야 한다.

② 시정수와 관성이 클수록 좋다.

③ 서보 전동기는 그다지 큰 회전력이 요구되지 않아도 된다.

④ 급 가 · 감속 및 정 · 역 운전이 쉬워야 한다.

56 그림과 같은 회로에서 저항 R을 E, V, r로 표시하면?

① $\dfrac{V}{E-V}r$

② $\dfrac{E}{E-V}r$

③ $\dfrac{E-V}{V}r$

④ $\dfrac{E-V}{E}r$

답안 표기란

31	① ② ③ ④
32	① ② ③ ④
33	① ② ③ ④
34	① ② ③ ④
35	① ② ③ ④
36	① ② ③ ④
37	① ② ③ ④
38	① ② ③ ④
39	① ② ③ ④
40	① ② ③ ④
41	① ② ③ ④
42	① ② ③ ④
43	① ② ③ ④
44	① ② ③ ④
45	① ② ③ ④
46	① ② ③ ④
47	① ② ③ ④
48	① ② ③ ④
49	① ② ③ ④
50	① ② ③ ④
51	① ② ③ ④
52	① ② ③ ④
53	① ② ③ ④
54	① ② ③ ④
55	① ② ③ ④
56	① ② ③ ④
57	① ② ③ ④
58	① ② ③ ④
59	① ② ③ ④
60	① ② ③ ④

 계산기

 다음 ▶

 안 푼 문제 📋 답안 제출

03회 실전점검!
CBT 실전모의고사

수험번호 :

수험자명 :

제한 시간 : 2시간
남은 시간 :

글자 크기 100% 150% 200% 화면 배치

전체 문제 수 :
안 푼 문제 수 :

57 온도, 유량, 압력 등의 상태량을 제어량으로 하는 제어계로서 프로세스에 가해지는 외란의 억제를 주목적으로 하는 것은?

① 자동조정
② 서보기구
③ 정치제어
④ 프로세스 제어

58 인가전압을 변화시켜서 전동기의 회전수를 900rpm으로 하고자 한다. 이 경우 회전수에 해당되는 것은?

① 목푯값
② 조작량
③ 제어대상
④ 제어량

59 6극, 60Hz인 유도전동기가 1,164rpm으로 회전하며 토크 56N·m를 발생할 때의 동기와트는 약 얼마인가?

① 6,834W
② 6,934W
③ 7,034W
④ 7,134W

60 열차의 무인운전을 위한 제어는 어느 것에 속하는가?

① 정치제어
② 추종제어
③ 비율제어
④ 프로그램 제어

	답안 표기란			
31	①	②	③	④
32	①	②	③	④
33	①	②	③	④
34	①	②	③	④
35	①	②	③	④
36	①	②	③	④
37	①	②	③	④
38	①	②	③	④
39	①	②	③	④
40	①	②	③	④
41	①	②	③	④
42	①	②	③	④
43	①	②	③	④
44	①	②	③	④
45	①	②	③	④
46	①	②	③	④
47	①	②	③	④
48	①	②	③	④
49	①	②	③	④
50	①	②	③	④
51	①	②	③	④
52	①	②	③	④
53	①	②	③	④
54	①	②	③	④
55	①	②	③	④
56	①	②	③	④
57	①	②	③	④
58	①	②	③	④
59	①	②	③	④
60	①	②	③	④

계산기   다음 ▶   안 푼 문제   답안 제출

03회 실전점검!
CBT 실전모의고사

수험번호 :

수험자명 :

제한 시간 : 2시간
남은 시간 :

글자
크기 · 100% · 150% · 200% · 화면
배치

전체 문제 수 :
안 푼 문제 수 :

답안 표기란

61	①	②	③	④
62	①	②	③	④
63	①	②	③	④
64	①	②	③	④
65	①	②	③	④
66	①	②	③	④
67	①	②	③	④
68	①	②	③	④
69	①	②	③	④
70	①	②	③	④
71	①	②	③	④
72	①	②	③	④
73	①	②	③	④
74	①	②	③	④
75	①	②	③	④
76	①	②	③	④
77	①	②	③	④
78	①	②	③	④
79	①	②	③	④
80	①	②	③	④

4과목 **유지보수공사관리**

61 환수관의 누설로 인해 보일러가 안전수위 이하의 상태에서 연소되는 것을 방지할 수 있는 배관법은?

① 리프트 이음
② 하트포드 이음
③ 바이패스 이음
④ 스위블 이음

62 원심력 철근콘크리트관에 대한 설명으로 옳지 않은 것은?

① 흄(Hume)관이라고 한다.
② 보통압관과 압력관 2종류가 있다.
③ A형 이음재 형상은 칼라이음쇠를 말한다.
④ B형 이음재 형상은 삽입이음쇠를 말한다.

63 냉온수 배관법 중 역환수(Reverse Return) 방식에 대한 특징이 아닌 것은?

① 유량 밸런스를 잡기 어렵다.
② 배관 스페이스가 많이 필요하다.
③ 배관계의 마찰저항이 거의 균등해진다.
④ 공급관과 환수관의 길이를 거의 같게 하는 배관방식이다.

64 급수에 사용되는 물은 탄산칼슘의 함유량에 따라 연수와 경수로 구분된다. 경수 사용 시 발생될 수 있는 현상으로 틀린 것은?

① 비누거품의 발생이 좋다.
② 보일러용수로 사용 시 내면에 관석(스케일)이 발생한다.
③ 전열효율이 저하하고 과열의 원인이 된다.
④ 보일러의 수명이 단축된다.

계산기 · 다음 ▶ · 안 푼 문제 · 답안 제출

03 실전점검!
CBT 실전모의고사

수험번호 :

수험자명 :

제한 시간 : 2시간
남은 시간 :

글자
크기 100% 150% 200%

화면
배치

전체 문제 수 :
안 푼 문제 수 :

답안 표기란

61	①	②	③	④
62	①	②	③	④
63	①	②	③	④
64	①	②	③	④
65	①	②	③	④
66	①	②	③	④
67	①	②	③	④
68	①	②	③	④
69	①	②	③	④
70	①	②	③	④
71	①	②	③	④
72	①	②	③	④
73	①	②	③	④
74	①	②	③	④
75	①	②	③	④
76	①	②	③	④
77	①	②	③	④
78	①	②	③	④
79	①	②	③	④
80	①	②	③	④

65 급탕온도를 85℃(밀도 0.96876kg/L), 복귀탕의 온도를 70℃(밀도 0.97781kg/L)로 할 때 자연 순환수두는 얼마인가?(단, 가열기에서 최고위 급탕 전까지의 높이는 10m로 한다.)

① 70.5mmAq
② 80.5mmAq
③ 90.5mmAq
④ 100.5mmAq

66 다음 중 무기질 보온재가 아닌 것은?

① 유리면
② 암면
③ 규조토
④ 코르크

67 관의 종류와 이음방법 연결이 잘못된 것은?

① 강관 – 나사이음
② 동관 – 압축이음
③ 주철관 – 칼라이음
④ 스테인리스강관 – 몰코이음

68 물의 정화방법에서 침전방법에 따라 일어나는 반응 중에 황산반토를 물에 혼합하면 생성되는 응집성이 풍부한 플록(Flock) 형상의 물질로 맞는 것은?

① $3Ca(HCO_3)_2$
② CO_2
③ $Al(OH)_3$
④ $CaSO_4$

69 우수배관 시공 시 고려할 사항으로 틀린 것은?

① 우수배관은 온도에 따른 관의 신축에 대응하기 위해 오프셋 부분을 둔다.
② 우수 수직관은 건물 내부에 배관하는 경우와 건물 외벽에 배관하는 경우가 있다.
③ 우수 수직관은 다른 기구의 배수관과 접속시켜 통기관으로 사용할 수 있다.
④ 우수 수평관을 다른 배수관과 접속할 때에는 우수배수관을 통해 하수가스가 발생되지 않도록 U자 트랩을 설치한다.

계산기

다음 ▶

안 푼 문제

답안 제출

03회 실전점검!
CBT 실전모의고사

수험번호 :

수험자명 :

제한 시간 : 2시간
남은 시간 :

글자
크기 100% 150% 200%

화면
배치

전체 문제 수 :
안 푼 문제 수 :

답안 표기란

61	① ② ③ ④
62	① ② ③ ④
63	① ② ③ ④
64	① ② ③ ④
65	① ② ③ ④
66	① ② ③ ④
67	① ② ③ ④
68	① ② ③ ④
69	① ② ③ ④
70	① ② ③ ④
71	① ② ③ ④
72	① ② ③ ④
73	① ② ③ ④
74	① ② ③ ④
75	① ② ③ ④
76	① ② ③ ④
77	① ② ③ ④
78	① ② ③ ④
79	① ② ③ ④
80	① ② ③ ④

70 그림과 같은 룸쿨러의 (A), (B), (C)에 설치하는 장치는?

실내 측 | 실외 측

모세관

(B)

냉풍

모터

(A)

(C)

① (A) 응축기, (B) 증발기, (C) 압축기
② (A) 증발기, (B) 압축기, (C) 응축기
③ (A) 압축기, (B) 응축기, (C) 증발기
④ (A) 증발기, (B) 응축기, (C) 압축기

71 아래의 저압가스 배관의 직경을 구하는 식에서 S가 의미하는 것은?

$$D^5 = \frac{Q^2 \cdot S \cdot L}{K^2 \cdot H}$$

① 관의 내경
② 공급 압력차
③ 배관 길이
④ 가스 비중

72 냉매배관 시공 시 주의사항으로 틀린 것은?
① 배관 길이는 되도록 짧게 한다.
② 온도변화에 의한 신축을 고려한다.
③ 곡률 반지름은 가능한 한 작게 한다.
④ 수평배관은 냉매흐름방향으로 하향 구배로 한다.

계산기

다음 ▶

안 푼 문제

03회 실전점검!
CBT 실전모의고사

수험번호 :
수험자명 :

제한 시간 : 2시간
남은 시간 :

글자
크기 100% 150% 200%

화면
배치

전체 문제 수 :
안 푼 문제 수 :

답안 표기란				
61	①	②	③	④
62	①	②	③	④
63	①	②	③	④
64	①	②	③	④
65	①	②	③	④
66	①	②	③	④
67	①	②	③	④
68	①	②	③	④
69	①	②	③	④
70	①	②	③	④
71	①	②	③	④
72	①	②	③	④
73	①	②	③	④
74	①	②	③	④
75	①	②	③	④
76	①	②	③	④
77	①	②	③	④
78	①	②	③	④
79	①	②	③	④
80	①	②	③	④

73 도시가스 제조소 및 공급소 밖의 배관 설치 기준으로 틀린 것은?

① 배관은 환기가 잘되거나 기계환기설비를 설치한 장소에 설치할 것
② 배관의 이음매(용접이음매는 제외)와 전기계량기 및 전기개폐기와의 거리는 60cm 이상의 거리를 유지할 것
③ 배관을 철도부지에 매설하는 경우에는 지표면으로부터 배관의 외면까지의 깊이를 1.2m 이상 유지할 것
④ 입상관의 밸브는 바닥으로부터 1.0m 이상 2.5m 이내에 설치할 것

74 공기조화설비 배관 시 지켜야 할 사항으로 틀린 것은?

① 배관이 보, 천장, 바닥을 관통하는 개소에는 슬리브를 삽입하여 배관한다.
② 수평주관은 공기 체류부가 생기지 않도록 배관한다.
③ 배관은 모두 관의 신축을 고려하여 시공한다.
④ 주관의 굽힘부는 벤드(곡관) 대신 엘보를 사용한다.

75 스트레이너의 형상에 따른 종류가 아닌 것은?

① Y형
② S형
③ U형
④ V형

76 온수난방 배관시공 시 기울기에 관한 설명 중 틀린 것은?

① 배관의 기울기는 일반적으로 1/250 이상으로 한다.
② 단관 중력 순환식의 온수 주관은 하향 기울기를 준다.
③ 복관 중력 순환식의 상향 공급식에서는 공급관, 복귀관 모두 하향 기울기를 준다.
④ 강제 순환식은 상향 기울기나 하향 기울기 어느 쪽이든 자유로이 할 수 있다.

계산기　　　　다음 ▶　　　　안 푼 문제　　답안 제출

03회 실전점검!
CBT 실전모의고사

수험번호 :

수험자명 :

제한 시간 : 2시간
남은 시간 :

글자 크기 100% 150% 200%

화면 배치

전체 문제 수 :
안 푼 문제 수 :

답안 표기란

61	①	②	③	④
62	①	②	③	④
63	①	②	③	④
64	①	②	③	④
65	①	②	③	④
66	①	②	③	④
67	①	②	③	④
68	①	②	③	④
69	①	②	③	④
70	①	②	③	④
71	①	②	③	④
72	①	②	③	④
73	①	②	③	④
74	①	②	③	④
75	①	②	③	④
76	①	②	③	④
77	①	②	③	④
78	①	②	③	④
79	①	②	③	④
80	①	②	③	④

77 경질 염화비닐관의 설명으로 틀린 것은?

① 열팽창률이 크다.

② 관 내 마찰손실이 작다.

③ 산, 알칼리 등에 대해 내식성이 작다.

④ 고온 또는 저온의 장소에 부적당하다.

78 배수설비에서 통기관을 사용하는 가장 중요한 목적은?

① 유해가스 제거를 위하여

② 트랩의 봉수를 보호하기 위하여

③ 급수의 역류를 방지하기 위하여

④ 공기의 흐름을 방지하기 위하여

79 열팽창에 의한 배관의 이동을 구속 또는 제한하기 위해 사용되는 관 지지장치는 무엇인가?

① 행거(Hanger)

② 서포트(Support)

③ 브레이스(Brace)

④ 리스트레인트(Restraint)

80 배관에서 금속의 산화부식 방지법 중 칼로라이징(Calorizing)법이란?

① 크롬(Cr)을 분말상태로 배관 외부에 가열하여 침투시키는 방법

② 규소(Si)를 분말상태로 배관 외부에 침투시키는 방법

③ 알루미늄(Al)을 분말상태로 배관 외부에 침투시키는 방법

④ 구리(Cu)를 분말상태로 배관 외부에 침투시키는 방법

계산기

다음 ▶

안 푼 문제

답안 제출

CBT 정답 및 해설

01	02	03	04	05	06	07	08	09	10
③	②	④	①	②	③	②	②	②	③
11	12	13	14	15	16	17	18	19	20
④	④	③	②	④	①	②	④	①	④
21	22	23	24	25	26	27	28	29	30
④	④	①	③	④	①	②	④	④	④
31	32	33	34	35	36	37	38	39	40
③	③	④	①	③	②	③	①	③	②
41	42	43	44	45	46	47	48	49	50
②	④	②	④	④	④	①	②	④	②
51	52	53	54	55	56	57	58	59	60
②	①	①	③	②	①	④	④	③	④
61	62	63	64	65	66	67	68	69	70
②	④	①	①	③	④	③	③	③	①
71	72	73	74	75	76	77	78	79	80
④	③	④	④	②	③	③	②	④	③

01 정답 | ③

풀이 | $kW = \dfrac{Q \times P_T}{102 \times \eta_T \times 3,600}$

02 정답 | ②

풀이 | ① 제1종 환기 : 급기팬 + 배기팬
③ 제3종 환기 : 자연급기 + 배기팬
④ 제4종 환기 : 자연환기

03 정답 | ④

풀이 | 열펌프(히트펌프)는 응축기에서의 방열을 난방열로 이용한다.

04 정답 | ①

풀이 | 재열부하
공조기에 의해 냉각된 공기를 재열기로 가열하여 실내로 보낸다.
$0.24G(t_2 - t_1) = 0.29Q(t_2 - t_1)$

05 정답 | ②

풀이 | 보건용 공기조화
주거공간, 사무소, 각종 점포, 오락실, 병원, 교통기관, 작업장용

06 정답 | ③

풀이 | 환상덕트 사용 목적
덕트 말단에 가까운 취출구에서 송풍량의 언밸런스를 개선할 수 있다.

07 정답 | ②

풀이 | 습구온도
감열부를 젖게 하며 물의 증발로 건구온도보다 낮은 온도를 나타낸다. 건조하면 건구온도와의 차가 커지며, 일정한 풍속에서 측정한다.

08 정답 | ②

풀이 | $480 \times 0.75 \times 10 = 3,600 kcal/h$

09 정답 | ②

풀이 | 콘크리트 양생 시 48시간 이상 건조시킨다.

10 정답 | ③

풀이 | 건식 환수방식(증기난방)은 보일러 수면보다 환수주관을 높게 배관한다.

11 정답 | ④

풀이 | 코일의 통과 수온의 차는 5℃ 전후로 한다.

12 정답 | ④

풀이 | 전공기 방식은 천장의 여유공간이 클 때 적합하다.

13 정답 | ③

풀이 | 외기온도가 실내공기온도보다 높으면 외기와 실내공기를 혼합하여 급기한다(냉방기준에서).

14 정답 | ②

풀이 | 송풍기 동력 $= \left(\dfrac{N_2}{N_1}\right)^3 = 3.5 \times \left(\dfrac{550}{500}\right)^3 = 4.7 kW$

15 정답 | ④

풀이 | 2중 덕트 방식
냉풍 및 온풍을 각 실에서 자동적으로 혼합하여 공급하는 방식

16 정답 | ①

풀이 | ② 강하거리 : 최대도달거리에 상당하는 점까지의 높이
③ 2차 공기 : 1차 공기 + 실내공기
④ 도달거리 : 취출기류의 풍속에 비례한다.

17 정답 | ②

풀이 | $1 kWh = 860 kcal$
$\dfrac{(20 \times 10 \times 860) \times 0.85 \times 0.9}{0.9(효율)} = 146,200 kcal/h$

CBT 정답 및 해설

18 정답 | ④
풀이 | 입형 보일러
$10 kg/cm^2$ 이하의 저압 보일러

19 정답 | ①
풀이 | 폐열회수장치 설치 순서
과열기 → 절탄기(급수가열기) → 공기예열기

20 정답 | ④
풀이 | 습공기를 냉각하면 상대습도는 감소한다.

21 정답 | ④
풀이 | 일$(W_2) = \dfrac{(P_2 - P_1)(V_2 - V_1)}{2}$

22 정답 | ④
풀이 | $T_2 = T_1 \times \left(\dfrac{V_1}{V_2} \right)^{k-1}$

$\qquad = (273 + 8) \times \left(\dfrac{5}{1} \right)^{1.4-1} = 535 K$

$\qquad \therefore 535 - 273 = 262℃$

23 정답 | ①
풀이 | $K = \dfrac{1.001}{0.7171} = 1.396 (비열비)$

$P_2 = P_1 \times \left(\dfrac{323}{288} \right)^{\frac{k-1}{k}} = 100 \times \left(\dfrac{323}{288} \right)^{\frac{1.396-1}{1.396}}$

$\qquad = 103.3 kPa$

$\Delta S = S_2 - S_1 = G C_P \ln \left(\dfrac{T_2}{T_1} \times \dfrac{P_1}{P_2} \right)$

$\qquad = 5 \times 0.717 \times \ln \left(\dfrac{323 \times 100}{288 \times 103.3} \right) = 0.411 kJ/K$ 증가

24 정답 | ③
풀이 | $500 + 273 = 773 K$, $50 + 273 = 323 K$

$\qquad \eta = \dfrac{773 - 323}{773} = 0.58 (58\%)$

25 정답 | ④
풀이 | $753 \times 0.1 = 75.3$(절대압)
$\qquad 753 \times 0.9 = 677.7 mmHg$(진공게이지압)
$\qquad 1atm = 101.8 kPa$
$\qquad \therefore 101.8 \times \dfrac{75.3}{760} = 10.04 kPa$

26 정답 | ①
풀이 | $900 kW = (3,500 - 3,100) \times 1$
$\qquad\qquad\qquad + (3,100 - 2,500) \times (1 - m)$
수증기 질량(m)
$\qquad = \dfrac{\{(3,500 - 3,100) + (3,100 - 2,500)\} - 900}{3,100 - 2,500}$
$\qquad = 0.167 kg/s$

27 정답 | ②
풀이 | $W = 1 \times 300 \times 0.8 = 240 kJ$

28 정답 | ④
풀이 | 열역학 제1법칙은 가역이나 비가역 과정을 막론하고 성립한다(에너지 보존의 법칙, 일과 열의 관계).

29 정답 | ④
풀이 | $10^5 Pa = 100,000 Pa$, $7 \times 10^5 = 700,000 Pa$

$T_2 = T_1 \times \left(\dfrac{P_2}{P_1} \right)^{\frac{n-1}{n}}$

$\qquad = (273 + 15) \times \left(\dfrac{700,000}{100,000} \right)^{\frac{1.3-1}{1.3}} = 451 K = 178℃$

30 정답 | ④
풀이 | 계가 한 상태에서 다른 상태로 변할 때 엔트로피의 변화는 증가 또는 감소, 그리고 불변일 수도 있다.

31 정답 | ③
풀이 | 증기분사식 냉동기는 증기 이젝터 노즐을 이용하며 그 특징은 ①, ②, ④항 등이다.

32 정답 | ③
풀이 | 증발온도를 올리면 압축비가 감소한다.

33 정답 | ④
풀이 | 터보형 압축기는 냉매의 비체적이 어느 정도 큰 것을 허용하며 냉매는 비중이 커야 한다.

34 정답 | ①
풀이 | 시간$(h) = \dfrac{0.56 \times t^2}{-(t_b)}$

$\qquad 48 = \dfrac{0.56 \times t^2}{-(-10)}$

$\qquad \therefore t = \sqrt{\dfrac{48 \times 10}{0.56}} \times 10 = 293 mm$

$\qquad ※ 1cm = 10mm$

CBT 정답 및 해설

35 정답 | ③
풀이 | 터보 압축기의 증속장치는 해리컬 기어를 사용한다.

36 정답 | ②
풀이 | 흡수식 냉동기의 용량제어법은 ①, ③, ④항 등이다 (흡수식 냉동기의 냉매는 물이다).

37 정답 | ③
풀이 | $\dfrac{320}{0.38} = 842\text{kg/h}$

$1\text{kWh} = 860\text{kcal}$

$\dfrac{842 \times (446.8 - 400)}{860} = 45.8\text{kW}$

38 정답 | ①
풀이 | 2단 압축 1단 팽창식과 2단 압축 2단 팽창식을 비교하면 2단 팽창식의 경우가 성적계수가 조금 높다.

39 정답 | ③
풀이 | 응축압력을 낮추면 성적계수가 좋아지고 압축비가 감소한다.

40 정답 | ②
풀이 | 응축부하 = 냉각수량 × 비열 × (냉각수 출구온도 − 냉각수 입구온도)

$G_W = \dfrac{Q_c}{C \times (t_2 - t_1)}$

냉각수 출구온도 = $\dfrac{\text{응축부하}}{\text{냉각수량} \times 1 \times 60}$ + 입구온도

출구수온 $= 40 - \dfrac{32 + x}{2} = 5$, $x = 38℃$

$\therefore G_W = \dfrac{4.5 \times 800 \times 5}{1 \times (38 - 32) \times 60} = 50\text{L/min}$

41 정답 | ②
풀이 | NAND 회로
AND 회로(논리곱회로)에 NOT 회로(논리부정회로)를 접속한 회로(논리식 $X = \overline{A \cdot B}$)

A○──┐
     ⊐○─○X
B○──┘

$\therefore X = (A \cdot B) + \overline{C}$(논리심벌)

42 정답 | ④
풀이 | 유도성
어떤 회로에 정현파 전압을 가하여 90° 위상이 뒤진 전류가 흐를 때의 부하

43 정답 | ②
풀이 | ON−OFF 제어 : 불연속 제어

44 정답 | ④
풀이 | $P_{c2} = SP_2 = S \cdot \dfrac{P_o}{1-S} = \dfrac{S}{1-S} \times P_s$

$= \dfrac{S}{1-S} \times (P + P_f)$

$= \dfrac{0.04}{1-0.04} \times (10 \times 1,000 + 200) = 425\text{W}$

45 정답 | ③
풀이 | $\sqrt{4^2 + 3^2} = \sqrt{16 + 9} = \sqrt{25} = 5\Omega$

$\therefore 5\Omega \times 5\text{A} = 25\text{V}$

유도 리액턴스(X_L) : 코일에 전류가 흐르는 것을 방해하는 요소이며 주파수에 비례한다.
$X_L = \omega L = 2\pi f L(\Omega)$

46 정답 | ③
풀이 | 회로시험기(테스터기) : 직류전류, 직류전압, 교류전압, 저항 등을 측정
※ 고주파 : 상대적으로 높은 주파수

47 정답 | ④
풀이 | 피드백 제어는 시스템이 다소 복잡하다.

48 정답 | ①
풀이 | 유도전동기에서 극수가 일정할 때 회전자계의 속도는 주파수에 비례한다.
※ 회전자계 : 전기자가 고정하고 계자가 회전하는 회전기(동기발전기형)

49 정답 | ②
풀이 | D 동작(적분동작) : 제어오차의 변화속도에 비례하여 조작량을 조절한다.

50 정답 | ③
풀이 | 플레밍의 왼손법칙

51 정답 | ②
풀이 | 전달함수
모든 초깃값을 0으로 했을 때 출력 신호의 라플라스 변환과 입력신호의 라플라스 변환의 비이다.
$$G(S) = \frac{C}{R} = \frac{G_1 G_2}{1 + G_2 H_1 + G_1 G_2 H_2}$$

52 정답 | ①
풀이 | 정전용량(커패시턴스)
콘덴서가 전하를 축적할 수 있는 능력을 표시하는 양으로, 단위는 패럿(F)이다.
$$C = \frac{Q}{V} = \frac{D \cdot A}{E \cdot l} = \frac{1}{2} = 0.5$$

53 정답 | ①
풀이 | 실횻값 : 정현파 교류의 직류값

54 정답 | ③
풀이 | 와류 브레이크는 정지 시에는 제동토크가 걸리지 않는다.
※ 제동토크 : 지시계기의 응답을 양호하게 판독하기 쉽도록 하기 위해 필요한 힘(Retarding Torque)이다.

55 정답 | ②
풀이 | 서보 전동기
㉠ 서보 전동기는 시정수와 관성이 작을수록 좋다(서보기구에 사용하는 모터이다).
㉡ 직류, 교류 전동기가 있다.
㉢ 정전, 역전이 가능하고 저속에서 운전이 가능하며 급가속·급감속을 할 수 있다.

56 정답 | ①
풀이 | 저항 $R = \frac{V}{E-V} r$

57 정답 | ④
풀이 | 프로세스 제어는 외란의 억제를 주목적으로 한다.

58 정답 | ④
풀이 | 전동기 회전수 제어 : 제어량 제어

59 정답 | ③
풀이 | 동기와트 $(P_o) = \omega r = 2\pi n \tau = 2\pi \frac{N}{60} \tau (\text{W})$
회전수 $(N_s) = \frac{120f}{P} = \frac{120 \times 60 \text{Hz}}{6} = 1,200$

$$\therefore P_o = 2 \times 3.14 \times \frac{1200}{60} \times 56 = 7,033.6 \text{W}$$

60 정답 | ④
풀이 | 열차의 무인운전은 프로그램 제어에 속한다.

61 정답 | ②
풀이 | 하트포드 이음
증기난방에서 보일러수가 안전수위 이하가 되는 것을 방지하기 위한 균형관 이음법

62 정답 | ④
풀이 | ㉠ B형 이음재 : 소켓이음쇠
㉡ C형 이음재 : 삽입이음쇠

63 정답 | ①
풀이 | 역환수 방식은 유량 밸런스를 잡기가 용이하다.

64 정답 | ①
풀이 | 경수 사용 시 비누거품의 발생이 좋지 않다.

65 정답 | ③
풀이 | $H = 1,000 \times (\rho_2 - \rho_1)h$
$= 1,000 \times (0.9778 - 0.96876) \times 10$
$= 90.5 \text{mmAq}$

66 정답 | ④
풀이 | 코르크 : 유기질 저온용 보온재

67 정답 | ③
풀이 | 칼라이음 – 석면시멘트관 이음

68 정답 | ③
풀이 | $Al(OH)_3$은 황산반토를 물에 혼합하면 응집성이 풍부하다.

69 정답 | ③
풀이 | 우수 수직관과 배수관을 접속시키지 말고 통기관 사용은 금물이다.

70 정답 | ①
풀이 | A : 응축기, B : 증발기, C : 압축기

71 정답 | ④

풀이 | Q : 유량 K : 폴의 정수
    S : 가스 비중 H : 허용압력손실
    L : 배관 길이 D : 관의 내경

72 정답 | ③

풀이 | 곡률 반지름은 유체의 저항을 줄이기 위해 다소 크게 한다.

73 정답 | ④

풀이 | 입상관의 밸브는 바닥에서 1.6m 이상~2m 이내에 설치한다.

74 정답 | ④

풀이 | 주관의 굽힘부는 반드시 벤드를 사용한다.

75 정답 | ②

풀이 | 스트레이너(여과기) 종류 : Y형, U형, V형

76 정답 | ③

풀이 | 복관 중력 순환식(상향 공급식)
    ㉠ 온수공급관 : 상향 기울기
    ㉡ 복귀관 : 하향 기울기

77 정답 | ③

풀이 | 경질 염화비닐관
내식성이 크나(염산, 황산, 가성소다) 산, 알칼리 등의 부식성 약품에 거의 부식되지 않는다.

78 정답 | ②

풀이 | 통기관의 설치 목적 : 트랩의 봉수 보호

79 정답 | ④

풀이 | 리스트레인트
열팽창에 의한 배관의 이동을 구속 또는 제한하는 관 지지장치

80 정답 | ③

풀이 | 칼로라이징법
배관 외부에 Al을 분말상태로 침투시켜 산화부식을 방지한다.

04회

실전점검!
CBT 실전모의고사

수험번호:
수험자명:

제한 시간 : 2시간
남은 시간 :

글자
크기 100% 150% 200%

화면
배치

전체 문제 수 :
안 푼 문제 수 :

답안 표기란

1	①	②	③	④
2	①	②	③	④
3	①	②	③	④
4	①	②	③	④
5	①	②	③	④
6	①	②	③	④
7	①	②	③	④
8	①	②	③	④
9	①	②	③	④
10	①	②	③	④
11	①	②	③	④
12	①	②	③	④
13	①	②	③	④
14	①	②	③	④
15	①	②	③	④
16	①	②	③	④
17	①	②	③	④
18	①	②	③	④
19	①	②	③	④
20	①	②	③	④
21	①	②	③	④
22	①	②	③	④
23	①	②	③	④
24	①	②	③	④
25	①	②	③	④
26	①	②	③	④
27	①	②	③	④
28	①	②	③	④
29	①	②	③	④
30	①	②	③	④

1과목 에너지관리

01 습공기의 습도에 대한 설명으로 틀린 것은?
① 절대습도는 건공기 중에 포함된 수증기량을 나타낸다.
② 수증기 분압은 절대습도와 반비례 관계가 있다.
③ 상대습도는 습공기의 수증기 분압과 포화공기의 수증기 분압의 비로 나타낸다.
④ 비교습도는 습공기의 절대습도와 포화공기의 절대습도의 비로 나타낸다.

02 다음 중 냉방부하의 종류에 해당하지 않는 것은?
① 일사에 의해 실내로 들어오는 열
② 벽이나 지붕을 통해 실내로 들어오는 열
③ 조명이나 인체와 같이 실내에서 발생하는 열
④ 침입 외기를 가습하기 위한 열

03 보일러의 능력을 나타내는 표시방법 중 가장 작은 값을 나타내는 출력은?
① 정격출력
② 과부하출력
③ 정미출력
④ 상용출력

04 다음의 TAB 수행을 위한 사항 중 옳지 않은 것은?
① 분기로부터 가장 가까운 터미널에서 시작하여 말단 쪽으로 진행하면서 풍량을 조정한다.
② 터미널을 조정하지 않은 상태에서 시스템 내의 각 터미널 공기 흐름을 측정하고, 이를 비교·검토하여 분기 밸런싱 순서를 계획한다.
③ 최대 축동력일 때 팬 구동 모터의 전류를 측정한다.
④ 공기조화와 물계통 설비의 배관계통은 상호 연관 관계가 있으므로 통합된 개념으로 밸런싱을 해야 한다.

계산기
다음 ▶
안 푼 문제
답안 제출

04 회 실전점검!
CBT 실전모의고사

수험번호 :
수험자명 :

제한 시간 : 2시간
남은 시간 :

글자
크기 100% 150% 200%

화면
배치

전체 문제 수 :
안 푼 문제 수 :

답안 표기란

1	① ② ③ ④
2	① ② ③ ④
3	① ② ③ ④
4	① ② ③ ④
5	① ② ③ ④
6	① ② ③ ④
7	① ② ③ ④
8	① ② ③ ④
9	① ② ③ ④
10	① ② ③ ④
11	① ② ③ ④
12	① ② ③ ④
13	① ② ③ ④
14	① ② ③ ④
15	① ② ③ ④
16	① ② ③ ④
17	① ② ③ ④
18	① ② ③ ④
19	① ② ③ ④
20	① ② ③ ④
21	① ② ③ ④
22	① ② ③ ④
23	① ② ③ ④
24	① ② ③ ④
25	① ② ③ ④
26	① ② ③ ④
27	① ② ③ ④
28	① ② ③ ④
29	① ② ③ ④
30	① ② ③ ④

05 온풍난방에서 중력식 순환방식과 비교한 강제순환방식의 특징에 관한 설명으로 틀린 것은?

① 기기 설치장소가 비교적 자유롭다.

② 급기덕트가 작아서 은폐가 용이하다.

③ 공급되는 공기는 필터 등에 의하여 깨끗하게 처리될 수 있다.

④ 공기순환이 어렵고 쾌적성 확보가 곤란하다.

06 다음 공기 선도상에서 난방풍량이 25,000m³/h인 경우 가열코일의 열량(kW)은? (단, 1은 외기, 2는 실내 상태점을 나타내며, 공기의 비중량은 1.2kg/m³이다.)

① 98.3

③ 73.2

② 87.1

④ 61.4

07 인체의 발열에 관한 설명으로 틀린 것은?

① 증발 : 인체 피부에서 수분이 증발하여 그 증발열로 체내 열을 방출한다.

② 대류 : 인체 표면과 주위 공기와의 사이에 열의 이동으로 인위적으로 조절이 가능하며 주위 공기의 온도와 기류에 영향을 받는다.

③ 복사 : 실내온도에 관계없이 유리창과 벽면 등의 표면온도와 인체 표면과의 온도차에 따라 실제 느끼지 못하는 사이에 방출되는 열이다.

④ 전도 : 겨울철 유리창 근처에서 추위를 느끼는 것은 전도에 의한 열 방출이다.

계산기   다음 ▶   안 푼 문제   답안 제출

04회 실전점검!
CBT 실전모의고사

수험번호 :

수험자명 :

제한 시간 : 2시간
남은 시간 :

글자
크기 ⊖ 100% ⊙ 150% ⊕ 200%

화면
배치 ▢▢ ▢ ▢

전체 문제 수 :
안 푼 문제 수 :

답안 표기란

1	① ② ③ ④
2	① ② ③ ④
3	① ② ③ ④
4	① ② ③ ④
5	① ② ③ ④
6	① ② ③ ④
7	① ② ③ ④
8	① ② ③ ④
9	① ② ③ ④
10	① ② ③ ④
11	① ② ③ ④
12	① ② ③ ④
13	① ② ③ ④
14	① ② ③ ④
15	① ② ③ ④
16	① ② ③ ④
17	① ② ③ ④
18	① ② ③ ④
19	① ② ③ ④
20	① ② ③ ④
21	① ② ③ ④
22	① ② ③ ④
23	① ② ③ ④
24	① ② ③ ④
25	① ② ③ ④
26	① ② ③ ④
27	① ② ③ ④
28	① ② ③ ④
29	① ② ③ ④
30	① ② ③ ④

08 다음 중 급배수설비 시운전 수행 시 유의사항으로 옳지 않은 것은?

① 토출밸브를 닫고 펌프를 가동 후 토출밸브를 천천히 개방한다.

② 운전 중 소음, 진동, 압력계를 점검하고 30분 후에 베어링 부위 온도를 확인한다.

③ 시운전을 완전히 종결 후에는 펌프, 배관 내부의 물을 완전히 빼내고 사용되는 액체를 공급하여 다시 가동한다.

④ 펌프를 운전하면서 기준 토출압력으로 되는지 점검한다.

09 실내의 CO_2 농도 기준이 1,000ppm이고, 1인당 CO_2 발생량이 18L/h인 경우, 실내 1인당 필요한 환기량(m^3/h)은?(단, 외기 CO_2 농도는 300ppm이다.)

① 22.7

② 23.7

③ 25.7

④ 26.7

10 유효온도(Effective Temperature)의 3요소는?

① 밀도, 온도, 비열

② 온도, 기류, 밀도

③ 온도, 습도, 비열

④ 온도, 습도, 기류

11 공기조화방식에서 변풍량 단일덕트방식의 특징에 대한 설명으로 틀린 것은?

① 송풍기의 풍량제어가 가능하므로 부분부하 시 반송에너지 소비량을 경감시킬 수 있다.

② 동시사용률을 고려하여 기기 용량을 결정할 수 있으므로 설비용량이 커질 수 있다.

③ 변풍량 유닛을 실별 또는 존별로 배치함으로써 개별 제어 및 존 제어가 가능하다.

④ 부하변동에 따라 실내온도를 유지할 수 있으므로 열원설비용 에너지 낭비가 적다.

12 EDR(Equivalent Direct Radiation)에 관한 설명으로 틀린 것은?

① 증기의 표준방열량은 650kcal/m^2 h이다.

② 온수의 표준방열량은 450kcal/m^2 h이다.

③ 상당방열면적을 의미한다.

④ 방열기의 표준방열량을 전방열량으로 나눈 값이다.

⌨ 계산기

다음 ▶

안 푼 문제

답안 제출

04_회 실전점검!
CBT 실전모의고사

수험번호 :
수험자명 :

제한 시간 : 2시간
남은 시간 :

글자
크기 100% 150% 200% 화면 배치 전체 문제 수 :
안 푼 문제 수 :

답안 표기란

1	① ② ③ ④
2	① ② ③ ④
3	① ② ③ ④
4	① ② ③ ④
5	① ② ③ ④
6	① ② ③ ④
7	① ② ③ ④
8	① ② ③ ④
9	① ② ③ ④
10	① ② ③ ④
11	① ② ③ ④
12	① ② ③ ④
13	① ② ③ ④
14	① ② ③ ④
15	① ② ③ ④
16	① ② ③ ④
17	① ② ③ ④
18	① ② ③ ④
19	① ② ③ ④
20	① ② ③ ④
21	① ② ③ ④
22	① ② ③ ④
23	① ② ③ ④
24	① ② ③ ④
25	① ② ③ ④
26	① ② ③ ④
27	① ② ③ ④
28	① ② ③ ④
29	① ② ③ ④
30	① ② ③ ④

13 전열교환기에 관한 설명으로 틀린 것은?

① 공기조화기기의 용량설계에 영향을 주지 않는다.
② 열교환기 설치로 설비비와 요구 공간이 증가된다.
③ 회전식과 고정식이 있다.
④ 배기와 환기의 열교환으로 현열과 잠열을 교환한다.

14 냉수코일의 설계상 유의사항으로 옳은 것은?

① 일반적으로 통과 풍속은 2~3m/s로 한다.
② 입구 냉수온도는 20℃ 이상으로 취급한다.
③ 관 내의 물의 유속은 4m/s 전후로 한다.
④ 병류형으로 하는 것이 보통이다.

15 아래 습공기 선도에 나타낸 과정과 일치하는 장치도는?

계산기   다음 ▶   안 푼 문제   답안 제출

실전점검!
04회
CBT 실전모의고사

수험번호 :
수험자명 :

제한 시간 : 2시간
남은 시간 :

글자
크기 100% 150% 200%

화면
배치

전체 문제 수 :
안 푼 문제 수 :

답안 표기란

16 증기난방방식에 대한 설명으로 틀린 것은?

① 환수방식에 따라 중력환수식과 진공환수식, 기계환수식으로 구분한다.

② 배관방법에 따라 단관식과 복관식이 있다.

③ 예열시간이 길지만 열량 조절이 용이하다.

④ 운전 시 증기 해머로 인해 소음을 일으키기 쉽다.

17 덕트의 소음 방지대책에 해당되지 않는 것은?

① 덕트의 도중에 흡음재를 부착한다.

② 송풍기 출구 부근에 플래넘 체임버를 장치한다.

③ 댐퍼 입·출구에 흡음재를 부착한다.

④ 덕트를 여러 개로 분기시킨다.

18 온수난방에 대한 설명으로 틀린 것은?

① 저온수 난방에서 공급수의 온도는 100℃ 이하이다.

② 사람이 상주하는 주택에서는 복사난방을 주로 한다.

③ 고온수 난방의 경우 밀폐식 팽창탱크를 사용한다.

④ 2관식 역환수방식에서는 펌프에 가까운 방열기일수록 온수순환량이 많아진다.

19 내벽 열전달률 $4.7W/m^2 K$, 외벽 열전달률 $5.8W/m^2 K$, 열전도율 $2.9W/m K$, 벽두께 25cm, 외기온도 $-10℃$, 실내온도 $20℃$일 때 열관류율($W/m^2 K$)은?

① 1.8

② 2.1

③ 3.6

④ 5.2

20 공조기용 코일은 관 내 유속에 따라 배열방식을 구분하는데, 그 배열방식에 해당하지 않는 것은?

① 풀서킷

② 더블서킷

③ 하프서킷

④ 탑다운서킷

답안 표기란
1 ① ② ③ ④
2 ① ② ③ ④
3 ① ② ③ ④
4 ① ② ③ ④
5 ① ② ③ ④
6 ① ② ③ ④
7 ① ② ③ ④
8 ① ② ③ ④
9 ① ② ③ ④
10 ① ② ③ ④
11 ① ② ③ ④
12 ① ② ③ ④
13 ① ② ③ ④
14 ① ② ③ ④
15 ① ② ③ ④
16 ① ② ③ ④
17 ① ② ③ ④
18 ① ② ③ ④
19 ① ② ③ ④
20 ① ② ③ ④
21 ① ② ③ ④
22 ① ② ③ ④
23 ① ② ③ ④
24 ① ② ③ ④
25 ① ② ③ ④
26 ① ② ③ ④
27 ① ② ③ ④
28 ① ② ③ ④
29 ① ② ③ ④
30 ① ② ③ ④

계산기
다음 ▶
안 푼 문제
답안 제출

04회 실전점검!
CBT 실전모의고사

수험번호 :

수험자명 :

⏱ 제한 시간 : 2시간
남은 시간 :

글자크기	⊖ 100%	Ⓜ 150%	⊕ 200%	화면배치 ▨ ▢ ▢	전체 문제 수 : 안 푼 문제 수 :

답안 표기란				
1	①	②	③	④
2	①	②	③	④
3	①	②	③	④
4	①	②	③	④
5	①	②	③	④
6	①	②	③	④
7	①	②	③	④
8	①	②	③	④
9	①	②	③	④
10	①	②	③	④
11	①	②	③	④
12	①	②	③	④
13	①	②	③	④
14	①	②	③	④
15	①	②	③	④
16	①	②	③	④
17	①	②	③	④
18	①	②	③	④
19	①	②	③	④
20	①	②	③	④
21	①	②	③	④
22	①	②	③	④
23	①	②	③	④
24	①	②	③	④
25	①	②	③	④
26	①	②	③	④
27	①	②	③	④
28	①	②	③	④
29	①	②	③	④
30	①	②	③	④

2과목 **공조냉동 설계**

21 냉동장치 내에 공기가 혼입되었을 때 나타나는 현상으로 옳은 것은?

① 응축기에서 소리가 난다.

② 응축온도가 떨어진다.

③ 토출온도가 높다.

④ 증발압력이 낮아진다.

22 냉동장치에서 흡입압력조정밸브는 어떤 경우를 방지하기 위해 설치하는가?

① 흡입압력이 설정압력 이상으로 상승하는 경우

② 흡입압력이 일정한 경우

③ 고압 측 압력이 높은 경우

④ 수액기의 액면이 높은 경우

23 증발기에서의 착상이 냉동장치에 미치는 영향에 대한 설명으로 옳은 것은?

① 압축비 및 성적계수 감소

② 냉각능력 저하에 따른 냉장실 내 온도 강하

③ 증발온도 및 증발압력 강하

④ 냉동능력에 대한 소요동력 감소

24 다음 중 기체상수(Gas Constant, R, kJ/kg K) 값이 가장 큰 기체는?

① 산소(O_2) ② 수소(H_2)

③ 일산화탄소(CO) ④ 이산화탄소(CO_2)

⌨ 계산기 다음 ▶ 📄 안 푼 문제 📋 답안 제출

04 회
실전점검!
CBT 실전모의고사

수험번호 :
수험자명 :

제한 시간 : 2시간
남은 시간 :

글자
크기 100% 150% 200%
화면
배치
전체 문제 수 :
안 푼 문제 수 :

25 그림과 같이 온도(T) – 엔트로피(s)로 표시된 이상적인 랭킨 사이클에서 각 상태의 엔탈피(h)가 다음과 같다면, 이 사이클의 효율은 약 몇 %인가?(단, $h_1 = $ 30kJ/kg, $h_2 = 31$kJ/kg, $h_3 = 274$kJ/kg, $h_4 = 668$kJ/kg, $h_5 = 764$kJ/kg, $h_6 = 478$kJ/kg이다.)

① 39　　　　　　　　② 42
③ 53　　　　　　　　④ 58

26 유체의 교축과정에서 줄 – 톰슨 계수(μ_J)가 중요하게 고려되는데 이에 대한 설명으로 옳은 것은?

① 등엔탈피 과정에 대한 온도 변화와 압력 변화의 비를 나타내며 $\mu_J < 0$인 경우 온도 상승을 의미한다.

② 등엔탈피 과정에 대한 온도 변화와 압력 변화의 비를 나타내며 $\mu_J < 0$인 경우 온도 강하를 의미한다.

③ 정적과정에 대한 온도 변화와 압력 변화의 비를 나타내며 $\mu_J < 0$인 경우 온도 상승을 의미한다.

④ 정적과정에 대한 온도 변화와 압력 변화의 비를 나타내며 $\mu_J < 0$인 경우 온도 강하를 의미한다.

27 다음의 열역학 상태량 중 종량성 상태량(Extensive Property)에 속하는 것은?

① 압력　　　　　　　② 체적
③ 온도　　　　　　　④ 밀도

답안 표기란
1 ① ② ③ ④
2 ① ② ③ ④
3 ① ② ③ ④
4 ① ② ③ ④
5 ① ② ③ ④
6 ① ② ③ ④
7 ① ② ③ ④
8 ① ② ③ ④
9 ① ② ③ ④
10 ① ② ③ ④
11 ① ② ③ ④
12 ① ② ③ ④
13 ① ② ③ ④
14 ① ② ③ ④
15 ① ② ③ ④
16 ① ② ③ ④
17 ① ② ③ ④
18 ① ② ③ ④
19 ① ② ③ ④
20 ① ② ③ ④
21 ① ② ③ ④
22 ① ② ③ ④
23 ① ② ③ ④
24 ① ② ③ ④
25 ① ② ③ ④
26 ① ② ③ ④
27 ① ② ③ ④
28 ① ② ③ ④
29 ① ② ③ ④
30 ① ② ③ ④

계산기　　　　　　　다음 ▶　　　　　　안 푼 문제　　답안 제출

실전점검!
CBT 실전모의고사

수험번호 :

수험자명 :

제한 시간 : 2시간
남은 시간 :

글자
크기 100% 150% 200%

화면
배치

전체 문제 수 :
안 푼 문제 수 :

답안 표기란				
1	①	②	③	④
2	①	②	③	④
3	①	②	③	④
4	①	②	③	④
5	①	②	③	④
6	①	②	③	④
7	①	②	③	④
8	①	②	③	④
9	①	②	③	④
10	①	②	③	④
11	①	②	③	④
12	①	②	③	④
13	①	②	③	④
14	①	②	③	④
15	①	②	③	④
16	①	②	③	④
17	①	②	③	④
18	①	②	③	④
19	①	②	③	④
20	①	②	③	④
21	①	②	③	④
22	①	②	③	④
23	①	②	③	④
24	①	②	③	④
25	①	②	③	④
26	①	②	③	④
27	①	②	③	④
28	①	②	③	④
29	①	②	③	④
30	①	②	③	④

28 25℃ 원수 1,000kg을 1일 동안에 −9℃의 얼음으로 만드는 데 필요한 냉동능력(RT)은?(단, 열손실은 없으며, 동결잠열 334kJ/kg, 원수의 비열 4.19kJ/kg K, 얼음의 비열 2.1kJ/kg K이며, 1RT는 3.86kW로 한다.)

① 1.37

② 1.88

③ 2.38

④ 2.88

29 클라우지우스(Clausius)의 적분 중 비가역 사이클에 대하여 옳은 식은?(단, Q는 시스템에 공급되는 열, T는 절대온도를 나타낸다.)

① $\oint \frac{\delta Q}{T} = 0$

② $\oint \frac{\delta Q}{T} < 0$

③ $\oint \frac{\delta Q}{T} > 0$

④ $\oint \frac{\delta Q}{T} \geq 0$

30 그림과 같은 Rankine 사이클로 작동하는 터빈에서 발생하는 일은 약 몇 kJ/kg인가?(단, h는 엔탈피, s는 엔트로피를 나타내며, $h_1 = 191.8$kJ/kg, $h_2 = 193.8$kJ/kg, $h_3 = 2,799.5$kJ/kg, $h_4 = 2,007.5$kJ/kg이다.)

① 2.0kJ/kg

② 792.0kJ/kg

③ 2,605.7kJ/kg

④ 1,815.7kJ/kg

계산기

다음 ▶

 안 푼 문제 답안 제출

실전점검!

04회 **CBT 실전모의고사**

수험번호:

수험자명:

제한 시간: 2시간
남은 시간:

글자
크기 100% 150% 200%

화면
배치

전체 문제 수:
안 푼 문제 수:

답안 표기란

31	①	②	③	④
32	①	②	③	④
33	①	②	③	④
34	①	②	③	④
35	①	②	③	④
36	①	②	③	④
37	①	②	③	④
38	①	②	③	④
39	①	②	③	④
40	①	②	③	④
41	①	②	③	④
42	①	②	③	④
43	①	②	③	④
44	①	②	③	④
45	①	②	③	④
46	①	②	③	④
47	①	②	③	④
48	①	②	③	④
49	①	②	③	④
50	①	②	③	④
51	①	②	③	④
52	①	②	③	④
53	①	②	③	④
54	①	②	③	④
55	①	②	③	④
56	①	②	③	④
57	①	②	③	④
58	①	②	③	④
59	①	②	③	④
60	①	②	③	④

31 다음 그림은 2단 압축 암모니아 사이클을 나타낸 것이다. 냉동능력이 2RT인 경우 저단 압축기의 냉매순환량(kg/h)은?(단, 1RT는 3.8kW이다.)

압력
(MPa)

418   1,612 1,800
523   엔탈피(kJ/kg) 1,658

① 10.1
② 22.9
③ 32.5
④ 43.2

32 다음 중 흡수식 냉동기의 용량제어 방법으로 적당하지 않은 것은?

① 흡수기 공급흡수제 조절
② 재생기 공급용액량 조절
③ 재생기 공급증기 조절
④ 응축수량 조절

33 단면이 $1m^2$인 단열재를 통하여 0.3kW의 열이 흐르고 있다. 이 단열재의 두께는 2.5cm이고 열전도계수가 0.2W/m ℃일 때 양면 사이의 온도차(℃)는?

① 54.5
② 42.5
③ 37.5
④ 32.5

34 다음 중 자연냉동법이 아닌 것은?

① 융해열을 이용하는 방법
② 승화열을 이용하는 방법
③ 기한제를 이용하는 방법
④ 증기분사를 하여 냉동하는 방법

계산기   다음 ▶   안 푼 문제   답안 제출

실전점검!

04회 CBT 실전모의고사

수험번호 :

수험자명 :

제한 시간 : 2시간
남은 시간 :

글자
크기 100% 150% 200% 화면
배치

전체 문제 수 :
안 푼 문제 수 :

답안 표기란

31	① ② ③ ④
32	① ② ③ ④
33	① ② ③ ④
34	① ② ③ ④
35	① ② ③ ④
36	① ② ③ ④
37	① ② ③ ④
38	① ② ③ ④
39	① ② ③ ④
40	① ② ③ ④
41	① ② ③ ④
42	① ② ③ ④
43	① ② ③ ④
44	① ② ③ ④
45	① ② ③ ④
46	① ② ③ ④
47	① ② ③ ④
48	① ② ③ ④
49	① ② ③ ④
50	① ② ③ ④
51	① ② ③ ④
52	① ② ③ ④
53	① ② ③ ④
54	① ② ③ ④
55	① ② ③ ④
56	① ② ③ ④
57	① ② ③ ④
58	① ② ③ ④
59	① ② ③ ④
60	① ② ③ ④

35 내부에너지가 30kJ인 물체에 열을 가하여 내부에너지가 50kJ이 되는 동안에 외부에 대하여 10kJ의 일을 하였다. 이 물체에 가해진 열량은?

① 10kJ
② 20kJ
③ 30kJ
④ 60kJ

36 체적이 일정하고 단열된 용기 내에 80℃, 320kPa의 헬륨 2kg이 들어 있다. 용기 내에 있는 회전날개가 20W의 동력으로 30분 동안 회전한다고 할 때 용기 내의 최종 온도는 약 몇 ℃인가?(단, 헬륨의 정적비열은 3.12kJ/kg K이다.)

① 81.9℃
② 83.3℃
③ 84.9℃
④ 85.8℃

37 밀폐시스템에서 초기 상태가 300K, 0.5m³인 이상기체를 등온과정으로 150kPa에서 600kPa까지 천천히 압축하였다. 이 압축과정에 필요한 일은 약 몇 kJ인가?

① 104
② 208
③ 304
④ 612

38 그림과 같은 사이클을 난방용 히트펌프로 사용한다면 이론성적계수를 구하는 식은 다음 중 어느 것인가?

엔탈피 h(kJ/kg)

① $COP = \dfrac{h_2 - h_1}{h_3 - h_2}$

② $COP = 1 + \dfrac{h_3 - h_1}{h_3 + h_2}$

③ $COP = \dfrac{h_2 + h_1}{h_3 + h_2}$

④ $COP = 1 + \dfrac{h_2 - h_1}{h_3 - h_2}$

 계산기   다음 ▶   안 푼 문제   답안 제출

04회 실전점검!
CBT 실전모의고사

수험번호 :
수험자명 :

제한 시간 : 2시간
남은 시간 :

글자 크기 100% 150% 200% 화면 배치

전체 문제 수 :
안 푼 문제 수 :

39 이상적인 카르노 사이클의 열기관이 500℃인 열원으로부터 500kJ을 받고, 25℃에 열을 방출한다. 이 사이클의 일(W)과 효율(η_{th})은 얼마인가?

① $W=307.3\text{kJ}$, $\eta_{th}=0.6145$

② $W=207.2\text{kJ}$, $\eta_{th}=0.5748$

③ $W=250.3\text{kJ}$, $\eta_{th}=0.8316$

④ $W=401.5\text{kJ}$, $\eta_{th}=0.6517$

40 시간당 380,000kg의 물을 공급하여 수증기를 생산하는 보일러가 있다. 이 보일러에 공급하는 물의 엔탈피는 830kJ/kg이고, 생산되는 수증기의 엔탈피는 3,230kJ/kg이라고 할 때, 발열량이 32,000kJ/kg인 석탄을 시간당 34,000kg씩 보일러에 공급한다면 이 보일러의 효율은 약 몇 %인가?

① 66.9%

② 71.5%

③ 77.3%

④ 83.8%

답안 표기란

31	①	②	③	④
32	①	②	③	④
33	①	②	③	④
34	①	②	③	④
35	①	②	③	④
36	①	②	③	④
37	①	②	③	④
38	①	②	③	④
39	①	②	③	④
40	①	②	③	④
41	①	②	③	④
42	①	②	③	④
43	①	②	③	④
44	①	②	③	④
45	①	②	③	④
46	①	②	③	④
47	①	②	③	④
48	①	②	③	④
49	①	②	③	④
50	①	②	③	④
51	①	②	③	④
52	①	②	③	④
53	①	②	③	④
54	①	②	③	④
55	①	②	③	④
56	①	②	③	④
57	①	②	③	④
58	①	②	③	④
59	①	②	③	④
60	①	②	③	④

계산기   다음 ▶   안 푼 문제   답안 제출

실전점검!
04회 CBT 실전모의고사

수험번호:
수험자명:

제한 시간 : 2시간
남은 시간 :

글자 크기 100% 150% 200% 화면 배치

전체 문제 수 :
안 푼 문제 수 :

답안 표기란

31	① ② ③ ④
32	① ② ③ ④
33	① ② ③ ④
34	① ② ③ ④
35	① ② ③ ④
36	① ② ③ ④
37	① ② ③ ④
38	① ② ③ ④
39	① ② ③ ④
40	① ② ③ ④
41	① ② ③ ④
42	① ② ③ ④
43	① ② ③ ④
44	① ② ③ ④
45	① ② ③ ④
46	① ② ③ ④
47	① ② ③ ④
48	① ② ③ ④
49	① ② ③ ④
50	① ② ③ ④
51	① ② ③ ④
52	① ② ③ ④
53	① ② ③ ④
54	① ② ③ ④
55	① ② ③ ④
56	① ② ③ ④
57	① ② ③ ④
58	① ② ③ ④
59	① ② ③ ④
60	① ② ③ ④

3과목 시운전 및 안전관리

41 그림과 같은 제어에 해당하는 것은?

① 개방 제어
② 시퀀스 제어
③ 개루프 제어
④ 폐루프 제어

42 다음 설명에 알맞은 전기 관련 법칙은?

> 회로 내의 임의의 폐회로에서 한쪽 방향으로 일주하면서 취할 때 공급된 기전력의 대수합은 각 회로 소자에서 발생한 전압강하의 대수합과 같다.

① 옴의 법칙
② 가우스 법칙
③ 쿨롱의 법칙
④ 키르히호프의 법칙

43 회로에서 A와 B 간의 합성 저항은 약 몇 Ω인가?(단, 각 저항의 단위는 모두 Ω이다.)

① 2.66
② 3.2
③ 5.33
④ 6.4

계산기   다음 ▶   안 푼 문제   답안 제출

실전점검!
04ℓ CBT 실전모의고사

수험번호 :
수험자명 :

제한 시간 : 2시간
남은 시간 :

글자 크기 100% 150% 200% 화면 배치

전체 문제 수 :
안 푼 문제 수 :

답안 표기란

31	①	②	③	④
32	①	②	③	④
33	①	②	③	④
34	①	②	③	④
35	①	②	③	④
36	①	②	③	④
37	①	②	③	④
38	①	②	③	④
39	①	②	③	④
40	①	②	③	④
41	①	②	③	④
42	①	②	③	④
43	①	②	③	④
44	①	②	③	④
45	①	②	③	④
46	①	②	③	④
47	①	②	③	④
48	①	②	③	④
49	①	②	③	④
50	①	②	③	④
51	①	②	③	④
52	①	②	③	④
53	①	②	③	④
54	①	②	③	④
55	①	②	③	④
56	①	②	③	④
57	①	②	③	④
58	①	②	③	④
59	①	②	③	④
60	①	②	③	④

44 물체의 위치, 방위, 자세 등의 기계적 변위를 제어량으로 하여 목표값의 임의의 변화에 항상 추종되도록 구성된 제어장치는?

① 서보기구
② 자동조정
③ 정치 제어
④ 프로세스 제어

45 일정 전압의 직류전원 V에 저항 R을 접속하니 정격전류 I가 흘렀다. 정격전류 I의 130%를 흘리기 위해 필요한 저항은 약 얼마인가?

① $0.6R$
② $0.77R$
③ $1.3R$
④ $3R$

46 그림과 같은 계통의 전달함수는?

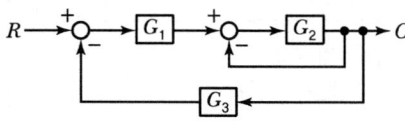

① $\dfrac{G_1 G_2}{1 + G_2 G_3}$

② $\dfrac{G_1 G_2}{1 + G_1 + G_2 G_3}$

③ $\dfrac{G_1 G_2}{1 + G_2 + G_1 G_2 G_3}$

④ $\dfrac{G_1 G_2}{1 + G_1 G_2 + G_2 G_3}$

47 저항 8Ω과 유도 리액턴스 6Ω이 직렬접속된 회로의 역률은?

① 0.6
② 0.8
③ 0.9
④ 1

계산기   다음 ▶   안 푼 문제   답안 제출

실전점검!
04회 CBT 실전모의고사

수험번호:
수험자명:

제한 시간 : 2시간
남은 시간 :

글자
크기 100% 150% 200%

화면
배치

전체 문제 수 :
안 푼 문제 수 :

답안 표기란

31	①	②	③	④
32	①	②	③	④
33	①	②	③	④
34	①	②	③	④
35	①	②	③	④
36	①	②	③	④
37	①	②	③	④
38	①	②	③	④
39	①	②	③	④
40	①	②	③	④
41	①	②	③	④
42	①	②	③	④
43	①	②	③	④
44	①	②	③	④
45	①	②	③	④
46	①	②	③	④
47	①	②	③	④
48	①	②	③	④
49	①	②	③	④
50	①	②	③	④
51	①	②	③	④
52	①	②	③	④
53	①	②	③	④
54	①	②	③	④
55	①	②	③	④
56	①	②	③	④
57	①	②	③	④
58	①	②	③	④
59	①	②	③	④
60	①	②	③	④

48 정현파 교류의 실효값(V)과 최댓값(V_m)의 관계식으로 옳은 것은?

① $V = \sqrt{2}\, V_m$

② $V = \dfrac{1}{\sqrt{2}}\, V_m$

③ $V = \sqrt{3}\, V_m$

④ $V = \dfrac{1}{\sqrt{3}}\, V_m$

49 기계설비법령에 따른 기계설비 시공자의 업무에 해당하지 않는 것은?

① 기계설비 착공 전 확인표 작성

② 기계설비 사용 전 확인표 작성

③ 기계설비 성능확인서 작성

④ 기계설비 착공적합확인서 작성

50 다음 중 기계설비 유지관리기준에 따른 기계설비의 성능점검 시 점검항목이 아닌 것은?

① 기계설비시스템 검토

② 성능개선계획 수립

③ 유지관리비용 최소화 방안 검토

④ 에너지사용량 검토

51 유도전동기에서 슬립이 '0'이란 의미와 같은 것은?

① 유도제동기의 역할을 한다.

② 유도전동기가 정지상태이다.

③ 유도전동기가 전부하 운전상태이다.

④ 유도전동기가 동기속도로 회전한다.

계산기

다음 ▶

 안 푼 문제

 답안 제출

실전점검!
04 회
CBT 실전모의고사

수험번호:
수험자명:

제한 시간: 2시간
남은 시간:

글자 크기 100% 150% 200%   화면 배치   전체 문제 수:
안 푼 문제 수:

답안 표기란

52 피드백 제어계에서 제어장치가 제어대상에 가하는 제어신호로 제어장치의 출력인 동시에 제어대상의 입력인 신호는?

① 목표값
② 조작량
③ 제어량
④ 동작신호

53 고압가스 안전관리법령에 따른 벌칙 규정 중 2년 이하의 징역 또는 2천만 원 이하의 벌금에 해당하지 않는 것은?

① 허가를 받지 아니하고 고압가스를 제조한 자
② 허가를 받지 아니하고 저장소를 설치하거나 고압가스를 판매한 자
③ 안전점검을 실시하지 아니한 자 또는 시설기준과 기술기준을 위반한 자
④ 기준에 따르지 아니하고 굴착작업을 한 자

54 다음 중 중대재해에 속하는 것은?

① 부상자 또는 직업성 질병자가 동시에 5명 이상 발생한 재해
② 부상자 또는 직업성 질병자가 동시에 10명 이상 발생한 재해
③ 1개월 이상의 요양이 필요한 부상자가 동시에 1명 이상 발생한 재해
④ 3개월 이상의 요양이 필요한 부상자가 동시에 1명 이상 발생한 재해

55 변압기의 1차 및 2차의 전압, 권선수, 전류를 각각 E_1, N_1, I_1 및 E_2, N_2, I_2 라고 할 때 성립하는 식으로 옳은 것은?

① $\dfrac{E_2}{E_1} = \dfrac{N_1}{N_2} = \dfrac{I_2}{I_1}$

② $\dfrac{E_1}{E_2} = \dfrac{N_2}{N_1} = \dfrac{I_1}{I_2}$

③ $\dfrac{E_2}{E_1} = \dfrac{N_2}{N_1} = \dfrac{I_1}{I_2}$

④ $\dfrac{E_1}{E_2} = \dfrac{N_1}{N_2} = \dfrac{I_1}{I_2}$

31	①	②	③	④
32	①	②	③	④
33	①	②	③	④
34	①	②	③	④
35	①	②	③	④
36	①	②	③	④
37	①	②	③	④
38	①	②	③	④
39	①	②	③	④
40	①	②	③	④
41	①	②	③	④
42	①	②	③	④
43	①	②	③	④
44	①	②	③	④
45	①	②	③	④
46	①	②	③	④
47	①	②	③	④
48	①	②	③	④
49	①	②	③	④
50	①	②	③	④
51	①	②	③	④
52	①	②	③	④
53	①	②	③	④
54	①	②	③	④
55	①	②	③	④
56	①	②	③	④
57	①	②	③	④
58	①	②	③	④
59	①	②	③	④
60	①	②	③	④

계산기   다음 ▶   안 푼 문제   답안 제출

04 회 실전점검!
CBT 실전모의고사

수험번호 :
수험자명 :

제한 시간 : 2시간
남은 시간 :

글자 크기 100% 150% 200% 화면 배치

전체 문제 수 :
안 푼 문제 수 :

답안 표기란

31	① ② ③ ④
32	① ② ③ ④
33	① ② ③ ④
34	① ② ③ ④
35	① ② ③ ④
36	① ② ③ ④
37	① ② ③ ④
38	① ② ③ ④
39	① ② ③ ④
40	① ② ③ ④
41	① ② ③ ④
42	① ② ③ ④
43	① ② ③ ④
44	① ② ③ ④
45	① ② ③ ④
46	① ② ③ ④
47	① ② ③ ④
48	① ② ③ ④
49	① ② ③ ④
50	① ② ③ ④
51	① ② ③ ④
52	① ② ③ ④
53	① ② ③ ④
54	① ② ③ ④
55	① ② ③ ④
56	① ② ③ ④
57	① ② ③ ④
58	① ② ③ ④
59	① ② ③ ④
60	① ② ③ ④

56 다음 중 불연속 제어에 속하는 것은?

① 비율제어
② 비례제어
③ 미분제어
④ On-Off 제어

57 논리식 $L = \overline{x} \cdot \overline{y} + \overline{x} \cdot y$ 를 간단히 한 식은?

① $L = x$
② $L = \overline{x}$
③ $L = y$
④ $L = \overline{y}$

58 어떤 코일에 흐르는 전류가 0.01초 사이에 일정하게 50A에서 10A로 변할 때 20V 의 기전력이 발생할 경우 자기 인덕턴스(mH)는?

① 5
② 10
③ 20
④ 40

59 역률 0.85, 선전류 50A, 유효전력 28kW인 평형 3상 △부하의 전압(V)은 약 얼마 인가?

① 300
② 380
③ 476
④ 660

60 다음 설명은 고압가스 안전관리법령에 따른 고압가스 관련 용어의 정의이다. 빈칸 에 알맞은 것은?

초저온저장탱크는 섭씨 영하 (　)도 이하의 액화가스를 저장하기 위한 저장탱크로서 단열재를 씌우거나 냉동설비로 냉각시키는 등의 방법으로 저장탱크 내의 가스온도가 상용의 온도를 초과하지 아니하도록 한 것을 말한다.

① 20
② 30
③ 40
④ 50

계산기　　　　다음 ▶　　　　안 푼 문제　　답안 제출

04회 실전점검!
CBT 실전모의고사

수험번호 :

수험자명 :

제한 시간 : 2시간
남은 시간 :

글자 크기 100% 150% 200%　화면 배치

전체 문제 수 :
안 푼 문제 수 :

답안 표기란				
61	①	②	③	④
62	①	②	③	④
63	①	②	③	④
64	①	②	③	④
65	①	②	③	④
66	①	②	③	④
67	①	②	③	④
68	①	②	③	④
69	①	②	③	④
70	①	②	③	④
71	①	②	③	④
72	①	②	③	④
73	①	②	③	④
74	①	②	③	④
75	①	②	③	④
76	①	②	③	④
77	①	②	③	④
78	①	②	③	④
79	①	②	③	④
80	①	②	③	④

4과목　유지보수공사관리

61 다음 중 동관의 이음방법과 가장 거리가 먼 것은?

① 플레어 이음　　　　② 납땜 이음
③ 플랜지 이음　　　　④ 소켓 이음

62 유체 흐름의 방향을 바꾸어 주는 관 이음쇠는?

① 리턴 벤드　　　　② 리듀서
③ 니플　　　　④ 유니언

63 증기 및 물배관 등에서 찌꺼기를 제거하기 위하여 설치하는 부속품은?

① 유니언　　　　② P트랩
③ 부싱　　　　④ 스트레이너

64 리버스 리턴 배관방식에 대한 설명으로 틀린 것은?

① 각 기기 간의 배관회로 길이가 거의 같다.
② 저항의 밸런싱을 취하기 쉽다.
③ 개방회로 시스템(Open Loop System)에서 권장된다.
④ 환수관이 2중이므로 배관 설치 공간이 커지고 재료비가 많이 든다.

65 상수 및 급탕배관에서 상수 이외의 배관 또는 장치가 접속되는 것을 무엇이라고 하는가?

① 크로스 커넥션　　　　② 역압 커넥션
③ 사이펀 커넥션　　　　④ 에어캡 커넥션

계산기　　　　다음 ▶　　　　안 푼 문제　　답안 제출

04회 실전점검!
CBT 실전모의고사

수험번호 :
수험자명 :

제한 시간 : 2시간
남은 시간 :

글자
크기 100% 150% 200%

화면
배치

전체 문제 수 :
안 푼 문제 수 :

답안 표기란

61	① ② ③ ④
62	① ② ③ ④
63	① ② ③ ④
64	① ② ③ ④
65	① ② ③ ④
66	① ② ③ ④
67	① ② ③ ④
68	① ② ③ ④
69	① ② ③ ④
70	① ② ③ ④
71	① ② ③ ④
72	① ② ③ ④
73	① ② ③ ④
74	① ② ③ ④
75	① ② ③ ④
76	① ② ③ ④
77	① ② ③ ④
78	① ② ③ ④
79	① ② ③ ④
80	① ② ③ ④

66 배관작업용 공구의 설명으로 틀린 것은?

① 파이프 리머 : 관을 파이프 커터 등으로 절단한 후 관 단면의 안쪽에 생긴 거스러미(Burr)를 제거

② 플레어링 툴 : 동관을 압축 이음하기 위하여 관 끝을 나팔 모양으로 가공

③ 파이프 바이스 : 관을 절단하거나 나사 이음을 할 때 관이 움직이지 않도록 고정

④ 사이징 툴 : 동일 지름의 관을 이음쇠 없이 납땜 이음을 할 때 한쪽 관 끝을 소켓 모양으로 가공

67 배관을 지지장치에 완전하게 구속시켜 움직이지 못하도록 한 장치는?

① 리지드 행거
② 앵커
③ 스토퍼
④ 브레이스

68 도시가스 배관 매설에 대한 설명으로 틀린 것은?

① 배관을 철도부지에 매설하는 경우 배관의 외면으로부터 궤도 중심까지 거리는 4m 이상 유지할 것

② 배관을 철도부지에 매설하는 경우 배관의 외면으로부터 철도부지 경계까지 거리는 0.6m 이상 유지할 것

③ 배관을 철도부지에 매설하는 경우 지표면으로부터 배관의 외면까지의 깊이는 1.2m 이상 유지할 것

④ 배관의 외면으로부터 도로의 경계까지 수평거리 1m 이상 유지할 것

69 패킹재의 선정 시 고려사항으로 관 내 유체의 화학적 성질이 아닌 것은?

① 점도
② 부식성
③ 휘발성
④ 용해능력

계산기
다음 ▶
안 푼 문제
답안 제출

04회 실전점검!
CBT 실전모의고사

수험번호 :
수험자명 :

제한 시간 : 2시간
남은 시간 :

글자
크기 ⊖ 100% ◉ 150% ⊕ 200%   화면 배치 ▭▯ ▯▯ ▯

전체 문제 수 :
안 푼 문제 수 :

답안 표기란

61	① ② ③ ④
62	① ② ③ ④
63	① ② ③ ④
64	① ② ③ ④
65	① ② ③ ④
66	① ② ③ ④
67	① ② ③ ④
68	① ② ③ ④
69	① ② ③ ④
70	① ② ③ ④
71	① ② ③ ④
72	① ② ③ ④
73	① ② ③ ④
74	① ② ③ ④
75	① ② ③ ④
76	① ② ③ ④
77	① ② ③ ④
78	① ② ③ ④
79	① ② ③ ④
80	① ② ③ ④

70 염화비닐관의 설명으로 틀린 것은?

① 열팽창률이 크다.
② 관 내 마찰손실이 적다.
③ 산, 알칼리 등에 대해 내식성이 적다.
④ 고온 또는 저온의 장소에 부적당하다.

71 동력 나사 절삭기의 종류 중 관의 절단, 나사 절삭, 거스러미 제거 등의 작업을 연속적으로 할 수 있는 유형은?

① 리드형
② 호브형
③ 오스터형
④ 다이헤드형

72 전기가 정전되어도 계속하여 급수를 할 수 있으며 급수오염 가능성이 적은 급수방식은?

① 압력탱크방식
② 수도직결방식
③ 부스터방식
④ 고가탱크방식

73 공조배관설비에서 수격작용의 방지방법으로 틀린 것은?

① 관 내의 유속을 낮게 한다.
② 밸브는 펌프 흡입구 가까이 설치하고 제어한다.
③ 펌프에 플라이휠(Fly Wheel)을 설치한다.
④ 서지탱크를 설치한다.

74 증기 트랩의 종류를 대분류한 것으로 가장 거리가 먼 것은?

① 박스 트랩
② 기계적 트랩
③ 온도조절 트랩
④ 열역학적 트랩

⌨ 계산기   다음 ▶   🗒 안 푼 문제   📋 답안 제출

04회 실전점검!
CBT 실전모의고사

수험번호:

수험자명:

⏱ 제한 시간 : 2시간
남은 시간 :

글자 크기 ⊖ 100% Ⓜ 150% ⊕ 200% 화면 배치 ▦ ▯▯ ▯

전체 문제 수 :
안 푼 문제 수 :

답안 표기란

61	① ② ③ ④
62	① ② ③ ④
63	① ② ③ ④
64	① ② ③ ④
65	① ② ③ ④
66	① ② ③ ④
67	① ② ③ ④
68	① ② ③ ④
69	① ② ③ ④
70	① ② ③ ④
71	① ② ③ ④
72	① ② ③ ④
73	① ② ③ ④
74	① ② ③ ④
75	① ② ③ ④
76	① ② ③ ④
77	① ② ③ ④
78	① ② ③ ④
79	① ② ③ ④
80	① ② ③ ④

75 저장탱크 내부에 가열코일을 설치하고 코일 속에 증기를 공급하여 물을 가열하는 급탕법은?

① 간접가열식
② 기수혼합식
③ 직접가열식
④ 가스순간탕비식

76 급수량 산정에 있어서 시간평균예상급수량(Q_h)이 3,000L/h였다면, 순간최대예상급수량(Q_p)은?

① 70~100L/min
② 150~200L/min
③ 225~250L/min
④ 275~300L/min

77 증기난방 배관 시공법에 대한 설명으로 틀린 것은?

① 증기주관에서 지관을 분기하는 경우 관의 팽창을 고려하여 스위블 이음법으로 한다.
② 진공환수식 배관의 증기주관은 1/100~1/200 선상향 구배로 한다.
③ 주형 방열기는 일반적으로 벽에서 50~60mm 정도 떨어지게 설치한다.
④ 보일러 주변의 배관방법에서는 증기관과 환수관 사이에 밸런스관을 달고, 하트퍼드(Hartford) 접속법을 사용한다.

78 도시가스계량기(30m³/h 미만)의 설치 시 바닥으로부터 설치높이로 가장 적합한 것은?(단, 설치높이의 제한을 두지 않는 특정 장소는 제외한다.)

① 0.5m 이하
② 0.7m 이상 1m 이내
③ 1.6m 이상 2m 이내
④ 2m 이상 2.5m 이내

⌨ 계산기   다음 ▶   🗇 안 푼 문제   📋 답안 제출

04^회 실전점검!
CBT 실전모의고사

수험번호 :

수험자명 :

제한 시간 : 2시간
남은 시간 :

글자
크기
100% 150% 200%

화면
배치

전체 문제 수 :
안 푼 문제 수 :

답안 표기란

61	① ② ③ ④
62	① ② ③ ④
63	① ② ③ ④
64	① ② ③ ④
65	① ② ③ ④
66	① ② ③ ④
67	① ② ③ ④
68	① ② ③ ④
69	① ② ③ ④
70	① ② ③ ④
71	① ② ③ ④
72	① ② ③ ④
73	① ② ③ ④
74	① ② ③ ④
75	① ② ③ ④
76	① ② ③ ④
77	① ② ③ ④
78	① ② ③ ④
79	① ② ③ ④
80	① ② ③ ④

79 급수온도 5℃, 급탕온도 60℃, 가열 전 급탕설비의 전수량은 $2m^3$, 급수와 급탕의 압력차는 50kPa일 때, 절대압력 300kPa의 정수두가 걸리는 위치에 설치하는 밀폐식 팽창탱크의 용량(m^3)은?(단, 팽창탱크의 초기 봉입 절대압력은 300kPa이고, 5℃일 때 밀도는 $1,000kg/m^3$, 60℃일 때 밀도는 $983.1kg/m^3$이다.)

① 0.83

② 0.57

③ 0.24

④ 0.17

80 길이 30m의 강관의 온도 변화가 120℃일 때 강관에 대한 열팽창량은?(단, 강관의 열팽창계수는 $11.9 \times 10^{-6}mm/mm$ ℃이다.)

① 42.8mm

② 42.8cm

③ 42.8m

④ 4.28mm

계산기

다음 ▶

안 푼 문제

답안 제출

CBT 정답 및 해설

01	02	03	04	05	06	07	08	09	10
②	④	③	①	④	①	④	②	③	④
11	12	13	14	15	16	17	18	19	20
②	④	①	①	②	③	④	④	②	④
21	22	23	24	25	26	27	28	29	30
③	①	③	②	①	①	②	①	②	②
31	32	33	34	35	36	37	38	39	40
②	①	③	④	③	④	①	④	①	④
41	42	43	44	45	46	47	48	49	50
④	④	④	①	④	②	④	④	④	③
51	52	53	54	55	56	57	58	59	60
④	②	③	②	③	④	②	①	②	④
61	62	63	64	65	66	67	68	69	70
④	①	④	③	①	④	②	②	①	③
71	72	73	74	75	76	77	78	79	80
④	②	②	①	①	②	②	③	③	①

01 정답 | ②
풀이 | • 습공기의 중량은 $(1+x)$kg, 압력은 (P_a+P_v)로 돌턴의 법칙을 따른다.
• 수증기 분압은 수증기의 양에 비례하여 커지므로 절대습도와 비례관계에 있다.

02 정답 | ④
풀이 | 침입 외기를 가습하기 위한 열을 가습부하라 하며, 가습방식은 수분무식, 증기식, 증발식이 있다. 가습부하는 겨울철 난방 시 절대습도가 낮은 외기가 유입되면 소모되는 부하로서, 냉방부하에 속하지 않는다.

03 정답 | ③
풀이 | • 정미출력＝난방부하＋급탕부하
• 상용출력＝난방부하＋급탕부하＋배관부하
• 정격출력＝난방부하＋급탕부하＋배관부하＋예열부하
• 과부하출력 : 정격출력을 초과하는 출력을 의미
※ 보일러 용량(kg/h) : 증기보일러
　 보일러 출력(kJ/h) : 온수보일러
　 보일러 용량 1톤/h＝60만 kcal/h

04 정답 | ①
풀이 | • TAB란 건물 내의 모든 공기조화시스템을 설계에서 의도하는 대로 기능을 발휘하도록 점검·조정하는 것이다. 각 장비의 시험, 터미널 기구에서 조정, 설계치에 따라 분배시스템(주관, 분기관, 터미널) 내에

비율적인 유량이 흐르도록 배분한다.
• 분기로부터 가장 먼 터미널에서 시작하여 분기 메인 쪽으로 진행하면서 풍량을 조정한다.

05 정답 | ④
풀이 | 온풍난방은 공기를 데워서 난방을 하며 펌프를 이용하는 강제순환식은 중력순환식에 비해 공기순환이 원활하여 균일한 풍량 공급이 가능하므로 쾌적성 면에서 좋다. 다만, 소음이 크고 실내온도 분포가 좋지 않아서 쾌감도가 낮다.

06 정답 | ①
풀이 | 공기 선도에서 가열코일에 의한 변화는 $3 \rightarrow 4$ 과정이다.
$q = m\Delta h = Q\gamma(h_4 - h_3)$
$= 25,000\text{m}^3/\text{h} \times 1.2\text{kg/m}^3 \times (22.6 - 10.8)\text{kJ/kg}$
$= 354,000\text{kJ/h} = 98.3\text{kJ/s (kW)}$
※ 1kcal = 4.1868kJ, 1kW = 1kJ/s

07 정답 | ④
풀이 | 열의 이동에는 복사, 대류, 전도의 3가지가 있으며, 겨울철 유리창 근처에서 추위를 느끼는 것은 복사에 의한 열 방출에 해당한다.

08 정답 | ②
풀이 | 급배수설비 시운전 수행 시에는 운전 중 소음, 진동, 압력계를 점검하고 30분이 아닌 10분 후에 베어링 부위 온도를 확인해야 한다.

09 정답 | ③
풀이 | 필요환기량(Q)
$$Q(\text{m}^3/\text{h}) = \frac{M(\text{m}^3/\text{h})}{C_i + C_o}$$
$$= \frac{0.018\text{m}^3/\text{h}}{(1,000 - 300) \times 10^{-6}}$$
$$= 25.7\text{m}^3/\text{h}$$
※ $1\text{ppm} = \dfrac{1}{10^6}$

10 정답 | ④
풀이 | 유효온도란 온도, 습도, 기류의 3요소로 공기의 쾌적 조건을 표시한 것으로 공조되고 있는 실내환경을 평가하는 척도이다.

CBT 정답 및 해설

11 정답 | ②

풀이 | • 변풍량 유닛은 취급풍량의 30~50% 값을 최소풍량
으로 하고 이 풍량 이하로 감소되지 않도록 한다.
- 동시사용률은 전체 공조사용개소 중 동시에 사용할
확률을 의미하며, 이를 고려하면 설비용량을 작게 설
계할 수 있다.
- 대규모 건물일 경우 공조기나 열원기기의 동시가동
률을 고려하면 효율적이다. 실내부하가 작아지면 송
풍량이 적어지므로 실내공기의 오염도가 높다.

12 정답 | ④

풀이 | 증기난방, 온수난방 등 직접난방에서 EDR(상당방열
면적)은 전방열량을 방열기의 표준방열량으로 나눈 값
이다.

$$\text{EDR}(\text{m}^2) = \frac{\text{전 방열량}(\text{W})}{\text{표준방열량}(\text{W/m}^2)}$$

※ 온수난방(0.53kW/m²), 증기난방(0.76kW/m²)

13 정답 | ①

풀이 | 전열교환기는 공기 대 공기의 열교환기로서 현열은 물
론 잠열까지도 교환되며, 도입되는 외기의 엔탈피를
설정된 실내외 온도와 가깝게 할 수 있어 공기조화기기
의 용량을 적게 설계할 수 있다.

14 정답 | ①

풀이 | 코일은 설치 목적에 따라 예열, 예랭, 가열, 냉각코일
로 분류되고 핀이 부착된다.

15 정답 | ②

풀이 | 먼저 외기(①)를 예랭(③)한 후, 환기(②)와 혼합(④)
하여 냉각코일을 통과(⑤)하여 실내로 취출하는 과정
으로, 환기(②)는 실내에서 유입된다.

16 정답 | ③

풀이 | • 증기난방방식은 열용량이 작은 증기로 난방하기 때
문에 예열시간이 짧은 특징을 갖고 있다.
- 온수난방방식은 예열시간이 길지만 잘 식지 않는다.

17 정답 | ④

풀이 | • 덕트를 여러 개로 분기시키면 소음의 발생 개소가 많
아지므로 덕트의 소음 방지대책으로 부적합하다.
- 덕트의 분기방식에는 벤드형, 직각 분기가 있다.
- 에어체임버는 덕트가 몇 개로 분기하거나 취출할 때
기류를 안정시킨다. 체임버 내 벽면에 흡음재, 섬유
류, 다공판을 순서대로 내장하면 소음이 방지된다.

18 정답 | ④

풀이 | 온수난방의 배관방식으로는 1관식, 2관식, 역환수방
식이 있다. 역환수방식은 온수의 공급과 환수량의 합
(온수순환량)을 각 방열기에서 동일하게 하므로 각 방
열기의 마찰저항이 균등하여 통과하는 온수의 양도 일
정하다.

19 정답 | ②

풀이 | K(열관류율) $= \dfrac{1}{R(\text{열저항})}$

$$R = \frac{1}{\text{내부 열전달률}} + \frac{\text{벽체 두께}}{\text{벽체 열전도율}} + \frac{1}{\text{외부 열전달률}}$$

$$= \frac{1}{4.7} + \frac{0.25}{2.9} + \frac{1}{5.8} = 0.47$$

$$\therefore \ K = \frac{1}{R} = \frac{1}{0.47} = 2.1\text{W/m}^2 \text{ K}$$

※ 열관류율 = 열통과율

20 정답 | ④

풀이 | 코일수에 따른 배열방식
- 풀서킷 : 일반적인 유속 및 유량일 때 사용
- 더블서킷 : 유속과 유량이 클 때 사용
- 하프서킷 : 유속과 유량이 적을 때 사용

21 정답 | ③

풀이 | 냉동장치 내에 공기가 혼입되면(불응축가스), 혼입된
공기에 의해 응축압력(온도)이 상승하며, 이에 따라 압
축기의 토출가스압력(온도)이 상승한다.

22 정답 | ①

풀이 | 흡입압력조정밸브
- 작동압력은 밸브출구의 압력에 의해 작동된다.
- 흡입압력, 증발압력(온도)이 소정압력(온도) 이상이
되는 것을 방지하는 역할을 한다.
- 증발기와 압축기 사이의 압축기 흡입 측 배관에 설치
한다.

23 정답 | ③

풀이 | 증발기 서리 착상의 영향
- 증발압력 저하로 압축비 상승
- 냉장실 내 온도 상승 및 액압축
- 증발온도 및 증발압력 저하
- 실린더 과열로 토출가스 온도 상승
- 윤활유의 열화 및 탄화 우려
- 체적효율 저하 및 압축기 소비동력 증대
- 성적계수(COP) 및 냉동능력 감소

24 정답 | ②

풀이 | 기체상수는 해당 기체의 몰질량(kg/kmol) 또는 분자량에 반비례한다.

① 산소(O_2) : $8.314/32 = 0.26$kJ/kg K
② 수소(H_2) : $8.314/2 = 4.157$kJ/kg K
③ 일산화탄소(CO) : $8.314/28 = 0.30$kJ/kg K
④ 이산화탄소(CO_2) : $8.314/44 = 0.19$kJ/kg K

25 정답 | ①

풀이 | 펌프일을 이용한 사이클 효율(η)
(급수펌프일은 2 → 1 과정이다.)

$$\eta = \frac{(h_5 - h_6) - (h_2 - h_1)}{h_5 - h_2} \times 100\%$$

$$= \frac{(764 - 478) - (31 - 30)}{764 - 31} \times 100\%$$

$$= 38.9\% = 39\%$$

26 정답 | ①

풀이 | 줄-톰슨 계수는 $\mu_J = \frac{\partial T}{\partial P}$이다.

줄-톰슨 과정은 교축과정으로서 등엔탈피 과정이며, $\mu_J < 0$인 경우 교축과정에 따라 압력이 감소($-$)할 때 온도가 증가($+$)하는 것을 의미한다. $\mu_J > 0$인 경우 온도가 감소하여 냉동효과가 발생한다.

27 정답 | ②

풀이 | 열역학적 상태량

- 강도성 상태량(Intensive Property) : 물질이 가지는 질량의 크기에 관계없는 상태량 예 온도, 압력, 밀도, 비체적
- 종량성 상태량(Extensive Property) : 물질의 질량에 따라서 값이 변하는 상태량 예 무게, 질량, 엔탈피, 내부에너지, 엔트로피, 체적

28 정답 | ①

풀이 | 냉동능력(RT) $= \dfrac{1,000 \times (25 \times 4.19 + 334 + 9 \times 2.1)}{3.86 \times 24 \times 3,600}$

$$= 1.37\text{RT}$$

29 정답 | ②

풀이 | 클라우지우스(Clausius)의 적분 $\oint \dfrac{\delta Q}{T}$ 값은 가역이면 0이고, 비가역이면 0보다 작다.

30 정답 | ②

풀이 |
- 1 → 2 과정 : 급수펌프 단열압축
- 2 → 3 과정 : 보일러 정압가열
- 3 → 4 과정 : 터빈 단열팽창
- 4 → 1 과정 : 등압 · 등온방열

$A W = h_3 - h_4 = 2,799.5 - 2,007.5 = 792$kJ/kg

31 정답 | ②

풀이 | 저단 압축기의 냉매순환량(G_L)

$$G_L = \frac{Q_e}{\Delta h} = \frac{2RT \times 3.8\text{kW} \times 3,600}{1,612\text{kJ/kg} - 418\text{kJ/kg}} = 22.9\text{kg/h}$$

※ 1kW = 860kcal/h = 3,600kJ/h

32 정답 | ①

풀이 | 흡수식 냉동기의 용량제어는 냉매량을 통해 이루어지며, 증발기의 압력을 일정하게 유지하고 냉매의 증발온도를 일정하게 하기 위함이다.

33 정답 | ③

풀이 | 양면 사이의 온도차(Δt)

$$q = KA\Delta t = \frac{\lambda}{d} A \Delta t$$

$$0.3\text{kW} \times 10^3 = \frac{0.2\text{W/m }℃}{0.025\text{m}} \times 1\text{m}^2 \times \Delta t$$

$$\therefore \Delta t = \frac{0.3 \times 10^3}{\left(\frac{0.2}{0.025}\right) \times 1} = 37.5℃$$

34 정답 | ④

풀이 | 증기분사를 하여 냉동하는 방법은 설비를 활용한 동결법에 해당하며, 기계적인 냉동방법이며 증기이젝터 노즐을 이용한다.

35 정답 | ③

풀이 | 내부에너지 변화(ΔU) = 열량(Q) - 일량(W)
열량(Q) = ΔU + 일량(W)
$\quad = (U_2 - U_1) +$ 일량(W)
$\quad = (50 - 30)\text{kJ} + 10\text{kJ} = 30\text{kJ}$

36 정답 | ④

풀이 | 헬륨이 얻은 열량(q_H) = 회전날개가 일한 열량(q_W)
$G C_v \Delta T = G C_v (T_2 - T_1) = q_W$

$$2 \times 3.12 \times (T_2 - 353) = \frac{30 \times 60 \times 20}{10^3 \text{kJ}} = 36$$

$$\therefore T_2 = \frac{36}{2 \times 3.12} + 353 = 358.8\text{K} = 85.8℃$$

CBT 정답 및 해설

37 정답 | ①

풀이 | 필요한 일(W)$= \int_1^2 Pdv = P_1 V_1 \ln\left(\dfrac{P_2}{P_1}\right)$

$$= 150\text{kPa} \times 0.5\text{m}^3 \times \ln\left(\dfrac{600}{150}\right)$$

$$= 104\text{kJ}$$

등온변화에서는 열량의 변화와 절대일(밀폐계), 공업
일 변화의 크기가 같다. 내부에너지, 엔탈피 변화량은
없다.

38 정답 | ④

풀이 | 이론성적계수(COP_H)

$$= \dfrac{\text{고열원으로 방출하는 열량}}{\text{공급열량}}$$

$$= \dfrac{\text{난방능력}}{\text{압축일}} = \dfrac{q_c}{AW}$$

$$= \dfrac{h_3 - h_1}{h_3 - h_2} = \dfrac{(h_3 - h_2) + (h_2 - h_1)}{h_3 - h_2}$$

$$= 1 + \dfrac{h_2 - h_1}{h_3 - h_2}$$

히트펌프의 성적계수는 냉동기의 성적계수보다 항상
1이 크다.

- 냉동기 $= \dfrac{T_2}{T_1 - T_2}(\varepsilon_R)$

- 히트펌프 $= \dfrac{T_1}{T_1 - T_2}(\varepsilon_R + 1)$

39 정답 | ①

풀이 | • 효율(η_{th})

$$\eta_{th} = 1 - \dfrac{T_L}{T_H} = 1 - \dfrac{273 + 25}{273 + 500} = 0.6145$$

• 일량(W)

$$\eta_{th} = \dfrac{\text{생산일}(W)}{\text{공급열량}(Q)}$$

$$0.6145 = \dfrac{W}{500\text{kJ}}$$

$$\therefore W = 500 \times 0.6145 = 307.3\text{kJ}$$

40 정답 | ④

풀이 | 효율(η)$= \dfrac{\text{증기발생량} \times \text{엔탈피 변화량}}{\text{연료소비량} \times \text{연료의 저위발열량}}$

$$= \dfrac{G(h_2 - h_1)}{G_f \times H_L}$$

$$= \dfrac{380,000\text{kg/h} \times (3,230 - 830)\text{kJ/kg}}{34,000\text{kg/h} \times 32,000\text{kJ/kg}}$$

$$= 0.838 = 83.8\%$$

41 정답 | ④

풀이 | 그림은 폐루프 제어 계통이며, 폐루프 제어를 피드백
제어라고도 한다. 출력신호를 그 입력신호로 되돌림으
로써 제어량의 값을 목표값과 비교하여 그들을 일치시
키는 정적 동작을 하는 제어이다.

42 정답 | ④

풀이 | 키르히호프의 법칙은 회로망 중에 많은 기전력이 포함
되어 있는 경우에 각 부분의 전류를 구하는 데 도움이
되는 법칙이다. 보기는 키르히호프의 제2법칙에 대한
설명이다.

43 정답 | ③

풀이 | 휘트스톤 브리지는 미지의 저항을 측정하는 회로 또는
측정기이다. 휘트스톤 브리지 회로에서 마주보는 저항
들 간의 곱의 크기가 서로 같으므로, CD의 4Ω은 개방
상태로 간주할 수 있다.

$$R = \dfrac{1}{\dfrac{1}{R_{ACB}} + \dfrac{1}{R_{ADB}}}$$

$$= \dfrac{1}{\dfrac{1}{4 + 4} + \dfrac{1}{8 + 8}} = 5.33\Omega$$

44 정답 | ①

풀이 | 서보기구

서보기구란 제어량이 기계적 위치에 있도록 하는 자동
제어계이다. 피드백 제어계로서 기계를 명령대로 움직
이는 장치이며 서보모터 등 서보기구에 필요로 한다.

45 정답 | ②

풀이 | 전류의 흐름을 방해하는 정도를 나타내는 상수를 전기
저항(R : 단위는 Ω)이라 하고 물질에 따라 값이 정해
진다. 전기저항의 역수로서 전류가 흐르기 쉬운 정도를
나타내는 상수를 컨덕턴스(G : 단위는 ℧ 또는 S(지멘
스))라고 한다.

$$G = \dfrac{1}{R}(\text{S}), \quad R = \dfrac{1}{G}(℧), \quad \text{S} = \Omega^{-1} = ℧$$

옴의 법칙에 의해 전류와 저항은 서로 반비례하므로 정
격전류를 130% 흘리려면,

저항 $R_2 = \dfrac{1}{1.3} R_1 = 0.77 R_1$

여기서 R_1 : 기존 저항
　　　R_2 : 필요 저항

46 정답 | ③

풀이 | 전달함수란 각기 다른 두 양이 있고 서로 관계하고 있을 때 최초의 양에서 다음의 다른 양으로 변환하기 위한 함수이다.

$$전달함수\ G(s) = \frac{C}{R} = \frac{전향경로의\ 합}{1 - 피드백의\ 합}$$

$$= \frac{G_1 G_2}{1 - (-G_2 - G_1 G_2 G_3)}$$

$$= \frac{G_1 G_2}{1 + G_2 + G_1 G_2 G_3}$$

47 정답 | ②

풀이 | 직류전력은 전압과 전류의 곱으로 구해지지만 리액턴스 성분을 포함하는 교류전력을 구하는 경우에는 실효전압 V와 실효전류 I의 곱에 전압과 전류의 위상차 φ의 여현($\cos\varphi$)의 곱을 취한다. 이 $\cos\varphi$를 역률이라고 하며, 교류전력의 유효전력 $P = VI\cos\varphi$이다.

$$역률(\cos\theta) = \frac{저항(R)}{임피던스(Z)} = \frac{R}{\sqrt{R^2 + X_L^2}}$$

$$= \frac{8}{\sqrt{8^2 + 6^2}} = 0.8$$

여기서, X_L : 유도 리액턴스(Ω)

48 정답 | ②

풀이 | 일반적으로 교류전압계의 지시값은 실효값이며 최댓값은 (평균값 $\times \frac{\pi}{2}$), 실효값은 $\left(\dfrac{최댓값}{\sqrt{2}}\right)$이므로

$$V_{max} = \sqrt{2}\,V$$

$$\therefore V = \frac{V_{max}}{\sqrt{2}}$$

49 정답 | ④

풀이 | • 기계설비 감리가 배치되지 않은 경우 감리업무 수행자는 기계설비 공사를 끝낸 후 기계설비의 성능 및 안전평가를 수행하고 기계설비 사용적합서를 작성하여 발주자에게 제출하여야 한다.
• 기계설비 착공적합확인서의 작성은 기계설비 감리업무 수행자의 업무사항이다.

50 정답 | ③

풀이 | 기계설비의 성능점검 시 검토사항
• 기계설비시스템 검토
• 성능개선계획 수립
• 에너지사용량 검토

51 정답 | ④

풀이 | 슬립은 미끄럼이며, 유도전동기에서 자계의 회전수(동기회전수) η와 실제회전수 η_1의 차($\eta - \eta_1$)와 동기회전수와의 비를 말한다. 회전속도 N이 증가하면 슬립은 감소한다.

$$슬립(s) = \frac{N_s - N}{N_s} = 0$$

여기서, N : 회전자속도(rpm)
$\qquad\quad N_s$: 동기속도(rpm)

$$N_s - N = 0$$

$$\therefore N_s = N$$

52 정답 | ②

풀이 | 조작량(Manipulated Variable)은 제어대상에 양을 가하는 출력인 동시에 제어대상의 입력신호이다. 즉, 계의 제어장치 조작부로부터의 출력이다.

53 정답 | ③

풀이 | 안전점검을 실시하지 아니한 자 또는 시설기준과 기술기준을 위반한 자의 경우에는 1년 이하의 징역 또는 1천만 원 이하의 벌금에 해당한다.

54 정답 | ②

풀이 | 중대재해
• 사망자가 1명 이상 발생한 재해
• 3개월 이상의 요양이 필요한 부상자가 동시에 2명 이상 발생한 재해
• 부상자 또는 직업성 질병자가 동시에 10명 이상 발생한 재해

55 정답 | ③

풀이 | 변압기는 내철형, 외철형으로 분류하며 철심과 2개의 권선 1차, 2차로 구성된다. 1차 측의 N_1번 감은 코일에 교류전원 V_1을 연결하면 전류 I_0라는 여자전류가 흐르게 되고 주자속 ϕ가 생긴다.

$$n = \frac{N_1}{N_2} = \frac{E_1}{E_2} = \frac{I_2}{I_1} = \sqrt{\frac{Z_1}{Z_2}}$$

여기서, N_1, N_2 : 1차, 2차 권수
$\qquad\quad E_1(V)$, $E_2(V)$: 1차, 2차 유도 기전력
$\qquad\quad I_1(A)$, $I_2(A)$: 1차, 2차 전류
$\qquad\quad Z_1(\Omega)$, $Z_2(\Omega)$: 1차, 2차 임피던스

56 정답 | ④

풀이 | • 비율제어, 비례제어, 미분제어는 연속동작에 해당한다.
• 불연속 제어에는 온−오프 제어, 다위치동작, 간헐
동작 등이 있다.

57 정답 | ②

풀이 | 시퀀스 논리식은 순차적 제어회로의 동작을 논리적으
로 표현한 식으로 회로의 입력과 출력관계를 부울대수
(논리식)로 나타낸 것이다.
$$L = \overline{x} \cdot \overline{y} + \overline{x} \cdot y = \overline{x}(\overline{y} + y) = \overline{x} \cdot 1 = \overline{x}$$

58 정답 | ①

풀이 | 전선이나 코일에는 그 주위나 내부를 통하는 자속의 변
화를 방해하는 작용이 있으며, 이 작용의 세기를 나타
낸 것을 인덕턴스라고 한다. 자기 인덕턴스란 코일의
상수로 유도전압의 비례상수이며 기호는 L, 단위는 헨
리(H)이다. 1H는 1초간 1A의 전류변화에 대하여 1V
의 전압을 발생하는 코일의 자기 인덕턴스이다.

$$자기\ 인덕턴스(L) = -\frac{dt}{dI} \times e$$
$$= -\frac{0.01}{10 - 50} \times 20$$
$$= 0.005H = 5mH$$

여기서, dt : 전류가 흐른 시간(sec)
dI : 전류 변화량(A)
e : 유도기전력(V)

59 정답 | ②

풀이 | 어떤 전기적인 압력이 가해져서 자유전자의 흐름으로
전류가 흐를 때 이 전기적인 압력을 전압이라고 하며,
전압을 연속적으로 만들어주는 힘을 기전력이라고 한
다. 물질의 고유한 전기적인 높이 혹은 전기회로의 어
떤 점의 전기적인 높이를 그 점의 전위라 하며, 이때 두
점의 전위의 차이를 전위차 또는 전압이라 하고, 전위
차에 의하여 전류가 흐른다.

$$전압(V) = \frac{일량(W)}{전기량(Q)}$$

전압, 전위, 기전력, 전위차의 단위는 볼트(V)를 사용
한다.
소비전력$(P) = \sqrt{3}\,VI\cos\theta$
여기서, P : 유효전력(kW), V : 전압(V)
I : 전류(A), $\cos\theta$: 역률

$$\therefore V = \frac{P}{\sqrt{3}\,I\cos\theta}$$
$$= \frac{28kW \times 10^3}{\sqrt{3} \times 50A \times 0.85}$$
$$= 380.37 = 380V$$

60 정답 | ④

풀이 | 초저온저장탱크는 −50℃ 이하의 액화가스를 저장하
기 위한 저장탱크로서 단열재를 씌우거나 냉동설비로
냉각시키는 등의 방법으로 저장탱크 내의 가스온도가
상용의 온도를 초과하지 아니하도록 한 것을 말한다.
대표적으로는 액화산소, 액화아르곤, 액화질소 등이
있다.

61 정답 | ④

풀이 | 소켓 이음, 메커니컬 조인트, 타이톤 접합 등은 주철관
이음에 적용하는 방식이다.

62 정답 | ①

풀이 | • 배관의 방향전환용 : 엘보, 벤드
• 관의 끝 막음용 : 플러그, 캡

② 리듀서 : 관경이 다른 두 관을 직선 연결할 때 사용
한다.
③ 니플 : 부속과 부속을 연결할 때 사용한다.
④ 유니언 : 배관의 조립, 분해를 용이하게 이어주는
방식으로서 주로 소구경에 적용한다.

63 정답 | ④

풀이 | 여과기는 Y자형, U자형, V자형이 있으며, 그중 스트
레이너는 배관 중에 설치되어 배관의 찌꺼기를 제거하
는 역할을 한다.

64 정답 | ③

풀이 | 역환수 온수난방 배관의 일종인 리버스 리턴 배관방식
은 밀폐계 배관에서 유량의 밸런싱을 위해 적용되는 배
관방식이다.

65 정답 | ①

풀이 | 크로스 커넥션(Cross Connection)
상수 및 급탕배관에 상수 이외의 배관(중수도 배관 등)
이 잘못 연결되는 것을 말하며, 배관 색상 등을 명확히
구분하는 등 예방책이 필요하다.

66 정답 | ④

풀이 | • 사이징 툴(Sizing Tool)은 동관의 끝부분을 원형으
로 정형하는 공구이다.
• 보기 외에도 토치램프, 튜브벤더, 튜브커터, 익스팬
더(확관기) 등의 공구가 있다.
• 동관의 접합에는 플레어 압축접합, 용접접합, 분기
관접합 등이 있다.

67 정답 | ②

풀이 | • 행거 : 배관 지지장치로서 리지드 행거, 스프링 행거, 콘스탄트 행거 등이 있다.
• 스토퍼 : 일정한 방향의 이동과 관의 회전을 구속한다.
• 브레이스 : 펌프나 압축기 등에서 발생하는 진동, 밸브류의 수격작용, 충격, 진동 방지용으로 쓰인다.

68 정답 | ②

풀이 | 가스배관의 매설깊이

배관을 철도부지에 매설하는 경우에는 배관의 외면으로부터 궤도 중심까지 4m 이상, 그 철도부지 경계까지는 1m 이상의 거리를 유지하고, 지표면으로부터 배관의 외면까지의 깊이를 1.2m 이상 유지할 것

69 정답 | ①

풀이 | • 패킹재는 플랜지 패킹, 나사용 패킹, 그랜드 패킹이 있으며 패킹재는 화학적으로 안정되어야 한다.
• 점도는 관 내 유체의 성질 중 물리적 성질에 해당한다.

70 정답 | ③

풀이 | (경질)염화비닐관(PVC관)의 특성
• 굴곡, 접합, 가공이 용이하다.
• 하중강도에 약하고, 용제에 약하다.
• 내화학적(내산 및 내알칼리)이다.
• 내열성이 취약하다.
• 마찰손실이 적고, 전기 절연성과 열팽창률이 크다.
• 종류는 일반용, 수도용, 배수용이 있다.

71 정답 | ④

풀이 | • 동력 나사 절삭기는 오스터식, 호브식, 다이헤드식이 있으며 그중 다이헤드형 동력 나사 절삭기는 관의 절삭, 절단, 리밍, 거스러미 제거 등을 연속으로 진행할 수 있는 기기이다.
• 수동용 나사 절삭기는 리드형, 오스터형의 두 가지가 있다.

72 정답 | ②

풀이 | • 직결방식에는 우물직결식, 수도직결식이 있고 상수도 본관의 압력을 이용해 직접 급수전까지 급수를 공급하는 방식으로서, 별도의 저수를 하지 않고 상수도를 그대로 활용하기 때문에 급수오염 가능성이 적다.
• 급수 배관법은 직결식, 옥상탱크식, 압력탱크식의 3가지 방식이 있다.

73 정답 | ②

풀이 | 배관설비에서 수격작용은 펌프의 토출 측에서 발생하므로 밸브는 펌프의 토출구 가까이 설치하고 제어하여야 한다. 워터해머 발생 시 유체의 유속은 평소보다 14배 상승한다.

74 정답 | ①

풀이 | ㉠ 증기 트랩
• 기계적 트랩 : 증기와 응축수 간의 비중차를 이용한다.
• 열동식 트랩(온도조절식 트랩) : 증기와 응축수 간의 온도차를 이용한다.
• 열역학적 트랩 : 증기와 응축수 간의 운동에너지 차를 이용한다.

㉡ 배수 트랩
• 관 트랩
• 박스 트랩 : 드럼 트랩, 벨 트랩, 가솔린 트랩, 그리스 트랩 등

75 정답 | ①

풀이 | • 급탕 방법에는 개별식, 중앙식이 있으며, 중앙식 급탕법은 직접가열식, 간접가열식, 기수혼합법이 있다.
• 간접가열식은 저탕조 내에 안전밸브와 가열코일을 설치하고 증기 또는 고온수를 통과시켜 저탕조 내의 물을 간접적으로 가열하는 방식으로 대규모 건물용 급탕식이다.

76 정답 | ②

풀이 | 급수배관은 직결식, 옥상탱크식, 압력탱크식이 있으며 순간최대예상급수량(Q_p)은 시간평균급수량(Q_h)의 약 3~4배이다.

$$Q_p\,(\mathrm{L/min}) = \frac{3 \sim 4 Q_h}{60}$$
$$= \frac{(3 \sim 4) \times 3,000\mathrm{L}}{60}$$
$$= 150 \sim 200\mathrm{L/min}$$

77 정답 | ②

풀이 | 대규모 설비에 사용하는 증기난방에서 진공환수식 배관의 증기주관은 1/200~1/300 선하향(앞내림) 구배로 한다. 주로 건식환수관을 사용하며, 환수관이 진공펌프의 흡입구보다 저위치에 있을 때 응축수를 끌어올리기 위해 리프트 피팅을 설치하고 1단의 흡상높이는 1.5m 이내로 한다.

78 정답 | ③

풀이 | 도시가스계량기 설치기준

- 전기계량기, 전기개폐기, 전기안전기에서 60cm 이상 이격 설치
- 전기점멸기(스위치), 전기콘센트, 굴뚝과는 30cm 이상 이격 설치
- 저압전선에서 15cm 이상 이격 설치
- 설치높이는 바닥(지면)에서 1.6~2.0m 이내 설치
- 계량기는 화기와 2m 이상의 우회거리 유지 및 양호한 환기 처리가 필요

79 정답 | ③

풀이 | • 온수체적 팽창량(ΔV)

$$= \left(\frac{1}{\rho_2} - \frac{1}{\rho_1} \right) V$$

$$= \left(\frac{1}{0.9831\text{kg/L}} - \frac{1}{1\text{kg/L}} \right) \times 2,000\text{L}$$

$$= 34.38\text{L}$$

• 밀폐식 팽창탱크용량(V)

$$= \frac{\Delta V}{P_a \left(\dfrac{1}{P_0} - \dfrac{1}{P_m} \right)}$$

$$= \frac{34.38\text{L}}{300 \left(\dfrac{1}{300} - \dfrac{1}{350} \right)}$$

$$= 240.66\text{L} = 0.24\text{m}^3$$

80 정답 | ①

풀이 | 강관의 온도 증가 시 열팽창량(ΔL)

$$\Delta L = L \cdot \alpha \cdot \Delta t$$

$$= 30\text{m} \times 10^3 (\text{mm}) \times 11.9 \times 10^{-6} \text{mm/mm}℃$$

$$\times 120℃$$

$$= 42.84 = 42.8\text{mm}$$

여기서, L : 관의 길이(m)

α : 강관의 열팽창계수(mm/mm ℃)

Δt : 관의 온도변화(℃)

공조냉동기계기사 필기

과년도 문제풀이 10개년

발행일	2011. 1. 10	초판 발행
	2020. 1. 15	개정 9판1쇄
	2021. 1. 15	개정 10판1쇄
	2022. 1. 25	개정 11판1쇄
	2023. 1. 10	개정 12판1쇄
	2023. 7. 10	개정 13판1쇄
	2024. 3. 20	개정 13판2쇄
	2025. 1. 10	개정 14판1쇄
	2025. 3. 10	개정 14판2쇄
	2026. 1. 20	개정 15판1쇄

저 자 | 권오수
발행인 | 정용수
발행처 | 예문사

주 소 | 경기도 파주시 직지길 460(출판도시) 도서출판 예문사
T E L | 031) 955 – 0550
F A X | 031) 955 – 0660
등록번호 | 11 – 76호

정가 : 29,000원

ISBN 978-89-274-6059-6 13550